YEJIN FEISHUI CHULI HUIYONG
XINJISHU SHOUCE

# 冶金废水处理回用新技术手册

王绍文　李惊涛　王海东　主编

孙健　石宇　副主编

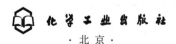

化学工业出版社

·北京·

本书分为上、中、下三篇，共22章。上篇为废水处理单元技术与工艺，按物理分离法、化学分离法、物化分离法、膜分离法、生物化学转化法和污泥处理与处置技术等工艺类别分别介绍冶金工业废水处理回用单元技术的功能原理、设备与装置、工艺选择与设计参数；中篇为钢铁工业节水与废水处理回用技术，主要介绍铁矿山采选、焦化、烧结、炼铁、炼钢、轧钢、铁合金等生产厂的废水来源、特征，节水减排途径与对策，处理回用与"零排放"的技术工艺与设计要求；下篇为有色金属工业节水与废水处理回用技术，主要介绍有色金属采选及重有色金属、轻金属、稀有金属、黄金冶炼厂的废水来源、特征，节水减排技术措施与对策，废水处理回用与实现"零排放"的技术工艺与设计要求。

本书具有较强的技术性和针对性，可作为从事冶金工业、环境工程、市政工程等领域的工程技术人员、科研人员和管理人员的工具书，也可供高等学校相关专业师生参考。

**图书在版编目（CIP）数据**

冶金废水处理回用新技术手册/王绍文，李惊涛，
王海东主编 .—北京：化学工业出版社，2018.1
ISBN 978-7-122-30691-3

Ⅰ.①冶…  Ⅱ.①王…  ②李…  ③王…  Ⅲ.①冶金工业废物-工业废水处理—技术手册 ②冶金工业废物-废物综合利用-技术手册  Ⅳ.①X756.03-62

中国版本图书馆 CIP 数据核字（2017）第 237993 号

责任编辑：卢萌萌  刘兴春  文字编辑：汲永臻
责任校对：边  涛  装帧设计：王晓宇

出版发行：化学工业出版社（北京市东城区青年湖南街 13 号  邮政编码 100011）
印  装：三河市航远印刷有限公司
787mm×1092mm  1/16  印张 55  字数 1446 千字  2019 年 3 月北京第 1 版第 1 次印刷

购书咨询：010-64518888  售后服务：010-64518899
网  址：http://www.cip.com.cn
凡购买本书，如有缺损质量问题，本社销售中心负责调换。

定  价：298.00 元

京化广临字 2018—19

# 前言
## FOREWORD

节约水资源，减少工业废水排放量，实现节能减排、废水回用与"零排放"，既是我国环保整体战略目标，更是冶金工业在其持续发展过程中在防治污染和保护环境方面不可推卸的责任和任务。

总结国内外近些年来冶金废水处理与回用的成效与技术进步，可以归纳为：其一，要从生产源头着手，直到每个生产环节，推行用水少量化，废水外排无害化和资源化；其二，以配套和建立企业用水系统平衡为核心，以水量平衡、温度平衡、悬浮物平衡和水质稳定与溶解盐平衡为基础，最大限度实现将废水分配和消纳于各级生产工艺的最大化节水目标；其三，以企业用水和废水排放少量化为核心，以规范企业用水定额、废水处理回用的水质指标为内容，实现企业废水最大限度循环利用的目标；其四，以推行综合处理、强化组合处理、发展膜处理和扩展生化处理等技术为支撑，以经济有效处理新工艺、配套的新设备为手段，最终实现企业废水安全回用与"零排放"的目标。

鉴于上述宗旨，特组织编写《冶金废水处理回用新技术手册》，希望能对冶金工业节水减排、废水处理回用与"零排放"，发展循环经济，创建资源节约型、环境友好型冶金企业有所帮助。

本书由王绍文、李惊涛、王海东主编，孙健、石宇副主编。在斟酌引用《冶金工业节水减排与废水回用技术指南》（2013年版）和《冶金工业废水处理技术及回用》（2015年版）部分内容的基础上，对一些国内外废水处理新技术、新工艺，特别是在引进国外新技术，经消化、吸收、创新的基础上编写而成的。

本书的出版得到了国家水体污染控制与治理科技重大专项课题"重点流域冶金废水处理与回用技术产业化"（2013ZX07209001）的资金支持，并且本书在编写过程中也得到中冶建筑研究总院有限公司环保事业部杨景玲等领导、专家、学者的关心与帮助。杨禹成、王帆、张新昕、王波、杨涛、王燕燕、陈艳等为本书编写收集和提供了相关资料，在此一并表示衷心感谢。书中引用中国金属学会、中国钢铁工业协会、中国有色金属工业协会和冶金环境保护信息网的相关刊物、论文集等资料，引用参考国内外公开发表的论文、专著、专利、标准等资料。在此对这些文献的作者及其所在的单位致以衷心感谢。

限于编者水平及编写时间，书中不妥之处在所难免，敬请读者指正。

编者

2018 年 5 月于北京

# 目 录
CONTENTS

# 第3章 化学分离法

# 第7章　污泥处理与处置技术

# 中篇　钢铁工业节水与废水处理回用技术

# 第8章　钢铁工业节水减排与废水处理回用和"零排放"

# 第9章　铁矿山废水处理与回用技术

# 第10章 焦化厂废水处理与回用技术

# 第 11 章 烧结厂废水处理与回用技术

# 第 12 章 炼铁厂废水处理与回用技术

# 第13章　炼钢厂废水处理与回用技术

# 第 14 章 轧钢厂废水处理与回用技术

# 下篇　有色金属工业节水与废水处理回用技术

# 第 17 章　有色工业节水与废水处理回用与"零排放"

# 第19章　重有色金属冶炼厂废水处理与回用技术

# 第 *1* 章
# 绪论

冶金工业通常分为黑色金属工业和有色金属工业，前者常称为钢铁工业。

我国冶金工业的发展取得了举世瞩目的成就。由于冶金材料的优良性与高强特性，在目前可以预计的很长时期内，尚无新的材料与其结构性、功能性、基础性、强度可靠性及其最大用量相媲美，是现代化建设，特别是军工国防建设，提高经济发展必不可少的基础材料，在很长时间内将处于不可替代的地位。

冶金工业是用水大户，也是污染大户。我国是水资源严重短缺的大国。冶金工业发展的生产用水供需矛盾十分突出，水资源保障任务十分艰巨。因此，要实现冶金工业持续发展，必须强化冶金工业生产节水减排与废水处理回用，实现最大限度的生产用水循环利用和废水处理回用与"零排放"（"零排放"也称"零排"），充分发挥科技节水与减排的重大作用。

## 1.1 冶金工业生产与排污特征

### 1.1.1 钢铁工业生产与排污特征

（1）生产工艺与排污节点和特征

钢铁工业生产与工序相当复杂。目前，有两种工艺路线支配全球钢铁工业。这两种工业路线是"联合"法和电弧（EAF）法。前者常称为"长流程"，后者是指"短流程"。但两者之间的主要差异是它们所使用的含铁原料和种类不同。联合钢铁厂（或称为联合钢铁公司）主要使用铁矿石以及少量废钢，而电弧炉钢厂（或称电炉炼钢厂）则主要使用废钢，或越来越多地使用其他来源的金属铁，例如直接还原铁（DRI）。

联合钢铁厂首先必须炼铁，随后将铁炼成钢。这一工艺所用的原料包括铁矿石、煤、石灰石、回收的废钢、能源和其他数量不等的多种材料，例如油、空气、化学物品、耐火材料、合金、精炼材料、水等。来自高炉的铁在氧气顶吹转炉（BOF）中被炼成钢，经浇铸固化后被轧制成线材、板材、型材、棒材或管材。高炉-BOF 法炼钢占世界钢产量的 60% 以上，联合钢铁厂占地面积很大，通常年产 300 万吨的钢厂，可能占地 $4 \sim 8km^2$。现代大型联合钢铁厂的主要生产工艺及节点排污特征如图 1-1 所示。

EAF 炼钢厂是通过如下方式炼钢的：在电弧炉内熔炼回收废钢铁，并通过通常在功率较小的钢包炉（LAF）中添加合金元素来调节金属的化学成分。通常不需要联合钢铁厂所采用的炼铁工艺较复杂的流程，用于熔炼的能源主要是电力。但目前已在增长的趋势是以直接喷入电弧炉的氧气、煤和其他矿物燃料来代替或补充电能。与联合法相比，EAF 厂占地

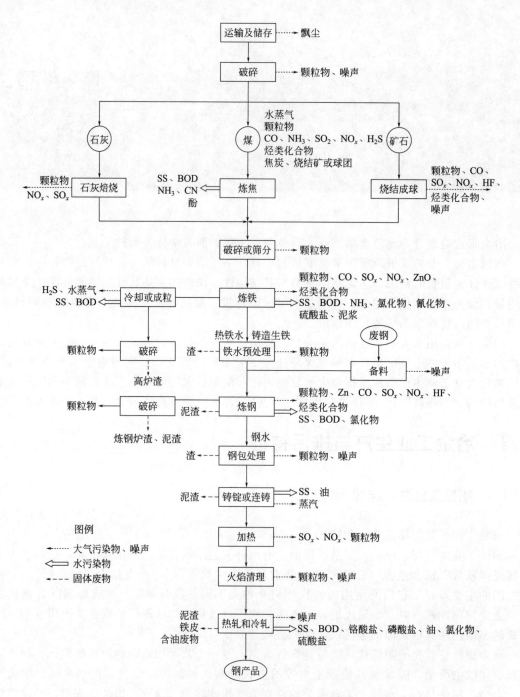

图 1-1  现代大型联合钢铁厂主要生产工艺及节点排污特征

明显减少，根据国际钢铁协会统计，年产 200 万吨 EAF 厂最多占地 $2km^2$。电弧炉钢厂生产工艺流程如图 1-2 所示。

（2）钢铁生产与排污特征

联合钢铁厂的生产涉及每一道生产工序，每道工序都需有不同投料（物料和能源），并排出各种各样的残料和废物。其中液态的有废水以及其中含有的悬浮物（SS）、油、氨氮、酚、氰等有毒有害物质；气态有 $CO_2$、$NO_x$、$SO_2$、$H_2S$ 以及 VOCs 与烟尘等颗粒物；固态有尘泥、高炉渣、转炉渣、氧化铁皮、活性污泥与耐火材料等。其中主要成分的物料与能源的总平衡如图 1-3 所示。

EFA 炼钢厂工艺流程主要投入和产出所产生的排污要比联合钢铁厂少得多，其排污特征与物料-能源平衡如图 1-4 所示。

应该说明的是，图 1-3、图 1-4 与第 8 章有关的图 8-1～图 8-9 的数据是通过世界有代表性的联合企业的不同来源获得的，所以，它们虽有代表性，但不是绝对准确的。该项工作是由联合国环境规划署工业与环境中心（UNEPIE）和国际钢铁协会（ⅡSI）经工程实例实测结果提出的。目前，他们正与一些成员国的公司在进行更详细的总结。

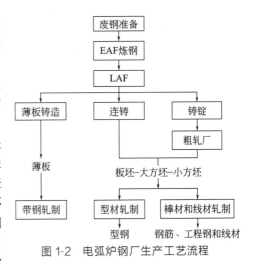

图 1-2　电弧炉钢厂生产工艺流程

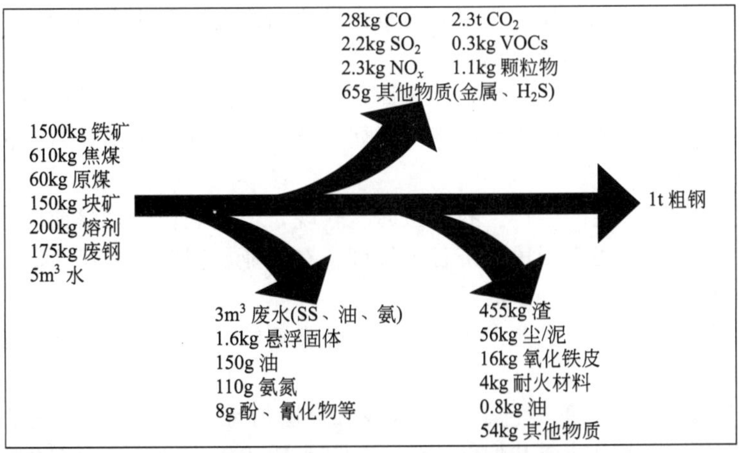

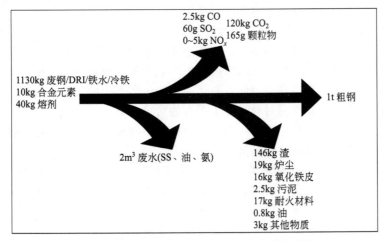

图 1-3　联合钢铁企业排污特征与能源-物料平衡

输入能源分类：19.2GJ 煤、5.2GJ 蒸汽、3.5GJ 电（364kW·h）、0.3GJ 氧气、0.04GJ 天然气。

输出能源分类：5.2GJ 蒸汽、3.4GJ 电（364kW·h）、0.9GJ 煤焦油、0.3GJ 苯。

图 1-4　电弧炉钢厂的排污特征与能源-物料平衡

输入能源细分：5.5GJ 电（572kW·h）、1.3GJ 天然气（40m³）、450MJ 煤/焦炭（15kg）、205MJ 氧气（30m³）、120MJ 电极消耗（3.5kg）。

## 1.1.2 有色工业生产与污染特征

（1）生产方式与特征

根据我国对金属元素的正式划分与分类，除铁、锰、铬以外的64种金属和半金属，如铜、铅、锌、镍、钴、锡、锑、镉、汞等划为有色金属。这64种金属根据其物理、化学特性和提取方法，又分为重有色金属、轻有色金属、贵金属和稀有金属四大类。其中，重有色金属通常是指相对密度在4.5以上的有色金属，包括铜、铅、锌、镍、钴、锡、锑、镉、汞等；轻有色金属是指相对密度在4.5以下的有色金属，包括铝、镁、钛等；稀有金属，主要是指地壳上含量稀少、分散、不易富集成矿或难以冶炼提取的一类金属，例如锂、铍、钨、钼、钒、镓、锗等；贵金属主要是指金、银等。

有色金属冶炼方法有火法、湿法和电解法等，由于有色金属的物理化学特性各异，故其提炼方法各不相同。湿法冶炼是将精矿经过焙烧后产生的焙砂（或不焙烧直接用精矿），用各种酸基或碱基溶剂进行浸出，使精矿（或焙砂）中的金属进入浸出液中。由于浸出法除主要需浸出的金属外还有其他金属，所以要对浸出液进行净化，除去杂质元素，直到得到合格溶液后再进行电解，最后得到纯金属。

火法冶炼是在精矿中加入各种熔剂、还原剂生成金属品位较高的精矿粉，再经粗炼得到粗金属。最后用火法精炼或电解精炼制得纯金属。有些精矿在熔炼前还需要进行焙烧、烧结或制成球团等预处理。

例如轻有色金属铝工业的生产，我国虽起步较晚，但发展很快，目前已建成了比较完整的铝工业体系，已广泛应用于国民经济各个领域，在工业、国防和人民生活中占有十分重要的地位，为我国有色金属优先发展的品种。

有色金属工业生产品种繁多，由于生产产品种类不同，生产方式不同，故其能耗与排污状况也各不相同。

① 重有色金属的冶炼 重有色金属的冶炼有火法冶炼与湿法冶炼。火法冶炼时含有大量烟尘与毒性气体，因水力冲渣和烟气洗涤，故其水质比较复杂，且含有各种重金属毒性物质。电冶炼有电炉渣，电解时则有阳极泥等固体废物。

湿法冶炼时产生大量重金属废水。精矿在焙烧时产生高温并含有大量重金属烟尘，在焙烧浸出时产生各种浸出渣，在电解时产生阳极泥等。

② 轻有色金属的冶炼 轻有色金属冶炼的代表为铝工业的生产，有氧化铝、金属铝和铝加工。由于生产工艺与产品形态不同，故其能耗与排污状况也不相同。氧化铝冶炼所采用的方法有3种，即拜耳法、烧结法和联合法。生产氧化铝的原料是铝土矿；金属铝的生产原料除氧化铝外，还有冰晶和沥青。因此，氧化铝生产工艺产生的赤泥，电解铝厂产生的含氟烟气以及大量废炭块和废弃保温材料是最为严重的污染物。

镁生产方法有电解法和热还原法。镁冶炼烟气污染特征为氯气及其化合物，废水特征是酸性且含氯化物，固体废物为酸性废渣。

③ 稀有金属冶炼 稀有金属种类很多，且由于原料成分复杂，工业生产难以定型，因此，能耗与污染特征各异。总体而言，稀有金属污染特征为：对稀有金属原料采用湿法冶炼时，产生酸性废液、碱性废液，以及含有各种毒性物质，如镉、铬、砷、铍等盐类的废水；固体废物则有酸浸渣、碱浸渣、中和渣和各种毒性废渣。

如采用火法冶炼时，则产生还原渣、氯化渣、氧化熔炼渣以及有毒烟尘气。废气通常以氯气及其化合物为主。废水则多为酸性或碱性并且含多种重金属、稀有金属和放射性物质。

④ 贵金属冶炼　由于贵金属（如黄金）冶炼需要经过多道工序，一般而言，黄金冶炼厂的废水主要来自氰化浸金、电积和除杂等工序，相应的废水主要含氰和其他铜、铅、锌等重金属离子。火法冶炼时要产生一些含重金属的烟尘，也要产生一些废渣，但通常不直接废弃而采用回收利用。

有色金属冶炼利用的能源有煤炭、原油、天然气、电力、煤气、成品油、液化石油等，但以电力能源为主，占有色金属能源结构的 65％以上；其次为煤炭和焦炭。在有色金属工业能源消耗中，铝、铜、铅、锌的能耗占有色工业总能耗的 80％以上。

（2）污染特征与能耗状况

有色金属工业是高耗能产业。近年来，我国有色金属工业的快速发展在很大程度上依靠增加固定资产投资，扩大产业规模的粗放型发展模式。尽管通过推动先进技术，加强管理，推进清洁生产，有色金属工业的单位产品能源消耗和污染物排放出现下降趋势。但由于产量快速增长，能源消耗总量和污染物排放总量仍然不可避免地出现增长。

在能源消耗方面，我国有色金属工业能源消耗总量在不断上升。以 2006 年国内电解铝产量 $922×10^4 t$，吨铝锭综合交流电耗按 14661kW·h 计算，当年我国电解铝生产用电量达到 $1352×10^8$ kW·h，比上年增长 18.6％，超过同期国内发电量的增长幅度。2010 年国内电解铝产量达到 $1200×10^4 t$，按吨铝锭综合交流电耗达到 14300kW·h 的世界先进水平计算，国内电解铝生产用电量已达到 $1716×10^8$ kW·h，比 2006 年增长 26.9％。这种发展，将对实现国家经济和社会发展规划提出的单位 GDP 降低能源消耗 20％的节能目标构成很大压力。

由于有色金属在生产过程中消耗大量矿产资源、能源和水资源，产生大量固体废弃物、废水和废气。因此，一定要注意污染物的排放。2005 年有色金属矿山采剥废石 $1.6×10^8 t$，产出尾矿约 $1.2×10^8 t$，赤泥 $780×10^4 t$，炉渣 $766×10^4 t$；排放二氧化硫 $40×10^4 t$ 以上，废水 $2.7×10^8 t$。这些"三废"既是污染物，也能成为可利用资源。但是，当前我国有色金属工业的"三废"资源化程度还比较低，固体废物利用率仅在 13％左右；低浓度二氧化硫几乎没有利用；从工业废水中回收有价元素大多数企业还是空白；除少数大型企业利用冶炼余热发电外，大部分企业余热利用率很低。我国有色金属工业"三废"资源化程度低，已成为产业发展的突出问题。

近年来我国有色金属工业的年能源消耗总量已超过 8000 万吨标准煤，约占全国能源消耗的 3.5％。其中铝工业万元 GDP 能耗是全国平均水平的 4 倍以上。因此，有色金属工业实现持续发展，必须坚持节能减排，推进清洁生产，从源头削减"三废"并实现废物资源化。节能降耗减排是今后有色金属工业发展的重中之重。

# 1.2　冶金废水特征与主要污染物

## 1.2.1　钢铁工业废水特征与潜在环境危害

（1）废水特征与主要污染物

钢铁工业废水的特点为：a. 废水量大，污染面广；b. 废水成分复杂，污染物质多；c. 废水水质变化大，造成废水处理难度大。钢铁工业废水的水质因生产原料、生产工艺和生产方式不同而有很大的差异，有的即使采用同一种工艺，水质也有很大变化。如氧气顶吹转炉除尘污水，在同一炉钢的不同吹炼期，废水的 pH 值可在 4～13 之间，悬浮物可在 250～25000mg/L 之间变化。间接冷却水在使用过程中仅受热污染，经冷却后即可回用。直接冷却水因与物料等直接接触，含有同原料、燃料、产品等成分有关的各种物质。由于钢铁工业废水水质的差异大、变化大，无疑加大废水处理工艺的难度。归纳起来，钢铁工业废水污染物及其特征如下。

① 无机悬浮物及其特征　悬浮固体是钢铁生产过程中（特别是联合钢铁企业）所要排放的主要水中污染物。悬浮固体主要由加工过程中铁鳞形成产生的氧化铁所组成，其来源如原料装卸遗失、焦炉生产与水处理装置的遗留物、酸洗和涂镀作业线水处理装置以及高炉、转炉、连铸等湿式除尘净化系统或水处理系统等，分别产生煤、生物污泥、金属氢氧化物和其固体。悬浮固体还与轧钢作业产生的油和原料厂外排废水有关。正常情况下，这些悬浮物的成分在水环境中大多是无毒的（焦化废水的悬浮物除外），但会导致水体变色、缺氧和水质恶化。

② 重金属污染物及其特征　金属对水环境的排放已成为关注的重要因素，因此，含金属废物（固体和液体），特别是含重金属废物的废水的处理已引起人们很大的关注。它是关系到水体能否作为饮用水、工农业用水、娱乐用水或确保天然生物群的生存的重要条件。

钢铁工业生产排水中含有不同浓度的重金属污染物，如炼钢过程的水可能含有高浓度的锌和锰，而冷轧机和涂镀区的排放物可能含有锌、镉、铬、铝和铜。与很多易生物降解的有机物不同，重金属不能被生物降解为无害物，排入水体后，除部分为水生生物、鱼类吸收外，其他大部分易被水中的各种有机无机胶体和微粒物质吸附，经聚集而沉积于水底，最终进入生物链而严重影响人类健康。

另外，来自钢铁生产的金属（特别是重金属）废物可能会与其他有毒成分结合。例如，氨、有机物、润滑油、氰化物、碱、溶剂、酸等，它们相互作用，构成并释放对环境危害更大的有毒物。因此，必须采用生化法、物化法最大限度地减少废水、废物所产生的危害和污染。

③ 油与油脂污染物及其特征　钢铁工业油和油脂污染物主要来源于冷轧、热轧、铸造、涂镀和废钢储存与加工等。多数重油和含脂物质不溶于水。但乳化油则不同，在冷轧中乳化油使用非常普遍，是该工艺流程的重要组成部分。油在废水中通常有4种形式。a. 浮油，浮展于废水表面形成油膜或油层。这种油的粒径较大，一般大于 $100\mu m$，易分离。混入废水中的润滑油多属于这种状态。浮油是废水中含油量的主要部分，一般占废水中总含油量的80%左右。b. 分散于废水中油粒状的分散油，呈悬浮状，不稳定，长时间静置不易全部上浮，油粒径为 $10\sim100\mu m$。c. 乳化油，在废水中呈乳化（浊）状，油珠表面有一层由表面活性剂分子形成的稳定薄膜，阻碍油珠黏合，长期保持稳定，油粒微小，为 $0.1\sim10\mu m$，大部分在 $0.1\sim2\mu m$。轧钢的含油废水常属此类。d. 溶解油，以化学方式溶解的微粒分散油，油粒直径比乳化油还小。一般而言，油和油脂较为无害，但排入水体后引起水体表面变色，会降低氧传导作用，对水体鱼类、水生生物的破坏性很大，当河、湖水中含油量达 $0.01mg/L$ 时，鱼肉就会产生特殊气味，含油再高时，将使鱼鳃呼吸困难而窒息死亡。每亩水稻田中含 $3\sim5kg$ 油时，就明显影响生长。乳化油中含有表面活性剂，具有致癌性物质，它在水中的危害更大。

④ 酸性废水污染物及其特征　钢材表面上形成的氧化铁皮（$FeO$、$Fe_2O_3$、$Fe_3O_4$）都是不溶于水的碱性物质（氧化物），当把它们浸泡在酸液里或在表面喷洒酸液时，这些碱性氧化物就与酸发生一系列化学反应。

钢材酸洗通常采用硫酸、盐酸，不锈钢酸洗常采用硝酸-氢氟酸混酸酸洗。酸洗过程中，由于酸洗液中的酸与铁的氧化作用，使酸的浓度不断降低，生成的铁盐类不断增高，当酸的浓度下降到一定程度后，必须更换酸洗液，这就形成酸洗废液。

经酸洗的钢材常需用水冲洗以去除钢材表面的游离酸和亚铁盐类，这些清洗或冲洗水又产生低浓度含酸废水。

酸性废水具有较强的腐蚀性，易于腐蚀管渠和构筑物；排入水体，会改变水体的 pH 值，干扰水体自净，并影响水生生物和渔业生产；排入农田土壤，易使土壤酸化，危害作物生长。

⑤ 有机需氧污染物及其特征　钢铁工业排放的有机污染物种类较多，如炼焦过程排放各种各样的有机物，其中包括苯、甲苯、二甲苯、萘、酚、PAH 等。以焦化废水为例，据不完全分析，废水中共有 52 种以上有机物，其中苯酚类及其衍生物所占比例最大，占 60% 以上，其次为喹啉类化合物和苯类及其衍生物，所占的比例分别为 13.5% 和 9.8%，以吡啶类、苯类、吲哚类、联苯类为代表的杂环化合物和多环芳烃所占比例在 0.84%～2.4%。

炼钢厂排放出的有机物可能包括苯、甲苯、二甲苯、多环芳烃（PHA）、多氯联苯（PCB）、二噁英、酚、VOCs 等。这些物质如采用湿式烟气净化，不可避免地残存于废水中。这些物质的危害性与致癌性是非常严重的，必须妥善处理方可外排。

（2）钢铁生产潜在污染物与潜在环境影响

钢铁工业是我国能源资源消耗大户，更是污染大户，其排放的污染物对环境的危害见表 1-1。

**表 1-1**　钢铁工业的污染物排放及潜在的环境影响

| 工艺阶段 | 潜在污染物排放 | 潜在的环境影响 |
|---|---|---|
| 原料处理 | 粉尘 | 局部沉积 |
| 烧结/球团生产 | 粉尘（包括 $PM_{10}$）、CO、$CO_2$、$SO_2$、$NO_x$、VOCs、甲烷、二噁英、金属、放射性同位素、HCl/HF、固体废弃物 | 空气和土壤污染、地面臭氧、酸雨、全球变暖、噪声 |
| 炼焦生产 | 粉尘（包括 $PM_{10}$）、PAHs、苯、$NO_x$、VOCs、甲烷、二噁英、金属、放射性同位素、HCl/HF、固体废弃物 | 空气、土壤和水污染、酸雨、地面臭氧、全球变暖、气味 |
| 废钢铁储存/加工 | 油、重金属 | 土壤和水污染、噪声 |
| 高炉 | 粉尘（包括 $PM_{10}$）、$H_2S$、CO、$CO_2$、$SO_2$、$NO_x$、放射性同位素、氰化物、固体废弃物 | 空气、土壤和水污染、酸雨、地面臭氧、全球变暖、气味 |
| 碱性氧气顶吹转炉 | 粉尘（包括 $PM_{10}$）、金属（如锌、铅、汞）、二噁英 | 空气、土壤和水污染、地面臭氧 |
| 电弧炉 | 粉尘（包括 $PM_{10}$）、金属（如锌、铅、汞）、二噁英 | 空气和土壤污染、噪声 |
| 二次精炼 | 粉尘（包括 $PM_{10}$）、金属、固体废弃物 | 空气和土壤污染、噪声 |
| 铸造 | 粉尘（包括 $PM_{10}$）、金属、油、固体废弃物 | 空气和土壤污染、噪声 |
| 热轧 | 粉尘（包括 $PM_{10}$）、油、CO、$CO_2$、$SO_2$、$NO_x$、VOCs、固体废弃物 | 空气、土壤和水污染、地面臭氧、酸雨 |
| 冷轧 | 油、油雾、CO、$CO_2$、$SO_2$、$NO_x$、VOCs、固体废弃物 | 空气、土壤和水污染、地面臭氧 |
| 涂镀 | 粉尘（包括 $PM_{10}$）、VOCs、金属（如锌、六价铬）、油 | 空气、土壤和水污染、地面臭氧、气味 |
| 废水处理 | 悬浮固体、金属、pH 值、油、氨、固体废弃物 | 水/地下水和沉积污染 |
| 气体净化 | 粉尘/污泥、金属 | 土壤和水污染 |
| 化学品储存 | 不同化学物质 | 水/地下水污染 |

应该说明的是，钢铁工业的生存与发展是与矿产、水资源、能源、运输、环保五大因素直接相关的，而钢铁工业污染物排放与潜在的环境影响涉及的方面更多，如原料、能源、资源、工艺、设备、技术、操作、管理、监控、防治水平、周围环境、气象条件以及社会进步、科技发展与经济能力等。它是以社会对环境保护重要性判断为基础，并与当前科学技术与经济发展水平相适应为依据。

钢铁工业面临的环境问题，既是地区性的，也是全球性的。世界各国钢铁企业都潜在环境污染问题，它们包括大气、水源、地表、地下、海洋、生态与生物多样性等环境问题。因此，保护环境是钢铁工业一项极其重要的任务。

为了适应新时期的发展要求，以清洁生产为手段，运用循环经济发展模式，实现可持续发展战略，建立资源节约型和环境友好型的绿色钢铁企业，这是 21 世纪钢铁企业发展的战略性目标与任务。

## 1.2.2　有色金属工业废水特征与危害

（1）废水来源特征与分类

有色金属的种类很多，冶炼方法多种多样，较多采用的是火法冶炼和湿法冶炼等。当今世界上 85% 的铜是火法冶炼的。在我国处理硫化铜矿和精矿，一般采用反射炉熔炼、电炉熔炼、鼓风炉熔炼和近年来开发的闪速炉冶炼。锌冶炼则以湿法为主；汞的生产采用火法；铅冶炼主要采用焙烧还原法熔炼。轻有色金属中铝的冶炼是采用熔融盐电解法生产的等。因此，有色金属冶炼过程中，废水来源主要为火法冶炼时的烟尘洗涤废水，湿法冶炼时的工艺过程外排水和跑、冒、滴、漏的废水，以及冲渣、冲洗设备、地面和冷却设备的废水等。

有色金属工业废水是指在生产有色金属及其制品过程中产生和排出的废水。有色金属工业从采矿、选矿到冶炼，以至成品加工的整个生产过程中，几乎所有工序都要用水，都有废水排放。

① 有色金属矿山废水来源　矿山废水包括采矿与选矿两种。矿山开采会产生大量矿山废水，是由矿坑水、废石场淋洗时产生的废水组成的。采矿工艺废水由于矿床的种类、矿区地质构造、水文地质等因素不同，矿山废水中常含有大量 $SO_4^{2-}$、$Cl^-$、$Na^+$、$K^+$、$Ca^{2+}$、$Mg^{2+}$ 等离子，以及钛、砷、镉、铜、锰、铁等重金属元素。采矿废水分为采矿工艺废水和矿山酸性废水，其中矿山酸性废水能使矿石、废石和尾矿中的重金属转移到水中，造成环境水体的重金属污染。矿山的采矿废水通常是：a. 酸性强且含有多种重金属离子；b. 水量较大，排水点分散；c. 水流时间长，水质波动大。

选矿废水是包括洗矿、破碎和选矿三道工序排出的废水。选矿废水的特点是水量大，占整个矿山废水的 40%～70%，其废水污染物种类多，危害大，含有各种选矿药剂，如黑药、黄药、氰化物、煤油等以及氟、砷和其他重金属等有毒物，废水中 SS 含量大，通常可达每升数千至几万毫克，因此，对矿山废水应妥善处理方可外排。

② 重有色金属冶炼生产废水来源　典型的重有色金属如 Cu、Pb、Zn 等的矿石一般以硫化矿分布最广。铜矿石 80% 来自硫化矿。目前世界上生产的粗铅中 90% 采用熔烧还原熔炼，基本工艺流程是铅精矿烧结焙烧，鼓风炉熔炼得粗铅，再经火法精炼和电解精炼得到铅；锌的冶炼方法有火法和湿法两种，湿法炼锌的产量占总产量的 75%～85%。

重有色金属冶炼废水中的污染物主要是各种重金属离子，其水质组成复杂、污染严重，其废水主要包括以下几种。

1）炉窑设备冷却水是冷却冶炼炉窑等设备产生的，排放量大，约占总量的 40%。

2）烟气净化废水是对冶炼、制酸等烟气进行洗涤产生的，排放量大，含有酸、碱及大量重金属离子和非金属化合物。

3）水淬渣水（冲渣水）是对火法冶炼中产生的熔融态炉渣进行水淬冷却时产生的，其中含有炉渣微粒及少量重金属离子等。

4）冲洗废水是对设备、地板、滤料等进行冲洗所产生的废水，还包括湿法冶炼过程中因泄漏而产生的废液，此类废水含重金属和酸。

③ 轻有色金属冶炼生产废水来源　铝、镁是最常见也是最具代表性的两种轻金属。我国主要用铝矾土为原料采用碱法来生产氧化铝。废水来源于各类设备的冷却水、石灰炉排气的洗涤水及地面等的清洗水等。废水中含有碳酸钠、氢氧化钠、铝酸钠、氢氧化铝及含有氧化铝的粉尘、物料等，危害农业、渔业和环境。

金属铝采用电解法生产，其主要原料是氧化铝。电解铝厂的废水主要是由电解槽烟气湿法净化产生的，其废水量、废水成分和湿法净化设备及流程有关，吨铝废水量一般在 $1.5\sim15m^3$。废水中的主要污染物为氟化物。

我国目前主要以菱镁矿为原料，采用氯化电解法生产镁。氯在氯化工序中作为原料参与生成氯化镁，在氯化镁电解生成镁的工序中氯气从阳极析出，并进一步参加氯化反应。在利用菱镁矿生产镁锭的过程中氯是被循环利用的。镁冶炼废水中能对环境造成危害的成分主要是盐酸、次氯酸、氯盐和少量游离氯。

④ 稀有金属冶炼生产废水来源　稀有金属由于种类多（有 50 多种）、原料复杂，金属及化合物的性质各异，再加上现代工业技术对这些金属产品的要求各不相同，故其冶金方法相应较多，废水来源和污染物种类也较为复杂，这里只做一概略叙述。

在稀有金属的提取和分离提纯过程中，常使用各种化学药剂，这些药剂就有可能以"三废"形式污染环境。例如在钽、铌精矿的氢氟酸分解过程中加入氢氟酸、硫酸，排出水中也就会有过量的氢氟酸。稀土金属生产中用强碱或浓硫酸处理精矿，排放的酸或碱废液都将污染环境。此外，某些稀有金属矿中伴有放射性元素时，提取该金属所排放的废水中就会含有放射性物质。

稀有金属冶炼废水的主要来源为生产工艺排放废水、除尘洗涤水、地面冲洗水、洗衣房排水及淋浴水。废水特点是废水量较少，有害物质含量高；稀有金属废水往往含有毒性，但致毒浓度限制未曾明确，尚需进一步研究；不同品种的稀有金属冶炼废水均有其特殊性质，如放射性稀有金属、稀土金属冶炼厂废水均含放射性物质，铍冶炼厂废水含铍等。

⑤ 贵金属冶炼生产废水来源　贵金属是以金、银为代表的金属。冶炼是生产金、银的重要方法，我国黄金生产涉及冶炼的主要物料有重砂、海绵金、钢棉电积金和氰化金泥。重砂、海绵金、钢棉电积金冶炼工艺较为简单，氰化金泥冶炼工艺较为复杂。

黄金冶炼生产废水主要来自氰化浸金、电积和除杂等工序。相应的废水中所含污染物主要是氰化物、铜、铅、锌等重金属离子，其中氰化物含量高、毒性大。

含氰废水主要是在用氰化法提取黄金时产生的。该废水排放量较大，含氰化物、铜等有害物质的浓度较高。如某金矿每天排放废水 $100\sim2000m^3$，废水中含氰化物（以氰化钠计）$1600\sim2000mg/L$、含铜 $300\sim700mg/L$、硫氰根 $600\sim1000mg/L$。

⑥ 有色金属加工废水来源　有色金属加工废水比较复杂，其废水种类和来源主要有以下几种。

1）含油废水。主要来源于油压、水压和其他轧制加工设备的润滑、冷却和清洗等含油废水。

2）含酸废水。来源于酸洗过程中漂洗水和酸洗废液。其废水成分除含酸性废水外，其他污染物随酸洗加工金属不同而异，废水成分复杂。

3）含铬废水。主要来源于电镀工序的镀铬漂洗废水。如电镀其他金属，其水质因电镀材料不同而异，但通常以镀铬最为普遍。

4）氧化着色工艺含酸碱废水。来源于氧化着色工艺的脱脂、碱洗、光化、阳极氧化、封孔、着色等各工序与清洗工序的各种废水。

5) 放射性废水。来源于铀钍和镍镉等加工工序，以及同位素试验与放射性原料的废水。

根据上述废水来源和金属产品加工对象不同，有色金属工业废水可分为采矿废水、选矿废水、冶炼废水及加工废水。冶炼废水又可分为重有色金属冶炼废水、轻有色金属冶炼废水、稀有金属冶炼废水和贵金属冶炼废水。按废水中所含污染物的主要成分，有色金属冶炼废水也可分为酸性废水、碱性废水、重金属废水、含氰废水、含氟废水、含油类废水和含放射性废水等。

(2) 主要污染物与危害特征

① 汞的危害　汞具有很强的毒性，有机汞比无机汞的毒性更大，更容易被生物吸收和积累，长期的毒性后果严重。它的毒性表现为损害细胞内酶系统蛋白质的巯基。无机汞中的氰化汞、硝酸汞、氯化汞毒性较大，氯化汞对人的致死量为 7mg/kg（体重），硫化汞毒性最小。水体中汞浓度达 $0.006\sim0.01$mg/L 时，可使鱼类或其他水生生物死亡，浓度为 0.001mg/L 时，可抑制水体的自净作用。汞通过食物链富集的能力是惊人的，淡水浮游植物能富集汞 1000 倍，鱼能富集 1000 倍，而淡水无脊椎动物的富集可高达 10 万倍。水体一旦被汞废水污染就很难恢复。甲基汞能大量积累于人脑中，引起动作失调、精神错乱、痉挛等疾病，甚至造成死亡。日本发生的水俣病就是由于长期食用被甲基汞污染的鱼类而引起的一种中枢神经性疾病。汞中毒患者极难治愈，应以预防为主。

② 镉的危害　镉类化合物毒性很大，镉和其他元素（如铜、锌）的协同作用可增加其毒性。对水生生物、微生物、农作物都有毒害作用。浓度为 $0.01\sim0.02$mg/L 时，对鱼类有毒性影响；浓度为 $0.2\sim1.1$mg/L 时，可使鱼类死亡；浓度为 0.1mg/L 时，可破坏水体的自净作用。灌溉水中含镉，不仅污染土壤，还可使稻米、玉米、大豆、蔬菜、小麦等作物含镉。镉有很强的潜在毒性，即使饮用镉浓度低于 0.1mg/L 的水，也能在人体组织内积聚，潜伏期可长达 $10\sim30$ 年。经呼吸道吸入的镉比经消化道吸收的毒性大 60 倍左右。例如，人在浓度为 $5$mg/m$^3$ 的氧化镉烟雾中工作 8h，可引起急性中毒死亡。镉进入人体后，主要累积于肝、肾和脾脏内，引起骨节变形、神经痛、分泌失调以及肝、肾等心血管病。日本发生的"痛痛病"就是因长期饮用含镉污染的水和食用被镉污染的粮食而造成的。故国际卫生组织确定的国际饮用水标准中含镉浓度不得超过 0.01mg/L。

③ 铬的危害　金属铬的毒性很小，六价铬化合物及其盐类毒性最大，三价铬次之，二价最小。六价铬的毒性比三价铬几乎大 100 倍。铬的化合物常以溶液、粉尘或蒸气的形式污染环境，危害人体健康，可通过消化道、呼吸道、皮肤和黏膜侵入人体。铬对人体的毒害有全身中毒，对皮肤黏膜的刺激作用，引起皮炎、湿疹、气管炎和鼻炎，引起变态反应并有致癌作用，如六价铬可以诱发肺癌和鼻咽癌。空气中铬酸酐浓度为 $0.15\sim0.3$mg/m$^3$ 时，可使鼻中隔穿孔。饮用水中含铬浓度在 0.1mg/L 以上时，就会使人呕吐，侵害肠道和肾脏。铬的化合物对水生生物都有致害作用，特别是六价铬的危害最大。灌溉水中浓度为 0.1mg/L，可对水稻种子萌芽有抑制作用。无论是三价还是六价铬的化合物都会使水体的自净作用受到抑制。

④ 铅的危害　铅及其化合物对人体都是有毒的，突出的影响是损害造血系统和心血管系统、神经系统和肾脏。铅对造血系统和心血管系统的毒害，主要表现为抑制血红蛋白合成、溶血和血管痉挛，如每日摄取铅量超过 $0.3\sim1.0$mg，就可在人体内积累，引起贫血、神经炎、肾炎和肝炎。天然水体中含铅量一般为 $0.005\sim0.01$mg/L，铅一般不与微生物作用，但可通过食物链富集。铅对鱼类的致死浓度为 $0.1\sim0.3$mg/L。铅浓度为 0.1mg/L 时可破坏水体的自净作用。

⑤ 砷的危害　砷的氧化物和盐类很容易经消化道、呼吸道和皮肤吸收，但元素砷不易吸收。工业排出的砷大多数为三价的亚砷酸盐、砷粉尘和氧化物。由于三价砷能与人体内的

疏基结合而积蓄，导致慢性中毒，因此，三价砷比五价砷的毒性强。人体吸收的砷广泛地分布于各组织，但主要集中于肝内，其次为肾、心、脾等内脏。砷被认为是有致癌、致畸、致突变作用的"三致"物质。砷的口服致死剂量为 $100\sim300mg$，中毒剂量为 $10\sim50mg$。敏感者 $1mg$ 可中毒，$20mg$ 可致死。砷可通过食物链富集，海洋生物能从海水中富集大量的砷，故海产品的含砷量一般较高。含砷废水灌溉农田，其农作物亦可将砷富集。砷对农作物的毒害浓度为 $3mg/L$。

⑥ 铜的危害　铜对人体造血、细胞生长，人体某些酶的活动及内分泌腺功能均有影响，如摄入过量的铜，就会刺激消化系统，引起腹痛、呕吐。铜对低等生物和农作物的毒性较大，其浓度达 $0.1\sim0.2mg/L$ 即可使鱼类致死，与锌共存时毒性可以增加，对贝壳类水生生物的毒性更大，一般水产用水要求铜的浓度在 $0.01mg/L$ 以下。对于农作物，铜可使植物吸收养分的机能受到阻碍，植物吸收铜离子后，即固定于根部皮层。灌溉水中含铜较高时，即在土壤和作物中累积，可使作物枯死。铜对水体的自净作用有较严重的影响，浓度为 $0.01mg/L$ 时，使水的生化耗氧过程明显地受到抑制。

重金属离子除对人体有危害外，对农业和水产也有很大的影响。用含铜污水浇灌农田，会导致农作物遭受铜害，水稻吸收铜离子后，铜在水稻内积蓄，当积蓄的铜量占干农作物的万分之一以上时，不论给水稻施加多少肥料都要减产。铜对大麦产量的影响更严重，当土壤中氧化铜含量占土量的 $0.01\%$ 时，大麦产量仅为无氧化铜时的 $31.9\%$，而含量为 $0.025\%$ 时，产量只有 $0.5\%$，即基本没有收成。

锌、铅、镉、镍等重金属对植物都有危害。例如日本某矿山废水的 pH 值为 2.6，以游离酸为主，还含有少量的锌、铜、铁，混入部分清水后，pH 值为 4.5，用这种水进行灌溉，水稻产量减少 $57\%$，小麦和黑麦没有收成。

当水中含有重金属时，鱼鳃表面接触重金属，鳃因此在其表面分泌出黏液，当黏液盖满鱼鳃表面时，鱼便窒息死亡。重金属对鱼的安全浓度为：铜、汞 $0.2\sim0.4mg/L$，锌、镉、铅 $0.1\sim0.5mg/L$。

在铜、铅、锌的冶炼过程中，制酸工序还会产生大量的污酸废水。如果不处理直接外排入水体，将改变水中正常的 pH 值，直接危害生物正常的生长。废水中的酸还会腐蚀金属和混凝土结构，破坏桥梁、堤坝、港口设备等。

在金的冶炼过程中会产生大量的碱性含氰废水。氰是极毒物质，人体对氰化钾的致死剂量是 $0.25g$。废水中的氰化物在酸性条件下亦会成为氰化氢气体逸出而发生毒害作用。氢氰酸和氰化物能通过皮肤、肺、胃，特别是从黏膜吸收进入体内，可使全部组织的呼吸麻痹，最后致死。氰化物对鱼的毒害也较大，当水中含氰量为 $0.04\sim0.1mg/L$ 时，就可以使鱼致死。氰化物对细菌也有毒害作用，能影响废水的生化处理过程。

因此，对铜、铅、锌冶炼废水的处理主要是处理含重金属离子的酸性污水，对金冶炼厂的废水处理主要是处理含氰的碱性废水。

放射性物质对人类与环境的危害更为严重，更需妥善处理与处置。

# 1.3　钢铁工业废水减排回用与差距

## 1.3.1　废水回用与污染物减排

中国钢铁工业的环境保护从 20 世纪 70 年代中期开始，经历了 40 多年的发展历程，已发生了巨大的变化，污染物排放量不断减少，这是保证中国钢铁工业持续发展的前提和条件。特别是宝钢环保技术的引进与创新，为我国钢铁工业环境保护树立了榜样。就宝钢和新首钢而言，钢铁工业环境保护已达到了世界先进水平。但是，就钢铁工业全行业而言，由于地区差异、水平高低、技术优劣、经济强弱以及其他种种原因，与国外发达国家先进水平相比，存在着不同程度的差距。所以，目前钢铁行业仍是我国工业用水和污染的大户，节水减排仍是当今极其重要的任务。

（1）废水减排与处理状况

近10多年来，我国钢铁工业外排废水量、废水处理率与外排废水达标率如图1-5～图1-7所示。

图1-5　10多年中国钢铁工业外排废水量变化

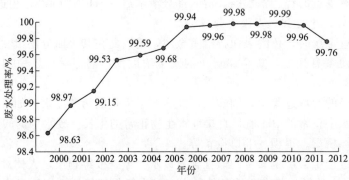

图1-6　10多年中国钢铁工业废水处理率变化

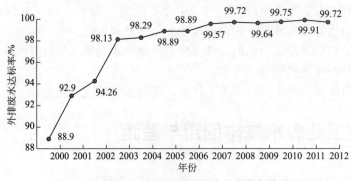

图1-7　10多年中国钢铁工业外排废水达标率变化

由图1-5～图1-7表明：10多年来，中国钢铁工业外排废水量逐年减少，从200804.81

万吨/年下降到 56014.21 万吨/年，下降率为 72.10%，废水处理率和外排废水达标率均逐年上升。

（2）废水排污与削减状况

近 10 多年来，钢铁工业废水主要污染物如 COD、SS、石油类、氨氮、酚、氰化物（以氰根计）等的排放情况见表 1-2。

表 1-2 2000～2012 年钢铁工业废水主要污染物排放情况

| 年份 | COD/t | 悬浮物/t | 石油类/t | 氨氮/t | 酚/t | 氰化物/t |
|---|---|---|---|---|---|---|
| 2000 | 115147.59 | 356730.97 | 7663.43 | — | 318.62 | 279.28 |
| 2001 | 85520.04 | 155506.54 | 6244.8 | 2709.92 | 181.61 | 218.88 |
| 2002 | 87261.25 | 146667.06 | 5906.75 | 1910.42 | 153.84 | 169.53 |
| 2003 | 83735.41 | 170397.11 | 5446.33 | 6584.25 | 192.71 | 127.82 |
| 2004 | 79825.85 | 137072.55 | 4677.71 | 5703.74 | 128.25 | 122.04 |
| 2005 | 65386.63 | 143509.73 | 4107.05 | 6272.99 | 123.08 | 84.47 |
| 2006 | 64924.45 | 98609.86 | 2986.94 | 7321.96 | 84.33 | 71.16 |
| 2007 | 54892.31 | 82631.59 | 2427.52 | 5207.71 | 63.51 | 52.97 |
| 2008 | 43293.52 | 62132.42 | 1885.52 | 4416.94 | 50.51 | 41.50 |
| 2009 | 35234.27 | 46651.74 | 1446.50 | 3232.24 | 37.20 | 46.84 |
| 2010 | 33203.22 | 31446.42 | 1081.89 | 2941.87 | 27.24 | 31.71 |
| 2011 | 28529.07 | 24328.73 | 900.89 | 2675.92 | 25.59 | 24.02 |
| 2012 | 22980.50 | 21614.06 | 721.96 | 2353.65 | 15.88 | 18.08 |
| 减排率/% | 80.00 | 93.94 | 90.58 | 13.15 | 95.02 | 93.53 |

从表 1-2 可以看出，从 2000 年到 2012 年，我国钢产量由 1.17 亿吨增加到 4.68 亿吨，增加 4.0 倍，但废水中排放的污染物不增反减，其中以酚、SS（悬浮物）和氰化物的减排量最多。COD、SS、石油类、酚和氰化物的减排率分别为 80.00%、93.94%、90.58%、95.02% 和 93.53%，氨氮先增后减，近几年来下降较大，说明由于钢产量增速过快，焦化废水处理脱氮设施未能即时同步配套，而在近几年强化了其净化要求，故产生先增高后下降情况。

（3）各生产厂排污状况

① 废水中主要污染物的厂间分布与吨产品分布状况 根据工序排污专题调研统计，钢铁工业各生产厂废水中主要污染物如 COD、SS、石油类、氨氮、酚、氰化物（以氰根计），在生产厂中的分布情况见表 1-3。

表 1-3 废水中主要污染物在生产厂中的分布状况

| 生产厂名称 | COD/t | 悬浮物/t | 石油类/t | 氨氮/t | 酚/t | 氰化物/t |
|---|---|---|---|---|---|---|
| 焦化 | 43.68 | 21.71 | 27.61 | 93.68 | 87.87 | 85.65 |
| 烧结 | 2.40 | 7.75 | 0.22 | 0.44 | 0.10 | 0.03 |
| 炼铁 | 21.33 | 23.97 | 14.57 | 0.43 | 7.61 | 11.46 |
| 炼钢 | 12.72 | 23.29 | 17.93 | 4.39 | 3.84 | 1.59 |
| 轧钢 | 19.87 | 23.27 | 39.67 | 1.06 | 0.40 | 1.27 |

由表 1-3 可知,中国钢铁工业排放 COD 量按大小排放依次序为焦化、炼铁、轧钢、炼钢和烧结;对悬浮物而言,只有烧结厂排放量较小,其他厂排放量较相近;各厂排放石油类污染物以轧钢厂最多,其次为焦化厂、炼钢厂和炼铁厂,而烧结厂产生量最少;氨氮主要来源于焦化厂。焦化厂是废水中氰化物的主要来源,其次是炼铁厂,烧结厂排放的氰化物最少。废水中 COD、氨氮、酚、氰等有毒物均以焦化厂最为明显,说明焦化厂是钢铁企业最严重污染的工厂。

按各生产厂吨产品分析,中国钢铁工业废水主要污染物如 COD、悬浮物、石油类、氨氮、酚、氰化物(以氰根计)的排放情况见表 1-4。

表 1-4　废水中主要污染物在各工序吨产品中的排放情况

| 工序名称 | 各厂吨产品污染物排放量/g | | | | |
| --- | --- | --- | --- | --- | --- |
| | COD | 悬浮物 | 石油类 | 氨氮 | 氰化物 |
| 烧结 | 6.96 | 27.10 | 0.05 | 0.02 | 0.00 |
| 焦化 | 495.59 | 296.95 | 22.33 | 18.38 | 1.62 |
| 炼铁 | 91.40 | 123.78 | 4.45 | 0.03 | 0.08 |
| 炼钢 | 46.61 | 102.89 | 4.68 | 0.28 | 0.01 |
| 轧钢 | 80.95 | 114.20 | 11.51 | 0.07 | 0.01 |

由表 1-4 可知,各厂吨产品排放的 COD、悬浮物、石油类、氨氮、氰化物量以焦化厂最多,烧结厂最小;石油类排放量比较大的还有轧钢厂;悬浮物和 COD 的排放情况,除焦化厂外,炼铁、炼钢和轧钢厂的排放量都比较大;氰化物和氨氮的排放除焦化厂外,其他各厂的排放量都不大。

② 各厂 COD 排放情况　COD(化学需氧量)的排放大小,排放废水中受有机污染物的污染程度与状况,是一项重要指标。

根据《中国钢铁工业环境保护统计》有关资料统计,我国钢铁企业 2006~2008 年各厂 COD 排放情况详见表 1-5。

表 1-5　2006~2008 年钢铁企业各厂 COD 排放情况

| 年份 | 项目名称 | 选矿 | 烧结 | 焦化 | 炼铁 | 炼钢 | 轧钢 | 电力和锅炉 |
| --- | --- | --- | --- | --- | --- | --- | --- | --- |
| 2006 | 排放量/t | 771.58 | 1408.87 | 15607.37 | 11026.74 | 5073.49 | 6601.30 | 933.14 |
| | 占总量百分比/% | 1.86 | 3.40 | 37.68 | 26.62 | 12.20 | 15.84 | 2.40 |
| | 吨钢 COD 量/mg | 2.50 | 4.60 | 514.10 | 363.20 | 167.10 | 217.40 | 3.10 |
| 2007 | 排放量/t | 638.75 | 1389.74 | 12906.83 | 10710.80 | 5051.46 | 6369.12 | 820.08 |
| | 占总量百分比/% | 1.69 | 3.67 | 34.07 | 28.27 | 13.33 | 16.81 | 2.16 |
| | 吨钢 COD 量/mg | 1.38 | 3.88 | 360.57 | 299.22 | 141.12 | 177.93 | 2.23 |
| 2008 | 排放量/t | 494.05 | 928.69 | 10423.29 | 7796.61 | 3688.04 | 4431.79 | 679.25 |
| | 占总量百分比/% | 1.73 | 3.26 | 36.65 | 27.42 | 12.97 | 15.58 | 2.39 |
| | 吨钢 COD 量/mg | 1.40 | 2.60 | 286.80 | 214.60 | 101.50 | 122.00 | 1.90 |

注:2006 年、2007 年和 2008 年的粗钢产量均以《中国钢铁工业环境保护统计》(2006~2008 年)的统计数据为准,即为 30356.18 万吨、35796.06 万吨和 36336.72 万吨。吨钢 COD 数据据此计算得出。

由表 1-5 可知,2006~2008 年我国钢铁企业按生产厂排放的 COD 量的大小排序均为焦化、炼铁、轧钢、炼钢和烧结，分别占总量的 37.68%、34.07%、36.65%、26.62%、28.27%；27.42%、15.84%、16.81%、15.58%、12.20%；13.33%、12.97%、3.40%、3.67%、3.26%。表 1-7 的计分析结果表明，钢铁企业每年各厂 COD 排放量虽有不同，但各厂 COD 排放量的大小顺序是相同的。这说明：a. 钢铁企业各厂所排放的 COD 和主要污染物是有规律的，以 COD 表示和体现各厂排放污染物状况与规律是可行的，是符合实际的；b. COD 减排与污染物减排是相互关联的，是成线性的；c. 表明我国钢铁企业各厂 COD 和主要污染物逐年排放情况是符合客观规律并与实际排放情况相一致的。因此，钢铁企业废水的污染物减排采用 COD 减排指标来表述是可行的。

（4）生产用水减排状况

"十一五"期间，钢铁行业清洁生产与环境保护水平取得较大进步。经过多年的努力，通过建立钢铁清洁生产试点企业等方式，清洁生产与环境保护理念已取得共识并取得显著效果。在此期间，我国大中型企业制订了清洁生产环境保护与循环经济发展规划，除了原来试点外，首钢、邯钢、太钢、湘钢、通钢、安钢、宣钢、孝钢、宁波建龙、武钢、本钢、唐钢、梅钢、水钢、马钢等在"十一五"期间都制订了清洁生产、环境保护与循环经济发展规划。因此，我国钢铁企业用水逐年下降，废水处理回用循环率不断提高，见表 1-6。

表 1-6　1996～2012 年钢铁企业用水与重复利用率

| 年份 | 钢产量/万吨 | 吨钢耗水量/m³ | 吨钢新水用量/m³ | 重复利用率/% | 企业用水总量情况 |
|---|---|---|---|---|---|
| 1996 | 8789 | 231.92 | 41.73 | 82.01 | 203.83 亿立方米（厂区 191.93 亿立方米，矿区 11.9 亿立方米） |
| 1997 | 9519.9 | 220.46 | 37.63 | 82.93 | 209.86 亿立方米（厂区 198.09 亿立方米，矿区 11.77 亿立方米） |
| 1998 | 10444.45 | 213.25 | 34.17 | 83.97 | 223.32 亿立方米（厂区 212.64 亿立方米，矿区 10.68 亿立方米） |
| 1999 | 11128.07 | 192.82 | 28.79 | 85.07 | 216 亿立方米（厂区 206 亿立方米，矿区 10 亿立方米） |
| 2000 | 11697.89 | 191.12 | 24.75 | 87.04 | 223.57 亿立方米（厂区 214.11 亿立方米，矿区 9.46 亿立方米） |
| 2001 | 14656.30 | 161.01 | 17.78 | 88.85 | 235.97 亿立方米（厂区 227.66 亿立方米，矿区 8.31 亿立方米） |
| 2002 | 16860 | 147.79 | 14.89 | 90.32 | 249.18 亿立方米（厂区 241.19 亿立方米，矿区 7.99 亿立方米） |
| 2003 | 22000 | 114.52 | 13.73 | 90.63 | 254.24 亿立方米（厂区 245.56 亿立方米，矿区 8.68 亿立方米） |
| 2004 | 27300[①] | 111.06 | 11.27 | 92.15 | 303.19 亿立方米（厂区 293.19 亿立方米，矿区 10 亿立方米） |
| 2005 | 34936[①] | 111.56 | 8.6 | 94.04 | 389.76 亿立方米（厂区 378.86 亿立方米，矿区 10.90 亿立方米） |
| 2006 | 30356.18 | 150.09 | 6.86 | 95.38 | 455.62 亿立方米（厂区 444.10 亿立方米，矿区 11.52 亿立方米） |
| 2007 | 35796.06 | 150.16 | 5.58 | 96.23 | 537.52 亿立方米（厂区 526.41 亿立方米，矿区 11.12 亿立方米） |
| 2008 | 36336.72 | 152.36 | 5.18 | 96.64 | 553.46 亿立方米（厂区 547.78 亿立方米，矿区 5.68 亿立方米） |

| 年份 | 钢产量/万吨 | 吨钢耗水量/m³ | 吨钢新水用量/m³ | 重复利用率/% | 企业用水总量情况 |
|---|---|---|---|---|---|
| 2009 | 38884.28 | 151.80 | 4.50 | 97.07 | 590.26 亿立方米（厂区 584.73 亿立方米，矿区 5.53 亿立方米） |
| 2010 | 43833.69 | 148.32 | 4.11 | 97.25 | 650.54 亿立方米（厂区 644.41 亿立方米，矿区 6.13 亿立方米） |
| 2011 | 45171.36 | 154.66 | 3.90 | 97.45 | 698.73 亿立方米（厂区 691.65 亿立方米，矿区 7.08 亿立方米） |
| 2012 | 46832.05 | 157.37 | 3.87 | 97.50 | 736.98 亿立方米（厂区 727.26 亿立方米，矿区 9.72 亿立方米） |

① 摘自《中国钢铁工业年鉴》（2008 年），《中国钢铁工业年鉴》编辑委员会。
注：除①外均摘自《钢铁企业环境保护统计》（1996～2012 年）有关数据。

从表 1-6 可以看出，钢铁企业吨钢耗水量由 1996 年的 231.92m³ 下降至 2012 年的 157.37m³，下降 74.55m³，下降率为 32.14%；吨钢新水用量由 47.73m³ 下降至 3.87m³，吨钢新水用量下降了 44.18m³，下降率为 92.59%；废水重复利用率提高了 15.49 个百分点。

如以 1996 年钢产耗新水量为基数，在同等产钢量条件下，2012 年要比 1996 年节省新水 354.36 亿立方米。说明我国钢铁工业用水与节水成效显著。但是由于钢产总量增加，用水总量仍呈上升趋势，用水短缺问题有增无减。

## 1.3.2　技术水平与差距

"十一五""十二五"期间，我国钢铁工业以科学发展观统领全行业发展，为建设和谐、节约型社会，提高钢铁企业自主技术创新能力建设，推行资源节约、资源综合利用，推进清洁生产，发展循环经济，实现和谐和环境友好型社会的关键时期。

中国钢铁工业的环境保护，从 20 世纪 80 年代开始，经历了 40 多年的发展历程，已发生了巨大的变化，污染物排放量不断减少，这是保证中国钢铁工业持续发展的前提和条件。特别是宝钢环保技术的引进与创新，为我国钢铁工业环境保护树立了榜样。就宝钢和首钢京唐等企业而言，钢铁工业节水减排已达到了世界先进水平。但是，就钢铁工业全行业而言，由于地区差异、水平高低、技术优劣、经济强弱以及其他种种原因，与国外发达国家先进水平相比，存在着不同程度的差异。所以，目前钢铁行业仍是我国工业污染的大户。据有关资料介绍，钢铁工业废水排放量仍占全国重点统计企业废水排放量的 10% 左右，二氧化硫排放量占全国工业二氧化硫排放量的 6% 左右，烟尘排放量占 5% 左右，粉尘排放量占 12% 左右。

"十一五""十二五"期间，我国钢铁企业在先进环保技术和环保工程的实施上进行了成效显著的工作，如在资源回收利用、控制污染、废水处理和循环利用、废气净化、可燃气体回收利用和含铁尘泥、钢铁渣综合利用等方面都取得了重大进展。包括焦化废水脱氨除氮技术、循环与串级用水技术、全厂综合废水处理与脱盐回用技术、煤气净化回收技术、电炉烟气治理技术、冶炼车间混铁炉等无组织排放烟气治理技术，以及焦炉煤气脱硫技术和矿山复垦生态技术等一大批环保技术的有效实施，使得我国钢铁工业节水减排的主要指标取得长足进步，见表 1-7。但国内重点钢铁企业之间发展也不平衡，差距还较大。总体而言，我国钢铁企业与国外同类企业之间的差距在缩小，有的指标甚至处于同等水平或略高，但总体水平的差距还是存在的。

表 1-7 2000~2012年重点统计钢铁企业环境保护主要指标

| 指标 | 2000年 | 2001年 | 2002年 | 2003年 | 2004年 | 2005年 | 2006年 | 2007年 | 2008年 | 2009年 | 2010年 | 2011年 | 2012年 |
|---|---|---|---|---|---|---|---|---|---|---|---|---|---|
| 吨钢综合能耗（标煤）/kg | 930 | 876 | 907 | 770 | 761 | 750 | 645 | 632 | — | — | — | — | — |
| 工业水重复利用率/% | 87.04 | 89.08 | 90.55 | 90.73 | 92.28 | 94.15 | 95.38 | 96.29 | 96.64 | 97.07 | 97.19 | 97.45 | 97.50 |
| 吨钢耗新水量/m³ | 25.24 | 18.81 | 15.58 | 13.73 | 11.27 | 8.6 | 6.86 | 5.58 | 5.18 | 4.50 | 4.11 | 3.90 | 3.87 |
| 吨钢外排废水量/m³ | 25.24 | 12.86 | 10.97 | 7.7 | 7.23 | 5.6 | 3.77 | 2.99 | 2.51 | 2.06 | 1.65 | 1.39 | 1.20 |
| 废水处理率/% | 98.43 | 98.96 | 99.18 | 99.52 | 99.58 | 99.67 | 99.94 | 99.94 | 99.98 | 99.98 | 99.99 | 99.96 | 99.76 |
| 废水处理达标率/% | 96.66 | 96.57 | 97.37 | 98.08 | 98.25 | 98.86 | 98.98 | 99.96 | 99.72 | 99.64 | 99.76 | 99.91 | 99.71 |
| 吨钢外排废气量（标态）/m³ | 12384.59 | 13211.14 | 13446.42 | 12594.56 | 12004.40 | 11975.84 | 17321.61 | 17525.29 | 19313.10 | 19501.48 | 18729.52 | 19995.36 | 21025.46 |
| 吨钢SO₂排放量/kg | 6.09 | 4.60 | 4.00 | 3.21 | 2.83 | 3.30 | 2.66 | 2.38 | 2.23 | 2.01 | 1.70 | 1.67 | 1.56 |
| 废气处理率/% | 97.33 | 97.97 | 98.01 | 98.31 | 98.91 | 99.25 | 99.50 | 99.62 | 99.66 | 99.84 | 99.68 | 99.18 | 99.89 |
| 废气处理达标率/% | 91.58 | 93.98 | 94.5 | 96.01 | 95.91 | 96.93 | 97.99 | 98.79 | 99.07 | 99.44 | 99.33 | 99.63 | 99.41 |
| 焦炉煤气利用率/% | 98 | 98.11 | 97.27 | 96.64 | 98.17 | 98 | 97.28 | 97.81 | 97.62 | 98.16 | 98.15 | 97.20 | 97.79 |
| 高炉煤气利用率/% | 91.52 | 91.89 | 93.13 | 91.61 | 95.85 | 96 | 92.07 | 93.50 | 94.01 | 95.01 | 95.30 | 95.73 | 95.82 |
| 转炉煤气利用率/% | 40.68 | 74.66 | 82.55 | 87.07 | 84.08 | 85 | 77.59 | 90.98 | 83.82 | 85.94 | 89.86 | 92.24 | 97.31 |
| 尘泥利用率/% | 97.86 | 98.69 | 98.63 | 98.46 | 98.66 | 98.5 | 98.76 | 99.17 | 99.42 | 99.47 | 99.79 | 95.34 | 97.37 |
| 废渣利用率/% | 46.79 | 54 | 57.96 | 58.07 | 60.48 | 62 | 67.43 | 71.50 | 72.97 | 77.01 | 80.70 | 80.21 | 79.14 |
| 高炉渣利用率/% | 86.18 | 89.24 | 89.67 | 92 | 95.68 | 96 | 93.41 | 93.18 | 95.36 | 97.43 | 97.68 | 97.13 | 97.01 |
| 钢渣处理与利用率/%① | 85.36 | 80.45 | 86.41 | 87.39 | 90.05 | 91 | 89.31 | 91.26 | 93.58 | 93.11 | 96.03 | 95.15 | 96.62 |
| 废酸处理率/%② | 91.15 | 96.80 | 96.37 | 90.01 | 95 | 97 | 94.79 | 99.95 | 99.90 | 99.89 | 99.84 | 100 | 100 |

① 钢渣利用率较低，堆存和填埋较多。
② 轧钢废酸利用率较低，少数企业回收利用。据初步统计，其中2006年、2007年、2008年、2009年废硫酸的处理率和利用率分别为89.59%、5.2%、90.28%、9.67%、91.00%、8.90%和85.70%、14.2%。硝酸-氢氟酸废液仅宝钢废酸部分回收利用。

（1）用水系统技术现状与问题

我国钢铁企业大都是经历由小变大、逐步改造、扩建、填平补齐的过程而发展起来的。因此，我国钢铁企业用水系统与节水减排存在如下弊病。

① 不少钢铁企业原来未设循环用水设施，近年来由于环保与用水要求，将间接冷却水与直流冷却水采用同一系统处理，造成间接冷却系统不能全部使用而用新水；浊循环系统又不能全部回用而必须外排。

② 循环系统设施不够完善，造成补水量大。不少钢铁企业原设有用水循环系统和设施，但是不完善或设施不配套，有的缺冷却设施，有的缺过滤或沉淀设施，有的缺污泥处理设施，造成有的水温不能达到用户要求，有的水质不能满足要求，有的因污泥排放造成二次污染并带走大量的废水。例如某钢铁厂高炉系统因无冷却系统，或因未设沉淀池而大量补加新水。

③ 水质稳定设施不完善，造成补水量大。很多钢铁企业已建成循环系统与设施，但因水质稳定处理系统不够完善，或因水处理药剂选择不当，使循环水质失稳，或 SS 增加或硬度增大，而必须加大补水进行稀释。这在钢铁企业经常发生。

④ 生产工艺落后，致使工艺用水量大。这是钢铁企业存在的通病。例如高炉冲渣，如采用转鼓法粒化装置工艺，则 1t 渣只需 1t 水；若用水冲渣，1t 渣需要 10t 水，且为目前钢铁行业最主要的冲渣方式。又如高炉煤气和顶吹转炉除尘，目前一般均为湿式洗涤工艺。一座 300m³ 高炉，煤气洗涤水一般为 300m³/h。水中仅 SS 含量超过 2000mg/L，且含有酚氰等有毒物质，处理系统较为庞杂。如采用干法除尘，不仅节约用水，而且杜绝水污染。

⑤ 循环水系统水的浓缩倍数低，补水量多，排水量大。我国钢铁企业水处理运行的浓缩倍数（除个别企业逐步用水循环系统达 3.0 外）多低于 2.0，宝钢先进企业也仅达到 2.5 左右。浓缩倍数是节水减排重要的技术经济指标。浓缩倍数越高，所需补水量越少，外排废水量就会减少，反之则补水越多。因此，提高循环水浓缩倍数势在必行。

（2）技术水平与差距

我国钢铁工业节水减排技术具有自身的特色，与国外一些发达国家相比并不逊色，并已出现各类示范性清洁工厂。就钢铁行业水处理技术整体而言，差距还是存在的。主要体现在以下几个方面。

① 就钢铁企业节水与回用的技术而言，已掌握了串级用水、循环用水、一水多用、分级使用等废水重复利用技术与工艺。循环用水是把废水转化为资源实现再利用；串级用水是将废水送到可以接受的生产过程或系统再使用；分级使用与一水多用是指按照不同用水要求合理配置使水在同一工序多次使用。这种串级用水、按质用水、一水多用和循环使用技术与措施从根本上减少新水用量及废水外排量，是节约水资源、保护水环境的根本途径。

② 对于料场废水、烧结废水、高炉冲渣水、转炉除尘废水、连铸机冷却用水等，也已经掌握了处理与回用工艺与技术，并已有一些大型钢铁企业实现对烧结、炼铁、炼钢工序的废水"零排"目标。

③ 用于处理轧钢乳状油废水和破乳技术，超滤与反渗透等膜技术，以及废酸回收技术、低浓度酸碱废水处理技术，已形成较完整的有效技术。但总体水平的监控仪表与膜材料上尚有差距。

④ 水质稳定技术与药剂。目前我国在药剂品质、品种上及生产工艺技术上还存在一定差距。就宝钢而言，引进的水处理药剂已经基本国产化，并已形成配套生产供应基地，其他企业的水处理药剂基本为国内供应。但在高效、低毒的药剂种类与品质上，药剂自动投加与药剂浓度实现在线随机监控上，还存在一定差距。

⑤ 焦化废水处理技术差距不大，但焦化废水的质与量差别很大。我国对焦化废水处理的技术研究十分广泛，据不完全统计有 20 多种，如 A-O（厌氧-好氧）法、A-A-O（厌氧-缺氧-好氧）法、A-O-O（厌氧-好氧-好氧）法以及生物膜法、高效菌法等。但由于焦化废水中 COD 和氨氮含量高，通常生物脱氮处理后外排废水水质不够稳定并难以达标排放。近年来，由于 A-O-MBR（厌氧-好氧-膜生物反应器）技术对焦化废水处理中的突破进展，已显示焦化废水处理回用和实现"零排放"的可能，并已有应用与"零排放"实例。

⑥ 在节水整体水平上有差距，特别是吨钢耗新水量有较大差距。与发达国家钢铁业相比，我国有代表性的大型钢铁企业与国外大型企业的吨钢耗新水量的差距见表 1-8。表 1-8 表明，我国先进的大型钢铁企业的吨钢耗新水量与先进的国外钢铁企业相比相差 2～3 倍，说明我国钢铁工业节水减排潜力很大，节水减排工作尚需努力。

表 1-8　国内外大型钢铁企业吨钢耗新水量情况

| 厂名 | 宝钢股份 | 鞍钢 | 沙钢 | 马钢 | 包钢 | 蒂森-克虏伯（德） | 浦项（韩） | 鹿岛（日） | 方塔那（美） | 阿赛洛（法） |
|---|---|---|---|---|---|---|---|---|---|---|
| 钢产量/(Mt/a) | 2312.43 | 1556.41 | 1461.38 | 1350.28 | 983.90 | 13.00 | 27.5 | 46.5 | — | — |
| 吨钢耗新水量/m³ | 5.20 | 5.47 | 4.56 | 7.26 | 7.79 | 2.6 | 3.5 | 2.1 | 4.1 | 2.4 |

⑦ 在治理深度上、内涵上存在明显差距。我国钢铁工业环保工作尚未完全脱离以治理"三废"为内容，达标排放为目标，综合治理为手段的发展阶段。以首钢京唐、宝钢而言，总体上处于国际先进水平。但与世界先进水平相比，仍存在一定差距。发达国家的钢铁工业污染治理早已完成，对第二代污染物 $SO_2$、$NO_x$ 等的治理已处于商业化和完善阶段。现已致力于第三代污染物如 $CO_2$、二噁英、TSP（总悬浮颗粒物）、$PM_{10}$（粒径＜$10\mu m$ 颗粒污染物）的控制。在水处理方面，已更多应用微生物技术替代物化法处理技术，以防止二次污染、降低处理成本、提高净化与水资源回用程度。与之相比，我国在污染控制的深度上相差较远，我国对于 $SO_2$ 和 $NO_x$ 的控制在大型钢铁企业已开始应用，但尚未普及；对 TSP、$PM_{10}$ 等指标大多数企业尚缺乏认识，未能全面提上治理日程；对二噁英、$CO_2$、粉尘中重金属的控制，以及废水深度处理替代技术还处于开发研究阶段，在标准规范的制订与监控水平上有差距。

# 1.4　有色金属工业废水减排回用与差距

## 1.4.1　有色冶炼用水与废水水质状况

有色金属工业废水年排污量约 9 亿吨，其中铜、铅、锌、铝、镍等五种有色金属排放废水占 80％以上。经处理回用后有 2.7 亿吨以上废水排入环境造成污染。与钢铁工业废水相比，废水排放量虽小，但污染程度很大。由于有色金属种类繁多，生产规模差别较大，废水中重金属含量高，毒性物质多，对环境污染后果严重，必须认真处理消除污染。

重金属是有色金属废水最主要的成分，通常含量较高、危害较大，重金属不能被生物分解为无害物。重金属废水排入水体后，除部分为水生生物、鱼类吸收外，其他大部分易被水中的各种有机和无机胶体及微粒物质所吸附，再经聚集沉降沉积于水体底部。它在水中的浓度随水温、pH 值等的不同而变化，冬季水温低，重金属盐类在水中的溶解度小，水体底部沉积量大，水中浓度小；夏季水温升高，重金属盐类溶解度大，水中浓度高。故水体经重金属废水污染后，危害的持续时间很长。其中铜、铅、铬、镍、镉、汞、砷等重金属的危害性最为严重。

有色金属种类繁多，矿石原料品位差别很大，且冶炼技术与设备先进与落后并存，生产规模各异。因此，有色金属生产企业用水与排水量差别较大。有色工业是用水大户，吨产品用水量较大，见表 1-9。

表 1-9　有色金属冶炼吨产品平均用水量　　　　　　　　单位：$m^3/t$

| 产品名称 | 铜 | 铅 | 锌 | 锡 | 铝 | 锑 | 镁 | 镍 | 钛 | 汞 |
|---|---|---|---|---|---|---|---|---|---|---|
| 用水量 | 290 | 309 | 309 | 2633 | 230 | 837 | 1348 | 2484 | 4810 | 3135 |

有色金属工业废水的复杂性与多样性的主要原因是有色金属冶炼所用的矿石大多为金属复合矿，含有多种重有色金属、稀有金属、贵金属以及大量的铁和硫，并含有放射性元素等。在冶炼过程中，往往仅冶炼其中主要的有色金属，而对低品位的有色金属常作为杂质以废物形式清除。一般而言，几乎所有的有色金属冶炼废水都含有重金属和其他有害物质，成分复杂，毒性强，危害大。

表 1-10 列出国外锌、铜、铅冶炼厂废水水质。表 1-11 列出国内铜、铅锌冶炼厂废水水质。

表 1-10　国外有色金属冶炼厂废水水质

| 冶炼类型 | 水质指标 | | | | | | | | |
|---|---|---|---|---|---|---|---|---|---|
| | pH 值 | 总固体/(mg/L) | COD/(mg/L) | 铜/(mg/L) | 铅/(mg/L) | 锌/(mg/L) | 铁/(mg/L) | 砷/(mg/L) | 锰/(mg/L) |
| 锌冶炼厂 | 7.3 | 39 | 2.02 | 0.023 | 0.78 | 2.28 | 0.09 | 0.0 | |
| 铜冶炼厂 | 6.0 | 446 | | 0.65 | 0.26 | 0.24 | 0.45 | | 0.99 |
| 铅冶炼厂 | 6.8 | | 1.1 | 0.03 | 0.30 | 1.30 | 0.03 | 0.64 | |

表 1-11　国内有色金属冶炼厂废水水质

| 冶炼厂 | | 单位 | Zn | Pb | Cd | Hg | As | Cu | F | SS | Fe | 备注 |
|---|---|---|---|---|---|---|---|---|---|---|---|---|
| 铜冶炼厂 | 厂一 | g/L | 0.70 | | 0.131 | | 4.49 | 1.86 | 0.91 | 0.70 | 388 | 富氧闪速熔炼法 |
| | 厂二 | g/L | 0.62 | | | | 6.60 | 1.47 | 0.65 | 1.0 | 1.46 | 富氧闪速熔炼法 |
| | 厂三 | mg/L | 200 | | 19.6 | | 83.42 | 5 | 282 | 336 | 170 | 电解法 |
| 铅锌冶炼厂 | 厂一 | mg/L | 80～150 | 2～8 | 1～3 | | 0.5～3.0 | 0.5～3.0 | | | | 火法 |
| | 厂二 | mg/L | 1～3 | 0.05～0.3 | 0.4～1.0 | 0.01～0.04 | 0.01～0.04 | | 1.0～2.5 | | | 火法 |
| | 厂三 | mg/L | 21.3～2500 | 0.81～4.87 | 0.12～3.04 | 0.009～0.61 | <0.05 | 6.4～46.2 | | 20～152 | | 火法 |

同一有色金属冶炼废水水质随工艺方法的差别而异，即使是同一工厂也会因操作情况、生产管理的优劣而差异较大。例如，烧结法生产氧化铝厂的废水含碱量为 78～156mg/L

（以 $Na_2O$ 计）；联合法厂为 $440\sim560mg/L$，但在管理水平较差的情况下，可达 $1000\sim2000mg/L$。几种不同生产工艺的氧化铝厂的废水水质见表 1-12。

有色金属工业废水造成的污染主要有有机耗氧物质污染、无机固体悬浮物污染、重金属污染、石油类污染、醇污染、酸碱污染和热污染等。表 1-13 列出有色金属工业废水的主要污染物。表 1-14 列出铜、铅、锌、铝、镍五种有色金属的主要工业污染物种类情况。

**表 1-12** 不同生产工艺的氧化铝厂废水水质

| 水质项目 | 生产工艺 | | | |
|---|---|---|---|---|
| | 烧结法 | 联合法 | 拜耳法 | 用霞石生产时 |
| pH 值 | $8\sim9$ | $8\sim11$ | $9\sim10$ | $9.5\sim11.5$ |
| 总硬度/(mg/L) | $9\sim15$ | $4\sim5$ | | |
| 暂硬度/(mg/L) | 11.6 | | | |
| 总碱度/(mg/L) | $78\sim156$ | $440\sim560$ | 84 | $340\sim420$ |
| $Ca^{2+}$/(mg/L) | $150\sim240$ | $14\sim23$ | 40 | |
| $Mg^{2+}$/(mg/L) | 40 | 13 | 11.5 | |
| $Fe^{2+}$/(mg/L) | 0.1 | | 0.07 | $10\sim18$ |
| $Al^{3+}$/(mg/L) | $40\sim64$ | $100\sim450$ | 10 | $10\sim18$ |
| $SO_4^{2-}$/(mg/L) | $500\sim800$ | $50\sim80$ | 54 | $40\sim85$ |
| $Cl^-$/(mg/L) | $100\sim200$ | $35\sim90$ | 35 | $80\sim110$ |
| $CO_3^{2-}$/(mg/L) | 84 | 102 | | |
| $HCO_3^-$/(mg/L) | 213 | 339 | | |
| $SiO_2$/(mg/L) | 12.6 | | 2.2 | |
| 悬浮物/(mg/L) | $400\sim500$ | $400\sim500$ | 62 | $400\sim600$ |
| 总溶解固体/(mg/L) | $1000\sim1100$ | $1100\sim1400$ | | |
| 油/(mg/L) | $15\sim120$ | | | |

**表 1-13** 有色金属工业废水的主要污染物

| 废水来源 | 主要污染物 | | | | | | | | | | | | | | | | |
|---|---|---|---|---|---|---|---|---|---|---|---|---|---|---|---|---|---|
| | 悬浮物 | 酸 | 碱 | 石油类 | 化学耗氧物 | 汞 | 镉 | 铬 | 砷 | 铅 | 铜 | 锌 | 镍 | 氟化物 | 氰化物 | 硫化物 | 放射性物质 |
| 采矿废水 | √ | √ | | | | √ | √ | | √ | √ | √ | √ | | | | | √ |
| 选矿废水 | √ | | | | √ | √ | | | | | | | | √ | √ | √ | |
| 重冶废水 | √ | √ | √ | √ | √ | √ | √ | √ | √ | √ | √ | √ | √ | √ | | | |
| 轻冶废水 | √ | √ | √ | √ | √ | | | | | | | | | √ | | | |
| 稀冶废水 | | √ | | √ | √ | | | | | | | | | √ | | | √ |
| 加工废水 | | √ | √ | √ | √ | | | | | | | √ | | | | | |

注："√"表示含有该类污染物。

**表 1-14** 我国五种有色金属主要工业污染物种类情况

| 行业 | 产品 | 污染物种类 | | |
|---|---|---|---|---|
| | | 废水 | 废气 | 固体废物 |
| 铜 | 铜精矿 | Cu、Pb、Zn、Cd、As | | 废石、尾矿 |
| | 粗铜 | Cu、Pb、Zn、Cd | $SO_2$、烟尘 | |
| 铅、锌 | 粗铅 | Pb、Cd、Zn | $SO_2$、烟尘 | 冶炼渣 |
| | 粗锌 | Pb、Cd、Zn | $SO_2$、烟尘 | |
| 铝 | 氧化铝 | 碱量、SS、油类 | 尘 | 赤泥 |
| | 电解铝 | HF | 粉尘、HF、沥青烟 | |
| 镍 | 镍 | Ni、Cu、Co、Pb、As、Cd | $SO_2$、烟尘 | 废渣 |

### 1.4.2 减排水平与差距

（1）节水减排现状与差距

近年来，有色金属企业，特别是有色大型冶炼企业节水减排成效显著，行业新水用量呈下降趋势，重复用水率有所提高，吨有色产品和万元产值新水取用量均有下降。几家大型铝企业，如中铝中州分公司、山东分公司、广西分公司、河南分公司和云南铝业公司都实现了工业废水"零排放"，工业废水全部回用，大大减少了新水用量。

据统计，14 个大型重金属冶炼企业和 14 个大型铝企业吨产品和万元产值总用水量和新水用量均有明显下降。14 个大型重金属冶炼企业的有色金属总产量为 291.54 万吨，工业总产值为 750.10 亿元，吨金属产品总用水量、新水用量分别为 550.87m³ 和 91.78m³；万元产值总用水量、新水用量分别为 214.10m³ 和 35.68m³。

14 个大型铝企业年产电解铝 180.88 万吨，氧化铝 679.77 万吨，工业总产值 466.30 亿元。吨产品（电解铝＋氧化铝）总用水量、新水用量分别为 125.25m³ 和 13.99m³；万元产值总用水量、新水用量分别为 231.18m³ 和 25.82m³，节水减排效果显著。主要表现在：a.工业用水循环利用率不断提高，主要通过净冷却水循环、串级用水与处理回用；b.废水治理从单项治理发展到综合治理与回用；c.从废水中回收有价金属且成效显著，但与国外相比差距较大。例如俄罗斯锌的冶炼生产中水的循环率达 93.6%，排放率为 1.5%，镍为 90%，排放率为零；有色金属加工厂为 95%，排放率为零；硬质合金厂水循环率为 96.8%，排放率为零。美国、加拿大、日本等有色金属选矿厂废水回用率均达 95%～98%，大部分有色金属冶炼厂废水处理回用基本实现"零排放"。

根据中国有色工业协会统计，我国有色工业水的重复利用率为 58.1%，其中选矿用水的重复利用率为 56.6%，冶炼企业的水的重复利用率为 66.6%，机修厂水的重复利用率为 56.3%。我国有色金属工业"三废"资源化利用程度还很低，固体废弃物利用率仅在 13% 左右，低浓度二氧化硫几乎没有利用；从工业废水中回收有价元素，除几个大型企业外，绝大多数企业尚属空白，年排放未处理或未达标废水 2.7 亿吨以上。我国有色金属工业"三废"资源化利用程度低，已成为制约有色工业持续发展最突出的问题。

（2）差距分析与技术对策

① 差距形成　有色金属工业节水减排差距形成的原因有以下几个方面。

1）当前我国有色金属工业的快速发展主要是依靠扩大固定资产投资规模实现的。"十五"期间完成固定资产投资为 2509 亿元,是新中国成立到 2000 年行业累计投资额的 1.6 倍。2009 年电解铝产能达 2000 万吨,还有 200 多万吨在新(扩)建,产能过剩严重,在生产过程中,消耗大量矿石资源、水资源和能源,产生大量废水、废气和固体废弃物,且未能得到有效治理和利用。据统计,有色金属矿山年采剥废石已超过 1.6 亿吨;产生尾矿约 1.2 亿吨,赤泥 780 万吨,炉渣 766 万吨;排放二氧化硫 40 万吨以上,废水 9 亿吨,这些均未做到妥善处置与资源化处理。

2)产业集中度低,技术能力差,环保设施欠账过多。统计资料表明,目前全国有色金属工业企业接近 1.6 万个,但年销售收入 3 亿元以上的大型企业有 52 个,年销售收入 3000 万元以上的中型企业 424 个,大中型企业合计只占企业总数的 3%,且地处我国中西部山区或欠发达地区,绝大多数企业生产技术比较差,节水减排和节能降耗技术能力比较弱,环保设施欠账多,造成污染严重。

3)产品结构不合理,淘汰落后设备任务重。有色金属工业长期存在技术开发能力不强,产品结构不合理;生产分散,集中度低,集约化程度不高;过多依赖国外市场,资源储备少,企业综合能力弱;生产工艺设备落后,淘汰落后设备任务重;环境保护设施投资少,环保能力弱等问题。

② 解决途径与技术对策  根据国内外有色金属工业产业现状及发展趋势,我国有色金属工业在新的发展时期要适应国家节水减排和节能降耗的目标要求,必须做到以下几点。

1)优化产品结构,提高产业集中度,增强市场竞争力。面对国内外市场的激烈竞争,实现集约化经营,提高产业集中度;依靠科技创新,淘汰缺乏竞争力的落后生产能力,是产业发展的必然选择。当前我国有色金属工业大而不强的一个突出表现就是生产经营高度分散、产业总体规模虽然很大,但是还没有一家企业拥有进入全球有色金属工业企业前 10 名行列的实力,对世界有色金属工业发展的影响力薄弱。解决途径如下。

a. 依托九大资源基地发展具有综合生产能力的有色金属企业集团。我国有色金属储量主要分布在中西部地区的九大有色金属矿产资源基地,占全国相应矿种储量的 80% 以上,并具有伴生性的特点。应鼓励同一资源基地内有色金属企业间联合重组,依托骨干企业,发展企业集团。实行多种金属品种的联产与企业重组,扩大企业规模,优化产品结构,在提升企业产业水平的同时,提高资源能源利用率,降低环境污染。

b. 妥善解决有色金属资源基地的可持续发展。为保护我国有色金属资源,减少浪费和损失,保护环境,应坚决制止滥采乱开。对那些浪费资源,破坏和污染环境的小型采选厂和冶炼厂,坚决清理和关闭,集中优势,合理开发,综合利用,以妥善解决有色金属资源基地的可持续发展。

2)推动有色金属工业技术进步,鼓励企业一体化经营,提高市场竞争力。当今有色金属工业技术进步的重点:一是以先进实用技术和高新技术改造现有生产工艺设备,大力提升产业水平,解决环境污染与节水降耗问题;二是针对国民经济发展和国防建设对有色金属新材料的要求,大力进行科技攻关研究,以缩短与世界水平的差距;三是加强对有色金属资源综合利用、再生回收、节水减排与节能降耗的新工艺新设备,以及前瞻性重大科技的研究。

近年来,我国有色金属工业改革与发展实践表明,凡是一体化的大型企业,拥有较强的技术进步实力,对资源有效利用能力较强,在市场竞争中表现出较强的生存能力,节水减排与节能降耗成就显著。

3)以节水减排、节能降耗为中心,适度发展。有色金属工业是高耗能产业。我国有色金属工业的年能源消耗总量已超过 8000 万吨标准煤,约占全国能源消耗的 3.5%。其中铝工业万元 GDP 能耗是全国平均水平的 4 倍以上。如果我国有色金属工业继续把扩大生产规模放在发展的首要地位，随着产量的增长，能源消耗和污染物排放进一步增加将是确定无疑的，为实现国家控制的节水减排和节能降耗目标，一定要严格控制总产量，加快淘汰落后产能。今后几年原则上应不再核准新建、改扩建电解铝项目。严格控制铜、铅、锌、钛、镁新增产能。按期完成淘汰反射炉及鼓风炉炼铜产能、烧结锅炼铅产能、落后锌冶炼产能和落后小预焙槽电解铝产能。逐步淘汰能耗高、污染重的落后烧结有机铅冶炼产能。

# 1.5　废水处理原则与"零排放"途径与措施

## 1.5.1　废水处理主要原则

废水处理应符合我国制定的环境保护法规和方针政策。在废水处理的规划设计中，必须把生产观点和生态观点结合起来考虑，把治理废水和生产工艺、环境保护联系起来考虑。通过系统分析与综合，寻求比较经济合理的处理方案。其主要原则如下。

① 改革生产工艺，抓源治本　废水和其中的污染物是一定的生产工艺过程的产物。改革生产工艺过程，可能做到不排或少排废水，排出危害性小的或浓度低的废水。这样就从根本上消除或者减轻了废水的危害。

例如，某些工业采用干法除尘代替湿法除尘，就不产生含尘废水；采用无氰电镀工艺代替有氰电镀工艺，可使废水中不再含剧毒物质——氰；电镀采用逆流漂洗工艺，可大幅度减少废水量；采用酶法制革代替灰碱法，不仅避免了危害性大的碱性废水的产生，而且酶法脱毛废水稍加处理，可用于灌溉农田。

② 提高水的循环利用率　在解决废水处理时，必须考虑废水循环利用或多次重复利用，提高水的循环利用率，尽量减少外排废水量。例如，首钢京唐、宝钢等企业废水回用率已达98%以上。这不仅能减轻环境污染，而且还能减少新水补充用量，在一定程度上缓和了日益紧张的水资源短缺问题。

③ 回收利用综合治理　工业废水中的污染物，都是在生产过程中进入水中的原材料、半成品、成品、工作介质和能源物质。排放这些污染物质，就会污染环境，造成危害。但若加以回收，便可变废为宝，化害为利；或以废治废，取长补短，综合治理，就可节省水处理费用。如从酸洗废液中回收酸、硫酸亚铁、氧化铁等化工原料；从含油废水中回收废油。在工业废水生化处理中，如掺入生活污水，就可以少加或不加营养物质。以上说明废水回收利用和以废治废的途径十分广阔。

④ 多做方案比较，力求经济合理　例如在一个地区，采用集中处理还是分散处理；在废水种类较多的工厂，采用局部处理还是统一处理；一种废水有几种处理方法，采用何种方法合适。这就需要进行多方案的技术经济比较，以确定一个技术先进而又经济合理的方案。一般而言，净废水与浊废水应分别处理；水质类似于生活污水者，应入城市污水处理厂进行集中处理；废水不宜混合者，应就地进行分开处理；废水可以互相处理者（如酸性废水和碱性废水、含氰废水和含铬废水、高温废水和低温废水），应合并处理，但无回收价值时，不回收。

## 1.5.2　回用与"零排放"的途径与措施

废水回用与"零排放"是冶金工业持续发展与清洁生产和循环经济发展的必然趋势与选

择。实现冶金工业节水减排与废水回用与"零排放"，要从如下几个方面的技术思路、途径和措施进行配套研究与技术突破。

其一，要从生产源头着手直到每个生产环节，推行用水少量化与废水外排无害化和资源化。

其二，以配套和建立企业用水系统平衡为核心，以水量平衡、温度平衡、悬浮物平衡和水质稳定与溶解盐平衡为基础，实现最大限度地将废水分配和消纳于各级生产工艺的最大化节水目标。

其三，以企业用水和废水排放少量化为核心，以规范企业用水定额，废水处理回用的水质指标为内容，实现企业废水最大限度循环利用的目标。

其四，以保障冶金工业综合废水处理与安全回用为核心，以经济有效处理新工艺及配套新设备及以出水膜处理脱盐为手段，最终实现企业废水"零排放"的目标。

对于钢铁工业焦化工序、冷轧工序目前尚难完全实现厂内"零排放"的，应通过如下途径实现"零排放"。

① 以保障落实焦化废水不得外排为核心，以综合研究焦化废水无危害安全回用与以高炉冲渣、烧结配料和原料场洒水等为消纳途径，最终实现焦化废水"零排放"。

② 对冷轧含一类污染物（如 $Cr^{6+}$、$Ni^{2+}$ 等）废水，先经单独处理达到车间出口排放标准要求；冷轧含油废水经破乳、超滤除油回收措施后与上述废水一同排入冷轧酸碱废水处理系统，经中和沉淀处理后，进入全厂综合废水处理厂处理回用。冷轧酸洗系统的酸洗废液再生回用不外排。

③ 有色金属工业由于分散性、生产规模等原因，目前实现"零排放"的企业较少。应从产业结构调整和提高生产集中度等方面解决。

因此，有色工业要强化环保与节水减排，逐渐实现"零排放"的技术原则。主要技术途径与措施为：a. 强化源头控制与节水减排；b. 清浊分流，分片处理，就地回用；c. 强化技术革新，以废治废，研究与发展综合利用技术与途径；d. 强化回用与回收废水中有色金属的显著经济效益，提高废水处理的积极性和主动性；e. 选用技术先进、实用性强的综合处理工艺进行"零排放"工程示范，特别是要以 14 个大型重金属冶炼企业和 14 个大型铝企业为标杆，推行节水减排与"零排放"。

# 参考文献

[1] 王绍文，杨景玲，王海东，等. 冶金工业节水减排与废水回用技术指南 [M]. 北京：冶金工业出版社，2012.

[2] 王绍文，杨景玲，等. 冶金工业节能与余热利用技术指南 [M]. 北京：冶金工业出版社，2010.

[3] 联合国环境规划署工业与环境中心，国际钢铁协会. 钢铁工业与环境技术和管理问题 [C]. 中国国家联络点，译. 北京：中国环境科学出版社，1998.

[4] 陈知若. 我国有色的能耗 [J]. 有色冶炼，2013，2(1).

[5] 钱小青，葛丽英，等. 冶金过程废水处理与利用 [M]. 北京：冶金工业出版社，2008.

[6] 王绍文，杨景玲，等. 冶金工业节能减排技术指南 [M]. 北京：化学工业出版社，2009.

[7] 王绍文. 环境友好篇 [C] //中国金属学会. 中国钢铁工业技术进步报告（2001～2005）. 北京：冶金工业出版社，2008：67-105.

[8] 王绍文，等. 钢铁行业 COD 污染减排规划目标落实与潜力分析 [R]. 钢铁行业污染防治减排目标课题组. 2009.

[9] 中国钢铁工业协会信息统计部. 中国钢铁工业环境保护统计. 2006～2012.

[10] 王绍文，等. 钢铁行业 COD、$SO_2$ 和烟粉尘的减排目标与潜力分析 [R]. 钢铁行业污染防治减排目标课题组. 2009.

[11] 冶金环境监测中心. 钢铁企业环境保护统计. 1996～2005.

[12] 王笳曹. 钢铁工业给水排水设计手册 [M]. 北京：冶金工业出版社，2005.

[13] 张宜莓，胡利光，等. 宝钢降低新水消耗节约水资源之路 [R]. 中国钢铁协会科技环保部. 2005.

[14] 郑涛，刘坤. 利用循环经济理念实现中国钢铁工业节水措施的研究 [C]. 第三届全国冶金节水、污水处理研讨会文集. 2007：34-37.

[15] 王绍文，邹元龙，等. 冶金工业废水处理技术及工程实例 [M]. 北京：化学工业出版社，2009.

[16] 北京水环境技术与设备研究研究中心，等. 三废处理工程技术手册（废水卷）[M]. 北京：化学工业出版社，2000.

[17] 罗胜联. 有色重金属废水处理与循环利用研究 [D]. 长沙：中南大学，2006.

[18] 赵武壮. 有色金属必须转变发展模式 [J]. 世界有色金属，2007 (2).

[19] 中国有色工业协会信息发布会新闻稿. 节能降耗减排，有色金属工业发展重点. 2007-4-9.

[20] 汪晓春. 我国有色金属工业布局和结构的现状、问题及对策 [J]. 中国经贸导刊，2005 (13)：20-21.

[21] 陈学森. 有色金属产业升级刻不容缓 [J]. 稀土信息，2010 (2)：30-33.

[22] 中国有色金属工业网站. 有色金属产业调整与振兴规划 [J]. 有色金属节能，2009 (6)：13-15.

[23] 王绍文，王海东，等. 冶金工业废水处理技术及回用 [M]. 北京：化学工业出版社，2015.

# 废水处理单元技术与工艺

众所周知，无论何种废水，其处理工艺都是以一些基本单元技术为基础组合而成的。我国在废水处理单元技术上取得重大发展与进步，在过去30多年中，投入数千亿资金建立了数以万计的废水处理设施。其中大部分是我国自主开发的单元技术和配套设备，也有一些是从国外引进的技术与装备，这些都为我国废水处理工程的实施提供宝贵的技术积累和实践经验。本篇通过对各种物理、化学和生化单元的工程原理、相关设备和设计参数等内容的介绍与总结，以全面反映和结合冶金废水技术的发展与应用，并为解决冶金工业废水处理回用与"零排放"提供技术基础和选用单元技术组合与依据。

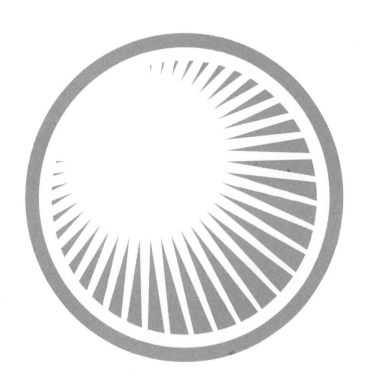

# 废水处理单元技术与工艺

废水中的污染物一般以悬浮（包括漂浮）态、胶体和溶解态三种形态存在。废水物理处理的对象主要是悬浮态和部分的胶体，因此，废水的物理处理一般又称为废水的固液分离处理。废水固液分离从原理上讲，主要分为两大类：一类是废水受到一定的限制，悬浮固体在水中流动被去除，如重力沉淀、离心沉淀和气浮等；另一类是悬浮固体受到一定的限制，废水流动而将悬浮固体抛弃，如格栅、筛网和各类过滤过程。显然，前者的前提是悬浮固体与水存在密度差，后者则取决于阻挡（限制）悬浮固体的（过滤）介质。

# 2.1 筛除

## 2.1.1 原理与功能

当颗粒直径比流体流动通道尺寸大时会发生筛分。废水的筛分多指利用栅条构成的格栅和筛网截阻废水中的大块悬浮固体、漂浮物、纤维和固体颗粒物质，以避免堵塞后续管道和设备，保证后续处理工序正常有效运行。

## 2.1.2 技术与装备

（1）格栅

按格栅形状，可分为平面格栅和曲面格栅；按栅条间隙，可分为粗格栅（50～100mm）、中格栅（10～40mm）和细格栅（3～10mm）；按栅渣清除方式，可分为人工清除格栅、机械清除格栅和水力清除格栅。

人工清除格栅如图 2-1 所示。机械清除格栅如图 2-2～图 2-5 所示。

常用的机械格栅设备如下。

① 链条式格栅除污机　如图 2-2 所示。其工作原理是经传动装置带动格栅除污机上的两条回转链条循环转动，固定在链条上的除污耙在随链条循环转动的过程中将格栅条上截留的栅渣提升上来以后，由缓冲卸渣装置将除污耙上的栅渣刮下掉入排污斗排出。链条式格栅除污机适用于深度较浅的中小型污水处理厂。

② 循环齿耙除污机　如图 2-3 所示。该格栅的特点是无格栅条，格栅由许多小齿耙相互连接组成一个巨大的旋转面。其工作原理是经传动装置带动这个由小齿耙构成的旋转面循环转动，在小齿耙循环转动的过程中将截留的栅渣带出水面至格栅顶部。栅渣通过旋转面的

运行轨迹变化完成卸渣的过程。循环齿耙除污机属细格栅，格栅间隙可做到 0.5～15mm，此类格栅适用于中小型污水处理厂。

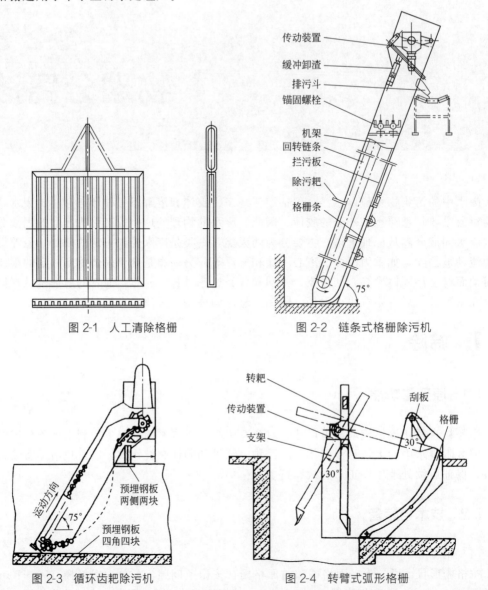

图 2-1　人工清除格栅

图 2-2　链条式格栅除污机

图 2-3　循环齿耙除污机

图 2-4　转臂式弧形格栅

③ 转臂式弧形格栅　如图 2-4 所示。其工作原理是传动装置带动转耙旋转，将弧形格栅上截留的栅渣刮起，并用刮板把转耙上的栅渣去掉。转臂式弧形格栅是一种适用于小型污水处理厂的浅渠槽拦污设备。

④ 钢丝绳牵引滑块式格栅除污机　如图 2-5 所示。其工作原理是传动装置带动两根钢丝绳牵引除渣耙，耙和滑块沿槽钢制的导轨移动，靠自重下移到低位后，耙的自锁栓碰开自锁撞块，除渣耙向下摆动，耙齿插入格栅间隙，然后由钢丝绳牵引向上移动，清除栅渣。除渣耙上移到一定位置后，抬耙导轨逐渐抬起，同时，刮板自动将耙上的栅渣刮到栅渣槽中。此类格栅亦适用于中小型污水处理厂。

（2）筛（网）

筛网设备按孔眼大小可分为粗筛网和细筛网；按工作方式可分为固定式筛和旋转筒筛。

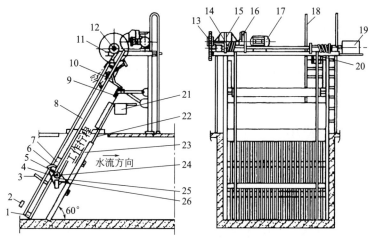

图 2-5　钢丝绳牵引滑块式格栅除污机

1—滑块行程限位螺栓；2—除污耙自锁机构开锁撞块；3—除污耙自锁拴；4—耙臂；5—销轴；6—除污耙摆动限位板；
7—滑块；8—滑块导轨；9—刮板；10—抬耙导轨；11—底座；12—卷筒轴；13—开式齿轮；14—卷筒；
15—减速机；16—制动器；17—电动机；18—扶梯；19—限位器；20—松绳开关；21—上溜板；
22—下溜板；23—格栅；24—抬耙滚子；25—钢丝绳；26—耙齿板

如图 2-6 和图 2-7 所示。

常用的筛网设备如下。

① 固定式筛　又名水力筛，如图 2-6 所示。水力筛由曲面栅条及框架构成，筛面自上而下形成一个倾角逐渐减小的曲面。栅条水平放置，栅条截面为楔形。栅条间距范围为 0.25～5mm。其工作原理是废水由格栅的后部进口进入栅条上部，然后沿栅条宽度向栅条前面溢流。废水在经过栅条表面时，水通过栅条间隙流入栅条下部，从出口流出。污物被栅条截留，并在水力冲刷及自身重力的作用下沿筛面滑下落入渣槽。水力筛适用于去除污水中的细小纤维和固体颗粒，常用于小型废水处理厂中。

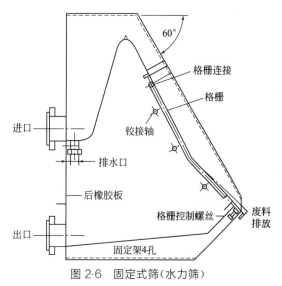

图 2-6　固定式筛（水力筛）

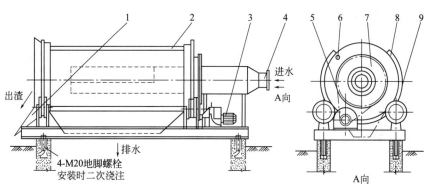

图 2-7　旋转筒筛过滤机

1—出渣导槽；2—过滤部分；3—驱动装置；4—进水管口；5—链条；6—清洗管；7—链轮；8—防垢罩；9—导轮

② 旋转筒筛 如图 2-7 所示。其工作原理是污水经入口缓慢流入转筒内，污水由转筒下部筛网经过滤后排出，污物被截留在筛网内壁上，并随转筒旋转至水面以上。经刮渣设备刮渣及冲洗水冲洗后，被截留的污物掉在转筒中心处的收集槽内，再经出渣导槽排出。旋转筒筛适用于废水中含有大量纤维杂物的工业废水，如纺织、屠宰、皮革加工和印染等工业生产排出的废水。

### 2.1.3 格栅分类与应用

格栅应用类型与清渣特征见表 2-1。

表 2-1 格栅分类与清渣特征

| 格栅分类特征 | 格栅名称 | 安装与应用 |
| --- | --- | --- |
| 按格栅间距分 | 粗格栅 | 栅条间隙＞30mm |
| | 细格栅 | 栅条间隙 10～30mm |
| | 密格栅 | 栅条间隙＜10mm |
| 按清渣方式分 | 人工清渣格栅 | 主要是粗格栅 |
| | 机械清渣格栅 | 机械清渣 |
| 按栅耙的位置分 | 前清渣式格栅 | 顺水流清渣 |
| | 后清渣式格栅 | 逆水流清渣 |
| 按构造特点分 | 抓扒式格栅 | 栅条格栅，垂直或倾斜安装 |
| | 循环式格栅 | 栅条格栅，倾斜安装 |
| | 弧形格栅 | 栅条格栅，迎水面为曲面 |
| | 回转式格栅 | "栅条"由数排循环运动的钩齿组成，倾斜安装 |
| | 转鼓式格栅 | "栅条"由数排转动的环片组成，倾斜安装 |
| | 阶梯式格栅 | "栅条"由数排格子状循环运动的薄金属片组成 |

# 2.2 沉淀

### 2.2.1 原理与功能

沉淀是利用重力沉降原理来去除废水中的悬浮固体的工艺过程，处理设施是沉淀池。沉淀池主要用于去除悬浮于废水中的可以沉淀的固体悬浮物，在生物处理前的沉淀池主要用于去除无机颗粒和部分有机物，在生物处理后的沉淀池主要用于去除微生物体。

### 2.2.2 技术与装备

根据沉淀分离的对象和方式，可分为沉砂池、沉淀池、澄清池等。

（1）沉砂池

用以去除砂粒、煤渣等重质无机物，使后续处理构筑物、设备、管道能正常运行。有平流式、竖流式和曝气式 3 种，如图 2-8～图 2-10 所示。

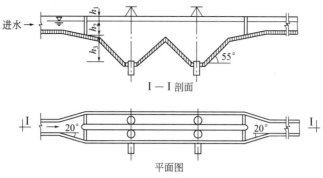

图 2-8　平流式沉砂池

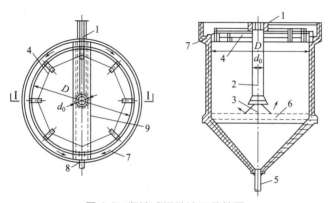

图 2-9　竖流式沉砂池工艺简图

1—进水槽；2—中心管；3—反射板；4—挡板；5—排砂管；6—缓冲层；7—集水槽；8—出水管；9—过桥

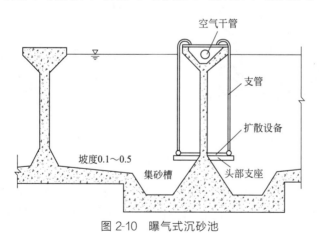

图 2-10　曝气式沉砂池

此外，在工程应用中，利用水力涡流使泥砂和有机物分离，达到除砂要求的有涡流沉砂池和钟式沉砂池以及属线形的多尔沉砂池。

（2）沉淀池

根据水流方向可分为平流式、竖流式、辐流式及斜板（管）4 种。

① 平流式沉淀池　如图 2-11 所示。平面呈矩形，废水从池首流入，水平流过池身，从池尾流出。池首底部设有贮泥斗，集中排出刮泥设备刮下的污泥。刮泥设备有链带刮泥机、桥式行车刮泥机等。此外，也可采用多斗重力排泥。

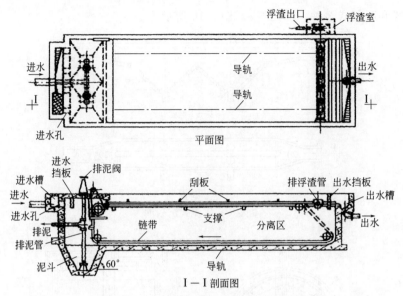

图 2-11　带链带刮泥机的平流式沉淀池

② 竖流式沉淀池　如图 2-12 所示。平面一般呈圆形或正方形，废水由中心筒底部配入，均匀上升，由顶部周边排出。池底锥体为贮泥斗，污泥靠水静压力排出。

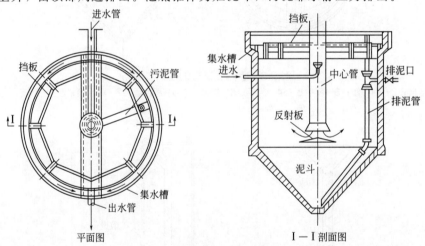

图 2-12　竖流式沉砂池

③ 辐流式沉淀池　如图 2-13 所示。平面一般呈圆形，废水由中心管配入，均匀向池四周流动，澄清水从池周边排出。但也有周边进水、中心排出的。一般采用机械设备（刮泥机）排泥。

④ 斜板（管）沉淀池　如图 2-14 所示。在沉淀池澄清区设置平行的斜板（管），以提高沉淀池的处理能力。

斜板（管）沉淀池的优点是：a. 利用了层流原理，提高了沉淀池的处理能力；b. 缩短了颗粒沉降距离，从而缩短了沉淀时间；c. 增加了沉淀池的沉淀面积，从而提高了处理效率。

此类沉淀池需要斜管或斜板填料。

目前常用的斜管多为六角蜂窝斜管，材料多为乙（丙）共聚级塑料、玻璃钢（FRP）、聚氯乙烯（PVC）、聚乙烯（PE）、聚丙烯（PP）等。如图 2-15 所示。

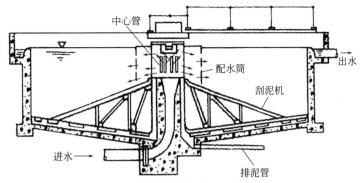

图 2-13　辐流式沉淀池

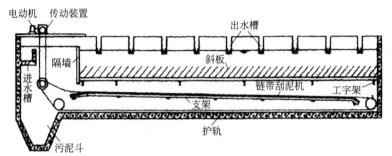

图 2-14　斜板(管) 沉淀池

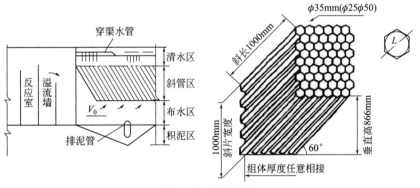

图 2-15　斜管填料

## 2.2.3　沉淀池比较与应用

沉淀池在废水处理中已广泛使用。它的类型很多，按池内水流方向可分为平流式、竖流式和辐流式三种，此外还有斜板（管）沉淀池，这些沉淀池的比较见表 2-2。

**表 2-2**　不同沉淀池优缺点比较

| 名称 | 优点 | 缺点 | 使用情况 |
|------|------|------|----------|
| 平流式沉淀池 | 沉淀效果好；对冲击负荷和温度变化的适应性强；施工方便；平面布置紧凑，排泥设备已趋定型 | 配水不易均匀；采用机械排泥时设备易腐蚀；采用多斗排泥时，排泥不易均匀，工作量大 | 适用于地下水位较高，地质条件较差的地区，大、中、小型废水处理厂均可使用 |

| 名称 | 优点 | 缺点 | 使用情况 |
|---|---|---|---|
| 竖流式沉淀池 | 占地面积小；排泥方便，运行管理简单 | 池子深度大，施工困难；对冲击负荷和温度变化的适应能力较差；池径不宜过大，否则布水不均 | 竖流式沉淀池主要适用于小型废水处理厂 |
| 辐流式沉淀池 | 沉淀池个数较少，比较经济，便于管理；机械排泥设备已定型，排泥较方便 | 池内水流不稳定，沉淀效果相对较差；排泥设备比较复杂；池体较大，对施工质量要求较高 | 适用于地下水位较高的地区以及大中型废水处理厂 |
| 斜板（管）沉淀池 | 沉淀效果好；占地面积小；排泥方便 | 易堵塞，不宜作为二次沉淀池；造价高 | 常用于废水处理厂的扩容改建，或在用地特别受限的废水处理厂中应用 |

# 2.3 隔油

## 2.3.1 原理与功能

油类污染物按组成成分可分为两种：第一种包括动物和植物的脂肪，它是由不同链长的脂肪酸和甘油（丙三醇）之间形成的甘油三酸酯组成的。脂肪酸可以是饱和的或不饱和的。物理性质，即是固体还是液体，主要是由脂肪酸的分子量决定的。在这种情况下，脂肪与油之间的区别主要是纯学术性的，因为两者作为水的污染物，其意义本质上是相同的。第二种是原油或矿物油的液体部分。原油是烃类化合物的混合物，即全部是由直链或支链以及不同复杂程度的环形结构所组成的碳和氢的化合物。烃类化合物可以是饱和的或不饱和的。当石油用蒸馏法分馏时，就产生众所周知的汽油、煤油、电机油、苯、石蜡和纯净的矿物油等产品。这些分馏成分中没有一种可作食用或可利用作为高级植物和动物的养料。事实上，它们在许多情况下是有毒的。它们有遮盖细胞和组织的倾向，于是就妨碍了细胞吸收养料和排泄副产品的正常渗透性，但它们可被很多微生物所氧化。

废水中的油类按其存在形式可分为浮油、分散油、乳化油和溶解油四类。

① 浮油　这种油珠粒径较大，一般大于 $100\mu m$，易浮于水面，形成油膜或油层。

② 分散油　油珠粒径一般为 $10\sim100\mu m$，以微小油珠悬浮于水中，不稳定，静置一定时间后往往形成浮油。

③ 乳化油　油珠粒径小于 $10\mu m$，一般为 $0.1\sim2\mu m$，往往因水中含有表面活性剂使油珠成为稳定的乳化液。

④ 溶解油　油珠粒径比乳化油还小，有的可小到几纳米，是溶于水的油微粒。

油类污染对环境破坏很大，主要表现为对生态系统及自然环境（土壤、水体）的严重影响。

## 2.3.2 技术与装备

废水中的油类存在形式不同，处理程度不同，采用的处理方法和装置也不同。除油设备可分为油水分离设备、撇油器、污油脱水设备。常用的油水分离设备包括隔油池、除油罐、混凝除油罐、粗粒化除油罐、聚结斜板除油罐、格雷维尔除油器、气浮除油装置等。

（1）油水分离技术与设备

隔油池为自然上浮的油水分离装置，其类型较多，常用的有平流式隔油池、平行板式隔油池、倾斜板式隔油池等。

① 平流板式隔油池　图 2-16 为传统的平流式隔油池，在我国使用较为广泛。废水从池的一端流入池内，从另一端流出。在隔油池中，由于流速降低，相对密度小于 1.0 而粒径较大的油珠上浮到水面上，相对密度大于 1.0 的杂质沉于池底。大型隔油池还设置由钢丝绳或链条牵引的刮油刮泥设备。刮油刮泥机在池面上的刮板移动速度，与池中水流速度相等，以减少对水流的影响。

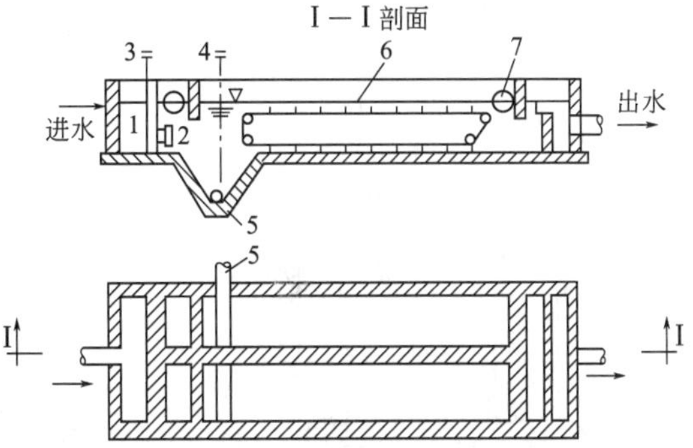

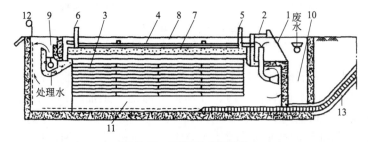

图 2-16　平流式隔油池
1—配水槽；2—进水孔；3—进水间；4—排渣阀；
5—排渣管；6—油泥刮泥机；7—集油管

这种隔油池的优点是构造简单，便于运行管理，除油效果稳定。缺点是池体大，占地面积多。

根据国内外的运行资料，这种隔油池可能去除的最小油珠粒径一般为 $100\sim150\mu m$。此时油珠的最大上浮速度不高于 0.9mm/s。

② 平行板式隔油池　其构造如图 2-17 所示，它是平流式隔油池的改良型。在平流式隔油池内沿水流方向安装数量较多的倾斜平板，这不仅增加了有效分离面积，也提高了整流效果。

图 2-17　平行板式隔油池
1—格栅；2—浮渣箱；3—平行板；4—盖子；5—通气孔；6—通气孔及溢油管；7—油层；
8—净水；9—净水溢流管；10—沉砂室；11—泥渣室；12—卷扬机；13—吸泥软管

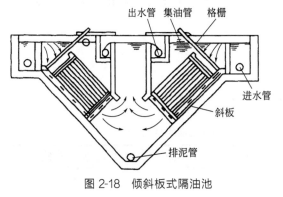

图 2-18　倾斜板式隔油池

③ 倾斜板式隔油池　其构造如图 2-18 所示，它是平行板式隔油池的改良型。这种装置采用波纹形斜板，板间距 $20\sim50mm$，倾斜角为 45°。废水沿板面向下流动，从出水堰排出。水中油珠沿板的下表面向上流动，然后用集油管汇集排出。水中悬浮物沉到斜板上表面，滑下落入池底部经排泥管排出。实践表明，这种隔油池的油水分离效率较高，停留时间短，一般不大于 30min，占地面积小。目前我国一些新建含油废水处理站多采用这种形式的隔油池。波纹斜板由聚酯玻璃钢制成。

（2）污油脱水技术与设备

除油池内的撇油装置将浮油收集到集油坑内，一般含油率为 $40\%\sim50\%$。为提高污油的浓度，便于回收利用，可用带式除油机或脱水罐进一步进行油水分离。

① 带式除油机　按安装方式有立式、卧式和倾斜式三种。

1）立式胶带除油机的构造如图 2-19（a）所示。

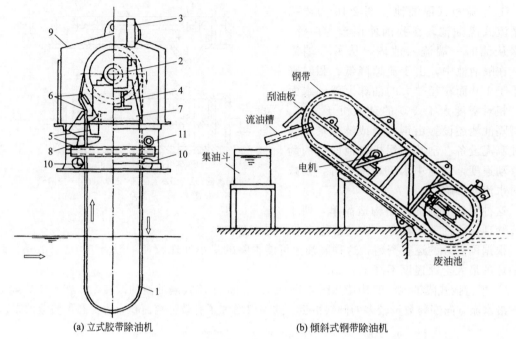

(a) 立式胶带除油机　　　　　　　　(b) 倾斜式钢带除油机

图 2-19　带式除油机

1—吸油带；2—减速机；3—电机；4—滑轮；5—槽；6—刮板；7—支架；8—下部壳；9—罩；10—导向轮；11—油出口

这类除油机用类似氯丁橡胶制造胶带。其除油原理是：因胶带材料具有疏水亲油性质，胶带运转时，将浮油带出水面后，经内、外刮板将油刮入集油槽内。污油浓度高，除油率高，出口污油含油率为 60%～80%。

2）倾斜式钢带除油机的构造如图 2-19（b）所示。该机浸入污油深度为 100mm，最大倾角为 40°。

② 脱水罐　有卧式和立式两种，常用立式罐。罐底设蒸汽盘管加热废水进行脱水，加热温度以 70～80℃为宜。温度加热到 80～90℃以上时，油的氧化速度加快，易使油变质。含油率为 40%～50%的污油，经数日脱水后，污油含油率可达 90%以上。

## 2.3.3　隔油类型与比较

平流板式、平行板式、倾斜板式隔油池的应用特性比较见表 2-3。

表 2-3　平流板式、平行板式、倾斜板式隔油池的应用特性比较

| 项　目 | 平流板式 | 平行板式 | 倾斜式 |
|---|---|---|---|
| 除油效率/% | 60～70 | 70～80 | 70～80 |
| 占地面积（处理量相同时相对大小） | 1 | 1/2 | 1/3～1/4 |
| 可能除去的最小油滴粒径/μm | 100～150 | 60 | 60 |
| 最小油滴的浮上速度/(mm/s) | 0.9 | 0.2 | 0.2 |

续表

| 项　　目 | 平流板式 | 平行板式 | 倾斜板式 |
|---|---|---|---|
| 分离油的去除方式 | 刮板及集油管集油 | 利用压差自动流入管内 | 集油管集油 |
| 泥渣除去方式 | 刮泥机将泥渣集中到泥渣斗 | 用移动式的吸泥软管或刮泥设备排出 | 重力排泥 |
| 平行板的清洗 | 没有 | 定期清洗 | 定期清洗 |
| 防火防臭措施 | 浮油与大气相通，有着火危险，臭气散发 | 表面为清水，不易着火，臭气也不多 | 有着火危险，臭气比较少 |
| 附属设备 | 刮油刮泥机 | 卷扬机、清洗设备及装平行板用的单轨吊车 | 没有 |
| 基建费 | 低 | 高 | 较低 |

# 2.4　澄清

## 2.4.1　原理与功能

澄清池是将絮凝反应过程与澄清分离过程综合于一体的构筑物。

在澄清池中，沉泥被提升起来并使之处于均匀分布的悬浮状态，在池中形成高浓度的稳定活性泥渣层，该层悬浮物浓度在 $3\sim10g/L$。原水在澄清池中由下向上流动，泥渣层由于重力作用可在上升水流中处于动态平衡状态。当原水通过活性污泥层时，利用接触絮凝原理，原水中的悬浮物便被活性污泥渣层阻留下来，使水获得澄清。清水在澄清池上部被收集。

泥渣悬浮层上升流速与泥渣的体积、浓度有关：

$$u'=u(1-C_V)^m$$

式中，$u'$ 为泥渣悬浮层上升流速；$u$ 为分散颗粒沉降速度；$C_V$ 为体积浓度；$m$ 为系数，无机粒子 $m=3$，絮凝颗粒 $m=4$。

因此，正确选用上升流速，保持良好的泥渣悬浮层，是澄清池取得较好处理效果的基本条件。

## 2.4.2　技术与装备

澄清技术的工作效率取决于泥渣悬浮层的活性与稳定性。泥渣悬浮层是在澄清池中加入较多的混凝剂，并适当降低负荷，经过一定时间运行后，逐级形成的。为使泥渣悬浮层始终保持絮凝活性，必须让泥渣层处于新陈代谢的状态，即一方面形成新的活性泥渣，另一方面排出老化了的泥渣。

澄清池基本上可分为泥渣悬浮澄清池、泥渣循环澄清池两类。

（1）泥渣悬浮澄清池

① 悬浮澄清池　图 2-20 为悬浮澄清池流程图。原水由池底进入，靠向上的流速使絮凝体悬浮。因絮凝作用悬浮层逐渐膨胀，当超过一定高度时，则通过排泥窗口自动排入泥渣浓缩室，压实后定期排出池外。进水量或水温发生变化时会使悬浮层工作不稳定，现已很少采用。

② 脉冲澄清池　图 2-21 为脉冲澄清池。通过配水竖井向池内脉冲式间歇进水。在脉冲作

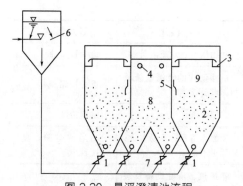

图 2-20　悬浮澄清池流程

1—穿孔配水管；2—泥渣悬浮层；3—穿孔集水槽；
4—强制出水管；5—排泥窗口；6—气水分离器；
7—穿孔排泥管；8—浓缩室；9—澄清室

用下，池内悬浮层一直周期地处于膨胀和压缩状态，进行一上一下的运动。这种脉冲作用使悬浮层的工作稳定，端面上的浓度分布均匀，并加强颗粒的接触碰撞，改善混合絮凝的条件，从而提高了净水效果。

（2）泥渣循环澄清池

① 机械搅拌澄清池　机械搅拌澄清池是将混合、絮凝反应及沉淀工艺综合在一个池内，如图 2-22 所示。池中心有一个转动叶轮，将原水和加入药剂同澄清区沉降下来的回流泥浆混合，促进较大絮体的形成。泥浆回流量为进水量的 3～5 倍，可通过调节叶轮开启度来控制。为保持池内悬浮物浓度稳定，要排出多余的污泥，所以在池内设有 1～3 个泥渣浓缩斗。当池径较大或进水含砂量较高时，需装设机械刮泥机。该池的优点是效率较高且比较稳定；对原水水质（如浊度、温度）和处理水量的变化适应性较强；操作运行比较方便；应用较广泛。

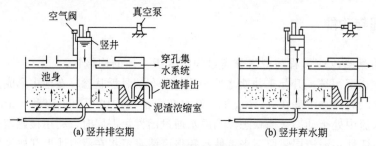

图 2-21　脉冲澄清池

② 水力循环澄清池　图 2-23 为水力循环澄清池。原水由底部进入池内，经喷嘴喷出。喷嘴上面为混合室、喉管和第一反应室。喷嘴和混合室组成一个射流器，喷嘴高速水流把池子锥形底部含有大量絮凝体的水吸进混合室内和进水掺合后，经第一反应室喇叭口溢流出来，进入第二反应室中。吸进去的流量称为回流，一般为进口流量的 2～4 倍。第一反应室和第二反应室构成了一个悬浮物区，第二反应室出水进入分离室，相当于进水量的清水向上流向出口，剩余流量则向下流动，经喷嘴吸入与进水混合，再重复上述水流过程。该池的优点是无须机械搅拌设备，运行管理较方便；锥底角度大，排泥效果好。缺点是反应时间较短，造成运行上不够稳定，不能适用于大水量。

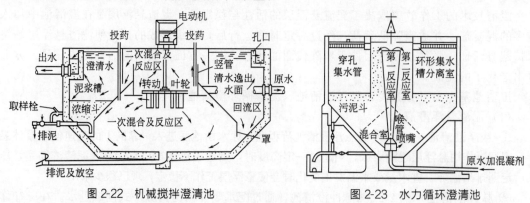

图 2-22　机械搅拌澄清池　　　　图 2-23　水力循环澄清池

### 2.4.3 澄清池选型与设计

（1）澄清池选型

澄清池池型选择见表 2-4。

表 2-4 各种澄清池的优缺点及适用条件

| 类型 | 优点 | 缺点 | 适用条件 |
|---|---|---|---|
| 机械搅拌澄清池 | （1）单位面积产水量大，处理效果高；<br>（2）处理效果较稳定，适应性强 | （1）需机械搅拌设备；<br>（2）维修较麻烦 | （1）进水悬浮物含量一般<1g/L，短时间内允许 3.0～5.0g/L；<br>（2）适用于大、中型水厂 |
| 水力循环澄清池 | （1）无机械搅拌设备；<br>（2）构筑物较简单 | （1）投药量较大；<br>（2）消耗大的水头；<br>（3）对水质、水温变化的适应性差 | （1）进水悬浮物含量<1g/L，短时间内允许 2.0g/L；<br>（2）适用于中、小型水厂 |
| 脉冲澄清池 | （1）混合充分，布水较均匀；<br>（2）池深较浅，便于平流式沉淀池改造 | （1）需要一套真空设备；<br>（2）虹吸式水头损失较大，脉冲周期较难控制；<br>（3）对水质、水量变化的适应性较差；<br>（4）操作管理要求较高 | （1）进水悬浮物含量<1g/L，短时间内允许 3.0g/L；<br>（2）适用于大、中、小型水厂；<br>（3）一般为圆形池子 |
| 悬浮澄清池（无穿孔底板） | （1）构造较简单；<br>（2）能处理高浊度水（双层式加悬浮层底部开孔） | （1）需设气水分离器；<br>（2）对水量、水温较敏感，处理效果不够稳定；<br>（3）双层式池深较大 | （1）进水悬浮物含量<3g/L，宜用单池；进水悬浮物含量3～10g/L，宜用双池；<br>（2）流量变化一般每小时≤10%，水温变化≤1℃ |

（2）澄清池设计

澄清池设计主要参数见表 2-5。

表 2-5 澄清池设计技术参数

| 类型 | | 清水区 | | 悬浮层高度/m | 总停留时间/h |
|---|---|---|---|---|---|
| | | 上升流速/(mm/s) | 高度/m | | |
| 机械搅拌澄清池 | | 0.8～1.1 | 1.5～2.0 | — | 1.2～1.5 |
| 水力循环澄清池 | | 0.7～1.0 | 2.0～3.0 | 3～4（导流桶） | 1.0～1.5 |
| 脉冲澄清池 | | 0.7～1.0 | 1.5～2.0 | 1.5～2.0 | 1.0～1.3 |
| 悬浮澄清池 | 单层 | 0.7～1.0 | 2.0～2.5 | 2.0～2.5 | 0.33～0.5（悬浮层）0.4～0.8（清水区） |
| | 双层 | 0.6～0.9 | 2.0～2.5 | 2.0～2.5 | — |

# 2.5 离心分离

## 2.5.1 原理与功能

离心分离是借助离心力，使密度不同的物质进行分离的方法。由于离心机等设备可产生相当高的角速度，使离心力远大于重力，于是溶液中的悬浮物便易于沉淀析出。

当悬浮物的废水在高速旋转时，由于悬浮颗粒和废水的质量不同，所受到的离心力大小不同，质量大的被甩到外圈，质量小的则留在内圈，通过不同的出口将它们分别引导出来，利用此原理就可分离废水中的悬浮颗粒，使废水得以净化。在离心力场内，废水悬浮颗粒所受到的离心力如下式：

$$F = (m - m_0) \frac{v^2}{r}$$

$$v = 2\pi r \frac{n}{60}$$

式中，$F$ 为离心力，N；$m$，$m_0$ 分别为颗粒、废水的质量，kg；$v$ 为废水旋转的圆周线速度，m/s；$r$ 为旋转半径，m；$n$ 为转速，r/min。

在重力场中，水中悬浮颗粒所受的重力（$N$）为：

$$N = (m - m_0)g$$

完成离心分离的常用设备是离心分离器或离心机。其分离性能常以分离因数表示。它是液体中颗粒在离心场（旋转容器中的液体）的分离速度同它们在重力场（静止容器中的液体）的分离速度之比，也就是颗粒沉速或浮速做比较的一个系数，其值可用下式计算：

$$\alpha = \frac{F}{N} = \frac{rn^2}{900}$$

式中，$\alpha$ 为分离因数。

当 $r = 0.1$m、$n = 500$r/min，$\alpha = 28$，可以看出其离心力大大超过了重力。转速增加，$\alpha$ 值提高更快。因此，在高速旋转产生的离心场中废水中悬浮物的分离效率将大为提高。

## 2.5.2 技术与装备

用离心力使污染物与废水分离。常用的设备有离心机、压力式旋流分离器和重力式旋流分离器。

（1）离心机

按分离因数（离心力与重力的比值）划分，有常速离心机和高速离心机两种。

分离因数小于 3000 的为常速离心机，主要用于分离颗粒不太大的悬浮物。分离因数大于 3000 的为高速离心机，主要用于分离乳状液和细粒悬浮液。按操作原理划分，有过滤式离心机、沉降式离心机和分离式离心机 3 种。离心机由随转轴旋转的圆筒（转鼓）及外壳组成。

过滤式离心机的转鼓壁上有孔，孔面覆以滤布，适用于分离含有晶粒和其他固体颗粒的悬浮液，如图 2-24 所示。

沉降式和分离式离心机的转鼓鼓壁无孔，用于分离不易过滤的悬浮液及乳浊液，或使悬浮液增浓。

（2）压力式旋流分离器

废水切向进入圆筒，沿器壁下旋，形成向下的外环流。较大的固体颗粒被甩向器壁，随外环水下滑至底部排泥管排出。澄清水从底部朝上，形成向上的内环水，最终通过中心溢流管至分离器顶部，由排水管排出分离

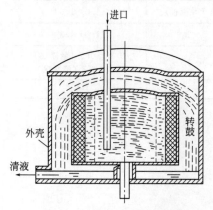

图 2-24 离心机的构造原理

器外。压力式旋流分离器如图 2-25 所示。

（3）重力式旋流分离机

重力式旋流分离器如图 2-26 所示，水流在重力式水力旋流分离器内的旋转靠进出口水位差压力。废水从切线方向进入器内，造成旋流，在离心力和重力作用下，悬浮颗粒甩向器壁并向器底水池集中，使水得到净化。废水中若有油等可浮在水表面上，用油泵收集。

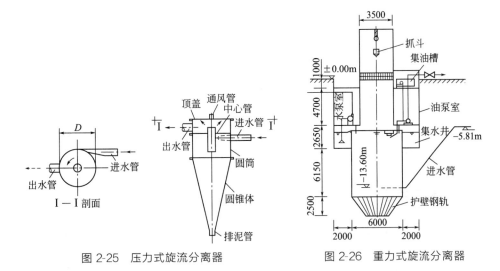

图 2-25　压力式旋流分离器　　　　图 2-26　重力式旋流分离器

## 2.5.3　离心机应用与效果

离心机应用状况与脱水效率见表 2-6。

表 2-6　离心机应用状况与脱水效率　　　　单位：%

| 污泥种类 | 原污泥干固体浓度 | 分离液悬浮物浓度 | 泥饼干固体浓度 | 固体回收率 | 预处理 |
|---|---|---|---|---|---|
| 初次沉淀污泥 | 3.83 | 0.49 | 35.0 | 88.0 | 不需要 |
| 初次沉淀与活性污泥混合 | 3.61 | 0.06 | 20.0 | 98.2 | 化学调节 |
| | 4.6 | 0.25 | 41.3 | 95.5 | 热处理 |
| 初次沉淀与腐殖质污泥混合 | 9.57 | 0.05 | 22.9 | 99.2 | 化学调节 |
| | 4.8 | 0.08 | 58.2 | 98.4 | 热处理 |
| 初次污泥经消化 | 8.8 | 1.44 | 30.0 | 88.0 | 不需要 |
| 初次沉淀与活性污泥经消化 | 3.5 | 0.30 | 20.0 | 93.0 | 化学调节 |
| 初次沉淀与腐殖质污泥经消化 | 2.79 | 0.44 | 22.0 | 86.0 | 化学调节 |
| | 8.5 | 1.15 | 37.9 | 89.0 | 化学调节 |
| 活性污泥 | 2.19 | 0.55 | 19.6 | 74.2 | 化学调节 |
| | 8.2 | 0.84 | 38.8 | 92.0 | 热处理 |

# 2.6 磁分离

## 2.6.1 原理与功能

一切宏观的物体，在某种程度上都具有磁性，但按其在外磁场作用下的特性可分为三类。

① 铁磁性物质，这类物质在外磁场作用下能迅速达到磁饱和，磁化率大于零并和外磁场强度呈复杂的函数关系，离开外磁场后有剩磁。

② 顺磁性物质，磁化率大于零，但磁化强度小于铁磁性物质，在外磁场作用下，表现出较弱的磁性，磁化强度和外磁场强度呈线性关系，只有在温度低于 4K 时才可能出现磁饱和现象。

③ 反磁性物质，磁化率小于零，在外磁场作用下逆磁场磁化，使磁场减弱。各种物质的磁性差异正是磁分离技术的基础。

## 2.6.2 技术与装备

水中颗粒状物质在磁场里要受磁力、重力、惯性力、黏滞力以及颗粒间相互作用力的作用。磁分离技术就是有效地利用磁力，克服与其抗衡的重力、惯性力、黏滞力（磁过滤、磁盘）或利用磁力和重力使颗粒凝聚后沉降分离（磁凝聚）。

磁分离按装置原理可分为磁凝聚分离、磁盘分离和高梯度磁分离三种；按产生磁场的方法可分为永磁磁分离和电磁磁分离（包括超导电磁磁分离）；按工作方式可分为连续式磁分离和间断式磁分离；按颗粒物去除方式可分为磁凝聚沉降分离和磁力吸着分离。

（1）磁凝聚法

磁凝聚是促使固液分离的一种手段，是提高沉淀池或磁盘工作效率的一种预处理方法。

当介质的物性一定时，废水中悬浮颗粒的沉降速度与颗粒直径的平方成正比。所以，增大颗粒直径可以提高沉淀效率。

利用磁盘吸引磁性颗粒，颗粒越大，受到的磁力越大，越容易被去除。当颗粒在水中以 50cm/s 的速度运动时，磁盘吸引直径 1mm 的粒子需 0.03N/g 的磁力，吸引直径 0.4mm 的粒子需 0.1N/g 的磁力。

磁凝聚就是使废水通过磁场，水中磁性颗粒物被磁化，形成如同具有南北极的磁体。由于磁场梯度为零，因此，它受大小相等、方向相反的力的作用，合力为零，颗粒不被磁体捕集。颗粒之间相互吸引，聚集成大颗粒，当废水通过磁场后，由于磁性颗粒有一定的矫顽力，因此能继续产生凝聚作用。

磁凝聚装置由磁体和磁路构成。磁体可以是永磁铁或电磁线圈。

（2）磁盘法

磁盘法是借助磁盘的磁力将废水中的磁性悬浮颗粒吸着在缓慢转动的磁盘上，随着磁盘的转动，将泥渣带出水面，经刮泥板除去，盘面又进入水中，重新吸着水中的颗粒。

磁盘吸着水中颗粒的条件是：a. 颗粒磁性物质或以磁性物质为核心的凝聚体，进入磁盘磁场即被磁化，或进入磁盘磁场之前先经过预磁化；b. 磁盘磁场有一定的磁力梯度。

作用在磁性颗粒上的力除磁力外，还有粒子在水中运动时受到运动方向上的阻力。

为了提高处理效果，应提高磁场强度、磁力梯度和颗粒粒径。磁盘设计时，当磁场强度和磁力梯度确定后，只有依靠增加颗粒的直径来提高去除效率。因此，磁盘经常和磁凝聚或药剂絮凝联合使用。废水在进入磁盘前先投加絮凝剂或预磁化，或者两者同时使用。同时使用时，应先加絮凝剂，再预磁化，预磁时间 0.5～1s，预磁磁场强度 0.05～0.1T（500～1000Gs）。

磁盘的构造如图 2-27 所示。

（3）高梯度磁过滤法

磁过滤是靠磁场和磁偶极间的相互作用。磁偶极本身会使磁场内的磁力线发生取向，当与磁力线不平行时，磁偶极就受到转矩的作用，如果磁场存在梯度，偶极的一端会比另一端处于更强的磁场中并受到较大的力，其大小和磁偶极距及磁场梯度成正比。

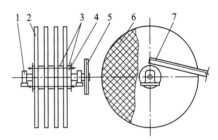

图 2-27　磁盘构造示意

1—轴承盘；2—磁盘；3—铝挡圈；4—盘位固定螺钉；5—皮带轮；6—锶铁涂氧体永久磁体；7—刮泥板

磁场中磁通变化越大，也就是磁力线密度变化越大，梯度也就越高。高梯度磁过渡分离就是在均匀磁场内，装填表面曲率半径极小的磁性介质，靠近其表面就产生局部性的疏密磁力线，从而构成高梯度磁场。因此，产生高梯度磁场不仅需要高的磁场强度，而且要有适当的磁性介质。可用作介质的材料有不锈钢毛及软铁制的齿板、铁球、铁钉、多孔板等。

对介质的要求是：a. 可以产生高的磁力梯度；b. 可提供大量的颗粒捕集点；c. 孔隙率大，阻力小，废水方便通过，不锈钢毛一般可使孔隙率达到 95%；d. 矫顽力小，剩磁强度低，退磁快，在除去外磁场后介质上的颗粒易于冲洗下来；e. 具有一定的机械强度和耐腐蚀性，冲洗后不应产生妨碍正常工作的形变，如折断、压实等。

高梯度磁分离器是一个空心线圈，内部装一个圆筒状容器，容器中装有填充介质用以封闭磁路，在线圈外有作为磁路的轭铁，轭铁用厚软铁板制成，以减少直流磁场产生的涡流。为使圆筒容器内部形成均匀磁场固定填充介质，在介质上下两端设置磁片。高梯度磁分离器的构造如图 2-28 所示。

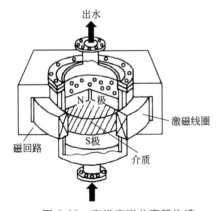

图 2-28　高梯度磁分离器构造

（4）超导磁分离装置

超导体在某一临界温度下，具有完全的导电性，也就是电阻为零，没有热损耗，因此可以用大电流从而得到很高的磁场强度，如用超导可获得磁场强度为 2T 的电磁体。此外，超导体还可以获得很高的磁力梯度。高磁力梯度除用刚毛等磁性介质获得外，还可以利用电流分布不同得到。

线表面的磁场与电流密度成正比，与表面的距离成反比，超导体可以在表层达到极高的电流密度，从而在其附近形成高梯度磁场。同时使用不锈钢毛，就可以产生极高的磁力梯度。

超导磁过滤器的构造如图 2-29 所示。

水从下方进入装有介质的滤筒，滤速 180m/h，磁体由液氮制冷系统冷却。

特点：a. 可获得很高的磁场强度和磁力梯度；b. 电磁体

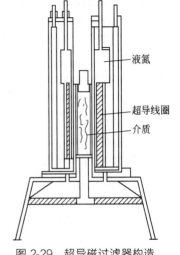

图 2-29　超导磁过滤器构造

不发热，电耗少，运行费用低，可制成连续工作的磁过滤器。

### 2.6.3 应用与设计

（1）磁凝聚法

处理钢铁行业废水时，磁场强度可用 0.06～0.15T（600～1500Gs），最佳范围为0.08～0.10T（800～1000Gs）。磁场强度与剩余悬浮物的关系如图 2-30 所示。

磁凝聚装置每一侧的磁块同极性排列，一侧为 N 极，另一侧为 S 极，构成均匀的磁场。为了防止磁体表面大面积积污，堵塞通路，废水通过磁场的速度应大于 1m/s。废水在磁场中的停留时间仅需 1s。停留时间与剩余悬浮物的关系如图 2-31 所示。

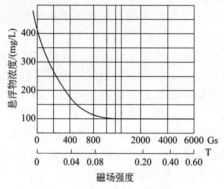

图 2-30　磁场强度与剩余悬浮物的关系

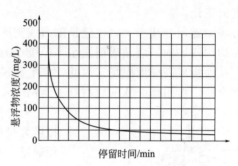

图 2-31　停留时间与剩余悬浮物的关系

（2）磁盘法

① 磁盘设计要求如下。

1）磁盘盘面、水槽、转轴需用铝、不锈钢、铜、硬塑性等非导磁材料制作，防止磁力线短路。

2）磁盘内磁块的 N 极和 S 极交错排列，保证较高的磁力梯度。磁块间可密排，当直径较大，如大于 1.5m 左右时磁块间可保持 5～20mm 的间距。

3）磁盘表面磁场强度应在 0.05～0.15T 之间，低于 0.05T 效果差，高于 0.15T 较难制作，且盘面吸着的泥难以刮净。

4）磁盘每两片间的间距取决于磁力作用深度。磁盘表面的磁场强度为 0.065T 时，作用深度为 25mm；0.095T 时，为 35～40mm；0.1～0.115T 时，为 40～50mm。因此，磁盘表面磁场强度为 0.05～0.08T 时，盘间距为 50mm；0.08～0.1T 时为 60～70mm；0.11～0.15T 时，为 70～80mm。设计时可用试验确定。

5）磁盘转速为 0.5～2r/min，转速过快，泥的含水率增加，处理率降低。

② 磁盘法的特点如下。

1）效率高、净化时间短。处理钢铁废水，废水在磁盘工作区仅需停留 2～5s，通过全部流程仅需约 2min，净化效率达到了 94%～99.5%。

2）占地面积小，污泥含水率低，易脱水。

（3）高梯度磁过滤法

高梯度磁分离器设计注意事项如下。

① 磁场强度　所需磁场强度根据废水中悬浮物的磁性确定。钢铁废水约为 0.3T，铸造

厂废水约为 0.1T。处理弱磁性物质，磁场强度至少达到 0.5T 以上，如果投加磁性种子，则要求达到 0.3T 左右。

② 介质　按梯度大、吸附面积大、捕集点多、阻力小、剩磁低的要求，以钢毛最好。钢毛直径为 $10\sim100\mu m$。

③ 介质的悬浮物（SS）负荷　分离器随着工作时间的增长，磁性颗粒会逐渐聚积在介质内，堵塞水流通道，减少捕集点，使分离效率下降。分离效果降到允许的下限值时，捕集颗粒的总量（干燥时的质量）和介质的体积比称为介质的 SS 负荷 $Q$：

$$Q = \frac{\text{捕集的悬浮物总量(g)}}{\text{介质体积}(cm^3)}$$

当颗粒为强磁性物质时，$Q$ 为 $5\sim7g/cm^3$；颗粒为顺磁体时，$Q$ 为 $1\sim1.2g/cm^3$。

④ 滤速　一般可采用 $100\sim500m/h$。

⑤ 电源　采用硅整流直流电源，电源功率由所需的磁场强度决定。

物质的磁性强度可由磁化率表示，一些物质的磁化率见表 2-7。

表 2-7　一些物质的磁化率

| 物质名称 | 温度/℃ | 磁化率/$10^{-6}$ | 物质名称 | 温度/℃ | 磁化率/$10^{-6}$ |
|---|---|---|---|---|---|
| Al | 常温 | +16.5 | PbO | 常温 | −42.0 |
| $Al_2O_3$ | 常温 | −37.0 | Mg | 常温 | +13.1 |
| $Al_2(SO_4)_3$ | 常温 | −93.0 | $Mg(OH)_2$ | 288 | −22.1 |
| Cr | 273 | −180 | MgO | 常温 | −1.2 |
| $Cr_2O_3$ | 300 | +1960 | Mn | 293 | +529.0 |
| $Cr_2(SO_4)_3$ | 293 | +11800 | MnO | 293 | +4350 |
| Co | — | 铁磁性 | $Mn_2O_3$ | 293 | +14100 |
| $Co_2O_3$ | 常温 | +4900 | $MnSO_4$ | 293 | +13660 |
| Cu | 296 | −5.46 | Mo | 293 | +89.0 |
| CuO | 289.6 | +238.9 | $Mo_2O_3$ | 常温 | −42.0 |
| $CuSO_4 \cdot H_2O$ | 293 | +1520 | $MoO_3$ | 289 | +41.0 |
| Fe | — | 铁磁性 | Ni | — | 铁磁性 |
| $FeCO_3$ | 293 | +11300 | NiO | 293 | +660.0 |
| FeO | 293 | +7200 | $Ni(OH)_2$ | 常温 | +4500 |
| $Fe_2O_3$ | 1033 | +3586 | Ti | 293 | +153.0 |
| $FeSO_4 \cdot 7H_2O$ | 293 | +11200 | $Ti_2O_3$ | 293 | +125.6 |
| Pb | 289 | −23.0 | | | |

第 3 章

# 化学分离法

# 3.1 中和及 pH 值控制

## 3.1.1 原理与功能

工业废水中常含有较高浓度的酸或碱。酸性废水主要来源于化工厂、化纤厂、电镀厂、煤加工厂及金属酸洗车间等，其中常见的酸性物质主要有硫酸、硝酸、盐酸、氢氟酸、氢氰酸、磷酸等无机酸及醋酸、甲酸、柠檬酸等有机酸，并常溶解有金属盐。碱性废水主要来源于印染厂、造纸厂、炼油厂和金属加工厂等，其中常见的碱性物质有苛性钠、碳酸钠、硫化钠及胺等。酸性废水的危害程度比碱性废水要大。

酸含量大于 5%～10% 的高浓度含酸废水常称为废酸液；碱含量大于 3%～5% 的高浓度含碱废水常称为废碱液。对于这类废酸液、废碱液，可因地制宜采用特殊的方法回收其中的酸和碱，或者进行综合利用。例如，用蒸发浓缩法回收苛性钠；用扩散渗析法回收钢铁酸洗废液中的硫酸；利用钢铁酸洗废液作为制造硫酸亚铁、氧化亚铁、聚合硫酸铁的原料等。对于酸含量小于 5%～10% 或碱含量小于 3%～5% 的低浓度酸性废水或碱性废水，由于其中酸、碱含量低，回收价值不大，常采用中和法处理，使废水的 pH 值恢复到中性附近的一定范围，消除其危害。

中和处理发生的主要反应是酸与碱生成盐和水的中和反应。由于酸性废水中常有重金属盐，在用碱处理时，还可生成难溶的金属氢氧化物。中和处理适用于废水处理中的下列情况。

① 废水排放受纳水体前，其 pH 值指标超过排放标准。这时应采用中和处理，以减少对水生生物的影响。

② 工业废水排入城市下水道系统前，采用中和处理，以免对管道系统造成腐蚀。在排入前对工业废水进行中和，比对工业废水与其他废水混合后的大量废水进行中和要经济得多。

③ 某些化学处理或生物处理之前。对生物处理而言，需将处理系统的 pH 值维持在 6.5～8.5 范围内，以确保最佳的生物活性。

我国《污水综合排放标准》规定排放废水的 pH 值应在 6～9 之间。酸碱废水以 pH 值表示可分为以下几种。

强酸性废水：pH<4.5。

弱酸性废水：pH＝4.5～6.5。

中性废水：pH＝6.5～8.5。

弱碱性废水：pH＝8.5～10.0。

强碱性废水：pH＞10.0。

### 3.1.2 技术与装备

（1）酸碱废水相互中和与设施

① 当水质水量变化较小，或废水缓冲能力较大，或后续构筑物对 pH 值要求范围较宽时，可以不用单独设中和池，而在集水井（或管道、曲径混合槽）内进行连续流式混合反应。

② 水质水量变化不大，废水也有一定的缓冲能力，但为了使出水 pH 值更有保证时，应单设连续流式中和池，如图 3-1（长方形）、图 3-2（圆形）所示。

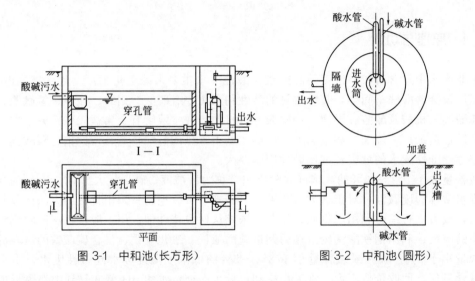

图 3-1　中和池（长方形）　　　　图 3-2　中和池（圆形）

③ 当水质水量变化较大，且水量较小时，连续流式中和池无法保证出水 pH 值要求，或出水水质要求较高，或废水中还含有其他杂质或重金属离子时，较稳妥可靠的做法是采取间歇流式中和池。每池的有效容积可按废水排放周期（如一班或一昼夜）中的废水量计算。中和池一般至少设两座，以便交替使用。

投加的碱性药剂有石灰、烧碱、电石渣、石灰石、苏打、白云石等。石灰制成乳剂为湿投，破碎成粉为干投。

（2）过滤中和设施

以粒状石灰石、大理石或白云石作为滤料，进行中和过滤。中和硫酸时，宜采用白云石滤料。有普通过滤中和、升流膨胀过滤中和及滚筒中和等。

① 普通中和滤池　有升流式和降流式两种，如图 3-3 所示，多采用前者。滤层厚 1～1.5m，滤料直径 3～8cm。

② 等速升流膨胀中和滤池　如图 3-4 所示。废水从池底进入，池顶排出。石灰石滤料从池顶加入，渣料从池下侧排出。滤料粒径为 0.5～3mm。

③ 变速升流膨胀中和滤池　如图 3-5 所示。滤料粒径 0.5～6mm，可以做到大颗粒不结

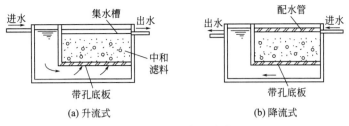

图 3-3　普通中和滤池

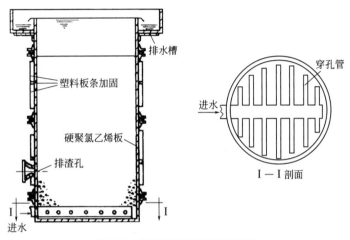

图 3-4　等速升流膨胀中和滤池

垢，小颗粒不流失，效果较好。

④ 滚筒式中和器　如图 3-6 所示。石灰石滤料置于旋转滚筒中与酸性水中和。

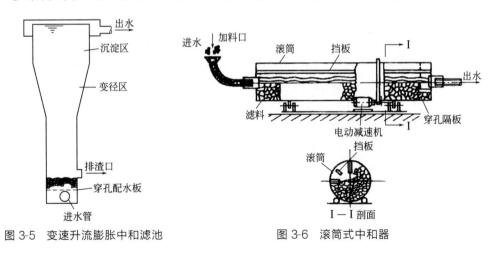

图 3-5　变速升流膨胀中和滤池　　　　图 3-6　滚筒式中和器

## 3.1.3　技术参数与应用

① 升流式膨胀中和滤池设计参数见表 3-1。

表 3-1　升流式膨胀中和滤池主要设计参数

| 名称 | 参数 | 规格 | 材料 | 说明 |
|---|---|---|---|---|
| 滤池 | 直径<br>高度 | 1.2m<br>2.9m | 塑料 | |
| | 垫层卵石直径<br>垫层高度 | 20～50mm<br>200mm | 卵石 | |
| | 滤料粒径<br>滤料起始高度<br>每次加料高度<br>每次加料质量 | 0.5～3mm<br>60cm<br>30cm<br>510kg | 石灰石 | |
| | 水流上升速度<br>上游所需压头 | 60m/h<br>＞2.5m | | 实际运行为<br>40～60m/h |
| 布水管 | 干管直径<br>支管直径<br>支管对数<br>出水孔孔径<br>出水孔孔距 | 150mm<br>50mm<br>7<br>10mm<br>40mm | 塑料或不锈钢 | 大阻力系统<br>双排交错排列，孔向下 |
| 环形集水槽 | 槽宽<br>槽深 | 0.3m<br>0.4m | 塑料 | |
| 进水阀 | 直径 | 200mm | 衬胶 | |
| 反冲洗阀 | 直径 | 100mm | 衬胶 | 用清水反冲 |

② 酸碱性物质中和剂理论单位消耗量见表 3-2、表 3-3，以及硫酸钙在水中的溶解度见表 3-4。

表 3-2　碱性中和剂的理论单位消耗量

| 酸性名称 | 中和 1g 酸所需的碱性物质/g | | | | |
|---|---|---|---|---|---|
| | CaO | Ca(OH)$_2$ | CaCO$_3$ | CaCO$_3$·MgCO$_3$ | MgCO$_3$ |
| H$_2$SO$_4$ | 0.571 | 0.755 | 1.020 | 0.940 | 0.860 |
| HCl | 0.770 | 1.010 | 1.370 | 1.290 | 1.150 |
| HNO$_3$ | 0.445 | 0.590 | 0.795 | 0.732 | 0.668 |

表 3-3　酸性中和剂的理论单位消耗量

| 碱的名称 | 中和 1g 碱所需的酸性物质/g | | | | | | | |
|---|---|---|---|---|---|---|---|---|
| | H$_2$SO$_4$ | | HCl | | HNO$_3$ | | CO$_2$ | SO$_2$ |
| | 100% | 98% | 100% | 36% | 100% | 65% | | |
| NaOH | 1.22 | 1.24 | 0.91 | 2.53 | 1.37 | 2.42 | 0.55 | 0.80 |
| KOH | 0.88 | 0.90 | 0.65 | 1.80 | 1.13 | 1.74 | 0.39 | 0.57 |
| Ca(OH)$_2$ | 1.32 | 1.34 | 0.99 | 2.74 | 1.70 | 2.62 | 0.59 | 0.86 |
| NH$_3$ | 2.88 | 2.93 | 2.12 | 5.90 | 3.71 | 5.70 | 1.29 | 1.88 |

表 3-4　硫酸钙在水中的溶解度

| 温度/℃ | | 0 | 10 | 18 | 25 | 30 | 40 |
|---|---|---|---|---|---|---|---|
| 溶解度/(g/L) | CaSO$_4$·2H$_2$O | 1.76 | 1.93 | 2.02 | 2.08 | 2.09 | 2.11 |
| | 折算成 CaSO$_4$ | 1.39 | 1.53 | 1.60 | 1.65 | 1.66 | 1.67 |

# 3.2　化学沉淀

## 3.2.1　原理与功能

化学沉淀法是指向废水中投加某些化学药剂（沉淀剂），使之与废水中溶解态的污染物直接发生化学反应，形成难溶的固体生成物，然后进行固液分离，从而除去水中污染物的一种处理方法。废水中的重金属离子（如汞、镉、铅、锌、镍、铬、铁、铜等）、碱土金属（如钙和镁）及某些非金属（如砷、氟、硫、硼）均可通过化学沉淀法去除，某些有机污染物亦可通过化学沉淀法去除。

化学沉淀法的工艺过程通常包括：a. 投加化学沉淀剂，与水中污染物反应，生成难溶的沉淀物而析出；b. 通过凝聚、沉降、上浮、过滤、离心等方法进行固液分离；c. 泥渣的处理和回收利用。

化学沉淀是难溶电解质的沉淀析出过程，其溶解度大小与溶质本性、温度、盐效应、沉淀颗粒的大小及晶型等有关。在废水处理中，根据沉淀-溶解平衡移动的一般原理，可利用过量投药、防止络合、沉淀转化、分步沉淀等，提高处理效率，回收有用物质。

物质在水中的溶解能力可用溶解度表示。溶解度的大小主要取决于物质和溶剂的本性，也与温度、盐效应、晶体结构和大小等有关。习惯上把溶解度大于 $1g/100g\ H_2O$ 的物质列为可溶物，小于 $0.1g/100g\ H_2O$ 的列为难溶物，介于两者之间的列为微溶物。利用化学沉淀法处理出水所形成的化合物都是难溶物。

若欲降低水中某种有害离子 A，可采取以下方法：a. 向水中投加沉淀剂离子 C，以形成溶度积很小的化合物 AC 而从水中分离出来；b. 利用同离子效应向水中投加离子 B，使 A 与 B 的离子积大于其溶度积。

若溶液中有数种离子共存，加入沉淀剂时，必定是离子积先达到溶度积的优先沉淀，这种现象称为分步沉淀。各种离子分步沉淀的次序取决于溶度积和有关离子的浓度。

难溶化合物的溶度积可从化学手册中查到。由表可见，金属硫化物、氢氧化物或碳酸盐的溶度积均很小，因此，可向水中投加硫化物（常用 $Na_2S$）、氢氧化物（一般常用石灰乳）或碳酸钠等药剂来产生化学沉淀，以降低水中金属离子的含量。

化学沉淀法处理重金量离子，其出水浓度最小能达到的水平见表 3-6。实际上，所能达到的最小残余浓度还与废水中有机物的性质、浓度以及温度等有关，需要试验确定。

## 3.2.2　技术与装备

向废水中投加化学药剂（沉淀剂），使之与废水中的溶解态污染物（主要为离子）直接或间接发生化学反应，形成溶度积较小的难溶化合物，然后予以分离去除。

根据所形成的化学沉淀物种类，分为氢氧化物沉淀法、硫化物沉淀法、铁氧体沉淀法等。

（1）氢氧化物沉淀法

向废水中投加 CaO、NaOH、$Na_2CO_3$ 等碱性物质，使之与废水中的重金属离子形成氢氧化物沉淀，主要用于去除重金属离子及氟离子等。

（2）硫化物沉淀法

向废水中投加 $Na_2S$ 或 NaHS，可形成溶度积极小的金属硫化物沉淀。由于金属硫化物沉淀颗粒细小，需同时投加絮凝剂，提高分离效果。

（3）铁氧体沉淀法

向废水中投加 $FeSO_4$，并加温和曝气，使之与废水中的各种金属离子形成不溶性的铁氧体晶粒（$A_2O_3 \cdot BO$）而沉淀析出。式中 B 代表二价金属如 Fe[Ⅱ]和废水中的二价金属离子如 Mg、Zn、Mn、Co、Ni、Ca、Cu、Hg、Bi、Sn 等，A 代表三价金属 Fe[Ⅲ]和废水中的三价离子如 Al、Cr、Mn、V、Co、Bi、Ca、As 等。该法主要用于处理含 $Cr^{6+}$、$Co^{2+}$、$Ni^{2+}$ 等重金属离子的废水。

采用化学沉淀法处理工业废水时，由于产生的沉淀物往往不形成带电荷的胶体，因此沉淀过程会变得更简单，一般采用普通的平流式沉淀池或竖流式沉淀池即可。具体的停留时间应该通过小试取得。

当用于不同的处理目标时，所需的投药及反应装置也不相同。例如，有些处理药剂采用干式投加，而另一些处理中则可能先将药剂溶解并稀释成一定浓度，然后按比例投加。对于这两种投加方法，都可以参考采用普通废水处理中所用的投药设备。值得注意的是，有些处理中废水或药剂具有腐蚀性，这时采用的投药及反应装置均要充分考虑满足防腐要求。

### 3.2.3 技术参数与应用

① 难溶化合物的溶度积见表 3-5。

表 3-5　难溶化合物的溶度积

| 化合物 | 溶度积 | 化合物 | 溶度积 |
| --- | --- | --- | --- |
| $Al(OH)_3$ | $1.1 \times 10^{-15}$（18℃） | CuI | $5.06 \times 10^{-12}$（18～20℃） |
| AgBr | $4.1 \times 10^{-13}$（18℃） | CuS | $8.5 \times 10^{-45}$（18℃） |
| AgCl | $1.56 \times 10^{-10}$（25℃） | $Cu_2S$ | $2.0 \times 10^{-47}$（16～18℃） |
| $Ag_2CO_3$ | $6.15 \times 10^{-12}$（25℃） | $Fe(OH)_2$ | $1.64 \times 10^{-14}$（18℃） |
| $Ag_2CrO_4$ | $1.2 \times 10^{-12}$（14.8℃） | $Fe(OH)_3$ | $1.1 \times 10^{-36}$（18℃） |
| AgI | $1.5 \times 10^{-16}$（25℃） | FeS | $3.7 \times 10^{-19}$（18℃） |
| $Ag_2S$ | $1.6 \times 10^{-49}$（18℃） | $Hg_2Br_2$ | $1.3 \times 10^{-21}$（25℃） |
| $BaCO_3$ | $7.0 \times 10^{-9}$（16℃） | $Hg_2Cl_2$ | $2.0 \times 10^{-18}$（25℃） |
| $BaCrO_4$ | $1.6 \times 10^{-10}$（18℃） | $Hg_2I_2$ | $1.2 \times 10^{-28}$（25℃） |
| $BaF_2$ | $1.7 \times 10^{-6}$（18℃） | HgS | $4.0 \times 10^{-53}$（18℃） |
| $BaSO_4$ | $0.87 \times 10^{-10}$（18℃） | $MgCO_3$ | $2.6 \times 10^{-5}$（12℃） |
| $CaCO_3$ | $0.99 \times 10^{-8}$（15℃） | $MgF_2$ | $7.1 \times 10^{-9}$（18℃） |
| $CaF_2$ | $3.4 \times 10^{-11}$（18℃） | $Mg(OH)_2$ | $1.2 \times 10^{-11}$（18℃） |
| $CaSO_4$ | $2.45 \times 10^{-5}$（25℃） | $Mn(OH)_2$ | $4.0 \times 10^{-14}$（18℃） |
| CdS | $3.6 \times 10^{-29}$（18℃） | MnS | $1.4 \times 10^{-15}$（18℃） |
| CoS | $3.0 \times 10^{-26}$（18℃） | NiS | $1.4 \times 10^{-24}$（18℃） |
| CuBr | $4.15 \times 10^{-8}$（18～25℃） | $PbCO_3$ | $3.3 \times 10^{-14}$（18℃） |
| CuCl | $1.02 \times 10^{-6}$（18～20℃） | $PbCrO_4$ | $1.77 \times 10^{-14}$（18℃） |

续表

| 化合物 | 溶度积 | 化合物 | 溶度积 |
|---|---|---|---|
| $PbF_2$ | $3.2 \times 10^{-8}$(18℃) | $PbSO_4$ | $1.06 \times 10^{-8}$(18℃) |
| $PbI_2$ | $7.47 \times 10^{-9}$(15℃) | $Zn(OH)_2$ | $1.8 \times 10^{-14}$(18~20℃) |
| PbS | $3.4 \times 10^{-28}$(18℃) | ZnS | $1.2 \times 10^{-23}$(18℃) |

② 沉淀法处理出水最佳效果见表 3-6。

表3-6　沉淀法处理出水可达到的效果

| 金属 | 可达到的出水浓度/（mg/L） | 沉淀形式及相应技术 | 金属 | 可达到的出水浓度/（mg/L） | 沉淀形式及相应技术 |
|---|---|---|---|---|---|
| 砷 | 0.05 | 硫化物沉淀和过滤 | 汞 | 0.01~0.02 | 硫化物沉淀 |
|  | 0.005 | 氢氧化物共沉淀 |  | 0.001~0.01 | 硫酸铝共沉淀 |
| 钡 | 0.5 | 硫酸盐沉淀 |  | 0.0005~0.005 | 氢氧化铁共沉淀 |
| 镉 | 0.05 | 在 pH=10~11 时氢氧化物沉淀 |  | 0.001~0.005 | 离子交换 |
|  | 0.05 | 与氢氧化铁共沉淀 | 镍 | 0.12 | 在 pH 为 10 时氢氧化物沉淀 |
|  | 0.008 | 硫化物沉淀 | 硒 | 0.05 | 硫化物沉淀 |
| 铜 | 0.02~0.07 | 氢氧化物沉淀 | 锌 | 0.1 | 在 pH 为 11 时氢氧化物沉淀 |
|  | 0.01~0.02 | 硫化物沉淀 |  |  |  |

③ 某些金属氢氧化物的溶度积见表 3-7。

表3-7　某些金属氢氧化物的溶度积

| 化学式 | $K_{sp}$ | 化学式 | $K_{sp}$ | 化学式 | $K_{sp}$ |
|---|---|---|---|---|---|
| AgOH | $1.6 \times 10^{-8}$ | $Cr(OH)_3$ | $6.3 \times 10^{-31}$ | $Ni(OH)_2$ | $2.0 \times 10^{-15}$ |
| $Al(OH)_3$ | $1.3 \times 10^{-33}$ | $Cu(OH)_2$ | $5.0 \times 10^{-20}$ | $Pb(OH)_2$ | $1.2 \times 10^{-15}$ |
| $Ba(OH)_2$ | $5.0 \times 10^{-3}$ | $Fe(OH)_2$ | $1.0 \times 10^{-15}$ | $Sn(OH)_2$ | $6.3 \times 10^{-27}$ |
| $Ca(OH)_2$ | $5.5 \times 10^{-6}$ | $Fe(OH)_3$ | $3.2 \times 10^{-38}$ | $Th(OH)_2$ | $4.0 \times 10^{-45}$ |
| $Cd(OH)_2$ | $2.2 \times 10^{-14}$ | $Hg(OH)_2$ | $4.8 \times 10^{-26}$ | $Ti(OH)_2$ | $1.0 \times 10^{-40}$ |
| $Co(OH)_2$ | $1.6 \times 10^{-15}$ | $Mg(OH)_2$ | $1.8 \times 10^{-11}$ | $Zn(OH)_2$ | $7.1 \times 10^{-18}$ |
| $Cr(OH)_2$ | $2.0 \times 10^{-16}$ | $Mn(OH)_2$ | $1.1 \times 10^{-13}$ |  |  |

注：表中所列溶度积均为活度积，但应用时一般作为溶度积，不加区别。

④ 某些氢氧化物再溶解时所需的最低 pH 值见表 3-8。

表3-8　某些氢氧化物再溶解时所需的最低 pH 值

| 氢氧化物 | 开始沉淀的pH 值 | 重新溶解的pH 值 | 备注 | 氢氧化物 | 开始沉淀的pH 值 | 重新溶解的pH 值 | 备注 |
|---|---|---|---|---|---|---|---|
| $SiO_2 \cdot nH_2O$ | <0 | 7.5 |  | $Ta_2O_5 \cdot nH_2O$ | <0 | 约 14 |  |
| $Nb_2O_5 \cdot nH_2O$ | <0 | 约 14 |  | $PbO_2 \cdot nH_2O$ | <0 | 12 |  |

续表

| 氢氧化物 | 开始沉淀的pH值 | 重新溶解的pH值 | 备注 | 氢氧化物 | 开始沉淀的pH值 | 重新溶解的pH值 | 备注 |
|---|---|---|---|---|---|---|---|
| $WO_3 \cdot nH_2O$ | <0 | 约8 | | $Zr(OH)_4$ | 约1 | | $ZrO(OH)_2$ |
| $Ti(OH)_4$ | 0 | | $TiO(OH)$ | $HSbO_2$ | — | 8.9 | $SbO(OH)$ |
| $Ti(OH)_3$ | 0.3 | | | $Sn(OH)_4$ | 1.5 | 13 | |
| $Pt(OH)_3$ | 约2.5 | — | | $HgO$ | 2 | | |
| $Th(OH)_3$ | 3.0 | — | | $Fe(OH)_3$ | 2.2 | | |
| $Pb(OH)_3$ | 3.5 | — | | 稀土元素 | 5.9~8.4 | | |
| $In(OH)_3$ | 3.4 | 14 | | $Re(OH)_3$ | | | |
| $Ga(OH)_3$ | 3.5 | 9.7 | | $Zn(OH)_2$ | 6.8 | 13.5 | $Zn(OH)Cl$ |
| $Al(OH)_3$ | 3.8 | 10.6 | | $Ce(OH)_3$ | 7.1~7.4 | | |
| $Bi(OH)_3$ | 4 | | $BiOCl$ | $Pb(OH)_2$ | 7.2 | 13 | |
| $Cr(OH)_3$ | 5.0 | 13 | | $Ni(OH)_2$ | 7.4 | | $Ni(OH)Cl$ |
| $Cu(OH)_2$ | 5.0 | $[OH^-]=$1mol/L | $Cu(OH)Cl$ | $Co(OH)_2$ | 7.5 | | $Co(OH)Cl$ |
| $Fe(OH)_2$ | 5.8 | | | $Ag_3O$ | 8.0 | | $Cd(OH)Cl$ |
| $Be(OH)_2$ | 5.8 | 13.5 | | $Cd(OH)_2$ | 8.3 | | |
| $Co(OH)_3$ | 0.5 | | | $Mn(OH)_2$ | 8.3 | | |
| $Sn(OH)_2$ | 0.5 | 12 | | $Mg(OH)_2$ | 9.6~10.6 | | |

从金属离子的性质及表 3-8 的数据可归纳出如下一些结论。

1）欲使某一或某些元素析出氢氧化物沉淀，必须把溶液的 pH 值控制适当。

2）一价的金属离子　碱金属的氢氧化物可溶于水，$Cu_2^{2+}$、$Hg_2^{2+}$、$Ag^+$、$Au^+$ 能生成氢氧化物沉淀。

3）二价的金属离子　除 $Ca^{2+}$、$Sr^{2+}$、$Ba^{2+}$ 外，一般的都能生成氢氧化物沉淀，其中 $Pb^{2+}$、$Sn^{2+}$、$Be^{2+}$、$Zn^{2+}$ 具有两性性质。

4）三价的金属离子　基本都能生成氢氧化物沉淀，其中 $Al^{3+}$、$Cr^{3+}$、$Ga^{3+}$、$In^{3+}$ 具有两性性质。

5）四价的金属离子　都能生成氢氧化物沉淀，其中 $Sn^{4+}$ 具有两性性质。而四价的非金属离子中，硅在酸性溶液中能生成 $SiO_2 \cdot nH_2O$ 或 $H_2SiO_3$ 沉淀。

6）五价的金属离子　除铌/钽能生成 $HNbO_3$ 及 $HTaO_3$ 沉淀外，则以酸根形式存在于溶液中，如 $AsO_4^{3-}$、$SbO_4^{3-}$、$BiO_3^-$、$VO_3^-$ 等。

7）六价的金属离子　在酸性溶液中，钨能生成 $H_2WO_4$ 沉淀；在微酸性溶液中，钼部分生成 $H_2MoO_4$ 或 $MoO_3 \cdot 2H_2O$ 沉淀，其余的则以酸根形式存在于溶液中，如 $MnO_4^-$、$CrO_2^{2-}$、$Cr_2O_7^{2-}$、$MoO_4^{2-}$ 等。

8）七价的金属离子　不生成氢氧化物沉淀，如 $MnO_4^-$ 等，以酸根形式存在于溶液中。

9）当废水中存在 $CN^-$、$NH_3$ 及 $Cl^-$、$S^{2-}$ 等配位体时，能与重金属离子结合成可溶性络合物，增大氢氧化物的溶解度，对沉淀法去除重金属不利，因此，要通过预处理将其除去。

综合考虑以上限制条件，表 3-8 则给出了某些金属氢氧化物沉淀析出的最佳 pH 值范围，对具体废水最好通过试验确定。

# 3.3 化学氧化与还原

## 3.3.1 原理与功能

对于一些有毒有害的污染物质，当难以用生物法或物理方法处理时，可利用它们在化学反应过程中能被氧化或还原的性质，改变污染物的形态，将它们变成无毒或微毒的新物质，或者转化成容易与水分离的形态，从而达到处理的目的，这种方法称为氧化还原法。氧化还原法包括氧化法和还原法。

废水中的有机污染物（如色、臭、味、COD）以及还原性无机离子（如 $CN^-$、$S^{2-}$、$Fe^{2+}$、$Mn^{2+}$ 等）都可通过氧化还原法消除其危害，废水中的许多金属离子（如汞、铜、镉、银、金、六价铬、镍等）都可通过还原法去除。

废水处理中最常采用的氧化剂是空气、臭氧、氯气、次氯酸钠及漂白粉；常用的还原剂有硫酸亚铁、亚硫酸氢钠、硼氢化钠、水合肼及铁屑等。在电解氧化还原法中，电解槽的阳极可作氧化剂，阴极可作还原剂。

按照污染物的净化原理，氧化还原处理方法包括药剂法、电化学法（电解）和光化学法等三大类。

在化学反应中，氧化和还原是互相依存的。原子或离子失去电子称为氧化，接受电子称为还原。得到电子的物质称为氧化剂，失去电子的物质称为还原剂。各种氧化剂的氧化能力是不同的，可通过标准电极电位 $E^{\ominus}$ 来表示氧化能力的强弱。在水中氧化能力最强的是氟。

对于有机物的氧化还原过程，由于涉及共价键，电子的移动情形很复杂。因此，在实际上，凡是加氧或脱氢的反应称为氧化，而加氢或脱氧的反应则称为还原；凡是与强氧化剂作用而使有机物分解成简单的无机物如 $CO_2$、$H_2O$ 等的反应，可判断为氧化反应。

有机物氧化为简单无机物是逐步完成的，这个过程称为有机物的降解。

复杂有机化合物的降解历程和中间产物更为复杂。通常碳水化合物氧化的最终产物是 $CO_2$ 和 $H_2O$，含氮有机物的氧化产物除 $CO_2$ 和 $H_2O$ 外，还会有硝酸类产物，含硫的还会有硫酸类产物，含磷的还会有磷酸类产物。各类有机物的可氧化性是不同的。经验表明，酚类、醛类、芳胺类和某些有机硫化物（如硫醇、硫醚）等易于氧化；醇类、酸类、酯类、烷基取代的芳烃化合物（如"三苯"）、硝基取代的芳烃化合物（如硝基苯）、不饱和烃类、碳水化合物等在一定条件下（强酸、强碱或催化剂）可以氧化；而饱和烃类、卤代烃类、合成高分子聚合物等难以氧化。

由于多数氧化还原反应速率很慢，因此，在用氧化还原法处理废水时，影响水溶液中氧化还原反应速率的动力因素对实际处理能力有更为重要的意义，这些因素包括以下几方面。

① 反应物和还原剂的本性　影响很大，其影响程度通常由试验观察或经验来决定。

② 反应物的浓度　一般来讲，浓度升高，速度加快，其间定量关系与反应机理有关，可根据试验观察来确定。

③ 温度　一般来讲，温度升高，速度加快，其间定量关系可由阿仑尼乌斯公式表示。

④ 催化剂及某些不纯物的存在　近年来异相催化剂（如活性炭、黏土、金属氧化物等）在水处理中的应用受到重视。

⑤ 溶液的 pH 值　影响很大，其影响途径有 3 种：a. $H^+$ 或 $OH^-$ 直接参与氧化还原反应；b. $H^+$ 或 $OH^-$ 为催化剂；c. 溶液的 pH 值决定溶液中许多物质的存在状态及相对数量。

与生物氧化法相比，化学氧化还原法需较高的运行费用。因此，目前化学氧化还原仅用于饮用水处理、特种工业用水处理、有毒工业废水处理和以回用为目的的废水深度处理等有限的场合。

## 3.3.2　技术与装备

### 3.3.2.1　技术与方法

通过向废水中投加药剂（氧化剂或还原剂），使之与废水中的污染物进行氧化还原反应，将其转化为无毒或微毒化学物质的方法。

（1）氧化法

去除废水中的还原态污染物，如 $S^{2-}$、$CN^-$、有机物及致病微生物等。使用的药剂有空气（利用其中的氧）、臭氧、氯系氧化剂（液氯、二氧化氯、次氯酸钠、漂白粉等）。

空气的氧化能力较弱，主要用来脱硫（$S^{2-}$、$HS^-$ 等）和除铁（$Fe^{2+}$）。氯系氧化剂的氧化能力较强，主要用来除 $CN^-$、脱酚、除 $NH_4^+$ 以及消毒等。臭氧的氧化能力最强。可氧化废水中大多数无机物及有机物。

光氧化法是一种化学氧化法，它是同时使用光和氧化剂产生很强的综合氧化作用来氧化分解废水中的有机物和无机物。氧化剂有臭氧、氯、次氯酸盐、过氧化氢及空气加催化剂等，其中常用的为氯气；在一般情况下，光源多用紫外光，但它对不同的污染物的处理效果有一定的差异，有时某些特定波长的光对某些物质最有效。光对氧化剂的分解和污染物的氧化分解起着催化剂的作用。下面介绍以氯为氧化剂光氧化的反应过程。

氯和水作用生成的次氯酸吸收紫外光后，被分解产生初生态氧[O]，这种初生态氧很不稳定且具有很强的氧化能力。初生态氧在光的照射下，能把含碳有机物氧化成二氧化碳和水。简化后的反应过程如下：

$$Cl_2 + H_2O \Longrightarrow HOCl + HCl$$

$$HOCl \xrightarrow{\text{紫外光}} HCl + [O]$$

$$2[HC] + 5[O] \xrightarrow{\text{紫外光}} H_2O + 2CO_2$$

式中，[HC] 代表含碳有机物。

实践证明，光氧化的氧化能力比只用氯氧化高 10 倍以上，处理过程一般不产生沉淀物，不仅可处理有机物，也可以处理能被氧化的无机物。此法作为废水深度处理时，COD、BOD 可被处理到接近于零。光氧化法除对分散染料的一小部分没有效果外，其脱色率可达 90% 以上。对含有表面活性剂的废水具有很强的分解能力，如对含有阴离子系的代表性洗涤剂十二苯磺酸钠（DBS）等废水均有效。光氧化法还可用于除微量油、水的消毒和除臭味等。

（2）还原法

去除废水中的氧化态污染物，主要为各种形态的重金属离子。使用的药剂有 $FeSO_4$、$NaHSO_3$、金属粉末或屑等。通常用 $FeSO_4$ 处理含铬废水，利用 $Fe^{2+}$ 将含铬废水中的 $Cr_2O_7^{2-}$ 或 $CrO_4^{2-}$ 还原为 $Cr^{3+}$，然后形成氢氧化铬沉淀，予以去除。利用铁粉（或铁屑）将废水中较铁不活泼的重金属离子还原成低价金属离子或金属，然后予以分离去除，如用铁屑过滤含汞($Hg^{2+}$) 废水，可得金属汞($Hg$)。

还原法可分为金属还原法、硼氢化钠法、硫酸亚铁石灰法和亚硫酸氢钠法等。

① 金属还原法　金属还原法就是使废水与金属还原剂相接触，废水中的汞、铬、铜等离子被还原为金属汞、铬、铜而析出，金属本身被氧化为离子而进入水中。它适用于处理含汞、铬、铜等重金属的工业废水。

例如采用铁屑过滤法处理含汞废水，发生的化学反应如下：

$$Fe+Hg^{2+} \longrightarrow Fe^{2+}+Hg\downarrow$$
$$2Fe+3Hg^{2+} \longrightarrow 2Fe^{3+}+3Hg\downarrow$$

铁屑还原的效果主要是与废水的 pH 值有关。当 pH 值低时，由于铁的电极电位比氢的低，所以废水中的氢离子也被还原为氢气而逸出。其反应如下：

$$Fe+2H^{+} \longrightarrow Fe^{2+}+H_2\uparrow$$

反应结果使铁屑耗量增大。另外，由于有氢析出，它会包围在铁屑表面而影响反应的进行，因此，当废水的 pH 值较低时，应先调整 pH 值后再进行处理。反应温度一般控制在 20～30℃的范围内。

② 硼氢化钠法　据国外资料报道，用 $NaBH_4$ 处理含汞废水，可将废水中的汞离子还原成元素汞回收，出水中的含汞量可降到难以检测的程度。

为了完全还原，有机汞化合物需先经转换成无机盐。硼氢化钠要求在碱性介质中使用。反应如下：

$$Hg^{2+}+BH_4^{-}+2OH^{-} \longrightarrow Hg+3H_2\uparrow+BO_2^{-}$$

将硝酸洗涤器排出的含汞洗涤水调整到 pH>9，将有机汞转化成无机盐，$NaBH_4$ 经计量并苛化后与含汞废水在固定螺旋混合器中进行还原反应（pH9～11），然后送往水力旋流器，可除去 80%～90%的汞沉淀物（粒径约 $10\mu m$），汞渣送往真空蒸馏，而废水从分离罐出来送往孔径为 $5\mu m$ 的过滤器过滤，将残余的汞滤除。$H_2$ 和汞蒸气从分离罐出来送到硝酸洗涤器。1kg $NaBH_4$ 约可回收 21kg 金属汞。

③ 硫酸亚铁石灰法　用此法处理含铬废水时，介质要求酸性（pH 值不大于 4），此时废水中的六价铬均以重铬酸根离子状态存在。重铬酸根离子具有很强的氧化能力，向酸性废水中投加硫酸亚铁便发生氧化还原反应，结果六价铬被还原为三价铬的同时，亚铁离子被氧化为三价铁离子。反应如下：

$$6FeSO_4+H_2Cr_2O_7+6H_2SO_4 \longrightarrow 3Fe_2(SO_4)_3+Cr_2(SO_4)_3+7H_2O$$

然后再向废水中投加石灰，调整 pH 值，因氢氧化铬在水中的溶解度与 pH 值有关，当 pH=7.5～9.0 时，它在水中的溶解度最小，所以 pH 值控制在 7.5～9.0 之间，会生成难溶于水的氢氧化铬沉淀。其反应如下：

$$Fe_2(SO_4)_3+Cr_2(SO_4)_3+12NaOH \longrightarrow 2Cr(OH)_3+2Fe(OH)_3\downarrow+6Na_2SO_4$$

④ 亚硫酸氢钠法　在酸性条件下，向废水中投加亚硫酸氢钠，将废水中的六价铬还原为三价铬后，投加石灰或氢氧化钠，生成氢氧化铬沉淀物。将此沉淀物从废水中分离出去，即可达到除铬的目的。其化学反应如下：

$$2H_2Cr_2O_7+6NaHSO_3+3H_2SO_4 \longrightarrow 2Cr_2(SO_4)_3+3Na_2SO_4+8H_2O$$
$$Cr_2(SO_4)_3+3Ca(OH)_2 \longrightarrow 2Cr(OH)_3+3CaSO_4$$
$$Cr_2(SO_4)_3+6NaOH \longrightarrow 2Cr(OH)_3+3Na_2SO_4$$

重铬酸的还原反应在 pH 值小于 3 时反应速率很快，但是为了生成氢氧化铬沉淀，最终 pH 值应控制在 7.5～9.0 之间。

### 3.3.2.2 工艺与设备

（1）氯氧化法

氯氧化处理的主要构筑物是反应池和沉淀池。反应池常采用压缩空气搅拌或水泵循环搅拌，其处理工艺如图 3-7 所示。

（2）空气氧化法

当采用空气氧化法处理含硫废水时，空气氧化脱硫设备多采用脱硫塔。脱硫的工艺流程如图 3-8 所示。处理中废水、空气及蒸汽经射

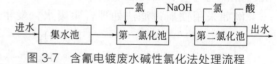

图 3-7 含氰电镀废水碱性氯化法处理流程

流混合器混合后，送至空气氧化脱硫塔。混入蒸汽的目的是为了提高温度，加快反应速率。

（3）臭氧氧化法

臭氧处理工艺流程有两种：a. 以空气或富氧空气为原料的开路系统；b. 以纯氧或富氧空气为原料的闭路系统。

开路系统的特点是将用过的废水排放。闭路系统与开路系统相反，废水回到臭氧制取设备，这样可以提高原料气的含氧率，降低成本。但在废气循环过程中，氮含量越来越高，可用压力转换氮分离器来降低含氮量。在分离器内装分子筛，高压时吸附氮气，低压时放氮气。分离器设两个，一个吸附，另一个再生，交替使用。

臭氧具有强腐蚀性，因此，设备管路及反应池中与臭氧接触的部分均应采用耐腐蚀材料或做防腐处理。

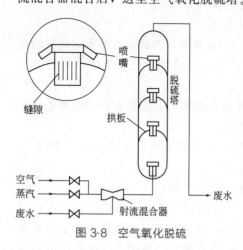

图 3-8 空气氧化脱硫

（4）光氧化法

光氧化法的处理流程如图 3-9 所示。废水经过滤器去除悬浮物后进入光氧化池。废水在反应池内的停留时间随水质而异，一般为 0.5～2.0h。

（5）金属还原法

铁屑过滤还原法除汞的处理如图 3-10 所示。池中填以铁屑。废水以一定的速度自下而上通过铁屑滤池，经一定的接触时间后从滤池流出。铁屑还原产生的铁汞渣可定期排放。铁汞渣可用焙烧炉加热回收金属汞。

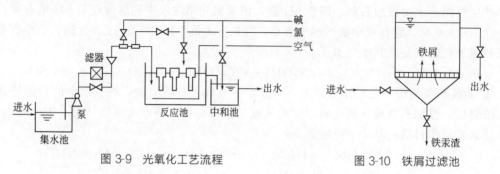

图 3-9 光氧化工艺流程

图 3-10 铁屑过滤池

（6）硫酸亚铁石灰法

采用硫酸亚铁石灰法处理含铬废水，处理构筑物有间歇式和连续式两种。其工艺流程如图 3-11 所示。间歇式适用于含铬浓度变化大、水量小、排放要求严格的含铬废水。连续式

适用于浓度变化小、水量较大的含铬废水。反应池一般为矩形，当采用连续处理时，反应池宜分为酸性反应池和碱性反应池两部分，反应池中应设搅拌设备。

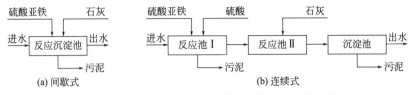

图 3-11　硫酸亚铁石灰法处理含铬酸废水流程示意

## 3.3.3　技术参数与应用

（1）氧化还原电位

氧化还原电位是衡量化合物在一定条件下氧化还原能力的指标。它表示某一物质由某一种氧化态变为某一种还原态，或由某种还原态变为某种氧化态的难易程度。水处理中常用的某些物质的标准氧化还原电位见表 3-9。

**表 3-9**　水处理常用物质的标准氧化还原电位

| 半反应式 | $E^{\ominus}/V$ | 半反应式 | $E^{\ominus}/V$ |
|---|---|---|---|
| $Ca^{2+}+2e \Longrightarrow Ca$ | $-2.87$ | $Cl_2+2e \Longrightarrow 2Cl^-$ | $+1.359$ |
| $Mg^{2+}+2e \Longrightarrow Mg$ | $-2.37$ | $MnO_4^-+8H^++5e \Longrightarrow Mn^{2+}+4H_2O$ | $+1.51$ |
| $SO_4^{2-}+H_2O+2e \Longrightarrow SO_3^{2-}+2OH^-$ | $-0.93$ | $H_2O_2+2H^++2e \Longrightarrow 2H_2O$ | $+1.77$ |
| $Cr^{3+}+3e \Longrightarrow Cr$ | $-0.74$ | $S_2O_8^{2-}+2e \Longrightarrow 2SO_4^{2-}$ | $+2.01$ |
| $Fe^{2+}+2e \Longrightarrow Fe$ | $-0.44$ | $F_2+2e \Longrightarrow 2F^-$ | $+2.87$ |
| $Cd^{2+}+2e \Longrightarrow Cd$ | $-0.403$ | $2CO_2+N_2+2H_2O+6e \Longrightarrow 2CNO^-+4OH^-$ | $+0.4$ |
| $Sn^{2+}+2e \Longrightarrow Sn$ | $-0.136$ | $Mn^{2+}+2e \Longrightarrow Mn$ | $-1.18$ |
| $Pb^{2+}+2e \Longrightarrow Pb$ | $-0.126$ | $OCN^-+H_2O+2e \Longrightarrow CN^-+2OH^-$ | $-0.97$ |
| $S_4O_6^{2-}+2e \Longrightarrow 2S_2O_3^{2-}$ | $+0.08$ | $Zn^{2+}+2e \Longrightarrow Zn$ | $-0.763$ |
| $Sn^{4+}+2e \Longrightarrow Sn^{2+}$ | $+0.15$ | $2CO_2+2H^++2e \Longrightarrow H_2C_2O_4$ | $-0.49$ |
| $SO_4^{2-}+4H^++2e \Longrightarrow H_2SO_3+H_2O$ | $+0.17$ | $Cr^{3+}+e \Longrightarrow Cr^{2+}$ | $-0.41$ |
| $Fe(CN)_6^{3-}+e \Longrightarrow Fe(CN)_6^{4-}$ | $+0.36$ | $Ni^{2+}+2e \Longrightarrow Ni$ | $-0.25$ |
| $I_2+2e \Longrightarrow 2I^-$ | $+0.535$ | $Cr_2O_7^{2-}+4H_2O+3e \Longrightarrow 2Cr(OH)_3+2OH^-$ | $-0.13$ |
| $MnO_4^-+2H_2O+3e \Longrightarrow MnO_2+4OH^-$ | $+0.588$ | $2H^++2e \Longrightarrow H_2$ | $0.000$ |
| $O_2+2H^++2e \Longrightarrow H_2O_2$ | $+0.682$ | $S+2H^++2e \Longrightarrow H_2S$ | $+0.141$ |
| $Hg^{2+}+2e \Longrightarrow Hg$ | $+0.854$ | $Cu^{2+}+e \Longrightarrow Cu^+$ | $+0.153$ |
| $Ag^++e \Longrightarrow Ag$ | $+0.799$ | $Cu^{2+}+2e \Longrightarrow Cu$ | $+0.337$ |
| $NO_3^-+3H^++2e \Longrightarrow HNO_2+H_2O$ | $+0.94$ | $O_2+2H_2O+4e \Longrightarrow 4OH^-$ | $+0.401$ |
| $Br_2+2e \Longrightarrow 2Br^-$ | $+1.087$ | $H_3AsO_4+2H^++2e \Longrightarrow HAsO_2+2H_2O$ | $+0.559$ |
| $IO_3^-+6H^++5e \Longrightarrow \frac{1}{2}I_2+3H_2O$ | $+1.195$ | $2HgCl_2+2e \Longrightarrow Hg_2Cl_2+2Cl^-$ | $+0.63$ |
| $O_2+4H^++4e \Longrightarrow 2H_2O$ | $+1.229$ | $Fe^{3+}+e \Longrightarrow Fe^{2+}$ | $+0.771$ |

续表

| 半反应式 | $E^{\ominus}/V$ | 半反应式 | $E^{\ominus}/V$ |
|---|---|---|---|
| $NO_3^- + 2H^+ + e \Longrightarrow NO_2 + H_2O$ | +0.79 | $HOCl + H^+ + 2e \Longrightarrow Cl^- + H_2O$ | +1.49 |
| $2Hg^{2+} + 2e \Longrightarrow Hg_2^{2+}$ | +0.92 | $HClO_2 + 3H^+ + 4e \Longrightarrow Cl^- + 2H_2O$ | +1.57 |
| $NO_3^- + 4H^+ + 3e \Longrightarrow NO + 2H_2O$ | +0.96 | $ClO_2 + 4H^+ + 5e \Longrightarrow Cl^- + 2H_2O$ | +1.95 |
| $ClO_2 + e \Longrightarrow ClO_2^-$ | +1.16 | $O_3 + 2H^+ + 2e \Longrightarrow O_2 + H_2O$ | +2.07 |
| $OCl^- + H_2O + 2e \Longrightarrow Cl^- + 2OH^-$ | +1.2 | $F_2 + 2H^+ + 2e \Longrightarrow 2HF$ | +3.06 |
| $Cr_2O_7^{2-} + 14H^+ + 6e \Longrightarrow 2Cr^{3+} + 7H_2O$ | +1.33 | $SO_4^{2-} + 8H^+ + 6e \Longrightarrow S + 4H_2O$ | +0.36 |

（2）投氯机的特性

几种投氯机的特性见表 3-10。

**表 3-10　几种投氯机的特性一览表**

| 名称 | 型号 | 投氯量 /(kg/h) | 特点 |
|---|---|---|---|
| 转子 投氯机 | ZJ-1 ZJ-2 | 5~45 2~10 | （1）投氯量稳定，控制较准； （2）水源中断时能自动破坏真空，防止压力水倒流入氯瓶等易腐蚀部件； （3）价格较高 |
| 转子真空投氯机 | LS80-3 LS80-4 | 1~5 0.3~3 | （1）构造及计算简单； （2）可自动调节真空度，防止压力水倒回氯瓶； （3）水射器工作压力为 0.5MPa，水压不足时投氯量将减少 |
| 随动式 投氯机 | SDX-Ⅰ SDX-Ⅱ | 0.008~0.5 0.5~1.5 | （1）投氯机可随水泵启、停自动进行投氯； （2）适宜于深井泵房的投氯 |
| 投氯机 | MJL-Ⅰ MJL-Ⅱ | 0.1~3.0 2~18 | 设有二道止回阀和一道安全阀，可防止突然停水时压力水倒流入投氯机和氯瓶 |
| 真空式 投氯机 | JSL-73-100 JSL-73-200 JSL-73-300 JSL-73-400 JSL-73-500 JSL-73-600 JSL-73-700 JSL-73-800 JSL-73-900 JSL-73-1000 | 0.1 0.2 0.3 0.4 0.5 0.6 0.7 0.8 0.9 1.0 | （1）可用水氯调节阀调节压差，并与氯阀配合进行调整； （2）有手动和自动控制两种，自动控制可适用于闭式定比投氯系统 |

（3）还原法处理含铬废水的工艺参数

还原法处理含铬废水的工艺参数见表 3-11。

**表 3-11　还原法处理含铬废水的工艺参数**

| 药剂名称 | 投药比（质量比） | | 调 pH 值 | | 反应时间/min | | 沉淀时间/h | 出水水质 | |
|---|---|---|---|---|---|---|---|---|---|
| | 理论值 | 使用值 | 酸化 | 碱化 | 还原反应 | 碱化反应 | | $Cr^{6+}$ /(mg/L) | $Cr^{3+}$ /(mg/L) |
| $NaHSO_3$ | $Cr^{6+}:NaHSO_3$ $=1:3.16$ | 1:(4~8) | 2~3 | 8~9 | 10~15 | 5~15 | 1~1.5 | <0.5 | <1.0 |

| 药剂名称 | 投药比（质量比） | | 调 pH 值 | | 反应时间/min | | 沉淀时间/h | 出水水质 | |
|---|---|---|---|---|---|---|---|---|---|
| | 理论值 | 使用值 | 酸化 | 碱化 | 还原反应 | 碱化反应 | | $Cr^{6+}$ /（mg/L） | $Cr^{3+}$ /（mg/L） |
| $FeSO_4 \cdot 7H_2O$ | $Cr^{6+}$ : $FeSO_4 \cdot 7H_2O$ $=1:16$ | 1:（25～32） | <3 | 8～9 | 15～30 | 5～15 | 1～1.5 | <0.5 | <1.0 |
| $N_2H_4 \cdot H_2O$ | $Cr^{6+}$ : $N_2H_4 \cdot H_2O$ $=1:0.72$ | 1:1.5 | 2～3 | 8～9 | 10～15 | 5～15 | 1～1.5 | <0.5 | <1.0 |
| $SO_2$ | $Cr^{6+}$ : $SO_2$ $=1:1.85$ | 1:2 | 2 | 8～9 | 15～30 | 15～30 | 1～1.5 | <0.5 | <1.0 |
| | | 1:（2.6～3） | 3～4 | | | | | | |
| | | 1:6 | 6 | | | | | | |

# 3.4　电解

## 3.4.1　原理与功能

　　电解质溶液在电流的作用下，发生电化学反应的过程称为电解。与电源负极相连的电极从电源接受电子，称为电解槽的阴极，与电源正极相连的电极把电子转给电源，称为电解槽的阳极。在电解过程中，阴极放出电子，使废水中某些阳离子因得到电子而被还原，阴极起还原剂的作用；阳极得到电子，使废水中某些阴离子因失去电子而被氧化，阳极起氧化剂的作用。废水进行电解反应时，废水中的有毒物质在阳极和阴极分别进行氧化还原反应，产生新物质。这些新物质在电解过程中或沉积于电极表面或沉淀下来或生成气体从水中逸出，从而降低了废水中有毒物质的浓度。像这样利用电解的原理来处理废水中有毒物质的方法称为电解法。目前对电解还没有统一的分类方法，一般按照电解原理，可将其分为电极表面处理过程、电凝聚处理过程、电解浮选过程、电解氧化还原过程；也可以分为直接电解法和间接电解法。按照阳极材料的溶解特性可分为不溶性阳极电解法和可溶性阳极电解法。

　　利用电解可以处理：a. 各种离子状态的污染物，如 $CN^-$、$AsO_2^-$、$Cr^{6+}$、$Cd^{2+}$、$Pb^{2+}$、$Hg^{2+}$ 等；b. 各种无机和有机的耗氧物质，如硫化物、氨、酚、油和有色物质等；c. 致病微生物。

　　电解法能够一次去除多种污染物，例如，氰化镀铜废水经过电解处理，$CN^-$ 在阳极氧化的同时，$Cu^{2+}$ 在阴极被还原沉积。电解装置紧凑，占地面积小，节省一次投资，易于实现自动化。药剂用量少，废液量少。通过调节槽电压和电流，可以适应较大幅度的水量与水质变化冲击。但电耗和可溶性阳极材料消耗较大，副反应多，电极易钝化。

　　电解过程的特点是利用电能转化为化学能来进行化学处理。一般在常温常压下进行。

## 3.4.2　技术与装备

　　（1）电解功能与作用

　　电解槽中的废水在电流作用下除电极的氧化还原反应外，实际反应过程是很复杂的，因此，电解法处理废水时具有多种功能，主要体现在以下几个方面。

① 氧化作用 在电解槽阳极除了废水中的离子直接失去电子被氧化外，水中的 $OH^-$ 也可在阳极放电而生成氧：

$$4OH^- -4e \longrightarrow 2H_2O+2[O]$$

这种新生态氧具有很强的氧化作用，可对水中的无机和有机物进行氧化。

② 还原作用 废水电解时在阴极除了极板的直接还原作用外，在阴极还有 $H^+$ 放电产生氢，这种新生态氢也有很强的还原作用，使废水中的某些物质还原。例如废水中某些处于氧化态的色素，可因氢的作用而生成无色物质，使废水脱色。

③ 混凝作用 若电解槽用铁或铝板作阳极，则它失去电子后将逐步溶解在废水中，形成铝或铁离子，经水解反应而生成羟基络合物，这类络合物在废水中可起混凝作用，将废水中的悬浮物与胶体杂质去除。

④ 浮选作用 电解时，在阴、阳两极都会不断产生 $H_2$ 和 $O_2$，有时还会产生其他气体。例如电解处理含氰废水时会产生 $CO_2$ 和 $N_2$ 气体等，这些气体以微气泡形式逸出，可起到电气浮作用，使废水中的微粒杂质上浮至水面，而后作为泡沫去除。

在电解过程中有时还会产生温度效应，从而产生去除臭味的作用。总之，电解法具有多种功能，处理废水的效果是这些功能的综合结果。

（2）设备与装置

① 电解槽 电解槽多为矩形，按废水流动方式分为回流式和翻腾式，如图 3-12 所示。回流式水流流程长，离子易于向水中扩散，容积利用率高；但施工和检修较困难。翻腾式的极板采用悬挂方式固定，极板与池壁不接触而减少了漏电的可能，更换极板也较方便。

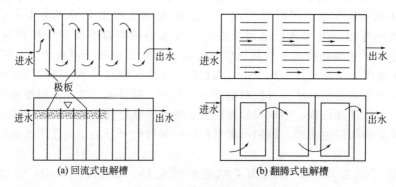

(a) 回流式电解槽　　　　(b) 翻腾式电解槽

图 3-12 电解槽结构形式

极板间距应适当，一般为 $30\sim40mm$，过大则电压要求高，电耗大；过小不仅安装不便，而且极板材料耗量高。所以极板间距应综合考虑多种因素确定。

电解需要直流电源，整流设备可根据电解所需要的总电流和总电压选用。

② 极板电路 极板电路有两种：单极板电路和双极板电路，如图 3-13 所示。生产上双极板电路应用较普遍，因为双极板电路极板腐蚀均匀，相邻极板接触的机会少，即使接触也不致发生电路短路而引起事故，因此，双极板电路便于缩小极板间距，提高极板有效利用率，减小投资和节省运行费用等。

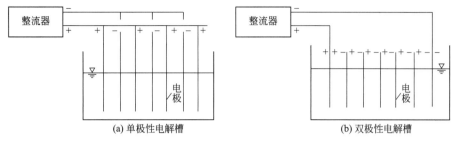

图 3-13　电解槽的极板电路

# 3.5　离子交换

## 3.5.1　原理与功能

离子交换是指在固体颗粒和液体之间的界面上发生的离子互换过程，一般指水溶液通过树脂时产生的固-液间离子的相互交换过程。废水离子交换处理就是通过离子交换过程去除废水中有毒有害离子的方法。

对离子交换动力学过程的研究表明，离子交换过程通常可分为以下 5 个阶段：

① 水中电解质离子由溶液扩散到离子交换剂表面；

② 水中电解质离子通过离子交换剂表面水膜扩散到离子交换剂的结构内部；

③ 被交换离子与离子交换剂中的可交换离子（活动部分）进行反应；

④ 交换后的离子从交换剂结构内部向外扩散；

⑤ 交换后的离子扩散进入水中。

上述 5 个阶段中，第 3 阶段反应速率很快，其余 4 个阶段的离子扩散过程速度较慢，因此，离子交换速度主要取决于离子扩散速度。其中第 1、第 5 阶段是离子通过树脂表面的液膜进行的扩散，称为膜扩散；而第 2、第 4 阶段则是离子通过树脂本身的孔道进行的扩散，称为孔道扩散。扩散速度通常与水中离子浓度、搅拌强度、树脂颗粒大小与交联度以及水温等因素有关。

## 3.5.2　技术与装备

### 3.5.2.1　离子交换剂的类型与选择性

（1）离子交换剂的类型

离子交换剂的分类方法很多。在废水处理中，通常根据母体材质和化学性质，分类如下：

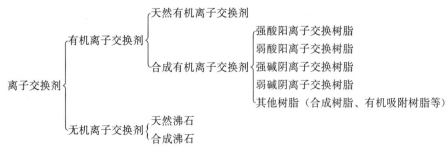

（2）离子交换剂的选择性

离子交换树脂对各种离子的交换能力是不同的。交换能力的大小主要取决于各种离子对该种树脂亲和力（也称选择性）的大小。在常温、低浓度条件下，各种树脂对离子亲和力的大小可归纳如下。

① 强酸阳离子交换树脂的选择性顺序为：

$$Fe^{3+} > Cr^{3+} > Al^{3+} > Ca^{2+} > Mg^{2+} > K^+ = NH_4^+ > Na^+ > Li^+$$

② 弱酸阳离子交换树脂的选择性顺序为：

$$H^+ > Fe^{3+} > Cr^{3+} > Al^{3+} > Ca^{2+} > Mg^{2+} > K^+ = NH_4^+ > Na^+ > Li^+$$

③ 强碱阴离子交换树脂的选择性顺序为：

$$Cr_2O_7^{2-} > SO_4^{2-} > CrO_4^{2-} > NO_3^- > Cl^- > OH^- > F^- > HCO_3^- > HSiO_3^-$$

④ 弱碱阴离子交换树脂的选择性顺序为：

$$OH^- > Cr_2O_7^{2-} > SO_4^{2-} > CrO_4^{2-} > NO_3^- > Cl^- > HCO_3^-$$

⑤ 螯合树脂的选择性顺序与树脂的种类有关。螯合树脂在化学性质方面与弱酸阳离子交换树脂相似，但比弱酸树脂对重金属的选择性高。典型的螯合树脂为亚氨基醋酸型，亚氨基醋酸型螯合树脂的选择性顺序为：

$$Hg^{2+} > Cu^{2+} > Ni^{2+} > Mn^{2+} > Ca^{2+} > Mg^{2+} \gg Na^+$$

位于顺序前列的离子可以取代位于后列的离子。应该指出的是，上述选择性顺序均是指低温、低浓度条件下的。在高温、高浓度时，处于顺序后列的离子可以取代前列的离子，这是树脂再生的依据之一。

## 3.5.2.2　离子交换容量

离子交换树脂进行离子交换反应的性能，表现在它的"离子交换容量"，即每克干树脂或每毫升湿树脂所能交换的离子的毫克当量数，meq/g（干）或 meq/mL（湿）；当离子为一价时，克当量数即是物质的量（对二价或多价离子，前者为后者乘离子价数）。它又有总交换容量、工作交换容量和再生交换容量三种表示方式。

（1）总交换容量

即每单位数量（重量或体积）树脂能进行离子交换反应的化学基团的总量。

（2）工作交换容量

即树脂在一定条件下的离子交换能力，它与树脂种类和总交换容量，以及具体工作条件如溶液的组成、流速、温度等因素有关。

（3）再生交换容量

即在一定的再生剂量条件下所取得的再生树脂的交换容量，表明树脂中原有化学基团再生复原的程度。

通常，再生交换容量为总交换容量的 50%～90%（一般控制在 70%～80%），而工作交换容量为再生交换容量的 30%～90%（对再生树脂而言），后一比率亦称为树脂利用率。

在实际使用中，离子交换树脂的交换容量包括了吸附容量，但后者所占的比例因树脂结构不同而异。现仍未能分别进行计算，在具体设计中，需凭经验数据进行修正，并在实际运行时复核。

离子树脂交换容量的测定一般以无机离子进行。这些离子尺寸较小，能自由扩散到树脂体内，与它内部的全部交换基团起反应。而在实际应用时，溶液中常含有高分子有机物，它们的尺寸较大，难以进入树脂的显微孔中，因而实际的交换容量会低于用无机离子测出的数值。这种情况与树脂的类型、孔的结构尺寸及所处理的物质有关。

### 3.5.2.3　运行方式与设备

离子交换处理废水装置的运行分静态和动态两大类，但都在离子交换器内进行，一般能承受 0.4～0.6MPa 的压力，其构造如图 3-14 所示。

（1）固定床

固定床是将树脂装填在交换柱内，废水从柱顶下向流通过树脂层，离子交换的各项操作都在柱内进行。根据不同的处理程度要求，固定床可以有下列布置形式。

① 单床　即由单个阳床或阴床构成，这是最简单的一种运行方式，如图 3-15 所示。

② 多床　即由几个阳床或几个阴床串联使用，可以提高水处理能力与效率。如图 3-16 所示。

③ 复床　即将阳床和阴床串联使用，可以同时去除水中的阳离子和阴离子。如图 3-17 所示。

④ 混合床　即将阳树脂、阴树脂按一定比例混合后装入同一交换柱内，在一个柱内同时去除阳离子和阴离子。如图 3-17 所示 LM。

工程中常见的固定组合布置形式如图 3-17 所示。

固定床离子交换的操作过程分为 4 步：a. 交换，废水自上而下流过树脂层；b. 反洗，当树脂使用到终点时，自下而上逆通水进行反洗，除去杂质，使树脂层松动；c. 再生，顺流或逆流通过再生剂进行再生，使树脂恢复交换能力；d. 正洗，即自上而下通入清水进行淋洗，洗去树脂层中夹带的剩余再生剂，正洗后交换柱即可进入下一循环工序。上述 4 个工序的总历时称为离子交换器的工作周期，其中第 1 步交换属工作阶段，其余 3 步属再生阶段。典型的逆流再生操作如图 3-18 所示。

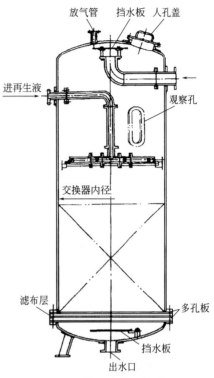

图 3-14　离子交换器构造

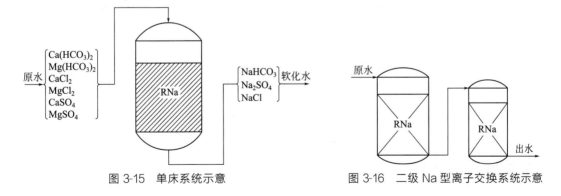

图 3-15　单床系统示意　　　　　图 3-16　二级 Na 型离子交换系统示意

（2）移动床

移动床属于半连续式离子交换装置，在移动床的离子交换过程中，不但废水是流动的，而且树脂也是移动的。饱和的树脂连续地被送到再生柱和清洗柱内进行再生和淋洗，然后再送回交换柱内继续工作。其工作原理如图 3-19 所示。从图中可以看出，移动床树脂分三层，失效的一层被移出柱外进行再生和淋洗，再生和淋洗后的树脂定期向交换柱补充，其间要短时间停产（1～2min），以使树脂落床，故移动床被称为半连续式离子交换装置。

（3）流动床 流动床是移动床的发展，在流动床系统中，不仅交换柱树脂分层，再生柱和清洗柱也分层，按照移动床方式连续移动，即树脂层数 $n \to \infty$ 即为流动床。因此，流动床内树脂既不是固定的，也不是定期移动的，而是呈流动状态的，整个系统的产水、再生和清洗过程都是连续进行的，因此，流动床被称为全连续式离子交换装置。

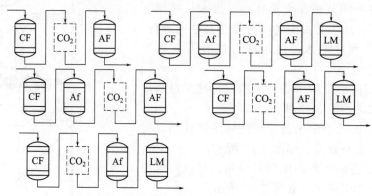

图 3-17 水处理中各种固定床常见的组合形式
CF—强酸阳离子；AF—强碱阴离子；Af—弱碱阴离子；LM—混合床；CO₂—脱气塔

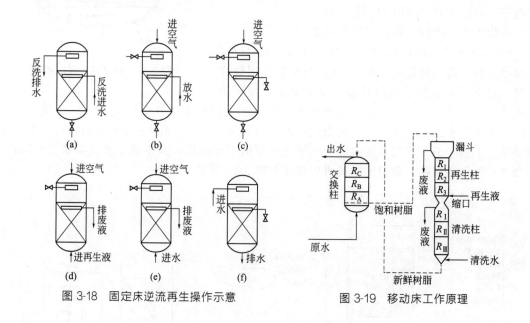

图 3-18 固定床逆流再生操作示意 图 3-19 移动床工作原理

### 3.5.3 树脂性能与应用

树脂工艺性能与设计参数见表 3-12。

**表 3-12　树脂工艺性能与设计参数**

**钠离子交换**

| 离子交换性质 | 顺流再生固定床 | | 逆流再生固定床 | | 浮动床 |
|---|---|---|---|---|---|
| 交换柱形式 | 顺流再生固定床 | | 逆流再生固定床 | | 浮动床 |
| 交换剂品种 | 强酸树脂 | 磺化煤 | 强酸树脂 | 磺化煤 | 强酸树脂 |
| 运行流速/(m/h) | 15～25 | 10～20 | 一般 20～30，瞬时 30 | 10～20 | 一般 30～40，最大 50 |
| 再生剂品种 | NaCl | NaCl | NaCl | NaCl | NaCl |
| 再生剂耗量/(g/mol) | 100～120 | 100～200 | 80～100 | 80～100 | 80～100 |
| 工作交换容量/(mol/m³) | 80～1000 | 250～300 | 80～1000 | 250～300 | 80～1000 |

**强酸氢离子交换**

| 离子交换性质 | 顺流再生固定床 | | 逆流再生固定床 | | 浮动床 | |
|---|---|---|---|---|---|---|
| 交换柱形式 | 顺流再生固定床 | | 逆流再生固定床 | | 浮动床 | |
| 交换剂品种 | 强酸树脂 | | 强酸树脂 | | 强酸树脂 | |
| 运行流速/(m/h) | 一般 20，瞬时 30 | | 一般 20，瞬时 20 | | 一般 30～40，最大 50 | |
| 再生剂品种 | $H_2SO_4$ | HCl | $H_2SO_4$ | HCl | $H_2SO_4$ | HCl |
| 再生剂耗量/(g/mol) | 100～150 | 70～80 | ≤70 | 50～55 | ≤70 | 50～55 |
| 工作交换容量/(mol/m³) | 500～650 | 800～1000 | 500～650 | 800～1000 | 500～650 | 800～1000 |

**弱酸氢离子交换**

| 离子交换性质 | 顺流再生固定床 | |
|---|---|---|
| 交换柱形式 | 顺流再生固定床 | |
| 交换剂品种 | 弱酸树脂 | |
| 运行流速/(m/h) | 20～30 | |
| 再生剂品种 | $H_2SO_4$ | HCl |
| 再生剂耗量/(g/mol) | 约 60 | 约 40 |
| 工作交换容量/(mol/m³) | 1500～1800 | |

**弱碱氢氧离子交换**

| 离子交换性质 | 顺流再生固定床 |
|---|---|
| 交换柱形式 | 顺流再生固定床 |
| 交换剂品种 | 弱碱树脂 |
| 运行流速/(m/h) | 20～30 |
| 再生剂品种 | NaOH |
| 再生剂耗量/(g/mol) | 40～50 |
| 工作交换容量/(mol/m³) | 800～1200 |

**强碱氢氧离子交换**

| 离子交换性质 | 顺流再生固定床 | 逆流再生固定床 | 浮动床 |
|---|---|---|---|
| 交换柱形式 | 顺流再生固定床 | 逆流再生固定床 | 浮动床 |
| 交换剂品种 | 强碱树脂 | 强碱树脂 | 强碱树脂 |
| 运行流速/(m/h) | 一般 20，瞬时 30 | 一般 20，瞬时 30 | 一般 30～40，最大 50 |
| 再生剂品种 | NaOH | NaOH | NaOH |
| 再生剂耗量/(g/mol) | 100～120 | 60～65 | 60～65 |
| 工作交换容量/(mol/m³) | 250～300 | I 型 250～300 Ⅱ型 400～500 | I 型 250～300 Ⅱ型 400～500 |

**混合床**

| 离子交换性质 | 混合床 | |
|---|---|---|
| 交换柱形式 | 混合床 | |
| 交换剂品种 | 强酸树脂 | 强碱树脂 |
| 运行流速/(m/h) | 40～60 | |
| 再生剂品种 | HCl | NaOH |
| 再生剂耗量/(g/mol) | 100～150 | 200～250 |
| 工作交换容量/(mol/m³) | 500～550① | 200～250① |

① 《化工企业化学水处理设计计算规定》(试行)(TC100A70—81) 推荐数据。

注：1. 表中数据系有关设计规范(规程)数据的综合。

2. 有关阴树脂的工作交换容量指以工业液体烧碱作为再生剂的数据。

# 3.6 萃取

## 3.6.1 原理与功能

物质质量从一相传递到另一相的过程称为传质过程或扩散过程。传质过程中，两相之间的传质速率 $G$ 与传质过程的推动力 $\Delta C$（污染物质在两相间的浓度差）和两相之间的接触面积 $F$ 的乘积成正比，即：

$$G = KF\Delta C$$

式中，$G$ 为物质的传递速率，即单位时间内从一相传递到另一相的物质的质量，$kg/h$；$F$ 为两相的接触面积，$m^2$；$\Delta C$ 为传质过程的推动力，即废水中杂质的实际浓度与平衡时的浓度差，$kg/m^3$；$K$ 为传质系数，与两相的性质、浓度、温度、pH 值等因素有关。

随着传质过程的进行，在一相中污染物的实际浓度逐渐减小，而在另一相中其浓度逐渐增高，因此，传质过程的推动力 $\Delta C$ 是一个变数。为了加快传质速率，萃取法多采用逆流操作，即气-液两相或液-液两相呈逆流流动，密度大的由上而下流动，密度小的由下而上流动。由于传质速率与两相之间的接触面积成正比，因此在工艺上应尽量使某一相呈分散状态。分散程度越高，两相之间的接触面积越大。另外，传质速率还与其他因素有关，如增加两相的搅动程度，即增加传质系数，这样可以加速传质过程的进行。

若用一种与水互不相溶的溶剂同废水混合，使废水中的某些杂质溶入此溶剂中，再把溶剂与水分离，就降低了水中杂质的含量，如果杂质在此溶剂中的溶解度远远超过其在水中的溶解度，则分离杂质的效果可以达到很高的程度，这种操作称为萃取，所用的专门溶剂称为萃取剂。例如用苯、重苯、磷酸三甲酸、醋酸丁酯、苯乙酮等作为萃取剂，可从工业废水中萃取回收酚，用重油等萃取剂可从废水中回收苯胺等。

萃取的实质是溶质（废水处理中可理解为需去除或回收的杂质）在水中和萃取剂中有不同的溶解度。溶质从水中转入萃取剂中是传质过程，其推动力是废水中的实际浓度与平衡浓度之差。在达到平衡状态时，溶质在萃取剂中及水中的溶解度成一定的比例关系：

$$\frac{C_1}{C_2} = K$$

式中，$C_1$ 为溶质在萃取剂中的平衡浓度；$C_2$ 为溶质在废水中的平衡浓度；$K$ 为分配系数。

应当指出，上式的适宜条件应在稀溶液中，在一定的温度和压力下，溶质在两液相中的分子是同样大小，既不离解也不络合的条件下才成立，否则分配系数将不是常数，不呈直线关系，而呈曲线关系。

由于工业废水的水质复杂，干扰因素很多，因此平衡浓度关系式往往呈曲线关系，其分配系数应该通过试验确定。

## 3.6.2 技术与装备

（1）萃取剂的选择

萃取要取得满意的效果，必须选择恰当的萃取剂，因为它关系到本身的用量、两相分离的效果、萃取设备的大小等技术经济问题。萃取剂应尽量满足下列要求。

① 有较大的分配系数，以节省萃取剂用量，减小萃取设备容积。

② 有良好的选择性。萃取剂的选择性就是萃取剂对废水中各种杂质的分离能力，良好的选择性能提高萃取效率。

③ 物理性质、化学性质与废水有较大区别。如密度差要大，便于两相分层，萃取剂在水中的溶解度要小，可减少容积的损失等。

④ 无毒，以免形成新的污染。

⑤ 来源广泛，价格低廉。

实际上，一种萃取剂往往不能同时满足上述要求，应根据具体情况，抓住主要影响因素加以选择。

（2）萃取技术与设备

萃取设备分为间歇萃取和连续萃取两类。

① 间歇萃取　间歇萃取设备由萃取罐和分离罐组成。在工业上，一般采用多段逆流方式运行。使进水（新鲜废水）与将近饱和的萃取剂接触，而新鲜萃取剂与经过几段萃取处理后的低浓度废水接触，这样可相对增大传质过程的推动力（$\Delta C$），节省萃取剂用量，同时可提高萃取效率。

为了增加两相之间的接触面积（$F$），提高传质速率（$G$），一般在萃取罐内设置搅拌装置，搅拌器转速约为 300r/min，搅拌时间为 15min 左右。然后把它们排放到分离罐进行静置分离，废水在分离罐内的沉淀时间约 30min。

经过几段萃取后，根据物料平衡关系可推导出废水中溶质的残余浓度为：

$$C_n = \frac{C_0}{1 + Kb + (Kb)^2 + \cdots + (Kb)^n}$$

式中，$C_n$ 为经 $n$ 段萃取后废水中溶质（杂质）的浓度；$C_0$ 为废水中溶质（杂质）的原始浓度；$K$ 为分配系数；$b$ 为萃取剂量（$q$）与污水量（$Q$）之比，$b > 1/K$；$n$ 为萃取段数，一般取 2～4。

由于间歇萃取操作麻烦，设备笨重，因此只适用于小量废水的处理。

② 连续萃取　连续萃取多采用塔式逆流方式。将废水和萃取剂同时通入一个塔中，相对密度大的从塔顶进入，从塔底流出；相对密度小的从塔底进入，从塔顶流出。在萃取剂与废水逆流相对运动中完成萃取过程。由于是逆流操作，因此新鲜萃取剂进入塔后先遇到低浓度废水，提高了萃取效率。

目前连续萃取设备种类很多，有填料塔、筛板塔，还有外加能量的脉冲填料塔、脉冲筛板塔、转盘塔以及离心萃取机等。

1）填料塔。填料塔的结构如图 3-20 所示。塔中填料（如瓷环）的作用是不断地打碎萃取剂液滴，从而产生新的接触面，提高传质效率。填料塔的特点是设备简单、造价低、操作容易，可以处理腐蚀性物料。但处理能力小，效率不高，悬浮物高时填料易堵塞。

2）往复叶片式脉冲筛板塔。往复叶片式脉冲筛板塔的构造如图 3-21 所示。相对密度大的液体自塔上部进入，相对密度小的由下部进入。塔的中部为萃取工作段，是进行传质的主要部位，上下两个扩大部分为分离区，是轻重液相分层区域。工作段内有一根纵向轴（中心轴），轴上安装了多块穿孔的筛板，中心轴在塔顶电动机和偏心轮的带动下，使筛板做脉冲运动，造成了两相液体之间的湍流条件，从而加强了萃取剂与废水的充分混合，强化了传质过程。经过上下两个分离区，轻液由塔顶流出，重液由塔底流出。

根据生产实践经验，往复叶片式脉冲筛板塔的主要设计参数可采用：筛板间距 200～400mm，筛板与塔体间隙 5～10mm，筛板孔径 6～8mm，呈正三角形排列，孔隙率 20%～25%，脉冲强度＝2×振幅×频率。脉冲筛板塔的萃取效率与振幅（mm）和频率（次/min）

有重要关系，根据试验，脉冲强度一般在 $3000\sim4000\mathrm{mm/min}$ 为宜，振幅 $4\sim8\mathrm{mm}$，脉冲设备最好做成可调节的，以便通过实践找出最佳运行参数。

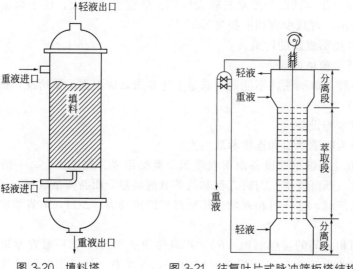

图 3-20　填料塔　　　　　　　图 3-21　往复叶片式脉冲筛板塔结构示意

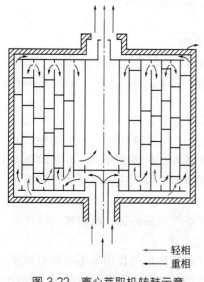

图 3-22　离心萃取机转鼓示意

3）离心萃取机。离心萃取机的核心部件是转鼓，其构造如图 3-22 所示。转鼓内有许多层同心圆筒，每层的上端或下端有若干孔口。在轻相及重相输送泵的压力下，两相液体分别经过进液装置和夹套式立轴进入高速旋转的转鼓，转鼓转速达 $4700\mathrm{r/min}$。轻相进入转鼓壁处，沿螺旋流道向中心方向流动；重相进入转鼓中心处，沿螺旋流道由内向外流动。两相液体逆向穿越每个萃取筒的小孔时互相混合，充分接触。在螺旋流道中流动时，由于离心力的作用，轻相靠内层，重相靠外层。在这样的逆向对流中，两相反复混合和分离，多次萃取。

萃取后的重相在转鼓壁澄清区分离出夹带的轻相，轻相在中心澄清区分离出夹带的重相，然后两相沿各自的通道排出机外，完成整个萃取过程。由于离心萃取机的分离因数可高达 6000，所以两相的澄清区可产生较纯净的出流液，澄清效果远高于沉淀过程。

离心萃取机的特点是设备体积小，效率高，特别适用于两相密度差较小的液-液萃取，但电耗较大，较易堵塞，要求有较充分的预处理。

# 3.7　消毒

## 3.7.1　原理与功能

废水消毒的主要方法是向废水投加消毒剂。目前用于废水消毒的消毒剂有液氯、臭氧、次氯酸钠、紫外线等。

就化学法消毒而言，液氯、二氧化氯、氯胺及臭氧作为氧化消毒剂时，其消毒效率顺序为 $O_3>ClO_2>Cl_2>NH_2Cl$；消毒持久性顺序为 $NH_2Cl>ClO_2>Cl_2>O_3$；成本费用顺序为 $O_3>ClO_2>NH_2Cl>Cl_2$。在水处理过程中都会产生各自的副产物，因此对消毒剂的选择应该综合考虑。

从消毒成本、使用方便性及安全性方面来说，氯消毒是较好的方法，但其主要问题是产生三卤甲烷等"三致"有毒副产物；二氧化氯消毒所产生的副产物亚氯酸盐等对人体的危害性较大；氯胺的杀菌效果较差，不宜单独作为饮用水消毒剂使用，但若将其与其他消毒剂结合作用，既可以保证消毒效果，又可减少三卤甲烷的产生，且可延长在配水管网中的作用时间，是可以考虑的一种消毒技术；臭氧消毒具有最强的消毒效果，并且不直接产生三卤甲烷等"三致"副产物，能明显改善水质，是今后发展的方向。这四种消毒剂应用于饮用水消毒和工业废水回用消毒时各有所长，又都有一定的局限性，需要结合实际情况综合考虑来选择最适宜的消毒剂。

消毒方法大体上可分为两类：物理方法和化学方法。物理方法主要有加热、冷冻、辐照、紫外线和微波消毒等方法。化学方法是利用各种化学药剂进行消毒，常用的化学消毒剂有氯及其化合物、各种卤素、臭氧、重金属离子等。

氯价格便宜，消毒可靠又有成熟的经验，是应用最广的消毒剂。近年来，由于发现氯化消毒会产生有机氯化合物，水中病毒对氯化消毒有较大的抗性，因此，采用其他消毒方法引起很大重视。特别是在给水处理中，臭氧被认为是可代替氯的有前途的消毒剂。紫外线适用于小水量、清洁水的消毒。重金属常用于除藻及工业用水消毒。溴和碘及其制剂可用于游泳池水消毒以及军队野战中的临时用水消毒。加热和辐照对污泥消毒较为合适。

此外，影响消毒效果的因素还有水温、pH 值、污（废）水水质及消毒剂与水的混合接触方式等。一般说来，温度越高时，同样的消毒剂投加剂量下消毒效果会更好些。而废水水质越复杂对消毒效果的影响越大。特别是当水中含有较高浓度的有机污染物时，这些有机物不仅能消耗消毒剂，并且还能在菌体细胞外壁形成保护膜或隐蔽细菌，阻止其与消毒剂接触，因而造成消毒效果大大下降。废水 pH 值的变化对采用加氯消毒的效果影响较大，使用中应予以适当的考虑。混合形式与接触方法主要是对以传质控制的消毒过程有较大的影响，例如采用臭氧法消毒时，必须考虑选择有效合理的接触反应设备或装置。

## 3.7.2　技术与装备

废水经二级处理后，水质已经改善，细菌含量也大幅减少，但细菌的绝对数量仍很可观，并存在有病原菌的可能。因此，在排放水体前或回用前应进行消毒处理。消毒是杀灭废水中病原微生物的工艺过程。废水消毒应连续运行，特别是在城市水源地的上游、旅游区，夏季或流行病流行季节，回用之前应严格连续消毒。非上述情况，在经过卫生防疫部门的同意后，也可考虑采用间歇消毒或酌减消毒剂的投加量。

（1）消毒控制与规定

控制消毒效果最主要的因素是消毒剂的投加量和反应接触时间。对某种废水进行消毒处理时，加入较大剂量的消毒剂无疑将得到更好的消毒效果，但这样也必然造成运行费用增加。因此，需要选择确定一个适宜的投药量，以达到既能满足消毒灭菌的指标要求，同时又保证较低的运行费用。在有条件的情况下，可以通过试验的方法来确定消毒剂的投加量。但在大多数情况下，一般是根据经验数据来确定消毒剂的投加量和反应接触时间。到工程投入运行后，还可以通过控制投药量的增加或减少对设计参数进行实际修正。

废水中病原微生物的含量比非病原微生物的含量少得多，而且做常规直接检查病原微生物又较困难，所以要选择有代表性的指示生物作为控制指标。通常用大肠菌群数作为指标。大肠菌群一般包括大肠埃希杆菌、产气杆菌、枸橼酸盐杆菌和副大肠杆菌。大肠埃希杆菌有时也称为普通大肠杆菌或大肠杆菌，它是人和温血动物肠道中的寄生细菌。在人粪便中大肠菌群数量最多，又易于鉴别，其抗氯消毒性大于伤寒和痢疾杆菌，所以用它来作指示指标是合适的。根据规定，我国相关测定标准如下。

① 我国《生活饮用水卫生标准》（GB 5749—2006）规定，生活饮用水要求达到：大肠菌群数不得检出。

② 对于医院污水，经处理与消毒后要求应达到下列标准：a. 连续三次各取样 500mL 进行检验，不得检出肠道致病菌和结核杆菌；b. 总大肠菌群数不得大于 500 个/L。

③ 对于采用氯化法消毒的要求：

1）综合医院污水及含肠道致病菌污水，接触时间不少于 1h，总余氯量为 4～5mg/L；

2）含结核杆菌污水，接触时间不少于 1.5h，总余氯量为 6～8mg/L。

④ 根据《污水综合排放标准》（GB 8978—1996）中所含的部分行业污染物最高允许排放浓度的规定，兽医院及医疗机构含病原体污水一级、二级、三级限值分别为 500 个/L、1000 个/L、5000 个/L，传染病结核病医院污水一级、二级、三级限值分别为 100 个/L、500 个/L、1000 个/L。

⑤《农田灌溉水质标准》（GB 5084—2005）中规定：粪大肠杆菌群数≤4000 个/100mL；蛔虫卵数≤2 个/L。

⑥《生活杂用水水质标准》（CJ/T 48—1999）中规定：总大肠菌群不得超过 3 个/L；管网末端游离氯不得小于 0.2mg/L。

⑦《钢铁工业废水治理及回用工程技术规范》（HJ 2019—2012）中规定：细菌总数不得超过 1000 个/L。

（2）消毒方法与设备

① 加氯设备　加氯消毒是到目前为止使用最多的水处理消毒方法。这主要是由于工业产品瓶装液氯来源可靠，加氯消毒的一次性设备投资和运行费用也都比较低，而消毒效果也比较稳定，且有成熟的设计经验，所以在以往的工程中较多地被采用。但是氯气是一种有毒气体，因此在运输和储存中都必须谨慎小心，特别是在人口稠密的城市地区，绝对不允许发生意外泄漏事故。加氯间的设计要做到结构坚固、防冻保温和安装排风装置，同时加氯间内还要备有检修工具和抢救设备。液氯瓶的运输储存和加氯间的设计还有其他许多方面的规定，设计与使用中必须按标准规范要求执行。

目前国内使用的加氯机种类较多。图 3-23 为 ZJ 型转子加氯机示意图。来自氯瓶的氯气首先进入旋风分离器，再通过弹簧膜阀和控制阀进入转子流量计和中转玻璃罩，于是经水射器与压力水混合，溶解于水内被输送至加氯点。

图 3-23 中各部分的作用如下。

1）旋风分离器用于分离氯气中可能有的一些悬浮杂质。可定期打开分离器下部旋

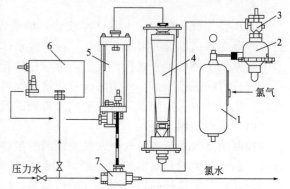

图 3-23　ZJ 型转子加氯机
1—旋风分离器；2—弹簧膜阀；3—控制阀；4—转子流量计；5—中转玻璃罩；6—平衡水箱；7—水射器

塞将杂质予以排出。

2）弹簧膜阀的作用为：当氯瓶中压力小于 98066.5kPa（1kgf/cm²）时，此阀即自动关闭，以满足制造厂要求氯瓶内氯气应有一定剩余压力，不允许被抽吸成真空的安全要求。

3）控制阀及转子流量计用于控制和测定加氯量。

4）中转玻璃罩起着观察加氯机工作情况的作用。此外，还起稳定加氯量、防止压力水倒流和当水源中断时，破坏罩内真空的作用。

5）平衡水箱可补充和稳定中转玻璃罩内的水量，当水流中断时使中转玻璃罩破坏真空。

6）水射器除从中转玻璃罩内抽吸所需的氯，并使之与水混合、溶解于水（进行投加）外，还起使玻璃罩内保持负压状态的作用。

② 臭氧消毒处理设备　臭氧消毒一般适用于对出水水质要求较高的消毒处理工艺。臭氧消毒工艺之前一般需经过二级处理及沉淀过滤。例如在一些回用于生产的处理出水的消毒、游泳池循环水的处理及医院污水处理等工程中，臭氧消毒经常成为优先考虑的工艺。对于工业水回用处理来说，臭氧处理不仅能够消毒，同时还能达到脱色和进一步氧化去除有机物的效果。

臭氧用于废水消毒处理时的接触装置，目前多采用微孔钛板布气的气泡反应塔，接触时间一般为 20～30min。另外也有采用机械式涡轮注入器或固定混合器的。使用涡轮注入器的接触时间一般为 10～12min。

③ 次氯酸钠发生器　在一些处理水量较小的工程中，有时可以采用投加漂白粉（次氯酸钙）或漂白精（次氯酸钙）的方法。目前还有利用漂白精生产的片剂产品用于小型医院污水的消毒处理，特点是简便易行；但人工操作强度较大，消毒效果不易保持稳定。而采用次氯酸钠发生器可以达到设备化连续运行，同时也能实现自动计量投配，因而使处理效果稳定。其缺点是药耗、电耗造成的运行成本偏高及设备易被腐蚀。国产次氯酸钠发生器的一般性能见表 3-13。图 3-24 为次氯酸钠法处理医院污水流程示意。

表 3-13　次氯酸钠发生器性能

| 次氯酸钠发生量/（g/h） | 100～1000 | 次氯酸钠浓度/% | 4～10 |
|---|---|---|---|
| 工作电压/V | 13～36 | 耗药量/（kg/kg） | 3～7.6 |
| 盐水浓度/% | 3.5～5 | 电耗/（kW·h/kg） | 4～7.8 |

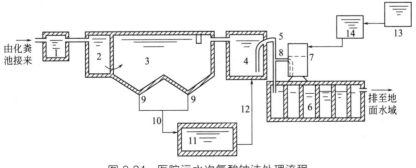

图 3-24　医院污水次氯酸钠法处理流程

1—沉砂井；2—缓冲井；3—沉淀池；4—虹吸池；5—虹吸管；6—消毒池；7—次氯酸钠发生器；8—投氯管；9—污泥斗；10—排泥管；11—污泥池；12—上清液排出管；13—饱和盐水池；14—3%溶药水池

④ 二氧化氯发生器　二氧化氯消毒也是氯消毒法中的一种，但它又与通常的氯消毒法

有不同之处：二氧化氯一般只起氧化作用，不起氯化作用，因此，它与水中杂质形成的三氯甲烷等要比氯消毒少得多。二氧化氯也不与氨起作用，在 pH＝6～10 范围内的杀菌效率几乎不受 pH 值的影响。二氧化氯的消毒能力次于臭氧而高于氯。与臭氧相比，其优越之处在于它有剩余消毒效果，但无氯臭味。通常条件下二氧化氯也不能储存，一般只能现场制作现场使用。近年来二氧化氯消毒在水处理工程领域有所发展，国内也有了一些定型设备产品可供工程设计选用。表 3-14 列出了国产二氧化氯发生器的一般性能。

表 3-14 国产二氧化氯发生器的性能

| 单台二氧化氯产量/(g/h) | 10～3000 | 消毒投加量/(g/m³) | 饮用水：0.5～1.2<br>游泳池水：2～5<br>医院污水：20～40<br>工业废水：试验确定 |
|---|---|---|---|
| 工作电压(直流)/V | 6～12 | | |
| 耗药量/(g/g) | 约 1.6 | | |

### 3.7.3 技术参数与应用

① 常用消毒剂的应用与优缺点比较见表 3-15。

表 3-15 消毒剂的优缺点及选择

| 名称 | 优点 | 缺点 | 适用条件 |
|---|---|---|---|
| 液氯 | 效果可靠，投配设备简单，投量准确，价格便宜 | 氯化形成的余氯及某些含氯化合物低浓度时对水生生物有毒害；当废水含工业废水比例大时，氯化可能生成致癌物质 | 适用于大、中型废水处理厂 |
| 臭氧 | 消毒效率高，并能有效地降解废水中的残留有机物、色、味等。废水 pH 值与温度对消毒效果的影响很小，不产生难处理的或生物积累性残余物 | 投资大，成本高，设备管理较复杂 | 适用于出水水质较好，排放水体的卫生条件要求高的废水处理厂 |
| 次氯酸钠 | 用海水或浓盐水作为原料，产生次氯酸钠，可以在废水厂现场产生并直接投配，使用方便，投量容易控制 | 需要有次氯酸钠发生器与投配设备 | 适用于中、小废水处理厂 |
| 紫外线 | 是紫外线照射与氯化共同作用的物理化学方法，消毒效率高 | 电耗能量较多 | 适用于小型废水厂 |

② 几种消毒方法的比较见表 3-16。

表 3-16 几种消毒方法的比较

| 项目 | 液氯 | 臭氧 | 二氧化氯 | 紫外线照射 | 加热 | 卤素(Br₂、I₂) | 金属离子(银、铜等) |
|---|---|---|---|---|---|---|---|
| 使用剂量/(mg/L) | 10.0 | 10.0 | 2～5 | — | — | — | — |
| 接触时间/min | 10～30 | 5～10 | 10～20 | 短 | 10～20 | 10～30 | 120 |
| 效率<br>对细菌<br>对病毒<br>对芽孢 | 有效<br>部分有效<br>无效 | 有效<br>有效<br>有效 | 有效<br>部分有效<br>无效 | 有效<br>部分有效<br>无效 | 有效<br>有效<br>无效 | 有效<br>部分有效<br>无效 | 有效<br>无效<br>无效 |

续表

| 项目 | 液氯 | 臭氧 | 二氧化氯 | 紫外线照射 | 加热 | 卤素 ($Br_2$、$I_2$) | 金属离子 (银、铜等) |
|---|---|---|---|---|---|---|---|
| 优点 | 便宜、成熟、有后续消毒作用 | 除色、臭味效果好，现场发生溶解氧增加，无毒 | 杀菌效果好，无气味，有定型产品 | 快速、无化学药剂 | 简单 | 同氯，对眼睛的影响较小 | 有长期后续消毒作用 |
| 缺点 | 对某些病毒、芽孢无效，残毒，产生臭味 | 比氯贵，无后续作用 | 维修管理要求较高 | 无后续作用，无大规模应用，对浊度要求高 | 加热慢，价格贵，能耗高 | 慢，比氯贵 | 消毒速度慢，价贵，受胺及其他污染物干扰 |
| 用途 | 常用方法 | 应用日益广泛，与氯结合生产高质量水 | 中水及小水量工程 | 实验室及小规模应用较多 | 适用于家庭消毒 | 适用于游泳池 | |

③ 几种常用氧化剂的氧化还原电位见表 3-17，几种常用消毒剂的 $CT$ 值（$C$ 为消毒剂在水中的浓度，mg/L；$T$ 为接触时间，min）见表 3-18。

表 3-17　几种常用氧化剂的氧化还原电位

| 氧化剂 | 氧化还原电位 | 对氯比值 | 氧化剂 | 氧化还原电位 | 对氯比值 |
|---|---|---|---|---|---|
| 臭氧($O_3$) | 2.07 | 1.52 | 氯($Cl_2$) | 1.36 | 1 |
| 过氧化氢($H_2O_2$) | 1.78 | 1.3 | 二氧化氯($ClO_2$) | 1.27 | 0.93 |
| 次氯酸(HClO) | 1.49 | 1.1 | 氧分子($O_2$) | 1.23 | 0.9 |

表 3-18　几种常用消毒剂的 $CT$ 值（99%灭活）

| 微生物 | 臭氧(pH= 6~7) | 氯 | 氯胺 | 二氧化氯 |
|---|---|---|---|---|
| 大肠杆菌 | 0.02 | 0.03~0.05 | 95~180 | 0.4~180 |
| 脊髓灰质炎病毒 | 0.1~0.2 | 1.1~2.5 | 770~3500 | 0.2~6.7 |
| 轮状病毒 | 0.006~0.06 | 0.01~0.05 | 2810~6480 | 0.2~2.1 |
| 贾第鞭毛虫 | 0.5~1.6 | 30~150 | 750~2200 | 10~36 |
| 隐形孢子虫 | 2.5~18.4 | 7200 | 7200（灭活率 90%） | 78（灭活率 90%） |

④ ZJ-1、ZJ-2 型转子加氯机规格与性能见表 3-19。

表 3-19　ZJ 型转子加氯机规格及性能

| 型号 | 性能 | | 外形尺寸 (长×宽×高) /mm | 净重 /kg | 参考价格 /(元/台) | 生产厂 |
|---|---|---|---|---|---|---|
| | 加氯量/(kg/h) | 适用水压力/MPa | | | | |
| ZJ-1 | 5~45 | 水射器进水压力<0.25 加氯点压力>0.1 | 650×310×1000 | 40 | 650 | 上海市自来水公司给水工程服务所 |
| ZJ-2 | 2~10 | | 550×310×770 | 30 | 500 | |

⑤ 臭氧发生器型号及特性见表 3-20。

表 3-20　国产臭氧发生器型号及特性

| 项目 | 型号 | | |
|---|---|---|---|
| | LCF 型 | XY 型 | QHW 型 |
| 结构类型 | 立管式<br>($\phi25mm\times1.5mm\times1000mm$) | 卧管式（内玻管）<br>($\phi46mm\times2mm\times1250mm$) | 卧管式（外玻管）<br>($\phi46mm\times4mm\times1000mm$) |
| 介电管 | 玻璃管 | 玻璃管石墨内涂层 | 玻璃管 |
| 冷却方式 | 水冷 | 水冷 | 水冷 |
| 空气干燥方式 | 无热变压吸附 | 无热变压吸附 | 无热变压吸附 |
| 工作电压/kV | 9~11 | 12~15 | 12~15 |
| 电源频率/Hz | 50 | 50 | 50 |
| 供气气源压力<br>/($\times9.8\times10^4Pa$) | 6~8 | 6~8 | 6~8 |
| 臭氧压力<br>/($\times9.8\times10^4Pa$) | 0~0.6 | 0.4~0.8 | 0.4~0.8 |
| 供气露点/℃ | −40 | −40 | −40 |
| 臭氧产量/(g/h) | 5~1000 | 5~2000 | 5~1000 |
| 电耗/(kW·h/kg) | 15~20 | 16~22 | 14~18 |

# 第4章
# 物化分离法

## 4.1 混凝

### 4.1.1 原理与功能

混凝就是向水体投加一些药剂（分为凝聚剂、絮凝剂和助凝剂），通过凝聚剂水解产物压缩胶体颗粒的扩散层，达到胶粒脱稳而相互聚结；或者通过凝聚剂的水解和缩聚反应形成的高聚物的强烈吸附架桥作用，使胶粒被吸附黏结。在废水处理中混凝沉淀是最常用的方法之一。

混凝沉淀处理过程包括凝聚和絮凝两个阶段。在凝聚阶段水中的胶体双电层被压缩失去稳定而形成较小的微粒；在絮凝阶段这些微粒互相凝聚（或由于高分子物质的吸附架桥作用相助）形成大颗粒絮凝体，这些絮凝体在一定的沉淀条件下可以从水中分离去除。

混凝技术与其他技术比较，其优点是设备简单，易于启动和掌握操作维护，便于间歇式操作，处理效果良好。其缺点是运行费用较高，产污泥量较大。

### 4.1.2 技术与装备

#### 4.1.2.1 混凝与混凝剂的选择

（1）影响混凝效果的主要因素

影响混凝效果的因素比较复杂，其中主要由水质本身的复杂变化引起，其次还要受到混凝过程中水力条件等因素的影响。

① 水质 工业废水中的污染物成分及含量随行业、工厂的不同而千变万化，而且通常情况下同一废水中往往含有多种污染物。废水中的污染物在化学组成、带电性能、亲水性能、吸附性能等方面都可能不同，因此，某一种混凝剂对不同废水的混凝效果可能相差很大。另外，有机物对于水中的憎水胶体具有保护作用，因此，对于高浓度有机废水采用混凝沉淀方法处理效果往往不好。有些废水中含有表面活性剂或活性染料一类的污染物质，通常使用的混凝剂对它们的去除效果也大多不理想。

② pH值 pH值也是影响混凝的一个主要因素。在不同的pH值条件下，铝盐与铁盐的水解产物形态不一样，产生的混凝效果也会不同。由于混凝剂水解反应过程中不断产生$H^+$，因此，要保持水解反应充分进行，水中必须有碱去中和$H^+$，如碱不足，水的pH值

将下降，水解反应不充分，对混凝过程不利。

③ 水温　水温对混凝效果也有影响，无机盐混凝剂的水解反应是吸热反应，水温低时不利于混凝剂水解。水的黏度也与水温有关，水温低时水的黏度大，致使水分子的布朗运动减弱，不利于水中污染物质胶粒的脱稳和聚集，因而絮凝体形成不易。

④ 水力学条件及混凝反应的时间　把一定的混凝剂投加到废水中后，首先要使混凝剂迅速、均匀地扩散到水中。混凝剂充分溶解后，所产生的胶体与水中原有的胶体及悬浮物接触后，会形成许许多多微小的矾花，这个过程又称为混合。混合过程要求水流产生激烈的湍流，在较快的时间内使药剂与水充分混合，混合时间一般要求几十秒至 2min。混合作用一般靠水力或机械方法来完成。

在完成混合后，水中胶体等微小颗粒已经产生初步凝聚现象，生成了细小的矾花，其尺寸可达 $5\mu m$ 以上，但还不能达到靠重力可以下沉的尺寸（通常需要 $0.6\sim1.0mm$ 以上）。因此，还要靠絮凝过程使矾花逐渐长大。在絮凝阶段，要求水流有适当的紊流程度，为细小矾花提供相互碰撞接触和互相吸附的机会，并且随着矾花的长大这种紊流应该逐渐减弱下来。

反应时间（$T$）一般控制在 $10\sim30min$。

反应中平均速度梯度（$G$）一般取 $30\sim60s^{-1}$，并应控制 $GT$ 值在 $10^4\sim10^5$ 范围内。

（2）混凝剂的选择

对处理某种特定的废水选择适宜的混凝剂时，通常会综合以下几方面的考虑来确定。

① 处理效果好，对希望去除的污染物有较高的去除率，能满足设计要求。为了达到这一目标，有时需要两种或多种混凝剂及助凝剂同时配合使用。

② 混凝剂及助凝剂的价格应适当便宜，需要的投加量应当适中，以防止由于价格昂贵造成处理运行费用过高。

③ 混凝剂的来源应当可靠，产品性能比较稳定，并应宜于储存和方便投加。

④ 所有的混凝剂都不应对处理出水产生二次污染。当处理出水有回用要求时，要适当考虑出水中混凝剂的残余量或造成的轻微色度等影响（例如采用铁盐作混凝剂时）。

结合以上因素的考虑，通常采用实际废水水样由实验室烧杯试验对宜采用的混凝剂及投加量来进行初步筛选确定。在有条件的情况下，一般还应对初步确定的结果进行扩大的动态连续试验，以求取得可靠的设计数据。

### 4.1.2.2　设备和装置

（1）溶解搅拌装置

搅拌可采用水力、机械或压缩空气等方式，见表 4-1，具体由用药量大小及药剂性质决定，一般用药量大时用机械搅拌和空气压缩，用药量小时用水力搅拌。

表 4-1　各种搅拌方法

| 搅拌方法 | 适用条件 | 一般规定 |
| --- | --- | --- |
| 水力搅拌 | 中小水厂，易溶解的药剂。可利用出水压力来节省电机等设备 | 溶药池容积一般约等于 3 倍药剂量，压力水水压约为 0.2MPa |
| 机械搅拌 | 各种不同药剂和各种规模水厂 | 搅拌叶轮可用电机或水轮带动，可根据需求安装带有转速调节的装置 |
| 压缩空气搅拌 | 较大水厂与各种药剂 | 不宜用作较长时间的石灰乳液连续搅拌 |

（2）投药设备

投药设备包括投加和计量两个部分。

① 投加方式　根据溶液池液面高低，有重力投加和压力投加两种方式，见表 4-2。

表 4-2　投加方式比较

| 投加方式 | | 作用原理 | 特　点 | 适用情况 |
|---|---|---|---|---|
| 重力投加 | | 建造高位溶液池，利用重力作用将药液投入水内 | 操作较简单，投加安全可靠，必须建造高位溶液池，增加加药间层高 | ① 中、小型水厂<br>② 考虑到输液管线的沿程水头损失，输液管线不宜过长 |
| 压力投加 | 加药泵 | 泵在药液池内直接吸取药液，加入压力管内 | 可以定量投加，不受压力管压力所限<br>价格较贵，泵易引起堵塞，养护较麻烦 | 适用于大、中型水厂 |
| | 水射器 | 利用高压水在水射器喷嘴处形成的负压将药液吸入并将药液射入压力水管<br>水射器可同时用作混合设备使用 | 设备简单，使用方便，不受溶液池高程所限<br>效率较低，如溶液浓度不当，可能引起堵塞 | 适用于各种规模水厂 |

② 计量设备　计量设备多种多样，应根据具体情况选用。目前常用的计量设备有转子流量计、电磁流量计、苗嘴等。

③ 混合设备　在水处理中的混合设备和装置有许多种，按照混合方式可分为管式混合、混合池混合、水泵混合、机械混合几大类。在废水处理工程中，比较常用的混合设备见表 4-3。

表 4-3　废水处理中常用的混合装置

| 名称 | 优缺点 | 适用条件 |
|---|---|---|
| 固定混合器（又称静态混凝器，如图 4-1 所示） | (1) 制作简单；<br>(2) 不占地；<br>(3) 混合效果好；<br>(4) 水头损失较大 | 中、小型处理工程（水量＜1000m³/d） |
| 涡流混合池（槽）（如图 4-2 所示） | (1) 混合效果好；<br>(2) 对于小水量时，可以同时完成混合与反应两个过程，在水量较大时，单独作为混合装置使用；<br>(3) 易于设备化；<br>(4) 水头损失较小 | 大、中型处理工程（水量 2000～3000m³/d）；作为混合与反应装置使用时，适用水量＜1500m³/d |
| 机械搅拌混合池（槽）（如图 4-3 所示） | (1) 混合效果好；<br>(2) 可以设备化，也可以用混凝土浇筑；<br>(3) 水头损失小；<br>(4) 有一定的动力消耗，需定期维修保养 | 适用于各种规格 |
| 穿孔板混合器 | (1) 宜与混凝沉淀池结合设计；<br>(2) 混凝效果一般；<br>(3) 有一定的水头损失；<br>(4) 常与其他混合装置（如固定混合器）配合使用 | 大、中型处理工程（水量 1000～30000m³/d） |
| 折板式混合器 | (1) 宜与混凝沉淀池结合设计；<br>(2) 混凝效果一般；<br>(3) 有一定的水头损失；<br>(4) 常与其他混合装置（如固定混合器）配合使用 | 大、中型处理工程（水量 1000～30000m³/d） |

| 名称 | 优缺点 | 适用条件 |
|---|---|---|
| 水射器（如图 4-4 所示） | (1) 制作简单，有定型产品；<br>(2) 不占地，宜于安装；<br>(3) 混合效果好；<br>(4) 有一定的水头损失，使用效率低；<br>(5) 可同时作为投药装置使用 | 小型处理工程（水量＜500m³/d） |

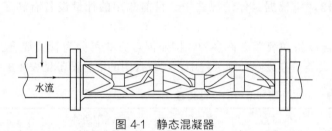

图 4-1　静态混凝器

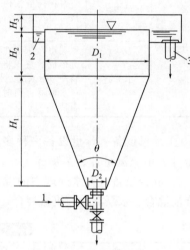

图 4-2　涡流混合池
1—进水管；2—出水渠道；3—出水管

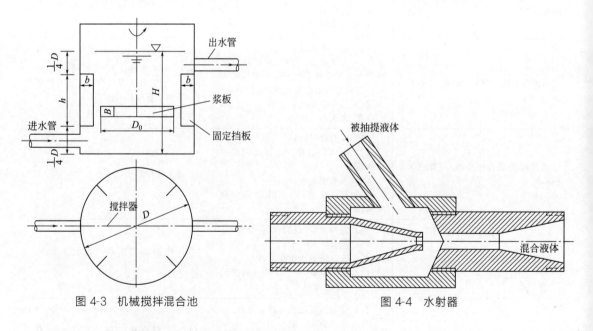

图 4-3　机械搅拌混合池

图 4-4　水射器

④ 反应设备与装置　废水处理中常用的反应设备形式见表 4-4。

表 4-4　废水处理中常用的反应设备形式

| 名称 | 优缺点 | 适用条件 |
|---|---|---|
| 隔板式反应池（如图 4-5 所示） | （1）反应效果好；<br>（2）管理维护简单；<br>（3）常采用钢筋混凝土建造 | 水量变化不大的各种规模 |
| 旋流式反应池（如图 4-6 所示） | （1）反应效果一般；<br>（2）水头损失较小；<br>（3）操作简单，宜于管理 | 中、小型处理工程（水量 200～3000m³/d） |
| 涡流式反应池（槽） | （1）反应时间短，容积小；<br>（2）反应效果一般；<br>（3）易于设备化；<br>（4）对于小水量工程，可省去混合装置 | 中、小型处理工程（水量 200～3000m³/d） |

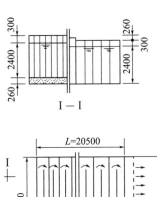

图 4-5　隔板式反应池

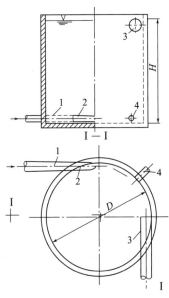

图 4-6　旋流式反应池
1—进水管；2—喷嘴；3—出水管；4—排泥管

## 4.1.3　药剂与应用

（1）常用的无机盐类混凝剂

常用的无机盐类混凝剂见表 4-5。

表 4-5　常用的无机盐类混凝剂

| 名称 | 分子式 | 一般介绍 |
|---|---|---|
| 精制硫酸铝 | $Al_2(SO_4)_3 \cdot 18H_2O$ | （1）含无水硫酸铝 50%～52%；<br>（2）适用水温为 20～40℃；<br>（3）当 pH=4～7 时，主要去除水中的有机物；<br>　　 pH=5.7～7.8 时，主要去除水中的悬浮物；<br>　　 pH=6.4～7.8 时，处理浊度高、色度低（小于 30 度）的水<br>（4）湿式投加时，一般先溶解成 10%～20% 的溶液 |

续表

| 名称 | 分子式 | 一般介绍 |
|---|---|---|
| 工业硫酸铝 | $Al_2(SO_4)_3 \cdot 18H_2O$ | (1) 制造工艺较简单；<br>(2) 无水硫酸铝含量各地产品不同，设计时一般可采用 $20\% \sim 25\%$；<br>(3) 价格比精制硫酸铝便宜；<br>(4) 用于废水处理时，投加量一般为 $50 \sim 200mg/L$；<br>(5) 其他同精制硫酸铝 |
| 明矾 | $Al_2(SO_4)_3 \cdot K_2SO_4 \cdot 24H_2O$ | (1) 同精制硫酸铝 (2)、(3)；<br>(2) 现已大部分被硫酸铝所代替 |
| 硫酸亚铁（绿矾） | $FeSO_4 \cdot 7H_2O$ | (1) 腐蚀性较高；<br>(2) 矾花形成较快，较稳定，沉淀时间短；<br>(3) 适用于碱度高，浊度高，$pH=8.1 \sim 9.6$ 的水，不论在冬季或夏季使用都很稳定，混凝作用良好，当 pH 值较低时（$<8.0$），常使用氯来氧化，使二价铁氧化成三价铁，也可以用同时投加石灰的方法解决 |
| 三氯化铁 | $FeCl_3 \cdot 6H_2O$ | (1) 对金属（尤其是对铁器）腐蚀性大，对混凝土亦腐蚀，对塑料管也会因发热而引起变形；<br>(2) 不受温度影响，矾花结得大，沉淀速度快，效果较好；<br>(3) 易溶解，易混合，渣子少；<br>(4) 适用最佳 pH 值为 $6.0 \sim 8.4$ |
| 聚合氯化铝 | $[Al_n(OH)_mCl_{3n-m}]$（通式）简写 PAC | (1) 净化效率高，耗药量少，过滤性能好，对各种工业废水适应性较广；<br>(2) 温度适应性高，pH 值适用范围宽（可在 $pH=5 \sim 9$ 的范围内），因而可不投加碱剂；<br>(3) 使用时操作方便，腐蚀性小，劳动条件好；<br>(4) 设备简单，操作方便，成本较三氯化铁低；<br>(5) 是无机高分子化合物 |

(2) 常用的有机合成高分子混凝剂及天然絮凝剂

常用的有机合成高分子混凝剂（又称絮凝剂）及天然絮凝剂见表 4-6。

表 4-6　常用的有机合成高分子混凝剂及天然絮凝剂

| 名称 | 分子式或代号 | 一般介绍 |
|---|---|---|
| 聚丙烯酰胺 | $\left[ CH_2\!\!-\!\!CH \right]_n$<br>$\quad \mid$<br>$\quad C\!=\!O$<br>$\quad \mid$<br>$\quad NH_2$<br>代号 PAM | (1) 目前被认为是最有效的高分子絮凝剂之一，在废水处理中常被用作助凝剂，与铝盐或铁盐配合使用；<br>(2) 与常用混凝剂配合使用时，应按一定的顺序先后投加，以发挥两种药剂的最大效果；<br>(3) 聚丙烯酰胺固体产品不易溶解，宜在有机械搅拌的溶解槽内配制成 $0.1\% \sim 0.2\%$ 的溶液再进行投加，稀释后的溶液保存期不宜超过 $1 \sim 2$ 周；<br>(4) 聚丙烯酰胺有极微弱的毒性，用于生活饮用水净化时，应注意控制投加量；<br>(5) 是合成有机高分子絮凝剂，为非离子型；通过水解构成阴离子型，也可通过引入基团制成阳离子型；目前市场上已有阳离子型聚丙烯酰胺产品出售 |
| 磁集脱絮凝展色剂 | 代号脱色 I 号 | (1) 属于聚胺类高度阳离子化的有机高分子混凝剂，液体产品固含量 $70\%$，无色或浅黄色透明黏稠液体；<br>(2) 储存温度为 $5 \sim 45℃$，使用 pH 值为 $7 \sim 9$，按 $(1:50) \sim (1:100)$ 稀释后投加，投加量一般为 $20 \sim 100mg/L$，也可与其他混凝剂配合使用；<br>(3) 对于印染厂、染料厂、油墨厂等工业废水处理具有其他混凝剂不能达到的脱色效果 |
| 天然植物改性高分子絮凝剂 | FN-A<br>絮凝剂 | (1) 由 691 化学改性制得，取材于野生植物，制备方便，成本较低；<br>(2) 易溶于水，适用水质范围广，沉淀速度快，处理水澄清度好；<br>(3) 性能稳定，不易降解变质；<br>(4) 安全无毒 |

续表

| 名称 | 分子式或代号 | 一般介绍 |
| --- | --- | --- |
| 天然絮凝剂 | F691 | 刨花木、白胶粉 |
| | F703 | 绒槁（灌木类、皮、根、叶亦可） |

（3）常用的助凝剂

常用的助凝剂见表 4-7。

表 4-7　常用的助凝剂

| 名称 | 分子式 | 一般介绍 |
| --- | --- | --- |
| 氯 | $Cl_2$ | （1）当处理高色度水及用作破坏水中有机物或去除臭味时，可在投混凝剂前投氯，以减少混凝剂用量；<br>（2）用硫酸亚铁作混凝剂时，为使二价铁氧化成三价铁，可在水中投氯 |
| 生石灰 | $CaO$ | （1）用于原水碱度不足；<br>（2）用于去除水中的 $CO_2$，调整 pH 值；<br>（3）对于印染废水等有一定的脱色作用 |
| 活化硅酸、活化水玻璃、泡花碱 | $Na_2O \cdot SiO_2 \cdot yH_2O$ | （1）适用于硫酸亚铁与铝盐混凝剂，可缩短混凝沉淀时间，节省混凝剂用量；<br>（2）原水浊度低、悬浮物含量少及水温较低（在 14℃ 以下）时使用，效果更为显著；<br>（3）可调高滤池滤速，必须注意加注点；<br>（4）要有适宜的酸化度和活化时间 |

# 4.2　吸附

## 4.2.1　原理与功能

吸附是一种或几种物质（称为吸附质）的浓度在另一种物质（称为吸附剂）表面上自动发生变化（累积或浓集）的过程。吸附剂表面上的分子受力不均衡，存在着剩余力场，即具有表面能。根据热力学第二定律，这种能量有自动变小的趋势。当溶液中的吸附质到达吸附剂表面以后，界面上的分子受力变得均衡些，从而降低了这种表面能。这就是促使吸附过程自动发生的一种推动力。因此，吸附是物质从液相（或气相）到固体表面的一种传质现象。

根据吸附剂表面吸附力的不同，吸附可分为物理吸附和化学吸附两种类型。吸附剂与吸附质之间通过分子引力（范德华力）而产生的吸附称为物理吸附；而由原子或分子间的电子转移或共有，即剩余化学价键力所引起的吸附称为化学吸附。

物理吸附和化学吸附是靠范德华力或化学价键力而促成吸附剂与吸附质之间分子的吸附，因此又可统称为分子吸附。如果吸附质的离子由于静电引力或化学价键力而聚集到吸附剂表面的带电点上，这种现象则称为离子吸附。离子吸附又可分为交换性离子吸附和非交换性离子吸附，水处理中常用的离子交换法就是一种交换性离子吸附。在水处理中，大多数吸附过程往往是几种吸附作用的综合结果。

## 4.2.2　技术与装备

### 4.2.2.1　影响吸附的因素

影响吸附的因素很多，归纳起来有内部因素和外部因素两个方面。

其中内部因素如下。

① 吸附剂的物理性质：如吸附剂的种类、比表面积、孔隙尺寸、孔隙分布、表面性质（表面氧化物的种类）等。

② 吸附质的化学性质：如分子量、分子尺寸、溶解度、离解常数、偶性矩、极性、官能团、支链、空间结构、吸附质的浓度等。

外部因素如下。

① 吸附系统的环境条件：如 pH 值、温度、溶液的离子强度、溶剂的性质、竞争吸附质的存在、生物协同作用等。

② 吸附系统的通行条件：如运行方法、接触时间、水力条件等。

#### 4.2.2.2 吸附剂

吸附剂的种类很多，常用的有活性炭和腐殖酸类吸附剂。

（1）活性炭

活性炭是水处理中应用较多的一种吸附剂。活性炭的种类很多，在废水处理中常用的是粉状活性炭和粒状活性炭。粉状活性炭吸附能力强，制备容易，价格较低，但再生困难，一般不能重复使用。粒状活性炭价格较贵，但再生后可重复使用，并且使用时的劳动条件较好，操作管理方便。因此，在水处理中多采用粒状活性炭。

（2）腐殖酸类吸附剂

用作吸附剂的腐殖酸类物质主要有天然的富含腐殖酸的风化煤、泥煤、褐煤等，它们可以直接使用或经简单处理后使用；将富含腐殖酸的物质用适当的黏合剂制备成腐殖酸系树脂。

腐殖酸类物质能吸附工业废水中的许多金属离子，如汞、铬、锌、镉、铅、铜等。腐殖酸类物质在吸附重金属离子后，可以用 $H_2SO_4$、HCl、NaCl 等进行解吸。目前，这方面的应用还处于应用、研究阶段，还存在吸附量不高、适用的 pH 值范围较窄、机械强度低等问题，需要进一步研究和解决。

#### 4.2.2.3 设备和装置

（1）固定床

固定床是水处理工艺中最常用的一种方式。固定床根据水流方向又分为升流式和降流式两种形式。降流式固定床的出水水质较好，但经过吸附层的水头损失较大，特别是处理含悬浮物较高的废水时，为了防止悬浮物堵塞吸附层，需定期进行反冲洗。有时需要在吸附层上部设反冲洗设备。固定床吸附塔构造如图 4-7 所示。

在升流式固定床中，当发现水头损失增大时，可适当提高水流流速，使填充层稍有膨胀（上下层不能互相混合）就可以达到自清的目的。这种方式由于层内水头损失增加较慢，所以运行时间较长，但对废水入口处（底层）吸附层的冲洗难于降流式。另外，由于流量变动或操作一时失误就会使吸附剂流失。

固定床根据处理水量、原水的水质和处理要求可分为单床式、多床串联式和多床并联式三种。如图 4-8 所示。

废水处理采用的固定床吸附设备的大小和操作条件，

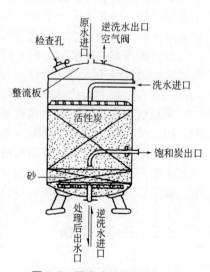

图 4-7 固定床吸附塔构造

根据实际设备的运行资料建议采用下列数据。

塔径：1～3.5m；填充层高度：3～10m；填充层与塔高比：（1∶1）～（4∶1）；吸附剂粒径：0.5～2mm（活性炭）；接触时间：10～50min；容积速度：2m³/(h·m³)以下（固定床）；5m³/(h·m³)以下（移动床）；线速度：2～10m/h（固定床）；10～30m/h（移动床）。

容积速度 $v_s$ 即单位容积吸附剂在单位时间内通过处理水的容积数；线速度 $v_L$ 即单位时间内水通过吸附层的线速度，又称空塔速度。

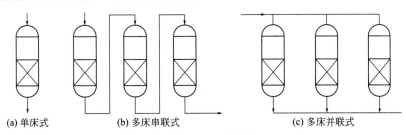

(a) 单床式　　　(b) 多床串联式　　　(c) 多床并联式

图 4-8　固定床吸附操作示意

（2）移动床

原水从吸附塔底部流入和活性炭进行逆流接触，处理后的水从塔顶流出。再生后的活性炭从塔顶加入，接近吸附饱和的炭从塔底间歇地排出。

这种方式较固定床式能够充分利用吸附剂的吸附容量，水头损失小。由于采用升流式，废水从塔底流入，从塔顶流出，被截留的悬浮物随饱和的吸附剂间歇地从塔底排出，所以不需要反冲洗设备。但这种操作方式要求塔内吸附剂上下层不能互相混合，操作管理要求严格。移动床吸附塔的构造如图 4-9 所示。

（3）流化床

流化床不同于固定床和移动床的地方是由下往上的水使吸附剂颗粒相互之间有相对运动，一般可以通过整个床层进行循环，起不到过滤作用，因此适用于处理悬浮物含量较高的废水（如图 4-10 所示）。

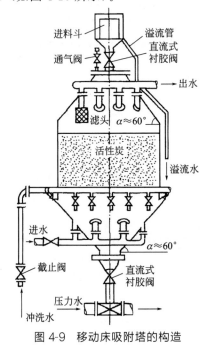

图 4-9　移动床吸附塔的构造

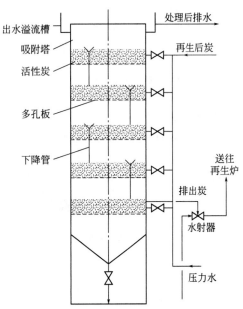

图 4-10　多层流化床吸附塔的构造

## 4.2.3 应用与比较

（1）活性炭的吸附方式与特点

活性炭的吸附方式与特点见表 4-8。

表 4-8 活性炭的吸附方式与特点

| 方式 | 要点 | 活性炭形状 | 优缺点 |
|---|---|---|---|
| 接触吸附 | （1）根据污染情况做短期投加或做应急措施<br>（2）干（或湿）粉末直接投入混凝沉淀或澄清前的原水中，依靠水泵、管道或接触装置进行充分接触吸附<br>（3）接触吸附后依靠澄清、过滤去除之；也可在澄清后投加，但增加滤池负荷 | 粉末 | （1）可利用原有设备<br>（2）适用于建造粒状炭吸附装置有困难的场合<br>（3）基建及设备投资较少，不增加建筑面积<br>（4）粉末炭对污染负荷变动的适应性差，吸附能力未被充分利用，污泥处理困难，作业环境恶劣<br>（5）大多采用一次使用后废弃，一般不考虑再生，所以处理费用较贵<br>（6）控制不佳时粉末炭有穿透滤池的现象 |
| 固定床 | （1）在需要长期做深度处理的情况下使用<br>（2）通常在过滤后以粒状活性炭填充的吸附塔或滤床过滤吸附<br>（3）透水方式：升流式或降流式；压力式或重力式 | 粒状 | （1）运行稳定，管理方便，出水水质良好<br>（2）活性炭再生后可循环使用 3～7 年<br>（3）活性炭在固定床中的吸附效率较低<br>（4）需定期投炭，整池排炭<br>（5）基建及设备投资较高，并占一定的土地面积 |
| 移动床 | （1）长期运行的深度处理装置<br>（2）水在加压状态下，由底部升流式通过炭层过滤吸附池，冲洗废水及滤过水均由上面流出<br>（3）新活性炭由上部间歇或连续投加，失效炭借重力由底部间歇或连续排出<br>（4）直径较大的吸附塔进出水系统采用井筒式筛网，上部由集水管连续收集出水，防止炭粒流失；下部由布水管连接，均匀进水<br>（5）可以填充床或膨胀床两种方式运行 | 粒状 | （1）炭床不需冲洗<br>（2）底部排出的失效炭可达到完全饱和，最大限度地利用了炭的吸附容量<br>（3）间歇式连续投炭、排炭，减少再生设备容量<br>（4）基建及设备投资高<br>（5）建筑面积较小<br>（6）井筒式筛网破裂时将产生跑炭 |
| 流动床 | （1）长期运行的深度净化装置<br>（2）水由底部升流式通过炭床，炭由上部向下移动<br>（3）水流与流化状态的活性炭在逆流状态接触吸附<br>（4）可采用一级或多级床层 | 粒状 | （1）炭床不需要冲洗<br>（2）最大限度地利用了炭的吸附容量<br>（3）间歇式连续投炭、排炭，减少再生设备容量<br>（4）占地面积较小<br>（5）要求炭粒均匀，否则易引起粒度分级 |

（2）吸附装置的选择

吸附装置类型的选择应针对处理对象、处理规模进行必要的条件试验，根据试验结果，结合使用地点的具体情况，经过技术经济比较，选择最合适的吸附装置。目前使用较多的吸附装置是固定床及间歇式移动床，它们的特点见表 4-9。

表 4-9 吸附装置的特点比较

| 比较项目 | | 床型 | |
|---|---|---|---|
| | | 固定床 | 移动床 |
| 设计条件 | 空塔容积流速$(v_L)/(L/h)$<br>空塔线速度$(v_S)/(m/h)$ | 约 2.0<br>5～10 | 约 5.0<br>10～30 |

续表

| 比较项目 | | 床型 | |
| --- | --- | --- | --- |
| | | 固定床 | 移动床 |
| 吸附过程 | 吸附容量/(kg COD/kg 炭)<br>必要量<br>活性炭耗量<br>损失量 | 0.2～0.25<br>多<br>少 | 较前者低<br>少<br>少 |
| 再生过程 | 排炭方式<br>再生损失<br>再生炉运转率 | 间歇式<br>少<br>低 | 可间歇式也可连续<br>少<br>高 |
| 处理费 | | 处理规模大时高 | 处理规模大时低 |

# 4.3　过滤

## 4.3.1　原理与功能

过滤是一种将悬浮在液体中的固体颗粒分离出来的工艺。其基本原理是在压力差的作用下，悬浮液中的液体透过可渗性介质（过滤介质），固体颗粒为介质所截留，从而实现液体和固体的分离。

实现过滤需具备以下两个条件：一是具有实现分离过程所必需的设备；二是过滤介质两侧要保持一定的压力差。

常用的过滤方法可分为重力过滤、真空过滤、加压过滤和离心过滤几种。

从本质上看，过滤是多相流体通过多孔介质的流动过程。

① 流体通过多孔介质的流动属于极慢流动，即渗流流动。

② 悬浮液中的固体颗粒是连续不断地沉积在介质内部孔隙中或介质表面上的，因而在过滤过程中过滤阻力不断增加。

过滤在废水处理中应用广泛。废水处理时，过滤用于去除二级处理出水中的生物絮绒体或深度处理过程中经化学凝聚后生成的固体悬浮物等。此外，有些小规模废水处理厂用砂滤池作为消化污泥的脱水方法，大型废水处理厂则用回转真空过滤机等进行污泥脱水。

过滤除去悬浮粒子的机理较为复杂，包括吸附、絮凝、沉降和粗滤等。其中包含物理过程和化学过程。其中，悬浮粒子在滤料颗粒表面的吸附是滤料的重要性能之一，吸附与滤池和悬浮物的物理性质有关，还与滤料粒子尺寸、悬浮物粒子尺寸、附着性能与抗剪强度有关。吸附作用还受悬浮粒子、滤料粒子和水的化学性能影响，如电化学作用和范德华作用力。

在过滤初期，滤料洁净，选择性地吸附悬浮粒子，但随着过程的继续，已附着一些悬浮粒子的滤料颗粒的选择性吸附能力就大大降低。

在过滤过程中，滞留在滤层内的沉淀物颗粒的附着力必须与水力剪切力保持平衡，否则就会被水流带入滤层内部，甚至带出滤层。随着沉积物增厚，滤料上层会被堵塞，若提高流速，则滤层的截留能力就大大降低。滤层中洁净层厚度逐渐无法保证出水水质，从而结束过滤周期。对于沉积物很厚的滤池，如果突然提高滤速，水与沉积颗粒之间的平衡就会遭到破坏，一部分颗粒就会剥落并随水流走，故设计中应避免滤速突变。

## 4.3.2 技术与装备

废水过滤的功能主要是去除水中微小的悬浮固体,多用于废水深度处理,包括中水处理。废水经不同类型工艺处理后出水再过滤的效果见表4-10。废水过滤可去除沉淀和生物处理过程中未能去除的微絮凝体;可加强废水中悬浮物、COD、P、细菌等的去除效果;也可作为废水深度处理中的某些工艺,如活性炭过滤、膜处理等工艺的前处理装置等。

### 4.3.2.1 废水处理滤池的形式与构造

废水处理滤池的形式可按各种不同分类方法分为以下几种。

① 按过滤驱动力分为重力滤池和压力滤池。

② 按水流流经滤层的方向分为下向流滤池、上向流滤池和横向流滤池。

③ 按滤池中放置的滤料特性分为单层滤料滤池、多层滤料滤池和均质滤料滤池等;也有直接按滤料类别来称呼滤池的,如硅藻土滤池、陶粒滤料滤池和砂滤池等。

④ 按滤池运行过程中所需网门的情况分为四阀滤池(普通滤池)、无阀滤池和虹吸滤池等。

⑤ 按滤池运行速度分为慢滤池、快滤池和高速滤池等。废水处理中慢滤池用得很少。废水不同工艺处理出水再过滤的效果见表4-10。

表 4-10　各种处理工艺出水的再过滤效果

| 各处理工艺出水 | 直接过滤出水 悬浮物/(mg/L) | 经化学混凝后过滤出水 | |
| --- | --- | --- | --- |
| | | 悬浮物/(mg/L) | $PO_4^{3-}$/(mg/L) |
| 初沉池出水 | 20~60 | 1~3 | 0.1 |
| 高负荷生物滤池出水 | 10~20 | 0 | 0.1 |
| 二级生物滤池出水 | 6~15 | 0 | 0.1 |
| 接触氧化池出水 | 6~15 | 0 | 0.1 |
| 普通活性污泥法出水 | 3~10 | 0 | 0.1 |
| 延时曝气池出水 | 1~5 | 0 | 0.1 |

图4-11~图4-15分别为水处理中常用的普通快滤池、无阀滤池、虹吸滤池、上向流滤池和立式压力滤池的构造示意。

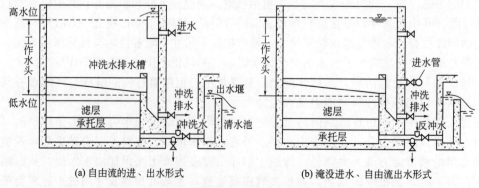

(a) 自由流的进、出水形式　　　　　　(b) 淹没进水、自由流出水形式

图 4-11　普通快滤池构造示意

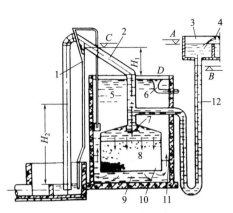

图 4-12 无阀滤池构造示意
1—辅助虹吸管；2—虹吸上升管；3—进水槽；
4—分配堰；5—清水箱；6—进水管；7—挡板；
8—滤料层；9—集水区；10—格栅；
11—连通管；12—进水管

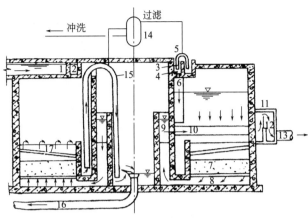

图 4-13 虹吸滤池构造示意
1—进水槽；2—配水槽；3—进水虹吸管；4—单个滤池进水槽；
5—进水堰；6—布水管；7—滤料层；8—配水系统；9—集水槽；
10—出水管；11—出水井；12—控制堰；13—清水管；14—真空管；
15—虹吸冲洗管；16—冲洗水排出管；17—冲洗水排水槽

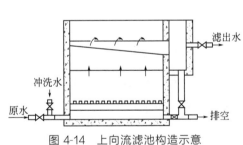

图 4-14 上向流滤池构造示意

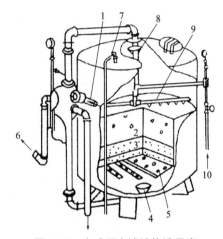

图 4-15 立式压力滤池构造示意
1—进水管；2—无烟煤料滤层；3—砂滤层；4—滤头；
5—底部配水盘；6—出水口；7—排气管；8—上部配水盘；
9—旋转式表面冲洗装置；10—表面冲洗高压进水口

## 4.3.2.2 废水处理滤池的特点

**（1）构造上的特点**

由于废水的黏滞度比一般给水处理的要大，且多数是微小的有机悬浮固体，因此，废水滤池比给水滤池易于堵塞，也容易在滤层的迎水层结膜。为防止或减轻这些现象出现，废水处理滤池在构造上具有下列特点：a. 滤床滤料粒度较粗，一般为 1.0～2.0mm，最大可达 6.0mm，并尽可能采用粒度较均匀的滤料；b. 滤层厚度较厚，给水处理中一般为 0.7～1.0m，而废水处理滤池通常是 1.5～2.5m；c. 废水处理滤池的反冲洗装置通常带有辅助反冲洗设备，如气水反冲洗、表面冲洗等。反冲洗的配水系统多采用小阻力配水系统，如图 4-16 所示。小阻力配水系统多为滤板、格栅、孔板或滤头等。

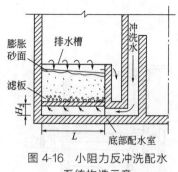

图 4-16 小阻力反冲洗配水
系统构造示意

（2）运行上的特点

为适应废水特性，废水处理滤池常采用上向流（升流）式运行。滤料填装入滤池前应检测滤料的防腐特性，通常采用 $1\%$ 的 $Na_2SO_4$ 水溶液浸泡 28d，滤料重量损失应在 $1\%$ 以内。为防止滤层堵塞和反冲洗过于频繁，滤池运行时应控制进水悬浮物浓度低于 $100mg/L$，最大不能超过 $200mg/L$。废水处理滤池反冲洗强度要求较高，通常采用 $18\sim20L/(m^2\cdot s)$。为加强反冲洗效果，常采用气水反冲洗，反冲洗方式可以是先气后水冲洗、气水联合冲洗或先气后气水联合最后用水单独冲洗。

### 4.3.3 滤料特征与设计参数

① 过滤去除废水中悬浮物的机理与特征见表 4-11。

表 4-11 过滤去除废水中悬浮物的机理与特征

| 机理 | 特征 |
| --- | --- |
| 隔滤<br>机械隔滤<br>偶然接触过滤 | 粒径大于滤料孔隙的颗粒被滤料滤去<br>粒径小于滤料孔隙的颗粒由于偶然接触面而被滤池截获 |
| 沉淀 | 在滤床内部，颗粒可以沉淀在滤料上 |
| 碰撞 | 较重的颗粒不随流水线运动 |
| 截获 | 许多沿流水线运动的颗粒与滤料表面接触时被去除 |
| 黏附 | 当絮凝颗粒通过滤料时，它们就会附着在滤料表面。因为水流的冲击力，有些颗粒在其尚未牢靠地附着于滤料之前就被水流冲走，并冲入滤床深处。当滤床逐渐堵塞后，表面剪切力就开始增大，以致使滤床再也不能去除任何悬浮物。一些悬浮颗粒可能穿透滤床，使滤池出水浊度突然升高。 |
| 化学吸附<br>键吸附<br>化学的相互作用 | 颗粒一旦与滤料表面或与其他颗粒表面接触，该颗粒可由于其中一种或两种机理起作用而被俘获 |
| 物理吸附<br>经典吸附<br>动电吸附<br>范德华力吸附 | |
| 絮凝 | 大颗粒与较小颗粒接触时可将其捕获，并形成更大的颗粒。这些更大的颗粒将由于上述一种或几种机理起作用（机理1~5）而被去除 |
| 生物繁殖 | 生物在滤池内繁殖可使滤料孔隙减少，但在上述去除悬浮物的各种机理中，无论具备哪一种机理都会提高颗粒的去除效率 |

② 普通滤池类型与特征见表 4-12。

表 4-12 普通滤池类型与特征

| 滤池名称 | 特征 |
| --- | --- |
| 虹吸滤池 | 可节约大型闸门和专业冲洗设备，操作方便，易于实现自动化，但结构复杂 |

续表

| 滤池名称 | 特征 |
|---|---|
| 移动冲洗罩滤池 | 自动连续运行，不需要冲洗塔或水泵，造价低、能耗低 |
| 上向流滤池 | 过滤效率高，可用过滤水反冲洗，滤速较低 |
| 压力滤池 | 不需要清水泵站，运行管理较方便，可以移动位置；但耗钢材多，滤料装卸不便 |
| 慢滤池 | 出水浊度可接近于零，能去除细菌、病毒、臭味，可作为小型给水厂和废水处理厂出水精制 |
| 移动床连续流滤池 | 允许进水悬浮物含量大，仅适用于小型处理厂 |

③ 双层及多层滤料滤池的设计参数见表 4-13。

表 4-13 双层及多层滤料滤池的设计参数

| 类别 | | 特征 | 数值 | |
|---|---|---|---|---|
| | | | 范围 | 典型值 |
| 双层滤料 | 无烟煤（一层） | 厚度/mm | 300～600 | 450 |
| | | 有效粒径/mm | 0.8～2.0 | 1.2 |
| | | 不均匀系数 | 1.3～1.8 | 1.6 |
| | 石英砂（二层） | 厚度/mm | 150～300 | 300 |
| | | 有效粒径/mm | 0.4～0.3 | 0.55 |
| | | 不均匀系数 | 1.2～1.6 | 1.5 |
| | 滤速/[L/(m² · min)] | | 80～400 | 200 |
| 三层滤料 | 无烟煤（顶层） | 厚度/mm | 200～500 | 400 |
| | | 有效粒径/mm | 1.0～2.0 | 1.4 |
| | | 不均匀系数 | 1.4～1.81 | 1.6 |
| | 石英砂（二层） | 厚度/mm | 200～400 | 250 |
| | | 有效粒径/mm | 0.4～0.8 | 0.5 |
| | | 不均匀系数 | 1.3～1.8 | 1.6 |
| | 石榴石或磁铁矿粒（三层） | 厚度/mm | 50～150 | 100 |
| | | 有效粒径/mm | 0.2～0.6 | 0.3 |
| | | 不均匀系数 | 1.5～1.8 | 1.6 |
| | 滤速/[L/(m² · min)] | | 80～400 | 200 |

④ 多层滤池滤料粒径和厚度要求见表 4-14。

表 4-14  多层滤池滤料粒径和厚度

| 层数 | 滤料名称 | 粒径/mm | 厚度/cm |
|------|----------|---------|---------|
| 双层滤料 | 无烟煤 | 1.0~1.1 | 50.8~76.2 |
| | 石英砂 | 0.45~0.60 | 25.4~30.5 |
| 三层滤料 | 无烟煤 | 1.0~1.1 | 45.7~61.0 |
| | 石英砂 | 0.45~0.55 | 20.4~30.5 |
| | 磁铁矿石 | 0.25~0.5 | 7 |

# 4.4  气浮

## 4.4.1  原理与功能

气浮是向水中通入或设法产生大量的微细气泡，形成水、气、颗粒三相混合体，使气泡附着在悬浮颗粒上，因黏合体密度小于水而上浮到水面，实现水和悬浮物分离，从而在回收废水中的有用物质的同时又净化了废水。气浮可用于不适合沉淀的场合，以分离密度接近于水和难以沉淀的悬浮物，例如油脂、纤维、藻类等，也用来去除可溶性杂质，如表面活性物质。该法广泛应用于炼油、人造纤维、造纸、制革、化工、电镀、制药、钢铁等行业的废水处理，也用于生物处理后分离活性污泥。

悬浮物表面有亲水和憎水之分。憎水性颗粒表面容易附着气泡，因而可使用气浮。亲水性颗粒用适当的化学药品处理后可以转为憎水性。水处理中的气浮法常用混凝剂使胶体颗粒结为絮体，絮体具有网络结构，容易截留气泡，从而提高气浮效率。水中如有表面活性剂（如洗涤剂）可形成泡沫，也有附着悬浮颗粒一起上升的作用。

气浮法有可连续操作、应用范围广、基建投资和运行费用小、设备简单、对分离杂质有选择性、分离速度较沉降法快、残渣含水量较低、杂质去除率高、可以回收有用物质等优点。气浮过程中，达到废水充氧的同时，表面活性物质、易氧化物质、细菌和微生物的浓度也随之降低。

气浮池平面通常为长方形，平底，出水管位置略高于池底，水面设刮泥机和集泥槽，因为附有气泡的颗粒上浮速度很快，所以气浮池容积较小，停留时间仅十多分钟。

## 4.4.2  技术与装备

### 4.4.2.1  气浮的分类

气浮用于废水处理，根据布气方式可分为三类。

（1）散气气浮

散气气浮是直接将空气注入水中，可以用压缩空气通过扩散板布气，也可以用叶轮曝气，如图 4-17 和图 4-18 所示。

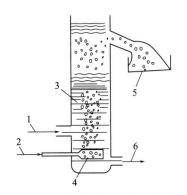

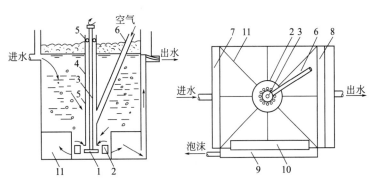

图 4-17　扩散板布气气浮装置示意
1—进水；2—压缩空气；3—气浮柱；
4—扩散板；5—气浮渣；6—出水

图 4-18　叶轮气浮设备构造示意
1—叶轮；2—盖板；3—转轴；4—轴套；5—轴承；6—进气管；
7—进水槽；8—出水槽；9—泡沫槽；10—泡沫板；11—整流板

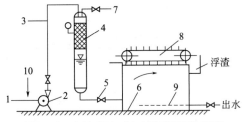

图 4-19　全溶气方式加压气浮流程示意
1—原水；2—加压泵；3—空气；4—压力溶气灌（内含填料）；
5—减压阀；6—气浮池；7—放气阀；8—刮渣机；
9—集水系统；10—化学药剂

（2）溶气气浮

溶气气浮是将空气在压力下送入水中，然后在常压下析出；也可将空气在压力或常压下送入，然后在负压条件下析出。前者称加压溶气气浮，后者称真空溶气气浮。真空溶气气浮虽然能耗较低，但因在负压下运行，设备构造比较复杂，维修管理较麻烦，所以生产上应用较少。加压溶气气浮根据加压空气与水的混合方式不同而分为全溶气方式、部分溶气方式和回流溶气方式三种。全溶气方式是对全部废水进行溶气，如图 4-19 所示；部分溶气方式是只对部分废水溶气，然后溶气的废水与未溶气的废水混合后进入气浮池，如图 4-20 所示；回流溶气方式是将气浮池的部分出水回流溶气后与进水混合进入气浮池，如图 4-21 所示。溶气的方式一般分水泵吸水管吸气溶气方式、水泵压水管射流溶气方式和水泵与空压机联合溶气方式，分别如图 4-22～图 4-24 所示。前两种溶气方式常用于气浮效率要求不太高，且水量较小的工程，水泵与空压机联合溶气方式常用于气浮效率要求较高、水量较大的工程。

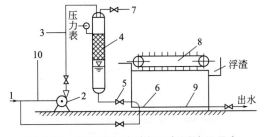

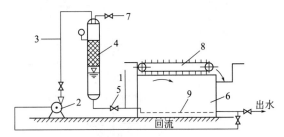

图 4-20　部分溶气方式加压气浮流程示意
1—原水；2—加压泵；3—空气；4—压力溶气罐（内含填料）；
5—减压阀；6—气浮池；7—放气阀；8—刮渣机；
9—集水系统；10—化学药剂

图 4-21　回流溶气方式加压气浮流程示意
1—原水；2—加压泵；3—空气；4—压力溶气罐（内含填料）；
5—减压阀；6—气浮池；7—放气阀；
8—刮渣机；9—集水系统

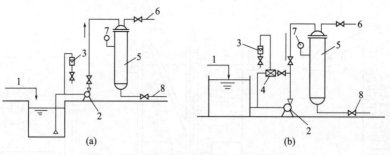

图 4-22　水泵吸水管吸气溶气方式示意

1—废水；2—水泵；3—气量计；4—射流器；5—溶气罐；6—放气管；7—压力表；8—减压阀

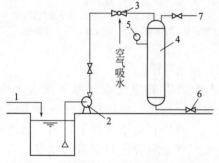

图 4-23　水泵压水管射流溶气方式示意

1—废水；2—水泵；3—射流器；4—溶气罐；
5—压力表；6—减压阀；7—放气阀

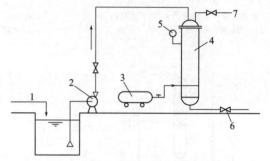

图 4-24　水泵与空压机联合溶气方式示意

1—废水；2—水泵；3—空压机；4—溶气罐；
5—压力表；6—减压阀；7—放气阀

（3）电气浮

电气浮是在直流电作用下，用不溶性材料做阳极与阴极电解废水，在阴、阳两极分别产生氢、氧微气泡将废水中的固体颗粒带至水面而获得固液分离。电气浮产生的气泡粒径远小于散气气浮和溶气气浮，因此效果较好，且由于电解作用，还同时有氧化、脱色和杀菌作用。电气浮装置可以分为竖流式或平流式，如图 4-25 和图 4-26 所示。

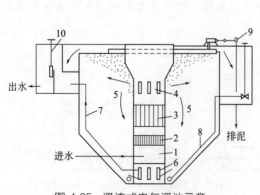

图 4-25　竖流式电气浮池示意

1—进水室；2—整流栅；3—电极组；4—出水孔；
5—分离室；6—集水孔；7—出水管；8—排泥管；
9—刮渣机；10—水位调节阀

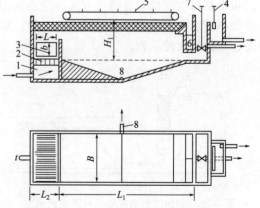

图 4-26　平流式电气浮池示意

1—进水室；2—整流栅；3—电极组；4—水位调节阀；
5—刮渣机；6—浮渣室；7—排渣阀；8—排泥管

### 4.4.2.2 气浮池

气浮池一般有平流式和竖流式两种结构形式，如图 4-27 所示。目前，生产上采用较多的是平流式气浮池。

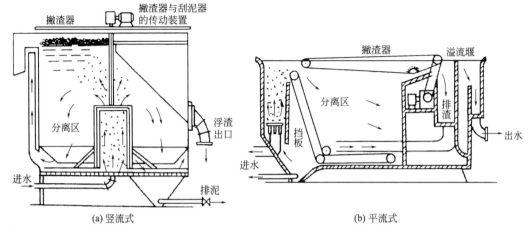

图 4-27 气浮池工艺示意

气浮池一般按表面水力负荷设计，处理含油废水气浮池的表荷一般为 $4\sim7m^3/(m^2\cdot h)$；造纸、纸浆废水气浮池一般为 $3\sim8m^3/(m^2\cdot h)$；城市污水处理厂活性污泥气浮池为 $0.7\sim3m^3/(m^2\cdot h)$。废水在气浮池中的停留时间通常取 $10\sim20min$；有效水深可取 $2.0\sim2.5m$。

气浮池分离区是气浮体上升与废水分离的主体区，表面水力负荷就是针对分离区讲的。因为废水是从气浮池下端出水的，所以表面水力负荷实际上是指分离区下向流的流速。当废水中含有密度大的固体颗粒时，气浮池底可能产生沉淀污泥，通常设刮泥机刮至污泥斗排出。此时气浮池还起到沉淀作用，可称为气浮沉淀池。

## 4.4.3 参数选择与设计

（1）方案选定

① 进行实验室和现场试验 废水种类繁多，即使是同类型废水，水质变化也很大，很难提出确切参数，因此，可靠的办法是通过实验室和现场小型试验取得的主要参数作为设计依据。

② 确定设计方案 在进行现场勘察和综合分析各种资料的基础上，确定主体设计方案。设计方案的大致内容如下。

1）溶气方式采用全溶气式还是部分回流式。

2）气浮池池型采用平流式还是竖流式，取圆形、方形还是矩形。

3）气浮池之前是否需要预处理构筑物？之后是否需要后续处理构筑物？它们的形式如何？连接方式如何？

4）浮渣处理、处置途径。

5）工艺流程及平面布置的分析和确定。

（2）参数选择与设计

① 研究水质条件，确定是否适合采用气浮。

② 在条件允许的情况下，根据试验结果确定溶气压力和回流比（溶气水量/待处理水量）。通常溶气压力采用 0.2～0.4MPa，回流比取 5%～25%。

③ 根据试验时选定的混凝剂及其投加量和完成絮凝的时间及难易程度，确定反应形式及反应时间，一般比沉淀反应时间短，为 5～10min。

④ 气浮池的池型应根据多方因素考虑。反应池宜与气浮池合建。为避免打碎絮体，应注意水流的衔接。进入气浮池接触室的流速宜控制在 0.1m/s 以下。

⑤ 接触室必须为气泡和絮凝体提供良好的接触条件，接触室宽度应利于安装和检修。水流上升速度一般取 10～20mm/s，水流在室内的停留时间不宜小于 60s。

⑥ 接触室内的溶气释放器需根据确定的回流量、溶气压力及各种释放器的作用范围选定。

⑦ 气浮分离室需根据带气絮体上浮分离的难易程度选择水流流速，一般取 1.5～3.0mm/s，即分离室的表面负荷率取 5.4～10.8m$^3$/(m$^2$·h)。

⑧ 气浮池的有效水深一般取 2.0～2.5m，池中水流停留时间一般为 10～20min。

⑨ 气浮池的长宽比无严格要求，一般以单格宽度不超过 10m，池长不超过 15m 为宜。

⑩ 气浮池排渣，一般采用刮渣机定期排出。集渣槽可设置在池的一端、两端或径向。刮泥机的行车速度宜控制在 5m/min 以内。

⑪ 气浮池集水应力求均匀，一般采用穿孔集水管，集水管最大流速宜控制在 0.5m/s 以内。

⑫ 压力溶气罐一般采用阶梯环为填料，填料层高度通常取 1～1.5m。这时罐直径一般根据过水截面负荷率 100～200m$^3$/(m$^2$·h) 选取，罐高为 2.5～3m。

# 第 5 章
# 膜分离法

膜分离技术是一项综合性技术，涉及流体力学、传质学、热学、高分子物理学、高分子材料学等多门学科。膜分离技术包括电渗析、反渗透、纳滤、超滤、微孔过滤、自然渗析和热渗析等，是利用膜的选择透过性进行分离和浓缩的方法。数十年来，随着膜分离装置的工业化和膜分离技术的发展，一批有效的膜分离装置在环境工程领域得到应用，并已逐步成为开发水源，处理和回用城市和工业废水的一种经济而有效的技术手段。

电渗析、反渗透、纳滤和超过滤是目前给水和废水处理中常用的膜分离技术。

## 5.1　电渗析

电渗析属于膜分离技术，是水处理工艺和化工过程的一个操作单元。

### 5.1.1　原理与功能

（1）基本原理

电渗析是一种在电场作用下使溶液中的离子通过膜进行传递的过程。根据所用膜的不同，电渗析可分为非选择性膜电渗析和选择性膜电渗析两类，非选择性膜电渗析是指在电场力的作用下，阴、阳离子都能通过膜，而颗粒较大的胶体粒子不能透过膜的过程，因此多用于提纯溶胶。

电渗析过程是以下面两个基本条件作为基础的。一是水中离子是带电的。在直流电场作用下，水中阴、阳离子做定向迁移，根据同性相斥、异性相吸的原则，阳离子向阴极方向移动。阴离子向阳极方向移动。二是离子交换膜具有选择透过性。离子交换膜分为阳离子交换膜（简称阳膜）和阴离子交换膜（简称阴膜），阳膜只允许阳离子透过，相反，阴膜只允许阴离子透过。

电渗析过程的基本原理如图 5-1 所示。在阳极和阴极之间交替地放置着若干张阳膜和阴膜，膜和膜之间形成隔室，其中充满含盐水，当接通直流电后，各隔室中的离子进行定向迁移，由于离子交换膜的选择透过作用，①、③、⑤隔室中的阴、阳离子分别迁出，进入相邻隔室，而②、④、⑥隔室中的离子不能迁出，还接受相邻隔室中的离子，从而①、③、⑤隔室成为淡水室，②、④、⑥隔室成为浓水室。阳、阴电极与膜之间形成的隔室分别为阳极室和阴极室。电极的电化学反应为：

阳极　　$2Cl^- - 2e \longrightarrow Cl_2 \uparrow$　　　　$H_2O \longrightarrow H^+ + OH^-$

　　　　$4OH^- - 4e \longrightarrow O_2 \uparrow + 2H_2O$

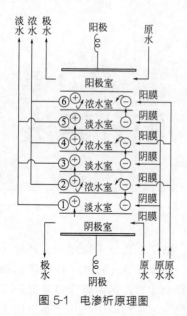

图 5-1 电渗析原理图

阴极 $\quad H_2O \longrightarrow H^+ + OH^- \quad 2H^+ + 2e \longrightarrow H_2 \uparrow$

由上可见，阳极发生氧化反应，产生气体 $O_2$ 和 $Cl_2$，极水呈酸性，因此，选择阳极材料时应考虑其耐氧化性和耐腐蚀性；阴极发生还原反应，产生气体 $H_2$，极水呈碱性，当水中含有 $Ca^{2+}$、$Mg^{2+}$、$HCO_3^-$、$CO_3^{2-}$ 时，易产生水垢，在运行时应采取防垢和除垢措施。

（2）特点及应用范围

电渗析具有以下几个特点：a. 电渗析只能将电解质从溶液中分离出去（脱盐），不解离的物质不能被分离，解离度小的也难以被分离，如水中的硅酸根和硼等。电渗析也不能去除有机物、胶体物质、微生物、细菌等；b. 电渗析使用直流电，设备操作简便，不需酸、碱再生，有利于环境保护；c. 电渗析的耗电量基本与原水含盐量成正比，原水含盐量在 $200\sim5000mg/L$ 范围内，制取成初级纯水的能源消耗较其他脱盐方法低，因此，制水成本也低；d. 电渗析过程靠水中的离子来传递电流，因此，电渗析不能将水中的离子全部去除干净，单独使用电渗析不能制取高纯水。

电渗析的应用范围：a. 海水、苦咸水淡化制取饮用水或工业用水；b. 自来水脱盐制取初级纯水；c. 电渗析与离子交换组合制取高纯水；d. 化工过程中产品的浓缩、分离、精制；e. 废水废液的处理回收等。

## 5.1.2　技术与装备

（1）脱盐方式

电渗析的除盐方式随其目的不同而异，一般可分为直流式、循环式和部分循环式三种。

① 直流式　原水经多台单级或多台多级串联的电渗析器后，一次脱盐达到给定的脱盐要求，直接排出成品水。该方式具有连续出水、管道布置简单等优点，缺点是操作弹性小，对原水含盐量发生变化时的适应性较差。该流程是国内常用流程之一，常采用给定电压操作，根据进水、产水量及产品水水质等要求，可采用单系列多台串联或多系列并联的流程，适用于中、大型脱盐场地，如图 5-2 所示。

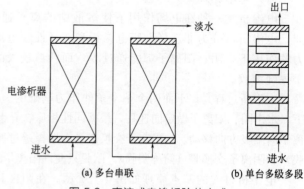

图 5-2　直流式电渗析除盐方式

(a) 多台串联　(b) 单台多级多段

② 循环式　如图 5-3 所示，将一定量的原水注入淡水循环槽内，经电渗析器多次反复除盐，当循环除盐到给定的成品水水质指标后，输送至成品水槽。该方式适用于脱盐难度大，并要求成品水水质稳定的小型脱盐水站。该流程的适应性较强，既可用于高含盐量水的脱盐，也适用于低含盐量水的脱盐，特别适用于用水水质经常变化的场合，能始终提供合格的成品水。例如流动式野外淡化车、船用脱盐装置等多采用此流程。其次是小批量工业产品料液的浓缩、提纯、分离和精制也常用此

方式。但需要较多的辅助设备，动力消耗较大，且只能间歇供水。

③ 部分循环式　部分循环式是直流式和循环式相结合的一种方式（如图 5-4 所示），一方面，使溶液在混合水池内循环；另一方面，补充原水使水池内的水量保持稳定。在这种方式下，混合水池内流速不受产水量的影响。该方式的优点是膜可保持稳定状态，而装置可以适应任何进料情况，当然需要再循环系统，因此设备和动力消耗都会增加。

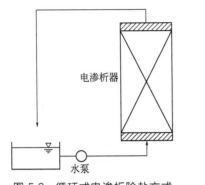

图 5-3　循环式电渗析除盐方式

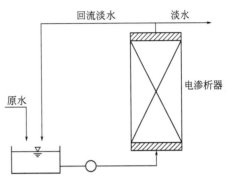

图 5-4　部分循环式电渗析除盐方式

电渗析三种不同除盐方式的特点比较见表 5-1。

**表 5-1　不同除盐方式的特点**

| 除盐方式 | 工作方式 | 淡水质量随时间的变化 | 对原水含盐量变化的适应性 | 电流效率 | 适合的产水量规模 | 附属设备 | 对电渗析器的要求 |
|---|---|---|---|---|---|---|---|
| 直流式 | 连续 | 不变 | 一般 | 高 | 大流量 | 最少 | 高 |
| 循环式 | 批量 | 由低到高 | 强 | 低 | 中小流量 | 较多 | 低 |
| 部分循环式 | 连续 | 不变 | 强 | 高 | 大流量 | 较多 | 高 |

（2）电渗析器的组装形式

电渗析器的组装形式用"级"和"段"来表示，一对电极之间称为一级，水流同向的若干并联隔板称为一段，如图 5-5 所示，一台电渗析器常有几百个"膜对"，一个膜对包括阳膜、阴膜、隔板甲和隔板乙各一张。在膜对总数确定的条件下，增加级数可以降低电渗析的电压，增加段数可以增加除盐的流程。为了提高水的除盐率，可以采用多级多段的组装方式。电渗析器组装形式一般有一级一段、二级二段、三级三段、四级四段等。

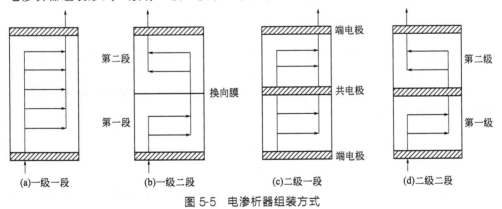

(a)一级一段　　(b)一级二段　　(c)二级一段　　(d)二级二段

图 5-5　电渗析器组装方式

废水电渗析处理设备统称电渗析器，包括压板、电极托板、电极、级框、阳极、阴极、隔板、垫板等部件。将这些部件按一定顺序排列组成电渗析器，如图 5-6 所示。

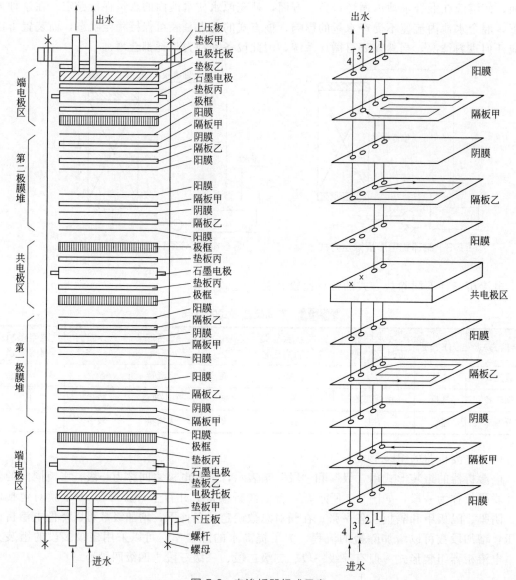

图 5-6　电渗析器组成示意

其中主要是三大部分：膜堆，是由一对阴、阳膜和一对浓、淡水隔板交替排列组成的基本处理单元；电极区，由电极、极框、电板托板等组成，该区直接连接直流电源，设有进水口、淡水与浓水及极水的出口等；紧固装置，把电极区和膜堆均匀紧固成整体的部件，一般用由槽钢加强的钢板制成。

（3）电渗析器的选择

目前，国内制造的电渗析器大多能满足使用要求，一般可直接选购产品，而不必设计和加工电渗析器本体。

国产标准电渗析器分为 3 大类型：①DSA 型为网状隔板，隔板厚度为 0.9mm；②DSB型为网状隔板，隔板厚度为 0.5mm；③DSC 型为冲格式隔板，隔板厚度为 1.0mm，和厚度为 0.5mm 的冲格薄片组成。

在选择电渗析器时，除电渗析的脱盐率和产水量满足设计要求外，还必须要考虑膜和电极的材质。

离子交换膜是电渗析器的关键部件，各种膜的性能均有所不同。根据国家环境保护行业标准《环境保护产品技术要求　电渗析装置》（HJ/T 334—2006），电渗析阴、阳离子交换膜的主要技术指标应满足表 5-2 的要求。

表 5-2　电渗析阴、阳离子交换膜技术指标

| 项　目 | 阳膜 | | 阴膜 | |
| --- | --- | --- | --- | --- |
| | 均相膜 | 异相膜 | 均相膜 | 异相膜 |
| 含水率/% | 25~40 | 35~50 | 22~40 | 30~4S |
| 交换容量（干）/(mol/kg) | ≥1.8 | ≥2.0 | ≥1.5 | ≥1.8 |
| 膜面电阻率/（Ω·cm） | ≤6 | ≤12 | ≤10 | ≤l3 |
| 选择透过率/% | ≥90 | ≥92 | ≥85 | ≥90 |

电极的材料有石墨、不锈钢、钛涂钌等，应根据原水水质，结合电极强度、耐腐蚀性等因素，选择合适的电极。不同材料电极的特点见表 5-3。

表 5-3　不同材料电极的特点

| 电极材料 | 适用条件 | 制造 | 耐腐蚀性 | 强度 | 价格 | 污染性 |
| --- | --- | --- | --- | --- | --- | --- |
| 石墨 | $Cl^-$ 含量高，$SO_4^{2-}$ 含量低的水 | 容易 | 可以 | 较脆 | 低 | 无 |
| 不锈钢 | $Cl^-$ 浓度小于 100mg/L 的水 | 很容易 | 较好 | 好 | 较低 | 无 |
| 钛涂钌 | 广泛 | 较复杂 | 较好 | 较好 | 较高 | 无 |
| 二氧化铅 | 只适合于作阳极 | 较复杂 | 较好 | 较脆 | 较低 | 稍有 |

（4）电渗析脱盐系统的组成

电渗析的除盐系统主要有以下几种：

① 原水→预处理→电渗析→除盐水；

② 原水→预处理→软化→电渗析→除盐水；

③ 原水→预处理→电渗析→反渗透→除盐水；

④ 原水→预处理→电渗析→离子交换混合→除盐水；

⑤ 原水→预处理→反渗透→树脂电渗→除盐水。

第① 种脱盐系统最简单，可用于海水和苦咸水淡化及除氟、除砷、除硝酸盐。当原水为自来水时，可制取脱盐水，脱盐水含盐量低于普通蒸馏水，脱盐率最高可达 99%，脱盐水的电阻率最高可达 0.5MΩ·cm。

第② 种脱盐系统适合于处理高硬度含盐水。原水如不经预先软化，由于硬度高，容易在电渗析器中结垢。

第③ 种脱盐系统中，电渗析作为反渗透的预处理。由于预先去除了大部分的硬度和含盐量，可以充分发挥反渗透的优点，使反渗透的水利用率、产水量、使用寿命都有很大的提高。这种脱盐系统常用来生产饮用纯净水。

第④ 种脱盐系统用于制取高纯水。电渗析可以代替离子交换复床，预先将原水的含盐量降低 80%~95%，剩余的少量盐分再由离子交换混合床去除。由于取消了复床，可以减

少酸、碱的消耗及再生废液的产生。电渗析-混合床离子交换制取高纯水系统应用广泛。

第⑤种除盐系统采用树脂电渗析工艺制取高纯度水。树脂电渗析亦可称为填充床电渗析，在国外还称为电除离子（electro deionization，简称 EDI）或连续除离子（continuous deionization，简称 CDI）。

## 5.1.3 技术选择与产品性能

（1）技术选择与适用范围

技术选择与适用范围见表 5-4。

表 5-4  电渗析技术选择与适用范围

| 用途 | 除盐范围 | | | 成品水的直流耗电/(kW·h/m³) | 说　明 |
| --- | --- | --- | --- | --- | --- |
| | 项目 | 起始 | 终止 | | |
| 海水淡化 | 含盐量/(mg/L) | 35000 | 500 | 15～17 | 规模较小时（如 500m³/d 以下），建设时间短，投资少，方便易行 |
| 苦咸水淡化 | 含盐量/(mg/L) | 5000 | 500 | 1～5 | 淡化到饮用水，比较经济 |
| 水的除氟 | 含氟量/(mg/L) | 10 | 1 | 1～5 | 在咸水除盐过程中，同时去除氟化物 |
| 淡水除盐 | 含盐量/(mg/L) | 500 | 5 | <1 | 将饮用水除盐到相当于蒸馏水的初级纯水，比较经济 |
| 水的软化 | 硬度（以 CaCO₃ 计）/(mg/L) | 500 | <15 | <1 | 在除盐过程中同时去除硬度；除盐水优于相同硬度的软化水 |
| 纯水制取 | 电阻率/(MΩ·cm) | 0.1 | >5 | 1～2 | 采用树脂电渗析工艺，或采用电渗析-混合床离子交换工艺 |
| 废水的回收与利用 | 含盐量/(mg/L) | 5000 | 500 | 1～5 | 废水除盐，回收有用物质和除盐水 |

（2）电渗析器的规格和性能

电渗析器的规格和性能见表 5-5～表 5-7。

表 5-5  DSA 型电渗析器的规格和性能

| 　　规格<br>性能 | DSA I | | | DSA II | | | |
| --- | --- | --- | --- | --- | --- | --- | --- |
| | 1×1/250 | 2×2/500 | 3×3/750 | 1×1/200 | 2×2/400 | 3×3/600 | 4×4/800 |
| 隔板尺寸/mm | 800×1600×0.9 | | | 400×1600×0.9 | | | |
| 离子交换膜 | 异相阳、阴离子交换膜 | | | 异相阳、阴离子交换膜 | | | |
| 电极材料 | 钛涂钌（石墨、不锈钢） | | | 钛涂钌（石墨、不锈钢） | | | |
| 组装膜对数/对 | 250 | 500 | 750 | 200 | 400 | 600 | 800 |
| 组装形式 | 一级一段 | 二级二段（2台） | 三级三段（3台） | 一级一段 | 二级二段（2台） | 三级三段（3台） | 四段四段（4台） |
| 产水量/(m³/h) | 35 | 35 | 35 | 13.2 | 13.2 | 13.2 | 13.2 |
| 脱盐率/% | ≥50 | ≥70 | ≥80 | ≥50 | ≥75 | 87.5 | 93.75 |

续表

| 规格\性能 | DSA I | | | DSA II | | | |
|---|---|---|---|---|---|---|---|
| | 1×1/250 | 2×2/500 | 3×3/750 | 1×1/200 | 2×2/400 | 3×3/600 | 4×4/800 |
| 工作压力/kPa | <50 | <120 | <180 | <50 | <75 | <150 | <200 |
| 外形尺寸/mm | 2550×1370 ×1100 | | | | 2300×1010 ×520 | | |
| 安装形式 | 立式 | 立式 | 立式 | 立式 | 立式 | 立式 | 立式 |
| 本体质量/t | 2 | 2×2 | 2×3 | 1 | 1×2 | 1×3 | 1×4 |

注：表中电渗析脱盐率和产水量的数据是指在 2000mg/L NaCl 溶液中，25℃下测定的数据。

**表 5-6　DSB 型电渗析器的规格和性能**

| 规格\性能 | DSB II | | DSB IV | | | |
|---|---|---|---|---|---|---|
| | 1×1/200 | 2×2/300 | 1×1/200 | 2×2/300 | 2×4/300 | 2×6/300 |
| 隔板尺寸/mm | 400×1600×0.5 | | 400×800×0.5 | | | |
| 离子交换膜 | 异相阳、阴离子交换膜 | | 异相阳、阴离子交换膜 | | | |
| 电极材料 | 不锈钢（石墨、钛涂钌） | | 不锈钢（石墨、钛涂钌） | | | |
| 组装膜对数/对 | 200 | 300 | 200 | 300 | 300 | 300 |
| 组装形式 | 一级一段 | 二级二段 | 一级一段 | 二级二段 | 二级四段 | 三级六段 |
| 产水量/(m³/h) | 8.0 | 6.0 | 8.0 | 6.0 | 3.0 | 1.5~2.0 |
| 脱盐率/% | ≥75 | ≥85 | ≥50 | ≥70~75 | ≥80~85 | 90~95 |
| 工作压力/kPa | <100 | <250 | <50 | <100 | <200 | <250 |
| 外形尺寸/mm | 600×1800×800 | 600×1800×800 | 600×1000×800 | 600×1000×1000 | 600×1000 ×1000 | 600×1000 ×1000 |
| 安装形式 | 立式 | 立式 | 立式 | 立式 | 立式 | 立式 |
| 本体质量/t | 0.56 | 0.63 | 0.28 | 0.35 | 0.35 | 0.38 |

注：表中电渗析脱盐率和产水量的数据是指在 2000mg/L NaCl 溶液中，25℃下测定的数据。

**表 5-7　DSC 型电渗析器的规格和性能**

| 规格\性能 | DSC I | | | DSC IV | | |
|---|---|---|---|---|---|---|
| | 1×1/100 | 2×2/300 | 4×4/300 | 1×1/100 | 2×2/200 | 3×3/240 |
| 隔板尺寸/mm | 800×1600×1.0 | | | 400×800×1.0 | | |
| 离子交换膜 | 异相阳、阴离子交换膜 | | | 异相阳、阴离子交换膜 | | |
| 电极材料 | 石墨（钛涂钌、不锈钢） | | | 石墨（涂钛钌、不锈钢） | | |
| 组装膜对数/对 | 100 | 300 | 300 | 100 | 200 | 240 |
| 组装形式 | 一级一段 | 二级二段 | 四级四段 | 一级一段 | 二级二段 | 三级三段 |
| 产水量/(m³/h) | 25~28 | 30~40 | 18~22 | 1.8~2.0 | 1.5~2.0 | 1.4~1.8 |
| 脱盐率/% | 28~32 | 45~55 | 75~80 | 50~55 | 70~80 | 85~90 |
| 工作压力/kPa | 80 | 120 | 200 | 120 | 160 | 200 |

| 规格<br>性能 | DSC Ⅰ | | | DSC Ⅳ | | |
|---|---|---|---|---|---|---|
| | 1×1/100 | 2×2/300 | 4×4/300 | 1×1/100 | 2×2/200 | 3×3/240 |
| 外形尺寸/mm | 940×960×2150 | 1550×960×2150 | 1600×960×2150 | 900×620×900 | 960×620<br>×1210 | 960×620<br>×1350 |
| 安装形式 | 立式 | 立式 | 立式 | 卧式 | 卧式 | 卧式 |
| 本体质量/t | 1.1 | 2.3 | 2.5 | 0.2 | 0.3 | 0.4 |

注：1. 不锈钢电极只允许用在极水中氯离子浓度不高于 100mg/L 的情况下。

2. 表中电渗析脱盐率和产水量的数据是指在 2000mg/L NaCl 溶液中，25℃下测定的数据。

（3）电渗析器进水水质要求

水中所含的悬浮物、有机物、微生物、铁和锰等重金属杂质以及形成的胶体物质会造成离子交换膜的污染，降低离子交换膜的选择透过性，还会使隔板布水槽堵塞，电渗析本体阻力增大，流量降低，除盐效率下降。因此，原水进入电渗析之前，必须经过适当的预处理，去除原水中的胶体物质，达到电渗析进水标准。

根据国家行业标准《电渗析技术　脱盐方法》（HY/T 034.4—1994）规定，电渗析器的进水水质应符合表 5-8 的要求。

表 5-8　电渗析器进水水质要求

| 项目 | 指标值 | 项目 | 指标值 |
|---|---|---|---|
| 水温/℃ | 5~40 | 浊度/(mg/L) | 1.5~2.0mm 隔板：<3<br>0.5~0.9mm 隔板：<0.3 |
| 高锰酸盐指数/(mg/L) | <3 | | |
| 铁/(mg/L) | <0.3 | 游离氯/(mg/L) | <0.2 |
| 锰/(mg/L) | <0.1 | 污染指数 | <10 |

# 5.2　反渗透和纳滤

## 5.2.1　原理与功能

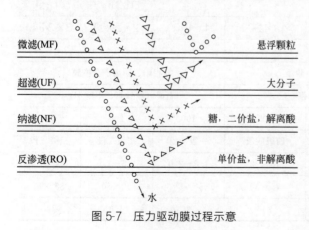

图 5-7　压力驱动膜过程示意

液体分离膜一般可以分为反渗透、纳滤、超滤、微滤四种，其膜的孔径大小不同，滤除的粒子也就有区别。图 5-7 是压力驱动膜过程示意图。

反渗透（reverse osmosis，简称 RO）半透膜具有选择透过性，能够允许溶剂通过而阻留溶质。反渗透过程正是利用了半透膜的这一特性，以膜两侧的压差为推动力，克服溶剂的渗透压，使溶剂透过而截留溶质，从而实现浓液和清液的分离。其过程如图 5-8 所示。该过程无相变，一般不需要加热，工艺简便，能耗低，不污染环境。

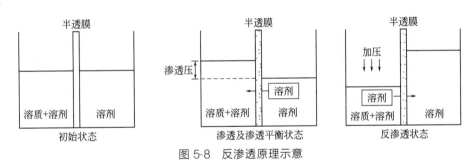

图 5-8 反渗透原理示意

纳滤（nanofiltration，简称 NF）是一种介于反渗透和超滤之间的压力驱动膜分离过程，纳滤膜的孔径范围在几个纳米左右。与其他压力驱动型膜分离过程相比，纳滤出现较晚。纳滤膜大多从反渗透膜衍化而来，如 CA、CTA 膜、芳族聚酰胺复合膜和磺化聚醚砜膜等。但与反渗透相比，其操作压力更低，因此，纳滤又被称作"低压反渗透"或"疏松反渗透"。

纳滤分离作为一项新型的膜分离技术，技术原理近似机械筛分。但是纳滤膜本体带有电荷性，它在很低压力下仍具有较高的脱盐性能，能截留分子量为数百的分子并可脱除无机盐。

## 5.2.2 技术与装备

（1）反渗透膜的种类与性能

反渗透膜是实现反渗透过程的关键，因此要求反渗透膜具有较好的分离透过性和物化稳定性。反渗透膜的物化稳定性主要是指膜的允许使用最高温度、压力、适用的 pH 值范围和膜的耐氯、耐氧化及耐有机溶剂性等。反渗透的分离透过性主要与溶质分离率、溶剂透过流速以及流量衰减等因素有关。

① 高压海水淡化反渗透膜 用于高压海水脱盐的反渗透膜主要有以下几类：中空纤维膜，主要有醋酸纤维素和芳香聚酰胺中空纤维膜；卷式复合膜，包括交联芳香聚酰胺复合膜、交联聚醚复合膜及其聚醚酰胺类（PA-30 型）、聚醚脲（RC-100 型）复合膜等。高压反渗透膜的性能如图 5-9 所示。

② 低压反渗透复合膜 目前，工业上大规模使用的低压反渗透复合膜主要有 CPA 系列、FT30 及 UTC-70 芳香聚酰胺复合膜、ACM 系列低压复合膜 NTR-739HF 聚乙烯醇复合膜等。低压反渗透复合膜的主要特征是可在 1.4～2.0MPa 的操作压力下运行，并且获得很高的脱盐率和水通量，允许供水的 pH 值范围较宽，主要用于苦咸水脱盐。与高压反渗透膜相比，所需设备费和操作费较少，对某些有机和无机溶质有较高的选择分离能力。

③ 超低压反渗透膜 超低压反渗透膜包括纳滤膜和超低压高截率反渗透膜。

（2）反渗透膜组件

反渗透膜组件是由膜、支撑物或连接物、水流通道和容器等按一定技术要求制成的组合构件，它是将膜付诸于实际应用的最小单元。根据膜的几何形状，反渗透膜组件主要有 4 种基本形式：板框式、管式、卷式和中空纤维式。

① 板框式反渗透膜组件 板框式反渗透膜组件由承压板、微孔支撑板和反渗透膜组成。在每一块微孔支撑板的两侧是反渗透膜，通过承压板把膜与膜组装成重叠的形式，并由一根长螺栓固定 O 形圈密封，其结构如图 5-10 所示。

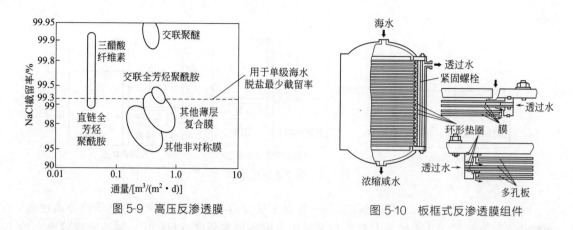

图 5-9　高压反渗透膜

图 5-10　板框式反渗透膜组件

图 5-11　管式反渗透膜组件

② 管式膜组件　管式膜组件分内压管式和外压管式，主要由管状膜及多孔耐压支撑管组成。外压管式组件是直接将膜涂刮在多孔支撑管的外壁，再将数根膜组装后置于一承压容器内。内压管式膜组件是将反渗透膜置于多孔耐压支撑管的内壁，原水在管内承压流动，淡水透过半透膜由多孔支撑管管壁流出后收集。如图 5-11 所示。

③ 卷式膜组件　卷式膜组件填充密度高，设计简单。其构造如图 5-12 所示，在两层膜之间衬有一透水垫层，把两层半透膜的三个面用黏合剂密封，组成卷式膜的一个膜叶。数个膜叶重叠，膜叶与膜叶之间衬有作为原水流动通道的网状隔层。数个膜叶与网状隔层在中心管上形成螺旋卷筒，称为膜芯。一个或几个膜芯串联放入承压容器中，并由两端封头封住，即为卷式组件。普通卷式组件是从组件顶端进水，原水流动方向与中心管平行。而渗透物在多孔支撑层中按螺旋形式流进收集管。

④ 中空纤维膜组件　中空纤维膜组件通常是先将细如发丝的中空纤维（膜）沿着中心分配管外侧，以纵向平行或呈螺旋状缠绕两种方式，排列在中心分配管的周围而成纤维芯；再将其两端固定在环氧树脂浇铸的管板上，使纤维芯的一端密封，另一端切割成开口而成中空纤维元件；然后将其装入耐压壳体，加上端板等其他配件而成组件。通常的中空纤维膜组件内只装一个元件。如图 5-13 所示。

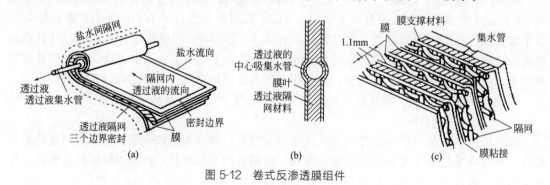

(a)　　　　　　　　　(b)　　　　　　　　　(c)

图 5-12　卷式反渗透膜组件

（3）反渗透处理工艺

根据不同的处理对象，可以有各种处理工艺，常用的反渗透工艺系统如下。

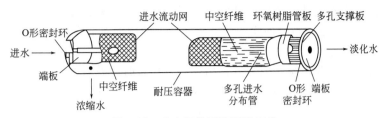

图 5-13　中空纤维反渗透膜组件

① 单段系统　在反渗透系统中，一级一段式流程是最简单的流程。它具有较低的回收率和较高的系统脱盐率。单段系统用于当系统回收率需要低于 50％时。一级一段式系统流程如图 5-14 所示。

② 多段系统　为了获得较高的水回收率，可采用一级多段式反渗透系统，如图 5-15 所示。第一段的浓水作为第二段的进水，然后将两段的渗透出水混合作为出水，必要时可增加一段，即把第二段的浓水作为第三段的进水，第三段的渗透出水与前两段出水汇合成产水。通常苦咸水的淡化和低盐度水的净化采用这种流程。

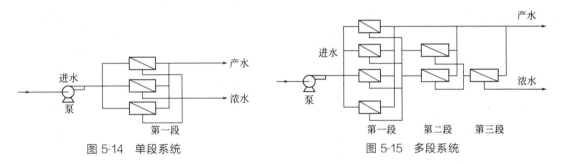

图 5-14　单段系统　　　　　　　　　图 5-15　多段系统

③ 多级系统　多级式流程通常采用二级，第一级反渗透出水作为第二级的进水，第二级的浓水浓度通常低于第一级进水，把第二级浓水返回第一级高压泵前，从而提高系统回收率和产水水质。根据用户最终水质要求，第一级渗透水可部分也可全部经过第二级处理。流程如图 5-16 所示。

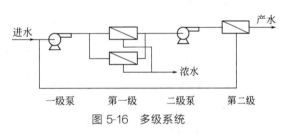

图 5-16　多级系统

（4）纳滤膜

纳滤膜是一种允许溶剂分子或某些低分子量溶质或低价离子透过的功能性的半透膜。无论是从膜材料来看还是从化学性质来看，纳滤膜与反渗透膜非常相似。纳滤膜的最大特点如下。

① 离子选择性　由于有的纳滤膜带有电荷（多为负电荷），通过静电作用，可阻碍多价离子（特别是多价阳离子）的透过。就多数纳滤膜而言，一价阴离子的盐可以通过膜，但多价阴离子的盐（如硫酸盐和碳酸盐等）的截留率则很高。因此，盐的渗透性主要由阴离子的价态决定。

② 除盐能力　纳滤膜的膜材料既有芳香族聚酰胺复合材料又有无机材料，因此，不同种类的纳滤膜的结构和表面性质有很大的不同，很难用统一的标准来评价膜的优劣和性能，但大多数膜可用 NaCl 的截留率来作为性能指标之一，一般纳滤膜的截留率在 10％～90％之间。

③ 截留率的浓度相关性　进料溶液中的离子浓度越高，膜微孔中的浓度也越高，因此，最终在透过液中的浓度也越高，即膜的截留率随浓度的增加而下降。

（5）膜污染与清洗

① 膜污染特征　当膜系统（或装置）出现以下症状时，需要进行清洗：

1）在正常给水压力下，产水量较正常值下降 $10\% \sim 15\%$；

2）为维持正常的产水量，经温度校正后的给水压力增加 $10\% \sim 15\%$；

3）产水水质降低 $10\% \sim 15\%$，透盐率增加 $10\% \sim 15\%$；

4）给水压力增加 $10\% \sim 15\%$；

5）系统各段之间压差明显增加。

表 5-9 列出了常见的膜污染种类及污染特征。

表 5-9　膜污染种类及特征

| 污染种类 | 可能发生之处 | 压降 | 给水压力 | 盐透过率 |
|---|---|---|---|---|
| 金属氧化物<br>（Fe、Mn、Cu、Ni、Zn） | 一段，最前端膜元件 | 迅速增加 | 迅速增加 | 迅速增加 |
| 胶体（有机和无机混合物） | 一段，最前端膜元件 | 逐渐增加 | 逐渐增加 | 轻度增加 |
| 矿物垢（Ca、Mg、Ba、Sr） | 末段，最末端膜元件 | 适度增加 | 轻度增加 | 一般增加 |
| 聚合硅沉积物 | 末段，最末端膜元件 | 一般增加 | 增加 | 一般增加 |
| 生物污染 | 任何位置，通常在前端膜元件 | 明显增加 | 明显增加 | 一般增加 |
| 有机物污染（难溶 NOM） | 所有段 | 逐渐增加 | 增加 | 降低 |
| 阻垢剂污染 | 二段最严重 | 一般增加 | 增加 | 一般增加 |
| 氧化损坏（$Cl_2$、$O_3$、$KMnO_4$） | 一段最严重 | 一般增加 | 降低 | 增加 |
| 水解损坏（超出 pH 值范围） | 所有段 | 一般降低 | 降低 | 增加 |
| 磨蚀损坏（炭粉） | 一段最严重 | 一般降低 | 降低 | 增加 |
| O 形圈渗漏<br>（内连接管或适配器） | 无规则，通常在给水适配处 | 一般降低 | 一般降低 | 增加 |
| 胶圈渗漏（产水背压造成） | 一段最严重 | 一般降低 | 一般降低 | 增加 |
| 胶圈渗漏（清洗或冲洗时<br>关闭产水阀造成） | 最末端元件 | 增加（污染初期<br>和压差升高） | 增加 | 胶圈渗漏<br>（清洗或冲洗时<br>关闭产水阀造成） |

② 膜清洗的方法　膜清洗是膜法分离工艺的重要环节，主要分为化学清洗、物理清洗两大类。膜常用清洗方法见表 5-10。

表 5-10　膜的清洗方法

| | 等压清洗法 | 即关闭超滤水阀门，打开浓缩水出口阀门，靠增大流速冲洗膜表面，该法对去除膜表面上大量松软的杂质有效 |
|---|---|---|
| 物理清洗法 | 高纯水清洗法 | 由于水的纯度增高，溶解能力加强。清洗时可先利用超滤水冲去膜面上松散的污垢，然后利用纯水循环清洗 |
| | 反向清洗 | 即清洗水从膜的超滤口进入并透过膜，冲向浓缩口一边，采用反向冲洗法可以有效地去除覆盖层，但反冲洗时应特别注意，防止超压，避免把膜冲破或者破坏密封粘接面 |

| 化学清洗法 | 酸溶液清洗 | 常用溶液有盐酸、柠檬酸、草酸等，调配溶液的 pH＝2～3，利用循环清洗或者浸泡 0.5～1h 后循环清洗，对无机杂质的去除效果较好 |
| --- | --- | --- |
| | 碱溶液清洗 | 常用碱主要有 NaOH，调配溶液的 pH＝2～3，利用循环清洗或者浸泡 0.5～1h 后循环清洗，可有效去除杂质和油脂 |
| | 氧化性清洗剂 | 利用 1%～3% $H_2O_2$、500～1000mg/L NaClO 等水溶液清洗超滤膜，可以去除污垢，杀灭细菌。$H_2O_2$ 和 NaClO 是常用杀菌剂 |
| | 加酶洗涤剂 | 如 0.5%～1.5% 胃蛋白酶、胰蛋白酶，对去除蛋白质、多糖、油脂类有效 |

注：化学清洗时即利用化学药品与膜面杂质进行化学反应来达到清洗膜的目的。选择化学药品的原则：① 不能与膜及组件的其他材质发生任何化学反应；② 选用的药品避免二次污染。

③ 清洗液的配制与使用　清洗液的配制和配方见表 5-11。是将一定量（质量或体积）的化学药剂加入到 100 加仑（379L）的清水中（膜产品水或不含游离氯的水）配制而成。

**表 5-11**　常规清洗液配方（以 100 加仑，即 379L 为基准）

| 清洗液 | 主要组分 | 药剂量 | 清洗液 pH 值 | 最高清洗液温度 |
| --- | --- | --- | --- | --- |
| 1 | 柠檬酸（100% 粉末） | 7.7kg | 用氨水调节 pH 值至 3.0～4.0 | 40℃ |
| 2 | 盐酸（HCl） | 1.8L | 缓慢加入盐酸调节 pH 值至 2.5，调高 pH 值用氢氧化钠 | 35℃ |
| 3 | 氢氧化钠［（100% 粉末）或（50% 液体）］ | 0.38kg | 缓慢加入氢氧化钠调节 pH 值至 11.5，调低 pH 值时用盐酸 | 30℃ |

## 5.2.3　膜组件与膜进水指标

① 四种膜组件的应用比较见表 5-12。

**表 5-12**　四种膜组件比较

| 比较项目 \ 组件类型 | 板式 | 管式 | 卷式 | 中空纤维式 |
| --- | --- | --- | --- | --- |
| 结构 | 非常复杂 | 简单 | 复杂 | 复杂 |
| 膜装填密度/($m^2/m^3$) | 160～500 | 33～330 | 650～1600 | 16000～30000 |
| 支撑体结构 | 复杂 | 简单 | 简单 | 不需要 |
| 通道长度/m | 0.2～1.0 | 3.0 | 0.5～2.0 | 0.3～2.0 |
| 水流形态 | 层流 | 湍流 | 湍流 | 层流 |
| 抗污染能力 | 强 | 很强 | 较强 | 很弱 |
| 膜清洗难易 | 容易 | 内压式容易，外压式难 | 难 | 难 |
| 对进水水质要求 | 较低 | 低 | 较高 | 高 |
| 水流阻力 | 中等 | 较低 | 中等 | 较高 |
| 换膜难易 | 尚可 | 较容易 | 易 | 易 |
| 换膜成本 | 中 | 低 | 较高 | 较高 |
| 对进水浊度 | 较低 | 低 | 较高 | 高 |

② 反渗透进水水质指标见表 5-13[3]。

表 5-13　反渗透进水水质指标

| 原水水源 | | 反渗透产水 | 地下水 | 地表水 | 深井海水 | 表面海水 | 三级废水 |
|---|---|---|---|---|---|---|---|
| 进水水质指标 | 推荐最大 SDI(15min) | 1 | 2 | 4 | 3 | 4 | 4 |
| | 浊度/NTU | 0.1 | 0.2 | 0.4 | 0.3 | 0.4 | 0.4 |
| | TOC/(mg/L) | 1 | 3 | 5 | 3 | 3 | 10 |
| | BOD/(mg/L)（粗略估算=TOC×2.6） | 3 | 8 | 13 | 8 | 8 | 26 |
| | COD/(mg/L)（粗略估算=TOC×3.6） | 4 | 11 | 18 | 11 | 11 | 36 |
| 系统平均通量（GFD/LHM） | | 23/39.1 | 18/30.6 | 12/20.4 | 10/17 | 8.5/14.45 | 10/17 |
| 前端膜元件通量（GFD/LHM） | | 30/51 | 27/45.9 | 18/30.6 | 24/40.8 | 20/34 | 15/25.5 |
| 通量衰减/% | | 5 | 7 | 7 | 7 | 7 | 15 |
| 透盐率增加/% | | 5 | 10 | 10 | 10 | 10 | 10 |
| Beta 值（单只膜元件） | | 1.4 | 1.2 | 1.2 | 1.2 | 1.2 | 1.2 |
| 进水流量［GPM/(m³/h)］（单只压力容器最大值）4in | | 16/3.6 | 16/3.6 | 16/3.6 | 16/3.6 | 16/3.6 | 16/3.6 |
| 进水流量［GPM/(m³/h)］（单只压力容器最大值）8in | | 75/17 | 75/17 | 75/17 | 75/17 | 75/17 | 75/17 |
| 浓水流量［GPM/(m³/h)］（单只压力容器最大值）4in | | 2/0.5 | 3/0.7 | 3/0.7 | 3/0.7 | 3/0.7 | 3/0.7 |
| 浓水流量［GPM/(m³/h)］（单只压力容器最大值）8in | | 8/1.8 | 12/2.7 | 12/2.7 | 12/2.7 | 12/2.7 | 12/2.7 |
| 压力损失（单只压力容器)/(psi/bar) | | 40/2.72 | 35/2.38 | 35/2.38 | 35/2.38 | 35/2.38 | 35/2.38 |
| 压力损失（单只膜元件)/(psi/bar) | | 10/0.68 | 10/0.68 | 10/0.68 | 10/0.68 | 10/0.68 | 10/0.68 |
| 水温/℉　/℃ | | 33～113 0.1～45 | 33～113 0.1～45 | 33～113 0.1～45 | 33～113 0.1～45 | 33～113 0.1～45 | 33～113 0.1～45 |

注：1. GFD 和 LHM 均为表面通量单位。GFD=gal/(ft²·d)，LHM=L/(m²·h)。GPM 为流量单位。GPM=加仑/min。

2. 1psi=6.895kPa；1bar=100kPa。

# 5.3 超滤和微滤

## 5.3.1 原理与功能

超滤主要是在压力推动下进行的筛孔分离过程。其基本原理如图 5-17 所示。

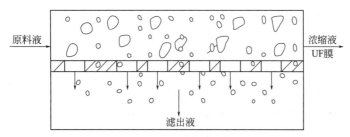

图 5-17　超滤原理示意

超滤膜对溶质的分离过程主要有：
① 在膜表面及微孔内吸附（一次吸附）；
② 在孔中停留而被去除（阻塞）；
③ 在膜面的机械截留（筛分）。

通常超滤法所分离的组分直径为 $0.005\sim10\mu m$，一般分子量在 500 以上的大分子和胶体物质可以被截留，采用的渗透压较小，一般为 0.1~0.5MPa。超滤膜去除的物质主要为水中的微粒、胶体、细菌、热源和各种大分子有机物；小分子有机物、无机离子则几乎不能截留。膜去除物质示意如图 5-18 所示。

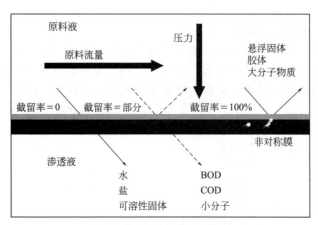

图 5-18　膜去除物质示意

超滤的分离特征如下：a. 分离过程不发生相变，能耗较少；b. 分离过程在常温下进行，适合用于热敏性物质的分离、浓缩和纯化；c. 采用低压泵提供的动力为推动力即可满足要求，设备工艺流程简单，易于操作、维护和管理。

微滤（MF）是一种以压力为推动力，以膜的截留作用为基础的高精密度过滤技术。在外界压力作用下，它可以阻止水中的悬浮物、微粒和细菌等大于膜孔径的杂质透过，以达到水质净化的目的。

微滤主要有以下特征：微滤膜的孔径大小较为均匀，过滤精度高；孔隙率高，过滤速度快。微孔滤膜的孔隙率可达到 $70\%\sim80\%$，同时膜很薄，流道短，对流体的阻力较小，过滤速度很快；以静压差为推动力，利用膜对被分离组分的"筛分"作用，将膜孔能截留的微粒及大分子溶质截留。不能截留的粒子或小分子溶质则透过膜。微滤过滤的微粒粒径在 $0.01\sim10\mu m$，它可以截留水中的悬浮物、微粒、纤维和细菌等大于膜孔径的杂质，以达到水质净化的目的。

## 5.3.2  技术与装备

（1）超滤和微滤膜组件

超滤和微滤膜组件按结构形式可分为板框式、螺旋式、管式、中空纤维式、毛细管式等。

① 板框式组件  板框式组件是最早研究和应用的膜组件形式之一，它最先应用在大规模超滤和反渗透系统，其设计源于常规的过滤概念。板框组件可拆卸进行膜清洗，单位膜面积装填密度高，投资费用较高，运行费用较低。

② 螺旋式组件  螺旋式（又称卷式）组件最初也是为反渗透系统开发的，目前广泛应用于超滤和气体分离过程，其投资及运转费用都较低，但由于超滤除部分用于水质净化外，多数应用于高分子、胶体等物质的分离浓缩，而卷式结构导致膜面流速较低，难以有效控制浓差极化且膜面易受污染，从而限制了卷式超滤组件的应用范围。

③ 管式膜组件  管式膜组件系统对进料液有较强的抗污能力，通过调节膜表面流速能有效地控制浓差极化，膜被污染后宜采用海绵球或其他物理化学清洗，在超滤系统中使用较为普遍。其缺点是投资及运行费用都较高，膜装填密度小。最初的管式膜组件，每个套管内只能填充单根直径 $2\sim3cm$ 的膜管，近年来研发的管式膜组件可以在每个套管内填充 $5\sim7$ 根直径在 $0.5\sim1.0cm$ 的膜管。

（2）超滤膜的操作模式

超滤膜过滤方式主要分为错流过滤和死端过滤。

错流过滤指进水平行膜表面流动，透水垂直于进水流动方向透过膜，被截流物质富集于剩余水中，沿进水流动方向从组件排出，返回进水箱，与原水合并循环返回超滤系统。循环水量越大，错流切速越高，膜表面截留物质覆盖层越薄，膜的污堵越轻。错流过滤可以增大膜表面的液体流速，使膜表面凝胶层厚度降低，从而可以有效降低膜的污染，一般用在原水水质条件较差的情况下。

死端过滤，又称全流过滤，指原水以垂直于膜表面的方向透过膜流动，水中的污染物被截留而沉积于膜表面。全流过滤和错流过滤如图 5-19 所示。

错流过滤的回流比一般在 $10\%\sim100\%$ 之间，也可选择更高的回流比，但必须考虑液体在膜丝内的流速以及在膜丝方向上的压降，防止膜表面的污染不均匀。使用错流过滤可以降低膜的污染，但由于需要更大的水输送

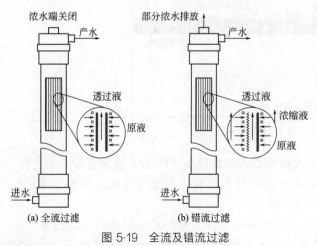

图 5-19  全流及错流过滤

量，因此相对死端过滤需要更大的能耗。

一般错流过滤产生的浓水都是回到原水箱或到预处理的入口，再经过预处理后重新进入超滤系统，也有为了提高膜丝表面水流速度而添加循环泵的方式。图 5-20 是一种错流过滤工艺流程示意图。

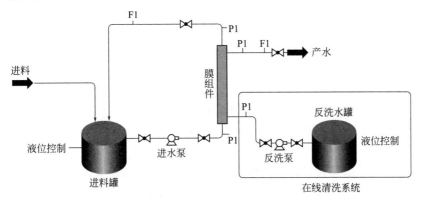

图 5-20　错流工艺流程示意

微错流过滤，其特点为浓水回流比的范围一般在 1％～10％。这部分浓水全部排放而不是回流。这种工艺的特点介于错流过滤和死端过滤之间，兼顾了污染和能耗的因素，缺点是降低了水的回收率。其工艺流程如图 5-21 所示。

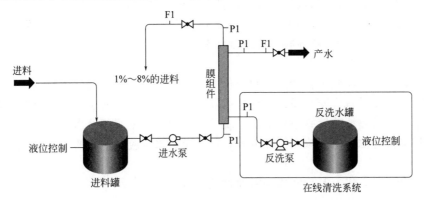

图 5-21　微错流工艺流程示意

死端过滤的操作方式主要适用于原水水质较好的情况（通常指其浊度小于 10NTU），其膜上的截留物不能通过浓水带出，只能采用周期性反洗操作，由反洗水带出。这种操作方式因省去循环泵而使能耗降低。图 5-22 为其工艺流程示意图。

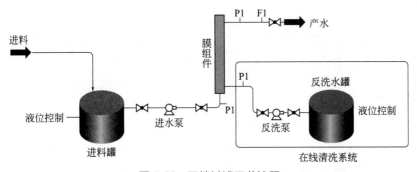

图 5-22　死端过滤工艺流程

当处理废水水质相同时，在确保相同使用效能和寿命的条件下，错流过滤可以选择更高的膜通量，即错流过滤所需要的膜面积少，可以节省一次性投资费用，但错流过滤的运行费用略高，因回流比不同，运行费用存在差异。

（3）膜组件选择与组合

① 膜组件选择　超滤装置设计时，首先应根据所处理废水的化学及物理性能、处理规模和对产品质量的要求，选择满足工艺需求的超滤膜及其组件类型；其次通过小试或中试，确定超滤膜的设计水通量，设计需要的膜面积和组件数，确定膜组件的排列和操作流程。

1）超滤膜选择。超滤膜的合理选材和选型，主要依据所处理废水的最高温度、pH 值、分离物质分子量范围等水体特征选用的超滤膜在截留分子量、允许使用的最高温度、pH 值范围、膜的水通量、膜的化学稳定性及其膜的耐污染性能等方面，必须满足设计目标的要求。

2）组件选择。膜组件有管式、平板式、卷式和毛细管式等多种结构形式，应根据所处理废水的特点进行选择。高污染的废水为避免浓差极化可考虑选用流动状态好、对堵塞不敏感和易于清洗的组件，例如管式或板框式。但同时要考虑其组件造价、膜更换费和运行费。近年来，毛细管式组件和卷式组件的改进提高了其抗污染的能力，在一些领域正在取代造价较高的平板式和管式组件。

② 膜组件排列组合　在确定超滤工艺是间歇操作、连续操作或重过滤操作的前提下，根据超滤处理规模和膜组件的数量，设计组件的排列组合方式。组件的组合方式有一级和多级，在各个级别中又分为一段和多段。一般来讲，可将组件串联或者并联连接。在多个组件的情况下，可以将串联方式和并联方式结合起来。

膜组件安装推荐方法如下。

1）组件直立，并联组装，液体由膜组件的下端进入，以利于空气的排放。

2）大型的超滤设备应安装高低压保护以及采用变频供水，使水压逐渐上升，避免冲击。

3）对于大型的超滤装置宜单设清洗系统，清洗用水可采用超滤水贮罐。

4）使用错流过滤要采用浓水循环方式，每支膜的浓水应为产水的 2.5～3 倍，浓水排放为进水的 1/10～1/8。

5）采用全过滤方式，其反洗周期需通过试验确定。

## 5.3.3　膜组件比较与运行参数

（1）几种超滤膜组件的特点比较

表 5-14 是 4 种超滤膜组件的特点比较，在实际应用中要根据处理对象加以选择。

表 5-14　4 种超滤膜组件的特点比较

| 组件类型 | 膜比表面积 m²/m³ | 投资费用 | 运行费用 | 流速控制 | 就地清洗情况 |
|---|---|---|---|---|---|
| 管式 | 20～50 | 高 | 高 | 好 | 好 |
| 板式 | 400～600 | 高 | 低 | 中等 | 差 |
| 卷式 | 800～1000 | 最低 | 低 | 差 | 差 |
| 毛细管式 | 600～1200 | 低 | 低 | 好 | 中等 |

（2）两种超滤膜组件的运行参数与性能

两种超滤膜组件的运行参数与性能见表 5-15、表 5-16。

**表 5-15　两种超滤膜组件运转参数**

| 类别　　项目 | 大型膜组件（B125） | 标准型膜组件（UF₁IB9L） |
|---|---|---|
| 最高进水颗粒/μm | <5 | <5 |
| 最高进水悬浮物/(mg/L) | 5 | 5 |
| pH 值 | 2～13 | 2～13 |
| 运行温度/℃ | 5～45 | 5～45 |
| 运行方式 | 错流过滤，反洗和其他清洗 | 错流过滤，反洗和其他清洗 |
| 清洗水 | 超滤水 | 超滤水 |
| 最大进水压力/MPa | 0.3 | 0.3 |
| 最大透膜压差/MPa | 0.2 | 0.2 |

| 水处理过程设计条件 | | | | | | |
|---|---|---|---|---|---|---|
| | 地下水 | 地表水 | 纯水终端 | 地下水 | 地表水 | 纯水终端 |
| 过滤水通量（建议)/(L/h) | 1600/800 | 1600/700 | 1600/1000 | 800/500 | 800/400 | 800/600 |
| 反洗压力/MPa | 0.2 | | | 0.2 | | |
| 运行浓水流量/[L/(m²·h)] | ≥150 | | | ≥150 | | |
| 反洗频率/h | 2～8 | | | 2～8 | | |
| 反流时间/s | 30～60 | | | 30～60 | | |
| 化学清洗药剂　清洗频率 | 根据需要 | | | 根据需要 | | |
| 化学清洗药剂　清洗药品 | 柠檬酸（或 HCl)、NaOH＋NaClO | | | 柠檬酸（或 HCl)、NaOH＋NaClO | | |

**表 5-16　立升 PVC 合金超滤膜部分组件规格及性能**

| 型号 | | LH3-0450-V | LH3-0650-V | LH3-0660-V | LH3-0680-V | LH3-1060-V |
|---|---|---|---|---|---|---|
| 规格 | 中空纤维丝数量 | 2400 | 3100 | 3100 | 3100 | 9100 |
| | 中空纤维丝内外径/mm | 1.0/1.66 | | | | |
| 建议工作条件 | 建议透膜压力 TMP/MPa | 0.04～0.08 | | | | |
| | 最高进水压力/MPa | 0.3 | | | | |
| | 最大跨膜压差/MPa | 0.2 | | | | |
| | 最大反洗跨膜压差/MPa | 0.15 | | | | |
| | 上限温度/℃ | 40 | | | | |
| | 下限温度/℃ | 5 | | | | |
| | pH 值耐受范围 | 2～13 | | | | |
| | 运行方式 | 全量过滤或错流过滤 | | | | |

续表

| 型号 | | LH3-0450-V | LH3-0650-V | LH3-0660-V | LH3-0680-V | LH3-1060-V |
|---|---|---|---|---|---|---|
| 典型工艺条件 | 反洗流量/(t/h) | 2～3倍产水流量 | | | | |
| | 反洗压力(TMP)/MPa | 0.06～0.12 | | | | |
| | 反洗时间/s | 20～180 | | | | |
| | 反洗周期/min | 20～60 | | | | |
| | 顺冲流量/(t/h) | 1.5～2倍产水流量 | | | | |
| | 顺冲时间/s | 10～30 | | | | |
| | 顺冲间隔/min | 10～60 | | | | |
| | 化学清洗周期/d | 6～180 | | | | |
| | 化学清洗时间/min | 15～120 | | | | |
| | 化学清洗药品 | 柠檬酸、NaOH/NaClO、$H_2O_2$ | | | | |

# 第6章
# 生物化学转化法

在自然界中，广泛存活着大量靠有机物生活的微生物，微生物通过其本身新陈代谢的生理功能，能够氧化分解环境中的有机物，并将其转化为稳定的产物。废水的生物处理技术就是利用微生物的这一功能，并采取一定的人工技术措施，创造一个人造的微生物生长、繁殖的良好环境，使废水中的有机性污染物得以降解、去除的废水处理技术。废水的生物处理技术主要用以去除废水中呈溶解状态和胶体状态的有机污染物。

根据参与新陈代谢活动的微生物种类，废水的生物处理技术分为好氧法和厌氧法两大类；在城市污水处理领域，主要使用好氧法工艺。在工业废水处理中二者兼用。

废水的好氧生物处理技术又分为活性污泥法和生物膜法两种。活性污泥法是水体自净（包括稳定塘）的人工模拟，是使微生物群体"聚居"在悬浮的活性污泥上，活性污泥在反应器-曝气池内与污水广泛接触，从而使废水得到净化的技术。生物膜法是土壤自净的人工模拟，是使微生物群体以膜状附着在某种介质的表面上，废水与之接触后得以净化的技术。废水的厌氧处理是一种有效去除有机污染物并使其矿化的技术，它将有机化合物转变为甲烷和二氧化碳。它比好氧处理有更多优点，具有能耗低、污泥产量少、对营养物需求低以及适用于高浓度有机废水处理的特点。

## 6.1　传统活性污泥法

### 6.1.1　工艺与组成

（1）活性污泥法工艺

活性污泥法工艺是一种应用最广泛的废水好氧生化处理技术，其主要由曝气池、二次沉淀池、曝气系统以及污泥回流系统等组成（图6-1）。废水经初次沉淀池后与二次沉淀池底部回流的活性污泥同时进入曝气池，通过曝气，活性污泥呈悬浮状态，并与废水充分接触。废水中的悬浮固体和胶状物质被活性污泥吸附，而废水中的可溶性有机物被活性污泥中的微生物用作自身繁殖的营养，代谢转化为生物细胞，并氧化成为最终产物（主要是 $CO_2$）。非溶解性有机物需先转化成溶解性有机物，然后才能被代谢和利用。废水由此得到净化。净化后废水与活性污泥在二次沉淀池内分离，上层出水排放；分离浓缩后的污泥一部分返回曝气池，以保证曝气池内留有一定浓度的活性污泥，其余为剩余污泥，由系统排出。

（2）性能与组成

① 活性污泥形态与组成　活性污泥通常为黄褐色（有时呈铁红色）絮绒状颗粒，也称

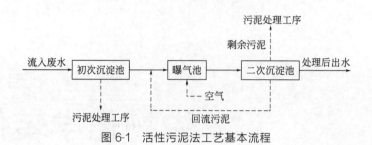

图 6-1　活性污泥法工艺基本流程

为"菌胶团"或"生物絮凝体"，其直径一般为 0.02～2mm；含水率一般为 99.2%～99.8%，密度因含水率不同而异，一般为 1.002～1.006g/cm³；活性污泥具有较大的比表面积，一般为 20～100cm²/mL。

活性污泥由有机物及无机物两部分组成，组成比例因污泥性质的不同而异。例如，城镇污水处理系统中的活性污泥，其有机成分占 75%～85%，无机成分仅占 15%～25%。活性污泥中有机成分主要由生长在活性污泥中的微生物组成，这些微生物群体构成了一个相对稳定的生态系统和食物链，其中以各种细菌及原生动物为主，也存在着真菌、放线菌、酵母菌以及轮虫等后生动物。活性污泥还吸附着被处理的废水中所含有的有机和无机固体物质，在有机固体物质中包括某些惰性的难以被细菌降解的物质。

② 活性污泥的浓度与功能

1) 污泥浓度。混合液悬浮固体浓度（MLSS）也称为混合液污泥浓度，表示活性污泥在曝气池混合液中的浓度，其单位为 mg/L 或 kg/m³。混合液挥发性悬浮固体浓度（MLVSS）表示有机悬浮固体的浓度，其单位为 mg/L 或 kg/m³。在条件一定时，MLVSS/MLSS 比值比较稳定，城镇污水一般在 0.75～0.85 之间，不同废水的 MLVSS/MLSS 值有差异。

2) 污泥的功能。活性污泥中存在大量的腐生生物，其主要功能是降解有机物。细菌是有机物的净化功能中心。同时，活性污泥中还存在硝化细菌与反硝化细菌。它们在生物脱氮中起着非常重要的作用。尤其是在废水中氮的去除日益受到重视的形势下，这两类菌及它们之间的关系显得更重要。

进行硝化作用的微生物有以下几种。

Ⅰ. 亚硝化细菌和硝化细菌，它们均为化能自养菌，专性好氧，分别从氧化 $NH_4^+$-N 和 $NO_2^-$ 的过程中获得能量，以 $CO_2$ 为唯一碳源，产物分别为 $NO_2^-$ 及 $NO_3^-$；它们要求中性或弱碱性环境（pH＝6.5～8.0），在 pH＜6 时作用显著下降。

Ⅱ. 好氧的异养细菌和真菌，如节杆菌、芽孢杆菌、铜绿假单胞菌、姆拉克汉逊酵母、黄曲霉、青霉等，能将 $NH_4^+$ 氧化为 $NO_2^-$ 及 $NO_3^-$，但它们并不依靠这个氧化过程作为能量来源的途径，它们相对于自然界的硝化作用而言并不重要。

硝化菌对环境变化很敏感，DO≥1mg/L，pH＝8.0～8.4，BOD≤15～20mg/L，适宜温度为 20～30℃，硝化菌在反应器内的停留时间，即生物固体平均停留时间，必须大于其最小的世代时间。

进行反硝化作用的微生物有异养型的反硝化菌，如脱氮假单胞菌、荧光假单胞菌、铜绿假单胞菌等，在厌氧条件下利用 $NO_3^-$ 中的氧氧化有机物，获得能量，自养型的反硝化菌，如脱氮硫杆菌，在缺氧环境中利用 $NO_3^-$ 中的氧将硫或硫代硫酸盐氧化成硫酸盐，从中获得能量来同化 $CO_2$。兼性化能自养型反硝化菌，如脱氮副球菌，能利用氢的还原作用作为能源，以 $O_2$ 或 $NO_3^-$ 作为电子受体，使 $NO_3^-$ 还原成 $N_2O$ 和 $N_2$。

## 6.1.2 主要运行工艺

作为有较长历史的活性污泥法生物处理系统，在长期的工程实践过程中，根据水质的变化、微生物代谢活性的特点和运行管理、技术经济及排放要求等方面的情况，又发展成为多种运行方式和池型。其中按运行方式可以分为普通曝气法、渐减曝气法、阶段曝气法、吸附再生法（即生物接触稳定法）、高速率曝气法等；按池型可分为推流式曝气池、完全混合式曝气池；此外，按池深及曝气方式及氧源等，又有深水曝气池、深井曝气池、射流曝气池、纯氧（或富氧）曝气池等。

（1）推流式（传统活性污泥法）

废水像活塞运动一样在曝气池内向前推进。在推流式工艺中，废水沿曝气池内的一系列廊道流动，其流程如图 6-2 所示。

由图 6-2 可见，废水流过曝气池时类似于活塞运动，并在推流过程中得到了净化，$BOD_5$ 的浓度逐渐降低。该工艺的变型包括增加污泥回流和（或）将曝气方式改为渐减曝气。之所以可以进行这种变型，是因为废水中的 BOD 浓度沿程逐渐降低，其所需的空气量（需氧量）及细菌数量也相应降低。

（2）完全混合式

废水在整个曝气池内瞬时完全混合。完全混合式活性污泥工艺的特点是在整个曝气池内废水与氧气及微生物瞬时混合，其工艺流程如图 6-3 所示。

由于原水与氧气和微生物完全混合，池内各点的挥发性悬浮固体浓度与需氧量均相等。完全混合式活性污泥法是最常见的运行工艺。

（3）接触稳定法

接触稳定法又称生物吸附法或吸附再生法，如图6-4所示。微生物在接触池内吸收有机物，原水先进入接触池，在这里进行曝气并与微生物混合。微生物同时与可溶性有机物和不可溶性有机物接触，可溶性物质可透过细菌的细胞壁，固体物质黏附在细胞壁外侧，然后生物固体在二沉池内被沉淀分离。沉淀后的污泥部分排出系统，其余的回流至稳定池，稳定池内进行曝气但不进水。

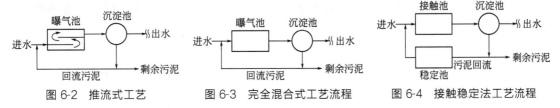

图 6-2 推流式工艺　　　图 6-3 完全混合式工艺流程　　　图 6-4 接触稳定法工艺流程

微生物在稳定池内降解有机物，细菌在稳定池内降解（稳定）其在接触池内吸收的有机物。当细菌的降解过程结束并需要吸收新的养料时，将被回流至接触池。因为细菌储存在体内的养料已经被完全消耗，它们对原水中有机物质的吸收过程很快，因此，在接触池内的停留时间可以大大缩短，从而接触池所需的体积也比其他活性污泥工艺要小。稳定池所需的体积也比传统曝气池小，因为稳定池只接受二沉池回流的污泥而没有进水。由于在接触池内的溶解性物质和不溶性物质都可被快速吸收，通常在接触池前不需设初沉池。

（4）延时曝气法（用于处理工业废水）

延时曝气法常用于处理主要含可溶性有机物的工业废水，这类废水需要较长泥龄的工艺以降解复杂的有机物。延时曝气法的流程图与完全混合式相同，只是曝气时间长。这种工艺的一个优点是废水在曝气池内的停留时间长，有利于抵抗冲击负荷和临时负荷；另一个优点是剩余污泥量少，因为部分污泥细菌已在曝气池内被消化。延时曝气式工艺流程如图6-5所示。

（5）多点进水式

以多点进水的方式为微生物逐渐提供有机养料。多点进水工艺指沿推流式曝气池布置多个进水点，工艺流程如图6-6所示，该工艺中，微生物在曝气池内向前推流时，逐步获取养料，而不是在池的端部获取全部养料，这就使得微生物经过曝气池时不断重复吸收、消化有机物的过程。这种进食模式有助于在整个池长范围内保持养料与微生物之间的平衡。

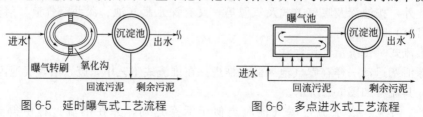

图6-5　延时曝气式工艺流程　　　　　图6-6　多点进水式工艺流程

（6）渐减曝气式

曝气池的供气量沿池长逐渐降低。渐减曝气式工艺中的反应器也是推流式，在曝气池的进水端微生物的量很大，相应的需氧量也很大。而当污水在曝气池内向前流动时，有机物不断被细菌降解。随着细菌食料的减少，其需氧量也不断降低。鉴于此，有些污水厂在曝气池的进水端提供较大的供气量，因为这里的耗氧速率最高，然后沿池长逐渐减少供气量，因为在水流方向上养料和需氧量都在减少，如图6-7所示。

（7）高负荷法

高负荷活性污泥法又称短时曝气法或不完全活性污泥法。工艺的主要特点是负荷率高，曝气时间短，对废水的处理效果低。在系统和曝气池构造方面，与传统活性污泥法基本相同。

（8）浅层曝气法

浅层低压曝气又名因卡曝气（INKA aeration），是瑞典Inka公司所开发的。其原理基于气泡在刚刚形成的瞬息间，其吸氧率最高。如图6-8所示。曝气设备装在距液面800～900mm处，可采用低压风机。单位输入能量的相对吸氧量可达最大，它可充分发挥曝气设备的能力。风机的风压约1000mm即可满足要求。池中间设置纵向隔板，以利于液流循环，充氧能力可达$1.80～2.60kg/(kW \cdot h)$。工艺缺点是曝气栅管孔眼容易堵塞。

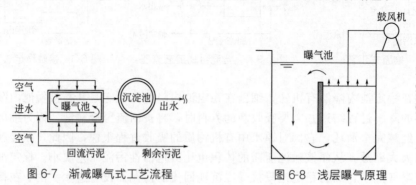

图6-7　渐减曝气式工艺流程　　　　　图6-8　浅层曝气原理

（9）深水曝气法

曝气池内水深可达8.5～30m，由于水压较大，故氧利用率较高，但需要的供风压力较大，因此动力消耗并不节省。近年来发展了若干种类的深水曝气池，主要有深水底层曝气、深水中层曝气，其中包括单侧旋流式、双侧旋流式、完全混合式等。为了减小风压，曝气器往往装在池深的一半,形成液-气流的循环,可节省能耗。当水深超过 10～30m 时,即为塔式曝气池。如图 6-9 所示。

　　深井曝气是 20 世纪 70 年代中期开发的废水生物处理新工艺。深井曝气处理废水的特点是:处理效果良好,并具有充氧能力高、动力效率高、占地少、设备简单、易于操作和维修、运行费用低、耐冲击负荷能力强、产泥量低、处理不受气候影响等特点。此外,在大多数情况下可取消一次沉淀池,对高浓度工业废水容易提供大量的氧,也可用于污泥的好氧消化。深井曝气装置一般平面呈圆形,直径为 1～6m,深度 50～150m。在井身内,通过空压机的作用形成降流和升流的流动。如图 6-10 所示。

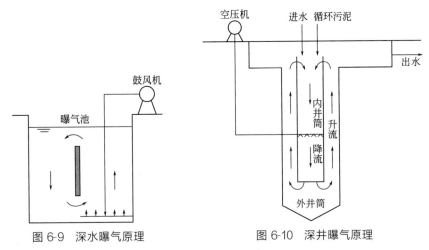

图 6-9　深水曝气原理　　　　图 6-10　深井曝气原理

（10）纯氧曝气法

① 纯氧曝气法的特点　纯氧曝气又称富氧曝气。与空气曝气相比,具有以下几个特点。

1）空气中含氧一般为 21%,一般纯氧中含氧为 90%～95%,而氧的分压纯氧比空气高 4.4～4.7 倍,因此,纯氧曝气能大大提高氧在混合液中的扩散能力。

2）氧的利用率可高达 80%～90%,而空气曝气活性污泥法仅 10% 左右,因此达到同等氧浓度所需的气体体积可大大减少。

3）活性污泥浓度（MLSS）可达 4000～7000mg/L,故在相同有机负荷时容积负荷可大大提高。

4）污泥指数低,仅 100 左右,不易发生污泥膨胀。

5）处理效率高,所需的曝气时间短。

6）产生的剩余污泥量少。

② 纯氧曝气池的分类　纯氧曝气池有三类,如图 6-11 所示。

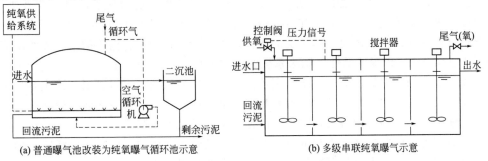

(a) 普通曝气池改装为纯氧曝气循环池示意　　　(b) 多级串联纯氧曝气示意

图 6-11　纯氧曝气活性污泥法工艺流程

1）多级密封式，氧从密闭顶盖引入池内，废水从第一级逐级推流前进，氧由离心压缩机经中空轴进入回转叶轮，它使池中污泥与氧保持充分混合与接触，使污泥能极大地吸收氧，未用尽的氧与生化反应代谢产物从最后一级排出。

2）对旧曝气池进行改造，池上设幕蓬，既通入纯氧，又输入压缩空气，部分尾气外排，也可循环使用。

3）敞开式纯氧曝气池。纯氧曝气活性污泥法的运行数据和设计参考数据见表 6-1。

表 6-1  纯氧曝气活性污泥法的运行数据和设计参考数据

| 项目 | 数据 |
|---|---|
| BOD 负荷（$N_s$）/ [kg BOD/(kg MLss·d) ] | 0.4～1.0 |
| 容积负荷（$N_v$）/ [kg BOD/(m³·d) ] | 2.0～3.2 |
| 混合液悬浮固体浓度（MLSS）/（mg/L） | 6000～10000 |
| 混合液挥发性悬浮固体浓度（MLVSS）/（mg/L） | 4000～6500 |
| 污泥龄（生物固体平均停留时间）（$\theta_c$、$t_s$）/d | 5～15 |
| 污泥回流比（R）/% | 25～50 |
| 曝气时间（t）/h | 1.5～3.0 |
| 溶解氧浓度（DO）/（mg/L） | 6～10 |
| 剩余污泥生成量（ES）/（kg TSS/kg BOD$_{去除}$） | 0.3～0.45 |
| 污泥容积指数（SVI） | 30～50 |

## 6.1.3  运行过程与控制因素

在活性污泥法曝气过程中，废水中有机物的去除过程是由吸附和稳定这两个过程和阶段组成的。在吸附阶段，主要是废水中的有机物转移到活性污泥上去；在稳定阶段，主要是转移到活性污泥上的有机物为微生物所吸收利用。这两个阶段事实上是不能绝对分开的，它们在曝气过程中是并存的；前一个吸附阶段中亦存在着物质稳定，但不是主要的。故在吸附阶段中必然是以吸附为主，而在稳定阶段则以稳定为主。

（1）溶解氧

活性污泥法是一种利用好氧微生物的污水生物处理工艺。溶解氧浓度对活性污泥的工作关系密切。据有关报道，当溶解氧浓度高于 0.1～0.3mg/L 时，单个悬游着的好氧细菌的代谢不受溶解氧浓度的影响。但是，活性污泥的泥粒是千万个个体微生物集结在一起的絮状体，要使其内部的溶解氧浓度达到 0.1～0.3mg/L，泥粒周围的溶解氧浓度一定要高得多，这个浓度的最低限值同泥粒的大小和混合液温度有关，因为它们影响氧向泥粒内部的扩散。为了获得良好性能的活性污泥，据长期的研究观察经验，认为混合液中的溶解氧浓度应保持不低于 1～2mg/L，以保证活性污泥法系统的正常运行。

当曝气池中的溶解氧过低时，将有利于活性污泥中丝状菌的大量繁殖。这主要是由于丝状菌的体形长，表面积大，比其他细菌容易夺得氧，故在竞争中可占优势。丝状菌一旦建立优势，其他细菌就更不易取得氧，这就可能使得活性污泥产生膨胀。

季节对溶解氧的影响必须引起重视。在夏季，活性污泥中的微生物非常活跃，加上饱和溶解氧值下降，因此，供氧量要增加；反之，在冬季可以减少。

（2）营养物

活性污泥的主体是好氧微生物，培养好活性污泥，就必须提供微生物的营养物质要求。其中以碳营养源为主，此外，还需氮、磷营养源和一些微量元素。通常取碳、氮、磷三种营养源作为培养活性污泥微生物所需营养物的主体构成，并提出应满足营养源组成比例为 BOD：N：P＝100：5：1。氮缺乏会引起丝状菌增长或者活性污泥分散生长（絮凝差），此外，还会抑制活性污泥增殖；同时，活性污泥在分解 BOD 的过程中在细胞壁外分泌过量产物形成一种"绒状"絮体（沉降性差）。在生活污水中是能够满足营养源组成比例的。可是在工业废水中不一定都能满足。有的工业废水可能缺乏某种营养源，需向反应器内投加必要的氮和磷等营养物质。投加硫酸铵、硝酸铵、尿素、氨水等以补充氮，投加过磷酸钙、磷酸等以补充磷。工业废水宜与生活污水合并处理。

（3）温度

活性污泥微生物的生理活动和其所处环境的温度有着密切的关系。例如，城市污水处理厂的运行，在温暖季节，水温适宜时，情况就较正常，出水水质较好；而在严寒季节，水温过低时，处理效果就较差。这是因为微生物酶系统的工作要求一定的适宜温度范围。在该范围内，微生物的生理活动活跃、旺盛，生长、繁殖正常，物质代谢作用亦较快。据污水处理厂的运行经验，曝气池系统内的水温以 20～30℃ 为适宜范围，若水温超过 35℃ 或低于 10℃ 时，处理效果就下降。因此，对高温工业废水，如进行生物处理，往往需要加以降温，使水温处于适宜范围内，而对寒冷地区的污水生物处理构筑物，有时需要采取保温措施，维持一定的水温。目前对于小型生物处理构筑物，一般采取设置于室内予以保温的设计，而对大型污水处理厂，采取适当的保温措施，维持一定的运转水温。据有关报道，如水温能维持在 6～7℃ 之间，同时采取提高活性污泥浓度和降低污泥负荷率的措施，活性污泥仍能有效地发挥作用，达到一定的处理效果。

（4）pH 值

曝气池内混合液的 pH 值，对活性污泥微生物来说也是一个重要的因素，pH 值过低、过高都是不适宜的。一般位于中性附近，pH＝6.5～7.5 是最适宜的，因为在这个范围内，活性污泥微生物的生长繁殖情况和活性最好。如 pH 值低于 6.5 时，将对霉菌生长有利，如果活性污泥中有大量霉菌（真菌）繁殖，由于它们不像细菌那样可分泌黏性物质，因而会破坏活性污泥的结构，造成污泥膨胀。同样，如果 pH 值过高，达到 9 时，原生动物将由比较活跃转为呆滞，菌胶团黏性物质解体，活性污泥结构亦将遭到破坏。另外，营养物磷会析出而无法被微生物利用。根据活性污泥法系统的运转经验来看，曝气池内混合液的 pH 值一般以位于 6.5～8.5 范围内较好。为此，pH 值过高、过低的工业废水，在进行生物处理之前，均应采取适当的中和措施，予以调整。对完全混合活性污泥法来讲，由于曝气池有一定的混合、稀释能力，故对进水 pH 值的要求可放宽些，对进水 pH 值的突然变化亦有一定的耐冲击能力。

（5）有毒物质

有毒物质是指对活性污泥微生物具有抑制及杀害作用的那些化学物质。毒物对微生物的影响是破坏它们的细胞结构，主要是破坏细胞的细胞质膜和机体内的酶，使酶失去活性，细胞质膜遭到破坏，使机体外界的物质进入细胞体内，而体内的物质也溢出体外。这就破坏了微生物的正常生理活动。有毒物质对活性污泥微生物的抑制及杀害作用分急性中毒和慢性中毒两类。

众所周知，许多重金属离子（如铅、镉、铬、铜、锌等）对微生物有毒害作用。这些重金属离子能与细胞内的蛋白质结合，从而使蛋白质变性，使酶失去活性。在污水活性污泥法生物处理中，对这些重金属离子应加以控制，使其处于允许浓度内。

此外，又如酚、氰、腈、醛、硝基化合物等，一方面对微生物有毒性，另一方面又能被某些微生物分解利用使之无毒，但是能承受的浓度有一定限度。活性污泥微生物对这些毒物的承受（容许）浓度在被驯化前后有很大差异。如未经驯化的微生物，对氰和酚的承受浓度分别为 $1\sim2mg/L$ 和 $50mg/L$ 左右；经驯化后，可分别达到 $20\sim30mg/L$ 和 $300\sim500mg/L$。因此，针对这种情况，还应视具体的污水进行可生物处理性试验，以确定生物处理对水中毒物的容许浓度。

另外，处理工艺及构筑物不同，对毒物的忍受浓度也有不同。例如在塔式生物滤池和生物转盘中，微生物有明显的分层或分级现象，因此对毒物的忍受能力较强。例如，上海焦化厂的含氰废水处理试验中发现，活性污泥系统在进水氰浓度超过 $30mg/L$ 时，处理效果明显下降；而塔式生物滤池在进水氰浓度为 $40mg/L$ 时，处理效果仍然很好。

在工业废水处理中，应防止超过容许浓度的有毒物质进入。对含有重金属的废水，依靠生化处理不能去除的重金属，它在污泥中的积累还会影响到剩余污泥的处置，因此必须采用适当的物理、化学方法进行预处理。

（6）曝气池混合程度

曝气池内的混合程度关系到废水中的有机物转移到活性污泥微生物上去的传质效果；此外，混合得好还可以防止曝气池内的污水短流发生。一个混合良好的曝气池的特征是池内任何处的 DO 和 MLSS 浓度均匀一致。

# 6.2　活性污泥法的改良与发展

## 6.2.1　序批式活性污泥（SBR）法

（1）工作原理与运行

SBR 工艺中的核心处理设备是一个序批式间歇反应器（SBR 反应器），其一般的工艺流程如图 6-12 所示。

SBR 工艺的操作工序如图 6-13 所示。整个运行周期由进水、反应、沉淀、出水和闲置 5 个基本工序组成，5 个工序都在一个设有曝气或搅拌装置的反应器内依次进行。在处理过程中，周而复始地循环这种操作周期，以实现污水处理目的。现将各工序的操作要点与功能阐述于下。

① 进水工序　废水注入之前，反应器处于待机状态，此时沉淀后的上清液已经排空，反应器内还储存着高浓度的活性污泥混合液，这起到了连续流活性污泥法（CFS）中污泥回流的作用。此时反应器内的水位为最低。

废水注入完毕再进行反应，从这个意义上说，反应器又起到了调节池的作用，所以SBR 法受负荷变动的影响较小，对水质、水量变化的适应性较好。

在注入废水的过程中，可以根据不同的处理目的来配以其他的操作。进水方式可以分为三种：单纯进水、进水加搅拌（厌氧反应）、进水加曝气（好氧反应）。

设计合理的进水时间对整个处理过程以及对污泥性能也很重要。据 Dennis 和 Irvine 所做的进水时间对污泥沉降速度的影响的试验，进水时间/反应时间为 2h/4h 的情况下 SVI 为78；进水时间/反应时间为 5h/1h 的情况下 SVI 为 224。

② 反应工序　当废水达到预定高度时，便开始反应操作，可以根据不同的处理目的来选择相应的操作。例如，控制曝气时间可以实现 BOD 的去除、硝化、磷的吸收等不同要求；控制曝气或搅拌强度来使反应器内维持厌氧或缺氧状态，实现硝化、反硝化过程。

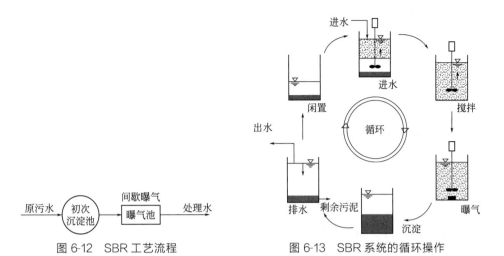

图 6-12　SBR 工艺流程　　　　　　图 6-13　SBR 系统的循环操作

有时为了使沉淀工序效果更好，在反应工序的最后可进行短时间的小气量曝气，以去除附着在污泥上的氮气。如果需要排放剩余污泥，也可以在本工序的后期完成。

③ 沉淀工序　本工序中 SBR 反应器相当于 CFS 法中的二沉池，停止曝气和搅拌，使混合液处于静止状态，活性污泥进行重力沉淀和上清液分离。在 CFS 工艺中活性污泥混合液必须经过管道流入沉淀池进行沉淀，这就可能使部分刚刚开始絮凝的活性污泥重新破碎，而 SBR 反应器本身作为沉淀池就可以避免这一问题。而且，SBR 反应器中的污泥沉淀是在完全静止的状态下完成的，受外界干扰小，可避免 CFS 工艺中二沉池内水流的影响。此外，静止沉淀还避免了连续出水容易带走相对密度小、活性好的污泥的问题，可提高污泥活性。普通活性污泥法的 VSS/SS 为 0.6 左右，而 SBR 工艺的 VSS/SS 可以提高到 0.8 以上。因此，SBR 工艺沉降时间短、沉淀效率高，污泥保持较好的活性。

沉淀时间可依据废水类型以及处理要求具体设定，一般为 1～2h。

④ 出水工序　排出沉淀后的上清液恢复到周期开始时的最低水位，剩下的一部分处理水可以起到循环水和稀释水的作用。沉淀的活性污泥大部分作为下个周期的回流污泥使用，剩余污泥则排放。

⑤ 闲置工序　SBR 池处于空闲状态，微生物通过内源呼吸恢复活性，溶解氧浓度下降，起到一定的反硝化作用而进行脱氮，为下一运行周期创造良好的初始条件。由于经过闲置期后的微生物处于一种饥饿状态，活性污泥的比表面积很大，因而在新的运行周期的进水阶段活性污泥便可发挥其较强的吸附能力对有机物进行初始吸附去除。另外，待机工序可使池内溶解氧进一步降低，为反硝化工序提供了良好的工况。

（2）工艺特点与问题

① 优点

1）工艺流程简单，运转灵活，基建费用较低。其主体设备主要为一个 SRB 反应器，基本上所有操作在一个反应器内完成。

2）处理效果良好，出水可靠。因其反应过程不连续，反应器中基质和微生物浓度是随时间变化的。可创造出生物反应最佳条件，实现良好的处理效果。

3）较好的除磷脱氮效果。通过 5 个工序时间上的安排，较易实现厌氧、缺氧和好氧状态交替，可最大限度满足生物脱氮除磷环境与条件。

4）污泥沉降性能良好。由于反应器中基质浓度梯度大，且厌氧、缺氧和好氧状态并存，有助于改善污泥沉降性能。

5）水质水量变化适应性强。由于进水与上一个运行周期残存的剩余污泥混合，具有缓冲调节作用。故其适应性强。

② 存在的局限性与问题

1）反应器容积利用率低；设备利用率低。

2）不连续出水，峰值需氧量高，水头损失大。

3）依赖计算机控制，管理难度大，只适用于小型废水处理厂。

## 6.2.2　AB法

（1）AB法工艺流程

两段生物法即 AB 法，是吸附生物降解工艺（adsorption biodegradation）的简称，20 世纪 80 年代开始应用于工程实践。该工艺由 A、B 两段组成，不设初沉池。AB 法的工艺基本流程如图 6-14 所示。

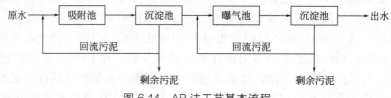

图 6-14　AB法工艺基本流程

A 段为吸附段，是 AB 工艺的关键和主体。在 A 段废水与活性很强、高负荷的活性污泥充分接触，有机物被活性污泥吸附后，混合液就进入沉淀池进行固液分离。该段负荷高，能够成活的微生物种群只有抗冲击负荷能力强的原核细菌，而原生动物和后生动物不能存活，污染物的去除主要依靠活性污泥的吸附作用。A 段污泥负荷一般为 2～6kg/(kg・d)（每千克活性污泥中悬浮固体所含的 $BOD_5$ 的千克值），污泥龄 0.3～0.5d，水力停留时间 30min，池内溶解氧浓度为 0.2～0.7mg/L，污泥在缺氧（兼性）条件下工作，$BOD_5$ 去除率为 40%～70%，悬浮固体(SS)去除率可达 60%～80%，污泥容积指数(SVI)＜60。

B 段为氧化段，曝气池在低负荷率下工作，污泥负荷一般为 0.15～0.3kg/(kg・d)，污泥龄 15～20d，水力停留时间 2～3h，池内溶解氧浓度为 1～2mg/L，SVI＜100。AB 两段活性污泥各自回流。

AB 两段负荷相差很大，因此繁殖出不同的生物相。A 段的优势是微生物种群为原核生物，使活性污泥表现为絮凝、吸附、降解有机物能力强，抗冲击负荷能力强，抗毒能力强。运行系统一旦遭到破坏，能在短时间内恢复原有的处理效果。B 段微生物种群为后生动物，生长周期较长，抗冲击负荷能力不如 A 段。

（2）AB法工艺特点

AB 法不设初沉池，废水中的微生物全部进入 A 段，与活性污泥较短时间的接触，因此，吸附池的容积较小。A 段的微生物处于对数生长期，大都为繁殖速度快的细菌。微生物对环境变化(pH 值、负荷、毒物、温度等)的适应性强，耐冲击能力很强。在 A 段中的污水与回流污泥混合后，相互间发生絮凝和吸附，难降解的悬浮物胶体得到絮凝、吸附、黏结，经沉降后与水分离，一部分可溶性有机物被降解。在缺氧条件下运行时脱 P、N 作用显著。A 段的缓冲、净化和改善可生化性等作用，为 B 段的生物净化创造了有利条件，使 B 段出水水质得到改善，曝气池容积减小 40%，能耗降低，投资费用减少。

　　B 段微生物处于内源呼吸期，大都为繁殖较慢的菌胶团和原生动物等。不同相的微生物可去除不同种类的污染物，所以 AB 法的净化效果显著提高。

　　AB 法与普通的生物处理法相比，在处理效率、运行稳定性、工程的投资和运行费用方面均具有明显的优势，基建费用和运行费用较低，出水水质稳定，对 P、N 有较好的去除效果，但不能满足深度处理的要求。

## 6.2.3　膜生物反应器（MBR）法

### 6.2.3.1　净化原理与分类

　　膜生物反应器是将膜分离过程与生物反应器组合使用的各类水处理工艺的总称。膜生物反应器根据机理可分为：膜分离生物反应器（membrane separation bioreactor，简称 MBR）、膜曝气生物反应器（membrane aeration bioreactor，简称 MABR）、萃取膜生物反应器（extractivemembranebioreactor，简称 EMBR）三大类型。图 6-15 为三类膜生物反应器示意图。

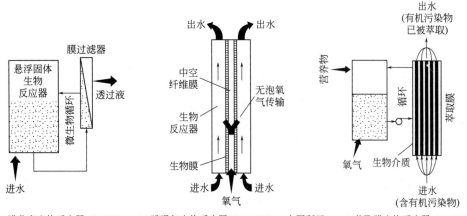

(a) 膜分离生物反应器（MBR）　　(b) 膜曝气生物反应器（MABR），本图所示　　(c) 萃取膜生物反应器（EMBR）
　　　　　　　　　　　　　　　　为附着生长生物膜的单根中空纤维的情况

图 6-15　膜生物反应器示意

　　目前，国内膜曝气生物反应器和萃取生物反应器应用较少，工程应用较多的是膜分离生物反应器。

　　MBR 根据微生物生长环境的不同分为好氧和厌氧两大类；MBR 的核心部件是膜组件，从材料上可以分为有机膜和无机膜两大类。根据膜组件的形式可以分为管式、板式和中空纤维式；按膜组件的安放位置分为内置式（或浸没式、一体式）和外置式（或分体式）。

　　外置式 MBR 是指膜组件与生物反应器分开设置，膜组件在生物反应器的外部，生物反应器反应后的混合液进入膜组件分离，分离后的清水排出，剩余的混合液回流到生物反应器中继续参加反应，如图 6-16 所示。外置式 MBR 的特点是运行稳定可靠，操作管理方便，易于膜的清洗、更换，但外置式 MBR 动力消耗大、系统运行费用高，其处理单位体积水的能耗是传统活性污泥法的 10～20 倍。为了减少污泥在膜表面的沉积，膜内循环液的水流流速要求很高，一方面造成系统运行费用高，另一方面回流造成的剪切力可能影响微生物的活性。在外置式 MBR 工艺中，膜组件一般采用平板式或管式膜，排水常采用压力驱动方式。

　　内置式 MBR 是将膜组件直接安放在生物反应器中，通过泵的负压抽吸作用或重力作用得到膜过滤出水，由于膜浸没在反应器的混合液中，亦称为浸没式或一体式 MBR，如

图 6-17 所示。内置式 MBR 中，膜组件下方设置曝气，依靠空气和水流的扰动减缓膜污染，一般曝气是连续运行的，而泵的抽吸是间断运行的。为了有效地防止膜污染，有时在反应器内设置中空轴，通过中空轴的旋转使安装在轴上的膜也随着转动，形成错流过滤。同外置式相比，内置式 MBR 具有工艺流程简单、运行费用低等特点，其能耗仅为 $0.2 \sim 0.4 \mathrm{kW \cdot h/m^3}$，但是其运行稳定性差、操作管理和清洗更换工作较烦琐。

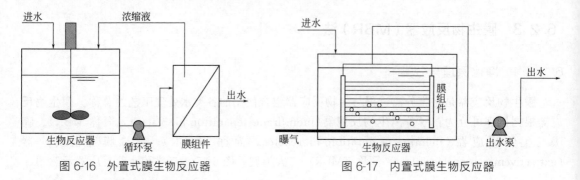

图 6-16 外置式膜生物反应器　　　　　　图 6-17 内置式膜生物反应器

## 6.2.3.2 MBR 工艺特征与发展

（1）MBR 工艺特征

MBR 是一种活性污泥系统，但是与其他活性污泥工艺不同的是，MBR 采用膜过滤而不是沉淀池来实现泥水分离。膜将活性污泥截留在生化池内，从而提高了生化池的污泥浓度和生化速率，同时通过膜过滤得到更好的出水水质。

① MBR 工艺的优点　MBR 工艺能够集膜的优良分离性能和生化法对有机物氧化降解的高效性于一体，与常规的活性污泥法相比，主要有以下优点。

1）高效的固液分离性能。由于膜的高效分离作用，分离效果大大强于传统的二沉池；出水悬浮物和浊度接近零，而且可以去除细菌病毒等。

2）膜的高效截留作用使微生物完全截留在反应器内，实现了反应器水力停留时间和固体停留时间的完全分离，使运行控制更加灵活、稳定。同时，反应器内微生物浓度高，耐冲击负荷。

3）有利于繁殖周期长的硝化细菌的截留、生长和增殖，系统硝化效率得以提高，通过运行方式的改变可以有强化脱氮除磷的功能。

4）泥龄长。膜分离使废水中的大分子难降解成分在体积有限的生物反应器内有足够的停留时间，大大提高了难降解有机物的降解效率。

5）反应器在低污泥负荷条件下运行，剩余活性污泥量远低于传统活性污泥工艺，且无污泥膨胀，降低了剩余污泥的处置费用。在膜反应器工艺中，由于膜为固液分离提供了绝对的保证，排水的质量与生物絮体的沉降性没有关联，因此，膜生物反应器工艺基本上解决了活性污泥法的污泥膨胀问题。

6）系统易于实现自动化控制，操作管理方便。

7）占地面积小，工艺设备集中。MBR 能维持高浓度的微生物量，容积负荷较高，因而自身所需的占地面积与传统工艺相比大大减少。同时用膜进行固液分离时，不需要设置沉淀池。

② MBR 工艺的缺点　同样的，MBR 工艺也存在一些不足。

1）膜材料价格较高，导致 MBR 的工程投资高于相同规模的传统废水处理工艺，制约了膜生物反应器的推广应用。

2）膜材料易损坏，容易污染，给操作管理带来不便，同时也增加了运行成本。

3）为了减缓膜污染，一般需要混合液回流或膜下曝气，从而造成运行能耗的增加。

（2）MBR 工艺的发展

MBR 发展过程中，许多传统活性污泥法的工艺也被引入到 MBR 工艺中，使其与膜分离手段相结合，构成了新型的 MBR 工艺，以强化脱氮除磷功效。新型的 MBR 工艺主要有以下几种类型。

① 序批式 MBR　将活性污泥法中的 SBR 引入到 MBR 中形成絮批式膜生物反应器，该工艺具备同时去除有机物和脱氮的效果。

② 间歇曝气 MBR　为提高单级好氧反应器的反硝化能力，间歇曝气工艺也被引入到 MBR 系统中。周期循环的间歇曝气可将反硝化程度提高到 95％以上，当原水 TN 浓度在 60～70mg/L 时，出水 TN 浓度低于 5mg/L，去除率达 90％以上。

③ 好氧/缺氧/厌氧组合 MBR　早期的 MBR 多为完全好氧式活性污泥反应器，为强化脱氮除磷效果，研究人员通过在好氧反应器前增加前置反硝化反应器来达到脱氮除磷的目的，形成了好氧和缺氧/厌氧系统。和传统的活性污泥法一样，增加前/后置反硝化反应器后，在去除有机污染物的同时，可强化对氮和磷的去除效果。但是，这些 MBR 系统由于反应器增多，致使水力停留时间较长、反应流程长，没有更好地发挥出膜生物反应器紧凑、水力停留时间短的技术优势。

④ 复合 MBR　为了在原有活性污泥工艺基础上提高反应器内生物量，增强其处理能力，克服污泥膨胀，提高运行稳定性，在曝气池中投加各种能够提供微生物附着生长表面的载体，使生物反应器内同时存在附着相和悬浮相两种微生物，这种反应器称之为"复合生物反应器"（hybrid bioreactor，简称 HBR）。复合膜生物反应器（hybridmembrane bioreactor，简称 H-MBR）是将生物膜与膜生物反应器有机结合而成的一种新工艺。作为一种独特的废水处理工艺，复合内置式 MBR 有其自身的特点和技术优势。

（3）工艺组成与选择

应根据去除碳源污染物、脱氮、除磷、好氧、污泥稳定等不同要求和外部环境条件，选择适宜的 MBR 工艺。

内置式膜生物反应器系统基本工艺流程如图 6-18 所示；外置式膜生物反应器系统基本工艺流程如图 6-19 所示。类似于活性污泥法，当需要脱氮时，MBR 工艺系统应设置缺氧区，以脱氮为主的 MBR 基本工艺流程如图 6-20 所示；当需要同时脱氮除磷时，MBR 工艺系统应设置厌氧区、缺氧区，同时脱氮除磷的 MBR 基本工艺流程如图 6-21 所示。其中，膜组器指由膜组件、布气装置、集水装置、框架等组成的一个基本水处理单元。

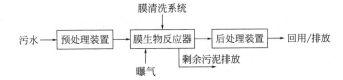

图 6-18　内置式膜生物反应器系统基本工艺流程

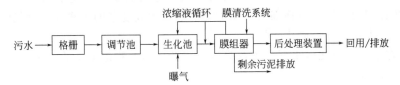

图 6-19　外置式膜生物反应器系统基本工艺流程

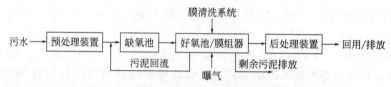

图 6-20　以脱氮为主的膜生物反应器基本工艺流程

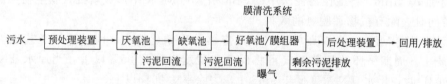

图 6-21　同时脱氮除磷的膜生物反应器基本工艺流程

# 6.3　生物膜法

生物膜法是利用固着生长的微生物-生物膜的代谢作用去除有机物，有厌氧、好氧两种。

## 6.3.1　基本原理与特点

生物膜法主要适用于处理溶解性有机物。污水同生物膜接触后，溶解性有机物和少量悬浮物被生物膜吸附降解为稳定的无机物。其反应过程是：①基质向生物膜表面扩散；②在生物膜内部扩散；③微生物分泌的酵素与催化剂发生化学反应；④代谢生成物排出生物膜。其基本流程如图 6-22 所示。

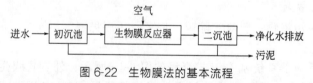

图 6-22　生物膜法的基本流程

废水经初沉池去除悬浮物后进入生物膜法反应池去除有机物。生物膜法反应池出水入二沉池去除脱落的生物体，澄清液排放。污泥浓缩后进一步处理。

生物膜法的分类和特点如下。

（1）分类

按生物膜与废水接触方式的不同，可分为充填式和浸没式两类。充填式生物膜法的填料不被废水浸没，自然通风或强制供氧，废水流过填料表面或转盘旋转浸过废水。浸没式生物膜法的填料完全浸没于水中，一般采用鼓风曝气供氧。

（2）特点

1）微生物相复杂，能去除难降解有机物。固着生长的膜生物受水力冲刷影响小，所以生物膜中存在各种微生物，包括细菌、原生动物等，形成复杂的生物相。世代时间长的硝化细菌在生物膜上生长良好，硝化效果好。

2）微生物量大，净化效果好。生物膜含水率低，微生物浓度是活性污泥法的 5～20 倍。有机负荷高，容积小。

3）生物膜上的微生物营养级高，食物链长，有机物氧化率高，剩余污泥少。

4）填料表面脱落的污泥比较密实，沉淀性好，容易分离。

5）耐冲击负荷，能处理低浓度污水。

6）生物量大，无需污泥回流，有的为自然通风，所以操作简单，运行费用低。

7）不易发生污泥膨胀。即丝状菌占优势也不易脱落而引起污泥膨胀。

8）生物膜法需要填料和支撑结构，投资费用较大。

生物膜法应用较为广泛的工艺有生物滤池、生物转盘、生物接触氧化、生物流化床等。

## 6.3.2　处理工艺与装备

（1）生物滤池

生物滤池是最早的生物膜法反应池。生物滤池的填料一般不被水淹没。按运行方式可以分为普通生物滤池、高负荷生物滤池和塔式生物滤池三种。

普通生物滤池是在较低负荷率下运行的生物滤池，以 BOD 计的有机负荷率为 $0.15\sim0.30\mathrm{kg/(m^3 \cdot d)}$。水力停留时间长，净化效果好，出水稳定，污泥沉淀性好，剩余污泥少。但占地面积大，水力冲刷作用小，易堵塞和短流，生长灰蝇，散发臭气，卫生条件差，目前已趋于淘汰。

高负荷生物滤池在高负荷率下运行，有机负荷率为 $1.1\mathrm{kg/}$ $\mathrm{(m^3 \cdot d)}$ 左右。微生物生长营养充足，生物膜增长快。为防止滤料堵塞，需进行出水回流，又叫回流式生物滤池。回流使流速提高，冲刷作用强，能防止滤料堵塞。与普通生物滤池相比，高负荷生物滤池剩余量多，稳定度小。占地面积小，投资费用低，卫生条件好，适于处理浓度较高、水质水量波动大的废水。

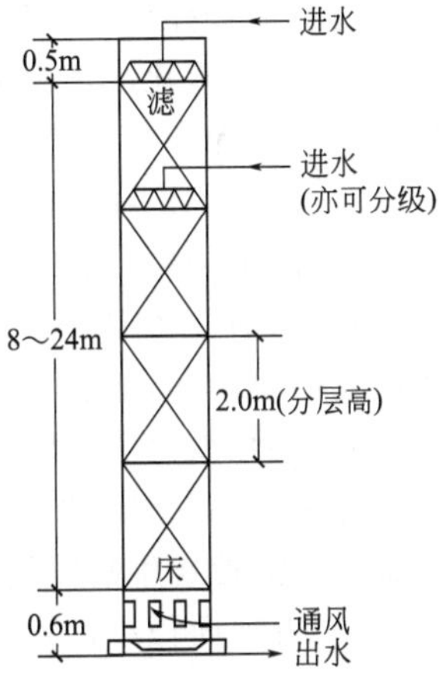

塔式生物滤池的负荷很高，有机负荷率为 $1.0\sim3.0\mathrm{kg/(m^3 \cdot d)}$。塔式生物滤池的膜生长快，没有回流，为防止滤料堵塞，采用的滤池面积小，以获得较高的滤速。净化效果较差，占地面积小，投资运行费用低，耐冲击负荷能力较强，适用于处理浓度较高的废水。其构造如图 6-23 所示。

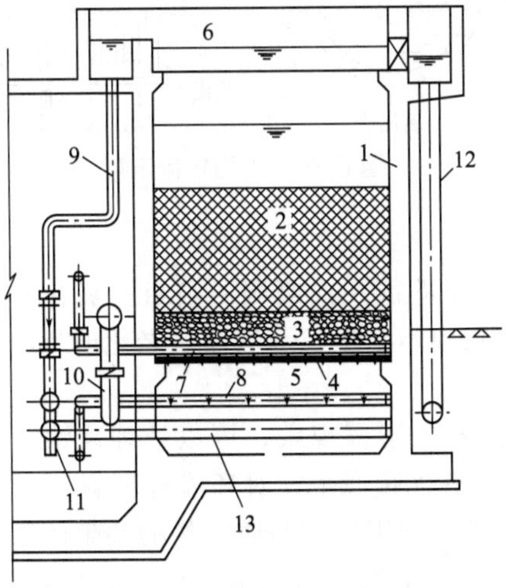

图 6-23　塔式生物滤池构造

曝气生物滤池（BAF）是在生物接触氧化法的基础上发展起来的一种新的好氧生物膜法，如图 6-24 所示。其原理是在一级处理的基础上以颗粒状填料及其附着生长的生物膜为处理介质，充分发挥生物代谢作用、物理过滤作用、膜及填料的吸附作用以及反应器内多级生物间的捕食作用，实现污染物在同一单元反应器内去除。与别的工艺相比，该技术具有容积负荷高、水力负荷大、水力停留时间短、出水水质好、占地面积小、基建投资少、能耗及运行成本低等优点。杨平等就该方法在焦化废水处理上的可行性进行了研究。结果表明单级 BAF 法对焦化废水中的 COD、酚和氰的去除率均在 90% 以上。其中出水的 COD 含量达到国家二级排放标

图 6-24　曝气生物滤池构造
1—滤池池体；2—滤料层；3—承托层；4—滤板滤头；
5—配水区；6—配水（收水）堰；7—曝气管；8—反冲洗空气管；
9—过滤进水管；10—过滤出水管；11—反冲洗进水管；
12—反冲洗水管；13—反冲洗配水管（过滤出水收水管）

准，而酚和氰低于国家一级排放标准。由此可以看出曝气生物滤池在焦化废水的处理上应该有很好的应用前景。

（2）生物接触氧化

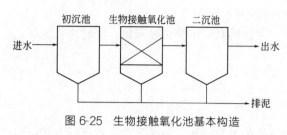

图 6-25　生物接触氧化池基本构造

生物接触氧化简称接触氧化，又名浸没式生物滤池。生物接触氧化法的填料浸没于水中，填料上生长着生物膜。氧化池中的污水还存在着悬浮生长的微生物。接触氧化主要靠生物膜净化污染物，但悬浮态微生物也对污染物的净化有一定的作用，流程如图6-25所示。

生物接触氧化法既有生物膜工作稳定、耐冲击负荷和操作简单的特点，又有活性污泥混合接触效果好的特点。

1）接触氧化法填料的比表面积大，充氧效果好，氧利用率高。所以单位容积的微生物量比活性污泥和生物滤池大，容积负荷高，耐冲击负荷，净化效果好。

2）由于单位体积的微生物量大，容积负荷大时，污泥负荷仍然较小，所以污泥产量低。

3）由于采用强制通风供氧，动力消耗比一般的生物膜法大。

4）与活性污泥法和生物滤池法相比，接触氧化法出水中生物膜的老化程度高，受水力冲击变得很细碎，沉淀性能较差。

5）接触氧化法一般不发生污泥膨胀，但当污水的供氧、营养、水质（毒物、pH 值）和温度等条件不利时，生物相的性能会变差，在剧烈的水力冲击下脱落，随水流失，发生污泥膨胀的可能性比生物滤池大。

6）占地面积小，管理方便。

（3）生物转盘

生物转盘污水处理厂自 1954 年在德国建成后，目前在欧洲已有上千座。生物转盘是由一系列平行的旋转圆盘、转动横轴、动力及减速装置、氧化槽等组成的，如图 6-26 所示。

生物转盘的污水净化机理和生物滤池基本相同。当圆盘浸没于污水中时，污水中的有机物被盘片上的生物膜吸附，当圆盘离开污水时，盘片表面形成薄薄一层水膜。水膜从空气中吸氧，同

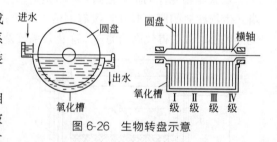

图 6-26　生物转盘示意

时生物膜分解吸附有机物。这样，圆盘每转动一圈，即进行一次吸附—吸氧—氧化分解过程。圆盘不停转动，污水得到净化，同时盘片上的生物膜不断生长、增厚。老化的生物膜靠圆盘旋转时产生的剪切力脱落下来，生物膜得到更新。

与生物滤池相比，生物转盘有许多特点：a. 不会发生堵塞现象，可以处理高浓度有机污水；b. 管理方便，运转费低；c. 占地面积较大；d. 有气味产生，对环境有影响。

新型的生物转盘也不断出现，如空气驱动生物转盘；利用藻类与微生物的共生体系来净化废水的藻类生物转盘；在活性污泥法中的曝气池内设置生物转盘的活性污泥式生物转盘；可适用于废水硝化处理的缩小盘片间距的高密度生物转盘。此外，还有硝化、反硝化功能的生物转盘等。

（4）生物流化床

生物流化床是以颗粒粒径 1～1.5mm 的砂、活性炭或其他人工材料为载体，并使载体

在反应器内流态化(膨胀率 30%～100%)的一种高效污水处理工艺。系统供氧可采取纯氧或空气。整个系统由流化床、充氧设备、脱膜设备和二沉池组成。典型的生物流化床工艺如图 6-27 所示。

生物流化床与其他生物膜法工艺相比,最显著的特点是其具有极大的比表面积和有机负荷,见表 6-2,因此,它是高效的生物处理反应器,且占地面积小,很适用于工业废水的处理。

**表 6-2**　几种生物膜法的比表面积比较

| 滤池形式 | 比表面积/( m²/m³ ) | 平均值/( m²/m³ ) | 大致比值 | 备　　注 |
|---|---|---|---|---|
| 普通生物滤池 | $40\sim70/(m^2/m^3)$ | 50 | 1 | 块状滤料,粒径平均 8cm 左右 |
| 生物转盘 | 100 | 100 | 2 | 以 $D=3.6m$ 转盘为例 |
| 塔式生物滤池 | 160 | 160 | 3 | 以直径 25mm 滤料为例 |
| 生物流化床 | 1000～3000 | 2000 | 40 | 以粒径 1～1.5mm 砂粒为例 |

总之,生物膜法作为与活性污泥平行发展起来的生物处理工艺,既是古老的又是发展中的污水生物处理技术。生物膜比活性污泥具有更强的吸附能力和降解能力,可以吸附和降解污水中的各种污染物,具有速度快、效率高的特点,在许多情况下不仅能代替活性污泥法用于城市污水的二级生物处理,而且在工业废水的生物处理工程中,生物膜法在处理规模并不大的场合下,是颇受欢迎并被采用的技术。

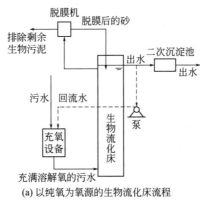

(a) 以纯氧为氧源的生物流化床流程

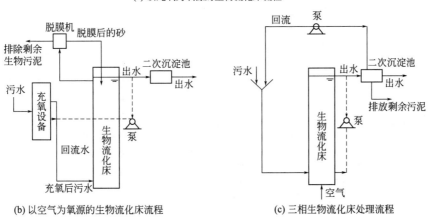

(b) 以空气为氧源的生物流化床流程　　　(c) 三相生物流化床处理流程

图 6-27　生物流化床工艺

### 6.3.3 技术参数与设计依据

（1）生物滤池负荷

生物滤池负荷取值范围见表 6-3。

表 6-3 生物滤池负荷值

| 负荷类型 | 低负荷 | 中负荷 | 普通负荷 | 高负荷 |
|---|---|---|---|---|
| 有机容积负荷率/[g BOD/（m³·d）] | 200 | 200～450 | 450～750 | ＞750 |
| 水力表面负荷率/（m/h） | 约 0.2 | 0.4～0.8 | 0.6～1.2 | ＞1.2 |
| 去除率/% | 92±10 | 88±12 | 83±15 | 75±20 |
| 出水浓度/（g BOD/m³） | ＜20 | ＜25 | 20～40 | 30～80 |

注：1. 负荷是在用岩石或者石头作为载体，处理城市污水的滴滤池中得到的。

2. 由于中负荷容易造成堵塞，所以一般是不行的。当负荷太高时，生物体分解和生长速率不能同步；太低时，不能保证通过水力冲刷对生物膜量的控制。

（2）工业废水设计负荷

生物转盘处理各类工业废水的设计负荷值见表 6-4。

表 6-4 生物转盘处理各类工业废水的设计负荷值

| 序号 | 污水类型 | 进水 BOD/（mg/L） | 进水 COD/（mg/L） | 水力负荷/[m³/（m²·d）] | BOD 负荷/[m³/（m²·d）] | COD 负荷/[m³/（m²·d）] | 停留时间/h | 废水水温/℃ |
|---|---|---|---|---|---|---|---|---|
| 1 | 含酚 | 酚 50～250（152） | 280～676 | 0.05～0.113 | | 15.5～35.5 | 1.5～2.7 | ＞15 |
| 2 | 印染 | 100～280（158） | 250～500 | 0.4～0.24 | 12～23.2 | 10.3～43.9 | 0.6～1.3 | ＞10 |
| 3 | 煤气站含酚 | 130～765（365） | | 0.019～0.1 | 12.2 | 26.4 | 1.3～4.0 | ＞20 |
| 4 | 酚醛 | 442～700（600） | | 0.031 | 7.15～22.8 | 11.7～24.5 | 3.0 | 24 |
| 5 | 酚氰 | 酚 40～90、CN20～40 | | 0.1 | | | 2.0 | |
| 6 | 苯胺 | 苯胺 | 苯胺 | 苯胺 53 | | 0.03 | | 2.3 | 21～28 |
| 7 | 苎麻煮炼黑液 | 367 | 531 | 0.066 | | | 1.6 | |
| 8 | 丙烯腈 | CN19.7～21.0 | 297 | 0.05～0.1 | | | | |
| 9 | 腈纶 | AN200、BOD300 | | 0.1～0.2 | | | 1.9 | 30 |
| 10 | 氯丁污水 | BOD230、氯丁二烯 20 | 400 | 0.16 | 32.6 | 38.1 | | 15～20 |
| 11 | 制革 | 250～800 | 500～1500 | 0.06～0.15 | | | 1～2 | 22 |
| 12 | 造纸中段 | 100～480 | 1027～5637 | 0.05～0.08 | | | 3.0 | 20～30 |
| 13 | 铁路货车 | | 200～300 | 0.09 | | | 2.0 | ＞10 |
| 14 | 铁路罐车 | | | 156 | 0.15 | | 1.13 | 25 |

注：括号内为平均值。

（3）BAF 工艺主要设计参数

曝气生物滤池的容积负荷和水力负荷宜根据试验资料确定，无试验资料时可采用经验数据或按表 6-5 的参数取值。

表 6-5　BAF 工艺的主要设计参数

| 类型 | 功能 | 容积负荷/[kg 污染物/(m³滤料·d)] | 水力负荷（滤速）/[m³/(m²·h) 或(m/h)] | 空床水力停留时间/min |
|---|---|---|---|---|
| BAF-C | 降解污水中含碳有机物 | 3.0~6.0kg BOD/(m³·d) | 2.0~10.0 | 40~60 |
| BAF-N | 对污水中氨氮进行硝化 | 0.6~1.0kg NH₃-N/(m³·d) | 3.0~12.0 | 30~45 |
| BAF-CN[①] | 降解污水中含碳有机物，并对氨氮进行部分硝化 | 1.0~3.0kg BOD/(m³·d) 0.4~0.6kg NH₃-N/(m³·d) | 1.5~3.5 | 80~100 |
| 前置 BAF-DN | 利用污水中的碳源对硝态氮进行反硝化 | 0.8~1.2kg NO₃⁻-N/(m³·d) | 8.0~10.0（含回流） | 20~30 |
| 后置 BAF-DN | 利用污水外加碳源对硝态氮进行反硝化 | 1.5~3.0kg NO₃⁻-N/(m³·d) | 8.0~12.0 | 20~30 |
| 深度处理 BAF | 对二级污水处理厂尾水进行含碳有机物降解及氨氮硝化 | 0.4~0.6kg NH₃-N/(m³·d) | 0.3~0.6 | 35~45 |

① CECS265：2009 曝气生物滤池工程技术规范中 BAF-C/N 池推荐参数为：BOD 负荷 1.2~2.0kg BOD/(m³·d)，硝化负荷 0.4~0.6kg NH₃-N/(m³·d)，空床水力停留时间 70~80min。

注：1. 设计水温较低、进水浓度较低或出水水质要求较高时，有机负荷、硝化负荷、反硝化负荷应取下限值。

2. 反硝化滤池的水力负荷、空床停留时间均按含硝化回流水量确定，反硝化回流比应根据总氮去除率确定。

（4）生物膜法工艺负荷比较

生物膜法工艺的负荷比较见表 6-6。

表 6-6　生物膜法工艺的负荷比较

| 生物膜法类型 | 有机负荷/[kg BOD₅/(m³·d)] | 水力负荷/[m³/(m²·d)] | 处理效率/% |
|---|---|---|---|
| 普通低负荷生物滤池 | 0.1~0.3 | 1~5 | 85~90 |
| 普通高负荷生物滤池 | 0.1~0.5 | 9~40 | 80~90 |
| 塔式生物滤池 | 1.0~2.5 | 90~150 | 80~90 |
| 接触氧化池 | 2.5~4.0 | 100~160 | 85~90 |
| 生物转盘 | 0.02~0.03 | 0.1~0.2 | 85~90 |
| 生物流化床 | 10 | | |

（5）处理方法比较

生物膜法与普通活性污泥法比较见表 6-7。

表 6-7　处理方法比较

| 处理方法 项目 | 生物接触氧化法 | 生物转盘 | 普通活性污泥法 |
|---|---|---|---|
| BOD 负荷/[kg/(m³·d)] | 1.5 | 5~10g/(m²·d) | 0.6 |
| 池自身的占地面积 | 中 | 大 | 大 |

续表

| 处理方法<br>项目 | 生物接触氧化法 | 生物转盘 | 普通活性污泥法 |
|---|---|---|---|
| 设备费用 | 较小 | 较大 | 较大 |
| 运行成本 | 稍小 | 少 | 大 |
| 电耗 | 稍大 | 少 | 大 |
| MLSS/(mg/L) | $6000 \sim 10000$ | $5 \sim 15 g/m^2$ | $2000 \sim 3000$ |
| 培菌驯化 | 容易 | 容易 | 需要 $20 \sim 30d$ |
| 维护管理 | 容易 | 容易 | 难 |
| 污泥量 | 最少 | 少 | 大 |
| 停运后的问题 | 长期停运，污泥剥离量大 | 长期停运，污泥剥离量大 | 若停运 3d 以上，则恢复困难 |

# 6.4 生物脱氮法

## 6.4.1 传统生物脱氮工艺

废水传统的生物脱氮工艺，即全程硝化-反硝化生物脱氮技术。我国的焦化废水生物脱氮技术研究始于 20 世纪 80 年代末 90 年代初，90 年代中期取得了传统生物脱氮技术的成功，开发了焦化废水生物脱氮的 A/O、$A^2/O$ 等工艺。传统的生物脱氮工艺对氮的去除主要是靠微生物细胞的同化作用将氨转化为硝态氮形式，再经过微生物的异化反硝化作用，将硝态氮转化成氮气从水中逸出。

传统生物脱氮理论认为生物脱氮主要包括硝化和反硝化两个过程，并由有机氮氨化、硝化、反硝化及微生物的同化作用来完成。

（1）氨化作用

含氮有机物经微生物降解释放出氨的过程，称为氨化作用。这里的含氮有机物一般指动、植物和微生物残体，以及它们的排泄物、代谢物所含的有机氮化物。

① 蛋白质的分解　蛋白质的氨化过程首先是在微生物产生的蛋白酶作用下进行水解，生成多肽与二肽，然后由肽酶进一步水解生成氨基酸。氨基酸被微生物吸收，在体内以脱氨和脱羧两种基本方式继续被降解。氨基酸脱氨基的方式很多，在脱氨基酶的作用下可通过氧化脱氨基或水解脱氨基或还原脱氨基作用，生成相应的有机酸，并释放出氨。氨基酸如果通过脱羧基反应降解，则形成胺类物质。

② 核酸的分解　各种生物细胞中均含有大量核酸。核酸的生物降解在自然界中相当普遍。据研究，从某些土壤分离的微生物中，有 76% 的菌株能产生核糖核酸酶，有 86% 能产生脱氧核糖核酸酶。细菌中的芽孢杆菌、梭状芽孢杆菌、假单胞菌、节杆菌、分枝杆菌，真菌中的曲霉、青霉、镰刀霉等以及放线菌中的链霉菌，都能分解核酸。

③ 其他含氮有机物的分解　除了蛋白质、核酸外，还有尿素、尿酸、几丁质、卵磷脂等含氮有机物，它们都能被相应的微生物分解，释放出氨。

总之，氨化作用无论是在好氧还是厌氧条件下，中性、碱性还是酸性环境中都能进行，只是作用的微生物种类不同，作用的强弱不一。但当环境中存在一定浓度的酚或木质素-蛋白质复合物(类似腐殖质的物质)时，会阻滞氨化作用的进行。

（2）硝化作用

硝化作用是指 $NH_4^+$ 氧化成 $NO_2^-$，然后再氧化成 $NO_3^-$ 的过程。硝化作用有两类细菌参与，亚硝化菌(其中常见的是亚硝化单胞菌 *Nitrosomonas*)将 $NH_4^+$ 氧化成 $NO_2^-$；硝化杆菌 (*Nitrobacteriaceae*) 将 $NO_2^-$ 氧化为 $NO_3^-$。它们都能利用氧化过程释放的能量，使 $CO_2$ 合成为细胞有机物质，因而是一类化学能自养细菌，在运行管理时应创造适合于自养硝化细菌生长繁殖的条件。硝化作用的程度往往是生物脱氮的关键。此外，硝化反应的结果还生成强酸($HNO_3$)，会使环境的酸性增强。

在水处理工程上，为了要达到硝化的目的，一般可采用低负荷运行，延长曝气时间。硝化阶段一般选用的污泥停留时间应大于两倍的理论值。若有条件，可采用固着生物体系(生物膜法)，这样可以防止硝化菌的流失。由于硝化菌是自养菌，有机基质浓度并不是它的生长限制因素，但是，硝化阶段的含碳有机基质浓度不可过高，$BOD_5$ 一般应低于 20mg/L。有机基质浓度过高会使生长速率较高的异养菌迅速繁殖，争夺溶解氧，从而使自养性的生长缓慢的硝化菌得不到优势，降低硝化率。

环境中的溶解氧浓度会影响硝化反应的速度及硝化细菌的生长速率。在溶解氧浓度大于 2mg/L 时，就可以满足硝化细菌的生长。但沉淀池需要一定的溶解氧浓度限制，防止污泥的反硝化上浮，硝化池的溶解氧浓度宜控制在 1.5～2.5mg/L。

（3）反硝化作用

反硝化作用是指硝酸盐和亚硝酸盐被还原为气态氮和氧化亚氮的过程。参与这一过程的细菌称为反硝化细菌。大多数反硝化细菌是异养的兼性厌氧细菌，它能利用各种各样的有机基质作为反硝化过程中的电子供体(碳源)，其中包括碳水化合物、有机酸类、醇类以及烷烃类、苯酸盐类和其他的苯衍生物等化合物。

在反硝化过程中有机物的氧化可表示为：

$$5C(有机碳)+2H_2O+4NO_3^- \longrightarrow 2N_2+4OH^-+5CO_2$$

上述说明，反硝化不仅可以脱氮，而且可使废水中的有机物氧化分解。

## 6.4.2　生物脱氮工艺

在传统生物脱氮机理上构建了一系列的生物脱氮技术，如 A/O 生物脱氮工艺、$A^2/O$ 生物脱氮工艺等。

（1）A/O(缺氧-好氧)工艺

A/O 工艺，其主要特点是将缺氧反硝化反应池放置在该工艺之首，是目前采用比较广泛的一种工艺。A/O 工艺有内循环和外循环两种形式，如图 6-28 和图 6-29 所示。

图 6-28　A/O(外循环)生物脱氮工艺流程　　　　图 6-29　A/O(内循环)生物脱氮工艺流程

A/O 工艺的特点是原废水先经缺氧池，再进好氧池，经好氧池硝化后的混合液回流到缺氧池(外循环)；或将经好氧池硝化后的污水回流到缺氧池，而将二沉池沉淀的硝化污泥回流到好氧硝化池(内循环)。

在 O 段好氧池中,由于硝化作用,$NH_4^+$-N 的浓度快速下降,而 $NO_3^-$-N 的浓度不断上升,COD 和 BOD 也不断下降。发生如下硝化反应:

$$NH_4^+ + 2O_2 \longrightarrow NO_3^- + 2H^+ + H_2O$$

硝化细菌是化能自养菌,生长慢,对环境条件变化敏感。反应适宜的温度为 20～30℃,低于 15℃,反应速率迅速下降。硝化段的含碳有机基质浓度不可过高,$BOD_5$ 一般应低于 20mg/L,否则,有机基质浓度过高,会使生长速率较高的异养菌迅速繁殖,争夺溶解氧,从而降低硝化率。溶解氧应保持在 2mg/L 以上。

在 A 段缺氧池中,$NH_4^+$-N 浓度有所下降,主要是由于反硝化菌的微生物细胞合成,由于反硝化过程中利用了原废水的有机物为碳源,故 COD 和 BOD 均有所下降;在反硝化菌的作用下,$NO_3^-$-N 的含量明显下降,氮得以脱除。

A/O 外循环工艺是将缺氧段(A)置于好氧段(O)前,A、O 段均采用悬浮污泥法。O 段的泥水混合液由回流泵送至 A 段,并完成反硝化。该工艺的优点是不必向 A 段投加甲醇等有机物,构筑物也有所减少。但存在的最大问题是系统中的活性污泥处于缺氧、好氧的交替状态,恢复活性所需的时间会影响其处理效果。

A/O 内循环工艺是 A/O 工艺的改进型,缺氧段(A)采用半软性填料式生物膜反应器,硝化段为悬浮污泥系统,回流采用内循环,即污泥回流到 O 段,而回流废水进入 A 段。这样克服了 A/O 外循环工艺活性污泥交替处于缺氧、好氧状态致使污泥活性受抑制的缺点,但也存在二沉池增大、占地和投资增加的问题。宝钢化工公司采用 A/O 内循环工艺已运行多年,处理效果良好。为克服二沉池容积大、占地面积大的缺点,可在 O 段采用膜法工艺即在 O 段加设软性填料,曝气采用穿孔管提高氧的供给效率。经改进后,该工艺在某焦化厂废水处理站投入运用,效果良好。

A/O 工艺与传统活性污泥法相比主要有如下优点。

① 流程简单,省去了中间沉淀池构筑物,基建费用可大大节省,减少了占地面积。

② 将脱氮池设置在硝化过程的前部,可以利用原有污水中的含碳有机物和内源代谢物作为碳源,节省了外加碳源的费用,并可获得较高的 C/N 比,以保证反硝化作用的正常充分进行。

③ 好氧池在缺氧池后,可使反硝化残留的有机污染物得到进一步去除,提高出水水质,确保出水水质达到排放标准,同时缺氧池设置在好氧池之前,由于反硝化时废水中的有机碳被反硝化菌所利用,可减轻其后续好氧池的有机负荷,也可改善活性污泥的沉降性能,以利于控制污泥膨胀。

④ 缺氧池中进行的反硝化反应产生的碱度可以补偿好氧池中进行硝化反应对碱度的需求,节省药剂费用。

A/O 工艺的主要缺点:脱氮效率不高,一般为 30%～40%。此外,如果沉淀池运行不当,不及时排泥,则会在沉淀池内发生反硝化反应,造成污泥上浮,使处理水水质恶化。要提高脱氮率,必须加大回流比,这样将导致回流管道管径很大,回流水量多,动力消耗大,提高运行成本。同时,回流液将所含的大量溶解氧带入缺氧池,使反硝化反应器内难以保持理想的缺氧状态,影响反硝化进程。

(2) $A^2$/O 生物脱氮法

$A^2$/O(anaerobic-anoxic-oxic)工艺是在 20 世纪 70 年代由美国的一些专家在厌氧-好氧法脱氮工艺的基础上开发的污水处理工艺,旨在能同步去除污水中的氮和磷,尤其是对愈加严重的富营养化污染的水体。工艺流程如图 6-30 所示。从图可见,废水首先进入厌氧池,兼性厌氧发酵菌在厌氧环境下将废水中可生物降解的大分子有机物转化为分子量较低的中间发酵产物。聚磷菌将在其体内储存的聚磷酸盐分解，同时释放出能量供专性好氧聚磷微生物在厌氧环境下维持生存，随后废水进入缺氧池。反硝化菌利用好氧池中回流液中的硝酸盐以及废水中的有机物进行反硝化，达到同时除磷脱氮的效果。随后废水进入好氧池进行生物脱氮快速反应。

$A^2/O$ 是在厌氧、缺氧、好氧三种不同的环境条件和不同种类微生物菌群的有机配合下，能同时具有去除有机物、脱氮、除磷功能的一种工艺。厌氧—缺氧—好氧交替运行，因此，丝状菌不会大量繁殖，SVI 一般小于 100，不会发生污泥膨胀。厌氧、缺氧池只需轻缓搅拌，使混合均匀即可。

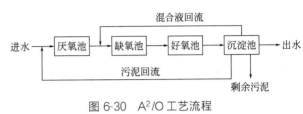

图 6-30　$A^2/O$ 工艺流程

① 工艺原理　$A^2/O$ 工艺是在 A/O 法流程前加一个厌氧段，废水中难以降解的芳香族有机物在厌氧段开环变为链状化合物，长链化合物开链为短链化合物。由于焦化废水中含有大量的喹啉、吡啶和异喹啉等难降解的化合物，增加厌氧段能提高废水的处理效果。$A^2/O$ 法处理焦化废水，首先在好氧条件下，通过好氧硝化菌的作用将废水中的氨氮氧化为亚硝酸盐或硝酸盐，然后在缺氧条件下，利用反硝化菌(脱氮菌)将亚硝酸盐和硝酸盐还原为氮气而从废水中逸出。

硝化菌的适宜 pH 值为 8.0～8.5，最佳温度为 35℃。反硝化是在缺氧条件下，由于兼性脱氮菌的作用，将硝化过程中产生的硝酸盐或亚硝酸盐还原成氮气的过程。反硝化菌的适宜 pH 值为 6.5～8.0，最佳温度为 30℃。

② 缺氧反应器　在缺氧反应器中，主要反应是以来自好氧池回流的 $NO_3^-$-N 为电子受体，以有机物为电子供体，将 $NO_3^-$-N 还原为 $N_2$，同时将有机物降解，并产生碱度的过程。与一般脱氮除磷的 $A^2/O$ 工艺稍有不同，焦化废水在缺氧段还能去除大量难降解的有机物。

同化作用去除一部分 $NH_4^+$-N。在反硝化反应器中，反硝化菌在降解有机物的同时合成自身细胞。由于经酸化的废水中含大量的 $NH_4^+$-N，微生物以 $NH_4^+$-N 作氮源。因此，在反硝化反应器中，有一部分 $NH_4^+$-N 通过同化作用而得到去除。

③ 好氧硝化池　好氧硝化池去除 COD，在该阶段，大量异养菌在好氧条件下降解水中高浓度 COD，同时自身不断繁殖，硝化去除氨氮，当水中可降解有机物消耗殆尽时，自养的硝化菌取代异养菌成为优势菌种。在一般情况下，先是亚硝化菌将 $NH_4^+$-N 转化为 $NO_2^-$-N，然后再由硝酸菌进一步转化为 $NO_3^-$-N。同化作用去除一部分 $NH_4^+$-N。

④ $A^2/O$ 工艺的特点

1）厌氧、缺氧、好氧三种不同的环境条件和不同种类微生物菌群的有机配合，能同时具有去除有机物、脱氮除磷的功能。

2）在同时脱氮除磷去除有机物的工艺中，该工艺流程较为简单，总的水力停留时间少于其他工艺。

3）在厌氧—缺氧—好氧交替运行下，丝状菌不会大量繁殖，SVI 一般小于 100，不会发生污泥膨胀现象。

4）在具有脱氮除磷功能的处理工艺中，污泥中含磷量高，一般为 2.5％以上。

5）脱氮效果受混合液回流比大小的影响，脱氮除磷效率不是很高。

### 6.4.3 同步硝化-反硝化（SNO）工艺

根据传统生物脱氮理论，废水中的氨氮必须通过硝化和反硝化两个独立过程来实现转化成氮气的目的。硝化和反硝化不能同时发生，硝化反应在有氧的条件下进行，而反硝化反应需要在严格的厌氧或缺氧的条件下进行。近几年来，国内外有不少试验和报道证明有同步硝化和反硝化现象（SND），尤其是在有氧条件下，同步硝化与反硝化存在于不同的生物处理系统中，如流化床反应器、生物转盘、SBR、氧化沟、CAST（循环式活性污泥法）工艺等。该工艺与传统生物脱氮理论相比具有很大的优势，它可以在同一反应器内同时进行硝化和反硝化反应，从而具有以下优点：a. 曝气量减少，降低能耗；b. 反硝化产生的 $OH^-$ 可就地中和硝化产生的 $H^+$，有效地维持反应器内的 pH 值；c. 因不需缺氧反应池，可以节省基建费；d. 能够缩短反应时间，节约碳源；e. 简化了系统的设计和操作等。

因此，SND 系统提供了今后降低投资并简化生物除氮技术的可能性。

（1）同步硝化-反硝化的特点

① 在 SND 工艺中，$NO_2^-$ 无需氧化为 $NO_3^-$ 便可直接进行反硝化反应，因此，整个反应过程加快，水力停留时间可缩短，反应器容积也可相应减小。

② 与完全硝化反应相比，亚硝化反应仅需 75% 的氧，工艺中需氧量降低，可节约能耗。

③ SND 使得两类不同性质的菌群（硝化菌和反硝化菌）在同一反应器中同时工作，脱氮工艺更加简化而效能却大为提高。

④ 在废水脱氮工艺中，将有机物氧化、硝化和反硝化在反应器内同时实现，既提高脱氮效果，又节约了曝气所需和混合液回流所需的能源。

⑤ 在 SND 工艺中，反硝化产生的 $OH^-$ 可以中和硝化产生的部分 $H^+$，减少了 pH 值的波动，从而使两个生物反应过程同时受益，提高了反应效率。

⑥ 在反应过程中，碳源对硝化反应有促进作用，同时也为反硝化提供了碳源，促进同步硝化-反硝化的进行。

所以，对于含氮废水的处理，同步硝化-反硝化技术有着重要的现实意义和广阔的应用前景。

（2）同步硝化-反硝化技术的实践

由于同步硝化-反硝化技术的诸多优点，国内外诸多水处理工作者正在进行此技术在实际运行中的应用性研究。间歇曝气工艺的氮去除率可达 90%，溶解氧浓度、曝气循环的设置方式、碳源形式及投加量均为重要的影响因素。较短的曝气循环周期有利于 SND 的发生，厌氧段加入碳源可以同时增强硝化和反硝化作用。同济大学的朱晓军、高廷耀等对上海市松江污水处理厂原有的推流式活性污泥法工艺（工艺流程见图 6-31）进行低氧曝气，以达到实现同步硝化-反硝化。测试结果表明，将曝气池中的 DO 控制在 0.5～1.0mg/L 低氧水平，在保证出水 COD 高效去除的同时，系统的脱氮能力显著提高，除磷能力也有很大改善。COD 的去除率可达 95% 左右，TN 的去除率可达 80% 左右，TP 的去除率为 90% 左右，且电耗较常规活性污泥法工艺低 10% 左右。

图 6-31 推流式活性污泥法工艺流程

依据同步硝化-反硝化机理，在一个反应器中同时实现硝化、反硝化和除碳，开发单级生物脱氮工艺如下。

① 单级活性污泥脱氮 活性污泥单级生物脱氮主要是利用污泥絮凝体内存在溶解氧的浓度梯度实现同时硝化和反硝化。在活性污泥絮凝体表层，由于氧的存在而进行氨的氧化反应，从外向里溶解氧浓度逐渐下降，内层因缺氧

而进行反硝化反应。关键在于控制好充氧速率，只要控制好氧的浓度，就可以达到在一个反应器中同时进行硝化、反硝化除氮的目的。

②　生物转盘（RBC）　在单一的 RBC 中同时进行硝化和反硝化的关键在于能否在生物膜内为硝化菌和反硝化菌创造各自适宜的生长条件，溶解氧浓度是一个重要因素。采用的方法：一是通过降低气相中的氧分压控制氧的传递速率；二是采用部分沉浸式和全部沉浸式相结合的 RBC 反应器。在好氧的 RBC 中，氮的去除效率除了与气相中的氧分压有关外，还取决于水温、HRT 和进水中的有机物与氨氮的比例。

### 6.4.4　短程硝化-反硝化脱氮工艺

（1）短程硝化-反硝化

短程硝化（简捷硝化或亚硝酸型硝化）-反硝化是指氨氮经过 $NO_2^-$-N 再被还原成 $N_2$。基本原理就是将硝化过程控制在亚硝酸盐阶段，阻止 $NO_2^-$ 的进一步氧化，直接以 $NO_2^-$ 为电子受体进行反硝化，而整个生物脱氮过程为：$NH_4^+ \rightarrow NO_2^- \rightarrow N_2$。其标志是亚硝酸盐高效而稳定地积累，影响亚硝酸盐积累的主要因素有游离氨浓度、DO、温度、pH 值、污泥龄及盐度等。由于短程硝化-反硝化具有耗能低、碳源需要量少、污泥产量低、碱量投加少和反应时间短等优点，引起了国内外学者的广泛关注。

长期以来，无论是在废水生物脱氮理论上还是在工程实践中都认为要使水中的氨态氮得以从水中去除必须经过典型的硝化-反硝化过程，即要经由 $NH_4^+$-N $\rightarrow NO_2^-$-N $\rightarrow NO_3^-$-N $\rightarrow NO_2^-$-N $\rightarrow N_2$ 的过程，这基于以下几个方面的原因：首先，若硝化不完全，所得的 $NO_2^-$-N 是"三致"物质，对受纳水体造成二次污染，因而要尽量避免硝化不完全；其次，$NO_2^-$-N 可继续耗氧，会影响出水水质；最后，从化学反应消耗的能量角度来看，在稳态条件下也会有 N 积累。从氮的微生物转化过程来看，氨氮转化成硝酸盐是由两类独立的细菌完成的，两个不同反应完全可以分开。对于反硝化菌，无论是 $NO_2^-$-N 还是 $NO_3^-$-N 都可作为最终受氢体，因此，整个生物脱氮过程也可以通过 $NH_4^+$-N $\longrightarrow NO_2^-$-N $\longrightarrow N_2$ 这样的途径来完成，即短程硝化-反硝化。

（2）短程硝化-反硝化的影响因素

实现短程硝化-反硝化，关键是 $NO_2^-$-N 积累，$NO_2^-$-N 积累的影响因素主要有游离氨、碱度、温度、DO、有毒物质等。

①　游离氨对短程硝化的影响　亚硝酸菌和硝酸菌对游离氨的敏感度不同，硝酸菌容易受到游离氨的抑制。游离氨对硝酸菌和亚硝酸菌的抑制浓度分别为 0.1～1.0mg/L 和 10～150mg/L。当游离氨超过了两类菌群的抑制浓度时，则整个硝化过程都受到抑制；当游离氨的浓度高于硝酸菌的抑制浓度而低于亚硝酸菌的抑制浓度时，则亚硝酸菌能够正常增殖和硝化而硝酸菌被抑制，就会发生亚硝酸盐的积累。当系统氨氮负荷增加时，系统内游离氨浓度增加，对硝酸菌的抑制作用增加，故系统内能够发生亚硝酸盐的积累。焦化废水处理过程中，在一定范围内加大系统的游离氨负荷有利于实现短程硝化。

②　DO 对短程硝化的影响　溶解氧对硝酸菌的活性有抑制作用，在有限溶解氧的竞争上亚硝酸菌的能力要强于硝酸菌。在一定的氨氮负荷下，当溶解氧不成为亚硝化速率的制约因素时，在某种程度上亚硝化率会随着溶解氧的降低而增大。当溶解氧浓度过低时，会抑制短程硝化的进行，从而减慢亚硝化速率，拖延了亚硝化的时间，为硝酸菌的活动提供了机会，反而会降低亚硝化率。

# 6.5 生物强化技术

生物强化技术(bioaugmentation)是一种通过向废水处理系统直接投加从自然界中筛选的优势菌种或通过基因重组技术产生的高效菌种以改善原处理系统的能力，达到对某一种或某一类有害物质的去除或某方面性能改进目的的环境生物技术。生物强化技术产生于20世纪70年代中期，80年代以来在水污染处理、污染土壤的生物修复及大气污染的治理中得到广泛的研究和应用。针对焦化废水的治理难题，国内外研究者从改造现有生化设施及开发新工艺两方面着手进行了大量的研究工作。

在生物处理体系中投加具有特定功能的微生物来改善原有处理体系的处理效果。投加的微生物可以来源于原有的处理体系，经过驯化、富集、筛选、培养达到一定数量后投加，也可以是原来不存在的外源微生物。实际应用中这两种方法都有采用，主要取决于原有处理体系中微生物组成及所处的环境。这一技术可以充分发挥微生物的潜力，改善难降解有机物的处理效果。

生物强化处理技术是现代微生物培养技术在废水处理领域的良好应用和扩展，该技术的核心是废水处理的优势微生物来源于废水处理系统自身，优势微生物的数量及活性大小决定废水处理系统的处理效果。所以，生物强化处理技术的主要工作内容是选择原废水处理系统中的优势微生物并使其迅速增殖，增强活性，进而返回原废水处理系统中，提高系统的处理效果。

## 6.5.1 原理与作用

投加的菌种与基质之间的作用主要有通过驯化、筛选、诱变、基因重组等技术得到一株以目标降解物质为主要碳源和能源的微生物，向处理系统中投入一定量的该菌种，就会增强对目标污染物的去除效果。此外，对于一些有毒有害物质，微生物不能以其为碳源和能源生长，但在其他基质存在的条件下，能够改变这种有害物质的化学结构，使其降解。

（1）高效菌种的直接作用

投菌法具有专门处理某些污染物或特种废水的特点，尤其适用于难降解有机废水。当原处理系统中不含高效菌种时，如果投入一定量的高效菌种，则可有针对性地去除废水中的目标降解物；当原处理系统中只存在少量高效菌种时，那么投加高效菌种后可大大地缩短微生物驯化所需要的时间。在水力停留时间不变的情况下，能达到较好的去除效果。

（2）微生物的共代谢作用

微生物的共代谢作用是指只有在初级能源物质存在时才能进行的有机化合物的生物降解过程。共代谢过程不仅包括微生物在正常生长代谢过程中对非生长基质的共同氧化，而且也包括了休止细胞对不可利用基质的氧化代谢。

## 6.5.2 主要技术工艺与特点

（1）投加高效降解微生物

投加高效降解微生物这种生物技术得以实施的前提是获得能作用于目标降解物的高效菌株，从理论上讲，对于天然合成的有机物，一般都能够找到相应的降解菌株。而对于具有芳香环或长碳链的合成有机物，相应的降解菌株很难找到，需培养及驯化。

这些降解菌在纯培养体系中大多数都能表现出高活性，但在多菌株共存的生物处理系统中，投加纯培养高效降解菌株(菌剂)后，能否起到强化生物处理的作用，在实际生产中尚难以预料。

（2）投加营养物和基质类似物

由于大部分难降解有机物的降解是通过共代谢途径进行的。在常规活性污泥系统中，可降解目标污染物的微生物活性和数量都比较低。通过投加某些碳源和能源营养物质或提供目标污染物降解过程中所需的因子，都有助于降解菌的生长，改善处理系统的运行状况。

（3）主要工艺特点

1）显著提高微生物活性，处理效率可以提高 50%～100%。

2）进水水质变化不大的情况下，可将处理系统的处理容量提升 30%～100%。

3）降低排放废水的污染指标，提高排放废水水质。

4）布局灵活、占地面积小。

5）可以有效地解决因水量增加或负荷增加而无法扩建的问题。

6）可以有效地解决因丝状菌异常增殖而导致的污泥膨胀问题。

7）投资省，可以连续升级，基本不需要增加土建构筑物。

8）自动化程度高，操作、管理简易。

9）可以用于高浓度污染物废水的生物预处理。

## 6.5.3　生物强化技术应用

针对废水处理而言，主要通过以下几种生物强化技术来提高现有生物设施的处理效率。

（1）投加高效菌种

获得高效作用于目标降解物的菌种是生物强化技术的关键。对于人类在工业生产中合成的一些化合物，它们的结构不易被自然界中固有微生物的降解酶系统识别，需要用目标降解物来驯化、诱导产生相应的降解酶系统。

筛选得到高效菌种一般需要一个月甚至几个月的时间。另外，生物强化技术的成功应用要综合考虑水质、水量、投菌量、营养物质、生物反应器的构型、水力停留时间等诸多因素。投加方式是设计时考虑的一个重要方面。直接投加方式简便易行，但菌体易于流失或被其他微生物吞噬。采用固定化技术，如用高聚物将其包埋或是固定在载体上，能增强菌体的竞争性及抗毒物毒性能力，有效地避免原生动物的捕食。

不同的反应器投加高效菌种的效果不尽相同。最初把这种技术较多地用于悬浮活性污泥法，如间歇式活性污泥法、生物曝气塘、氧化沟等，而现在人们尝试将其用于生物膜法，如生物流化床、填充床和升流式厌氧污泥床等，使生物增强菌类附着在载体(如砂砾、颗粒污泥)上，减少了菌体的流失。生物增强技术用在不同反应器的强化效果有待于人们进一步研究和探索。王璟、张志杰等通过驯化富集培养，从处理焦化废水的活性污泥中分离出 2 株萘降解菌 WN1、WN2 和 1 株吡啶降解菌 WB1。同时研究了高效菌种和共代谢初级基质组合协同作用的效果。研究结果表明，投加共代谢初级基质、$Fe^{3+}$ 和高效菌种均能促进难降解有机物的降解，提高焦化废水 COD 去除率，当三者协同作用时，效果最好。

1997～1998 年，上海的某公司在上海和杭州的两个不同焦化厂进行了现场模拟试验，试验结果得出，利用高效菌群技术去除污水中的氨氮时，效果非常好而且不需要加碱。$NH_3\text{-}N$ 由进水质量浓度 800mg/L 下降到了出水小于 25mg/L，整个过程去除率高达 96.9%，COD 由进水浓度 2000～3500mg/L 下降到了出水 150mg/L 以下，去除率达到了 92.5%。

（2）添加剂法

添加剂的目的是为了提高曝气池的污泥浓度，目前实际生产中主要是投加生物铁和投加生长素。要提高现有生化设施处理废水的效率，其中一条主要途径是减小污泥负荷。减小污泥负荷通常采用两种方式：一是提高曝气污泥浓度；二是加大曝气池的容积。对于后者，再加大曝气池的容积将影响其他处理环节，破坏工艺的完整性，污染指标去除率的提高一般很难实现；而通过刺激曝气池中微生物的活性，改善微生物的新陈代谢能力，从而来提高曝气池中的污泥浓度，这种方法应用于现有处理废水的设施效率一般较容易达到。以下的投加生物铁和生长素法都是通过提高污泥浓度来强化生化效果的。

① 生物铁法　生物铁法是在曝气池中投加铁盐，以提高曝气池中活性污泥浓度为主，充分发挥生物氧化和生物絮凝作用的强化生物处理方法。由于铁离子不仅是微生物生长所必需的微量元素，而且对生物的黏液分泌也有刺激作用。铁盐在水中生成氢氧化物，与活性污泥形成的絮凝物共同作用，使吸附和絮凝作用更有效地进行，从而有利于有机物富集在菌胶团的周围，加速生物降解作用。

该法大大地提高了曝气池中的污泥浓度，可由传统方法的 $2\sim4g/L$ 提高到 $9\sim10g/L$，使得系统降解有机化合物的能力大大加强。当有毒氰化物的浓度高达 $40mg/L$ 时，仍可取得良好的处理效果。同时，对 $COD_{Cr}$ 的降解效果也较传统的生化法好。该法与传统的生化法相比，尽管增加了一些处理药剂费，但单位去除污染物的成本并未提高或增加较少。目前，很多焦化厂废水处理站常采用生物铁法来强化降解污染物。

② 投加生长素法　投加生长素法是基于现有焦化厂生化处理曝气池容积偏小，酚、氰化物和 $COD_{Cr}$ 降解效率较差的情况下，采用投加生长素来提高活性污泥的活性和污泥浓度（MLSS），进而强化现有装置的处理能力。在焦化厂废水处理曝气池中采用投加生长素（如葡萄糖、氧化铁粉），强化废水处理系统对污染物的降解效率。从应用于高浓度或低浓度的焦化厂废水生化处理的效果来看都很有效，尤其是对酚、氰化物的去除率较高，对 $COD_{Cr}$ 的去除效果也比普通活性污泥法好。该法不仅能提高系统的容积负荷，而且由于增加了污泥浓度，使得微生物所承担的污染物污泥负荷降低，提高了处理效率，降低了处理成本。该技术在国内许多中小型焦化厂废水处理中得到了一定的推广使用。

投加生长素法的生化处理技术的关键是促进了细菌的繁殖与生长。细菌内存在着各种各样的酶，在细菌分解污染物的过程中，主要是借助于酶的作用。因为酶是一种生物催化剂，若酶系统不健全，则生物降解不彻底。投加生长素的目的不是对细胞起营养供碳作用或提供能源作用，而是健全细菌的酶系统，从而使生物降解有效进行。

# 第 7 章
# 污泥处理与处置技术

污泥是在水处理过程中产生的半固态或固态物质，是一种由有机残片、细菌菌体、无机颗粒、胶体等组成的极其复杂的非均质体，一般不包括栅渣、浮渣和沉砂。

污泥主要分为生活污泥和工业污泥。生活污泥是由生活污水处理后留下的大量污泥，它的特点是总量大，有机物含量高，即使脱水后含水量仍很高，且有大量的细菌和寄生虫，易腐烂，极不稳定。工业污泥是工业废水经过处理后产生的沉淀聚集物，工业污泥中一般都含有有毒、有害成分，刚产生的污泥一般呈黑色或黑褐色，呈黏滞状，而且颗粒很细。但是不同行业的废水所产生的污泥的特点也有所不同。例如，冶金行业产生的污泥具有粒径细，黏性大，有腐蚀性，有化学毒性，含有碳、铁、锌、铅、硫、磷等元素。化工行业污泥的组成成分非常复杂，含有的苯系物、酚类、蒽等物质有恶臭味和毒性，因此应妥善处理与处置。

一般来说，污泥通过减容、减量、稳定以及无害化的过程称为污泥处理。污泥处理工艺单元主要包括污泥浓缩、消化、脱水、堆肥、石灰稳定等工艺过程。而污泥处置是指经处理后的污泥或污泥产品以自然或人工方式使其能够达到长期稳定并对生态环境无不良影响的最终消纳方式。污泥处置主要包括土地利用、污泥农用、填埋和焚烧以及综合利用等。

污泥减容是通过降低污泥的含水率来减少污泥的体积，而污泥中的生物固体量几乎没有改变。减容化主要包括浓缩、脱水和干化等工艺。污泥减量一般采用适当的工艺过程和处理方法，使污泥中的有机物含量和污泥产量减少。而污泥稳定化过程也会使污泥减量，但是污泥稳定主要是针对污泥中的有机质而言的，可以通过物理、化学或生化反应，使污泥中的有机物发生分解或降解为矿化程度较高的无机化合物的过程。稳定方法包括石灰稳定、厌氧消化、好氧消化、堆肥、化学稳定和热稳定等过程。

## 7.1 污泥处理与处置的原则与方法

### 7.1.1 处理、处置的原则

污泥处理、处置应根据所处置的对象特性，考虑环境、安全、经济等方面的综合因素确定一种妥善的方法，但至少应该满足 3 个基本要求：对环境无负面影响；能进行工程化实践；处置产地的落实。

在评估污泥的综合处理与利用技术体系效果时，主要要满足污泥处理的减量化、无害化、稳定化和资源化的要求。欧洲的环境政策在废弃物处理方面体现了可持续发展的概念，废弃物应当是：尽量避免产生；数量减少到最少；循环利用。污泥的处理包括两个过程，即污泥预处理和污泥处置。污泥预处理包括浓缩、稳定、调节、脱水、消毒等过程。污泥处置则根据污泥的最终去向可分为污泥利用和污泥无害化，在许多情况下两者是联合使用的。污泥利用包括农用、制油、作为动物饲料、提取蛋白质、作建筑材料、改性制吸附剂等；污泥无害化处置为填埋、投海、焚烧和湿式氧化等。目前世界范围内常用的污泥处置方法是农用、焚烧、填埋、投海等。对于污泥的一种长期循环处置方法的选择和评价要考虑到环境健康标准、能源利用、温室气体的排放、气味的控制和污泥体积的减小，同时要考虑到公众对处置方法的接受态度。污泥处理处置原则见表7-1。

**表 7-1　污泥处理处置原则**

| 序号 | 处置原则 | 内容与要求 |
|---|---|---|
| 1 | 环境/健康保护 | 必须考虑到环境与健康的影响，这些因素不能被忽视，即使有高利润 |
| 2 | 资源回收 | 回收污泥中的资源，例如氮和能量 |
| 3 | 回收与投入的能源 | 尽可能多地回收能源 |
| 4 | 利润与总影响 | 从污泥中回收所得的利润必须大于回收过程对环境的影响，这些因素包括环境、社会和经济。例如在处理过程中是否产生温室气体等 |

## 7.1.2　处理、处置的方法与组合

一方面，由于废水水质不同，致使产生的污泥也不同，因而污泥的处理工艺将有所不同；另一方面，因污泥的处置方法不同，要求其前处理——污泥的处理也不同。

（1）污泥处理处置的基本方法

废水处理过程中产生的污泥不仅要求必须加以处理，而且要求处理到其在最终处置时对环境是无害的。

污泥处理处置方法的选择可能是一个或者几个处理手段的组合，要根据污泥的性质、类型和污泥量等情况而定，同时，污泥处理处置的方式方法又会互相影响。污泥处理处置的各种方法的作用和目的见表7-2。

**表 7-2　污泥处理处置的各种方法的作用和目的**

| 处理方法 | | 目的和作用 | 说明 |
|---|---|---|---|
| 污泥浓缩 | 重力浓缩 | 缩小体积 | |
| | 气浮浓缩 | 缩小体积 | |
| | 机械浓缩 | 缩小体积 | 利用机械设备浓缩污泥 |
| 污泥稳定 | 加氯稳定 | 稳定 | 用高剂量的氯气与污泥接触以对其进行化学氧化 |
| | 石灰稳定 | 稳定 | 将足够量的石灰加入到污泥中，使 pH 值维持在 12 或者更高，以此破坏导致污泥腐化的微生物的生存条件 |
| | 厌氧稳定 | 稳定，减少质量 | 在无氧和一定的温度条件下，污泥通过厌氧微生物的作用使部分有机物进行分解，产生沼气等产物，达到稳定的目的 |
| | 好氧稳定 | 稳定，减少质量 | 类似于活性污泥法，采用较长的污泥泥龄，使剩余污泥能够自身氧化，其初期投资低，但提供氧的动力费用较高 |

| 处理方法 | | 目的和作用 | 说明 |
|---|---|---|---|
| 污泥调理 | 化学调理 | 改善污泥脱水性质 | 在脱水之前向污泥中投加化学药剂，改善污泥的颗粒结构，使其更易脱水 |
| | 加热调理 | 改善污泥脱水性质及稳定和消毒 | 将污泥在一定压力下加热，使固体凝结，破坏胶体结构，降低污泥固体和水的亲和力，不加化学药剂就可使污泥易于脱水，同时，污泥也被消毒，臭味几乎被消除。由于得到的污泥水是高度污染的，可根据情况在预处理后直接回流至污水处理系统中，一般直接回流可使污水生物处理的负荷增加25% |
| | 冷冻调理 | 改善污泥脱水性质 | 在污泥冷冻过程中，所有固体从冰晶网格中分离出来，因此，冰晶是由相对较纯的水组成的，这样污泥水可以有效地分离出来。污泥融化后，脱水性质能得到较好的改善。在寒冷地区冬季采用自然冷冻法，夏季采用化学调理，干化床脱水则比较经济 |
| | 辐射法调理 | 改善污泥脱水性质 | 采用放射性物质的辐射来改善污泥的脱水性质，实验室证明是有效的，但用于实际尚需进一步降低成本 |
| 污泥消毒 | 消毒 | 消毒灭菌 | 当污泥被进行利用时，从公共卫生角度出发，要求与各种病原体的接触最少。主要方法有加热巴氏灭菌、加石灰提高pH值（大于12）、长期储存（20℃，60d）、堆肥（55℃，大于30d）、加氯或其他化学药品。厌氧和好氧(不包括高温好氧消化)可以大大减少病原体的数量，但不能使污泥消毒。厌氧和好氧消化后未脱水的污泥宜采用巴氏灭菌法或长期储存法，脱水后的污泥宜采用长期储存或堆肥方法灭菌 |
| 污泥脱水 | 自然脱水 | 缩小体积 | 如污泥干化场 |
| | 机械脱水 | 缩小体积 | 如板框压滤机，真空脱水机、带压式滤机、离心脱水机等，在外力作用下，减少污泥中的水分 |
| | 贮泥池 | 储存、缩小体积 | 在蒸发率高的地区可代替污泥干化场 |
| 污泥干燥 | 机械干燥加热 | 降低质量，缩小体积 | 在机械干化装置中，通过提供补充热量以增加污泥周围空气的湿含量，并提供蒸发的潜热。干燥后的污泥含水率可降至10%以下，这对于污泥焚烧和制造肥料非常有利。主要干燥机械有急骤干燥器、转动干燥器、多层床干燥器等，热源可以是污泥厌氧消化后的沼气 |

（2）处理方法与组合

污泥处理的目的实质上是为各种污泥的处置方案提供必要的前处理；不同的最终处置有不同的前处理要求。在实际中，应该根据污泥的最终处置方案、污泥的不同数量和性质，结合当地的具体条件，选取几个不同的污泥处理单元，以组成不同的污泥处理处置系统。实际上，这些污泥的处理方法也是污泥最终处理方法的一部分。焚烧污泥就要求先使污泥脱水，而在脱水前要改善污泥的脱水性能等。因此，污泥处理处置系统往往包含了一个或多个污泥处理单元过程。通常采用的单元过程有浓缩、稳定、调理及脱水等；在某些情况下，还要求消毒、干化、热处理等工序，而每个工序也有不同的处理方法。污泥处理的各种工艺的组合如图7-1所示。

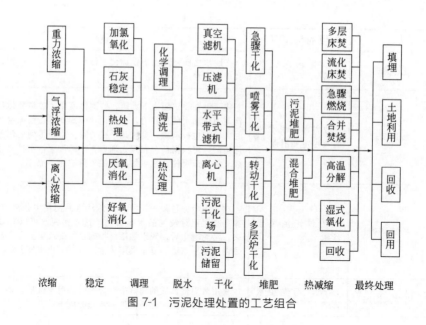

图 7-1 污泥处理处置的工艺组合

# 7.2 污泥浓缩

在对污泥进行其他方法处理之前，必须对污泥进行浓缩，降低污泥中的含水率。

废水处理构筑物中产生的污泥具有大量的水分（含水率在98％以上），体积很大，对污泥的处理、利用和运输造成很大困难，因而先要浓缩以去除大部分的水分。污泥的含水率分别为99％、90％、80％、60％、20％时，其体积分别为100％、10％、5％、2.5％和1.25％，即当污泥的含水率由99％降到80％时，其体积可减少到原来的1/20。这意味着污泥浓缩后，可减少消化池的容积和加温污泥所需的热量，有利于污泥的后续处置和利用，大大降低运输和后续处理的费用。因此，污泥浓缩是减少污泥体积最经济有效的方法，特别是对剩余活性污泥的处理，尤其不可缺少。

污泥浓缩主要为重力浓缩、气浮浓缩和离心浓缩等。

## 7.2.1 重力浓缩

（1）浓缩池

用于相对密度较大的泥渣处理，分为间歇式（图7-2）和连续式（图7-3）两种。前者为间歇操作，在池壁不同高度设上清液排出管，排出上清液，然后再从池底排出泥渣。后者连续运行，处理能力较大，泥水由中心筒进入，澄清水及泥渣分别由溢流堰和池底排出。为提高浓缩池效率，在池内增设斜板，可提高处理能力1.6~2.8倍。

为了节约土地，有时可以采用多层辐射式浓缩池，如图7-4所示。如果处理高浓度悬浮液或凝聚性能差的悬浮液可以采用凝聚浓缩池，如图7-5所示，如果不采用刮泥机可以采用多斗式浓缩池，依靠重力排泥，泥斗

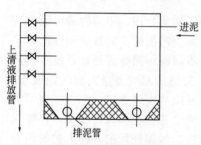

图 7-2 间歇式浓缩池

的锥角应保持在55°以上，采用此种方式可以取得较好的浓缩效果，如图7-6所示。

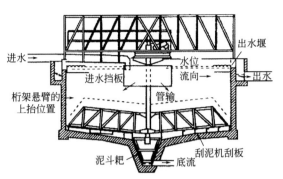

图7-3 有刮泥机及搅拌杆的连续式浓缩池

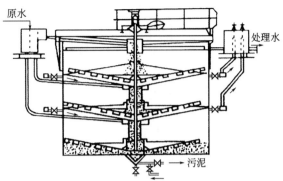

图7-4 多层辐射式浓缩池

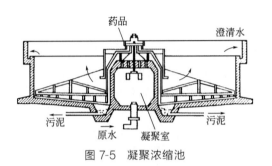

图7-5 凝聚浓缩池

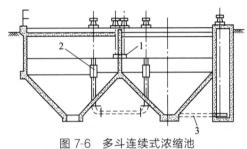

图7-6 多斗连续式浓缩池
1—进口；2—可升降的上清液排出管；3—排泥管

（2）污泥浓缩池处理状况

污泥浓缩池处理各种类型污泥的状况与结果见表7-3。

**表 7-3** 污泥浓缩池固体负荷及浓缩前后的污泥浓度

| 污泥类型 | 污泥含固量/% | | 固体通量 / [kg/(m² · h)] |
|---|---|---|---|
| | 浓缩前 | 浓缩后 | |
| 1. 处理单元污泥 | | | |
| 初沉污泥 | 2～7 | 5～10 | 3.92～5.88 |
| 生物滤池污泥 | 1～4 | 3～6 | 1.47～1.96 |
| 生物转盘污泥 | 1～3.5 | 2～5 | 1.47～1.96 |
| 剩余活性污泥 | | | |
| 　普通和纯氧曝气 | 0.5～1.5 | 2～3 | 0.49～1.47 |
| 　延时曝气 | 0.2～1.0 | 2～3 | 0.98～1.47 |
| 消化后的初沉污泥 | 8 | 12 | 4.9 |
| 2. 热处理污泥 | | | |
| 初沉污泥 | 3～6 | 12～15 | 7.84～10.29 |
| 初沉污泥+剩余活性污泥 | 3～6 | 8～15 | 5.88～8.82 |
| 剩余活性污泥 | 3～6 | 6～10 | 4.41～5.88 |
| 3. 其他污泥 | | | |

| 污泥类型 | 污泥含固量/% | | 固体通量 /〔kg/(m²·h)〕 |
| --- | --- | --- | --- |
| | 浓缩前 | 浓缩后 | |
| 初沉污泥＋剩余活性污泥 | 0.5～1.5 | 4～6 | 0.98～2.94 |
| 初沉污泥＋生物滤池污泥 | 2.5～4.0 | 4～7 | 1.47～3.43 |
| 初沉污泥＋生物转盘污泥 | 2～6 | 5～9 | 2.45～3.92 |
| 剩余活性污泥＋生物滤池污泥 | 2～6 | 5～8 | 1.96～3.4 |
| 4. 厌氧消化污泥 | | | |
| 初沉污泥＋剩余活性污泥 | 4 | 8 | 2.94 |

## 7.2.2　气浮浓缩

（1）气浮浓缩原理与工艺

气浮法是固液分离或液液分离的一种技术，是利用固体与水的密度差而产生的浮力，使固体上浮，达到固液分离的目的。气浮法主要用于从废水中去除相对密度小于1的悬浮物、油脂和脂肪，并用于污泥的浓缩。气浮浓缩与重力浓缩相反，是依靠水在罐内溶入过量的空气后，突然减压释放出大量微小气泡并迅速上升，捕捉污泥颗粒浮到上面，从而与水分离的方法。

一般而言，固体与水的密度差越大，气浮浓缩的效果越好。对密度小于 $1g/cm^3$ 的固体可以直接进行上浮分离，但是对于大于 $1g/cm^3$ 的固体则不好实现固液的分离，所以必须改变固体密度。利用空气改变固体密度（小于 $1g/cm^3$），产生上浮的原动力，实现固液分离并浓缩的方法称为气浮浓缩。气浮浓缩的典型工艺流程如图 7-7 所示。

气浮浓缩比较适合剩余活性污泥、好氧消化污泥、接触稳定污泥、不经初次沉淀的延时曝气污泥等污泥的浓缩。而初沉污泥、厌氧消化污泥和腐败污泥由于密度较大，沉淀性能好，采用重力浓缩比气浮浓缩经济。

（2）处理技术与设备

气浮系统浓缩的主要设备如下。

① 溶气罐　溶气罐的作用是使水和空气充分接触，加速空气的溶解。常用溶气罐为填充式溶气罐，如图 7-8 所示，填料有阶梯杯、拉西环、波纹片卷等。

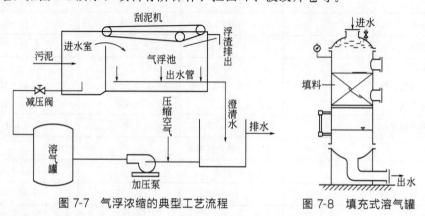

图 7-7　气浮浓缩的典型工艺流程　　　图 7-8　填充式溶气罐

其中以阶梯杯的溶气效率最高，可达 90% 以上。填料层厚 0.8mm 以上。溶气罐的表面

负荷为 $300\sim2500\text{m}^3/(\text{m}^2\cdot\text{d})$。容积为 $1\sim3\text{min}$ 加压水量。

② 溶气水的减压释放设备　其作用是将压力溶气水减压，迅速将溶于水中的空气以极微小的气泡(平均为 $20\sim40\mu\text{m}$) 释放出。减压释放设备由减压阀和释放器组成。减压阀的安装应尽量靠近气浮池。如果减压后的管道较长，释放出的微气泡可能会合并增大，严重影响气浮效果。释放器的类型、工作原理如图 7-9 所示。溶气水在释放器内经过收缩、扩散、撞击、返流、挤压、旋涡等流态，能在 $0.1\text{s}$ 内使压力损失 $95\%$ 左右，从而将溶解的空气迅速释放出。

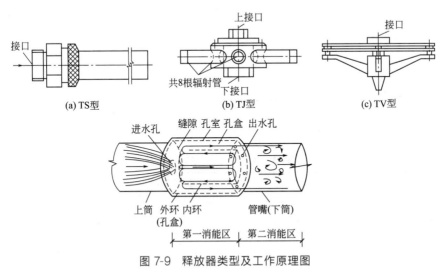

(a) TS型　　　　(b) TJ型　　　　(c) TV型

图 7-9　释放器类型及工作原理图

③ 水泵及空压机　水泵的压力不宜过高，过高会使溶气过多，经减压后释放出的气泡过多，气泡互相合并，对气浮不利；压力过低，为保证所需溶气量，就需增加溶气水量，相应也需加大气浮池容积。溶气罐内的溶气压力若为 $0.2\sim0.4\text{MPa}$(绝对压力)，则水泵的压力应增加所需的水头损失即可。空压机的容量根据计算定。

④ 刮泥机械　浮于气浮池表面的浮泥，用刮泥机缓慢刮除。经气浮的浮泥具有不可逆性，即不会由于机械力(如风、刮泥机)而解体。

## 7.2.3　离心浓缩

离心浓缩法的原理是利用污泥中的固体、液体的密度差，在离心力场所受的离心力不同而被分离浓缩。由于离心力数千倍于重力，因此，离心浓缩法占地面积小，造价低。但运行与维修费较高。

用于离心浓缩的离心机有转盘式离心机、篮式离心机和转鼓式离心机等。各种离心机的浓缩效果见表 7-4。

表 7-4　离心机浓缩效果表

| 污泥种类 | 离心机型号 | $Q_0/(\text{L/s})$ | $C_0/\%$ | $C_u/\%$[①] | 固体回收率/% | 混凝剂用量/(kg/t)(干固) |
|---|---|---|---|---|---|---|
| 剩余活性污泥 | 转盘式 | 9.5 | $0.75\sim1.0$ | $5.0\sim5.5$ | 90 | 不用 |
| 剩余活性污泥 | 转盘式 | 25.3 | | 4.0 | 80 | 不用 |
| 剩余活性污泥 | 转盘式 | $3.2\sim5.1$ | 0.7 | $5.0\sim7.0$ | $93\sim87$ | 不用 |

| 污泥种类 | 离心机型号 | $Q_o$/( L/s ) | $C_o$/% | $C_u$/%[①] | 固体回收率/% | 混凝剂用量/(kg/t)（干固） |
|---|---|---|---|---|---|---|
| 剩余活性污泥 | 篮式 | 2.1~4.4 | 0.7 | 9.0~10.0 | 90~70 | 不用 |
| 剩余活性污泥 | 转鼓式 | 0.63~0.76 | 1.5 | 9~13 | 90 | 不用 |
| 剩余活性污泥 | 转鼓式 | 4.75~6.30 | 0.44~0.78 | 5~7 | 90~80 | 不用 |
| 剩余活性污泥 | 转鼓式 | 6.9~10.1 | 0.5~0.7 | 5~8 | 65 | 不用 |
| 剩余活性污泥 | 转鼓式 | | | | 85 | 少于2.26 |
| 剩余活性污泥 | 转鼓式 | | | | 90 | 2.26~4.54 |
| 剩余活性污泥 | 转鼓式 | | | | 95 | 4.54~6.8 |

① $C_u$ 浓缩污泥浓度。

污泥采用离心浓缩运行设计参数见表7-5。

表 7-5　污泥离心浓缩运行参数

| 污泥类型 | 入流污泥含固量/% | 排泥含固量/% | 高分子聚合物投加量/(g/kg 干污泥) | 固体物质回收率/% | 类型 |
|---|---|---|---|---|---|
| 剩余活性污泥 | 0.5~1.5 | 8~10 | 0；0.5~1.5 | 85~90；90~95 | |
| 厌氧消化污泥 | 1~3 | 8~10 | 0；0.5~1.5 | 85~90；90~95 | |
| 普通生物滤池污泥 | 2~3 | 8~9；9~10 | 0；0.75~1.5 | 90~95；95~97 | 轴筒式 |
| 混合污泥 | 2~3 | 7~9 | 0.75~1.5 | 94~97 | |
| 剩余活性污泥 | 0.75~1.0 | 5.0~5.5 | 0 | 90 | 转盘式 |

污泥浓缩除了重力浓缩、气浮浓缩和机械浓缩以外，还有微孔滤剂浓缩法、隔膜浓缩法及生物浮选浓缩法等。例如，转动平膜是一种吸引型浸渍膜，并可作为附属设施实现小型化和一体化，可得到与管状纤维膜同等的流量，其特点是可提高污泥的凝集浓度，大幅度削减运转成本，即使变化污泥混合液的流动性，被处理液的流路也不闭塞。另外，利用浸渍型有机平膜和管状膜也取得较好的效果。利用膜法浓缩污泥是污泥浓缩技术的一个研究方向。此外，浓缩脱水一体化设备的研究也是一个热点，利用浓缩脱水一体化设备处理 SBR、$A^2/O$ 等工艺产生的污泥，取得了良好的效果，浓缩处理后污泥浓度为 2%~10% 以上。

## 7.2.4　浓缩方法比较与能耗

① 各种污泥浓缩方法比较见表7-6。

表 7-6　各种污泥浓缩方法中的优缺点

| 方　法 | 优　点 | 缺　点 |
|---|---|---|
| 重力浓缩 | (1) 贮存污泥能力高；<br>(2) 操作要求不高；<br>(3) 运行费用少，尤其是电耗低 | (1) 占地面积大；<br>(2) 会产生臭气；<br>(3) 对于某些污泥工作不稳定 |

| 方　法 | 优　点 | 缺　点 |
|---|---|---|
| 气浮浓缩 | (1) 浓缩后污泥含水率低；<br>(2) 比重力浓缩法所需土地小，臭气问题少；<br>(3) 可使砂砾不混于浓缩污泥中；<br>(4) 能去除油脂 | (1) 运行费用较高；<br>(2) 占地面积比离心浓缩法大；<br>(3) 污泥储存能力小；<br>(4) 操作要求比重力浓缩法高 |
| 离心浓缩 | (1) 占地面积小；<br>(2) 没有或几乎没有臭气问题 | (1) 要求专用的离心机；<br>(2) 电耗大；<br>(3) 对操作人员要求高 |

② 污泥浓缩脱水能耗见表 7-7。

表 7-7　污泥浓缩脱水能耗

| 浓缩方法 | 污泥种类 | 能　耗 | |
|---|---|---|---|
| | | /( kW·h/t 干泥 )（范围值） | /( MJ/m³ )（脱水量） |
| 重力浓缩法 | 初次沉淀池污泥 | 8.55(6.4～13.9) | 12.05 |
| | 剩余活性污泥 | 42.7(21.4～64.1) | 5.4 |
| 浮上浓缩法 | 剩余活性污泥 | 876(695～1176) | 132.9 |
| 筐式离心机浓缩 | 剩余活性污泥 | 1026(908～1176) | 139.6 |
| 滚筒式离心机浓缩 | 剩余活性污泥 | 566(427～693) | 75.10 |

# 7.3　污泥稳定与消化

## 7.3.1　稳定与消化技术途径

污泥稳定是指经过一定处理实现污泥稳定化和减量化。污泥稳定化是指采用污泥消化处理等方式，使污泥的有机物含量减少 35% 以上。

污泥稳定是污泥处理与处置中重要的一环，污泥经稳定处理可以减少各种病原体、消除讨厌的气味、抑制腐化的潜力。这些目标的实现与污泥的挥发性或有机组分的稳定操作的效果有关。现在大致有 4 种污泥稳定化处理方法，即：a. 降低生物挥发量；b. 使挥发物化学氧化；c. 向污泥中加入化学药剂，使污泥不适合微生物生存；d. 加热使污泥消毒或灭菌。

污泥稳定方法主要可分为生物稳定方法（如好氧消化、厌氧消化）、化学稳定方法（如加石灰稳定和氯气稳定）以及物理稳定方法（如高温热力稳定）等；其中生物稳定方法最为常用，传统上污泥稳定不是采取好氧消化就是采取厌氧消化的方法进行污泥的生物稳定处理。污泥生物稳定方法的分类见表 7-8。

表 7-8　污泥生物稳定方法分类

| 好氧方法 | 厌氧方法 | 好氧-厌氧组合方法 |
|---|---|---|
| 在曝气池中同时进行稳定（常温）<br>（延时曝气活性污泥法） | 中温厌氧消化<br>（一级或二级） | 高温好氧/中温厌氧<br>（能高效杀灭病原菌） |

续表

| 好氧方法 | 厌氧方法 | 好氧-厌氧组合方法 |
|---|---|---|
| 污泥单独进行好氧稳定(常温) | 高温/中温二级厌氧消化<br>(能高效杀灭病原菌) | |
| 污泥好氧高温稳定 | | |
| 生物酶污泥稳定(处于开发阶段) | | |

(1) 污泥的好氧消化

好氧消化是指污泥经过较长时间的曝气，其中一部分有机物由好氧微生物进行降解和稳定的过程。污泥好氧处理是近 30 多年来在延时曝气活性污泥法的基础上发展起来的。消化池内微生物生长处于内源代谢期，通过处理产生 $CO_2$ 和 $H_2O$ 及 $NO_3^-$、$SO_4^{2-}$、$PO_4^{3-}$ 等。好氧处理必须供应足够的空气，保证污泥溶解氧至少有 $1\sim2mg/L$，并有足够的搅拌使污泥中的颗粒保持悬浮状态。污泥的含水率需大于 95%，否则难于搅拌。污泥好氧处理系统的设计根据经验数据或反应动力学进行，消化时间根据试验确定。其目的在于稳定污泥，减轻污泥对环境和土壤的危害，同时减少污泥的最终处理量。它的主要优点是初期投资少、运行简单、最终产物量小、无臭味、上清液的 BOD 浓度较低。但由于需要输入动力，所以运行费用较高。

如果以 $C_5H_7NO_2$ 表示活性污泥细胞分子式，则好氧处理过程中发生的氧化作用可以表示为：

$$C_5H_7NO_2 + 5O_2 \longrightarrow 5CO_2 + NH_3 + 2H_2O$$

污泥好氧处理对中小型水厂比较适用，其好氧消化池的工艺如图 7-10 所示。

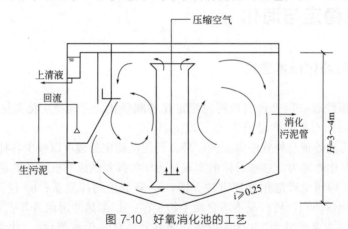

图 7-10 好氧消化池的工艺

(2) 污泥的厌氧消化

污泥的厌氧消化也称厌氧稳定，它是对有机污泥进行稳定处理的最常用的方法。一般认为当污泥中的挥发性固体量降低 40% 左右即可认为污泥已经稳定。污泥厌氧消化是在无氧条件下，污泥中的有机物由厌氧微生物进行降解和稳定的过程。只有以有机物成分为主的活性污泥才能进行消化，一般将剩余活性污泥浓缩后储存在密闭的罐或池内，在缺氧的条件下，一部分菌体逐渐转化为厌氧菌或兼性菌，借兼性菌及专性厌氧细菌降解污泥中的有机污染物，污泥逐渐被消化掉，同时放出热量和甲烷气，甲烷气可以回收用于发电。经过厌氧消化可使污泥中有机物质的 60% 转化为甲烷，同时可消灭恶臭及各种病原菌和寄生虫，减少了脂肪类物质的含量，提高氨氮浓度，从而使污泥可以比较安全地综合利用，其厌氧消化池结构如图 7-11 所示。

厌氧消化是一个复杂的生物化学反应过程，它通过几种微生物分几步来执行，反应不需要或几乎不需要氧气存在。在处理过程中，主要产生一种由甲烷（$CH_4$）和二氧化碳（$CO_2$）所组成的气体，称为沼气。所产生气体的量取决于流入消化池的有机废物的量和影响分解速率的温度与气体成分。厌氧消化的 4 个不同的步骤如图 7-12 所示。

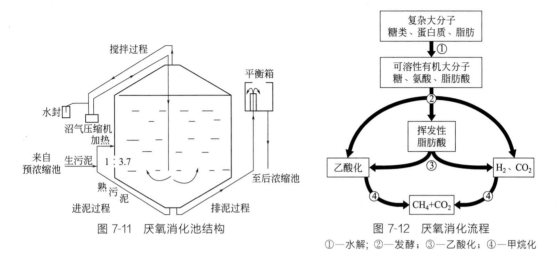

图 7-11　厌氧消化池结构

图 7-12　厌氧消化流程
①—水解；②—发酵；③—乙酸化；④—甲烷化

（3）石灰稳定消化法

石灰稳定法是一种非常简单的方法，所需的基建费用不高。石灰稳定法中，实际上并没有有机物被直接降解，石灰稳定法不仅不能使固体物的量减少，反而使固体物增加。由于固体物增加而使污泥的体积增加，因此，最终处置的费用往往要比别的一些污泥稳定方法要高。

石灰稳定法的主要作用是解决污泥的臭气问题，杀死病原菌和提高污泥脱水率。

（4）污泥的热处理稳定

热处理既是稳定过程，也是调理过程。热处理使污泥在压力下短时间加热，这种处理方法使固体凝结，破坏凝胶体结构，降低污泥固体和水的亲和力。同时，污泥也被消毒，臭味几乎被消除，而且不加化学药品就可以在真空过滤机或压滤机上迅速脱水。热处理法的过程包括 Porfeus 法和低温湿氧化法。通过湿氧化过程，污泥中大部分有机物可被分解掉，特别是污泥挥发组分大量减少，同时，污泥颗粒内和颗粒间的结合水被脱除，这就达到污泥稳定和减容的目的。若温度合适，还能将污泥中的剧毒有机物如苯并[a]芘等分解。

（5）污泥的氯氧稳定

氯氧化法就是利用高剂量的氯气将污泥化学氧化。通常将氯气直接加入储存在密封反应器内的污泥中经过短时间后脱水。常采用的砂床干化层是一种有效的方法。大多数氯氧化装置是按定型设计预制的，通过设置加氯器向过程中加氯，为使污泥在脱水前处于良好状态，需要添加氢氧化钠和聚合电解质。

氯氧化污泥的上清液和滤饼可能含有高浓度的重金属和氯胺。由于氯气和污泥反应会形成大量的盐酸，溶解重金属。重金属的释放取决于 pH 值、污泥的金属含量和污泥中金属的形式。污泥的氯氧稳定方法一般只在某些特殊的情况下才用。

## 7.3.2　技术特征与设计参数

① 各种活性污泥稳定处理技术的特点比较见表 7-9。

**表 7-9　活性污泥稳定处理技术的特点比较**

| 处理技术 | 应用范用 | 特　点 | 缺　点 |
|---|---|---|---|
| 氯氧化 | 任何生物污泥、化粪池污泥 | (1) 污泥化学氧化；<br>(2) 污泥便于脱水 | 费用高昂；仅限于比较小的处理厂 |
| 石灰稳定 | 无机污泥、有机污泥 | (1) pH 值高不利于微生物的生存，污泥不会腐化、产生气体和危害健康；<br>(2) 杀死病原体的效果较好 | 稳定单位质量的污泥所需石灰量比废水所需的量要大 |
| 热处理 | 生物污泥 | (1) 既是稳定过程，也是调理过程；<br>(2) 能够不添加化学药品就迅速脱水；<br>(3) 污泥的臭味被清除并清毒 | 设备的基本建设费用较高，一般限制用于大型装置或场地受到限制的装置 |
| 厌氧消化 | 有机污泥 | (1) 投资费用低；<br>(2) 产生的甲烷气体可以利用 | 污泥难用于机械脱水；易发生一些运转上的问题；有臭味，池子一般要加盖 |
| 好氧消化 | 多用于中小型生活污水厂 | (1) 上层澄清液中化学需氧量的浓度较低；<br>(2) 生物稳定的最终产物像腐植土，没有气味，易于处理；<br>(3) 产生的污泥易于脱水；<br>(4) 污泥中可以利用的基本肥效较高；<br>(5) 操作问题较少；<br>(6) 设备费用较低 | 提供氧气的动力费用较高；不能回收有用的副产品；去除寄生虫和病原菌微生物的效果差 |
| 两相厌氧消化 | 有机污泥 | (1) 两相厌氧消化工艺可同时达到对城市污泥的稳定和灭菌；<br>(2) 高温可缩短酸化的时间 | 产甲烷反应器和产酸反应器的容积 $R$ 对整个消化系统的处理效果有很大的影响，$R$ 偏大或偏小都会降低消化处理的效果 |

② 好氧消化池设计参数见表 7-10。

**表 7-10　好氧消化池设计参数**

| 序号 | 设计参数内容 | 数值 |
|---|---|---|
| 1 | 污泥停留时间/d | |
| | 活性污泥 | 10～15 |
| | 初沉污泥、初沉污泥与活性污泥混合 | 15～20 |
| 2 | 有机负荷/[kg MLVSS/(m³·d)] | 0.38～2.24 |
| 3 | 空气需氧量(鼓风曝气)/[m³/(m³·min)] | |
| | 活性污泥 | 0.02～0.04 |
| | 初沉污泥、初沉污泥与活性污泥混合 | ＞0.06 |
| 4 | 机械曝气所需功率/[kW/(m³·池)] | 0.02～0.04 |
| 5 | 最低溶解氧/(mg/L) | 2 |
| 6 | 温度/℃ | ＞15 |
| 7 | 挥发性固体去除率/% | 约50 |

③ 污泥厌氧消化设计参数见表 7-11。

**表 7-11**　污泥厌氧消化设计参数

| 参数 | 传统消化池 | 高速消化池 |
|---|---|---|
| 挥发固体负荷/[kg/(m³·d)] | 0.6～1.2 | 1.6～3.2 |
| 污泥固体停留时间/d | 30～60 | 10～20 |
| 污泥固体投配率/% | 2～4 | 5～10 |

# 7.4　污泥脱水

污泥脱水分为机械脱水与自然脱水两类。脱水后污泥含水率通常为 55%～85%。

## 7.4.1　机械脱水

机械脱水有真空吸滤、压滤和离心脱水 3 种。

① 真空吸滤　使用较广泛。一般分为外滤面真空过滤机和内滤面真空过滤机两类。常用的外滤面真空过滤机有转鼓真空过滤机、圆盘真空过滤机、折带过滤机(图 7-13)等。

② 压滤　分为板框压滤机和带式压滤机。板框压滤机有手动和自动两种。手动压滤机需人工将板框一块块卸下，剥离泥饼、清洗滤布后再组装过滤，劳动强度大。自动板框压滤机(图 7-14)全部过程均自动进行。

带式压滤机目前已广泛应用于城市污水处理厂的污泥脱水。

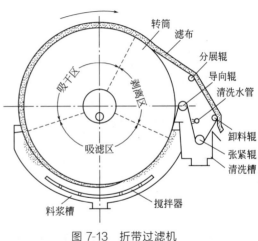

图 7-13　折带过滤机

③ 离心脱水　转筒式离心脱水机(图 7-15)使用最普遍。泥渣通过中心空轴连续送入筒内，离心机高速旋转，重质固体抛向筒壁。螺旋刮刀输泥机与转筒同向旋转，但转速稍慢，故能将泥渣送出。

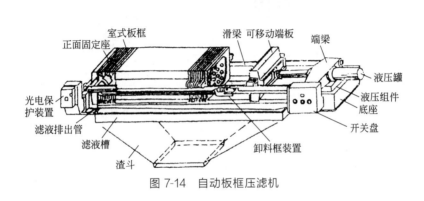

图 7-14　自动板框压滤机

## 7.4.2 自然脱水

① 干化场　一般为人工滤层干化场，人工铺设滤料。为防止地下水污染，在干化场底部和侧壁设不透水层。

② 重力脱水罐　如图 7-16 所示，设带有滤网的排水管、料位指示器和振动器。滤网通过排水管排出，固体留在罐内。当罐内料位达到最高值时，打开卸料阀，开动振动器使泥渣卸入运料车内。

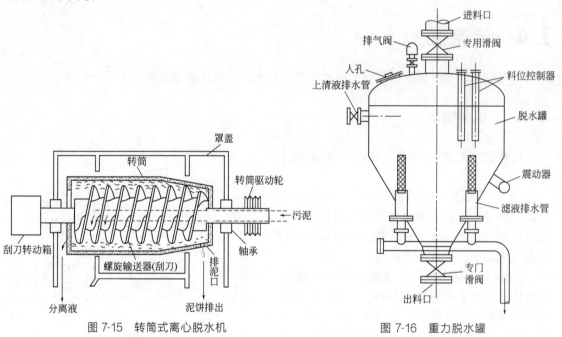

图 7-15　转筒式离心脱水机

图 7-16　重力脱水罐

## 7.4.3 脱水机比较与污泥利用概况

（1）脱水机比较

各种机械脱水机优劣比较见表 7-12。

表 7-12　4 种脱水机优劣比较

| 脱水机类型 | 优　点 | 缺　点 |
| --- | --- | --- |
| 转鼓真空过滤机 | （1）能够连续生产，运行平稳；<br>（2）自动化程度高； | （1）附属设施较多，工序复杂；<br>（2）占地面积大，要求有大的建筑面积；<br>（3）运行费用较高 |
| 板框压滤机 | （1）泥饼含固率高；<br>（2）在操作周期内，运行管理方便；<br>（3）适用于各种浓度的原污泥，且泥饼的含固率稳定；<br>（4）可以使用石灰作为调理剂和杀菌剂 | （1）只能用于间歇式的操作，且操作复杂；<br>（2）初期投资较高；<br>（3）处理单位产量污泥的占地面积较大；<br>（4）滤布的安装、冲洗和泥饼的剥离等劳动强度较大；<br>（5）工作环境差，有难闻的气味产生；<br>（6）以石灰作调理剂时，使泥饼质量大大增加；<br>（7）最好需另加高分子聚合物作调理剂；<br>（8）占地面积大，要求有大的建筑面积 |

| 脱水机类型 | 优　点 | 缺　点 |
|---|---|---|
| 带式压滤机 | (1) 操作简单，对员工素质的要求不高；<br>(2) 比较容易维护且维护费用较低，主要维护工作是更换滤带；<br>(3) 相对离心机来说，开机及停机较为容易；<br>(4) 相对离心机来说，噪声较小；<br>(5) 占地面积较小 | (1) 散发难闻的气味，若采用较好的通风或密闭系统可能有一定的改善；<br>(2) 若原污泥的含固率波动较大，需要随时调整工作参数；<br>(3) 含油脂类高的污泥可能导致过滤困难和泥饼含固率低；<br>(4) 需经常性的冲洗，每天应保持 6h 以上的冲洗时间 |
| 卧螺式离心机 | (1) 单位污泥产量的土地占用面积较小；<br>(2) 操作方便，运行稳定；<br>(3) 密闭性好，无难闻气味产生；<br>(4) 清洗方便；<br>(5) 污泥固体的回收率高；<br>(6) 日常维护容易，检修一般由生产厂家负责；<br>(7) 总的运行维护费用可能不会太高，基本与带式压滤机相当或稍高 | (1) 运行时，动力消耗和噪声较大；<br>(2) 操作运行有一定难度，需要熟练工；<br>(3) 由于是高速旋转的设备，需要特殊的支撑结构，即坚固且水平地基；<br>(4) 启动和停机均需约 1h 的稳定时间，以免部件损坏 |

（2）污泥处置与利用

污泥处置与利用主要分为土地利用、污泥农用、填埋、焚烧（热能利用）以及综合利用。表 7-13 列出污泥处置与利用概况。

表 7-13　污泥处置与利用概况

| 分类 | 范围 | 备注 |
|---|---|---|
| 污泥土地利用及农用 | 园林绿化 | 城镇绿地系统或郊区林地建造和养护等的基质材料或肥料原料 |
| | 土地改良 | 盐碱地、沙化地和废弃矿场的土壤改良材料 |
| | 农用① | 农用肥料或农田土壤改良材料 |
| 污泥填埋 | 单独填埋 | 在专门填埋污泥的填埋场进行填埋处置 |
| | 混合填埋 | 在城市生活垃圾填埋场进行混合填埋（含填埋场覆盖材料利用） |
| 污泥焚烧 | 单独焚烧 | 在专门的污泥焚烧炉焚烧 |
| | 与垃圾混合焚烧 | 与生活垃圾一同焚烧 |
| | 污泥燃烧利用 | 在工业焚烧炉或火电厂焚烧炉中作燃料利用 |
| 综合利用 | 制水泥 | 制水泥的部分原料或添加料 |
| | 制砖 | 制砖的部分材料 |
| | 制轻质骨料 | 制轻质骨料（陶粒等）的部分原料 |

① 农用包括进食物链利用和不进食物链利用两种。

# 参考文献

[1] 张自杰主编. 环境工程手册——水污染防治卷 [M]. 北京：高等教育出版社，1996.

[2] 张自杰. 废水处理理论与设计 [M]. 北京：中国建筑工业出版社，2003.

[3] 潘涛，李安峰，等. 废水污染控制技术手册 [M]. 北京：化学工业出版社，2015.

[4] 唐受印，戴友芝，等主编. 水处理工程师手册 [M]. 北京：化学工业出版社，2000.

[5] GB 8978—1996 污水综合排放标准 [S].

[6] 杨丽芬，李友琥. 环境工作者实用手册 [M]. 北京：冶金工业出版社，2001.

[7] 上海市政工程设计研究院. 给水排水设计手册 [M]. 第3版. 北京：中国建筑工业出版社，2004.

[8] 潘涛，田刚，等. 废水处理工程技术手册 [M]. 北京：化学工业出版社，2010.

[9] 彭跃莲. 膜技术前沿及应用 [M]. 北京：中国纺织出版社，2009.

[10] 邵刚. 膜法水处理技术及工程实例 [M]. 北京：化学工业出版社，2012.

[11] 刘茉娥，蔡邦肖，等编著. 膜技术在污水治理及回用中的应用 [M]. 北京：化学工业出版社，2005.

[12] 周柏青，等. 全膜水处理技术 [M]. 北京：中国电力出版社，2005.

[13] 金兆丰，徐竟成. 城市污水回用技术手册 [M]. 北京：化学工业出版社，2005.

[14] 杨红霞. 焦化废水处理与运行管理 [M]. 北京：中国环境科学出版社，2011.

[15] 曾一鸣，等. 膜生物反应器技术 [M]. 北京：国防工业出版社，2007.

[16] 杨平，王彬. 生物法处理焦化废水评述 [J]. 化工环保，2001，21(3)：144-149.

[17] 吕其军，施永生. 同步硝化反硝化脱氮技术 [J]. 昆明理工大学学报（理工版），2003，28(6).

[18] 王璟，张志杰，等. 应用生物强化技术处理焦化废水难降解有机物 [J]. 城市环境与城市生态，2000，13(6)：42-44.

[19] 汪耀斌. HSB技术的特点及其在高难度废水处理中的应用 [J]. 水资源保护，2001 (2)：23-25.

[20] 韩洪军. 污水处理构筑物设计与计算 [M]. 哈尔滨：哈尔滨工业大学出版社，2002.

# 钢铁工业节水与废水处理回用技术

在钢铁工业中，其生产过程包括采矿、选矿、烧结、炼铁、炼钢、轧钢等生产工艺。大多数钢铁企业还设有焦化生产厂。因此，钢铁工业废水主要包括矿山废水、烧结废水、焦化废水、炼铁废水、炼钢废水和轧钢废水等。其中难以处理的为焦化废水，其次为轧钢废水。焦化废水成分最为复杂，并含有有毒、有害和难处理的有机化合物；轧钢废水成分比较复杂，主要为酸、碱、油和重金属物质，故废水处理难度也较大。

因此，要实现钢铁企业废水处理回用与"零排放"，首先，必须从生产源头着手，直到每个生产环节，推行用水少量化，做好节水减排；其次，要规范用水定额，提高用水利用率，运用经济有效的处理新技术、新工艺，实现最大限度的废水处理循环利用；再次，对焦化废水要从废水分类、化产回收着手，并根据不同焦化废水水质水量与特征，选择好预处理、生化处理、后处理与深度处理技术工艺组合或根据条件与可能采用以废治废技术，实现焦化废水回用与"零排放"；最后，对轧钢废水应针对水质类型分别收集，分别处理和回收利用，而后进入全厂综合废水处理系统再处理回用，以实现钢铁企业废水全回用与"零排放"。

# 第 **8** 章
# 钢铁工业节水减排与
# 废水处理回用和"零排放"

## 8.1　　钢铁生产排污特征与物料和能源的平衡

　　钢铁生产每道工序［原料、烧结、造球、焦化、炼铁、炼钢（转炉、电炉）连铸（铸造）、热轧和冷轧等］都带有不同的投料,并排出各种各样的残料和废物（水、气、渣和废能源）。根据联合国环境规划署和国际钢铁协会通过世界有代表性联合企业,经长期工程试实验实测结果,经分析、归纳、总结出如下钢铁工业生产的排污特征与物料和能源的平衡。

### 8.1.1　炼铁系统

　　高炉系统包括原料、烧结、造球、焦化和炼铁等。

　　（1）原料场

　　由于需要运输和装卸数量很大的原料,因此,联合企业厂大都选择易于运输的矿石、燃料和交通设施方便的地区。但目前大型钢铁联合企业的发展受到矿产、水资源、能源、运输、环保五大因素的制约,因此,进口煤、矿便利地区,水资源丰富地带,又都处于销售地带,是钢铁企业布局的最佳选择,宝钢建设的成功就是发挥了这个优势,也是适应市场需求的结果。但要做到这一点,环境保护工作高标准是最为重要的。世界性大型钢铁联合企业的原料（特别是铁矿与煤）以海运为主。

　　与原料有关的环境问题,有卸料过程中产生的粉尘、贮料堆的粉尘以及运输中产生的粉尘与噪声。这些问题的控制方法是向贮料堆喷水或表层喷洒结壳剂;保持车与道路清洁;装卸作业要远离居民区等。

　　来自原料装卸场的雨水径流通常要收集和处理,以便去除其中的悬浮物和油等。

　　（2）烧结、造球厂

　　烧结矿和球团的物理特性和化学特性是决定高炉运作好坏的极为重要的因素,所以这些原料是炼铁过程的关键性组成部分。烧结过程指的是对带有助熔剂和焦炭粉的细铁矿粉加热,生产一种半熔状物质,这种物质再固化成具有作为高炉进料所必需的大小和强度特性的多孔烧结物。烧结层厚度最大为 600mm 的湿料被传送到不停运行的炉算上（一般宽 4m,长 50m）。在炉算起始处料层表面被煤气喷嘴点燃,空气通过移动床抽吸,从而导致焦炭燃烧。对炉算速度和气流加以控制,以确保"烧透",燃烧的焦炭层到达炉算底部的瞬间,刚好出现在烧结物排放之前。固化的烧结物在破碎机中破碎,并通过空气冷却。不符合尺寸要求的产品被筛分出来,若太大,就重新破碎;若太小,就返回再烧结。

图 8-1 和图 8-2 分别列出烧结作业和造球过程的排污特征与能源-物料平衡。

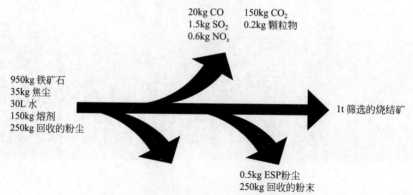

20kg CO　　150kg CO$_2$
1.5kg SO$_2$　　0.2kg 颗粒物
0.6kg NO$_x$

950kg 铁矿石
35kg 焦尘
30L 水
150kg 熔剂
250kg 回收的粉尘

1t 筛选的烧结矿

0.5kg ESP粉尘
250kg 回收的粉末

图 8-1　烧结厂的排污特征与能源-物料平衡

ESP—电器集尘装置；PM$_{10}$—10$\mu$m 颗粒物

有关次要排放物：二噁英、Pb、Cd、放射性同位素（$^{210}$Pb，$^{210}$Po）、挥发性有机化合物、烃类化合物、PM$_{10}$、HCl、HF。

输入能源分类：0.4GJ 电（4515kW·h）、64MJ 副产气、1.2GJ 焦炭、4.4MJ 烟尘。

输出能源分类：0.15GJ 蒸汽。

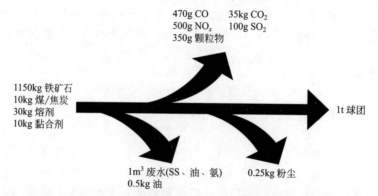

470g CO　　35kg CO$_2$
500g NO$_x$　　100g SO$_2$
350g 颗粒物

1150kg 铁矿石
10kg 煤/焦炭
30kg 熔剂
10kg 黏合剂

1t 球团

1m$^3$ 废水(SS、油、氨)
0.5kg 油

0.25kg 粉尘

图 8-2　造球过程的排污特征与能源-物料平衡

有关次要排放物：二噁英、Pb、Cd、放射性同位素（$^{210}$Po、$^{210}$Pb）、VOCs、烃类化合物、PM$_{10}$、HCl、HF。

有关废水成分：悬浮固体、油、溶解的金属。

输入能源分类：192MJ 电（20kW·h）、650MJ 煤/焦炭、120MJ 油。

　　烧结过程的排放主要来自原料装卸作业（导致空气含尘）和炉箅上的燃烧反应。后者来源的燃烧气体含有直接由炉箅产生的粉尘以及其他燃烧产物，如 CO、CO$_2$、CO$_x$、NO$_x$ 和颗粒物。它们的浓度取决于燃烧条件以及所用的原料。其他排放物包括由焦炭屑、含油轧制铁鳞中的挥发物生成的挥发性有机化合物（VOCs），在某些操作条件下由有机物生成的二噁英，从所用原料中挥发出的金属（包括放射性同位素）以及由所用原料的卤化成分生成的酸蒸气（如 HCl 和 HF）。

　　燃烧废气经常采用干式静电除尘器（ESP）来净化，这类除尘器能处理烧结过程中产生的大量含尘气体。

　　球团是通过将磨碎的铁矿、水和黏合剂混合物在造球中制成直径为 12mm 的小球而制成的。这种"湿球"通过干燥和在移动的炉箅上或在炉窑中加热到 1300℃而变硬。工序产生的细砂和炼钢厂其他含铁粉尘被返回烘干和研磨后回用。

　　球团过程排放物与烧结厂基本相同，这些排放物在很大程度上取决于生产操作条件和所用的原料。用于造球过程的铁矿以及造球的水大部分返回使用，少量水在排放之前要经过处理，以便去除悬浮固体物、油和可能的溶解金属。

（3）焦化厂

焦炭在高炉中的主要作用是将氧化铁化学还原成铁金属。焦炭还充当燃料，提供骨架作用以让气体自由通过高炉料层。由于煤在熔融条件下会软化和变得不透气，所以它无法发挥这些作用，因此，煤必须在无氧环境中加热到 1300℃ 达 15～21h 转化为焦炭。只有某些煤如焦煤或烟煤具有适当的可塑特性时才能转化为焦炭，正如铁矿石那样，可以将几种煤混合，以便提高高炉生产率，延长焦炉的使用寿命等。

炼焦厂的气体排放可能是间歇的和连续的，它们与下部燃烧、装料、推焦、冷却、运输和筛分等作业有关。气体排放物可能从很多分散口排出，例如炉门、盖、出口以及烟囱等。

颗粒物排放产生于下部燃烧、装料、推焦和冷却作业。这些排放可以通过下列方法加以控制：不断维护保养焦炉耐火墙；改进装料方法；严密控制加热周期；为某些作业安装萃取/气体净化系统。

焦炉气（COG）是炼焦过程中馏出的一种复杂的混合物，它含有氢、甲烷、一氧化碳、二氧化碳、氮氧化物、水蒸气、氧、氮、硫化氢、氰化物、氨、苯、轻油、焦油蒸气、萘、烃、多环芳烃（PAHs）等凝聚的颗粒物。这种气体泄漏可能来自门、盖、罩等没有得到密封的地方，只能通过密切注意维修保养和密封作业来减少这类物质的泄漏。图 8-3 为焦化厂的排污特征与能源-物料平衡。

在 COG 利用之前，通常需经一个副产品厂（回收车间）处理，回用苯、焦油和脱硫等。因此，回收系统的泵、罐、阀、管道等都是潜在的排放或泄漏污染源。副产品处理所使用的水含有大量氰化物、酚、油、硫化物、氨氮以及多环芳烃和杂环芳烃等有毒有害物质，必须经生物废水处理达标后方可排放或回用。

固体废物包括用过的耐火材料、罐渣、废渣以及废水生化处理后的废渣与污泥等。

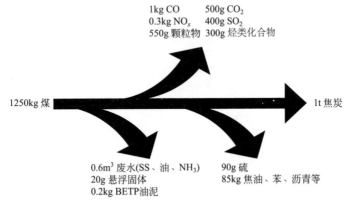

图 8-3　焦化厂的排污特征与能源-物料平衡

有关次要排放物：多环芳烃（PAH）、苯、$PM_{10}$、$H_2S$、甲烷。

有关废水成分：悬浮固体、油、氰化物、酚、氮。

输入能源分类：458MJ 电（48kW·h）、41.1GJ 煤、0.5GJ 蒸汽、3.2GJ 底部加热煤气。

输出能源分类：29.8GJ 焦炭、8.2GJ COG、0.7GJ 苯、0.9GJ 电（90kW·h）、3.3MJ 蒸汽、1.9GJ 煤焦油。

（4）炼铁厂

据联合国环境规划署统计，全球绝大部分铁是在高炉中生产的，高炉消耗了大约 97% 的开采的铁矿石，其余铁矿石是以天然气或煤电为基础的 DRI（直接还原）厂炼的海绵铁，供 EAF（电弧炉）炼钢使用。高炉是一个封闭系统，含铁原料（铁矿石、烧结矿和球团）、添加剂（造渣剂如石灰石）和还原剂（焦炭），通过一个加料系统连续加入炉顶，该加料系统可防止高炉煤气逸出。热风（有时富含氧）和辅助燃料从底部注入，以便提供逆流还原气体。这种鼓风与焦炭反应生成一氧化碳（CO），后者再将氧化铁还原成铁。铁水连同渣被收集在炉膛内，它们被定期排出。铁水运往炼钢厂，炉渣则被加工生产成骨料、粒料或球团，供公路建设和水泥制造之用。高炉气在炉顶部被收集，经过净化，然后配送到工厂周围，用作加热或发电燃料。

这一过程产生的主要排放物包括基本上为氧化铁的颗粒物，它们主要是在出铁作业期间排放的。高炉出铁场应装有排气、袋式净化装置，使用惰性气体（如 $N_2$、$CO_2$）抑制覆盖，或设有可用来减少颗粒物形成与排放的系统。收集的颗粒物是可以完全返回烧结厂回用的。

废水主要来源于气体净化（湿法除尘）和炉渣处理工序。常经处理循环使用，在排放之前要经处理以去除固体物质、金属类与油等。

主要固体副产品是高炉渣。炉渣处理方法很多（空气冷却、水冷却、滚筒法、印巴法、热拨法等），并 100% 实现资源化利用。气体净化系统的泥渣可返回烧结厂配料使用，但应注意锌等元素的含量。

图 8-4 为高炉系统的排污特征与能源-物料平衡。

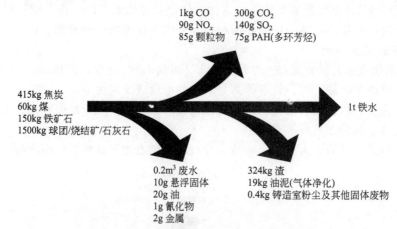

图 8-4　高炉系统的排污特征与能源-物料平衡
有关次要排放物：$PM_{10}$、$H_2S$。
有关废水成分：悬浮固体、油。
输入能源分类：14GJ 焦炭、1.7GJ 副产气、1GJ 蒸汽、0.6GJ 球团、0.2GJ 电（22kW·h）。
输出能源分类：4.5GJ 副产气、0.3GJ 回收热、339MJ 电（35kW·h）、55MJ 烟尘。

## 8.1.2　炼钢与铸造系统

炼钢的目的是获得钢水；精炼的目的是使钢水达到适当的组分和清洁度，以便进一步扩大用途；铸造的目的是使固化成形，以适应轧制工序。

所有钢都是通过氧气顶吹转炉、电弧炉和平炉冶炼而来的。平炉法炼钢除技术落后和资金短缺地区外，属限制与淘汰的炼钢技术。

（1）氧气顶吹炼钢（碱性氧气炼钢）

氧气顶吹炼钢通过采用纯氧（主要是去碳，也可去除硅和其他元素）和添加助熔剂与合金元素以便去除杂质和改变组分，使来自高炉的铁水变为钢。氧化发生在被称为碱性氧气转炉（BOF）的炉体内，该炉衬有镁和白云石耐火材料，对这一过程加以控制，以便达到成品钢所需的碳、硅和磷含量。铁水脱硫和有时脱磷的预处理常单独进行，因为无法在 BOF 中有效地进行这些预处理。

主要气体和粉尘排放来自吹氧过程的 BOF 炉口。气体排放物主要是一氧化碳，通过炉内进一步氧化，产生一些二氧化碳，这取决于炉口上方的活动烟罩的设计状况，如特别合适的烟罩可以最大限度地减少空气进入，可保证排放烟气中一氧化碳含量增高，如果 CO 含量足够高，这种气体可收集为能源利用，否则它将在排空时烧掉。此外，还存在着来自添加的碳氧化合物和进料中所含水分经转换为氢气。

以氧化钙、氧化铁为主的粉尘，可能含有废钢铁带入的重金属、锌类元素以及渣和石灰的微粒。

气体净化常采用静电除尘器或袋式除尘器净化，也可用湿式除尘，如用湿式常需处理，以便去除水中的悬浮固体、油等杂质，而后循环再用。

图 8-5 为炼钢厂的排污特征与能源-物料平衡。

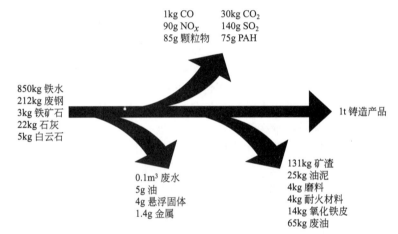

图 8-5　炼钢厂的排污特征与能源-物料平衡

有关次要排放物：$PM_{10}$、锌。

有关废水成分：悬浮固体、油、pH 值。

输入能源分类：60MJ 副产气、0.3GJ 氧气、32MJ 天然气、84MJ 蒸汽、0.4GJ 电（39kW·h）。

输出能源分类：0.8GJ 副产气、0.1GJ 蒸汽。

**（2）电弧炉炼钢**

电弧炉炼钢的主要原料是废钢，它包括来自炼钢厂的废钢（如切余料）、基建或消费后的废料（如使用后的钢制品）。直接还原铁(DRI)越来越多地作为电弧炉炼钢原料，在废钢原料紧张和价格攀升时，日益受到重视。

为了最大限度地增加所产生的钢水数量，现代大功率 EAF 主要用废钢熔化，而精炼部分常在单设的钢包炉中进行。

EAF 的主要排放物为粉尘和废气。粉尘排放物主要由氧化铁和其他金属（包括锌和铅）所组成，它们是从镀层钢或合金钢经冶炼而挥发出来的，或因废钢加料时混入有色金属碎片而产生的。EAF 粉尘的锌含量可高达 30%，吨钢排放的粉尘总量可为 $10\sim18$kg。废气主要是通过渣门、电极孔、炉壁与炉顶之间等进入炉内的空气以及废钢带入的矿物燃料和有机化合物经燃烧产生的气体。

EAF 往往带有水冷却系统，经处理循环回用。EAF 系统的排污特征与能源-物料平衡如图 8-6 所示。

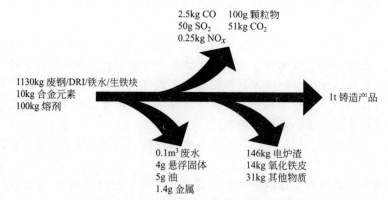

图 8-6　EAF 系统的排污特征与能源-物料平衡

有关次要排放物：金属（Zn、Pb、Cd、Hg、Ni、Cr）、二氧苣、VOCs、$PM_{10}$。

有关废水成分：悬浮固体、油。

输入能源成分：5.2GJ 电（539kW·h）、0.2GJ 氧气（$30m^3$）、0.2GJ 天然气（$7.5m^3$）、

0.3GJ 添加碳（9.5kg）、0.1GJ 电极消耗（4.6kg）。

（3）二次精炼

在 BOF 或 EAF 炼钢后，钢水常浇入钢包，并通过添加铁合金来调整组分。因此，在铸造之前，可能要对成分和温度进行调整，如钢包炉精炼、真空脱气或惰性气体搅拌等。

为了对钢水特性进行调整，常在钢包炉（LF）中进行。这种调整是在添加适量的造渣剂的情况下进行的。电磁搅拌或惰性气体搅拌是常用于在钢水中添加合金元素时使其混合均匀的搅拌方法。

LF 的应用大大提高了 EAF 的效率和生产率，这可以大大减少 EAF 的热量损失和动力损失。

LF 系统常采用闭路循环冷却系统，故其本身不产生废水，但其他二次精炼作业，如真空脱气等可能产生需要去除悬浮固体的废水。

（4）铸造

目前，全球 2/3 以上的钢是根据成品钢以及冶金轧制要求，通过连铸机铸成半成品，如板坯、小方坯或大方坯，其余则以注入铸模方式生产钢锭。由于连铸能提高产量和质量，因此，由连铸技术生产的连铸钢的比例将会不断提高。

与模铸相比，连铸是一种很平稳的作业，通常使用罩盖来防止氧化，钢水几乎不暴露于大气中。采用植物油润滑铸模与铸造产品的交接面，这种油的燃烧产物常从铸模顶部排出。

连铸车间的废水主要有：a. 喷雾室的冷却水，含有大量铸造产品表面的鳞皮，需经沉淀等处理后回用；b. 来自润滑铸模的化学品、助熔粉、植物油等，在排放之前需经处理。

## 8.1.3　轧钢系统

（1）热轧

热轧的目的是通过电动轧辊反复挤压加热的金属，改变板坯、小方坯、大方坯的形状和冶金特性。经压制的板坯和方坯可生产各种产品，经过带材热轧机、线材轧机、钢板轧机或型钢轧机加工处理后可形成带材、板材和长线材等。

在轧制前，通常将铸造产品冷却以便进行自检。通过"火焰清理"（一种用氧-乙炔切割方法）去除铸造产品的疵点和缺陷，然后将其运至加热炉加热，以便进行热轧。

在热轧之后或以卷材形式再送往冷轧机进一步加工成卷材，或切割作为薄板、钢板、棒

材或型材。

热轧阶段的主要排放物包括来自加热炉和（或）均热炉的燃烧产物（如 CO、$CO_2$、$SO_2$、$NO_x$、颗粒物），它们将取决于燃料类型和燃烧条件，还包括来自轧制和润滑油的挥发性有机化合物（VOCs）。

在轧钢过程的每一个阶段，都用高压喷水管去除表面铁鳞。这种水可能会被铁鳞和油所污染，虽然往往会采用闭路循环水系统，但这些系统的出水在排放之前必须经过处理，以便去除悬浮固体和油。

固体废物/副产物包括铁鳞皮和切余料，它们经常被分别返回烧结厂和 BOF。来自加热炉的废耐火材料通常被做填埋处置。

图 8-7 为热轧厂的排污特征与能源-物料平衡。

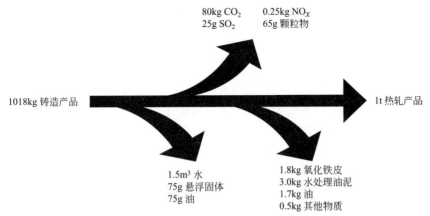

图 8-7　热轧厂的排污特征与能源-物料平衡

有关次要排放物：VOCs。

废水成分：悬浮固体、油。

输入能源分类：1GJ 副产气/天然气、1.1GJ 电（119kW·h）、33MJ 蒸汽、2MJ 氧气。

（2）酸洗、冷轧、退火与回火

热轧产品常常经过冷轧机的进一步加工。第一道工序是酸洗，即用盐酸、硫酸或硝酸-氢氟酸来去除热轧过程中形成的氧化膜。然后，在轧辊之间被挤压冷还原，并且在脱脂之后，通过退火改变其冶金特性。最后一个轧制阶段或"表面光轧"可使产品平滑，并提高表面硬度。冷轧产品具有高质量的表面光洁度以及精确的冶金特性，适用于高技术要求的产品，如汽车、飞机或特制金属制品等。

这一工艺阶段生产的排放物包括来自退火炉和回火炉的燃烧产物，轧钢油产生的 VOCs 和油雾以及酸洗过程产生的酸性气溶胶等。

废水可能含有来自冷轧过程的悬浮固体和油乳化液以及来自酸洗过程的酸性废物。废乳化油液与酸洗废液常采用物化法和膜法回收或处理。

固体废物包括切余料、酸洗污泥、再生污泥和废水处理装置的氢氧化物污泥，这些固体废物有的可回收利用，如切余料等，有的只能废弃或焚烧、填埋处理。

图 8-8 为酸洗、冷轧、退火、回火生产线的排污特征与能源-物料平衡。

（3）涂镀

为保护和装饰带钢或不锈钢薄板材常需涂镀，它们可以是金属的，如锌、锡、镍、铝、铬以及锌-铅合金等，也可为非金属，如涂料、聚合物、清漆。金属镀层是将产品热浸入被镀金属池中，例如镀锌和镀锌-铝合金，或通过电解沉积法将金属产品作为电极，如镀锌、

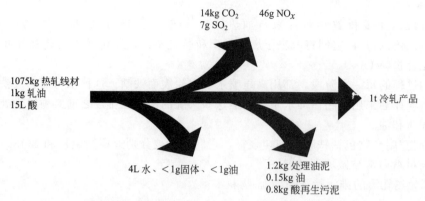

图 8-8　酸洗、冷轧、退火、回火生产线的排污特征与能源-物料平衡
有关次要排放物：VOCs、酸性气溶胶、油烟、油雾。
有关废水成分：悬浮固体、油(包括乳化液)、pH 值、溶解金属。
输入能源分类：0.9GJ 副产气、1.4GJ 电(146kW·h)、0.2GJ 蒸汽。

镀镍、镀锡和镀铜等。非金属涂镀通常是粉末、涂料、膜材料，液体形式的有机化合物，通过刷、喷、浸等方式进行，同时也采用热沥青或橡胶作为涂层材料。

涂镀工序的排放物包括 VOCs (溶剂)、金属烟雾、酸性气溶胶(来自相关的酸洗、清洗工序)、颗粒物、燃烧产物和气体。通常由排风系统抽出处理，对大型涂镀工序宜采用焚烧炉处理 VOCs。

各种清洗作业和酸洗产生的水需要处理以降低或去除溶解性金属固体、油和悬浮物。对于有毒的重金属废水，如铬、镍等污染物应设置专项处理设施。

图 8-9 为涂镀生产线的排污特征与能源-物料平衡。

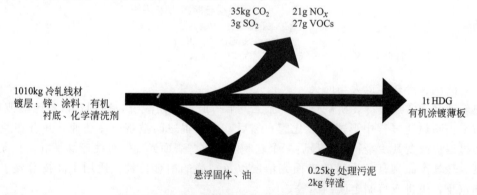

图 8-9　涂镀生产线的排污特征与能源-物料平衡
有关次要排放物：金属 Zn、Ni、Cr、VOCs。
有关废水成分：SS、油、pH 值、金属。
输入能源分类：8GJ 副产气、0.8GJ 电(88kW·h)、0.2GJ 蒸汽。

# 8.2　用水系统与节水减排

## 8.2.1　用水系统组成与功效

（1）用水系统组成与目的

水是钢铁生产的血液，极其重要。其用水系统非常复杂，种类很多：有生产新水（如工业水、过滤水、软化水及除盐水等)用水系统,间接冷却开路循环用水系统(简称净循环冷却水),间接冷却闭路循环用水系统(包括循环制冷水、循环冷冻水和温水循环冷却水等),直接冷却开路循环用水系统(简称浊循环冷却水),直接冷却循环水用水系统(简称浊循环水),以及直流冷却水、串级水、再次利用水、废水再利用水、生活用水与消防用水系统等。

设置这些用水系统的目的是:a. 根据钢铁企业不同工序的用水水质与用水要求,严格实行按需按质供水,实现用水少量化与科学化;b. 以配套和建立钢铁企业用水系统平衡为核心,以水量平衡、温度平衡、悬浮物平衡和溶解盐平衡为基础,实现最大限度的循环用水、串接用水和节约用水;c. 实现高端用水系统的排污水作为低端用水系统的补充水,如净循环用水系统排污水可串接为浊循环用水系统的补充水;闭路循环用水系统的排污水可作为开路循环用水系统的补充水,后者又可作为直流冷却水或其他用水,以实现一水多用最大化的节水目标。

(2)用水系统功能、作用与要求

钢铁生产用水量大,其中冷却用水约占总用水量的 80%。因此,做到合理用水,搞好水量平衡,对节水减排、废水处理回用节能消耗均有关键性作用。应做到对用水量、水质、水温和水压等的最大限度回用或利用,做到能尽其用、水尽回用、重复利用、循环使用与废水利用等,尽可能杜绝和避免不必要的直流用水和排放水温未能完全利用的冷却用水。因此,在节水减排与水量平衡时,要分清各不同用水系统的功能、作用与要求。

① 生产直流用水 生产直流用水有生产用新水和生产用冷却水两种。生产用新水主要用于新水用户(如配药、工艺介质中加水、化验用水及某些系统清洗等)和循环水系统补充水等。生产用直流冷却水主要用于水源比较丰富和取水成本较低的地区(如直接取地表水或泉水供间接冷却设备使用后又返回原水体或供其他用户使用等),或者用海水的场合。生产直流供水可根据水源水质及用户对水质的要求采用同管网或分系统供水。

② 工艺介质或设备用冷却水 工艺介质或设备用冷却水应优先考虑使用循环水或制冷水。以焦化厂(因其用水系统复杂)为例:一般间接冷却用水可供给温水循环冷却水(给水温度在 50℃以上,回水温度 80℃以上)、清循环冷却水(给水温度在 27~33℃之间,回水温度 45~50℃)、循环制冷水(给水温度为 5℃和 16℃两种,温升 $\Delta = 7$℃)和循环冷冻水(给水温度为 -15℃);介质直接冷却可供给浊循环冷却水(如沥青池循环冷却水,给水温度在 33℃左右,回水温度 50℃左右,该水只需要冷却而不需要除悬浮物即可循环使用)或浊循环水(如熄焦循环水、湿式除尘循环水和沥青焦冷却循环水等,该类水需要进行重力沉淀或絮凝沉淀除悬浮物处理,无冷却设施)。

③ 串联用水 串联用水是指上一级冷却设备用后水直接供给下一级冷却设备的用水,多出现在以制冷水为水源的用户之间,如煤气初冷器二段用水后温度为 20℃,而后供贫油冷却器二段用水,而后再返回制冷机系统。该种供水方式应考虑到系统压力平衡、回水余压的合理利用和动力消耗等的优化问题。

④ 再次利用水 再次利用水是指多次重复用水,如二次用水、三次用水等。重复用水主要是供给一些对给水水质有要求,而对给水水温不一定有要求的用户。该类给水的水源一般为直流间接冷却水用户的排水,该水通常只是水温有所升高,而水质没有受到污染。对于以低温水作水源的应最大限度地利用水源的水温资源,如水源来水先经某些低温冷却水用户使用后,然后供作循环冷却水系统补充水、制软水或纯水用水及其他新水用户用水等,必要时在再次使用前可先经过滤处理,即使是这样,经济上也合理得多。特别是对那些所用新水是以低温水为水源,且厂内又设有水循环制冷系统的情况,低温水源水应优先供给某些低温

冷却水用户使用后，再供新水用户使用，以最大限度地减少制冷水量。

⑤ 废水再利用　主要有用清循环水系统的排污水作浊循环水系统的补充水、湿式除尘用水、水处理稀释水、熄焦补充水、煤气水封水及焦炉煤气上升管水封盖用水等，处理后焦化废水作熄焦补充水等，以及浊循环系统排污水作废水处理稀释水等。废水再利用具有很大的实际意义，不仅可以减少新水的用量，而且可以减少废水排放量。

## 8.2.2　净循环用水系统

### 8.2.2.1　净循环用水系统形成与组成

净循环用水系统有两种形式：一是密闭式循环用水系统；二是开路循环用水系统。

（1）密闭式循环冷却用水系统

密闭式循环冷却水系统具有十分显著的节水效果。通常该系统的用水循环率设计值在99.9％以上，补水率小于1％，是具有广泛开发与发展前景的节水型循环冷却工艺。近年来已在炼铁、炼钢、连铸等工序的冷却设备上大量采用。由于这些设备的间接冷却水是在高热负荷强度下运行的，循环水质采用纯水、软水或脱盐水，以完全密闭循环冷却系统运行，其水温冷却依靠空气冷却器（即水-空换热器）或水-水换热器进行热交换冷却。

（2）开路循环冷却用水系统

开路循环冷却用水系统是目前最基本的节水型净循环冷却用水工艺，可节水90％左右，尤其是在水资源短缺和要求较高水质的大型钢铁企业使用较多。冷却塔是循环水系统中必用的设备，是使循环水温满足工艺要求最基本的措施。因此，设计和管理好这一用水系统，对企业的节水具有决定的重要作用。由于开路循环冷却系统因受气象条件、冷却水温升值的影响有所变化，一般循环率平均值应不小于95％，而在生产运行中确保循环率对节水有着更关键的作用。

### 8.2.2.2　净循环主要用水系统与节水减排

钢铁工业净循环用水系统主要是用于设备和机电的间接冷却，不与物料或产生的气、固、液体直接接触，故仅有水温升高，经冷却后可循环使用。但因在冷却过程中产生蒸发与充氧，水质失稳现象是不可避免的。钢铁工业净循环冷却用水系统归纳为如下几种。

（1）原料场用水系统及节水减排

原料场电机与破碎设备循环冷却用水系统。对大型钢铁企业而言，循环冷却用水量约为$0.06m^3/t$（原料），每次循环水温升高约8℃。因系间接冷却，仅水温升高，未受污染，常用水质为工业用水，采用冷却塔降温，并进行水质稳定处理。经多次循环使用后，为保持水质，需外排少量废水，其水量约占循环水量的1/40，其排污水可作为皮带冲洗水浊循环系统的补充水或用于料场洒水。

（2）烧结厂用水系统及节水减排

① 低温冷却循环用水系统　主要包括电动机、抽风机、热返矿圆盘冷却器及热振筛油冷却器和环冷机冷却用水等。该系统要求水质高、水温低，经冷却后可循环使用。水经冷却塔冷却时，由于蒸发及充氧，使水质具有结垢、腐蚀的倾向，并产生泥垢。为此需对冷却水进行稳定处理，投加缓蚀剂、阻垢剂、杀菌剂和灭藻剂等，以保持循环水的质量。其排污水可串接用于工艺设备一般冷却用水系统的补充水。

② 一般冷却循环用水系统　主要包括点火器、隔热板、箱式水幕、固定筛横梁冷却、

单辊破碎机、振动冷却机用水等。该系统循环水质要求较低，SS≤50%，水温≤40℃，通常由工艺设备低温冷却循环系统排污水串接使用。其外排水可用于烧结厂浊循环水系统的补充水。

（3）焦化厂用水系统及节水减排

焦化厂净循环冷却用水种类较多，故冷却用水系统比较复杂，通常分为以下几种。

① 炼焦工艺的冷却用水与用水系统　主要用于煤调湿、地面站干式除尘、干熄焦等系统的设备冷却，以及煤焦工艺的煤气上升管水封盖水封用水等。凡供设备冷却水的用水系统应根据用水特点与水质要求采用密闭循环或敞开式循环系统。

干熄焦工艺的净循环用水主要取决于对循环惰性气体所在热量的利用方式。如用于产生蒸汽则需设置供给除盐水与除盐水用水系统；如用于发电不仅有除盐水用水系统，还需设置供发电设备的循环冷却水的用水系统。

上述用水系统的排污水均可作为浊循环系统的补充水。

② 煤气净化与产品精制的冷却用水与用水系统

1）煤气净化。煤气净化过程中的工艺用水与用水系统主要是工艺介质的冷却与冷凝用水，根据被冷却、冷凝介质的要求，冷却水多为净循环冷却水、循环制冷水或地下新水。

2）化产品精制。化产品精制主要是对煤气净化过程中回收的粗产品进行再加工。精制方法一般是先分馏后精馏，即先把粗产品经汽化冷凝分馏、化学洗涤除盐、催化加氢蒸馏或热聚合蒸馏等方法分馏为几种单一馏分，然后再对单一馏分通过蒸吹、闪蒸、萃取、低温结晶或高温聚合等方法进行精加工得到精制产品。

化产品精制过程中介质温度调节的方式有：a. 管式炉煤气加热和直接或间接蒸汽加热；b. 高温馏分与原料或低温馏分间的间接换热；c. 利用废热和余热生产蒸汽；d. 空气冷却器冷却、循环冷却、水冷却和水汽化冷却等。

化产品精制过程中的水分为工艺介质冷却用水和工艺过程用水。工艺介质冷却用水按水温度分有：a. 不大于 33℃ 的清循环冷却水；b. 16～18℃ 的低温地下水或循环制冷水；c. 5℃左右的循环深冷水（用于从排气中回收低凝固点物质）；d. -15℃ 左右的循环冷冻水（用于晶体结晶）；e. 45～80℃ 之间的温水循环冷却水。用于高沸点油气凝缩和冷却等工艺过程的用水主要为防止介质析出盐晶而加入的稀释水、馏分洗净用水、产品气化冷却或晶析用水、配置药剂用水等。

上述用水系统，由于水温、水质要求各异，应根据工艺要求，分别设置不同的净循环用水系统。这些系统的排污水可作为浊循环系统的补充水。

（4）炼铁厂用水系统与节水减排

高炉的炉腹、炉身、出铁口、风口、风口大套、风口周围冷却板，以及其他不与产品或物料直接接触的冷却水，都由设备间接冷却循环用水系统供给。

为了提高高炉冷却效果，延长高炉的使用寿命，节省能源，目前世界上很多大型高炉的炉体冷却系统纷纷采用纯水、软水闭路循环冷却系统，有的使用汽化冷却（如俄罗斯、乌克兰等的炼铁高炉）。我国宝钢、首钢、唐钢、包钢、太钢等都已采用软水密闭循环冷却系统，有的采用空气冷却器散热片降温的先进技术。但是，我国多数钢铁企业乃至世界不少先进炼铁厂仍采用工业水开路循环系统。究竟应该采用密闭循环或开路循环的方式，应根据实际系统条件来选择。但无论采用哪一种循环水，通常经冷却后循环回用，其排污水用于浊循环系统的补充水。

（5）炼钢厂用水系统与节水减排

炼钢系统净循环间接冷却用水是指转炉、电炉、连铸等冶炼设备进行循环冷却所使用的水，如电炉的炉门、连铸机结晶器、转炉吹氧管（氧枪）、烟罩、裙罩、烟道等冷却用水。其冷却形式有如下几种。a. 开放式直流系统与循环系统。直流式为冷却水经裙罩、烟罩和烟道冷却后，直接外排；循环式是将上述冷却后热水经冷却塔降温，而后用泵提升返回使用。开放式直流系统因对设备结垢、腐蚀严重，设备使用寿命短，工程中已很少使用。b. 汽化冷却系统。所谓汽化冷却是冷却水吸收的热能消耗在自身的蒸发上，利用水的汽化潜热带走冷却设备中的热量。我国氧气顶吹转炉高温烟气冷却大都采用这种冷却方式，其特点是用高温沸水代替温水，消耗水量减少到 $1/100 \sim 1/50$。c. 密闭循环热水冷却系统。该系统是近 20 年来出现的一种新的冷却方式，采用优质的软化水和除氧水。通常采用空气冷却器散热片降温而循环回用。上述系统产生的排污水可用于浊循环系统的补充水。

（6）轧钢厂用水系统与节水减排

轧钢厂按轧制钢材的温度分为热轧和冷轧。热轧一般是将钢坯在加热炉或均热炉中加热到 $1150 \sim 1250 ℃$，然后在轧机中进行轧制。冷轧是将钢坯热轧到一定尺寸后，在冷状态即常温下进行轧制。

① 热轧厂　热轧厂的钢板、钢管、型钢和线材等车间的用水与用水系统，应根据水源条件、轧制工艺、产品品种、用水户对用水水质、水压、水温的不同要求以及排水水质、排水形式等条件，经技术经济比较后确定。通常分为工业水（即净化水）直接用水系统、间接冷却开路循环水系统、直接冷却循环水系统、层流冷却循环水系统、压力淬火循环水系统和过滤器反冲洗水系统等。

1）工业水直接用水系统。主要用于各种车间内各循环水系统的补充水、锅炉房用水、检验室用水、水处理药剂调配用水及其他个别用户零星用水等。

2）间接冷却开路循环水系统。主要用于热轧厂的各种加热炉、各种热处理炉、润滑油系统冷却器、液压系统冷却器、空压机、主电机冷却器、通风空调以及各种仪表用水等。该系统水质污染极小，仅水温升高，经冷却降温后可循环使用。为保证循环水水质，通常采用旁通过滤法处理，其排污水可用于浊循环系统的补充水。

3）直接冷却循环水系统。主要用于钢板、钢管、型钢和线材等车间主体设备如精、粗轧机、连轧管机、推钢机及其他设备如辊道、穿孔机、定尺机、卷取机与轧辊和轴承冷却用水等。

4）层流冷却循环水系统。带钢在精轧过程中，由于轧机速度和卷曲速度不断提高，冷却水强度也需相应的增强。因此，在热输出辊道上设置层流冷却装置进行温度控制。带钢内层流冷却常采用顶喷、侧喷和底喷，冷却室层流水成柱状喷淋在运行带钢的表面上。

上述直接与层流冷却系统因与物料直接接触，其冷却水受物料污染，常由浊循环用水系统经处理回用。

② 冷轧厂　冷轧厂主要用水量是间接冷却水，占全厂用水总量的 90% 以上。除此之外，有部分机组需用工业水、过滤水、软水和脱盐水等。因此，冷轧工序净循环用水与用水系统有间接冷却循环水系统、软水用水系统、脱盐水用水系统与工业水用水系统。冷轧工序的用水系统的确定，常根据该工艺要求、水源条件、产品品种以及用水户对水量、水质、水压、水温的不同要求，经技术经济比较后确定。

## 8.2.3　浊循环用水系统

钢铁工业的浊循环用水系统很多，除原料、烧结、焦化、炼铁、炼钢、轧钢工序外，辅助设施亦有各种各样的浊循环用水系统，归纳起来有如下几种。

（1）原料场和烧结球团

① 原料场　该系统的浊循环水是以含原料固体颗粒为主，还含有极少的渗溶物。系统水经沉淀循环使用，经渗漏润湿蒸发后，无外排废水。补充水一般为集存雨水或其他浊循环水系统的排污水。

② 烧结球团　该浊循环系统主要为冲洗、清扫地坪、冲洗输送皮带和湿式除尘用水系统。一般通过泵坑、排污泵收集，经废水处理后循环使用。其补充水为生产新水或净循环用水系统的排污水。

（2）焦化厂

① 湿式熄焦喷浇冷却浊循环水系统　该系统的循环水中部分水进入大气和被焦炭带走，大部分水流入熄焦塔底部，经沉淀处理后再循环使用。该系统无外排水，但需有补充水。由于用水量大，其补充水可采用煤气上升管水封盖排水、熄焦塔冲洗除尘水、捣固焦的消烟车排水和焦化处理系统泡沫除尘水及处理后的焦化废水等。

② 煤焦湿式除尘系统浊循环水系统

1）备煤系统的成型煤混煤机、分配槽、混捏机、冷却输送机和煤成型机等处产生的煤尘及焦油烟气，一般采用文丘里或冲击式湿式除尘系统。

2）捣固焦炉装煤除尘，多采用消烟车湿式除尘。

3）焦转送站、贮焦槽的落料口、筛焦和切焦设备处产生的焦尘，通常采用湿式泡沫除尘系统。

除尘后的废水含有大量被洗涤的烟尘，特别是成型煤系统，其除尘废水含尘浓度一般为 $500 \sim 1000 mg/L$，需经处理后出水悬浮物浓度不大于 $100 mg/L$ 后，方可进入浊循环系统使用。其中成型煤高温焦油烟气除尘废水为酸性，需经中和处理。其补充水可采用净循环系统的排污水或其他排污水。

③ 化产品精制的浊循环水系统

1）焦油蒸馏工艺沥青冷却系统与酚钠盐分解烟道废气净化用水系统。

2）古马隆树脂生产系统排气净化用水系统。

3）苯精制酸洗法系统的原料贮槽和外排分离废气净化用水系统。

4）酚精制系统脱水塔冲洗用水系统。

5）吡啶精制系统排气洗涤净化用水系统。

6）洗油加工系统 $NH_3$ 洗涤用水系统。

7）沥青加工系统浊循环用水系统。包括：a. 延迟焦水力切割循环用水；b. 延迟焦注水冷却循环用水；c. 排污塔水循环喷洒冷却用水；d. 沥青焦喷水直接冷却用水。

8）化产品精制储存与防火防爆安全用水系统。

上述用水系统通常经处理后循环回用。其排污水可用于焦化废水生化处理前的稀释水，其补充水可采用化产品精制净循环用水系统的排污水。

（3）炼铁厂

① 高炉炉体喷淋冷却浊循环水系统。浊环水中含有周围空气内被洗涤的灰尘，经过滤后循环使用，外排废水可以作为高炉煤气洗涤浊循环水系统的补充水。而该系统的补充水可用高炉净循环水系统的排污水。

② 高炉煤气洗涤浊循环水系统。浊环水中含的物质较多，其中有 30%～50% 的氧化铁、石灰粉、焦炭粉或煤粉，还有重金属离子及氰化物等。系统水必须经物理化学处理后方可循环使用，亦可作为高炉水淬渣浊循环水系统的补充水。如必须外排，须经一定程度的处理方可排入厂区总下水道，其补充水可用高炉炉体喷淋冷却浊循环水系统的排污水。

③ 高炉水淬渣浊循环水系统。浊环水水温高达 $65 \sim 80 \, ^\circ\!C$，含有细渣棉，硬度高，

总含盐量高。经沉淀过滤后循环使用。排污水可以作为原料堆场喷洒浊循环水系统的补充水，而其补充水可用高炉煤气洗涤浊循环水系统的排污水或铸铁机喷洒浊循环水系统的排污水。

④ 铸铁机喷洒浊循环水系统。浊环水中含有石灰泥浆、氧化铁皮，暂时硬度高，经沉淀过滤后循环使用。排污水可以作为高炉水淬渣浊循环水系统的补充水。而系统的补充水可用高炉炉体喷淋冷却浊循环水系统的排污水。

（4）炼钢厂

① 转炉烟气净化浊循环水系统。浊环水在吹炼周期时，呈高温、高 pH 值、高硬度、高悬浮物状况，含铁量高达 60％以上。目前国内多为螺旋分离，沉淀，冷却后循环使用。排污水可以作为高炉水淬渣浊循环水系统的补充水，而系统的补充水可用转炉净循环水系统的排污水。

② 钢水 RH 浊循环水系统。真空处理脱气除尘水中含有烟灰与铁粉，经沉淀过滤后循环使用。排污水可以作为转炉烟气净化浊循环水系统的补充水或钢渣处理浊循环水系统的补充水，而系统的补充水可用转炉净循环水系统的排污水。

③ 钢渣水淬浊循环水系统。浊环水中含有细颗粒水淬渣及浸出物，经沉淀过滤后循环使用。排污为零，补充水可用转炉烟气净化或钢水 RH 处理浊循环水系统的排污水。

④ 连铸二次喷淋浊循环水系统。浊环水中含有氧化铁皮和油污，经沉淀过滤除油后循环使用。排污水作为铸坯冷却及火焰清理浊循环水系统的补充水。而系统补充水可用结晶器或液压系统净循环水系统的排污水。

⑤ 铸坯冷却浊循环水系统。浊环水中含氧化铁皮和油污，经沉淀过滤除油后循环使用。排污水可以作为原料堆场或烧结矿洒水，而系统补充水可用连铸二次喷淋浊循环水系统的排污水。

⑥ 火焰清理浊循环水系统。烟气洗涤水中含有烟尘、氧化铁细颗粒，经沉淀过滤后循环使用。排污水可以作为原料堆场或烧结矿洒水，而系统补充水可用连铸二次喷淋浊循环水系统的排污水。

⑦ 铁合金电炉渣水淬浊循环水系统。浊环水中含有细颗粒渣，经沉淀后循环使用，没有排污水，而系统补充水可用电炉净循环水系统的排污水。

（5）轧钢厂

① 钢坯高压除鳞浊循环水系统。水中含有大块铁皮或粗颗粒悬浮固体，经沉淀过滤循环使用。

② 轧辊和辊道冷却及冲铁皮浊循环水系统。水中含氧化铁及油污，经沉淀过滤除油冷却后循环使用。

③ 轧材层流冷却浊循环水系统。水中含细颗粒铁皮及油污，经沉淀过滤除油冷却后循环使用。

以上轧钢三个浊循环水系统的排污水均可以作为原料场、烧结矿洒水，而补充水可用轧机、设备或液压油冷却净循环水系统的排污水。

（6）全厂辅助设施

① 全厂机修浊循环水系统。水中含有加工时的废料、润滑油、酸碱等物质；经物理化学处理后循环使用。补充水可用全厂性工业水。

② 煤气站冷煤气净化浊循环水系统。煤气站浊循环水系统又可分为竖管热循环废水系统和洗涤塔冷循环水系统。该系统的补充水可采用净循环水系统的排污水，亦可用生产新水。

③ 乙炔站乙炔发生器浊循环水系统。水中含电石渣、$S^{2-}$、$C_2H_2$、COD、$PH_3$，pH

值为13～14，经二级沉淀后循环使用。无外排废水，补充水可用工业新水。

④ 锅炉水力冲渣以及水雾除尘等浊循环水系统。经处理沉淀后循环回用。

## 8.2.4　净、浊循环用水系统的水质要求

（1）净循环用水系统的水质要求

现代钢铁企业净循环系统用水的种类很多，通常分为原水、工业用水、过滤水、软水和纯水等。

原水是指从自然水体或城市给水管网获得的新水，通常用于企业的生活饮用水。

工业用水是经过混凝、澄清处理（包括药剂软化或粗脱盐处理）后达到规定指标的水，主要用于敞开式循环冷却系统的补充水。

过滤水是在工业用水的基础上经过滤处理后达到规定水质指标的水，主要作为软水、纯水等处理设施的原料水，主体工艺设备各种仪表的冷却水（一般为直流系统），水处理药剂、酸碱的稀释水，以及对悬浮物含量限制较严，工业用水不能满足要求的用户。

软水是在通过离子交换法、电渗析、反渗透处理后，其硬度达到规定指标的水，主要用于对水硬度要求较严的净循环水冷却系统，如大型高炉炉体循环水冷却系统、连铸结晶器循环水冷却系统以及小型低压锅炉给水等。

纯水是采用物理、化学法除去水中的盐类，剩余盐量很低的水。主要用于特大型高炉、大型连铸机闭路循环冷却水系统的补充水，大、中型中、低压锅炉给水，以及高质量钢材表面处理用水等。

通常将水中剩余含盐量为1～5mg/L、电导率小于等于10$\mu$S/cm的水质称为除盐水；将剩余含盐量低于1mg/L，电导率为10～0.3$\mu$S/cm的水质称为纯水；将剩余含盐量低于0.1mg/L，电导率小于等于0.3$\mu$S/cm的水称为高纯水。

现代化钢铁生产工艺对水质的要求越来越严，追求高水质是现代钢铁工业用水发展的趋势，只有高水质才能有高的循环率。因此，现代钢铁企业按工序的不同水质要求，设置了纯水、软水、过滤水与工业水等四个分类（级）供水管理系统，这四个系统的主要用途可依次作为软水、过滤水、工业水循环系统的补充水。这是实现按质供水、串级用水最有效的办法，其结果是水量减少了，吨钢用水量降低了，用水循环率提高了，设备寿命延长了，经济效益增加了。

国内绝大多数企业由于基础状况不同，用水系统采用工业用水、生活用水两个系统居多，但高炉间接冷却系统采用软水已有共识，新建大型高炉大都采用软水。

根据国内外钢铁生产用水经验，结合宝钢与国内钢铁企业用水情况，现将这4种用水系统的用水水质列于表8-1。

表8-1　4种用水系统用水水质

| 水质项目 | 工业用水 | 过滤水 | 软水 | 纯水 |
| --- | --- | --- | --- | --- |
| pH值 | 7～8 | 7～8 | 7～8 | 6～7 |
| SS/(mg/L) | 10 | 2～5 | 检不出 | 检不出 |
| 全硬度（以CaCO$_3$计）/(mg/L) | ≤200 | ≤200 | ≤2 | 微量 |
| 碳酸盐硬度（以CaCO$_3$计）/(mg/L) | ① | ① | ≤2 | 微量 |
| 钙硬度（以CaCO$_3$计）/(mg/L) | 100～150 | 100～150 | ≤2 | 微量 |

续表

| 水质项目 | 工业用水 | 过滤水 | 软水 | 纯水 |
|---|---|---|---|---|
| M 碱度（以 CaCO₃ 计）/(mg/L) | ≤200 | ≤200 | ≤1 | |
| P 碱度（以 CaCO₃ 计）/(mg/L) | ① | ① | ≤1 | |
| 氯离子（以 Cl⁻ 计）/(mg/L) | 60 最大 220 | 60 最大 220 | 60 最大 220 | ≤1 |
| 硫酸离子（以 SO₄²⁻ 计）/(mg/L) | ≤200 | ≤200 | ≤200 | ≤1 |
| 可溶性 SiO₂（以 SiO₂ 计）/(mg/L) | ≤30 | ≤30 | ≤30 | ≤0.1 |
| 全铁（以 Fe 计）/(mg/L) | ≤2 | ≤1 | ≤1 | 微量 |
| 总溶解固体/(mg/L) | ≤500 | ≤500 | ≤500 | 检不出 |
| 电导率/(μS/cm) | ≤450 | ≤450 | ≤450 | <10 |

① 不规定限制性指标，但实际工程中需有指标数据。

注：工业用水的悬浮物含量可根据钢铁厂实际情况放宽到 20~30mg/L。

（2）浊循环冷却用水系统的用水水质

钢铁工业的生产工序比较复杂，一个大型钢铁联合企业有数以百计的循环用水系统，分布于生产各工序中，且各工序浊循环冷却用水系统的水质要求各异。我国钢铁工业的发展具有自身特色，各厂的发展历程也完全不同，大都由小变大，经历逐步改建、扩建、添平补齐以及用水系统逐步完善与配套的改、扩、新建等过程。且因各地区水资源、矿产、能源、生产设备与技术水平等因素的差异，我国钢铁企业各工序浊循环用水系统的水质差异较大。但是随着水资源短缺制约钢铁企业的发展，为了节约用水，提高用水循环率，对钢铁生产工序不断完善循环用水系统与废水处理后循环回用。关于各工序浊循环冷却用水系统的用水水质要求（标准），目前国内尚无统一规定与标准，根据国内外钢铁企业用水水质要求，结合宝钢与国内有关钢铁企业各生产车间浊循环用水系统的水质要求，见表 8-2。

表 8-2　各车间浊循环用水系统的水质要求①

| 工序名称 | 循环水 | 悬浮物 | 全硬度/(mg/L) | 氯离子 | 油类 | 供水温度/℃ |
|---|---|---|---|---|---|---|
| 通用 | 间接冷却水 | ≤20 | ≤150 | ≤100 | — | ≤33 |
| | 直接冷却水 | ≤30 | ≤200 | ≤200 | ≤10 | ≤33 |
| 原料场 | 皮带运输机洗涤水 | ≤600 | — | — | — | — |
| | 场地洒水 | ≤100 | — | — | — | — |
| 烧结 | 原料一次混合 | 无要求 | — | — | — | — |
| | 原料二次混合 | ≤30 | — | — | — | — |
| | 除尘器用水 | ≤200 | — | — | — | — |
| | 冲洗地坪 | ≤200 | — | — | — | — |
| | 清扫地坪 | ≤200 | — | — | — | — |
| 高炉 | 炉底洒水 | ≤30 | ≤200 | ≤200 | — | ≤36 |
| | 煤气洗涤水 | 10~200 | — | — | — | ≤60 |
| 炼钢 | 煤气洗涤水 | 100~200 | — | — | — | — |
| | RH 装置抽气冷凝水 | ≤100 | ≤200 | ≤200 | — | — |

续表

| 工序名称 | 循环水 | 悬浮物 | 全硬度/(mg/L) | 氯离子 | 油类 | 供水温度/℃ |
|---|---|---|---|---|---|---|
| 连铸 | 板坯冷却用水 | 100 | ≤400 | ≤400 | <10 | ≤45 |
| | 火焰清理机用水 | ≤100 | ≤400 | ≤400 | — | ≤60 |
| | 火焰清理机除尘 | ≤50 | ≤400 | ≤400 | | |
| 轧钢 | 火焰清理机用水 | ≤100 | ≤400 | ≤400 | | |
| | 火焰清理机除尘 | ≤50 | ≤400 | ≤400 | | |
| | 冲氧化铁皮用水 | ≤100 | ≤220 | — | | |
| | 轧机冷却水 | ≤50 | — | — | ≤10 | — |

注：摘自宝钢和国内有关资料以及国外考察或谈判资料，仅供参考。

# 8.3　节水减排技术措施与潜力分析

钢铁行业生产全过程几乎都离不开水，从选矿、烧结、焦化、炼铁、炼钢、轧钢的各工序以及生产辅助车间各部分都需要消耗大量水资源，故必须全过程统筹强化节水减排工作。钢铁工业节水减排的核心是提高用水效率和废水回用率。因此，钢铁工业用水应节约与开源并重，节流优先，治污为本，取消直流水，提高用水效率；实现多级、串级使用，提高水的循环利用率；改变过去"按需供水"的旧观念，要科学供水和治污，按水质、水温进行优化组合，实行定量供水；要按企业的用水系统要求建立多种循环用水系统，不搞企业大循环，实行专用、专供，最大限度减少废水处理量和排放量。

## 8.3.1　节水减排基本原则与对策

钢铁工业节水减排的基本原则与对策有以下几个方面。

① 因地制宜地制订合理用水标准。我国钢铁企业在区域布局与水资源分布上很不协调。根据统计，丰水地区华东、中南的钢产量总和约占全国钢产量的40%，但新水用量占总用水量的50%以上；东北、华北、西南和西北4个地区的钢产量总和占总量的50%以上，而它们的新水用量仅占总用水量的40%。这种南方用水高于北方用水的形成原因就是因为吨钢用水量大的企业在丰水地区居多，到目前为止，仍有不少企业还用直供直排系统，这种情况必须改变，要合理控制。

② 抓好大型钢铁企业是落实节水减排工作最重要的环节。根据近年《钢铁企业环境保护统计》分析，抓好大的钢铁企业（集团公司）的节水工作，对行业和对地区节水是很重要的。例如宝钢的用水指标属国内最先进企业，且钢产量又占该区的1/3～1/2，它为该地区节约行业用水量和改善该地区用水指标起到了重要作用。据2008年中国钢铁工业协会统计，年产1000万吨以上粗钢企业由2004年的2家（宝钢、鞍钢）发展到2008年的10家，即宝钢、鞍钢、武钢、沙钢、莱钢、济钢、马钢和唐钢等。年产500万～970万吨粗钢企业有14家，300万～500万吨粗钢企业有24家。其中年产粗钢500万吨以上企业，2008年粗钢产量合计2.04亿吨，占全国粗钢产量3.63亿吨❶的56.2%，可见抓好大型钢铁企业的节水工作是非常重要的。

---

❶　2008年纳入《中国钢铁环境保护统计》的数据。

③ 完善循环供水设施，消除直流或直流供水系统，提高用水循环率。循环系统设施不完善、不配套是钢铁企业供、排水系统的通病；直供和半直供系统是丰水区钢铁企业的弊病，是造成企业用水量大、补充水量多的直接原因。这种供水系统和循环设施不完善状况在全国钢铁企业相当严重，不仅中小型企业普遍存在，大型企业如南方和沿江企业也普遍存在。因此，这些供水系统如不改造和完善，很难提高全行业用水循环率，行业节水规划也难实现。

④ 提高用水质量，强化串级用水与一水多用是节水的有效措施。现代化的钢铁工业对水质的要求越来越严。例如宝钢根据工序对水质要求的不同，实行工业水、过滤水、软水和纯水 4 个供水系统，这 4 个系统的主要用途是作为循环系统的补水。以铁厂为例，高炉炉体间接冷却水循环系统、炉底喷淋冷却水循环系统、高炉煤气洗涤水循环系统的"排污"水，依次串接使用，作为补充水；而高炉煤气洗涤循环系统的"排污"水作为高炉冲渣水循环系统的补充水，水冲渣循环系统则密闭不"排污"。这种多系统串接排污，最终实现无排水的供排水体系，是宝钢实现 95% 以上用水循环率的有力措施，值得借鉴。

⑤ 寻求新水源，改善工业布局，缓解水危机。制约钢铁工业发展的矿产、水资源、能源、运输、环保等五大因素目前越显突出，以矿产资源而言，2010 年我国原铁矿量已达 3.3 亿吨以上，可支撑生铁产量 1.05 亿吨，这与 2010 年我国钢铁产量已达 6 亿吨的需求极不匹配。水资源状况也不例外，仅靠节水以保证钢铁工业发展用水也将困难很大。解决途径必将从调整和改善钢铁工业布局和寻求新的水源找出路，如美国钢铁工业采用海水冷却和用淡化海水。中水回用与城市污水回用等也是可选择的新水源。钢铁工业的发展与用水规划也应予以考虑。

钢铁工业由于受地区和原有体制的影响，有些不适合发展钢铁工业的地区仍在继续扩大发展、新建和扩建钢铁企业，由于受到上述五大制约因素的影响，必将处于举步维艰的困境。由于铁矿石资源变化必将对布局产生重大影响。进口矿、煤便利，又处于销售中心的地区，将是钢铁工业布局的最佳选择。宝钢建设的成功就是发挥了这个优势，是适应市场需求的结果，曹妃甸钢铁联合企业建设也是发挥这种优势。但要做到这一点，环境保护工作的高标准是最为重要的。

⑥ 加强节水技术与工艺设备的开发研究。我国加入 WTO 后，促进了我国钢铁企业组建大型企业集团，提高整体优势，加速开发高附加值的产品和品种，如特殊钢、冷轧不锈钢、镀层板、深冲汽车板、冷轧硅钢片和石油管等产品，以适应国际竞争和提高经济效益。这些新产品、新材料的生产，既提高了工业用水量，也排出复杂程度各异的废水，如各种类型乳化液的含油废水、含锌废水、各种有毒有害废水、各种类型含酸（碱）废水、重金属废水等。这些废水处理与回用有些仍有难度，有些未能回用或达标外排。因此，需加强开发研究解决达标与回用问题。

钢铁工业应根据生产发展与节水规划等规定要求，制订钢铁行业节水目标，按钢铁企业生产规模确定用水指标与用水指导计划。对节水型先进技术、工艺与设备，应加强开发、完善、配套与研究。例如干熄焦技术、节水型冷却塔、串级供水技术、环保型水稳药剂与自动监控等。这些技术与设备，有些已在工程应用，但需完善与配套；有些要进一步研究、开发；有些需在工程中应用考核，方可推广应用。

## 8.3.2 节水减排技术措施

总结国内外钢铁工业节水减排与废水"零排放"的经验与成功经验，特别是国内节水减排与废水"零排放"的技术管理与实践经验，关键是工作思路要清晰，措施要得力，要处理好从生产工艺到废水治理的几个重要环节。要从改进生产工艺着手，这是钢铁企业节水减排之本，是废水处理回用与"零排放"的前提；要从主体工艺开始，力争不排或少排废水，对于非排不可的，应尽量回收利用其中的有用物质，以降低废水中有毒有害物质的浓度。只有在主体工艺技术上尚无可能、经济上不合理时才考虑外排废水，并进行妥善处置。但要实现废水"零排放"，尚需妥善解决废水处理有序回用与消纳途径。主要技术措施如下。

（1）钢铁工业节水减排工作思路要清晰，措施要得力。钢铁工业节水工作要方向明确，有指标、有措施，节水思路要清晰；要实行用水超前管理，用水要预算规划，而不能用了再说。为此应该做到以下几点。

① 制订企业的用水制度和发展规划。改变过去"按需供水"的概念，实现科学供水。将钢铁企业用水指标分解到各工序、各岗位，建立优化用水指标体系与节水减排要求。

② 依靠科学技术进步，提高技术创新能力，加大对节水工作的技术改进、设备改造。要强化节水力度，要高起点、高标准、高要求。

③ 要开发废水资源化的深入研究。建立科学、合理的串级用水与循环回用，实现废水"零排放"。

④ 优化钢铁工业布局，要合理利用水资源与非常规水资源，要限制缺水地区的钢铁企业发展规模及其取水量。钢铁企业应向沿江、沿海丰水地区发展。

⑤ 充分利用市场经济中经济杠杆的作用，适度、阶段性提高供水价格，降低废水处理后回用价格，提高回用积极性；加大对节水工作的投入（包括科技开发和资金），促进节水技术进步；建立净水、中水、废水回用不同价格机制，鼓励使用中水、废水回用，减少新水用量。

⑥ 建立完善节水工作制度和指标统计体系。钢铁企业要有专职管理水资源的部门，该部门的工作任务是规划用水、监督用水、节制用水和高效用水，并要有具体措施和手段。例如，用水仪表设施齐全，计量及时、准确、稳定。对各工序用水情况、产生问题与协调要有明确的技术措施和有效手段，确保企业节水减排科学化和常态化。

（2）最大限度地实现废水资源化与废水处理最少量化。具体要求如下。

① 最大限度地实现水的串级使用，实现废水处理的最小化。针对各工序对水质要求的不同。可以实现水的多次串级使用，提高水的重复利用率，还可以减少废水处理的费用。如冷却水可以用于煤气洗涤除尘用水，之后可再用于高炉冲渣水或用于原料场防尘的洒水等。一些处理后的浓缩水也可以用于高炉冲渣水，可实现废水"零排放"。一般钢铁联合企业需要处理的废水量在总用水量的 30%～40%。净循环水和排污水一般可以作为浊循环水的补充水。

② 钢铁联合企业应当建立多种水质的不同循环系统，实行分级供水，不搞全厂的废水处理的大循环。建立若干个软水密闭循环系统、生活水循环系统、净水循环系统、浊水循环系统等，每个循环系统之间应能有衔接。这样可实现专水专供，系统布局小，管路短，需处理水量也减少，运行费用也低，进而减少了投资。要研究好开路循环和闭路循环的各自特点，结合企业的实际情况进行优化。

③ 针对废水的不同性质（含油、尘、有机物、无机物和夹杂物等），采取不同的处理办法，处理后的水还可以供给不同的部门。这样做可以减少处理量，也减少了处理的难度和相关费用。

④ 提高水处理的浓缩倍数是衡量节水的一个重要措施。浓缩倍数越高，所需补充的新水就越少，外排废水量也就越少，净循环水中的药剂流失也会减少，节水效果也越好。《中

《国节水技术大纲》中提出"在敞开式循环冷却系统，推广浓缩倍数大于 4.0，淘汰浓缩倍数小于 3.0 的水处理运用技术"。目前，我国钢铁企业大多数浓缩倍数低于 2.0。莱钢在使用高硬度水质情况下，高炉煤气洗涤系统浓缩倍数为 9.4，转炉除尘系统为 5.4，其他系统为 2.5～3.0，实行了"小半径循环，分区域闭路，按质分级供水"的技术措施，节水减排效果显著，很值得推广借鉴。

（3）大力推广几项节水工艺、技术、装备。具体包括以下几点。

① 大力推广"三干"等节水技术。即大力推广高炉煤气、转炉煤气干法除尘，干熄焦技术以及高炉渣粒化、转炉钢渣滚筒液态等处理技术，可使废水最大限度地减少，相应也就减少了处理量和外排废水量。干法除尘可节电 70%，节水 $9m^3/t$ 铁，回收煤气显热（标煤）11.3～21.7kg/t 铁，提高煤气温度可节能 8～15kg/t，除尘效率在 99% 以上，出口煤气含尘浓度为 $10mg/m^3$（标态）左右，节水、节能与环保效果显著。

② 冷却过程节水采用高效制冷技术、加热炉汽化冷却技术、节水喷雾型高效冷却塔等（可节水 4%～7%）。目前，首钢京唐、唐钢、包钢、邯钢、太钢等企业的使用实践表明，节水效果良好。

③ 软水密闭循环系统应消除循环过程中水的跑、冒、滴、漏和蒸发时水的损失，可节约约占总水量 1.5% 的损失。

（4）建立用水与废水回用系统在线监测。

要建立钢铁企业浊、净循环水系统和废水回用系统在线监测工作制度，这是节约用水、实现节水减排与废水"零排放"的重要手段与措施。要针对不同工作目标，采用不同的监测方式、手段和内容，实现节水节能和使用水资源得到充分合理的利用与减排。据统计，目前我国钢铁企业在线监测应用率约为 20%，因此，建立健全钢铁企业水质安全保障体系任重道远。

① 在线监测的范围与内容如下。

1）水量监测。生产总水量、循环用水量、排水量、耗新水量、处理再生回用量、重复和循环用水量等。

2）水质监测。新水水质、使用后水质、处理后水质、外排水质与循环回用水质等。

3）设备运行状态监测。安全保护与是否正常运转的状态监测等。

② 在线监测设备如下。

1）常用水质监测设备。pH 计，COD、BOD、DO、$NH_3$-N、TCN、TOC 等单项或多项监测设备。

2）水质综合分析仪。分光光度计、色-质谱联机等。

3）水质自动采监（测）系统。自动采样、自动测定、自动记录等，以及由遥测系统将现场监测数据传递或由计算机运算显示与保存等。

### 8.3.3　生产耗水状况与节水潜力分析

（1）生产耗水状况与吨钢耗水量

我国钢铁工业近几年来对节约用水重要意义的认识有很大提高，对节水设施的投入力度也显著增加，钢铁企业在节水方面取得了显著成绩。2012 年与 2000 年相比，钢产量由 1.17 亿吨增加到 4.68 亿吨，增加了 4.0 倍。而用水量只增加了 3.0 倍；吨钢平均新水用量由 $23.89m^3$ 下降到 $3.87m^3$，下降率达 83.7% 以上，如按 2000 年吨钢新水用量计算，2012 年约可节约新水 93.69 亿立方米，节水减排效果极其显著。

为了掌握和分析节水减排途径，某特大型钢铁公司连续 3 年组织了从原料、烧结到冷轧钢管开展系统的水平衡测试分析，包括对输入水量、输出水量、冷却水量、进出水量、循环率、新水补充量及排污量等进行了水量平衡测试。其各工序用水量与工序耗水量分析结果见表 8-3 和如图 8-10 所示。

表 8-3　各工序用水量结果　　　　　　　　　单位：万吨/月

| 用户 | NO.1 | NO.2 | NO.3 |
|---|---|---|---|
| 化工公司（焦化） | 56.29 | 57.70 | 53.4 |
| 炼铁 | 118.74 | 114.07 | 102.7 |
| 炼钢 | 80.24 | 86.98 | 82.53 |
| 条钢轧 | 10.01 | 7.64 | 6.33 |
| 钢管 | 8.59 | 6.93 | 3.69 |
| 热轧 | 50.20 | 45.81 | 44.67 |
| 冷轧 | 61.53 | 62.61 | 61.06 |
| 能源部 | 50.45 | 58.98 | 54.98 |
| 其他部门 | 24.07 | 25.58 | 25.79 |
| 施工用水 | 9.73 | 8.31 | 5.01 |
| 损失 | 43.03 | 42.93 | 32.49 |
| 合计 | 512.39 | 517.55 | 472.65 |

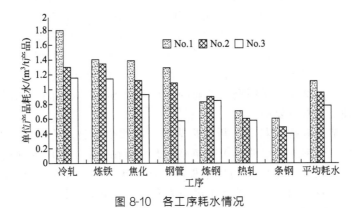

图 8-10　各工序耗水情况

根据表 8-3 的数据分析，说明炼铁工序的用水量很大，占总用水量的 25％，炼钢工序次之，占总用水量的 17％；其他大部分用户的用水量占总用水量的比例在 5％～15％之间；条钢和钢管工序的用水量较小，占总用水量的 2％；系统水的损失漏水率较高，约占总用水量的 8.30％。

中国钢铁工业协会对 30 家重点企业进行抽样调查，其吨钢耗新水量见表 8-4。

表 8-4　30 家重点企业工序吨钢耗水情况　　　　　　　　　单位：m³

| 工序 | 工序吨钢耗水量最小值 | 工序吨钢耗水量最大值 | 工序吨钢耗水量平均值 |
|---|---|---|---|
| 焦化 | 0.32 | 3 | 1.694 |
| 烧结 | 0.09 | 1.776 | 0.635 |

续表

| 工序 | 工序吨钢耗水量最小值 | 工序吨钢耗水量最大值 | 工序吨钢耗水量平均值 |
|---|---|---|---|
| 炼铁 | 0.5 | 7.559 | 2.598 |
| 炼钢 | 0.5 | 6.87 | 2.15 |
| 轧钢 | 0.3 | 6.78 | 2.09 |

表 8-4 表明，耗水程度依次按炼铁—炼钢—轧钢—焦化—烧结递减。采用干熄焦、高炉煤气、转炉煤气干式除尘的企业其相关工序的新水消耗指标有明显优势，如宝钢的焦化和转炉炼钢、莱钢的炼铁与转炉炼钢工序耗新水指标都位居调研企业的领先水平。以特钢和板带材为主要产品的企业其轧钢工序新水耗量更多一些，节水难度更大一些，如图 8-10 所示。其工序耗水量（从大到小）依次为冷轧—炼铁—焦化—炼钢—热轧等。这也是国外按板材和长材制订不同用水标准的原因。

（2）节水减排的潜力分析

我国钢铁工业的节水减排仍有很大潜力。仅从吨钢取水量和重复利用率这两个指标衡量和分析，无论是从国内企业之间比较，还是与国外企业之间比较，均存在着较大差距，这反映了节水减排的潜力之所在。

根据钢铁企业用水指标分析，年产钢量大于 500 万吨的企业，吨钢取水量最低值为 5.31m³，上下值相差 6 倍之多；年产钢量在 400 万~500 万吨之间的企业，吨钢取水量最低值为 10.07m³，上下值相差 2.5 倍；年产钢量在 200 万~400 万吨之间的企业，吨钢取水量最低值为 4.54m³，上下值相差 6.2 倍；年产钢量在 100 万~200 万吨之间的企业，吨钢取水量最低值为 4.68m³，上下值相差 7.2 倍；年产钢量小于 100 万吨的企业，吨钢取水量最低值为 4.29m³，上下值相差达 11 倍以上。吨钢取水量接近高限的企业基本上位于丰水地区。各企业水的重复利用率最低为 65%，在缺水地区的企业基本上均大于 90%，与国外一些钢铁企业相比，国内缺水地区的企业比国外低 1~8 个百分点，在丰水地区的企业比国外低 8~33 个百分点。这就说明我国钢铁工业的节水潜力还有较大空间，同时加强节水意识教育与节水统一管理是非常重要的。

我国钢铁企业节水减排现状的分析结果表明：串级供水技术在炼铁工序中的利用率最高，在烧结、焦化、炼钢工序中的利用率相差不大，而在轧钢工序中的利用率最低；生产废水回用技术在炼钢、轧钢工序中的利用率最高，而在焦化工序中的利用率最低。如图 8-11 所示。同时也表明，我国钢铁工业的节水潜力尚有很大空间，特别是串级供水技术、废水回用技术等节水技术的应用使钢铁企业水的重复利用率大幅提高。但这些节水技术的有效运用有一个前提，那就是必须对钢铁企业各工序废水进行有效处理，以满足工序用水要求与水质标准。

据纳入《中国钢铁工业环境保护统计》的 94 家企业以及未纳入该统计的 11 家钢铁企业共 105 家的统计结果表明，各工序水耗和耗新水量平均值见表 8-5。

据统计，2012 年我国重点钢铁企业的用水重复利用率已达 97.45%，大型高炉采用先进的工艺、技术、装备，节水效益显著。例如，攀钢的 2000m³ 高炉耗新水为 0.12m³/t，首钢迁安 2560m³ 高炉为 0.27m³/t，太钢 4350m³ 高炉为 0.35m³/t，宝钢 4706m³ 高炉为 0.56m³/t，天钢 3200m³ 高炉为 0.49m³/t，邯郸 2000m³ 高炉为 0.58m³/t，马钢 4000m³ 高炉为 0.63m³/t，鞍钢 3200m³ 高炉为 0.65m³/t 等。上述结果表明，我国钢铁企业的节水减排已取得巨大成效，特别是耗水最大的炼铁工序的节水减排已取得历史性突破。上述分析结果表明，我国钢铁工业的节水减排潜力还有很大空间有待开发利用。

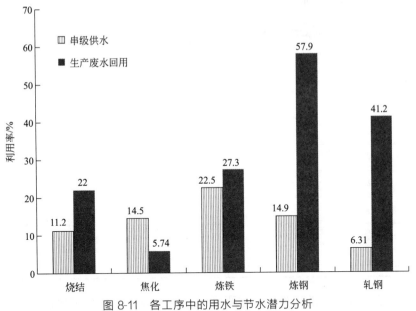

图 8-11　各工序中的用水与节水潜力分析

表 8-5　钢铁企业各工序水耗与耗新水情况　　　　　　　　　单位：m³/t

| 项目名称 | 选矿 | 烧结 | 球团 | 焦化 | 炼铁 | 炼钢 | 转炉 | 电炉 |
|---|---|---|---|---|---|---|---|---|
| 工序水耗 | 7.06 | 0.54 | 1.13 | 5.91 | 29.65 | 17.06 | 12.29 | 38.99 |
| 耗新水 | 0.88 | 0.26 | 0.42 | 2.09 | 2.38 | 2.05 | 0.93 | 2.27 |
| 项目名称 | 钢加工 | 热轧 | 冷轧 | 镀层 | 涂层 | 钢丝 | 铁合金 | 耐火 |
| 工序水耗 | 19.44 | 18.28 | 30.46 | 20.90 | 8.61 | 26.10 | 21.40 | 9.83 |
| 耗新水 | 2.02 | 2.47 | 1.61 | 0.89 | 0.73 | 6.54 | 17.62 | 2.07 |

# 8.4　节水减排目标与"零排放"的需求和规定

## 8.4.1　节水减排目标与实践

（1）节水减排目标与要求

"十一五""十二五"期间，中国钢铁工业推行与落实以"三干三利用"为代表的循环经济理念促进钢铁工业可持续发展。其中节水减排与提高用水循环利用，就是要建立钢铁生产工序内部、工序之间以及厂际间多级、串级利用，提高水的循环利用率，提高浓缩倍数，实现减少水资源消耗，减少水循环系统废水排放量。具体措施包括：尽可能采用不用水或少用水的生产工艺与先进设备，从源头减少用水量与废水排放量；采用高效、安全可靠的处理工艺和技术，提高废水循环利用率，进一步降低吨钢耗新水量；采用先进工艺与设备对循环水系统的排污水及其他外排水进行有效处理，使工业废水资源化与合理回用，努力实现废水"零排放"。

根据《2006～2020 年中国钢铁工业科学与技术发展指南》中的钢铁行业的环境目标的

要求，2006～2020 年钢铁企业节水减排的主要目标见表 8-6。

**表 8-6　钢铁企业中长期节水减排主要目标**

| 指标名称 | 2000 年 | 2004 年 | 2006～2010 年 | 2011～2020 年 |
|---|---|---|---|---|
| 工业用水重复利用率/% | 87.04 | 92.71 | 95 | 96～98 |
| 吨钢新水用量/(m³/t) | 24.75 | 11.27 | 8 | 5 |
| 吨钢外排废水量/(g/t) | 17.17 | 6.89 | 5.6 | 3 |
| 吨钢 COD 排放量/(g/t) | 985 | 364 | 200 | 100 |
| 吨钢石油类排放量/(g/t) | 66 | 24.1 | 19 | 14 |
| 吨钢 SS 排放量/(g/t) | 3051 | 610.9 | 300 | 100 |
| 吨钢挥发酚排放量/(g/t) | 2.7 | 0.59 | 0.4 | 0.4 |
| 吨钢氰化物排放量/(g/t) | 2.4 | 0.57 | 0.4 | 0.4 |

我国钢铁工业高速增长的过程中（主要是钢、铁和钢材产量高速增长），由于采用各项节水减排技术与废水处理回用措施及其强化管理，钢铁企业用水量已从高速增长逐步变为缓慢增长，随着节水减排工艺的技术进步，将来钢铁工业增产不增新水用量，甚至出现负增长趋势是可能的。

（2）重点钢铁企业实现节水减排目标的技术措施与实践

为了贯彻落实"2006～2020 年中国钢铁工业科学与技术发展指南"中的"钢铁行业的环境目标"以及"钢铁工业节水要求"，国家科技部组织钢铁行业进行节水技术攻关、技术集成和节水新技术推广应用，已在生产实践中取得很多节水减排工作实践与经验。

① 宝钢采用系统管理水资源方法，稳定循环水质，进一步提高水的重复利用率。

首先，加强用水分析管理，制订节水目标，通过组织全公司范围内从原料、烧结到冷轧、钢管，开展了系统的水平衡测试工作。通过对用水量的分析，掌握了用水量的分布及宝钢节水工作的重点，对供水总量影响较大的用户进行重点分析，细化单元用水情况，有针对性地提出节水措施，并取得较好的节水效果。宝钢还进行了工序耗水、系统循环率、浓缩倍数的指标分析；制订节水规划，明确节水目标；消除设计上的不合理用水状况，改直流用水点为循环回用；调整管网供水压力和系统的供水方式，有条件的实行峰值供水和小流量连续补水等措施。建立厂区生活污水处理站，实施中水回用和拓展多种回用途径；开发串接水使用用户，如将高炉区原使用净环水，工业用改用串接水，减少新水用量，实现节水减排；对钢管废水和冷轧废水进行深度处理回用替代工业水，以及对围厂河水经处理后用于串接水和全厂用水，实现废水资源高效利用。

② 济钢实行"分质供水，分级处理，温度对口，梯级利用，小半径循环，分区域闭路"的用水方式促进和提高用水循环利用率。

在用水过程中，根据生产工序不同对水质、水量、水温进行合理分类，从而减轻末端治理的压力。按照各工艺不同的特点，着力推行小半径循环，大幅度降低用水的循环成本；运用水资源与能源的内在联系，充分利用物料换热回收热能，依靠水技术进步带动废弃物资源化利用；通过工序过程用水的系统优化和合理的量、质匹配，减少用水量和逐级减少（或改变）系统补水水源，进行源头削减，进而减少废水处理和排放量。对新投产的设备全部采用了循环水质稳定新技术,大大提高了循环水的复用率,系统补水量逐步降低,用水浓缩倍数大幅度升高。例如,炉煤气洗涤系统的浓缩倍数达 9.4,转炉除尘系统达 5.4。

③ 莱钢围绕节水减排,实现工业废水"零排放"的目标,积极开展研究与应用,吨钢用水量大幅下降,达国内领先水平。

2002 年该厂提出焦化废水处理回用与"零排放"的思路,按照治污先治源的原则,针对废水生化处理系统的含氨浓度高的特点,进行蒸氨系统改造,具体实施方案采取除油、再加热、再脱氨三大核心技术。总体要求是力争内部消化,把焦化废水消纳在生产工艺过程中,即将经过处理后的废水用于熄焦用水,在全国率先实现了焦化废水"零排放"。

随着该厂干熄焦技术装备投入使用,湿法熄焦的生产越来越少,用于熄焦的废水大大降少,必须寻求新的消纳途径,2005 年前后又探讨焦化废水用于烧结厂的烧结矿配料用水研究。为落实技术方案的可行性,进行了混合配料焚烧试验,对烧结过程烟气状况、烧结矿化学成分、筛分组成等进行了对比试验。试验对比结果表明,用焦化废水配烧结矿料是可行的,对烧结矿组成与其他化学指标几乎无影响。之后,该厂又对焦化废水处理回用提出了更高的要求:一是用于高炉冲渣,二是用于补充内部循环冷却水。因此,选择生化法和三相强氧化法的综合深度处理工艺,主要过程包括预处理、生化处理、催化氧化等处理系统以及污泥处置等。其中生化处理设有厌氧塔、缺氧塔、一段好氧塔、二段好氧塔等。处理后污泥与废水分离采用 MBR(膜生物反应器)工艺;催化氧化采用三相强氧化技术,由三相氧化塔、二氧化氯发生器等单元构成。三相强氧化技术是废水处理实现回用的关键,是使废水达到无色、无味、无毒的技术保证。

为实现工业废水"零排放"的目标,积极采用节水新技术,改选完善循环用水系统;充分回收利用废水资源;优化供水系统,实现水的串级利用;根据各工序用水特点和厂距状况,实行废水就近处理循环回用;强化废水"零排放"考核办法,完善用水计量与监督,最大限度减少用水量与非生产用水,基本实现全厂废水"零排放"。

## 8.4.2　节水减排与废水"零排放"的新理念

### 8.4.2.1　时代背景与环境友好型发展思路

我国粗钢产量 2010 年达 6.267 亿吨,已连续 18 年稳居世界第一,实现了大国之梦,但未能实现钢铁强国的转变。据国家统计局统计,全国共有钢铁企业 3800 余家,具备炼铁、炼钢能力的企业 1200 家,其中粗钢产能超过 500 万吨有 24 家,300 万～500 万吨有 24 家,100 万～300 万吨有 28 家。经估算,全国 48 家 300 万吨以上企业的钢产能之和约占全国粗钢比重的 45%。可见产业集中度还很低,与国家当时要求国家排名前 10 名的钢铁企业钢产量占全国比重达 50% 以上的差距还较大,这是我国钢铁工业发展历史遗留的问题,也为我国钢铁工业持续发展和水资源有效利用带来致命问题。

当今国家已经把 GDP 的增长作为预期性的指标,把节能降耗和污染减排指标作为必须确保完成的约束性指标,要求人们一切工作的出发点必须是走资源节约型、环境友好型的发展思路和路线,通过清洁生产防治手段,运用循环经济组织形式,实现可持续发展战略目标。

### 8.4.2.2　节水减排与废水"零排放"的新思维、新理念

(1)清洁生产是实现经济与环境协调发展的环境策略

清洁生产要求实现可持续发展即经济发展要考虑自然生态环境的长期承受能力，既能使环境与资源满足经济发展需要，又能满足人民生活需求和后代人类的未来需求，同时，环境保护也要充分考虑经济发展阶段中的经济支撑能力，采取积极可行的环保对策，融合和推进经济发展历程。这种新环境策略要求改变传统的环境管理模式，实行预防污染政策，从污染后被动处理转变为主动积极进行预防规划，走经济与环境可持续发展的道路。

（2）循环经济的核心原理是节水减排和废水"零排放"的理论基础

所谓循环经济本质上是一种生态经济，是将生态平衡理论与经济学相结合，按照"减量化、再利用、再循环"原则，运用系统工程原理与方法论，实现经济发展过程中物质和能量循环利用的一种新型经济组织形式。它以环境友好的方式，利用自然资源和环境容量来发展经济、保护环境。通过提高资源利用效率、环境效益和发展质量，实现经济活动的生态化，达到经济社会与环境效益的双赢。其特征是自然资源的低投入、高利用和废弃物低排放，形成资源节约型、环境友好型的经济与社会的和谐发展，从根本上消除长期存在的环境与发展之间尖锐对立的局面。

从上述分析表明：清洁生产既是一种防治污染的手段，更是一种全新的生产模式，其目的是为了达到节能、降耗、减污、增效的统一；循环经济是一种新型经济组织形式，是按照自然生态系统的模式把经济活动组织成一个"资源—产品—再生资源"的物质反复循环流动过程的组织形式，是为了达到从根本上消除环境与发展长期存在的对立。可持续发展是经济社会发展的一项新战略，其核心问题是实现经济社会和人口、资源、环境的协调发展，三者是一脉相通的，其最终目标是实现经济活动的生态化、环境友好化、资源节约化，达到经济社会与环境效益的统一。据此原则和理念，我国钢铁工业节水减排工作应注入新的理念，其研究工作的重点应按废水生态化的要求进行技术延伸与完善。

（3）减量化、再利用、再循环的核心原则

减量化、再利用、再循环（即3R）既是循环经济的核心原则，也是实现钢铁工业节水减排和废水"零排放"的基本原则。

① 减量化原则  减量化原则属于源头控制，是实现循环经济和钢铁工业节水减排的首要原则，它体现当今环境保护发展趋势，其目的是最大限度地减少进入生产和消费环节中的物质量。对钢铁工业而言，首先应提高和改进生产工艺先进水平，使吨钢耗水量最小化。如采用干熄焦、高炉与转炉煤气干法净化除尘，高炉富氧喷煤，熔融还原COREX炉、热连铸连轧等工艺，可大大减少热能和水的消费量。目前国内大多数企业都采用湿法净化煤气，均消耗大量用水，又产生二次污染，若用干法除尘净化可实现节水与"零排放"。

对水资源利用应统筹规划，实施串级供水、按质用水、一水多用和循环用水的措施，力求降低新水用量，削减吨钢用水量与外排废水量。如冷却水可供煤气洗涤除尘用水，再用于冲渣用水和原料场的洒水等。一般钢铁联合企业废水处理量占总用水量的30%~40%。净环水的排污水一般可作为浊环水的补充水，通过串接循环使用，可大大消减企业水资源消耗量。

② 再利用原则  再利用原则属于过程控制，其目的是提高资源的利用率，将可利用的资源最大限度地进行有效利用。对钢铁工业而言，应积极有效地利用水资源和多渠道开发利用非传统水资源，以缓解钢铁工业的持续发展中水资源短缺的瓶颈问题，这是近年来世界各国普遍采用的可持续发展的水资源利用模式，也是用水节水的新观念、新途径。

1）雨水再利用。雨水再利用是一项传统技术，在美国、德国、日本、丹麦等国得到十分重视，许多国家已把雨水资源化作为城市生态用水的组成部分。雨水作为一种免费水资源，只需少量投资就可作为一种水资源进行再利用。钢铁企业厂区面积较大，能收集大量雨水，若将厂区的雨水收集与利用将可化害为利、一举两得。目前所建的雨水工程是将雨水视为废水而外排，造成大量水资源浪费。事实上雨水经简单处理后就可达到杂用水的水质标准，可直接用于钢铁企业的原料场与车间地坪洒水、绿化、道路以及对水质无严格要求的用户。这不仅可在一定程度上缓解钢铁企业水资源供需矛盾，还可减少企业的雨水排水工程支出，缓解城市与企业的雨、污水处理工程的负荷。我国新建的首钢京唐工程已实现雨水的再利用，其节水效果显著。

2）城市污水再利用。城市污水的处理费用一般是工业废水处理费的一半，其处理工艺比较成熟。从城市污水量和水质而言，经妥善处理不仅可用于直接冲渣和冲洗地坪用水，并可作为深度脱盐处理制取工业新水、纯水、软化水、脱盐水的水源。如果城市污水再利用能在钢铁行业普遍采用，既能缓解钢铁企业的用水压力，同时也能大大降低城市生活用水的压力，可将城市上游水资源用于城市的发展与开发。另外，将城市污水作为钢铁企业的水源，可将钢铁业从与城市争水转变到城市用水的下游用户，既可以极大地减少对城市上游新水的需求量，又可以将钢铁行业从一个用水大户，污染大户转变为一个接纳污水大户、清除污染大户。其经济社会与环境效益是非常巨大的。

3）海水再利用。这其中又包括以下两方面。

Ⅰ. 海水直接冷却利用。随着人类对海水认识和利用的发展，海水直接冷却已是成熟工艺。目前，在我国天津、大连、上海等沿海城市电力、石油、化工等行业均取得成功应用。在钢铁行业中，日本加古川钢铁厂的海水直接冷却约占其冷却水总量的45%。根据钢铁产业政策，今后新建的钢铁厂将靠近大海，而钢铁企业在生产中需大量使用冷却水，因此，海水作为一种再利用冷却水资源是发展方向，这将大大地缓解钢铁生产需要的冷却水资源紧缺问题。首钢京唐工程实践表明，海水直接冷却利用可缓解水资源紧缺问题。

Ⅱ. 海水淡化利用。开发利用海水资源，是节水的新观念、新途径，近年来在世界各国已得到普遍采用。为鼓励企业开发利用非传统的水资源，目前，中国企业自取的海水和苦咸水的水量不纳入定额计量管理的范围。利用海水淡化水与传统水资源合理使用，将可大大地减轻钢铁厂生产发展需要的水资源短缺问题。海水淡化已是成熟技术，一般成本在4.5～6元/$m^3$（包括取水、生产、回收、日常运行、管理及经营等方面的费用）。如淡化水产量在$8\times10^4$～$10\times10^4$ $m^3$/d规模时，其成本可降至3元/$m^3$。目前，我国年海水用量约为256亿立方米，与日本（1200亿立方米）和美国（2000亿立方米）相差较大。我国一些沿海地区的大型钢铁企业正在研究海水淡化技术，解决水资源短缺的问题，首钢京唐工程已有海水淡化利用实践，宝钢的湛江工程也在积极探索中。

③ 再循环原则　再循环原则是末端控制，其目的是把废物作为两次资源并加以利用，以期减少末端处理负荷。再循环应包括两个层次，其一是钢铁企业内部小循环；其二是深层次的社会大循环。

1）钢铁企业内部实施水资源的循环利用。钢铁企业的工业废水和生活污水经过净化处理后，再作为补充水用于各个生产工序的水循环系统，这既可大幅提高水重复利用率、减少取水量和废水排放量，又可减轻各单位水处理设施压力，保证正常供水。例如，国内某钢铁企业对各生产工序均设置循环水系统，充分发挥废水处理回用功效，使得生产水、生活水、脱盐水、软水均得到充分使用，有效提高水资源利用效率，最大限度地节约用水与节水减排，使吨钢耗新水3.9$m^3$/t，达到世界吨钢耗新水最先进水平。

2）深层次的大循环。钢铁企业用水应与周围地区协调发展，应通过吸收城市污水和厂周围地区废水再循环，为钢铁生产提供水资源，并将经处理后较好的水质供给周围地区，回报于社会，建立水资源的良性互动与循环。例如，城市污水处理再循环利用就是实例。

### 8.4.3 节水减排与废水"零排放"的需求和规定

随着国家对节水减排工作要求的日益提高，以及《钢铁工业水污染排放标准》和《焦化废水治理工程技术规范》等，对现有企业和新建企业的工业废水排放提出了更为严格的要求，因此，钢铁企业将生产废水作为传统水资源回收利用已经越来越受到各大钢铁企业的重视。

（1）废水生态化原理是节水减排和废水"零排放"的技术依据与主要途径

生态工业学是可持续发展的科学，它要求人们尽可能优化物质-能源的整个循环系统，从原料制成的材料、零部件、产品，直到最后的废弃，各个环节都要尽可能优化。对钢铁工业系统而言，其生态化的核心就是物质和能源的循环，不向外排放废弃物。为了从根本上解决钢铁工业废水对水环境的污染与生态破坏，必须把整套循环用水技术引入生产工艺全过程，使废水和污染物都实现循环利用。钢铁企业把生产过程中排出的废水及其污染物作为资源加以回收，并实现循环利用，其实质是模拟自然生态的无废料生产过程。尽量采用无废工艺和无废技术是为了使这个系统不超过负荷，能正常良好运转，而工艺的自动化在一定程度上可以起到系统的调控机能。

所谓水循环经济就是把清洁生产与废水利用和节水减排融为一体的经济，建立在水资源不断循环利用基础上的经济发展模式，按自然生态系统模式，组成一个资源—产品—再生资源的水资源反复循环流动的过程，实现废水最少量化与最大的循环利用。即对钢铁企业用水进行废水减量化、无害化与资源化的模式研究过程。

"分质供水—串级用水"一水多用的使用模式。

"废水—无害化—资源化"的回用模式。

"综合废水—净化—回用"的循环利用模式。

这个最优化循环经济过程称之为钢铁工业废水生态化，它是节约水资源、保护水环境最有效的举措。因此，最少量化、资源化、无害化、生态化用水技术必将成为控制钢铁工业水污染的最佳选择，并将越来越受到人们的重视，是我国乃至世界钢铁工业水污染的综合防治技术今后发展的必然趋势，也是当今世界最为热门的研究课题。

（2）新标准、新规范对钢铁企业节水减排提出严格要求与规定

我国《钢铁工业发展循环经济环境保护导则》（HJ 465—2009）、《钢铁工业水污染物排放标准》（GB 13456—2012）和《钢铁工业废水治理及回用工程技术规范》（HJ 2019—2012）等公布实施。上述"导则"与"标准"对钢铁工业的节水减排与废水"零排放"提出明确规定与要求。

① 《钢铁工业发展循环经济环境保护导则》的有关规定与要求

1）强化源头控制，实现源头用水减量化。

2）对新水与循环水应按分级分质供水原则，实现废水回用与提高水的重复利用率。

3）全面配置循环用水技术所必需的计量、监控等技术和设备；采用节水冷却技术和设备，如汽化冷却、蒸发冷却、管道强制吹风冷却等，实现冷却水用量最小化。

4）对烧结球团工序、炼铁工序、转炉炼钢工序的生产废水要实现"零排放"，其中如有少量排污水非排不可时，也应收集排入总废水处理厂经处理后循环回用。

5）对焦化工序高浓度有机废水和含有煤、焦颗粒的除尘废水应分别处理后回用，不得外排。

6）冷轧工序废水应先分别设置单独处理设施，达到车间排放标准后再排入综合废水处

理厂，经处理后循环回用。

②《钢铁工业水污染物排放标准》有关规定与要求

1）首先明确规定已有钢铁工业，新建焦化企业或在特别保护区（如国土开发密度已经较高，环境承载能力开始减弱，或环境容量较小，生态环境脆弱，容易发生严重环境污染问题等）的钢铁企业必须分别执行水污染物排放限值的要求。

2）限定已有钢铁工业必须在 2015 年 1 月 1 日之前进行生产技术改造和提高生产废水处理技术和水平，达到新建企业规定水污染物排放限值。

3）将钢铁企业分为：a. 钢铁联合企业；b. 钢铁非联合企业。废水排放形式分为直接排放与间接排放，并应严格执行相应的排放标准。

4）对钢铁联合企业的水污染物直接排放时，应按生产工序过程，如烧结（球团）、炼铁、炼钢、热轧、冷轧等工序分别制订水污染物排放限值。

5）水污染物排放限值要求严格。例如，新建钢铁联合企业直接排放与间接排放的 $COD_{Cr}$、氨氮悬浮物、挥发酶等分别为 50mg/L、5mg/L、30mg/L、0.5mg/L，200mg/L、15mg/L、100mg/L、1.0mg/L；特别保护区分别为 30mg/L、5mg/L、20mg/L、0.5mg/L，200mg/L、8mg/L、30mg/L、0.5mg/L。对钢铁非联合企业，除热轧工序 COD（70mg/L）外，其他水污染排放物均与钢铁联合企业相同。

6）单位产品基准排放水量要求严格：钢铁联合企业为 1.8m³/t（粗钢）；非联合企业烧结球团炼铁为 0.05m³/t；炼钢为 0.1m³/t；轧钢为 1.5m³/t。

③《钢铁工业废水治理及回用工程技术规范》有关规定与要求

1）钢铁工业废水治理及回用工程应按照清洁生产原则，实行全过程控制，并由以下 3 个重要环节有机组成：a. 在生产单元用水源头采用减少或消除污染物进入水体技术；b. 采用有效的循环水处理系统；c. 末端总排出口废水治理与回用。

2）废水处理工艺流程的选择应根据废水水质及处理后水质的要求，在实现综合利用或达标排放的前提下，选择成熟先进、运行稳定、经济合理的技术路线，以尽量实现回收利用。

3）废水处理工艺的设计应考虑任一构筑物或设备因检修、清洗而停运时仍能保证产出满足生产需求的合格水质及水量的要求。

4）钢铁生产单元废水汇集应采用"清污分流"的分流制排水系统，分别收集、处理后回用。新建企业的原料场、烧结、炼铁生产单元应达到基本无废水外排。

5）钢铁工业废水治理及回用工程应设置相关在线检测仪表，以保证废水处理系统安全可靠、连续稳定运行。钢铁企业各外排口应设污染源在线监测装置，并按国家有关污染源监测技术规范的规定执行。

6）钢铁生产单元废水治理及回用的项目主体由循环水处理、废水处理、串级供水等主体工艺及配套辅助设施组成。

7）钢铁企业应建设综合废水处理设施，各生产单元外排废水（冷轧废水、浓含盐废水除外）应通过厂区排水系统收集后输送至综合废水处理设施处理。经处理达到用户水质要求后回用，外排水应满足 GB 13456—2012 的要求。

（3）综合废水处理回用是实现节水减排与"零排放"的有效途径与技术保障

要实现钢铁工业节水减排与废水"零排放"，要从如下几个方面配套研究和技术突破。

① 以配套和建立企业用水系统平衡为核心，以水量平衡、温度平衡、悬浮物平衡和水质稳定与溶解盐平衡为主要研究内容，实现最大限度地将废水分配和消纳于各级生产工序最大化节水的目标。

② 以企业用水和废水排放少量化为核心，以规范企业用水定额、循环用水、废水处理回用的水质指标为研究内容，实现企业废水最大循环利用的目标。

③ 以保障落实"焦化废水不得外排"为核心，以焦化废水无污染安全回用消纳途径为主要研究内容，最终实现焦化废水"零排放"的目标。

④ 以保障钢铁企业综合废水安全回用为核心，以经济有效的处理新工艺与配套设备和以出厂水脱盐为主要研究内容，最终实现钢铁企业废水"零排放"的目标。

上述四个方面是实现钢铁工业节水减排和废水"零排放"的关键，相互构成有机的联系，前者为废水"零排放"提供基础，后者是实现"零排放"的保障。

钢铁企业外排废水综合处理回用是我国钢铁工业发展的国情特色。由于我国钢铁企业发展历程大都是由小到大，经历改造扩建、填平补齐历程而逐步发展完善的。因此，钢铁企业用水量大，用水系统不完善，循环率低；钢铁企业的废水种类多，分布面广，排污点分散。即使有的企业各废水生产工序设有循环水处理设施，但由于供排水系统配置技术、应用及管理上的原因，各工序水处理设施还存在溢流和事故排放，加上生活污水和工艺排污与跑冒滴漏，因此，钢铁企业产生的总外排废水都比较大。如将这些外排废水进行综合处理回用既提高用水循环率，又实现废水"零排放"。

基于钢铁企业外排废水综合处理回用对钢铁工业持续发展的重要性和迫切性，国家科技部将"钢铁企业用水处理与污水回用技术集成与工程示范"和"大型钢铁联合企业节水技术开发"分别列入"十五""十一五"国家科技攻关计划。经科技攻关与节水工程示范实践表明，综合废水处理回用对钢铁企业节水减排与废水"零排放"的意义与作用重大，效果显著。例如，日照钢铁集团公司综合废水处理厂规模 30000$m^3$/d，经处理后 20000$m^3$/d 回用于热轧用水系统，10000$m^3$/d 经脱盐后补充至新水系统。目前首钢京唐、莱钢、济钢、邯钢和攀成钢均已实现废水"零排放"。

# 8.5 节水减排技术规定与设计要求

钢铁工业节水减排总体设计所追求的目标是节约新水用量与减少废水排放量，也是钢铁工业在其发展过程中作为保护环境和防治污染不可推卸的责任和义务。在生产过程中，既要节省宝贵的地表水或地下水资源，降低生产成本，降低吨钢耗水量，同时要求生产供排水系统从水质、水量、水压等各方面均满足各主工序单元生产的要求。

钢铁企业节水减排总体规划与设计就是在项目建设的前期规划阶段，确定合理的全厂用水水质标准、用水方式，并进行全厂水量平衡等工作。在项目建成后，随着技术的不断成熟与发展，要进行相应的调整原设定的水质标准、用水方式、用水量指标、排水量指标，形成新的全厂水量平衡，通过技术改造与进步，使之更符合钢铁工业清洁生产与持续发展的需求。在此目标的指导下，要确定如下主要工作内容与技术指标和问题。

## 8.5.1 总体设计技术规定与要求

### 8.5.1.1 确定合理用水水质指标

钢铁企业用水水质可分为工业新水、纯水、软化水、生活用水、回用水、开路净循环、密闭式纯水或软水循环水、浊循环水等。

无论是直流用户还是循环水用户，确定用水水质标准时首先应明确供水应按用户要求的水质进行设计。纯水、软化水、生活水等均可按照相关工艺所提出的要求确定，即按需供水是合理的选择。但对于敞开式循环水而言，应考虑用水的水质要求是否过高的问题。敞开式循环水水质决定了整个循环水浓缩倍数和工业新水的水质。在进行总体设计时，通常会根据以往类似项目或企业的经验以及专业冶金设备供货商所提出的用水水质要求，确定新建项目的循环用水水质要求。敞开式循环冷却水常见的水质指标包括碳酸盐硬度（$CaCO_3$）、pH值、悬浮物、悬浮物中最大粒径、总含盐量、硫酸盐（$SO_4^{2-}$ 计）、氯化物（$Cl^-$ 计）、硅酸盐（$SiO_2$ 计）、总铁、油等。其中，pH值、悬浮物、悬浮物中最大粒径、总铁、油等指标通过常规处理手段都较易实现。然而，如果碳酸盐硬度（$CaCO_3$）、总含盐量等一些水质指标的要求过高（要求供水碳酸盐硬度、总含盐量低），会造成循环水系统的设计浓缩倍数较低，补水量大，吨钢工业新水耗量也大；甚至如果敞开式循环水含盐量指标低于一定数值时，会要求对作为循环冷却水补充水的工业新水做进一步的脱盐处理，造成工程建设费用和生产运行成本的大幅度上升。

根据生产实际情况，控制碳酸盐硬度（$CaCO_3$）、总含盐量等一些水质指标的主要目的是为了保护设备，减缓腐蚀或结垢，延长设备和配管的使用寿命，而这些完全可以通过投加水质稳定药剂实现。如果直接提高设备用水的含盐量指标，会造成水处理投资加大，工业新水补水量上升，不符合当前国家节能减排的发展趋势。

合理的确定循环冷却水含盐量指标值，可以直接提高循环水系统的浓缩倍数，大幅度降低循环水系统强制排污水量和新水补充水量，对于用水系统的节能减排有着重要的意义。

### 8.5.1.2　确定合理用水方式

在确定整个企业的合理用水方式前，首先必须树立所有污废水资源化的重要性。应该说在各种生产环节中所产生的污水和废水都是水资源，都是可以利用的。有些可以直接在另一个生产环节中利用，有些需进行适当处理后利用。在生产中，只有不合适的用户，没有不合适的水资源。在总体设计时，就是要研究合理的方式，为这些污染水资源寻找合适的用户。

钢铁企业用水系统现普遍采用循环-串级供水体制，限制工业新水的直流用水，工业污废水处理后回用的用水方式，这是在总体设计中所须遵循的基本原则。在具体实施时，要对钢铁企业主体生产工艺对回用水、工业新水、软化水及纯水的用水需求进行分析，由用水需求确定用水方式。

（1）钢铁工业生产工艺用水需求

① 长流程生产工艺用水需求　炼铁、炼钢、连铸、冷轧等单元如炉体、氧枪、结晶器等关键设备的间接冷却密闭式循环水系统以及锅炉、蓄热器等的补充用水一般采用软化水及纯水。

烧结、炼铁、炼钢、连铸、热轧、冷轧等工序一般设备的间接冷却循环水系统的补充水一般采用工业新水。各主工艺的浊循环水系统由净循环强制排污水补水，水量不够的采用工业新水。

烧结的一次混合和二次混合用水以及渣处理等直流用户或是浇洒地坪等一般采用回用水，反渗透系统的浓水也可采用。烧结一次混合和二次混合的用水量一般为每小时十几到几十立方米；高炉炉渣粒化如采用冲渣方式，其吨渣耗水量为 $8\sim12m^3$，如采用泡渣方式，其吨渣耗水量为 $1\sim1.5m^3$；转炉炼钢渣量较大，如采用浅热泼渣盘工艺，耗水量约为吨渣 1.2m。

从用水需求量来看，由于存在一次混合和二次混合用水以及渣处理等工艺用户，回用水量较大，与工业新水用量接近，甚至大于工业新水用量，其次是脱盐水、软化水及纯水。

② 短流程生产工艺用水需求　短流程工艺用水需求总的来说与长流程类似，但是没有炼铁、烧结单元，因此也没有烧结的一次混合、二次混合和炼铁的炉渣粒化等回用水用户，另外，电炉炉渣处理也与转炉炉渣处理工艺不同，回用水需求量远小于长流程生产工艺。

从用水需求量来看，工业新水量是最大的，其次是软化水及纯水，回用水用水量的需求较少。

（2）用水方式

① 工业新水、纯水、软化水、回用水的常规用水方式　工业新水主要用于敞开式循环水系统的补充水。纯水、软化水主要用于密闭式循环冷却水系统的补充水以及锅炉、蓄热器等的用水。回用水主要用于冲洗地坪、场地洒水、设备轴封冲洗水、煤气水封补水、冲渣等，也有作为浊循环水系统补充水使用的。

按照节水减排、工业用水串接使用的原则，由于工业净循环水质（主要是含盐量指标）要优于浊循环水，因此应当优先以净循环水强制排污水作为浊循环水系统的补充水；但当净循环强制排污水量不能满足浊循环补充水量要求时，宜采用工业新水作为浊循环补充水。

② 工业废水回用方式

1）长流程生产工艺废水回用。对于长流程生产工艺的钢铁企业，鉴于回用水需求量较大，可将部分工业废水制成脱盐水、软化水或纯水用于生产，将反渗透浓水和其他由工业废水制成的回用水回用至烧结的一次混合和二次混合用水以及渣处理等直流用户或是浇洒地坪等。

2）短流程生产工艺废水回用。对于短流程生产工艺的钢铁企业，工业废水排放量和回用水量之间不平衡的矛盾比较突出。首先是回用水用户少，回用水需求量也少；而工业废水经过常规处理制成的回用水含盐量高，无法用于循环水系统作补充水，故回用水无法有效地消耗；另外，在制取脱盐水、软化水及纯水过程中将产生含盐量更高的反渗透浓水。因此，短流程废水回用尚有难度。

### 8.5.1.3　用水平衡问题

钢铁企业用水系统平衡问题是钢铁企业节水减排最重要的关键问题，是一项系统工程。其中水量平衡、温度平衡、悬浮物平衡、溶解盐平衡以及水质稳定问题是用水系统平衡的要素，不解决这些平衡问题，钢铁企业用水系统就无法实现。应该说，水量调节、温度控制、悬浮物去除，以及溶解盐平衡（即水质稳定）都是保证钢铁企业用水系统平衡的关键，一环扣一环，哪一环解决不好，都会使用水系统平衡难以实现与运行。它们之间不是孤立的，而是相互关联、相互影响的，因此，应坚持用水系统水质水量全面控制，实现最大限度的节水减排，形成钢铁企业用水系统良性循环。

由于钢铁企业用水系统平衡问题十分复杂，现以用水量最大的高炉系统用水平衡为例进行研讨。

（1）水量平衡问题

除了洗涤后煤气带走的水分和系统中的蒸发损失外，高炉煤气洗涤的供水量与排水量基本相当。这里所说的水量平衡，不仅包括蒸发损失、排污损失，还包括供水系统的设置。一般洗涤系统为二级洗涤器（文氏洗涤器、洗涤塔），其供水系统有二级并联水，也有二级串联供水。串联供水应为先供第二级洗涤器，然后加压供第一级洗涤器。这是由于第一级洗涤器和第二级洗涤器的工艺条件、介质性状是不同的。经过第一级洗涤器的清洗，煤水中的含尘量已经不多（第一级洗涤器的除尘效率应该在98％以上）。第二级洗涤器可以认为是精洗涤设备，尽管其除尘效率也应该在 98% 以上，但清洗后废水中的悬浮物含量是不多的。因此，第二级洗涤后的排水不经处理直接加压送至第一级洗涤器是完全可行的。我国 A 厂采用二级并联供水的工艺，每清洗 1000m³ 煤气的用水指标为 4.3m³，而 B 厂采用二级串联的工艺，其清洗 1000m³ 煤气的用水指标仅为 1.6m³，两者相比，前者为后者的 2.6 倍。无疑，串联供水比并联供水更为先进。

在系统设计得当、措施比较完整的情况下，串联供水比并联供水的水量消耗小，排污水量也小。因此，在规划方案设计中应该研究水量平衡和系统设置，以取得最佳效益。

在制订循环水水量平衡时，即使是考虑得最周到的平衡，"排污"仍是不可避免的。如将这部分"排污"水处理到符合排放标准后排放，虽在技术上已不存在困难，但处理费用较贵，既不经济，也不合理。所以一般都不采取这种做法，而是通过综合平衡来消化这部分"排污"水。例如：把这种"排污"水送到冲水渣系统，使其消耗在冲渣的蒸发过程中，不失为一种经济合理的方法。

在工程设计和系统管理中，应首先确定循环水的浓缩倍数，计算出冷却塔飞溅和蒸发损失量以及补充水量。补充水量为蒸发与飞溅水量以及"排污"水量之和。按照这些数据进行设计和管理，就可以保持该系统的水量平衡。在"排污"水量实现定量控制后，补充水量即可确定。

以上所说仅仅是就一个循环系统而言的。整个炼铁厂的供水不是由一个，而是由很多个循环系统组成的。在这很多个循环系统之间，仍然有一个水量平衡的问题。由于各个循环系统对水质的要求有所不同，可以利用这个条件，进行整个炼铁厂的水量平衡。

任何一个循环的系统，为了维持在一定浓缩倍数的全硬度，总是有一部分水将作为"排污"水向外排放。在炼铁厂用水中，设备间接冷却用水的水质（以全硬度作为代表）要求相对高些。因此，这个系统的浓缩倍数可以定得比较低些（当然在有充分的技术和水处理药剂保证的前提下，浓缩倍数高些，则系统的运行更加经济）。设备间接冷却系统的"排污"水，可以作为设备直接冷却系统的补充水。而设备直接冷却系统的排污水，则可以作为高炉煤气洗涤循环系统的补充水。高炉煤气洗涤系统的"排污"水，又可以作为炉渣粒化系统的补充水。炉渣粒化由于红渣温度很高（在 1400℃ 以上），在冲渣或泡渣使其粒化的过程中，水将大量蒸发，从而将这些补充水大量地消耗在粒化过程中。就整个炼铁厂的用水而言，通过全面规划，综合平衡，妥善管理，可以做到整个炼铁厂没有外排废水，彻底解决炼铁厂废水污染环境问题。为此，首先要做好水量平衡。

（2）温度平衡问题

炼铁厂的用水主要用于冷却，水在用过之后，温度都有升高，要实现循环使用多数需要冷却。因此，在什么情况下需要冷却，什么情况下不需冷却，用什么方法冷却，这就需要考虑温度平衡问题。温度平衡是以满足工艺对水温度要求为前提的。

从高炉炉顶引出的煤气温度都在 150℃ 以上，有的甚至超过 400℃。清洗以后的煤气温度应在 40℃ 以下方能满足煤气作为能源的要求。冷却煤气和净化煤气都要求在煤气洗涤系统中完成。水在洗涤煤气的同时还与煤气进行热交换，从而升高了水温。作为循环使用的水，则必须使温度满足洗涤煤气的要求。要解决这个问题，就必须做到温度平衡。

用水洗涤煤气，同时起着清洗煤气和冷却煤气这两个作用。实践表明，作为清洗煤气，水温相对高些，则表面张力小些，有利于润湿煤气中的灰尘并把它们捕捉起来。作为冷却煤气当然是水温低些好。因此，不少煤气洗涤系统中设有冷却塔以平衡水温。上述 A 厂的煤气洗涤系统就是这样的，但 B 厂则不然，B 厂在经过二级洗涤器清洗后，煤气还进入余压发电装置。在余压发电透平机的膨胀做功过程中，煤气自身的温度下降约 20℃，因此，B 厂的煤气洗涤循环水系统没有设置冷却塔。

关于温度平衡问题，应视整个生产工艺而定。当煤气洗涤后，还要经过余压发电的时候，洗涤水是不需要设置冷却设施的。当洗涤以后没有任何使煤气温度得到降低的措施时，设置冷却塔构筑物是必要的。但是，具有二级洗涤设备的系统中，只把供第二级洗涤器的水进行冷却是比较经济合理的，而供第一级洗涤器的水则不需冷却。

设不设冷却塔并不是关键的问题，问题的关键是结合工艺设施的组成，透彻理解洗涤水在各级洗涤设备中的作用和状况，不仅要考虑满足本工序对水温要求的平衡，还应考虑与之相联系的工艺条件，以免带来不必要的浪费。

（3）悬浮物平衡问题

悬浮物是水质的重要指标之一。现代化炼铁厂对水中悬浮物的质量浓度要求越来越严。悬浮物的质量浓度要保持在什么水平，主要取决于高炉工艺条件和工艺设备的特点。因此，循环水处理工艺应满足生产工艺对水中悬浮物的质量浓度的要求。所谓水中悬浮物的平衡，是指在用水过程中悬浮物的质量浓度的变化和如何控制悬浮物的质量浓度的过程。以往我国对钢铁工业用水的悬浮物的质量浓度一律规定为不大于 200mg/L，这个指标是很落后的。高炉，特别是现代化大高炉的炉体冷却部位热负荷很高，炉体冷却设备（一般为冷却壁或冷却板）有局部滞流现象，使用 200mg/L 悬浮物的质量浓度的水进行冷却，很容易造成冷却设备堵塞、结垢和腐蚀严重，冷却效果差的后果。这种水用不了多长时间就会发生故障，甚至直接影响高炉的产量和寿命。现代化大高炉的风口鼓风压力可以达到 0.49MPa（$5kg/cm^2$）以上，风温高达 1300℃以上，风口处的热负荷很高（远高于 $21 \times 10^4 kJ/h$）。用以冷却风口的冷却设备，其过水断面又很小，冷却水的流速在 10～15m/s，为达到这样的流速和克服因局部过热形成的气泡的阻力，风口冷却供水压力都在 0.98MPa 以上，供水稍有差错，就会造成风口前端（小套）烧穿的事故而被迫休风。而且如此高的供水流速，200mg/L 悬浮物的质量浓度本身就会使风口冷却设备在短时间内被磨损。我国一些钢铁厂的风口小套，有的只用几星期甚至几天就被烧穿的事实正是这样造成的。所以炼铁厂供水的悬浮物的质量浓度必须认真控制。而且首先控制第一级设备间接冷却循环水系统的补充水和系统内水的悬浮物的质量浓度。国内外许多炼铁厂，其补充水的悬浮物的质量浓度都在 10～20mg/L 之间。这样的补充水，在上述浓缩倍数的控制下运行，可以维持系统内的悬浮物的质量浓度在 15～30mg/L 之间。我国宝山钢铁总厂炼铁厂 1 号高炉设备间接冷却循环水（称净循环水），补充水（工业用水）的悬浮物的质量浓度控制指标为 10～15mg/L，系统中的浓缩倍数为 1.5，循环水的悬浮物的质量浓度控制指标为 15～30mg/L。实际生产测定都在 10mg/L 以下，投产以来，各冷却设备情况完好，没有出现供水悬浮物的质量浓度高而带来的危害，从而保证了高炉长期、稳定的生产。控制水中悬浮物的质量浓度，应该有一个合理的控制数值。一般认为，控制在 50mg/L 以内是可行的。

要保持循环水的悬浮物的质量浓度不超过规定的数值，有两种办法可供选择：一是适量排放一部分水，同时补充一部分新水，以保持循环水系统内的悬浮物的质量浓度的平衡；二是在仅仅靠定量的"排污"不能满足悬浮物平衡的情况下，则可设置旁通过滤设施。在循环系统中，抽出一定比例的水（一般为 5%），使之通过一台（或几台）过滤设备，过滤后的水再回到循环系统中。这样在不断运行的循环系统和旁通过滤之间形成了一个局部净化的关系。关于旁通过滤的水量、过滤形式及有关参数的选择，应通过技术经济比较，然后确定。其实旁通过滤的反冲洗水是要排放的。这种排放水在整个系统中相当于系统的"排污"。因此，只有在环境条件较差，对循环水悬浮物要求又比较严格，单靠"排污"不能完全平衡的情况下，才选择旁通过滤。

对于浊循环系统生产废水，如高炉煤气洗涤水，由于大量煤气中的灰尘转移到清洗水中就成为悬浮物。要想循环回用，这些悬浮物必须得到有效的清除，否则就难以实现循环利用。

沉淀池是去除悬浮物的有效设施和常用手段。大量测定资料表明，不同工厂的高炉煤气洗涤废水，其悬浮物的组成和粒度差别是很大的。即使在同一工厂，其组成和粒度也是不断变化的。高炉煤气洗涤水要求沉淀池上层出水的悬浮物的质量浓度小于 150mg/L 时，沉淀速度应按不大于 0.25mm/s 考虑，相应的沉淀池的单位面积负荷为 $1\sim1.25m^3/(m^2 \cdot h)$。上述 A 厂的设计就是这样考虑的。当废水中悬浮物具有较高的自然絮凝趋势时，投加助凝剂后，其单位面积水力负荷可适当提高，以 $1.5\sim2.0m^3/(m^2 \cdot h)$ 为宜，相应的沉淀池上层出水悬浮物的质量浓度可小于 100mg/L，上述 B 厂的情况与此相符。采用聚丙烯酰胺絮凝剂，可加速沉降过程。如果聚丙烯酰胺与铝盐或铁盐并用，悬浮物的沉降速度还可进一步提高。此时沉降速度可达 3mm/s 以上，单位面积水力负荷若为 $2m^3/(m^2 \cdot h)$，相应的沉淀池上层水悬浮物的质量浓度可小于 80mg/L。

如前所述，二级洗涤器供水有并联和串联之分。在串联系统中，只对第一级洗涤器的排水进行沉淀处理，其处理量相当于并联供水处理量的 1/2 左右。如果第二级洗涤器后的排水中仍然含有大量的悬浮物，也必须进行处理时，一、二级是合并处理还是分别处理，则应视具体情况而定。根据具体情况采取区别对待的方法是应该推广的。实践证明，大、中型高炉煤气洗涤水的悬浮物处理以采用普通的辐射式沉淀池为宜，如果用带有絮凝室的沉淀池，则效果更好。

（4）溶解盐平衡问题

所谓盐类平衡，就是指水中呈离子状态存在的物质的平衡问题。衡量水中盐类是否平衡，主要看是否消除结垢和腐蚀现象。既不结垢也不腐蚀的水称之为稳定的水。这种所谓的不结垢、不腐蚀是个相对的概念，实际上是指水对设备和管道的结垢和腐蚀均控制在允许范围之内。因此，盐类物质的平衡可以看作是水质稳定的问题。

天然水中一般含有 $K^+$、$Na^+$、$Ca^{2+}$、$Mg^{2+}$ 等阳离子和 $Cl^-$、$SO_4^{2-}$、$HCO_3^-$ 等阴离子。通常情况下，这些阳离子和阴离子之间是处于一种化学平衡状态的。如果水中阳离子和阴离子之间的化学平衡遭到破坏，则反映到循环水中的后果是结垢和腐蚀。科学研究和生产实践已经证明，水的腐蚀作用主要是溶解在水中的氯离子与设备和管道的组分中的铁发生电化学反应的结果。

水中 $Cl^-$ 的存在也是具有一定危害的。虽然 $Cl^-$ 不易直接腐蚀金属，但它的离子半径小，穿透能力强，可以破坏已经形成的保护膜，从而促进和强化电化学反应，促进腐蚀作用。

在水与物料直接接触的废水中，含有大量的机械杂质和各种溶解盐类，这些盐类在系统的运行中又会发生各种各样的变化，形成其他形式的水垢。

水处理技术的发展，对于水质稳定的研究和控制，已经有了成熟的经验。现在比较行之有效的方法是：首先控制补充水的各种盐类离子的含量，要定量地控制而不是定性地控制。

现代炼铁厂对水质的要求要从原水水质开始，不论是用新水作为补充水，或者是用上一级循环系统的排污水作为下一级循环系统的补充水，对于其水中溶解的盐类离子都必须做到心中有数，它们的数据都应该得到控制。其次在循环水系统中，必须制订一个管理目标值（一般需通过试验来确定）。设计规定各循环水系统盐类离子的浓缩倍数，并且针对各系统的具体情况，投加水质稳定药剂，或者采用其他有效的水质处理方法，连续地投加防腐剂，使设备和管道内壁形成一层致密的防腐保护膜，并且不断地修补该层膜，以防止设备和管道的腐蚀速度超过规定值；连续地投加防垢剂，使水中成垢盐类不至于生成结晶，并析出沉淀；针对具体情况投加不同药剂，控制结垢和腐蚀的发生和发展。将腐蚀和结垢的速度控制在允许范围之内，实现既不腐蚀也不结垢的系统和水质稳定的目标。

关于水质平衡处理问题，不是处理哪一项指标，而应该是全面处理，最少应该在控制悬浮物、控制成垢盐、控制腐蚀、控制微生物和黏泥、控制水温等这几个方面同时注意，才能真正控制水质，做到水质全面处理。

对于钢铁企业的水系统而言，应在满足生产要求的前提下，实现用水和排水之间的平衡，平衡的用水方式既不会有多余的工业污废水被排放，又可以尽量降低新水的需求量。在理论上，工业新水只用于补充因蒸发、风吹、排污、漏损等造成的循环水系统的水量损失，是一种完全理想的状态。虽然在实际应用过程中尚难以实现，但应当采取各种技术措施，使实际尽量接近理论。

水量平衡的首要工作就是确定全厂各主工艺用水量和排水量指标，在进行总体设计时，应参照相关行业以往类似工程的数据以及当前经济技术条件下对于该工艺的用水量的指标值等。该项工作需要做大量的调研工作，并应与确定合理的用水方式和用水水质紧密结合进行分析。

## 8.5.2 基本规定与设计要求

（1）新建、改建与扩建的工程项目

① 新建、改建、扩建钢铁企业工程项目应采用先进的节水工艺、技术与设备，严禁采用落后的被淘汰的高耗水工艺、技术与设备。

② 新建、改建、扩建钢铁企业工程项目的节水、废水处理与回用设施应与主体工程同时设计、同时施工、同时投入运行。主体工程分期建设时，其节水、处理与回用设备应相应进行总体规划、设计、分期建设，其分期建设投产时间不得滞后于主体工程分期建设投产时间，不得缩小其设施的建设规模。

③ 新建钢铁企业必须配套建设废水处理及其回用设施。

④ 严禁新建、改建、扩建钢铁企业工程项目未达标废水排入受纳水体。

⑤ 新建钢铁企业厂区，除循环供水系统外，厂区应按分质供水要求设计相应的供水管网，主要分为生产供水管网、生活供水管网、消防供水管网三大类。其中，生产供水管网一般分为工业新水供水管网、软化水供水管网、除盐水供水管网、回用水供水管网和浓盐回用水供水管网等。

⑥ 新建钢铁企业厂区应采用分流制排水方式。除循环供水系统外，厂区应按分质排水设计相应的排水管网。排水管网一般包括生活污水排水管网、工业废水排水管网、浓含盐废水排水管网和雨水排水管网等。

⑦ 新建、改建、扩建钢铁企业工程项目应设置完善的供排水计量与监测设施。

⑧ 新建、改建、扩建的钢铁企业工程项目的规划、项目申请报告、可行性研究、初步设计等文件应有说明采用的节水工艺技术、设备、措施等，特殊情况应提出技术经济的论证与说明。

（2）现有企业

① 现有钢铁企业生产设施中高耗水工艺、技术与设备应通过技术改造进行淘汰。

② 现有钢铁企业应随新建、改造、扩建工程项目配套建设或完善废水处理及其回用

设施。

③ 现有企业及其新建、改扩建项目厂区供排水管网应逐步按新建钢铁企业给排水方式实施改造。

④ 焦化厂废水处理的稀释用水应采用厂区生活污水和初期雨水，既减少生产用水，又有利于焦化废水的生化处理。

⑤ 现有企业焦化废水中污染物排放限值及单位产品基准排放量应按 GB/T 16171—2012《炼焦化学工业污染物排放标准》中表 2 的规定执行。

（3）设计规定与要求

① 企业节水减排设计应与当地城镇、工业、农业用水发展规划相结合，合理使用水资源，保护水资源环境，确保在有限水资源条件下社会经济的可持续发展。

② 新建企业的用水设计应优先选用地表水作为生产水水源，对现有企业已采用地下水为生产水水源的，应逐步开发地表水取代地下水；沿海地区的新建企业应采用海水作为用水水源之一。

③企业水源设计应考虑雨水回收利用。雨水的收集、净化和储存设施设计应满足雨水回用要求；有条件的企业应利用城市污水处理再生水作为生产水水源。

④供排水与公用设施的节水减排的设计规定与要求如下。

1）供排水设施水工构筑物应进行防渗漏处理，调蓄水池宜设钢筋混凝土盖板，以减少用水渗漏和蒸发损失。

2）生产工艺采用蒸汽间接加热装置时，蒸汽凝结水宜回收利用。

3）生产车间、物料运输转运站等室内外地坪清洁卫生宜采用洒水清扫地坪，洒水应采用符合使用要求的回用水。

4）生产车间和公辅设施采暖应优先选择热水循环采暖系统，热水换热站的蒸汽冷凝水应回收利用，冷凝水回收装置应选择高效的设备，冷凝水回收率不得低于 95%，当采用蒸汽采暖时，蒸汽冷凝水量大于等于 $1.0\text{m}^3/\text{h}$ 时，冷凝水宜回收利用，冷凝水回收利用率不得低于 90%。

## 8.5.3　软化水、除盐水处理系统

（1）一般规定与要求

① 新建钢铁企业的软化水、除盐水设施应集中建设，并应靠近主要用户。

② 软化水、除盐水处理工艺选择应根据原水水质和出水水质要求经技术经济比较后确定，并应选择节水型工艺流程和预处理设施。

③ 软化水、除盐水处理过程中各段产生的反冲洗排水应回收利用。

④ 软化水、除盐水向各个系统的补水宜采用恒压变量自动控制。

⑤ 软化水、除盐水系统的输水管道宜采用不锈钢管、塑料管、钢塑复合管等具有防腐性能的管材。

⑥ 膜处理法制备软化水、除盐水时，冬季应对原水进行加热。加热源应利用余热。

（2）软化水处理系统

① 软化水处理系统应根据原水水质及成品水水质要求合理选择工艺流程，以减少制水环节的能源损耗。

② 软化水处理宜采用膜法处理工艺。如果原水水质较好可采用离子交换处理工艺。对于处理水量小于等于 $100\text{m}^3/\text{h}$ 的软化处理设施宜采用一元化离子交换装置。

③ 软化水处理设备应采用自动控制方式运行。

（3）除盐水处理系统

① 除盐水处理工艺应根据原水水质及成品水水质要求，选用合理的工艺流程。除盐水处理工艺应采用膜法处理工艺与技术。

② 一级反渗透排出的浓盐水宜回收利用。二级反渗透排出的浓盐水可作为一级反渗透的进水回收利用。

③ 超滤系统反冲洗排水应回用于预处理系统，预处理系统的反冲洗排水应回收利用。

④ 超滤系统的产水率应大于90%，一级反渗透系统的产水率应大于等于75%，二级反渗系统的产水率应大于等于90%。

## 8.5.4 循环水处理系统

（1）一般规定与要求

① 根据工艺设备冷却用水水质要求，直冷开式循环水系统补充水种类应按回用水、间冷开式循环水系统的排污水、工业新水、勾兑水的次序选择。开式循环水系统的浓缩倍数不应小于3。

② 生产用水量大于等于 $2m^3/h$ 的连续用水户，其使用后的水应循环使用或回收利用。

③ 设安全水塔的循环水系统应有收集回用安全用水的措施，不应排入厂区排水管网。

④ 循环水系统的排污水应采用压力排放，排放管上必须设计量仪表，排污水应回收利用。

⑤ 循环水系统应设置在线水质检测仪表，并应根据水质检测结果，控制循环水系统的排污量。当循环水池设有溢流管时，水池最高报警水位应低于水池溢流水位至少 100mm。

⑥ 循环水系统宜设全自动管道过滤器、旁通过滤器等过滤设施，过滤器反冲洗水应回收。

⑦ 开式循环水系统吸水池的有效容积不应小于5min的循环水系统供水量，以防止系统调试、停运时，造成水的溢流损失。

⑧ 同一循环水系统设有冷、热水池时，补充水宜补入冷水池，热水池与冷水池之间应设溢流孔或连接孔，其尺寸应满足冬季冷却塔停用时热水流至冷水池的要求。

⑨ 循环水系统应采取水质稳定控制措施，水质稳定药剂投加宜采用自动投加方式。

⑩ 过滤器的类型应根据处理水的水质确定，在技术可行时应使用高效节水型过滤设备。

⑪ 冷却塔应采用除水效率高、通风阻力小、耐用的收水器。冷却塔进风口应采用防飘水措施。

⑫ 循环水系统吸水池补充水管应设2根。一根用于循环水系统快速充水，充水时间小于等于8h；另一根用于正常补水，管径按补水量进行计算确定，补水管道应设计量仪表、自动控制阀。补水自动控制阀应根据吸水池水位高低自动启闭。

⑬ 水处理系统沉淀池排泥宜进行二次浓缩后再送污泥脱水设备脱水。污泥脱水应优先选用效率高、脱水效果好的脱水设备。

⑭ 安全水塔应设常溢流水设施，溢流水量按3～5天将安全水塔内的水置换一次计算。

溢流水应回收循环利用，不得外排。

（2）间冷闭式循环水系统

① 设备冷却用水水质为软化水、除盐水时，其循环供水系统应采用间冷闭式循环水系统。

② 间冷闭式循环水系统的二次冷却应根据气候和供水条件采用空冷器冷却方式；沿海地区宜采用海水冷却方式。

③ 间冷闭式循环水系统补水应设自动压力补水装置。

④ 间冷闭式循环水系统的循环率应大于等于 99.5%。

（3）间冷开式循环水系统

① 当用水点多，且比较分散，输水管线较长时应采取有效的流量分配控制措施。

② 水泵工作台数的选择应根据用户量、用水量变化的特点、供水的重要性进行配置，必要时采用调速泵。

③ 间冷开式冷却设备的选择应根据气象条件及冷却水温度要求采用自然通风冷却塔、机械通风冷却塔；不应采用冷却效率低、飘水损失大的冷却池、喷水池。

（4）直冷循环水系统

① 直冷循环水系统应根据用水方式、排水方式、水质的不同，分别设置循环水系统。

② 厚板，热轧带钢的层流冷却水或淬火冷却水宜单设循环水处理设施。

③ 设有多环节处理设施的冷却循环水系统应采取保证水量平衡的技术措施。

④ 直冷循环水系统的旋流池应设计可接纳事故回水的调节容积。

⑤ 泥浆脱水机的滤液和冲洗水应回收利用。

## 8.5.5　废水处理回用系统

（1）一般规定与要求

① 新建钢铁企业工程项目（生产车间）的工业废水不应排入雨水排水管网，应设有专用的生产废水排水管网。

② 新建钢铁企业生活排水应单独收集、输送、处理和回用；当市政建有污水处理厂时，可不考虑厂区建设生活排水处理站。当现有厂区排水管网为工业废水与生活污水的合流制排水管网时，生活污水与工业废水宜一起处理回用。

③ 新建钢铁企业的工业废水、浓含盐废水应分别排至相应废水处理站处理回用。

（2）设计规定

① 工业废水回收利用系统应包括工业废水排水管网、浓含盐废水排水管网、废水处理设施、回用水供水管网、浓含盐回用水供水管网等设施。

② 当厂区排水管网的总排出口分散，且不能自流至废水处理站时，应分别建设提升泵站及其有压排水管道；当现有厂区排水管网为生产排水与雨水的合流制排水管网时，提升泵站应设有雨水溢流的措施。

③ 软化水、除盐水制备车间排放的浓含盐废水，以及废水处理站进行膜深度处理产生的浓含盐废水，均应排入浓含盐废水排水管道。

④ 浓含盐废水应单独处理，其产品水应单独由浓含盐回用水供水管道输送至用户，形成独立的浓含盐废水回用系统。现有钢铁企业工业废水、浓含盐废水混合使用时，应增设单独的浓含盐废水排水管道。

⑤ 浓含盐回用水宜用于高炉炉渣处理、钢渣处理、锅炉房冲渣、原料场、烧结、粉灰加湿等用户。在浓含盐回用水不能被完全利用之前，上述用户不应直接使用工业新水、工业废水及其回用水或其他系统的串级补充水。

⑥ 工业废水经一级强化处理产生的回用水，若回用水量大于用户可直接使用的用水量，或其水质中含盐量不能满足用户直接使用要求时，应进行部分或全部深度处理后回用。

⑦ 废水深度处理出水水质达到工业新水、软化水或除盐水的水质时，其出水应直接接入厂区相应的工业新水、软化水或除盐水供水管网。

⑧ 车间或机组产生的工业废水应根据工业废水水质特性采用分质排水。其中如一般酸碱废水、重金属离子废水、高含油废水、酚氰废水等不得直接排入工业废水排水管网，必须经单独处理达标后再排入工业废水管网。分质排水与单独处理有利于废水处理与废水回用。

⑨ 废水处理过程中沉淀排出的泥浆及过滤反洗水应进行浓缩、脱水处理，并应将其上清液和滤出水回收利用。浓缩渣应回收利用或妥善处置。

## 8.5.6 用水量控制与设计指标

钢铁企业吨钢（吨产品）取水量应作为钢铁企业用水的主要考核指标，吨钢（吨产品）用水量指标及水的重复利用率指标作为参考考核指标。

（1）新建和现有钢铁联合企业的吨钢取水量定额指标

新建和现有钢铁联合企业的吨钢取水量定额指标，见表8-7。

表8-7　新建和现有钢铁联合企业吨钢取水量定额指标　　　　单位：$m^3/t$

| 企业名称 | 普通钢厂 | 特殊钢厂 |
|---|---|---|
| 新建钢铁企业 | 4.5 | 4.5 |
| 现有钢铁企业 | 4.9 | 7.0 |

表8-8为2009年实施的GB 50506—2009有关新建与现有钢铁企业总体规划、设计的吨钢（吨产品）取水量控制指标。

表8-8　吨钢（吨产品）取水量控制指标　　　　单位：$m^3/t$

| 企业名称 | 普通钢厂 | 特殊钢厂 |
|---|---|---|
| 新建钢铁企业 | ≤6 | ≤8 |
| 现有钢铁企业 | ≤7 | ≤10 |

将表8-7与表8-8比较表明：a. 表8-7中普通钢厂与特殊钢厂的吨钢取水量控制指标，比表8-8中吨钢取水量显著减少。其中：普通钢厂中新建为25%，现有为30%；特殊钢厂中新建为43.7%，现有为20%。b. 从2009年到2012年短短3年内，我国钢铁企业节水减排力度大，成效显著，说明我国钢铁工业结构调整和提高产业集中度成效显著。

（2）新建、改建、扩建单项工程项目的吨钢（吨产品）取水量控制指标

新建、改建、扩建单项工程项目的吨钢（吨产品）取水量控制指标见表8-9。

表 8-9　新建、改建与扩建单项工程项目的吨钢取水量控制指标

| 单元 | 烧结 | 焦化 | 焙烧 | 石灰 | 炼铁 | 炼钢 | 连铸 | 热轧 |
|---|---|---|---|---|---|---|---|---|
| | 1 | 2 | 3 | 4 | 5 | 6 | 7 | 8 |
| 指标/m³ | 0.13 | 2.18 | 0.63 | 0.056 | 1.73 | 1.26 | 0.57 | 0.88 |

| 单元 | 冷轧 | 型钢 | 高线 | 钢管 | 制氧 | 鼓风 | 锅炉 | 备注 |
|---|---|---|---|---|---|---|---|---|
| | 9 | 10 | 11 | 12 | 13 | 14 | 15 | |
| 指标/m³ | 1.65 | 0.61 | 0.32 | 0.84 | 0.28 | 0.018 | 0.098 | |

注：表中吨钢取水量指标不含采矿、选矿以及自备电厂等取水量。

（3）吨钢（吨产品）取水量与用水量设计计算

① 吨钢（吨产品）取水量设计计算。吨钢（吨产品）取水量按式（8-1）计算。

$$V_{ui} = V_i / Q \tag{8-1}$$

式中，$V_{ui}$ 为吨钢（吨产品）取水量，$m^3/t$；$Q$ 为在一定的计量时间内，企业钢（产品）产量的设计值，t；$V_i$ 为在一定的计量时间内，企业在生产全过程中设计的取水量总和，$m^3$。

$V_i$ 取值按式（8-2）计算。

$$V_i = V_{i1} + V_{i2} - V_{i3} \tag{8-2}$$

式中，$V_{i1}$ 为从自建或合建取水设施、市政供水设施等取水量总和，$m^3$；$V_{i2}$ 为外购水（或水的产品）量总和，$m^3$；$V_{i3}$ 为外供水（或水的产品）量总和，$m^3$。

取水量、外购水量、外供水量等参数取值均以区域设计边界进出水管道一级计量设施的设计流量进行统计计算。

② 吨钢（吨产品）用水量设计计算。吨钢（吨产品）用水量按式（8-3）计算。

$$V_{ut} = V_z / Q \tag{8-3}$$

式中，$V_{ut}$ 为吨钢（吨产品）用水量，$m^3/t$；$V_z$ 为在一定计量时间内，企业在生产全过程中的设计总用水量，$m^3$。

③ 水的重复利用率与废水回收利用率设计计算

1）水的重复利用率应按式（8-4）或式（8-5）计算。

$$R_t = \frac{V_z - V_i}{V_z} \times 100\% \tag{8-4}$$

式中，$R_t$ 为水的重复利用率。

$$R_t = \frac{V_r}{V_z} \times 100\% \tag{8-5}$$

式中，$V_r$ 为在一定的计量时间内，企业在生产全过程中的设计重复用水量，$m^3$。

2）废水回收利用率应按式（8-6）计算。

$$R_n = \frac{V_{zh}}{V_{zp}} \times 100\% \tag{8-6}$$

式中，$R_n$ 为废水回收利用率，%；$V_{zh}$ 为在一定的计量时间内，企业在生产全过程中的废水回用总量，$m^3$；$V_{zp}$ 为在一定的计量时间内，企业在生产全过程中的废水排水总量，$m^3$。

# 8.6 废水特征与处理技术工艺的选择

## 8.6.1 废水来源与水质控制

（1）废水的分类

钢铁工业用水量大，生产过程排出的废水主要来源于生产工艺过程的用水、设备与产品冷却水、设备与场地清洗水等。80%左右的废水来源于冷却水，生产过程排出的只占较小部分。废水中含有随水流失的生产原料、中间产物和产品，以及生产过程中产生的污染物。

联合钢铁企业的生产涉及一系列工序，每道工序都带有不同的投料，并排出各种各样的废物和废液，钢铁工业生产废水的分类如下。

① 按所含的主要污染物质分类，可分为含有机污染物为主的有机废水和含无机污染物为主的无机废水，以及产生热污染的冷却水。例如焦化厂的含酚氰废水是有机废水，炼钢厂的转炉烟气除尘废水是无机废水。

② 按所含污染物的主要成分分类，可分为含酚废水、含油废水、含铬废水、酸性废水、碱性废水与含氟废水等。

③ 按生产用水和加工对象分类，可分为循环冷却系统排污水、脱盐水、软化水和纯水制取设备产生的浓盐水以及钢铁企业各工序在生产运行过程中产生的废水等。

（2）废水的来源

① 循环冷却系统排污水　钢铁企业循环冷却水系统包括敞开式净循环水系统、密闭式纯水或软化水循环系统以及敞开式浊循环水系统。浊循环水系统常用于炼铁、炼钢、连铸、热轧等单元的煤气清洗、冲渣、火焰切割、喷雾冷却、淬火冷却、精炼除尘等。密闭式纯水或软化水循环水系统一般只有渗水和漏水，基本不考虑排污水。敞开式净循环水系统的排污水一般用于浊循环冷却水系统的补充水。因此，就循环冷却水系统的排污水而言，主要就是指敞开式浊循环水系统的排污水。

② 脱盐水、软化水及纯水制取设施产生的浓盐水　脱盐水、软化水及纯水常用于钢铁企业炼铁、炼钢、连铸等单元关键设备的间接冷却密闭式循环水系统以及锅炉、蓄热器等的补充用水。

随着全膜法水处理系统造价和运行成本的日益降低，超滤加二级反渗透工艺已广泛应用于钢铁企业脱盐水的制取。但在制成脱盐水、软化水及纯水的同时，也将产生占脱盐水、软化水及纯水水量30%～40%的浓盐水。

③ 各工序生产过程产生的废水　各工序生产过程中产生的废水可分为烧结废水、焦化废水、炼铁废水、炼钢废水、轧钢废水以及选矿与矿山废水等。其中烧结、炼铁和炼钢工序的废水主要为湿式除尘器产生的废水，冲洗地坪、清洗输送皮带，或为炉体喷淋冷却、炉渣水淬以及铸坯冷却和火焰清理等产生的废水。这些废水按现行国家《钢铁工业发展循环经济环境保护导则》的规定，均应就近处理循环回用，不得外排，应属于无废水排放的生产单元或工序。

焦化工序的废水为剩余氨水、产品回收及精制过程中产生的高浓度有机废水、蒸氨废水和低浓度焦化废水。废水中酚氰和COD等有毒物质较高；轧钢工序废水，特别是冷轧工序废水主要为中性盐及含铬废水、酸性废水、浓碱及乳化液含油废水、稀碱含油废水、光整及平整废液等。

（3）水质控制与要求

随着国家环保发展要求与钢铁工业节水减排工作的发展，焦化废水和冷轧废水均应采取将废水单独处理，分别达到总排水管接纳水质要求（简称纳管控制值），经综合废水处理厂处理后回用；或是处理到直接接入全厂的循环用水系统。水中有毒有害物质以及 COD 等都得到有效处理与控制。进入全厂干管（总排水管）的各工序生产废水均应满足接纳水管水质控制要求，否则均应在各厂内进行处理达标后方可排入总排水管（干管），表 8-10 列出某钢铁企业生产废水控制水质。

表 8-10　钢铁企业生产废水控制水质

| 类别 | 污染物 | 纳管标准控制值/(mg/L) | 回用水水质控制值/(mg/L) | 全厂废水处理站排放控制值/(mg/L) |
|---|---|---|---|---|
| 一类 | 总汞（按 Hg 计） | 0.02 | 0.02 | 0.02 |
| | 总镉（按 Gd 计） | 0.1 | 0.1 | 0.1 |
| | 总铬（Cr 计） | 1.5 | 1.5 | 1.5 |
| | 六价铬（$Cr^{6+}$ 计） | 0.5 | 0.5 | 0.5 |
| | 总砷（按 As 计） | 0.5 | 0.5 | 0.5 |
| | 总铅（按 Pb 计） | 1.0 | 1.0 | 1.0 |
| | 总镍（按 Ni 计） | 1.0 | 1.0 | 1.0 |
| | pH 值 | 5～10 | 6～9 | 6～9 |
| | 色度（稀释倍数） | 60 | 50 | 50 |
| | 悬浮物 | 200 | 10 | 70 |
| | 生化需氧量（$BOD_5$） | 40 | 20 | 20 |
| | 化学需氧量（$BOD_{Cr}$） | 120 | 80 | 100 |
| | 氨氮 | 15 | 10 | 10 |
| 二类 | 石油类 | 30 | 5 | 5 |
| | 挥发酚 | 0.5 | 0.5 | 0.5 |
| | 总氰化物 | 0.5 | 0.5 | 0.5 |
| | 硫化物 | 5 | 1.0 | 1.0 |
| | 氟化物（以 F 计） | 12 | 10 | 10 |
| | 总铜 | 1.0 | 0.5 | 0.5 |
| | 总锌 | 4 | 2.0 | 2.0 |
| | 总锰 | 4.0 | 2.0 | 2.0 |
| | 苯胺类 | 1.0 | 1.0 | 1.0 |
| | 硝基苯类（按硝基苯计） | 3 | 2 | 3.0 |
| | 阴离子表面活性剂（LAS） | 10 | 5 | 5 |

## 8.6.2 废水污染特征与各单元主要污染物

由于钢铁工业废水量大而广、成分复杂、种类多、水质变化大，且含有有毒有害物质，其废水特征与主要污染物见表 8-11。各生产单元废水的主要污染物见表 8-12。

表 8-11 钢铁工业废水种类与主要污染物

| 生产单元 | 废水种类 | 排放源 | 主要污染物及负荷 |
|---|---|---|---|
| 原料 | 原料场废水 | 卸料除尘、冲洗地坪 | SS |
| 烧结 | 冲洗胶带、地坪废水 | 冲洗混合料胶带、冲洗地坪 | SS 质量浓度一般为 5000mg/L |
| | 湿式除尘器废水 | 湿式除尘器 | 主要为 SS，质量浓度一般为 500～10000mg/L，其中 TFe 占 40%～45% |
| | 脱硫废液 | 烧结机烟气脱硫 | pH4～6，SS、$Cl^-$、汞、铅、砷、锌等重金属离子 |
| 炼铁 | 高炉煤气洗涤废水 | 高炉煤气洗涤净化系统、管道水封 | SS、COD 等，含少量酚、氰、Zn、Pb、硫化物和热污染。其中 SS 质量浓度为 1000～5000mg/L，氰化物 0.1～10mg/L，酚 0.05～3mg/L |
| | 炉渣粒化废水 | 渣处理系统 | 主要为 SS，质量浓度为 600～1500mg/L，氰化物 0.002～1mg/L，酚 0.01～0.08mg/L |
| | 铸铁机喷淋冷却废水 | 铸铁机 | 主要为 SS，质量浓度为 300～3500mg/L |
| 炼钢 | 转炉烟气湿法除尘废水 | 湿式除尘器 | 未燃法废水 SS 以 FeO 为主，燃烧法废水 SS 以 $Fe_2O_3$ 为主，SS 质量浓度一般为 3000～20000mg/L |
| | 精炼装置抽气冷凝废水 | 精炼装置 | 主要为 SS，质量浓度为 150～1000mg/L |
| | 连铸生产废水 | 二冷喷淋冷却、火焰切割机、铸坯钢渣粒化 | 主要为 SS、氧化铁皮、油脂，SS 质量浓度为 200～2000mg/L，油 20～50mg/L |
| | 火焰清理机废水 | 火焰清理机、煤气清洗 | 主要为 SS、氧化铁皮、油脂，SS 质量浓度为 400～1500mg/L |
| 轧钢（热轧） | 热轧生产废水 | 轧机支撑辊、卷取机、除鳞、辊道等冷却和冲铁皮 | 主要为氧化铁皮、油脂，SS 质量浓度为 4000mg/L，油 20～50mg/L |
| 轧钢（冷轧） | 冷轧酸碱废水 | 酸洗线、轧线 | 酸、碱 |
| | 冷轧含油和乳化液废水 | 冷轧机组、磨辊间、带钢脱脂机组及油库 | 润滑油和液压油 |
| | 冷轧含铬废水 | 热镀锌机组、电镀锌、电镀锡等机组 | 铬、锌、铅等重金属离子 |
| 自备电厂 | 高含盐废水 | 除盐站反洗水或软化站再生排水 | 酸、碱 |

表 8-12　生产单元的废水特征和主要污染物

| 排放废水的单元（车间） | 污染特征 | | | | | 主要污染物 | | | | | | | | | | | | | | | | |
|---|---|---|---|---|---|---|---|---|---|---|---|---|---|---|---|---|---|---|---|---|---|---|
| | 浑浊 | 臭味 | 颜色 | 有机污染物 | 无机污染物 | 热污染 | 酚 | 苯 | 硫化物 | 氟化物 | 氰化物 | 油 | 酸 | 碱 | 锌 | 镉 | 砷 | 铅 | 铬 | 镍 | 铜 | 锰 | 钒 |
| 烧结 | ● | | ● | | ● | | | | | | | | | | | | | | | | | | |
| 焦化 | ● | ● | ● | ● | ● | ● | ● | ● | | ● | ● | ● | | ● | | | | | | | | | |
| 炼铁 | ● | | ● | | ● | ● | ● | | | | ● | | | ● | | | | | | | ● | | |
| 炼钢 | ● | | ● | | ● | | | | | | | ● | | | | | | | | | | | |
| 轧钢 | ● | | ● | | ● | | | | | | | ● | | | | | | | | | | | |
| 酸洗 | ● | | ● | | ● | | | | | | | | ● | | | | | | ● | ● | ● | | |
| 铁合金 | ● | | | | | | | | | | | | | | | | | | ● | | | ● | ● |

## 8.6.3　废水处理与工艺流程的选择

总结国内外钢铁工业废水处理成功的经验，引进的处理工艺流程经吸收消化与工程应用可行，以及国内技术攻关并经工程应用验证可靠的有关各单元废水处理工艺流程现归纳如下。

（1）炼铁系统废水处理技术与工艺流程

① 原料场废水经沉淀处理后回用。

② 烧结厂废水经沉淀或浓缩处理后循环使用，如图 8-12 所示。

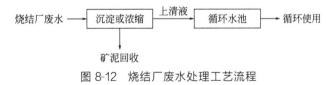

图 8-12　烧结厂废水处理工艺流程

③ 炼铁厂废水宜采用以下处理工艺。

1）高炉煤气洗涤废水宜采用如图 8-13 所示的工艺处理后循环使用。循环水系统的强制排污水应作为高炉冲渣系统的补充水。

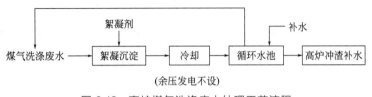

图 8-13　高炉煤气洗涤废水处理工艺流程

2）高炉冲渣废水宜选用如图 8-14～图 8-17 所示的工艺处理后循环使用。

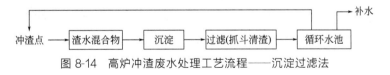

图 8-14　高炉冲渣废水处理工艺流程——沉淀过滤法

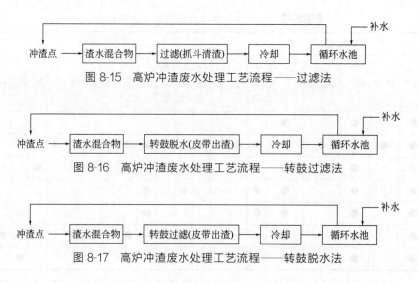

图 8-15　高炉冲渣废水处理工艺流程——过滤法

图 8-16　高炉冲渣废水处理工艺流程——转鼓过滤法

图 8-17　高炉冲渣废水处理工艺流程——转鼓脱水法

3）铸铁机铸块喷淋冷却废水宜采用如图 8-18 所示的工艺处理后循环使用。

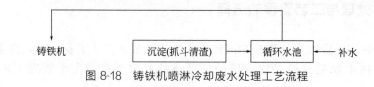

图 8-18　铸铁机喷淋冷却废水处理工艺流程

（2）炼钢连铸系统废水处理技术与工艺流程

炼钢厂废水宜采用以下处理工艺。

① 转炉烟气湿法净化除尘废水宜采用如图 8-19 所示的工艺处理后循环使用。少量循环水系统的强制排污水可作为高炉冲渣、钢渣处理、原料场的串级用水或排入综合废水处理设施。

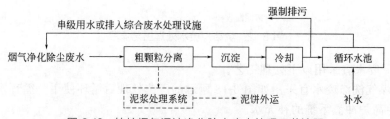

图 8-19　转炉烟气湿法净化除尘废水处理工艺流程

② 钢水精炼装置抽气冷凝废水宜采用如图 8-20 或图 8-21 所示的工艺处理后循环使用。少量循环水系统的强制排污水排入综合废水处理设施。

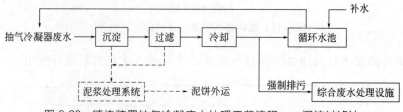

图 8-20　精炼装置抽气冷凝废水处理工艺流程——沉淀过滤法

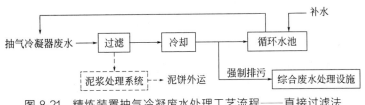

图 8-21　精炼装置抽气冷凝废水处理工艺流程——直接过滤法

③ 连铸生产废水宜采用如图 8-22 所示的工艺处理后循环使用。少量循环水系统的强制排污水排入综合废水处理设施。

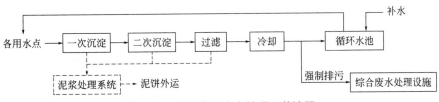

图 8-22　连铸生产废水处理工艺流程

（3）轧钢系统废水处理技术与工艺流程

轧钢厂的生产单元废水受轧制工艺不同分为热轧生产废水和冷轧生产废水两类，应分别采用不同的水处理工艺进行处理。

① 热轧厂生产单元废水主要为钢板、钢管、型钢、线材等轧钢厂的直接冷却水排水。废水宜采用如图 8-23～图 8-25 所示的工艺处理后循环使用，少量循环水系统的强制排污水排入综合废水处理设施。

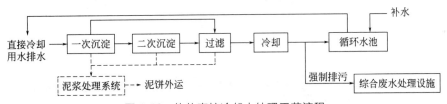

图 8-23　热轧直接冷却水处理工艺流程

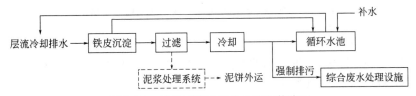

图 8-24　热轧层流冷却水处理工艺流程

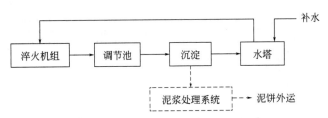

图 8-25　淬火废水处理工艺流程

② 冷轧厂生产单元废水种类较多,主要包括酸碱废水、含油和乳化液废水、含铬废水,应经各处理系统分别处理。处理后的含油和乳化液废水、含铬废水排入酸碱废水处理系统一并处理后,达标外排或排入综合废水处理系统。

Ⅰ. 酸碱废水处理宜采用如图 8-26 所示的工艺处理。

Ⅱ. 含油和乳化液废水处理宜采用如图 8-27 或图 8-28 所示的处理工艺。

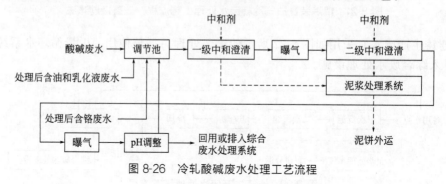

图 8-26　冷轧酸碱废水处理工艺流程

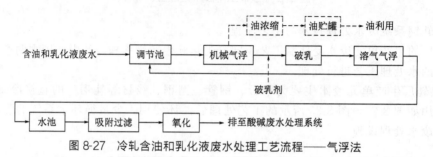

图 8-27　冷轧含油和乳化液废水处理工艺流程——气浮法

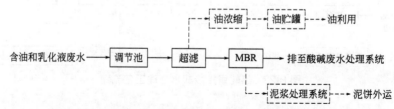

图 8-28　冷轧含油和乳化液废水处理工艺流程——MBR 法

Ⅲ. 含铬废水宜采用如图 8-29 所示的工艺,经调节、两级还原,待出水中 $Cr^{6+} < 0.5mg/L$,调节 pH 值后送入酸碱废水处理系统。

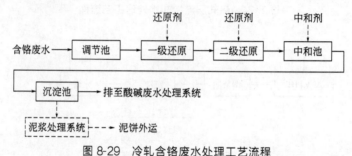

图 8-29　冷轧含铬废水处理工艺流程

# 第 9 章
# 铁矿山废水处理与回用技术

我国铁矿山具有自身特点：a. 铁矿贫矿多、富矿石少，平均品位只有 33%，约低于世界铁矿石供应国平均品位 20 个百分点；b. 矿石的共（伴）生组分多，伴有钒、钛、稀土、铌、铜、铅、锌、金、铀、硫、砷等元素，成分复杂，铁矿资源"贫、细、杂、散"；c. 为实现"提铁降杂"选矿目标，高效有毒捕集剂及其浮选技术的应用量大面广。因此，铁矿采选废水量大，含有大量重金属离子、酸碱性物质、固体悬浮物、各种有毒有害选矿药剂，以及含有众多有色金属和放射性物质，具有严重的环境污染性、危害性。因此，对铁矿采选需按工序实行科学采矿、选矿；要强化矿产资源开发利用与生态建设和环境保护协调发展；依靠科技进步，实现采、选工序节水减排与废水处理回用。特别是要解决好矿山酸性废水的长期危害与处理回用相关难题；要充分发挥尾矿库的净化和调蓄的功能与作用。通常尾矿库的澄清水水质良好，在正常生产时水的回用率可达 70% 左右，雨季时回水率可超过 100%，故应充分利用尾矿库的蓄水减排与废水处理回用的作用与功效。

# 9.1 用水特征与废水水质水量

铁矿山开采分为露天采矿、地下采矿和其他采矿方法（如水力开采）等。埋藏较浅且采剥比不大的矿物宜采用露天开采；埋藏较深或采剥比较大的矿物宜采用地下开采。如矿物松散，粒径小又露于地面，且冰冻期短时可采用水力开采，但应用很少。

铁矿山选矿分为重选、磁选和浮选等。重选是利用铁矿石与脉石的密度不同将铁矿石与脉石进行分离；浮选是借助浮选剂产生的泡沫将亲水性不同的铁矿石与脉石分离；磁选是利用铁矿石与脉石磁性率不同将铁矿石与脉石分离。

## 9.1.1 用水特征与要求

（1）采矿场

① 露天采矿

1）露天采矿的主要工艺过程为穿孔、爆破、铲装、运输与排水等。

2）露天采矿的主要用水为穿孔机、凿岩机、水力降尘、机车运输与道路洒水、火药加工与火药库以及工业场地服务、维修设施、储存运输与生活行政设施用水等。

3）矿山一般都远离城市，其水源主要为山川溪水、地表水、河旁岩边地下水或矿山井下疏干水，经适当处理后使用。但生活水质量应满足生活用水水质标准。

4）采矿场一般采用直流供水系统，管道由于采矿场高程不断变化，管道经常移动而采用明设,北方地区还应采取防冻措施。

5)工业场地用水是矿山用水核心。通常设有机修、油库、火药加工与水、药库,生活服务设施与居民区。其供水系统应根据矿山规模和水源状况选用水源单段式、串级供水式和调节性水源供水式。

6)火药加工与火药库用水。一般矿山均设有不同规模的火药库,火药加工是易燃、易爆危险性大的部位,消防用水问题应特别重视。火药库和火药加工厂应分开设置。消防用水应设计 $200m^3$ 以上的高位贮水池,消防用水量为 20L/s,火灾延续时间为 2～3h,消防水池补水时间以 36～48h 为宜。

7)水力除尘与采矿路面用水。为降低采矿爆破、堆放、运输过程中产生的粉尘应洒水降尘,水力除尘用水量按一个掘进头洒水 200～300L 设计,掘进头出矿和采矿场存矿按每吨矿 20L 设计。路面洒水量按 $1.0～1.5L/m^2$ 设计。

8)油库消防用水。油库消防是矿山生产安全的保证。必须严格按规范要求进行设计,并应根据油罐类型、油品火灾危险性、油库等级与矿山消防能力等因素综合考虑决定。

② 地下开采

1)地下开采的主要工艺过程为凿岩、爆破、铲装、运输、提升、通风与排水等。

2)开采用水主要有:a. 井下用水主要有凿岩机、破碎、除尘与消防用水;b. 井上用水主要有机修、空压机站、火药库和行政生活设施用水等。

3)井下用水系统有凿岩用水、降尘用水和消防用水,通常由同一供水管道沿巷道明设供水。

4)穿孔设备用水。井下凿岩均采用湿法。其目的是冷却钎头,捕集粉尘和冲洗岩浆。通常是按选用的穿孔设备用水要求进行设计。用水水质为 SS≤300mg/L,无腐蚀性,硬度不宜太高,不产生管道和凿岩机进水导管结垢堵塞。

5)降尘用水。凿岩作业面前 10～15m 内的巷道和壁应冲洗降尘;出矿作业前应向矿堆洒水降尘。矿石堆洒水量为 15L/t,巷道和壁冲洗水量为 15L/m,水质无特殊要求。

6)井上的机修、空压机站、火药库与行政生活设施用水与露天矿设计要求基本相同。

(2)选矿厂

① 选矿厂的主要工艺过程为破碎、筛分、磨矿、分级、选别与脱水等。对于特定矿石有时以自磨代替破碎、筛分和磨矿。

② 选矿厂的主要用水为选矿、设备水封和冷却以及通风除尘等。

③ 选矿厂用水常分为 3 种:a. 工业新水;b. 净循环水;c. 浊循环水。一般地下水和经净化处理的地表水为工业新水;尾矿库回水及设备冷却回水为净循环水;由浓缩池溢流用水为浊循环水。未经处理的新水其水质可能是工业新水、净循环水或浊循环水。水质分类见表 9-1。

表 9-1　选矿用水水质分类

| 分类 | 悬浮物浓度/(mg/L) |
|---|---|
| 工业新水 | ≤30 |
| 净循环水 | ≤200 |
| 浊循环水 | ≤1000 |

④ 破碎、筛分与通风除尘用水要求。破碎、筛分用水一般为直流系统与循环系统。直流系统供给破碎设备的冷却、水封及水力除尘喷嘴使用。当水源为地表水时,如夏季水温与

雨季时悬浮物不能满足水质要求时应进行处理。浊循环系统一般为浓缩池的溢流水与污泥沉淀池的澄清水，可用于除尘设施与地坪冲洗用水。

⑤ 选矿厂用水。选矿工艺由贮矿仓、磨矿分级、选别、过滤、转运站、胶带通廊及精矿仓等组成。其中贮矿仓主要为除尘用水；磨矿分级为选矿浓度控制添加用水与设备冷却水；选别为工艺设备用水、流程用水和渣浆水封用水；过滤为真空泵用水，以及转运站、通廊、平台和地坪冲洗用水。

⑥ 用水系统的选择及设计既要考虑工程节省投资与经营费用，也要考虑工程系统简化，按工艺生产系列要求配置。当低压水量远比中压水量小时可与中压用水系统合并；当中压水量远比低压水量小时，可在低压用水系统的基础上局部再进行加压。

## 9.1.2　废水特征与水质水量

铁矿山开采过程中会产生大量的矿山废水，主要包括矿坑水、废矿石淋滤水、选矿废水以及尾矿坝废水等。

铁矿山废水由矿山采矿废水和选矿废水组成，其中以选矿废水量为最大，约占矿山废水总量的 1/3。前者常称为矿山废水，后者称为选矿废水。

（1）矿山废水形成与特征

矿山废水形成主要通过两个途径。

一是矿床开采过程中，大量的地下水渗流到采矿工作面，这些矿坑水经泵排至地表，是矿山废水的主要来源。

二是矿石生产过程总排放大量含有硫化矿物的废石，在露天堆放时不断与空气和水蒸气接触，生成金属离子和硫酸根离子，当遇水或堆置于河流、湖泊附近时，所形成的废水会迅速大面积扩散。

矿坑水多呈酸性并含有多种金属离子，其随矿物的种类、围岩性质、共生矿物、伴生矿物、矿井滴水量及开采方法等许多因素的变化而使废水的成分含量波动很大，有些水中的金属离子浓度很高，并含有许多尘泥的悬浮物。酸性水形成的原因主要是矿石或围岩中含有硫化矿物，它们经过氧化、分解并溶于坑下水源之中，尤其是在地下开采的坑道内，良好的通风条件与地下水的大量渗入，为硫化矿物的氧化、分解提供了极为有利的条件。矿坑酸性废水的 pH 值一般在 2～5 之间。废石场淋滤水和尾矿坝废水由于同样的原因亦呈酸性。

通过上述途径形成的废水除呈酸性外，由于矿石中伴生元素较多，所以废水中还含有铜、铅、锌、镉等重金属离子。酸性废水排入矿山附近的河流、湖泊等水体，会导致水体的pH 值发生变化，抑制或阻止细菌及微生物的生长，妨碍水体的自净；酸性水与水体中的矿物质相互作用会生成某些盐类，对淡水生物和植物的生长产生不良影响，甚至威胁动植物的生命；重金属离子大多有毒有害，如不处理直接进入水体，会对人和水中生物造成极大的危害。所以矿山废水在外排过程中对环境的污染特别严重，其污染特点主要表现在以下几个方面：a. 排放量大，持续时间长；b. 排放地点分散，不易控制与治理；c. 污染范围大，浓度不稳定。

采矿中产生的酸性水，由于矿山的气象条件、水文地质条件、采矿方法与生产能力、堆石场的大小等条件的不同，其水量、水质的差异也很大。特别是在雨季，堆石场的水量往往增大好多倍，水的 pH 值变化较大。在矿山废水中还会有硝基苯类化合物。矿山废水水质见表 9-2。对某些矿山废水而言，其水质变化也较大，见表 9-3。

表 9-2　矿山废水水质　　　　　　　　单位：mg/L(pH 除外)

| 矿山编号 | SO$_4^{2-}$ | Fe | Cr | Pb | Zn | As | pH 值 |
|---|---|---|---|---|---|---|---|
| No. 1 | 2068 | 33.5 | 5.89 | 4.57 | 1.54 | | 4～4.5 |
| No. 2 | | 268581 | 6294 | 0.97 | 133 | 33 | 1.5 |
| No. 3 | 8430 | 3312 | 223 | 0.09 | 3.0 | | 2.0 |
| No. 4 | | 806 | 170 | 0.24 | 46 | 0.07 | 2.5 |
| No. 5 | 2149 | 720 | 50 | | 23 | | 2.6 |

表 9-3　某些矿山性废水水质　　　　　　单位：mg/L(pH 值除外)

| 项目 | 平均值 | 最小值 | 最大值 | 排放标准 | 项目 | 平均值 | 最小值 | 最大值 | 排放标准 |
|---|---|---|---|---|---|---|---|---|---|
| pH 值 | 2.87 | 2 | 3 | 6～9 | Cr | 0.21 | 0.11 | 0.29 | 0.5 |
| Cu | 5.52 | 2.3 | 9.07 | 1.0 | SS | 32.3 | 14.5 | 50 | 200 |
| Pb | 2.18 | 0.39 | 6.58 | 1.0 | SO$_4^{2-}$ | 43.4 | 20.50 | 52.50 | |
| Zn | 84.15 | 27.95 | 147 | 4.0 | Fe$^{2+}$ | 93 | 33 | 240 | |
| Cd | 0.74 | 0.38 | 1.05 | 0.1 | Fe$^{3+}$ | 679.2 | 328.5 | 1280 | |
| S | 0.73 | 0.2 | 2.65 | 0.5 | | | | | |

（2）选矿废水特征与水质水量

通常浮选厂每吨原矿耗水量为 3.5～4.5m³，浮选-磁选厂每吨原矿耗水量为 6～9m³，重选-浮选厂每吨原矿耗水量为 27～30m³，废水悬浮物为 500～2500mg/L，有时高达 5000mg/L。

选矿废水主要包括尾矿水和精矿浓缩溢流水，其中以尾矿水为主，一般占选矿废水总排水量的 60%～70%。选矿废水的水质情况随矿物组成、选矿工艺和添加选矿药剂的品种与数量等的不同而发生成分的变化。其危害主要是由可溶性的选矿药剂所带来的。药剂污染大致有 4 种情况：a. 药剂本身为有害物质，如氰化物、硫化物、重铬酸钾（钠）及硫代化合物类捕收剂等，都能对人体直接产生危害；b. 药剂本身无毒，但有腐蚀作用，如硫酸、盐酸、氢氧化钠等，使废水呈酸性或碱性；c. 药剂本身无毒，如脂肪酸类在使用和排放过程中可增加水中的有机污染负荷；d. 矿浆中含有大量的有机和无机物的细微粉末，使受纳水体的悬浮物浓度增大。在适宜条件下，这些细微粉末如携带有有毒物质，也会被释放而造成二次污染。表 9-4 为某选矿废水的水质特征。

选矿废水常包括 4 个工段，即洗矿废水、破碎系统废水、选矿废水和冲洗废水。其各工段的废水特征见表 9-5。

表 9-4　某选矿废水水质特征　　　　　　　　　　　单位：mg/L

| 项目 | 浓度 | 项目 | 浓度 |
|---|---|---|---|
| SS | 105.6～5396.00 | Cr$^{6+}$ | 0～0.0095 |
| Cu | 0.167～28.60 | Cd | 0.028～0.004 |
| S | 0.003～1.239 | As | 0.0014～0.096 |
| Pb | 0.0184～0.813 | CN$^-$ | 0.0004～0.096 |
| Zn | 0.008～0.858 | | |

注：pH 值为 2。

表 9-5　选矿各工段的废水特征

| 选矿工段 | | 废水特点 |
|---|---|---|
| 洗矿废水 | | 含有大量泥砂石颗粒，当 pH 值<7 时，还含有金属离子 |
| 破碎系统废水 | | 主要含有矿石颗粒，可回收 |
| 选矿废水 | 重选和磁选 | 主要含有悬浮物，澄清后基本可全部回用 |
| | 浮选 | 主要来源于尾矿，也有来源于精矿浓密溢流水及精矿滤液，该废水主要含有浮选药剂 |
| 冲洗废水 | | 包括药剂制备车间和选矿车间的地面、设备冲洗水，含有浮选剂和少量矿物颗粒 |

# 9.2　节水减排与"零排放"的技术途径和设计要求

## 9.2.1　技术途径与措施

（1）基本原则与要求

① 应按分质、分压和分温的原则确定采选工序生产用水，减少用水与废水量，降低用水与处理费用。

② 应尽量采用矿井水、循环水、复用水和尾矿库回水，减少新水用量与排放量。例如采矿的矿坑排水经适当处理后可作为全矿的生产用水和周边地区农林用水（如华北某铁矿），既缓解工农争水，又解决农林业用水，经济效益、环境效益、社会效益显著。特别是对选矿厂的新水源投资、经营费高或缺水地区，更应充分利用好尾矿库回水。

③ 提高技术装备与采选工艺技术水平，尽量少用水、少取新水、少排或不排废水；强化矿产资源回用和循环利用，从源头减少能源和水资源。

（2）技术途径与措施

① 控制矿区雨水进入量与废水排放量　采取一切措施尽可能减少通过各种途径进入矿山水体的水源，以减少矿山，特别是井下的水量，尽可能减少矿岩与空气和水的接触时间与面积。例如可采用矿区的边界挖排水沟或引流渠，以截断由于山洪暴发或矿区以外各种地表水进入矿区及通过各种渗漏通道而进入井下；对已废弃的废石堆积地进行密封以隔绝空气和雨水的冲刷；对从废旧坑道流出的废水采取密封坑道、隔绝空气的方法，以预防其污染程度的增加和对其他水体的污染等。

② 改革工艺，减少污染物的发生量　从改革工艺入手，杜绝或减少污染物的发生量，是防治水污染的根本途径。如选矿生产可采用无毒药剂替代有害药剂；选择污染程度较低的选矿方法（如磁选、重选、干选等选用高效、高选择性的药剂以减少药剂的投加量和减少金属在废水中的损失）。如国内外已采用的无氰基浮选工艺流程，用其他药剂代替剧毒的氰化物及重铬酸盐，不仅减轻了污染，而且降低了生产成本。

③ 循环用水，综合利用废水　尽可能采用循环用水及重复用水系统，这样既能减少废水排放量，又能节约新鲜水用量。矿山废水多数经过简单的处理就可重新使用，选矿厂是矿山的用水大户，因而重视选矿废水的循环使用意义甚大。目前许多先进矿山的水循环利用率高达 95% 左右。选矿废水的循环利用还有利于废水中残存药剂和有用矿物的回收。

④ 控制污染，保护环境，节水减排

1）从综合利用上控制污染，最大限度地利用矿山废资源、能源，减少污染。解决矿山废物料的污染，根本措施是搞好矿山复垦与绿化，它应与排弃矿物或尾矿库坝体上升同时进行。覆土深度应根据种植物及基层土壤的特征而定，一般为 0.5～1.5m，而且最好在复土层铺 0.5m 厚的腐植土；在尾矿粉中施入适量绿肥以利绿色植物生长。

2）对已停用的废石场或尾矿库的平坡段，因土壤（尾矿砂粉）中氮、磷、钾含量极缺，应采取复土并配合人工播种以促进自然植被更新。对缺土区则应考虑用客土造林方式进行植被。

3）对含有大量硝酸铵污染的露天矿外排矿山废水，为改善环境与外排废水水质，采用回收硝酸铵的综合利用处理方法，既保护了环境，又支持了农业，实现环境与经效双赢。

4）利用尾矿库水养鱼也是改善矿山环境的重要途径，如鞍山黑色冶金矿山院对卧龙沟尾矿库环评时，建议采用投饵式网箱养殖法进行渔业生产，以达到综合利用节水减排的目的。

5）加强环境管理，确保各类设备正常运行。健全生产与环境管理职责，建立明确的环境管理、环境监测手段以及经济法制管理手段是保证企业节水减排和控制矿山环境污染最重要的措施和手段。

（3）尾矿库回水利用的影响因素与措施

① 影响回水量因素

1）溢流水构筑物的形式。为了保证尾矿库连续回水和多回水，溢流水构筑物的溢流口应保证在尾矿库水位逐年上升时能够连续溢流。为提高回水量，最好采用周边开孔或专用溢水塔。

2）季节的影响。在堆坝季节由于蓄水要不断抬高尾矿库内水位，回水量小；在非堆坝季节（一般为冬季），由于坝内水位固定，回水量大。在汛期前，因需降低坝水位准备调洪、防洪，回水量大。在北方冰冻地区的尾矿坝，因水面冰层形成停止蒸发水损失，其回水接近 100％进水量（以矿浆量计）。

② 提高回水量措施

1）将尾矿库的渗透水回收利用。通过渗水泵站将尾矿库渗透水收集起来泵入坝内回收。

2）设置大容积调节池，作为尾矿库回水的调节设施，保证该库回水充分利用。

3）尾矿库的汇水面积较大时，为提高尾矿库贮水量，该尾矿库应同时具有水库功能进行蓄水。

③ 利用尾矿库的静压力进行回水利用

由于尾矿库不断上升而形成位能，故其回水利用应利用这个不断提高的位能，避免库区澄清水排出库外后再泵送回库而浪费水资源与电力等。

## 9.2.2 技术规定与设计要求

（1）采矿场

① 露天开采的辅助原料矿山、矿石破碎作业洗矿水应采用循环供水系统。

② 对产尘点洒水喷雾降尘，应根据产尘量大小选用不同规格的喷雾器，不应用供水管直接洒水。

③ 井下排出的地下水，其水质达到生产用水使用要求，应作为生产水水源。如不达要求则应经处理达标后，作为生产水水源。

④ 山坡露天矿的穿孔设备宜选用干式捕尘器。

⑤ 集中供风的空气压缩机站应优先选择风冷式空气压缩机。当选择水冷式空气压缩机时，应采用循环水冷却。

（2）选矿厂

① 选矿的循环水系统分为直接循环水系统、间冷开式循环水系统。选矿厂水的重复利用率应达到 90% 以上。

② 球磨机、自磨机、浮选机、磁选机、破碎机、振动筛、分级机等主要工艺流程用水及冲洗地坪用水、湿式除尘用水等应采用直接循环水。

③ 润滑站、球磨机、破碎机的设备冷却水应采用间冷开式循环水系统。

④ 选矿厂的精矿、尾矿采用管道输送时，应尽量提高浆体管道输送的浓度。提高浆体管道输送的浓度，可以达到节水、节能的效果。对于大、中型选矿厂，精矿输送的浓度宜大于 50%；尾矿输送的浓度宜大于 40%，当选矿厂的规模较小时可以适当地降低浓度。

在确定管道输送浓度方案之前，应做管道输送试验，以确定临界管径、临界流速及阻力损失等设计参数。

⑤ 当浆体管道输送采用离心渣浆泵时，宜采用机械密封的渣浆泵，以保证输送系统稳定，减少输送过程耗水量。

⑥ 选矿厂的破碎、筛分时的除尘，宜采用干式除尘器，以减少处理的环节，节省运行费用与耗水量。

⑦ 精矿滤液包括选矿厂的精矿滤液和精矿管道输送终点站的滤液，应回收利用，如果滤液不能满足工艺水质的要求，则要采取相应的水处理措施。

⑧ 精矿输送管道的冲洗应回收利用，如冲洗水 pH 值高，应先处理后回用。

⑨ 选矿废水经处理后应回收利用，并应进行选矿试验。选矿试验除进行工艺有关内容试验外，还必须进行选矿废水处理试验，确定浓缩池容积，以保证选矿废水回用满足选矿工艺要求。

## 9.2.3　用水量控制与设计指标

（1）采矿场

① 露天矿采矿取水量控制与设计指标见表 9-6。

表 9-6　露天矿采矿取水量控制与设计指标

| 矿山类别 | 单位 | 大型矿山 | 中小型矿山 | 备注 |
|---|---|---|---|---|
| 铁矿山 | m³/t 矿岩 | 0.05～0.1 | 0.15～0.25 | |
| 辅料矿山 | m³/t 矿岩 | 0.05～0.1 | 0.05～0.25 | 含采、装、运 |
| | m³/t 矿岩 | 2.0～3.0 | | 含采、装、运、破碎、洗矿 |

注：露天矿产量以采剥的矿岩量计。

② 地下矿采矿取水量控制与设计指标见表 9-7。

表 9-7　地下矿采矿取水量控制与设计指标

| 生产规模 | 大型矿山 | 中小型矿山 |
|---|---|---|
| 取水量/(m³/t 矿) | 0.25～0.5 | 0.4～0.7 |

注：地下矿产量以开采的矿石量计。

（2）选矿厂

选矿厂的取水量控制，应根据选矿方法进行取水量控制设计，具体取水量控制与设计指标见表 9-8。

**表 9-8　选矿用水量控制与设计指标**

| 选矿方法 | 磁选 | 弱磁选＋浮选除杂 | 浮选 | 重选 | 洗矿 |
|---|---|---|---|---|---|
| 取水量/(m³/t 矿) | 8～15 | 8～10 | 4～5 | 15～20 | 1～2.5 |

注：1. 磁选包括弱磁、强磁、弱磁＋强磁。单一弱磁时取小值，强磁、弱磁＋强磁时取大值。

2. 洗矿：采用筛洗、槽式洗矿机时取小值，采用圆筒洗矿机时取大值。

3. 矿产量以原矿计。

## 9.2.4　节水减排设计与注意的问题

（1）采矿场

① 取、贮水构筑物设计。当水源为地下水时宜采用管井、大口井和辐射式井等；当水源为地表水时宜采用岸边取水泵或浮船等取水形式。宜采用高位贮水池，储存生产、生活和消防用水，并与工业场地管网相连。调节水量按最高日用水量的 20%～30% 设计。

② 供水设备。应采用节能高效水泵，如高效立式泵、自吸加压泵和潜水电泵等新型泵型。

③ 管网敷设方式设计。管网敷设方式视地形条件而定，北方宜埋设，南方宜明设（不受冰冻影响），但应避开塌落区。埋设时用铸铁管或给水塑料管，明设时宜用钢管，用柔性管接头连接。

④ 为保证生产安全，节省水资源和供水系统投资，宜设计建设大型贮水池，作为生产、生活、储存消防水量和调节水量。

⑤ 矿区的机修、火药加工和工业场地等的生产废水，因有油类和毒性物质，应设计处理设施，经处理后循环回用。

（2）选矿厂

① 选矿厂供水系统的设计，由于下述原因应留有余地（即未预见水量）：

1）生产用水指标和处理能力的增大，主要是设备挖潜使用水量增大；

2）给水管网漏损和未预计到的用水户迫使供水量增大；

3）原矿品质变化使有些作业用水量增大。

未预见水量的大小通常以总水量的 1.1～1.3 倍考虑，系数的大小应综合考虑上述因素，并按下述规定选取：a. 选矿厂规模大时取小值，反之取大值；b. 工艺设备能力指标较低时或有较大余地时取大值，反之取小值；c. 复用水及循环用水所占比率较大时，新水采用大值，循环水采用小值；反之新水取小值，循环水取大值。

② 选矿用水要求水压稳定。当生产与消防合用供水系统时，需储备消防用水和矿浆管道等用水，应设置高位水池解决。

③ 对供水杂质与漂浮物的消除应采取的措施：

1）地表取水时应在水源取水头设置截留设施；

2）尾矿库回水时应在溢流水构筑物设置拦污和滤网装置；

3）厂内循环水时：a. 在浓缩池溢流堰前设隔板；b. 在环形溢流槽的汇水口设滤网；c. 在浓缩池的尾矿流槽处设隔栅，必要时设隔栅清污机。

④ 尾矿库排出的澄清水是选矿的良好水源，应充分利用，设计时应注意尽可能利用尾

矿库的静压力自流回水。

# 9.3　采矿废水处理与回用技术

## 9.3.1　矿山废水危害与处理途径

矿山酸性废水的危害主要来自于酸污染和重金属污染。

① 矿山酸性废水大量排入河流、湖泊，使水体的 pH 值发生变化，破坏了水体的自然缓冲作用，抑制细菌和微生物的生长，妨碍水体自净，影响水生生物的生长，严重的导致鱼虾死亡、水草停止生长甚至死亡；天然水体长期受酸的污染，将使水质及附近的土壤酸化，影响农作物的生长，破坏生态环境。江西某铜矿是多金属硫化物矿床，矿区酸性废水流量平均达 4000t/d，造成其附近交集河口以下 5km 河段形成含大量重金属的酸性水，给生态环境带来了严重后果。

② 矿山废水含重金属离子和其他金属离子，通过渗透、渗流和径流等途径进入环境，污染水体。经过沉淀、吸收、络合、整合与氧化还原等作用在水体中迁移、变化，最终影响人体的健康和水生生物的生长。矿山废水进入农田，一部分被植物吸收和流失。在我国的各种硫化矿床的酸性废水中重金属大多未经处理就直接就地排放，由此造成的环境污染非常严重，带来的经济损失也极大。

矿山酸性废水排放于地表之后，污染了土壤，造成了土壤理化性质的破坏，土壤的团粒结构遭到破坏，酸度和硫酸盐含量的增加将导致土壤微生物特别是硝化细菌和固氮细菌的活度降低，从而造成农产品歉收。另外，一些重金属离子还能通过粮食、蔬菜、水果等作物蓄积，被人畜食用而危害人畜健康。由于土壤中微生物的自然生态平衡受到破坏，病菌也能乘机繁殖和传播，引起疾病的传染与蔓延。因此，对矿山废水必须进行严格控制和妥善处理。

为消除矿山酸性废水的危害，实现综合回用有价金属，使水资源得到充分利用，科技工作者对矿山废水进行长时间大量研究。目前，矿山废水的处理方法主要有中和法、硫化法、置换中和法、沉淀浮选法、萃取电解法、生化法、膜法和联合处理法等。HDS（高密度污泥）法是最新研究的新兴，具有发展应用前景，在我国已有应用实例。

## 9.3.2　中和沉淀法

目前石灰中和法有两种：一是石灰（石）中和法；二是 HDS 法。

中和法是处理矿山酸性废水的主要方法。其基本原理是向酸性废水中投加中和剂，使金属离子与氢氧根离子反应，生成难溶于水的氢氧化物沉淀，使废水净化，实现达标排放或回用。

用该方法处理时，首先应知道废水中各种金属离子形成氢氧化物沉淀时的最佳 pH 值及处理后废水中剩余的金属浓度。

设 $M^{n+}$ 为金属离子，若想降低废水中的 $M^{n+}$ 浓度，只要提高 pH 值，增加废水中的 $OH^-$ 即可达到。pH 值的增加多少可由下式计算：

$$\lg[M^{n+}] = \lg K_{sp} - n\lg K_w - npH$$

式中，$[M^{n+}]$ 为重金属离子的浓度；$K_{sp}$ 为金属氢氧化物的浓度积；$K_w$ 为水的离子积常数。

若以 pM 表示 $-lg[M^{n+}]$，则上式变为

$$pM = npH + pK_{sp} - 14n$$

从公式可知，水中残存的重金属离子浓度随 pH 值的增加而减少。对某金属氢氧化物而言，$K_{sp}$ 是常数，$K_w$ 也是常数，所以上式为一直线方程式。

根据上述化学平衡式和各种氢氧化物的浓度积 $K_{sp}$，可以导出不同 pH 值条件下废水中各种重金属离子浓度。见表 9-9。

**表 9-9** 单一金属离子溶液中重金属含量达标要求 pH 值

| 金属离子 | 排放标准/(mg/L) | 要求 pH 值 | 金属离子 | 排放标准/(mg/L) | 要求 pH 值 |
|---|---|---|---|---|---|
| $Cu^{2+}$ | 1.0 | 9.01 | $Zn^{2+}$ | 5.0 | 7.89 |
| $Pb^{2+}$ | 1.0 | 9.47 | $Cd^{2+}$ | 0.1 | 10.18 |

### 9.3.2.1 石灰（石）中和法

根据中和剂选用不同，常分为以下几种。

（1）石灰、石灰乳法

石灰的投加有干投和湿投两种。干投法是将石灰直接投入废水中，设备简单，但反应慢，且不彻底，投药量为理论值的 1.4～1.5 倍。湿投法是将石灰消解并配置成一定浓度的石灰乳（5%～10%）后，经投配器投加到废水中，此法设备较多，但反应迅速，投药量少，为理论值的 1.05～1.10 倍。

一般均将石灰配制成石灰乳投放，其工艺流程如图 9-1 所示。

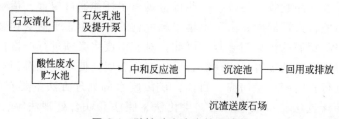

图 9-1 酸性矿山废水处理流程

酸性矿山废水中多含有重金属，计算中和药量时，应增加与重金属化合产生沉淀的药量。

例如，某硫铁矿井下涌水量在正常情况下为 50～60m³/h。采用石灰中和法处理，石灰投加量为 5～6g/L，处理前后的水质对比见表 9-10，处理后废水回用或排放。

**表 9-10** 某硫铁矿井下涌水处理前后水质 单位：mg/L(pH 值除外)

| 项目 | 原水水质 | 处理后水质 |
|---|---|---|
| 外观 | 黄浊 | 澄清、无色 |
| pH 值 | 2～3 | 7～8 |
| TFe | 926 | 0.1～0.2 |
| $SO_4^{2-}$ | 3600 | 200～250 |
| As | 1.6 | 0.02 |
| F | 10 | 1.0 |

（2）石灰石中和法

石灰石中和法是以石灰石或白云石作为中和药剂，根据所使用设备及工艺不同，通常有普通滤池中和法、石灰石或白云石干式粉末或乳状直接投加法、石灰石中和滚筒法及升流式石灰石膨胀滤池法。其中石灰石中和滚筒法是目前处理酸性矿山废水较为实用的方法，它可以处理高浓度酸性水，对粒径无严格要求，操作管理较为方便，但去除二价铁离子的效果较差。

（3）石灰石-石灰乳法

此法常称为二段中和法，又称联合中和法。是先将石灰石中和到 pH 值为 5～6，然后添加石灰中和到所期望的 pH 值。这种联合方法产生的污泥体积略高于单独使用石灰石，但污泥浓度约为单独使用石灰的 5 倍。二段中和沉淀处理工艺的流程如图 9-2 所示。

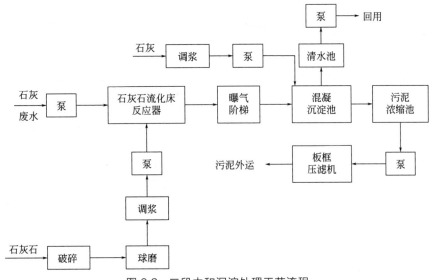

图 9-2 二段中和沉淀处理工艺流程

酸性废水用泵打入石灰石流化床反应器，与石灰石进行一段中和反应，使其 pH 值达到 5～6，经曝气后脱除 $CO_2$ 气体，使 pH 值进一步提高，进入混凝沉降池。加入石灰乳使废水的 pH 值达到 7.5 左右，进一步除去重金属离子，使水质达到回用标准。混凝池溢流进入清水池，通过清水泵送至各用水点。石灰石原矿经破碎至 10～40mm，进入球磨机磨碎，经调浆后，用泵送至石灰石流化床反应器。流化床反应器中部分细料流失到混凝沉淀池，经沉淀分离浓缩后，通过污泥泵再返回流化床反应器，继续用作中和原料，多余部分送至板框压滤机脱水后外运。根据水质情况对流化床反应器进行倒床排渣，渣排入沉渣池。最终产生的中和渣及污泥由于主要含有 $CaSO_4$ 及 $CaCO_3$ 可以作为水泥的原料。由于石灰石比石灰的价格要低很多，所以采用二段中和流程不仅可解决中和渣的处置问题，还可以降低处理成本。

矿山酸性废水是我国铁矿山废水处理难题，是长期污染铁矿山环境急待解决的问题，南山铁矿场经长期研究实践，为我国矿山酸性废水处理提供可靠的技术依据与实践。

（4）技术应用与实践

① 工程概况与废水水质水量　某铁矿现有两个露天采场，年产能力为采剥总量 $1.3×10^7t$，铁矿石 $6.5×10^6t$，铁精矿粉 $2.2×10^6t$。该矿区为火山岩成矿地带，矿物组成复杂，铁矿床和围岩中含有黄铁矿为主的各种硫化矿物，其含硫量平均为 2%～3%。按目前的采矿规模，该铁矿每年有 $7.0×10^6～8.0×10^6t$ 剥落物堆放在采矿区附近的排水坑内。这些含

223

硫矿石在露天自然条件下逐渐发生风化、浸溶、氧化、水解等一系列化学反应，与天然降水和地下水结合，逐步变为含有硫酸的酸性废水，汇集到排土场的酸水库中。废水在水库中进行如下反应：

$$2FeS_2 + 2H_2O + 7O_2 \longrightarrow 2FeSO_4 + 2H_2SO_4$$
$$4FeSO_4 + 2H_2SO_4 + O_2 \longrightarrow 2Fe_2(SO_4)_3 + 2H_2O$$
$$Fe_2(SO_4)_3 + 6H_2O \longrightarrow 2Fe(OH)_3 + 3H_2SO_4$$
$$7Fe_2(SO_4)_3 + FeS_2 + 8H_2O \longrightarrow 15FeSO_4 + 8H_2SO_4$$

该排土场总汇水面积约 $2.15km^2$，按所在地区年平均降水量 $960 \sim 1100mm$ 计算，汇水区域所形成的酸性水量在 $2.0 \times 10^6 t$ 以上。多年监测结果显示，酸性水的 pH 值在 5.0 以下，最低达 2.6，酸性较强，腐蚀性大，酸水中含有多种金属离子，如 Cu、Ni、Pb 等。其水质见表 9-11。

表 9-11　废水水质指标　　　　　　　　　单位：mg/L(pH 值除外)

| 项目 | pH 值 | $SO_4^{2-}$ | $Al^{3+}$ | $Fe^{3+}$ | $Fe^{2+}$ | $Mg^{2+}$ | $Mn^{2+}$ | $Cu^{2+}$ |
|---|---|---|---|---|---|---|---|---|
| 浓度 | $2.5 \sim 3$ | $8800 \sim 9900$ | $880 \sim 3700$ | $27 \sim 470$ | $15 \sim 250$ | $500 \sim 1300$ | $175 \sim 214$ | $71 \sim 176$ |

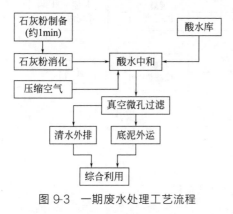

图 9-3　一期废水处理工艺流程

由于该废水处理难度大，主要是中和处理后石灰渣量大、又难脱水，因此，前后经 20 多年的不断探索实践才解决该废水处理与回用问题。

② 废水处理、回用工艺与效果

1）一期处理工艺。根据当时的水质情况，一期废水处理工艺采用石灰乳中和工艺，如图 9-3 所示。

石灰经粉碎、磨细、消化制备成石灰乳，用压缩空气作搅拌动力，进行酸水的中和反应。反应后的中和液采用 PE 微孔过滤，实现泥水分离。但是由于南山矿处理的酸水量较大，微孔过滤满足不了生产要求；同时微孔极易结垢堵塞，微孔管更换频繁，生产成本较高。因此，该工艺达不到设计要求，设备作业率极低。

2）二期废水处理工艺。针对一期废水处理工程未达到预期的治理效果，该矿决定改建酸水处理设施，重点是解决处理以后的中和渣的处置问题。该方案利用排土场近 $20 \times 10^4 m^3$ 的凹地围埂筑坝，作为中和渣的储存库，取消原有的微孔过滤系统，设计服务年限 $3 \sim 4$ 年，工程总投资 156 万元，于 1992 年正式投入使用。实际上该中和渣储存库兼有澄清水质和储存底泥两种功能，运行时水的澄清过程缓慢，中和渣难以沉降，外排水浑浊，悬浮物超标。仅运行 1 年多时间，已难再用该库。二期废水处理工艺流程如图 9-4 所示。

3）三期废水处理回用工艺与运行效果。在总结一、二期实践的基础上，提出将酸性废水经中和后与东选尾矿混合处理，澄清水用于东选生产，底泥输送至尾矿库的处理方案。其工艺流程如图 9-5 所示。

工程实践表明，中和液按照一定比例加入到尾矿中，不仅不会减缓尾矿中固体颗粒物的沉降速度，反而能加快尾矿矿浆中悬浮物的沉降速度。这是因为中和液中所含的金属离子和非金属离子能被尾矿中的固体颗粒物吸附，增大颗粒的体积和质量，从而加速颗粒物的沉降，同时改善了尾矿库的水质。

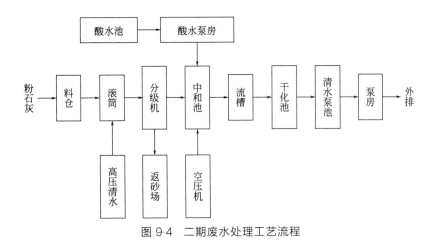

图 9-4　二期废水处理工艺流程

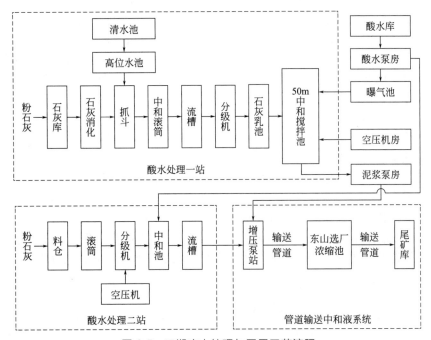

图 9-5　三期废水处理与回用工艺流程

该工程实践证明，该工艺处理与回用效果十分显著。

Ⅰ. 由于中和液年输送量远大于平均雨水汇入酸水库的净增值（约 $1.2\times10^6\,\mathrm{m}^3$），故加快了酸水库水位的下降，即使遇雨水较大的年份，酸水库水位也未达到过其安全警戒水位。

Ⅱ. 确保了凹山采场东帮边坡及酸水库坝体的安全稳固。

Ⅲ. 消除了酸性废水及中和液底泥外溢对周围河道农田的污染，创造了巨大的社会效益和经济效益。

Ⅳ. 实现了酸性废水在矿内的循环，并将沉降后的底泥输送至尾矿坝，彻底解决了中和液底泥形成的二次污染，年节省污染赔偿费 150 万元左右。

Ⅴ. 提高了东选循环水水质，增加了循环水量，按每吨 0.4 元计算，年节省水费 100 万元以上。

### 9.3.2.2 HDS 法

HDS 法是高密度泥浆法（high denalty sludge process）的简称，是传统的石灰法的革新替代工艺，在国外已普遍应用，国内已有实例。

（1）HDS 法试验与工艺流程

① 工程简况　某矿山排水场的废石中含有 $FeS_2$ 3.54%，在风化、雨水侵蚀、自然降水溶解和氧化等条件下发生一系列化学反应，形成了含高硫酸盐的酸性水，其 pH 值在 2.48～3.30 范围，且含有铁、铝、镁、铅、锰、铜等金属离子，严重危害着矿山生产及矿区周围的生态环境。该铁矿在排土场低凹处建立了一座库容 300 万立方米的酸水库，收集排土场产生的酸性废水后，采用常规的石灰中和法进行处理，基本控制了酸水的危害。但处理过程中存在着如澄清过程缓慢、中和渣难以沉降、动力消耗大和处理成本高等问题，酸水治理始终治标不治本。针对这些问题，采用高密度泥浆法，简称 HDS 法对某矿酸性废水处理进行了试验研究，以期减少石灰中和剂耗量，提高中和渣沉降性能，降低处理成本。

目前国内矿山酸性废水最简单、相对成本较低且应用广泛的处理工艺为石灰中和法。而 HDS 法作为传统的石灰法的革新替代工艺，在国内外已开始应用。

HDS 法一般由快速混合室、中和反应室、高效沉降室、中和渣回流控制系统 4 部分组成。它是让沉淀中和渣按一定比例回流，与酸性废水或中和药剂快速混合，再循环参与中和反应的处理方法。循环中和渣在反应体系中通过吸附、卷带、共沉等作用，作为反应物附着、生长的载体或场所，经过多次循环往复后可粗粒化、晶体化，形成高密度、高浓度、易于沉降的絮体，同时，中和渣的回流使得中和渣中残留的未充分反应的中和药剂可以再次参与反应，降低中和药剂消耗量。

② 试验方法　试验主要通过对中和药剂投加量、絮凝剂选择与投加量、中和反应控制时间、快速混合条件、回流比分别进行试验研究。综合上述试验得到的最佳中和药剂、絮凝剂投加量及最佳快速混合模式、中和反应控制条件、循环中和渣回流比等试验条件，在实验室内用 HDS 工艺进行动态连续处理试验。试验过程按照国家标准《水和废水监测分析方法》进行分析监测。研究所用酸性矿山废水取自南山矿酸水库，其水质分析见表 9-12，试验流程如图 9-6 所示。

**表 9-12**　试验酸性废水水源　　　　　　单位：mg/L（pH 值除外）

| 项目名称 | 含量范围 | 项目名称 | 含量范围 |
|---|---|---|---|
| pH 值 | 2.0～3.5 | As | <0.002 |
| SS | 2.68～62.7 | TFe | 177.1～220.5 |
| Cu | 72.6～127.8 | Mn | 79.2～370.0 |
| Pb | 0.12～0.25 | Zn | 13.1～264.3 |

③ 试验结果与分析

1）中和药剂投加量。试验采用中和滴定方法确定中和药剂投加量。中和试验方案：(a) 由 pH B-04 型 pH 计测定样品 AMD 的 pH 值，范围在 2.0～3.5；(b) 配比不同浓度消石灰混合液 4g/L、20g/L、40g/L、50g/L、60g/L、100g/L、200g/L。

量取若干 100mL AMD 样品，依次分别投加不同浓度的消石灰混合液，同时用 pH B-04 型 pH 计测定废水中 4～100g/L 浓度消石灰中和试验的 pH 值，根据试验结果绘制 pH-消石灰用量的中和曲线图，如图 9-7 所示。

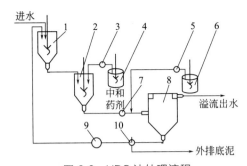

图 9-6　HDS 法处理流程

1—快速混合室；2—中和反应室；3，5，9—计量泵；
4—中和药剂搅拌桶；6—絮凝剂搅拌桶；7—闸阀；
8—沉降室；10—三通阀

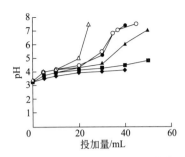

图 9-7　pH-消石灰用量的中和曲线(1)

◆—消石灰浓度 4g/L；　■—消石灰浓度 20g/L；
▲—消石灰浓度 40g/L；　●—消石灰浓度 50g/L；
○—消石灰浓度 60g/L；　△—消石灰浓度 100g/L

从图 9-7 可以看出，除 4g/L 和 20g/L 浓度在用量很大的情况下还未达到中和 AMD 的目的外，其他浓度均可实现中和目标。但由于其用量均偏高，在应用于设备时操作性差，且配比中和药剂时用水量过大，明显不适用。试验进一步考察消石灰浓度 200g/L 的中和药剂，进行了 6 组试验，结果如图 9-8 所示。

从图 9-8 可以看出，消石灰浓度 200g/L 的中和药剂，用量在 5mL 可使中和液 pH 值达到 7.0 左右，可以满足要求。由于消石灰浓度偏大，消石灰混合液静置后细小消石灰颗粒易沉降，影响中和反应结果。试验采用 JJ-4A 型六联电动搅拌机对消石灰混合液进行搅拌，使混合液均匀参与中和反应。

2）絮凝剂选择与投加量

Ⅰ. 絮凝剂选择试验。采用阳离子型 PAM(分子量 1800 万)、阴离子型 PAM(分子量 1400 万)、非离子型 PAM、PAC 絮凝剂做絮凝试验，对比絮凝沉降试验结果，以选出最佳絮凝剂。

取若干 500mL 沉降筒，装入 500mL 中和后的混合液，分别取 4 种絮凝剂做絮凝沉降试验，记录沉降时间，绘制沉降高度(刻度)-时间(min)的沉降曲线，试验结果如图 9-9 所示。

从图 9-9 可以看出，阳离子型 PAM 在 15min 内可使中和后的混合液沉降 50% 以上高度，沉降速率比阴离子型 PAM、非离子型 PAM、PAC 均高，且能生成较大体积的絮凝体。试验采用阳离子型 PAM 作为最佳絮凝药剂。

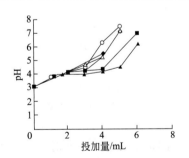

图 9-8　pH-消石灰用量的中和曲线(2)

■—第 1 组；▲—第 2 组；△—第 3 组；
○—第 4 组；●—第 5 组；◆—第 6 组

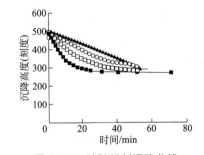

图 9-9　4 种絮凝剂沉降曲线

■—PAM 阳离子型絮凝剂；□—PAM 阴离子型絮凝剂；
○—PAM 非离子型絮凝剂；▲—PAC 絮凝剂

Ⅱ. 絮凝剂最佳浓度与投加量试验。配比 0.1%、0.3%、0.5% 浓度 PAM 阳离子型絮凝剂，再对 3 种浓度阳离子 PAM 做絮凝试验，试验条件同上，结果如图 9-10 所示。

从图 9-10 可以看出，0.1％浓度阳离子型 PAM 在开始阶段沉降速率比 0.3％、0.5％浓度结果稍低，但由于产生的絮凝体体积相对较小，最终沉降体积相对较小，即沉降中和渣浓度较高，符合试验结果要求，且在沉降 5min 后，3 种浓度 PAM 均可使中和后的混合液沉降 50％以上高度。考虑经济成本，试验拟采用 0.1％浓度阳离子型 PAM 作为最佳絮凝剂浓度。

考察 0.1％浓度阳离子型 PAM 投加量对絮凝沉降结果的影响。试验对 0.5mL、1mL、1.5mL、2mL 4 种投加量进行絮凝沉降试验，试验条件同上，结果如图 9-11 所示。

从图 9-11 可以看出，1mL、1.5mL、2mL 投加量的沉降速率依次增加，当总体相近，均可在 8min 左右使中和后的混合液沉降 60％以上高度，即中和酸水后总产中和渣率 27.8％左右。设计絮凝时间为 8min。0.5mL 投加量的沉降速率明显低于以上 3 种。考虑经济成本试验采用 1mL 投加量。

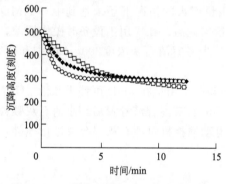

图 9-10　3 种浓度阳离子 PAM 沉降曲线
□—0.1％；◆—0.3％；○—0.5％

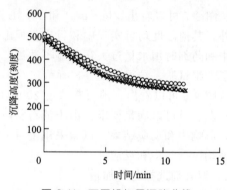

图 9-11　不同投加量沉降曲线
○—0.5mL；□—1mL；△—1.5mL；×—2mL

3）中和反应控制条件

Ⅰ. 中和药剂投加方式。试验采用中和药剂为消石灰，通过六联电动搅拌机搅拌均匀，由微型计量泵定量投加到中和反应室内。

Ⅱ. 反应时间控制。由静态中和试验可得，ADM 与消石灰混合溶液混合后，中和反应很快达到平衡，经验值为 5min。在动态系统中，为使中和反应能充分完成，反应时间不少于 5min。

Ⅲ. 其他中和反应条件。a. 紊流条件。中和室内架设 1 台 BLD09-23 型匀速搅拌机，通过对混合液进行匀速搅拌，使混合液达到一定的紊流条件，中和反应充分进行。b. 温度条件。温度对中和反应的影响较大，一般中和反应在室温 25℃下可充分完成。

4）快速混合条件。在动态连续试验基础上，通过调速搅拌机，使 AMD 与循环中和渣在不同转速条件下快速混合，考察不同快速混合方式下循环中和渣含固量来确定最佳快速混合模式。

试验采用 JZTy11-4 型可调速搅拌电机，在动态连续试验达到平衡时，依次采取低速 120r/min、中速 300r/min、高速 800r/min 3 种搅拌方式，对快速混合池内混合液进行搅拌，在各状态下处理系统达到平衡时，各取循环中和渣样品 250mL，每种状态各取 3 组，烘干后称重计算各循环中和渣含固量，见表 9-13。

| 序号 | 120r/min 含固量 | 300r/min 含固量 | 800r/min 含固量 |
|---|---|---|---|
| 1 | 232.8 | 269.2 | 258.8 |
| 2 | 227.2 | 267.2 | 260.8 |
| 3 | 238.8 | 274.8 | 250.0 |
| 平均值 | 232.9 | 270.4 | 256.5 |

表 9-13 不同快速混合模式下循环中和渣含固量　　　　单位：g/L

从表 9-13 得出，转速在 300r/min 时，得到最高中和渣含固量，计算得平均含固量为 270.4g/L。转速为 120r/min 时，快速混合室内混合液流速较慢，混合不够充分；转速为 800r/min 时，中和渣含固量相对 300r/min 状态下的含固量少。由于混合液受搅动幅度过大，部分中和渣絮凝颗粒在强烈紊流状态下破碎，破坏了循环中和渣的粗粒化、晶体化，从而降低了中和渣的含固量。由试验结果得出，调速搅拌电机在 300r/min 状态下能够得到较高的中和渣含固量，有助于混合液絮凝沉降，得到较好的出水水质。

5）循环中和渣回流比和回流速率。不同的循环中和渣回流比对中和渣浓度有着显著影响，在最佳快速混合模式、最佳中和药剂和混凝药剂投放量及最佳中和控制条件下进行动态连续试验。试验采用 J-Z 型隔膜式计量泵输送回流中和渣。通过控制三通阀的回流与外排中和渣量，调节不同的循环中和渣回流比，使运行状态连续系统运行稳定。试验考察了（0～1）：1、（1～4）：1、（4～8）：1，（8～10）：1、>10：1 等 5 个回流比状态下的中和渣含固量。各回流比状态运行不少于 6h，每隔 0.5h 取样 1 次，烘干称重，计算中和渣含固量，结果如图 9-12 所示。

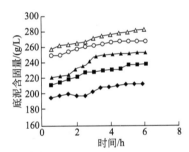

图 9-12　5 个回流比状态下的中和渣含固量
◆—（0～1）：1；■—（1～4）：1；
▲—（4～8）：1；○—（8～10）：1；
△—>10：1

从图 9-12 可以得出，回流比在（8～10）：1 时，能较快地提高中和渣浓度，并使其保持在 250～270g/L，沉淀室内絮凝体沉降速率较快，能够得到较好的出水水质。回流比在（0～8）：1 范围内，中和渣含固量有不同程度的提高，当效果比前者稍差，回流比在>10：1 时，动态连续处理初始阶段能够得到较高浓度的中和渣，处理系统运行至 2h 后，出水 SS 增加，水质较差。因此，试验选择最佳循环中和渣回流比为（8～10）：1。

经计算可得，在循环中和渣回流比为（8～10）：1 状态下，平均中和渣含固量为 260.78g/L，平均中和渣质量比为 23.7%。

6）动态连续试验。综合上述试验得到的最佳中和药剂、絮凝剂投加量及最佳快速混合模式、中和反应控制条件、循环中和渣回流比等试验条件，在实验室内用 HDS 工艺进行动态连续处理试验。

a. 试验规模。连续运行 16.5h、总处理水量 1.188m³，即每小时处理酸性矿山废水 72L。

b. 水质参数及监测。进水量 1.2L/min，中和药剂初始投加量 60mL/min、絮凝剂投加量为 2.52 mL/min，运行 16.5h，每隔 0.5h 分别在快速混合室、中和室、沉淀室内取样检测 pH 值。

c. 试验结果。试验结果见表 9-14。

表 9-14　HDS 法动态连续处理试验结果

| 编号 | pH 值 | | | 备注 |
| --- | --- | --- | --- | --- |
| | 快速混合室 | 中和室 | 沉淀室 | |
| 1 | 3.23 | 6.01 | 6.00 | 开始运行时，AMD 初始 pH＝3.23、中和药剂投加量为 60L/min |
| 2 | 3.86 | 6.23 | 6.17 | 取回流中和渣样①、出水水样① |
| 3 | 3.74 | 6.25 | 6.20 | 中和渣回流量 500mL/min 左右，沉降室开始有出水水量 900mL/min 左右 |
| 4 | 3.80 | 6.92 | 6.02 | |
| 5 | 3.73 | 7.20 | 6.06 | |
| 6 | 3.98 | 6.97 | 6.65 | 出水水量 1.2L/min 左右 |
| 7 | 3.96 | 6.92 | 6.64 | 取回流中和渣样②、出水水样② |
| 8 | 3.98 | 7.01 | 7.01 | |
| 9 | 4.02 | 7.16 | 7.02 | |
| 10 | 4.07 | 7.31 | 7.05 | 减少中和药剂投加量，改为 55L/min |
| 11 | 4.01 | 6.99 | 7.01 | |
| 12 | 4.01 | 6.96 | 6.98 | |
| 13 | 4.03 | 6.97 | 6.95 | 取回流中和渣样③、出水水样③ |
| 14 | 4.10 | 7.02 | 6.99 | |
| 15 | 4.12 | 7.08 | 7.02 | |
| 16 | 4.15 | 7.10 | 7.06 | |
| 17 | 4.12 | 7.18 | 7.12 | |
| 18 | 4.10 | 7.26 | 7.28 | |
| 19 | 4.28 | 7.33 | 7.35 | 取回流中和渣样④、出水水样④ |
| 20 | 4.51 | 7.43 | 7.38 | 减少中和药剂投加量，改为 50L/min |
| 21 | 5.20 | 7.32 | 6.98 | |
| 22 | 5.42 | 7.16 | 7.02 | |
| 23 | 5.47 | 7.08 | 7.08 | |
| 24 | 4.71 | 7.01 | 7.12 | |
| 25 | 4.93 | 6.95 | 7.02 | 取回流中和渣样⑤、出水水样⑤ |
| 26 | 4.87 | 6.96 | 7.00 | |
| 27 | 4.73 | 6.95 | 6.98 | |
| 28 | 4.72 | 7.00 | 6.94 | |
| 29 | 4.60 | 7.02 | 6.98 | |
| 30 | 4.64 | 7.03 | 6.95 | |
| 31 | 4.73 | 7.12 | 6.99 | 取回流中和渣样⑥、出水水样⑥ |
| 32 | 4.65 | 7.04 | 6.96 | |
| 33 | 4.87 | 6.98 | 6.98 | |

d. 结果分析

ⓐ 出水水质分析。在设备运行 1h、3.5h、6.5h、9.5h、12.5h、15.5h、18.5h 时间点，分别取出水水样，经原子吸收光谱法测定，得出出水水质分析结果，见表 9-15。

表 9-15　出水水质分析结果　　　　　　　单位：mg/L

| 序号 | pH 值 | TFe | Cu | Pb | Zn |
|------|-------|-----|-----|-----|-----|
| 原水 | 2.73 | 71.0 | 43.1 | 0.08 | 13.1 |
| 第 1 组① | 7.43 | 1.61 | 0.27 | <0.01 | 0.13 |
| 第 2 组② | 7.62 | 1.42 | 0.11 | <0.01 | 0.05 |
| 第 3 组③ | 7.55 | 0.48 | 0.03 | <0.01 | <0.01 |
| 第 4 组④ | 1.36 | 0.16 | <0.01 | <0.01 | <0.01 |
| 第 5 组⑤ | 7.06 | <0.01 | <0.01 | <0.01 | <0.01 |
| 第 6 组⑥ | 7.12 | <0.01 | <0.01 | <0.01 | <0.01 |

从表 9-14 和表 9-15 可以看出，原水 pH=2.73，处理后外排水 pH 值基本保持 7.0 左右。由于回流中和渣中夹带有未充分反应的中和药剂返回系统，重新参与反应，pH 值有逐渐上升的趋势。

试验共取回流中和渣样品 6 份，烘干称量，经计算含固量分别为 250g/L、288.4g/L、293.6g/L、295.6g/L、297.2g/L、296.8g/L，平均值为 285.3g/L。重金属离子去除率均能达到 99％以上，出水水质达到 GB 8978—1996《污水综合排放标准》一级的要求。

ⓑ 中和药剂使用量。试验共使用消石灰 10.84kg。由试验过程中添加中和药剂量的变化可以看出，设备运行 5h 以后，中和药剂添加量为 55mL/min；设备运行 10h 以后，中和药剂添加量为 50mL/min。为节省成本，在动态检测出水 pH 值的基础上，减少 10mL 的中和药剂添加量，即可减少 16.7％。

ⓒ 絮凝剂消耗量。最佳絮凝剂为阳离子型 PAM，共需添加絮凝剂 2.5g。

ⓓ 产渣量。选择中和渣回流比（8～10）：1，外排中和渣为总量的 10％左右，外排渣量为 9.7kg。

（2）结论

① 由试验可得，中和药剂为 200g/L 浓度的消石灰，最佳絮凝剂选用 0.1％浓度的 PAM 阳离子型絮凝剂，快速混合室调速搅拌电机转速为 300r/min，试验选择最佳循环中和渣回流比为（8～10）：1。当选择中和渣回流比>10：1 时，由于系统内部积累中和渣，沉淀室内出现大量絮凝体状结构，结构间相互支撑，影响了沉淀效果，虽然也能得到较高的中和渣浓度，出水 SS 增加，水质较差。

② 该工艺可降低中和药剂使用量 16.7％，絮凝剂的投加量也适量减少，沉淀室泥水分离时间仅为 8min，外排中和渣固体物含量最高达 26.7％。

③ 实验室动态连续处理试验处理矿山酸性废水，出水水质能够满足 GB 8978—1996《污水综合排放标准》一级标准的要求。

④ 实验室动态连续处理试验，经计算处理成本约为 2 元/t，相对原矿山酸水处理工艺设施的处理成本大为减少。

### 9.3.3 硫化物沉淀法

（1）技术原理

金属硫化物溶解度比金属氢氧化物低几个数量级，因此，在廉价可得硫化物的场合，可向废水中投入硫化剂，使废水中的金属离子形成硫化物沉淀而被去除。通常使用的硫化剂有硫化钠、硫化铵和硫化氢等。此法的 pH 值适应范围大，产生的硫化物比氢氧化物溶解度更小，去除率高，泥渣中金属品位高，便于回收利用。但沉淀剂来源有限，价格比较昂贵，产生的硫化氢有臭味，对人体有危害，使用不当容易造成空气污染。

日本电子公司用硫化铁去除重金属，废水与铁混合后加碱并在空气中氧化，产生铁氧体沉淀物，通过过滤器或磁场去除沉淀物。在 pH 值为 6.5～7.5 的条件下，采用硫化铁沉淀法可有效地去除水中的砷。然而，如果这些硫化物沉积污泥不在水下封存或排出氧化时，其可能再氧化生成硫酸，使 pH 值降低，金属溶解，重新造成环境问题。如果能够销售金属硫化物，采用硫化物沉淀是有经济效益的。如果把硫化物排至尾矿库，日后风化和氧化可导致硫酸生成和金属溶解，造成环境污染。因此，采用硫化物沉淀法要进行综合考虑。

采用此法处理含金属离子的废水，有利于回收品位较高的金属硫化物。例如，某矿山酸性废水，其水量为 150m³/d，含铜 500mg/L、二价铁 340mg/L、三价铁 380mg/L，pH 值为 2，采用石灰石—硫化钠—石灰乳处理系统进行处理，处理流程如图 9-13 所示。处理后水质符合排放标准，并可回收品位为 50% 的硫化铜，回收率高达 85%。

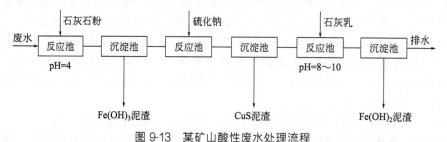

图 9-13 某矿山酸性废水处理流程

（2）应用实例

① 废水水质与处理工艺 某矿山废水主要来源于采矿场，其废水水质见表 9-16。

表 9-16 某矿山废水水质 单位：mg/L（pH 值除外）

| 项目名称 | Fe | Zn | Cu | SO₄²⁻ | pH 值 |
|---|---|---|---|---|---|
| 浓度 | 720 | 23 | 50 | 2148.5 | 2.6 |

由表 9-16 可知，废水中 Cu、Fe、$SO_4^{2-}$ 离子浓度较高，适用于硫化法处理，并有回收价值。处理工艺如图 9-14 所示。

首先，加入石灰调整 pH=4.0，使 $Fe^{3+}$ 沉淀，由于废水中 $Fe^{3+}$ 居优，所以未设 $Fe^{2+} \rightarrow Fe^{3+}$ 的氧化过程；然后，把 $Na_2S$ 溶液投入废水中，使铜呈 CuS 沉淀，铜渣品位高，可回收；最后，加入石灰提高 pH 值，使沉铜后的溢流水酸度下降，以达到排放或回用要求。

② 处理结果。经处理后水质比较稳定，处理后水质指标见表 9-17。

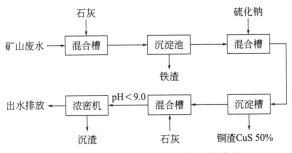

图 9-14　硫化法处理废水的工艺流程

表 9-17　处理后废水的水质指标　　　　单位：mg/L(pH 值除外)

| 项目 | Fe | Zn | Cu | $SO_4^{2-}$ | pH 值 |
|---|---|---|---|---|---|
| 浓度 | 6.00 | 痕量 | 痕量 | 809.3 | 6.5 |

## 9.3.4　金属置换法与沉淀浮选法

### 9.3.4.1　金属置换法

（1）技术原理

在水溶液中，较负电荷可置换出较正电荷的金属，达到与水分离的目的，故称之为置换法。采用比去除金属更活泼的金属作置换剂，可回收废水中的有价金属。例如，由于铁较铜负电荷高，利用铁屑置换废水中的铜可以得到品位较高的海绵铜：

$$Fe + Cu^{2+} \longrightarrow Cu + Fe^{2+}$$

但是，选择置换剂时，应综合考虑置换剂的来源、价格、二次污染与后续处理等问题。因为置换法不能将废水的酸度降下来，必须与中和法等联合使用，才能达到废水处理排放或回用的目的。目前最常用的置换剂是铁屑（粉），采用金属置换与石灰中和法联合处理含铜采矿废水，可取得较好的处理效果。

（2）技术应用与实例

① 废水水质水量与处理工艺　某矿山废水主要来自矿坑和废石堆场，水量约 3000m³/d；其水质见表 9-18，处理后水质见表 9-19。

表 9-18　采矿废水水质指标　　　　单位：mg/L(pH 值除外)

| 项目 | Cu | Zn | Cd | Mn | Fe | Pb | Al | pH 值 |
|---|---|---|---|---|---|---|---|---|
| 浓度 | 100~250 | 2~10 | 0.1~0.4 | 1~10 | 250~450 | 10 | 50~150 | 2~3 |

表 9-19　采矿废水处理后水质指标　　　　单位：mg/L(pH 值除外)

| 项目 | Cu | Zn | Cd | Mn | As | Pb | Al | pH 值 |
|---|---|---|---|---|---|---|---|---|
| 浓度 | <0.08 | <0.08 | 0.00007 | <0.03 | 11.0 | <0.02 | 50~150 | 8.2 |

根据废水特点，采用铁粉置换-石灰中和工艺，如图 9-15 所示。

来自矿井和废石堆的废水用泵加压后送入装有铸铁粉的流态化置换塔，利用水流的动力使铁粉膨胀。铁粉的流动摩擦，形成不断有足够的新鲜表面进行置换反应。置换的结果是形

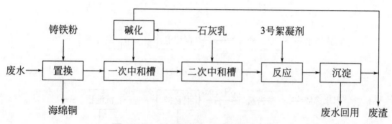

图 9-15　铁粉置换-石灰中和工艺

成海绵铜，海绵铜定期从塔底放出，消耗的铁粉可从塔顶补加。置换后的出水采用石灰中和处理。出水经一、二段石灰中和后，再到投加有高分子絮凝剂聚丙烯酰胺的反应槽，然后经沉淀池最后澄清。澄清水达到排放标准。沉淀泥渣部分回流至碱化槽，经投加的石灰乳碱化后再入一次中和槽。泥渣回流的目的是减少石灰用量、缩小泥渣体积和改善污泥脱水性能。

　　② 处理工艺参数与运行效果　a. 置换塔反应时间 2～3.5min，铜置换率 90%～96%，海绵铜品位大于 60%；b. 污泥回流比（1∶3）～（1∶4）；c. 碱化槽 pH 值大于 10，反应时间 10～15min；d. 一次中和槽 pH 值为 5.5～6.5，反应时间 15min；e. 二次中和槽 pH 值为 7～8，反应时间 2min；f. 石灰耗量为理论耗量的 1.07～1.44 倍，铁粉耗量为理论耗量的 1.1 倍。

　　矿山废水经置换中和工艺处理后，废水水质达到国家外排标准或回用。实践证明，用置换中和工艺处理该矿山废水是成功的。

### 9.3.4.2　沉淀浮选法

　　沉淀浮选法是将废水中的金属离子转化为氢氧化物或硫化物沉淀，然后用浮选沉淀物的方法逐一回收有价金属，即通过添加浮选药剂，先抑制某种金属，浮选另一种金属，然后再活化，浮选其他有价金属。该法的优点是处理效率高，适应性广，占地少，产出泥渣少等，因而为处理废水的常用方法。某矿山酸性废水来源于采石场，其废水水质见表 9-20。

表 9-20　废水水质指标　　　　　　单位：mg/L（pH 值除外）

| 项目 | Cu | Fe | Pb | Zn | $SO_4^{2-}$ | pH 值 |
|---|---|---|---|---|---|---|
| 浓度 | 223 | 3312 | 0.09 | 3.0 | 8341 | 2.0 |

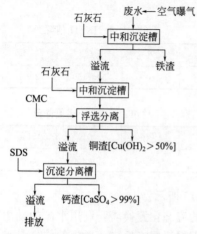

图 9-16　沉淀浮选法处理废水工艺流程

　　由于废水中 Cu、Fe 和 $SO_4^{2-}$ 含量高，废水处理时应予以回收，采用沉淀浮选法可实现上述目的，其处理工艺如图 9-16 所示。

　　首先，利用空气曝气将 $Fe^{2+}$ 转化为 $Fe^{3+}$。接着，控制低 pH 值将 $Fe^{3+}$ 沉淀得到铁渣（氢氧化铁）。但在较高的 pH 值下沉铜时，其他离子也会随之沉淀。为了优先得到铜，在混合液中加入 SDS 和 CMC 进行浮选，得到含有 $Cu(OH)_2$ 50% 以上的铜渣，再接着沉淀分离得到含 $CaSO_4$ 99% 的钙渣。

　　其工艺条件为：一段中和 pH＝3.4～4.0；二段中和 pH 值为 8 左右。废水经处理后除 $SO_4^{2-}$ 指标外，效果显著，见表 9-21。

表 9-21　废水水质指标　　　　　单位：mg/L(pH 值除外)

| 项目 | Cu | Fe | Pb | Zn | $SO_4^{2-}$ | pH 值 |
|------|-----|-----|-----|-----|------|-------|
| 浓度 | 0.03 | 0.13 | 0.03 | 痕量 | 3154 | 8.0 |

## 9.3.5　生化处理法

### 9.3.5.1　技术原理

生化法处理矿山酸性废水的原理是利用自养细菌从氧化无机化合物中取得能源，从空气中的 $CO_2$ 中获得碳源。美国新红带（New Red Belt）矿山就是利用这种原理处理矿山废水的。

目前，研究最多的是铁氧菌和硫酸还原菌，进入实际应用最多的是铁氧菌。

铁氧菌（*Thiobacillus ferrooxidans*）是生长在酸性水体中的好气性化学自养型细菌的一种。它可以氧化硫化型矿物，其能源是二价铁和还原态硫。该细菌的最大特点是它可以在酸性水中将二价铁离子氧化为三价，而得到的能量将空气中的碳酸气体固定从而生长，与常规化学氧化工艺比较，可以廉价地氧化二价铁离子。

就废水处理工艺而言，直接处理二价铁离子与将二价铁离子氧化为三价离子再处理这两种方法比较，后者可以在较低的 pH 值条件下进行中和处理，可以减少中和剂使用量，并可选用廉价的碳酸钙作为中和剂，且还具有减少沉淀物产生量的优点。

黄铁矿型酸性废水的细菌氧化机理有直接作用和间接作用两种，主要反应：

$$2FeS_2 + 7O_2 + 2H_2O \xrightarrow{\text{细菌}} 2Fe^{2+} + 4SO_4^{2-} + 4H^+ \tag{9-1}$$

$$4Fe^{2+}O_2 + 4H^+ \xrightarrow{\text{细菌}} 4Fe^{3+} + 2H_2O \tag{9-2}$$

$$FeS_2 + 2Fe^{3+} \xrightarrow{\text{细菌}} 3Fe^{2+} + 2S \tag{9-3}$$

式（9-3）中的硫被铁氧菌进一步氧化，反应如下：

$$2S + 3O_2 + 2H_2O \xrightarrow{\text{细菌}} 2SO_4^{2+} + 4H \tag{9-4}$$

细菌借助于载体被吸附至矿物颗粒表面，物理上借助分子间的相互作用力，化学上借助细菌的细胞与矿物晶格中的元素之间形成化学键。当细菌与这些矿物颗粒表面接触时，会改变电极电位，消除矿物表面的极化，使 S 和 $Fe^{2+}$ 完全氧化，并且提高了介质标准氧化还原电位（$E_h$），产生强的氧化条件。

式（9-1）和式（9-4）为细菌直接作用的结果，如果没有细菌参加，在自然条件下这种氧化反应是相当缓慢的，相反，在有细菌的条件下，反应被催化快速进行。

式（9-2）和式（9-3）为细菌间接氧化的典型反应式。从物理化学因素上分析，pH 值低时，氧化还原电位高，高 $E_h$ 电位值适合于好氧微生物生长，生命旺盛的微生物又促进了氧化还原过程的催化作用。

总之，伴有微生物参加的氧化还原反应是一个包括物理、化学和生物现象相互作用的复杂工艺过程，微生物的直接作用和间接作用同时存在，有时以直接作用为主，有时以间接作用为主。上述分析表明，硫化型矿山酸性废水的化学反应以微生物的间接催化作用为主。

### 9.3.5.2　生长条件与影响因素

铁氧菌是一种好酸性细菌，但卤离子会阻碍其生长，因此，废水的水质必须是硫酸性的，此外，废水的 pH 值、水温、所含的重金属类的浓度以及水量的负荷变动等对铁氧菌的氧化活性也具有较大的影响。

① pH 值　pH 值对铁氧菌的影响很大，最佳 pH 值是 2.5～3.8，但在 1.3～4.5 的范围时也可以生长，即使希望处理的酸性废水 pH 值不属于最佳范围，也可以在铁氧菌的培养过程中加以驯化。如日本的松尾矿山废水初期 pH 值仅为 1.5，研究者通过载体的选择，采用耐酸、凝聚性强和比表面积大的硅藻土来作为铁氧菌的载体，很好地解决了菌种的问题。

② 水温　铁氧菌属于中温微生物，最适合的生长温度一般为 35℃，而实际应用中水温一般为 15℃。研究发现，即使水温低到 1.35℃，当氧化时间为 60min 时，$Fe^{2+}$ 也能达到 97％的氧化率。这可能是在硅藻土等合适的载体中连续氧化后，铁氧菌大量增殖并浓缩，氧化槽内保持着极高的菌体浓度的原因。因此，可以认为，低温废水对铁氧菌的氧化效果影响不大，一般硫化型矿山废水都能培养出适合自身的铁氧菌菌种。

③ 重金属浓度　微生物对产生废水的矿石性质有一定的要求，过量的毒素会影响细菌体内酶的活性，甚至使酶的作用失效。表 9-22 是铁氧菌菌种对金属的生长界限范围。

表 9-22　铁氧菌菌种对金属的生长界限范围　　　　　　　　　单位：mg/L

| 金属 | $Cd^{2+}$ | $Cr^{3+}$ | $Pb^{2+}$ | $Sn^{2+}$ | $Hg^{2+}$ | $As^{3+}$ |
|---|---|---|---|---|---|---|
| 范围 | 1124～11240 | 520～5200 | 2072～20720 | 119～1187 | 0.2～2 | 75～749 |

一般说来，铁、铜、锌除非浓度极高，否则不会阻碍铁氧菌的生长。从表 9-22 可以看出，铁氧菌的抗毒性是很强的。值得注意的是，铁氧菌对含氟等卤族元素的矿石很敏感，此种矿体产生的废水不适合铁氧菌菌种的生存。就我国矿山来说，绝大多数矿山废水对铁氧菌不会产生抑制作用。

④ 负荷变动　低价 $Fe^{2+}$ 是铁氧菌的能源，细菌将 $Fe^{2+}$ 氧化为 $Fe^{3+}$ 而获得能量，$Fe^{3+}$ 又是矿物颗粒的强氧化剂；$Fe^{3+}$ 在 $Fe^{2+}$ 的氧化过程中起主导作用。因此，当 $Fe^{2+}$ 的浓度降低时，铁氧菌会将 $Fe^{2+}$ 氧化为 $Fe^{3+}$ 时产生的能量作为自身生长的能量，相应引起菌体数量及活性的不足、氧化能力的下降。但是，短期性的负荷变动，由于处理装置内的液体量本身可起到缓冲作用，因此不会产生太大的影响。

生化法处理矿山酸性废水的基本工艺流程如图 9-17 所示。

### 9.3.5.3　技术应用与实例

（1）废水来源与水质水量

松尾矿山在日本国北部岩手郡松尾村，位于海拔约 1000m 的山上。松尾矿自开采以来，每年都有大量矿井酸性废水排至附近的赤州。水质主要为硫酸和硫酸铁，pH 值为 1.3～1.5。还含有其他金属的硫酸盐，这主要由于该矿的主矿是以硫化铁矿和硫黄矿的氧化而成的。松尾矿山废水水质见表 9-23。

表 9-23　松尾矿山废水水质　　　　　　　单位：mg/L（pH 值除外）

| 名称 | 水温 | pH 值 | $Fe^{2+}$ | TFe | Al | AS |
|---|---|---|---|---|---|---|
| 浓度 | 16℃ | 2.27 | 236 | 267 | 69 | 1.66 |

（2）处理工艺

由表 9-23 可见，废水中的铁以 $Fe^{2+}$ 为主，约占 88％，水温比较稳定，属于典型的酸性废水，故适宜使用生化法处理，工程流程如图 9-18 所示。

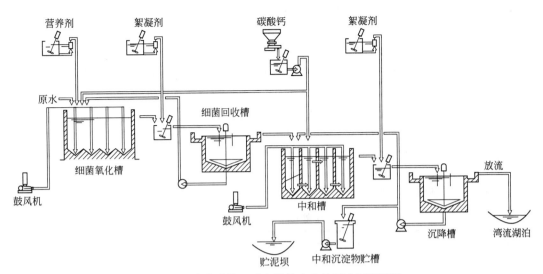

图 9-17　生化法处理矿山酸性废水的基本工艺流程

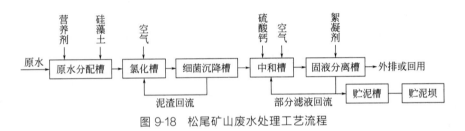

图 9-18　松尾矿山废水处理工艺流程

处理工艺中的硅藻土为铁氧菌的载体，其作用为解决在 pH 值较低的情况下中和沉淀物碱式盐回流时易溶解的缺点，硅藻土具有耐酸性、良好的流动性、比表面积大、较好的凝聚性等优点。由于铁氧菌为好氧菌，在氧化槽中进行空气搅拌有利于增强细菌的活性。在中和槽中空气主要起搅拌作用。

（3）主要处理设施

处理设施分 4 个系列，其中 3 运 1 备，处理规模为 $2.5 \times 10^4 m^3/d$。处理构筑物参数见表 9-24。

表 9-24　处理构筑物规格与参数

| 构筑物名称 | 规格及参数 |
| --- | --- |
| 引水隧道 | 内径 2.5m，总长 322m，洞底铺设 DN600 塑料引水管 |
| 原水分配槽 | 按 4 个系列分格，槽内投加铁氧菌载体及营养剂 |
| 氧化槽 | 每系列 $V=580m^3$，池深 8m，氧化时间 1h，空气量为 $3.5m^3/(min \cdot m^2)$ |
| 细菌回收槽 | 将吸附了铁氧菌的中和沉淀物（载体）沉淀和分离，并进行回流。每系列槽体直径 16m，深 5m |
| 中和槽 | 每系列 $V=430m^3$，池深 8m，氧化时间 1h，空气量为 $2.8m^3/(min \cdot m^2)$ |
| 固液分离槽 | 每系列槽体直径 30m，深 4.5m |
| 贮泥坝 | 防渗型实体坝，容量为 $200 \times 10^4 m^3$，可堆存污泥 100 年 |

① 氧化槽　在氧化槽中，亚铁离子被附在硅藻土上的铁氧菌氧化，发生如下变化：

$$4FeSO_4 + 2H_2SO_4 + O_2 \longrightarrow 2Fe_2(SO_4)_3 + 2H_2O$$

氧化槽中载体浓度达到 15% (体积)，铁氧菌数目维持在 $1 \times 10^8 \, cell/cm^3$，氧化槽出水水质中 $Fe^{2+}$ 的氧化率为 99.6%。

② 中和槽　经氧化槽后的废水中的铁离子基本上全部为三价铁，在中和槽中添加碳酸钙进行中和，发生如下化学反应，氧化后的铁离子全部进入到沉淀物中。

$$Fe_2(SO_4)_3 + 3CaCO_3 + 3H_2O \longrightarrow 2Fe(OH)_3 \downarrow + 3CaSO_4 + 3CO_2 \uparrow$$

③ 固液分离槽　中和槽排出的废水中含有大量的沉淀物，水质比较浑浊，在分离槽中添加高分子絮凝剂，进行沉淀物的沉降，沉降物以 $9m^3/min$ 进行泥渣回流至中和槽。

(4) 运行效果

运行结果和运行中药剂用量见表 9-25、表 9-26 和表 9-27。

表 9-25　处理后水质　　　　　　　　　　单位：mg/L（pH 值除外）

| 项目 | pH 值 | $Fe^{2+}$ | $Fe^{3+}$ | Al | As | SS |
|---|---|---|---|---|---|---|
| 原水 | 2.20 | 264 | 21 | 70 | 1.68 | |
| 浓缩回收槽出水 | 2.43 | 0.8 | 337 | | | |
| 处理后外排水 | 4.16 | | 1.6 | 56 | 0.01 | 3.6 |
| 贮泥库溢流水 | 4.16 | | 1.6 | 56 | 0.01 | 3.6 |

表 9-26　各阶段污泥分析数据

| 阶段 | 含水率% | Fe/% | Al/% | As/% | SS/% | 污泥活性/[g/(L·d)] |
|---|---|---|---|---|---|---|
| 细菌回收槽 | 93.4 | 40.0 | 0.45 | 0.47 | | 2.38（以 $Fe^{2+}$ 计） |
| 固液分离槽 | 98.7 | | | | | |
| 贮泥库堆泥 | 80.0 | | | | | |
| 贮泥库干泥 | | 44.7 | 2.00 | 0.26 | 5.65 | |

表 9-27　药剂添加量

| 投加地点 | 药剂名称 | 添加当量/% | 添加浓度/(mg/L) | 月使用量/t |
|---|---|---|---|---|
| 中和槽 | $CaCO_3$ | 68 | 990 | 821.9 |
| 中和槽 | 高分子凝集剂 | | 1.2 | 1.0 |
| 氧化槽 | 高分子凝集剂 | | 0.7 | 0.58 |

由表 9-25～表 9-27 所列数据可以看出，细菌氧化法是很成功的。铁的氧化率可达 99.7%，同时，三价砷被氧化成五价砷的氧化率也达到 80% 以上，五价砷与铁的共沉性很好，酸性废水处理后可达到排放或回用要求。

## 9.3.6　其他处理方法

由于矿山酸性废水产生具有量大面广、时间变化大、成分多变复杂等特点，故其处理回用方法仍在深入研究和发展，其他研究方法与技术主要有以下几种。

(1) 离子交换法

废水中重金属离子基本上是以离子状态存在的，用离子交换法处理能有效除去和回收废水中的重金属离子，具有处理容量大，出水水质好，并能回收水等特点而得以应用，此法用于含锌、铜、镍、铬等重金属阳离子废水的治理以及处理含放射性的碱性物质均取得了较好的效果。Tae-Hyoung Eom 等采用离子交换法处理电镀废水，镍的去除效率高达 99%，并采用硫黄酸处理交换树脂使其再生。徐新阳等采用离子交换法处理某铜矿山酸性废水，获得了理想的处理效果，处理后的废水达到国家排放标准。但离子交换中所用的交换树脂需要频繁地再生，使操作费用较高，因此，在选择此法时要充分考虑其工业费用。

（2）电化学处理技术

但用于酸性废水的研究还很少。Shelp 等目前正在开展利用电化学技术控制酸性废水的研究，并取得了阶段性的成果。他们将含铁构造中的硫化物作为化学电池的阴极，以一个插入附近矿坑酸性废水中的废钢铁作为电池阳极，然后以地下水构成电池回路。模拟试验表明，酸性废水的 pH 值从 3 升到 5.6。伴随着 pH 值的升高，溶液中的金属离子的浓度大大降低。他们还开展了另外一些试验，即用 Al 和 Zn 作为消耗阳极，主要是为了阻止或显著抑制酸的产生，并在硫化物、水、细菌之间形成还原环境。此外，还通过将 $H^+$ 转化成 $H_2$ 来提高酸性废水的 pH 值。尽管这种电化学处理技术还有待于进一步深化、开发和应用完善，但有较好的前景。

（3）磷灰石排放法

磷灰石排放法（the apatite drain system）是正在研究的新型酸性废水处理技术。Choi 等根据室内试验发现磷灰石能在低 pH 值条件下以磷酸盐的形式将酸性废水中的铁、铝除去，他们在靠近附近的绿谷废矿（The Green Valley Abandoned Mine）建立了一个磷灰石排放系统，主要目的是评价磷灰石排放系统实地控制酸性废水的长期功效。该系统能有效地除去酸性废水中高达 42000mg/L 的 Fe，830mg/L 的 Al 和 13430mg/L 的 $SO_4^{2-}$。最后铁、铝以磷酸盐的形式沉淀，但该系统的设计还有待改进，目前还处于完善之中。

（4）铁氧体法

铁氧体是由铁离子、氧离子以及其他金属离子所组成的氢氧化物，是一种具有铁磁性的半导体。根据铁氧体制造原理，利用铁氧体反应把废水中的二价或三价金属离子充填到铁氧体尖晶石结构的晶格中去，成为其组成部分而沉淀分离。该法具有净化效果好、投资省、设备简单、沉渣带磁性容易分离以及不易产生二次污染等优点。但经营费用高，铁氧体沉渣的利用问题也有待于解决。

（5）膜分离法

膜分离法包括渗析、电渗析、反渗透和超滤等。

钟常明等利用超低压反渗透膜处理经二级处理的矿山酸性废水，当系统的工作压力为 0.8~0.9MPa、pH 值为 3 时，超低压反渗透膜对重金属离子的截留率＞99%，渗透液中的 $Ni^{2+}$、$Cu^{2+}$、$Zn^{2+}$、$Pb^{2+}$ 的离子浓度均低于 0.4mg/L，渗透液的总电导率＜100$\mu$S/cm，满足回用水的要求，浓缩液可进一步回收利用。黄万抚采用一级二段反渗透工艺处理紫金山铜矿酸性废水，在压力为 3.0MPa，室温，进水 $Cu^{2+}$ 浓度为 41.64mg/L，进水流量为 20L/h 的试验条件下操作，可达到水的回收为 36.79%，出水水质完全达到国家排放标准。钟常明等采用 DK2540 纳滤膜脱除矿山酸性废水中的重金属离子，在最佳条件下，DK2540 纳滤膜对矿山酸性废水中的重金属离子的截留率都超过了 97%，出水浓度除 $Cu^{2+}$ 为 1.5mg/L 外，$Ni^{2+}$、$Zn^{2+}$、$Pb^{2+}$ 均小于 0.5mg/L，透过液中的重金属离子基本达标排放，浓缩液可进一步回收利用。

总之，矿山酸性废水国内外治理技术比较多，每种方法有其独特的使用对象，最常使用的是石灰中和及其衍生（改进）方法，工程使用率占 90%以上；微生物技术处理矿山废水具有费用低、适用性强、无二次污染、可回收短缺原料单质硫等优点；因此成为最有潜力的矿山废水处理方法之一；离子交换吸附法的应用也较为广泛。具体采用何种方法，应根据废水的成分、浓度、排放量、废水来源、排放特点和现场具体条件而定，通过技术经济分析，从而选择和确定相应的处理方法，有时需要将多种方法有效结合，突出各自的优点，以实现废水循环利用和无害排放。高效、廉价、安全及操作简便是矿山酸性废水处理技术的选择与发展方向。

# 9.4　选矿废水处理与回用技术

选矿废水主要包括尾矿水和精矿浓密溢流水，其中以尾矿水为主。对于选矿废水，最有效的方法是使尾矿水循环利用，减少废水量，其次才是进行处理，回收有价元素或金属，降低废水中的污染物含量。循环水中会含有一定数量的选矿药剂，一般情况下，这些残留的选矿药剂并不会影响选矿的指标，往往还可以减少选矿药剂的用量。

处理选矿废水的方法很多，有氧化、沉降、离子交换、活性炭吸附、气浮、电渗析等，其中氧化法和沉降法的应用最为普遍。

## 9.4.1　中和沉淀法和混凝沉淀法

### 9.4.1.1　技术原理

对于含有重金属的矿井和选矿废水，国外多采用石灰石调节 pH 值，然后再进行沉淀或固体截留。现在我国对酸性废水也多采用石灰石中和，沉淀后清液排出。而对于难自然沉降的选矿废水，为改善沉淀效果，可加入适量无机混凝剂或高分子絮凝剂，进行絮凝沉降处理。

调节 pH 值以去除重金属污染物的方法称为中和沉淀法。根据处理废水 pH 值的不同分为酸性中和和碱性中和，一般采用以废治废的原则。对碱性选矿污水多用酸性矿山废水进行中和处理。由于重金属氢氧化物是两性氢氧化物，每种重金属离子产生沉淀都有一个最佳 pH 值范围，pH 值过高或过低都会使氢氧化物沉淀又重新溶解，致使废水中的重金属离子超标。因此，控制 pH 值是中和沉淀法处理含重金属离子废水的关键。

絮凝沉降法广泛应用于金属浮选选矿废水处理。由于该类型废水 pH 值高，一般在 9～12，有时甚至超过 14，存在着沉降速度很慢的悬浮固体颗粒、大量胶体、部分微量可溶性重金属离子及有机物等。在实际废水处理中，根据废水及悬浮固体污染物的特性不同，采用不同的絮凝剂，既可单独采用无机絮凝剂（如聚合氯化铝、三氯化铝、硫酸铝、硫酸亚铁、三氯化铁等），或者通过有机高分子絮凝剂，有阴离子型、阳离子型和两性型的高分子絮凝剂（如聚丙烯酰胺及其一些衍生物等）进行沉降分离，也可将两者联合使用进行絮凝沉降。该方法是将无机絮凝剂的电性中和作用和压缩双电层作用，以及高分子絮凝剂的吸附作用、桥联作用和卷带作用结合起来，故其沉降效果显著，废水处理工艺流程简单。东鞍山铁矿通过试验研究，在悬浮物 500～2000mg/L、pH 值为 8～9 的红色尾水中加入氧化铝和聚丙烯酰胺进行絮凝沉降处理，每天可净化 12 万立方米红水，效果良好。

图 9-19 为某多金属硫铁选矿废水处理与回用流程。

### 9.4.1.2　技术应用与实例

（1）广东省连南铁矿选矿厂废水处理实例

① 废水来源及水质　广东省连南铁矿原矿需要进行破碎筛分和磁选，选矿厂排出 150t/h 红色废水。此废水以 2m³/s 的流量流入山溪，使溪流在 5km 内像洪水一样浑浊，污染严重，

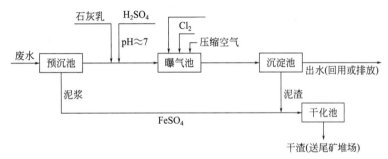

图 9-19 某选矿厂废水处理回用流程

影响了山溪两旁农民的饮水和农田灌溉。选矿废水的水质指标见表 9-28。

**表 9-28** 选矿废水的水质指标　　单位：mg/L（pH 值除外）

| 项目 | 外观 | pH 值 | SS | Fe | Pb | Cu |
|------|------|-------|-----|------|-----|-----|
| 浓度 | 红色 | 6.2 | 5.6 | 21200 | 380 | 630 |

② 废水处理工艺　根据废水水质和工业试验，选用混凝法处理选矿废水，药剂选用 PAM。废水处理工艺流程如图 9-20 所示。

1）工艺原理。当使用高分子化合物 PAM 作絮凝剂时，胶体颗粒和悬浮颗粒与高分子化合物的极性基团或带电荷基团作用，微颗粒与高分子化合物结合，形成体积庞大的絮状沉淀物。因高分子化合物的极性或带电荷的基团很多，能够在很短的时间内同许多个微颗粒结合，使体积增大的速度加快，因此，形成絮凝体的速度快，絮凝作用明显，从而使得颗粒从液体中沉降和分离。

2）工艺条件

Ⅰ. 药剂配置。在 $3m^3$ 水池中加入 1.6kg 的 PAM 干粉，搅拌 240min。

Ⅱ. 药剂以 125L/h 的流速加入废水中，每天一池。

③ 运行效果　经过几年的运行，除因山洪暴发把尾矿和沉泥冲起而使溪水变红外，没有出现异常，证明该工艺是成功的。且废水处理成本低，每天约需 40 元。

（2）姑山选矿废水处理

① 工程概况与处理工艺流程　姑山选矿废水是以磁、重选矿工艺为主的选矿厂的外排废水，进水量为 $1500m^3/h$，矿浆浓度为 5% 左右，其处理工艺流程如图 9-21 所示。处理工艺的技术核心是将普通浓缩池改为旋流絮凝沉淀池，并采用聚合硫酸铁作为絮凝剂，极大地提高了经旋流絮凝沉淀池出水的水质。

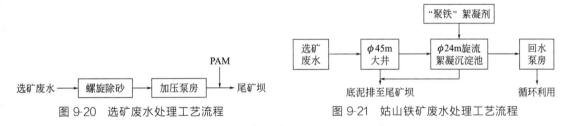

图 9-20 选矿废水处理工艺流程　　　　图 9-21 姑山铁矿废水处理工艺流程

从 $\phi45m$ 大井溢流水量为 $1000\sim1100m^3/h$，底部排渣水为 $400\sim500m^3/h$。溢流水中悬浮物高达 2000mg/L，经 $\phi24m$ 旋流沉淀池处理后的出水中悬浮物降至 100mg/L 以下，固体物去除率可达 99.8%。从 $\phi 24m$ 旋流絮凝沉淀池排水,进入回水泵房循环使用。

② 处理情况与效果

1) 旋流絮凝沉淀池与普通沉淀池处理效果对比试验。旋流絮凝器的作用是:当选矿废水进入旋流絮凝器的同时加入聚合硫酸铁絮凝剂,利用水流的动能使矿浆溶液与絮凝剂快速混合,经旋流导板无级变速后水流速度逐渐减缓,溶液与药剂由混合作用向混凝反应过渡。当水流离开旋流絮凝器后,继续呈旋流状态扩散,生成的絮凝体逐渐长大。旋流絮凝器的下口位于沉淀池的底部泥浆悬浮层中,泥浆悬浮层进一步对生成的絮凝体形成捕集作用,促使絮凝体继续增大,加速沉淀,同时捕集细微颗粒,改善了出水质量。表 9-29 为进水矿浆浓度为 7000mg/L 时,旋流沉淀池与普通沉淀池对比试验结果。

表 9-29　旋流沉淀池与普通沉淀池效果对比

| 处理负荷 / $[m^3/(m^2 \cdot h)]$ | 溢流水悬浮物/(mg/L) | | | |
| --- | --- | --- | --- | --- |
| | 自然沉淀(不加药) | | 絮凝沉淀(加药) | |
| | 普通沉淀池 | 旋流沉淀池 | 普通沉淀池 | 旋流沉淀池 |
| 0.5 | 308 | — | — | — |
| 1.0 | 415 | — | — | — |
| 2.0 | 688 | 343 | 286 | 156 |
| 3.0 | 850 | 509 | 384 | 233 |
| 4.0 | — | 682 | 525 | 427 |
| 5.0 | — | 857 | 716 | 574 |

在工业试验中,当进水悬浮物为 2000mg/L 时,旋流絮凝沉淀池的处理负荷在 $2m^3/(m^2 \cdot h)$ 以上。出水悬浮物可控制在 100mg/L 以下。

旋流絮凝沉淀池的特点为:选矿废水与絮凝药剂的反应完全依靠水力旋流作为动力,不需外加搅拌设备;减少电力消耗,且混合均匀、稳定;絮凝作用显著,絮体大,沉降速度较快,出水水质较好。表 9-30 为原废水中 SS 为 2000mg/L、加入聚铁量为 20mg/L 时,选矿废水前后水质分析结果。

表 9-30　选矿废水处理前后水质分析　　　　　　　　单位:mg/L

| 分析项目 | 进水 | 出水 | 工业废水最高允许排放浓度 | 分析项目 | 进水 | 出水 | 工业废水最高允许排放浓度 |
| --- | --- | --- | --- | --- | --- | --- | --- |
| pH 值 | 7.74 | 7.39 | 6~9 | $Cr^{6+}$ | 0.0048 | 0.0034 | 0.5 |
| Hg | 0.049 | 0.0035 | 0.05 | $SO_4^{2-}$ | 16.50 | 16.10 | — |
| As | 0.031 | 0.010 | 0.5 | DO | 8.39 | 8.29 | — |
| Cu | 0.028 | 0.014 | 1.0 | COD | 2.00 | 0.35 | — |
| Cd | 0.002 | 未检出 | 0.1 | $BOD_5$ | 0.46 | 0.36 | — |
| Pd | 未检出 | 未检出 | 1.0 | SS | 502.4 | 48.5 | 500 |
| Zn | 0.034 | 0.032 | 5.0 | | | | |

2) 处理效果与处理前后供排水变化情况。该处理工艺对选矿废水治理的突出贡献在于一次自然沉淀虽然可去除 96% 的固体物质,但出水水质不稳定,固体物含量仍高到 2000mg/L,若

经二次絮凝沉淀便可获得良好稳定的水质。

实践表明，对尾矿浆直接加入聚合硫酸铁等无机絮凝剂絮凝沉淀，没有明显效果；对一次沉淀溢流再加药剂絮凝沉淀则效果显著，并且耗药量较少。

由于采用了混凝闭路循环处理系统，该矿年用水量及排水量有了很大变化，取得显著效益，年节约新水 240 万立方米，节电 7 万千瓦，详见表 9-31。

**表 9-31** 选矿废水处理前后供排水量变化情况

| 项目名称 | 用水量/($10^4$ m³/a) | | | 回水利用率/% | 废水排放量/($10^4$ m³/a) | |
|---|---|---|---|---|---|---|
| | 总量 | 其中 | | | 其中 | |
| | | 新水 | 回水 | | 排放尾矿坝 | 排放青山河 |
| 回用前 | 2320 | 575 | 1745 | 75.2 | 328 | 240 |
| 回用后 | 2320 | 335 | 1985 | 85.6 | 328 | — |

## 9.4.2 氧化还原处理法

（1）氧化还原反应过程

在化学反应中，如果发生电子的转移，则参与反应的物质所含元素将发生化合价的改变，这种反应称为氧化还原反应。失去电子的过程称为氧化，失去电子的物质称为被氧化，与此同时，得到电子的过程称为还原，得到电子的物质称为被还原。因此，氧化过程实际上是使元素的化合价由低升高，而还原过程是使元素的化合价由高降低的过程。例如：

$$CuSO_4 + Fe \rightleftharpoons Cu + FeSO_4$$

即

$$Cu^{2+} + Fe \rightleftharpoons Cu + Fe^{2+}$$

这是一种可逆反应，在正反应中，Cu 由正二价得到 2 电子降为零价，被还原；Fe 由零价失去 2 电子升为正二价，被氧化。在逆反应中，Cu 失去 2 电子由零价升为正二价，被氧化；Fe 得到 2 电子由正二价降为零价，被还原。因此，上式可以写为两个半反应式：

$$Cu^{2-}（氧化态_1）+ 2e \rightleftharpoons Cu（还原态_1）$$
$$Fe（还原态_2）\rightleftharpoons 2e + Fe^{2+}（氧化态_2）$$

将这两个半反应式综合为全反应式，并写为一般式便是氧化还原反应的通式：

$$氧化态_1 + 还原态_2 \rightleftharpoons 还原态_1 + 氧化态_2$$

（2）氧化剂与还原剂的选择与应用

选择氧化剂和还原剂时应考虑如下因素：a. 应有良好的氧化或还原作用；b. 反应后生成物应无害、易从废水中分离或生物易降解；c. 在常温下反应迅速，不需大幅度调整 pH 值；d. 来源易得，价格便宜，运输方便等。

废水氧化处理时，常用氧、氯气、漂白粉、一氧化碳、臭氧和高锰酸钾等氧化剂。

空气中的 $O_2$ 是最廉价的氧化剂，但只能氧化易于氧化的重金属。其代表性例子是把废水中的二价铁氧化成三价铁。因为二价铁在废水 pH<8 时，难以完成沉淀，且沉淀物沉降速度小，沉淀脱水性能差。而三价铁 pH 值为 3~4 时就能沉淀，而且沉淀物性能较好，较易脱水。因此，欲使在酸性废水中的二价铁沉淀，就得把废水中的二价铁氧化成三价铁。常用方法是空气氧化。

臭氧（$O_3$）是一种强氧化剂，氧化反应迅速，常可瞬时完成，但须现制现用。

利用软锰矿（天然 $MnO_2$）使三价砷氧化成五价砷，然后投加石灰乳，生成砷酸锰沉淀：

$$MnO_2 + H_2SO_4 + H_3AsO_3 \longrightarrow H_3AsO_4 + MnSO_4 + H_2O$$

$$3H_2SO_4 + 3MnSO_4 + 6Ca(OH)_2 \longrightarrow 6CaSO_4 \downarrow + 3Mn(OH)_2 + 6H_2O$$

$$3Mn(OH)_2 + 2H_3AsO_4 \longrightarrow Mn_3(AsO_4)_2 \downarrow + 6H_2O$$

例如，某厂废水含砷 4～10mg/L，硫酸 30～40g/L，处理流程如图 9-22 所示。

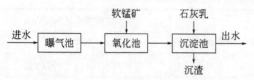

图 9-22 $MnO_2$法处理含砷废水流程

废水加温至 80℃，曝气 1h，然后按每克砷投加 4g 磨碎的软锰矿粉（$MnO_2$ 含量为 78%～80%）氧化 3h，最后投加 10% 石灰乳，调整 pH 值为 8～9，沉淀 30～40min，出水含砷量可降至 0.05mg/L。

应用氯化法处理时，液氯或气态氯加入废水中，即迅速发生水解反应而生成次氯酸（HOCl），次氯酸在水中电离为次氯酸根离子（$OCl^-$）。次氯酸、次氯酸根离子都是较强的氧化剂。分子态次氯酸的氧化性能比离子态次氯酸根离子更强。次氯酸的电离度随 pH 值的增加而增加：当 pH 值小于 2 时，废水中的氯以分子形态存在；pH 值为 3～6 时，以次氯酸为主；pH 值大于 7.5 时，以次氯酸根离子为主；pH 值大于 9.5 时，全部为次氯酸根离子。因此，在理论上氯化法在 pH 值为中性偏低的废水中最有效。

例如，某选矿废水含氰化物（以氰根计）200～500mg/L，pH＝9，排入密闭式反应池中投加石灰乳，调整 pH＝1，通入氯气，用泵使废水循环 20～30min，即可回用或排放，此石灰乳可再次用于废水处理。

氧化法包括生物氧化法和化学氧化法。这类方法用于消除选矿尾矿水中的残余药剂。现在处理浮选尾矿水时使用化学氧化法较多。在国外常采用生物氧化法处理尾矿废水，例如，英国一些选矿厂应用生物氧化法从尾矿池溢流水中消除残余的选矿药剂，使有机碳含量降至 11～13mg/L。日本采用细菌氧化法处理矿坑酸性废水，效果很好，国内通常是用活性氯或臭氧使废水中黄药的硫氧化成硫酸盐；用高锰酸钾氧化黑药，使二硫化磷酸氧化成磷酸根离子。另外，也可用超声波（强度为 10～12W/cm³）分解黄药，用紫外线（波长为 120～570nm）破坏黄药、松油、氰化铁等。

## 9.4.3 自然沉淀法与人工湿地法

（1）自然沉淀法

这类处理方法是将废水泵入尾矿坝（或称尾矿池、尾矿场）中，充分利用尾矿坝大容量、大面积的自然条件，使废水中的悬浮物在空气氧化作用下进行部分降解。这是一种简易可行的处理方法，国内外普遍应用。

（2）人工湿地法

人工湿地的基本原理是利用基质、微生物、植物这个复合生态系统的物理、化学和生物的三重协调作用，通过过滤、吸附、共沉、离子交换、植物吸收和微生物分解来实现对废水的高效净化，同时通过营养物质和水分的生物化学循环，促使绿色植物生长并使其增产，实现废水的资源化与无害化。它具有出水水质稳定，对 N、P 等营养物质去除能力强，基建和运行费用低，技术含量低，维护管理方便，耐冲击负荷强等优点。

一般来说，要根据实际情况诸如废水水质和废水处理后的走向来决定采用哪种废水处理方法。上述方法可以单独使用，也可联合使用。

# 9.5  尾矿废水处理与回用技术

## 9.5.1  红尾矿的特征与物化组成

红尾矿废水含有红色颗粒悬浮矿泥，其成分主要为二氧化硅和部分赤铁矿、硫铁矿，与水混合形成一种酸性较稳定的悬浮液。在自然条件下，pH 值很稳定，很难澄清，很难循环回用。为达到循环回用的水质要求，采用混凝沉淀技术进行处理回用。

尾矿主要化学成分为：TFe 25.1%、FeO 0.64%、$SiO_2$ 47.22%、S 0.85%、其他26.19%。其粒径分布见表 9-32。

表 9-32  尾矿粒径分布

| 粒径/mm | 质量百分数/% |
|---|---|
| 0.246 | 0.36 |
| 0.175～0.246 | 0.83 |
| 0.147～0.175 | 2.00 |
| 0.121～0.147 | 4.44 |
| 0.096～0.121 | 6.90 |
| 0.074～0.096 | 12.86 |
| 0.040～0.074 | 18.54 |
| 0.022～0.04 | 29.87 |
| 0.014～0.022 | 11.76 |
| 0.007～0.014 | 6.33 |
| 0.005～0.007 | 1.33 |
| —0.005 | 4.78 |
| 合计 | 100 |

尾矿相对密度为 3.1。从各种粒径分布而言，细颗粒成分主要为 $SiO_2$。尾矿中 $SiO_2$ 含量极大，但 TFe 也占有一定比例，是尾矿相对密度较大的原因。

尾矿颗粒具有多角形，尾矿自然澄清很难，带有较多的红色黏性矿泥颗粒且含量较高，其 pH 值为 6 左右。

## 9.5.2  尾矿废水的混凝沉淀处理

经多次试验选用的混凝剂有无机 pH 调整剂和有机高分子絮凝剂。高分子絮凝剂选用阴离子型和非离子型聚丙烯酰胺，三种絮凝剂均为白色固体粉状，其特征性见表 9-33。

表 9-33  有机高分子絮凝剂特征

| 特性 | PAM | $PHP_1$ | PHP |
|---|---|---|---|
| 分子量 | $6.45 \times 10^6$ | $3.0 \times 10^6$ | $1.1 \times 10^7$ |
| 种类 | 非离子型 | 阴离子型 | 阴离子型 |
| 水解度/% | 20～30 | 20～30 | 20～30 |

无机 pH 调整剂为石灰和苛性钠。石灰的活性成分主要为 CaO，其成分组成见表 9-34。

表 9-34　石灰的化学成分

| 成分 | CaO | SiO$_2$ | MgO | S | Fe$_2$O$_3$+ H$_2$O$_3$ | 其他 |
|---|---|---|---|---|---|---|
| 质量百分数/% | 88.0 | 1.5 | 1.5 | 0.15 | 2.0 | 6.85 |

## 9.5.3　工程应用

根据尾矿废水情况分别投入不同的有机高分子絮凝剂或无机 pH 调整剂，在不同投药量和沉淀时间条件下其结果见表 9-35。

表 9-35　尾矿废水处理结果

| 药剂名称 | 投药量/(mg/L) | 沉淀时间/min | 沉速/(mm/s) | pH 值 | 浓缩浓度/% | 备注 |
|---|---|---|---|---|---|---|
| PHP$_1$ | 1 | 75 | 0.03 | 6 | 65.8 | |
| | 2 | 15 | 1.68 | 6 | 64.8 | |
| | 3 | 0.97 | 2.58 | 6 | 66.0 | |
| PHP | 1 | 1.90 | | 6 | 76.9 | |
| | 2 | 1.62 | 4.03 | 6 | 77.1 | 原水情况：水温 26 ～ 28℃，pH=6，泥浆浓度为 10% |
| | 3 | 0.50 | 5.00 | 6 | 79.0 | |
| PAM | 1 | 1.8 | 1.39 | 6 | 56.6 | |
| | 3 | 2.80 | 0.89 | 6 | 60.5 | |
| | 5 | 1200.0 | 0.002 | 6 | 62.0 | |
| 活性炭 | 50 | 6.8 | 0.37 | 6.5 | 66.1 | |
| | 100 | 4.5 | 0.56 | 7.5 | 67.4 | |
| | 150 | 3.6 | 0.69 | 8.0 | 66.4 | |

应用结果表明，当投入较高浓度的有机絮凝剂时，能在很短时间内达到 500mg/L 以下悬浮物去除效果，其中以 PHP$_1$ 为佳。但水中仍含有极细粒红色矿泥，且 pH 值很难改变。而当投入活性石灰时，水质甚清，投入量为 50mg/L 时，pH 值为 6.5，对尾矿浆的浓缩效果明显，其浓缩度为 66.1%。采用结果表明，采用石灰调整剂是合适的。目前尾矿废水已处理后循环回用。

# 第 *10* 章
# 焦化厂废水处理与回用技术

我国是世界焦炭生产大国，2010 年约占世界焦炭总产量的 64.54%，是世界焦炭第一消费大国，也是世界焦炭第二出口大国。在我国焦炭主要供给冶金生产，特别是钢铁工业，其用量约占全国焦炭总耗量的 78%。炼焦工业是煤炭综合利用工业，煤在炼焦炭的过程中除了有 75% 左右变成焦炭外，还有约 25% 生成各种化学产品及煤气。将各种经过洗选的炼焦煤按一定比例配合后，在炼焦炉内经过 950～1050℃ 干馏，经热解、熔融、黏结、固化和收缩等过程制成焦炭和粗煤气。粗煤气经加工处理可生产多种化工产品和焦炉煤气。焦炭是炼铁的燃料和还原剂。焦炉煤气热值高，是优质燃料，又因其含氢高，也是生产合成氨的原料。

炼焦、煤气净化及化工产品的生产与精制等过程都会排放大量焦化废水。该废水成分复杂，有毒、有害、难降解的有机物居多，处理难度极大，具有致癌性。因此，焦化工业节水减排与废水处理回用与"零排放"已成为当今焦化工业环境保护领域共同研究与解决的难题。

## 10.1 用水特征与废水水质水量

焦化工业是以煤为原料，主要由煤焦系统（包括备煤、炼焦和焦处理）、煤气净化（亦称化产品回收）、化产品精制等组成。煤在焦炉炭化过程中会产生大量荒煤气，其中夹带大量的在高温（1300℃）炭化时生成的化学物质。为了合理利用资源和有效保护环境，要对荒煤气进行净化，净化后的煤气一部分供焦炉自身加热使用，多余部分供钢铁工业高炉冶炼燃料和为城市煤气供热系统使用。在煤气净化过程中可从煤气中回收或制成很多化工原料和粗产品，对粗产品进行再加工可得到很多具有很高价值的精产品和副产品。图 10-1 列出焦化生产总体工艺流程。生产工艺流程应包括备煤、熄焦、煤气冷却、煤气净化与脱除氨、硫、苯、萘、氰等和产品回收等工艺组成。

### 10.1.1 用水特征与要求

（1）净循环用水系统

焦化行业净循环冷却用水系统种类较多，通常分为以下几种。

① 炼焦工艺的冷却用水与用水系统。主要用于煤调湿、地面站干式除尘、干熄焦系统的设备冷却，以及炼焦工序煤气上升管水封管水封用水等。凡供给设备冷却用水的用水系统应根据用水特点与水质要求采用密闭循环或开路循环系统。

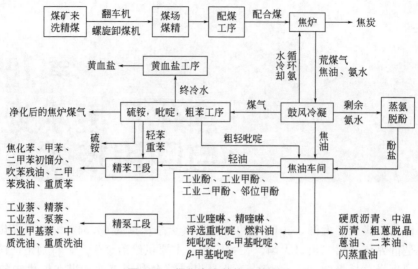

图 10-1　焦化生产总体工艺流程

干熄焦工艺的净循环用水主要取决于对循环惰性气体所载热量的利用方式。如用于产生蒸汽则需设置供给除盐水与除盐用水系统；如用于发电不仅要有除盐水用水系统，还需设置供发电设备冷却的循环冷却水的用水系统。

② 煤气净化与产品精制

1）煤气净化。煤气净化过程中的工艺用水与用水系统主要是工艺介质的冷却与冷凝用水，根据被冷却、冷凝介质的要求，冷却水多为净循环冷却水、循环制冷水或地下新水。

2）化产品精制。化产品精制主要是对煤气净化过程中回收的粗产品进行再加工。精制方法一般是先分馏后精馏，即先把粗产品经汽化冷凝分馏、化学洗涤除盐、催化加氢蒸馏或热聚合蒸馏等方法分馏为几种单一馏分，然后再对单一馏分通过蒸吹、闪蒸、萃取、低温结晶或高温聚合等方法进行精加工得到精制产品。

化产品精制过程中介质温度调节的方式有：a. 管式炉煤气加热和直接或间接蒸汽加热；b. 高温馏分与原料或低温馏分间的间接换热；c. 利用废热和余热生产蒸汽；d. 空气冷却器冷却、循环冷却水冷却和水汽化冷却等。

化产品精制过程中的水分为工艺介质冷却用水和工艺过程用水。工艺介质冷却用水按水温分有：a. 不大于 33℃清循环冷却水；b. 16～18℃低温地下水或循环制冷水；c. 5℃左右循环深冷水（用于从排气中回收低凝固点物质）；d. −15℃左右的循环冷冻水（用于晶体结晶）；e. 45～80℃之间的温水循环冷却水（用于高沸点油气凝缩和冷却）等。工艺过程用水主要有为防止介质析出盐晶而加入的稀释水、馏分洗净用水、产品气化冷却或晶析用水、配制药剂用水以及煤气或可燃气体的水封用水等。

上述用水系统由于水温、水质要求各异，应根据工艺特征要求，分别设置不同的净循环用水系统。这些系统的排污水可作为浊循环系统的补充水。

（2）浊循环用水系统

① 炼焦湿式除尘

1）备煤系统的煤的破碎机、成型煤混煤机分配槽、混捏机、冷却输送机等产生的煤尘和煤油煤气，多采用文丘里或冲击式湿式除尘。

2）捣固焦炉装煤除尘，多采用消烟车湿式除尘。

3）焦炭转运站、贮焦槽的落料口及筛焦和切焦设备等处产出的焦尘，因含有一定水汽，多采用湿式泡沫除尘器。

除尘后的废水含有大量被洗涤的烟尘，特别是成型煤和焦炉装煤系统，其除尘废水含尘浓度一般为 500～1000mg/L，需经处理后使其 SS 浓度不大于 100mg/L 后方可进行浊循环用水系统循环使用。其中成型煤高温焦油烟气除尘废水为酸性，需经中和处理方可回用。其补充水可用净循环系统的排污水或其他净循环水。

② 湿式熄焦

1）湿式熄焦喷浇冷却浊循环冷却系统，在循环冷却时部分水被汽化进入大气和被焦炭带走，大部分水流入熄焦塔底部，经沉淀处理后循环使用。该系统无外排废水，但需有补充水。由于用水量大，水质要求低，其补充水可采用煤气上升管水封盖排水、熄焦塔冲洗除尘水、捣固焦的消烟车排水、焦处理系统泡沫除尘水和处理后的焦化废水。

2）熄焦塔除尘用水。主要用于定期冲洗熄焦塔格板上集存的焦尘。其用水系统和熄焦补充水同一水源。熄焦塔除尘排水可直接排入熄焦塔底，进入熄焦浊循环用水系统中回用。

3）焦台补充熄焦用水。主要用以卸载焦台上尚未熄灭的红焦，以就近浊循环用水系统取水为宜。该水仅在熄焦车向焦台上卸焦时使用，喷洒到红焦上的水多数被焦炭带走，由焦炭皮带输送机洒落下的少量废水，由下设集水渠收集后再回用。

③ 化产品精制

1）焦油蒸馏工艺沥青冷却系统与酚钠盐分解烟道废气净化用水系统；

2）古马隆树脂生产系统排气净化用水系统；

3）苯精制酸洗法系统的原料贮槽和外排分离废气净化用水系统；

4）酚精制系统脱水塔冲洗用水系统；

5）吡啶精制系统排气洗涤净化用水系统；

6）洗油加工系统 $NH_3$ 洗涤用水系统；

7）沥青加工系统浊循环用水系统：a. 延迟焦水力切割循环用水；b. 延迟焦注水冷却循环用水；c. 排污塔水循环喷洒冷却用水；d. 沥青焦喷水直接冷却用水。

8）化产品精制储存与防火防爆安全用水系统。

上述用水系统通常经处理后循环回用。其排污水可用于焦化废水生化处理前的稀释水，其补充水可采用化产品精制净循环用水系统的排污水。

## 10.1.2　废水来源与组成

焦化废水污染物种类繁多，成分复杂，如苯类、酚类、硫化物、氰化物、萘蒽、多环和杂环芳烃等。其废水危害极大，无论是有机类还是无机类污染物多数都属有毒有害或致癌性物质，其有机物组成和类别至今仍在研究和探索。

焦化废水主要来自炼焦、煤气净化及化工产品的精制等过程，排放量大，水质成分复杂。从焦化废水产生的源头分，有炼焦带入的水分（表面水和化合水）、化学产品回收及精制时所排出的水，其水质随原煤和炼焦工艺的不同而变化。剩余氨水及煤气净化和化学产品精制过程中的工艺介质分离水属于高浓度焦化废水；对于焦油蒸馏和酸精制蒸馏中分离出来的某些高浓度有机废水，因其中含有大量不可再生和生物难降解的物质，一般要送焦油车间管式焚烧炉焚烧，煤气净化和产品精制过程中，从工艺介质中分离出来的其他高浓度废水要与剩余氨水混合，经蒸氨后以蒸氨废水的形式排出，送焦化厂废水处理站处理。

焦化厂的生产全过程一般可以分为煤的准备、炼焦、煤气净化和回收以及化学产品精制等步骤。因此，焦化厂所产生的废水数量与性质随采用的工艺和化学产品精制加工深度的不同而有所不同。目前，我国焦化生产工艺流程及废水来源如图 10-2 所示。图 10-2 表明，焦化废水来源主要是炼焦煤中的水分，是煤在高温干馏过程中，随煤气逸出、冷凝形成的。煤气中有成千上万种有机物，凡能溶于水或微溶于水的物质，均在冷凝液中形成极其复杂的剩余氨水，这是焦化废水中最大的一股废水。其次是煤气净化过程中，如脱硫、除氨和提取精苯、萘和粗吡啶等过程中形成的废水。再次是焦油加工和粗苯精制中产生的废水，这股废水数量不大，但成分复杂。

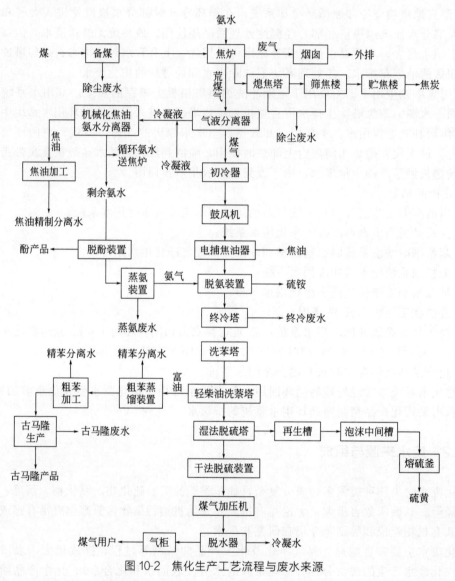

图 10-2　焦化生产工艺流程与废水来源

（1）原料附带的水分和煤中化合水在生产过程中形成的废水

炼焦用煤一般都经过洗煤，通过洗煤时，装炉煤水分控制在 10% 左右，这部分附着水在炼焦过程挥发逸出；同时煤料受热裂解，又析出化合水。这些水蒸气随粗干馏煤气（荒煤气）一起从焦炉引出，经初冷凝器冷却形成冷凝水，称剩余氨水。这股废水含有高浓度的氨、酚、氰、硫化物以及有机油类等，这是焦化厂主要治理的废水，是废水处理厂主要的废水来源。为了减少剩余氨水量，减轻废水治理负荷，目前，大型炼焦企业对入炉炼焦煤采用煤干燥或煤预热等煤调湿技术，则废水可显著减少。

（2）生产过程中引入的生产用水和蒸汽形成的废水

生产过程中引入的生产用水所形成的废水主要有洗选煤、物料冷却、换热、熄焦、水封、冲洗地坪以及补充循环水系统等生产过程排放的废水。这部分废水因用水用汽设备、工艺过程不同而异，种类很多，但按水质可分为两类。

一类是用于设备、工艺过程的不与物料接触的用水和用汽形成的废水，如焦炉煤气和化学产品蒸馏间接冷却水，苯和焦油精制过程的间接加热用蒸汽冷凝水等。这一类水在生产过程中未被污染，当确保其不与废水混流时，可重复使用或直接排放。

另一类是在工艺过程中与各类物料接触的工艺用水和用汽形成的废水，这一类废水因直接与物料接触，均受到不同程度的污染。按其与接触物质的不同可分为 3 种。

① 接触煤、焦粉尘等物质的废水　主要有炼焦煤储存、转运、破碎和加工过程中的除尘洗涤水；焦炉装煤或出焦时的除尘洗涤水、湿法熄焦水；焦炭转运、筛分和加工过程的除尘洗涤水。

这种废水主要是含有固体悬浮物浓度高，一般经澄清处理后可重复使用。水量因采用湿式除尘器或干式除尘器的数量多少而有很大变化。

② 含有酚、氰、硫化物和油类的酚氰废水　主要有煤气终冷的直接冷却水，粗苯加工的直接蒸汽冷凝分离水，精苯加工过程的直接蒸汽冷凝分离水，焦油精制加工过程的直接蒸汽冷凝分离水、洗涤水，车间地坪或设备清洗水等。

这种废水含有一定的酚、氰和硫化物，与前述由煤中所含水形成的剩余氨水一起称酚氰废水，该废水不仅水量大而且成分复杂，是焦化工序废水治理的重点。

③ 生产古马隆树脂过程中的洗涤废水　该废水主要是古马隆聚酯水洗废液。这种废水水量较小，且只有在少数生产古马隆产品的焦化厂中存在。这种废水一般呈白色乳化状态，除含有酚、油类物质外，还因聚合反应所用催化剂不同而含有其他物质。

上述废水中，酚氰废水是炼焦化学工业有代表性的具有显著特点的废水。

焦化废水的组成如图 10-3 所示。

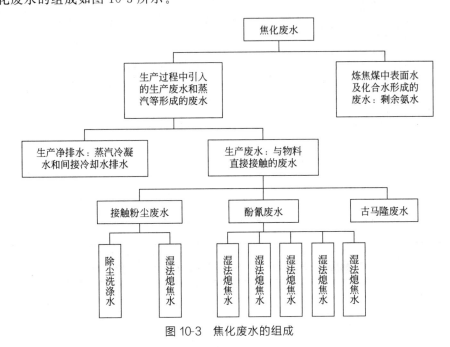

图 10-3　焦化废水的组成

## 10.1.3 废水特征与水质水量

（1）废水特征

焦化废水污染物种类繁多，成分复杂，其特点如下。

1）水量比较稳定，水质则因煤质不同、产品不同及加工工艺不同而异。

2）废水中有机物质多，多环芳烃多，大分子物质多。有机物质中有酚、苯类、有机氮类（吡啶、苯胺、喹啉、咔唑、吲哚等）、萘、蒽类等。无机物中浓度比较高的物质有 $NH_3$-N、$SCN^-$、$Cl^-$、$S^{2-}$、$CN^-$、$S_2O_3^{2-}$ 等。

3）废水中 COD 较高，$BOD_5$ 与 COD 之比一般为 $0.28\% \sim 0.32\%$，属可生化性较差的废水。一般废水可生化性评价参考值见表 10-1。

4）废水毒性大，其中 $NH_3$-N、TN（总氮）较高，这些都对微生物有毒害作用，如不增设脱氮处理和深度处理，难于达到新规定的排放标准和回用要求。

**表 10-1　废水处理可生化性评价参考数据**

| $BOD_5$/COD | >0.45 | >0.30 | 0.30~0.20 | <0.20 |
|---|---|---|---|---|
| 可生化性 | 生化性能好 | 可生化 | 较难生化 | 不宜生化 |

（2）废水的水质水量

焦化废水的排放量与生产规模有关，不同生产规模其废水排放量则不相同，表 10-2、表 10-3 分别列出我国焦化生产不同规模和 60 万吨焦化厂各排放点排放水量。

**表 10-2　不同规模焦化厂各工艺流程外排废水量**

| 排水点 | 工艺流程 | 废水量/(m³/h) | | | | 备注 |
|---|---|---|---|---|---|---|
| | | 年产焦炭 4 万吨 | 年产焦炭 10 万吨 | 年产焦炭 20 万吨 | 年产焦炭 60 万吨 | |
| 蒸氨后废水 | 硫铵流程 | — | — | — | 20 | |
| | 氨水流程 | 5 | 12 | 24 | 60 | |
| 终冷排废水 | 硫铵流程 | — | — | — | 34 | 按 15% 排废水量计算 |
| 精苯车间分离水 | 连续流程 | — | — | — | 0.8 | |
| | 间歇流程 | 0.24 | 0.5 | — | — | |
| 焦油车间分离水洗涤水 | 连续流程 | — | — | — | 0.5 | |
| | 间歇流程 | 0.09 | 0.21 | 0.32 | — | |
| 古马隆分离水 | 间歇流程 | | 0.17 | 0.36 | 1.0 | |
| 化验室 | | 3.6 | 3.6 | 3.6 | 3.6 | |
| 煤气水封 | | 0.2 | 0.2 | 0.2 | 0.4 | |

**表 10-3　年产 60 万吨焦化厂各废水排放点的废水量**

| 排放点 | 煤气净化工艺 | 水量/[t/(h·t)] |
|---|---|---|
| 蒸铵废水 | 硫铵流程 | 0.33~0.35 |
| | 浓氨水流程 | 1.0 |
| 终冷排废水 | 硫铵流程 | 0.56（无脱硫工序） |

| 排放点 | 煤气净化工艺 | 水量/ [t/(h·t)] |
|---|---|---|
| 精苯车间分离水 | 连续流程<br>间歇流程 | 0.13<br>— |
| 粗苯车间分离水 | 硫铵流程<br>氨水流程 | 0.05<br>0.05 |
| 古马隆分离水 | 间歇流程 | 0.016 |
| 焦油加工 | | 0.007~0.02 |
| 煤气水封排废水 | | 0.006~0.017 |
| 合计 | 硫铵流程 | 1.1~1.15 |
| | 氨水流程 | 1.2~1.23 |

　　焦化厂的废水水质极其复杂，随用煤种类与加工生产方法而异，焦化废水中的污染物包括酚类、多环芳香族化合物及含氮、氧、硫杂环化合物等。焦化废水中易降解有机物主要是酚类化合物和苯类化合物；吡咯、萘、呋喃、咪唑类属于可降解有机物；难降解有机物主要为吡啶、咔唑、联苯、三联苯等，是一种典型的难降解有机化合物。表 10-4～表 10-6 分别列出焦化生产废水及其化产回收过程的外排废水组成与水质。

表 10-4　焦化厂焦化废水水量水质

| 企业序号 | 水量/(m³/h) | COD/(mg/L) | NH₄⁺-N/(mg/L) | 挥发酚/(mg/L) | 氰化物/(mg/L) | 石油类/(mg/L) | 色度/倍 | pH 值 |
|---|---|---|---|---|---|---|---|---|
| 1 | 130 | 1500~2000 | 150~300 | 50~200 | 5~15 | <100 | 500~600 | 6~9 |
| 2 | 32 | <2500 | <200 | <600 | <50 | <250 | 300 | 6~9 |
| 3 | 95~98 | 1500~5200 | 300~1300 | 500~1200 | 30~100 | 100~500 | 350 | 8.5~10 |
| 4 | 30~40 | 2000~3000 | <150 | 200~600 | 30~40 | <120 | 450~6 | 7~8 |
| 5 | 40 | 3000 | 150 | 600~700 | 20~30 | 25~50 | 10 | 8.5 |
| 6 | 100 | 7000~8000 | 100~200 | 1000 | 20 | 80 | 350~4 | 8.5~9 |
| 7 | 73~75 | 2900~4100 | 100~400 | 720~910 | 15~69 | 103~165 | 50 | 8.5~11 |
| 8 | | 1500 | 300 | 200 | 20 | | 300 | |
| 9 | | 1812 | 600 | 276 | 11 | | 230~350 | |
| 10 | | 600 | 250 | — | 3.0 | | | |
| 11 | | 1500~2000 | 300 | 200 | 15 | | | |
| 12 | | 3400 | 994 | 60 | 13 | | | |
| 13 | | 2000 | 4000 | 300 | 70 | | | |
| 14 | | 4333~5964 | 84~487 | 790~890 | 4.8~6.7 | | | |
| 15 | | 3557 | 281 | 954 | 8.6 | 94.4 | 105 | 9.0 |

**表10-5　焦化厂各废水排放点的水质**

单位：mg/L（pH值除外）

| 排放点 | pH值 | 挥发酚 | 氰化物 | 苯 | 硫化物 | 硫化氢 | 油 | 硫氰化物 | 挥发氨 | 吡啶 | 萘 | COD | BOD5 | 色和臭 |
|---|---|---|---|---|---|---|---|---|---|---|---|---|---|---|
| 蒸氨塔后（未脱酚） | 8~9 | 1700~2300 | 5~12 | — | — | 21~136 | 610 | 635 | 108~255 | 140~296 | — | 8000~16000 | 3000~6000 | 棕色、氨味 |
| 蒸氨塔后（脱酚） | 8 | 300~450 | 5~ | 1.212 | 6.4 | 21~136 | 3061 | — | 108~255 | 140~296 | 1.5 | 4000~8000 | 1200~2500 | 棕色、氨味 |
| 粗苯分离水 | 7~8 | 300~500 | 22~24 | 166~500 | 3.25 | 59~85 | 269~800 | — | 42~68 | 275~365 | 62.5 | 1000~2500 | 1000~1800 | 淡黄色、苯味 |
| 终冷排污水 | 6~7 | 100~300 | 100~200 | 1.66 | 20~50 | 34 | 25 | 75 | 50~100 | 25~75 | 35 | 700~1029 | — | 金黄色、有味 |
| 精苯车间分离水 | 5~6 | 892 | 75~88 | 200~400 | 20.48 | 100~200 | 51 | — | 42~240 | 170 | — | 1116 | — | 灰色、二硫化碳味 |
| 精苯原料分离水 | 5~7 | 400~1180 | 72 | — | 41~96 | — | 120~17000 | — | 17~60 | 93~1050 | — | 1315~39000 | — | 灰色、二硫化碳味 |
| 精苯蒸发分离水 | 6~8 | 100~600 | 210 | — | 1.8 | 8~200 | 36~157 | — | 25~100 | 约0 | — | 590~620 | — | 黄色、苯味 |
| 焦油饮蒸发器分离水 | 8~9 | 300~600 | 23 | 2.00 | 3.2 | 471 | 3000~12000 | — | 2125 | 3920 | 37.5 | 27236 | — | 淡黄色、焦油味 |
| 焦油原料分离水 | 9~10 | 1800~3400 | 54.3 | — | 72 | 2437 | 5000~110000 | — | 5750 | 600 | — | 19000~33485 | — | 棕色、萘味 |
| 焦油洗涤塔分离水 | 8~9 | 5700~8977 | — | — | 120 | 289~1776 | 370~13000 | — | — | 1075 | — | 33675 | — | — |
| 洗涤蒸吹塔分离水 | 9~10 | 7000~14000 | 0.325 | — | 10400 | 93~425 | 5000~22271 | — | — | 583 | — | 39000 | — | 黄色、萘味 |

续表

| 排放点 | pH值 | 挥发酚 | 氰化物 | 苯 | 硫化物 | 硫化氢 | 油 | 硫氰化物 | 挥发氨 | 吡啶 | 萘 | COD | BOD$_5$ | 色和臭 |
|---|---|---|---|---|---|---|---|---|---|---|---|---|---|---|
| 硫酸钠废水 | 4~7 | 6000~12000 | 2~12 | 2.5 | 3.2~20 | 93~471 | 905~21932 | — | 42.5 | 87.40 | 37.5 | 21950~28515 | — | — |
| 黄血盐废水 | 6~7 | 337 | 58 | — | — | 10.2 | 116 | — | 85 | 210 | — | — | — | — |
| 煤气水封排水 | — | 50~100 | 10~20 | — | — | — | 10 | — | — | — | — | 1000~2000 | — | — |
| 酚盐蒸吹分离水 | — | 2000~3000 | 微 | — | — | — | 4000~8000 | — | — | — | — | 30000~80000 | — | — |
| 沥青地坪排水 | — | 100~200 | 5 | — | — | — | 50~100 | — | — | — | — | 100~150 | — | — |
| 泵房地坪排水 | — | 1500~2500 | 10 | — | — | — | 500 | — | — | — | — | 1000~2000 | — | — |
| 化验室排水 | — | 100~300 | 10 | — | — | — | 400 | — | — | — | — | 1000~2000 | — | — |
| 洗罐站排水 | — | 100~150 | 10 | — | — | — | 200~300 | — | — | — | — | 500~1000 | — | — |
| 古马隆洗涤废水 | 3~10 | 100~600 | — | — | — | — | 1000~5000 | — | — | — | — | 2000~13000 | — | — |
| 古马隆蒸馏分离水 | 6~8 | 1000~1500 | — | — | — | — | 1000~5000 | — | — | — | — | 3000~10000 | — | — |

表 10-6　焦化废水中阴阳离子测定结果

| 阴阳离子名称 | 含量/(mg/L) | |
| --- | --- | --- |
| | 原水 | 外排水 |
| F⁻ | 75.09 | 41.6 |
| Cl⁻ | 1112.96 | 682.03 |
| Br⁻ | 23.65 | 15.05 |
| I⁻ | 8.4 | 5.0 |
| NO₂⁻ | — | — |
| NO₃⁻ | 27.43 | 167.54 |
| SO₄²⁻ | 48.5 | 0.84 |
| PO₄³⁻ | | 0.32 |
| Na⁺ | 1763.41 | 1135.11 |
| K⁺ | 19.88 | 14.93 |
| Mg²⁺ | 2.63 | 7.59 |
| Ca²⁺ | 69.46 | 90.82 |
| Fe(Ⅱ，Ⅲ) | 2.47 | 0.60 |
| Al³⁺ | 0.070 | 0.068 |
| 总 Co | — | — |
| 总 Si | 13.52 | 10.83 |
| 总 Se | — | — |
| 总 Mo | — | — |
| 总 Cu | 0.060 | 0.048 |
| 总 Mn | 0.002 | 0.001 |
| 总 Zn | 0.031 | 0.0 |
| 总 Ni | 0.007 | 0.007 |
| 总 Pb | 0.012 | 0.010 |
| 总 Cd | 0.001 | — |
| 总 Cr | — | — |
| 总 As | 0.012 | 0.009 |
| 总 Hg | — | — |

（3）蒸氨废水的水质水量

由剩余氨水和部分其他高浓度焦化废水组成的混合废水经蒸氨后的排水即为蒸氨废水。它是焦化生产排出浓度最高的焦化废水，是焦化废水最主要的污染源。

蒸氨废水产生量与水质，通常与焦化生产规模、焦化工艺、生产产品以及蒸氨前后废水组成等因素有关。如剩余氨水中有无混入化产品，回收和精制过程中分离水是否进行脱酚，蒸氨气是否送生产硫铵，无水氨是否送焚烧分解，以及蒸氨时是否脱除固定铵等所排出的蒸氨废水是不同的，表 10-7、表 10-8 分别列出不同生产规模的蒸氨废水水量与组成、几种蒸氨废水水质情况。

表 10-7　蒸氨废水产量及组成

| 成分 | | 水量/（m³/h） | | | | | | | |
|---|---|---|---|---|---|---|---|---|---|
| | | 20 万吨/年 | 40 万吨/年 | 60 万吨/年 | 90 万吨/年 | 90 万吨/年 | 180 万吨/年 | 180 万吨/年 | 180 万吨/年 |
| 外排蒸氨废水① | | 14.0 | 14.0 | 22.5 | 56.3 | 36.6 | 75.0 | 72.0 | 90.0 |
| 其中 | 剩余氨水② | 4.4 | 8.8 | 13.2 | 20.2 | 20.2 | 39.6 | 39.6 | 39.6 |
| | 化产品精制分离水 | — | — | — | 2.5 | 2.5 | — | 20.0③ | 4.2④ |
| | 粗苯分离水 | 0.6 | 1.2 | 1.8 | 2.8 | 2.8 | 5.5 | 5.5 | 5.5 |
| | 粗苯终冷排废水等 | — | 2.6 | — | — | — | 19.8 | — | 31.0⑤ |
| | 洗氨水及蒸氨汽冷凝水 | 9.0 | 2.3 | 7.5 | 30.8 | 11.1 | 15.1 | 6.9 | 14.7 |
| 备注 | | 氨焚烧 HPF 脱硫 | 硫铵流程 HPF 脱硫 | 氨焚烧 AS 脱硫 | 硫铵流程 AS 脱硫 | 氨焚烧 AS 脱硫 | 氨水无水氨 AS 脱硫 | 硫铵流程 TH 法脱硫 | 无水氨 FR 法脱硫 |

① 已扣除终冷排污水中所含的二次蒸汽冷凝水量。

② 为装煤含水约为 12%，炼焦化合水约为 2% 时进入系统的水量。

③ 内容包含：苯加氢（生产一种苯）、古马隆、焦油萘蒸馏、精酚（CO₂ 洗涤法）、精萘（区域熔融法）、吡啶精制和沥青焦制造等。

④ 内容包含：苯加氢（生产三种苯）、精萘（静态结晶法）、精蒽、蒽醌和洗油加工等。

⑤ 其中含煤气水封排水 2.0m³/h，无水氨装置排水 6.9m³/h。

表 10-8　蒸氨废水水质

| 序号 | 项目名称 | 剩余氨水 | | 脱酚氨水 | 蒸氨废水② | | |
|---|---|---|---|---|---|---|---|
| | | 常态范围 | 常态值① | | 脱酚脱固定铵 | 不脱酚脱固定铵 | 不脱酚和固定铵 |
| 1 | COD/(mg/L) | 6000～9000 | 8500 | 2250～2800 | 1750～2700 | 3000～5500 | 3000～5500 |
| 2 | 酚/(mg/L) | 1500～2000 | 1750 | 80～120 | 50～100 | 450～850 | 450～850 |
| 3 | T-CN⁻/(mg/L) | 20～150 | 40 | 20～150 | 10～40 | 10～40 | 10～40 |
| 4 | CN⁻/(mg/L) | 10～80 | 15 | 15～100 | 5～15 | 5～15 | 5～15 |
| 5 | SCN⁻/(mg/L) | 400～600 | 450 | 500～600 | 300～500 | 300～500 | 300～500 |
| 6 | NH₃-N/(mg/L) | 4000～5000 | 4500 | 400～4800 | 80～270③ | 80～270③ | 600～820 |
| 7 | 油/(mg/L) | 300～600 | 15 | 10～30 | 5～15 | 5～15 | 5～15 |
| 8 | pH 值 | 9～11 | 9.8 | 9～10 | 9～9.8 | 9～9.8 | 8～9.0 |
| 9 | 水温/℃ | 34～40 | 34～40 | 34～40 | 34～40 | 34～40 | 34～40 |

① 当煤气脱硫放在煤气终冷之后时，T-CN⁻、CN⁻ 及 SCN⁻ 的数值应取常态范围的上限值。当原料煤中含硫较高时，SCN⁻ 的数值也应取常态范围的上限值。

② 取值方式与蒸氨废水量和剩余氨水量的比值有关，一般为：当比值在 1.5 以下时，取上限值；当比值在 3.0 以上时，取下限值；当比值在 1.5～3.0 时，可用内差法或根据各组成废水水质与水量按加权平均法进行计算。此外，还应按 ① 的原则进行调整。

③ 与蒸氨操作条件有关，应控制在接近下限值为好。

## 10.1.4　焦化废水有机物组成与类别

由于煤中碳、氢、氧、氮、硫等元素在干馏过程中转变成各种氧、氮、硫的有机和无机化合物，使煤中的水分及蒸汽的冷凝液中含有多种有毒有害的污染物，如剩余氨水含固定铵2～5g/L。由于煤中含氮物多，煤气中含氮化物为 6～12g/m³，经脱苯、洗氨后为 0.05～0.08g/m³，所以废水中含很高的氮和酚类化合物以及大量有机氮、CN、SCN 和硫化物等。

长期以来，由于历史及认识的局限性，人们认为焦化废水主要由酚、氰污染物组成，故称之为酚氰废水。因此，对其处理主要集中在采用不同处理方法或对不同生物处理方法进行比较。近 20 年来，人们深入研究发现，造成焦化废水处理效率不高的原因是废水中存在众多的难降解有机物。因此，20 世纪 90 年代末，很多研究工作者采用 GC/MS（气相色谱/质谱联用仪）法对焦化废水有机物组成进行分析研讨，其主要研究进程如下。

清华大学赵建夫、钱易、顾夏声等于 1990 年采用 GC/MS 法对北京焦化厂焦化废水进行有机物组分测定为 24 种，并结合活性污泥法处理试验，结果表明，该厂焦化废水主要污染有机物为苯酚、甲酚、二甲酚萘、喹啉及异喹啉等，约占废水中总有机碳的 86%，其中难以降解的有机物为萘、甲萘、二甲萘、喹啉、异喹啉、二联苯、吡啶和甲基吡啶等。

为了考察焦化废水中的有机物组分，清华大学环境工程系曾对北京某钢铁公司焦化厂经过溶剂萃取脱酚、蒸氨、隔油、气浮等预处理后的焦化废水采用 GC/MS 法进行有机物种类与组分测定，共有 54 种 14 类有机物（见表 10-9、表 10-10），全部属于芳香族化合物和杂环化合物。经活性污泥法曝气 HRT=12h 后，其出水中所含酚类化合物和芳香族的种类和数量都大为减少，出水中主要有机物由杂环化合物及多环芳烃等难降解有机物及降解中间产物组成。中间产物包括各种链状化合物、邻苯二甲酸酯、吡啶二羧酸、硝基苯二羧酸等，见表 10-11。

随着研究工作的深入发展，鞍钢化工总厂与鞍山焦耐院、哈建院等单位对鞍钢焦化废水及其生化过程的测定表明，废水中有机物组分为 60 种，经生化一、二级处理后，其组分有所减少。任源、韦朝海等采用生物流化床、A/O₁/O₂ 工艺处理时，运用 GC/MS 法实测结果表明，焦化废水中有机物组分为 88 种，处理工艺 A、O₁、O₂ 和滤池等出水中的有机物组成分别为 88 种、87 种、86 种、86 种，见表 10-12。尽管有机物组分变化不大，但其 COD 浓度去除明显，试验结果表明，焦化废水中酚类物质占有机物总量的 90% 左右，缺氧（A）阶段对废水 COD 的去除率为 10%～15%；一级好氧（O₁）段 COD 去除率达65%～70%；二级好氧（O₂）段 COD 去除率达 40%～50%。

根据中国科学院生态环境研究中心对加压气化煤气废水的检测结果表明：其中脂肪烃类 24 种，多环芳烃类 24 种，芳香烃类 14 种，酚类 42 种，其他含氧有机化合物 36种，含硫有机化合物 15 种，含氮有机化合物 20 种，共计 175 种。COD 值一般都在 6g/L以上，最高的达到 25g/L 左右，而且在焦油中含有致癌物质，在干馏制煤气废水中检测出3,4-苯并芘含量则更高。

徐杉、宁平等采用 GC/MS 法对昆明焦化厂废水有机物组分的测定结果为 262 种。中冶集团建研总院环保院在承担"十五"国家攻关"钢铁企业用水处理与废水回用技术集成研究与工程示范"项目中，对某焦化厂各工段废水采用 GC/MS 法实测，结果为：鼓冷二段废水有机物组分为 24 种；精苯工段废水为 111 种；考伯斯废水为 45 种；终冷段废水为 27 种，共计 207 种。但目前已有资料报道焦化废水中化合物种类超过 300 种。

表 10-9　北京某钢铁企业焦化废水有机物组成及质量浓度

| 有机物质组成 | $\omega_B$/% | TOC 的质量浓度/(mg/L) | 有机物质组成 | $\omega_B$/% | TOC 的质量浓度/(mg/L) |
|---|---|---|---|---|---|
| 苯酚 | 29.77 | 94.07 | 吲哚 | 1.14 | 3.602 |
| 甲基苯酚（间＋对＋邻） | 13.40 | 42.34 | 蒽 | 0.98 | 3.097 |
| 二甲酚（3,4-二甲酚、3,5-二甲酚） | 9.03 | 28.53 | 蒽腈 | 0.11 | 0.348 |
| 间苯二酚 | 2.8 | 8.848 | 菲 | 0.34 | 0.442 |
| 4-甲基邻苯二酚 | 3.05 | 9.638 | 咪唑 | 0.89 | 2.812 |
| 2,3,5-三甲基苯酚 | 2.03 | 6.415 | 苯并咪唑 | 0.71 | 2.244 |
| 苯甲酸 | 0.51 | 1.612 | 吡咯 | 1.23 | 3.886 |
| 乙苯 | 5.77 | 18.23 | 二苯基吡咯 | 0.06 | 0.19 |
| 苯乙腈 | 0.67 | 2.117 | 联苯 | 1.17 | 3.697 |
| 2,4-环戊二烯-1-次甲基苯 | 0.31 | 0.98 | 萘酚 | 0.13 | 0.411 |
| 甲基苯 | 2.22 | 7.015 | $C_6$烷基苊 | 0.25 | 0.79 |
| 二甲苯 | 1.58 | 4.993 | 噻吩 | 0.82 | 2.71 |
| 苯乙烯酮 | 0.04 | 0.126 | 喹啉 | 5.26 | 16.62 |
| 异喹啉 | 2.63 | 8.311 | 氰基吡啶 | 0.05 | 0.158 |
| 甲基喹啉 | 2.92 | 9.227 | 甲基吡啶 | 0.14 | 0.442 |
| 羟基喹啉 | 0.32 | 1.011 | $C_4$烷基吡啶 | 0.25 | 0.79 |
| $C_2$烷基喹啉 | 0.59 | 1.864 | 呋喃 | 0.65 | 2.054 |
| $C_2$羟基喹啉 | 0.70 | 2.212 | 苯并呋喃 | 0.74 | 2.338 |
| 喹啉酮 | 0.17 | 0.537 | 二苯并呋喃 | 0.28 | 0.885 |
| 三联苯 | 0.92 | 2.907 | 苯并噻吩 | 0.54 | 1.706 |
| 吩噻嗪 | 0.84 | 2.654 | 咔唑 | 0.95 | 3.002 |
| $C_4$烷基苊 | 0.12 | 0.38 | 萘 | 1.05 | 3.318 |
| 邻苯二甲酸酯 | 0.20 | 0.632 | 甲萘基腈 | 0.11 | 0.348 |
| 吡啶 | 1.26 | 3.982 | 2-甲基-1-异氰化萘 | 0.16 | 0.506 |
| 苯基吡啶 | 0.54 | 1.706 | 苯并喹啉 | 0.88 | 2.83 |
| $C_2$烷基吡啶 | 0.18 | 0.569 | 合计 | 100 | 316 |

注：TOC—总有机碳。

表 10-10　焦化废水中有机物类别及质量浓度

| 序号 | 有机物质类别 | $\omega_B$/% | TOC 的质量浓度/(mg/L) | 序号 | 有机物质类别 | $\omega_B$/% | TOC 的质量浓度/(mg/L) |
|---|---|---|---|---|---|---|---|
| 1 | 苯酚类及其衍生物 | 60.08 | 189.85 | 8 | 呋喃类 | 1.67 | 5211 |
| 2 | 喹啉类化合物 | 13.47 | 42.57 | 9 | 咪唑类 | 1.60 | 5.056 |
| 3 | 苯类及其衍生物 | 9.84 | 31.09 | 10 | 吡咯类 | 1.29 | 4.076 |
| 4 | 吡啶类化合物 | 2.42 | 7.647 | 11 | 联苯、三联苯类 | 2.09 | 6.604 |
| 5 | 萘类化合物 | 1.45 | 4.582 | 12 | 三环以上化合物 | 1.80 | 5.688 |
| 6 | 吲哚类 | 1.14 | 3.602 | 13 | 吩噻嗪类 | 0.84 | 2.654 |
| 7 | 咔唑类 | 0.95 | 3.002 | 14 | 噻吩类 | 1.36 | 4.290 |

表 10-11　HRT= 12h 曝气池出水有机物组成及去除率

| 物质名称 | 所占 TOC 浓度/(mg/L) | TOC 去除率/% | 物质名称 | 所占 TOC 浓度/(mg/L) | TOC 去除率[1]/% |
|---|---|---|---|---|---|
| 苯酚 | 2.04 | 97.6 | 苯并咪唑 | 1.53 | 27.1 |
| 甲基苯酚 | 1.06 | 95.8 | 呋喃 | 0.70 | 46.8 |
| 二甲酚 | 1.16 | 95.5 | 苯并呋喃 | L50 | 31.0 |
| 间苯二酚 | 0.61 | 93.5 | 萘 | 0.97 | 57.3 |
| 乙苯 | 2.56 | 78.9 | 蒽 | 1.665 | 37.2 |
| 甲基苯 | 1.18 | 75.0 | 苯并呋喃 | L50 | 31.0 |
| 二甲苯 | 1.01 | 76.2 | $C_4$、$C_5$ 一烷基芘 | 1.11 | — |
| 吡啶 | 2.22 | 19.8 | 吡啶二羧酸[2] | 6.34 | — |
| $C_4$ 烷基吡啶 | 0.45 | 17.5 | 邻苯二酸酯[2] | 7.25 | — |
| 苯基吡啶 | 1.402 | 15.2 | 硝基苯二羧酸[2] | 2.35 | — |
| 喹啉 | 6.07 | 56.4 | 苯并噻吩 | 1.17 | 26.20 |
| 异喹啉 | 3.457 | 54.8 | $C_{16}$ 链烷[2] | 1.25 | — |
| 甲基喹啉 | 3.68 | 58.2 | $C_{18}$ 链烷[2] | 2.35 | — |
| $C_2$ 烷基喹啉 | 0.83 | 57.7 | $C_{12}$ 链烷[2] | 2.07 | — |
| 羟基喹啉 | 0.32 | 48.0 | 羟基戊二羧酸[2] | 1.53 | — |
| 咔唑 | 2.773 | 16.7 | 乙醛酸[2] | 1.28 | — |
| 联苯 | 2.346 | 18.2 | 庚酸[2] | 1.05 | — |
| 吩喹嗪 | 2.20 | 18.9 | | | |
| 三联苯 | 2.60 | 19.2 | | | |
| 吲哚 | 2.33 | 25.9 | | | |
| 吡咯 | 1.43 | 39.3 | 合计 | 78.5 | |
| 噻吩 | 1.75 | 35.1 | | | |

[1] TOC 去除率已排除了曝气吹脱挥发的部分，是单纯由于生物降解产生的 TOC 去除率。

[2] 新生成物质或浓度增加的物质。

表 10-12　焦化废水中有机物组成及其与各处理段状况

| 序号 | 有机物名称 | 进水 | A | O₁ | O₂ | 滤池 | 序号 | 有机物名称 | 进水 | A | O₁ | O₂ | 滤池 |
|---|---|---|---|---|---|---|---|---|---|---|---|---|---|
| 1 | 苯酚 | + | + | + | — | — | 30 | 2-异丙哌嗪 | + | + | + | + | + |
| 2 | 邻甲苯酚 | + | + | + | — | — | 31 | 2-甲哌嗪 | + | + | + | + | + |
| 3 | 间甲苯酚 | + | + | + | + | + | 32 | 3,3-二甲哌啶 | + | + | + | + | + |
| 4 | 2,3-二甲酚 | + | + | + | — | — | 33 | 9-(10-氢)吖啶酮 | + | + | — | — | — |
| 5 | 3,5-二甲酚 | + | + | + | — | — | 34 | 2,5-咪唑咯酮 | + | + | — | — | — |
| 6 | 2,5-二甲酚 | + | + | + | — | — | 35 | 9-吖啶酮 | + | + | — | — | — |
| 7 | 2,3-二异丙苯酚 | + | + | + | + | + | 36 | 1-甲-2,5-二吡咯酮 | + | + | + | + | + |
| 8 | 2,4-异丁苯酚 | + | + | + | + | + | 37 | 3-羟-环己酮 | + | + | + | + | + |
| 9 | 2,6-二异丙苯酚 | + | + | + | + | + | 38 | 2-甲-十一醇 | + | + | + | + | + |
| 10 | 2,4-二(1-甲基—乙苯)-苯酚 | + | + | + | + | + | 39 | 1-甲-戊醇 | + | + | + | + | + |
| 11 | 2-(1-甲基-苯乙基)苯酚 | + | + | + | + | + | 40 | 12-羟基-十八烷酸 | + | + | + | + | + |
| 12 | 3-甲-5-乙苯酚 | + | — | — | — | — | 41 | 壬酸 | + | + | + | + | + |
| 13 | 萘酚 | + | + | + | — | — | 42 | 1,2-二(2-甲基丙基)苯二酸 | + | + | + | + | + |
| 14 | 异喹啉 | + | + | — | — | — | 43 | 1,2-苯二甲酸辛酯 | + | + | + | + | + |
| 15 | 9-喹啉酚 | + | + | + | — | — | 44 | 邻苯二-(2-乙基己基)酸酯 | + | + | + | + | + |
| 16 | 1-异喹啉酮 | + | + | + | — | — | 45 | 邻苯-(2-乙基己基)-丁酸-酯 | + | + | + | + | + |
| 17 | 2-苯基喹啉 | + | + | + | + | + | 46 | 苯甲-十七酸酯 | + | + | + | + | + |
| 18 | 6-甲-2-苯喹啉 | + | + | + | + | + | 47 | 癸烷 | + | + | + | + | + |
| 19 | 2-甲喹啉 | + | — | — | — | — | 48 | 十一烷 | + | + | + | + | + |
| 20 | 吡啶 | + | — | — | — | — | 49 | 十二烷 | + | + | + | + | + |
| 21 | 3,4-二甲吡啶 | + | + | — | — | — | 50 | 十八烷 | + | + | + | + | + |
| 22 | 3,3-二甲-1,4,6-三氢吡啶 | + | + | + | + | + | 51 | 十九烷 | + | + | + | + | + |
| 23 | 吲哚 | + | + | — | — | — | 52 | 二十一烷 | + | + | + | + | + |
| 24 | 2-氢吲哚 | + | + | + | — | — | 53 | 二十四烷 | + | + | + | + | + |
| 25 | 3-氮吲哚 | + | + | — | — | — | 54 | 二十五烷 | + | + | + | + | + |
| 26 | 2-氢苯并呋喃 | + | + | + | — | — | 55 | 二十六烷 | + | + | + | + | + |
| 27 | 2-甲苯并呋喃 | + | + | + | — | — | 56 | 二十八烷 | + | + | + | + | + |
| 28 | 2,5-二呋喃酮 | + | + | + | + | + | 57 | 三十烷 | + | + | + | + | + |
| 29 | 2-氮-3-羟-5-乙酰呋喃 | + | + | + | + | + | 58 | 2,6,10-三甲基-十四烷 | + | + | + | + | + |

续表

| 序号 | 有机物名称 | 工艺段名称 | | | | | 序号 | 有机物名称 | 工艺段名称 | | | | |
|---|---|---|---|---|---|---|---|---|---|---|---|---|---|
| | | 进水 | A | O₁ | O₂ | 滤池 | | | 进水 | A | O₁ | O₂ | 滤池 |
| 59 | 11-异戊-二十一烷 | + | + | + | + | + | 74 | 3-甲基-1-丙烯-1,3-二联苯 | + | + | + | + | + |
| 60 | 1,2-二甲-3-异丙烯羟环戊烷 | + | + | + | + | + | 75 | 1,4-甲-1-烯-二联苯 | + | + | + | + | + |
| 61 | 1,1-二甲-2-辛-环丁烷 | + | + | + | + | + | 76 | 1-甲氨基-4-甲基-萘 | + | + | + | − | − |
| 62 | 环己烯 | + | + | + | + | + | 77 | N-(1-甲基乙基)-N-苯基-1,4-苯二胺 | + | + | + | + | + |
| 63 | 1,3-二羟基环己烷 | + | + | + | + | + | 78 | 甲乙邻苯二胺 | + | + | + | − | − |
| 64 | 环庚胺 | + | + | + | + | + | 79 | 二联苯乙胺 | + | + | + | + | + |
| 65 | N-环庚胺 | + | + | + | + | + | 80 | 9-烯-十八烷酰胺 | + | + | + | + | + |
| 66 | 甲苯 | + | + | + | + | + | 81 | 2-甲-十一胺 | + | + | + | + | + |
| 67 | 丁基苯 | + | + | + | + | + | 82 | 2,6-二甲-庚胺 | + | + | + | + | + |
| 68 | 二联异丙苯 | + | + | + | + | + | 83 | 2-(N-苯基)萘胺 | + | + | + | + | + |
| 69 | 十四烷基苯 | + | + | + | + | + | 84 | 氯代十六烷 | + | + | + | + | + |
| 70 | 3,4,5-三甲-1-丙烯苯 | + | + | + | + | + | 85 | 氯代二十七烷 | + | + | + | + | + |
| 71 | 异己苯 | + | + | + | + | + | 86 | 9,10-二溴二十五烷 | + | + | + | + | + |
| 72 | 十二烷基苯 | + | + | + | + | + | 87 | 2,6-二甲-1-氯苯 | + | + | + | + | + |
| 73 | 壬基苯 | + | + | + | + | + | 88 | (2,3-二联苯环丙基)-甲基-苯 | + | + | + | + | + |

# 10.2 节水减排与"零排放"的技术途径和设计要求

总结国内外焦化工业节水减排与废水"零排放"的经验与成功经验，特别是国内节水减排与废水"零排放"的技术管理与实践经验，关键是工作思路要清晰，措施要得力，要处理好从生产工艺到废水治理几个重要环节。要从产业结构技术层次上解决超常发展、盲目扩张、无序生产、恶化环境势头是重中之重；要从改进生产工艺着手和主体工艺开始，力争不排或少排废水，对于非排不可的，应尽量回收利用其中的有用物质，以降低废水中有毒有害物质浓度。只有在主体工艺技术上尚无可能、经济上不合理时才考虑外排废水，并进行妥善处置。但要实现废水"零排放"，尚需妥善解决废水处理有序回用与消纳途径。

## 10.2.1 技术途径与控制措施

（1）强化产业结构调整与目标管理

① 对大型煤矿兴建焦化厂的发展势头应加以控制。我国的大型煤矿从发展生产、多种

经营、综合利用和增加效益的角度出发，积极兴建规模较大、装备较高的焦化厂。如兖矿集团购买德国 KaLserstuhl 焦化厂二手设备，在我国首次建成 7.63m 超大容积焦炉，建成 200 万吨/a 的大型焦化厂。因获得良好的经济效益，在我国掀起煤矿企业建设焦化厂的热潮。开滦矿所属开滦精煤公司、淮北矿务局、神华集团、七台河煤矿、新疆大黄煤矿等也先后新建不同规模的焦化厂。这种发展趋势，必将进一步形成炼焦生产盲目扩张、产品过剩、恶性竞争与不良循环的局面。对此必须严加控制，要规范生产经营，杜绝废水乱排乱放，保护生态环境。

② 密切关注独立焦化企业的环境保护与节水减排。独立焦化企业是焦化工业的主体，并以中小型企业为主。据统计，由中小型焦化厂放散的焦炉煤气高达 240 亿立方米，相当于 2004 年我国西气东输年输气量的 2 倍。经估计，如按 2010 年独立焦化厂生产焦炭 2.33 亿吨计，其外排废水量为 2.3 亿吨以上，这些废水、废气已对周围环境和水体造成严重污染，应认真实施产业结构调整，更重要的是应引导中小焦化企业关注焦化废水处理回用和焦炉煤气综合利用，以实现环境与经效双赢。独立的焦化企业大多位于缺水地区和城镇边缘地带，水资源短缺严重，如采用废水回用，可有效解决持续发展水资源短缺问题。如将放散的焦炉煤气用于燃气轮机和内燃机发电，按 $1m^3$ 焦炉煤气由燃气轮机可发电 1.11kW·h 并副产 1.0MPa 饱和蒸汽 4.33kg，如用内燃机可发电 1.3kW·h，一年半即可回收投资。经济效益、社会效益和环境效益十分显著。

③ 对大型钢铁企业所属焦化厂要着重技术升级，实现废水"零排放"。为了提高钢铁企业焦炭自给率，近年来，鞍钢、邯钢、攀钢、南钢、济钢、莱钢、链钢、本钢、凌钢、仓钢等一批大中型钢铁企业已建成 40 多座装备水平高的 6m 大型焦炉。此外，太钢、马钢、武钢和曹妃甸新厂分别引进德国 7.63m 超大型焦炉。近年来，我国自行开发炭化室高 6.5m 和 7.0m 的大容积顶装焦炉、炭化室高 5.5m 的大容积捣固焦炉。这些技术进步将有力地促进我国焦炭生产进入新阶段，有力地解决了原来小型焦炉的能耗高、污染大、资源浪费严重等问题，为实现节水减排与废水"零排放"提供前提和条件。

（2）节水减排工作要方向明确，措施得力，思路要清晰

① 要制订企业用水制度和发展规划，实现科学用水。要将企业用水指标分解到各工序各用水岗位，建立优化用水指标系统和节水减排规定与要求。

② 最大限度实现水的串级使用，实现废水处理最少量化。要建立多种水质不同循环系统，实行分级供水，不搞全厂的废水处理的大循环。建立软水密闭循环系统、净水循环系统、浊水循环系统、生活用水循环系统等，每个循环系统之间应能有衔接。这样可实现专水专用，系统布局小、管路短，处理量小，运行费用也低，既可节水减排也可减少投资费用。

③ 对废水的不同特征和性质（如含油、酸、碱、有机物、有毒有害物等）采用相应的不同处理技术工艺，处理后的水按水质情况与不同工艺水质要求回用于不同的生产部门。这样既减少处理量，也减少处理难度。

④ 要建立完善节水工作制度和指标统计体系，要有专职管理水资源的部门。该部门的职责是规划用水、监督用水、节制用水和高效用水，并有具体措施和手段。例如，对各工序用水情况、产生问题与协调，要有明确措施和有效手段，确保企业节水减排科学化和常规化。

⑤要建立用水与废水回用系统在线监测，要针对不同目标，采用不同的监测方式、手段与内容。用水仪表设施要齐全，计量要及时、到位、稳定和准确，并与惩罚制度与经济杠杆作用相结合，这是实现节约用水与节水减排的重要手段。建立净水、中水和废水处理回用不同价格机制，鼓励使用中水、废水回用，以减少新水用量。

⑥要加大加强节水减排工作力度。要依靠科技进步，提高技术创新力，要强化节水减排

设备改造力度，用水设施与生产工艺节水减排要高起点、高标准、严要求。

（3）改进生产工艺，控制污染与废水量

① 大力开发和建设现代化大型焦炉。大型焦炉是焦化生产节能降耗和节水减排的基础。焦化产业结构优化是焦化生产的重中之重。

② 大力开发和推广装炉煤调湿技术。焦化废水的来源主要是炼焦煤中的水分在煤高温干馏时随煤气经冷凝形成。该技术通常可将原煤含水率的11％调控为6％左右，可大大减少装炉煤含水率，不仅减少荒煤气含水量，更重要的是显著减少荒煤气净化过程中产生的浓度高、毒性大、成分复杂的高浓度焦化废水。

③ 大力开发推广干熄焦技术与设备。根据宝钢多年的运行实践，采用干熄焦技术设备，与湿法熄焦相比可节省96％用水，吨焦可节水0.43t，节水减排极其显著。

④ 要充分发挥和推广应用干式除尘技术与设备。炼焦煤转运和焦炉装煤的除尘系统应尽可能采用干式除尘技术与设备，既可节约大量除尘用水，消除炼焦除尘废水，又可防止污染物二次转移，并实现煤尘资源回收利用。

（4）要从煤气净化和产品精制等工艺着手，力争少排和不排废水

① 煤气脱硫脱氰。近年来因采用新型脱硫脱氰工艺，有效地脱除煤气中的硫和氰，所回收的氰化物有的通过湿式氧化转化成为硫酸铵，有的将分离出来的酸性气体通过焚烧的方法使氰化物分解为$N_2$，这样使煤气终冷洗涤水中所含氰化物大大减少。因此，从终冷水中回收黄血盐生产设施可取消，减少废水外排量。

② 煤气终冷。采用氨水闭路循环喷洒方式冷却，循环氨水吸收的煤气中热量再通过净循环冷却水间接冷却，循环氨水的排污水送入机械化氨水澄清槽，这样就基本消除了终冷水外排问题，不仅大大节约用水，而且大大减少焦化废水处理总量，并使氰氨废水中的含氰量大大降低，基本上可降低到10mg/L以下。

③ 煤气脱萘。应采用煤气初冷器喷洒焦油脱萘。电捕焦油器除萘和终冷油洗萘等除萘工艺，应把煤气终冷氨水循环洗涤的排污水送回氨水系统，这样不仅节约大量用水，而且从根本上解决了原先常出现的终冷排水和大量跑萘的问题。

④ 粗苯精制。由酸洗法改为莱托法苯加氢精制后，就可消除苯精制废水，既减少焦化废水量，又可减轻焦化废水有害浓度和处理负荷。

⑤ 酚精制中的酚钠盐分解。由硫酸法改为$CO_2$法后，不仅大大减少了硫酸钠废水排放量，而且可以回收供焦油蒸馏馏分脱酚所需的NaOH，实现了碱液的闭路循环利用。

⑥ 强化精制过程的工艺内部处置。由于焦化产品精制过程比较复杂，用水与废水种类较多。因此，应根据用水与废水特性进行工艺内部处置，以实现废水回用与节水减排。

1）古马隆树脂生产排氟水应利用其适合高温高压方式处理的特点，作为生产装置的一部分，废水经脱氟后再排放收集。

2）化产精制中众多排出的酸碱废水和含油废水应在工艺内部经过油水分离、调节、储存及酸碱中和处理后，再收集送往废水处理系统。

3）对化产精制过程中分离出来的含有机物浓度高、毒性大、可再生性差且含生物难降解物质多的废水，如焦油蒸馏和酚精制过程中的一些分离水，应送往焦油蒸馏工段的燃烧炉焚烧处理，以减少高浓度难降解的有机废水的处理量。

4）对于精制工艺内部比较容易而且方便处理的废水，应优先在车间内部进行处理，以实现就近处理回用与节水减排。

（5）要充分认识和重视氨水处理对节水减排的重要作用与意义

氨水是焦化生产过程中出现最多、数量最大、成分最复杂、最难生化处置的废水，应根

据氨水特征，采用妥善处置（理）措施，以降低焦化废水处理量与难降解有害物浓度。

① 氨水蒸氨。焦化废水中的剩余氨水在生化处理前应先经蒸氨回收。若不蒸氨直接送往生化处理，其剩余氨水不仅需要高倍数的稀释水，大大增加处理废水量，同时也为生化处理增加难度，增大处理设施、投资和运行管理费用。

② 氨水焚烧。煤气冷凝分离出来的氨水是炼焦厂高浓度难降解废水的主要来源。对于剩余氨水产生量较少时，可采用焚烧法将其烧除，是实现焦化废水"零排放"的有效途径之一。

③ 氨水脱酚。氨水脱酚不仅可回收酚，而且可大大降低焦化废水中的 COD 含量，以降低废水生物处理负荷。

④ 废水再处理。对于化产品精制过程中排出的油气冷凝水，含有机物和油类浓度一般都很高，且含有许多生物难降解的物质，直接送废水处理会给生物处理带来很大困难。近年来，是把这部分废水送到化产回收车间的氨水系统，与氨水一同处理。尽管增加了蒸氨、脱酚等处理措施，但对焦化废水生物处理而言是必须的，是为焦化废水处理回用与"零排放"提供可行条件与保证。

## 10.2.2　废水"零排放" 消纳途径与要求

（1）焦化废水回用与"零排放"存在的问题

尽管焦化废水经处理后得到充分回用，但仍有部分废水需外排。以 100 万吨/a 焦化厂为例，焦化综合废水量约 45m³/h，通常要实现 GB 16171—2012 规定的处理排放标准，生化处理过程中须加稀释水，生化处理规模达 100m³/h，工程总投资约 2000 万元，生化装置工程投资约 1400 万元，运行成本约 5 元/m³（废水）。对于湿法熄焦工艺，熄焦补充水约 60m³/h，仍有 40m³/h 处理后废水外排。如果生化处理不加稀释水，处理后废水 COD 为 150～250mg/L，其他指标一般可满足出水指标要求，可以全部用于熄焦补充水等用途，而生化反应池、二沉池、供排水与回流系统均可大大减小，既可减少投资、占地，降低运行成本，又可达到废水"零排放"。

随着环境保护要求严格规定，焦化生产结构与技术升级，各大、中型焦化企业逐步开始采用干法熄焦，解决焦化厂环境污染源问题。在此情况下焦化废水处理回用于熄焦补充水已不可能，要实现废水"零排放"，必须寻求新的出路。

焦化废水处理回用"零排放"受到企业性质、处理工艺等众多因素的影响和限制。由于焦化废水成分复杂，有毒有害有机物较多，即使处理到 GB 16171—2012 达标排放，但对环境的危害也大于其他废水，因此，对焦化废水厂内回用或消纳途径，必须认真重视下列问题。

① 生产工艺自身问题　焦化废水具有严重的腐蚀性。因此，要考虑并重视对设备的影响，焦化废水中复杂成分对产品质量的影响。

② 环境影响问题　焦化废水易产生环境影响，因此，要特别重视避免在焦化废水回用工序或消纳途径过程中污染物转移或产生二次污染，不得将污染物转移到大气、循环用水系统、周围土壤和水体中。

③ 人体健康问题　要密切关注焦化废水回用工序或消纳途径周围的环境、岗位人员、周边人员的健康问题与保护措施。例如焦化废水用于熄焦，其周围环境非常恶劣，岗位人员的健康保护应有妥善的措施。

（2）焦化废水处理回用与"零排放"消纳途径

综合分析焦化工业供用水水特征与水质要求，参考现有企业应用实例，国内外焦化废水处理技术与发展状况，其回用与"零排放"消纳途径为：对于湿法熄焦的焦化厂，可以用作熄焦补充水；对于钢铁联合企业，处理后焦化废水可用于转炉除尘系统补充水和高炉冲渣、泡渣水，烧结配料水，原料场洒水等；对于有洗煤的焦化厂，可以用于洗煤循环系统补充水和煤场洒水；对于石化行业可将大量的生化处理后废水再经深度处理后用于净循环用水系统补充水以及用于制备水煤浆等，具体内容与要求如下。

① 湿法熄焦补充水　在炼焦生产过程中，由碳化室推出的赤热焦炭在熄焦塔内用熄焦循环水将其熄灭。湿法熄焦装置由熄焦塔、泵房、粉焦沉淀池及粉焦抓斗等组成。熄焦水由水泵直接送至熄焦塔喷洒水管，熄焦用水量一般约为 $2m^3/t$（焦），熄焦时间为 $90\sim120s$。熄焦后废水经沉淀池将粉焦沉淀后继续使用，熄焦过程中约 20% 的水被蒸发。

因此，在用湿法熄焦时，由于熄焦过程要损失约 20% 的水分，必须进行熄焦补水。处理后的焦化废水经适当处理后回用熄焦是焦化废水较好的一种处置方法。但因焦化废水中氨氮对熄焦车、泵、管道的腐蚀问题，一直使焦化废水的熄焦回用受到限制。随着焦化废水脱氮处理技术的发展，焦化废水对熄焦设备、管道等的腐蚀问题已逐渐被解决，因此，目前采用湿法熄焦的焦化企业将焦化废水作为熄焦回用水的比例将越来越多。但是，干法熄焦技术必将替代湿法熄焦，这一发展趋势迫使焦化废水必须寻求新的高效处理技术与消纳途径。

② 洗煤循环水补充水与煤场洒水

1）洗煤循环水补充水。洗煤的过程就是根据煤的原始成分含量洗出不同标号煤的过程。原煤经过洗选成为精煤，供工业生产选用。洗煤过程耗水量大，且水质要求较低，经洗选煤后的废水含有极高的悬浮物，需经处理、沉淀分离等再循环利用。由于洗煤用水量与水损失率都较大，必须补充水。因此，选用处理后焦化废水作为洗煤厂浊循环水系统的补充水是经济合理的。

2）煤场洒水。煤进入焦化生产之前堆放于煤场，在大气环流-风的作用下必将引起扬尘，对周边的大气环境产生一定的粉尘污染。水喷洒抑尘是一种有效的处理方法。若采用新水进行抑尘处理，不但浪费了水资源，也不符合国家循环经济的产业政策；若将处理后的焦化废水用于抑尘既避免了废水向周围水体的排放，也保护了大气环境和水环境。因此，煤场喷洒可以认为是焦化废水的一种较好的综合利用处置方法。

③ 钢铁联合企业的消纳途径　钢铁企业是我国焦炭生产最主要的用户，占全国焦炭生产量的 78% 以上。因此，我国钢铁企业大都设有焦化厂，特别是钢铁联合企业。钢铁企业如能实现焦化废水"零排放"，则可实现 50% 以上我国焦化废水"零排放"的问题。其消纳途径主要有以下几种。

1）转炉除尘浊循环用水系统补充水。转炉除尘水是用来对转炉烟气降温和除尘的。转炉除尘一般采用两级文丘里洗涤器。绝大部分烟尘通过第一级文丘里洗涤器去除，所余烟气再进入第二级文丘里洗涤器。钢铁转炉除尘水系统具有用水水质要求低、水质容量大的特点，是生化处理后焦化废水较为合理的回用去向。

钢铁企业转炉除尘用水经过一、二级文丘里洗涤器对烟气降温和除尘后，再经过处理后可进行循环利用，但必然有一部分损失。目前许多企业直接采用新水进行补充，增加了生产新水用量。焦化废水经处理后可达到工业循环冷却回用水要求，采用处理后焦化废水作为钢铁转炉除尘循环系统补充水，可以节约新水用量，使焦化废水得到合理处置，实现水资源的再利用。

2）高炉冲渣、泡渣。处理熔融渣的方法是水淬处理，分为泡渣和冲渣两种。

Ⅰ．泡渣。熔融渣用罐渣车运至远离高炉的水渣池，直接倾入池水中，熔融渣经水淬生成水渣。水渣池为混凝土构筑物，池中水深 $5\sim8m$。吊车将水渣捞出，置于池中的堆渣场，脱水后装车运出。水渣池内的水分蒸发和被水渣带出，需经常补充用水。泡渣法省水省电，且消耗水量大，是焦化废水良好的消纳途径。

Ⅱ.冲渣。在炉前用喷嘴喷射水流冲击熔渣，将高炉渣水淬。这种方法虽然比泡渣使用的水电较多，但可不用渣罐车，高炉生产不受渣调运的影响，减轻了厂内铁路运输荷载，有利于生产。因此，高炉熔渣广泛地采用冲渣法水淬。

在高炉冲、泡渣过程中，因高温蒸发及捞渣外运都损失大量的水分，如采用新水进行高炉冲、泡渣，将使企业的新水用量大幅度增加，浪费水资源，增加产品的生产成本。焦化废水经后处理后，水质可满足高炉冲渣、泡渣的要求，将处理后焦化废水回用于冲渣泡渣的循环用水系统中，是钢铁联合企业节约新水用量、实现水资源循环利用、减少废水外排、保护环境的重要途径之一。

3）烧结配料与原料场喷洒用水

Ⅰ.烧结配料。将焦化废水用于烧结配料用水，利用烧结工序中高温氧化的环境，将有机物经碳化后转化为 $CO_2$ 和水，实现无毒化处理，是一种较好的消纳途径。

Ⅱ.用于原料场洒水。为了避免原料场物料因风吹雨淋损失，大型原料厂采用洒水加药使表层固化措施。其特点是用水量较大。焦化废水中污染物以液体喷洒，大气转移极微；进入原料的焦化污染物将由烧结、炼铁等高温有氧工序氧化分解成无害物质。但需要注意喷洒水流失的收集与循环回用的问题。

④ 曝气池消泡用水　目前，绝大多数焦化企业均采用生物法进行焦化废水处理。在生化处理过程中，经常遇到曝气池水泡过多的现象，有时气泡会溢出曝气池，造成曝气池中活性污泥的流失和工作条件的恶化。为了避免这种现象的发生，常常需要进行消泡处理。曝气池消泡的方法主要有两种：一是向曝气池中加入一定量的油脂类物质，改变气泡的表面张力，使其破裂，达到消泡的目的；二是向曝气池中喷加细流水，压破气泡来进行消泡。在曝气池中加油脂类物质进行消泡，不但增加了处理成本，而且使废水中的 COD 指标增加，增加了废水处理的难度，因此，一般不提倡采用该方法进行曝气池消泡。在焦化废水处理过程中，如果利用处理后的焦化废水进行消泡，不但避免了用油脂类物质消泡所带来的问题，还可以增强活性污泥抗冲击负荷的能力，有利于废水中的 COD 得到更好的降解，以保证生化出水的水质。因此，采用焦化废水处理后废水回用于曝气池消泡用水是适宜的。

⑤ 石化行业用于循环水补充水　目前，石化行业已将大量的生化处理后废水经深度处理后回用于循环水系统。为防止工艺冷却设备、管道结垢、腐蚀和菌藻类生长，保证冷却器效果和循环水系统的正常运行，对净循环水水质有较严格的要求，而对循环水补充水要求则更严。为确保焦化废水作为净循环水补充水，必须对生化处理后的废水进行深度处理。深度处理工艺宜采用混凝沉淀、过滤、臭氧氧化、活性炭过滤和膜处理等技术工艺。

⑥ 焦化废水制备水煤浆　水煤浆是一种新燃料，由水、煤和添加剂按一定比例组合而成。研究结果表明，制备出的水煤浆通过燃烧能将其中的有毒有害有机物变成水和 $CO_2$。当焦化废水浓度稀释倍数为 3.3～3.5 时，制备出的水煤浆的稳定性、流动性、燃烧性能都很好。该技术既解决焦化废水对环境的严重危害，又解决处理的高成本难题，具有显著的社会、环境和经济效益。

## 10.2.3　技术规定与设计要求

（1）一般规定与要求

① 新建工程项目或生产车间扩建、改建的工业废水不得排入生活与雨水排水管道，应设有专用的生产废水排水管网。

② 对分期建设或有改扩建可能的废水处理站，应预留建设用地及外部联络接口。处理站内构筑物布置应考虑到与处理站外部各种管道、电缆等接口的方位。

③ 浓含盐回用水宜用于高炉炉渣处理、钢渣厂、锅炉房冲渣、原料厂、烧结、粉灰加湿等用户。在浓含盐回用水未被完全利用前，上述用户不应使用工业新水、工业废水及其回用水或其他系统的串级补充水。

④ 由于较高温度的工艺介质冷却时需要大量冷却水。应先利用其余热，与较低温度的工艺介质换热后，再用冷却水冷却，不仅节能，而且可大量减少冷却水用量。例如，蒸氨塔底的蒸氨废水 105℃，与原料氨水换热后为 70℃，再用循环水冷却至 40℃，可节约冷却水大约 53.8%。因此，对需要冷却的工艺介质应优先采用余热利用后再用水冷却。

⑤ 对于可用循环水或低温水两段冷却的工艺介质，应尽可能降低循环水冷却段后的工艺介质温度。低温水应串级利用，且冬、夏季应采用不同的供水方式。

⑥ 焦炉装煤、出焦及干熄焦生产过程中产生的烟气温度均较高，其中装煤和出焦时产生的烟气温度可达 250℃，干熄焦过程炉顶焦罐处的烟气温度可达 600℃，这些烟气在进入除尘器过滤前需要进行降温处理，以保护除尘器本体的正常运行。常用的冷却方式有水冷和风冷两种，采用风冷冷却方式即可有效实现降温功能。因此，为节约用水，焦炉装煤、出焦及干熄焦生产过程中产生的高温烟气需冷却后再除尘时，宜采用风冷。

⑦ 煤、焦处理工艺除尘系统若采用湿式除尘方式，不仅增加水的消耗，而且还存在一些弊端。如备煤系统煤粉尘被水吸附后形成的废水更难治理；湿熄焦的除尘废水虽可处理后再用，但系统需防腐。因此，煤焦处理工艺除尘系统应采用干式除尘，抑尘设施应使用雾化喷嘴。

（2）设计原则与要求

① 焦化废水主要来源于蒸氨废水，有机污染物较高，为保证生化处理正常运行，需加稀释水。

② 当采用湿法熄焦技术时，熄焦水应循环使用，其补充水应采用酚氰废水处理站处理后的回用水。

③ 传统的湿法熄焦时，每熄灭 1t 红焦要消耗 0.45t 水，采用干法熄焦时吨焦均节水0.43t。因此，新建、改建、扩建工程的焦化厂应优先选用干熄焦技术。

④焦化废水的处理应从优化焦化工艺入手，采用分类收集、分质处理的原则，实现焦化废水的资源化和减量化。

⑤ 焦化废水工艺设备材料的选择应考虑如下因素：

1）设备材料选择应考虑焦化废水含焦油、高氨、高氯离子、高温等因素；

2）设备形式选择应充分考虑节能、环保、安全、使用寿命等因素；

3）所选设备应满足防火、防爆、防潮、防尘、防腐等安全需要。

（3）焦化厂取（用）水量控制指标

焦化厂取（用）水量控制指标见表 10-13。

表 10-13　焦化厂取（用）水量指标

| 清洁生产标准 | 一级 | 二级 | 三级 |
|---|---|---|---|
| 取水量/(m³/t 焦) | ≤2.5 | ≤3.5 | ≤3.5 |
| 用水量/(m³/t 焦) | ≤60 | ≤70 | ≤70 |

注：1. 根据现行行业标准 HJ/T 126—2003《清洁生产标准　炼焦行业》的规定：一级为国际清洁生产先进水平；二级为国内清洁生产先进水平；三级为国内清洁生产基本水平。

2. 取水量及用水量不包括发电工程项目取（用）水量。

# 10.3　废水生化处理回用与"零排放" 的工艺选择和设计要求

## 10.3.1　废水生化处理技术概况与进程

　　焦化废水处理是国内外公认的难题。对焦化废水中酚、氰等有毒物质的处理,采用活性污泥法是一个比较普遍的有效方法。但对其中 $NH_3$-N、COD、氟化物、多环芳烃等的去除效果较差,难以满足回用与达标外排要求。因此,国内外对焦化废水处理工艺技术进行众多深化研究,不同国家有其自身特点和要求,主要是工艺技术、运行测试、自动监控等更多地向节能、环保、高效、实用等方向发展。焦化废水的最终排放与回用应视本国国情、法律法规、地区环境与生态状况而定。总体而言,我国焦化废水处理工艺、技术的研究深度与广度已达到世界先进水平。

　　(1) 国外焦化废水处理技术概况

　　焦化废水的处理方法虽然很多,但目前各国应用最广泛的还是生化处理法。在各种生化处理中,活性污泥法占地少,处理效率较高,受气温影响小,卫生条件好,因而得到普遍应用。废水的预处理是活性污泥法不可缺少的环节。预处理的目的是通过调节水质、水量,去除一部分影响曝气池正常工作的油类、氰化物、氨氮等,以保证生化过程正常稳定地运行。预处理的主要构筑物为调节池、除油池或其他针对性处理设施等。图 10-4 为国外焦化废水生化处理通用流程图 。

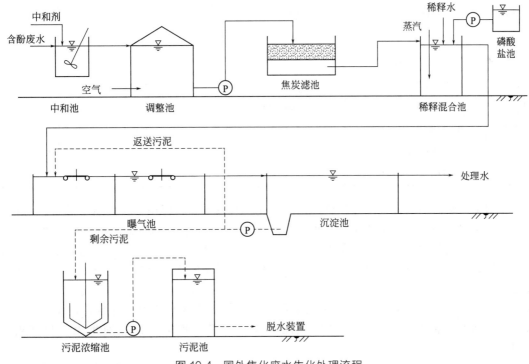

图 10-4　国外焦化废水生化处理流程

　　根据有关资料介绍汇总,国外各种活性污泥法的运行参数见表 10-14,活性污泥法处理焦化废水对酚的去除率见表 10-15。

表 10-14　各种活性污泥法运行参数

| 处理方式 | BOD 负荷 | | MLSS 的质量浓度/(mg/L) | 污泥回流比/% | 曝气量/m³ | 曝气时间/h |
|---|---|---|---|---|---|---|
| | $BOD_{SS}$ 负荷/[kg/(kg·d)] | BOD 容积负荷/[kg/(kg·d)] | | | | |
| 标准活性污泥法 | 0.2～0.4 | 0.6 | 1500～2000 | 20～30 | 3～7 | |
| 分散进水曝气法 | 0.2～0.4 | 0.8 | 2000～3000 | 20～30 | 3～7 | 3 |
| 生物吸附法 | 0.2 | 1.0 | 2000～3000 | 50～100 | >12 | 73 |
| 完全混合法 | 0.2～0.4 | 0.3～1.6 | 1500～2000 | 20～40 | 3～7 | 3～8 |
| 延时曝气法 | 0.03～0.05 | 0.2 | 3000～6000 | 50～150 | >15 | 16～24 |
| 高速曝气沉淀法 | 0.2～0.4 | 1.5 | 3000～6000 | 50～150 | 5～8 | 2～3 |
| 两段曝气法 | 0.3～0.4 | 1.0～2.0 | 3000～5000 | 10～20 | 10～20 | 12～24 |
| 氧化沟法 | 0.03～0.05 | 0.2 | 3000～4000 | 80～150 50～150 | | 24～48 |

表 10-15　活性污泥法处理含酚焦化废水的效果

| 国别 | 厂名 | 进水含酚的质量浓度/(mg/L) | 出水含酚的质量浓度/(mg/L) | 去除率/% |
|---|---|---|---|---|
| 美国 | 菲尔玛焦化厂 | 900～5000 | — | 99.8 |
| 美国 | 孤星钢铁公司焦化厂 | 400～800 | 0.1～0.3 | 99.9 |
| 美国 | 伯利恒焦化厂 | 900～5000 | 0.1 | 99.9 |
| 美国 | 别特列钢铁公司焦化厂 | 1390 | 0～1 | 99.9 |
| 英国 | CWM 焦化厂 | 750 | 4 | 99.2 |
| 俄罗斯 | 卡捷也夫焦化厂 | 1000～2000 | 0.5～3 | — |
| 俄罗斯 | 顿巴斯焦化厂 | 1000～2000 | — | 99.8～99.9 |
| 日本 | 加古川炼铁厂焦化车间 | 640～2400 | <0.5 | — |
| 日本 | 三井公司焦化厂 | 1030～1904 | 0.23～0.78 | 99.74～99.9 |
| 日本 | 迪买根钢铁公司焦化厂 | 2530 | — | 99.8～99.9 |

　　美国美钢联的加里公司炼焦厂将生产的焦化废水收集后,再用等量的湖水稀释,经生化处理后用于湿法熄焦。该系统包括脱焦(油)、游离蒸氨、后蒸氨、调节槽、废水调整储存槽以及活性污泥处理系统等。生化处理系统采用厌氧反硝化系统并通过一体化的净化器,使废水中的氨进行硝化与反硝化。该系统还将冷却蒸氨塔顶的蒸汽冷却水用于冬季生化处理装置的稀释水,以提高冬季生化处理时的废水水温,以降低设备运行费用和提高处理效果。美国 CHESTER 公司研制的生物脱氮工艺流程不仅可使焦化废水全面达标排放,而且具有除氟、脱除苯胺、硝基苯和吡啶的功能。此项技术已转让我国宝钢三期焦化工程并投产使用。

　　加拿大 Dofasco 和 Stelco 公司的焦化厂采用湿法熄焦,其熄焦废水经沉淀后自成闭路循环系统;酚氰废水主要为剩余氨水、粗苯分离等废水,经蒸氨去除游离氨和加碱去除固定铵后进行生化处理与深度处理。

　　生化处理为二段曝气、二沉池污泥回流的活性污泥法处理工艺。

　　所谓深度处理是先将生化处理后的焦化废水与炼铁废水混合。其处理能力为 4000t/d，采用折点加氯法去除废水中的氨氮、氰等。通常加氯量要根据废水中的 $CN^-$、$NH_4^+$ 含量计算需要量后，以 8 倍多氯需要量加入废水中进行全氧化反应，使废水中的 $CN^-$、$NH_4^+$ 全部转化为 $N_2$ 后排放，以达到水质净化的目的。其工艺流程如图 10-5 所示。

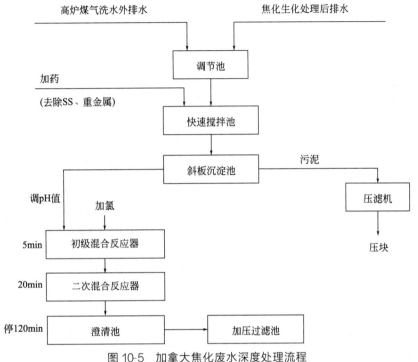

图 10-5　加拿大焦化废水深度处理流程

　　将焦化废水与高炉煤气洗涤水在一个系统中联合处理在国外已有工程应用。认为两种废水均含有可被生物降解的酚和氰化物，如果不使用固定铵蒸馏器，焦化废水中的氨浓度将会很高，必须加入稀释水降低氨浓度，以使其不毒化生物处理设备中的有机物。由于高炉废水中也含有较低浓度的酚和氰化物需要处理，同时由于它实际上不含有氨，因此，在一个通用处理系统中处理这两种废水被认为是可行的，而且高炉废水还可作为稀释剂。

　　但是高炉废水含有能够毒化生物的金属物质。为了满足排水要求，有必要进行预处理。可用石灰使有毒金属物沉淀，也可使不稳定的氟化物沉淀。经过此项预处理后，高炉废水可与焦化废水混合进行脱酚和氰化物的联合处理。在大多数综合性钢厂中，高炉废水与焦化废水之间相当近似，将两种废水联合处理的任何障碍都是可克服的。

　　如果采用一个使用石灰的固定铵蒸馏器，蒸馏器排出的废水通常要净化去过剩的石灰。这种过剩的石灰可用作钙源，使高炉排污水中的氟化物沉淀。图 10-6 为焦化与高炉废水联合生化处理的工艺流程。图 10-7 表示一种改进的系统，在曝气处理之前用厌氧处理进行氨的硝化。

　　日本大部分焦化厂的废水使用活性污泥法，由于日本特有的便于排海的优势，因此在焦化废水处理时，首先考虑降低废水中的有毒物质，在调节池中先加 3~4 倍稀释水，以降低 $NH_3\text{-}N$、COD。在进入曝气池之前，再进行 pH 值调整，加入磷酸盐，而后进行约 10h 的曝气，再将经沉淀后的水排入海洋水体。出水水质 COD 为 50~100mg/L，但 $NH_3\text{-}N$ 高达

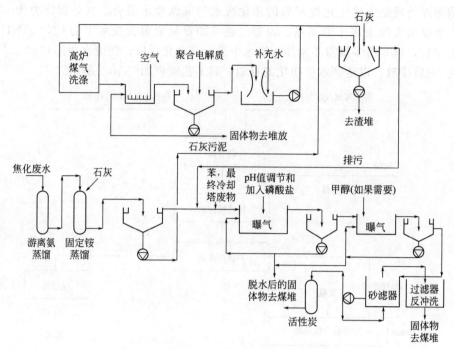

图 10-6　两种废水联合处理（曝气生物氧化）

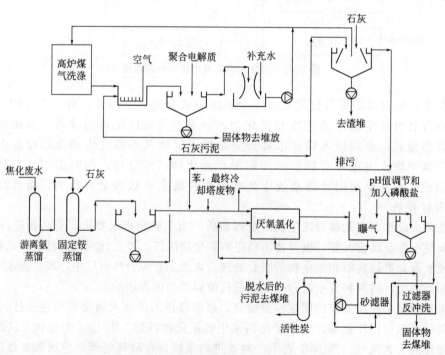

图 10-7　两种废水联合处理（厌氧-曝气生物氧化）

500～800mg/L，再用水稀释排海。有些处理厂在活性污泥法处理后排水再进行混凝沉淀、砂滤和活性炭吸附，出水水质清澈透明，COD 可达 100mg/L 以下，但氨氮净化效果并不显著，如图 10-8 所示。

目前，日本在焦化废水处理的高新技术研究方面处于国际先进水平。例如：日本大阪瓦

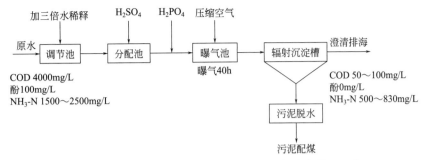

图 10-8　日本住友金属鹿岛制铁所焦化酚氰废水处理工艺

斯公司采用催化湿式氧化技术处理焦化废水，催化剂以 $TiO_2$ 或 $ZnO_2$ 为载体，试验规模 6t/d，该装置运行 11000h 的结果表明，催化剂无失效现象。现已扩大 60t/d 的试验规模，并证明该催化剂可连续运行 5 年再生一次；可一次达到完成焦化废水完全处理，可使原废水中 $NH_3$-N 3080mg/L、COD 5870mg/L、酚 1700mg/L、TN 3750mg/L、TOD 17500g/L 分别下降为 3mg/L、10mg/L、0mg/L、160mg/L、0mg/L。废水处理后可直接排入天然水体或回用，但未见大型工程实例报道。

焦化废水生物脱氮技术早在 20 世纪 70 年代于加拿大开始试验。80 年代英国 BSC 公司首先投入生产应用。90 世代法国的 LoTfonr、德国的 KaLserstuhl 以及澳大利亚 New South Wales 焦化厂的生物脱氮装置相继投产。

欧洲的焦化废水处理工艺普遍采用以预处理去除油与焦油，气提法除氨，生物法去除酚、氰化物、硫氰化物、硫化物，并进行深度处理后排放。在欧洲各国已将 A/O 法、A/A/O 法、SBR 法和 CASS 法成功应用于焦化废水处理，并取得显著效果。由于欧洲经济共同体（EEC）制定法规更加严格，其成员国的国家法规对氨和多环芳烃（PAH）这些特殊污染物的排放严格限制。为了满足环境法规的要求，已开发更为先进的处理工艺。

（2）国内焦化废水处理概况与发展

我国焦化废水处理技术的发展有其认识再认识的过程，但认识的发展过程也与监测技术的发展水平密切相关。

起初人们认为焦化废水的主要有毒成分是酚和氰物质，酚是有毒的，氰是剧毒的，因此人们把焦化废水称为酚氰废水。为了解决酚氰问题，20 世纪 60 年代末，冶金部建筑研究总院工业卫生室（后更名为环境保护研究所）较早开展了焦化废水生化处理研究，并提出生物铁法的专利技术，而后在马钢、武钢、首钢工程中应用，使焦化废水酚氰达标排放成为现实与可能，至今仍为大多数钢铁企业在焦化废水中所采用。20 世纪 70 年代末与 80 年代初，宝钢以"建成国内钢铁企业样板，具有国际先进水平的清洁工厂"为目标的钢铁联合企业，从日本全套引进焦化废水三级处理工艺与设备。所谓三级处理是由脱酚、蒸氨、生物处理和活性炭吸附等工艺组成的以生物处理为中心的多种生物化学方法组成的工艺流程。它与通常的城市污水三级处理工艺是不同的。该工程与装置是世界一流的日本钢铁公司的大分、君津钢铁厂焦化废水处理的翻版，以及川崎制铁水岛化学厂技术的结合体。

1985 年 5 月宝钢投产后，经三级处理后外排废水清澈透明，表观很好。但由于活性炭成本高，再生困难，再生时活性炭损失严重（年平均损失率达 15%），事实上宝钢使用一段时间后也是弃之未用。1984 年上海市率先公布氨氮＜15mg/L 排放标准，并提出氰化物处理要求，1986 年经监测发现宝钢引进的日本焦化废水处理工艺虽经三级处理，但氨氮和氰化物仍不能去除，又因活性炭吸附法存在严重问题，因此宝钢二期焦化处理工程未沿用。与此同时，欧美等国针对食品、制药等高浓度有机废水开展厌氧生物法研究。20 世纪 70～80 年代，厌氧生物滤池(AF)、上流式厌氧污泥床(UASB)等先进工艺相继问世，开始将厌氧法原理用于焦化废水处理。80 年代末 90 年代初鞍山焦耐院、哈尔滨建筑大学、宝钢化工公司、清华大学、山东薛城焦化厂等合作先后分别完成了改进型 A/O 生物脱氧工艺的小试、中试以及工业性生产试验。随后由焦耐院设计的 A/O 生物脱氮装置于 1993～1994 年在宝钢化工公司投入试运行。经过近 5 年国内外考察与协作研究进行 A/O 法、A/A/O 法试验与工程应用，1995 年 7 月宝钢完成功能考核，进入运行阶段，但仍存在 COD、$NH_3$-N 未达标外排问题。

20 世纪 90 年代后，由于环保要求提高，我国逐渐加大了污染控制力度，制订了更为严格的排放标准，1996 年颁发的《污水综合排放标准》(GB 8978—1996) 中不但增加了 $NH_3$-N 指标($NH_3$-N$<$15mg/L)，而且 $COD_{Cr}$ 的排放标准也更为严格（$COD_{Cr}<$150mg/L)。经传统活性污泥法处理后的焦化废水，特别是 $COD_{Cr}$、$NH_3$-N 两项指标，已很难达到排放标准。根据冶金环境工程学会 1997 年的调查，90% 以上的焦化厂处理后的 $COD_{Cr}$、$NH_3$-N 无法达标。为了提高 $COD_{Cr}$ 及 $NH_3$-N 的去除率，近年来又进行深入研究与新技术开发，主要集中于深度处理技术、生物强化技术，以及生化处理技术与化学处理技术的集成与配套技术的研究。

21 世纪初，国内大多数焦化厂废水处理系统都以二级处理为主，但也有不少采用三级处理的。一级处理是指高浓度废水中污染物的回收利用，其工艺包括氨水脱酚、氨水蒸馏、终冷水脱氰等。氨水脱酚又分为溶剂萃取法、蒸汽脱酚法、吸附法、离子交换法等；氨水蒸馏分为直接蒸汽蒸馏和复式蒸汽蒸馏。直接蒸汽蒸馏可以脱除挥发氨，若需要脱除固定铵盐，则需外加碱液-石灰乳或氢氧化钠予以分解后再蒸脱。蒸出的氨气可以硫酸铵、浓氨水等形态回收，或经焚烧分解处理不予回收。终冷水脱氰又称黄血盐技术。其工艺是处理废水在脱氰装置中与铁刨花和碱反应生成的亚铁氰化钠（黄血盐）。二级处理主要指酚氰废水无害化处理，主要以活性污泥法为主，还包括强化生物法处理技术，如生物铁法、投加生长素法、强化曝气法等。这对提高处理效果有一定的作用。三级深度处理是指在生化处理后的排水仍不能达到排放标准时采用再次深度净化。其主要工艺有活性炭吸附法、炭-生物膜法、混凝沉淀（过滤）法和氧化塘法等。

2004 年以来，国家对环境保护特别是对焦化废水提出更严格的规定与要求：一是《清洁生产标准　炼焦行业》(HJ/T 126—2003)；二是 2004 年国家发改委的《焦化行业准入条件》；三是《炼焦化学工业污染物排放标准》(GB 16171　2012)；四是《焦化废水治理工程技术规范》(HJ 2022—2012) 等相继出台，我国焦化废水已进入必须治理回用与"零排放"的新的发展阶段。

## 10.3.2　存在问题与解决途径

目前焦化废水生化处理尚存在诸多难题，其中主要有三个。一是高浓度、难降解有机废水的处理。如蒸氨废水、古马隆废水等的处理，以及废水中更具危险的污染物，诸如 BaP 等致癌性多环芳烃等物质的去除，它在蒸氨废水中的浓度为 70～240μg/L，而一般生化处理难于将它降解，仅仅通过污泥吸附除去一部分。二是废水中氨氮的处理。活性污泥法无法对其降解，仅有少量氨氮从曝气过程中被吹脱。这是活性污泥生化法处理焦化废水时 $NH_3$-N 和 COD 难以达标排放的主要原因。三是我国对焦化废水的处理要求非常严格。要达到回用不排放的要求，难度极大。上述问题是本章研介的重点。

#### 10.3.2.1　处理现状与问题

当今我国焦化废水治理已基本形成较完整的技术，但在实际生产应用中并没有发挥应有的作用，原因很多，但大多在于疏于管理、技术和经济等方面。据统计，2007 年钢铁行业焦化废水处理装置运行正常的只占 80%，其中生化出水含酚不大于 1mg/L 的企业占总数的 88%～96%；氰化物含量不大于 0.5mg/L 的占总数的 80%～96%；COD 含量不大于 150mg/L 的生化设施仅占 20% 左右，$NH_3$-N 情况更严重。从处理工艺而言，30% 的机焦生产过程产生的废水采用普通生化法处理，处理后废水除 60% 左右用于湿法熄焦补充水外，其余经稀释外排；20% 左右机焦生产（近 10 多年来新建和改扩建焦化厂、煤气厂）焦化废水采用生物脱氮处理技术，处理后废水除 60% 左右用于湿法熄焦补充水外，其余经稀释外排；部分大型钢铁联合企业将剩余的处理后废水用于高炉冲渣补充水，初步实现废水"零排放"。

由此可见，当今我国焦化废水生化处理对酚、氰化物去除和回收效果较好，基本能够达到国家规定要求，但 COD 与 $NH_3$-N 处理后出水含量较高，其中 COD≥150mg/L。因此，大部分企业不达标，实现处理全部回用与"零排放"则更少，处理后稀释排放仍是普遍存在的问题。

#### 10.3.2.2　问题与分析

通过对众多国内外工程实践和资料的比较，我国焦化废水处理的深度、广度与国外相比尚有优势。日本、韩国、美国和加拿大以及欧洲的焦化废水处理基本采用预处理除油、蒸氨、生物脱氮、再用混凝和活性炭深度处理后回用或排海。宝钢三期引进美国 CHESTER 公司提供的 O/A/O 法全达标处理工艺，在美国并无工程实例。国外之所以能用通常的活性污泥法处理就能实现正常排放，而国内则不能，甚至采用 A/O 法、A/A/O 法、A/O/O 法处理工艺也难以实现达标排放，根本原因在于源头控制。

为什么国内外在焦化废水处理技术与工艺选择上如此悬殊，治理效果差别如此之大，归根到底是焦化废水的质与量的区别。首先，国外生产 1t 焦炭产生的废水量为 0.35m³，而国内则为 1.0m³ 以上，高出 3～4 倍；其次，国外对原燃料的选用以及采用煤气精制、脱硫脱氨、脱酚除氰等一系列净化与回收措施，致使进入生化系统的水质基本能满足生化装置的水质要求，故其生化系统的功能能够充分发挥作用；最后，对进入生化系统的水质实行严格自动控制，凡不符合生化要求的水质，自动返回重新进行预处理，直到达到水质要求后方可进入生化处理系统。宝钢三期就是实例。宝钢焦化废水经过一系列的源头控制、治理与蒸氨后，生化废水中 $NH_3$-N 的含量控制在 50～100mg/L，COD 为 1000～2000mg/L，并经约 40% 的稀释，实际进入生化处理系统的 $NH_3$-N 为 30～60mg/L，COD 为 600～1200mg/L。因此，在经生化处理和混凝深度处理后，美国为该公司提供的保证值 $NH_3$-N＜5mg/L、COD＜100mg/L 是完全可能的。除宝钢外，我国其他焦化企业废水中 COD、$NH_3$-N 的浓度都很高，正常的 COD 浓度为 2000～3000mg/L，有的高达 4000～6000mg/L，$NH_3$-N 浓度正常为 600～800mg/L，有的高达 1500～2500mg/L，可见达标排放难度极大。

我国焦化废水的特点通常为苯酚及其衍生物所占的比例最大，占总质量的 60% 以上，喹啉类化合物和苯类衍生物占 15% 以上，杂环化合物和多环芳烃类占 17% 左右。难降解的毒性物质占有 1/3 以上比例。因此，焦化废水生化处理系统的好坏既与预处理系统有关，更重要的是与焦化生产工艺关系极大，即焦化废水量与水质成分的优劣至关重要。因为任何生化处理系统的微生物适应性都是脆弱的，过高的、反复的冲击负荷或过高的毒性物质不断冲击，会导致微生物抑制或死亡，处理系统运行就会失败。众多工程运行调试就出现过类似问题。这就是我国焦化废水生化处理系统长期不能正常运用，时好时坏，短期能达标，长期不能达标的根本原因。据调查，我国不少大型焦化企业虽然有完善的生化处理装置，但外排废水的 COD 仍然高达 500mg/L 左右，有的高达 1000mg/L。由于焦化行业的废水特征，生产与废水外排的不稳定性，处理难度极大，且运行费用较高。

据统计，我国焦化废水处理技术与工艺以活性污泥法为主，占 50%～60%，A 和 O 的各种生物处理组合工艺在工程应用中所占的比例分别约为：A/O 工艺占 12.5%，A/O/O 工艺占 12.5%，A/A/O 工艺占 25%。

焦化废水中的氨氮主要以游离氨及固定铵两种形式存在，后者有氯化铵、碳酸铵、硫化铵及多硫化铵。此外，在化学及生化反应过程中，废水中的其他无机含氮化合物如氰、硫氰化物、硝酸与亚硝酸盐以及有机含氮化合物吡啶、喹啉、吲哚、咔唑、吖啶等也可能转化为氨氮。

我国普遍采用的焦化废水处理方法是：a. 首先对高浓度的焦化废水，如剩余氨水等，采用溶剂萃取脱酚和蒸氨；b. 预处理后出水与其他焦化废水混合，进入废水处理设施，其处理工艺进行产品回收和预处理。一般为：调节→隔油沉淀(气浮)→生物处理→排放。以上处理工艺对酚和氰化物等易降解有机物有较好的处理效果。在早期的焦化废水设计与运行中，主要以酚和氰化物为主要处理目标，活性污泥法曝气池的水力停留时间 $t_{HRT}$ 一般采用 6～8h。但是，由于常规活性污泥法对焦化废水中的难降解有机物如多环芳烃和杂环化合物的效果并不理想，出水 COD 浓度较高，难于满足排放标准对 COD 的要求，各焦化废水处理厂站纷纷通过延长曝气池水力停留时间来提高处理效果，$t_{HRT}$ 分别延至 12h、24h、36h、甚至 48h。由于焦化废水中多环芳烃和杂环化合物的结构复杂，其降解过程需要较长时间，延长水力停留时间对焦化废水处理效果起了一定的改善作用，但出水水质仍难以达到废水排放标准对 COD 和氨氮的要求，要满足《炼焦化学工业污染物排放标准》(GB 16171—2012)和实现废水处理回用规定，仍相差较大。

国家发改委 2004 年 76 号公告《焦化行业准入条件》中规定："焦化废水经处理后做到内部循环使用""酚氰废水处理后厂内回用""熄焦废水实现循环回用，不得外排"。这一重要规定使焦化企业的生存受到巨大挑战。面对这一严峻形势，企业必须面对和决策：即焦化废水不仅是一个处理程度问题，而是一个企业生存与发展问题；对焦化废水不仅是追求达标排放而是处理后如何回用的问题；不仅是追求处理技术是否先进，而是要综合研究消纳途径以及污染物转移与危害过程问题。总之，形势迫使企业必须解决《焦化行业准入条件》中焦化废水处理回用与消纳途径的技术问题，其核心问题就是如何提高焦化废水的处理效率，特别是废水中有毒有害的有机污染物降解问题。

要解决焦化废水有机物去除效率，可从 4 条途径入手。

1）严格控制污染源，最大限度减少废水量及其有毒有害有机物浓度。

2）强化预处理，如脱除固定铵的蒸氨处理以及氨氮、酚氰等的脱除与回收，最大限度去除焦化废水中有毒有害和难降解有机物。

3）改进现有生物处理工艺，研发新工艺与技术集成。

4）研究开发深度处理技术，实现焦化废水的处理回用与"零排放"。

上述 1）、2）项属化工设计和化产回收部分，应按相关化工设计规范、规程及技术执行。3）、4）项是提高焦化废水处理与回用的关键。

### 10.3.2.3　解决的技术途径

焦化废水的处理方法有厌氧生物处理法、厌氧-好氧生物法等。

(1) 厌氧生物处理法的作用与意义

① 厌氧生物处理是一种低成本的有效的废水处理技术　厌氧生物处理法最早用于处理城市污水处理厂的沉淀污泥和高浓度有机废水，所采用的都是普通厌氧生物处理法。普通厌氧生物处理法因为水力停留时间长，处理负荷低，造价和运行费用都比较高，从而限制了厌氧生物处理法在各种有机废水处理中的应用。20 世纪 60 年代以后，由于能源危机导致能源价格猛涨，厌氧生物处理日益受到人们的重视，开发了各种高效新型的厌氧生物处理技术。这些新型厌氧反应器工艺与传统厌氧消化器相比有一个共同的特点：延长了污泥停留时间，提高了污泥浓度，改变了反应器的流态。特别是新型高效厌氧生物处理工艺与好氧生物处理工艺相比，厌氧生物处理是一种低成本的处理工艺。表 10-16 列出了某工业废水厂进行厌氧生物处理与好氧生物处理相对成本比较。

表 10-16　厌氧处理与好氧处理相对成本比较　　　　　单位：%

| 项目 | 厌氧法 | 好氧法 |
| --- | --- | --- |
| 中和 | 39.6 | 39.5 |
| 营养物添加 | 7.8 | 81.3 |
| 污泥脱水剂 | — | 49.6 |
| 电耗 | 18.6 | 103.9 |
| 操作人员 | 7.7 | 15.5 |
| 维修 | 26.3 | 29.4 |
| 总费用（不含产气价值） | 100 | 319.2 |
| 总费用（含产气价值） | 28.7 | 319.2 |

注：以厌氧法处理总费用为 100%。

表 10-17 列出了好氧生物处理与厌氧生物处理的性能比较。该表是日本青井透在归纳食品工业废水各种处理方法的特点时，对食品工业废水进行好氧与厌氧对比的试验结果。从表 10-16、表 10-17 明显看出，厌氧生物处理的经济效益十分显著。

表 10-17　好氧处理和厌氧处理性能比较（去除 1000kg COD 的情况）

| 项目 | 活性污泥法 | 厌氧处理法 |
| --- | --- | --- |
| 动力、搅拌、曝气/（kW·h） | 1000 | 75 |
| 剩余污泥/kg | 500 | 50 |
| 污泥脱水用药剂/kg | 3 | 0 |
| 磷酸消耗量/kg | 10 | 1 |
| 氮消耗量/kg | 50 | 5 |
| 处理费合计/美元 | 139.20 | 11.70 |
| $CH_4$ 生成量/$m^3$ | 0 | 约 320 |
| 收支合计/美元 | （−）139.20 | （＋）40.30 |

注：为日本 1981 年实际价格。气体 6.54 美元/1000ft³（55.5 日元/m³），电力 8.0 美分/（kW·h）[19.2 日元/（kW·h）]，用于污泥处理和加工费 80 美元/t（固体）（19200 日元/t）。

图 10-9 为对有机废水 3 种处理流程的试验结果。

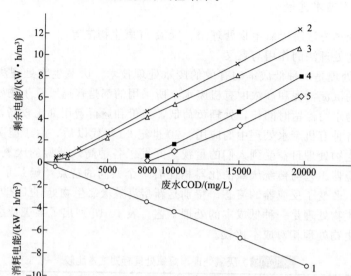

图 10-9 在不同流程下 1m³ 有机废水处理的能耗
1—好氧处理充氧电耗；2—厌氧处理所产沼气转化为电能；3—厌氧-好氧串联处理剩余电能；4—废水
加热 10℃下厌氧处理所剩沼气转化为电能；5—废水加热 10℃，厌氧-好氧串联处理剩余电能；

3 种流程分别为好氧处理、厌氧处理、厌氧-好氧串联处理。

在能耗分析中采用如下条件和数据：a. 废水可生化性 BOD/COD＝0.4；b. 厌氧生物处理 COD 去除率 80％；c. 经好氧处理后 BOD 去除率 90％；d. 去除 1kg BOD 的充氧耗电量为 1.2kW·h；e.1m³ 标准状态甲烷可发电 2.4kW·h；f. 在厌氧-好氧串联处理中，进水中 BOD 的 20％是由好氧处理去除的；g. 不包括用于废水提升能耗。

从图 10-9 中可以看出，应用好氧处理时，充氧所需的能耗相当大，而应用厌氧处理则可以获得一定数量的能量。例如 COD 为 10000mg/L 的有机废水，应用好氧处理 1m³ 废水充氧耗电 4.32kW·h，而厌氧发酵所产生的甲烷可发电 6.33kW·h，两者相差 10.65kW·h。

② 厌氧生物处理工艺的特点

1) 应用范围广。好氧法一般只适用于低浓度有机废水，对高浓度有机废水需用大量稀释水稀释后才能进行处理，而厌氧法不仅可用于高浓度有机废水的处理，也可用于低浓度有机废水的处理。有些有机物对好氧微生物来说是难降解的，但对厌氧微生物来说却是可降解的。

2) 有机负荷率高。好氧法的容积负荷为 0.7～1.2kg COD/(m³·d)，0.4～1.0kg BOD₅/(m³·d)。而厌氧法的容积负荷为 10～60kg COD/(m³·d)，4.5～7kg BOD₅/(m³·d)。

3) 动力能耗低。好氧法维持池中溶解氧 0.5～3mg/L，去除 1kg COD 需耗能 0.7～1.3kW·h 或去除 1kg BOD₅ 需耗能 1.2～2.5kW·h。而厌氧法，兼氧部分保持溶解氧浓度为 0～0.5mg/L，甲烷发酵部分维持溶解氧浓度为 0。另外，产生的沼气可作为能源，去除 1kg COD 一般可产生 0.35m³ 的沼气，沼气的发热量为 21～23MJ/m³。

4) 沉淀性能好，污泥产量少。好氧法去除 1kg COD 的污泥产量为 0.3～0.45kg VSS，或去除 1kg BOD₅ 的污泥产量为 0.4～0.5kg VSS；厌氧法去除 1kg COD 的污泥产量为 0.04～0.15kg VSS，或去除 1kg BOD₅ 的污泥产量为 0.07～0.25kg VSS。

5) 营养盐需要量少。好氧法营养需要量为 COD：N：P＝100：3：0.5 或 BOD：N：

P＝100：5：1。而厌氧法为 COD：P：N＝100：1：0.1 或 BOD：N：P＝100：2：0.3。

③ 厌氧生物处理技术的优缺点

1）优点

a. 厌氧废水处理技术是将环境保护、能源回收和生态良性循环有机结合起来的综合系统的核心技术，具有较好的社会环境与经济效益。

b. 能明显地降低有机物污染。用厌氧处理高浓度有机废水有较高的去除效果，BOD 去除率可达 90％以上，COD 去除率可达 70％～90％，并将大部分有机物转化为甲烷。

c. 厌氧废水处理技术是非常经济的技术，在废水处理成本上比好氧处理要低得多，特别是对中等以上浓度（COD 大于 1500mg/L）的废水更是如此。

厌氧法成本降低的主要原因是由于动力的大量节省，营养物添加费用和污泥脱水费用减少。即使不计沼气作为能源收益，厌氧法也仅约为好氧法成本的 1/3。如产沼气能被利用，则费用更会大大降低，甚至产生相当的利润。

d. 厌氧处理不但能源消耗很少，而且能产生大量的能源（沼气）。与好氧处理相比，厌氧处理过程中动力消耗一般为好氧法的 1/10。用好氧法处理 1t COD 的废水，一般需耗电 1000kW·h，而厌氧法只需耗电 75kW·h。厌氧法在理论上每去除 1kg COD 可以产生 0.35m³ 的纯甲烷气。纯甲烷气的燃烧值为 39.3MJ/m³，高于天然气 35.3MJ/m³ 的燃烧值。 1m³ 甲烷可发电 2.4W·h，因此甲烷是很好的能源。含甲烷 60％～80％的沼气即可用于锅炉燃料或家用燃气。如以日排放化学需氧量（COD）10t 的废水工厂为例，若 COD 去除率为 80％，甲烷产量为理论值的 80％，则可日产甲烷 2240m³，其热量相当于 2500m³ 天然气或优质原煤 3.85t，可发电 5400kW·h。

e. 厌氧方法产生的剩余污泥量比好氧法少得多，且剩余污泥脱水性能好，浓缩时可不使用脱水剂，因此剩余污泥处理要容易得多。由于厌氧微生物增殖缓慢，因而处理同样数量的废水仅产生相当于好氧法 1/10～1/6 的剩余污泥。厌氧法所产生的污泥高度无机化，可用作农田肥料或作为新运行的废水处理厂的种泥出售。

f. 厌氧废水处理设备负荷高，占地少。厌氧反应器容积负荷比好氧法要高得多，单位反应器容积的有机物去除量也因此要高得多，特别是使用新一代的高速厌氧反应器更是如此。因此其反应器体积小，占地少。这一优点对于人口密集、地价昂贵的地区是非常重要的。澳大利亚某造纸厂在改造旧有的好氧工艺时，引入先进的厌氧技术处理废水，在占地面积不变的情况下，使废水处理能力增加了 1 倍。

g. 厌氧方法对营养物的需求量小。一般认为，若以可以生物降解的化学需氧量，即能被水解菌与酸化菌利用的底物（$COD_{BD}$）为计算依据，好氧方法氮和磷的需求量为 $COD_{BD}$： N：P＝100：5：1，而厌氧方法为（350～500）：5：1。有机废水一般已含有一定量的氮和磷及多种微量元素。因此厌氧方法可以不添加或少添加营养盐。

h. 厌氧法与好氧法相比，可直接处理高浓度有机废水，不需要大量稀释水，并可使在好氧条件下难于降解的有机物质进行降解。

i. 厌氧方法的菌种（例如厌氧颗粒污泥）可以在中止供给废水与营养的情况下保留其生物活性与良好的沉淀性能至少 1 年以上。它的这一特性为其间断的或季节性的运行废水处理厂提供有利条件，厌氧颗粒污泥因此可作为新建厌氧处理厂的种泥出售，或作为农肥使用。

j. 厌氧法常在密闭系统中进行，有机物分解后的臭味易于控制；可利用某些废水的高温条件进行高温厌氧处理，既可减少降温费用，又可提高厌氧处理效率。

k. 厌氧系统规模灵活，可大可小，设备简单，易于制作，无需昂贵的设备。如处理工业废水的上流式厌氧污泥床反应器（UASB）以几十立方米到上万立方米的规模运行，装备灵活，根据工程规模可进行组合设计。

2）缺点

a. 厌氧方法虽然负荷高、去除有机物的绝对量与进液浓度高，但其出水 COD 浓度高于好氧处理，需要采用好氧工艺联合使用后续处理才能达到较高的排放标准。

b. 厌氧微生物对有毒物质较为敏感，因此，对于有毒废水性质了解的不足或操作不当，在严重时可能导致反应器运行条件的恶化。但是随着人们对有毒物质的种类、毒性物质的允许浓度和可驯化性的了解，以及工艺上的改进，这一问题正在得到克服。近年来人们发现，厌氧细菌经驯化后可以极大地提高其对毒性物质的耐受力。

c. 厌氧反应器初次启动过程缓慢，一般需要 8～12 周时间。这是因为厌氧细菌增殖较慢所致，但正是由于同一原因，厌氧处理才产生很少的剩余污泥。由于厌氧污泥可以长期保存，因此，新建的厌氧系统在其初次启动时可以使用现有厌氧系统的剩余污泥接种，启动慢的问题即可解决。

d. 厌氧处理系统是在缺氧条件下进行的，且产生的沼气易燃，操作控制因素比较复杂，需对操作人员进行严格的技术培训，并须采取相应的安全保护措施。

（2）厌氧-好氧生物法的作用与意义

厌氧生物处理是高浓度有机废水处理的最先与最优选择。但是，厌氧处理作为生物处理方法，它主要是除去生物可降解的有机物，因此，它与任何一种废水处理方法一样有其局限性。一般情况下它对除去磷酸盐和氨的作用很有限，且不能去除硫化物。

众所周知，厌氧反应器除去的有机物的量（BOD 或 COD）要优于好氧方法，但由于一般厌氧工艺的高负荷、高进液浓度，厌氧工艺出水的 COD 浓度高。出水 COD 浓度高的另一个原因是厌氧工艺形成部分还原性物质（例如硫酸盐被还原成硫化氢），这些还原性物质增大了 COD 的浓度。

由于以上原因，废水处理要求严和废水排放标准要求高的企业在厌氧处理之后要有好氧处理。好氧处理的目的是去除厌氧工艺尚未去除的化合物和有机物以及厌氧工艺产生的某些还原性物质。

采用厌氧-好氧工艺比单独的厌氧工艺或单独的好氧工艺都优越，它比前者的出水质量高；而且同样的出水质量时，它的投资和运行成本低于后者，且占地少。在很多情况下好氧处理后出水可以用来稀释高浓度或有毒的原废水，从而使厌氧工艺运行稳定，而不必使用清水。作为厌氧处理后的好氧处理还有其他众多优点，例如经厌氧处理后出水是相当稳定的水质，因此好氧处理的工艺条件易于控制，设计也比较容易；又如作为厌氧后的好氧处理中，其活性污泥沉淀性能优于一般活性污泥；在好氧处理前增加厌氧处理工艺，其废水处理量大大增加。总之，厌氧、好氧工艺结合，既增加废水处理量又提高出水水质，还降低投资和运行成本，取得事半功倍的效果。

（3）预处理、后处理与深度处理是去除难降解有机污染物的有效途径

预处理与后处理是厌氧、好氧生物处理工艺所必需的。因为在高浓度有机废水中，特别是含有有毒有害与难降解物质的有机工业废水，必须采用有效的预处理措施，去除或部分去除这些有毒有害物质，以满足厌氧生物处理的工艺要求。

众所周知，厌氧生物处理是高浓度有机废水处理的最优选择，但是，通常仅采用厌氧生物处理，对高浓度有机废水和排放要求严格的地区除采用厌氧、好氧处理外，还需有后处理方可达到排放标准。

对于含有高浓度难降解物质的有机废水，采用预处理手段往往是十分有效的，它既可降低或去除部分有毒有害的有机物质，改善其生物降解性，又为后处理创造条件。例如，染料

工业废水、农药废水、制药废水、焦化废水等，这些废水除含有超高浓度的有机污染物外，还含有很强的酸碱物质、很高的盐类和很深的色度，在进入厌氧、好氧处理系统之前，必须采取预处理措施。

对于含高浓度难降解有机物工业废水采用何种物理化学预处理技术，应针对不同类型废水，根据不同处理目标进行选择。

实施废水中有用资源回收是处理高浓度有机工业废水首选的途径，这类技术不仅有效地处理了废水，且可回收废水中的有效成分，产生一定的经济效益，是企业最易于接纳的。适用资源回收的有机工业废水应浓度高、成分较单一，采用某种物化手段即可分离提取其中有用的物质成分。常采用溶剂萃取法、膜分离技术等。除此之外，对某些特定的废水可采用专门的化学资源化技术。如制浆黑液中的主要有机污染物木质素，不溶于酸溶液，通过酸析工艺可将黑液中大部分木质素分离回收利用。

对于既无资源回收价值，又不能直接应用厌氧或好氧生物处理的高浓度有机废水，应选择适宜的物化处理工艺实行预处理，乃至完全处理。

当前国内外针对高浓度难降解有机物的性质，主要研究与应用物化技术，重点是化学氧化、光催化氧化、湿式催化氧化技术等。但这些技术大都属于高新技术，目前研究比较活跃并有显著成效。

尽管厌氧生物处理工艺是处理高浓度有机废水有效的首选的处理工艺，较其他处理方法有其独特的优势。但是，厌氧生物处理方法在氮、磷营养物去除方面效果较差。此外，经厌氧处理后的排水，残存的 BOD、SS 或还原性物质等还很高，达不到排放标准要求，需要采取好氧处理措施。常选用活性污泥法、A/O 法、A/A/O 法、稳定塘、氧化沟和物化法等。选用何种处理工艺应由处理的目标选用。

① 预处理的需求与作用　大多数废水在其处理过程中常使用多个操作单元，采用物理的、化学的和生物的方式协同处理废水，以便取得最佳的处理效率。从这个意义上讲，在厌氧处理前的单元操作均可看作是厌氧工艺的预处理。

厌氧废水预处理的目的之一是去除粗大固体物和无机的可沉固体，这对易于发生堵塞的厌氧滤池尤为重要，对于保护其他类型反应器的布水管道免于堵塞也是必需的。另外，不可生物降解的固体，在厌氧反应器内积累会占据大量的池容。反应器池容的不断减少最终将导致系统完全失效。

同时，去除对厌氧过程有抑制作用的物质，改善厌氧生物反应的条件，改善厌氧可生化性，也是厌氧预处理的主要目的之一。因此，适当的中和加药系统、pH 调控系统和适当的水解酸化，对于保证厌氧反应器的正常运行是至关重要的。

由于厌氧反应对水质、水量和冲击负荷较为敏感，所以对于工业废水而言，设计适当的调节池是厌氧反应稳定运行的保证。

预处理所采用的方法与废水特征密切相关，也与厌氧工艺对进入废水水质的要求密切相关。常见的格栅、预沉池、中和池、调节池等均可作为厌氧处理的预处理。此外，预酸化、营养物的添加、换热、pH 值的调整等，均可能在厌氧处理过程之前采用。对于有毒有害难降解高浓度有机物，还需采用专项预处理措施。

预处理的作用就是去除或降解有机物的有害基团，提高其生物处理性，同时降低废水 COD 浓度，为进一步生化处理提供条件。

② 后处理与深度处理的需求与作用

1) 后处理与深度处理的需求。高浓度有机废水的后处理并不是指生化处理后的脱盐和去除残余有机物的深度处理，而是使用物化法如混凝过滤等方法进一步去除生化处理后出水中的悬浮物。因为生化后出水中 SS 形成的 COD 占废水总 COD 30％以上，故后处理是非常必要的，既为废水回用创造条件，也为废水深度处理提供保障。《焦化废水治理工程技术规范》（HJ 2022—2012）明确规定：送往熄焦、洗煤、炼铁冲渣的焦化废水必须经后处理方可使用。

废水深度净化的目的是将废水回用到生产工艺系统，实现废水"零排放"。特别是针对那些有毒有害的工业废水不得外排的生产企业。焦化废水就属此列。

2）后处理与深度处理的目标与工艺要求。基于上述原因，在高浓度有机废水的厌氧处理工艺后需要有后处理和深度处理。其处理工艺是采用生物的、物理的、化学的、物化的或者多种方法的结合。

后处理-深度处理的目标是：a. 除去残余的有机物、悬浮物、还原物和一些胶体物质；b. 除去氮和磷等；c. 除去病原微生物；d. 除去废水中的硫。

由于病原微生物常存在于生活污水中，也存在于某些工业废水中，经后处理和深度处理后的废水常用于农灌、水产养殖、景观、绿化和冷却，因此，从卫生健康需要来看，除去病原微生物也是十分重要的。

后处理与深度处理的工艺要求为：a. 根据处理后出水水质，分别选择处理工艺；b. 根据废水排出场所或回用水质要求，分别选择处理工艺；c. 选择后续处理和深度处理工艺，应注意水质、水量、用途、场所，要经济适用。

对焦化废水处理而言，用于熄焦、炼铁冲渣和洗煤等废水可不进行深度净化处理。废水深度净化的目的是将其回用到炼焦生产用水系统或用作循环冷却系统的补充用水。

### 10.3.3　处理技术与工艺选择

（1）选择原则

高浓度难降解有机工业废水处理技术的选择受诸多因素影响，主要包括：a. 废水水质与水量及其变化规律；b. 出水水质要求与处理程度；c. 处理厂（站）建设区的地理、地质条件；d. 工程投资和建成后的运行费用。

选择处理技术通常需综合分析上述各因素，建立几个方案，然后通过比选确定。对于某些处理难度较大的高浓度有机工业废水，若无资料可参考时，需要通过试验的帮助来确定处理的工艺和工艺参数。

因此，焦化废水处理技术与工艺选择的基本原则如下。

① 应能脱除焦化废水中所含油类、挥发酚、氰化物、硫氰化物和氨氮等，且不产生二次污染和污染物转移。

② 工艺流程应考虑到基建投资、运行成本、使用寿命、资源占用、能源消耗等因素，通过技术比较确定。

③ 处理设施结构形式、设备及材料的选择，系统有效容积设置及其内部配置应符合焦化废水特点，满足生化处理所需各种微生物的生理和生存需要。

④ 工艺流程应考虑到地域、距离、地质、气象、地震以及气温与水温等自然因素的影响。

⑤ 所选择的处理工艺应技术成熟，且能长期稳定达标运行。

⑥ 不同地区应充分考虑夏季高温和冬季低温对废水处理的影响，生化处理部分应采取必要的夏季降温、冬季保温或增温措施。

⑦ 高浓度焦化废水在送至废水生化处理系统前应进行除油和蒸氨处理，且蒸氨应加碱脱除固定铵。

⑧ 对含油量较高的焦化废水，在预处理段应进行除油处理。生化处理后送熄焦、洗煤和炼铁冲渣等废水可不进行深度净化处理。

⑨ 半焦（兰炭）废水，富含多元酚的酚精制油水分离水，规模较小或品种较少的高浓度化工产品精制废水，在技术经济合理的情况下，可按照相关规定采用焚烧、脱硫废液提取或制酸等单一的物理方法处理。

总之，焦化废水的处理应从优化焦化生产工艺入手，实现焦化废水的资源化和减量化。其处理工艺流程应根据处理废水水质、水量、水温，处理后废水指标要求，处理后所产废物的可能性，废水中有用污染物回收利用的可能性及回收价值等综合因素确定。

（2）处理技术与工艺选择

由于焦化废水非常复杂，要实现废水处理回用与"零排放"，其处理技术工艺的选择应遵循技术先进可行、污染少、运行成本低、基建投资省和系统维护简单的原则。因此，焦化废水处理要实现废水处理回用与"零排放"，宜采用"化工工艺物化处理＋预处理＋生化处理＋后处理＋深度净化处理"的联合处理工艺，并应根据不同生产对象和废水水质状况优先选用如图 10-10 所示的技术工艺。

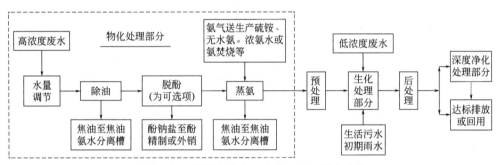

图 10-10 "物化＋生化＋净化"治理技术路线

其中，图 10-10 物化处理部分应归属化工产品回收部分，并应执行化工设计规范及规程。

焦化废水生化处理部分应包括缺氧/好氧（A/O 法）基础生物脱氮工艺单元，并应优先选用下列工艺，或以此为基础扩展和延伸满足更高排放标准或回用要求的处理工艺。

① 缺氧/好氧（A/O）活性污泥法生物脱氮工艺　如图 10-11 所示。

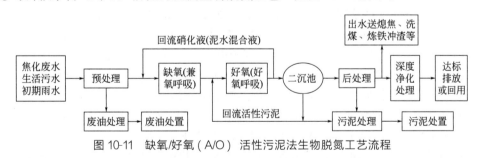

图 10-11 缺氧/好氧（A/O）活性污泥法生物脱氮工艺流程

② 缺氧/好氧（A/O）生物膜/活性污泥法生物脱氮工艺　如图 10-12 所示。

③厌氧/缺氧/好氧（A/A/O）生物膜/生物膜/活性污泥法生物脱氮工艺　如图 10-13 所示。

其中，活性污泥法可用于焦化废水的普通生化脱氮处理的缺氧处理及好氧处理；生物膜法可用于焦化废水的普通生化处理、缺氧及硝化处理和纯氧化及深水曝气的生物脱氮处理。

通过以上分析，焦化废水处理要实现废水处理回用与"零排放"，其处理技术工艺系统

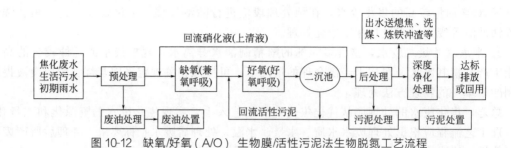

图 10-12　缺氧/好氧（A/O）生物膜/活性污泥法生物脱氮工艺流程

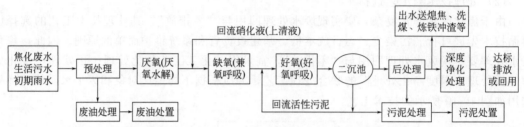

图 10-13　厌氧/缺氧/好氧（A/A/O）生物膜/生物膜/活性污泥法生物脱氮工艺流程

应包括废水分类收集、预处理、生化处理、后处理、深度处理、二次污染控制系统、调试运行、附属配套设施、仪表监控系统与分析化验系统等。限于篇幅，本手册仅研介前五项有关内容。

（3）废水分类收集处理与设计规定

由于生产过程中产生的焦化废水极其复杂、毒性强、浓度差别大、种类多，很多废水具有回收化产效益，因此，必须进行分类收集，或进行化产回收，或进行物化处理后，方可纳入废水生化处理系统。

① 废水处理对化工生产过程中所产生的废液的物化处理技术要求如下。

1）独立的焦油加工和苯精制车间所产生的高浓度焦化废水应进行溶剂萃取脱酚或蒸汽脱酚；必要时应进行蒸氨。

2）对于除兰炭（半焦）生产以外的常规炼焦（包括附设有焦油加工和苯精制）产生的高浓度焦化废水应进行水量调节、除油和蒸氨（要求脱除固定铵）处理。

3）对半焦（兰炭）废水应进行除油、脱酚和蒸氨处理。在除油措施不能有效脱除乳化油和低沸点碱溶性油的情况下，不宜采用溶剂脱酚、蒸汽脱酚和蒸氨工艺。

4）古马隆树脂用氟催化剂催化所产生的含氟废水应先在其车间内进行脱氟处理。

② 下列化学产品精制加工废水应送入焦油氨水澄清池，再并入氨水系统。

1）酸洗法苯精制原料油槽、两苯塔、初馏塔、吹苯塔和各产品塔分离水。

2）苯加氢精制的凝液分离水槽及工艺混合废水槽排出的分离水。

3）焦油蒸馏（常压蒸馏）加工过程中的原料焦油贮槽分离水、焦油蒸馏分离水、酚钠盐蒸吹分离水、吡啶蒸馏分离水、古马隆脱酚排水、酚钠盐洗涤硫酸钠废水。

4）焦油蒸馏（减压蒸馏）加工过程中的焦油蒸馏脱水、吡啶精制脱水、蒸馏塔回流槽排污系统及洗净器排水。

5）改质沥青随闪蒸油分离出来的化合水。

6）经酸洗和碱中和后的古马隆树脂初馏分离水。

7）洗油、精蒽、蒽醌加工过程中产生的原料槽分离水、轻馏分冷凝液分离水、脱盐基设备分离水。

8）煤气水封槽的排水、各类油库刷槽车水。

9）酚精制中和槽汇集的脱油塔经蒸汽蒸吹、脱水塔减压蒸馏脱除水汽的冷凝液，以及精馏塔真空排气系统分离液槽排水。

③ 下列废水应送到焦油氨水澄清槽，再并入氨水系统。

1）煤气脱硫前的煤气预冷塔分离冷凝液。

2）冷法弗萨姆无水氨精馏塔排出的废氨水。

3）粗苯蒸馏分离水。

4）油库焦油罐分离水。

④ 下列废水可直接送入废水处理系统。

1）焦油加工沥青池排污水。

2）低浓度焦化废水与化工泵轴封水。

3）厂区生活污水，化验室排水。

4）生产装置区收集的初期雨水等。

## 10.3.4　生化处理技术规定与设计要求

（1）一般规定与设计要求

① 有效容积、停留时间与回流比

1）生化处理设施的有效容积应按水力停留时间确定。生化处理设施应设计成不少于两个独立系统，均量配置，单系有效容积应按式（10-1）计算：

$$V_{\mathrm{I}} = \frac{Q_{\mathrm{b}}t}{n} \tag{10-1}$$

式中，$V_{\mathrm{I}}$ 为单系的有效容积，$\mathrm{m^3}$；$Q_{\mathrm{b}}$ 为生化处理设计水量，$\mathrm{m^3/h}$；$n$ 为生化处理设施的系列数，个；$t$ 为生化处理设施的水力停留时间，$\mathrm{h}$。

2）生化反应系统的平均水力停留时间应按式（10-2）计算：

$$\mathrm{HRT} = \frac{V}{Q_{\mathrm{b}}} \tag{10-2}$$

式中，HRT 为生化反应系统的平均水力停留时间，$\mathrm{d}$；$V$ 为生化反应设施的总有效容积，$\mathrm{m^3}$。

3）生化处理系统中硝化液的回流比应按式（10-3）计算：

$$R_{\mathrm{d}} = \frac{Q_{\mathrm{d}}}{Q_{\mathrm{b}}} \tag{10-3}$$

式中，$R_{\mathrm{d}}$ 为硝化液回流比；$Q_{\mathrm{d}}$ 为回流硝化液量，$\mathrm{m^3/h}$。

4）回流好氧池泥水混合液的生物脱氮系统，其活性污泥最小回流比应按式（10-4）计算；回流二沉池上清液的生物脱氮系统，其活性污泥最小回流比应按式（10-5）计算。

$$R_{\mathrm{sh}} = \frac{K_{\mathrm{m}} - R_{\mathrm{o}}K_{\mathrm{s}}}{K_{\mathrm{s}} - K_{\mathrm{m}}} \tag{10-4}$$

$$R_{\mathrm{sq}} = \frac{(1 + R_{\mathrm{d}})K_{\mathrm{m}} - R_{\mathrm{o}}K_{\mathrm{s}}}{K_{\mathrm{s}} - K_{\mathrm{m}}} \tag{10-5}$$

式中，$R_{\mathrm{o}}$ 为连续排泥率，其值为排剩余活性污泥量与生化处理水量的比值；$R_{\mathrm{sh}}$、$R_{\mathrm{sq}}$ 分别为以好氧池泥水混合液和二沉池上清液为回流硝化液时的活性污泥最小回流比，其值为回流活性污泥量与生化处理水量的比值；$K_m$、$K_s$分别为泥水混合液和活性污泥的沉降比，以污泥沉降体积比 $SV_{30}$ 计。

② 污泥龄与脱氮率

1) 活性污泥处理系统中的污泥龄可按式（10-6）计算。

$$T_s = \frac{VC_m}{24(Q_w C_s + Q_b C_{ss})} \tag{10-6}$$

式中，$T_s$ 为生化反应设施中污泥停留时间，d；$V$ 为活性污泥反应设施、二沉池和回流污泥井的总有效容积之和，$m^3$；$Q_w$ 为外排剩余污泥量，$m^3/h$；$C_m$ 为生化处理系统中泥水混合液的污泥质量浓度，以 MLSS 计，mg/L；$C_s$ 为二沉池回流活性污泥的污泥质量浓度，以 MLSS 计，mg/L；$C_{ss}$ 为生化处理后出水中含悬浮物的质量浓度，以 SS 计，mg/L。

2) 焦化废水生物脱氮处理的脱氮率应按式（10-7）计算。

$$K_d = \left(1 - \frac{TN_e}{TN_i + \dfrac{C_{CN}}{1.86} + \dfrac{C_{SCN}}{4.14}}\right) \times 100 \tag{10-7}$$

式中，$K_d$ 为焦化废水生物处理的脱氮率，%；$TN_i$、$TN_e$ 分别为生化处理进水和出水中含总氮的量，mg/L；$C_{SCN}$ 为焦化废水中含 $SCN^-$ 的质量浓度，mg/L；$C_{CN}$ 为焦化废水中含 T-CN 的质量浓度，mg/L；1.86、4.14 分别为 $CN^-$ 和 $SCN^-$ 中的氮转化为氨氮的系数。

3) 反硝化（A-O）系统的极限脱氮率应按式（10-8）计算。

$$k_{dr} = \frac{R_d}{1 + R_d} \times 100 \tag{10-8}$$

式中，$k_{dr}$ 为反硝化系统的极限脱氮率，%；$R_d$ 为硝化液回流比。

③ 生化系统酸碱度控制与投碳补磷量

1) 生化反应系统应控制酸碱度在中性区域（pH=6.5～7.5）运行，当系统 pH 值低于控制区间时，应通过调节蒸氨废水 pH 值和在生化处理系统加碱的途径进行调节。生化处理系统中需碱量和需碱药剂量可分别按式（10-9）和式（10-10）计算。

$$W_A = \left[(2 - k_d)C_N + (1 - k_d)\frac{C_{CN}}{1.86} + (4 - k_d)\frac{C_{SCN}}{4.14}\right]\frac{24 A_L Q_b}{1000} \tag{10-9}$$

$$W_{AS} = \frac{W_A}{k_A} \tag{10-10}$$

式中，$W_A$、$W_{AS}$ 分别为生化系统所需碱量和需碱药剂量，kg/d；$C_N$ 为生化处理水含 $NH_3$-N 的质量浓度，mg/L；$A_L$ 为碱度系数，与碱药剂种类有关，可按表 10-18 选取；$k_d$ 为脱氮率或反硝化率；$k_A$ 为碱药剂的纯度。

表 10-18  几种碱的碱度系数 $A_L$

| 碱药剂名称 | $Na_2CO_3$ | NaOH | $Ca(OH)_2$ |
|---|---|---|---|
| 碱度系数 $A_L$ | 3.79 | 2.86 | 2.64 |

2) 焦化废水生化处理中需补加磷。活性污泥系统需磷量和需磷酸盐药剂量可分别按式（10-11）和式（10-12）计算。

$$W_p = \frac{k_s C_m V}{1000 T_s} + \frac{24 C_p Q_b}{1000} \tag{10-11}$$

$$W_{pS} = \frac{W_p}{k_p} \tag{10-12}$$

式中，$W_p$、$W_{pS}$ 分别为活性污泥系统所需磷量（以 P 计）和需磷酸盐药剂量，kg/d；$C_p$ 为生化出水中含磷（以 P 计）质量浓度，mg/L，一般取 0.5～1.0mg/L；$k_s$ 为活性污泥中的含磷量（以 P 计），%，一般为 1.5%～2%；$k_p$ 为磷酸盐药剂的有效含磷量（以 P 计）。

3）$NO_3$-N 反硝化应有足量的有机碳源存在。当以苯酚为有机碳源进行反硝化时，苯酚的理论需要量可按式（10-13）进行计算，实际消耗量可按理论计算量的 1.2～1.5 倍选取；当原水中苯酚含量不足时，需补加甲醇的量可按式（10-14）进行计算。

$$C_b = 1.2C_N + \frac{0.7C_{SN}}{1.86} + \frac{0.7C_{SCN}}{4.14} \tag{10-13}$$

$$C_{me} = 1.59(C_b - C_{bl}) \tag{10-14}$$

式中，$C_b$ 为生化处理水中反硝化所需苯酚的量，mg/L；$C_{bl}$ 为生化处理水中含苯酚的量，mg/L；$C_{me}$ 为生化处理水中反硝化需补加甲醇的量，mg/L。

④ 曝气需氧量　普通生化和生物脱氮系统所需要的氧量可分别按式（10-15）和式（10-16）进行计算。

$$O_s = [ak_cC_{COD} + (1+R_s)D_o]\frac{Q_b}{1000} \tag{10-15}$$

$$O_s = \left[ak_cC_{COD} + b(1-k_d)\left(C_N + \frac{C_{CN}}{1.86} + \frac{C_{SCN}}{4.14}\right) + (1+R_s+R_d)D_o\right]\frac{Q_b}{1000} \tag{10-16}$$

式中，$O_s$ 为生化处理的需氧量，kg/h；$C_{COD}$ 为生化处理水中 $COD_{Cr}$ 的质量浓度，mg/L；$D_o$ 为好氧反应设施内液体中溶解氧的质量浓度；$a$ 为与氧化 $COD_{Cr}$ 有关的好氧系数，一般为 1.2～1.5；$b$ 为与氧化 $NH_3$-N 有关的好氧系数，理论值为 4.57；$k_c$ 为 $COD_{Cr}$ 的脱除率；$R_s$ 为活性污泥回流比。

（2）活性污泥法技术规定与设计要求

活性污泥法常用于焦化废水的普通生化处理和生物脱氮处理的缺氧处理及好氧处理。

① 池型与设计

1）鼓风曝气式好氧池

a. 采用鼓风曝气式好氧池，其配套的鼓风机工作压力应根据好氧池的有效水深、曝气器形式及空气输配系统的总阻力计算确定。

b. 宜采用廊道式反应池。廊道宽度与有效水深度之比宜采用 [（1∶1）～（2∶1）]，廊道可回折成等长的 2～5 段并排布置，每段廊道的长宽比不应小于 4。

c. 回折布置的廊道，在每个水流转折处必须设置间隔墙时，可在间隔墙上设置过流孔 2～3 个，按有效工作水位的上部、中部和下部位置竖向排列，单个过流孔的有效过水断面面积不应小于 1m×1m。

d. 曝气装置的布置应符合生化反应供气和混合的双重要求并应设置消泡系统。

2）表面机械曝气式好氧池

a. 表面机械曝气式好氧池宜选用矩形反应池。好氧池的有效水深应视表曝机性能而定，一般不宜大于 4m。

b. 池应分多格布置，每个系列不宜少于 3 格，池宽与叶轮直径的比值，倒伞型叶轮宜为 3～5，泵型宜为 4.5～7。

c. 在好氧池的折流处必须设置间隔墙时，上、下游两格的间隔墙上应设置过流孔。过流孔与进水口和出水口，过流孔与过流孔之间的平面位置均应成对角线方位布置。

主要设计参数见表 10-19。

表 10-19　活性污泥法生化反应池的主要设计参数

| 生化处理类别 | 水力停留时间/h | | 污泥龄/d | 污泥回流比/% | 硝化液回流比/% | 备注 |
|---|---|---|---|---|---|---|
| | 缺氧生化 | 好氧生化 | | | | |
| 普通生物 | — | 18~24 | ≥60 | 50~150 | — | 脱除 COD |
| 生物脱氮 | 28~32 | 36~46 | ≥100 | 100~300 | 约 300 | 回流二沉池上清液 |
| | | | | 50~100 | 300~600 | 回流好氧池泥水混合液 |

② 缺氧池与好氧池

1) 好氧池

a. 好氧池的超高：当采用鼓风曝气时宜为 0.6~0.8m；当采用机械曝气设备时，其设备平台宜高出设计水面 0.8~1.2m。

b. 好氧池进水和回流污泥均应设置配水渠，配水渠应确保均质等量分配。廊道式好氧池配水方式应确保起端均布、各点均质。完全混合式好氧池进水应与出水口成对角线方位布置。

c. 回流好氧池泥水混合液宜采用空气提升器提升。空气提升器应最大限度地利用好氧池中的有效水深，当提升后的液体采用管道输送时，应在输送管道的起点处采取气液分离措施。

d. 回流活性污泥可采用水泵提升或空气提升器提升。并应在好氧池出口端约 1/2 有效水深高度处设置排上清液口。

e. 好氧池系统的加药点应设置在好氧池的入口端，加药管应采取防低温结晶措施。

2) 缺氧池

a. 缺氧池宜采用水平推进式潜水搅拌的完全混合式活性污泥法。池形宜为矩形，长宽比宜为(1∶1)~(2∶1)，宽深比宜为(1.5∶1)~(3∶1)。缺氧池的超高应不小于 0.4m。

b. 潜水搅拌机应安装在可调节高度的支架上，且便于检修。

c. 缺氧池的系列数宜与好氧池的系列数相匹配。缺氧池出水与好氧池进水宜在底部连通。

（3）生物膜法技术规定与设计要求

生物膜法常用于焦化废水普通生化处理、缺氧反硝化处理和纯氧氧化及深水曝气的生物脱氮处理。

① 生化池

1) 设计参数。生物膜法生化池设计参数应按照表 10-20 选取。

表 10-20　生物膜法生化池主要设计参数

| 生化处理类型 | 负荷类别 | 水力停留时间/h | 硝化液回流比/% | 备注 |
|---|---|---|---|---|
| 生物膜法缺氧池 | 缺氧反硝化 | 28~32 | ≥300 | |
| 生物膜法厌氧池 | 厌氧水解 | 8~16 | — | 可兼作均和池 |

2) 技术规定与要求

a. 生物膜法缺氧池和厌氧池的系列数应相匹配，其有效水深宜为 5~7m。

b. 生物膜法生化池中的填料应布满整个池平面，填料高度不应小于池有效水深的 1/2。

c. 生物膜法生化池应采取有效的配水和集水措施，使整个填料承担的负荷均等。

d. 生物膜法缺氧池的进水量为生化处理原废水量和回流硝化液量之和，硝化液应为二沉池的上清液。

② 二次沉淀池

1) 设计参数与技术规定

a. 二次沉淀池设计参数应按表 10-21 选取。

表 10-21　二次沉淀池的设计参数

| 二次沉淀池类型 | 沉淀时间/h | 表面水力负荷 / [m³/(m²·h)] | 污泥含水率/% | 固体负荷/kg /[kg/(m²·d)] |
|---|---|---|---|---|
| 生物膜法后 | 1.5~2.0 | 1.5~2.0 | 96~98 | ≤150 |
| 活性污泥法后 | 2.0~4.0 | 1.0~1.5 | 99.5~99.6 | ≤150 |

b. 二沉池本体及其各类管道所包含的水量应按表 10-22 确定。

表 10-22　二沉池本体及其各部分管道设计水量表

| 名称 | 池本体 | 进水管 | 中心筒 | 出水管 | 污泥管 | 备注 |
|---|---|---|---|---|---|---|
| 生化处理水 | √ | √ | √ | √ |  | 当回流硝化液为好氧池泥水混合液时二沉池各部分的设计水量均不包括回流硝化液量 |
| 回流污泥量 |  | √ | √ |  | √ |  |
| 剩余污泥量 |  |  |  |  | √ |  |
| 回流硝化液 | √ | √ | √ |  |  |  |

c. 独立设置的二次沉淀池宜采用竖流式或辐流式圆形沉淀池，一体化生化处理设施可采用平流沉淀池。二沉池不宜采用斜板和斜管沉淀池。

d. 二沉池的数量应与好氧池的系列数相配。宜使用同一规格，水力对称布置。

e. 二沉池排泥管的设计流量应等于回流污泥量加上外排剩余污泥量（应考虑间歇排泥时的流通能力），但最小管径不应小于 200mm。

f. 直径≤8m 的沉淀池宜按竖流式沉淀池设计；直径≥18m 的沉淀池宜按辐流式沉淀池设计；直径在 8~18m 的沉淀池，中心筒宜按竖流式沉淀池设计，集水槽宜按辐流式沉淀池设计，其他部位宜按半竖流半辐流式沉淀池设计。

g. 二沉池的有效水深宜采用 2.0~4.5m。竖流式沉淀池的直径与有效水深之比不应大于 2.8，辐流式沉淀池的直径与有效水深之比不应小于 6.8，半竖流半辐流式沉淀池的直径与有效水深之比宜为 2.8~6.8。

h. 直径<5m 的二沉池可使用贮泥有效容积尽可能小的多斗式集泥斗收泥，且集泥斗坡度不应小于 50°；直径≥5m 的二沉池应配备机械刮泥设备。

i. 二沉池应采取连续排泥的方式进行。无刮泥机二沉池的稳定污泥区应为其集泥斗，有刮泥机二沉池的稳定污泥区应为刮泥机刮泥板最高点 0.1~0.3m 以下。

j. 二沉池利用静水压头排泥时，所需静水压头应根据排泥系统的阻力损失计算确定，但生物膜法处理后二沉池不应小于 1.2m，活性污泥法生化反应池后二沉池不应小于 0.9m。

k. 二沉池集水槽上宜安装三角集水堰板，其最大负荷不宜大于 1.6L/(s·m)。

l. 设有刮泥机的二沉池，其底坡度不宜小于 0.01。二沉池的保护高度宜为 0.2~0.4m。

2）圆形二沉池

a. 圆形二沉池中心筒应满足如下要求。

（a）中心筒内流速应不大于 50mm/s。

（b）中心筒下部可做成喇叭口，喇叭口的直径及高度宜为中心筒直径的 1.35 倍。

（c）非辐流式沉淀池中心筒下应设水流反射板，反射板的直径宜为中心筒（或中心筒喇叭口）直径的 1.35 倍，反射板轴向向下坡角宜为 17°。

（d）中心筒下端至反射板表面之间的间隙可按废水最大水流速度不大于 15min/s 计算。

（e）中心筒（或反射板）下沿应伸至污泥缓冲层上部边界处，非辐流式二沉池的中心筒伸入液面下的深度不应小于 2.2m。

b. 圆形二沉池污泥缓冲层高度，有反射板时宜为 0.3m，无反射板时宜为 0.5m。

c. 圆形二沉池刮泥机旋转速度宜为 1~3r/h，刮泥板的外缘线速度不宜大于 3m/min；

3）平流沉淀池

a. 每格长度与宽度的比值不应小于 4，长度与有效水深的比值不应小于 8。

b. 刮泥机械的行进速度宜为 0.3~1.2m/min。

c. 缓冲层高度宜为 0.3~0.5m。

4）刮泥机

a. 直径≤14m 的刮泥机应设 2 条刮泥耙子，成 180°夹角布置。

b. 直径 16~30m 的刮泥机应设 4 条刮泥耙子，成 90°夹角布置。

c. 直径≥30m 的刮泥机的刮泥耙子个数不应少于 6 条，在整个圆周内均布。

d. 刮泥板与径向宜成 45°角安装，刮泥板长度应使相邻两个刮泥板走行所扫过的圆环带有不小于 50mm 宽的重合带。

e. 刮泥板上应加装厚度不小于 15mm 的橡胶板，橡胶板长度不应小于刮泥板长度，橡胶板伸出刮泥板下沿的高度宜为 100mm 左右；橡胶板的下沿应与二沉池底内表面恰好接触。

## 10.3.5　预处理、后处理和深度处理技术规定与设计要求

（1）预处理技术规定与设计要求

焦化废水在进入生化处理前应进行预处理。预处理应包括如下内容：a. 低浓度焦化废水收集、储存、加压和输送设施；b. 废水的水量调节设施；c. 废水的水质均和设施；d. 当焦化废水的含油量较高时，还应增设废水除油设施。

预处理的设计废水流量应为进入废水处理站时所有焦化废水量。厂内生活污水和生产装置区收集的初期雨水应经过水量调节后，适度均匀地送到预处理或生化处理系统。预处理分离出的油渣应纳入二次污染控制系统进行油水分离回收处理。

① 水质水量调节池

1）调节池

a. 调节池应设计成不少于两个独立系列，其总有效容积应能容纳 16~24h 的预处理焦化废水量。

b. 调节池进水管宜从其最高水位以上进入。出水管最小管径不应小于 100mm。

c. 调节池池底出水管处应设集水坑，出水管中心标高不应高于调节池池内底标高。

2）均和池

a. 均和池应设计成不少于两个独立系列，且应采取搅拌等水质均和措施。

b. 均和池的形状可根据废水处理站的地形而定，一般多采用矩形，且宜与隔油池及调节池整体设置。

c. 均和池进、出水宜采用自流方式。均和池水力停留时间应为 8~16h。

d. 采用空气搅拌时，有效水深应与鼓风机的工作压力相匹配。

② 除油池与隔油池

1）除油池

a. 除油池设计参数。

（a）水平流速不应大于 3mm/s。

（b）有效水深不应大于 2m。

（c）长宽比不应小于 3。

（d）出水堰前浮油挡板淹没深度不应小于 0.5m。

b. 除油池应优先选用平流式除油池，除油池水力停留时间不应小于 3h。

c. 不同水质的来水宜分别接入除油池，且每个系列进出水管（渠）宜为水力对称布置。

d. 除油池进水应设整流堰或配水管。除油池出水管管径应根据水力计算确定，但不应小于 100mm。

e. 集油斗内重油应用蒸汽间接加热，油加热温度应升至 70℃以上。集油斗上面缓冲层高度为 0.25～0.5m，池顶水面上安全保护高度不应小于 0.3m。

f. 重力排油时，集油斗斜壁坡降不应小于 50°，其所需水压头不应小于 1.2m。

g. 重力排油管管径不应小于 100mm，并应有不小于 2% 的坡度坡向油接收池。

h. 重力排油管应设蒸汽吹扫，压力排油管应设降热设施。

2）隔油池。隔油池应设置收集重油的集油斗和排油管道。隔油池水力停留时间不应小于 1.5h。

③ 气浮池

1）一般规定与要求

a. 气浮池宜设计成矩形或圆形。气浮池水力停留时间应为 0.5～1.0h。

b. 气浮可采用加压溶气气浮或负压溶气气浮。气浮池出水应设出水堰板。

c. 气浮池可为单系列，但应设置不经过气浮直接进入下一道处理工序的超越管。

d. 当废水量较小时，宜采用全废水量加气气浮；当废水量较大，采用部分水加气气浮时，加气水宜采用气浮后水。

e. 出水管管径应根据水力计算确定，但不应小于 100mm。

f. 排油管管径不应小于 100mm，并应有不小于 2% 的坡度，坡向油水分离槽。

g. 加压溶气水应通过释放器进入气浮池，释放器的形式及数量应根据气浮池池形而定，释放器应均匀对称布置。气浮池出水应设出水堰板。

2）气浮溶气系统

a. 气浮溶气水量宜按气浮水量的 30% 计。

b. 气浮溶气量宜为溶气废水量体积的 5%～10%。

c. 加压气浮溶气罐的工作压力宜为 0.3～0.5MPa。

d. 溶气罐内停留时间宜为 2～4min。

3）矩形气浮池

a. 反应段停留时间为 10～15mim。

b. 废水在气浮池内的水平流速不应大于 10mm/s。

c. 有效水深不应大于 2.5m。

d. 池长与池宽之比不应小于 4.5。

e. 池宽与有效水深之比不应小于 1.0。

f. 刮渣机走行速度宜为 0.3～1.2m/min。

g. 保护高度宜为 0.4m。

4）圆形气浮池

a. 表面负荷不应大于 $4.0m^3/(m^2 \cdot h)$。

b. 有效水深不应大于 $1.5m$。

c. 缓冲层高度不应小于 $0.25\sim0.5m$。

d. 中心管流速不应大于 $0.1m/s$。

e. 池底坡度不应小于 0.01，坡向集油斗。

f. 刮渣机的转速宜为 $1\sim3r/h$，最大线速度不应大于 $1.2m/min$。

g. 出水堰前浮油挡板淹没深度不应小于 $1.0m$。

h. 保护高度宜为 $0.3\sim0.4m$。

（2）后处理技术规定与设计要求

后处理应包括如下内容：a. 废水混合、反应、沉淀设施；b. 药剂制备及投加系统；c. 排泥系统；d. 废水过滤设施。焦化废水后处理工艺宜设置絮凝沉淀和过滤设施。

① 絮凝沉淀

1）絮凝沉淀池宜采用竖流式或辐流式沉淀池，主要设计参数如下。

a. 水力停留时间不应小于 2h。

b. 表面水力负荷宜为 $1\sim1.5m^3/(m^2 \cdot h)$。

c. 絮凝污泥产量可按絮凝沉淀处理水量的 1%～6% 选取。

d. 絮凝污泥含水率可按 99.5% 选取。

e. 絮凝沉淀池的结构形式及其他设计参数除进水管有特殊要求外，其他可参照二沉池。

2）絮凝沉淀处理所用絮凝剂和助凝剂的种类和数量可通过试验确定，亦可参照相似条件的运行实例有关数据确定。

3）絮凝沉淀设计流量可按式（10-17）计算：

$$Q_f = Q_b - Q_r \qquad\qquad (10\text{-}17)$$

式中，$Q_f$ 为后处理水量，$m^3/h$；$Q_b$ 为生化处理水量，$m^3/h$；$Q_r$ 为直接回用水量，包括送熄焦、洗煤等水量，$m^3/h$。

4）废水和絮凝剂的混合过程应满足下列条件。

a. 混合速度梯度 $G$ 值应 $\geq300s^{-1}$。

b. 混合时间宜为 $30\sim120s$。

c. 混合点至反应池间连接管（渠）内流速宜为 $0.8\sim1.0m/s$。

d. 连接管（渠）内停留时间应 $\leq30s$。

5）絮凝反应应满足下列条件。

a. 絮凝反应时间 $5\sim20min$。

b. 隔板反应池反应速度可分为六个等级，分别为 $V_1 = 0.5m/s$、$V_2 = 0.4m/s$、$V_3 = 0.35m/s$、$V_4 = 0.3m/s$、$V_5 = 0.25m/s$ 和 $V_6 = 0.2m/s$。

c. 机械搅拌反应池的桨板中心线速度可分为三个等级，分别为 $V_1 = 0.5m/s$、$V_2 = 0.35m/s$ 和 $V_3 = 0.3m/s$。

d. 当絮凝反应池与絮凝沉淀池用管道连接时，连接管内的流速不应大于 $0.2m/s$，也不得小于 $0.15m/s$，并不得出现跌水等紊流现象。

e. 絮凝反应不得采用空气搅拌方式。

② 过滤

1）过滤器与滤料级配

a. 絮凝沉淀后废水宜采用过滤处理，过滤应采用双层滤料过滤器，上层为无烟煤，下层为石英砂，其级配可按照表 10-23 选取。

表 10-23 双层滤料级配表

| 滤料 | 粒径/mm | 不均匀系数 $k_{80}$ | 厚度/mm | 密度/（g/cm³） |
|---|---|---|---|---|
| 无烟煤 | $d_{max}=1.8$；$d_{min}=0.8$ | $<2.0$ | $800\sim1000$ | $1.47\sim1.88$ |
| 石英砂 | $d_{max}=1.2$；$d_{min}=0.5$ | $<2.0$ | $400\sim600$ | 2.65 |

b. 过滤器的数量不宜小于 2 台，过滤器反冲洗水应采用过滤水，其排水应送至絮凝沉淀系统，过滤水及反冲洗水应分别设置有充足水量调节容积的贮水池。c. 当絮凝沉淀池具有足够大的压力时，可采用重力式无阀过滤器，否则应采用压力过滤器。

2）压力过滤器设计参数

a. 过滤速度宜为 2.5～4.7mm/s。

b. 气反冲洗强度宜为 12～13L/（s·m²）。

c. 水反冲洗强度宜为 11～12L/（s·m²）。

d. 反冲洗周期宜为 8～12h。

e. 滤床膨胀率宜为 40%～50%。

f. 水反冲洗前最大水头损失宜为 2.5～4.5m。

g. 一次气水反冲洗耗时约为 40min。

h. 过滤后出水悬浮物浓度不应超过 5mg/L。

（3）深度处理技术规定与设计要求

① 工艺选择与要求

1）选择原则

a. 能长期稳定达标运行。

b. 不产生二次污染和污染物转移。

c. 节约资源和能源。

d. 避免高额的运行和维修费用及频繁的维修和大修。

2）深度净化处理工艺应优先选用能有效脱除生化处理后废水中残留的有机污染物，且不产或少产富含有机污染物的浓缩废液，或对所产浓缩废液能有效治理的处理工艺。

3）深度净化处理后水用作循环冷却水系统的补充水时，应脱除焦化废水中所含的无机盐，包括其中富含的氯离子。

② 深度处理工艺流程

1）深度净化处理流程应适应焦化废水的水质特征及深度处理后的用水对象的水质要求。

2）处理工艺流程选择如下。

a. 采用湿法熄焦生产的独立焦化企业和采用干法熄焦生产的钢铁联合企业宜采用如图 10-14 所示的深度净化处理工艺流程。

b. 采用干法熄焦生产的独立焦化企业宜采用如图 10-15 所示的工艺流程。

③ 浓缩液处理途径　深度处理的浓缩液可按下列途径进行处理和处置：

1）达标排放；

2）送市政污水处理厂进行再处理；

3）进行汽化提盐。

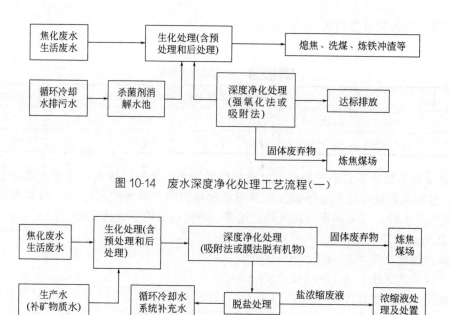

图 10-14　废水深度净化处理工艺流程(一)

图 10-15　废水深度净化处理工艺流程(二)

## 10.3.6　生化处理设计有关规定与要求

要实现焦化废水处理系统正常运行和废水处理回用,在其工程设计中要注意:①总体布局与平面布置;②高程确定与管渠布置;③相邻建(构)筑物间的间距与要求以及其他相关的问题。

(1)总体布局与平面布置

因受废水处理规模、废水处理工艺、构(建)筑物形式、所选设备类型、废水处理站地形地貌、地区气象条件及水文地质条件等多种因素的影响,故各废水处理站的总体布局和平面布置往往是互不相同的。

① 总体布局和平面布置应考虑的因素

1)焦化废水处理站的位置坐落在常年主导风向的下风向,并应远离居民区、厂内生活区和受到国家或地方保护的有关地带。

2)同一废水处理的所有设施最好放在同一个区域内,应尽量避免废水处理设施在厂区内分散布置或跨区域分割设置。

3)在占地紧张的情况下,构筑物间可考虑采用多层立体布置,但应权衡征地费用、基建费用和经常性动力费用等多项因素,使综合经济指标达到最优化。

4)废水处理构筑物应优先以水流通过的前后顺序按流程布置,特别是以重力流方式连通的两构筑物之间应尽可能相邻布置,以减少水流迂回或远距离输送。

5)建(构)筑物的分布及设备的选型应尽量使系统间的联络管道的数量为最少和长度为最短。同一构筑物内的液体回流应优先考虑使用潜水泵提升和渠道输送,不同构筑物间的液体回流应优先考虑使用潜水泵或液下泵提升。

6)平行系列的相同构筑物应尽可能成几何形式对称布置,不规则地形应力求做到水力对称或局部几何对称。

7)对今后需改扩建的废水处理站应预留改扩建用地,并预留有新旧两个系统之间对接或联络的接口。

8）构筑物的布置还应考虑到废水来水的方向和处理后排水的去向。建筑物应将经常有人工作的场所置于常年风向的上风向，并尽可能置于向阳面，噪音较大的鼓风机室应远离经常有人滞留的场所，天平室位置应避开振动源。

② 相邻建（构）筑物的间距规定与要求

1）相邻建（构）筑物间的间距应保证在地基开挖时不影响对方的稳定性。一般彼此间的净距，数值上一般应不小于与相邻两建（构）筑物基础埋深的高差，特殊地质情况应按土壤的安息角计算。特别要考虑分期施工和地下部分检修时对相邻建（构）筑物的影响。

2）在寒冷地区，若废水处理构筑物采取覆土防冻（或保温）时，还应考虑到覆土或保温层对占地的需要。

3）应满足渠道及各种埋地、架空和地沟内设置的管道及电力电讯电缆等敷设用地需要。焦化废水处理站区域内应设有雨水排水系统，并根据需要设置雨水口。架空设置的管道（包括各种水管道、药剂管道、鼓风空气管道、蒸汽管道及压缩空气管道等）、动力电缆及仪器仪表信号线应综合考虑，一般应优先考虑在建（构）筑物壁上架设或在连接建（构）筑物间的高架管道上走行，不具备上述条件时，应设置综合管廊。焦化废水处理站的来水管道不得设置直接排入厂区其他排水管道或直接排入水体的超越或溢流管道。

4）应留有设备安装、检修的位置，留有设备和药剂等运输车的通道。

5）应照顾到整个废水处理站的整体整洁和美观，应留有适量的美化和绿化用地。应根据地区特点等选择废水处理站区域内适宜的室外地坪及人行通道形式。

需要经常上人操作或化验取样的建（构）筑物之间应用走台相连通。高出地面的构（建）筑物应设供人上下的固定梯子，占地面积较大的构筑物或数量较多的构筑物群的人梯个数不应少于两个。在曝气池、均和池、二沉池及事故调节池等深度较大的构筑物内应设置能下到池底的直爬梯。

（2）废水处理构筑物的高程确定

① 高程确定方法　废水处理构筑物的基准控制标高应为重力流系统中最后一个处理构筑物的出水堰上水面高度。一般应以能使其出水自流排入排水管网或进入接收水池为宜，并同时使基建投资和运行费用间达到优化。

单个构筑物的控制标高应为其出水堰上水面高度，当出水靠自流进入下一级水处理构筑物时，上下两组构筑物（或设施）间两出水堰上水面高度差 $\Delta H$（mm）应按式（10-18）进行计算。

$$\Delta H = \sum h_f + \Delta h_1 + \sum \Delta h_2 \tag{10-18}$$

式中，$\sum h_f$ 为上下两级构筑物出水堰间沿程及局部水头损失总和，mm；$\Delta h_1$ 为上级构筑物出水堰上水面与其集水槽内水位间的水位落差，其数值应以使上下两级构筑物间的水流不产生相互干扰为宜，一般为 100mm 左右；$\sum \Delta h_2$ 为上级构筑物出水堰下集水槽至下级构筑物出水堰间所产生的各种跌水高度的总和（mm），其中包括计量堰、配水槽及其他可能产生的跌水。

废水处理构筑物的高程确定与其总体平面布置、所处位置的地形地貌、废水处理工艺、采用的设备形式、技术与经济指标等多种因素有关。图 10-16 为某焦化废水处理构筑物高程图实例。

② 相关构筑物的液位高差　上下两级构筑物（或设施）间两出水堰上水面间高度差 $\Delta H$ 与所采用的工艺、构筑物型式及地形高差有较大的关系。若絮凝沉淀所采用的混合和絮凝反应方式不同，所产生的水头损失及水位落差也不一样。在平坦地带各相关废水处理构

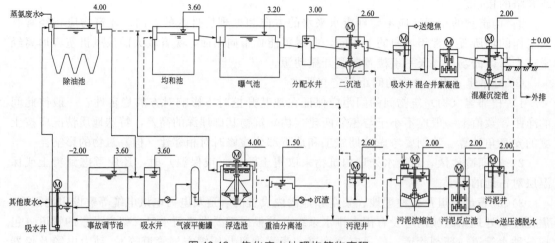

图 10-16　焦化废水处理构筑物高程

物控制液面间的液位高差应控制在 200～1000mm 之间为宜，具体分布见表 10-24。

表 10-24　各相关废水处理构筑物控制液面间的液位高差

| 上游设施 | 除油池 | 浮选池 | 除油池 | 均和池 | 均和池 | 厌氧池 | 兼氧池 |
|---|---|---|---|---|---|---|---|
| 下流设施 | 浮选池 | 均和池 | 均和池 | 厌氧池 | 兼氧池 | 兼氧池 | 好氧池 |
| 控制高差/mm | 400～600 | 400～600 | 400～1000 | 400～600 | 400～800 | 400～1000 | 400～600 |
| 上游设施 | 均和池 | 好氧池 | 曝气池 | 分配水井 | 好氧池 | 曝气池 | 二次沉淀池 |
| 下流设施 | 曝气池 | 分配水井 | 分配水井 | 二次沉淀池 | 二次沉淀池 | 二次沉淀池 | 絮凝沉淀池 |
| 控制高差/mm | 400～600 | 200～400 | 200～400 | 400～600 | 400～600 | 400～600 | 600～1000 |

　　不规则地形应合理地利用自然地理位置高差，有回流液联系的构筑物之间应尽可能放在同一高程平面上。不存在回流关系的构筑物之间应最大限度地利用自然地形位置高差，降低基建投资和运行动力费用。当两相邻设施所在处的自然地形高差较大，其间的重力流管道中水流速度超过其极限流速时，可采用跌水形式进行消能。

　　(3) 管道部署与供排水管网设计有关问题

　　① 管道布置设计与施工要求

　　1) 一般连接两构筑物间的自流输液管道内的流速应不小于 0.3m/s，并按管道的沿程水头损失控制在 $i=0.003～0.010$ 之间进行选用。但在遇到自然地形高差较大的情况，输液管道内的流速不应大于其管材所能承受的极限流速。

　　2) 连接两构筑物间的自流输液管道应采用淹没流输送，管道走行采用平坡、全程正坡或全程倒坡均可，但不应出现虹吸或倒虹吸。输液管道起端管内顶在集水槽水面下的淹没深度 $\Delta H$（mm）可按下式进行计算：

$$\Delta H = \sum h_{\mathrm f} - iL + \Delta h \tag{10-19}$$

　　式中，$\sum h_{\mathrm f}$ 为输液管道的沿程和局部水头损失总和，mm；$i$ 为输液管道的坡度，顺坡时为正，反坡时为负；$L$ 为输液管道的长度，mm；$\Delta h$ 为输液管末端管内顶在水面下的淹没深度，当管内顶在水面下时为正，当管内顶在水面上时为负。

　　3) 沉淀池或浓缩池与其各自污泥接收池间的排泥连接管应有足够大的管径，使污泥池抽泥泵达到最大抽泥量时，沉淀池或浓缩池的液位与各自污泥接收池动液位间的落差尽可能得小，以尽可能地减少污泥，提升泵的工作压头。污泥接收池的池顶高度一般不应低于与其相连的沉淀池或浓缩池的出水堰上水面高度。沉淀池或浓缩池排泥一般不采用泄压方式排出，当必须泄压排出时，污泥接收池的进泥管应与污泥接收池内的液位实行自动连锁。

4）均和池、兼氧池及曝气池的配水槽宜采用半淹没式，即配水槽的内底面应在其所在池内工作水位以下，这样做一方面是为了增大配水槽的过水断面，达到配水均匀的目的；另一方面是为了有效利用现有水头和避免产生不必要的水位落差。落水管的长度除配水均匀性和配水点位置要求外，对于曝气池和好氧池来说，适当增加落水管的长度，还可以有效地利用配水槽内与曝气池内液体所存在的密度差，在上一级构筑物出水堰高度保持不变的情况下相应地提高曝气池出水堰的高度。

5）废水处理构筑物上设置的输水渠道的最小宽度不得小于 200mm。当输水渠道的总深度大于 500mm，且渠道宽度不足以进入施工和维护时，渠道断面应为阶梯式结构，下部断面按输水渠道进行设计，上部断面宽度应满足人的操作要求，一般应不小于 450mm。

6）输水渠道可采用顺坡或平坡设置，渠内水流的流速应考虑到水头损失限制，并以渠内不产生沉积和渠道不受破坏性冲刷为宜。

7）多系统设置的管道（包括各类管道）和渠道的分支点后的合适位置处应分别设置控制阀门和闸板。

8）对于一些可能集存死水的管道和渠道，应增设放空系统，在寒冷地区还应对其采取防冻措施。

架设在有通车要求地方的架空管道，其架设高度应按最大通车高度考虑，但最低净高不应小于 3.0mm。

9）对废水处理设施的重要部位，要求土建设计和现场施工采取特殊措施。对输水渠、配水槽和集水槽的过水面应进行特殊抹面处理，对于规模较大的废水处理，其集水槽和输水渠的过水断面可采用水磨石抹面或瓷砖贴面；出水堰上宜设高度可调的三角出水堰板，且应采取出水堰板与出水堰之间、出水堰板与同它相接的池壁之间密封不渗水的措施；施工时应采取特殊方法，应确保输水渠道过水断面及出水堰形状规整、不变形；应确保输水渠道内底及出水堰顶的标高要尽可能准确、误差小，输水渠道过水面抹面要平滑等。

② 供排水管网设计的主要问题

1）煤焦系统配煤槽、煤塔及筛贮焦楼内的给排水管道不得从其贮煤槽或贮焦槽内穿过，一般供水管道应尽可能借助于楼梯间走行，排水管道可走建筑的外面，对于寒冷地区应采取防冻措施。

2）室内管道布置应避开吊车及吊车梁、吊装孔、人孔、胶带输送机尾部的皮带拉紧装置、暖气片、通风孔、电器开关及工作人员经常走行通道等位置。

3）供排水管道在穿越地下室墙壁时应预埋防水套管。

4）为防止排水管道倒灌，焦炉烟道及地下室地坑排水泵的压出水管上应装止回阀和阀门。如果排水泵设有用自身回流的方法调节排水量或冲洗集水坑时，回流水管应从排水泵出口与止回阀之间的管道上接出。

5）对于地面抬高或总长较长的推焦车轨道，其间应设有雨水排水，一般为每隔一定距离设一个雨水口，并用管道引至推焦机外侧轨道之外。

6）各类管沟及仪器仪表井类等地下设施的排水，若直接用管道与排水管网连通时，应采取防排水倒灌措施。

7）对于水熄焦工艺，因焦台与熄焦车轨道间距很小，煤塔及炉端台内的供排水管道很难从熄焦车侧通过，一般要走推焦机侧。

8）对于小型焦炉，一般两焦炉共用一个烟囱，因而使烟道内侧形成了一个封闭的环形岛，因此，在烟道内侧不应设有自流排水管道，对非设不可的压力或余压供水排水管道可从烟道上方绕过，烟道排水点及烟道排水泵房不应设在环形岛内。

9）煤焦系统冲洗地面排水，其排水管出户后的第一个检查井应设为沉淀式检查井。

10）建（构）筑物的生活供水进口管与其中各类排水管道出户管间的水平距离应不小于1.5m。

# 10.4 生物脱氮处理技术

焦化废水传统的生物脱氮工艺，即全程硝化-反硝化生物脱氮技术。我国的焦化废水生物脱氮技术规模性研究始于20世纪80年代末90年代初，90年代中期取得了重大进步，开发了生物脱氮的A/O法、$A^2$/O法、O/A/O法和A/$O^2$法等。近10多年来，生物脱氮技术又有重大深化与发展。

## 10.4.1 A/O法脱氮工艺

### 10.4.1.1 A/O工艺的形成与发展

（1）A/O法

A/O的活性污泥法是在普通活性污泥法基础上的改进。A/O法的工艺原理就是充分利用微生物的反硝化作用进行脱氮。在A/O法流程中，废水先流入缺氧的反硝化系统与经硝化后含有硝态氮和亚硝态氮的回流水混合，进行反硝化反应。废水中的有机物为该段反硝化的进行提供了碳源，另外，反硝化段产生的碱度可以提供给硝化段，中和该段生产的$H^+$。在我国，A/O处理工程的实验室研究开始于20世纪80年代末，分别于1989年和1991年完成了生物脱氮处理工程的小试和工业应用试验，取得了令人满意的结果。并于1993年设计了处理规模6000$m^3$/d的废水处理设施，于1994年开始了处理运行。

A/O法虽然是利用水中有机物和回流污泥作为碳源，但该工艺中污泥循环是在缺氧和好氧之间往复循环，污泥中既有硝化菌，也有反硝化菌。硝化菌是在好氧条件下发挥作用，在缺氧条件下受到抑制，而反硝化菌则正好相反。因此，无论是硝化菌还是反硝化菌，都有一段时间处于抑制状态。而要恢复到高效状态，则需要一定时间，水力停留时间（SRT）将延长，对于氮浓度很高的焦化废水，这一矛盾更为突出。因此，为提高焦化废水的净化效果，必须进行改进。

（2）$A^2$/O法

$A^2$/O法是在厌氧、缺氧、好氧三个不同的环境下，不同种类的生物菌群有机配合，能同时具有去除有机物、脱氮除磷功能的一种工艺。厌氧、缺氧、好氧交替运行，因此，丝状菌不会大量繁殖，SVI一般小于100，不会发生污泥膨胀，厌氧-缺氧池只需轻缓搅拌，使混合均匀即可，处理效果较好。

Li等比较了$A^2$/O与A/O工艺对焦化废水的处理效果，在水力停留时间（HRT）大致相同的条件下，这两个系统对COD和$NH_3$-N具有几乎相同的处理效果。由于$A^2$/O增加了水解酸化阶段，因此比A/O对有机氮和总氮具有更好的处理效果。研究发现，系统在优化条件下，$A^2$/O固定生物膜系统对除碳、硝化、脱氮起到了比较令人满意的效果。

$A^2$/O生物脱氮工艺是在A/O工艺流程的基础上增加1个厌氧处理段，通过水解酸化作用转化废水中颗粒性或溶解性有机物来提高焦化废水的可生化性，实现有机碳的较完全降解和高效的反硝化。$A^2/O$ 工艺不但具有 A/O 法流程的一切优点，而且由于在缺氧段前增加了厌氧段，因而提高了该工艺对碳源的氧化分解能力。

（3）$A/O^2$ 法

在传统的硝化-反硝化脱氮过程中，由 $NO_2^-$ 转化为 $NO_3^-$ 时需要消耗一定的溶解氧，由 $NO_3^-$ 再转化为 $NO_2^-$ 时则消耗更多的有机碳源。如果控制 $NO_2^-$ 的直接反硝化，使 $NO_2^-$ 不转化为 $NO_3^-$，就形成了所谓的短程硝化-反硝化工艺（亦称节能型生物脱氮工艺），简称 $A/O^2$ 工艺。其中，A 段为缺氧反硝化段，$O_1$ 段为亚硝化段，$O_2$ 段为硝化段。该工艺具有以下优点：a. 与 A/O 工艺相比，可节省 40％左右的碳源，在碳氮比一定的情况下可提高总氮的去除率；b. 减少 25％左右的需氧量；c. 降低 20％左右的碱耗；d. 缩短 HRT；e. 减少50％左右的污泥产生量。采用短程硝化-反硝化技术处理焦化废水，中试试验结果表明，进水 $NH_4^+$-N 和 TN 浓度分别为 510.4mg/L、540.1mg/L 时，出水 $NH_4^+$-N 和 TN 的平均浓度分别为 14.2mg/L、181.5mg/L，相应的去除率分别达到 97.2％、66.4％。与 A/O 工艺相比，该工艺可承受氨氮负荷高，且在较低的 C：P：N 值条件下可使 TN 有效去除。目前，宝钢一、二期焦化废水处理工程就是对原 A/O 工艺优化后采用了 $A/O^2$ 工艺脱氮，效果较好。

（4）O/A/O 法

O/A/O 工艺从功能上分为初曝和二段生化脱氮系统。$O_1$ 段作为初曝系统，用好氧微生物将废水中的易降解有机物和部分可降解的有毒有害物质去除，该段作为预处理工艺为 A 段和 $O_2$ 段减轻了污染负荷，并减少了废水中酚、氰等有害物质对 A 段中反硝化菌及硝化菌的冲击，为生物脱氮提供了一个稳定的环境；二段生化系统（$A/O_2$）的功能主要是生物脱氮和去除剩余污染物，通过调整 A 段和 $O_2$ 段之间的回流量实现更强的硝化-反硝化功能。李柳等试验了 $O_1/A/O_2$ 工艺对焦化废水的处理，其中试结果表明，未稀释的焦化废水总HRT 为 80h 下运行时 COD 去除率达 93.16％，$NH_4^+$-N 去除率达 98.74％。刘廷志等对浙江某焦化厂水处理工程中将高效微生物与 $O_1/A/O_2$ 处理工艺结合，在 HRT 为 22h 和不外加碳源的情况下将废水中的 $NH_4^+$-N 从 600～800mg/L 降到 15mg/L 以下，$NH_3$-H 去除率为 95％～98％，TN 去除率超过 80％，显示出较好的处理效果。

## 10.4.1.2　A/O 法的改进与完善

原始的焦化废水生物脱氮为三段处理，即第一段由好氧微生物将酚、氰、硫氰化物等氧化成 $CO_2$ 和 $H_2O$ 等；第二段由硝化类细菌把 $NH_3$-N 氧化为 $NO_3$；第三段由兼氧菌在加甲醇的情况下进行反硝化脱氮，将 $NO_3$ 转化为 $N_2$。该工艺每一段的水力停留时间都在 24h 左右，且该工艺需要消耗大量的空气和外加有机碳。因此，无论是从基建投资还是运用费用方面都限制了其使用。

近 20 多年来，实现了 COD 物质的氧化与 $NO_3^-$-N 厌氧反硝化的一体化，即将 COD 物质的好氧氧化段和厌氧反硝化段合二为一。利用焦化废水中的碳源作为 $NO_3^-$-N 反硝化的碳源。这样做的结果，一方面使好氧过程中所需的 $O_2$ 由 $NO_3$ 中脱除的 ［O］来代替，从而省去了原好氧生化段所需的部分空气用量；另一方面，以焦化废水中的碳源作为 $NO_3^-$-N 反硝化的碳源，不需要再加甲醇。因而该工艺较原始脱氮流程具有较大的优越性。

改进后的生物脱氮工艺变为"厌氧/好氧"（A/O）流程，即废水中所含的 $NH_3$-N 在好氧条件下由亚硝化转化为 $NO_2^-$，再由硝化细菌将 $NO_2^-$ 转化为 $NO_3^-$，经硝化处理后的含$NO_3^-$ 水送到缺氧反硝化段，与原焦化废水一起在兼性细菌的作用下，利用 $NO_3^-$ 中的 ［O］

进行厌氧呼吸，分解废水中的 COD 类污染物，使其变为 $CO_2$ 和 $H_2O$，同时 $NO_3^-$ 中的 [N] 也转变为 $N_2$ 放入大气，实现了焦化废水中的污染物与 $NH_3$-N 的同步转换。

可用于焦化废水的生物脱氮工艺较多，常用的有"缺氧/好氧（A/O）"工艺流程（外循环），"厌氧/缺氧/好氧（$A^2$/O）"工艺流程（外循环）以及"缺氧/好氧（A/O）"工艺流程（内循环）三种，其工艺流程分别如图 10-17～图 10-19 所示。

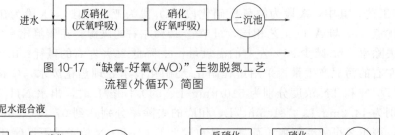

图 10-17 "缺氧-好氧（A/O）"生物脱氮工艺
流程（外循环）简图

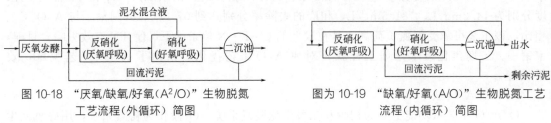

图 10-18 "厌氧/缺氧/好氧（$A^2$/O）"生物脱氮
工艺流程（外循环）简图

图为 10-19 "缺氧/好氧（A/O）"生物脱氮工艺
流程（内循环）简图

前两个流程的缺氧段主要是借助于曝气池回流的泥水混合液提供硝酸盐，使兼氧细菌在其中进行厌氧呼吸反硝化的同时，也脱除了废水中所含的大多数有机和部分无机好氧物质。好氧段主要是利用硝化类细菌进行氨氮的好氧化硝化。因这两种工艺的回流污泥均到反硝化阶段，故被称为外循环工艺。A/O 内循环流程是 A/O 流程的改进型，该流程克服了 A/O 外循环流程活性污泥交替处于缺氧、好氧状态，致使污染活性受到抑制的缺点。

$A^2$/O 流程比 A/O 流程多一个纯厌氧段，该段没有氧参与，属于厌氧发酵过程。由于第一个 A 段水力停留时间较短，根本达不到产甲烷阶段，实际上也没有进入产酸阶段，焦化废水处理增加此段的主要目的是借用厌氧生物对多环芳香族化合物的解链作用和对氰化物及硫氰化物的水解作用，把好氧（或缺氧）生物难降解的物质变成易降解的物质，该段采用生物膜法。

因缺氧反硝化段兼有厌氧段的功能，实际上这两种流程的运行效果基本相同。

第三种流程的缺氧反硝化段采用的是生物膜法，靠回流二沉池的上清液进行缺氧反硝化，而好氧段采用的是活性污泥法进行氨氮的好氧硝化。该工艺的回流污泥直接回到硝化段，不经过厌氧段，通常称为内循环工艺。

内循环和外循环的主要区别在于回流的硝化液是二沉池的上清液还是曝气池中的泥水混合液。由于外循环工艺的缺氧段采用的是活性污泥法，而内循环工艺缺氧段采用的是生物膜法，故前者单位体积内的污泥浓度要较后者为低，因此前者所需的水力停留时间较后者要多；又因外循环工艺回流的是曝气池中的泥水混合液，而内循环工艺回流的是二沉池的上清液，而反硝化液的回流比通常又很大，故后者所需的二次沉淀池面积是前者的许多倍；此外，生物膜系统的水头损失远较活性污泥系统要大，上清液的提升高度也远较混合液的提升高度大，因此，内循环的动力消耗较外循环为高。总的来讲，内循环工艺无论是从基建投资和占地面积，还是从经营性运行费用上都要较外循环工艺高得多。为克服占地多、二沉池容积大等缺点，可采用在 O 段内设软性填料，曝气采用穿孔管，提高空气供给效率等措施。

从水处理效果上讲,反硝化段用生物膜法,除系统活性污泥浓度较高外,菌群分布明确,各菌群间相互干扰较少,应有利于反硝化的进行,但对于焦化废水而言,由于菌群分布过于明显,反而不利于氰化物和硫氰化物的分解,因而 COD 的去除效果反而略差,$NO_3^- $-N 的反硝化率也较低。

$A^2/O$ 是一种同时具有除磷和脱氮功能的处理工艺。该工艺的优点是厌氧、缺氧、好氧三种不同的环境条件和不同种类的微生物菌群的有机配合,能同时具有去除有机物、脱氮除磷的功能;在厌氧-缺氧-好氧交替运行下,丝状菌不会大量繁殖,SVI 一般小于 100,不会发生膨胀;污泥中磷含量比较高,一般为 2.5% 以上;厌氧-缺氧池只需轻缓搅拌,使之混合,而以不增加溶解氧为限;沉淀池要防止出现厌氧、缺氧状态,以避免聚磷菌释放磷而降低出水水质,以及反硝化产生 $N_2$ 而干扰沉淀;脱氮效果受混合液回流比大小的影响,除磷效果则受回流污泥中夹带 DO 和硝酸态氧的影响,因而脱氮除磷效率不可能很高。

### 10.4.1.3　A/O 法与 $A^2/O$ 法工艺比较与应用

(1) A/O 法与 $A^2/O$ 法经效比较　十几年前,宝钢化工公司将原有的 A/O 生物脱氮工艺改为 $A/O^2$ 工艺运行,从几年来的运行效果来看,不但废水处理效果好于 A/O 工艺,而且其运行成本也由原来的 6 元左右/$m^3$ 废水降低到 4 元左右/$m^3$ 废水,其效果是明显的,见表 10-25。

表 10-25　$A/O^2$ 工艺与 A/O 工艺技术经济比较

| 项目名称 | $A/O^2$ 工艺 | A/O 工艺 |
| --- | --- | --- |
| 反硝化碳源 | 利用原废水中的碳源 | 利用原废水中的碳源 |
| 反硝化类型 | 利用 $NO_2^-$-N 反硝化 | 利用 $NO_3^-$-N 反硝化 |
| 反硝化率/% | >90 | 约 50% |
| 系统总氮去除率/% | 60~70 | 约 40% |
| 硝化时耗碱量比 | 0.8 | 1.0 |
| 系统耗氧量比 | 0.75 | 1.0 |
| 运行成本/(元/$m^3$) | 4 | 8 |

上述 A/O 工艺、$A^2/O$ 工艺和 $A/O^2$ 工艺都是利用厌氧、缺氧、好氧操作单元的不同组合,达到通过碳氧化、硝化、反硝化降解氨氮和有机碳的目的。

(2) 工程应用

① 工程概况与废水水质水量　某煤焦公司年产优质焦炭 100 万吨,焦油加工 10 万吨,精苯加工 1 万吨,形成了以洗煤、炼焦、焦油回收加工、苯精制加工的产业链。

该废水处理装置的来水分两部分,一部分为生活废水,水量为 0~10$m^3$/h,另一部分为生产废水,为 30~40$m^3$/h,合计 30~50$m^3$/h。生化处理系统设计处理量为 70~100$m^3$/h,进水水质及出水水质要求见表 10-26。

表 10-26　进出水水质

| 项目 | pH 值 | $COD_{Cr}$/(mg/L) | 挥发酚/(mg/L) | $CN^-$/(mg/L) | SS/(mg/L) | $NH_3$-H/(mg/L) | 油类/(mg/L) |
| --- | --- | --- | --- | --- | --- | --- | --- |
| 进水指标 | 6~9 | 2000~350 | 400~700 | 40 | 200 | 300 | 30 |
| 排放指标 | 6~9 | 100 | 0.5 | 0.5 | 60 | 15 | 5 |

② 处理工艺流程　废水处理工艺流程如图 10-20 所示，由预处理、生化处理、混凝处理三部分组成。

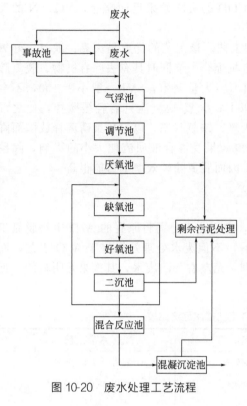

图 10-20　废水处理工艺流程

1) 预处理部分由预处理泵房、隔油池、事故池、气浮池等组成。经蒸氨后的焦化废水和其他废水进入隔油池，去除粒径较大的油珠及相对密度大于 1.0 的杂质。经隔油后的废水进入气浮池进行气浮除油，投加破乳剂、混凝剂后使废水中的乳化油破乳脱稳，水中的乳化油、分散油附着在气泡上，随气泡一起上浮到水面，从而可将乳化态的焦油有效的去除，COD、BOD 也得到部分去除。气浮池出水进入调节池，均质均量，减少后工序水量、水质的波动。在预处理阶段去除废水中的油类，为生化处理创造条件。

2) 生化处理由厌氧池、缺氧池、好氧池、鼓风机房、沉淀池等组成。调节池的出水进入厌氧池，焦化废水中难以降解的芳香族有机物在厌氧段通过厌氧微生物发酵，开环变为链状化合物，长链化合物开链成短化合物，大大提高难降解有机物的好氧生物降解性能，为后续的好氧生物处理创造良好的条件。而后废水与一沉池回流出来的硝化回流液一起进入缺氧池，缺氧池中设有组合填料，废水中 $NH_3$-N 在一级好氧硝化反应池中被硝化菌与亚硝化菌转化为 $NO_3^-$-N 与 $NO_2^-$-N 的硝化混合液，循环回流于缺氧池，通过反硝化菌生物还原作用，$NO_3^-$-N 与 $NO_2^-$-N 转化为 $N_2$ 释放。

缺氧池流出的废水进入好氧曝气池，通过好氧微生物的降解作用去除废水中的酚、氰和其他污染物，并通过硝化菌在此完成废水的硝化过程。废水与悬浮活性污泥接触，大量异养菌在好氧条件下降解水中高浓度的 COD，同时自身不断繁殖，水中的有机物被活性污泥吸附、氧化分解并部分转化为新的微生物菌胶团，废水得到净化。净化后的废水进入二沉池，使活性污泥与处理后的废水分离，并使污泥得到一定程度的浓缩，使混合液澄清，同时排出污泥。

好氧池反应温度为 20～40℃，pH 值为 8.0～8.5，此过程要求较低的含碳有机质，以免异养菌增殖过快，影响硝化菌的增殖。

3) 混凝处理由混合反应池、混合沉淀池和污泥浓缩池组成。通过物理化学方法对二次沉淀池的出水进行处理，降低出水中的悬浮物和 COD。药剂从管道加入后进入混合反应器反应，之后进入混合沉淀池，上清液外排。混合沉淀池的污泥和剩余污泥一起到污泥浓缩池中处理，上清液返回废水处理系统。

③ 主要构筑物及设备

1) 事故池。生产中，废水浓度、水量会出现波动，氨氮的浓度有时高达 400mg/L 左右、CODCr 有时可达 4000mg/L，因此，为了应对处理事故工况设一事故池。当废水浓度较高，可能对后续的生物处理造成危害时，先将废水送到事故池存放，待正常后，将事故废水少量、按一定比例混到正常废水中，缓慢处理，以保证好氧、厌氧微生物不会中毒。池体总体积 500m³，有效容积 370m³，工艺尺寸为 10m×5m×5m，有效深度 4.5m，共分为两组，为钢筋混凝土结构。

2）隔油池。隔油池采用重力除油，主要功能是去除漂浮油和沉渣。蒸氨废水及其他酚氰废水进入除油池，重油沉在底部，由重油泵抽送到重油罐储存，经进一步油水分离后装车外运；轻油浮至除油池表面，由除油池刮油机收集到集油罐中。池体总体积 525m³，有效深度 3.6m。

3）气浮池。气浮池采用部分水加气浮选工艺，去除"乳化油"。隔油池出水经泵加压后进入浮选器，压缩空气与处理后净废水经水射器送入溶气灌，在压力溶气罐中净废水溶入压缩空气。充分溶气的水进入浮选器，经释放器放出，废水中的乳化油与微气泡吸附，并浮至浮选器，由浮选器内刮油板收集到油槽中，通过管道进到油水分离池中。经隔油后的废水进入气浮池之前，需投加破乳剂、混凝剂及絮凝助剂，使乳化油破乳脱稳，增加油水分离效率。

4）调节池。主要功能是废水水量的调节和水质的均和。钢筋混凝土结构，工艺尺寸为 16m×8m×5.5m，共分为两组。水力停留时间 14h。

5）厌氧池。厌氧生物发酵池的主要目的是去除 COD 和改善废水的可生化性。池体总容积约 1000m³，有效水深取 5.0m，COD 容积负荷 3kg/(m³·d)；工艺尺寸 12m×8m×6.3m，共分为两组。厌氧池底部布水采用专用布水器。

6）缺氧池。缺氧池是生物脱氮的主要工艺设备，废水中 $NH_3$-N 在下一级好氧硝化反应池中被硝化菌与亚硝化菌转化为 $NO_3^-$-N 与 $NO_2^-$-N 的硝化混合液，循环回流于缺氧池，通过反硝化菌生物还原作用，$NO_3^-$-N 与 $NO_2^-$-N 转化为 $N_2$。总体积 1360m³，有效水深取 5.0m，工艺尺寸 18m×12m×6.3m。在缺氧池前投加磷，磷源采用磷酸氢二钠。

7）好氧池。好氧池采用推流式活性污泥曝气池。它由池体、布水和布气系统三部分组成，总容积 3300m³，有效容积 2400m³，有效深度 4.0m，工艺尺寸 15m×20m×5.5m，共分为两组。微生物的生物化学过程主要在好氧池中进行，废水中的氨氮在此被氧化成亚硝态氮及硝态氮。为了均和好氧池进水水质，在好氧池的进水槽中加入稀释水，以混凝沉淀池后的出水作为稀释水，好氧池上设有消泡水管道，当好氧池中泡沫多时，应打开消泡水管阀门进行消泡。

8）二沉池。二沉池是活性污泥法工艺的重要组成部分。采用平流式，池体尺寸 12m×20m×3.5m，共有两座；沉淀时间 2.5h；沉淀部分有效水深 3m；底部活性污泥靠吸刮泥机排入池边附设的污泥回流井。

9）混合反应池。混合反应池设计处理能力 60m³/h。其中混合絮凝反应池工艺尺寸 5m×4m×2.5m，配加药装置两套。在此投加聚合硫酸铁（PFS）混凝剂、聚丙烯酰胺（PAM）助凝剂，在混合搅拌机的搅拌下，混凝剂等药剂与废水充分混合反应，经混合反应池出水管道进入混凝沉淀池进行分离。

10）混凝沉淀池。混凝沉淀池采用辐流式，池体尺寸（$D×H$）为 $\phi$10m×4.4m，为钢筋混凝土结构，底部活性污泥靠静压排入排泥池。内设机械刮泥机一套。

11）加药间。23m×7.5m，设有 PFS、PAM 加药装置各一套。药剂采用重力自流投加，DCS 控制。

④ 工艺参数控制

1）进水。送入废水处理站的废水流量及浓度要稳定，波动不宜过大。工艺参数：$NH_3$-N≤200mg/L，油≤300mg/L，pH 值为 6～9。COD≤2000～2500mg/L。

2）厌氧池。从浮选池出来的水由泵送往厌氧池，废水中的部分有害物质在此水解，可提高废水的可生化性。工艺参数：磷酸盐≥0.5mg/L，水温≤35℃，DO≤0.5mg/L。

3）缺氧池。在缺氧池中，污泥以进水中的有机物作为碳源和能源，在兼性菌团的作用下进行反硝化反应，将二次沉淀池回流的硝化液反硝化为 $N_2$ 排入大气。采用挂膜式处理有相当大的抗冲击负荷，稳定性强。缺氧池控制参数：磷酸盐 $\geqslant 0.5mg/L$，pH 值为 $7.0\sim7.5$，冬季水温 $\geqslant 20℃$。

4）好氧池。好氧池是生化反应的主要设施。通过曝气增加废水中的溶解氧，为好氧微生物提供氧和对混合液进行搅拌。废水中的氨氮在此被氧化成硝态氮，好氧池中 pH 值开始下降。在好氧池内投加纯碱（$Na_2CO_3$）以控制 pH 值稳定在 $6.5\sim7.5$，投加量按 $600mg/L$ 计算，使其池内碱度维持在 $150mg/L$ 左右。另外还要投加磷酸盐作为营养物。好氧池控制工艺参数为：水温 $\geqslant 20℃$，$DO\geqslant 2mg/L$，磷酸盐 $\geqslant 0.5mg/L$，pH 值为 $6.5\sim7.5$，$MLSS>2g/L$。

⑤ 废水处理影响因素与监测结果

1）废水处理的影响因素

a. 温度的影响。温度对硝化细菌的生长和硝化速率有较大影响。大多数硝化细菌和反硝化细菌适宜的生长温度在 $20\sim35℃$，低于 $20℃$ 或高于 $35℃$ 时生长减慢，$5℃$ 以下硝化反应将基本停止。当池内温度上升为 $20℃$ 时，氨氮降解率大大提高。

b. pH 值的影响。硝化反应最佳的 pH 值为 $8.0\sim8.5$，通过向好氧池投加 $Na_2CO_3$ 来调节 pH 值，当 pH 值超过 $8.5$ 时，缺氧池内气泡明显减少，反硝化率很低。

c. 碳氮比（C/N）的影响。焦化废水中各种有机基质，如苯酚类及苯类物质是硝化和反硝化反应过程中的电子供体，是微生物的营养之一，它与废水中的氮含量的比值是反硝化的重要条件。焦化废水是高浓度含氮废水，需要反硝化菌还原大量的硝酸盐氮，这个过程需要消耗大量的可降解有机物，因此，焦化废水需要比一般废水更高的碳氮比，比值要大于 6。

d. 溶解氧（DO）的影响。硝化菌是专性好氧菌，DO 的高低直接影响硝化菌的生长及活性。当 DO 升高时，硝化速率增加；当 DO 低于 $0.5mg/L$ 时，硝化反应趋于停止。好氧池的 DO 应控制在 $3\sim5mg/L$。氧的存在会抑制异化反硝化细菌对硝酸盐的还原，从而影响脱氮能否进行到底。缺氧池的溶解氧应控制在 $0.5mg/L$ 以下。

2）各处理单元监测结果。处理系统各单元水质监测平均结果见表 10-27。

表 10-27　水质监测结果　　　　　　单位：mg/L

| 项目 | | pH 值 | COD | BOD$_5$ | 酚 | SS | 氨氮 | 油类 |
|---|---|---|---|---|---|---|---|---|
| 隔油池 | 进水 | 8.1 | 2530.2 | 1025.4 | 460.4 | 189.5 | 196.7 | 284.9 |
| | 出水 | 8.1 | 2144.3 | 960.4 | 423.4 | 141.8 | 172.1 | 146.2 |
| 气浮池 | 进水 | 8.1 | 2144.3 | 960.4 | 423.4 | 141.8 | 172.1 | 146.2 |
| | 出水 | 8 | 1720.4 | 834.5 | 343.2 | 54.1 | 134.8 | 28.7 |
| 厌氧池 | 进水 | 8 | 1720.4 | 834.5 | 343.2 | 54.1 | 134.8 | 28.7 |
| | 出水 | 8.1 | 1462.1 | 640.7 | 231.6 | — | 112.2 | 16.4 |
| 缺氧池 | 进水 | 8.1 | 1462.1 | 640.7 | 231.6 | — | 112.2 | 16.4 |
| | 出水 | 8.2 | 1027.2 | 380.4 | 163.5 | — | 54.3 | 5.3 |
| 好氧池 | 进水 | 8.2 | 1027.2 | 380.4 | 163.5 | — | 54.3 | 5.3 |
| | 出水 | 7.9 | 140.7 | 76.5 | 未检出 | — | 41.3 | 4.1 |

| 项目 | | pH 值 | COD | BOD₅ | 酚 | SS | 氨氮 | 油类 |
|---|---|---|---|---|---|---|---|---|
| 二沉池 | 进水 | 7.9 | 140.7 | 76.5 | 未检出 | — | 41.3 | 4.1 |
| | 出水 | 7.9 | 110.3 | 65.8 | 未检出 | — | 35.5 | 3.8 |
| 混凝沉淀池 | 进水 | 7.5 | 104.7 | 56.5 | 未检出 | — | 31，3 | 2.1 |
| | 出水 | 7.3 | 89.3 | 35.8 | 未检出 | — | 25.5 | 0.8 |

运行数据表明，处理后出水可回用于熄焦冲渣、除尘、配料和煤场抑尘等生产用水。

3）运行费用。经过运行实践，该废水处理系统的运行费用见表 10-28。

表 10-28　运行费用　　　　　　　　　　　　　　　　　单位：元/t

| 动力费 | 0.65 | 折旧提成费 | 1.85 |
|---|---|---|---|
| 工资与福利 | 0.32 | 检修维护费 | 0.46 |
| 药剂费 | 1.2 | 总计 | 4.48 |

⑥ 运行中应注意的问题和对策

1）加强对进水水质的管理，尽可能减少水质、水量的突然变化，对不合格的水要及时调整处理，合格后进入系统。废水进水浓度波动太大对微生物会产生强烈的影响，导致处理效果发生很多变化。如果进水浓度持续偏高，污泥负荷过重，会出现污泥形状差、污泥沉降效果不好甚至污泥不能沉降大量上浮现象，出水水质严重变差，危害整个系统的正常运行。

2）气浮池内气水比要合适。气水比越大，单位流量内气泡数量越多，气泡与油珠接触的机会也就越大，附着气泡的油珠上浮的机会随之增加，油类物质的去除效果就会提高。但气水比过大，会使混合段内无法形成均匀的溶气混合物，导致气浮效果下降。

3）由于硝化过程耗碱量大，降低操作费用的关键在于严格控制废水氨氮含量不能过高，将废水的氨氮含量控制在 200mg/L 以下。

4）如果气浮机处理效果不理想，出水含油量过高，进入好氧池的废水含油量比较高，在好氧池表面形成不易破碎的泡沫，会影响好氧处理效果。因此，要使气浮池发挥最好的效果，可以通过加大污泥回流量和硝化液回流量的措施来调节。

5）实际运行中，温度低于 20℃，硝化和反硝化过程将会受到影响，污泥不能正常生长并降解污染物。

6）生化系统的进水量不够或氨氮浓度过高现象的发生，都会对生化系统形成一定的冲击作用，好氧池会发生污泥上浮、泡沫封池的现象。如果大量污泥泡沫进入二沉池后，池中上浮污泥严重，会出现假液位，造成污泥回流泵抽空，污泥回流不能正常进行。

7）消泡水不足或消泡水安排不当，不能及时消掉泡沫，会引起污泥上浮问题，出现好氧段泡沫封池，二沉池有块状污泥上浮现象。

## 10.4.2　同步硝化-反硝化脱氮工艺

（1）基本原理与特征

同步硝化-反硝化（SND），即在同一个装置中同时发生硝化和反硝化过程，其作用机理主要有 3 种理论。宏观环境理论：在生物反应器中，由于曝气装置类型的不同，使得其内部出现氧气分布不均的现象，从而形成好氧段、缺氧段或厌氧段，此为生物反应器的宏观环境。微观环境理论：由于溶解氧扩散作用的限制，使微生物絮体内产生溶解氧浓度梯度，从而导致微环境的同步硝化-反硝化。微生物理论：许多研究发现，特殊微生物种群的存在使得同步硝化-反硝化发生。这些微生物种群不仅可以在好氧条件下发生反硝化反应，而且可以在完全缺氧的条件下发生硝化反应。通过培养驯化，可以使水中好氧的反硝化菌逐渐成为优势菌，可以在好氧条件下实现同步硝化-反硝化。3 种理论相互补充，共同解释了同步硝化-反硝化现象，为同步硝化-反硝化法脱氮奠定了理论基础。影响同步硝化-反硝化运行的因素很多，其中溶解氧大小和分布是为同步硝化-反硝化创造好氧、厌氧共存环境的重要因素。

Klangduen Pochana 等研究认为较大粒径的微生物絮体有利于 SND 的进行，并测出了 SND 适宜的污泥絮体尺寸为 $50\sim110\mu m$。而 A. D. Andreadakis 则指出进行最佳的 SND 反应的活性污泥絮体的适宜尺寸大小为 $10\sim70\mu m$。杜馨、张可方等在序批式活性污泥反应器（SBR）内通过试验以模拟城市污水为处理对象，结果表明：当 DO 在 $0.5\sim2.5mg/L$ 范围内，TN 的出水浓度随着 DO 的升高而升高；当 DO 为 $0.5mg/L$ 时，TN 的去除率最高，达到 93.74%。胡绍伟、杨凤林采用炭膜组件处理人工合成废水得出厌氧或兼氧菌主要分布在生物膜外层的缺氧区，而氨氧化菌主要分布在生物膜内层的好氧区。硝化细菌和反硝化细菌在生物膜内的共存实现了炭膜曝气生物膜反应器的同步硝化-反硝化。结果表明，当进水 COD 和 $NH_4^+$-N 的质量浓度分别为 $338mg/L$ 和 $75mg/L$，HRT 为 14h，炭膜腔内压力为 13.6kPa 时，COD、$NH_4^+$-N 和 TN 的去除效率分别为 82.5%、95.1% 和 84.2%。Hyungseok 等运用间歇曝气处理工艺成功实现了同步硝化-反硝化。其循环周期的设置采用 72min 曝气、48min 沉淀、24min 排水，氮的去除率达到 90% 以上。

（2）技术应用与开发

由于同步硝化-反硝化技术的诸多优点，国内外诸多水处理工作者正在进行此技术在实际运行中的应用性研究。间歇曝气工艺的氮去除率可达 90%，溶解氧浓度、曝气循环的设置方式、碳源形式及投加量均为重要的影响因素。较短的曝气循环周期有利于 SND 的发生，厌氧段加入碳源可以同时增强硝化和反硝化作用。同济大学的朱晓军、高廷耀等对上海市松江污水厂原有的推流式活性污泥法工艺（工艺流程如图 10-21 所示）进行低氧曝气，以达到实现同步硝化-反硝化。测试结果表明，将曝气池中的 DO 控制在 $0.5\sim1.0mg/L$ 低氧水平，在保证出水 COD 高效去除的同时，系统的脱氮能力显著提高，除磷能力也有很大改善。COD 的去除率可达 95% 左右，TN 的去除率可达 80% 左右，TP

图 10-21 推流式活性污泥法工艺流程

的去除率为 90% 左右，且电耗较常规活性污泥法工艺低 10% 左右。

依据同步硝化-反硝化机理，在一个反应器中同时实现硝化、反硝化和除碳，开发单级生物脱氮工艺如下。

① 单级活性污泥脱氮。活性污泥单级生物脱氮主要是利用污泥絮凝体内存在溶解氧的浓度梯度实现同时硝化和反硝化。在活性污泥絮凝体表层，由于氧的存在而进行氨的氧化反应，从外向里溶解氧浓度逐渐下降，内层因缺氧而进行反硝化反应。关键在于控制好充氧速率，只要控制好氧的浓度，就可以达到在一个反应器中同时进行硝化、反硝化除氮的目的。

② 生物转盘（RBC）。在单一的 RBC 中同时进行硝化和反硝化的关键在于能否在生物膜内为硝化菌和反硝化菌创造各自适宜的生长条件，溶解氧浓度是一个重要因素。采用的方法：一是通过降低气相中的氧分压控制氧的传递速率；二是采用部分沉浸式和全部沉浸式相结合的 RBC 反应器。在好氧的 RBC 中，氮的去除效率除了与气相中的氧分压有关外，还取决于水温、HRT 和进水中的有机物与氨氮的比例。虽然同步硝化-反硝化工艺具有操作简

单、占地面积小、周期短、处理效果好等优点，但是由于絮凝体微缺氧区的形成往往并不稳定，导致同步硝化-反硝化的处理效果会出现波动，出水水质难以保证稳定在某一水平。稳定和提高同步硝化-反硝化的处理效果，完善脱氮过程的控制手段，研究适合工厂生产应用的控制方案将是今后的主要研究方向。

## 10.4.3　短程硝化-反硝化脱氮工艺

（1）技术原理与研究进程

短程硝化（简捷硝化或亚硝酸型硝化）-反硝化是指氨氮经过 $NO_2^-$-N 再被还原成 $N_2$。基本原理就是将硝化过程控制在亚硝酸盐阶段，阻止 $NO_2^-$ 的进一步氧化，直接以 $NO_2^-$ 为电子受体进行反硝化。而整个生物脱氮过程为：$NH_4^+ \rightarrow NO_2^- \rightarrow N_2$。其标志是亚硝酸盐高效而稳定地积累，影响亚硝酸盐积累的主要因素有游离氨浓度、DO、温度、pH 值、污泥龄及盐度等。由于短程硝化-反硝化具有耗能低、碳源需要量少、污泥产量低、碱量投加少和反应时间短等优点，引起了国内外学者的广泛关注。

长期以来，无论是在废水生物脱氮理论上还是在工程实践中都认为，要使水中的氨态氮得以从水中去除必须经过典型的硝化-反硝化过程，即要经由 $NH_4^+$-N$\rightarrow NO_2^-$-N$\rightarrow NO_3^-$-N$\rightarrow NO_2^-$-N$\rightarrow N_2$ 的过程，这基于以下几个方面的原因：首先，若硝化不完全，所得的 $NO_2^-$-N 是"三致"物质，对受纳水体造成二次污染，因而要尽量避免硝化不完全；其次，$NO_2^-$-N 可继续耗氧，会影响出水水质；最后，从化学反应消耗的能量角度来看，在稳态条件下也会有 N 积累。从氮的微生物转化过程来看，氨氮转化成硝酸盐是由两类独立的细菌完成的，两个不同的反应完全可以分开。对于反硝化菌，无论是 $NO_2^-$-N 还是 $NO_3^-$-N 都可作为最终受氢体，因此，整个生物脱氮过程也可以通过 $NH_4^+$-N$\rightarrow NO_2^-$-N$\rightarrow N_2$ 这样的途径来完成，即短程硝化-反硝化。

所谓短程硝化-反硝化就是将硝化过程控制在 $NO_2^-$ 阶段，即 $NO_2^-$ 不经氧化为 $NO_3^-$，而直接作为电子最终受氢体进行反硝化。该工艺无需经历形成硝酸盐这一步骤，减少了系统对底物和氧的需求，降低了运行的成本。许多研究表明，短程硝化-反硝化在反应阶段对溶解氧的消耗量更低，而在反硝化反应阶段对有机物的消耗也更少。短程硝化-反硝化要比传统的硝化-反硝化过程节省 25% 的溶解氧和 40% 的有机物，同时减少 50% 的污泥量。

（2）技术应用与实践

1）SHARON 工艺。把短程硝化-反硝化应用于实践的最为成功的例子是荷兰的 Mulder 提出的 SHARON（single reactor system for high activity ammonia removal over nitrite）工艺，该工艺采用 CSTR 反应器。

1997 年，荷兰 Minder 发明的 SHARON 工艺最初用来处理城市污水二级处理系统中污泥消化上清液和垃圾滤出液等高含氨废水。该工艺的核心是应用硝酸菌和亚硝酸菌的不同生长速率，即中高温（30～35℃）条件下亚硝酸菌的生长速率明显高于硝酸菌的生长速率这一固有特性，控制系统水力停留时间与反应温度，从而使硝酸菌被淘汰，形成反应器中亚硝酸菌的积累，使氨氧化控制在亚硝化阶段。该工艺反应温度高、微生物增殖快、好氧停留时间短、微生物的活性高，而 $K_s$ 值也高，进出水浓度无相关性，使得进水浓度越高，去除率越高；高温下硝酸菌增长慢，$NO_2^-$ 向 $NO_3^-$ 转化受阻，SRT＝HRT，故只需简单限制 SRT 就能实现氨氧化，而 $NO_2^-$ 不氧化；该工艺只需单个反应器，使处理系统简化。但是该工艺中温度（30～35℃）和 pH 值（6.8～7.2）都受到严格控制，不灵活，而且反应要求维持较高的水温，能量消耗大。

2）OLAND工艺。该工艺由比利时 Gent 微生物生态实验室开发。该工艺的关键是控制溶解氧，使硝化部分进行到亚硝酸阶段。由于缺乏电子供体，$NH_4^+$ 氧化以 $NO_2^-$ 作为电子供体，产生 $N_2$，此间至少有 ANfO 和 HAO 两种酶参与反应。关于该工艺的机理有待进一步研究。

该工艺的反应式为：

$$0.5NH_4^+ + 0.75O_2 \longrightarrow 0.5NO_2^- + 0.5H_2O + H^+$$

$$NH_4^+ + NO_2^- \longrightarrow N_2 + 2H_2O$$

与传统脱氮工艺相比，OLAND工艺可以节省电子供体、碱度和氧气。

3）CANON工艺。该工艺是在好氧反应器中限制溶解氧的情况下，部分硝化和厌氧氨氧化的结合，由两类细菌合作完成，硝化菌氧化氨成亚硝酸盐，消耗了反应器中的氧，造成缺氧环境，有利于氨的厌氧氧化的发生。该工艺的实质是控制 DO 的浓度来实现短程硝化-反硝化。硝酸菌与亚硝酸菌对氧的亲和性不同以及传质限制等因素影响两种细菌的数量。在低 DO、$NH_3$-N 比值的情况下，亚硝酸菌占优势。

环境中的 $NH_3$-N 与 DO 是决定 CANON 工艺的两个关键因素。目前该工艺尚处于研究阶段，并没有真正得到工程应用。

4）生物膜/活性污泥法的短程硝化-反硝化工艺。该工艺由刘俊新等在国内首先应用于处理焦化废水中，提出将生物膜与活性污泥法相结合，在好氧与厌氧反应器内采用悬浮污泥，控制好氧池内只进行亚硝化型硝化，在缺氧池中充分利用原废水有限的碳源进行反硝化。该工艺中，缺氧反应器内安装填料，反硝化菌在其上附着生长，始终处于最佳生长状态，不需搅拌设备；原水中的有机物被完全用于反硝化，反硝化效率增加；工艺布置灵活，可用于废水脱氮除磷，也可用于含高浓度氨氮废水的脱氮，且便于现有设施的改造。

刘超翔、胡洪营等在某钢铁公司焦化厂进行了"短程硝化-反硝化处理高氨焦化废水"的中试研究。试验流程和试验条件分别如图10-22所示和见表10-29。系统对焦化废水的处理效果见表10-30。

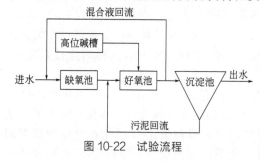

图10-22 试验流程

表10-29 试验系统运行条件

| 反应器 | pH 值 | 温度/℃ | 气量/(m³/h) | HRT/h |
|---|---|---|---|---|
| 缺氧池 | 7.5～8.0 | 25～30 | 0 | 12 |
| 好氧池 | 7.0～7.5 | 25～30 | 15～25 | 18 |

表10-30 处理效果

| 项目 | COD /(mg/L) | $NH_4^+$-N /(mg/L) | TN /(mg/L) | 酚 /(mg/L) |
|---|---|---|---|---|
| 进水 | 1201.6 | 510.4 | 540.1 | 110.4 |
| 出水 | 197.1 | 14.2 | 181.5 | 0.4 |
| 去除率/% | 83.6 | 97.2 | 66.4 | 99.6 |

上述表明，采用短程硝化-反硝化工艺进行焦化废水的中试研究，出水水质可以达到《污

水综合排放标准》(CB 8978—1996) 中的二级标准。因此,采用短程硝化-反硝化工艺处理焦化高氨废水是可行的,且该工艺流程有利于对一些焦化厂的原有生化处理设施进行改造。

## 10.4.4 厌氧氨氧化脱氮工艺

(1) 技术原理与研究进程

厌氧氨氧化法 (ANAMMOX) 最初由荷兰 Deft 技术大学提出,是指在厌氧条件下,微生物直接以 $NH_4^+$ 为供体以 $NO_2^-$ 或 $NO_3^-$ 为电子受体,将 $NH_4^+$、$NO_2^-$ 或 $NO_3^-$ 转变成 $N_2$ 的生物氧化过程。

1995 年,Mulder 等在生物脱氮流化床反应器中发现了氨直接作为电子供体进行反硝化的反应,并称之为厌氧氨氧化 (ANAMMOX)。后来,Van de Greaf 等利用抑制剂进一步证实,ANAMMOX 是一个生物学过程,而且被氧化的氨的数量与所加的生物量成正比,从而为这种以氨作为电子供体的脱氮反应奠定了理论依据。之后的大量研究证实,在厌氧环境、没有碳源的条件下,氨氮确实能够直接作为电子供体被亚硝酸盐氧化成氮气,即 ANAMMOX 反应。

Greaf 的研究表明,ANAMMOX 的反应是:

$$NH_4^+ + NO_2^- \longrightarrow N_2 + 2H_2O \qquad \Delta G^\ominus = -358kJ/mol$$

该反应是一个自发过程。

Greaf 等采用 $^{15}N$ 的示踪实验研究表明,ANAMMOX 是通过生物氧化的途径实现的,过程中最可能的电子受体是羟胺 ($NH_2OH$),而羟胺本身是由亚硝酸盐产生的。

Jetten 等通过 $^{15}N$ 的示踪研究同样表明,羟胺和联氨是 ANAMMOX 工艺中重要的中间产物,提出羟胺作为中间产物的 ANAMMOX 工艺的反应式如下:

$$HNO + NH_3 \longrightarrow N_2H_2 + H_2O(氨的单氧化酶 AMO)$$
$$N_2H_2 \longrightarrow N_2 + 2H^+ + 2e(羟胺氧化还原酶 HAO)$$
$$NO_2^- + 2H^+ + 2e \longrightarrow HNO + OH^-(NO_2^- 还原酶)$$
$$NH_3 + NO_2^- \longrightarrow N_2 + H_2O + OH^-$$

刘成良、郑祖芳采用 ANAMMOX 工艺处理高盐含氮废水。试验研究了菊花状无纺布载体的生物膜性能,测定了氨氮去除效果、亚硝酸氮去除效果、总氮去除效果、总氮负荷。结果表明,在高盐废水的条件下,微生物的脱氮负荷可达到 $1.32kg/(m^3 \cdot d)$,净化效果良好。

2004 年,辽宁科技大学环境技术研发中心采用生物膜法和悬浮污泥法对鞍钢化工总厂炼焦和化产回收过程产生的废水进行实验室短程硝化厌氧氨氧化脱氮处理的研究,并设计出单点进水部分亚硝化厌氧氨氧化工艺和两点进水的亚硝化厌氧氨氧化工艺,具体流程如图 10-23、图 10-24 所示。

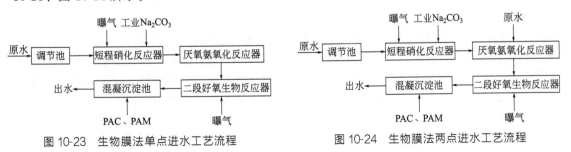

图 10-23 生物膜法单点进水工艺流程　　　　　图 10-24 生物膜法两点进水工艺流程

2006年，单明军等采用单点进水部分亚硝化厌氧氨氧化工艺对丹东万通焦化有限公司的焦化废水处理站进行了改造，并取得了工业试验的成功，脱氮率可达80%以上，运行成本比改造前的A/O工艺节省30%～40%。

（2）技术应用与实践

① 原工艺改造与新工艺流程　丹东焦化厂废水处理站原采用 $A^2/O$ 工艺，工艺流程如图10-25所示。

由于焦化废水中有机污染物含量高，而B/C低，难生化降解，且用于反硝化脱氮的碳源不足。因此，在运行时，为了提高脱氮率，需外加大量的甲醇等有机碳源，并采用大量的鸭绿江水（价格为 $0.4$ 元$/m^3$）来稀释焦化废水，减轻污染物对微生物的活性抑制。这样，系统运行动力消耗大，药剂费用高，脱氮率低，且处理后废水的氨氮和COD等指标均未达到《污水综合排放标准》（GB 8978—1996）的一级标准。其COD去除率为80%～90%，氨氮去除率为50%～60%，总氮去除率约为30%。

焦化厂为了减少污染物的排放，节约新水，提高水的回用率，将 $A^2/O$ 工艺处理后的水直接用于熄焦，但在熄焦过程中发现设备和管道的腐蚀较为严重，这是由于水中含有大量的氨氮造成的。同时，在熄焦过程中，水中的氨氮又转化为气体释放到空气中，对厂区和周边大气环境造成了严重的二次污染，严重危害人体和环境。为此，必须进行改造，改造方法是将全程硝化 $A^2/O$ 工艺改造为部分亚硝化厌氧氨气化（SH-A）工艺，改造后的流程如图10-26所示[92]。

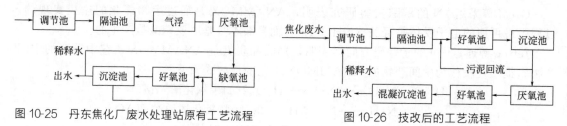

图10-25　丹东焦化厂废水处理站原有工艺流程　　　图10-26　技改后的工艺流程

该工艺将一段好氧生化反应控制在部分亚硝化阶段，使焦化废水中的氨氮和亚硝酸盐按一定的比例进入到厌氧池发生氨氮化反应转化成氮气，直接脱氮，二段好氧生化反应采用生物膜法进一步去除废水中残存的有机物，同时将厌氧反应阶段剩余的极少量氨氮和亚硝酸盐氮转化为硝酸盐氮，保证了处理后出水安全，稳定地达标外排或回用。

好氧、厌氧污泥培养成熟后，采用连续进水方式，焦化废水与工业水（鸭绿江水）的配水比由调试初期的（1∶4）～（1∶5）逐步降低到稳定运行的1∶0.5。通过加入工业碳酸钠，将一段好氧、厌氧和二段好氧的pH值分别控制在7.3～7.8、7.6～7.9和7.6～8.1。整个系统的温度控制在33～35℃。剩余氨水经过蒸氨后温度在40～50℃，运行过程中无需进行升温操作。改造后废水处理工艺简单，处理流程短，耐冲击负荷能力强，处理效率高，出水水质稳定达标。

② 设计与运行参数　部分亚硝化厌氧氨氧化节能生物脱氮工艺包括预处理、生化处理、混凝沉淀处理等。其特征在于：在生化处理阶段，控制一部分废水中的氨氮硝化到亚硝酸盐阶段，再与另一部分原废水中的氨氮进行厌氧氨氧化脱氮，然后再进行二段好氧处理，将厌氧氨氧化池排出的氨氮、亚硝酸盐及有机污染物进一步处理，使其出水达标。

根据实验室试验和现场试验所得到的结论，推荐SH-A工艺处理焦化废水的设计运行参数如下。

1）好氧亚硝化生物反应阶段：温度为35℃左右，pH值为7.5～8.1，碱度为200～

300mg/L，水力停留时间为 16～20h，污泥龄为 15～60d。

2）厌氧氨氧化生物反应阶段：温度为 35℃左右，pH 值为 8.0 左右，$NH_4^+/NO_2^-$ 比值为 (1.7:1)～(2.2:1)，污泥龄为 150～200d。

3）二段好氧处理阶段：温度为 30℃左右，pH 值为 7.9 左右，DO 3mg/L 左右，水力停留时间 16h，污泥龄 100～150d。

4）混凝沉淀处理阶段：是以聚合氯化铝为絮凝剂，聚丙烯酰胺为助凝混凝剂。用量分别为 460g PAC/m³（废水）、12g PAC/m³（废水），沉淀时间约为 30min。

③ 处理效果与技术特征　在进行现场改造时，为了充分利用现场的原有构筑物，尽量节省改造费用，同时保证系统便于操作和控制，将生物处理系统的二段好氧处理采用生物膜形式，省了二沉池，既节约了工程占地，又缩短了工艺流程。

系统改造后进行调试，经过对构筑物中微生物进行镜检和出水水质指标进行连续监测，证明系统的运行较稳定正常，没有因生产废水水质波动而造成运行系统异常。水质分析结果显示，经过部分亚硝化厌氧氨氧化节能生物脱氮新技术处理后的焦化废水出水水质均达到了《污水综合排放标准》（GB 8978—1996）的一级标准，处理后的出水既可以达标排放，也可以回用。具体出水水质情况见表 10-31。

表 10-31　进水水质与去除效率　　　　单位：mg/L（pH 值除外）

| 监测项目 | 进水 | 出水 | 去除率/% |
|---|---|---|---|
| $NH_3$-N | 280～410 | 未检出 | 100 |
| $COD_{Cr}$ | 1800～2600 | 60～90 | 95～97 |
| pH 值 | 5.4～8.3 | 6～9 | — |
| SS | 90～210 | ＜70 | 40～70 |
| 酚 | 110～170 | 0.1～0.2 | ＞99 |
| 氰化物 | 45～80 | 0.1～0.2 | ＞99 |
| 石油类 | 40～230 | ＜10 | 75～95 |
| 色度/（倍） | 2000～3000 | ≤50 | — |
| $NO_3^-$-N | 未检出 | 74～130 | — |
| $NO_2^-$-N | 未检出 | 0.1～0.2 | — |

该工艺技术特征如下。

1）改造前，该厂废水 $COD_{Cr}$ 去除率为 80%～90%，氨氮去除率为 50%～60%，总氮去除率约为 30%，存在废水外排不达标、回用于熄焦腐蚀设备及大气二次污染问题。采用 SH-A 工艺改造后，废水 $COD_{Cr}$ 去除率达到 95%～97%，氨氮去除率达到 100%，总氮去除率达到 70%～80%，处理后出水已达到《污水综合排放标准》（GB 8978—1996）的一级标准。

2）新工艺可节省基建投资 20%～30%。

3）$A^2/O$ 工艺运行过程中动力消耗大，处理费用高。而 SH-A 工艺处理焦化废水建设投资省，动力消耗小，脱氮率高，无需外加碳源，处理费用低。

④ 综合经效分析　SH-A 工艺投资稳定运行后，焦化废水稳定达标，废水处理后可回用于熄焦，未产生设备腐蚀情况。

采用 SH-A 工艺后，降低废水处理成本约 65 万元/年，节约新水用费约 26 万元，年平均减少排污费 40 万元，年节约 130 万元以上。

## 10.4.5　铁炭微电解脱氮工艺

（1）技术原理与研究进展

铁炭微电解是将生物法与电化学法结合起来的一种处理硝态氮污染水的一项新型废水脱氮处理技术。该法采用微生物固定化技术将微生物固定在电极表面，形成一层生物膜，然后在电极间通入一定的电流，在阴极电解产生的氢气被固着在阴极上的反硝化菌所高效利用，阳极的氧化产物有利于中和 $OH^-$，降低 pH 值，增强厌氧环境，有利于微生物脱氮。生物膜法对硝酸盐的去除是电与生物膜共同作用的结果。其脱除硝酸盐氮的效果要优于单纯电极法及单纯生物膜法。

微电解又称内电解、零价铁法等，是近 30 年来发展起来的废水处理方法。微电解过程主要基于电化学中的电池反应，涉及氧化还原、电富集、物理吸附和絮凝沉降等多种作用。反应过程生产的产物具有强氧化还原性，使常态难以进行的反应得以实现。铁炭微电解是以铁为阳极，含碳物质作为阴极，废水中的离子作为电解质，从而形成了电池反应。它不但可以去除部分难降解物质，大幅度降低色度，还可以改变部分有机物的形态和结构，提高废水的可生化性。而且，铁炭微电解过程多采用废铁屑等工业废料，因此可以节省处理费用，达到"以废治废"的目的。

① 电化学腐蚀作用　微电解法是由铁屑和炭颗粒为电极组成的原电池，铁作为阳极被腐蚀，炭作为阴极，发生如下电极反应：

阳极（Fe）：$Fe-2e \longrightarrow Fe^{2+}$　　$E_o(Fe^{2+}/Fe)=-0.44V$

阴极（C）：$2H^++2e \longrightarrow H_2$　　$E_o(H^+/H_2)=0.00V$

有氧气时：

在酸性条件下：$O_2+4H^++4e \longrightarrow 2H_2O$　　$E_o(O_2)=1.23V$

在碱性条件下：$O_2+2H_2O+4e \longrightarrow OH^-$　　$E_o(O_2/OH^-)=0.4V$

② 铁的还原作用　铁是活泼的金属，在酸性或偏酸性条件下的废水溶液中发生如下反应：

$$Fe+2H^+ \longrightarrow Fe^{2+}+H_2$$

当水中有氧化剂时，$Fe^{2+}$ 可进一步被氧化成 $Fe^{3+}$，其反应式为：

$$Fe^{2+}-e \longrightarrow Fe^{3+}$$

③ 氢的还原作用　电极反应中得到的新生态［H］具有很强的活性，能与废水中的 $NO_2^-$-N、$NH_3$-N 发生还原作用。

④ 铁离子的絮凝作用　从阳极得到的 $Fe^{2+}$ 在有氧和碱性的条件下，会生成 $Fe(OH)_2$ 和 $Fe(OH)_3$，其发生的反应为：

$$Fe^{2+}+2OH^- \longrightarrow Fe(OH)_2$$

$$4Fe^{2+}+8OH^-+O_2+2H_2O \longrightarrow 4Fe(OH)_3$$

生成的 $Fe(OH)_2$ 是一种高效絮凝剂，具有良好的脱色和吸附作用。而生成的 $Fe(OH)_3$ 也是一种高效胶体絮凝剂。它比一般的药剂水解法得到的 $Fe(OH)_3$ 吸附能力强，可强烈吸附废水中的悬浮物、部分有色物质及微电解产生的不溶物。

经过以上各反应的综合作用，铁炭微电解对水中的氮氧化物还产生如下效果：

1）在 pH 值、Fe/C 及水力停留时间控制适当时可实现下列反应：

$$NO_2^-+4H^++3e \longrightarrow 1/2N_2+2H_2O$$

$$NO_3^-+6H^++5e \longrightarrow 1/2N_2+3H_2O$$

2）在 pH 值、Fe/C 及水力停留时间控制不当时就会进行如下反应：

$$NO_2^- + 8H^+ + 6e \longrightarrow NH_4^+ + 2H_2O$$

$$NO_3^- + 10H^+ + 8e \longrightarrow NH_4^+ + 3H_2O$$

与催化反硝化工艺不同的是，通过微电解产生的氢是以原子形式附着在电极上的，可以直接用于还原硝态氮，而无需像外加氢气那样需要经过溶解—传质—吸附—解离成原子等一系列过程。并且阴极上产生的氢气可以通过生物膜溢出，在生物膜附近形成了缺氧环境，有利于反硝化细菌的生长。相对于催化反硝化工艺，电解生物膜法克服了外加氢气面临的氢气溶解度低、利用率低以及运输储存要求高等缺点。

范彬等采用了异养—电极—生物膜联合反应器以脱除地下水中的硝酸盐。该反应器电极采用并联式平行布置，阳极为石墨板，阴极为不锈钢板。研究表明：在进水 C/N 处于 2.2～2.9（质量比）之间时，在一定的水力停留时间下能保证脱硝效率在 98％以上，出水中亚硝酸盐的浓度低于 0.1mg/L。冯玉杰、沈宏等以活性污泥为菌株，在石墨电极上培养电极生物膜，研究了碳氮比、电流强度、pH 值等工艺条件对电极生物膜反硝化过程的影响。结果表明：当 pH＝7、电流强度 $I＝20mA$、C/N＝3.0 时，硝酸盐氮的去除负荷最大，为 7.89mg/(g·h)。试验对比研究了单纯电极法、单纯生物膜法和电极生物膜法，证明了电极生物膜法对硝酸盐的去除是电与生物膜共同作用的结果。

（2）影响因素

① pH 值对处理效果的影响　根据微电解反应基本原理，由于在不同的 pH 值下原电池反应的反应物量存在差异，导致最终生成物不同，从而会直接影响脱氮的效果。经过对焦化废水的研究显示，当 pH 值为 1.5 时，TN 的去除率最高；在 pH 值大于 3 时，处理效果变差；当 pH 值小于 1.5 时，铁屑易钝化，影响处理效果，增加药剂费用。因此，当用铁炭微电解法处理废水时，进水的 pH 值应调节到 1.5～3.0 为最佳。

② Fe/C 对处理效果的影响　加入炭是为了与铁组成原电池，当 Fe/C 中炭屑含量低时，增加炭屑，可使体系中的原电池数量增多，提高对有机物等的去除效果。但当炭屑过量时，反而抑制了原电池的电极反应，更多表现为炭的吸附性，所以 Fe/C 应有一个适当值，通过研究表明，Fe/C（质量比）为 1.1∶1 时，$NO_2^-$-N、TN 的去除率最高，分别达到 95％和 55％，这说明在这种 Fe/C 的情况下，微电解中原电池反应效果最佳。

③ 反应时间对处理效果的影响　由微电解反应机理可知，停留时间越长，氧化还原等作用进行得越彻底、越深入，试验的目的是将废水中的 $NO_2^-$-N、$NO_3^-$-N 还原到 $N_2$ 阶段，以实现脱氮作用，而非还原到 $NH_3$-N，所以，并非停留时间越长脱氮效果越好。同时，停留时间长会使铁的消耗量增加，从而使溶出的 $Fe^{2+}$ 大量增加，并氧化成 $Fe^{3+}$，造成色度的增大和最终产生的污泥大量增加等问题。因此，针对各种不同性质的废水，因其成分不同，其采用的停留时间也不同。焦化废水微电解脱氮采用的反应时间为 60min。

④ 混凝条件对处理效果的影响　溶液中的 $Fe^{2+}$ 在经碱调节 pH 值生成 $Fe(OH)_2$ 并最终形成 $Fe(OH)_3$ 絮凝体的过程中，由于絮凝体有较强的吸附能力，可以进一步去除废水中的污染物，从而强化了处理效果。经试验研究发现，混凝的 pH 值及混凝后的沉降时间对 $NO_2^-$-N、TN 的去除效果也有影响，混凝 pH 值的范围在 8.5～9.0 为佳，沉降时间 1～3h 即可。

（3）经效分析　以焦化废水脱氮处理为例，废水在进入铁炭微电解前需要调节 pH 值，加酸费用约为 0.3 元/m³，反应过程中铁屑损耗约为 0.15 元/m³，反应后加碱调节 pH 值的费用约为 0.25 元/m³。综合以上数据，采用铁炭微电解进行焦化废水脱氮处理所需的药剂费用约为 0.7 元/m³。采用铁炭微电解工艺脱氮与实现同等脱氮率的厌氧反硝化工艺进行比较，由于节省了回流动力消耗，且不受 C/N 比值的影响，改善了脱氮的运行工况，脱氮成本也可降低 30%~50%。

(4) 技术应用与实践

北京大学环境工程系采用曝气铁炭微电解法对焦化废水进行深度处理，结果如下。

① 在活性炭、铁屑和 NaCl 投加量分别为 10g/L、30g/L 和 200mg/L 的条件下，不调节原焦化废水出水的 pH 值，反应 240min 出水 COD 去除率为 30%~40%。

② 短时间内曝气和不曝气对于铁炭微电解反应处理焦化废水生化出水没有明显的影响；随着反应时间的增加，曝气充氧条件下更有利于提高微电解反应的效果。

③ 较低的 pH 值条件有利于铁炭微电解反应的进行，在水样初始 pH 值为 4 的条件下进行微电解反应，出水无色无味，COD 值在 100mg/L 左右。

④ 铁炭微电解反应能够去除或改变原焦化废水生化出水的难降解有毒污染物，出水以小分子的脂类和烷烃类化合物为主（分子量<2000）；$BOD_5$/COD 由原水的 0.08 上升至 0.53，可生化性明显提高，对微电解出水进行微生物处理可使出水水质进一步提高。

# 10.5　膜生物反应器处理技术

以活性污泥法为代表的传统好氧生物处理工艺长期以来在焦化废水处理中得到了广泛应用。采用重力式沉淀池作为处理水和微生物的固液分离手段，带来了以下几方面的问题：a. 由于沉淀池固液分离效率不高，曝气池内的污泥难以维持到较高浓度，致使处理装置容积负荷低，占地面积大；b. 处理出水水质不够理想且不稳定；c. 传氧效率低，能耗高；d. 剩余污泥产量大；e. 管理操作复杂。

随着膜技术的发展和完善，膜生物反应器（MBR）开始进入城市污水及垃圾填埋渗滤液的处理。随着对污水处理要求的提高，单独用传统的生物处理已不能满足日益提高的排放要求，尤其是含较高浓度难生物降解物质的废水。膜生物反应器作为一种新型的废水处理和水回用技术，在城市污水处理、高层建筑中水处理以及高浓度工业废水处理等领域受到广泛的关注。这种集成式组合新工艺将生物反应器的生物降解作用和膜的高效分离作用融于一体，是目前最具有发展前景的废水处理新技术。

## 10.5.1　MBR 技术原理与特征

膜生物反应器技术是将膜分离技术与传统的废水生物反应器有机组合形成的一种新型、高效的废水处理系统。膜分离技术是指用天然的或人工合成的膜材料，以外界能量或化学位差等为推动力，对溶质和溶剂进行分离、分级、提纯和富集的方法。膜分离的特性与膜材料的性质（如分离孔径的大小、亲水性等）、水溶液中溶质分子的大小、性质以及推动力的类型、大小有关。根据膜的功能进行分类，膜可分为微滤（MF）、超滤（UF）、纳滤（NF）、电渗析（ED）、液膜（LM）和渗透蒸发（PV）等。

膜生物反应器技术通过超滤膜或微滤膜组件，几乎以一种强制的机械拦截作用将来自生物反应器混合液中的固液进行分离，其分离效果优于传统活性污泥法中二沉池的自由重力沉降作用，由此强化了生化反应，提高了废水的处理效果和出水水质。

膜生物反应器由膜过滤取代传统生化处理技术中的二次沉淀池和砂滤池。在传统的生化水处理技术中（如活性污泥法），泥水分离是在二沉池中靠重力作用完成的，其分离效率依赖于活性污泥的沉降特性，沉降性越好，泥水分离效率越高。系统在运行过程中产生大量的剩余污泥，其处置费用占废水处理厂运行费用的 25％～40％；而且易出现污泥膨胀，出水中含有悬浮固体，出水水质不理想。针对上述问题，MBR 将分离工程中的膜技术应用于废水处理系统，提高了泥水分离效率，并且由于曝气池中活性污泥浓度的增大和污泥中特效菌（特别是优势菌群）的出现，提高了生化反应速率。同时，通过降低 F/M，减少剩余污泥产生量（甚至为零），从而基本解决了传统活性污泥法存在的突出问题。

MBR 由微滤（MF）、超滤（UF）或纳滤（NF）膜组件与生物反应器组成，根据膜组件在生物反应器中的作用的不同，可将其分成分离膜生物反应器、曝气膜生物反应器以及萃取膜生物反应器。膜生物反应器废水处理工艺是一种新型高效的废水处理工艺。该工艺中，由于膜能将几乎全部的生物量截留在反应器内，从而获得长污泥龄和高悬浮固体浓度，且能维持较低的 F/M，与传统活性污泥工艺相比，它主要有以下优势与特征。

（1）处理效率高，出水可直接回用

由于超滤膜（或微滤膜）对生化反应器的混合液具有高效的分离作用，可彻底地将污泥与出水进行分离，故可使出水 SS 及浊度接近于零。由于活性污泥的损失几乎为零，使得生化反应器中的活性污泥浓度 MLSS 可比传统工艺高出 2～6 倍，这就大大提高了脱氮能力和对有机污染物的去除能力。采用膜生物反应器工艺处理废水，出水 COD 可在 30mg/L 以下，TP 可在 0.15mg/L 以下，TN 可在 2.2mg/L 以下；重金属（尤其是 Cu、Hg、Pb、Zn 等）的去除明显；耐热大肠杆菌可被完全除去，噬菌体数量较传统工艺低 1/1000～1/100，可实现废水资源化。

（2）系统运行稳定、流程简单、设备少、占地面积小

由于膜生化反应器技术的活性污泥浓度高，因此装置的容积负荷大；对进水波动的抗击性能更好，运行稳定。所以此工艺除了可大大地缩小生化反应器——曝气池的体积，使设备和构筑物小型化以外，甚至可以省去初沉池。另外，此工艺不需要二沉池，使得系统占地面积减少，由此大大降低了工艺的建设成本。

（3）污泥龄长，剩余污泥量少

在污泥浓度高、进水污染物负荷低的情况下，系统中 F/M（营养和微生物比率）低，污泥龄变长。当 F/M 维持在某个低值时，活性污泥的增长几乎为零，这就降低了对剩余污泥的处理费用。污泥龄长虽有利于硝化菌的生长，但泥龄过长会导致有毒物质的积累、污染膜的形成和影响出水水质。

（4）操作管理方便，易于实现自动控制

由于膜分离可使活性污泥完全截留在生物反应器内，实现了反应器水力停留时间和污泥龄的完全分离，故可以灵活、稳定地加以控制。

（5）传质效率高

因为 MBR 工艺的污泥平均粒径较传统活性污泥小，使得该工艺氧转移效率高，可达 26％～60％。

但膜生物反应器工艺存在着膜的制造成本较高，寿命较短，易受污染，整个工艺能耗较高等缺点。

总之，膜生物反应器是生物反应器处理技术和膜处理技术的组合，它综合了两者的特点。膜生物反应器内的微生物利用废水中的有机物进行生长繁殖，并逐渐开始在系统内形成适合有机污染物降解的微生物链，而膜的分离作用将微生物截留在生物反应器内，使污染物得到比较充分的氧化分解，最终出水得到了净化。由于膜的分离作用，生物反应器内的活性污泥浓度较传统的生物处理法要高，这就提高了废水的处理效率与出水水质，同时，降低了运行过程的能耗与处理工程自动化。

## 10.5.2　MBR 稳定运行与膜污染控制

### 10.5.2.1　MBR 稳定运行要求

影响膜生物反应器的因素涉及生物反应器与膜组件两部分。对生物反应器而言，主要有 pH 值、温度、水力停留时间（HRT）、污泥停留时间（SRT）、污泥量（MLSS）及负荷等；对膜组件而言，主要有膜孔径、膜通量、膜面流速、操作压力、截留分子量及透水率等操作参数。

（1）生物反应器因素

对于膜生物反应器来说，废水中负荷的变化对处理效果的影响比较小，这一点可从表 10-32 中看出，这也说明了膜生物反应器对负荷的冲击有很强的适应能力。

**表 10-32**　不同有机负荷时膜生物反应器的去除率

| 项目 | 1 | | | 2 | | | 3 | | |
|---|---|---|---|---|---|---|---|---|---|
| | 进水 | 出水 | 去除率/% | 进水 | 出水 | 去除率/% | 进水 | 出水 | 去除率/% |
| 含 SS/(mg/L) | 157 | 0 | 100 | 178 | 0 | 100 | 348 | 0 | 100 |
| COD/(mg/L) | 286 | 10 | 96.5 | 370 | 10 | 97.3 | 565 | 10 | 98.2 |
| $NH_3$-N/(mg/L) | 24 | 1.2 | 95.0 | 21. | 1.1 | 95 | 25 | 0.7 | 97.2 |
| 浊度/度 | 58 | 1.0 | 98.3 | 69 | 1.1 | 98.4 | 61 | 1.2 | 98 |

膜生物反应器最突出的优点是可以分别控制生物反应器中的污泥龄和水力停留时间，这样就使废水中那些大分子难降解的成分在有限体积的生物反应器中有足够的停留时间，从而达到较高的去除效果。泥龄长也为世代周期长的硝化细菌的繁殖提供了条件。因此，MBR 工艺对氨氮的去除率高，可达 90% 以上，例如，在用 MBR 工艺处理废水时的研究发现，当 DO 为 1mg/L 时，COD、$NH_3$-N、TN 的去除率分别为 96%、95% 和 92%。

膜生物反应器的污泥浓度（MLSS）高，可达 10～20g/L，许多研究表明，膜通量与污泥浓度（MLSS）的对数成线性下降关系。从这一点来讲，过高的 MLSS 对系统不利，但是研究表明污泥浓度（MLSS）高，为反硝化作用提供了内部厌氧环境，总氮的去除率就高，另外，MBR 系统中丝状菌和真菌所占的比重较大。

（2）操作运行方式

膜生物反应器工艺的操作压力一般在 0.1～0.2MPa 之间，可根据膜材料和废水性质而定。操作压力及膜面流速的增加均有利于提高膜通量，但压力过高会导致膜的破裂。调节曝气量可以控制膜面流速，从而有效地减缓膜污染，增加膜通量，但膜面流速过高，则使膜表面污染层变薄，有可能造成不可逆的污染。因此，膜面流速通常保持在 1.5m/s 左右。

试验表明，在运行时采用间歇出水的方式，可以有效地改善膜过滤性能。抽吸时间、曝气量及停抽时间三因素对膜过滤特性的影响程度从大到小。因此，运行应控制在低压、高流速的条件下进行。

### 10.5.2.2　膜净化性能下降的防治与污染控制

（1）膜性能下降的防治

① 膜生物反应器进料的处理及混合液性质的改进　在膜生物反应器中，膜截留的污泥、

微生物群都需回收利用，料液的处理既应使这些组分不容易在膜表面上沉积，又要尽量避免对微生物的活性造成伤害。一体式膜生物反应器更是直接浸在活性污泥浓度很高的曝气反应池中，反应池中混合液的性质与膜污染和膜的通量有很大关系。

进入膜生物反应器的料液视膜组件结构应用 1~4mm 的网筛进行过滤，除去毛发、纸纤维之类的悬浮物，这些纤维状杂质会缠结成块，堵塞料液的流道，当使用中空纤维时，这些杂质会缠绕在中空纤维上，为污泥的附着创造条件。当流道高度为 1mm 以下时，必须用细网筛过滤。

进水中的动植物油脂及矿物油会对活性污泥产生不良影响并堵塞膜孔，必须在预处理中对其加以控制（如用气浮法等）。

② 反应器中混合液性质的改进　研究表明，污泥的浓度和性质对膜污染层的阻力有很大影响。有研究认为，$0.1~1\mu m$ 的粒子最容易沉积在膜表面上，$1\mu m$ 以上的粒子很少在膜面上沉积，因此，设法改变活性污泥的聚集状态、性质和浓度，可减少污泥在膜面上的沉积，可采用的方法有如下几种。

1）加聚合氯化铝之类的凝聚剂。少量凝聚剂的加入可将细微的污泥粒凝聚，减少在膜面沉积。凝聚剂还可将胶体微粒吸附到污泥上形成絮凝块，而不是以凝胶状吸附在膜面上。此外，铝凝聚剂还可凝聚腐殖酸，防止腐殖酸在膜面上吸附形成膜的不可逆污染，这些作用都有利于减少膜污染的阻力，保持膜通量。

2）加粉末活性炭（PAC）。活性炭的吸附作用改善了污泥的可滤性，降低了膜阻力。其作用机理为：活性炭的吸附作用使混合液内 COD 浓度迅速下降，减少了膜污染；活性炭吸附了污泥后形成的生物活性炭（BAC）比 PAC 体积大、强度高、黏性小、不易压缩。即使在膜面上形成了滤饼层，结构也比较松散，透水性好，提高污泥的沉降性能和废水分离性能，减缓了滤饼层的形成。

3）控制反应池内活性污泥浓度。活性污泥浓度高，设备的容积负荷高，处理能力大。但膜渗透通量往往下降，因此应在两者之间确定一最适值，通过剩余污泥排放控制污泥浓度，通常为 8000~12000mg/L。此外，若需向反应池投加消泡剂，应使用高级醇类消泡剂，避免使用聚硅氧烷类消泡剂，因后者易吸附在膜面上。

（2）膜污染控制与再生

膜生物反应器内膜的污染可分为无机污染、有机污染和微生物污染三种。而低压、恒通量操作则更有助于减缓膜的污染，能使膜通量长期保持较高的水平。此外，若将膜生物反应器与活性炭组合应用，也可有效地控制膜的污染。

膜的清洗方法有水力清洗、空气清洗、机械清洗和化学清洗几种。清洗的方式将由污染物的种类和膜的种类及性能所决定。一般来说，化学清洗是最有效的方法。选用酸类清洗剂可溶解除去矿物质及 DNA；采用 NaOH 水溶液可有效地脱除蛋白质污染；采用 2%~5% 的次氯酸钠溶液进行在线药洗，可有效地去除滋生在膜内表面的微生物，大幅度降解膜过滤压差。

这里主要讨论焦化废水常用的一体式膜生物反应器中膜的清洗，因为膜装置浸在曝气池中，在清洗上有一些特殊要求。膜生物反应器中膜的清洗也有物理清洗及化学清洗两种。

① 物理清洗　即以机械方法从膜面上脱除污染物，大多以水（通常为透过液）在低压高流速下流经膜面，透过液侧关闭出水阀，以使透膜压力为零。在水力对膜面形成的剪切力作用下，将膜面沉积物冲洗下来。

也可用水或空气在一定的压力下，从透过侧反压过膜进入料液侧，将沉积物和堵塞在膜孔中的污染物冲下，料液侧保持一定的流速，以将这些冲洗下来的沉积物带走。

有研究认为对浸入式膜生物反应器，物理清洗方法因膜组件结构而不同，对浸入式平板膜及浸入式细中空纤维可采用料液侧曝气（透过侧关闭抽吸水器）的方法。对浸入式粗中空纤维宜采用曝气及间歇水反冲洗并用的清洗方法。而进入式陶瓷膜可采用曝气与药液反冲洗并用的清洗方法。

对浸入式平膜，采用将膜块从膜盒中抽出，用高压水或刷子对膜面进行冲洗也很有效。

② 化学清洗　对浸入式膜生物反应器有原位（in line）及移位（out line）两种清洗方法。

1）原位和移位清洗方法及比较

a. 原位清洗。如图 10-27（a）、（b）所示。膜组件仍浸在曝气槽中，清洗药水通过透过液管道进入中空纤维内，透过膜进入料液侧，使膜孔和膜表面沉积的有机物分解，使透膜阻力下降。

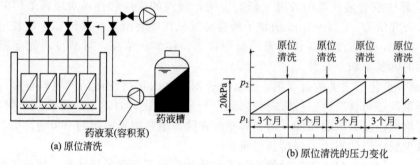

图 10-27　原位清洗及其对透膜压力的影响
$p_1$—原始压力；$p_2$—清洗时加压的压力

b. 移位清洗。如图 10-28 所示。将膜组件从曝气槽内吊出后，在药液内浸渍一定时间，再以透过液冲洗干净。

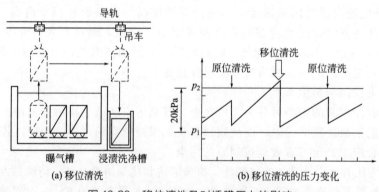

图 10-28　移位清洗及对透膜压力的影响
$p_1$—原始压力；$p_2$—清洗时加压的压力

两种清洗方法的比较见表 10-33。

表 10-33　原位清洗及移位清洗的比较

| 清洗方法 | 清洗方法 | 目的 | 效果及可操作性 |
| --- | --- | --- | --- |
| 原位（槽内）清洗 | 清洗液通过透过液管道进入中空纤维内，透过膜到料液侧表面，使膜孔和膜表面沉积物分解 | 保持膜正常进行，维持较高通量，减少移位清洗频率 | 清洗效果良好自动化良好可操作性良好 |
| 移位（槽外）清洗 | 将膜从曝气槽取出，浸在药液清洗槽内清洗 | 使经过长期运转，性能衰退的膜性能得到恢复 | 清洗效果优良自动化良好可操作性差 |

2）化学清洗药品。化学清洗中大多用次氯酸钠（NaClO）脱除有机物及微生物污染，用草酸脱除无机污染物。当废水的脱磷负荷较大时，常需投加絮凝剂，所形成的膜面沉积物中无机物含量较高，可用 1％草酸清洗，次氯酸钠常用含量为 0.5％～1％（质量分数）。日本久保田公司提供的用于一体式膜生物反应器平膜清洗剂用量见表 10-34。

表 10-34　一体式膜生物反应器平膜清洗剂用量

| 清洗方法 | 污染物 | 清洗剂 | 含量/% | 药液量 /(L/枚膜) | 清洗时间/h | 清洗场所 | 频率 /(次/年) |
|---|---|---|---|---|---|---|---|
| 药液注 入法（原 位清洗） | 有机物 | NaClO | 0.5～1 | 3 | 1～2 | 槽内 | 1～2 |
| | 无机物 | 草酸 | 1 | 3 | 1～2 | 槽内 | 1 |
| | 微生物 | NaClO | 0.1 | 3 | 1～2 | 槽内 | 1～2 |
| 药液浸渍 法（移位清 洗） | 有机物 | NaClO | 0.1～0.2 | 3 | 1～2 | 槽外 | 1～2 |
| | 无机物 | 草酸 | 0.1～0.2 | 3 | 1～2 | 槽外 | 1 |
| 水清洗 | 堆积物 | 高压水（2MPa） | | 10 | 1min/枚 | 槽内 | |

## 10.5.3　MBR 技术特征与处理效果

（1）膜生物反应器的种类和特征

膜生物反应器有膜-曝气生物反应器、萃取膜生物反应器、膜分离生物反应器三类。在废水处理中用的多为与活性污泥过程结合的膜生物反应器（MBR）。在这里膜组件相当于传统活性污泥处理中的二沉池，进行固液分离。截流的污泥和未降解的大分子物质将回流（或留）至生物反应器中，透过水离开体系。

按膜组件和生物反应器的相对位置，MBR 可分为分置式（或旁流式，sidestream）和一体式（或浸没式，submerged）两种，如图 10-29 所示。

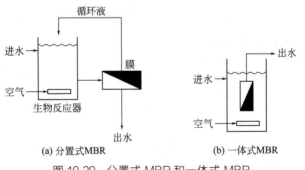

(a) 分置式MBR　　　　(b) 一体式MBR

图 10-29　分置式 MBR 和一体式 MBR

在分置式 MBR 中生物反应器内的混合液由泵增压进入膜组件。透过侧通常为常压，滤液在压力差作用下透过膜。为了控制浓差极化和膜污染，料液需以错流高速流经膜面，能耗较高。

在一体式 MBR 中，膜组件直接浸在曝气反应池中，通过透过侧的抽吸形成膜两侧的压力差，为减少膜孔堵塞，常采用间歇抽吸法。图 10-30 为一种比较典型的间歇抽吸法及作用原理。抽吸过滤 8min 后，停 2min，释放污堵物。利用曝气形成向上流动的气-液混合物，使截留组分不易沉积在膜面上，为此反应池内的曝气量比普通活性污泥池大得多。

根据与膜相耦合的反应器是好氧还是厌氧过程，又有好氧膜生物反应器（aerobic MBR）及厌氧膜生物反应器（anaerobic MBR），根据进、出物料是连续还是分批式又有连续式和分批式 MBR 之分。建立在传统的硝化（好氧）、反硝化（厌氧）工艺上进行脱氮要求高时，还可以采用两段操作，如图 10-31 所示。好氧和厌氧过程也可以在同一反应槽中分时进行：进水按先厌氧后好氧（需要时可再循环）程序分批进行，如图 10-32 所示，称为序批式反应器（sequencing batch reactor，SBR）。

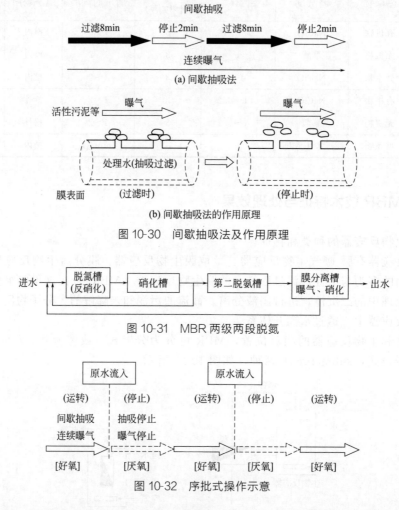

（a）间歇抽吸法

（b）间歇抽吸法的作用原理

图 10-30　间歇抽吸法及作用原理

图 10-31　MBR 两级两段脱氮

图 10-32　序批式操作示意

在 MBR 中污泥龄（SRT）和水力停留时间（HRT）是完全独立的，可以在短 HRT 和长 SRT 下操作。由于膜的截留作用，反应器内可保持高生物质浓度。在城市污水处理中，污泥浓度可高至 25000mg/L，在某些工业废水处理中甚至可高达 80000mg/L，从而可大大减少反应器的体积并有很高的处理效率，MBR 与 AS 的工艺性能比较见表 10-35。

表 10-35　常规活性污泥法（AS）与 MBR 法性能比较

| 参数 | AS | MBR | 参数 | AS | MBR |
| --- | --- | --- | --- | --- | --- |
| 污泥龄/d | 20 | 30 | 氨氮脱除/% | 98.9 | 99.2 |
| COD 脱除/% | 94.5 | 90 | 总磷脱除/% | 88.5 | 96.6 |

续表

| 参数 | AS | MBR | 参数 | AS | MBR |
|------|-----|-----|------|-----|-----|
| DOC 脱除/% | 92.7 | 96.9 | 污泥产生量/[kg VSS/(kg COD·d)] | 0.22 | 0.27 |
| TSS 脱除/% | 60.9 | 99.9 | 絮凝物平均尺寸/μm | 20 | 3.5 |

（2）脱氮除磷效果

近年来，膜生物反应器由于处理效果好、占地面积少等优点日益受到废水处理工作者的关注。目前膜生物反应器在国内外的研究发展很快，主要包括：一是生化处理和工艺运行参数的影响；二是膜成套技术的研制；三是膜分离影响因素。尤其是在脱氮除磷研究和开发方面进展很快。

① 膜生物反应器工艺对氮的去除研究

1）膜生物反应器工艺处理高浓度氨氮废水技术。国内外对于含氨氮废水的处理方法主要是采用生物脱氮处理法，对低浓度含氨氮废水的研究已经比较成熟。近段时间的研究主要集中在用膜生物反应器对高浓度氨氮废水处理方面。由于膜的完全截留作用使得膜生物反应器的水力停留时间和污泥停留时间可以完全分开，同时反应器维持很高的 MLSS，使得反应器里硝化菌的大量积累有了可能，为处理高浓度氨氮废水创造了条件。

王颖采用缺氧/好氧膜生物反应器处理食品废水的试验中，在进水氨氮高达 400~600mg/L 时，取得了 91% 的硝化效果，而高蒙春在利用浸没式膜生物反应器和传统活性污泥法处理高浓度氨氮废水的对比试验中发现，SRT 为 24h，进水氨氮为 180~1300mg/L，浸没式膜生物反应器中的氨氮几乎全部硝化，而传统活性污泥法氨氮的硝化率只有 91%。有人采用一体浸没式膜生物反应器处理高浓度氨氮废水，研究表明，进水 COD>100mg/L、氨氮 340mg/L 时，出水平均氨氮<3mg/L，去除率>99%。而李红岩等利用相同的膜生物反应器处理高浓度氨氮废水，在进水氨氮浓度逐渐增加到 2000mg/L，进水氨氮的容积负荷为 2.0kg/(m³·d) 的情况下，去除率依然达到了 99%，而且系统比较稳定。从各个研究结果来看，总体上膜生物反应器对去除高浓度氨氮废水的效果甚佳，且比较稳定。

2）膜生物反应器工艺脱氮技术。在好氧生化池内氨氮转化为硝态氮和亚硝态氮只是氮的形态发生了变化，总氮的数量并没有减少。为了提高总氮去除率，张西旺等在一体式膜生物反应器前增设缺氧区和回流装置的情况下，进水氨氮浓度为 100mg/L 时，总氮去除率只有 60%，而在设置了缺氧区后，去除率达 96.0%，其原因就是缺氧区设置后给反硝化菌提供了充足的有机物和反应场所，避免了由于硝酸盐和亚硝酸盐的累积对硝化反应的限制。出水水质达《生活常用水水质标准》要求。

研究表明，在好氧膜生物反应器里加生物载体填料，可以取得对氨氮和总氮很高的去除效果。由于反应器中高浓度的污泥有利于在污泥絮体中形成好氧区和厌氧区，而且，填料载体挂膜充分后，膜表面同样也会形成立体的好氧-厌氧交递层，客观上为在同一个反应器中实现同步硝化创造了条件。试验出水结果表明，在 DO、pH 值等因素控制得当的情况下，系统对氨氮和总氮的平均去除率分别达到了 93.0% 和 88.9%，比传统的工艺效果要好得多。

② 膜生物反应器不同工艺对磷的去除研究　膜生物反应器去除磷的工艺与常规活性污泥法基本上相同，国内外对除磷工艺的研究不少，一般采用 A/O 和 SBR 的形式，多数是和脱氮联用，A/O 膜法是研究得比较多的一种工艺。有人对比了有厌氧和无厌氧情况下该工艺的除磷情况，发现没有厌氧环境，总磷的去除率只有 22%，而在有厌氧段（A/O）的情况下，总磷的去除率可达 70%。B. Kocadagistan 采用在上流式厌氧固定床后的好氧反应器

里面设置了微滤膜的形式，获得了对氮和磷＞94％的去除率，不过该工艺的成本比较高，现阶段难以大规模的推广。P. A. Castillo 等采用生物膜-膜反应器处理含磷废水，在有机负荷率为 159mg/(cm² · d) 的条件下，磷的去除率达 72％。由于除磷菌的世代时间较短，SRT 是一个比较重要的参数，为了尽量避免 SRT 过长带来的负面影响，于是有人在强化生物除磷工艺（EBPR）的好氧段旁边设置膜组件，无论采用前置反硝化方式还是后置反硝化方式，都取得了令人满意的除磷效果，在 SRT 为 25d 的情况下，依然取得了对总磷＞97％的去除率。Halil Hasar 在对浸没式膜生物反应器（SMBR）和传统活性污泥法工艺进行对比研究中发现，SMBR 的运行方式在 SRT 为 50d，好氧时 DO 在 1.9～4mg/L，进水总磷为 19.0mg/L 的情况下，取得了出水总磷＜1mg/L 的去除效果。这表明采用膜生物反应器完全可以实现高效脱氮除磷。

## 10.5.4 技术应用与实践

### 10.5.4.1 A/O-MBR 工艺组合的工程应用与实例

焦化废水的氨氮 COD 处理达标排放是长期存在的技术难题，膜生物反应器（MBR）处理高氨氮废水具有很大的优越性。首先，MBR 内高浓度活性污泥可以加快氨氮和有机物的降解速率，提高处理效率；其次，MBR 有利于增殖，世代时间长，减少硝化菌的流失，加快硝化速率。兰州交大环境与市政工程学院陈新对高氨氮 $NH_4^+$-N 为 1635.9mg/L、人工配水在 A/O-MBR 处理系统中，其容积负荷为 1.5kg/$NH_4^+$-N/($m^3$ · d) 时，出水氨氮平均值为 0.58mg/L，硝化率长期稳定在 99％以上。天津大学环境科学与工程学院刘静文等曾对某工业废水含氨氮 2000mg/L 时进行试验，当工艺运行稳定时，出水氨氮平均浓度为 3mg/L 以下，氨氮容积负荷可达 1.11kg $NH_4^+$-N/($m^3$ · d)。冶建总院刘玉敏、许雷在某焦厂进行工程试验表明，在不加稀释的条件下，采用物化预处理-生化-MBR 工艺，可取得满意的效果。试验结果如下。

（1）试验废水水质与处理工艺流程

现场中试用水采用某焦化厂的焦化原水，其成分复杂，水质波动大，并含有大量有毒有害物质，特别是在中试试验期间正是该厂新建焦炉的投产调试阶段，水质很不正常，波动特大。试验期间的原水水质见表 10-36。废水 pH 值为 6.5～10.0，均值为 8.0，废水温度为 25～35℃，均值为 30℃。

表 10-36 焦化厂原水水质

| 时段 | COD/(mg/L) | | NH₃-N/(mg/L) | |
|---|---|---|---|---|
| | 范围 | 均值 | 范围 | 均值 |
| 新焦炉投产前正常运行阶段 | 2700～3500 | 3200 | 205～360 | 270 |
| 新焦炉投产后调试阶段 | 4400～5800 | 4700 | 160～2000 | 680 |

试验工艺流程如图 10-33 所示。

物化预处理是物化技术的组合，包含化学反应、氧化还原反应、过滤、混凝沉淀等处理。其关键设备是物化反应器，内装有复合填料，并根据水质不同进行单元组合，加入复合药剂。废水中的污染物在物化反应器中发生一系列的化学反应和氧化还原反应，从而使污染物降解。

中试装置生物处理部分的工艺设计完全模拟焦化厂现有处理系统 A/O 工艺的设计参数。经物化预处理后的废水依次进入厌氧池和好氧池，在此废水中的大部分有机物被降解。NH₃-N 在好氧池内硝化，在厌氧池内反硝化。好氧池出水混合液回流到厌氧池。

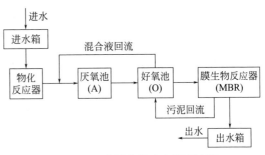

图 10-33　中试焦化废水处理流程

生化出水从好氧池流入膜生物反应器（MBR）进行固液分离，清水从膜内抽出。膜组件采用抗污染的聚偏氟乙烯（PVDF）中空纤维膜，帘式结构。膜的截留作用延长微生物在系统中的停留时间，提高污泥浓度，增强系统对水力负荷和污染物负荷变化的适应性，大部分污泥回流到好氧池，剩余污泥排出。

（2）试验结果与比较

① COD 的去除效果　新焦炉投产前稳定运行期间中试处理系统的进、出水 COD 变化为 COD 最高为 3842mg/L，最低为 2217mg/L，平均浓度为 3206mg/L，而出水 COD 稳定在 150mg/L 以下，平均浓度为 98mg/L，平均去除率达 96.9％。

新焦炉投产后的调试阶段，系统进水 COD 在 3549～8217mg/L 剧烈波动，平均值达到了 4710mg/L，该阶段中试系统出水的 COD 平均为 256mg/L，去除率保持在 94.6％左右，虽然进水中极高的 NH₃-N 浓度干扰了生物系统的运行，但中试处理仍然保持了较高的 COD 去除率。

② NH₃-N 的去除效果　新焦炉投产前中试系统对氨氮的处理效果为：进水氨氮质量浓度为 202～367mg/L，平均 281mg/L，出水氨氮平均质量浓度为 13mg/L，平均去除率达 95.2％。

新焦炉投产后的调试期间进水氨氮波动剧烈，最高值为 2010mg/L，最低值为 524mg/L，平均达到了 855mg/L。

在 NH₃-N 高负荷冲击下，中试系统出水氨氮平均浓度为 181mg/L，平均去除率为 78.8％，这说明该系统对氨氮的去除效果比较稳定，抗冲击能力较强。

③ 处理效果比较　该处理工艺与该厂原处理工艺（A/O 法＋物化深度处理）相比，有明显效果，比较结果见表 10-37。

表 10-37　处理效果比较

| 项目名称 | | 新焦炉投产前（正常生产阶段） | | 新焦炉投产后（调试阶段） | |
| --- | --- | --- | --- | --- | --- |
| | | 原工艺 | 中试 | 原工艺 | 中试 |
| COD/(mg/L) | 平均进水 | 3197 | 3206 | 4724 | 4710 |
| | 平均出水 | 148 | 98 | 689 | 256 |
| | 去除率/% | 95.3 | 96.9 | 85.4 | 94.6 |
| NH₃-N /(mg/L) | 平均进水 | 276 | 281 | 637 | 855 |
| | 平均出水 | 33 | 13 | 268 | 181 |
| | 去除率/% | 88.0 | 95.2 | 60.2 | 78.8 |

### 10.5.4.2　接触氧化法+MBR技术组合深度处理的应用实例

（1）废水水质与工艺流程

该净化厂废水浓度变化大，且COD与$NH_3$-N浓度都较高，其水质状况见表10-38，处理工艺流程如图10-34所示。

表 10-38　废水水质　　　　　　　　　　　　　　　　　单位：mg/L

| 项目名称 | COD | $NH_3$-N | 酚 | 油 | 色度/倍 | pH值 |
|---|---|---|---|---|---|---|
| 浓度 | 2000~10000 | 700~1500 | 175 | 40 | 300 | 8 |

由于废水COD与$NH_3$-N浓度较高，采用生化处理较难达到回用与排放要求，经过小试、中试、吹脱、曝气、气浮、絮凝、高级氧化、催化氧化、膜处理等多种研究，在此试验研究技术综合与集成的基础上最终选用水解酸化＋生物流化床＋复合膜反应技术，解决该废水长期难解决的难题。

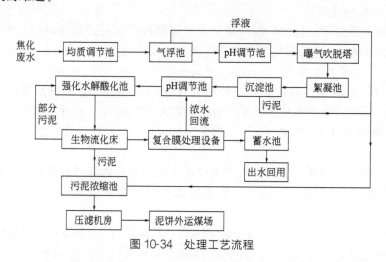

图 10-34　处理工艺流程

（2）工艺状况与主要构筑物

① 均质调节池　均质调节池的主要作用是水量的调节和水质的均和。经过本单元的均质调节，可防止水质的突变，增大整体系统的抗冲击能力，使后续处理单元更好地发挥作用。

② 气浮池　气浮池的作用是去除废水中的悬浮物、油类以及胶状物等物质，以减轻后续处理构筑物的处理负荷。其原理是：水中的悬浮物、油类以及胶状物等物质与曝气机产生的小气泡结合形成整体密度小于水的黏合体，在水的浮力作用下上浮至水面；同时，水中的长链有机杂质和多环杂质一部分由于和加入的药剂发生作用形成胶体物质而被去除，气浮后出水平均油类在10mg/L以下，悬浮物则降至50mg/L以下，COD平均去除率在20%左右。

③ pH调节池　调节pH值，改变废水中氨氮的存在形态，使其由离子形态（$NH_4^+$）变成分子形态（$NH_3$），保证后续吹脱工艺能够更好地去除氨氮。

④ 曝气吹脱　通过改变pH值，改变氨氮的存在形态和氨氮在气液两相间的分配比，通过鼓风曝气增大气液两相之间的接触面积，使氨氮在气液两相之间多次达到分配平衡，并逐渐由液相分配到气相，从而被去除。但由于水汽的蒸发，废水中的COD略有升高。

⑤ 絮凝池　去除水中的SS和胶体物质，降低色度和COD。在搅拌的条件下加入专用絮凝剂，通过一系列化学反应改变水中的胶体和悬浮物的表面特性，使之脱稳，通过压缩双

电层、吸附电中和、吸附架桥、网捕和卷扫等物理作用将水中的杂质充分絮凝。水中形成的絮状沉淀在助凝剂的作用下于很短的时间内即凝聚成比较大的絮状矾花从而沉淀去除。

⑥ 沉淀池 沉淀池是使絮凝池中产生的絮状矾花在自身重力的作用下逐渐沉到底部而去除。

以上废水经过气浮、曝气吹脱、絮凝沉淀等物化处理工艺单元的处理，废水出水水质符合生化处理的要求：COD 不大于 3000mg/L，$NH_3$-N 不大于 300mg/L。

⑦ pH 调节池 调节 pH 值，保证后续处理工艺能在其最佳反应条件下去除废水中的 COD。

⑧ 强化水解酸化池 水解酸化是指在水解酶参与下把复杂的有机分子分解为简单化合物的反应，该反应是在缺氧条件下进行的。焦化废水是一种毒性较大的有机废水，厌氧酸化段在提高废水有机氮去除率和削减废水毒性方面起到重要作用。水解酸化系统中微生物主要是兼性微生物，它们在自然界中数量较多，繁殖速度快，相对于厌氧菌而言，对于环境的变化，如 pH 值、碱度、重金属离子、洗涤剂、氨、硫化物和温度等的变化耐受能力大得多，并且水解酸化工艺水力停留时间也比较短。

本工艺中厌氧水解池采用悬挂生物载体和悬浮活性污泥协同作用的设计思想，采用特殊构造的悬挂填料，一方面增大了生物膜和废水的接触面积，另一方面使得生物膜不易脱落，从而获得代谢活力强、耐毒性好、浓度高的厌氧菌群。

水解酸化池主要有两方面的作用，一方面，是将废水中难降解的有机物转变为易降解的有机物，提高了废水的可生化性；另一方面，它还起到水量调节和水质均和的作用，提高了系统的抗冲击负荷能力。

⑨ 生物流化床反应池 流动床生物膜污水处理技术是一种新型的生化处理装置。它的特点是反应器结构简单，流体混合性能优良，传质速度快，生物浓度高，综合处理效率高，并具有很强的抗负荷冲击能力。其中生物反应池中的填料载体是专利产品（CN1339407A），该载体与一般载体相比，具有附着性好、表面生物菌属多的优点，所以负荷冲击有较强的适应性。

生物流动床反应池具有以下特点。

1）生物反应池容积仅为传统方法的 1/8～1/4，大量节省占地面积。

2）生物反应池内同时存在好氧、兼氧菌，处理效果优于常规工艺。

3）硝化效果好，生物池水力停留时间小于 3h，废水中 $NH_3$-N 去除率比较高。

4）抗负荷冲击能力极强，即使来水水质产生较大变化，系统出水也能在很短的时间内恢复。

5）载体浸润后密度为 1.02～1.09g/$cm^3$，流化态能耗小，运行费用降低约 20%。

6）反应器内填料载体相互激烈碰撞的运行方式，避免了传统接触池在运行一段时间后，由于生物膜过厚脱落造成的阶段性出水水质变差的缺点。并且这种激烈碰撞的方式非常有利于水体中污染物在生物膜上的传递速率，有利于提高处理效果。

7）粒状填料具有巨大的比表面积，有效比表面积＞4500$m^2$/$m^3$。

上述两个生化处理单元的占地面积比较小，工艺成熟，实际应用范围也比较广，出水水质也比较好，但是要求出水稳定达标还有一定的难度。本着废物资源化的思想提出了膜的深度处理，将处理后的产水利用来降低因后续工艺造成的费用，同时也可以最大限度的保护环境。

物化处理后的废水经过强化厌氧水解和生物流化床处理工艺单元的处理，出水水质基本稳定，但出水水质 COD、$NH_3$-N 较高，难以达到回用水水质要求。见表 10-39。

表 10-39 生化处理工艺单元处理效果

| 项目名称 | 酚/(mg/L) | 氰/(mg/L) | COD/(mg/L) | 油/(mg/L) | 氨氮/(mg/L) | 色度/倍 | pH 值 |
|---|---|---|---|---|---|---|---|
| 进水 | 2～5 | 5 | 1400～3000 | — | 100～300 | 200 | — |
| 出水 | 0.5～1 | 1 | 100～150 | — | 20～30 | 150 | — |

⑩ 保安过滤系统 保安过滤系统为装有孔径为 $5\mu m$ 的 PP 喷熔棉材料的微滤装置，其主要作用是过滤废水中粒径大于 $5\mu m$ 的杂质，保证后续工艺中膜的使用，延长其使用寿命。

⑪ 无机-有机复合膜 无机-有机复合膜是集无机、有机、纳米多微孔粒子的诸多特异性质于一身的新材料。它兼顾了无机膜和有机膜的特点，具有高透水量、高强度、高柔韧性、抗弯折、耐腐蚀等特点，它的表面分离层由聚电解质构成，拥有 1nm 左右的微孔结构，由于带有电荷，使得该复合膜在低的压力作用下仍具有较高的脱盐率，特别是对二价阴离子的截留率可以高达99％以上。由于采用纳米多微孔材料作为聚合高分子的补强剂、抗老化剂，制备出复合材料的韧性、强度、伸长率、抗折性能及抗老化性能均超过聚酰胺类和聚醚砜类等高分子常规制备材料，并且能明显提高高分子产品的耐磨性能。采用该复合膜处理生化处理后的焦化废水，污染物去除率高达95％～99.7％，其产水可作为冷却水回用或者其他用水工艺单元使用。

膜处理后的出水可以稳定达到企业回用水的标准，膜处理出水水质见表 10-40。

表 10-40 膜处理工艺单元处理效果

| 项目名称 | 酚/(mg/L) | 氰/(mg/L) | COD/(mg/L) | 油/(mg/L) | 氨氮/(mg/L) | 色度/倍 | pH 值 |
|---|---|---|---|---|---|---|---|
| 进水 | 0.5～1 | 1 | 120～350 | — | 20～100 | 150 | — |
| 出水 | 0.01 | 0.1 | <40 | — | <8 | 3 | — |

⑫ 污泥浓缩池 气浮池产生的浮渣、沉淀池和生物流化床反应池产生的污泥由管道输送到污泥浓缩池进行脱水，脱水后的污泥送到压滤机房压滤，泥饼外运至煤场混合燃烧。

⑬ 部分浓水和污泥的处理 污泥的来源在物化处理过程中主要是气浮过程产生的浮油渣和絮凝沉淀过程产生的沉淀物，在生化过程也产生部分的生物污泥，这些污泥可以运往煤场混合后作燃料。而在膜处理过程产生的浓水可以回流再进行生化处理。

上述试验与工程应用表明：采用物化＋生化＋膜处理新工艺来深度处理焦化废水，整体系统的耐冲击能力强，加药量少，运行稳定，总能耗低，解决了传统工艺占地面积大、处理出水难达标的难题，出水可以回用，降低了生产成本，可以为企业实现水使用的内循环，最大程度节约资源和保护环境，在焦化废水处理领域具有广阔的应用前景。

### 10.5.4.3 电解法＋MBR 的工艺组合与工程应用

(1) 废水水质与处理工艺

废水水质见表 10-41，其处理工艺如图 10-35 所示。

表 10-41 焦化废水水质　　　　　　单位：mg/L(pH 值除外)

| 项目名称 | pH 值 | 挥发酚 | 氰化物 | 氨氮 | COD | 石油类 |
|---|---|---|---|---|---|---|
| 水质状况 | 9～10 | 800～1200 | 50～650 | 50～350 | 2000～3000 | 100 |

焦化废水含有机物浓度高、成分复杂、毒性大、可生化性差，虽然生化处理技术是处理

高浓度有机废水、去除有机污染物的最有效手段之一，但是对这样的焦化废水直接进行生化处理存在一定难度，需要进行预处理，改善废水的可生化性。利用电解工艺将焦化废水中的有毒、有害、难降解物质去除或转化为可生物降解物质，可以改善废水的可生化性。因此，该废水处理工艺是根据焦化生产小时焦化废水排放量 15～20t 的实际情况，设计的处理能力为 500t/d 的工艺流程如图 10-35 所示。

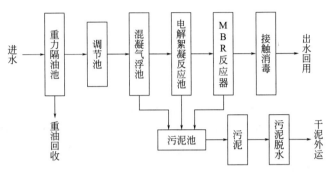

图 10-35　废水处理工艺流程

废水先经过沉淀隔油池去除大部分重油，再在调节池中均质均量，通过混凝气浮池去除大部分轻油和乳化油，再通过电解反应器去除残留的乳化油，去除部分挥发酚和氰化物，提高废水的可生化性后，再经过 MBR 工艺去除废水中的大部分有机物、氨氮、SS，而后再用次氯酸钠消毒后，水质满足轧钢工艺冲渣水水质要求，用于轧钢冲渣闭路循环系统的补水，不外排。重力隔油池隔出的重油经过回收处理回用。气浮池、电解池的浮油和浮渣，MBR池的剩余污泥由带式压缩机脱水后外运处置。

（2）电解氧化法

① 电解工艺主要构筑物和设施　电解工艺设施有电解电源、电解絮凝反应池、二氧化氯发生器、计量泵水箱、溶解加药箱、控制柜、减速搅拌机等。

工艺参数：处理能力 21000L/h；额定功率 3kW；输入电源电压 380V；输入电源电流 0～10A；反应池的尺寸 3000mm×1500mm×250mm。

电解氧化絮凝药剂配制：硫酸亚铁，配制浓度为 20%；次氯酸钠，配置浓度为 30%；浓盐酸：浓度为 30% 的工业品直接使用；碱石灰，配置浓度为 20%；聚丙烯酰胺，配置浓度为 0.5%。

② 电解氧化水处理技术的工艺特点

1）电子转移只在电极及废水组分之间进行，不需另外添加氧化还原试剂，由此避免了因另外添加药剂而引起的二次污染。

2）可以通过改变外加电流、电压随时调节反应条件，可控性较强。

3）过程中可能产生的自由基无选择地直接与废水中的有机污染物反应，可将其降解为二氧化碳、水和简单的低分子有机物，没有或很少产生二次污染。

4）能量效率高，反应条件较温和，电化学过程一般在常温常压下即可进行。反应器设备及其操作比较简单。

5）兼具气浮、絮凝、杀菌作用。其设备占地面积小，特别适合于难降解工业废水的处理。

③ 电解氧化过程的处理效果　焦化废水通过电解氧化絮凝反应器处理后，出水水质为：$COD_{Cr}$ 出水水质≤1800mg/L；$COD_{Cr}$ 去除率≥30%；出水 $BOD_5/COD_{Cr}$≥0.4 以上；原水色度≤800；色度去除率≥90% 以上。

（3）生化处理工艺

本工程使用的膜为中空丝膜，膜的孔径在 $0.4\mu m$ 左右，能够截留活性污泥以及绝大多数的悬浮物，出水清澈。

① MBR 工艺的主要构筑物和设施　MBR 参数选择：有机负荷取 $0.09kg\ BOD_5/$ $(kg\ MLSS \cdot d)$，氨氮负荷取 $0.04kg\ BOD_5/(kg\ MLSS \cdot d)$，污泥浓度 $9g/L$，曝气池供气量 $4000m^3/h$，膜区供气量 $2300m^3/h$。MBR 池尺寸设计为 $3000mm \times 12500mm \times 4500mm$。

配套设备包括潜水搅拌机、管式微孔曝气器、鼓风机、混合液回流泵、自吸泵、清洗泵、清洗槽等。

② MBR 工艺的主要特点

1）传统的好氧活性污泥处理工艺在高污泥负荷的情况下运行会出现污泥膨胀现象，使得泥水难于分离，导致系统不能正常运行，出水不达标。而 MBR 工艺是用膜抽吸作用来进行泥水分离的，污泥膨胀不会影响 MBR 系统的正常运行和出水水质，因此进行管理极为方便。

2）传统的活性污泥工艺的活性污泥浓度一般在 $3000 \sim 5000mg/L$，而 MBR 工艺的活性污泥浓度一般在 $8000 \sim 12000mg/L$，且不需生化沉淀池，故大大减少了占地面积和土建投资，其土建占地约为传统工艺的 1/3。

3）中空丝膜能够截留几乎所有的微生物，尤其是针对难以沉淀的、增殖速度慢的微生物，因此，系统内的生物相极大丰富，活性污泥驯化、增量的过程大大缩短，处理的浓度和系统抗冲击的能力得以加强，处理水质稳定。

4）MRB 系统有利于增殖缓慢的硝化细菌的截留、生长和繁殖，系统硝化效率得以提高。

5）膜分离使废水中的大分子难降解成分在体积有限的生物反应器内有足够的停留时间，大大提高了难降解有机物的降解效率。反应器在高容积负荷、低污泥负荷、长泥龄下运行，可以实现基本无剩余污泥排放。反应器设备及其操作比较简单。

6）中空丝膜所需的吸引压力仅为 $-0.4 \sim -0.1kg/cm^2$ 左右，动力消耗低。

（4）处理效果

经过以上工艺过程，出水水质满足轧钢工艺水质要求，用于轧钢冲渣闭路循环系统的补水，实现废水"零排放"不外排。出水水质指标见表 10-42。

表 10-42　出水水质指标　　　　　单位：mg/L（pH 值除外）

| 项目 | pH 值 | 挥发酚 | 氰化物 | 氨氮 | $COD_{Cr}$ | $BOD_5$ | 石油类 | 悬浮物 |
|---|---|---|---|---|---|---|---|---|
| 水质 | $7.5 \sim 8.5$ | $<0.5$ | $<0.5$ | 10 | $200 \sim 250$ | $<25$ | $<2$ | $<5$ |

上述工程实践表明，采用 MBR 法处理焦化废水的成功应用对钢铁焦化企业节约水资源、减少水污染与实现废水"零排放"具有重要作用与意义。

# 10.6　生物强化技术

## 10.6.1　作用机制与类型

生物强化技术是在生物处理体系中投加具有特定功能的微生物或营养物等来改善原有处理体系的处理效果，投加微生物可以来源于原有处理体系，经过驯化、富集、筛选、培养等达到一定功能后投加，也可以是原来不存在的外源微生物。实际应用时这两种方法都有采用。主要取决于原有处理体系中微生物组成及所处的环境。投加营养物和基质类似物的目的是改善和提高微生物生存环境和活性。这些技术可以充分发挥微生物潜力，改善难降解有机物的生物处理效果。

要提高现有焦化废水生化设施的处理效率，其中一条主要途径是减小污泥负荷。减小污泥负荷有两个办法：一是提高曝气池污泥浓度；二是加大曝气池容积。对于后者，再加大曝气池容积一般难以进行，而提高曝气池污泥浓度一般较易做到，例如投加生物铁法、生长素法、PACT 法和药剂法等。

（1）投加高效菌种和生物固体化技术

应用生物强化技术的前提是获得高效作用于目标降解物的菌种。对于那些自然界中固有的化合物，一般都能够找到相应的降解菌种，但对于人类工业生产中合成的一些外生化合物，它们的结构不易被自然界中固有微生物的降解酶系识别，需要用目标降解物来驯化、诱导产生相应的降解酶系。筛选得到高效菌种一般需要 1 个月甚至几个月的时间。另外，生物增强技术的成功应用要综合考虑水质、水量、投菌量、营养物质、氧耗反应器的构型、水力停留时间等诸多因素。投加方式是设计时考虑的一个重要方面。直接投加简便易行，但菌体易于流失或被其他微生物吞噬。采用固定化技术如用高聚物将其包埋或是固定在载体上，能增强菌体的竞争性及抗毒物毒性能力，有力地避免原生动物的捕食。不同的反应器，投加生物增强剂的效果不尽相同。最初，人们把这种技术较多用于悬浮污泥法，如间歇式活性污泥法、曝气塘、氧化沟等，而现在人们尝试将其用于生物膜法，如生物流化床、填充床和升流式厌氧污泥床等，使生物增强菌附着在载体上，如砂砾、颗粒污泥上，减少了菌体的流失。生物增强技术用在不同反应器的强化效果有待人们进一步研究和探索。

所谓生物固定化技术，是指利用化学和物理手段将游离的细胞（微生物）或酶定位于限定的空间区域，并使其保持活性和可反复使用的一种基本技术，包括固定化酶技术与固定化细胞技术。固定化方法按照固定载体与作用方式不同，可分为吸附法（载体结合法）、包埋法，交联法（架桥法）和共价键结合法 4 种类型。在工业废水处理技术中，采用固定化细胞技术有利于提高生物反应器内原微生物细胞浓度和纯度，并保持高效菌种，其污泥量少，利于反应器的固液分离，也利于除氨和除去高浓度有机物或某些难降解物质。孙艳等从北京焦化厂排放的含酚废水中分离纯化出一种降解苯酚的细菌，经驯化其苯酚耐受力达 9.5mg/L，大大高于活性污泥中微生物的苯酚耐受极限。Anselmo 等研究了用琼脂、海藻酸钙、卡拉胶和聚乙烯酰胺等载体包埋固体化微生物降解苯酚，随后，他们又以聚氨酯泡沫为载体，固定镰刀菌 *Fusarium sp.* 的菌丝体，在完全混合器中降解酚。结果表明，与游离菌相比，固定化细胞降解苯酚的速率大大提高，且固定化细胞生物产量低。Pai 等利用颗粒活性炭吸附与海藻酸钙凝胶包埋法制备固定化微生物降解苯酚废水，海藻酸钙凝胶颗粒中含 1% 活性炭、4% 海藻酸钙、1% 噬菌体，降解去除苯酚的效果比较理想。黄霞以 PVA-无纺布混合载体包埋固定化优势菌种用于降解吡啶、异吡啶和喹啉，结果表明，3 种难降解有机物用固定化细胞处理 8h 后，降解率均在 90% 以上。

萘和吡啶是焦化废水中含量较高的典型难降解有机物。王景等通过驯化、富集、培养，从处理焦化废水的活性污泥中分离出两株萘降解菌 WN1、WN2 和 1 株吡啶降解菌 WB1，研究了投加高效菌种及微生物共代谢对焦化废水生物处理的增强作用。结果表明，投加共代谢初级基质、$Fe^{3+}$ 和高效菌种均能促进难降解有机物的降解，提高焦化废水的 COD 去除率，当三者协同作用时效果更好。

刘延志等用经过驯养的高效微生物 HSB 菌种作为优势菌种与 O-A-O 处理工艺相结合来处理高浓度焦化废水得到了很好的处理效果。这个处理系统分为初曝系统和二段生化处理系统，其中微生物投放在初曝池、好氧池中，同时添加部分活性炭作为微生物生活的载体。池中微生物经过培养和驯化 3 周后即可运行处理废水。研究结果表明，在不外加碳源的情况下，该系统对挥发酚、硫氰酸根、氨氮和 COD 均有很好的去除效果。其中氨氮的去除率达到了 95%～98%，总脱氮率也达到了 80% 以上；出水的 COD 浓度值在 100mg/L 以下。

王怡梦等采用 Rank 氧电极法来筛选焦化废水功能菌得到了很好的效果。Rank 氧电极是专门设计用来测定细胞悬浮液、亚细胞粒子和酶系统中氧浓度的一种极谱式溶解氧测定仪。其原理是通过记录溶解氧的消耗情况来说明微生物对基质的降解性能。溶解氧消耗的越多，表明微生物的活性越好。

该方法的优点在于：首先，由高效菌种组成的高效活性污泥具有沉降性能好、紧密、稳定、剩余污泥产量少；其次，它不必外加碳源，从而降低了运行成本，提高了运行效率；最后，其对高浓度焦化废水中的氨氮、COD 等具有较高的去除率，出水水质好。

（2）PACT 法技术

PACT 粉末活性炭处理技术（powderd activated carbon treatment process）是将粉末活性炭（PAC）作为吸附剂投加到曝气池中的焦化废水处理新工艺。

在活性污泥曝气池前投加粉状活性炭，使之与回流的炭污泥混合后一起进入曝气池曝气。曝气池出水经澄清池澄清，上清液即为处理后的出水。澄清池中沉降的污泥部分回流，部分作为剩余污泥处理。PACT 工艺将物理吸附和生物氧化法合在一起，对 COD、BOD、SS、氨氮、颜色及主要污染物的去除率高，成本低，对出水的消毒、固体物的沉淀和浓缩、氧的转移、处理系统的稳定性以及臭味的控制等方面均有改善。该法对一些重要的污染物如杀虫剂、酚、氰化物和硫氰酸盐的去除效果更佳，COD 去除率达 99%，BOD 去除率达 97.6%。

PACT 法废水处理装置自 1997 年以来已在美国和日本投入运行。对于含有一些不可生物降解或抑制化合物的废水，可采用生物法与活性炭吸附的联合流程进行处理。实践证明，投加粉末活性炭的活性污泥法（PACT）具有许多优点，特别是对 COD、TOC、SVI 等的去除率有优势，对某些有机物如 2,4-二氯苯酚、2,6-二硝基甲苯、2,4-二硝基甲苯、2,4-二硝基苯酚及 4-一硝基酚等具有很强的去除能力。

（3）生物铁法与生长素法

生物铁法是在曝气池中投加铁盐，以提高曝气池活性污泥浓度为主，充分发挥生物氧化和生物絮凝作用的强化生物处理方法。由于铁离子不仅是微生物生长必需的微量元素，而且对生物的黏液分泌也有刺激作用。铁盐在水中生成氢氧化物，与活性污泥形成絮凝物共同作用，使吸附和絮凝作用更有效地进行，从而有利于有机物富集在菌胶团的周围，加速生物降解作用。该法大大提高了污泥浓度，由传统方法的 2～4g/L 提高到 9～10g/L；降解酚氰化物的能力也大大加强，在氰化物的质量浓度高达 40mg/L 的条件下仍可取得良好的处理效果；对 $COD_{Cr}$ 的降解效果也较传统方法好。该法处理费用较低，与传统法相比只是增加了一些处理药剂费，现已普遍采用。

投加生长素强化化学法是在现有焦化厂生化处理曝气池容积偏小、酚氰化物和 COD 降解效率较差的情况下，用投加生长素来提高活性污泥的活性和污泥浓度（MLSS），强化现有装置的处理能力。通过在曝气池中投加生长素（如葡萄糖-氧化铁粉）的方法，对焦化厂废水进行生化处理，不论是高浓度或是低浓度，都很有效，尤其是对酚、氰的去除率较高，对 COD 的去除率也比普通方法高。该法不仅能提高容积负荷和降低污泥负荷，即增加污泥浓度，而且成本低，在中小型焦化厂废水处理中适宜推广使用。该项生化处理技术的关键是细菌的繁殖与生长。细菌内存在着各种各样的酶，在细菌分解污染物的过程中，主要是借助于酶的作用。因酶是一种生物催化剂，若酶系统不健全，则生物降解不彻底。投加生长剂的目的不是对细胞起营养供碳作用或提供能源作用，而是健全细菌的酶系统，从而使生物降解有效进行。投加氧化铁粉的目的是降低 SVI 值，显著提高 MLSS。

（4）固定化微生物技术

固定化微生物技术是国际上从 20 世纪 80 年代开始迅速发展的一项技术，它是通过化学或物理手段将游离的微生物固定在载体上使其高度密集，并使其保持活性反复利用的方法。最初主要用于工业微生物发酵生产，20 世纪 90 年代后期开始应用于废水处理。固定化微生物技术目前国内还没有统一的分类标准，主要有结合固定化、交联固定化、包埋固定化和自身固定化等几种方法。

吴立波等用多孔陶粒吸附自固定化混合硝化菌种来处理焦化废水，比较了自固体化前后菌种活性的变化。结果表明，附着相和悬浮相菌种的硝化活性相近，但当外界条件变化或毒性物质存在时，附着相微生物的抗耐性明显强于悬浮相。

朱柱等在固定化细胞技术处理含酚废水的研究中，通过同一菌种在固定状态和游离状态降解含酚废水的试验对比，证明红砖是一种优良的载体材料，并对两种状态下的细胞降解苯酚的过程进行了动力学分析。结果表明，在两种情况下该菌种降解苯酚的过程均符合Monad 模型。

全向春等在固定化皮氏柏克霍而德菌降解喹啉的研究中，从焦化污泥中通过富集培养筛选到 1 株以喹啉为唯一碳源和氮源的菌种，鉴定为皮氏伯克霍而德菌。采用固定化凝胶小球和纱布-聚乙烯醇（PVA）复合载体固定化，对两种方法降解喹啉的效果进行了比较，并就纱布-PVA 复合载体固定化微生物进行了其降解喹啉的动力学研究。在喹啉质量浓度为50mg/L、100mg/L、300mg/L、500mg/L 时，降解动力学方程遵循零级反应，降解速率常数随着喹啉初始浓度的升高而增加。

孙艳等从北京焦化厂排放的含酚废水中分离纯化出一种降解苯酚的细菌，驯化后采用海藻酸钠对菌种进行包埋。处理结果表明，与游离细胞相比，最大反应速率分别为 8.3mg/(L·h)和 83.3mg/(L·h)，底物饱和常数分别为 200mg/L 和 285.7mg/L。由此可见，固定化细胞在降解有毒物质方面应用潜力巨大。

黄霞等采用性质稳定、具有多孔结构的聚丙烯无纺布与 PVA 的复合载体包埋固体化优势菌种来降解含有喹啉和吡啶的焦化废水，3 种难降解有机物经处理 8h 后降解率均在 80% 以上。

张彤等以开发固体化微生物脱氮技术为目标，对硝化污泥和反硝化污泥分别进行了单独固定和混合固定的试验研究。结果表明，固定化硝化与反硝化混合污泥可以实现单级生物脱氮，效果好于未固定化污泥。氨氧化速率和总无机氮的脱氮速率可分别提高到未固定化污泥的 1.7 倍和 13.4 倍。

王磊等在固定化硝化菌去除氨氮的研究中选用聚乙烯醇作为包埋载体，添加适量粉末活性炭，包埋固体硝化污泥，处理以 $(NH_4)_2SO_4$ 和葡萄糖为主的合成废水。试验结果表明：在24～28℃、颗粒填充率为 7.5%、停留时间为 8h 的条件下，进水 $NH_3$-N 负荷由 0.6kg/(m³·d)提高至 3.49kg/(m³·d)，$NH_3$-N 去除率可达 95.5%，COD 去除率保持在 80% 以上。

## 10.6.2　技术特征与处理效果

（1）技术特征

生物强化技术是一项新型生物处理技术，是指在生物处理体系（如废水生物处理体系）中投加具有特定功能的微生物来改善原有处理体系的处理效果。投加的微生物可以来源于原有处理体系，经过驯化、富集、筛选、培养并达到一定数量后投加，也可以是原来不存在的外源微生物。

投加的菌种与基质之间的作用主要有：a. 直接作用，即通过驯化、筛选、诱变、基因重组等技术得到一株以目标降解物质为主要碳源和能源的微生物，向处理系统中投入一定量的该菌种，就会增强对目标污染物的去除效果；b. 共代谢作用，就是对于一些有毒有害物质，微生物不能以其作为碳源和能源生长，但在其他基质存在的条件下，能够改变这种有害物质的化学结构，使其降解。

高效菌种直接作用机制首先需要通过驯化、筛选、诱变和基因重组手段得到一株以目标降解物质为主要碳源或能源的高效微生物菌种，再经培养繁殖后，投放到具有降解物质的废水处理系统中。这类微生物应满足 3 个基本条件：维持高活性；对目标污染物具有特异性；竞争生存、无副作用。因此，当原处理系统中不含高效菌种时，如果投入一定量的高效菌种，则可有针对性地去除废水中的目标降解物；当原处理系统中只存在少量高效菌种时，那么投加高效菌种后可大大地缩短微生物驯化所需要的时间。在水力停留时间不变的情况下，能达到去除效果。

微生物的共代谢作用是指只有在初级能源物质存在时才能进行的有机化合物的生物降解过程。共代谢过程不仅包括微生物在正常生长代谢过程中对非生长基质的共同氧化，而且也包括了休止细胞（resting cells）对不可利用基质的氧化代谢。微生物的共代谢作用可分为：①以易降解的有机物为碳源和能源，提高共代谢菌的生理活性；②以目标污染物的降解产物作为酶的诱导物，提高酶的合成；③不同微生物之间的协同作用。

生物强化技术具有如下特点：

1）显著提高微生物活性，处理效率可以提高 50%～100%；

2）进水水质变化不大的情况下，可将处理系统的处理容量提升 30%～100%；

3）降低排放废水的污染指标，提高排放废水水质；

4）布局灵活，占地面积小；

5）可以有效地解决因水量增加或负荷而无法扩建的问题；

6）可以有效地解决因丝状菌异常增殖而导致的污泥膨胀问题；

7）投资省，可以提高处理等级，基本不需要增加土建构筑物；

8）自动化程度高，操作、管理简易；

9）可以用于高浓度污染物废水的生物预处理。

生物强化处理技术是现代微生物培养技术在废水处理领域的良好应用和扩展，该技术的核心是废水处理的优势微生物来源于废水处理系统自身，优势微生物的数量及活性大小决定废水处理系统的处理效果。所以，生物强化处理技术的主要工作内容是选择原废水处理系统中的优势微生物并使其迅速增殖，增强活性，进而返回原废水处理系统中，提高系统的处理效果。生物强化处理技术主要用于提高城市污水处理厂和工业废水处理厂的生物处理效率，它借助于生物强化器和特制生物培养基，在污、废水处理厂现场提取曝气池内的微生物，使优势微生物在培养器内快速增殖后再重新返回原曝气池中，通过投加特定基质，促使系统自身的优势微生物的增殖并提高活性，提高系统的处理效率。

（2）实施途径

目前实施生物强化技术可通过 3 种途径来实现：a. 投加高效降解微生物；b. 投加营养物和基质类似物；c. 投加遗传工程菌（GEM）等。近年来通过基因工程技术构建的具有特殊降解功能的 GEM 已有突破性进展，所获得的菌种（株）在纯培养中可以降解难降解物质。但在复杂生态体系的废水处理构筑物中，能否达到难降解物的预期降解目标尚需深入研究。

目前生物强化技术中投加营养物和基质类似物的方法已有大量工程应用，如生物铁法、粉末活性炭（PACT）法和投加生长素法已取得明显效果。投加高效降解微生物处理焦化废水的研究工作目前非常活跃，主要集中于投加优势菌种，降解焦化废水中的氨氮；优势菌种降解焦化废水中的萘酚氰等有害物质；固定化微生物技术和其他优势生物强化技术。高效菌种的投加方式见表 10-43。

**表 10-43**　高效菌种的各种投加方式

| 投加方式 | 技术要点 | 特点 |
|---|---|---|
| 间歇式投加 | 将高效菌种直接投入活性污泥系统中进行生物强化 | 操作简便易行，但处理系统中菌种数量与活性浓度容易发生变化 |
| 连续投加 | 采用一个或多个 SBR 反应器富集足够数量的驯化培养物，连续投加至主体工艺中 | 能解决高效菌种连续投加问题，工程应用方便，但需选择合适的富集培养物和操作方式 |
| 固定化细胞投加 | 采用载体结合法、交联法、包埋法等固定化方法，将高效菌种固定在载体上投加 | 该技术具有菌种稳定性高、催化效率高、抗毒性能力强等优点，但载体价格高 |
| 生物自固定化投加 | 将载体投加到生物处理反应器中，利用微生物的自固定化作用，使高效菌种固定在载体上生长 | 能够提高反应器中的生物量，提高处理系统的处理能力和运行稳定性，较好地克服活性污泥法的不足，工程上比较可行、适用 |

（3）去除效果

① 提高焦化废水的净化效率　生物强化作用比一般的废水处理方法更能提高处理系统对 BOD、COD、TOC 或有些难降解有机物的去除作用。辽宁大学环境科学系采用生物强化技术，在向活性污泥处理系统中投加高效菌时，考察了其对焦化废水的处理效果和最佳控制参数。结果表明：在连续进水和原有设施不变的情况下，COD 的去除率由原来的 60.87% 提高到 85.60%。

攀钢煤化公司杨天旺等应用 HSB 技术处理焦化废水，包括蒸氨废水、浓酚水、精苯废水和混合废水等，均取得良好效果，明显优于传统的生物脱氮工艺。

② 改善污泥性能，减少污泥产量　生物增强作用不仅可以有效地消除污泥膨胀，增强污泥的沉降性能，而且可减少污泥产量，一般可使污泥容积降低 17%～30%。这不仅可改善出水水质，而且可减少污泥排放量，降低污泥处理的能耗与处理费用。研究结果表明，在延时曝气系统中，使用接种生物增强剂，运行 3 周就可消除污泥膨胀现象；在氧化沟系统中，运行 4 周也可消除污泥膨胀现象。在大规模废水处理中，使用生物增强剂后，污泥床厚度由 2.3～2.7m 降到了 0.7～1.0m，既降低了能耗，又控制了臭气的产生。

③ 缩短系统的启动时间，增强耐冲击负荷的能力和系统的稳定性　投加一定量的高效菌种，增大处理系统中有效菌种的比率，可缩短系统的启动时间，达到较高的快速降解污染物的效果，同时，还可增强系统的耐冲击负荷能力以及处理系统的稳定性。Edgehill 等曾用降解五氯酚（PCP）的纯种菌来增强活性污泥处理系统，向系统中加入 10%（相对于固有菌量）纯种菌后，PCP 废水处理的驯化期被大大地缩短了。为了研究酚的降解情况，Watanabe 等把 3 种菌接种到 3 个活性污泥系统的单元体系中，结果发现，在普通活性污泥系统中，需要 10d 才能将酚完全降解，而在接种了 E1、E2 菌种的增强系统中，分别只需要 2d、3d 就可将酚完全降解。

## 10.6.3　生物强化技术应用效果与作用分析

焦化废水生物脱氮工艺是行之有效的工艺技术，这些工艺的有效组合与运行克服了常规活性污泥法的诸多弊病。但仍存在着诸如总停留时间长，占地大、投资高，特别是微生物生存环境要求高，以致影响处理出水效果。生物处理的本质就是利用微生物来分解有毒有害等有机物；只有分解能力高，适应环境能力强的菌群才能发挥其优势。生物强化技术应用于焦化废水脱氮的重点在于通过细菌种属、种群及生物链的作用来强化处理系统的功能，形成高效菌群生物处理降解技术，实现硝化菌、亚硝化菌、反硝化菌的动态平衡和选择，即由庞大的、多元组合的脱氮菌种构成的微生物群体，实现脱氮生化过程，改善生化环境，提高处理效率。

### 10.6.3.1 HSB 技术特征与应用效果

（1）HSB 技术简介

HSB（high solution bacteria）是高分解力菌群的英文缩写，是由 100 多种菌种组成的高效微生物菌群，其中 47 种经中国台湾经济部标准局的专利认可，专门应用于废水处理。根据不同废（污）水水质，对微生物进行筛选及驯化，针对性地选择多种微生物组成菌群并将其种植在废水处理槽中，通过微生物生长不息、周而复始的新陈代谢过程，分解不同污染物，形成相互依赖的生物链和分解链，突破了常规细菌只能将某些污染物分解到某一中间阶段就不能进行下去的限制。其最终产物为 $CO_2$、$H_2O$、$N_2$ 等，达到废水无害化的目的。

生物链的构成解决了单一菌种的退化问题，从工程应用的角度来讲就是解决了菌种的补加问题。高分解能力的菌种使某些 BOD/COD<0.3 的难生物降解的废水的生物处理成为可能与现实。同时，HSB 菌群本身是无毒、无腐蚀性、无二次污染的。

该技术突破了以往仅从改善微生物生存环境的角度去研究的极限性，着眼于分解污染物的微生物种群、匹配以及协同作用，是一种微生物降解技术。该技术应用于焦化废水处理与脱氮的重点在于通过细菌种属、种群、数量及生物链作用来强化系统的生化功能，形成高效菌群在优化的工艺条件下的纯生物处理降解技术；应用微生物生化性能及动力学的固有差异，实现硝化菌、亚硝化菌、反硝化菌的动态平衡和选择，即由菌种群体与多元组合的脱氮菌种构成的微生物群体，实现氨氮去除过程。该技术在中国台湾已广泛应用于造纸、石油、化工、城市污水处理等行业，在国内南化集团将其用于苯胺废水处理工程，也曾在上海焦化厂、杭钢焦化厂、攀钢煤化公司、邯郸钢厂焦化厂进行试验与应用。

为了考察 HSB 高分解菌群对焦化废水处理与脱氮能力，特进行三组中试。

① 蒸氨废水试验。考察 HSB 技术对蒸氨废水中的氰、酚、COD 和 $NH_3$-N 的去除效果。

② 验证 HSB 高效菌的恢复能力。在完全停产的情况下，观察该菌群在恢复运行后的状况与净化能力。

③ 观察该菌群对浮选废水、混合废水的适应能力与处理效果。

中试流程是针对现有处理工艺进行适当改造，因此，中试流程在选用现有焦化废水处理流程的基础上增加一段缺氧处理池，采用好氧-好氧-厌氧流程。好氧池内采用微孔曝气，缺氧池采用氮气搅拌。中试处理流程如图 10-36 所示。

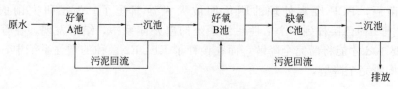

图 10-36　HSB 处理中试流程

（2）蒸氨焦化废水试验

① 蒸氨焦化废水进水水质　蒸氨废水水质见表 10-44。

表 10-44　蒸氨焦化废水水质　　　　　　　单位：mg/L,pH 值除外

| 废水名称 | 酚 | 氰 | COD$_{Cr}$ | $NH_3$-N | 油 | HCN | HCNS | pH 值 |
|---|---|---|---|---|---|---|---|---|
| 蒸氨废水 | 600～1000 | <30 | 2000～3000 | 500～600 | <100 | <10 | 300～400 | 8～9 |

② 试验与结果 将 3t 直接从台湾省引进的 HSB 菌群、1.5t 活性炭、3t 清水加入 B 池，通过 24h 的搅拌，混合均匀后取出 1/3 的混合菌群加到 A 池，在各池内补加 90% 清水、10% 废水，开始间隙曝气，1 周后完成菌种驯化，开始间隙进废水，根据水质情况进行不断调整。1 个月左右中试系统开始连续进水，并取样进行酚、氰、COD 和 NH₃-N 去除效果分析。化验分析结果如图 10-37～图 10-40 所示和见表 10-45。

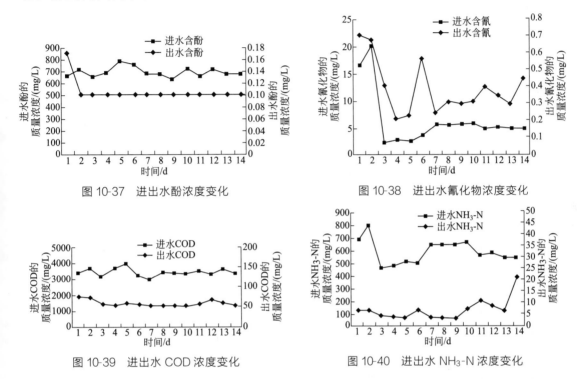

图 10-37　进出水酚浓度变化

图 10-38　进出水氰化物浓度变化

图 10-39　进出水 COD 浓度变化

图 10-40　进出水 NH₃-N 浓度变化

表 10-45　蒸氨废水处理前后水质状况

| 项目名称 | pH 值 | 悬浮物 | COD | 氨氮 | 挥发酚 | 总氰化物 |
|---|---|---|---|---|---|---|
| 进水水质/（mg/L） | 8.87 | 69.97 | 3485 | 879.3 | 695.7 | 7.3 |
| 出水水质/（mg/L） | 8.2 | 33.2 | 60.96 | 6.70 | 0.20 | 0.42 |
| 去除率/% | — | 52.6 | 98.3 | 99.2 | 99.99 | 94.2 |

试验结果说明：酚、氰、COD、NH₃-N 的去除率分别为 99.9%、90%、98.5% 和 96%；出水 COD<100mg/L，NH₃-N<15mg/L。

结果显示：利用 HSB 技术采用 $O^2/A$ 流程直接处理未经稀释的焦化废水，经处理后出水：酚：0.2mg/L、氰：0.42mg/L、COD：60.96mg/L、NH₃-N：6.7mg/L、SS：32.2mg/L。去除率分别为 99.99%、94.2%、98.3%、99.2% 和 52.6%。各项污染因子全部达标，出水表观很好，效果非常显著。

（3）HSB 菌群恢复性能的验证

为了验证该菌群的恢复性能，将中试系统完全停止，放置 35 天后再重新启动，经 8 天的恢复运行，系统 SVI 达到了 15%，表明污泥具有快速恢复性能。该期间向 A、B 池投加一定量的糖、磷盐并间隙补加少量废水。

在完成中试系统恢复试验后，为了验证 HSB 菌群对焦化废水的生物降解性能，进行如下试验。

① Ⅰ系、Ⅱ系剩余氨水降解试验。在完成中试系统 HSB 菌群恢复试验后，分别将Ⅰ系、Ⅱ系剩余氨水直接通入中试系统进行试验。其中：Ⅰ系试验时，处理流量为 1t/h，加碱量为 5kg/d，磷酸为 1.1kg/d；Ⅱ系试验时，处理流量为 1t/h，加碱量为 8kg/d，未加磷酸盐。Ⅰ系、Ⅱ系试验时进出水水质与处理结果见表 10-46、表 10-47。

表 10-46　Ⅰ系剩余氨水 HSB 菌群处理结果

| 时间/d | 1 | 2 | 3 | 4 | 5 | 6 | 7 | 8 | 9 | 10 | 11 | 12 | 13 | 14 | 15 |
|---|---|---|---|---|---|---|---|---|---|---|---|---|---|---|---|
| 入水氨氮的质量浓度/（mg/L） | 245 | — | 240 | 230 | 215 | 215 | 375 | 550 | 300 | 325 | 330 | 185 | 320 | 330 | 160 |
| 出水氨氮的质量浓度/（mg/L） | 11 | — | 5.5 | 8.5 | 21 | 8.5 | 10 | 16.5 | 15.5 | 8.5 | 10 | 8.5 | 10 | 11.5 | 8.5 |
| 处理效率/% | 95.5 | — | 97.7 | 96.3 | 90.2 | 96.0 | 97.3 | 97.0 | 94.8 | 97.4 | 96.9 | 95.4 | 96.8 | 96.5 | 94.7 |
| 入水COD的质量浓度/（mg/L） | 1050 | — | 980 | 960 | 980 | 800 | 100 | 1550 | 240 | 2100 | 190 | 3300 | 200 | 3300 | 155 |
| 出水COD的质量浓度/（mg/L） | 97 | — | 78 | 95 | 100 | 39 | 40 | 58 | 54 | 57 | 3 | 89 | 31 | 45 | 44 |
| 处理效率/% | 90.8 | — | 92.0 | 90.1 | 89.8 | 951 | 0.60 | 96.3 | 77.5 | 97.3 | 98.4 | 97.3 | 84.5 | 98.6 | 71.6 |

表 10-47　Ⅱ系剩余氨水 HSB 菌群处理结果

| 时间/d | 1 | 2 | 3 | 4 | 5 | 6 | 7 | 8 | 9 | 10 | 11 | 12 |
|---|---|---|---|---|---|---|---|---|---|---|---|---|
| 入水氨氮的质量浓度/（mg/L） | 210 | 600 | 310 | 330 | 580 | 580 | 570 | 580 | 550 | 515 | 480 | 500 |
| 出水氨氮的质量浓度/（mg/L） | 34 | 23 | 13 | 12.5 | 4.5 | 5.5 | 2.5 | 7.5 | 6 | 7 | 0 | 6 |
| 处理效率/% | 83.8 | 96.2 | 95.8 | 96.2 | 99.2 | 99.0 | 99.6 | 98.7 | 98.9 | 98.6 | 100 | 100 |
| 入水COD的质量浓度/（mg/L） | 800 | 1500 | 1900 | 1100 | 1600 | 1650 | 1050 | 2100 | 2750 | 1650 | 2450 | 2750 |
| 出水COD的质量浓度/（mg/L） | 60 | 20 | 110 | 40 | 22 | 62 | 35 | 45 | 22 | 20 | 10 | 50 |
| 处理效率/% | 92.5 | 98.7 | 94.2 | 96.4 | 98.6 | 96.2 | 96.7 | 97.9 | 99.2 | 98.8 | 99.6 | 98.2 |

从表 10-46、表 10-47 可以看出，HSB 菌群对蒸氨剩余氨水的处理结果非常显著，在氨氮高达 500～600mg/L、COD 高达 2000～3300mg/L 时，仍可达到出水氨氮 15mg/L 左右，COD 小于 100mg/L。

② 浮选水试验。浮选废水的水质为：氨氮为 500～600mg/L，COD 为 1000～1500mg/L，油约 200mg/L，且 C/N 失调的废水直接进入，中试系统进行连续 7 天试验，试验结果表明，HSB 菌群对 COD 和氨氮的降解效果仍很显著，见表 10-48。

表 10-48　HSB 菌群对浮选水的处理情况　　　　　单位：mg/L

| 时间/d | 1 | 2 | 3 | 4 | 5 | 6 | 7 |
|---|---|---|---|---|---|---|---|
| 入水氨氮的质量浓度 | 220 | 300 | 110 | 610 | 560 | 710 | 600 |
| 出水氨氮的质量浓度 | 14 | 8 | 13 | 28 | 24 | 16 | 34.5 |
| 入水 COD 的质量浓度 | 790 | 760 | 785 | 750 | 810 | 610 | 600 |
| 出水 COD 的质量浓度 | 36 | 24 | 25.5 | 75 | 5 | 21 | 15 |

③ 混合废水试验。将 Ⅱ 系剩余氨水和浮选废水按 2∶1 混合后直接进入中试系统进行连续处理试验。混合后水质为氨氮 480～660mg/L，COD 2300～3800mg/L。并用粗酚生产过程中产生的废碱液替代工业纯碱。试验水量为 1t/h。试验结果见表 10-49。从表中可以看出，出水氨氮小于 15mg/L，COD 小于 100mg/L，处理效果十分显著。

表 10-49　Ⅱ系剩余氨水与浮选水 2∶1 混合后的处理结果　　　　　单位：mg/L

| 时间/d | 1 | 2 | 3 | 4 | 5 | 6 | 7 | 8 | 9 | 10 | 11 |
|---|---|---|---|---|---|---|---|---|---|---|---|
| 入水氨氮的质量浓度 | 490 | 480 | 600 | 585 | 660 | 595 | 600 | 590 | 595 | 650 | 600 |
| 出水氨氮的质量浓度 | 0 | 0 | 11.5 | 0 | 0 | 0 | 5.8 | 5.8 | 9 | 5.8 | 13.5 |
| 入水 COD 的质量浓度 | 3500 | 2500 | 2600 | 2300 | 4000 | 2300 | 2500 | 3050 | 3000 | 2400 | 3SO0 |
| 出水 COD 的质量浓度 | 74 | 58.5 | 77.5 | 29 | 38 | 32 | 15 | 40 | 12 | 0 | 55 |

（4）分析与讨论　本试验与有关资料表明，HSB 菌群具有如下特征与效果。

① HSB 耐受废水中有毒有害物质的浓度较高。常规焦化废水硝化-反硝化技术要求进水 $NH_3-N<250mg/L$，而 HSB 微生物菌群采用了生物筛选、驯化技术处理，提高了抑制物浓度。系统在抑制物浓度远高于常规生化系统抑制物浓度的条件下，仍能保持正常的运行和去除，充分体现了其高分解力以及抗冲击性强的优点。根据有关资料介绍，其抑制浓度对比见表 10-50。

表 10-50　常规生化细菌与 HSB 微生物菌群抑制物的质量浓度对比表　　　　　单位：mg/L

| 有毒物质 | 常规生化细菌抑制浓度 | HSB 微生物菌群抑制物浓度 | 有毒物质 | 常规生化细菌抑制浓度 | HSB 微生物菌群抑制物浓度 |
|---|---|---|---|---|---|
| $CN^-$ | 20 | 300 | 酚 | 100 | 1000 |
| S | 30 | 200 | HCHO | 150 | 2000 |

| 有毒物质 | 常规生化细菌抑制浓度 | HSB微生物菌群抑制物浓度 | 有毒物质 | 常规生化细菌抑制浓度 | HSB微生物菌群抑制物浓度 |
|---|---|---|---|---|---|
| $S^{2-}$ | 150 | 5000 | $CH_3COCH_3$ | 6000 | 20000 |
| $Cl_2$ | 1 | 3 | 油脂 | 50 | 200 |
| $Cl^-$ | 10000 | 30000 | $NO_2^-$ | 36 | 400 |
| $NH_3$ | 200 | 5000 | $CH_2\!=\!CHCH_2NCS$ | 2 | 50 |
| $NO_3^-$ | 5000 | 15000 | $CH_3CSNH_2$ | 0.5 | 40 |
| $SO_4^{2-}$ | 5000 | 50000 | $CNS^-$ | 36 | 400 |
| $CH_3COO^-$ | 150 | 5000 | $C_7H_5S_2N$ | 0.1 | 100 |

注：由于资料来源不同，故其数据有些差异。

② 剩余污泥产生量少，出水脱色效果好。特有的纯微生物分解链构成使系统剩余污泥产生量很少。在为期7个月的试验过程中，没有排过一次污泥，且出水悬浮物含量低，脱色效果好，远超出活性污泥法的出水脱色效果。初步分析认为主要与以下2个因素相关。a. 废水色度除了与SS有关外，还与苯环有关。一般生化法及硝化-反硝化生物脱氮法虽然对两环以下芳烃，尤其是两环以下杂环化合物如吡啶等有机物具有一定的降解能力，但对两环以上，尤其是多环芳烃（PAH）基本上无降解及开环效果。所以，处理后出水色度不好。b. HSB中具有有絮凝能力的微生物。这种微生物有很强的絮凝性，能将废水中的微生物残骸、难降解的有机物（如B［$a$］P等）及一些固态悬浮物絮凝沉淀下来，而且作为微生物絮凝剂的物质，其分子量在10万以上，具有可生化性，又被微生物所分解利用，从而实现了剩余污泥量少、脱色好的目的。

③ 脱氮无需补加碳源。该中试采用的是$O^2/A$流程，且在好氧B池后没有设置沉淀池，泥水一起自流入缺氧C池，在C池完成缺氧脱氮。该流程与通常的生物脱氮流程有所不同，因为在前两级硝化过程中，COD已大幅度降低，在C池已不能提供充足的碳源，但试验结果仍取得好的脱氮效果。其原因可能是：a. 微生物在缺氧脱氮段充分利用了在好氧情况下合成的降解酶；b. HSB微生物的适应性强，具有独特的降解特性。该特性有待进一步研究。

④ 运行成本与估算。根据资料介绍生物流化床应用于焦化废水处理加碱量为1.60kg/t，常规硝化-反硝化工艺加碱量为2.5kg/t，HSB技术处理焦化混合废水加碱量为0.5kg/t，该技术比较适合于在焦化厂原有废水处理工艺上进行改造，基建投资少，加上高效率及低的运行成本，所以有较好的推广应用前景。其运行主要成本估算见表10-51。

表 10-51 运行成本估算

| 项目名称 | 消耗指标 | 单价 | 价格/(元/d) | 备注 |
|---|---|---|---|---|
| 电耗 | $2.0kW \cdot h/m^3$ 废水 | 0.45 元/(kW·h) | 21.6 | |
| 药剂费 $H_3PO_4$ | 0.02kg/m³ 废水 | 3500 元/t | 1.68 | |
| 碱 | 平均为 0.5kg/m³ 废水 | 2100 元/t | 25.2 | 按最大量考虑 |
| 合计 | 2.02 元/m³ 废水 | | 48.48 | |

注：药剂单价按公司内部结算价格表计价（时间：2000年前后）。

（5）技术总结

① 经 HSB 技术处理后的焦化废水各项污染因子完全达到有关要求，且其总氮去除率高，出水 $NO_3^-$ 及 $NO_2^-$ 较低，明显优于传统的生物脱氮工艺。

② HSB 菌种固化、驯化期短，系统启动快，出水达标的时间短；菌群抗冲击能力强，受到冲击后恢复较快。经过验证系统长期停车后能够完全恢复，达到原有的功能。

③ 现有中试处理系统能有效处理煤化工公司主要废水包括蒸氨废水、浓酚水、精苯废水等。该工艺系统抗冲击性强，停车后恢复时间短，水质在一定范围内的变化对处理效果无明显影响，出水水质稳定，出水色度低，可实现废水资源化利用，是具有工程应用价值的生化处理技术。

④ 由于该试验流程立足于在现有焦化行业普遍采用的两段曝气运行工艺进行改造，最大限度地利用了原有设施，改造费用低；试验时没有剩余污泥和未加水稀释，故可大大降低预处理费用和投资。

⑤ 与常规硝化-反硝化菌一样，HSB 微生物仍然需要适宜的条件：硝化-反硝化温度 $25 \sim 35℃$；DO，好氧 $2 \sim 4mg/L$，缺氧小于 $0.5mg/L$；pH 值为 $6 \sim 9$。

### 10.6.3.2　深度处理难降解有机物的去除效果

通过驯化富集培养，从处理焦化废水的活性污泥中分离出 2 株萘降解菌 WN1、WN2 和 1 株吡啶降解菌 WB1，研究了投加高效菌种及微生物共代谢对焦化废水生物处理的增强作用，同时研究了高效菌种和共代谢初级基质组合协同作用的效果。结果表明，投加共代谢初级基质、$Fe^{3+}$ 和高效菌种均能促进难降解有机物的降解，提高焦化废水的 COD 去除率，当三者协同作用时，效果最好。

（1）试验用水与高效菌种筛选分离

活性污泥取自武钢焦化厂二沉池，在实验室中用营养物质及焦化废水培养驯化 40d 至污泥成熟；焦化废水取自武钢焦化厂二级处理出水，其 COD 为 260mg/L，$BOD_5/COD<0.3$，属难生物降解废水。

鉴于萘和吡啶是焦化废水中含量较高的典型难降解有机物，应首先筛选分离降解萘和吡啶的高效菌种。将武钢焦化厂二沉池活性污泥空曝 24h，用匀液器均匀处理 10min。取该种活性污泥接种于含 10mg/L 萘的无机盐培养液中，28℃振荡培养 7d，逐步转接至含 20mg/L、30mg/L、40mg/L、50mg/L 萘的无机盐培养液后，平板划线，获得 2 株萘降解菌 WN1、WN2。同样取该种活性污泥经逐步培养转接至含 50mg/L 吡啶的无机盐培养液后，平板划线，获得 1 株吡啶降解菌 WB1。

（2）生物强化降解试验

① 活性污泥系统中投加共代谢初级基质的试验　淘米水属于易利用的碳源物质，将其作为共代谢初级基质，按 20%、30%、40%、50%、60% 的梯度（淘米水贡献的 COD 占所配废水总 COD 的百分比）配制废水。在生产中可考虑适当投加生活污水作为共代谢初级基质。试验时将废水各取 750mL 加入相应的静态模拟反应器中，同时加入驯化后的活性污泥，使反应器中的 MLSS 为 2.7g/L。在各反应器中投加营养物使 $BOD_5$：N：P 为 100：5：1，调节 pH 值为 7，于 28℃下曝气反应。定时取出混合液，滤纸滤去活性污泥絮体，测定废水 COD 值。

② 活性污泥系统中投加有效降解微生物及 $Fe^{3+}$ 试验　将相对于固有菌量 10% 的高效菌 WN1、WN2、WB1 分别投入各自的静态模拟反应器中，另一组反应器中投入高效菌的同时加入 $Fe^{3+}$。定时取出混合液，滤纸滤去活性污泥絮体，测定各废水的 COD 值。

③ 活性污泥系统中共代谢和有效降解微生物协同作用试验　将两种生物强化技术——微生物共代谢和投加高效菌种相结合，在投加高效菌的同时，向反应器中添加微生物共代谢

初级基质，定时取出混合液，滤纸滤去活性污泥絮体，测定各废水的 COD 值。在此基础上进行高效菌种间的组合试验。

（3）净化效果与分析

① 活性污泥系统中共代谢初级基质投加量对焦化废水 COD 去除的影响　研究结果如图 10-41、图 10-42 所示。从图 10-41 可以看出，投加了初级基质的废水在前 6h 内都有较高的降解速率，初始浓度越高，相应的降解速率也越快。在 6h 之后，降解速率明显减缓；到 12h 之后，废水 COD 值趋于稳定。从图 10-42 可以看出，未投加初级基质的废水，其 24h COD 总去除率最低，说明投加共代谢初级基质可以提高焦化废水的处理效率。在投加初级基质的情况下，微生物可以利用初级基质作为碳源和能源，同时氧化原来不能利用的二级基质，从而改善处理系统的运行性能。

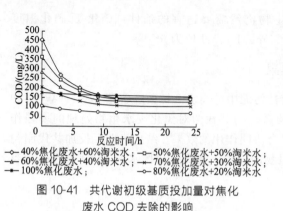

图 10-41　共代谢初级基质投加量对焦化
废水 COD 去除的影响

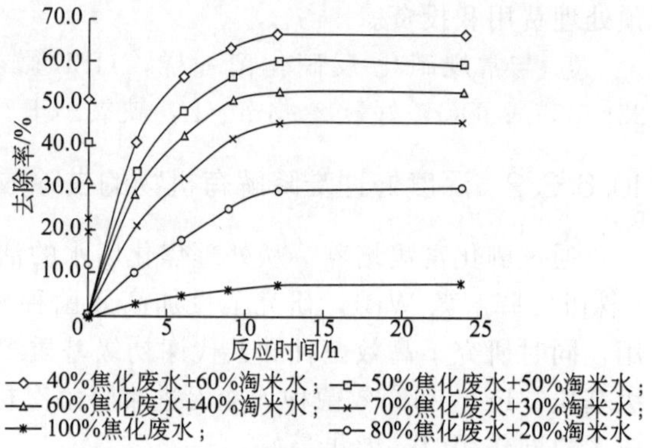

图 10-42　共代谢初级基质投加量对焦化
废水 COD 去除的影响

为了确定共代谢初级基质的最佳投量，若假定 24h 时初级基质已全部降解完毕，可以计算出焦化废水难降解物所贡献的 COD 在 24h 时的去除率。计算结果见表 10-52，从计算结果可知，当投加 20%～40% 的初级基质时，焦化废水难降解物 COD 去除率较高，初级基质投加量为 30% 时去除率较高。这说明共代谢初级基质存在最佳投量，投加初级基质浓度过高或过低都不利于微生物的共代谢作用。

表 10-52　初级基质投量对焦化废水难降解物 COD 去除率的影响

| 焦化废水 COD/(mg/L) | 焦化废水 COD 所占比例/% | 初级基质 COD 所占比例/% | 24h 废水 COD /mg/L | 24h 废水 COD 总去除率/% | 24h 难降解物 COD 去除率/% |
|---|---|---|---|---|---|
| 456.9 | 40 | 60 | 153.8 | 66.3 | 15.8 |
| 363.2 | 50 | 50 | 147.3 | 59.4 | 18.9 |
| 285.2 | 60 | 40 | 134.1 | 53.0 | 21.6 |
| 203.9 | 70 | 30 | 111.2 | 45.5 | 22.1 |
| 104.3 | 80 | 20 | 69.7 | 30.7 | 16.5 |
| 174.6 | 100 | 0 | 160.6 | 8.0 | 8.0 |

② 不同菌种对 COD 去除的影响　活性污泥系统中投加不同菌种的试验结果见表 10-53。从表 10-53 中可见，24h 时 3 种菌对焦化废水 COD 的去除率达到 42%～45%，平均为 43.7%；48h 时去除率平均为 47.1%，其中 WB1 吡啶降解菌的效果最好，达到 47.9%。对

比表 10-52 中的去除率数据，可知分离筛选出的高效菌种能显著提高难降解焦化废水的降解效率，24h 时 COD 去除率比只投加初级基质时提高 20％以上。

表 10-53　不同菌种对焦化废水降解的影响

| 菌种代号 | 初始 COD /(mg/L) | 24h COD /(mg/L) | 24h COD 去除率/% | 48h COD /(mg/L) | 48h COD 去除率/% |
|---|---|---|---|---|---|
| WN1 | | 139.1 | 42.0 | 127.4 | 46.9 |
| WN1 | 239.8 | 134.1 | 44.1 | 128.6 | 46.4 |
| WB1 | | 131.8 | 45.0 | 124.9 | 47.9 |

③ $Fe^{3+}$ 与不同菌种协同作用对 COD 去除的影响　从表 10-54 中可知，当投加 0.25mg/L $Fe^{3+}$ 和同时投加高效菌种时，24h 和 48h 时 COD 去除率比只投加高效菌的活性污泥系统高，24h 时 COD 去除率提高 2％左右，48h 时提高 5％左右。这可能是因为 $Fe^{3+}$ 与好氧微生物的细胞色素及氧化酶系统组成和传递电子有关，因此，添加 $Fe^{3+}$ 便能促进焦化废水难降解物的降解。

表 10-54　$Fe^{3+}$ 与不同菌种协同作用对焦化废水降解的影响

| 菌种与基质 投加方式 | 初始 COD /(mg/L) | 24h COD /(mg/L) | 24h COD 去除率/% | 48h COD /(mg/L) | 48h COD 去除率/% |
|---|---|---|---|---|---|
| WN1+$Fe^{3+}$ | 239.8 | 132.2 | 44.9 | 118.7 | 50.5 |
| WN2+$Fe^{3+}$ | 239.8 | 129.4 | 46.0 | 116.4 | 51.5 |
| WB1+$Fe^{3+}$ | 239.8 | 128.3 | 46.5 | 112.3 | 53.2 |

④ 初级基质与高效菌种组合协同作用的影响　微生物共代谢和投加高效菌种协同作用的试验结果见表 10-55。当处理系统中同时投加共代谢初级基质和高效菌种时，24h 时 COD 去除率平均为 56.7％，48h 时平均为 59.7％。可见，初级基质、$Fe^{3+}$ 和高效菌种协同作用能够明显提高焦化废水中难降解物的可生化性，有利于处理系统效率的提高。据此，可根据不同水质情况来选定停留时间。

表 10-55　初级基质与高效菌种组合协同作用对焦化废水降解的影响

| 菌种与基质组 合投加方式 | 初始 COD /(mg/L) | 24h COD /(mg/L) | 24h COD 去除率/% | 48h COD /(mg/L) | 48h COD 去除率/% |
|---|---|---|---|---|---|
| WN1+$Fe^{3+}$+30％淘米水 | 342.9 | 104.6 | 56.4 | 101.2 | 57.8 |
| WN2+$Fe^{3+}$+30％淘米水 | 342.9 | 106.1 | 55.8 | 95.8 | 60.1 |
| WB1+$Fe^{3+}$+30％淘米水 | 342.9 | 101.3 | 57.8 | 92.7 | 61.3 |

注：表中去除率数据计算时假定淘米水已降解完毕。

⑤ 高效菌种间组合对 COD 去除的影响　高效菌种间组合试验结果见表 10-56。从表 10-56 中可见菌种间组合对焦化废水去除效果各不相同，24h 时 COD 去除率平均为 50.5％，48h 时平均为 54％。从表中数据可知，菌种间组合对焦化废水 COD 去除率的影响不明显，菌种组合后 COD 去除率比单菌种时反而有所降低，这可能是菌种间的拮抗作用造成的。

表 10-56  高效菌种间组合对焦化废水降解的影响

| 多菌种与基质<br>组合投加方式 | 初始 COD<br>/(mg/L) | 24h COD<br>/(mg/L) | 24h COD<br>去除率/% | 48h COD<br>/(mg/L) | 48h COD<br>去除率/% |
|---|---|---|---|---|---|
| WN1+WN2+Fe³⁺+30%淘米水 | 342.9 | 116.2 | 51.5 | 108.5 | 54.8 |
| WN2+WB1+Fe³⁺+30%淘米水 | 342.9 | 120.7 | 49.7 | 112.2 | 53.2 |
| WN1+WB1+Fe³⁺+30%淘米水 | 342.9 | 115.8 | 51.7 | 104.2 | 56.5 |
| WN1+WN2+WB1+Fe³⁺+30%淘米水 | 342.9 | 122.1 | 49.1 | 116.4 | 51.5 |

注：表中去除率数据计算时假定淘米水已降解完毕。

（4）结果与分析

① 不同初级基质投加量对焦化废水难降解物 COD 去除率的影响较大，24h 时其值在 8.0%～22.1%间变化。初级基质适宜投加量是 20%～40%，平均为 30%左右。

② 不同菌种对 COD 去除试验的结果表明，所分离的菌种能够提高难降解物的去除率。大约 24h 内可以比投加初级基质提高焦化废水 COD 去除率 20%以上，48h 时焦化废水 COD 去除率达到 47%左右。如在投加 $Fe^{3+}$ 的情况下，大约 48h 内可使 COD 去除率进一步提高约 5%。

③ 初级基质与高效菌种组合协同效果好，24h 内可以比只投加高效菌种提高焦化废水 COD 去除率约 10%，48h 时焦化废水 COD 去除率达到 60%左右。

### 10.6.3.3  光合细菌法技术特征与应用效果

（1）光合细菌法处理原理

光合细菌是一种细菌微生物，广泛存在于水中，所以一般将高浓度废水稀释到 300mg/L 以下再进行处理，使溶解性的有机物被微生物吸附和吸收，渗透过细胞膜，在胞内酶的作用下分解到田、池塘、湖泊、活性污泥和湿润土中。它主要利用光能、低级有机物在厌氧光照或好氧黑暗条件下进行合成与代谢。光合细菌在有机废水中能起净化作用，与其细胞结构和物质、能量代谢有关。光合细菌处于黑暗下能和好氧生物一样，通过三羧酸循环来进行有机酸的代谢，在厌氧光照下这一循环被抑制时，光合细菌便迅速转换代谢类型的特性，这是光合细菌能够处理高浓度有机废水的主要原因。光合细菌能利用光进行光合作用，同时也能利用低分子有机物作供氢体与碳源。在高浓度有机废水中，首先是异养微生物大量繁殖，将高分子有机物分解成低级脂肪酸、氨基酸等，这时异养菌减少，光合菌迅速增殖，将低级脂肪酸等分解至低浓度，再由活性污泥和藻类净化至排放标准。有些光合细菌还具有脱氮作用，在有硝酸盐存在时，光合细菌能将 $NO_3^-$ 依次转化成 $NO_2$、$NO$、$N_2O$，最后还原成 $N_2$。因此，在利用光合细菌处理焦化废水时，不仅可以高效去除酚、氰和生物耗氧量 BOD，而且可以去除 $NH_3$。

（2）光合细菌活性污泥法在处理焦化废水中的应用

① 菌种驯化与试验  紫色非硫光合细菌混合株是从山西印染厂曝气池活性污泥中分离出来的，该菌种扩大培养采用 Yd 培养基，在光强度为 1000～3000lx 的厌氧条件下培养 1～2 周，将其固定于活性污泥上，经投酚诱导驯化培养 48h 后进行试验。脱氮异养菌由屯兰河岸边污泥中富集分离，采用硝酸盐肉膏培养基。活性污泥取自煤气化公司环保水处理中心。

光合细菌可利用苯酚作唯一碳源。取 50mL 菌液经洗涤稀释至 100mL，投入苯酚使其浓度为 100～200mg/L，未加任何营养物质，经曝气驯化诱导 12～24h 后，酚的去除率为 98.5%～99.1%。经静态试验表明，光合细菌活性污泥法处理含酚废水具有较高的去除率，不同浓度条件下的去除率不同，在室温条件下，当 pH 值为 7.2～7.5 时，24h 后含酚浓度为 700mg/L 的废水的去除率可达 96%，比生物膜的去除能力高 2 倍。对于 50mg/L 的含酚废水，6h 的酚去除率达 98% 以上。用厌氧法处理含酚浓度为 100mg/L 的水样，8h 后活性污泥对酚的去除率为 73.8%，而在同等条件下，光合细菌活性污泥的去除率为 99.29%。

不同温度和 pH 值条件下酚的去除率也不同。光合细菌的温度适应范围广，从 20～40℃酚的去除率较高，达 90% 以上，最适宜温度为 25～35℃，pH 值在 6～9 时酚的去除率最佳。

② 光合细菌的动态试验  取某煤气公司焦化厂的废水进行动态试验，其试验流程如图 10-43 所示。

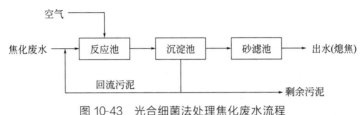

图 10-43  光合细菌法处理焦化废水流程

光合细菌活性污泥生化反应器容积为 4000mL，生物固体停留时间为 12h，水温 30.5～35℃，溶解氧为 4.2～6.8mg/L，pH 值为 8.5～9.0。经过 15d 驯化和 15d 连续测定，焦化废水的含酚量可由进水的 135～347mg/L 降至 7～18mg/L，去除率为 95%。化学耗氧量 COD 的去除率为 68%～74%，效果良好。

（3）工程应用实例

煤气公司通过试验证明技术可行，已将光合细菌活性污泥法工艺用于焦化废水处理工程，其处理出水的水质见表 10-57。

表 10-57  废水处理出水水质          单位：mg/L(pH 值除外)

| 项目 | pH 值 | 挥发酚 | BOD | 氰化物 | 硫化物 | 氨氮 |
|---|---|---|---|---|---|---|
| 进水 | 9.45 | 140.27 | 175 | 5.21 | 14.48 | 1326 |
| 出水 | 7.98 | 5.52 | 14.01 | 0.44 | 6.75 | 432.90 |

据资料介绍，光合细菌法处理焦化废水的脱酚效果达 94%，且去除氰化物、BOD 的效果达 90% 以上，去除氨氮、硫化物的效果达 60% 以上。处理后的水全部都用于熄焦，提高废水的重复利用率。

生产实践与试验结果说明：

① 光合细菌法处理焦化废水比生物氧化法对温度、pH 值及盐分的适应性广，对营养的要求不严格，操作管理方便，污泥量少。

② 光合细菌对酚、氰等毒物有一定的耐受力和分解能力，经苯酚诱导驯化后，光合细菌处理焦化废水具有较强的脱酚能力。

③ 将光合细菌固定于活性污泥上，克服了自由菌体难沉降的弱点，可以减少菌体流失，抗冲击力强，负荷高。

## 10.6.3.4  生物酶技术特征与应用效果

（1）生物酶技术功效

生物酶是一种从自然生物中提取的催化蛋白，当它投加到废水生化系统与微生物结合以后，具有 3 种功效：a. 增强生化系统微生物的抗毒能力（尤其是抗盐性、抗氰化物等）和抗冲击能力；b. 催化、促进废水中较难生化降解的有机物的分化降解；c. 改良系统中的微生物，即淘汰无用的微生物，培养驯化出针对某种废水的优势菌群。

但是生物酶的催化功能有一定的专一性。一种生物酶对某类废水的处理有效果，可能对另一类废水没有作用。因此，应用时必须调查清楚要处理的废水中难生化降解的有机污染物的种类。然后根据这些污染物种类选择合适的生物酶进行组合。比如焦化废水难生化降解的物质主要是油脂、苯胺、苯并芘、蒽、萘、吡啶、喹啉等环状和多环芳香化合物，要提高这些污染物的生化去除率，就需要选择 5 种生物酶及 4 种辅助酶来催化降解。

为了避免在二沉池出水投加化学药剂（如絮凝剂、混凝剂等）进行后处理产生的不利影响（如化学污泥等）和增加运行成本，太钢焦化厂于 2008 年引进美国万达斯公司研制的生物酶技术，提高焦化废水的生化处理效果，现已工程应用，是我国第一家采用生物酶技术处理焦化废水的厂家。

工程应用表明，采用生物酶技术可显著提高焦化废水生化系统的处理能力，不产生二次污污染并减少污泥处理量，与药剂法后处理相比可节省 50% 的运行费用。

（2）处理工艺与运行控制参数

太钢焦化厂废水处理厂在 2005 年正式建成并投入运行，日处理来自焦炭、煤气净化及焦化产品回收过程中的废水约 4800m³（不包括稀释水）。处理的流程采用 2 组并联 A²/O 工艺，即蒸氨废水经隔油、气浮后进入厌氧池，其出水和二沉池的回流水混合后进入缺氧池，然后再进入好氧池，最后在二沉池进行泥水分离。原处理工艺流程如图 10-44 所示，投加生物酶后的工艺流程如图 10-45 所示。

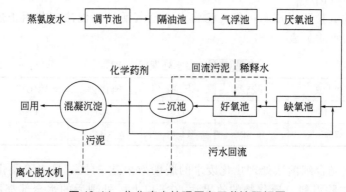

图 10-44　焦化废水处理原有工艺流程框图

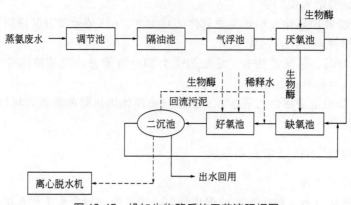

图 10-45　投加生物酶后的工艺流程框图

和传统的 $A^2/O$ 工艺不同的是：太钢焦化废水处理中的反硝化并不是采用混合液回流而是二沉池的出水回流。另外，厌氧池比较小，水力停留时间短（10h）。因此，该池只能起到水解作用，不一定有酸化过程。各个生化池的有效容积及水力停留时间见表 10-58，主要运行控制参数见表 10-59。

表 10-58　生化池状况

| 项目名称 | 并联组数 | 填料 | 每组容积/$m^3$ | 水力停留时间/h |
| --- | --- | --- | --- | --- |
| 厌氧池 | 2 | 有 | $16\times6\times6=576$ | 10 |
| 缺氧池 | 2 | 有 | $23\times18\times6=2484$ | 22 |
| 好氧池 | 2 | 无 | $36\times18\times6=4406$ | 38 |

注：好氧池采用活性污泥法，厌氧池采用生物膜接触法。

表 10-59　主要运行控制参数

| 项目名称 | 参数 |
| --- | --- |
| 处理水量/($m^3/h$) | 200 |
| 回流反硝化水量/($m^3/h$) | 160 |
| 污泥回流量/($m^3/h$) | 160 |
| 稀释水量/(mg/h) | 35～40 |
| 缺氧池溶解氧/(mg/L) | 0.1～0.5 |
| 好氧池溶解氧/(mg/L) | 5.0～7.0 |
| 污泥浓度(g/L) | 3.5～4.5 |
| pH 值 | 6.5～8.0(好氧池) |

（3）生物酶技术的应用

生物酶技术的实施分两步进行。

第 1 步：酶体系的建立。从 2008 年 3～6 月，按运行的参数、工艺流程，在生化池里分别加入酶-590、酶-440、酶-SS-560、酶-550 和酶-700，5 种生物酶；以及 4 种辅酶，即辅酶 G、辅酶 GC、辅酶 F 和辅酶 P。3 个月期间，为建立酶体系在缺氧池和好氧池中加入的酶总量为 700 多千克，辅酶总量为 6000 多千克。在酶体系的建立过程中，生化池内无用的微生物将逐步被淘汰，有用生化菌群的活性得到充分发挥，加上酶的催化，从而使得焦化废水中一些原来难以生化降解的物质（如苯胺、苯并芘、喹啉、吡啶、萘、蒽等）分化为小分子，使它们由原来不能被微生物利用的物质变为可为水中菌群利用的物质。由于这些物质的分解和生化利用，处理后出水的 $COD_{Cr}$，尤其是溶解性的 $COD_{Cr}$ 逐步下降。

第 2 步：酶体系的维护。在酶体系形成以后，由于生物酶在体系内会有少量的损耗，生物膜脱落及排泥也会带走一部分酶，这就要对酶体系进行维护。所谓维护就是往生化系统里补充损耗和流失掉的生物酶和相应的辅酶，确保酶体系的健康稳定。维护酶体系的加入量每周只需在生化池加入生物酶 15kg 和辅酶 200 多千克。

酶体系的建立或酶体系的维护，生物酶需要和部分辅酶一起，放在溶解桶里，水温控制在 20～30℃，经 18～24h 搅拌溶解后，方可加入生化系统。

（4）生物酶技术应用效果与分析

① 生物酶技术去除 $COD_{Cr}$ 的效果　在没有使用生物酶以前，太钢焦化厂废水处理工序

345

的二沉池出水大多在 200mg/L 左右波动，需要后续加药进行三级深度处理才能达到国家许可的排放标准。在使用生物酶之后，由于生物酶的催化作用，原来那些难以生化降解的环状化合物和多环芳香族化合物变为可被微生物所利用的物质。正是由于这些物质的生化降解，出水 $COD_{Cr}$ 伴随着酶体系的建立逐步地往下降。尽管下降过程中有波动性，但最终达到 100mg/L 以下，符合国家规定的排放标准或回用。

下一步的目标是通过酶体系的进一步维护和完善以及加强生化系统的管理，出水的 $COD_{Cr}$ 控制在 85mg/L 以下。

② 生物酶技术对抗氨氮的冲击效果　为了出水氨氮的达标排放，按生化池设计的要求，蒸氨废水的氨氮控制在 50～200mg/L。一旦进水的氨氮高于 400mg/L，出水的氨氮就会超过 100mg/L，达不到国家规定的一级排放标准（GB 8978—1996）。在加入生物酶之后，仍按设计的要求，将进水的氨氮控制在 50～200mg/L。但是，有时发生进水的氨氮超过 600mg/L（发现时，进水已经超过 8h），本以为出水的氨氮会超标，可是几天监测的结果没有发现氨氮超标。这表明生物酶可提高生化系统抗氨氮的冲击能力。

③ 好氧池泡沫消减分析　太钢焦化废水含有表面活性剂（如油脂），在曝气时产生大量的泡沫，尤其是阴天更为严重，严重影响设备和周围环境，也给废水厂处理带来运行和管理的麻烦。

在投加生物酶后，泡沫的产生已大幅度地减少，据初步分析，泡沫的减少是由于生物酶和微生物结合以后，增加对水中表面活性剂的吸附，减少其黏附在气泡水膜上，从而使上浮的气泡不稳定，泡沫较易消失；另一个原因是生物酶（特别是酶 560）可促进表面活性剂的生化降解，水中表面活性剂的含量少了，泡沫也就自然减少了。

（5）生物酶技术经济效益与优势分析

① 生物酶技术经济效益评价　同样让出水达标排放，生物酶技术的运行费用还不到化学加药技术的 50%。例如在太钢焦化废水的处理，如果采用后续的加药处理法（尤其是要加化学氧化剂），吨水的处理成本约为 3.5 元，按处理水 200t/h 算，一年额外费用就要 600 多万元（这还不包括所产生的化学污泥处理费）。采用生物酶技术，吨水的处理成本为 1.5 元左右，一年的运行费用仅 200 多万元。可见，生物酶技术具有很高的经济效益。

采用生物酶技术，可以提高生化系统的处理能力，减少 $COD_{Cr}$ 的排放量，对水环境的保护起到积极作用。它的应用不像化学药剂对管道有腐蚀，会产生二次污染，也不会产生大量污泥需要处理。此外，在生化系统中加入生物酶，可以减少泡沫的产生，避免风吹泡沫污染周围的环境。

② 生物酶技术的优势

1）生物酶技术在应用过程中不占地，也不需要增加土建构筑物的投资，只要在原有处理系统的基础上加入，通过酶体系的建立和酶体系的维护，就能让出水的 $COD_{Cr} < 100mg/L$，实现废水处理回用与"零排放"。

2）生物酶可以提高生化系统抗高氨氮的冲击能力。

3）生物酶技术和其他技术相比，运行成本比较低，具有较高的经济效益。

4）生物酶技术可大幅度减少生化池泡沫的产生。该技术没有二次污染，也没有大量污泥需要处理，具有较好的经济效益与环境效益。

# 10.7　新型物化法处理技术

当今焦化厂面临的主要问题是难降解有机物的处理。像杂环芳香族化合物和酚类同系物例如对硝基苯酚及五氯酚等，这些化合物难以被微生物降解，在环境中长期积累，危害极大。针对此类废水难生化性、难降解的特点，各种物化法新技术新方法相继涌现，如臭氧氧化、光催化氧化、电化学氧化、超声波处理技术、湿式催化氧化及微波诱导催化氧化等高级氧化技术。针对国内外物化法处理焦化废水的研究进展进行了较为全面的总结，阐述了几种不同高级氧化技术的原理、特点与应用，并提出了今后应用研究中需要进一步关注的问题。

## 10.7.1　湿式氧化法

湿式空气氧化法（west air oxidation，WAO 法）是在高温、高压下，利用氧和空气或其他氧化剂将水中的有机物氧化成二氧化碳和水，从而达到去除污染物的目的。该法的优点为：氧化速度快，处理效率高，适用范围广，一般无二次污染，可回收有用物质等。20 世纪70 年代，湿式氧化法工艺得到迅速发展，在国外 WAO 技术已实现工业化，主要用于含氰废水、含酚废水、活性炭再生、造纸黑液，以及难降解有机物质和城市污泥及垃圾渗出液处理。国内从 20 世纪 80 年代才开始进行 WAO 的研究，先后对造纸黑液、含硫废水、含酚含氰废水、农药与印刷废水等进行试验探索。

为降低湿式空气氧化法的反应温度和压力，同时提高处理效果，出现了使用高效、稳定的催化剂的催化湿式氧化法（catalytic west air oxidation，CWAO 法）和加入更强的氧化剂（过氧化物）的湿式过氧化物氧化法（Wet Peroxide Oxidation，简称 WPO 法）。为彻底去除一些难以去除的有机物，利用超临界水的特性，将废液加温升至水的临界温度以上以加速反应过程，称为超临界湿式氧化法（super critical wet oxidation，SCWO 法）。

### 10.7.1.1　湿式空气氧化法的原理与应用

（1）湿式氧化法工艺原理

湿式空气氧化法是指在高温、高压下，用氧气或空气（或其他氧化剂，如 $O_3$、$H_2O_2$、Fenton 试剂等）氧化水中溶解态或悬浮态的有机物或还原态的无机物的一种处理方法。湿式空气氧化法采用温度在 150～374℃（374℃为水的临界温度，超过此温度水不再以液相状态存在），通常采用温度为 200～320℃，压力为 1.5～20MPa。高温可以提高 $O_2$ 在液相中的溶解性能，高压的目的是抑制水的蒸发以维持液相，而液相的水可以作为催化剂，使氧化反应在较低的温度下进行。

在高温高压下，水及作为氧化剂的氧的物理性质发生了变化，见表 10-60。从表 10-60可知，从室温到 100℃范围内，氧的溶解度随温度升高而降低，但在高温状态下，氧的这一性质发生了改变。当温度大于 150℃时，氧的溶解度随温度升高反而增大，氧在水中的传质系数也随温度升高而增大。因此，氧的这种性质有助于高温下进行氧化反应。

表 10-60　不同温度水和氧的物理性质

| 温度/℃<br>性质 | 25 | 100 | 150 | 200 | 250 | 300 | 320 | 350 |
|---|---|---|---|---|---|---|---|---|
| 蒸汽压/MPa | 0.033 | 1.05 | 4.92 | 16.07 | 41.10 | 88.17 | 11.64 | |
| 黏度/（Pa·s） | 922 | 281 | 181 | 137 | 116 | 106 | 104 | |
| 密度/（g/mL） | 0.944 | 0.991 | 0.955 | 0.934 | 0.908 | 0.870 | 0.848 | |
| 扩散系数 $K_a$/(m²·s) | 22.4 | 91.8 | 162 | 239 | 311 | 373 | 393 | |
| 溶解度/（mg/L） | 190 | 145 | 195 | 320 | 565 | 1040 | 1325 | |

有关湿式氧化的研究表明，高温的湿式氧化系统中的反应是一种自由基反应。在反应系统中存在着多种氧化剂成分，包括 $O_2$、$\cdot O$、$\cdot OH$、$\cdot O_2H$ 等，其中以 $\cdot OH$（羟基自由基）为最主要的氧化剂。

由于 $\cdot OH$ 具有很高的电负性和亲电性，它可以从含氢的有机物中夺取氢，形成一种脱氢反应。

（2）湿式氧化法的影响因素

① 反应温度　对常规的湿式氧化处理系统，操作温度在 150～374℃ 范围内，有机物氧化反应的速度随温度的升高而升高。许多研究表明，反应温度是湿式氧化处理效果的决定性影响因素。反应温度低，即使延长反应时间，有机物的去除率也不会显著提高，但过高的温度是不经济的。因此，操作温度的最佳条件在 200～340℃。

② 反应压力　湿式氧化系统应保证在液相中进行，总压力应不低于该温度下的饱和蒸汽压。同时，氧分压也应保持在一定范围内，以保证液相中的高溶解氧浓度。因此，随着反应温度的提高，必须相应地提高反应压力。表 10-61 列出了湿式氧化装置的反应温度与压力的关系。

表 10-61　湿式氧化装置反应温度与压力的关系

| 反应温度/℃ | 230 | 250 | 280 | 300 | 320 |
|---|---|---|---|---|---|
| 反应压力/MPa | 4.5～6.0 | 7.0～8.5 | 10.5～12.5 | 14.0～16.0 | 20.0～21.0 |

③ 反应时间　反应时间的长短，决定着湿式氧化装置的容积。试验与工程实践证明，在湿式氧化处理装置中，达到一定的处理效果所需的时间随反应温度的提高而缩短。根据污染物被氧化的难易程度及处理效果的要求，可以确定最佳反应温度和反应时间，通常湿式氧化装置的停留时间为 0.1～2.0h。

④ pH 值　废水的 pH 值是影响湿式氧化处理效果的显著因素，通常在较低的 pH 值条件下，氧化还原反应才能有效地进行。

⑤ 燃烧热值与所需的空气量　在湿式氧化系统中，一般依靠有机物被氧化所释放的氧化热维持反应温度。根据废液所需去除 COD 值可计算出所需空气量。考虑到氧的利用率等因素，所供应的空气量应比理论值高出 5%～20%。

⑥ 废水性质　有机物氧化与其电荷特性等有关。研究表明：脂肪族和卤代脂肪族化合物、氰化物、芳烃（如甲苯）、芳香族和含非卤代芳香族化合物等易氧化，不含卤代基团的卤代芳香族化合物（如氯苯和多氯联苯等）难氧化。氧在有机物中所占的比例越少，其氧化性越大；碳在有机物中所占的比例越大，其氧化越容易。

（3）湿式氧化工艺流程与应用

湿式氧化工艺流程如图 10-46 所示。

其工艺过程为：废水通过储存罐由高压泵打入热交换器，与反应后的高温氧化液体换热，使温度上升到接近于反应温度后进入反应器。反应所需的氧由压缩机打入反应器。在反应器内，废水中的有机物与氧发生放热反应，在较高温度下将废水中的有机物氧化成二氧化碳和水，或低级有机酸等中间产物。反应后气液混合物经分离器分离，液相经热交换器预热进料，回收热能。高温高压的尾气首先通过再沸器（如废热锅炉）产生蒸汽或经热交换器预热锅炉进水，其冷凝水由第二分离器分离后通过循环泵再打入反应器，分离后的高压尾气送入透平机产生机械能或电能。因此，这一典型的工业化湿式氧化系统不但处理了废水，而且对能量逐级利用，减少了有效能量的损失，维持并补充湿式氧化系统本身所需的能量。

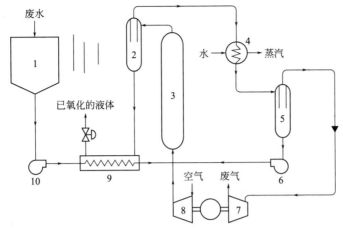

图 10-46　WAO 系统工艺流程

1—储存罐；2，5—分离器；3—反应器；4—再沸器；6—循环泵；
7—透平机；8—空压机；9—热交换器；10—高压泵

从湿式氧化工艺的经济性分析认为，该工艺适用于 COD 为 $10\sim300g/L$ 的高浓度有机废水的处理。

据资料介绍，在 $210\sim230℃$、压力 4MPa、$O_2/TOC=2.3$ 的反应条件下，湿式氧化处理 TNT 废水，其 TOC 的去除率达 $80\%\sim95\%$。Copa 和 Randall 通过对各种挥发性及其废水的湿式氧化处理后发现，湿式氧化法可处理各种废水中的污染物，并几乎不产生二次污染，是一种清洁的废水处理工艺。

清华大学用湿式氧化法处理萘系磺酸染料中间体 H-酸废液的试验结果说明如下内容。

1）温度的影响。进行了 $160℃$、$180℃$、$200℃$、$230℃$ 4 种不同温度的试验，在氧分压 2.5MPa、pH＝8 时，试验结果如图 10-47 所示。

从图 10-47 可见，温度对 COD 的去除率有很大影响。反应温度越高，COD 去除率越高，如反应时间为 120min，反应温度为 $230℃$、$200℃$、$180℃$、$160℃$ 时的 COD 去除率分别为 $91.4\%$、$77.4\%$、$65.4\%$、$54.2\%$。在较高反应温度下，反应初期 COD 去除率增加很快，但反应后期 COD 去除的速率则趋于平缓。可见，湿式氧化法处理高浓度有机废水的温度以高于 $200℃$ 为宜。

2）pH 值的影响。在 $200℃$、2.5MPa 氧分压反应条件下，分别对原水 pH＝2.5、pH＝8.0、pH＝12.0 的废水进行试验，其结果如图 10-48 所示。从图 10-48 可以看出，pH 值越低，氧化反应进行得越快，并进行得越彻底。10min、pH＝2.5 时的 H-酸废水的 COD 去除率接近 $80\%$，而另外两组（pH＝8、pH＝12）水样的去除率分别为 $18.4\%$ 和 $8\%$。

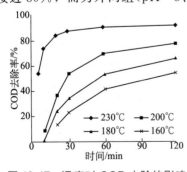

图 10-47　温度对 COD 去除的影响

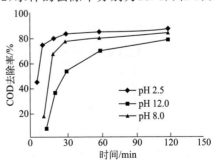

图 10-48　pH 值对 COD 去除的影响

### 10.7.1.2　湿式催化氧化法的原理与应用

（1）工艺原理

湿式催化氧化（CWAO）法在各种有毒有害和难降解的高浓度有机废水处理中非常有效，具有很高的实用价值。加入适宜的催化剂以降低反应所需的温度和压力，提高氧化分解能力，缩短时间，防止设备腐蚀和降低成本。应用催化剂加快反应速率，主要因为：其一降低了反应的活化能；其二改变了反应历程。

废水在高温高压下，在保持液相状态时通入空气，在催化剂的作用下，对焦化废水污染物进行彻底的氧化分解，使之转化为无害物质，从而使废水得到深度净化，如废水中含氮化合物的氨氮、氰化物、硫氰化物、有机氮化物等经分解后，最终生成 $N_2$、$CO_2$、$SO_4^{2-}$ 等，如：

$$NH_3 + \frac{3}{4}O_2 == \frac{3}{2}H_2O + \frac{1}{2}N_2$$

$$NH_3SCH + \frac{7}{2}O_2 == \frac{1}{2}N_2 + H_2O + H_2SO_4 + CO_2$$

废水中酚类、烃类以及一般构成 COD 的组成，经催化湿式氧化后也生成 $CO_2$ 和 $H_2O$ 等。

$$C_6H_5OH + 7O_2 == 6CO_2 + 3H_2O$$

（2）应用实例

日本大阪瓦斯公司采用非均相湿式氧化技术处理焦化废水，其中试装置为 6t/d 规模，催化剂以 $TiO_2$ 或 $ZrO_2$ 为载体，在其上附载百分之几 Fe、Co、Ni、Ru、Rh、Pd、Ir、Pt、Cu、Au 中的一种或几种活性组分制得催化剂，为避免堵塞，应使用蜂窝状。该装置连续运行 11000h 的结果表明，催化剂无失效现象。表 10-62～表 10-64 列出其运行参数与处理效果。后扩大试验规模为 60t/d。根据强化的催化剂性能测试，该催化剂可连续处理同类焦化废水或性质相同的其他废水，可连续运行 5 年再生一次。

表 10-62　应用催化湿式氧化法处理焦化废水的运行参数

| 运行条件 | 温度/℃ | 压力/MPa | 液量/（L/h） | 空气量/（m³/h） | 液空流速/（L/h） | 催化剂类型 |
|---|---|---|---|---|---|---|
| 运行参数 | 250 | 7.0 | 200 | 144 | 2.5 | 贵金属 |

表 10-63　催化湿式氧化法处理焦化废水进出水浓度与处理效率

| 项目 | pH值 | NH₃-N/（mg/L） | COD/（mg/L） | TOD/（mg/L） | 酚/（mg/L） | TN/（mg/L） | CN/（mg/L） | SS/（mg/L） | 气味 |
|---|---|---|---|---|---|---|---|---|---|
| 原水 | 10.5 | 3080 | 5870 | 17500 | 1700 | 3750 | 15 | 60 | 酚，氨味 |
| 出水 | 6.4 | 3 | 10 | 未检出 | 未检出 | 160 | 未检出 | 未检出 | 无 |
| 效率/% | | 99.9 | 99.9 | 99.8 | 99.9 | 95.7 | 99.9 | 99.9 | |

表 10-64　催化湿式氧化法处理焦化废水尾气成分与浓度

| 项目 | N₂/% | O₂/% | CO₂/% | NO_x/（mg/m³） | SO_x/（mg/m³） | NH₃/（mg/m³） | 气味 |
|---|---|---|---|---|---|---|---|
| 成分 | 83.1 | 9.9 | 7.0 | 未检出 | 未检出 | 未检出 | 无 |

根据日本焦化废水通常处理工艺流程，一般的焦化废水处理流程为：脱酚→脱氨→活性污泥→凝聚沉淀→硝化-反硝化脱氮→砂滤→活性炭过滤。流程长，占地多，操作复杂。若用催化湿式氧化，则可一段完成。若以 $1000m^3/d$ 的 $COD = 6000mg/L$、$NH_3 = 5000mg/L$ 的焦化废水为对象，要求出水 $COD = 20mg/L$，$NH_3 = 20mg/L$，则传统处理工艺与本工艺

的处理成本见表10-65。

表 10-65 处理 1t 焦化废水成本

| 工艺 | 运行费/日元 | 基建费/日元 | 合计/日元 |
|---|---|---|---|
| 传统工艺 | 2425 | 1170 | 3595 |
| 本工艺 | 1140 | 855 | 2095 |

应用本工艺每去除 1kg COD＋1kg $NH_3$-N 约耗 200 日元。

若不用催化剂，对氨几乎无去除效果，COD 的去除速度仅为有催化剂时的 1％，即使将反应时间延长 2～3 倍，水中残余 COD 将维持在 1000mg/L 以上。

（3）CWAO 法对高浓度有机工业废水的应用研究

为了考察 CWAO 技术及装置对我国高浓度工业废水的处理性能与应用状况，昆明环境工程技术研究中心、昆明理工大学等与日本大阪煤气公司原田吉明等利用从日本大阪煤气公司引进的 200L/d CWAO 小型试验装置，对我国的焦化、造纸、生物制药、石油化工、制糖、印染、香料、石化炼油、化学合成、制药、农药等 15 个行业的 10 多种高浓度工业有机废水进行处理试验与考察，试验结果见表 10-66。

表 10-66　CWAO 技术与装置对国内部分工业废水的试验结果

| 编号 | 废水类型 | 处理条件 | | 进水水质 | | | 出水水质与去除率 | | | | |
|---|---|---|---|---|---|---|---|---|---|---|---|
| | | 温度/℃ | 压力/MPa | pH 值 | COD/(mg/L) | 氨氮/(mg/L) | pH 值 | COD/(mg/L) | 去除率/% | 氨氮/(mg/L) | 去除率/% |
| 1 | 焦化废水 | 250 | 5 | 9.5 | 10664 | 1262.74 | 5.4 | 64.48 | 99.40 | ND | 100 |
| 2 | 造纸黑液 | 250 | 7 | 12.19 | 50048 | 385.66 | 7.52 | 39.44 | 99.92 | 0.5 | 99.87 |
| 3 | 生物制药废水 | 270 | 7 | 9.94 | 31280 | 2110.47 | 5.26 | 13.6 | 99.96 | ND | 100 |
| 4 | 糖厂糖蜜废水 | 270 | 7 | 5.09 | 50320 | 1063.95 | 7.81 | 64.6 | 99.87 | 0.85 | 99.92 |
| 5 | 化工乙糠酸废水 | 250 | 7 | 3.19 | 43520 | 396.51 | 4.87 | 47.6 | 99.89 | 0.26 | 99.93 |
| 6 | 植物化工烤胶废水 | 250 | 7 | 5.55 | 39440 | 3647.42 | 7.07 | 68.0 | 99.89 | 0.60 | 99.98 |
| 7 | 合成香料厂废水 | 270 | 9 | 7.0 | 20680 | 1.68 | 7.6 | 100.8 | 99.5 | ND | 100 |
| 8 | 印染厂硫化染料废水 | 270 | 9 | 12.6 | 17516.5 | 4.9 | 1.2 | 87.58 | 99.5 | ND | 100 |
| 9 | 石油化工炼油废水 | 270 | 9 | 14.0 | 39600 | 5.6 | 8.9 | 238.57 | 99.4 | ND | 100 |
| 10 | 化学合成制药废水 | 270 | 9 | 12.3 | 22668.9 | 1.96 | 8.02 | 462.9 | 98.0 | ND | 100 |
| 11 | 农药扑草净废水 | 250 | 7 | 13.17 | 20128 | 64.92 | 1.52 | 1727.2 | 91.42 | 8.28 | 87.25 |
| 12 | 农药扑灭净废水 | 250 | 7 | 11.69 | 4488 | 39.24 | 2.66 | 462.4 | 89.70 | 2.47 | 93.71 |
| 13 | 试验用模拟废水 | 250 | 7 | 9.43 | 10737 | 3757.6 | 3.48 | 4.77 | 99.96 | ND | 100 |

注：ND：未检出。

试验结果表明：该技术及装置对我国高浓度有机废水处理具有良好的适应性。各种废水经一次处理后，COD、$NH_3$-N 的去除率基本上达到 99％以上，脱色、脱臭效果显著。

中国科学院大连化学物理研究所与鞍山焦化耐火材料设计研究院曾对大连化学工业公司化肥厂含 COD 6305mg/L、$NH_3$-N 3375mg/L 的高浓度焦化废水，采用 CWAO 法在 280℃、8MPa 条件下，经一次通过处理其 COD 降至 32mg/L，$NH_3$-N 降至 5mg/L，大大低于国家外排标准。废水中的酚、氰均有很好的降解能力，且能脱色、脱臭，达到回用要求。

对难降解的 Bap 的降解能力达 97.2%，具有很高的净化效率。对古马隆废水、印染厂漂洗废水、染料厂废水的 COD 的去除率分别达到 99.2%、95.0% 和 97.4%，取得显著的效果。

## 10.7.2 超临界水氧化法

超临界水氧化（supercritical water oxidation，SCWO）技术是20世纪80年代中期由美国学者 Modell 提出的一种能够彻底破坏有机物结构的新型氧化技术。所谓超临界水是指在温度和压力分别超过临界状态温度 374℃ 和临界压力 22MPa 时水处于超临界状态。如今，欧、美、日等发达国家，SWCO 技术得到了很大的进展，出现很多中试工厂和商业性 SCWO 装置。1985 年，美国的 Moder 公司建立第一个超临界水氧化中试装置，该装置处理能力为每天 950L 含 10% 有机废水和含多氯联苯的废变压器油，各种有害物质的去除率均大于 99.99%。1995 年，美国能源部、国防部和财政部召开第一次超临界水氧化会议，讨论用 SCWO 技术处理政府控制污染物。美国国家关键技术所列的六大领域之一“能源与环境”中还着重指出，最有前途的处理技术是超临界水氧化技术。同年，在美国 Austin 建成一座商业性的 SCWO 装置，处理几种长链有机物和氨，处理后的有机碳浓度低于 $5 \times 10^{-6}$，氨的浓度低于 $1 \times 10^{-6}$，其去除率达 99.9999%。日本已建成一座中试工厂。德国拜耳公司等已建成处理能力为 5～50t/d 医药化工等有机废物的工厂。

目前，应用 SCWO 技术处理工业废弃物的研究受到各方面的关注，美国德克萨斯州已建成 SCWO 处理废水的工业装置已投入运行。我国尚未见有关报道。

（1）超临界流体与超临界水的特性

所谓超临界，是指物质的一种特殊流体状态。当把处于气液平衡的物质升温、升压时，热膨胀引起液体密度减少，而压力的升高又使气液两相的相界面消失，成为均相系统，这一点就是临界点。当物质的温度、压力分别高于临界温度和临界压力时就处于超临界状态。超临界流体具有类似气体的良好流动性，同时又有远大于气体的密度，因此具有许多独特的理化特性。

在通常条件下，水始终以蒸汽、液态水和冰 3 种常见状态之一存在，且是极性溶剂，可以溶解包括盐类在内的大多数电解质，对气体和大多数有机物则微溶或不溶，水的密度几乎不随压力而改变。但是如果将水的温度和压力升高到临界点（温度为 374.3℃、压力为 22.05MPa）以上时，则会处于既不同于气态，也不同于液态和固态的新的流体——超临界态，该状态的水称之为超临界水。在超临界条件下，水的性质发生了极大的变化，其密度、介电常数、黏度、扩散系数、电导率和溶剂化性能都不同于普通水。在超临界状态下的水既具有气态水的性质，又具有液态水的性质。

超临界水具有特殊的溶解性，易改变的密度，较低的黏度，较低的表面张力和较高的扩散性。超临界水的密度、介电常数、黏度、电导率、离子积以及各种物质在其中的溶解度等值可以通过改变温度和压力而连续地改变。利用这个性质，可以通过控制超临界水的温度和压力来操纵反应环境、协调反应速率、化学平衡、催化剂选择和活性等。各种物质在超临界流体中的溶解度对温度和压力的依赖性可以使操作过程中的反应和分离合二为一。超临界水能与非极性物质完全互溶，也能够与空气、$O_2$、$CO_2$、$N_2$ 等完全互溶，但无机物特别是无机盐类在超临界水中的溶解度很低。表 10-67 列出了超临界水与普通水的溶解度对比情况。

表 10-67　超临界水与普通水溶解度对比

| 溶质 | 普通水 | 超临界水 |
| --- | --- | --- |
| 无机物 | 大部分易溶 | 不溶或微溶 |

续表

| 溶质 | 普通水 | 超临界水 |
|---|---|---|
| 有机物 | 大部分微溶或不溶 | 易溶 |
| 气体 | 大部分微溶或不溶 | 易溶 |

超临界水氧化处理有机废水、废物具有很多优点：a. 用超临界水氧化处理有机废物，使本来发生在液相或固相有机废物和气相氧化之间的多相反应转化为在超临界水中的单相氧化反应；b. 在超临界水中溶解度很低的盐类和无机物使得反应过程中的分离步骤变得容易；c. 有机组分在适当温度、压力和一定的时间内，能被完全氧化为 $CO_2$、$H_2O$、$N_2$，有机物去除率一般在 99% 以上。因此，超临界水氧化技术是在不产生有害副产物的情况下，彻底有效地降解有毒有害有机废物的一种新方法。

（2）超临界水氧化技术的工艺与技术特点

由于超临界水具有溶解非极性有机化合物（包括多氯联苯等）的能力。在足够高的压力下，它与有机物和氧或空气完全互溶，因此，这些化合物可以在超临界水中均相氧化，并通过降低压力或冷却选择性地从溶液中分离产物。

超临界水氧化处理废水的工艺最早是由 Modell 提出的，其流程如图 10-49 所示。过程简述如下：首先，用污水泵将废水压入反应器，在此与一般循环反应物直接混合而加热，提高温度。其次，用压缩机将空气增压，通过循环用喷射器把上述的循环反应物一并带入反应器。有害有机物与氧在超临界水相中迅速反应，使有机物完全氧化，氧化释放出的热量足以将反应器内的所有物料加热至超临界状态，在均相条件下，使有机物和氧进行反应。离开反应器的物料进入旋风分离器，在此将反应中生成的无机盐等固体物料从流体相中沉淀析出。离开旋风分离器的物料一分为二，一部分循环进入反应器，另一部分作为高温高压流体先通过蒸汽发生

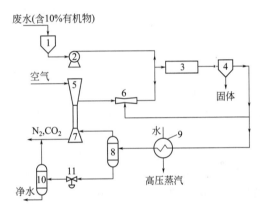

图 10-49 超临界水氧化处理废水流程
1—废水槽；2—污水泵；3—氧化反应器；4—固体分离器；
5—空气压缩机；6—循环用喷射器；7—膨胀透平机；
8—高压气液分离器；9—蒸汽发生器；
10—低压气液分离器；11—减压阀

器，产生高压蒸汽，再通过高压气液分离器，在此 $N_2$ 与大部分 $CO_2$ 以气体物料离开分离器，进入透平机，为空气压缩机提供动力。液体物料（主要是水和溶在水中的 $CO_2$）经排出阀减压，进入低压气液分离器，分出的气体（主要是 $CO_2$）进行排放，液体则为洁净水，从而作为补充水进入水槽。

反应转化率 $R$ 定义为：已转化的有机物与进料中有机物之比。$R$ 的大小取决于反应温度和反应时间。Modell 的研究结果表明，若反应温度为 550～600℃，反应时间为 5s，$R$ 可达 99.99%。延长转化时间可降低反应温度，但增加反应器容积，增加设备投资。为获得 550～600℃ 的高反应温度，废水的热值应有 4000kJ/kg，相当于含 10% 苯的水溶液。对于有机物浓度更高的废水，则要在进料中添加补充水。

超临界水氧化技术的特点如下。

① 效率高，处理彻底，有机物在适当的温度、压力和一定的停留时间下，能完全被氧化成二氧化碳、水、氮气以及盐类等无毒的小分子化合物，有毒物质的去除率达 99.99% 以

上，符合全封闭处理要求。

② 由于 SCWO 是在高温高压下进行的均相反应，反应速率快，停留时间短（可小于 1min），所以反应器结构简洁，体积小。

③ 适用范围广，可以适用于各种有毒物质、废水、废物的处理。

④ 不形成二次污染，产物清洁，不需要进一步处理，且无机盐可从水中分离出来，处理后的废水可完全回收利用。

⑤ 当有机物含量超过 2% 时，就可以依靠反应过程中的自身氧化放热来维持反应所需的温度，不需要额外供给热量，如果浓度更高，则放出更多的氧化热，这部分热能可以回收。

尽管超临界水氧化法具备了很多优点，但其高温高压的操作条件无疑对设备材质提出了严格的要求。另一方面，虽然已经在超临界水的性质和物质在其中的溶解度及超临界水化学反应的动力学和机理方面进行了一些研究，但是这些与开发、设计和控制超临界水氧化过程必需的知识和数据相比，还远不能满足要求。

在实际进行工程设计时，除了考虑体系的反应动力学特性以外，还必须注意一些工程方面的因素，例如腐蚀、盐的沉淀、催化剂的使用、热量传递等。

由于超临界氧化技术具有高效、快速去除废水中有机物的能力，尤其是对芳香族类有机物彻底的氧化分解，为含有大量这类有机污染物的焦化废水的高效处理提供了新的方法，且由于处理后的水质好，可回用于厂内其他生产或循环水工艺环节。随着对超临界氧化技术研究的深入，采用该技术处理焦化废水和其他含有高浓度难生物降解的工业废水的应用将取得突破性的进展。

虽然超临界水氧化技术仍存在着一些有待解决的问题，但由于它本身所具有的突出优势，在处理有害废物方面越来越受到重视，是一项有着广阔发展和应用前景的新型废水处理技术。

（3）超临界水氧化法处理有机化合物的应用

① 多氯联苯等有机物的处理　超临界水氧化法可用于各种有毒有害废水、废物的处理，对于大多数难降解有机物均能有很高的去除率。Modell 等用连续流动系统研究了一种有机碳含量在 27000～33000mg/L 之间的有机废水的超临界水氧化。废水中含有 1,1,1-三氯乙烷、六氯环己烷、甲基乙基酮、苯、邻二甲苯、2,2-二硝基甲苯、DDT、PCB1234、PCB1254 等有毒有害污染物。结果发现在温度高于 550℃ 时，有机碳的破坏率超过 99.97%，并且所有有机物都转化为二氧化碳和无机物。

Swallow 等在 600～630℃、25.6MPa 的条件下，用一个连续流反应器研究氯代二苯并-$p$-二噁英及其前驱物的超临界水氧化，废水中含有 0.4～3mg/L 的四氯代二苯并-$p$-二噁英（TCDBD）和八氯二代苯并-$p$-二噁英（OCDBD）以及 1～50g/L 的几种可能的前驱分子（如氯代苯、酚和苯甲醚），结果 99.9% 的 OCDBD、TCDBD 被破坏。表 10-68 总结了酚以外的有机物的超临界水氧化处理结果。

表 10-68　部分有机物的超临界水氧化结果

| 化合物 | 温度/℃ | 压力/MPa | 氧化剂 | 反应时间/min | 去除率/% |
|---|---|---|---|---|---|
| 2-硝基苯 | 515 | 44.8 | $O_2$ | 10 | 90 |
| | 530 | 43 | $O_3 + H_2O_2$ | 15 | 99 |
| 2,4-二甲基砜 | 580 | 44.8 | $O_2 + H_2O_2$ | 10 | 99 |
| 2,4-二硝基甲苯 | 460 | 31.1 | $O_2$ | 10 | 98 |
| | 528 | 29.0 | $O_2$ | 3 | 99 |

| 化合物 | 温度/℃ | 压力/MPa | 氧化剂 | 反应时间/min | 去除率/% |
|---|---|---|---|---|---|
| TCDBE[①] | 600~630 | 25.6 | $O_2$ | 0.1 | 99.99 |
| 2,3,7,8-TCDBD[②] | 600~630 | 25.6 | $O_2$ | 0.1 | 99.99 |
| OCDBF[③] | 600~630 | 25.6 | $O_2$ | 0.1 | 99.99 |
| OCDBD[④] | 600~630 | 25.6 | $O_2$ | 0.1 | 99.99 |
| DNT | 500 | 27.6 | $O_2$ | 4.20 | 99.3 |
| 2-氯苯酚 | 380 | 27.6 | $O_2$ | 67.5 | 99.7 |
| 葡萄糖 | 600 | 24.8 | $O_2$ | 6 | 99.99 |
| 乙酸 | 490 | 24.6 | $O_2$ | 20 | 99.4 |
| 对苯二酚 | 430 | 30 | $O_2$ | 77 | 99.4 |

① 四氯二苯并呋喃。
② 2,3,7,8-四氯二苯并-$p$-二噁英。
③ 八氯二苯并呋喃。
④ 八氯二苯并-$p$-二噁英。

② 废水与污泥的处理　Shanableh 等研究了废水处理厂的污泥在接近超临界和超临界条件下(300~400℃)的分解情况。该污泥总固体含量(TS)为 5%，液固两相总的 COD 为 46500mg/L。污泥先被匀浆，然后用高压泵输送到超临界水氧化系统。在 300~400℃ 时，COD 去除率随反应时间显著增大，在 20min 内，去除率从 300℃ 的 84% 增大到 425℃ 的 99.8%，在温度达到超临界水氧化条件时，有机物被完全破坏，不仅 COD 被破坏，而且中间转化产物也被完全破坏。

利用超临界水氧化处理多氯联苯 PCB(1600mg/L)和一些 EPA 优先控制的变压器绝缘油，也取得令人满意的结果，可获得 99.99% 的去除率。

## 10.7.3　光化学氧化法

光氧化的实质是利用光照强化氧化剂的氧化作用。例如氯氧化剂投入水中后产生次氯酸，在无光照条件下它游离成次氯酸根，但在紫外光照条件下，次氯酸分解产生初生态氧 [O]，这种初生态的氧极不稳定，具有极强烈的氧化能力，反应式为：

$$Cl_2 + H_2O \Longrightarrow HOCl + HCl$$

$$HOCl \xrightarrow{\text{光}} HCl + [O]$$

$$[O] + [H \cdot C] \xrightarrow{\text{光}} H_2O + CO_2$$

式中，[H·C] 代表含烃类化合物。实践证明，有光照的氯气的氧化能力比无光照高 10 倍以上，且处理过程一般不产生沉淀，不仅可处理有机物，也可处理能氧化的无机物。

光氧化法采用的氧化剂有氯、次氯酸盐、过氧化氢、空气和臭氧等。光源多用紫外光，针对不同污染物可选用不同波长的紫外线灯管，以便更充分地发挥光氧化的作用。

采用光氧化法进行废水三级处理，COD、BOD 可处理到接近于零；对含表面活性剂的废水也有很好的处理效果；对去除色度、消毒除臭等有特效。

(1) 光化学氧化原理

所谓光化学反应，就是在光的作用下进行化学反应，该反应中分子吸收光能，被激发到高能态，然后和电子激发态分子进行化学反应。光化学反应的活化能来源于光子的能量。在自然环境中有一部分近紫外光(290～400nm)极易被有机污染物吸收,在有活性物质存在时就发生强烈的光化学反应,使有机物发生分解。天然水体中,特别是废水中存在着大量的活性物质如氧气、亲和剂 $OH^-$ 以及有机还原物质等。

光降解通常是有机物在光作用下逐步氧化成无机物,最终生成 $CO_2$、$H_2O$ 及其他离子,如 $NO_3^-$、$PO_4^{3-}$、卤素等。有机物光降解可分为直接光降解和间接光降解,间接光降解对生物难降解有机物更为重要。

光化学反应,一般是通过产生羟基自由基·OH 来对有机污染物进行降解去除的。由于羟基自由基比一些常用的强氧化剂具有更高的氧化电极电位,具有很高的电负性或亲电性。光化学降解多采用臭氧和过氧化氢等作为氧化剂,在紫外光的照射下使污染物氧化降解。

(2)光化学氧化系统与应用

① UV/$O_3$  UV/$O_3$ 系统是将臭氧与紫外光辐射相结合的一种高级氧化过程。这一方法不是利用臭氧直接与有机物反应,而是利用臭氧在紫外光的照射下分解产生的活泼的次生氧化剂来氧化有机物。臭氧能氧化废水中的许多有机物,但臭氧与有机物的反应是选择性的,而且不能将有机物彻底分解为 $CO_2$ 和 $H_2O$,臭氧氧化后的产物往往是羟酸类有机物,可提高有机物的可生化性。

UV/$O_3$ 系统的降解效率比单独使用 $O_3$ 或 UV 要高得多。单独的 $O_3$ 对废水中有机物的降解主要是通过有机物的直接氧化进行的,或者通过 $O_3$ 间接进行氧化及随后产生的·OH 对有机物的降解。通过加紫外光辐射可以促进·OH 的生产,可达到使有机物完全降解的目的。

目前已有关于 UV/$O_3$ 处理有机废水等的资料,见表10-69。

表10-69  UV/$O_3$过程处理废水的试验条件和结果

| 废物 | 光源 | 反应器/L | $O_3$/(mg/L) | T/℃ | pH值 | 有机物浓度 | t/min | TOC去除率/% |
|---|---|---|---|---|---|---|---|---|
| 腐殖酸 | 低压汞灯 | 3.8 | | 20 | 7 | | 20 | 87 |
| 对硝基甲苯-2-磺酸 | 50WEP | | 10 | 40 | 8 | 410mg/L | 180 | ≥76 |
| 邻硝基甲苯 | 低压汞灯 | 3 | 10 | 40 | 8 | 216mg/L | 90 | ≥42 |
| 甲酸 | | | 11.5 | 40 | 8 | 210mg/L | 60 | |
| 苯酚 | 低压汞灯120W | 10 | 15 | 20 | 6.7 | 160mmol/L | 180 | ≥95 |
| 甲醛 | 低压汞灯 | 10 | 15 | 20 | 6.7 | 160mmol/L | 60 | 97 |
| 杀虫剂 | 低压汞灯 | 2.7 | | | | | 120 | ≥90 |

② UV/$H_2O_2$ 氧化法

1)原理。UV/$H_2O_2$ 技术的原理是紫外线的质子能快速地使 $H_2O_2$ 分解成两个羟基自由基,高活性的羟基自由基能与有机物发生氧化反应,使有机物降解。影响 UV/$H_2O_2$ 氧化反应的主要因素有有机物初始浓度、$H_2O_2$ 用量、紫外光波长与强度、溶液 pH 值、反应温度与时间等,光强度与反应速率成正比。

$H_2O_2$ 在 UV 光照下迅速生成·OH,·OH 与有机物迅速反应导致有机物的氧化分解:

$$H_2O_2 + hv \longrightarrow 2 \cdot OH$$
$$\cdot OH + RH \longrightarrow R + H_2O$$

2)应用。$H_2O_2$/UV 氧化法的优点是:经济可行,运行费用比单独使用 $H_2O_2$ 或 $O_3$ 都要少,而且具有较好的热稳定性和较高的溶解度。其缺点是:在有碳酸盐存在时,·OH 与它们反应生成氧化性较弱的碳酸盐自由基,阻碍了反应的进行。

$H_2O_2$ 是高级氧化技术中常用的氧化剂,可以将水中的有机或无机毒性污染物氧化成无毒或较易为微生物分解的化合物。但是对于水中极微量的有机物以及高浓度难降解的污染物(如高氯代芳香烃),仅使用过氧化氢的氧化效果不十分理想。本身对有机物的降解几乎没有作用的紫外光与 $H_2O_2$ 联用后,却产生令人意想不到的效果。1975 年,Koubek 首先研究 $UV/H_2O_2$ 技术使难分解的船舶有机废水中的三氯甲烷、三氯乙烯、二氯甲烷、苯、氯苯、氯酚等在 50min 内降解达 99%,并且具有杀菌消毒作用,1977 年获得美国专利权。此后,人们一直致力于此方面的研究。Sunsterom 等研究 $UV/H_2O_2$ 技术处理炸药废水发现:254nm 波长下的 $UV/H_2O_2$ 技术可降低 TOC 达 90%,明显优于 375nm 波长下的 $UV/H_2O_2$ 技术对 TNT 的去除率。刘玉林等比较了 $H_2O_2$ 氧化法和 $UV/H_2O_2$ 催化法处理水体中的 $NO_2^-$ 和 $NH_4^+$,结果表明,$NO_2^-$ 能被 $H_2O_2$ 有效地氧化,而 $NH_4^+$ 几乎不被 $H_2O_2$ 氧化,但是在 UV 的作用下,$NO_2^-$ 氧化率显著提高,$NH_4^+$ 氧化率有一定的提高。王海涛等用 $UV/H_2O_2$ 技术降解 2,4-二氯苯酚效果良好,75min 目标污染物的去除率达到 98%,同时发现酸性条件更有利于污染物的降解。

$UV/H_2O_2$ 技术对有机污染物浓度的适用范围很宽,从处理效果与成本来看,不太适合直接处理高浓度的工业有机废水,但作为生物处理的前置处理方法则非常有效。$UV/H_2O_2$ 化学氧化工艺开始主要应用于自来水处理、工业给水等方面有机污染物的废水处理。近年来,其应用已扩展到工业废水、地下水、垃圾渗滤液和焦化废水等领域。

此外,用 $H_2O_2$ 比 $O_3$ 更为经济方便,由于 $O_3$ 是一种微溶且不稳定的气体,需要现场制备和储存,这需增加设备,给操作带来不便。而 $H_2O_2$ 在水中可全溶,不需特制设备和储存。

(3) $TiO_2$ 光催化氧化法

① $UV/TiO_2$ 技术原理 $UV/H_2O_2$ 技术的原理是指半导体材料吸收外界辐射光能激发产生导带电子($e^-$)和价带空穴($h^+$),从而在半导体表面产生具有高度活性的空穴/电子对,进而与吸附在催化剂表面上的物质发生化学反应的过程。卤代烃、有机酸类、染料、苯的衍生物、烃类、酚类、表面活性剂、农药等难降解有机物都能被二氧化钛光催化降解,生成无机小分子,消除其对环境的影响。光催化还能解决汞、铬、铅等金属离子的污染问题和无机氰氧化物。

目前,悬浮体系光催化氧化已经取得了一定的效果,但是 $TiO_2$ 粉末极小,回收困难并且容易造成浪费,使该项技术的实际应用受到了限制。催化剂的固定化技术是解决这一问题的有效途径。目前,国内外应用的载体有硅胶、活性氧化铝、空心微珠、玻璃纤维网、玻璃板、天然沸石等。固定方法一般有基于溶胶-凝胶的涂层方法、粉体料浆法、电化学沉积法、化学气相沉积法、物理气相沉积法、喷雾热分解法。但是固定化催化剂的光催化效率一般,没有悬浮体系光催化效率高,提高二氧化钛催化剂的光催化活性和效率一直是人们不断追求的目标。催化剂的表面修饰是一个非常重要的方面,它的主要作用是捕获光生电荷,促进电荷分离,从而提高光催化效率;扩展波长的吸收范围,提高可见光的利用率;改变催化剂的选择性和特殊产物的产率;还有提高光催化剂的稳定性。目前研究较多的是二氧化钛的表面修饰,常见的方法有贵金属沉积、金属离子的掺杂、制备复合半导体催化剂、表面的光敏化,另外还有表面整合和衍生。光催化氧化近年来取得了很大的发展,由于光催化氧化技术设备结构简单,反应条件温和,操作条件容易控制,氧化能力强,无二次污染,加之二氧化钛化学稳定性高,无毒价廉,故二氧化钛光催化氧化技术是一项具有广泛应用前景的新型水处理技术。但是目前光催化活性不够高,处理对象一般是实验室模拟的单一废水,离实际的大规模的废水处理,特别是以利用太阳能激发为主的光催化处理还有一段距离。因此,研究新型高效光催化及大型光催化反应器的设计是今后光催化研究的一个主要方向。

② 焦化废水中的应用　光催化氧化法对水中的酚类物质及其他有机物都有较高的去除率。据资料介绍，在焦化废水中加入催化剂粉末，在紫外光照射下鼓入空气，能将焦化废水中的所有有机毒物和颜色有效去除。在最佳光催化条件下，控制废水流量为 3600mL/h，就可以使出水 COD 值由 472mg/L 降至 100mg/L 以下，且检测不出多环芳烃。樊红梅报道了用光催化氧化法处理焦化废水，并研究了催化剂、pH 值、温度和时间对处理效果的影响，研究发现，加入催化剂后，经过紫外光照射 1h，可将废水中所有的有机毒物和颜色全部除去。

## 10.7.4　微波与超声波技术

### 10.7.4.1　微波诱导催化氧化法

湿式催化氧化有一个较大的缺点是处理条件苛刻，需要在 $180 \sim 315℃$、$2 \sim 25MPa$ 的压力下进行反应，同时需要以贵金属为催化剂，因此限制了其在不发达国家及小型企业的使用。将微波和湿式催化氧化技术结合起来，并做出改进以期利用微波来解决湿式催化氧化技术中的缺点，这种技术就是微波诱导催化氧化，又称之为微波辅助湿式催化催化氧化。顾名思义，微波辅助湿式催化氧化技术需要有氧源和催化剂的存在，目前应用在微波水处理方面的催化剂有 Ni、Cu、Zr、Ti 等的金属氧化物等。上述催化剂一般都以活性炭为载体，同时，活性炭本身就是一种水处理催化剂，因此，采用活性炭为催化剂（或活性炭负载催化剂）来进行微波诱导催化氧化和微波辅助湿式催化氧化是过去几年微波水处理的一个“热点”。

有专家对微波湿式氧化从设备、机理等方面进行了深入的研究，并用微波辅助湿式催化氧化技术处理了 H-酸（1-氨基-8-萘酚-3，6-苯磺酸）。在最佳条件下，3000mg/L 的模拟溶液的 H-酸和总有机碳在 20min 和 60min 的处理时间里的去除率分别达到 92.6％ 和 84.2％。同时指出，在活性炭作为催化剂、空气作为氧源的体系中，H-酸最终分解为硝酸盐。而苯磺酸最终分解为硫酸盐，使有机物彻底矿化。同时使体系的可生化性由 0.008 提高到 0.467，大大改善了后续生化处理的处理条件。

华中科技大学环科所采用微波诱导催化技术对焦化废水进行如下脱氮试验的研究。

（1）试验用水与方法

本试验所用水样来自武汉钢铁集团公司焦化公司。目前焦化公司的废水采用强化活性污泥法，该生化系统处理的外排水 $NH_3$-N 浓度为 331mg/L；焦化公司的蒸氨废水原水 pH 值为 9，$NH_3$-N 浓度为 1350mg/L。

取 100mL 废水于 500mL 烧杯中，用硫酸和氢氧化钠溶液调节废水的 pH 值。取一定量的 $MnO_2$ 放于烧杯中，搅拌 1min。用微波辐照后冷却至室温，补加蒸馏水至 100mL。采用纳氏试剂光度法测定氨氮浓度。

（2）试验结果与研讨

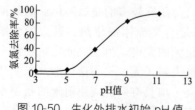

图 10-50　生化外排水初始 pH 值与 $NH_3$-N 去除率的关系

① pH 值对生化外排水微波脱氮效果的影响　以武钢焦化公司废水处理厂氨氮浓度为 331mg/L 的生化外排水为处理对象。加入 $MnO_2$ 50g，微波 700W 处理 3min，考察 pH 值对氨氮处理效果的影响。结果如图 10-50 所示。

结果表明，随着初始 pH 值的升高，$NH_3$-N 去除率迅速上升；当初始 pH 值达到 11 时，$NH_3$-N 去除率达到 98% 以上。可见 pH 值是影响脱氮效果的重要因素。微波辐射的结果表明，当 pH=11 时，水中氨氮值从初始的 331mg/L 降至 6mg/L。废水中 $NO_2^-$ 和 $NO_3^-$ 的浓度检测结果证明，微波处理前后水中 $NO_2^-$ 和 $NO_3^-$ 的浓度基本没有变化，由此推知微波作用的机理主要是通过微波的热效应将氨氮挥发出去。微波加热具有快速的特点，在 $MnO_2$ 存在的情况下微波可以在很短时间内将废水加热到较高温度，因此微波脱氮可以在达到快速脱氮的效果。

② 微波对含高浓度氨氮的蒸氨废水的脱氮效果　焦化公司的高浓度蒸氨废水成分复杂，氨氮浓度高。目前一般采用蒸氨工艺，调节原水的 pH 值为 11，蒸出的氨循环使用，运行成本很高，且出水氨氮仍达 400mg/L 左右，该废水直接进入生化系统，是生化系统中高浓度氨氮的主要来源。试验采用微波技术对高浓度蒸氨废水进行处理，并研究了处理的工艺条件。

1）微波作用时间对蒸氨废水脱氮效果的影响。取浓度为 1350mg/L 的蒸氨废水，调节 pH 值为 11，加入 $MnO_2$ 50g，微波 700W 分别辐照 3min、4min、5min、6min、7min、8min。结果如图 10-51 所示。

可见，随着微波辐射时间的延长，$NH_3$-N 去除率不断上升，当微波时间达到 5min 时，$NH_3$-N 去除率达到 96%，废水中的氨氮浓度降低到 54mg/L。继续延长微波辐射时间，处理效果略有提高，但变化不明显。考虑经济因素，选定 5min 为最佳处理时间。

2）微波功率对蒸氨废水脱氨效果的影响。微波功率对微波产生热效应的效果有较大影响。取高浓度蒸氨废水，调节 pH 值为 11，加入 $MnO_2$ 50g，微波处理 5min，微波功率分别为 140W、280W、420W、560W、700W。结果如图 10-52 所示。

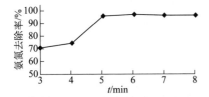

图 10-51　微波作用时间与 $NH_3$-N 去除率的关系

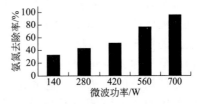

图 10-52　微波功率与 $NH_3$-N 去除率的关系

从图 10-52 可见，随着微波辐射功率的增大，$NH_3$-N 去除率不断上升，当微波功率增大到 700W 时，$NH_3$-N 去除率可达 96% 以上。

3）初始浓度对蒸氨废水脱氮效果的影响。取高浓度蒸氨废水，调节 138mg/L、470mg/L、705mg/L、1350mg/L 四个初始浓度，调节水样的 pH 值均为 11，100mL 废水加入 $MnO_2$ 50g，微波 560W 处理 5min。结果见表 10-70。

**表 10-70**　蒸氨废水 $NH_3$-N 初始浓度对脱氮的影响

| 初始浓度/(mg/L) | 138 | 470 | 705 | 1350 |
| --- | --- | --- | --- | --- |
| 去除浓度/(mg/L) | 112 | 377 | 553 | 1039 |
| 去除率/% | 81.2 | 80.2 | 78.4 | 77.0 |

由表 10-70 可见，随着初始浓度的增加，氨氮去除率略有下降，但变化不显著。实际去除量随浓度的增加而上升。

（3）处理成本与结论

对于高浓度含氨氮废水来说，蒸氨法是目前最行之有效的方法。据武钢焦化公司介绍，蒸氨塔处理废水前需采用生石灰将废水 pH 调为 11，蒸氨塔每处理 $1m^3$ 废水消耗蒸汽 0.5t，除去调节 pH 值消耗生石灰的费用，蒸氨法处理废水的成本约为 30 元/t。采用微波处理蒸氨废水工艺中，由于微波吸收剂二氧化锰可以重复利用，调节 pH 值时与现有的蒸氨工艺相同，采用价廉的生石灰，则消耗的主要是电能。根据实验室小试研究估算，微波炉 5min 处理一次，每次可处理的水量约为 4L，处理费相比而言，与现有的蒸氨工艺相同。通过上述试验可得如下结论。

1）采用微波技术处理焦化废水，对于氨氮浓度为 330mg/L 左右的焦化生化处理外排水和氨氮浓度为 1350mg/L 的焦化蒸氨废水的脱氨效率均达到 96% 以上。

2）pH 值对 $NH_3$-N 的去除效果有很大影响，pH 值越高，脱氮效果越好；随着微波时间的延长，去除率不断上升；随着微波功率的增大，脱氮效果越好；随着初始浓度的增加，氨氮的去除率略有下降，但去除量不断上升。

3）微波脱氮的机理是通过微波的热效应将废水中的氨氮迅速以氨的形态蒸发去除，不会产生 $NO_2^-$ 和 $NO_3^-$ 等污染物。微波热效应脱氮蒸发出的氨可以回收综合利用，目前武钢的蒸氨塔蒸出的氨通过回收成硫酸铵，作为肥料使用，实现一定的经济效益。

4）微波技术在废水的脱氮处理方面显示出良好的应用前景，具有处理时间短、去除率高、设备简单、可控制性好、适用浓度范围广、操作方便等优点，为含氨氮废水的处理提供了一种新的技术思路。

### 10.7.4.2 超声波处理技术

超声波（US）是指频率为 20～1000kHz 的弹性波。超声降解水体中的有机物是一物理化学降解过程，其主要源于超声空化效应及由此引发的物理和化学变化。超声波传播过程也就是波的膨胀和压缩的交替过程，在膨胀周期内，超声波对液体产生负压效应，施加于液体的负压使液体断裂而产生空穴，形成空化核，即在液体中生成充满气体的气泡，这种现象被称为空化现象。空化出来的气泡停留时间很短，几乎是刚刚生成便立刻受到来自相邻压缩区的压力，造成这些气泡在极短时间内迅速崩溃消失，并在其周围的极小空间范围内产生局部高温和局部高压，伴随出现强烈的冲击波。这些极端环境足以将泡内气体和液体交界的介质加热产生强氧化性的自由基，如 $\cdot O$、$\cdot OH$、$\cdot O_2H$ 等，从而促进有机物的水相燃烧反应。

有专家报道了将超声空化效应应用于降解焦化废水中有机物的方法，考察了饱和气体的存在与否、有机物（$COD_{Cr}$）的初始浓度、超声波的声能密度、废水的初始 pH 值以及废水的温度对超声空化效应降解废水中有机物效果的影响。通过测定自由基清除剂对有机物超声降解过程的影响，提出了废水中有机物超声降解的作用机理可能是由超声空化效应在水中产生的—OH 自由基使水中的有机物被氧化的过程，有机物的超声降解过程表观为一级反应动力学规律。

徐彬、宁平等对昆明焦化厂焦化废水采用超声波处理，取得非常满意的效果。该测定方法采用静态顶空-GC/MS 色质联机分析，该测定方法具有对样品中易挥发部分有机物如苯、酚类等不易造成损失，可排除杂质干扰，具有分辨率高与测定结果较准确的特点。处理前共测出 36 种有机物；处理后仅检出 10 种有机物，峰值面积从 42648716.89 降低至 1133208.47，去除率达 97%，焦化废水中有机物如苯系物、茚、萘、甲醛奈、二苯呋喃等处理后均未检出。见表 10-71。

表 10-71 超声波处理前后焦化废水组成变化

| 名称 | Apex RT | 处理前面积 | 处理后面积 | 去除率/% |
|---|---|---|---|---|
| 甲苯 | 4.53 | 1238216 | 0 | 100 |
| 二甲苯 | 7.18 | 417673.4 | 0 | 100 |
| 苯乙烯 | 7.82 | 248660.5 | 0 | 100 |
| 三甲苯 | 10.22 | 65686.1 | 0 | 100 |
| 苯酚 | 10.44 | 1340350 | 225572.9 | 83 |
| 氯一茚 | 12.54 | 1305865 | 0 | 100 |
| 甲苯酚 | 12.74 | 398571.9 | 100293.8 | 75 |
| 对甲基苯酚 | 13.42 | 729180.6 | 154038.7 | 79 |
| 甲基茚 | 15.8 | 29631.35 | | 15.37 |
| 二甲基苯酚 | 16.28 | 36826.51 | 0 | 100 |
| 萘 | 16.85 | 9992905 | 0 | 100 |
| 苯并噻吩 | 17.07 | 116121.5 | 0 | 100 |
| 喹啉 | 18.38 | 160074.9 | 44878.48 | 72 |
| 吲哚 | 19.86 | 209716.5 | 0 | 100 |
| 1-甲基萘 | 20 | 7670561 | 0 | 100 |
| 2-甲基萘 | 20.3 | 3925775 | 0 | 100 |
| 联苯 | 21.38 | 1903900 | 0 | 100 |
| 乙基萘 | 21.75 | 1752388 | 0 | 100 |
| 二甲基萘 | 21.89 | 2252554 | 0 | 96 |
| 二苯甲基烷 | 22.02 | 49249.5 | 198773.6 | 100 |
| 1,4-二甲基萘 | 22.13 | 562682.9 | 52191.37 | 100 |
| 1,8-二甲基萘 | 22.29 | 249587.7 | 0 | 20 |
| 苊 | 22.6 | 4166828 | 0 | 99 |
| 甲基联萘 | 22.69 | 293031.2 | 0 | 100 |
| 三甲基萘 | 22.79 | 178299 | 0 | 100 |
| 丙烯基萘 | 22.85 | 147146.6 | 0 | 100 |
| 二苯呋喃 | 22.92 | 1359936 | 32658.4 | 96 |
| 2,3,6-三甲基萘 | 23.03 | 141366.35 | 0 | 100 |
| 1,6,7-三甲基萘 | 23.15 | 90640.08 | 0 | 100 |
| 芴 | 23.5 | 1022350 | 63395.59 | 94 |
| 甲基联苯 | 23.64 | 269715.7 | 161438.8 | 40 |
| (夹)氧杂蒽 | 23.77 | 102962 | 0 | 100 |
| 蒽 | 24.93 | 65106.25 | 0 | 100 |
| $\Sigma A$ | | 42493558.6 | 1133208.47 | 97 |

## 10.7.5 水煤浆处理技术

水煤浆是由 30％～35％ 水、70％～65％ 煤和 1％ 添加剂混合而成的一种浆体燃料，可用泵送和雾化。可代替重油在工业锅炉、电站锅炉上作燃料使用。其优点是运行成本较低，替代原煤直接燃烧，其排放出的烟气较为清洁，环境污染小，曾列入国家重点节能减排科技攻关项目进行大规模工业试验，均取得水煤浆实践与应用的显著效果，相继建立北京水煤浆厂、山东八一、胜利油田等 20 多家水煤浆厂，对优化和改善煤能源结构具有重要作用与意义。

### 10.7.5.1 水煤浆制备方法

鞍山热能研究院在试验研究中选用 3 种煤（见表 10-72）、4 种焦化废水（见表 10-73）、2 种添加剂（NF、酸焦油）进行试验。

表 10-72 制浆用煤煤质分析

| 煤种 | 工业分析/% | | | 全硫 /% | 镜质组反射率 $R_{0max}$ | 黏结指数 | 可磨性能数 HGI | 煤分类牌号 |
|---|---|---|---|---|---|---|---|---|
| | $M_{ad}$ | $A_d$ | $V_{daf}$ | | | | | |
| M1 | 2.3 | 12.0 | 20.2 | 0.47 | 1.46 | 63 | 86 | JM24 |
| M2 | 0 | 9 | 2 | 2 | 0.55 | 62 | 55 | QM44 |
| M3 | 3.1 | 6.51 | 40.7 | 0.39 | 0.44 | 0 | 51 | CY41 |

表 10-73 废水性质分析

| 序号 | 酚水种类 | pH 值 | 含酚量/( mg/L ) | 含油量/( mg/L ) | COD/( mg/L ) |
|---|---|---|---|---|---|
| 1 | 防腐油槽分离水 | | 155.6 | 100 | 2090.8 |
| 2 | 溶剂脱酚水 | 约 7 | 38.6 | 194 | 756.3 |
| 3 | 煤气水封水 | | 110.6 | 70511 | 10765.4 |
| 4 | 焦油一次散蒸水 | | 112.0 | 50 | 667.3 |

### 10.7.5.2 焦化废水制水煤浆试验

水煤浆技术的原理是采用焚烧的方法可将焦化废水中的有毒有害物质在高温下燃烧，分解为无毒或污染程度较低的物质。

废水制浆原料如下。

1）添加剂 NF 为市场采购的水煤浆添加剂。

2）酸焦油是从鞍钢化工总厂精苯车间采集的，在实验室条件下进行处理后使用。由于其中的聚合物含有苯族烃基与硫酸进行磺化反应生成的磺酸盐，使其具有表面活性作用。

3）焦化废水为鞍钢钢铁企业的焦化废水，其中蒸氨废水水质见表 10-74。

表 10-74 蒸氨废水水质　　　　　　　　　　　　单位：mg/L

| COD | 酚 | 氰 | 油 | 氨氮 |
|---|---|---|---|---|
| 3000～3800 | 600～900 | 10 | 50～70 | 300 |

4）水煤浆制备有关组分以及水煤浆制备性能试验结果见表 10-75。

**表 10-75　水煤浆组分性能对比**

| 序号 | 煤种 | 水 | 干煤浓度/% | 添加剂种类及用量 | 黏度/(Pa·s) | 稳定性(15d) |
|------|------|------|------|------|------|------|
| 1 | M1 | 普通自来水 | 65 | NF1% | 0.210 | 软沉淀 |
| 2 | | 防腐油槽分离水 | 65 | NF1% | 0.240 | 软沉淀 |
| 3 | | 溶剂脱酚水 | 65 | NF1% | 0.200 | 沉淀较多 |
| 4 | | 煤气水封水 | 65 | NF1% | 0.180 | 软沉淀较少 |
| 5 | | 焦油一次散蒸水 | 65 | NF1% | 0.280 | 软沉淀 |
| 6 | M2 | 普通自来水 | 65 | NF1% | 0.640 | 软沉淀 |
| 7 | | 焦油一次散蒸水 | 65 | NF1% | 0.610 | 软沉淀 |
| 8 | | 焦油一次散蒸水 | 62 | 酸焦油 150mL | 0.730 | 软沉淀 |
| 9 | | 4 种污水混合（等比例） | 62 | 酸焦油 150mL | 0.640 | 软沉淀 |
| 10 | M3 | 普通自来水 | 60 | NF1% | 1.400 | 沉淀少 |
| 11 | | 4 种污水混合（等比例） | 60 | 酸焦油 150mL | 1.500 | 沉淀少 |

表 10-75 表明：a.4 种废水制备的水煤浆与普通自来水制备的煤浆没有明显差别，说明焦化废水制浆是可行的，其中以煤气水封水制浆效果更好，这可能与其含油量最大有关；b.3 种煤的成浆性能有所差异，M1 最好，其次是 M2，M3 最差；c. 酸焦油可用来代替 NF添加剂，用量较大，1t 浆约需 124L 酸焦油；d. 所制煤浆黏度均低于 1.500Pa·s，符合工业用水煤浆的要求。

### 10.7.5.3　可行性与问题分析

① 利用水煤浆技术处理焦化废水是可行的。只要处理得当，不但能减轻焦化厂生化处理装置的负荷，还有可能从根本上解决焦化废水污染问题，实现焦化废水"零排放"。

② 不同变质程度的煤制浆，水煤浆质量有所差异，选择适当，所制水煤浆能够满足工业燃料的燃烧要求。

③ 用焦化厂废弃物酸焦油代替 NF 作为水煤浆添加剂，可以降低制浆成本，减少厂处理酸焦油的负担。如不计生化处理费和排污费，由于用废水制浆，酸焦油作添加剂，其成本比用净水制浆低 50～60 元/吨，经济效益显著。

④ 水量平衡问题。以 100 万吨/年规模的焦化厂为例，剩余氨水量按用煤量的 14% 计，则年排放量为 18.6 万吨/年，如果全部制浆，产水煤浆约 70 万吨/年。如此大的水煤浆量，即便是钢铁联合企业的焦化厂，在联合钢铁企业内部消耗也是比较困难的，若是独立的焦化厂（煤气厂），更是难以消耗。因此可以考虑采取以下方法。

1）部分制浆。将焦化废水采取分流处理。将其中 COD、酚、油含量高，难以生化降解的部分集中起来，或将蒸氨废水的一部分用来制浆，可以减轻生化处理装置的负荷。

2）浓缩处理。寻找一种方法，将焦化污水浓缩后制浆，不但制浆效果好，而且所生产的水煤浆企业自身能够消耗，彻底解决污染问题。

3）全水制浆。如果周边有电厂等其他用户，能帮助消耗全部的水煤浆，也可以采用全水制浆。

#### 10.7.5.4 应用与实例

**(1) 废水水质与泥浆成分**

焦化废水采用宝泰隆公司焦化厂废水，其水质成分为：COD 为 4118mg/L，$NH_3$-N 为 598mg/L，酚类为 835mg/L。煤泥成分见表 10-76。

表 10-76 洗煤厂煤泥的成分

| 水分/% | 灰分/% | 挥发分/% | 固定碳/% | 氢/% | 氧/% | 硫/% | 热量/(kJ/kg) |
|---|---|---|---|---|---|---|---|
| 2.00 | 38.10 | 30.20 | 29.70 | 4.62 | 14.80 | 0.12 | 4.563 |

将一定量的木质素磺酸钠添加剂和焦化废水混合，待添加剂溶解后加入煤泥经搅拌机搅拌后即可使用。

**(2) 水煤浆性能与影响因素**

① 不同稀释倍数焦化废水对浆体流变性的影响　通过试验表明，焦化废水浓度对煤泥水煤浆的黏度和稳定性有较大的影响，并且在焦化废水稀释倍数为 3.3～2.5 时，浆体出现了较好的稳定性；从流变性的角度考虑，在制浆浓度为 67% 的条件下，试验观察了不同稀释倍数焦化废水对浆体流变性的影响，如图 10-53 所示。

在焦化废水稀释倍数为 10 时，浆体黏度随剪切速率的增大而上升，趋于平缓，具有剪切变稠的趋势，在稀释倍数为 5 和 1.4 时，黏度出现了先降低后升高的现象，浆体不稳定；在稀释倍数为 3.3 和 2.5 时，煤泥水煤浆随着剪切速率的增加，黏度急剧下降，然后趋于平缓，具有常规水煤浆所要求的"剪切变稀"的特性。

试验表明，在焦化废水浓度稀释倍数为 2.5～3.3 时，煤泥水煤浆在流变性能上表现较优。

② 煤泥水煤浆流变性的影响因素　浆体的流变性直接关系着煤泥水煤浆的泵送、雾化及燃烧，对实际生产应用有重要的影响，为了进一步获得最佳制浆参数，利用稀释倍数为 2.5～3.3 的焦化废水制备煤泥水煤浆，分别观测制浆浓度、添加剂用量以及温度对煤泥水煤浆流变性的影响。

1）煤泥水煤浆浓度对浆体流变性的影响。在其他制浆条件不变的情况下，试验观察不同制浆浓度与浆体流变性的关系，如图 10-54 所示。

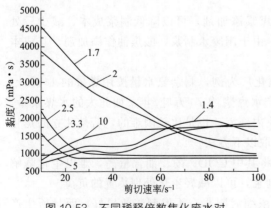

图 10-53　不同稀释倍数焦化废水对煤泥水煤浆流变性能的影响

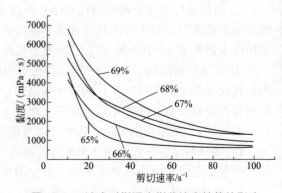

图 10-54　浓度对煤泥水煤浆流变性能的影响

试验表明：随着制浆浓度的升高，浆体的流变性变差，在制浆浓度为 65% 时，煤泥水煤浆具有明显的"剪切变稀"的特性。主要原因是浓度升高，浆体间的孔隙率下降，颗粒更加靠近，颗粒流动不仅要克服流体与颗粒间产生的较大摩擦，而且要克服粒子间强烈的相互作用，从而导致流体阻力的增加。可见，合理控制制浆浓度是保证浆体具有较好流变性的重要条件。

2）添加剂用量对浆体流变性的影响。在制浆浓度为 67% 条件不变时，添加剂用量分别为 0.2%、0.4%、0.6%、0.8%、1.0%、1.2%（按干基煤计算）的情况下，得出了添加剂用量与浆体流变性的关系，如图 10-55 所示。

添加剂用量较少时，水煤浆的黏度较大，并且随着添加剂用量的增加黏度降低较快，当达到一定用量时，黏度随添加剂用量的变化趋于平缓，但随着添加剂用量的继续增加，黏度有上升的趋势。原因是添加剂加入后，被吸附在煤颗粒表面，使得煤颗粒表面由疏水性变为亲水性，并带有负电荷，增大了煤颗粒间的排斥力，使得水煤浆的黏度降低；当添加剂用量过高时，添加剂在煤颗粒表面发生多层吸附，煤粒间产生的阻力过大，致使浆体黏度增大。可见，无论是从经济因素还是浆体的流变性来分析，分散剂用量过多是不利的。本试验所用添加剂的最佳量为 0.6%。

3）温度对浆体流变性的影响。在其他制浆条件不变，制浆浓度为 67% 的情况下，测定了在不同温度下煤泥水煤浆黏度与剪切速率的关系，如图 10-56 所示。

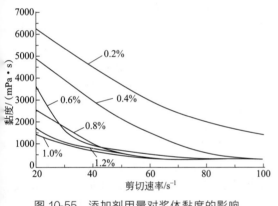

图 10-55　添加剂用量对浆体黏度的影响

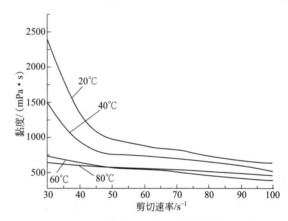

图 10-56　温度变化对煤泥浆体黏度的影响

随着剪切速率的增加，煤浆的黏度有下降的趋势，表现出较好的抗剪切性能；随着温度的提高，浆体黏度下降，然后趋向于平缓。主要原因是温度的升高，使分子间的距离增大，由于分子间的相互作用变弱，煤粒在浆体中的布朗运动加快，这样更容易打开煤粒之间的团聚结构，使煤粒的分散更均匀，因此黏度降低。其次是温度对添加剂溶解度产生影响，低温时溶解度较小，随着溶液温度的升高，表面活性剂的溶解度增加，活性增加，有利于在煤表面吸附，分散降黏作用增强。

由此看来，在制浆的过程中，合理控制制浆温度，也是使煤泥水煤浆表现出较好流变性的重要条件，本试验的最佳制浆温度为 20～30℃。

随着温度的变化，浆体黏度也相应发生变化，黏度的降低对水煤浆的燃烧应用有着重要的意义：一是在低温条件下，浆体的黏度较高，稳定性好，有利于浆体的储存，但温度过低会造成浆体冻结，严重影响浆体的稳定性和流变性；二是在较高的温度下，浆体的黏度下降，有利于浆体的雾化，提高水煤浆的燃烧效率，有利于浆体的燃烧。因而，合理的浆体温度还有益于浆体的储存和燃烧。

试验表明：煤泥水煤浆的流变性随着制浆浓度的升高而变差，且在添加剂用量为 0.6%

（按干基煤计算），制浆温度控制在 20～30℃时，流变性能较好。

试验结果表明：a. 焦化废水浓度稀释倍数以 2.5～3.3 为宜，最高制浆浓度为 69%，制出的水煤浆稳定性、流动性良好；b. 水煤浆的流动性随制浆温度的升高而变差，当添加剂为 0.6%（按干基煤计），制浆温度控制在 20～30℃时，流动性能最佳。

（3）水煤浆的应用与分析

目前水煤浆技术的工程应用已很广泛，并取得重大的经济效益，我国现已建设 20 多家水煤浆厂。如山东八一、胜利油田、北京水煤浆厂等。淮南工业学院使用焦化厂三种不同工业废水制备的水煤浆与用自来水制备的水煤浆进行性能比较，结果表明，三种废水制备的水煤浆其性能，特别是稳定性能均优于自来水制备的水煤浆。与煤粉燃烧相比，焦化废水配制的水煤浆着火温度低，燃烧最大时的温度高，挥发分与固定碳发热量之比基本相同或略高。应用实践表明，采用焦化废水制备水煤浆是安全可行的，是将废水转化为能源利用的变废为宝的有效途径。

## 10.7.6 烧结配料燃烧处理技术

某焦化厂现有 42 孔 S8-Ⅱ型焦炉 3 座，年生产能力为 85 万吨焦炭。经炼焦、煤气净化、化产回收等工艺后产生了大量的废水。废水中含有部分有毒有害物质，如悬浮物、COD、硫化物、氰化物、氨氮、油类、酚、苯等有毒有害物质，由于受处理条件的限制，最终选用燃烧技术方案。该方案为：将焦化厂未处理的焦化废水通过水泵、管道直接输送到烧结厂 $105m^2$ 烧结机的配料场。由于烧结原料需要 7%～8% 的水分，用焦化输送的废水代替新水直接喷洒到原料上，以调节控制水分的含量，达到配料要求。通过 $105m^2$ 烧结机点火器点燃，将废水中的有机物焚烧除去，以达到废水治理的目的。

（1）配料方案与焚烧原理

由于焦化废水中的有害物质如 COD、苯类、酚类、HNC、$H_2S$、$NH_3$ 等大部分是有机物（见表 10-77）。主要由 C、H、O 三种元素组成，经焚烧后生成水和二氧化碳，无毒无害。少量的无机物如 HCN、$H_2S$、$NH_3$ 等，燃烧生成的 $SO_2$、$NO_2$、$H_2O$ 通过烟道排放到大气中。该燃烧反应都是放热反应，对点火温度不仅不提高，反而会降低。废水中不含磷，虽然含硫，但其含量较小。因此，从反应原理上来讲，此方案是可行的。日本焦炉煤气脱硫一般都采用燃烧法处理 $H_2S$、$NH_3$、HCN 等。

表 10-77 焦化废水的来源及指标

| 来源 | 氨氮 /( mg/L ) | COD /( mg/L ) | 油类 /( mg/L ) | 酚 /( mg/L ) | 氰化物 /( mg/L ) | 硫化物 /( mg/L ) | 流量 /( m³/h ) |
|---|---|---|---|---|---|---|---|
| 蒸氨废水 | 5110 | 8942 | 40 | 1254 | 100 | 101 | 20～30 |
| 终冷水 | 1000～2000 | 2000～4000 | 50～200 | 300～600 | 150～250 | 100～250 | 15 |
| 混合废水 | | 8000～10000 | ≤1000 | 2000 左右 | 40～50 | 50～100 | 60 |

具体反应方程式如下：

$$酚：C_6H_6O + 7O_2 \Longrightarrow 6CO_2 \uparrow + 3H_2O + \Delta Q$$

$$苯：C_6H_6 + 15/2O_2 \Longrightarrow 6CO_2 \uparrow + 3H_2O + \Delta Q$$

$$氨：2NH_3 + 7/2O_2 \Longrightarrow 2NO_2 \uparrow + 3H_2O + \Delta Q$$

$$硫化氢：2H_2S + 3O_2 \Longrightarrow 2SO_2 \uparrow + 2H_2O + \Delta Q$$

$$氰化氢：2HCN + 9/2O_2 \Longrightarrow 2CO_2 \uparrow + 2NO_2 \uparrow + H_2O + \Delta Q$$

（2）水量平衡分析

该烧结厂日产烧结矿 $7000 \sim 8000t$，烧结混合料为 $8000 \sim 10000t$，日需要水量为 $1000t$ 左右，扣除原料带水需配水量为 $13 \sim 15m^3/h$，焦化生产的终冷水流量约为 $15m^3/h$，正好与烧结原料用水相当，达到既治理焦化废水又实现"零排放"的目的。

（3）对比试验与结果

矿粉（干基）与焦化废水按照工业生产上的水含量 $7\% \sim 8\%$ 配比，在烧结厂进行烧结杯对比试验，见表 10-78。

表 10-78　混合料方案

| 配比方案 | 混合料配量/kg | | | | | 混合料水分/% |
| --- | --- | --- | --- | --- | --- | --- |
| | 混匀料 | 返矿 | 白灰 | 焦粉 | 加水量 | |
| 1 | 70.0 | 21.0 | 5.6 | 3.85 | 3.0（新水） | 8.0 |
| 2 | 75.0 | 22.5 | 6.0 | 4.13 | 3.2（污水） | 8.0 |

混匀料随机取自配料皮带；返矿、焦粉、白灰取自原料车间；新水取自烧结厂现生产用水；废水取自焦化厂车间曝气池进水口。新水和废水按相同配比各制取 3 组混合料平行试样，按照试验标准步骤完成 6 炉烧结杯试验。

烧结过程最高温度对比在烧结试验中完成，结果见表 10-79。

表 10-79　烧结过程烟气温度对比

| 名称 | 新水 1 号 | 新水 2 号 | 新水 3 号 | 废水 1 号 | 废水 2 号 | 废水 3 号 |
| --- | --- | --- | --- | --- | --- | --- |
| 烟气最高温度/℃ | 234 | 294 | 275 | 310 | 314 | 300 |

烧结矿理化检测结果见表 10-80、表 10-81。

表 10-80　烧结矿化学成分检验结果　　　单位：%

| 序号 | | Fe | $SiO_2$ | S | CaO | MnO | MgO | $Al_2O_3$ | FeO |
| --- | --- | --- | --- | --- | --- | --- | --- | --- | --- |
| 新水 | 1 号 | 54.49 | 6.84 | 0.022 | 10.77 | 0.662 | 1.92 | 1.62 | 7.60 |
| | 2 号 | 54.19 | 7.05 | 0.040 | 10.29 | 0.652 | 2.14 | 1.91 | 6.80 |
| | 3 号 | 55.19 | 6.93 | 0.017 | 10.07 | 0.649 | 1.88 | 1.67 | 7.80 |
| 废水 | 1 号 | 54.24 | 6.96 | 0.021 | 11.27 | 0.717 | 2.11 | 1.65 | 9.20 |
| | 2 号 | 54.90 | 6.72 | 0.015 | 10.55 | 0.672 | 1.83 | 1.50 | 7.85 |
| | 3 号 | 54-52 | 6.77 | 0.023 | 11.11 | 0.737 | 1.83 | 1.54 | 9.75 |

表 10-81　烧结矿筛分组成及转鼓检测结果

| 序号 | 筛分组成/% | | | | | 转鼓指数/T |
| --- | --- | --- | --- | --- | --- | --- |
| | >40mm | 40～50mm | 25～10 mm | 10～5mm | <5mm | |
| 废水 1 号 | 16.5 | 15.7 | 16.5 | 19.8 | 31.5 | |
| 废水 2 号 | 14.2 | 17.5 | 13.3 | 20.0 | 35.0 | 48.0 |
| 废水 3 号 | 28.0 | 16.8 | 15.2 | 16.0 | 24.0 | |

由表 10-79 可以看出，废水烧结过程中的烟气温度明显高于新水烧结过程中的烟气温

度。这表明混合料中明显存在有较多的可燃物质，与废水水质化学分析结果相符合。并且这个结论也可由表 10-80 中废水烧结矿 FeO 成分含量偏高得到证实。同时还可以看出，新水烧结矿同废水烧结矿化学成分指标含量相比，除 FeO 含量有较明显差异外，废水对烧结矿其他化学成分几乎没有影响。废水烧结矿 FeO 成分含量偏高是由于混合料中的可燃成分偏高，主要是废水带入了部分有机物。因此，适当降低配入焦粉量以降低 FeO 含量，同时达到节约焦粉的目的。

由表 10-81 可知，烧结矿筛分组成及转鼓检测对比小于 5mm 粒级，新水 2 号、废水 1 号、废水 2 号明显偏高，这主要是因为点火不充分造成的，系人为因素的影响。而且此因素也直接干扰转鼓试验数据的准确性。由于废水 3 号烧结点火时克服了点火不充分的缺点，避免了点火不充分干扰因素的影响，筛分组成试验明显优于废水 1 号、废水 2 号。

总之，烧结对比试验表明，废水烧结过程中的烟气最高温度明显高于新水烧结时的烟气温度。废水中的可燃物质相当于增加了混合料的配碳量。配碳量的增加，造成成品烧结矿中 FeO 偏高，可以适当减少混合料的配碳量，降低烧结矿中的 FeO 含量。配加废水烧结对烧结矿其他化学成分指标几乎没有影响，表明该技术工艺是可行的。

## 10.7.7　MAP 法处理技术

（1）废水水质水量与处理工艺流程

四川某焦化集团是一个年销售收入高达 45 亿元的大型钢铁企业，其焦化废水排放量为 50m³/h，其水质状况见表 10-82。经多年生化处理，外排放水质难以达标排放。通过比较国内外各种焦化废水处理技术，结合地区实情和水质回用状况，经研究选用物化法处理技术，并将处理后废水回用，实现废水"零排放"的目标。

表 10-82　川威焦化废水水质状况

| 项目名称 | 酚/（mg/L） | 氰/（mg/L） | NH₃-N/（mg/L） | 焦油/（mg/L） | COD_{Cr}/（mg/L） | pH 值 |
|---|---|---|---|---|---|---|
| 含量范围 | 1500～2000 | 35～50 | 2000～4000 | ＞30 | 4000～6000 | 6～9 |

（2）工艺过程与技术特征

焦化原水首先通过蒸氨工序去除大部分氨氮，并回收硫酸铵有机肥；蒸氨出水进入化学反应池，采用化学沉淀法（MAP 法）去除焦化废水中的氨氮，同时对氨的沉淀物加以回收，得到一种肥效极高的有机肥；在化学反应池中加入去除酚氰的化学药剂，反应出水进入混凝沉淀池，向其中加入无机和有机絮凝剂，去除废水中的悬浮物；沉淀池出水经过滤后回用到炼钢（转炉除尘）、焦化（熄焦）和炼铁（高炉冲渣）等系统。工艺流程如图 10-57 所示。

该工艺的技术特征如下。

① 采用物理化学法处理焦化废水，对废水中的主要污染物氨氮、酚、氰和悬浮物进行有效去除后，出水水质可以达到企业回用的标准；处理后的焦化废水回用到企业内部其他系统，实现了水不外排、废水"零排放"，同时为企业节约了大量工业用水。

② 采用蒸氨和近来发展起来的 MAP 法去除氨氮，即通过初步蒸氨，然后向焦化废水中加入 $Mg^{2+}$（镁盐）、$PO_4^{3-}$（磷酸盐），与废水中的氨氮发生反应生成 $MgNH_4PO_4 \cdot 6H_2O$（磷酸镁铵，即 magnesium ammonium phosphate，MAP）沉淀后过滤除去，氨氮可由处理前的 4000mg/L 降低到 100mg/L 以下。此外，反应生成的沉淀是一种肥效极高的有机肥，可以将废物回收利用，从而变废为"宝"。

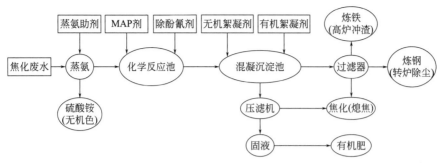

图 10-57　物化法处理与回用工艺流程

③ 酚是具有一定酸性的化合物，可与强碱成盐，由于共轭双键的吸电子效应，羟基（—OH）上的氢氧键容易断裂，并且断裂后生成的酚盐负离子比酚更稳定。向焦化废水中加入除酚剂，使酚类物质转化为酚盐沉淀得以去除，酚含量可由处理前的 1500～2000mg/L 降到 100mg/L 以下。

④ 氰类物质在焦化废水中主要是以 HCN 的形式存在的，通过向焦化废水中加入纯碱、铁盐等脱氰剂，让 HCN 转化为 $Na_4Fe(CN)_6$ 沉淀而除去，氰含量可由处理前的 35～50mg/L 降到 5mg/L 以下。

⑤ 向焦化废水中加入铝盐或铁盐类无机絮凝剂和有机高分子絮凝剂（如聚丙烯酰胺），并调节两者的用量和比例，能有效去除废水中的悬浮物，悬浮物的含量可由处理前的 300～500mg/L 降低到 100mg/L。

（3）工艺实施与效益分析

根据当前焦化废水治理技术的现状和存在问题，结合四川川威集团的实际，运用"物化法处理焦化废水及回用新技术"建立了一个日处理 1200m³ 焦化废水及回用的示范工程，并取得了实现废水不外排与"零排放"的目标，为四川川威集团解决了焦化废水处理和排放的难题。该示范工程自正式运行以来，处理出水达到了相应的回用标准，并在企业内部如焦化熄焦、转炉除尘、高炉冲渣等用水部门循环使用，真正做到了废水"零排放"，保证了厂区周围环境和河流下游水源的安全。在废水的回用过程中，通过采取相应的水质稳定措施，加入一定量的缓蚀阻垢剂，保证了输水管道的正常运行，对正常的生产没有带来负面影响。

经初步测算，采用"物化法处理焦化废水及回用新技术"处理四川川威集团 1200m³/d 的焦化废水，处理成本比原生化法（6.0 元/t）降低 1.0 元/t，每天可节约废水处理成本 1200 元；处理后的焦化废水全部回用，而且节约了生化法处理需要补加的 3 倍左右的稀释用新鲜水，按 1.20 元/t 计算，每天可节约工业用水费用 5760 元。两项合计，每年可节约 250 万元。因此，本方案不仅解决了困扰四川川威集团多年的焦化废水处理的难题，而且节约了废水处理和生产用水成本，同时还提高了四川川威集团的企业形象，具有显著的社会效益、环境效益、经济效益。

# 10.8　以废治废处理技术

## 10.8.1　焦炉烟气处理技术

（1）工艺特点

焦炉烟气处理技术是利用烟道气中的硫化物和焦化废水中的氨进行化学反应，使两者均可得到净化的"以废治废"的新方法。该方法是中冶集团建筑研究总院冶金环境保护研究院发明的专利，该技术已在工程应用中得到证实（专利号为 CN1207367）。烟道气处理焦化剩余氨水和全部焦化废水的方法的核心内容是将含有硫化物的烟气引入喷雾干燥器内；将废水（剩余氨水或全部焦化废水）在喷雾干燥塔中用雾化器使其雾化，雾状废水与烟道气在塔内顺流接触反应，烟气将雾状废水几乎全部汽化后随烟气排出。本方法处理的废水无外排，工艺和设备简单，操作方便，占地面积小。

该方法利用烟道气处理焦化废水与普通生化法截然不同，它是将废水中的污染物，主要是有机污染物以固化状态与废水分离，而废水中的水分基本达到汽化，从而实现了废水经处理后的"零排放"。该工艺采取"以废治废"的方法，不仅处理效果好、投资省、运行费用低，特别是该工艺是把烟气脱硫与焦化废水处理两者有机结合，使其共溶于一体，在同一处理装置中解决两大治理难题，这是该工艺的最大优势与特色。

（2）处理工艺流程

烟道气经换热器降温后进入装有双流喷雾器的 PT-2 型喷雾干燥塔中，剩余氨水（或全部焦化废水）由贮槽经泵加压 0.25～0.30MPa 和压缩空气混合后，进入塔中的喷雾器，以雾化状态与烟道气在塔中顺流接触，并发生物理化学反应。剩余氨水中的水分在烟道气热量的作用下全部汽化，烟道气中的 $SO_2$ 和剩余氨水中的 $NH_3$ 及塔中的 $O_2$ 发生化学反应，生成 $(NH_4)_2SO_4$。处理了剩余氨水的烟道气经脱水器脱水、除尘器除尘后，再经烟囱外排。其工艺流程如图 10-58 所示。

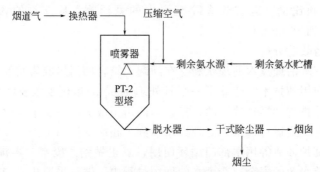

图 10-58　锅炉烟道气处理剩余氨水工艺流程

（3）试验结果

利用烟道气处理焦化废水，废水经处理后实现了"零排放"，其试验结果见表 10-83。但焦化废水中的有关污染物，如 $HN_3$、HCN、酚类、苯、甲苯、二甲苯、苯并[a]芘等污染物是否会转移到大气环境而对环境构成污染影响，是本研究关注的重点。

表 10-83　PT-1 型和 PT-2 型塔前后烟气监测结果

| 检测项目名称 | 检测结果[①]/（mg/m³） | | | | | | 标准质量浓度/（mg/m³） |
|---|---|---|---|---|---|---|---|
| | PT-1 型 | | | PT-2 型 | | | |
| | 前 | 后 | 效率/% | 前 | 后 | 效率% | |
| $SO_2$ | 216.3 | 32.6 | 85 | 996 | 117 | 82 | 1200 |
| $NO_2$ | 2.43 | 1.17 | 52 | 4.11 | 2.11 | 49 | 420 |
| 烟尘 | 139.1 | 58.0 | 58 | 545.2 | 158.6 | 71 | 400 |
| 氨 | 1.31 | 1.84 | | 1.74 | 2.43 | | 35kg/h（40m 高烟囱） |

续表

| 检测项目名称 | 检测结果[①]/（mg/m³） | | | | | | 标准质量浓度/（mg/m³） |
|---|---|---|---|---|---|---|---|
| | PT-1 型 | | | PT-2 型 | | | |
| | 前 | 后 | 效率/% | 前 | 后 | 效率% | |
| 氰化氢 | 0.043 | 0.075 | | 0.036 | 0.091 | | 2.3 |
| 酚类 | 0.600 | 2.646 | | 0.780 | 2.257 | | 115 |
| 苯 | ND | 0.18 | | nd | 0.21 | | 17 |
| 甲苯 | ND | 0.11 | | nd | 0.13 | | 60 |
| 二甲苯 | ND | nd | | nd | nd | | 90 |
| 苯并[a]芘 | ND | nd | | nd | nd | | $0.50 \times 10^{-3}$ |
| 林格曼黑度/度 | | 1.0 | | | 1.0 | | 1.0 |

① 在标准状态下。

注：1. 标准浓度中 SO₂、烟尘、林格曼黑度执行 GB 13271—1991《锅炉大气污染物排放标准》，参考 GB 14554—1993 标准，其他均为 GB 16297—1996《大气污染物综合排放标准》。表中的监测数据是多次检测的平均值。

2. ND 代表不在方法检测限值内。

监测结果表明，利用烟道气处理焦化剩余氨水的方法是成功的，能处理掉全部焦化剩余氨水，实现废水的"零排放"，外排的烟道气各项指标能达标外排，但空气中的氨、氢化物、酚类等略有增加。

## 10.8.2　粉煤灰深度处理技术

（1）粉煤灰净化性能与特征

粉煤灰是一种吸附性强、孔隙率高、比表面积大的物质，粉煤灰的活性主要来自活性 $SiO_2$ 和活性 $Al_2O_3$。将粉煤灰、褐煤粉、焦渣、活性炭四种吸附性材料进行净化效能评比，结果表明对焦化废水的脱色，粉煤灰最佳；对挥发酚、油、$COD_{Cr}$ 的净化率，粉煤灰为焦渣的 3～6 倍；对硫化物的脱除，活性炭最佳，如粉煤灰用量为 10g/100mL 时，硫化物脱除率可接近 100%；对挥发酚及 $COD_{Cr}$ 的净化效果，粉煤灰略低于褐煤粉和活性炭，但相差不大，由此可见，粉煤灰是一种良好的吸附材料。

20 世纪末我国开发了以粉煤灰作吸附剂在线处理来自生化出口的焦化废水工艺。该工艺处理水量 100t/h，粉煤灰用量 1.747t/h，由焦化厂锅炉连续供给。生化出口废水经粉煤灰处理后，$COD_{Cr}$、挥发酚、氰化物、硫化物、油、氨氮、$BOD_5$、色度的平均去除率为 57.41%，见表 10-84。

表 10-84　生化出口废水经粉煤灰试验处理结果

| 项目 | 挥发酚 | $COD_{Cr}$ | 色度 | 油 | $BOD_5$ | 氨氮 | 氰化物 |
|---|---|---|---|---|---|---|---|
| 净化前浓度/（mg/L） | 1.662 | 281.21 | 220 | 20.10 | 91.60 | 295.03 | 0.12 |
| 净化后浓度/（mg/L） | 0.478 | 147.15 | 86.15 | 10.3 | 38.15 | 221.02 | 0.084 |
| 净化率/% | 71.24 | 47.67 | 60.84 | 48.75 | 58.35 | 25.09 | 30.00 |
| 吸附容量/（mg/g） | 0.0789 | 8.937 | | 0.653 | 3.563 | 4.934 | 0.002 |
| 近全部脱除需灰量/（g/100mL） | 2.10 | 3.15 | 2.47 | 3.01 | 2.57 | 5.98 | |

注：粉煤灰投加量为 1.5g/100mL 废水。

由表 10-84 可见，粉煤灰对生化出口水进行净化时，当投加量在 1.5g/100mL 的条件下，各种污染物的净化率为 25.09%～71.24%，要达到接近全部脱除污染物的加灰量为 2～6g/100mL。

（2）粉煤灰深度处理焦化废水的技术与应用

① 废水水质水量处理工艺　山西焦化厂的生产废水量为 $100m^3/h$，其废水量经活性污泥法处理后的水质 COD 为 93.66mg/L，$NH_3$-N 为 280.90mg/L，氰化物为 0.673mg/L，酚类为 0.389mg/L，其处理工艺与回用流程如图 10-59 所示。

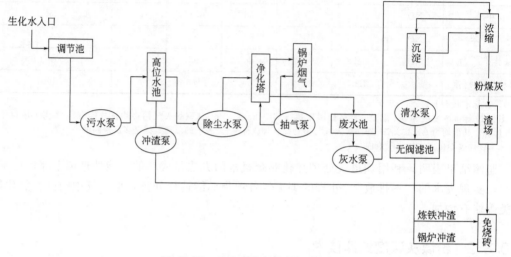

图 10-59　废水净化与回用工艺流程

废水量为 $100m^3/h$ 的生化出水进入调节池，后经调节后由污水泵泵入高位水槽，经除尘水泵打入净化塔，与由抽气泵打入的锅炉烟气中的粉煤灰逆向混合反应后一同排入废水池，再由灰水泵泵入浓缩池进行渣水分离。

通过旋转离心作用使水渣分层，"干"粉煤灰从底部进入渣场，进而烧砖。上层液再经沉淀池、清水池、清水泵，一部分送至铁厂，一部分送至锅炉冲渣。

② 处理结果　经长期生产运行，其出水水质比较稳定，其处理结果见表 10-85。

表 10-85　粉煤灰深度处理结果　　　　　　　　　　　单位：mg/L

| 项目名称 | COD$_{Cr}$ | 挥发酚 | 氰化物 | 硫化物 | 油 | 氨氮 | BOD$_5$ | 备注 |
|---|---|---|---|---|---|---|---|---|
| 生化出水水质 | 293.66 | 0.389 | 0.673 | 0.185 | 11.14 | 280.90 | 79.44 | 1997 年平均值 |
| 处理后水质 | 101.33 | 0.076 | 0.423 | 0.042 | 9.58 | 154.61 | — | |
| 生化出水水质 | 274.11 | 0.457 | 0.318 | 0.210 | 16.67 | 269.67 | 88.80 | 1998 年平均值 |
| 处理后水质 | 85.51 | 0.090 | 0.275 | 0.052 | 10.13 | 138.73 | — | |

由表 10-85 看出粉煤灰处理其 COD、挥发酚、氰化物、硫化物、油类和氨氮的去除率分别达到 67.1%、80.4%、31.3%、76.0%、29.29% 和 46.7%。

③ 与活性炭试验对比结果　将山西焦化厂粉煤灰处理生化出水实际运行结果与波兰友谊焦化厂采用焦尘进行的工业试验以及两厂采用活性炭进行的工业试验运行结果对比，说明粉煤灰深度处理是稳定的。见表 10-86。

表 10-86　粉煤灰净化效率对比

| 项目 | | COD | 挥发酚 | 氰化物 | 硫化物 | 油 | 氨氮 | BOD$_5$ | 色度 |
|---|---|---|---|---|---|---|---|---|---|
| 山西焦化厂 | 生化出口水/(mg/L) | 198.89 | 0.423 | 0.496 | 0.198 | 12.41 | 275.29 | 84.12 | 100 |
| | 净化后浓度/(mg/L) | 93.92 | 0.083 | 0.348 | 0.047 | 9.86 | 146.67 | 49.84 | 2.5 |
| | 净水率/% | 67.2 | 80.3 | 29.8 | 76.2 | 20.5 | 46.7 | 40.7 | 97.5 |
| | 粉煤灰/水量/(g/100mL) | 1.747 | 1.747 | 1.747 | 1.747 | 1.747 | 1.747 | 1.747 | 1.747 |
| | 吸附容量/(mg/g) | 11.05 | 0.020 | 0.0085 | 0.0086 | 0.146 | 7.362 | 1.962 | |
| | 吸附容量/初浓度 | 0.0385 | 0.0460 | 0.0170 | 0.0434 | 0.017 | 0.0267 | 0.233 | |
| 8# 活性炭工业试验 | 初始浓度/(mg/L) | 158.9 | 0.56 | 0.53 | 1.70 | | | | 360 |
| | 净化后浓度/(mg/L) | 81.7 | 0.11 | 0.35 | 1.00 | | | | 107 |
| | 净水率/% | 48.58 | 80.36 | 33.96 | 41.18 | | | | 70.28 |
| | 活性炭/水量/(g/100mL) | 1.85 | 3.33 | 1.85 | 1.85 | | | | 1.85 |
| | 吸附容量/(mg/g) | 4.173 | 0.0135 | 0.0097 | 0.0378 | | | | |
| | 吸附容量/初浓度 | 0.0262 | 0.0241 | 0.0183 | 0.0222 | | | | |
| 波兰友谊焦化厂工业试验 | 初始浓度/(mg/L) | 678.0 | 1.61 | 3.01 | | | 164.2 | | |
| | 净化后浓度/(mg/L) | 236.0 | 0.26 | 0.83 | | | 161.0 | | |
| | 净水率/% | 65.2 | 83.9 | 72.4 | — | — | 2.0 | — | — |
| | 活性炭/水量/(g/100mL) | 1.5 | 1.5 | 1.5 | — | — | 1.5 | — | — |
| | 吸附容量/(mg/L) | 29.47 | 0.09 | 0.145 | — | — | 0.213 | — | — |
| | 吸附容量/初浓度 | 0.0435 | 0.0559 | 0.0482 | — | — | 0.001 | — | — |
| CDW-24 型活性炭工业试验 | 初始浓度/(mg/L) | 213.00 | 0.59 | 2.66 | | | | | |
| | 净化后浓度/(mg/L) | 126.74 | 0.009 | 0.53 | | | | | |
| | 净水率/% | 40.5 | 98.5 | 80.0 | | | | | |
| | 活性炭/水量/(g/100mL) | 2 | 2 | 2 | | | | | |
| | 吸附容量/(mg/g) | 4.31 | 0.029 | 0.017 | | | 0.286 | | |
| | 吸附容量/初浓度 | 0.0202 | 0.0490 | 0.0400 | | | 0.0014 | | |

表 10-86 说明：a. 同一污染物比较结果：对于 COD$_{Cr}$、色度的净化率，以粉煤灰最高。对挥发酚的净化率，活性炭（CWZ-4）最佳，而焦尘粉、粉煤灰的效果次之。对氰化物的净化率，活性炭（CWZ-4）最高。对氨氮的净化率，粉煤灰最有效。b. 污染物的平均净化率以粉煤灰最高，为 64.34%，其次是活性炭 8#，为 58.28%。可见，某些廉价的粉煤灰和焦尘完全可以代替活性炭，它们对废水的净化效果与价格昂贵的活性炭不相上下。

山西焦化厂为了解决氨氮超标问题，经过较长时间的研究已采用次氯酸钙的脱除剂，效果极佳。

④ 技术经济比较

1）以当时 1997 年的国内物价和经济状况为例，山西焦化厂焦化废水处理工程投资：生化处理系统投资 470 万元＋粉煤灰深度处理系统投资 148 万元＋脱氨氮等处理投资 20 万元，合计为 638 万元。如采用 A/O 法投资 1200 万～1500 万元，且处理出水 COD 与 NH$_3$-N 尚难达到外排标准。与 A/O 法相比，具有良好的经济效益。

2）生化-粉煤灰深度处理焦化废水的工艺技术已在该厂实施，已长期稳定运转，效果良好。净化后水质无色、无味。BOD$_5$、COD$_{Cr}$、氨氮、酚、油、氰化物、硫化物等基本达到回用要求，可回用于熄焦、冲渣等系统补充用水。

3）该处理方法的工程投资省、运用费低。该处理工艺的最大特点是无污泥排放，免除污泥处理设施，排出的粉煤灰可制作砖，实现以废制废、变废为宝，并可解决焦化废水生化处理后的污泥处理难题，具有显著的社会环境与经济效益。

# 10.9 焦化废水回用与"零排放"的技术条件与工艺集成

总结国内外焦化废水回用与"零排放"的成功经验，主要是：一要从焦化生产源头着手，直到生产每个环节，推行节水减排，实现生产用水少量化，废水外排减量化；二要改进生产工艺，回收有用资源，减少废水中有毒、有害有机物浓度，提高废水水质，减少废水处理负荷；三要充分发挥预处理功能与作用，确保进入生化（或物化）处理系统之前的水质适应和满足处理系统对水质的要求；四要选择好处理工艺与深度处理集成技术和废水消纳途径，最终实现废水处理回用与"零排放"的目标。上述四点是相互补充、相互关联、密不可分的。前者是后者的条件与保障，后者是前者的目标与要求。

## 10.9.1 技术现状与控制要求

据文献检案和有代表性焦化企业的废水处理工程的水质状况和工艺运行情况归纳于表10-87、表10-88。根据统计结果表明：①国内各焦化厂废水处理主流工艺为不同形式的A/O法，废水回流比在2～5倍，生物系统HRT普遍大于60h，COD、氨氮、色度3个指标稳定达标排放存在较大距离。②工程投资费和运行费用为：每处理1m³焦化废水的工程造价大于12000元人民币，其中技术部分占10%～15%，土建部分占45%～50%，设备与材料部分占25%～30%，在不计折旧的运行成本构成中，动力消耗、药剂消耗、人工费用分别占总成本的60%、30%和10%左右。③A/O、A²/O、A/O²、O/A/O工艺的运行成本之间存在明显差异，即按A/O、A²/O、A/O²的顺序运行成本下降(O/A/O工艺尚无工程评估对比)，现有可供参考的焦化废水处理工程运行费用普遍超过5元/m³，不少企业已超过10元/m³，个别企业已超过15元/m³；水质水量因焦化生产规模、生产工序以及对化工产品的加工程度不同而异，但其水质水量的变化范围见表10-89。

表 10-87 焦化废水处理工程出水水质

| 项目编号 | HRT/h | COD /(mg/L) | NH$_3$-N /(mg/L) | 挥发酚 /(mg/L) | 氰化物 /(mg/L) | 石油类 /(mg/L) | 色度/倍 |
|---|---|---|---|---|---|---|---|
| 1 | 100 | 90～150 | <15 | <0.5 | 0.1～0.4 | — | 150～200 |
| 2 | 96 | <150 | <25 | <0.5 | <0.5 | <10 | <50 |
| 3 | 60 | <200 | 25～80 | <0.5 | <0.5 | <10 | — |
| 4 | 54 | <150 | <15 | <0.5 | <0.5 | <8 | 50～80 |
| 5 | 160 | <150 | <10 | <0.5 | <0.5 | <8 | 50～80 |
| 6 | 120 | 200～300 | 50～80 | <2.5 | <0.5 | <8 | 50～80 |
| 7 | 42 | 75～110 | <10 | <0.3 | <0.3 | <3 | <50 |

表 10-88　焦化处理工程投资与部分设计参数

| 项目编号 | 工艺类型 | 一次性投资/万元 | 运行费用/(元/m³) | 回流比/% | 厌氧进水负荷/[kg/(m³·d)] | 好氧进水负荷/[kg/m³·d] |
|---|---|---|---|---|---|---|
| 1 | A/O² | 3600 | 6~7 | 4.0~5.0 | 1.1 | 0.65 |
| 2 | HSB+A/O | 658(改造) | 5~7 | 2.0~3.0 | 1.4 | 0.84 |
| 3 | 活性污泥 | 2500(改造) | 8~9 | 2.0~3.0 | — | 0.50 |
| 4 | A/O | 750(改造) | 11~14 | 3.0~5.0 | 1.2 | 0.58 |
| 5 | A²/O | 1570 | 8~10 | 2.5~3.0 | 0.96 | 0.50 |
| 6 | A/O | 2000 | 5~6 | 2.0~3.0 | — | — |
| 7 | A/O² 流化床 | 1280 | 4.0~4.6 | 1.2~1.5 | 1.8 | 2.0 |

表 10-89　焦化生产废水水质水量概况

| 废水名称 | | 挥发酚/(mg/L) | BOD/(mg/L) | COD_Cr/(mg/L) | 焦油类/(mg/L) | 氰化物/(mg/L) | 苯/(mg/L) | 硫化物/(mg/L) | 挥发氮/(mg/L) | 萘/(mg/L) | 水温/℃ | 水量/[(m³/t(焦炭)] |
|---|---|---|---|---|---|---|---|---|---|---|---|---|
| 蒸氨废水 | 已脱酚 | 150~200 | 1500 | 4000~6000 | 200~500 | 10~25 | — | 50~70 | 120~350 | — | 98 | 0.34~1.05 |
| | 未脱酚 | 200~12000 | 1500 | 5000~8000 | | | | | | | | 0.34~1.05 |
| 粗苯分离水 | | 300~600 | — | 1000~2500 | 微量 | 100~250 | 100~500 | 1~2 | 100~200 | — | 46~65 | 0.05~0.08 |
| 终冷水排水 | | 100~300 | — | 700~1000 | 200~350 | 100~200 | — | 20~60 | 50~100 | 10(水洗) | 30 | 0.5 |
| 精苯车间废水 | | 350 | — | 350~2500 | — | 50~750 | 200~400 | 5~30 | 35~85 | — | | 0.012~0.022 |
| 古马隆废水 | | 30 | — | — | — | 5~10 | — | — | — | — | | 0.015 |
| 水封槽排水 | | 10 | 200~300 | — | 5~10 | 1 | — | 0.7~3 | 20~30 | — | | 0.01~0.01 |
| 沥青池排污 | | 10 | — | — | 20~40 | 1~5 | — | 5~10 | 20~40 | — | | 0.5 |

　　表 10-89 表明，焦化废水 COD、$NH_3$-N 和酚的浓度较高，有机物成分复杂，大多以芳香族及杂环化合物的形式存在，且含有一些有毒有害物质，是一种处理难度很大的工业废水。

　　目前，我国有 1300 多家焦化企业，其废水处理工艺多种多样，但以应用生化处理法最为广泛。要确保焦化废水无害化处理回用，实现"零排放"必须充分认识并做到：a. 对焦化厂的生产工艺流程及每段所产生的废水的水质特点，有针对性地进行废水的预处理；b. 预处理后的废水在进入生化处理系统前，要保证其浓度不得对微生物有抑制作用；c. 要通过蒸氨法将蒸氨废水中的氨氮浓度控制在 300mg/L 以内；萃取脱酚后将酚的浓度控制在 300mg/L 以下，含油量控制在 20mg/L 以下为佳；d. 必要的脱酚除氰处理。要实现上述要求，首先要完善煤气净化系统，进行脱氨脱氰，终冷水洗萘改为"水油水"工艺，可减少终冷排污量 80%；蒸氨塔应增设检修时备用塔或设氨水贮槽和监控措施，以防蒸氨系统事故时废水直接进入生物处理设施而影响处理效果；剩余氨水应进行脱除固定铵处理；除尘废水应单独处理以减少焦化废水处理量。

　　对古马隆含油废水应破乳除油；对粗苯、精苯、焦油加工分离水，因酚、氰、氨、油等物质含量高，应送往氨水澄清槽，同剩余氨水一道蒸氨后送往废水生物处理系统；对生产装置排出的净废水与酚氰废水要严格实行清污分流；对含油、酸碱废水应收集分类排入各自的废水处理系统，以减少废水量。

　　为保证生化处理系统的正常运行，需要控制水质条件，对于焦化废水，主要调节水质水量，除油和控制酚氰、氨等有害物质在限定范围之内。一般正常生化处理系统，挥发酚不高于 300mg/L，氰化物不高于 40mg/L，硫化物不高于 30mg/L，挥发氨不高于 300～400mg/L，苯不高于 50mg/L。根据以上要求，焦化废水在进入生化处理系统之前，应对酚、氰、氨等有用物质采取回收利用措施。

## 10.9.2　酚、氰、氨等物质的脱除与回收

（1）酚的脱除与回收

回收废水中的酚的方法很多，有溶剂萃取法、蒸汽脱酚法和吸附脱酚法等。新建焦化厂大都采用溶剂萃取法。对于高浓度含酚废水的处理技术趋势是液膜技术、离子交换法等。

① 蒸汽脱酚　蒸汽脱酚是将含酚废水与蒸汽在脱酚塔内逆向接触，废水中的挥发酚转入气相被蒸汽带走，达到脱酚的目的。含酚蒸汽在再生塔中与碱液作用生成酚盐而回收。该方法操作简单，不影响环境。但脱酚效率仅约为 80%，效率偏低，而且耗用蒸汽量较大。

② 吸附脱酚　吸附脱酚是采用一种液固吸附与解吸相结合的脱酚方法，将废水与吸附剂接触，发生吸附作用以达到脱酚的目的。吸附饱和的吸附剂再与碱液或有机溶剂作用达到解吸的目的。随着廉价、高效、来源广的吸附剂的开发，吸附脱酚法发展很快，是一种很有前途的脱酚方法。但焦化废水处理中采用吸附法（如活性炭吸附）回收酚存在一定的困难，因有色物质的吸附是不可逆的，活性炭吸附有色物质后，极难再生将有色物质洗脱下来，从而影响活性炭的使用寿命。

③ 萃取脱酚　该法脱酚经济有效，因此，目前多数焦化厂采用萃取脱酚工艺进行焦化含酚废水预处理。该方法脱酚的效率可高达 95%～97%，而且可以回收酚钠盐，有较好的经济效益。对于萃取脱酚工艺来说，萃取剂应能对混合物中的各组分有选择性的溶解能力，并且易于回收，通常选用重苯溶剂油或 N-503 煤油，酚在 N-503 煤油中的分配系数为 8～34，不仅分配系数大，而且混合使用效果好，损耗低，毒性较小，较多采用。

萃取脱酚是一种液-液接触萃取、分离与反萃再生结合的方法。即在含酚废水中加入萃取剂，使酚融入萃取剂，然后含酚溶剂用碱液反洗，酚以钠盐的形式回收，碱洗后的溶剂循环使用。萃取效果的好坏与所用萃取剂和设备密切相关。通常采用的萃取设备是萃取塔，除油后的含酚废水经冷却器冷却至 55～65℃，进入萃取塔上部，萃取剂由循环泵打入萃取塔底部，溶剂油与高浓度的含酚废水在萃取塔中逆流接触，在萃取塔中停留 20～30min 后，绝大部分酚转移到溶剂油中，溶剂油由萃取塔顶溢流进入碱洗塔与碱接触生成酚盐。溶剂油经碱洗后进入中间油槽，循环使用。这样萃取后将高浓度的酚（2～12g/L）降到 200～300mg/L 以下，然后进行生化处理，使其达标排放。其处理流程如图 10-60 所示。

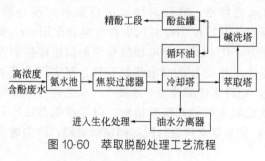

图 10-60　萃取脱酚处理工艺流程

萃取塔应用较多的是填料塔和筛板塔。填料塔结构简单，塔体大，处理能力低，填料一般采用陶瓷环和木格，容易堵塞。为强化传质过程，扩大湍流，可采用脉冲筛板塔，其设计参数见表 10-90。

表 10-90　脉冲筛板塔设计参数

| 项目 | 单位 | 推荐值 | 项目 | 单位 | 推荐值 |
|------|------|--------|------|------|--------|
| 脉冲塔体积流量 | m³/(m²·h) | 14～30 | 筛板块数 | 块 | 10～25 |
| 筛板间距 | mm | 200～600 | 脉冲频率 | mm | 180～400 |
| 筛板孔径 | mm | 5～8 | 脉冲振幅 | mm | 3～8 |
| 筛板孔隙率 | % | 20～25 | 分离段时间 | min | 20～30 |

（2）氰的脱除与回收

若煤气净化工艺采用饱和器生产硫酸铵，在脱苯前无脱硫脱氰工序时，煤气的最终直接冷却水中的氰化物可达 200mg/L。其处理方法是将终冷废水送至脱氰装置，吹脱的氰与铁刨花和碱反应，生成亚铁氰化钠（又称黄血盐钠），再予回收。但黄血盐工艺蒸汽耗量高，质量符合要求的铁刨花不易获得，设备易腐蚀。因此，最恰当的解决终冷水排污、消除氰的污染途径是增设煤气终冷前的脱硫脱氰工序。如图 10-61 所示。

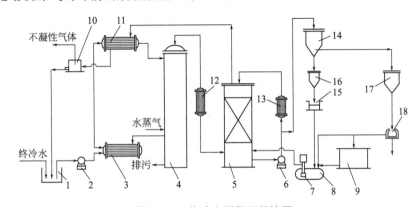

图 10-61　终冷水脱氰工艺流程

1—水池；2—终冷水泵；3—换热器；4—解析塔；5—吸收塔；6—循环泵；7—碱液泵；8—溶碱槽；<br>9—母液槽；10—气液分离槽；11—冷凝器；12—加热器；13—预热器；14—沉降槽；<br>15—过滤器；16—稀释槽；17—结晶槽；18—离心机

HPF 湿式氧化法焦炉煤气脱硫脱氰技术是设置在终冷和洗苯前的，可有效脱除硫和氰的工艺。具体做法是以氨为碱源，以对苯二酚、酞菁钴磺酸铵(PDS)、硫酸亚铁为复合催化剂的湿式液相催化氧化脱硫脱氰工艺。此法脱硫脱氰效率高，脱硫效率为 98% 左右，脱氰效率为 80% 左右，其具体的处理流程如图 10-62 所示。

此技术已成功应用于无锡焦化厂和重庆钢铁公司焦化厂等多家国内焦化企业。据无锡焦化厂的生产实践，煤气入口温度宜保持在 25～30℃，脱硫液温度应控制在 35～40℃，再生塔的鼓风强度一般控制在 100m³/(m²·h)。此外，像鞍山热能研究院与苏州钢铁厂焦化分厂研究的以氨为碱源、OP 型复合催化剂、脱硫废液提盐的湿式氧化脱硫脱氰工艺（简称 OPT 工艺）和东北师范大学研究的酞菁钴磺酸铵(PDS)脱硫工艺都具有国际先进水平。

（3）氨的脱除与回收

通常所谓的氨氮是指以离子形式存在的铵($NH_4^+$)和以非离子形式存在的游离氨($NH_3$)的总和。焦化废水中的氨氮是以游离氨($NH_3$)和固定铵($NH_4^+$)两种形式存在的。固定铵有氯化铵、碳酸铵、硫化铵及多硫化铵等等。氨氮问题是我国焦化废水难以达标的重要问题之一。目前，我国焦化废水中的氨氮质量浓度大都在 1500～2000mg/L，不少企业高达 3000～

4000mg/L。实践证明，现在使用的活性污泥法对焦化废水中氨氮的降解，除吹脱外几乎没有明显效果，因此，氨的脱除与回收利用对焦化废水达标排放与回用至关重要。

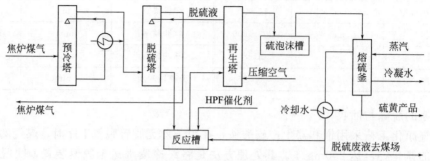

图 10-62　脱硫脱氰预处理工艺流程

剩余氨水中不仅含酚浓度高，含氨浓度也很高。脱除氨通常采用蒸氨法，以回收液氨或硫酸铵。含氨废水经预热分解去除 $CO_2$ 和 $H_2O$ 等酸性气体后，从塔顶进入蒸氨塔，塔底直接吹入的蒸汽将废水中的氨蒸出。含氨蒸汽由冷凝或硫酸吸收，以回收其中的浓氨水或硫铵。蒸氨也是一个传质过程，氨在蒸汽中的分配系数为 13，比酚大得多，所以对挥发酚而言，蒸汽中含氨量较大，而且可直接经冷凝回收氨水，蒸氨效率可达 95% 以上。

蒸氨塔可采用较先进的导向浮阀塔。实际操作中，碱液加入量、蒸汽消耗量及用于控制氨水蒸气温度的冷却水量均随入口剩余氨水流量及氨氮浓度的变化而不断调整，并通过自动化仪表动态监控各指标。关键是 pH 值及塔顶蒸汽温度。pH 值由碱液加入量控制，要求换热器去蒸馏的废水 pH＝10±0.5，或蒸馏后废水 pH＝8～9；塔顶蒸汽温度 90～103℃，以满足蒸出的氨水蒸气达到回收要求（20% $NH_3$）；蒸馏后的废水中 $NH_3$-N 浓度控制在 280mg/L 以内，以满足生化处理时对进水 $NH_3$-N 的要求。其处理流程如图 10-63 所示。

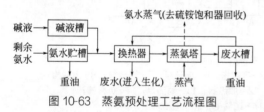

图 10-63　蒸氨预处理工艺流程图

蒸氨塔的主要设计参数见表 10-91。塔直径根据塔顶蒸汽量和气速确定。

表 10-91　蒸氨塔设计参数

| 泡罩塔 | | | 筛板塔 | | |
|---|---|---|---|---|---|
| 项目 | 单位 | 推荐值 | 项目 | 单位 | 推荐值 |
| 板数 | 块 | 20～28 | 板数 | 块 | 34～37 |
| 板间距 | mm | 300～400 | 板间距 | mm | 34～400 |
| 空塔气速 | m/s | 0.6～0.8 | 空塔流速 | m/s | 1～1.5 |
| 每吨氨水所需蒸汽 | kg | 160～200 | | | |

（4）焦油的去除与回收

焦化废水中含有大量的焦油，蒸氨后的废水含油量可达数百甚至上千毫克/升，焦油分离精制废水则含油量更高，这对后续的物化、生物处理有害。当焦油含量达到一定浓度时，活性污泥菌胶团表面会黏附一定量的焦油，阻碍微生物对氧的吸收，从而使污泥的生物活性和生化处理效果下降。另外，污泥表面黏附焦油后，密度减小，会影响活性污泥的沉降性能，使之上浮并流失。一般生物处理进水要求废水含油量不超过 50mg/L，为此需采用除油设备。

隔油设备可以采用平流式隔油池，可使废水含油量降至 20mg/L 左右，乳化油和分散性油可采用气浮法去除，除油效率为 50%～70%。如需提高效率，通常用重力隔油池与滤池、化学混凝和气浮组合的方法。

## 10.9.3　水质调节与影响因素的控制

（1）做好水质调节，确保水质均衡

焦化厂在焦油分离、苯的精制和古马隆的生产中，产生的废水水质水量往往很不稳定。此外，由于管理、设备等原因，焦化厂生产车间（尤其是蒸氨系统）经常会出现故障性废水排放，这会对生物处理工艺造成冲击负荷，因此，采用调节池进行水质调节是非常必要的，并且设计足够容积的调节池容量。调节池容积一般按 8～24h 计算，有的更高，如美国阿麦科公司汉密尔顿焦化厂采用 60h。

（2）生化条件与影响因素的控制

废水的厌氧和好氧生物处理受到众多因素的影响，常分为环境因素和工艺条件两大类。环境因素主要是指温度、pH 值及酸碱度等。工艺条件方面主要有废水水质、微生物浓度、有机负荷和污泥负荷以及主要营养元素和有无有毒有害物质与抑制剂等。上述因素与条件是生化系统是否处于最佳和优化状态的控制要求。对于焦化废水的处理通常是通过硝化菌和反硝化菌的生化作用而实现的。因此，无论采用何种处理工艺，一方面，不同环境因素都将对处理过程和处理效果产生影响；另一方面，这些因素对工艺运行中硝化菌和反硝化菌作用的影响又是不尽相同的。因此，在焦化废水的生物处理工艺的设计和运行过程中必须加以充分的注意。以 A/O 法工艺为例。

① 反硝化（A 段）反应的影响因素和控制要求

1）对反硝化反应最适宜的 pH 值是 6.5～7.5。pH 值高于 8 低于 6，反硝化速率将大为下降。

2）反硝化反应最适宜的温度是 20～40℃，低于 15℃反硝化反应速率降低，为了保持一定的反应速率，在冬季时采用降低处理负荷、提高生物固体平均停留时间以及水力停留时间等措施。

3）反硝化菌属异养兼性厌氧菌，在无分子氧且同时存在硝酸和亚硝酸离子的条件下，一方面，它们能够利用这些离子中的氧进行呼吸，使硝酸盐还原。另一方面，因为反硝化菌体内的某些酶系统组分只有在有氧条件下才能够合成。所以反硝化反应宜于在厌氧、好氧条件交替下进行，故溶解氧应控制在 0.5mg/L 以下。

4）碳源（C/N）的控制。生物脱氨的反硝化过程中，需要一定数量的碳源以保证一定的碳氮比而使反硝化反应能顺利地进行。碳源的控制包括碳源种类的选择、碳源需求量及供给方式等。

反硝化菌碳源的供给可用外加碳源的方法（如传统脱氨工艺）或利用原废（污）水中的有机碳（如前置反硝化工艺等）的方法实现。反硝化的碳源可分为三类：第一类为外加碳源，如甲醇、乙醇、葡萄糖、淀粉、蛋白质等，但以甲醇为主；第二类为原废（污）水中的有机碳；第三类为细胞物质。细菌利用细胞成分进行内源反硝化，但反硝化速率最慢。

当原废（污）水中的 $BOD_5$ 与 TKN（总凯氏氨）之比在 5～8，$BOD_5$ 与 TN（总氨）之比为 3～5 时，可认为碳源充足。如需外加碳源，多采用甲醇 $(CH_3OH)$，因甲醇被分解后

的产物为 $CO_2$、$H_2O$，不产生任何难降解的产物。

② 硝化反应主要影响因素与控制要求

1) 好氧条件，并保持一定的碱度。氧是硝化反应的电子受体，反应器溶解氧的高低必将影响硝化反应的进程，溶解氧含量一般维持在 $2\sim3mg/L$，不得低于 $1mg/L$，当溶解氧低于 $0.5\sim0.7mg/L$ 时，氨的硝化反应将受到抑制。

硝化菌对 pH 值的变化十分敏感，为保持适宜的 pH 值，应在废水中保持足够的碱度，以调节 pH 值的变化，对硝化菌的适宜 pH 值为 $8.0\sim8.4$。

2) 硝化菌在反应器内的停留时间，即生物固体平均停留时间，必须大于最小的世代时间，否则将使硝化菌从系统中流失殆尽。

3) 混合液中有机物含量不宜过高，否则硝化菌难成为占有优势的菌种。

4) 硝化反应的适宜温度是 $20\sim35℃$。当温度由 $5\sim35℃$ 之间由低向高逐渐升高时，硝化反应的速率将随温度的升高而加快，而当低至 $5℃$ 时，硝化反应完全停止。对于去碳和硝化在同一个反应器中完成的脱氨工艺而言，温度对硝化速率的影响更加明显。当温度低于 $15℃$ 时即发现硝化速率迅速下降。低温状态时硝化细菌有很强的抑制作用，如温度为 $12\sim15℃$ 时，反应器出水会出现亚硝酸盐积累现象。因此，温度的控制是很重要的。

5) 有害物质的控制。除重金属外，对硝化反应有抑制作用的物质如高浓度 $NH_3\text{-}N$、高浓度有机基质以及络合阳离子等，应采取预处理措施予以去除。

**(3) 废水的消纳途径**

焦化废水的处理达标排放是废水处理的基本要求，而废水回用与"零排放"是实现废水资源再利用的最终目标。但实现焦化废水"零排放"，要根据企业性质、用水要求、用户条件、使用途径、经济状况采取相应的处理工艺。焦化废水处理后的回用途径不同，其处理程度和工艺也有所不同。应该注意的是，若焦化废水回用于循环水系统的冷却水或补充水等水质要求较高时，则必须进行深度处理。

对有洗煤厂的独立焦化厂，处理后废水可送往洗煤厂，用作洗煤用水或补充水。

对用湿法熄焦的独立焦化厂，处理后废水可用作焦化厂湿法熄焦补充水、除尘补充水和煤厂洒水等。

对采用干法熄焦的焦化厂，应采取深度处理工艺，将处理后废水回用于循环用水系统，实现废水"零排放"。

对钢铁联合企业，处理后废水送炼铁厂用作高炉冲渣水、泡渣水；炼钢厂转炉烟气水除尘用水系统补充水；原料厂洒水，烧结厂配料用水以及用作浊循环用水系统补充水。由于因其对水质的要求不高，处理后焦化废水完全可满足其对水质的要求，可完全消纳而不外排。如济钢焦化厂、沙钢焦化厂、邯钢焦化厂等多厂家都已建设了废水回用系统，实现废水处理回用与"零排放"。

## 10.9.4 技术组合与工艺集成

根据当今焦化废水研究成果和成功应用的工程实践及其处理技术组合与工艺集成，可归纳为如下几种形式：a. 生化法＋物化法的技术组合与工艺集成；b. 生化法＋生化法＋物化法的技术组合与工艺集成；c. 物化法＋生化法＋物化法的技术组合与工艺集成；d. 膜法深度处理组合技术与工艺集成；e. 以废治废组合技术与工艺集成；f. 高新物化法组合技术与工艺集成；g. 药剂法深度处理组合技术与工艺集成。

这些组合形式，其中型式 a、d、e、f 本手册有关章节已有详细介绍，下面仅介绍以下几种及其应用实例。

### 10.9.4.1　生化法+生化法+物化法的技术组合与工艺集成

（1）废水水质水量与处理工艺

① 废水来源与水质水量　生产焦化废水为 30m³/h，生活废水为 10m³/h，总量为 40m³/h。废水处理规模为 50m³/h。废水水质与回用水质要求见表 10-92。

**表 10-92**　进水与回用水质

| 项目名称 | COD /（mg/L） | BOD /（mg/L） | pH 值 | 挥发酚 /（mg/L） | SS /（mg/L） | 氨氮 /（mg/L） | 石油类 /（mg/L） | 氟化物 /（mg/L） |
|---|---|---|---|---|---|---|---|---|
| 进水水质 | 2000～2500 | 1000 | 7～8 | 500～650 | 210 | 150 | 300 | 10 |
| 回用水质 | <50 | <10 | 6～9 | 未检出 | <5 | <15 | <1 | 未检出 |

② 处理工艺　处理工艺选用 A²/O+生物接触氧化法为主体工艺，其工艺流程如图 10-64所示。

生产、生活废水经由提升池进入隔油池去除粒径较大的油珠及相对密度大于 1.0 的杂质。经隔油后的废水进入气浮池，投加破乳剂、混凝剂及助凝剂。可将乳化物的焦油有效去除。另外，COD、BOD 也能部分去除。之后进入调节池，均质均量。调节池的水由潜水泵打入厌氧池。通过厌氧生物发酵去除 COD 和改善废水的可生化性，提高难降解有机物的好氧生物降解性能，为后续的好氧生物处理创造良好条件。而后废水进入缺氧池，废水中的 $NH_3$-N 在下一级好氧硝化反应池中被硝化菌与亚硝化菌转化为 $NO_3^-$ 与 $NO_2^-$-N 的硝化混合液，循环回流于缺氧池，通过反硝化菌的生物还原作用，$NO_3^-$-N 与 $NO_2^-$-N 转化为 $N_2$。缺氧池流出的废水自流入推流式活性污泥曝气池，在此完成含氨氮废水的硝化过程。在此投加适量 $Na_2CO_3$ 以补充碱度，反应温度为 20～40℃，pH 值为 8.0～8.4，此过程要求较低的含碳有机质，以免异氧菌增殖过快，影响硝化菌的增殖，气水体积比 20∶1。与悬浮活性污泥接触，水中的有机物被活性污泥吸附，氧化分解并部分转化为新的微生物菌胶团，废水得到净化。净化后的废水进入二沉池，使活性污泥与处理完的废水分离，并使污泥得到一定程度的浓缩，使混合液澄清，同时排出污泥，并提供一定量的活性微生物。二沉池流出的废水自流入生物接触氧化池，自下

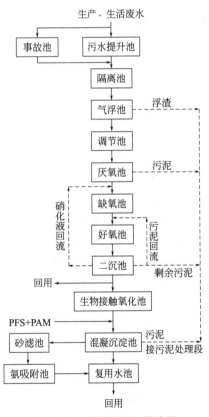

图 10-64　废水处理工艺流程

向上流动。运行中废水与填料接触，微生物附着在填料上，水中的有机物被微生物吸附，氧化分解并部分转化为新的生物膜，废水得到净化。接触氧化池出水经加药、曝气反应后，进入混凝沉淀池。由于二沉池出水仍然不能保证水中悬浮物达到杂用水悬浮固体指标要求，因为废水中含有很多的细小的颗粒，故使其流入砂滤池，其中孔隙为 10～15μm 的石英砂滤料

保证悬浮物大部分被滤料截置，出水清澈。砂滤池的出水可以有选择地进入高效氨吸附池，以沸石为原料对水中的氨氮快速吸附，以进一步保证出水达标回用。

③ 工艺特点　本工艺有以下特点：a. 生物处理工艺采用"气浮＋厌氧＋缺氧＋好氧＋生物接触氧化"主体工艺处理焦化废水，工艺先进，处理效果稳定可靠；b. 对难降解有机物含量高、氨氮浓度高的废水处理有特效；c. 废水处理最后把关工艺沸石吸附，可以有效地保证出水氨氮和 BOD 达到回用要求，并且氨吸附在生物协同的作用下不需要化学解吸，可以反复使用；d. 曝气设备选用高效、低能耗的 BZQ·W-192 型微孔曝气器，具有充气量大、氧利用率高、运行稳定、曝气均匀的特点。

（2）构筑物及设备参数

① 预处理工艺的构筑物与设备

1）污水提升池。主要功能是收集生活污水和生产废水并充分混合，有效容积为 200m³，池体总体积 300m³，有效深度 2m；池底设泵坑，池子顶部设溢流孔，工艺尺寸为 10m×10m×3m；水力停留时间 2h。内安装格栅一台，格栅型号 PG-1200，格栅宽度 $B=1200mm$，排渣高度 1380mm，栅条净距 30mm，安装角度 60°。

2）事故池。废水氨氮的浓度有时高达 600mg/L 左右。故在设计时应考虑事故工况的处理，设一事故池。当水中氨氮可能对后续的生物处理造成危害时，先将废水送到事故池存放，待正常后，将事故废水少量按一定比例混到正常工况排出的废水中，缓慢处理，以保证厌氧菌不被毒死。池体总体积 990m³，有效容积 900m³，工艺尺寸为 18m×10m×5.5m，有效深度 5m，水力停留时间 9h。

3）隔油池。主要功能是去除漂浮油和沉渣。处理能力 100m³/h，采用斜管除油池，表面负荷为 1.0m³/(m³·h)，池体总体积 652.8m³，单池体有效体积 268.8m³，有效深度 2.8m，水力停留时间 2.7h。

4）气浮池。经隔油后的废水进入气浮池。投加破乳剂、混凝剂及助絮凝剂，主要功能是去除分散油和悬浮物。工艺尺寸为 12m×5m×3.5m。设计处理能力 100m³/h，配溶气泵 1 台，溶气罐一套，Z-0.05/6 空压机 1 台。

5）调节池。主要功能是进行废水水量的调节和水质的均和。设计处理能力 100m³/h，钢砼结构，工艺尺寸为 18m×10m×5.5m，水力停留时间 9h。

② 生化处理工艺的构筑物与设备

1）厌氧池。厌氧生物发酵池的主要目的是去除 COD 和改善废水的可生化性。设计处理能力 100m/h，池体总容积 1088m³，有效容积 806m³，有效水深 6.3m，COD 容积负荷 3kg/(m³·d)；水力停留时间 10h；工艺尺寸 16m×8m×8.5m。厌氧池底部布水，采用专用布水器，每只服务面积 4m²，采用弹性立体填料，高度 3m，总装填量为 360m³。

2）缺氧池。缺氧池是生物脱氧的主要工艺设备，废水中的 $NH_3$-N 在下一级好氧硝化反应池中被硝化菌与亚硝化菌转化为 $NO_3^-$-N 与 $NO_2^-$-N 的硝化混合液，循环回流于缺氧池，通过反硝化菌的生物还原作用，$NO_3^-$-N 与 $NO_2^-$-N 转化为 $N_2$。总体积 1904m³，有效体积 1632m³，有效水深 6m，水力停留时间 17h，工艺尺寸 16m×17m×7m。在缺氧池前投加磷，磷源采用硝酸氢二钠，投加量为 10mg/L。

3）好氧池。好氧池采用推流式活性污泥曝气池，它由池体、布水和布气系统 3 部分组成。设计处理能力 100m³/h，总容积 4840m³，有效容积 3500m³，有效深度 4.0m。配 HSR250 鼓风机 3 台，2 用 1 备，BZQ·W-192 曝气器 4200 套，硝化液回流泵 2 台。

4）二沉池。二沉池是活性污泥法工艺的重要组成部分，采用平流式，设计处理能力 700m³/h，池体尺寸 14m×30m×3.5m，2 座，沉淀时间 HRT＝3.5h，表面负荷 0.85m³/(m²·h)；

沉淀部分有效水深 3m；底部活性污泥靠吸刮泥机排入池边附设的污泥回流井。配刮吸泥机各 1 套，污泥回流泵 1 台。

5）生物接触氧化池。主要功能是通过好氧微生物的代谢活动，分解前面工序处理后废水中剩余的有机物和去除氮磷物质。设计处理能力 100m³/h，池体总容积 576m³，有效容积 512m³，有效水深 6.3m，COD 容积负荷 0.5kg/(m³·d)；水力停留时间 10h；工艺尺寸 16m×8m×4.5m。采用弹性立体填料，高度 3m，总装填量为 384m³。

③ 深度处理工艺的构筑物与设备

1）混凝沉淀池。混凝沉淀池属于生物接触氧化处理的一个重要组成部分。设计处理能力 100m³/h，混合絮凝反应池工艺尺寸 85m×3m×2.5m，其中反应室 5.5m×3m×2.5m，混合时间为 10min，反应时间为 20min，混合气设置穿孔管搅拌装置，反应器设置搅拌机，配加药装置 2 套。沉淀池采用辐流式，池体尺寸：$D \times H = \phi14m \times 4.6m$，沉淀时间 HRT=15h，表面负荷 0.65m³/h；沉淀部分有效水深 5.3m；底部活性污泥靠静压排入池边附设的排泥池。内设刮泥机各一套。

2）砂滤池。砂滤池采用石英砂滤料，孔隙为 10～15μm，而废水中大部分细小颗粒的粒径集中在 10～100μm，可保证悬浮物大部分被滤料截留，出水清澈。设计处理能力 100m³/h，采用压力过滤器。采用双层滤料，滤料采用石英砂和无烟煤，滤料直径 0.5～1.2mm，滤料填充高度 1.2m，砂滤池滤速 8m/h，反冲洗膨胀率 20% 左右。过滤器尺寸 Φ2000mm×2400mm，4 座，钢结构防腐。

3）高效氨吸附池。虽然 A²/O 工艺在正常工况下可使氨氮浓度达标排放，但对于一些事故工况或在冬季处理效果欠佳时，出水氨氮可能超标，因此，设立高效氨氮吸附池，以沸石为原料对水中的氨氮快速吸附，以进一步保证出水达标回用。沸石最佳吸附容量为 4.5mg（氨氮）/g（沸石），设计处理能力 1.00m³/h；工艺尺寸 4.8m×4.8m×3m，2 座，地下式钢砼结构。空塔流速约 2m/h，内设沸石吸附层和砾石承托层。

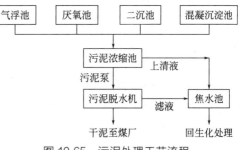

图 10-65 污泥处理工艺流程

④ 污泥处理工艺 污泥处理工艺主要包括污泥浓缩、污泥脱水 2 部分，如图 10-65 所示。

1）污泥浓缩池。污泥浓缩后含固率的提高会使污泥的体积大幅度的减少，从而可以大大降低脱水过程的投资和运行费用。采用两池间歇操作方式，单池停留时间 24h。工艺尺寸 5m×5m×6.6m，半地上式钢砼结构。总容积 330m³，有效容积 200m³，有效深度 4m。浮渣采用人工清除，浓缩后污泥靠污泥泵吸入污泥脱水机。

2）污泥脱水机。经过浓缩后的污泥仍是能流动的，必须进行污泥脱水。采用箱式压滤机，型号 XM2800-UB，配螺旋泵 2 台。

（3）运行状况

系统运行良好，其水质监测平均结果见表 10-93。

表 10-93 系统运行出水监测平均结果　　单位：mg/L（pH 值除外）

| 项目 | | pH 值 | COD | BOD₅ | 酚 | SS | 氨氮 | 油类 |
|---|---|---|---|---|---|---|---|---|
| 隔油池 | 进水 | 8.23 | 2616.3 | 1108.3 | 561.4 | 216.6 | 163.2 | 309.1 |
| | 出水 | 8.21 | 2226.5 | 1023.6 | 513.2 | 153.6 | 157.4 | 162.3 |

| 项目 | | pH 值 | COD | BOD$_5$ | 酚 | SS | 氨氮 | 油类 |
|---|---|---|---|---|---|---|---|---|
| 气浮油 | 进水 | 8.21 | 2226.5 | 1023.6 | 513.2 | 153.6 | 157.4 | 162.3 |
| | 出水 | 8.03 | 1856.3 | 951.9 | 305.8 | 46.7 | 143.4 | 30.1 |
| 厌氧池 | 进水 | 8.03 | 1856.3 | 951.9 | 305.8 | 46.7 | 143.4 | 30.1 |
| | 出水 | 8.23 | 1546.7 | 737.6 | 253.7 | — | 134.8 | 19.2 |
| 缺氧池 | 进水 | 8.23 | 1546.7 | 737.6 | 253.7 | | 134.8 | 19.2 |
| | 出水 | 8.31 | 1215.9 | 491.2 | 181.3 | | 101.2 | 9.3 |
| 好氧池 | 进水 | 8.31 | 1215.9 | 491.2 | 181.3 | | 101.2 | 9.3 |
| 沉淀池 | 出水 | 7.62 | 329.3 | 106.4 | 12.3 | | 47.3 | 5.1 |
| 生物接触氧化池 | 进水 | 7.62 | 329.3 | 106.4 | 12.3 | | 47.3 | 5.1 |
| | 出水 | 7.43 | 121.6 | 20.3 | 1.2 | | 12.6 | 1.3 |
| 混凝沉淀池 | 进水 | 7.43 | 121.6 | 20.3 | 1.2 | | 12.6 | 1.3 |
| | 出水 | 7.13 | 89.2 | 19.6 | 0.4 | 15.3 | 12.5 | 0.5 |
| 砂滤 | 进水 | 7.13 | 89.2 | 19.6 | 0.4 | 15.3 | 12.5 | 0.5 |
| | 出水 | 7.14 | 45.6 | 17.6 | 0.3 | 5.6 | 12.2 | 0.2 |
| 氨吸附池 | 进水 | 7.14 | 45.6 | 17.6 | 0.3 | 5.6 | 12.2 | 0.2 |
| | 出水 | 6～9 | 31.2 | 8.3 | 0.1 | 3.1 | 8.3 | 未检出 |

该工程固定总投资约为人民币 826.00 万元，工程运行吨废水电费 1.77 元；吨运行药剂费为 1.60 元；该废水处理站定员 5 人，每人月工资 3000 元，则吨水处理人工费 0.51 元/m³；固定资产形成率按照 90% 计，年维修费率按照 2% 提取，吨水处理维修费 0.42 元/m³；日产生含水率 75% 污泥约 24t，吨污泥处理处置费用 1.25 元；吨水处理运行总费用约为人民币 5.66 元。

该处理工艺采用 A²/O＋接触氧化＋药剂法的技术集成与组合工艺，实现稳定运行，COD 去除率达 98.8%，出水 COD 为 31.2mg/L；NH₃-N 去除率为 94.9%，出水氨氮为 8.3mg/L，以及其他水质指标均达到 GB 16171—2012 新国际要求，实现处理后废水全部回用与"零排放"的目标。

### 10.9.4.2 物化法+生化法+物化法的技术组合与工艺集成

（1）废水来源与设计进、出水质

① 废水来源组成与水量　邯钢新区焦化厂有 4 座 JNX70-2 型复热式焦炉，年产焦炭 209 万吨。生产工序主要由备煤、炼焦、煤气净化精制和干熄焦等主要生产设施及配套设施组成。在炼焦生产过程中除了产生大量的烟粉尘污染物外，在煤气净化精制过程中还产生大量的高浓度的酚氰废水。其焦化废水来源组成及水量见表 10-94。

表 10-94　废水来源及水量

| 废水来源 | 水量/(m³/h) |
|---|---|
| 蒸氨废水 | 70 |
| 焦油精制废水 | 11 |

| 废水来源 | 水量/(m³/h) |
|---|---|
| 焦化厂及公司各煤气水封水 | 10 |
| 预留苯加氢车间废水 | 0.5 |
| 生活污水 | 6 |
| 新区各工段轴封、冷却排水 | 19 |
| 邯钢新区电厂外排含酚废水 | 40 |

此外，邯钢新区其他厂送来的煤气水封水，平均 15m³/h，最大 20m/h，其他 3.5m³/h，合计 180m³/h。

② 设计进、出水水质　设计混合后废水进水水质及出水水质见表 10-95。

**表 10-95**　设计进、出水水质

| 项目 | 进水水质 | 出水水质 |
|---|---|---|
| COD/(mg/L) | ≤3500.00 | ≤100 |
| $NH_3$-N/(mg/L) | ≤300.00 | 15.0 |
| $CN^-$/(mg/L) | ≤20.00 | 0.50 |
| 酚/(mg/L) | ≤700.00 | 0.50 |
| pH 值 | 7~8 | 6~9 |

（2）处理工艺与技术特征

① 处理工艺　本工艺分三段对废水进行处理。预处理段采用"隔油沉淀＋气浮"工艺去除废水中的悬浮物、油及 SS；生化处理段采用 A/O 工艺去除废水中的酚、氰等有机污染物以及氨氮；深度处理段采用"混凝沉淀＋BAF（曝气生物滤池）"工艺进一步去除废水中的 COD。污泥处理段采用"污泥浓缩池＋带式污泥脱水"工艺，脱水后污泥定期外运填埋。本项目废水处理规模为 $Q＝320m³/h$（其中原水处理量为 180m³/h，回流配水量为 140m³/h）。工艺如图 10-66 所示。

② 工艺特征

1) 工艺流程先进可靠，氨氮和 COD 的去除率达到 96％以上，可有效保证达到或接近 GB/T 16171—2012《炼焦化学工业污染物排放标准》。

2) 预处理采用重力式隔油和气浮工艺，可以有效降低油、硫化物等对生化处理的不利影响。

3) 以废水中的有机物作为反硝化碳源和能源，不需补充外加碳源。废水中的部分有机物通过反硝化去除，减轻了后续好氧段负荷，减少了动力消耗。反硝化产生的碱度可部分满足硝化过程对碱度的要求，因而降低了化学药剂的消耗。在 A/O 工艺好氧段根据有机物的逐步降解，在好氧阶段采用减缓曝气，以降低动力消耗。

4) 混凝处理段采用严格筛选的焦化废水处理专用药剂，运行成本低，去除效率好，能够确保出水达标排放和回用。

（3）主要工艺参数与运行效果

① 工艺概况与主要工艺参数

1) 工艺概况。A/O 池是本废水处理工艺的核心单元，该工艺由缺氧反应池和两级好氧反应池两部分组成。废水首先进入缺氧反应池（A 池），在这里反硝化细菌利用原水中的有机

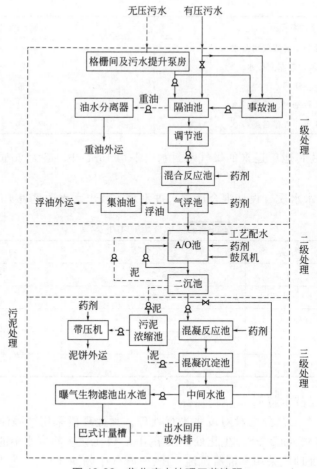

图 10-66　焦化废水处理工艺流程

物作为电子受体而将回流混合液中的 $NO_2^-$ 和 $NO_3^-$ 还原成气态氮化合物（$N_2$、$N_2O$），反硝化反应如下：

$$2NO_2^- + 6H \longrightarrow N_2 + 2H_2O + 2OH^-$$
$$2NO_3^- + 10H \longrightarrow N_2 + 4H_2O + 2OH^-$$

反硝化菌是兼性厌氧菌，由于氧的存在会阻碍硝态氮的还原，因此，反硝化反应必须在缺氧的条件下进行，在此过程中以有机物为碳源和电子供体，将硝态氮还原为氮气，实现总氮的脱除和 COD 的降解。

反硝化出水流经两级曝气池，在这里残留的有机物被氧化，氮和含氨化合物被硝化。污泥回流的目的在于维持反应池中的污泥浓度，防止污泥流失。混合液回流旨在为反硝化提供电子受体（$NO_2^-$ 和 $NO_3^-$），同时达到去除硝态氮的目的。硝化反应：

$$2NH_4^+ + 3O_2 \longrightarrow 2 NO_2^- + 4H^+ + 2H_2O$$
$$2NO_2 + O_2 \longrightarrow 2NO_3^-$$
$$2NH_4^+ + 4O_2 \longrightarrow 2NO_3^- + 2H_2O + 4H^+$$

2）主要工艺参数。A-O 段分两个系统，设计总处理水量为 320m³/h，其中包括原水 180m³/h 和二次配水 140m³/h 两部分。"O" 池末端的出水直接回流到配水井，回流比取 200%～400%。缺氧段共设 8 台潜水搅拌机（每组 4 台）用于缺氧段的混合搅拌。好氧段采用鼓风曝气，曝气头选用德国进口管式曝气器；鼓风机房内设 3 台罗茨鼓风机（2 用 1 备），单台参数：$Q=100\text{m}^3/\text{min}$，"O"池末端的回流井内设有混合液回流泵 1 台。

工艺的控制参数如下。

a. 为了保证废水中的 $NH_3$-N 达标排放，必须控制进水中的 $NH_3$-N 浓度和 COD 浓度，确保硝化菌的成长和活性。适宜的进水条件为 COD≤2000mg/L、$NH_3$-N≤150mg/L，因此需将废水稀释后处理。

b. 污泥负荷：0.2～0.25kg COD/(kg MLSS·d)。

c. 溶解氧（DO）：3.0～4.5mg/L。

d. MLSS：3.0～4.0g/L。

e. SV：20%～50%。

f. 进水温度控制在 30℃，pH 值为 7.2～8.5。

② 运行效果　该工程于 2008 年 10 月正式投入使用，在调试初期受各种因素影响水质波动较大，运行稳定后各种水质指标基本达到设计要求，见表 10-96，并有很高的去除率。该工艺处理效果良好，除污染效率高，具有较好的耐冲击能力，处理效果稳定，为焦化废水处理和老工艺改造提供了一条切实可行的途径。国内采用以 A/O 法组合技术用于焦化废水处理已有很多成功经验可借鉴。

表 10-96　运行后实测水质

| COD/(mg/L) | | 去除率/% | $NH_3$-N/(mg/L) | | 去除率/% | 酚/(mg/L) | | 去除率/% | 氰/(mg/L) | | 去除率/% |
|---|---|---|---|---|---|---|---|---|---|---|---|
| 进水 | 出水 | | 进水 | 出水 | | 进水 | 出水 | | 进水 | 出水 | |
| 3700 | 110 | 97 | 350 | 17 | 95.1 | 771 | 0.16 | 99 | 2.3 | 0.15 | 93.5 |
| 3608 | 106 | 97 | 400 | 15 | 96.3 | 761 | 0.14 | 99 | 2.5 | 0.11 | 95.6 |
| 3705 | 90 | 98 | 450 | 13 | 97.1 | 758 | 0.21 | 99 | 1.9 | 0.16 | 91.6 |
| 3017 | 95 | 97 | 330 | 14 | 95.8 | 685 | 0.14 | 99 | 1.8 | 0.14 | 92.2 |
| 3384 | 110 | 97 | 321 | 11 | 96.6 | 815 | 0.29 | 99 | 1.9 | 0.11 | 94.2 |
| 3568 | 105 | 97 | 315 | 9 | 97.1 | 665 | 0.11 | 99 | 2.3 | 0.098 | 95.7 |
| 3308 | 94 | 97 | 302 | 11 | 96.4 | 742 | 0.09 | 99 | 3.1 | 0.095 | 96.9 |
| 3609 | 89 | 98 | 258 | 8.6 | 96.7 | 689 | 0.05 | 99 | 1.5 | 0.15 | 90.0 |

### 10.9.4.3　药剂法深度处理技术组合与工艺集成

焦化废水经生化法处理后，通常还有一定量的悬浮物和溶解性有机物，COD 和色度仍然较高，尚需用吸附或混凝等物化法进一步处理。吸附法国内外较常用的方法有活性炭、粉煤灰、沸石等，但存在成本高或残渣难以处理等问题，因而实际应用时大多采用混凝法。混凝法的关键在于选用混凝剂，目前国内焦化厂家一般较多采用聚合硫酸铁(PFS)、聚合氯化铝(PAC)、聚丙烯酰胺(PAM)等。为了提高深度处理效果，有些大型联合企业针对该厂的生化废水特征，研究并采用新型水处理药剂，并取得独特的效果。

我国焦化厂焦化废水处理大都采用以蒸氨工艺和 $A^2$/O、A/O 法为主的活性污泥法处理工艺。但其外排水达不到回用或 GB/T 16171—2012《炼焦化学工业污染物排放标准》要求。为此常在生化段沉淀出水中加入吸附剂和混凝剂做进一步处理（后处理或深度处理），根据《焦化工业节水减排与废水回用技术》的相关内容经汇总，其结果见表 10-97。

表 10-97　焦化废水药剂法深度处理效果

| 编号 | 废水水质水量 | | | 处理工艺与出水水质 | | | 深度处理工艺与出水水质 | | | 备注 |
| | 水量 /(m³/h) | COD /(m³/h) | NH₃-N /(m³/h) | 处理工艺名称 | COD /(mg/L) | NH₃-N /(mg/L) | 处理工艺 | COD /(mg/L) | NH₃-N /(mg/L) | 资料来源 |
|---|---|---|---|---|---|---|---|---|---|---|
| 1 | 70～100 | 2000～3500 | 300 | A²/O | 110.3 | 35.5 | PFS+PAM | 89.3 | 25.3 | [54] |
| 2 | 50 | 2616 | 163 | A²/O+生物滤床 | 743 | 12.6 | PFS+PAM 砂滤 | 45.6 | 12.2 | [126] |
| 3 | 150 | 1500～2500 | 150～300 | HSB+A²/O | 130～140 | 10～15 | PFS+PAM | 85～92 | 8～10 | [128] |
| 4 | — | 2000～10000 | 700～1500 | 絮凝+厌氧+生物流化床 | 100～150 | 20～30 | 膜法 | <40 | <8 | [100] |
| 5 | 80 | 5000～6000 | 200～300 | 絮凝+A²/O | 80～142 | 9～10 | FeSO₄+PAM | 60～100 | 15～23 | [129] |
| 6 | 320 | 3500 | 300 | 絮凝+A²/O | — | — | PAS+除气生物滤池 | 85 | 7.8 | [127] |
| 7 | 130～200 | 1000～2000 | 200～300 | A/O² | 200～300 | <15 | PAS+陶粒过滤 | 90 | <15 | [112] |
| 8 | 300 | 800 | 200 | A/O | 180～20 | <15 | PFS | 60～98 | <15 | [130] |
| 9 | — | 1500～2000 | 50～300 | A/O² | 200～400 | — | M180 | 40～70 | — | [70][131] |

表 10-97 表明如下。

1）要实现废水深度处理达标排放、回用与"零排放"与焦化生产源头控制，实现废水减量化，废水中有毒、有害物质少量化关系极大；

2）预处理后废水水质的好坏，有毒、有害有机物的高低，是焦化废水处理系统成功与失败的关键；

3）实践表明，药剂法深度处理技术可靠易行，出水水质稳定，其中以 PFS 或 PAC 与 PAM 组合应用较广；

4）实践表明，药剂法深度处理进水水质对出水水质有一定影响，随着进水水质升高而增大，但升高幅度不大，表明药剂深度处理法对确保焦化废水处理出水水质具有可靠性与稳定性。

# 第 11 章

# 烧结厂废水处理与回用技术

烧结生产是将铁矿粉(精矿粉或富矿粉)、燃料(无烟煤或焦粉)和熔剂(石灰石、白云石和生石灰)按一定比例配料、混均、再在烧结机点火燃烧。利用燃料燃烧的热量和低价铁氧化物氧化放热反应的热,使混合料熔化黏结而成烧结矿。

烧结工序的生产废水含有大量的粉尘,粉尘中含铁量一般占 40%～45%,并含有 14%～40% 的焦粉、石灰料等有用成分。因此,烧结工序节水减排原则是一水多用,串级使用,循环回用,对废水进行有效针对处理和全部回收利用,不仅实现废水"零排放",而且对其沉渣亦应作为烧结球团的配料,实现废渣"零排放"。

## 11. 1 用水特征与废水水质水量

烧结厂是冶炼前原料准备的重要部分。烧结主要生产工艺流程自配料开始至成品矿输出为止,包括焦炭破碎筛分、配料、混合、点火、烧结、冷却、成品筛分等工序。因此,烧结厂用水有工艺用水、工艺设备冷却用水、除尘用水、清扫用水以及原料场用水等。

### 11. 1. 1 用水特征与用水要求

(1) 原料场

现代化钢铁企业,原料场的功能已不仅限于存放生产原料,它已将各产地运来的不同类型的铁矿粉和钢铁企业的含铁尘泥、废渣等多种原料,通过堆料机、取料机的作业,混匀成为化学成分相对均匀的混合矿,然后再送往烧结厂的配料系统。由于功能的扩展,原料场的用水与用水要求有较大的改变和提高。

① 原料场用水为卸料除尘用水、清扫地坪用水、露天堆料与防尘喷雾用水等。

② 卸料除尘用水主要为受料槽和翻车机卸料作业过程中的水力除尘用水。通常洒水量为每平方米每次 1.0～1.5L,采用洒水车每班一次,夏季适当增加。水质无特殊要求。

③ 清扫地坪用水。原料场的通廊、转运站等建筑面积不大,但布置分散,废水难以收集处理回用,宜采用洒水清扫保洁和就地回收散落原料的方式保护环境。

④ 露天料堆防尘喷雾用水。由于受风力影响造成原料飞扬损失而形成大气污染环境:每年损失原料为 0.5%～2%,料堆附近的大气含尘最高可达 $100mg/m^3$,因此,必须重视原料场原料损失与防尘措施。通常设计采用特制喷头 (或水枪) 喷出水雾抑制粉尘飞扬,先进的抑尘方法是在喷水中加入特制药剂,使料堆上的粉尘颗粒被加湿并形成一定硬度的保护层。

⑤ 原料场通常不产生废水,雨水通过排水沟排入厂区总雨水管网,由于下雨时粉料易

流失，应在每条排水沟起点设小型沉淀池，定期回收粉料，减少原料粉矿损失。

（2）烧结、球团

① 烧结、球团生产用水主要为抽风机、环冷机、热筛、混合机、造球机、物料加湿搅拌与除尘用水等。

② 烧结工序用水主要用于混合工艺。当以细磨精矿为主要原料时，采用二次混合工艺（简称二次混合）；当以富矿为主要原料时，可采用一次混合工艺（简称一次混合）。目前大多数采用二次混合工艺。一次混合加水主要是润湿混合料，二次混合加水是为了造球。

③ 烧结工序主要用水点的水质水量等要求及其用水设计指标见表11-1。

④ 烧结机冷却用水。应设计水冷隔热板冷却器，通过水的流动冷却点火器。其用水量见表11-1。

⑤ 烧结矿破碎设备冷却用水。由于烧结矿温度高，破碎机的主轴芯需通水冷却。其用水量与用水要求见表11-1。

⑥ 抽风机的设备冷却用水。常采用电动机空气冷却器和油冷却器，为保证其运行时升温冷却，均需管外通水以冷却空气降温。其用水量与水质要求见表11-1。

表 11-1　烧结厂主要用水点与用水指标

| 用水点名称 | | 水质（悬浮物）/（mg/L） | 水压/MPa | 水温/℃ | | 给水系统 | 烧结机规格/m² | | | | | | | | 备注 |
| --- | --- | --- | --- | --- | --- | --- | --- | --- | --- | --- | --- | --- | --- | --- | --- |
| | | | | 进水 | 出水 | | 18 | 24 | 50 | 75 | 90 | 130 | 180 | 450 | |
| | | | | | | | 用水量/（m³/h） | | | | | | | | |
| 工艺用水 | 一次混合 | 无要求 | 0.20 | 无要求 | | 复用水 | 2~4 | 3~5 | 6~10 | 10~15 | 10~17 | 10~25 | 13~30 | 30~55 | 水温高好 |
| | 二次混合 | ≤30 | 0.20 | 无要求 | | 复用水 | 0.5~1.5 | 1~2 | 2~4 | 2.5~5 | 3~6 | 4~8 | 3~9 | 10~15 | 水温高好 |
| 工业设备冷却用水 | 烧结机隔热板冷却 | ≤30 | 0.20 | ≤33 | ≤43 | 净循环水 | 8 | 8 | 10 | 10 | 10 | 16 | 16~20 | 35~55 | |
| | 单辊破碎机轴芯冷却 | ≤30 | 0.20 | ≤33 | ≤43 | 净循环水 | 20 | 20 | 22 | 22 | 22 | 25 | 40 | 120 | |
| | 热矿筛横梁冷却 | ≤30 | 0.20 | ≤33 | ≤43 | 净循环水 | 1 | 1 | 2 | 2 | 2 | 2~4 | | | |
| | 主抽风机电机冷却器 | ≤30 | 0.20 | 33（≤25） | ≤43 | 净循环水 | | | 40 | 52 | 52 | 90 | 110 | 150 | |
| | 主抽风机油冷却器 | ≤30 | 0.20 | ≤33（≤25） | ≤43 | 净循环水（或新水） | 8 | 8 | 12 | 12 | 12 | 16 | 16 | 40 | |

续表

| 用水点名称 | | 水质(悬浮物)/(mg/L) | 水压/MPa | 水温/℃ 进水 | 水温/℃ 出水 | 给水系统 | 18 | 24 | 50 | 75 | 90 | 130 | 180 | 450 | 备注 |
|---|---|---|---|---|---|---|---|---|---|---|---|---|---|---|---|
| | | | | | | | 用水量/(m³/h) | | | | | | | | |
| 工业设备冷却用水 | 电除尘风机冷却 | ≤30 | 0.20 | ≤33(≤25) | ≤43 | 净循环水(或新水) | 3 | 3 | 5 | 5 | 8 | 10 | 15 | 40 | |
| | 环冷机设备冷却 | ≤30 | 0.20 | ≤33(≤25) | ≤43 | 净循环水(或新水) | 4.5 | 4.5 | 20 | 20 | 20 | 47 | 55 | 75 | |
| 除尘用水 | 粉尘润湿 | ≤30 | 0.20 | 无要求 | | 净循环水(或新水) | 1 | 1 | 1~2 | 1~2 | 1~2 | 2 | 3 | 5 | |
| | 湿式除 | ≤200 | 0.20 | 无要求 | | 浊循环 | 4~8 | 4~ | 5~ | 5~10 | 6~12 | 6~12 | 8~15 | 8~15 | |
| | 尘器用水 | | | | | 水(或复用水) | 8 | 10 | | | | | | | |
| 清扫用水 | 冲洗地坪 | ≤200 | 0.20 | 无要求 | | 浊循环水 | 根据冲洗龙头数量确定，每个龙头用水量为3.6m³/h，同时使用率为30% | | | | | | | | |
| | 清扫地坪 | ≤200 | 0.20 | 无要求 | | 浊循环水 | 根据洒水龙头数量确定，每个龙头用水量为1.5m³/h，同时使用率为25% | | | | | | | | |
| 每吨烧结矿用新水量/m³ | | 生产用水，含空调用水 | | | | | 0.1~0.4 | | | | | 0.2 | 0.24 | | 不含生活用水 |
| 每吨烧结总矿用水量/m³ | | 生产用水，含空调用水 | | | | | 0.6~3.0 | | | | | 1.6 | 1.5 | | 不含生活用水 |

⑦ 湿式除尘与地坪清扫冲洗用水。为减少扬尘、保护生产环境以及节水减排，目前一般在配料、混合和烧结等生产区采用水力冲洗地坪，而在转运站、筛分等地采用洒水清洗地坪。

⑧ 风机等设备的冷却用水均为进水水温≤25℃的水量，如采用水温小于或等于33℃的净循环冷却水时，其用水量应按式(11-1)进行换算，或以设备厂提出的水量要求为准。

冷却水量换算式为：

$$QC_1(t_2 - t_1) = GC_2(t_2' - t_1') = (1-\eta)860N \tag{11-1}$$

式中，$Q$ 为冷却水量，kg/h；$C_1$ 为水的质量比热容，kcal/(kg·℃)，取 $C_1=1$；$t_2$ 为出水温度，℃；$t_1$ 为进水温度，℃；$G$ 为冷却油量，kg/h，$G=Vr$；$C_2$ 为油的质量热容，kcal/(kg·℃)，取 $C_2=0.5$；$t_2'$ 为进油温度，℃，取 $50\sim55$℃；$t_1'$ 为出油温度，℃，取 $43\sim47$℃；$\eta$ 为电机效率，%；$N$ 为电机功率，kW；$V$ 为冷却油量，L/h；$r$ 为油的密度，t/m³，一般取 $0.9$t/m³。

油冷却器的换热面积按公式(11-2)计算：

$$F = \frac{T}{K_{\Sigma}\Delta t} \tag{11-2}$$

式中，$F$ 为油冷却器的换热面积，$m^2$；$T$ 为油放出的热量，kcal/h，$T=(1-\eta)860N$；$K_\Sigma$ 为总传热系数，当油冷却器内油的平均流速为 $0.2\sim0.3m/s$ 时 $K_\Sigma=100\sim130kcal/(m^2 \cdot h \cdot ℃)$，一般取 $100kcal/(m^2 \cdot h \cdot ℃)$；$\Delta t$ 为从油到水的计算平均温度差，℃，

$$\Delta t = \frac{t_2{'}-t_1{'}}{2} = \frac{t_2-t_1}{2} \tag{11-3}$$

由烧结机卸出的烧结矿温度高达 750℃ 左右，应及时冷却，需设置热矿筛及冷却设备，将烧结矿冷却至 100℃ 左右，以确保输送皮带的正常运行，冷却设备一般采用环式冷却机或带式冷却机进行机械通风冷却。环式或带式冷却机设备冷却用水点为风机和稀油站润滑冷却用水。用水量和用水要求参见表 11-1。

单辊破碎机是热烧结矿的破碎设备。由于烧结矿温度较高，为减少高温影响，破碎机的主轴轴芯需通水冷却。用水量和用水要求参见表 11-1。

此外，在烧结机的机尾一般设有监控烧结矿的摄像机，该摄像机需要冷却用水。其用水量较小，一般采用 $DN$ 15mm 的给水管，水压 $\geqslant0.20MPa$，水质为净循环水。

## 11.1.2 废水特征与水质水量

（1）废水来源与水质水量

烧结厂生产废水主要来自湿式除尘器、冲洗输送皮带、冲洗地坪和冷却设备产生的废水。有的烧结厂上述四种兼有，有的厂只有其中两三种，一般情况下有湿式除尘、冲洗地坪两种废水。先进的大型烧结厂（如宝钢烧结厂）则不设地坪冲洗水，改为清扫洒水系统，为烧结废水循环利用与实现"零排放"提供有利条件。

根据烧结厂用水要求，其废水来源与水质水量主要有 5 种。

① 胶带机冲洗废水。烧结系统胶带机用于输送及配料。对大型钢铁联合企业而言，胶带冲洗水量为每吨烧结矿为 $0.0582m^3$。冲洗废水中所含悬浮物（SS）量达 5000mg/L。循环水质要求悬浮物的质量浓度应不大于 600mg/L。

② 净环水冷却系统排污水。净环水主要用于设备的冷却，使用后仅水温有所升高，经冷却后即可循环使用。水经冷却塔冷却时，由于蒸发与充氧，使水质具有腐蚀、结垢倾向，并产生泥垢。为此，需对冷却水进行稳定处理，在冷却水中投加缓蚀剂、阻垢剂、杀菌剂、灭藻剂，并排放部分被浓缩的水，补充部分新水，以保持循环水的水质。排污水中含有悬浮物及水质稳定剂。对大型钢铁联合企业来说，净循环、水冷却系统排污水量为 $0.04m^3/t$（烧结矿）。

③ 湿式除尘废水。现代烧结厂大都采用干式除尘装置，但也有采用湿式除尘装置的，这样就产生了湿式除尘废水。除尘废水中的悬浮物的质量浓度高达 $5000\sim10000mg/L$。其废水量约为 $0.64m^3/t$（烧结矿）。表 11-2 为某烧结厂除尘废水沉渣中的化学成分。从表11-2可以看出，烧结厂废水经沉淀浓缩后污泥含铁量很高，有较好的回收价值。

表 11-2 某烧结厂除尘废水化学成分

| 水样 | 成分/% | | | | | | | |
|------|--------|--------|--------|--------|--------|--------|--------|--------|
| | 总 Fe | FeO | $Fe_2O_3$ | $SiO_2$ | CaO | MgO | S | C |
| 1 | 50.12 | 13.75 | 56.40 | 11.40 | 6.69 | 2.54 | 0.115 | 5.5 |
| 2 | 51.23 | 15.20 | 56.37 | 13.23 | 4.69 | 2.10 | 0.108 | 5.42 |
| 平均 | 50.68 | 14.48 | 56.39 | 12.32 | 5.69 | 2.32 | 0.112 | 5.46 |

④ 煤气水封阀排水。为便于检修，在煤气管道上设置水封阀，煤气中的冷凝水通过水

封阀、凝结水罐排入集水坑，水中含有酚类等污染物，定期用真空槽车抽出并送往焦化厂的废水处理系统进行净化。水量为 $0.2m^3/$ 次。

⑤ 地坪冲洗水。对于车间地坪、平台，如均用水冲洗时，会产生大量的废水，给废水收集输送带来困难。但若全部采用洒水清扫，则对局部灰尘较大的场所达不到理想的效果。因此，目前一般在配料、混合和烧结等车间采用水力冲洗地坪，在转运站、筛分等车间采用洒水清扫地坪。冲洗地坪水量可按实际使用洒水龙头数计算水量。

（2）废水特征

① 烧结厂外排废水中矿物含量高，有较好的回收利用价值。烧结厂外排废水中以夹带固体悬浮物为主，含有大量粉尘，粉尘中含铁量占 $40\%\sim50\%$，并含有 $14\%\sim40\%$ 的焦粉、石灰粉等有益矿物，有较高的回收价值。因此，烧结矿的外排废水必须治理，这不仅保证排水管道不发生堵塞，减少水体污染，而且是湿式除尘设备正常运转及水力冲洗地坪的正常工作必不可少的环节。

② 烧结厂废水污泥粒径小，黏度大，渗透性小，脱水困难。烧结厂废水中固体物的综合密度一般为 $2.8\sim3.4t/m^3$，粒径小于 $74\mu m$（$\sim200$ 目）的占 $90\%$ 以上，黏度大，难以脱水。因此，在烧结厂的污泥利用时，脱水的好坏是一个技术性很强的关键问题。

③ 烧结厂外排废水的水量与水质的不均衡性。烧结厂的物料添加水量与喷洒水量约占总用水量的 $25\%$，工艺设备一般冷却用水量则占总用水量的 $50\%$ 左右。但烧结厂外排废水中很大部分为冲洗地坪排水，而这部分排水有很大的随机性，一般表现为：按季节划分，夏季排水量大，冬季排水量小；按日划分，每天交接班时排水量大，其他时间排水量小，通常最大时水量在 $50\sim140m^3/h$，而平均水量只有 $10\sim30m^3/h$。正是由于外排废水不均衡，如不进行适当的调整，将严重影响净化构筑物及输送系统工作的可靠性，处理后的水质也将产生很大的波动。因此，应考虑加大调节池容积，其调节的水量应能容纳最大班的冲洗水量，而后做好较为均衡地向处理设施输送，并进行处理回用。

# 11.2　节水减排与"零排放"的技术途径和设计要求

## 11.2.1　技术途径与措施

对于烧结（球团）厂，由于其工艺特点，与其他厂相比废水外排量相对较少。生产过程中产生的废水一般不含有毒有害的污染物，通过冷却、沉淀就可循环使用或串级利用。只要选择好处理工艺，对烧结（球团）厂废水进行强化处理，使生产废水可以达到"零排放"的目标。对于少数不能做到废水"零排放"的现有企业，必须尽快淘汰用水量大的湿式除尘方式，并应用串级供水、生产废水回用等节水技术，以便满足新的环保要求。目前国内外大型烧结厂多采用干法静电除尘，这样就不产生湿法除尘废水。

因此，实现烧结工序节水减排和废水"零"排应采取如下技术途径和措施。

（1）改革工艺和设备，消除和减少污染

① 取消热振筛设备，改善工作环境　过去大部分烧结厂都设有热振筛设备，其目的一是给混合配料增加热返矿，以提高混合料温度，借以提高烧结机的利用系数；二是减轻环冷风机的热负荷，提高冷却效果。但由于热返矿进入混合机时产生蒸汽，并带出很多粉尘，使混合机周围的环境和工人的操作条件恶化，同时需采用湿式除尘器以除去这种含尘的"白气"，而湿式除尘器的排水又带来废水处理的问题。实际上，仅靠加入热返矿要使混合料温

度达到能提高烧结机利用系数的程度是远远不够的。因此，宝钢烧结厂工艺设计中取消了热振筛设备。由于工艺的这一改革，既改善了混合机周围的环境和工人的操作条件，也消除了该处由于采用湿式除尘而带来的废水处理问题，消除了污染源。

② 改进设备，消除污染源　湿式除尘易产生废水问题。有时由于废水处理效果不佳，往往造成对环境的二次污染。例如用平流式沉淀池处理废水采用抓斗排泥时，晒泥台上的污泥或是过干燥，以致尘土飞扬；或是被雨水冲刷，遍地泥泞，使装运与回收发生困难，都给环境带来污染。采用浓泥斗处理废水时，是将浓泥斗底部的泥浆排在返矿胶带机上，但往往由于排泥量和含水率难以控制，有时过稀，易淌至胶带机周围，有碍环境；有时过干，污泥排不出来，则使处理水的溢流水质变坏，达不到排放标准。特别是有时杂物堵塞了排放口，检修亦发生困难，使整个废水处理系统处于瘫痪状态。当采用链式刮板沉淀池时，亦有污泥黏附胶带、卸料困难的问题，而胶带返回时，污泥又落在胶带机通廊内，增加了清扫的难度。从以上例子可以看出，国内现有废水处理设施都不同程度的存在一些问题，易产生二次污染。

如采用干式除尘设施，就避免了湿式除尘器的废水处理问题。

③ 无冲洗地坪排水，减少污染源　烧结厂的废水主要来源于湿式除尘和地坪冲洗。国内烧结厂设计中，厂房内的地面和部分胶带机通廊的清扫都采用水力冲洗的办法。由于冲洗地面一般都在一班工作结束时进行，水量集中，但平均水量却不大。如前所述，废水处理设备本身还存在一些问题，往往造成管道和沟渠的堵塞，污染环境。

宝钢烧结厂的设计中，没有采用水力冲洗这一清扫方式，而是洒水清扫。根据设计要求，主厂房地面的清扫只需 4 天一次，一般地点 1～2 周清扫一次。做到这一点的前提条件如下。

1) 工艺过程中产生的粉尘减少，例如采用铺底料提高了烧结矿的质量，使粉尘减少：冷却机的废气余热利用，将含尘多的那部分废气经除尘后给点火炉用，使排入空气中的粉尘减少。

2) 加强了厂房内外的环境除尘措施，车间外采用 200m 高烟囱稀释扩散，车间内加强密闭措施，如密封罩和双重卸灰阀以及采用高效除尘设备。因此，车间内地面的粉尘大大减少。以空气中含尘量的标准来看，国内一般烧结室内部的含尘量标准（标态）为 $10mg/m^3$，而宝钢烧结室的标准只有 $5mg/m^3$。

3) 自动化程度高，操作人员少，且大部分集中于操作室操作，从劳动保护的角度出发，也无进行水力清扫的必要。

此外，胶带机通廊实际上没有地面，只是在胶带机上加一轻型材料的罩子，胶带机两侧的通道是钢制网格，胶带机如有落料，可直接落到地面上，由专用的落矿回收车进行回收。因此，胶带机通廊既无须用水清扫，也不能用水冲洗。

由于不用水冲坪和通廊，不排出废水，减少了废水源。

(2) 采用先进处理技术，减少外排废水量

烧结厂设备冷却用水量较大，在循环使用过程中，由于蒸发损失（一般为循环水量的1.5%），使循环水中的盐分不断浓缩；在空气和水进行热交换时，空气中的氧不断溶于水中，水中的二氧化碳则不断逸散到大气中，从而使水中的溶解氧常处于饱和状态及水中成垢盐类的平衡反应向结晶析出方向移动。此外，循环水系统的环境极适于微生物和藻类繁生，这些因素使得循环水系统存在结垢、腐蚀和泥垢三大问题。过去的设计是采用直流系统或通过大量排污和补充新水来平衡水中的盐分，以解决上述问题。这一方面浪费了用水，另一方面由于大量排污，对环境也有一定影响（如热污染），而且不能从根本上解决腐蚀与结垢等

问题。

在循环水系统中投加缓蚀剂、阻垢剂和杀菌灭藻剂，使循环水维持在一定的浓缩倍数，在药剂作用下，减缓腐蚀、结垢和泥垢的危害。采用水质稳定处理，提高了水的循环利用率，减少了排污，亦减少了对环境的影响。

为减少废水排放率，冷却用水排水可经过冷却处理后予以循环使用。用于工艺设备低温、冷却用水、除尘、冲洗地坪废水在进行了相应的净化处理后，即增加二次浓缩或沉淀处理，投加适量的絮凝剂以及必要的过滤净化，可使其达到烧结厂的工艺设备冷却用水和除尘器用水的水质要求。这样可提高循环用水率，直至近于"零排放"目标。当然，也可在适当处理的基础上，与烧结厂的其他用水户进行厂际的水量平衡。

需要指出的是，在烧结厂生产工艺过程中，由于物料添加水与污泥带水等损耗，必然需要一定的新水补充循环水系统，这无疑会有益于循环水的水质稳定。

（3）合理串级与循环用水

① 降低废水排放率　降低烧结厂的废水排放率，应首先做到提高烧结厂废水的串级使用率。为了减少外排废水量，应尽量提高废水的串级用水率，即增加串级用水量。在一般情况下，烧结厂的物料添加水量与喷洒水量占新水用量的 25% 左右。而工艺设备一般冷却用水量则占新水量的 50%。进入烧结厂的新水应满足工艺设备低温冷却用水量，其排水作为工艺设备的一般冷却用水，此排水又可作为物料添加用水，尽可能减少外排水量，如图 11-1 所示。A 为新水用户，B 为一次串级用水户，C 为二次串级用水户，C 需要物料添加水时，不需要外排水，串级用水优于循环用水。

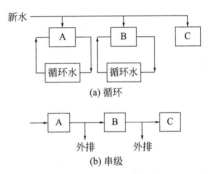

图 11-1　烧结厂循环水与串级用水的对比

② 提高循环用水率　烧结厂生产用新水将全部用于第一类的工艺设备。1t 烧结矿的单位耗水量与供水流程有关，一般在 4.9~8.0m³ 之间，其中，净环水为 1.7~3.1m³，浊环水为 3.2~4.9m³，新水的消耗在 0.53~1.2m³ 之间；一个烧结矿浊废水总量为 500~4000m³/h。在烧结矿生产的同时，将磨细的精矿粉结块制成球团，各类污染物的成分与烧结生产差别不大，球团厂生产 1t 产品的单位耗水量为 5.3~7.4m³，其中假定净水（冷却设备）3.5~7.4m³，浊废水（水力输送和水力清洗）1.8~9.6m³，不能回收的水损失（矿料、水力除尘、蒸发等）0.18~0.43m³。现代球团厂产生的废水总量约为 500m³/h。

由于上述冷却用水量较大，用过后的排水将有半数左右串级使用，作为工艺设备的一般冷却用水量。当不考虑循环时，其余的冷却用水排水部分可作为除尘与冲洗地坪用水。此外，烧结厂的除尘与冲洗地坪用水量一般占新水用量的 10% 左右。如前所述，除尘与冲洗地坪排水的水质较差，含有大量悬浮物和大颗粒物料，在排放前必须经过浓缩沉淀等处理。

为了进一步降低废水排放率，就必须考虑对除尘冲洗地坪废水进行相应的净化处理与利用问题，如增加一次浓缩或沉淀处理，投加适量的絮凝剂以及必要的过滤净化，以使其达到烧结厂的工艺设备冷却用水和除尘器用水的水质要求。这样就可进一步减少新水用水量，提高循环用水率，直至接近于"零排放"的目标。

（4）絮凝剂合理应用

国外在烧结厂废水处理中都投加不同种类的絮凝剂。一般常用的絮凝剂有高分子絮凝剂和无机盐絮凝剂。我国各地生产的高分子絮凝剂有不同分子量的阴离子型和非离子型等不同种类。无机絮凝剂则有各种类型的聚合铝产品以及活性石灰和各类铁盐产品等。

国外生产的絮凝剂种类繁多，但无论使用何种类型的絮凝剂，都应事先经过试验，以确定优选药剂及其最佳投药量。

此外，当采用高梯度磁性过滤器处理烧结厂废水时，需借助于投加铁磁剂并辅加絮凝剂，这样可产生铁磁性的絮凝剂。在外加磁场作用下，铁磁性絮凝体就可引起较大的磁矩，而一些被磁化的颗粒在水中就将变成水的磁体，同其他类似的固体颗粒以及水体之间相互作用，从而产生强烈磁化的铁磁物质连续层，并产生基体间的架桥而加速沉淀，使烧结厂废水很快得到澄清处理。

以宝钢烧结厂为例，除添加水系统（即工艺用水）用水为物料带走损耗外，其余均为循环或串接使用。净环水系统（即设备冷却系统）用水量为 870m³/h，其循环率达 95% 以上，只需补充约 5% 的新水。系统中排出的少量浓缩水作为添加水系统的补充水串接使用，不向外排放。浊环水系统的冲洗胶带废水，经混凝沉淀处理后的澄清水全部循环回用，实现烧结工序废水"零排放"。

（5）处理工艺的有效组合

20 世纪 90 年代后，由于我国水资源短缺，迫使不少企业加强废水资源回用，进一步完善处理工艺与措施，在原有集中浓缩处理的同时，既投加絮凝剂，又增过滤处理设施等，从而保证出水悬浮物的质量浓度小于 50mg/L，其他各项水质指标也能达到净循环水标准，实现废水资源回收利用和接近"零排放"的要求。

但是，污泥脱水技术至今仍在研究中，如前所述，烧结厂废水处理的难点是泥浆脱水技术，烧结生产工艺要求加入混合配料的污泥含水率应不大于 12%，这是当今污泥脱水工艺难以达到的。从浓缩池的浓泥斗排下污泥，通过返矿皮带送入混合机，由于泥浆浓度难以控制，给混料带来困难。采用压滤机进行污泥脱水，也只能使脱水后的污泥含水率达到 18%～20%，难以达到 12% 的混合料要求。因此，解决途径：一是进一步强化过滤、压滤工艺效果，进一步提高脱水率；二是选择与研制更适合用的絮凝剂、脱水剂，提高脱水机的脱水效果；三是将污泥制成球团，再直接用于冶炼。

烧结废水处理的目标是去除悬浮物，处理的技术难度是处理好污泥脱水。只要解决这一环节，烧结废水回用和污泥综合利用就能圆满实现，并可获得显著的经济效益。

从以上分析，烧结厂为防止水污染，除应强化水处理措施外，更重要的是应从烧结工艺总体上加以周密的考虑和各专业的密切配合，以消除、减少污染源为主要目的。即不应只着重处理措施，而应从总体设计采用对环境保护有利的又不影响生产效率和产品质量的工艺过程与设备，尽量减少以至消除各生产过程中排出的废水。因此，烧结废水资源回用必须遵循两项原则：一是烧结废水经处理后循环利用；二是对沉淀的固体废物（矿泥）回收利用，这是烧结废水资源回收工艺选择的基本要求。

## 11.2.2　技术规定与设计要求

（1）原料场

① 原料场通常均占地面积大，雨水汇集面大，应设雨水收集设施，雨水处理后回收利用。

② 原料场地应采取防止废水渗漏的措施，并设废水的收集、贮存、处理和回用设施。

③ 原料场生产用水水源应优先采用回用水。各用水点应设计量检测仪表监控。

原料场喷洒、加湿等作业用水一般被物料带走，对水质的要求是对下道工序不产生污染，可利用满足要求的回用水作水源。原料场喷洒、加湿等用水是按一定比例控制的，且用水为间断使用。因此，各用水点用水量应设计量设施进行监控。

④ 原料场给水管网和喷头应按原料场规模、地形、气象条件进行合理布置，喷头的间距和喷洒范围应能覆盖全部料堆，达到降尘效果并最大限度地减少水的飘洒损失。

⑤ 原料场喷洒应实施分区控制作业，大中型原料场应采取主控室远程控制洒水。

⑥ 选用高效节水型水喷头，使喷洒水雾达到降尘的最佳效果。

（2）烧结球团

① 混合机、造球机物料用水是把精矿粉、燃料、熔剂等加湿混匀，其加水量应视物料含水率而定。混合机、造球机物料加湿搅拌用水应采用回用水。

② 抽风机、环冷机、热筛等设备冷却用水应循环使用。

③ 干式除尘器灰尘转运加湿，皮带输送机转运点水力除尘喷嘴等除尘用水宜采用回用水。

④ 混合机、造球机物料加湿搅拌用水应设混合料含水率探头和自动调节供水阀进行控制，既保证混合料成品质量，又能实现节水节能要求。

## 11.2.3　取(用)水量控制与设计指标

① 原料场用水量控制与设计指标见表 11-3。

表 11-3　原料场用水量控制与设计指标

| 喷洒用水量/[L/(m²·次)] | 喷洒时间/(min/次) | 喷洒料层厚度/mm |
|---|---|---|
| 2.8~4.6 | 3~5 | 1~2 |

② 烧结和球团取（用）水量控制与设计指标见表 11-4。

表 11-4　烧结和球团取(用)水量控制与设计指标

| 生产规模 | 大型 | 中型 | 小型 |
|---|---|---|---|
| 用水量/(m²/吨矿) | ≤2.0 | ≤2.5 | ≤3.0 |
| 取水量/(m³/吨矿) | ≤0.3 | ≤0.4 | ≤0.5 |

注：烧结厂规模大小一般是按烧结机面积划分的：大型≥200m²；中型≥50m²；小型＜50m²。

## 11.2.4　节水减排设计与注意的问题

（1）料场洒水喷头设计要求

① 喷头的布置原则是保证喷洒作业面不留空白，尽可能地均匀喷洒。根据料场的形状和大小与气象因素，布置成矩形或三角形。

② 当风速多变时应按三角形布置，风向变化较小时应按矩形布置。

③ 喷头布置的间距应视风力、风向而定，一般为喷头喷射距离的 0.8~1.0 倍。

④ 当料堆宽度小于 25m 时采用一侧喷头，当大于 25m 时应采用两侧喷头。喷头距地面的高度一般为 1.2~1.5m。

（2）烧结混合工艺加水设计要求

① 混合工艺加水要求水量均匀，水应直接喷洒在料面上。为防止堵塞与破坏成球，加水管上的喷口孔径一般为 2~4mm。对二次混合加水要求更严，孔径应在 2mm 以下，以产生雾化水为佳。

② 为满足进料端喷水量大的要求，靠近进料端孔眼布置密，靠近出料端孔眼布置疏。

③ 加水水压要求稳定且不宜过高。尤其是二次混合工艺，否则将破坏造球效果。一次混合、二次混合工艺要求喷水处水压控制在 0.2MPa 左右。

④ 加水量是以二次混合后的混合矿料中的含水率来控制的。以磁铁矿为主的混合矿料含水率一般为 6%～7.5%；以褐铁矿为主的混合矿料含水率为 8%～9%，含水率波动范围 ±0.5%。其中一次混合加水量占 70% 左右，二次混合加水量占 30% 左右。

⑤ 加水水温一般无特殊要求。但为提高料温，缩短点火时间，水温偏高为好，可直接利用烧结机隔热板冷却后的出水（水温 40℃左右）。

⑥ 加水水质要求水中杂质颗粒直径小于等于 1mm，以防堵塞喷嘴孔眼，水中的悬浮物含量要求不能对原矿成分产生影响。一次混合可加部分矿浆废水，二次混合应采用新水或净循环水。

（3）为提高水力冲洗地坪的效果，设计时应注意：

① 地坪应有坡度就近坡向地沟或排水漏斗，地坪一般有 $i \geqslant 0.01$ 坡度。

② 排水地沟的坡度控制在 1%～2%，沟宽 0.25～0.3m，不许用水把大量的矿粉冲入泵坑内，而应在地沟中人工清理就近回收大量矿粉。

③ 排水地沟接入集水泵坑处应设置格栅，格栅栅条的净间距小于等于 15mm。

# 11.3　烧结废水处理与回用技术

烧结厂所采用的原料全部为粉状物料，粒径很细，生产废水中含有大量粉尘，粉尘中含铁量为 40% 以上，同时还含有焦粉、石灰料等有用成分。因此，烧结工序设置废水处理设施应从废水资源与原料资源回用着手，以产生良好的环境效益、经济效益与社会效益。

## 11.3.1　废水处理目的与要求

烧结厂处理废水的目的，一是要对处理后的废水循环利用，二是要对沉淀的固体矿泥进行回收利用，以此作为判断烧结废水处理工艺的选择是否合理的基础。

间接冷却排水的水质并未受到污染，仅水温有所升高，其间仅做冷却处理即可循环使用。为保证水质，系统中应设置过滤器和除垢器或投加除垢剂，并且需补充新水。根据用水点标高和水压要求，一般该系统可分为普压(0.6MPa)和低压(0.4MPa)循环系统。循环系统一般采用两种方式：规模较小的烧结厂推荐用一个循环水用水系统和如图 11-2(a)所示的循环水流程，该流程充分利用设备冷却的出水余压进冷却塔，节能且流程简单；规模较大的烧结厂推荐用两个压力循环水用水系统和如图 11-2(b)所示的循环水流程。

生产废水处理后要求 SS≤200mg/L，一般通过沉淀池或浓缩池的处理后溢流水水质可以达到使用要求（其中还需要补充部分新水），构成浊（循）环水系统。主要对象为冲洗、清扫地坪、冲洗输送皮带和湿式除尘用水等。

生活污水由于量少，一般收集后集中输送到钢铁总厂一并处理。混合工艺加水水质要求水中的杂质颗粒直径不大于 1mm，以防堵塞喷嘴孔眼，水中的悬浮物含量要求不能对原矿成分产生影响，所以一次混合可加部分矿浆废水，二次混合以采用新水或净循环水为佳。

大型烧结厂的煤气管道水封阀排水为间断排水，但排水中含有酚类有机物，应该将废水积存起来，定期用真空罐车送往焦化系统，与其废水一同处理。

另外，生产废水中的矿泥含铁量高，是宝贵的矿物资源和财富。据报道，某厂通过矿泥回收，3 年内就收回了其废水处理设施的投资费用。所以，矿泥回收也是生产废水处理的主要目的。矿泥回收一般有以下 3 种方式：a. 当设有水封拉链或浓泥斗时，矿泥回收到返矿

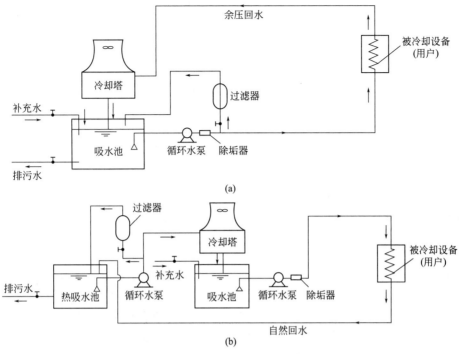

图 11-2　烧结厂净循环水流程

皮带后混入热返矿中，此时要求矿泥的含水率不能太高（不大于 30％），不能在皮带上流动或影响混合矿的效果；b. 矿泥（含水率 70％～90％）可作为一次混合机的部分添加水，通过混合机工艺回收；c. 将经过脱水的矿泥（含水率 18％左右）送到原料厂回收。

　　为了对废水和矿泥进行回收利用，近年来常用的先进处理工艺有集中浓缩-喷浆法、集中浓缩-过滤法和集中浓缩-综合处理法，对于中小型烧结厂废水与矿泥回收常采用集中浓缩-污泥斗法和集中浓缩-拉链机法等均取得良好效果。

## 11.3.2　集中浓缩-喷浆法

（1）处理技术与工艺流程

　　烧结厂废水处理一般采用沉淀浓缩、溢流水重复回用方法进行处理。沉淀下来的污泥（主要是烧结混合料）有的采用压滤，有的排入水封拉链机中，有的采用螺旋提升机提取。但由于污泥输送和回用等主要环节存在严重缺陷，如采用水封拉链机或螺旋提升机提取矿泥，污泥含水量大，造成返矿皮带黏结矿泥，严重影响烧结矿的水分控制。因此，利用烧结矿工艺的混合环节的用水特点，将浓缩池的底泥直接送至一次混合机作为添加水，即采用喷浆法将其喷入混合料中作为混合料添加水。但因烧结厂废水来源情况不同，可形成如下几种处理工艺组合，其工艺流程如图 11-3 所示。

　　当生产废水既有湿式除尘器废水，又有冲洗地坪废水，或三种废水兼有时，废水的特点是废水中含有影响喷浆的粗颗粒（大于 1mm）。此时的废水处理流程为：振动筛→浓缩池→渣浆泵→喷浆（混合添加水）。

　　当生产废水只有湿式除尘器废水时，其废水的特点是污泥（矿浆）粒径较细，无粗颗粒。此时废水处理流程为：浓缩池→渣浆泵→喷浆。

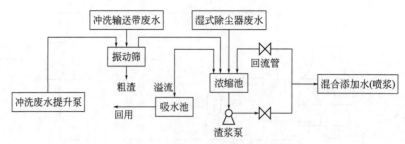

图 11-3　浓缩-喷浆法处理工艺

当生产废水无湿式除尘器废水时，废水特点是污泥（矿浆）颗粒较大，易沉淀。此时废水处理流程为：振动筛→浓缩池→渣浆泵→喷浆。同时，浓缩池溢流水均可回用。采用喷浆法处理烧结废水，无废水外排，无二次污染，环保效益好，且该工艺流程简单，管理方便，运行安全可靠。

（2）工程应用与实践

① 处理工艺的革新与改进　上海某烧结厂一号、二号烧结机系统系日方设计，由于采用洒水清扫和干法除尘先进工艺，无冲洗地坪废水和湿式除尘废水。该系统主要废水为清洗胶带的冲洗水。其流程为：冲洗胶带水一部分自流，另一部分用泵加压送入沉淀池。沉淀池一侧设有隔板式混合槽，废水与高分子混凝剂混合后进入沉淀池，沉淀池溢流水流入加压泵站的吸水井由泵加压后返回循环使用。沉渣经螺旋输送机送入沉渣槽（漏斗）定期用汽车运至原料场回收利用。

该系统投产后使用效果较差，沉渣含水量大，汽车运输困难，溢流水水质差，胶带冲洗不干净，达不到胶带冲洗的效果，从而对周围环境造成污染，同时沉渣较难回收利用，浪费了资源。后改为用罐车冲水稀释沉渣，再由罐车吸引装车后送至渣场。当罐车运输不及时时，沉淀池装满的废水外溢而造成对周围环境的二次污染。

原设流程如图 11-4 所示。

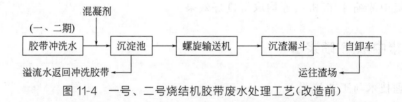

图 11-4　一号、二号烧结机胶带废水处理工艺（改造前）

处理效果较差的主要原因有二。一是药剂选择有误。原采用的聚甲基丙烯酸酯系属阳离子型药剂，但废水中存在 CaO 和 FeO，也带有正电荷。后经日本栗田水处理公司来厂试验，改用 PA322 混凝剂，为聚丙烯酰胺系，属阴离子型药剂，加入 PA322 混凝剂 2mg/L 混凝后，迅速产生泥团，粒径为 0.75～1.0mm，沉速约 5m/h，处理效果明显改善。二是螺旋输送机的排泥效果较差。由于污泥颗粒较细，含水量大，沉淀污泥呈泥浆状，大部分从螺旋机的叶片与槽壁的间隙中回流至沉淀池，无法实现螺旋提升污泥的作用，迫使该厂进行工艺技术改造。

② 废水水质状况与改造要求　为使改造后的工艺流程合理可靠，改造前先对一号、二号烧结机系统混合料胶带冲洗水进行现状测定，其结果见表 11-5、表 11-6。并进行废水浓缩、过滤、输送等试验，为工艺改造提供设计依据。

表 11-5　废水化学分析结果

| 测定次数 | TFe/% | SiO₂/% | Al₂O₃/% | CaO/% | MgO/% | C/% | 烧失/% | 烧后/% | pH 值 |
|---|---|---|---|---|---|---|---|---|---|
| 1 | 30.15 | 5.85 | 2.23 | 12.45 | 1.42 | 13.25 | 20.54 | 49.27 | 12.60 |
| 2 | 39.50 | 6.24 | 2.22 | 11.54 | 1.85 | 13.29 | | | 12.00 |

表 11-6　废水固体颗粒度测定结果

| 第一次测定 | 粒径/mm | +1 | +0.45 | +0.076 | +0.03 | −0.03 | — | — |
|---|---|---|---|---|---|---|---|---|
| | 累计含量/% | 2.39 | 19.54 | 33.36 | 49.26 | 100.00 | — | — |
| 第二次测定 | 粒径/mm | +3 | +2 | +1 | +0.5 | +0.074 | +0.038 | −0.038 |
| | 累计含量/% | 0.25 | 0.55 | 0.85 | 3.80 | 37.55 | 62.49 | 100.00 |

注：上述生产废水的固体悬浮物质量分数一般为 2.5%～5%。

对废水处理工艺的改造，既要满足一、二期工程烧结系统废水处理与回用要求，又能适应与满足三期工程烧结系统废水处理与回用。从表 11-5、表 11-6 废水水质化学成分、粒度分析可以看出，废水不经处理不能排放与回用，因此，必须改造以适应回用要求，经试验分析，采用浓缩-喷浆法可做到废水与矿泥全部回用，可基本实现"零排放"的要求。

③ 改造后处理工艺流程　将冲洗一号、二号烧结机系统胶带的废水一部分自流至中继槽，由泵送入 $\phi3m \times 3m$ 搅拌槽，另一部分自流进入 $\phi3m \times 3m$ 搅拌槽，再用渣浆泵送至隔渣筛（振动筛）。筛下废水自流至 $\phi12m$ 浓缩池。其底部污泥经渣浆泵送至小球车间 $\phi30m$ 浓缩池，进入小球浓缩喷浆系统。筛上粗渣落入粗渣斗，定期由汽车送至小球粉尘库。其工艺流程如图 11-5 所示。

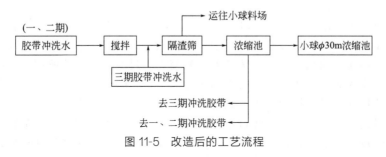

图 11-5　改造后的工艺流程

为使三期与一、二期生产废水共同处理，设计时采用 PVC（塑料）自流溜槽，将三期烧结胶带冲洗废水汇流至厂区生产废水泵站（由于 PVC 溜槽摩擦阻力系数比钢溜槽小，可适当降低溜槽坡度，且溜槽不易结垢。加上分段架设冲洗水管，基本解决溜槽沉淀堵塞和清理问题），再用两台立式液下泵（一备一用，为防止固体颗粒沉淀设一台立式搅拌机自动搅拌）经 600 多米输送管送至烧结小球区废水处理站的隔渣筛，与一、二期的胶带废水相汇合而共同处理。使用隔渣筛的目的是将废水中粒径大于 1mm 的粗矿物隔除，以保证喷浆时工作正常进行。经汇合并经隔渣筛下的废水流入 $\phi12m$ 废水浓缩池，澄清溢流水流入浊循环水泵站的 $50m^3$ 吸水池，用第一组泵站（三台水泵，两用一备）加压供给一、二期烧结冲洗胶带用水。第二组泵站（两台水泵，一备一用）加压供给三期烧结胶带冲洗用水。$\phi12m$ 废水浓缩池底泥（矿浆）送入小球区 $\phi30m$ OG 泥浓缩池与炼钢厂的转炉烟气净化 OG 泥一并进行处理利用。$\phi30m$ OG 泥泥浓缩池溢流水自流进入废水处理站的废水调节池，再用两台自吸式水泵（一备一用）加压供三期烧结一次混合机添加水及胶带除尘用水。$\phi$30m OG 泥浓缩池底部矿浆送入一、二期喷浆系统，作为一次混合机添加水。其废水处理工艺流程如图 11-6 所示。该工艺实现闭路循环，实现废水与矿泥全部回用，处理过程无药剂投入并实现集中自动控制。

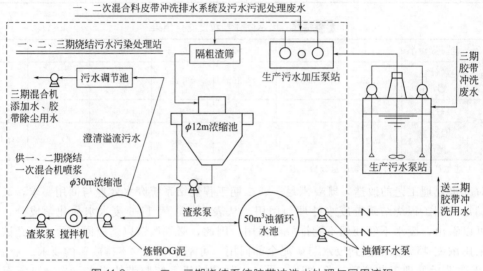

图 11-6　一、二、三期烧结系统胶带冲洗水处理与回用流程

## 11.3.3　集中浓缩-过滤法

（1）处理技术与工艺流程

该工艺的特点是由浓缩池保证处理出水水质，由过滤机保证沉淀矿泥的脱水，废水经浓缩池沉淀后可循环使用，矿泥经脱水机（通常采用真空过滤机）脱水，最终输送到原料场。由于烧结系统的污泥颗粒细且黏，渗透性差，致使真空过滤机的过滤速度小，脱水率低，脱水后的矿泥含水率为 30％～40％。其工艺流程如图 11-7 所示。

由于单纯使用真空过滤机脱水工艺满足不了污泥脱水后的含水率要求，可在真空过滤机的后加转筒干燥机做进一步处理。经过干燥后的污泥含水率可以按所需的配料含水率要求进行控制，产品经皮带机直接送往配料室。但是，增加干燥脱水工序必然导致处理费用的提高和消耗的增加。

近年来，为了解决过滤脱水含水量大，矿泥细、黏难以脱水的难题，采用投加药剂的方法以增加过滤机的脱水效率。其工艺流程如图 11-8 所示。

（2）工程应用与实践

① 处理工艺的选择与演变过程　某公司烧结厂年产烧结矿 600 万吨，分一烧、二烧两个车间，经过多次技改后废水集中于二烧区统一处理。改造后的废水由各车间提升送至两座高架式 $\phi$12m 中心传动辐射式沉淀池，沉淀池底流矿浆用泵送至 4 座 $\phi$6m 浓缩锥（浓泥斗），经静沉后由锥底螺旋阀直接排至烧结机配料主皮带上，返回作烧结原料。由于该装置未能解决因废水变化幅度大影响沉淀效果以及浓缩锥排泥的时稠时稀、排料操作繁杂和操作环境差等问题，对烧结矿配料质量影响较大。

为解决上述存在的问题，在两座 $\phi$12m 沉淀池入口增设一座调节池，并增加投药装置，改造沉淀池溢流堰，由宽口堰改为多口三角堰溢流，又增设钟罩式过滤池，废水净化效果明

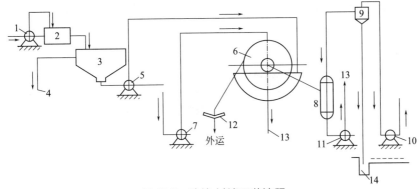

图 11-7　浓缩-过滤工艺流程

1—污水泵；2—矿浆分配箱；3—浓缩池；4—循环水(或外排水)；5—泥浆泵；6—真空过滤机(外滤式)；
7—空压机；8—滤液罐；9—气水分离器；10—真空泵；11—滤液泵；
12—皮带机；13—回浓缩池；14—水封槽

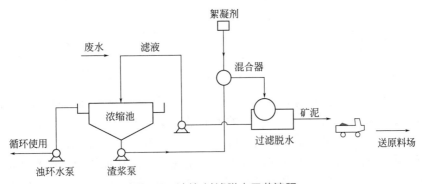

图 11-8　浓缩-过滤脱水工艺流程

显提高并可循环回用。但由于浓缩锥处理泥渣效果差的问题未能解决，从浓缩锥溢流泥水再返回 $\phi12m$ 的沉淀池，又影响沉淀池处理效果，迫使部分废水外排。

为了解决浓缩锥处理效果差的问题，进行了第三次技术改造，拆除了污泥浓缩锥，就地安装两台 YDP-1000A 型带式压滤机，并在进入 $\phi12m$ 辐射式沉淀池的废水管上增设粗颗粒旋转筛滤分机 1 台，增设反向滤池一座。但由于 YDP-1000A 型带式压滤机滤带跑偏、滤带寿命太短等问题，造成该处理系统不能正常运行，致使该废水处理系统处于半瘫痪状态。

② 烧结废水渣（矿浆）脱水工艺及设备选型　烧结污泥的脱水的好坏，既与烧结污泥的特性、组成有关，更与脱水设备的选型有关，结合烧结配料与配料主皮带对含水率的要求，重点分析了用真空和机械挤压两种类型脱水设备的利弊，综合考虑的结果是选用一种水平带式过滤机，为此进行如下试验。

1) 泥渣的化学组成与过滤试验。泥渣的化学成分与粒度组成见表 11-7、表 11-8。

表 11-7　泥渣主要化学成分　　　　　　　　　　　　　单位：%

| 成分 | TFe | FeO | CaO | MgO | SiO$_2$ | S | C |
|---|---|---|---|---|---|---|---|
| 组成 | 29.32 | 6.6 | 19.17 | 3.72 | 4.76 | 0.08 | 9.55 |

表 11-8　泥渣粒度组成

| 粒径/mm | >1 | 1~0.5 | 0.5~0.25 | 0.25~0.15 | 0.15~0.10 | 0.10~0.07 | 0.07~0.04 | 0.04~0.03 | <0.03 |
|---|---|---|---|---|---|---|---|---|---|
| 组成/% | 4.4 | 1.4 | 1.3 | 1.6 | 2.5 | 2.2 | 4.7 | 2.1 | 79.8 |

为了确保水平带式真空过滤机适用该厂烧结泥渣脱水性能，进行现场过滤试验，其试验结果见表 11-9。

**表 11-9　烧结泥渣脱水试验结果**

| 试验浓度/% | 滤布型号 | 过滤时间/s | 真空度/MPa | 滤饼厚度/mm | 滤饼水分/% | 滤液含 SS/(mg/L) | 生产能力（干饼）/[kg/(m²·h)] |
|---|---|---|---|---|---|---|---|
| 40 | 750A | 91 | 0.07 | 8.5 | 27.7 | 180 | 698 |
| 40 | 750A | 135 | 0.07 | 8.5 | 29 | 180 | 465 |
| 39.5 | 750A | 103 | 0.065 | 13 | 38.67 | 未化验 | 800 |
| 31 | 750A | 73 | 0.066 | 6.3 | 28.4 | 270 | 605 |
| 40.4 | 750A | 294 | 0.066 | 18 | 24.6 | 未化验 | 345 |
| 30 | 750A | 235 | 0.067 | 13 | 25.69 | 未化验 | 303.54 |
| 40 | 750A | 195 | 0.067 | 11 | 27.05 | 未化验 | 365.81 |
| 50 | 750A | 150 | 0.067 | 11 | 26.20 | 未化验 | 475.55 |

2）泥渣脱水工艺与设备选择。烧结废水的泥渣是烧结原料。由于冲洗地坪而带入少量大颗粒矿渣，如不将它分离出去，不但影响泥渣脱水设备选型，而且会使 $\phi$12m 中心传动辐射沉淀池底流泥浆泵不能正常工作。用旋转筛分粒机把不小于 5mm 的粗颗粒分离出去为泥渣脱水的第一段处理；把 $\phi$12m 沉淀池底流泥浆用泥浆泵送往泥渣脱水间新建的 $\phi$6m 中心传动浓缩池，其进水泥浆质量分数在 10% 左右，控制底流排泥浆质量分数在 30%～35%，为泥渣的第二段处理。第二段处理既能保证送往水平带式真空过滤机泥渣浓度要求，以提高脱水效率，又能解决废水泥渣不均衡和脱水设备不间断工作的问题。由 $\phi$6m 中心传动浓缩池排出的矿浆进入水平带式真空过滤机进行第三阶段脱水。水平带式真空过滤机选用昆山化工设备厂生产的 D16.4/1250-NB 型。由过滤机脱水的泥饼直接落到烧结配料主皮带输送机的皮带上，而后该泥饼随大量的烧结原料进入一混、二混烧结机烧结。滤饼含水率不大于 28%。皮带运料、混料均不影响烧结配料，达到预期效果。

③ 处理工艺流程与使用效果　废水处理与泥渣脱水的工艺流程如图 11-9 所示。

为了使滤饼落到皮带上更易散开，把滤机排泥处的托辊改为有破碎泥饼功能的辊。滤机滤布采用了 750A 型，使用寿命半年左右。滤机脱水主要技术参数见表 11-10。

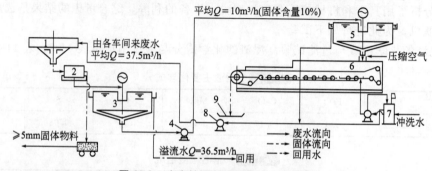

**图 11-9　废水处理与泥渣脱水工艺流程**

1—旋流调节池；2—粗颗粒分离转动筛；3—加斜板辐射沉淀池；4—50BL 泥渣泵；5—二次浓缩池；
6—水平带式真空过滤机；7—S2-4 真空泵；8—3PNL 排污水泵；9—烧结配料皮带机

表 11-10　滤机脱水主要技术参数

| 真空度/MPa | 滤饼含水率/% | 滤饼厚度/mm | 滤饼量/（t/d） |
|---|---|---|---|
| ≥0.068 | ≤28 | 10～20 | 25 |

经投产使用后，除解决该厂烧结污泥（矿泥）脱水这一难题外，每年可回收 4560 多吨烧结原料，可循环用水 24 万立方米，经济效益、环境效益十分显著。

## 11.3.4　综合处理法

（1）集中浓缩-综合法

集中浓缩-综合处理工艺，目前是对烧结厂废水进行全面治理的一种较好的工艺。它不仅可以达到烧结厂废水的大部分或全部回收利用，而且废水中的污泥也可得到妥善的综合利用，是实现烧结厂生产废水近于"零排放"的可行方案。现在我国已有烧结厂改用此法，如鞍钢新建第三烧结厂已采用该工艺进行回收利用。

图 11-10 为集中浓缩-综合处理的工艺流程。该处理工艺的特点是按烧结厂废水水质的不同，分别采取相应的措施，以达到供水的最大重复利用，减少废水外排的目的。

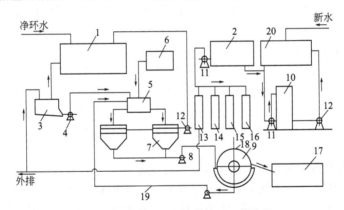

图 11-10　集中浓缩-综合处理工艺流程

1—除尘及冲洗水；2—设备冷却水；3—矿浆仓；4—污水泵；5—矿浆分配箱；6—絮凝剂投药设施；7—浓缩池；8—泥浆泵；9—真空过滤机；10—冷却设备；11—水泵；12—循环水泵；13—除尘用水；14—一次混合用水；15—二次混合用水；16—配料室用水；17—污泥综合利用；18—压缩空气管；19—回浓缩池；20—空气淋浴冷却用水

从图 11-10 中可以看出，首先，烧结厂的设备低温冷却水用过之后，在水质上变化不大，仅有一定的温升，经冷却处理后即可循环使用。而对于循环冷却水系统蒸发损失的水量，则考虑补充新水或生活用水。其次，对于那些水温升高较大并部分被污染的设备冷却用水，如点火器、隔热板、箱式水幕等，则可不经冷却处理，而直接供给一、二次混合室，配料室以及除尘设备与冲洗地坪用水。

此外，对于烧结厂的除尘及冲洗地坪用水，则先进入浓缩池前的调节池。在调节池中与投加的絮凝剂混合后，进入浓缩池进行沉淀处理。澄清后的溢流水将可作为除尘、冲洗地坪的循环供水，其水质可保证悬浮物含量在 150mg/L 以下，满足了烧结厂的湿式除尘及冲洗地坪用水要求后，剩余部分可供钢铁厂其他车间用水。

浓缩池的底泥固液比（质量比）一般可达到 1∶3 左右，送往真空过滤机（或压滤池）进行脱水作业。经过脱水作业后的污泥，其含水率一般在 20%～40% 之间。各烧结厂因地制宜，可采用下述方法中的合适方式进行污泥的回收综合利用：a. 送往精矿仓库进行晒干脱水后，与精矿一并送往烧结厂配料室；b. 通过返矿皮带送往混合室，在不影响混合料质量的前提下，加入混合圆筒，因此应该十分注意保持适当的含水率；c. 过滤后再经干燥机处理，送往烧结厂配料室；d. 送往钢铁厂集中造球车间，进行统一造球。关于集中浓缩综合处理中的投加絮凝剂是个比较重要的问题，因为它将直接影响循环水的水质。絮凝剂的合理选择，应该是在充分考虑工艺要求的基础上对废水先进行试验，以决定最佳的絮凝剂及其用量。对于烧结厂的废水而言，其水质特点是悬浮物的浓度较高，一般进入浓缩池的浓度都在 2500mg/L 以上，悬浮物的相对密度较大。构成悬浮物质的主要成分是铁及其氧化物。针对上述特点，一般常用的絮凝剂对于烧结工业废水有澄清作用，例如聚合铝、硫酸铝、聚丙烯酰胺以及各种铁盐类絮凝剂等，都有不同的效果，尤其是聚丙烯酰胺效果很明显。

总之，集中浓缩-综合处理工艺是处理烧结厂生产废水的比较全面而有效的可行工艺。由于它根据烧结厂产生的生产废水的不同特点进行分类处理，在很大程度上增加了循环水利用率，直至接近"零排放"目标。

有的烧结厂，如原首钢第二烧结厂，为了满足钢铁厂其他用水的条件，在上述综合处理的基础上，又对浓缩池的澄清水做进一步的处理，增设快滤池，使水中悬浮物含量达到200mg/L 以下。

上述情况属特定条件，一般情况下，经过集中浓缩-综合处理后都可以满足生产用水的供水要求。

（2）串级-循环综合处理法

该工艺的特点是按质供水，串级用水，分流净化，重复利用，减少排放。

烧结厂设备低温冷却水用过之后，水质变化不大，仅有温升，经冷却后即可循环回用，以新水补充其蒸发等损失。对于温升大并部分被污染的设备冷却水，如点火器、隔热板等可不冷却，直接供给一、二次混合室和配料室以及除尘与冲洗地坪废水，做到串级用水，减少排水。

由于除尘废水不易沉淀，可将除尘废水与冲洗地坪水分开处理，如图 11-11 所示。除尘废水流量较均匀，浓度变化不大，且为粉状颗粒，无粗颗粒，故经搅拌槽后可直接作为一次混合机添加水（浓度不大于10％）。冲洗地坪水经浓缩池后，底流采用螺杆泵送至返矿皮带回收。螺杆泵可输送高浓度（70％左右）、低流量的矿泥，解决了浓缩池排泥不畅和矿泥太稀，影响返矿皮带的问题。浓缩池的溢流水可再循环到除尘器和用于地坪冲洗。由于没有除尘废水进入浓缩池，废水沉淀效果好，浓缩池溢流水质稳定，可达到良性循环的目的。

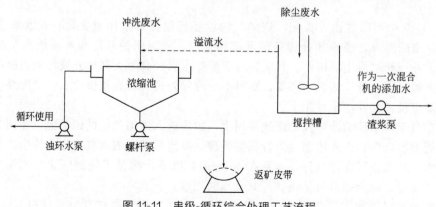

图 11-11　串级-循环综合处理工艺流程

## 11.3.5　浓缩池-浓泥斗法

（1）处理技术

采用集中浓缩池-浓泥斗处理工艺是目前中小型烧结厂较常见的工艺流程。该工艺是将废水集中后由浓缩池处理以保证浊环水水质，用浓泥斗（或双浓泥斗）来提高矿泥的浓度，然后将矿泥排到返矿皮带上回收。其工艺流程如图 11-12 所示。为排泥方便，常将泥斗架空，以便将矿泥即时排到返矿皮带上。该工艺操作程序是：经浓缩池浓缩后的污泥送到浓泥斗内进行沉淀，当浓泥斗中的泥面上升到一定高度后，便停止进料，并将泥面上的澄清水放空，然后进行排泥。经浓泥斗浓缩的污泥，一般以静置沉淀 3～6d 为宜。如果时间过长，会使污泥压实，造成排泥困难；时间过短，污泥沉淀效果不佳。排泥时采用螺旋推泥机将污泥排放到返矿皮带上。该污泥含水率为 30%～40%，澄清水中悬浮物的质量浓度为 500mg/L 左右。浓缩泥斗应不少于 3 个，1 个斗预沉，1 个斗工作，1 个斗排泥，浓泥斗沉淀效率可达 80% 以上。

浓泥斗的处理如图 11-13 所示。

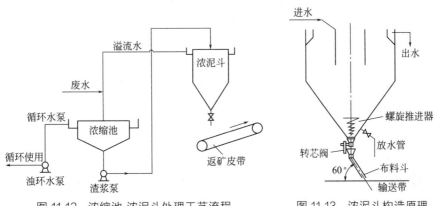

图 11-12　浓缩池-浓泥斗处理工艺流程　　　图 11-13　浓泥斗构造原理

（2）浓缩池与浓泥斗设计要点

① 浓缩池中清水区的上升流速 $u_1$ 是根据沉淀污泥中最小颗粒的沉降速度 $u_0$ 确定的，即 $u_1 \leqslant u_0$，只有保证最小颗粒的沉降，浓缩池沉降处理效果才是最佳的。

② 最小沉降颗粒粒径的选择取决于澄清溢流水中所允许的溢流粒径；而允许的溢流粒径与废水中污泥的颗粒组成有关。计算时，应首先假定最小沉降颗粒的粒径，按该粒径在颗粒组成中所占比例(%)计算,计算出澄清水中悬浮物含量，校核是否符合废水排放标准的设计要求；表 11-11 列出了湿式除尘废水悬浮物粒径与质量分数。

**表 11-11**　湿式除尘废水悬浮物粒径与质量分数

| 水样 | 悬浮物质量浓度/(g/L) | 粒径/% | | | | |
|---|---|---|---|---|---|---|
| | | 0～10μm | 10～19μm | 19～37μm | 37～62μm | >62μm |
| 1 | — | 1.87 | 3.37 | 21.90 | 60.44 | 12.42 |
| 2 | 8.6～9.5 | 2.88 | 9.86 | 23.20 | 53.30 | 10.76 |

③ 浓泥斗的水力计算，一般可参照立式沉淀池的计算方法。

④ 当浓泥斗用于处理浓缩池的底部污泥,确定浓泥斗面积时,应使浓泥斗溢流水的上升流速 $u_2$ 与浓缩池澄清水的上升流速 $u_1$ 相接近,即浓泥斗的计算溢流粒径与浓缩池的计算溢流粒径相接近,其目的是提高浓泥斗的沉淀效率,使废水中含泥能够最大限度地在浓泥斗内沉积,以利于矿泥的回收利用。

(3)应注意的几个问题

① 含水率的控制　采用浓泥斗放泥的关键问题是含水率的控制。泥的浓度太小,必然会使混合料、烧结矿等下道工序发生问题,如跑稀泥则混合料过湿、烧结过程中点不着火、燃料消耗高、烧结机推生料等,并最终导致烧结矿的质量降低。而泥的浓度太大,含水率过小,放出的污泥呈硬牙膏状,在混料过程中不易破碎混合,布到烧结机上仍呈固体状态,产生夹生块。

生产实践证明,泥的含水率在 20%～30% 时,污泥呈糯糊状,污泥在混合机中可与混合料充分接触。此外,糯糊状的污泥在造球中能起到胶合作用,有利于混合料造球,使烧结料层的透气性变好,从而提高产量。

值得注意的是,控制好浓泥斗的含水率存在一定困难。由于污泥在浓泥斗中储存的时间较长,斗壁易造成糊料,一旦糊料,放水管不起防水作用,致使斗中央有时存有积水,而下料时又常常是中间的料柱先下去,从而造成跑泥,污泥含水率很大。为了做到浓泥斗放泥时含水率均匀,可在浓泥斗增设压缩空气,先将污泥利用压缩空气搅拌均匀,满足 20%～30% 的含水率后,再进行放泥。

② 连续工作与间断放泥的矛盾　前段工序,即从浓缩池浓缩下来的污泥由泵送往浓泥斗再次浓缩脱水,是连续性工作;后段工序,即被浓缩后的污泥通过浓泥斗底部排放到返矿皮带上送往混合室,是间断进行的。这无疑会造成许多操作与管理的不便。如混合圆筒中的添加水量是一定的,放泥时,必将减少添加水量,而不放泥时必将增加添加水量,这样时而多加水,时而少加水,极大地增加了混合室工人操作上的困难。

为了更好地解决连续工作与间断放泥的矛盾,加强浓泥斗操作工人的技术管理是非常必要的。工人应做到放泥的时间一定、放泥的含水率一定、放泥的数量一定。要想做到以上各点,对于浓缩池送来的底泥也要求尽量均衡。因此,完善车间管理、加强岗位工人的生产责任制、提高操作工人的质量意识,都是非常重要的。

③ 浓泥斗的容积　浓泥斗实际上是一个圆形或方形的立式沉淀池。考虑到它工作的特点,一般情况下每个浓泥斗的直径以 4～6m 为宜。为便于浓泥斗排泥,底部锥角不得小于45°,以 60° 为宜。这样决定了浓泥斗的容积有限,并限制了它处理污泥量也不宜太大。因此,"浓缩池-浓泥斗"处理工艺一般用于处理中小型烧结厂的外排生产废水,大型烧结厂不宜采用。

④ 溢流水质不易提高　生产废水中的细粒级悬浮物具有明显的胶体性质,在自然沉淀状态下,短时间内很难沉降。因此,废水澄清后的溢流水质(包括浓缩池溢流水及浓泥斗溢流水)悬浮物质量浓度达到 1500mg/L 左右,如进一步提高水质,该工艺难以满足要求。

⑤ 操作条件有待改善　浓泥斗排泥口控制阀门目前是由人工操作的,当为热返矿时,条件较为恶劣,要在较高温度下操作,仅加强通风换气难以改善劳动环境。

总之,该工艺存在的主要弊病为浓泥斗排泥不畅,排泥浓度不均,有时失控。但对处理中小型烧结厂的外排废水是可行的,既可回收大量的矿物资源,也改善了出水水质,目前仍为我国中小型烧结厂废水处理比较常见的处理工艺。

### 11.3.6　磁化-沉淀法

（1）废水来源与特征

废水主要来源于湿式除尘废水、烧结厂地坪冲洗水与返矿除尘废水等。废水中悬浮物的质量浓度为 1720mg/L，粒度组成见表 11-12。

**表 11-12　悬浮物粒度组成**

| 粒度/μm | ＞74 | 74～61 | 61～43 | 43～38 | 38～20 | 20～15 | 15～10 | 10～5 | ＜5 |
|---------|------|--------|--------|--------|--------|--------|--------|-------|-----|
| 含量/% | 5.85 | 6.29 | 18.27 | 28.07 | 31.52 | 2.20 | 2.20 | 2.90 | 2.70 |

矿浆中总铁（TFe）为 36.6%～47%，pH 10～13，并含有碳、钙、镁、硅、硫等成分，矿浆密度为 1.5～2.6t/m³。

（2）废水处理工艺与主要处理设备

① 废水处理工艺　废水经收集从集流箱流入磁凝聚器，经磁化处理后再流入斜板沉淀池进行沉淀净化处理。经沉淀净化后上清液流入清水池后再循环回用。斜板沉淀池底部的污泥（矿泥）经螺旋输泥机推出后，由脉冲气力提升器送至 3 号矿仓后再配料回用。其处理工艺流程如图 11-14 所示。

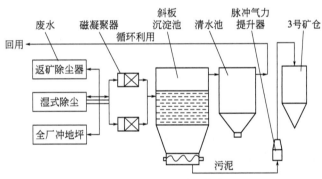

图 11-14　废水处理工艺流程

② 主要处理设备

1）磁凝聚器：选用 QCS-5 型可调电磁式凝聚器 2 台。磁感应强度为 0.15T，处理水量为 260～650m³/h，磁程为 100mm，激磁电流为 17A。

2）斜板沉淀器：选用 NXC-80 型升流式异向流斜板沉淀器 4 台。处理水量为 80～160m³/h，沉淀时间为 12.68～6.32min。

3）螺旋输泥机：在斜板沉淀器底部配置螺旋输泥机 4 台。螺旋直径为 600mm，螺旋转速为 5.2r/min，输泥机功率为 5.5kW。

4）脉冲气力提升器：配置 4 台脉冲气力提升器。排输矿浆能力为 0.5t/min。

（3）工艺的技术特点

① 磁处理技术特点　鉴于烧结废水中矿浆含 TFe 达 36.5%～47%，属铁磁质。采用磁化处理后，废水中的悬浮物经磁场作用会产生磁感应，而离开磁场后还会有弱磁性。在废水沉淀时，微细颗粒相互吸引而凝聚成链条状聚合体，加速与提高沉淀效率，并可降低矿泥（浆）的含水率。同时，经磁场处理过的水有抑制水垢形成的作用。所以采用磁化处理装置既具有凝聚悬浮物、加快沉降速率的作用，又具有防垢、除垢的功能。另外，经磁化处理过

的矿浆加入混合料，可改善混合料的成球性能，提高烧结料层的透气性。

② 脉冲气力提升器　在传统的废水处理系统中，污泥的处理利用是一大难题，一般采用高效脱水处理，如板框压滤、真空脱水或带式压滤等，这些方法投资费用高，而且烧结工业污泥里有尖角颗粒的烧结矿存在，很易戳破滤布，造成脱水效果降低。所以，用上述高效脱水处理方法处理烧结工业废水中的污泥仍有弊病。经过研制和试验，该厂采用了脉冲气力提升器，直接把污泥用脉冲气力提升器输送至原料 3 号矿仓。该设备的优点是：a. 可输送高浓度矿浆，且管网不易结垢堵塞；b. 压降、耗气量少；c. 物料运行速度低，调节范围大；d. 设备操作简单；e. 投资和运行费低。但需进一步工程运行考核。

（4）运行状况与问题及解决途径

① 运行状况　经投产运行实践证明，处理效果很好，废水出口悬浮物质量浓度不大于 50mg/L，悬浮物去除率不小于 97%。每年可节约工业用水 156 万吨，回收矿粉（干基计）5420t，经济效益、环境效益十分显著。

② 问题与解决途径　该处理工艺对废水的澄清净化效果一直很好，采用脉冲气提输送矿浆也较方便可行，但经一段时间运行后发现水质稳定问题比较严重，即清水循环管网与斜板沉淀池出水槽有结垢，其垢厚度达 20mm。经采用投加药剂除垢，水质趋于稳定，管壁结垢得到控制。因此，该工艺具有较好的处理优势，但必须加强水质稳定的监测与管理工作，及时清除污垢。

# 第12章
# 炼铁厂废水处理与回用技术

炼铁系统是钢铁企业的重要组成部分之一。众所周知，炼铁厂是钢铁联合企业的一大污染源。污染物主要通过原、燃料装卸、贮运、破碎、筛分和冶炼、出铁、出渣、炉体冷却、煤气洗涤、煤气放散、炉渣粒化等环节，以废气、废水、废渣以及声能、热能等形式排向环境。在炼铁过程中，一般每烧 1t 焦炭，产生 $3500\sim4000m^3$ 煤气。高炉煤气含 CO 23%~30%、$CO_2$ 9%~12%、N 55%~60% 以及其他成分。在采取净化措施的情况下，煤气是可以回收利用的。在炉前，即出铁场内，每炼 1t 铁约散发 2kg 一氧化碳。

每炼 1t 铁，实际用水量为 $25\sim30m^3$，新水用量约占 3%。煤气洗涤水是炼铁厂的主要废水，其耗量为 $2.2\sim2.5m^3/km^3$ 煤气。它含有铁矿石微粒、焦炭粉末以及其他氧化物等杂质。此外，还含有酚、氰等有毒物质。瓦斯泥发生量为 $6\sim8kg/t(Fe)$。

每炼 1t 铁，产生高炉渣 $300\sim350kg$。

每炼 1t 铁，产生 $1600\sim1800m^3$ 高炉煤气(标态)，其热值为 $2900\sim3600kJ/m^3$。高炉煤气须经除尘设施净化后可作为燃料使用。产生的高炉渣可用于生产水泥等制品。炼铁系统包括高炉、热风炉、高炉煤气洗涤设施、鼓风机、铸铁机、冲渣池等，以及与之配套的辅助设施等。

对炼铁厂的废水、废气和固体废弃物的防治，不仅能改善环境，而且可以综合利用，回收大量含铁烟尘和煤气，节约用水和废渣资源化。因此，搞好炼铁厂的环境保护关系十分重大，否则就会浪费大量的资源和能源，还会给环境和人群健康造成很大的危害。

炼铁厂节水减排是钢铁工业节水减排的重中之重，根据炼铁厂用水实践，炼铁用水占钢铁企业总用水量的 25% 以上，可见炼铁厂节水减排对企业提高用水循环率、降低废水排放率具有重要意义与作用。

炼铁厂节水减排的原则是：对高炉炉壁冷却应采用软水密闭循环冷却系统；对高炉煤气净化应优先选用干法除尘工艺。如采用湿法工艺，则应采用先进的处理工艺与水质稳定技术而循环回用，其少量循环系统排污水应作为高炉冲渣补充水，而高炉冲渣水经处理后循环回用；对铸铁机废水经沉淀处理后循环回用。因此，对炼铁厂应实现节水减排最大化和废水"零排放"化。

## 12.1 用水特征与废水水质水量

炼铁厂主要用水有高炉冷却水，热风炉冷却水，高炉煤气洗涤水，铸铁机、鼓风机站用水，炉渣粒化和水力输送以及干渣喷水等。此外，还有一些用水量不大的零星用水户，如润湿炉料、煤粉用水，平台洒水，煤气水封阀用水以及变压站、空压站、检化验室、水冷空调用水等。

## 12.1.1　高炉用水系统与经效比较

（1）高炉用水系统

① 直流冷却系统　20 世纪中期由苏联设计的武钢、鞍钢等高炉冷却系统均属此类，如图 12-1(a)所示，至今国内仍有较少企业使用。通常直接取用地表水，经沉淀后用泵压供高炉使用，使用后直接排放。高炉冷却水的水质控制指标为 SS≤300mg/L。其缺点是不仅浪费水资源、热源，增加生产费用，污染环境，更重要的是设备结垢堵塞，高炉冷却系统易被烧坏，严重影响生产。

② 工业过滤水开路循环冷却系统　为了克服直流供水冷却方式的弊病，节约用水，改善水质，提高冷却效果，原直流供水冷却系统多数改为工业过滤水的开路循环冷却系统，如图 12-1(b)所示。

③ 汽化冷却循环系统　汽化冷却系统是前苏联的发明专利，如图 12-1(c)所示。其优点是依靠自然汽化实现水的循环，节省能源并解决冷却元件的结垢问题，一定程度上延长高炉寿命，中国、美国、日本及欧洲国家等曾引进这项技术。但该技术存在以下明显的缺点。

1）不能适应高炉强化生产高负荷的冷却要求。由于高炉热负荷的变化大，水系统容易发生不稳定流动，产生局部沸腾，使冷却元件局部过热烧毁。

2）采用汽化冷却时，高炉冷却壁的温度高达 250℃；如采用水冷却，冷却壁的温度为 130℃左右，有利于延长高炉寿命。

3）采用汽化冷却的高炉较难检查发现冷却水是否泄漏。因此，汽化冷却技术除俄罗斯、乌克兰等钢铁企业现仍使用外，其他国家使用很少。

④ 软水密闭循环冷却系统　该系统是 20 世纪 80 年代后发展起来的，水在循环使用中不与大气接触，受热的水通过空气或二次冷却水冷却以实现密闭循环使用，根据冷却介质的不同，分为空气或冷却水的密闭循环系统，如图 12-1(d)、(e)所示。

采用空气冷却的软水密闭循环系统不需要二次冷却水，在缺水地区采用意义更大。但该冷却方式受气候环境的限制，在寒冷地区才能显示其优点。采用空气换热器与水换热器相比，其传热系数小，因而设备费用高、占地面积大且运行耗电能大。以武汉地区的环境条件对空气/水和水/水两种冷却器进行经济比较，水/水冷却的设备基建费用仅为空气/水冷却的 36%，水/水冷却的年动力能耗费用仅为空气/水冷却的 57%。故武钢不采用风冷软水密闭循环冷却系统。况且采用风冷的水系统温度因季节随大气温度变化的影响大，水系统的温度不稳定，不易控制，这对高炉的运行操作不利，所以已采用空气/水冷却的高炉多改为水/水冷却高炉。

高炉采用软水密闭循环冷却方式与采用敞开式循环冷却方式相比，其优越性也很明显。主要优点如下。

1）补充水用量小。敞开式循环冷却系统，随着循环冷却过程的进行，水不断被蒸发，加上排污和泄漏损失，一般补充水量为循环水量的 5%，水的循环率为 95%左右。而在密闭循环冷却系统中，冷却水不蒸发不浓缩且无污染，因此不必排污，仅需补充极少量的新水以弥补系统泄露损失。泄漏量取决于设备状况和管理维护水平，一般补充水量仅为循环水量的 1‰，水的循环率达 99.9%。武钢 5 号高炉投产时全年计算其软水密闭循环冷却系统的循环率达 99.95%，可见这也是节约用水非常有效的措施。

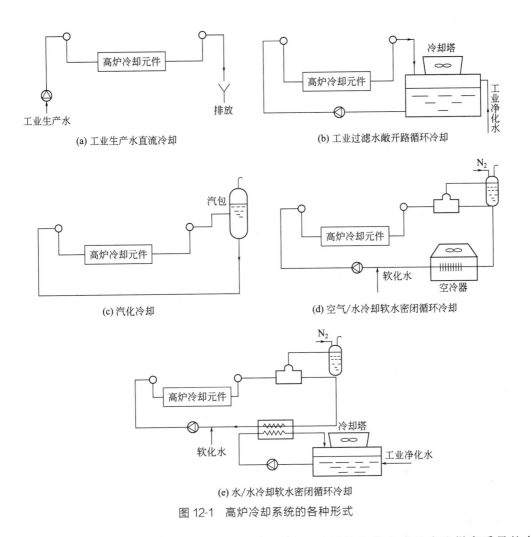

(a) 工业生产水直流冷却

(b) 工业过滤水敞开路循环冷却

(c) 汽化冷却

(d) 空气/水冷却软水密闭循环冷却

(e) 水/水冷却软水密闭循环冷却

图 12-1　高炉冷却系统的各种形式

2）水质好，腐蚀小。由于补充水量很少，因此，采用像软化水或纯水这样高质量的水作为补充水是完全可能的。一般高炉冷却水系统的压力都小于 2.0MPa，所以采用软水足以满足要求。

由于系统是密闭的，水不与大气接触，故外界的灰砂进不去，加之没有阳光，藻类不易繁殖，可避免因泥砂沉积和藻类繁殖产生生物黏泥影响传热和引起垢下腐蚀问题，使金属表面保持洁净状态，对传热很有利。至于软化水对金属的腐蚀问题，因为与大气隔离，系统中溶解氧的含量保持很低，腐蚀作用受到抑制。在系统密闭状况良好，且有完善排气装置的条件下，运行一段时间以后，水系统的溶解氧降低，起了热力脱气的作用，因而其腐蚀速率比敞开式低。

在循环冷却水中，溶解氧含量是影响金属腐蚀的首要因素。因而在相同条件下，金属在密闭系统中（溶解氧含量很低）的腐蚀速率比在敞开式系统中（溶解氧处于饱和状态）要低得多，两者动态对比试验的结果见表 12-1。

表 12-1　$A_3$ 钢在密闭式与敞开式的软化水冷却系统中的动态试验

| 项目 | | 密闭式（氧不饱和） | 敞开式（氧饱和） |
| --- | --- | --- | --- |
| 试验挂片腐蚀速率/(mm/a) | 进口端温度 40℃ | 0.079 | 0.708 |
| | 出口端温度 60℃ | 0.190 | 2.652 |

动态试验结果表明，在相同条件下，敞开式比密闭式的腐蚀速率高 12～13 倍。

3）传热效率高，冷却效果好。这是冷却水最主要的功能，也是采用软水的主要原因。经软化处理的水，水中结垢成分钙、镁等二价金属离子已被去除，在循环冷却过程中不会结垢。像高炉这样热负荷很高的系统，微量垢物的沉积就会带来严重的危害。水垢与钢、铜的热阻（$m^2 \cdot ℃/W$）分别为：水垢 $8.6 \times 10^{-4}$，钢 $2.23 \times 10^{-5}$，铜 $6.99 \times 10^{-6}$。即水垢的热阻均为钢的 40 倍，是铜的 123 倍。消除水垢、提高传热效率并避免冷却元件被烧毁，是高炉长寿技术的关键所在。

4）节能效果显著。采用密闭循环系统，可节省电力能源，以武钢 5 号高炉为例，年可节省电费 200 万元以上。

综上所述表明：软水密闭循环冷却系统运行的技术经济指标及安全可靠性均明显优于敞开式系统。其唯一的不足之处是基建设备费用高，操作技术水平要求严格。

（2）效益状况与比较

为了进一步说明炼铁系统净循环冷却形式选择的重要性，现对我国目前炼铁系统普遍采用的工业水直流冷却、工业水敞开式循环冷却和软水密闭循环冷却等三种高炉冷却的效益进行对比与分析。

① 耗水量与水费比较　根据某钢铁联合企业炼铁系统多年运行资料统计，采用三种冷却方式对 $3200 m^3$ 高炉所需补充水耗量及水费见表 12-2。

表 12-2　$3200 m^3$ 高炉不同冷却方式新水耗量与费用

| 项目号 | 1 | 2 | 3 | | | 4 | 5 |
|---|---|---|---|---|---|---|---|
| 项目 | 工业生产水直流 | 工业净化水敞开式循环 | 水/水冷却软水密闭循环 | | | 1 项与 3 项之差 | 2 项与 3 项之差 |
| | | | 一次水（软化水） | 二次水（净化水） | 合计 | | |
| 年补充新水量/$10^4$ t | 7456.5 | 319.3 | 3.1272 | 136.0886 | 139.2 | 7317.3 | 180.1 |
| 年补充水水费/万元 | 1491.3 | 79.8 | 7.82 | 34.02 | 41.84 | 1449.46 | 37.99 |
| 冷却高炉单位容积日耗新水量/ [t/($m^3 \cdot$ d)] | 63.84 | 2.73 | 0.0268 | 1.165 | 1.19 | 62.63 | 1.51 |
| 冷却高炉单位容积日耗新水费/ [元/($m^3 \cdot$ d)] | 12.77 | 0.68 | 0.067 | 0.29 | 0.357 | 12.41 | 0.323 |

从表 12-2 第 4 项、第 5 项明显可以看出，$3200 m^3$ 高炉采用软水密闭循环冷却方式与使用的直流冷却方式相比，每年节约新水为 7317.3 万吨。如以 20 世纪 90 年代工业用水参考价 0.20 元/t、工业净化水 0.25 元/t、软化水 2.5 元/t 计，约减少补充水费 1449.46 万元。由于新水耗量和排污量大，还需缴纳水资源费和排污费。按当时水资源占用费 0.02 元/t、排污缴纳费 0.08 元/t 计，每年需增加缴纳水资源费 149 万元，排污费 596.52 万元，3 项合计共达 2195 万元。与采用净化敞开循环冷却方式相比，每年节约新水 181.1 万吨，减少补充水费 37.99 万元，加上每年增缴水资源费 6.39 万元，排污费 0.51 万元（排污水量按循环用水量的 2% 计），4 项合计共增缴 226 万元。

② 能耗及其费用比较　根据多年生产运行设备耗电量统计及有关资料的推算，该厂 $3200 m^3$ 高炉采用不同冷却方式耗电及其电费的统计见表 12-3。

表 12-3　3200m³高炉不同冷却方式耗电能及其电费

| 项目号 | 1 | 2 | 3 | | | 4 | 5 |
|---|---|---|---|---|---|---|---|
| 项目 | 工业生产水直流 | 工业净化水敞开式循环 | 水/水冷却软水密闭循环 | | | 1项与3项之差 | 2项与3项之差 |
| | | | 一次水（软化水） | 二次水（净化水） | 合计 | | |
| 年耗电能/(10⁴kW·h) | 2283.4 | 2285.8 | 1502.3 | 415.0 | 1917.3 | 366.1 | 368.5 |
| 年电能费用/万元 | 685 | 686 | 450.7 | 124.5 | 575.2 | 109.8 | 110.8 |
| 冷却高炉单位容积日冷却水耗电能/〔kW·h/(m³·d)〕 | 19.55 | 19.57 | 12.86 | 3.55 | 16.41 | 3.14 | 3.16 |
| 冷却高炉单位容积日冷却水耗电费/〔元/(m³·d)〕 | 5.86 | 5.87 | 3.88 | 1.07 | 4.95 | 0.91 | 0.92 |

从表 12-3 第 4 项和第 5 项可以看出，采用软水密闭循环冷却方式与工业生产水直流冷却方式相比，每年可节省电耗 $366.1×10^4$ kW·h，节省电费 109.8 万元〔以 20 世纪 90 年代每度电单价 0.30 元/（kW·h 计）〕。与净化水敞开式循环冷却方式相比，每年约节省电能 $368.53×10^4$ kW·h；约节省电费 110.8 万元。由此说明采用软水密闭循环冷却方式对节省能耗和降低运行费用效果显著。

③ 直接生产效益分析　采用工业生产水直流冷却方式，由于水直流排放，用水量大，用水水质差，堵塞严重，影响炼铁的正常生产，高炉炉龄短。

改用工业净化水敞开循环冷却方式，水质得以改善，但与软水密闭循环相比，差距仍很大，高炉的强化生产受到限制。

采用软水密闭循环冷却方式，并配备其他技术装备措施和科学的管理操作制度，如采用无料钟炉顶，使炉顶布料均匀；选用优质耐火材料作炉衬砖；加强炉内气流控制，防止边缘气流发展等措施，使高炉寿命延长，实现高炉一代炉役期 10 年以上。在炉役期内取消中修，既节省中修费用又增加生产时间，经济效益更加显著。

以某厂 4 号高炉容积为 2516m³ 为例，中修期 37 天，共耗检修费 1782.7 万元，如折算 3200m³ 的高炉一次中修费用为 2267 万元，因中修少生产生铁 23.68 万吨，以生铁价 200 元/t 计，直接损失 4736 万元。因此，一次中修直接经济损失约为 7003 万元（以 20 世纪 90 年代当时的物价状况计）。

## 12.1.2　炼铁用水特征与用水要求

① 炼铁工序对连续用水要求十分严格，一旦中断用水，不仅会引起停产损失，还会使受冷却水保护的设备被烧穿，严重时会造成重大事故。因此，炼铁厂用水设计必须保证连续供水，并应采取特殊的安全供水措施。

② 炼铁高炉安全供水涉及水源、电源、水泵站、水泵机组、管道、贮水构筑物、水塔或高位水池、备用动力以及用水管理等方面，必须统筹规划设计，构成有机整体，确保安全供水。

③ 高炉间接冷却水水质必须严格控制，不得有沉淀物堵塞冷却设备的情况。不允许采用直接用水，必须进行水的严格处理，循环用水，尽量少用新水。

④ 炼铁高炉用水系统一般均采用循环供水系统，并尽量提高其循环利用率。水在使用

过程中，一部分水仅被加热，另一部分水不仅被加热，而且受污染。未被污染的热水，经冷却后循环使用，亦可供给其他所需用户。被污染的热水，经适当处理后应循环使用，或供其他用户使用。

（1）高炉与热风炉用水与水质要求

高炉冷却的目的是保证高炉炼铁正常运行，不被烧坏，并延长其砌体（耐火材料）与设备的使用期限，决定高炉使用寿命。高炉冷却系统包括风口、渣口和安装在高炉炉体各部位的冷却壁、冷却板、空腔式水箱、支架式水箱等各种冷却设备。

① 高炉与热风炉用水量与设计规定。20 世纪 80 年代以来，由于现代化高炉的有效容积往往都在 1000m³ 以上，为提高高炉的一代寿命，往往都采用了新型的冷却设备，并对冷却水的供水水质要求甚高，有的甚至采用软水或纯水作为冷却水，对水量则有一个放大要求的趋势，所以基本已摒弃了这种按炉容确定冷却水用量的方法。如武汉钢铁公司（简称武钢）3 号高炉有效容积为 3200m³，采用纯水密闭循环系统，其高炉、热风炉的密闭循环水量平均为 6546m³/h，最大为 7286m³/h；宝钢 3 号高炉有效容积为 4350m³，采用纯水密闭循环和工业水开路循环相结合的系统，其高炉、热风炉循环用水量为 16412m³/h；唐山钢铁公司（简称唐钢）两座 1260m³ 高炉采用软水密闭和工业水循环相结合的系统，高炉及热风炉循环水用量为 7320m³/h（每座 3660m³/h）。这些例子说明高炉、热风炉循环用水量均有较大增长，但这并不是指标的落后，而是技术的进步。现代大型高炉用水量实测结果见表 12-4。

**表 12-4　现代大型高炉用水量实例**

| 高炉有效容积/m³ | 用水量/(m³/h) | | |
| --- | --- | --- | --- |
| | 高炉炉体 | 热风炉 | 共计 |
| 1200 | 3360 | 300 | 3660 |
| 1350 | 4730 | （包括在炉体内） | 4730 |
| 3500 | 5846 | 700 | 6546 |
| 4063 | 6552 | 1158 | 7710 |
| 4350 | 5633 | 1282 | 6915（不含二次冷却水） |

② 高炉与热风炉用水水质。高炉冷却水的水质主要是指水中悬浮物和溶解盐类含量以及冷却水的结垢、腐蚀等问题。实际运行情况表明，水中悬浮物的质量浓度小于 100mg/L 时，冷却设备内仍会有悬浮物沉淀下来，箱式冷却设备尤其明显。对于这种情况，现代化大高炉间接冷却水中的悬浮物的质量浓度必须认真对待。在循环供水中，其悬浮物的质量浓度最好小于 20mg/L。现代大型高炉都采用纯水或软水进行高炉炉体冷却，满足这个要求是不言而喻的。其二次冷却水水质也应达到这个要求，而且最大不应超过 50mg/L。在水质问题中，溶解盐类的质量浓度也是十分重要的。造成结垢等水质障碍的溶解盐类主要是碳酸盐和游离碳酸的质量浓度，应进行很好的控制。

（2）高炉煤气清洗系统用水与水质要求

① 高炉煤气清洗干式除尘技术主要有电除尘系统与布袋除尘系统。干式除尘系统的优势为：可以利用 200～250℃ 煤气物理热量，节省水源和电力消耗；如用高温煤气燃烧热风炉，可提高风温并降低焦化，节省焦炭；对高压高炉而言，采用炉顶煤气发电装置，尚可多发电 30%～40%。因此，高炉煤气干式除尘技术是国内外的发展方向。但因安全生产问题，国内外虽有应用，但常采用干湿并存，以干法为主，湿法备用。由于采用两套设施，须增加投资和占地以及维修等问题，故目前国内外大型高炉采用干法除尘的应用实例尚较少。

② 每炼 1t 生铁，排出 2000～2500m³（标）高炉煤气，高炉煤气湿法除尘用水应根据洗

涤工艺要求及洗涤供水系统确定，水温在 40℃以下，每清洗 1000m³（标）高炉煤气，不同洗涤系统用水量见表 12-5。

表 12-5 高炉煤气洗涤用水量　　　　　　　　单位：m³

| 工艺系统 | | 1000m³煤气用水指标 | | | |
| --- | --- | --- | --- | --- | --- |
| | | 洗涤塔 | 冷却塔 | 溢流文氏管 | 文氏管 |
| 清洗生铁系统 | 塔后文氏管系统 塔前文氏管系统 | 4～4.5 | 3.5～4 | 1.5～2.0 | 0.5～1.0 |
| | 串联文氏管系统 | | | 3.5～4（常压） 1.2～1.8（高压） | 0.5～1.5 |
| 清洗锰铁系统 | 塔前文氏管系统 串联文氏管系统 | | 4～5 | 2.0 5～6 | 1～2 |

如采用电除尘其供水定额为：1000m³ 煤气供水 0.2～0.5m³。

减压阀组供水定额为：1000m³ 煤气供水 0.2～0.26m³。

煤气洗涤用水：悬浮物的质量浓度不大于 200mg/L。电除尘器用水：悬浮物的质量浓度不大于 50mg/L。

（3）冲渣用水与要求

① 由于炼铁高炉向大型化发展，渣量大（300～400kg/t 铁），用水冲渣必须设置循环用水系统。

② 高炉渣粒化常采用多种形式的冲渣方式，如过滤法、沉淀过滤法、转鼓过滤法和图拉法等水冲渣，以及水泡渣、热泼渣等方式。

③ 炉渣粒化用水与水质要求见表 12-6。

表 12-6 炉渣粒化用水与水质要求

| 粒化方式 | 冲渣 | 泡渣 |
| --- | --- | --- |
| 吨渣用水量/m³ | 8～12 | 1～1.5 |
| 水压/MPa | 0.2～0.25 | ＞0.02 |
| 水质 | SS＜400mg/L | 无要求 |
| 水温/℃ | ＜60 | 无要求 |

## 12.1.3 废水特征与水质水量

### 12.1.3.1 废水来源与排放要求

炼铁厂废水分为净循环和浊循环两大系统，根据其使用过程和条件大致可分为设备间接冷却水、设备和产品直接冷却水和生产工艺过程废水等。

（1）设备间接冷却水

高炉的炉腹、炉身、出铁口、风口、风口大套、风口周围冷却板及其他不与产品或物料直接接触的冷却废水都属于设备间接冷却废水。这种废水因不与产品或物料接触，使用过后只是水温升高，如果直接排放至水体，有可能造成一定范围的热污染，因此，这种间接冷却用水一般多设计成循环供水系统，在系统中设置冷却塔（或其他冷却建筑物），废水得到降温处理后即可循环使用。从定量的、严格的角度讲，间接冷却水仅仅靠冷却塔实现循环供水是不够的，还必须解决水质（主要指水中的各种物质，如悬浮物质、胶体物质、溶解物质等）稳定问题。这是由于水中不仅存在悬浮物，而且存在各种盐类物质，随着循环的进行，悬浮物和溶于水中的盐类物质因水的蒸发而得到了浓缩，周而复始，浓缩的结果就会带来结垢和腐蚀以及黏泥等水质障碍，从而影响循环，所以要设计一定量的排污及补充定量新水。同时，炼铁厂可以利用生产工艺对水质的不同要求，将间接冷却系统的排污水排至其他可以承受的系统加以利用。一般情况下，在高炉工程的给排水设计中，高炉、热风炉冷却系统的排水可以作为高炉煤气洗涤水系统循环水的补充水。若高炉为干式除尘或别的原因不能排至煤气洗涤系统，则可排至高炉炉渣粒化（水渣或干渣）系统，因此通常不向环境外排废水。

（2）设备和产品的直接冷却废水

设备和产品的直接冷却废水主要是指高炉炉缸的喷水冷却、高炉在生产后期的炉皮喷水冷却以及铸铁机的喷水冷却。产品的直接冷却主要指铸铁块的喷水冷却。直接冷却废水的特点是水与产品或设备直接接触，不仅水温升高，而且水质受污染。但由于设备的直接冷却，尤其是产品的直接冷却对水质的要求一般都不高，对水温的控制也不十分严格，所以一般经沉淀、冷却后即可循环使用。这一类系统的供水原则是应该尽量循环，并补充因循环过程中损失的水量，其"排污"尽可能控制在最小限度，应排到下一工序对水质要求不严的系统中，不应排至环境或水体。

（3）生产工艺过程废水

炼铁厂生产工艺过程用水以高炉煤气洗涤和炉渣粒化为代表。高炉在冶炼过程中，由于焦炭在炉缸内燃烧，而且是一层炽热的厚焦炭由空气过剩而逐渐变成空气不足的燃烧，结果产生了一定量的一氧化碳气体（$CO > 20\%$），故称高炉煤气。从高炉引出的煤气先经干式除尘器除掉大颗粒灰尘，然后用管道引入煤气洗涤系统进行清洗冷却。清洗冷却后的水就是高炉煤气洗涤废水。这种废水水温高达 $60\,℃$ 以上，含有大量的由铁矿粉、焦炭粉等所组成的悬浮物以及酚、氰、硫化物和锌等，水中悬浮杂质为 $600 \sim 3000\,mg/L$。由于该废水水量大、污染重，必须进行处理，然后尽量循环使用。在高炉炼铁生产过程中还产生大量的炉渣，一般每炼 1t 生铁，产生 $300 \sim 900\,kg$ 高炉渣，其主要成分是硅酸钙或铝酸钙等。炉渣处理方法通常是将炉渣制成水渣或炉前干渣，或者两者兼而有之。目前高炉渣粒化采用多种形式的水冲渣方式以及泡渣、热泼渣等方式。冲制水渣就是用水将炽热的炉渣急冷水淬，粒化成水渣。粒化后的炉渣可用作水泥、渣砖和建筑材料。粒化后的渣与水的混合物需要脱水，脱水后的渣即为成品水渣，而水则可循环使用。

如上所述，炼铁厂的各种废水，如果不加处理任意排放是既不经济也不合理的，而且也是环境保护所不允许的。应采用分质供水、局部循环、串级用水与清浊分流的用水原则，实现废水最大利用率、节水减排与废水"零排放"的目标。

### 12.1.3.2　废水特征与水质水量

（1）炼铁厂废水特征

炼铁厂的所有废水，除极少量损失外，其废水量基本上与其用水量相当。影响用水量的因素很多，如原料、燃料情况，冶炼操作条件，所有用水设备的构造与组成，给水系统设置情况，供水的水质、水温，水处理的设备组成与处理工艺，给排水的操作管理等。

高炉煤气洗涤水是炼铁系统的主要废水，其特点是水量大，悬浮物的质量浓度高，含有酚、氰等有害物质，危害大，它是炼铁系统具有的代表性废水。冲渣水的特点是水温较高，含有细小的悬浮物。铸铁机用水不但水温升高,且含有铁渣、石灰、石墨片等杂质。炉缸洒水通常仅有水温的升高,废水悬浮物变化不大。但是,炼铁系统废水的水质与供水水质、用水条件、排水状况有关。一般的水质情况见表 12-7。

表 12-7 炼铁各废水水质　　　　　　　　　　　　　　　单位 mg/L

| 废水类别 | | pH 值 | 悬浮物 | 总硬度(以 $CaCO_3$ 计) | 总含盐量 | $Cl^-$ | $SO_4^{2-}$ | 总 Fe | 氰化物 | 酚 | 硫化物 |
|---|---|---|---|---|---|---|---|---|---|---|---|
| 煤气洗涤水 | 大型高炉 | 7.5~9.0 | 500~3000 | 225~1000 | 200~3000 | 40~200 | 30~250 | 0.05~1.25 | 0.1~3.0 | 0.05~0.40 | 0.1~0.5 |
| | 小型高炉 | 8.0~11.5 | 500~5000 | 600~1600 | 200~9000 | 50~250 | 30~250 | 0.1~0.8 | 2.0~10.0 | 0.07~3.85 | 0.1~0.5 |
| | 炼锰铁高炉 | 8.0~11.5 | 800~5000 | 250~1000 | 600~3000 | 50~250 | 10~250 | 0.001~0.01 | 30.0~40.0 | 0.02~0.20 | — |
| 冲渣水 | | 8.0~9.0 | 400~1500 | — | 230~800 | 100~300 | 30~250 | — | 0.002~0.70 | 0.01~0.08 | 0.08~2.40 |
| 铸铁机废水 | | 7.0~8.0 | 300~3500 | 550~600 | 300~2000 | 30~300 | 30~250 | — | — | — | — |

炼铁厂的废水特征如下:a. 高炉、热风炉的间接冷却废水在配备安全供水的条件下仅做降温处理即可实现循环利用,尤其是采用纯水作为冷却介质的密闭循环系统经过降温处理后,只要系统运转的动力始终存在,就能够持续运转;b. 设备或产品直接冷却废水(特别是铸铁机的水)被污染的程度很严重,含有大量的悬浮物和各种渣滓,但这些设备和成品对水质的要求不高,所以经过简单的沉淀处理即可循环使用,不需要做复杂的处理;c. 生产工艺过程中用水包括高炉煤气洗涤和冲洗水渣废水,由于水与物料直接接触,其中往往含有多种有害物质,必须认真处理方能实现循环使用。

(2) 高炉煤气洗涤水的物理化学组成与沉降特性

① 废水的物理化学组成　高炉煤气洗涤水的水质变化很大,不同的高炉或即便是同一高炉,在不同的工况下所产生的废水特性都不相同,其物理化学性质与原水有一定关系,但主要取决于高炉炉料成分、炉顶煤气压力、洗涤水温度等。当高炉 100% 使用烧结矿时,可明显减少煤气中的含尘量,并相应地减少灰尘带入洗涤水中的碱性物质。溶解在洗涤废水中的 $CO_2$ 含量与炉顶煤气压力以及洗涤水的温度有关,炉顶压力小,洗涤水温度高,则废水中 $CO_2$ 含量就少,反之则大。另外,当炉顶煤气压力高时,煤气中含尘量减少,洗涤废水中的悬浮物自然也相应减少,而且粒度较细。在煤气洗涤过程中,由于气体中 CaO 尘粒易溶于水,废水中暂时硬度会升高。根据生产实例统计,每洗涤一次废水中各种物质增加值见表 12-8。

表 12-8 每洗涤一次废水中物质增加值

| 项目名称 | 甲厂 | | 乙厂 | |
|---|---|---|---|---|
| | 波动范围 | 平均值 | 波动范围 | 平均值 |
| 暂时硬度(以 $CaCO_3$ 计)/(mg/L) | 11.4~35.7 | 20 | 15~60 | 43.9 |
| 永久硬度/(mg/L) | 12.5~32.0 | 21.4 | — | — |
| 溶解固体/(mg/L) | 73~110 | 97 | 50~100 | 57.6 |

| 项目名称 | 甲厂 | | 乙厂 | |
|---|---|---|---|---|
| | 波动范围 | 平均值 | 波动范围 | 平均值 |
| $\rho$（$Cl^-$）/(mg/L) | 16.4~29.4 | 24 | 10~40 | 27.6 |
| 悬浮物/(mg/L) | 600~800 | 726 | 20~1500 | 335.5 |
| 酚/(mg/L) | 0.05~0.24 | 0.11 | 0.2~1.0 | 0.456 |
| 氰/(mg/L) | 0.02 | 0.25 | 2~2.5 | 2.35 |
| 水温/℃ | | | 3~15 | 12 |

煤气洗涤废水一般物理化学成分见表12-9。

表 12-9　高炉煤气洗涤废水的物理化学成分

| 分析项目 | 高压操作 | | 常压操作 | |
|---|---|---|---|---|
| | 沉淀前 | 沉淀后 | 沉淀前 | 沉淀后 |
| 水温/℃ | 43 | 38 | 53 | 47.8 |
| pH 值 | 7.5 | 7.9 | 7.9 | 8.0 |
| 总碱度（以 $CaCO_3$ 计)/(mg/L) | — | 192 | — | — |
| 全硬度/°dH | 19.8 | 19.04 | — | 19.32 |
| 暂硬度/°dH | 21.42 | 20.44 | 13.87 | 13.71 |
| 钙/(mg/L) | 98 | 98 | 14.42 | 13.64 |
| 耗氧量/(mg/L) | 10.72 | 7.04 | — | 25.50 |
| 硫酸根/(mg/L) | 144 | 204 | 232.4 | 234 |
| 氯根/(mg/L) | 161 | 155 | 108.6 | 103.8 |
| 二氧化碳/(mg/L) | 25.3 | — | — | 38.1 |
| 铁/(mg/L) | 0.067 | 0.067 | 0.201 | 0.08 |
| 酚/(mg/L) | 2.4 | 2.0 | 0.382 | 0.12 |
| 氰化物/(mg/L) | 0.25 | 0.23 | 0.847 | 0.989 |
| 全固体/(mg/L) | 706 | 682 | — | — |
| 溶固体/(mg/L) | — | — | 911.4 | 910.2 |
| 悬浮物/(mg/L) | 915.8 | 70.8 | 3448 | 83.4 |
| 油/(mg/L) | | | — | 13.65 |
| 氨氮/(mg/L) | 7.0 | 8.0 | | |

高炉煤气洗涤水的泥渣成分与粒径分布见表12-10、表12-11。

表 12-10　高炉煤气洗涤水泥渣成分组成（质量分数）　　单位:%

| 高炉容积/m³ | TFe | Fe₂O₃ | FeO | SiO₂ | CaO | Al₂O₃ | MgO | S | P | C | 烧损 |
|---|---|---|---|---|---|---|---|---|---|---|---|
| 1513 | 31.99 | 40.05 | 5.10 | 12.60 | 12.28 | 4.43 | 1.50 | 0.545 | 0.046 | | 21.20 |
| 1000 | 40.48 | | 12.10 | 10.95 | 8.95 | | 2.79 | 0.396 | 0.057 | 11.34 | 17.39 |
| 250 | 11.8 | | | 15.98 | 11.48 | 6.72 | 15.38 | | 0.061 | 15 | |

**表 12-11** 高炉煤气洗涤水泥渣粒径分布　　　　单位：%

| 高炉容积/m³ | 粒径/μm | | | | | |
|---|---|---|---|---|---|---|
| | >600 | 600~300 | 300~150 | 150~100 | 100~74 | <74 |
| 1513 | 0.80 | 5.20 | 32.50 | 17.50 | 12.30 | 31.70 |
| 1000 | 0.30 | 3.80 | 44.70 | 21.10 | 11.90 | 15.70 |
| 250 | | 1.88 | 8.84 | 10.34 | 6.34 | 72.60 |

② 高炉煤气洗涤废水的沉降特性　煤气洗涤废水的沉淀处理可分为自然沉淀与混凝沉淀等，其沉淀情况如下。

1) 自然沉淀。靠重力去除悬浮物的处理方法称为自然沉淀法。表 12-12～表 12-14、图 12-2～图 12-4 分别列出 826m³、1000m³ 和 1513m³ 高炉煤气洗涤废水自然沉淀效率和沉降曲线的有关情况。

**表 12-12** 不同沉降速度下的沉淀效率试验结果（826m³ 高炉）

| 沉淀高度/m | 沉淀时间/min | 沉淀速度/(mm/s) | 悬浮物/(mg/L) | | |
|---|---|---|---|---|---|
| | | | 沉淀前 | 沉淀后 | 沉淀效率/% |
| 0.25 | 0 | | 1229.2 | | 0 |
| 0.25 | 5 | 0.835 | 1229.2 | 484 | 53.6 |
| 0.25 | 10 | 0.416 | 1229.2 | 381.8 | 68.6 |
| 0.25 | 20 | 0.208 | 1229.2 | 234.4 | 76.3 |
| 0.25 | 30 | 0.139 | 1229.2 | 192.0 | 84.9 |
| 0.25 | 40 | 0.104 | 1229.2 | 150.0 | 87.5 |
| 0.25 | 60 | 0.070 | 1229.2 | 108.0 | 91.2 |
| 0.25 | 80 | 0.052 | 1229.2 | 102.8 | 92.0 |
| 0.25 | 100 | 0.042 | 1229.2 | 74.0 | 84.0 |

**表 12-13** 不同沉降速度下的沉淀效率试验数据（1000m³ 高炉）

| 沉淀高度/m | 沉淀时间/min | 沉淀速度/(mm/s) | 悬浮物/(mg/L) | | |
|---|---|---|---|---|---|
| | | | 沉淀前 | 沉淀后 | 沉淀效率/% |
| 0.5 | 5 | 1.66 | 3136 | 614.8 | 80.5 |
| 0.5 | 10 | 0.835 | 3136 | 420.4 | 87 |
| 0.5 | 15 | 0.556 | 3136 | 307.6 | 90 |
| 0.5 | 20 | 0.416 | 3136 | 265.2 | 92 |
| 0.5 | 25 | 0.333 | 3136 | 182.8 | 94.6 |
| 0.5 | 30 | 0.277 | 3136 | 142.0 | 95.6 |
| 0.5 | 40 | 0.208 | 3136 | 126.0 | 96.5 |
| 0.5 | 50 | 0.166 | 3136 | 114.8 | 96.8 |
| 0.5 | 70 | 0.119 | 3136 | 90.8 | 97.2 |
| 0.5 | 90 | 0.093 | 3136 | 61.6 | 98.1 |

**表 12-14** 不同沉降速度下的沉淀效率试验数据（1513m³高炉）

| 沉淀高度/m | 沉淀时间/min | 沉淀速度/(mm/s) | 悬浮物/(mg/L) | | |
|---|---|---|---|---|---|
| | | | 沉淀前 | 沉淀后 | 沉淀效率/% |
| 0.6 | 1 | 10.0 | 2070 | 1663.2 | 19.6 |
| 0.6 | 2 | 5 | 2070 | 1403.2 | 32.3 |
| 0.6 | 3 | 3.33 | 2070 | 1127.2 | 46.5 |
| 0.6 | 5 | 2.0 | 2070 | 596.6 | 72.5 |
| 0.6 | 10 | 1.0 | 2070 | 294.4 | 86.0 |
| 0.6 | 20 | 0.5 | 2070 | 135.2 | 93.5 |
| 0.6 | 40 | 0.25 | 2070 | 47.6 | 97.7 |
| 0.6 | 60 | 0.1665 | 2070 | 46.0 | 98.0 |
| 0.6 | 80 | 0.125 | 2070 | 41.6 | 98.2 |
| 0.6 | 100 | 0.1 | 2070 | 50.0 | 97.6 |

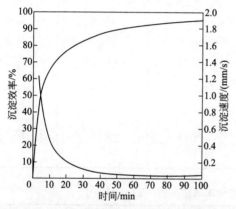

图 12-2　826m³高炉煤气洗涤废水沉降曲线

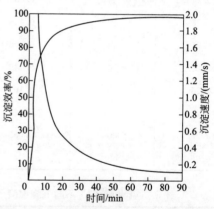

图 12-3　1000m³高炉煤气洗涤废水沉降曲线

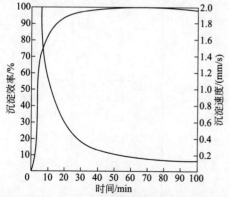

图 12-4　1513m³高炉煤气洗涤废水沉降曲线

2）混凝沉淀。用混凝剂使水中细小颗粒凝聚吸附结成较大颗粒，进而从水中沉淀出来的方法称作混凝沉淀。试验表明，采用聚丙烯酰胺（加入量 0.3mg/L）进行混凝沉淀可以使沉淀效率达 90% 以上。当循环时间较长和循环效率较高时，聚丙烯酰胺再和少量的氯化铁复合使用，可去除富集的细小颗粒，取得满意效果。但对具体工程的高炉煤气洗涤废水的混凝沉降的设计，通常宜进行现场混凝试验与药剂的选择。表 12-15、表 12-16 分别列出多种混凝剂复合使用与单一混凝剂混凝的沉淀效果。

表 12-15　多种混凝剂复合使用的沉淀效果

| 组别 | 药剂 | | 水温/℃ | 沉淀速度/(mg/L) | 悬浮物的质量浓度/(mg/L) | | | 备注 |
|---|---|---|---|---|---|---|---|---|
| | 名称 | 加入量(mg/L) | | | 进水 | 出水 | | |
| | | | | | | SS | 浊度 | |
| 1 | FeCl₃<br>聚丙烯酰胺 | 1.5<br>0.2 | 50 | 0.39 | 715 | 10.75 | 4.1 | |
| 2 | 碱式氯化铝<br>聚丙烯酰胺 | 0.2<br>0.2 | 50 | 0.39 | 715 | 10.1 | 4.1 | 水发黏，滤纸过滤明显减速 |
| 3 | FeSO₄<br>CaO<br>聚丙烯酰胺 | 10<br>168<br>0.2 | 25～26 | 0.39 | 361.67 | 16.33 | | |

表 12-16　单一混凝剂的沉淀效果

| 组别 | 药剂 | | 水温/℃ | 沉淀速度/(mg/L) | 悬浮物的质量浓度/(mg/L) | |
|---|---|---|---|---|---|---|
| | 名称 | 加入量/(mg/L) | | | 进水 | 出水 |
| 1 | FeCl₂ | 0<br>10<br>20<br>30<br>50<br>100 | 25～26 | 0.39 | 580 | 150<br>402<br>21.8<br>19.2<br>22.6<br>15.78 |
| 2 | FeSO₄ | 0<br>30<br>50<br>70<br>100 | 25～26 | 0.39 | 580 | 150<br>119<br>125<br>116<br>118 |
| 3 | 碱式氯化铝 | 0<br>0.5<br>1.0<br>2.0<br>5.0<br>10.0 | 25～26 | 0.39 | 580 | 150<br>75.5<br>65<br>24.5<br>54.0<br>81.5 |
| 4 | 聚丙烯酰胺 | 0<br>0.2<br>0.5<br>1.0<br>1.5<br>2.0 | 25～26 | 0.39 | 580 | 150.5<br>—<br>10<br>11<br>1<br>3.5 |

# 12.2　节水减排与"零排放"的技术途径与设计要求

现代大型炼铁工业要使企业吨铁用水量低，节水减排效果好，必须做到用水的高质量和处理严格化，执行严格的用水标准与排放标准；严格实行按质用水、串级用水、循环用水、废水回用等分级用水管理；严格实施高的循环用水率以及十分注意各工序间废水水量、水温、悬浮物和水质溶解盐的平衡，充分利用各工序的水质差异，实现多级串级与循环利用，最大限度地将废水分配或消纳于各级生产工序，实现炼铁工序废水"零排放"。总结国内外经验，结合宝钢、首钢、京唐以及我国近年来引进的高炉炼铁水处理先进技术与创新，要实现炼铁厂节水减排与废水"零排放"，有如下节水技术途径与措施，并应按此要求进行规划与设计。

## 12.2.1 技术途径与措施

(1) 高水质用水与高度重视用水水质

① 高水质用水 现代大型炼铁系统对水质的要求越来越严，其原因：一是要有高质量的产品，就需要有很少杂质的水来处理产品；二是为了提高水的循环利用率，减少结垢等也需要高质量的水。现代化大型炼铁系统有 4 个供水系统，即工业用水系统、过滤水系统、软水系统和纯水系统。其中工业水用量约占 70%，其余三种水约占 30%。这 4 个系统的主要用途可依次作为软水、过滤水、工业水循环系统的补充水。这是实现按质供水、串级供水最有效的办法，其结果是水量减少了，吨铁用水量降低了，用水循环率提高了，高炉寿命延长了，经济效益增加了。

② 高度重视用水水质 为了满足生产的不同要求，保证产品质量，同时不会产生副作用，造成生产故障和设备损坏，对不同工艺或即使是相同工艺，由于所用的原料和操作条件不同而采用不同水质，合理用水。如对冷却炉底、进风弯管、炉身取样设备及仪表、热风阀、热风放散阀则不惜采用纯水。对于循环水质的要求有：水温低于 40℃，pH 值为 7~10，氯离子小于 2mg/L，总硬度小于 1mg/L，并定期杀菌灭藻。又如对高炉风口、炉体、炉身、炉腰、风口周围等间接冷却水采用工业用水，其水质要求：蒸发残留物 300mg/L，硬度 50mg/L(以 $CaCO_3$ 计)，碱度 60mg/L(以 $CaCO_3$ 计)，pH 值为 7.5，饱和指数(35℃) 1.25。冷却后净回水要求：水温小于 33℃，pH 值为 7~8，悬浮物小于 20mg/L，$Cl^-$ 小于 100mg/L，总硬度小于 150mg/L，电导率小于 7.5μS/cm，腐蚀速率小于 5mg/($dm^2 \cdot d$)。再如高炉煤气清洗用水，为能循环使用，对 pH 值、总碱度、$OH^-$、$CO_3^{2-}$、$HCO_3^-$ 等都有具体要求，悬浮物的质量浓度小于 100mg/L。冲渣用水水质要求不高，可以接受煤气洗涤循环水系统的排污水。宝钢由于对水质给予了充分的重视，对补给水、循环水水质要求严格，既满足了生产工艺需要，又为全面规划、合理串接打下了基础。

(2) 提高用水循环利用率

提高用水循环利用率，减少废水排放量，不只是保护环境的需要，也是节省水资源最重要的措施，同时也是经济措施。所以世界各国都十分重视废水的循环利用。要实现这一目标，首先应从用水布局上考虑：例如，按单元采用分流净化技术，使供排水设施最大限度地靠近用户，从而缩短管网、节省能耗、减少水损失；根据各生产单元需要控制水的质量、温度与压力来设计用水循环系统；根据各生产单位、各循环系统对水质的不同要求，搞好水量平衡，使废水排放量控制在最低限度，排污水串级使用，把排污水尽可能消耗在生产过程中。水质稳定措施是提高循环利用率的关键技术之一，应予以充分重视。为了更好地解决和完善水质稳定，国外有些企业采用分片循环、串接再用的方法。例如，日本君津厂的 4930m³ 高炉的废水处理，每小时抽出 120t 煤气洗涤水(另补充新水)用于钢渣热泼；俄罗斯有部分高炉煤气洗涤水和部分转炉除尘废水混合一起使用，以保持两者的水质稳定。宝钢炼铁厂高炉煤气洗涤系统也是采用了合理的串接的方法。这种串级使用、一水多用等，既能解决单个水循环系统的水质稳定问题,又减少了系统的排污量,从而减轻对环境的污染负荷,无疑是经济合理的。

(3) 全面规划、综合平衡、合理串接

要做到炼铁工序废水"零排放",首先要根据工艺设备对供水水质、水温、水压的不同要求进行合理分流,做到布局合理。为尽可能实现水的循环使用,采取了按单元分流净化的措施。宝钢炼铁厂设有净环水系统、纯水循环系统、污水循环系统、煤气清洗水循环系统、煤气水封阀循环水系统、高炉鼓风循环水系统和水渣粒化循环水系统。再根据各系统废水中有害物质的性质,分别采取物理、化学的方法,或几种方法的联合,去除水中的有害物质,以满足重复或循环利用的要求。其次是充分利用各系统间的有利因素,合理串接"排污水",使废水排放量控制在最低限度。宝钢炼铁厂把冷却炉体的净环水系统的排污水作为炉缸喷水冷却循环水系统的补充水,而该系统的排污水又作为高炉煤气清洗循环水系统的补充水,高炉煤气清洗循环水系统的排污水作为高炉水渣循环水系统的补充水。由于红渣温度很高(1400℃以上),高炉渣在粒化过程中便将这些补充水大量地消耗在粒化过程中而无需外排,这样做大大提高了循环利用率,做到了"零排放"。需要指出的是,高炉煤气清洗循环水的排污水中含有大量的重碳酸盐,而冲渣水中含氢氧化物又较高,两者混用产生碳酸钙沉淀,加之共析作用,使冲渣水软化,既解决了煤气清洗循环水系统排污水的出路,又满足了冲渣水循环的要求。

(4) 水质稳定与循环水系统监控

① 溶解盐平衡与水质稳定 所谓盐类平衡,就是指水呈离子状态存在的物质的平衡问题,衡量水中盐类是否平衡,主要看是否消除结垢和腐蚀现象。既不结垢也不腐蚀的水称之为稳定的水。这种所谓不结垢、不腐蚀是个相对的概念,实际上是指水对设备和管道的结垢和腐蚀均控制在允许范围之内。因此,盐类物质的平衡可以看作是水质稳定的问题。

天然水中一般含有 $K^+$、$Na^+$、$Mg^{2+}$ 等阳离子和 $Cl^-$、$SO_4^{2-}$、$HCO_3^-$ 等阴离子。通常情况下,这些阳离子和阴离子之间处于一种化学平衡状态,如果水中阳离子和阴离子之间的化学平衡遭到破坏,则反映到循环水中的后果就是结垢和腐蚀。科学研究和生产实践已经证明,水的腐蚀作用主要是溶解在水中的氧与设备和管道的组分中的铁发生电化学反应的结果。

水中 $Cl^-$ 的存在也是具有一定危害的。虽然 $Cl^-$ 不易直接腐蚀金属,但它的离子半径小,穿透能力强,它可以破坏已经形成的保护膜,从而促进和强化电化学反应,促进腐蚀作用。

在水与物料直接接触的废水中含有大量的机械杂质和各种溶解盐类,这些盐类在系统的运行中又会发生各种各样的变化,形成其他形式的水垢。

水处理技术的发展,对于水质稳定的研究和控制已经有了成熟的经验。现在比较行之有效的方法是:首先控制补充水的各种盐类离子的含量,要定量地控制而不是定性地控制。

② 水质稳定与系统监控 水质稳定是提供循环用水率的关键。特别是炼铁厂的高炉煤气洗涤水,受物理、化学、生物等综合作用的影响,不但存在结垢现象,还存在腐蚀现象。煤气清洗循环水系统的补充水中含有碳酸盐和重碳酸盐,在循环过程中,由于温度升高、含盐量因蒸发浓缩、$CO_2$ 逸散等原因,使重碳酸盐、碳酸盐和 $CO_2$ 之间的关系失去平衡,引起重碳酸盐分解成碳酸盐沉淀,并和煤气中带来的可溶金属盐类(如钙、镁、铁等)生成水垢。

现代炼铁厂对水质的要求要从原水水质开始,不论是用新水作为补充水,或者是用上一级循环系统的"排污"水作为下一级循环系统的补充水,对于其水中溶解的盐类离子都必须做到心中有数,它们的数据都应该得到控制。另外,在循环系统中,必须制订一个管理目标值(一般需通过试验来确定)。设计规定各循环水系统中盐类离子的浓缩倍数,并且针对各系统的具体情况,投加水质稳定药剂,或者采用其他有效的水质处理方法,连续地投加防腐剂，使设备和管道内壁形成一层致密的防腐保护膜，并且不断地修补该层膜，以防止设备和管道的腐蚀速率超过规定值；连续地投加防垢剂，使水中的成垢盐类不至于生成结晶，并析出沉淀；针对具体情况投加不同药剂，控制结垢和腐蚀的发生和发展。将腐蚀和结垢的速度控制在允许范围之内，实现既不腐蚀也不结垢的系统和水质稳定的目标。

应该指出的是，悬浮物的去除、温度的控制、水质稳定和沉渣的脱水与利用是保证循环用水必不可少的关键技术，一环扣一环，哪一环解决不好，循环用水都是空谈。它们之间又不是孤立的，而是互相联系、互相影响的，所以要坚持全面处理，形成良性循环。炼铁厂的用水量大，用水水质要求有明显差别，十分有利于串级用水，保证各类水循环中浓缩倍数不必太高，并定量地"排污"到下一道用水系统中，全厂就可以达到无废水排放的水平，如图12-5所示。

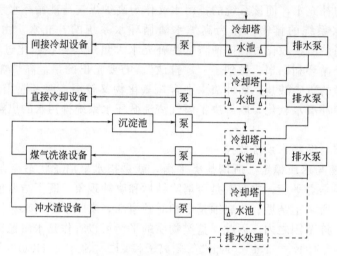

图 12-5　炼铁系统废水资源回用处理一般工艺流程

图中虚线表示经技术经济比较后才可增设的设施。

## 12.2.2　技术规定与设计要求

（1）炼铁生产系统

① 新建大型高炉的设计寿命一般在 15 年以上，有的是 20 年以上，年作业率为 340～350 天以上。因此，高炉水处理设备选型应考虑高炉炉龄长、作业率高、炉龄后期热负荷增大的特点，采用性能好、质量可靠的设备，并应考虑和设计检修、更换的措施和预案。

② 高炉炉渣粒化、铸铁机冷却用水对水质水温要求不严，且消耗、蒸发量大。因此，高炉炉渣粒化用水和铸铁机冷却用水应优先采用回用水或其他系统的排污水，以减少工业新水用量。

③ 高炉煤气干法除尘是一项节水显著的工艺技术。已用于炉容≤1200m³ 的高炉，并规划用于炉容 4000m³ 的高炉。但因投资高，维修费用大，安全管理水平高，因此是否采用需要进行环保、节水和技术、经济等多方面的论证比较后再确定。但高炉煤气干法除尘技术是发展方向，在条件可行时应优先采用。

④ TRT 发电装置和煤气管道中都会产生凝结水、水封溢流水，应设集水坑、排水泵将凝结水、水封溢流水回收利用。回收的水进入煤气清洗循环水系统。

（2）高炉炉体及热风炉

① 高炉炉体、热风炉阀门应优先采用软化水、除盐水作为冷却水，有利于提高热效率，降低结垢的速度，并应采用间冷闭式循环水系统供水，防止空气污染，并可利用回水余压节能。

② 高炉炉体冷却宜采用冷却水分段升温、串接用水方式，采用下区、上区串联供水，提高循环水的热负荷方式，既可减少循环水量(约 50％)，又可省补充水量。因此，串联供水方式对高质水(软水、除盐水)循环系统非常有利。

③ 当高炉炉体冷却采用开路循环水系统并设有回水箱时，回水管必须设置排气管，防止产生气塞造成水箱溢水，对出铁场的耐火材料造成危害。

④ 炉顶无料钟冷却水系统应采用间冷闭式循环水系统。采用水-水换热方式进行热量置换，采用管道过滤器去除悬浮物，既减少废水排放量，又节约工业新水量。

⑤ 高炉炉龄后期，炉壳喷洒水应回收循环使用，应设置独立的循环水处理系统。该系统使用时间是在炉龄后期，因此，在高炉供排水系统设计时应先预留位置，待需要时再上设备。

（3）炉渣粒化

① 炉渣粒化的方法有转鼓法、轮法和底滤法等。炉渣粒化过程中会产生大量的蒸汽，蒸汽中含有的硫化氢对环境、人身健康和设备都有严重影响，因此，炉渣粒化系统宜进行封闭或加盖防止蒸汽外溢，蒸汽冷凝水应回收利用。

② 炉渣及粒化渣堆放过程中渗出的水与出干渣时炉渣喷淋冷却过程中渗出的水，应设集水坑、排水泵对渗出水回收利用，不得外排。

③ 冲渣水循环系统的补充水一般采用回用水，循环水水温远高于环境水温 5℃以上，不允许外排。冲渣水循环系统蒸发、损失水量较大，属典型的亏水循环，因此，只要系统设计合理，管理到位，完全可以做到不溢流，因此水渣循环系统不应设溢流口。

④ 渣水输送泵的输送能力与含渣量有关，含渣量越高，输送量越小，含渣量越低，输送量越大。为了系统的平衡，水渣系统的渣水输送泵应采用调速泵和其他辅助措施（如回流管等），保证水渣系统不溢流。

（4）煤气清洗

① 高炉煤气湿法除尘技术主要有 2 项：一文、二文除尘和塔式二级除尘。采用将二级除尘水加压送一级除尘的串接给水方式可节省一半水量，其水处理构筑物规模也减少 1/2，节水与经效显著。因此，当高炉煤气净化系统采用湿法除尘技术时，应采用二级除尘串接给水方式，即将二级除尘清洗水收集，就地加压供一级除尘用。

② 高炉煤气中含有大量的颗粒状杂质，这些杂质、烟气一部分被重力旋风除尘器截留，其余都要进入煤气清洗水中，当煤气预除尘器的效率≤97％时，水处理系统应设粗颗粒分离器去除大于等于 $60\mu m$ 的大颗粒灰尘，以便减少沉淀池负荷，提高沉淀水质，并减少污泥池脱水机负荷与污泥处理系统的设施。

③ 高炉煤气与压力是波动的，压力小煤气量小，压力大煤气量大，此时喷淋除尘水也应加大，采用定速泵供水时除尘效率不利，因此，煤气除尘给水泵应采用调速泵。

④ 煤气清洗水水温较高，含有有害物质，不允许外排。该系统是直冷循环系统。只要系统设计合理，管理到位，完全可以做到不溢流。因此，煤气清洗循环水系统不应设溢流管。

（5）鼓风机与铸铁机

① 鼓风机有两种原动机，一是电动机，二是汽轮机(以蒸汽为动力)，从节水、节能上应选用电动机。汽轮机的冷却水量是电动机的 40 倍左右，只有供电条件不具备且有可利用

蒸汽时才可采用汽轮机。

② 大型高炉鼓风机站，以蒸汽为动力的鼓风机站应设置独立的循环冷却水系统。

③ 鼓风机站设备冷却水系统应采用间冷开式循环水冷却系统。有条件时可利用海水作为冷却水。

④ 铸铁机和铸铁块冷却对水质、水温要求不高，因此，应采用高效的喷雾冷却或气水喷雾冷却。不设冷却塔可减少因蒸发和风吹造成水的损失。

## 12.2.3　取（用）水量控制与设计指标

炼铁工序取（用）水量控制与设计指标分为高炉炉体、热风炉冷却系统，煤气清洗系统，冲渣系统，鼓风机系统和铸铁机系统。其取（用）水量控制与设计指标见表 12-17。

表 12-17　炼铁厂取（用）水量控制与设计指标

| 项目名称 | | 单位 | 用水量 | 取水量 | 备注 |
|---|---|---|---|---|---|
| 高炉炉体<br>热风炉冷却 | 密闭系统 | $m^3/m^3$ 炉容 | 2～3 | 0.004～0.006 | 不含二次冷却水 |
| | 敞开系统 | $m^3/m^3$ 炉容 | 2～3 | 0.04～0.06 | |
| 煤气清洗系统 | | $m^3/m^3$ 炉容 | 0.3～0.4 | 0.03～0.04 | |
| 冲渣系统 | 转鼓法 | $m^3/t$ 渣 | 6～8 | 0.6～0.8 | |
| | 轮法 | $m^3/t$ 渣 | 2～4 | 0.4 | |
| | 底滤法 | $m^3/t$ 渣 | 6～8 | 0.6～0.8 | |
| 鼓风机系统 | 鼓风机 | $m^3/$万立方米 | 6～8 | 0.12～0.16 | |
| | 除湿设备 | $m^3/$万立方米 | 55～60 | 1～1.5 | |
| | 汽轮机 | $m^3/t$ 蒸汽 | 60～70 | 1.5～2 | |
| 铸铁机系统 | | $m^3/t$ 铁 | 0.8～1.0 | 0.08～0.1 | |

## 12.2.4　节水减排设计与应注意的问题

（1）炼铁厂连续生产运行与安全供水的基本要求

① 要保证供水水源、水泵站、水塔（或高位水池）、贮水池、冷却构筑物和设备、循环水管网系统、加药设施等的正常运行与可靠性。

② 供排水设备的自动操作控制水平是衡量大型钢铁企业现代化的重要标志。没有供排水的现代化就难以实现高炉、热风炉的先进生产与自动化。应对供排水系统的操作与控制要点及相互间的连锁关系提出明确的设计任务与要求。

③ 水塔（或高位水池）与备用动力

1）水塔或高位水池是在发生停电事故水泵停止运转的情况下保证连续供水的有效措施。备用动力是在停电事故时保证连续供水的重要措施。

2）水塔或高位水池的容积应按供水范围内 1～3h 总用水量设计；备用动力水泵机组持续供水时间应按不小于 3h 设计。

（2）循环供水系统的水质稳定技术与要求

① 纯水密闭循环系统应不存在水失稳问题。但因纯水中存在溶解氧，与设备和管道的铁离子发生电化学反应，故有易发生腐蚀的倾向，需定时投加一定量的防腐剂、杀藻剂，如硝酸盐类以保护设备连续运行，防止腐蚀。

② 间接冷却循环系统。由于水中存在悬浮物和各种盐类物质，随着循环次数的增加，

上述物质因水的蒸发而不断浓缩，增加结垢和腐蚀以及黏泥等水质障碍而影响循环水质，应考虑如下解决措施。

1）设计一定的排污量。在循环过程中，悬浮物和盐类物质不断浓缩，此时将一部分循环水排放出去，同时补充新水，使悬浮物和溶解盐类浓度在系统中保持平衡，而在平衡的情况下，其腐蚀速率和污垢附着速率仍能控制在规定的范围内，则这时可以认为水质是稳定的。

2）在有一定量排污的同时，在循环水中加入防止结垢的药剂效果是明显的，但腐蚀仍不能控制在规定限度之内。

3）在定量排污、投加防垢剂的同时，再投加防止腐蚀的药剂，效果比上述 2）又有很大进步。

4）根据试验结果，连续投加防垢、防腐药剂，连续定量排污、连续定量补充新水，定期投加杀菌、灭藻、防止微生物的药剂，取得了很好的效果，使得系统的循环率大幅度提高（可以达到 95% 以上），长期稳定运行，长期不出现水质障碍，实现了真正的循环供水。

5）控制补充水水质：由于排污水量的损耗，为了保持水量平衡，必须补充新水，为此必须控制补充水水质，其办法是选择适当的水源，并且对原水进行适当的处理，使之满足补充水要求。

6）对循环水必须有一个管理目标值，设计应根据循环水系统，规定该系统盐类离子的浓缩倍数，在此基础上投加水质稳定剂。

为实现冷却水系统的稳定与正常运行，投加水质稳定药剂至关重要，选择合理可靠的投药工艺与设备是实现水稳自动化运行的必要条件。应根据药剂品种、注入浓度、注入量、系统补充水量、保有水量等条件设计和选择药剂、投药工艺与设施。

（3）炼铁高炉水循环设施的设计应注意的问题

① 构筑物的配置首先应满足工艺要求，应与供排水系统的选择相一致。要注意工程地质、水文地质条件，要考虑分期建设的可能性和合理性。

② 循环水泵站应靠近主要用水户，并与冷却构筑物尽可能就近配置。敞开式（开路循环）冷却构筑物应设置在场地开阔、通风良好的地方，其长边应与夏季主导风向成正交。应远离粉尘污染源发生地。

③ 构筑物的布置应充分利用地形和余压，减少构筑物的设置深度，以节省动力消耗和建设费用。

④ 水泵站应尽量靠近电源；当泵站内设有以汽轮机为动力的水泵机组时，还应尽可能靠近气源。

⑤ 在总图布置紧凑和管线较多的情况下，因高炉供水的安全性要求非常高，可考虑设置地下管廊，另外，构筑物的配置方位应考虑与相关设施连接管线最短，并不应有折返迂回现象。

⑥ 有高地可利用时，应首先考虑建高位水池作为安全供水的措施；无高地可利用时，则应建高位水塔作为安全供水的措施之一。高位水池或水塔与水泵站可对置，也可前置，如前置时应注意不致使一段管路发生故障，造成泵站和水塔（或高位水池）同时停止供水的情况。

⑦ 为供排水设施配套服务的调度站、水处理控制室、修理间、化验室等，要尽可能布置在供排水构筑物比较集中的区域。

# 12.3 高炉煤气洗涤水处理与回用技术

炼铁厂生产用水和外排废水在钢铁企业中占有很大比例。据统计，我国钢铁企业中炼铁用水约占该企业用水总量的1/3，而高炉煤气洗涤水又是炼铁厂生产废水的重中之重，而且该废水处理回用也存在很大难度。因此，对高炉煤气洗涤水处理回用技术工艺的研究与方案选择，国内外都进行了较长时间的研究和探讨。

## 12.3.1 废水处理技术概况与比较

### 12.3.1.1 废水处理技术概况

（1）美国技术概况

美国环保局曾组织有关人员对14个国家或地区中25个大部分属于先进的大型综合性钢铁企业的高炉煤气洗涤水处理情况进行调查，目的是了解美国处理工艺与这些国家的差距，以便改进与确定处理技术方案。

表12-18概述了20世纪80~90年代美国炼铁系统与废水处理工艺状况。在其处理系统中采用普通沉淀法（加入或不加入药剂）、分级或筛分的方法去除固体悬浮物。有12.2%~13.4%的废水未经处理外排。在53家处理系统中，有20家处理后循环回用，其回用率为27%~100%；12家采用分级处理，以便将部分未经处理的废水循环回用。排污水有处理的，也有未处理的；21家处理后未循环回用。表12-19为美国炼铁系统废水处理概况。表12-20为美国炼铁系统废水处理外排水水质。

表 12-18　美国炼铁系统废水处理工艺状况

| 废水处理工艺 | 处理率/% | 污泥处理工艺 | 处理率/% |
|---|---|---|---|
| 氯化铁絮凝 | 2.8 | 污泥沉淀池 | 12.6~16.0 |
| 氢氧化钙絮凝 | 4.3 | 浓缩池 | 53.7~65.1 |
| 聚合物絮凝 | 25.3~29.9 | 澄清池 | 19.3~23.0 |
| 用酸中和 | 16.3 | 粗颗粒沉淀 | 6.5~7.1 |
| 筛分 | | | |
| 碱式氯化 | 2.2 | | |
| 折点氯化 | 6.7 | | |
| 经处理后再经中央水处理设施处理 | 3.4 | | |
| 中央水处理设施统一处理 | 14.4~14.8 | | |
| 冷却塔 | 28.3 | | |
| 未处理 | 12.2~13.4 | | |

表 12-19　美国炼铁系统废水处理概况

| 工厂 | 高炉数量/座 | 产量/(t/d) | 气体净化系统 | 供水量/(m³/t) | 补充水源 | 煤气洗涤水处理 | 循环率/% | 排污去向 | 固体物去向 |
|---|---|---|---|---|---|---|---|---|---|
| 0396A | 2 | 3175 | 洗涤器 | 8.59 | 工艺水 | 浓缩池［溢流水量1.84m³/（m²·h）］，冷却 | 92 | 污泥45.4m³/h，卫生管理部门22.7m³/h | 烧结厂 |

续表

| 工厂 | 高炉数量/座 | 产量/(t/d) | 气体净化系统 | 供水量/(m³/t) | 补充水源 | 煤气洗涤水处理 | 循环率/% | 排污去向 | 固体物去向 |
|---|---|---|---|---|---|---|---|---|---|
| 0448A | 4 | 1950 | 洗涤器，喷淋塔 | 13.98 | 炉板冷却系统 | 浓缩池，冷却 | 97 | 淬渣，熄焦，转炉烟罩喷淋 | 在贮池中干化后堆入渣堆 |
| 0060F | 1 | 1505 | 2个文氏管，气体冷却器，干式电除尘器 | 13.03 | 不详 | 聚合电解质，浓缩池，冷却 | 91.7 | 淬渣，熄焦，转炉烟罩喷淋 | 真空过滤后的固体物送烧结厂 |
| 0112D | 4 | 9425 | 2个文氏管，气体冷却器 | 7.13 | 渣坑 | 聚合电解质，浓缩池，酸中和 | 97 | 与其他厂废水一起排入中央水处理厂，然后外排 | 脱水后不详 |
| 0432A | 3 | 5495 | 喷嘴，洗涤器 | 12.88 | 不详 | 来自洗涤器、密封装置和湿式分离器的2952m³/h废水与来自烧结厂的193m³/h废水以及来自铁水脱硫装置的45.4m³/h废水一起进入粗粒槽、浓缩池，碱式氯化，加入聚合物，二级浓缩池 | 0 | 外排 | 烧结厂（两个浓缩池） |
| 068411 | 1 | 2295 | 文氏管、洗涤器，湿式静电除尘器 | 9.78 | 河水 | 曝气，加入石灰、氯化物、聚合物，沉淀 | 88 | 污泥 | 造球厂 |
| 0946A | 2 | 2175 | 不详 | 22.5 | 不详 | 与烧结厂废水一起沉淀，碱式氯化，与热轧废水一起过滤 | 38（计算值） | 不详 | 不详 |
| 0196A | 不详 | 不详 | 不详 | 4.63 | 不详 | 澄清池，加酸，冷却 | 不详 | 与其他厂的废水一起排入中央水处理设施进行处理 | 不详 |

表 12-20　美国炼铁系统废水处理外排水水质

| 工厂 | 供水量/(m³/t) | 循环水量/(m³/t) | 循环率/% | 排放水量/(m³/t) | 质量浓度/(mg/L) | | | |
|---|---|---|---|---|---|---|---|---|
| | | | | | 悬浮物 | | 总 CN | |
| | | | | | 处理前 | 处理后 | 处理前 | 处理后 |
| 0946A | 22.5 | 8.33 | 37 | 14.19 | 81 | 3 | 1.43 | 0.005 |
| 0448A | 13.96 | 13.55 | 97 | 0.41[①] | 346 | 39 | 18.5 | 17.3 |
| 0060F | 13.02 | 12.63 | 97 | 0.39[①] | 1209 | 46 | 9.67 | 10.8 |
| 0112D | 6.53 | 6.34 | 97 | 0.19[①] | 512 | 70.5 | 0.054 | 0.049 |
| 0432A | 12.89 | 0 | 0 | 12.89[①] | 1643 | 38 | 12.1 | 1.11 |
| 0684H | 9.49 | 8.74 | 92 | 0.74[①] | 1640 | 44 | 0.301 | 0.227 |

续表

| 工厂 | 酚 | | 氮化物 | | 氟化物 | | pH 值 | |
|---|---|---|---|---|---|---|---|---|
| | 处理前 | 处理后 | 处理前 | 处理后 | 处理前 | 处理后 | 处理前 | 处理后 |
| 0946A | 0.132 | 0.014 | 1.91 | 0.806 | 0.64 | 0.68 | 6.6 | 7.6 |
| 0448A | 0.564 | 0.035 | 227 | 225 | 12.7 | 10.7 | 6.8~6.7 | 6.6~8.1 |
| 0060F | 0.095 | 0.010 | 85.5 | 82.2 | 17.7 | 22 | 7.4~7.5 | 8.0 |
| 0112D | 0.080 | 0.029 | 57.9 | 43.7 | 15.6 | 16.6 | 6.4~7.1 | 7.3~7.5 |
| 0432A | 3.02 | 2.85 | 18 | 20 | 3.02 | 3.2 | 9.4 | 10.1~10.9 |
| 0684H | 2.50 | 2.00 | 25 | 16 | 9 | 7.9 | 10.2 | 8.2~8.6 |

① 以 2％的挥发损失计。

(2) 其他国家技术状况

① 俄罗斯炼铁系统废水处理与回用技术　俄罗斯研究炼铁系统废水处理与密闭循环使用起步较早。研究结果认为循环回用的处理费用一般要比将废水处理到外排标准少 5～10倍，因此，在俄罗斯钢铁工业炼铁系统废水已广泛循环回用。

顿涅茨冶金工厂采用再碳化法处理高炉煤气洗涤水，用含 $CO_2$ 13％～18％的烟气进行碳化，水中 $CO_2$ 的质量浓度为 45～55mg/L，在这种情况下，不仅停止了新的碳酸盐沉积，而且老的沉积物也软化了，容易用水力清除掉。

水质稳定方法的选择与沉积形成的多少有关。在高速度结垢的情况下，比较合理的是采用两段再碳化。第一段是从热水井到冷却塔，第二段是从冷却塔到煤气净化设备，游离 $CO_2$ 第一段最佳剂量是 90～120mg/L，第二段是 60～80mg/L。在库兹聂茨克联合企业，再碳化实际上是完全停止碳酸盐沉积的形成，但是 $CO_2$ 过量的危险是可能发生腐蚀，限制了再碳化的使用。

在沉积强度不太大的情况下，结垢速度不快时，采用磷酸盐使水质达到稳定。它可降低碳酸盐沉积强度 55％～60％，水中磷酸盐浓度保持 2～3mg/L（换算成磷酸酐）。比较有效的是全俄黑色冶金能源净化科学研究院所研究的：a. 用一种磷酸盐和电解质混合物为基础的磷酸盐防垢剂处理水；b. 用石灰和碳酸钠制备的碳碱剂。活性晶种处理水，晶种的消耗量为 10～20mg/L，该方法效率达 90％。

日丹诺夫列宁工厂根据高炉煤气洗涤水和转炉除尘水的特性，用高炉水中和全部转炉水获得成功。为了充分地将 $CaCO_3$ 等在沉淀池中沉淀下来，澄清时间需 1～1.5h，此法可以有效地防止碳酸钙在转炉烟气设备和水管道内的沉积。

为了完全中和氧气转炉车间的循环水转 $Q_{转}$（$m^3/h$）所需用的高炉煤气洗涤水量 $q_{高}$ 由下式计算：

$$q_{高} = \frac{(Q_{转} - q_{蒸})W_y}{m_1 - m_2}$$

式中，$q_{蒸}$ 为转炉车间烟气清洗设备水的蒸发损失量，$m^3/h$；$W_y$ 为转炉车间烟气清洗设备后水中氢氧根碱度，mg/L；$m_1$ 为高炉煤气清洗水中应中和的碳酸氢钙量，mg/L；$m_2$ 为高炉煤气洗涤水中不变的镁硬度，mg/L。

② 日本炼铁系统煤气洗涤水处理回用技术　日本大力提倡废水回用。据统计，加古川钢铁厂高炉废水回用循环率达 96％；福山钢铁厂达 95％；大分、君津、扇岛等钢铁厂均达96％左右。其处理技术通常是先用粗颗粒分离机把粗颗粒分离出来，然后加碱性物质提高pH 值，再向凝聚沉淀槽投加高分子凝聚剂，把 Fe 和 Zn 等变成 $Fe(OH)_2$ 和 $Zn(OH)_2$ 形态沉淀下来。为除去污染环境的锌，要使 pH 值保持在 7.5～8.5 范围内。凝聚沉淀处理过的水，经冷却塔冷却后循环使用。再者，为防止循环使用时产生水垢，要向贮水池内注入水垢

分散剂。在凝聚沉淀过程中产生的污泥经浓缩槽浓缩后，再经真空脱水机脱水处理，然后卖给水泥厂。另外，在这个系统中的一部分处理水送往原料场，作为矿渣冷却用的补充水，以保持水量平衡。为减少调整 pH 值用的苏打的使用量，这个系统的补充水串联使用了转炉除尘系统的处理水(pH 值为 11～12)。水质见表 12-21。工艺流程如图 12-6 所示。

**表 12-21** 扇岛厂高炉用水水质

| 分析项目 | pH 值 | 浊度/(mg/L) | SS/(mg/L) | 总硬度/(mg/L) | Ca 硬度/(mg/L) | 碱度/(mg/L) | 电导率/(S/m) | Cl⁻/(mg/L) | Zn²⁺/(mg/L) |
|---|---|---|---|---|---|---|---|---|---|
| 除尘水(原水) | 7～7.5 | 5000 | 5000～10000 | 300～400 | — | — | 2～3 | 400～500 | 50～150 |
| 除尘水(处理水) | 8～8.5 | <50 | <50 | 250～350 | 200～300 | — | 0.3～0.4 | 400～500 | <5 |

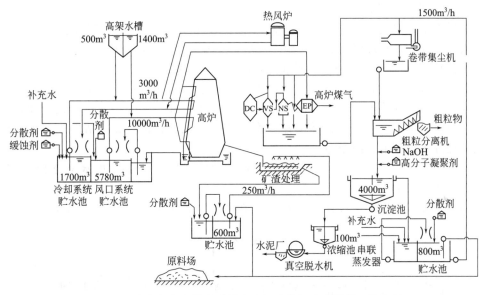

图 12-6 扇岛钢厂高炉生产用水冷却系统与废水处理工艺流程
DC—除尘器；VS—文氏管；NS—减压器；EP—电器集尘装置

③ 德国炼铁系统煤气废水处理与回用技术 蒂森钢铁厂是德国年产钢 1600 万吨以上的大型钢铁企业，共有 15 座高炉，4 个分厂分布在汉堡、施文尔格、鲁老尔特、灰坦恩特力。施文尔格分厂有 5000m³ 高炉一座，有效容积为 4085m³，直径为 14m，高炉利用系数为 2.5t/(m³·d)，正常日生产生铁 10000t。

施文尔格厂高炉煤气洗涤水的供水分为两段，称上一段和下一段供水，这两段供水水质和水温的要求不同，上一段供水水质可略差一些，水温也可以略高一些。为此设计中应考虑洗涤塔上一段供水由设置在洗涤塔边的就地加压泵站供给。该加压泵站是抽取环形灰泥分离器排出而流入收集槽的水。

洗涤塔下一段的供水为循环系统经过处理以后的净化水，环形分离器是煤气的精洗段，设置在洗涤塔下面，其供水水质与水温的要求与洗涤塔下一段相同。

洗涤塔上下两段喷淋后的水被收集在塔底，通过溢流排出口连续地排向废水处理站。

施文尔格分厂煤气洗涤循环供水系统如图 12-7 所示。

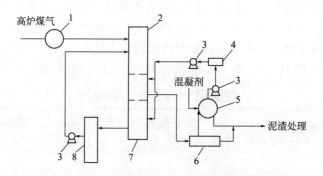

图 12-7　施文尔格分厂煤气洗涤循环供水系统
1—旋风分离器；2—洗涤塔上段、下段；3—水泵；4—冷却塔；
5—辐射式浓缩池；6—曝气池；7—环形分离器；8—回水水池

环形灰泥分离器排出的废水被收集在洗涤塔附近的回水池中，其水量为 $865m^3/h$，然后用泵将水送到洗涤塔上一段。

洗涤塔上下两段喷淋后的水集中于洗涤塔底部，由溢流排出口排到处理站的曝气池，经过澄清去除悬浮物，冷却降温后，送到洗涤塔下一段和环形灰泥分离器。

曝气池尺寸 $8m \times 15m \times 2m$，曝气时间 $6min$，处理水量 $2287m^3/h$。曝气的目的是在废水进沉淀池之前，通过曝气将废水中的游离 $CO_2$ 吹脱，使溶解在水中的碳酸盐析出，以便在沉淀池中去除。如果不这样做，那么在水进入冷却塔时，游离 $CO_2$ 也会被吹脱很多，碳酸盐也会析出，但这些被析出的碳酸盐就会沉积在水泵、管道及煤气清洗设备上，形成水垢，致使循环系统不能密闭循环。

沉淀池尺寸 $\phi19m$，处理水量 $2287m^3/h$，停留时间 $18.9min$，进水悬浮物 $400mg/L$，出水悬浮物 $10\sim20mg/L$。

若在高炉煤气洗涤水中含有 Zn、Fe，可在曝气之前预处理，工艺流程如图 12-8 所示。

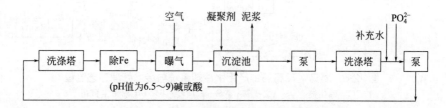

图 12-8　曝气法处理高炉煤气洗涤水的工艺流程

因为 Zn 在水中可能以 $Zn(HCO_3)_2$ 的形式存在，而在循环系统中 $CO_2$ 逸出时，就可能产生 $ZnCO_3$ 沉淀，从而在管道和设备上形成硬垢，此外，废水还可能有 $ZnSO_4$、$ZnCl_2$，但这两种均不易产生结垢。曝气的目的是使 $Zn(HCO_3)_2$ 变成 $ZnCO_3$ 在沉淀池中沉淀。曝气池停留时间 $10\sim20min$，空气消耗量 $1\sim2m^3/m^3$。

### 12.3.1.2　综合分析比较

美国环保局对世界 25 个大型综合性钢铁企业的高炉煤气洗涤水处理技术与循环回用调查见表 12-22，其排放水质情况见表 12-23。如不计未循环回用企业，其循环率：日本为 $94.3\%$，南非为 $96.6\%$，墨西哥为 $95\%$，美国为 $42\%$，澳大利亚（不包括未循环企业）为 $89.5\%$，欧洲（不包括未循环企业）为 $92\%$，中国台湾为 $99\%$。

表12-22　其他国家炼铁系统废水处理技术概况

| 国家和地区 | 工厂 | 高炉数量/座 | 产量/(t/d) | 煤气净化系统 | 供水量/(m³/t) | 补充水源 | 煤气洗涤水处理 | 循环率/% | 排污去向 | 备注 |
|---|---|---|---|---|---|---|---|---|---|---|
| 澳大利亚 | Hoskins-kembla | 5（4座运行） | 2400、2700、3000 | 喷嘴、布拉塞特洗涤塔、文氏管、湿式静电除尘器 | 14.5 | 海湾（咸水） | 浓缩池［溢流水量 3m³/(m²·h)］、浓缩澄清池［溢流水量 1.6m³/(m²·h)］、加入石灰和聚合物，污泥送入最终浓缩池 | 0 | 内港，Allens Creek 河 | 渣坑溢流中的溶解锌为 0.2mg/L |
|  |  |  | 5100 | 文氏管、湿式静电除尘器 | 2.1 | 海湾（咸水） | 在反应器-澄清池中加入石灰、聚合物 0.9m³/(m²·h) | 0 | 淬渣、淬渣溢流水入 Allens Creek 河 | 固体物进入贮泥池，在贮泥池周围的地下水中未见锌和铅 |
|  | BHP Newcastle | 4 | 930、1230、1370、2200 | 布拉塞特洗涤塔、喷嘴、湿式静电除尘器 | 6.4 | 空气压缩机、铁皮坑淡水 | 加入石灰将 pH 值提高到 8.5，加入烧结厂废水（约 163m³/h），浓缩池［溢流水量 1.8m³/(m²·h)］，冷却 | 89.5 | 浓缩池底流进入泥池 | 固体物进入贮泥池，然后挖走填入废矿井中 |
| 英国 | Scunthorpe Apex | 2 | 2590 | 1个喷嘴、5个洗涤器、4个湿式静电除尘器、4个分散器 | 12.6 | 软化过的河水 59%，高炉冷却水 41% | 3 个澄清池 | 98.6 |  | 固体物挖走填入矿井中 |
|  | Seraphim | 2 | 3110 | 3个喷嘴、3个洗涤器、7个湿式静电除尘器 | 13.3 | 83%污水，17%涡轮式鼓风机水 | 3 个澄清池 | 98.2 |  |  |
|  | Redbourn | 3 | 1166 | 6个洗涤器、6个湿式静电除尘器 | 28 | 软化过的河水 | 2 个澄清池 | 98.4 |  |  |
|  | Normanby | 3 | 9000、3000、6000 | 6个洗涤器、6个湿式静电除尘器 | 14 | 沉淀后的河水 | 3 个澄清池 | 95 |  |  |

续表

| 国家和地区 | 工厂 | 高炉数量/座 | 产量/(t/d) | 煤气净化系统 | 供水量/(m³/t) | 补充水源 | 煤气洗涤水处理 | 循环率/% | 排污去向 | 备注 |
|---|---|---|---|---|---|---|---|---|---|---|
| 日本 | 川崎钢铁公司千叶钢厂 | 5 | 21200 | 文氏管 | 3.8 | 湖水，高炉冷却排污水 | 充气12min，加入聚合电解质，浓缩池3m³/(m²·h)，冷却 | 97.5 | 冷却渣 | 固体物在管式压缩机中脱水后送入造球水熔设备 |
|  | 神户钢铁公司加古川钢厂 | 3（2座运行） | 不详 | 文氏管，湿式静电除尘器 | 2800m³/h | 高炉冷却排污水 | 在浓缩池加入NaOH和聚合电解质，冷却 | 98.5 | 淬渣 | 固体物送入造球设备 |
|  | 日本钢管公司Cgishima钢厂 | 1 | 8000 | 文氏管，湿式静电除尘器，湿式分离器 | 文氏管：3～4 | 高炉冷却排污水 | 流量控制池，二次流量控制池，冷却 | 88.9～94.4 | 淬渣和除尘 | 固体物送入烧结厂 |
|  | Sumitomo金属公司鹿岛钢厂 | 3（2座运行） | 每座8000 | 1座高炉使用环形分流洗涤器，2座高炉使用文氏管和湿式静电除尘器 |  | 河水 | 聚合电解质，澄清池 | 83 | 淬渣 | 固体物送入造球设备 |
| 墨西哥 | Altos Hornos | 4 | 1600，1000，1200，1500 | 洗涤器，湿式静电除尘器，喷嘴，文氏管 | 15.95 | 废水贮水池 | 3～21.3m直径的澄清池，1～16.8m直径的澄清池，冷却 | 98～91.1 | 与污泥一起入贮泥池 | 2个贮泥池总容量为2200m³。排入河里的流量为0～108m³/h，循环水量136～270m³/h，用于熄焦和淬渣，以及高炉与转炉的气体净化 |
| 法国 | ponl-a-Mousson | 2 | 600，800 | 分散器 | 8.1 | 河水 | 在沉淀池中沉淀，沉淀后的排污水每天加NaOH和H₂SO₄进行处理 | 99～99.7 | 河 | 沉淀池污泥用于填埋。高炉停产期间净化水中的CN⁻含量从正常0.5mg/L值提高到2～200mg/L |

续表

| 国家和地区 | 工厂 | 高炉数量/座 | 产量/(t/d) | 煤气净化系统 | 供水量/(m³/t) | 补充水源 | 煤气洗涤水处理 | 循环率/% | 排污去向 | 备注 |
|---|---|---|---|---|---|---|---|---|---|---|
| 意大利 | Taranto | 5 | 26000 | 洗涤器 | 31.8 | 河水 | 沉淀 | 91.9~96 | 与其他厂废水一起排入 Taraoto 海湾 | 固体物去烧结厂 |
| 瑞典 | Svensk stal Norbottens Jarnverk | 2 | 1500、3000 | 旋风，湿式静电除尘器，Biscoff 洗涤器 | 1 号炉：9.6~14.4，2 号炉：4.8~7.2 | Lulea 河 | 浓缩池，加入聚合电解质 | 95~97.8 | 贮泥池，溢流入 2 号贮泥池并与冷却水混合排污进入 Lulea 河 | 固体物送入贮泥池 |
| | Surharmars Bruks Spannarh-yttan | 1 | 1073 | 洗涤器，湿式静电除尘器 | 平均 3.9 | 河水 | 洗涤水（150m³/h）入浓缩池，湿式静电除尘器水（25m³/h）入贮泥池，然后进入浓缩池 | 98 | 铸锭机，溢流进入一个污水池 | 固体物经真空过滤然后堆放 |
| | Roechling Burbach | 6 | — | 干法 | 0 | — | — | 0 | — | 全部干法气体净化 |
| | Thyssen | 1 | 9000~10000 | 洗涤器 | 6.9 | 城市饮用水 | 曝气 12min，沉淀溢流水量 3.82m³/(m²·h)，加入聚合电解质 | 98.8 | 淬渣 | |
| 德国 | Hoesch Huttenwerke Phoenix | 3 | 4500、3000×2 | Lurgi 急冷，湿式静电除尘器 | 29.2 | 城市饮用水与设备漏水 | 3 个澄清池在一个通用系统中[溢流水量 0.5m³/(m²·h)]，冷却塔，加入聚磷酸盐 | 99.2 | 2 个污泥池、底流排入 Emseher 河 | 固体物压缩机器脱水后储存 |
| | Westfallen | 2 | 4500×2 | 文氏管，急冷 | 6.4 | 城市饮用水与设备漏水 | 2 个澄清池 | 99.1 | 2 个污泥池、底流排入 Lipper 河 | 固体送入污泥池、冷轧厂的污泥汇入高炉污泥中 |

续表

| 国家和地区 | 工厂 | 高炉数量/座 | 产量/(t/d) | 煤气净化系统 | 供水量/(m³/t) | 补充水源 | 煤气洗涤水处理 | 循环率/% | 排污去向 | 备注 |
|---|---|---|---|---|---|---|---|---|---|---|
| 荷兰 | Hoogovens | 5 | 7000、3000、2300、1000 | Bifscoff 洗涤器，文氏管 | 3.5 | 海湾（咸水） | 无 | 0 | 不详 | 固体排入海湾，后改曝气，加入石灰经沉淀，处理后，循环率为97.2% |
| 南非 | ISCOR-Pretoria | 4 | 750×3、1800 | 1号、2号高炉：文氏管，湿式高炉。3号高炉：分散喷淋塔。4号高炉：湿式静电除尘器 | 19.6 | 河水 | 1号、2号高炉：加入Ca(OH)₂，沉淀、冷却，3号、4号高炉：加入聚合电解质，沉淀，冷却 | 96.1 | 淬渣和污泥 | 固体物送入渣堆。污泥泵入轨道车送去浓缩，然后送返回渣堆 |
| | Newcastle | 1 | 2500 | Biscoff 洗涤器 | 14.4 | 河水 | 2个澄清池（直径15m）除去粗颗粒物。2个澄清池（直径50m）加入聚合电解质 | 98.4 | 淬渣 | 部分固体物送入烧结厂，部分堆置，淬渣在循环使用。在循环渣循环水管道中发现有结垢现象 |
| | vanderbijlpark | 4 | 1360×2、2200、3000 | 湿式静电除尘器 | 10.6 | 沉淀后的河水 | 加入聚合电解质，4个浓缩池[流水量1.7m³/(m²·h)]，冷却 | 96.3 | 熄焦，灌溉 | 高炉循环水系统在热端出现腐蚀，冷端出现结垢问题。加入Polyolester控制结垢，不向公共水域排污 |

表 12-23　其他国家或地区炼铁系统废水排放状况

| 国家和地区 | 工厂 | 供水量 /(m³/t) | 循环水量 /(m³/t) | 循环率 /% | 排放水量 /(m³/t) | pH值 | 处理后的外排水 | | | | | |
| --- | --- | --- | --- | --- | --- | --- | --- | --- | --- | --- | --- | --- |
| | | | | | | | 悬浮物 /(m³/L) | CN /(m³/L) | 酚 /(m³/L) | NH₃-H /(m³/L) | F /(m³/L) | 硫化物 /(m³/L) |
| 美国① | | | | | 0.292 | 6~9 | 15 | 1.0 | 0.1 | 1 | × | × |
| 澳大利亚 | Hoskins-kembla | 8.5 | 0 | 0 | 8.5 | 7 | 40 | × | × | × | × | × |
| | | 6 | 0 | 0 | 6 | 8.5 | 30 | 0.15 | × | 2.0 | × | × |
| | | 2.1 | 0 | 0 | 0 (S) | 8.2 | 21 | 0.5 | × | 5 | × | × |
| 英国 | BHP-Newcastle | 6.4(A) | 5.73 | 89.5 | 0.67(SL) | 8.3 | × | 0.3 | × | 100 | × | × |
| | Scunthorpe: Apex | 12.6 | 12.4 | 98.6 | 0.2(SL) | 8.3 | 50 | 10 | × | × | 60 | × |
| | Seraphim | 13.3 | 13.06 | 98.2 | 0.24 | 8.3 | 55 | 10 | × | × | 70 | × |
| | Redbourn | 28 | 27.5 | 98.4 | 0.5 | 8.2 | 50 | 10 | × | × | 70 | × |
| | Normanby | 14 | 13.3 | 65 | 0.7 | 7.6 | 100 | 5 | × | × | 20 | × |
| 法国 | Pont-a-Mousson | 8.1 | 8.03~8.07 | 99~99.7 | 0.03~0.07 | 8.6 | 0 | 0.1 | 0.5 | × | × | × |
| 意大利 | Taranto | 7.3(A) | 7.0 | 96.1(A) | 0.28 | × | 30 | 2~3 | 可忽略 | × | × | × |
| 日本 | 川崎钢铁公司千叶钢厂 | 3.8 | 3.7 | 97.5 | 0.1(S) | 8.1 | 9 | × | × | × | × | × |
| 南非 | ISCOR-Pretoria | 9.5(A) | 9.13 | 96.1 | 0.37(S) | 8.3 | 44 | 15 | × | 101 | × | × |
| | Newcastle | 14.4 | 14.2 | 98.4 | 0.2(S) | 7.7 | 50 | 11 | × | × | × | × |
| | wanderbijpark | 10.6 | 10.2 | 96.3 | 0.4 | × | × | 2 | × | 100 | 8 | × |
| 中国台湾 | 中钢公司 | 7.2 | 7.13 | 99 | 0.07(SL) | 7.5 | 20 | 0.2 | × | × | × | × |
| 德国 | Hoesch Huttewerke Phoenix | 9.2(A) | 9.13 | 99.2(A) | 0.07 | 9 | 50 | 0.1 | × | × | × | × |

①美国排水限制指南数据。

注：(A)—平均值；(S)—淬渣；(SL)—底流污泥；×—没有数据。

在统计的 53 家美国钢铁企业中,平均铁产量为 264000t/d,气体净化设施用水量为 2.2～50.8m³/t,全国平均用水量为 12m³/t。全国平均废水循环用水率为 42%,其中包括 3 家企业的循环率达 100%。

在所调查的其他国家企业中,平均铁产量为 204660t/d,气体净化用水量为 2.1～28m³/t,平均用水量为 6.09m³/t。在建有循环系统的企业中,废水循环率为 27.4%～99.2%,平均为 82.9%,其中包括没有回用的企业,如去除未循环企业则平均循环率为 92.4%。

对高炉煤气洗涤水的处理,美国与其他国家多数是采用去除固体悬浮物,只有法国的 Pont-Mousson 厂是向沉淀池的间歇排污水中加硫酸,其目的是去除氰化物,并用氧化还原器进行自动控制。

德国 Hoesch Huttenwerke 厂和南非 ISCOR 公司采用废水经淬渣或沉渣过滤之后,氰化物明显降低。

日本和德国两个钢铁厂的高炉煤气洗涤水在沉淀之前先向水中曝气约 12min,并加入聚合物以提高悬浮物沉淀率,部分沉淀物回流曝气池,有时加入石灰作为钙与碱度的来源,既有避免循环系统结垢的作用,也提高了水质与循环率,如图 12-9 所示。

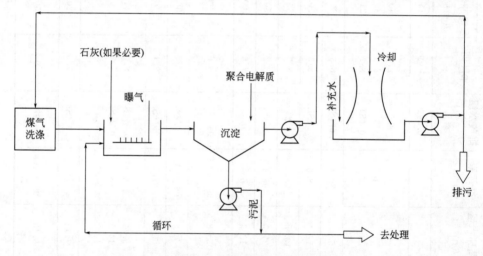

图 12-9　德国和日本两家高炉煤气洗涤水处理工艺

加拿大将炼铁系统的高炉煤气洗涤废水与焦化废水联合处理,认为两种废水均含有可生化降解的酚和氰化物,如果不设置固定铵蒸馏,焦化废水中氨的浓度会很高,必须加入稀释水以降低氨浓度。由于高炉煤气洗涤水含有较低的酚与氰化物需要处理,但不含氨,采用该废水稀释焦化废水共同处理是经济合理的(其工艺流程在焦化废水章节中已有介绍,见图 10-6、图 10-7)。

## 12.3.2　处理技术与工艺选择

(1) 技术路线与控制要求

高炉煤气洗涤水是炼铁厂清洗和冷却高炉煤气产生的一种废水,也是炼铁厂废水量最大、成分复杂、危害最大的废水,它含有大量悬浮物(主要是铁矿粉、焦炭粉和一些氧化物)、酚氰、硫化物、无机盐以及锌金属离子等。

高炉煤气洗涤循环水与一般浊循环水具有的共同点为：由于水温升高、蒸发浓缩、二氧化碳逸散而形成结垢，以及由于水中游离无机酸和二氧化碳的作用产生化学腐蚀，金属和水接触产生电化学腐蚀等。

与净循环水的不同点为：在洗涤过程中与产品直接接触，被带进过量的钙、镁和锌金属离子等，以致结垢严重；煤气洗涤循环水中不生长藻类，也没有生物细菌的繁殖。

为了解决高炉煤气洗涤循环水的水质稳定问题，国内对此进行了大量研究。根据高炉煤气洗涤循环冷却水水质稳定的特点，首先建立了防止碳酸盐结垢的技术路线，认为结垢主要是由于水中重碳酸盐、碳酸盐和二氧化碳之间的平衡遭到破坏所致，即 $Ca(HCO_3)_2 \rightleftharpoons CaCO_3 \downarrow + CO_2 + H_2O$ 是可逆反应。由此可见，水质稳定，当水中游离二氧化碳少于平衡需要量时，则产生碳酸钙沉淀；如超过平衡量时，则产生二氧化碳腐蚀；可以认为该循环水水质同时具有结垢和腐蚀两种属性，即需解决高炉煤气水循环使用的水质稳定问题。

高炉煤气洗涤循环水水质稳定技术基本上随同其他循环水水质稳定技术的发展而发展，但仍有其独特之处。对于高炉煤气洗涤循环水而言，首先是采取化学沉淀处理，把某些可溶物转化成难溶的化合物，并使其在沉淀过程中析出沉淀，在此基础上再采取净循环水水质稳定所必需的措施(但不需杀菌灭藻)，也就不难实现高度循环。

要解决循环水水质稳定问题，必须对循环水水质进行全面处理，即控制悬浮物、控制成垢盐、控制腐蚀、控制微生物、控制水温等。

① 悬浮物的去除　炼铁系统的废水污染以悬浮物污染为主要特征，高炉煤气洗涤水悬浮物的质量浓度达 1000～3000mg/L，经沉淀后出水悬浮物的质量浓度应小于 150mg/L，方能满足循环利用的要求。沉降速度应按不大于 0.25mm/s 设计，相应的沉淀池单位面积负荷为 1～1.25m³/(m²·h)。鉴于混凝药剂近年来得到广泛应用，高炉煤气洗涤水大多采用聚丙烯酰胺絮凝剂或聚丙烯酰胺与铁盐并用，都取得良好效果，沉降速度可达 3mm/s 以上，单位面积水力负荷提高到 2m³/(m²·h)，相应的沉淀池出水悬浮物的质量浓度可控制在小于 100mg/L。

炼铁厂多采用辐射式沉淀池，有利于排泥。不管采用什么型式的沉淀池，都应有加药设施，可达到事半功倍的效果，并保证循环利用的实施。

② 温度的控制　经洗涤后水温升高，通称热污染，循环用水如不排放，热污染不构成对环境的破坏。但为了保证循环，针对不同系统的不同要求，应采取冷却措施。炼铁厂的几种废水都产生温升，由于生产工艺不同，有的系统可不设冷却设备，如冲渣水。水温度的高低，对混凝沉淀效果以及结垢与腐蚀的程度均有影响。设备间接冷却水系统应设冷却塔，而直接冷却水或工艺过程冷却系统则应视具体情况而定。

用双文氏管串联供水再加余压发电的煤气净化工艺，高炉煤气的最终冷却不是靠冷却水，而是在经过两级文氏管洗涤之后，进入余压发电装置，在此过程中，煤气骤然膨胀降压，煤气自身的温度可以下降 20℃ 左右，达到了使用和输送、储存的温度要求。所以清洗工艺对洗涤水温无严格要求，可以不设冷却塔。但无高炉煤气余压发电装置的两级文氏管串联系统仍要设置冷却塔。

③ 水质稳定　水的稳定性是指在输送水的过程中，其本身的化学成分是否起变化，是否引起腐蚀或结垢的现象。既不结垢也不腐蚀的水称为稳定水。所谓不结垢不腐蚀是相对而言的，实际上水对管道和设备都有结垢和腐蚀问题，可控制在允许范围之内，即称水质是稳定的。20 世纪 70 年代以前，我国炼铁厂的废水，由于没有解决水质稳定问题，尽管有沉淀和降温设施，但几乎都不能正常运转，循环率很低，甚至直排，大量的水资源被浪费掉。水

处理技术的发展，特别是近年来水质稳定药剂的开发，对水质稳定的控制已有了成熟的技术。设备间接冷却循环水不与污染物直接接触，称为净循环水，其水质稳定控制已有成熟的理论和成套技术；对于直接与污染物接触的水，循环利用，称为浊循环水，如高炉煤气洗涤水，它的水质稳定技术更复杂，多采用复合的水质稳定技术，有针对性地解决。炼铁厂的净循环水和浊循环水都属结垢型为主的循环水类型，它的水质稳定实际上是解决溶解盐（碳酸钙）的平衡问题。如下列化学方程式：

$$CaCO_3 + CO_2 + H_2O \rightleftharpoons Ca(HCO_3)_2$$

当反应达到平衡时，水中溶解的 $CaCO_3$、$CO_2$ 和 $Ca(HCO_3)_2$ 的量保持不变，水处于稳定状态。当水中 $HCO_3^-$ 超过平衡的需要量时，反应向左边进行，水中出现 $CaCO_3$ 沉积，产生结垢。一般常用极限碳酸盐硬度来控制 $CaCO_3$ 的结垢，极限碳酸盐硬度是指循环冷却水所允许的最大碳酸盐硬度值，超过这个数值就会产生结垢。控制碳酸盐结垢的方法如下。

1）酸化法。酸化法是采用在水中投加硫酸或者盐酸，利用 $CaSO_4$、$CaCl_2$ 的溶解度远远大于 $CaCO_3$ 的原理，防止结垢。

$$Ca(HCO_3)_2 + H_2SO_4 \longrightarrow CaSO_4 + 2CO_2 + 2H_2O$$
$$Ca(HCO_3)_2 + 2HCl \longrightarrow CaCl_2 + 2CO_2 + 2H_2O$$

但此法对不含锌的废水有些作用，也不能完全解决问题。通常还有结垢发生，有时相当严重，为维持生产的正常运行，只好排出部分废水，补充一些新水，以保持循环系统水质平衡。因此，酸化法只能缓解由于 $CaCO_3$ 引起的结垢，而不能缓解其他成垢因素引起的结垢问题，且常发生严重的设备腐蚀。

2）石灰软化法。在水中投入石灰乳，利用石灰的脱硬作用，去除暂时硬度，使水软化。

$$CaO + H_2O \longrightarrow Ca(OH)_2$$
$$Ca(HCO_3)_2 + Ca(OH)_2 \longrightarrow 2CaCO_3 \downarrow + 2H_2O$$

石灰的投加量可以采用理论计算求出，而实际工作中多用试验方法确定，要特别提出注意的是，在用石灰软化时，为使细小的 $CaCO_3$ 颗粒增大，同时要加絮凝剂（如 $FeCl_3$）。

3）$CO_2$ 吹脱法。$CO_2$ 吹脱法就是在洗涤废水进入沉淀池之前进行曝气处理。曝气的目的是吹脱溶解于废水中的 $CO_2$，破坏成垢物质的溶解平衡，促使其结晶析出，并直接在沉淀池中随同悬浮物一起被去除，从而避免系统中的结垢发生。不过，曝气只有随着时间的延长才逐渐发生作用。试验表明，曝气 $30min$ 以上，水中 $CO_2$ 的吹出效果方能明显，pH 值可以上升到 8 左右。但在此过程中，洗涤废水中的悬浮物比较容易沉淀，进而曝气池的清泥又成为一个难题。并且曝气的强度、空气的分配不好掌握，安装维护也不方便，加之曝气所需的鼓风机耗电较多，使得此方法的运用受到限制。

4）碳化法。有的炼铁厂将烟道废气（含有部分 $CO_2$）通入洗涤废水中，以增加洗涤水中的 $CO_2$，使 $CO_2$ 与循环水中易结垢的 $CaCO_3$ 反应，生成溶解度大的 $Ca(HCO_3)_2$，该物质是不稳定物质，为抑制 $Ca(HCO_3)_2$ 分解，防止 $CaCO_3$ 结晶析出，需保持水中有少许过量 $CO_2$，使水中游离 $CO_2$ 的质量浓度维持在 $1\sim3mg/L$，从而使 $Ca(HCO_3)_2$ 不分解，保证供水管道不结垢，这就是碳化稳定水质的基本原理。其化学平衡式为：

$$CaCO_3 + CO_2 + H_2O \rightleftharpoons Ca(HCO_3)_2$$

5）不完全软化法。有的炼铁厂将沉淀池处理后的洗涤废水一部分送到加速澄清池，向池中加入石灰乳和絮凝剂，利用石灰的脱硬作用去除洗涤水部分暂时硬度，然后再往循环水中通入 $CO_2$，使之形成溶解度较大的 $Ca(HCO_3)_2$，以达到消除水垢的目的。

　　6）药剂缓垢法。加药稳定水质的机理是在水中投加有机磷类、聚羧酸型阻垢剂，利用它们的分散作用、晶格畸变效应等优异性能，控制晶体的成长，使水质得到稳定。最常用的水质稳定剂有聚磷酸钠、NTMP（氮基膦酸盐）、EDP（乙醇二膦酸盐）和聚马来酸酐等。随着研究和应用的不断深入，复合配方有针对性的应用，药剂之间可有增效作用，大大减小投药量，所以在确定某循环系统的水质稳定药剂时，应做好模拟试验。随着化学工业的发展，各种高效水质稳定剂被开发出来，所以在循环水系统中，药剂法控制水质稳定将有更广阔的前景。

　　④ 氰化物处理　当洗涤水中含氰质量浓度较高时，应考虑对氰化物进行处理，尤其是当废水去除悬浮物后欲外排时。大型高炉的煤气洗涤水，水量大，含氰质量浓度低，可不考虑进行氰化物处理。小型高炉，尤其是炼锰铁的高炉洗涤水，含氰质量浓度高，应进行处理。处理方法主要有以下几种。

　　1）碱式氯化法。在碱性条件下，投加氯、次氯酸钠等氯系氧化剂，使氰化物氧化成无害的氰酸盐、二氧化碳和氮。此法处理效果好，但处理费用较高。

　　2）回收法。个别炼锰铁的高炉，含氰质量浓度很高时，可用回收法。先调整废水的 pH 值，使呈酸性，然后进行空气吹脱处理，使氰化氢逸出，收集后用碱液处理，最后回收氰化钠。

　　3）亚铁盐络合法。向废水中投加硫酸亚铁，使其与水中的氰化物反应，生成亚铁氰化物的络合物。它的缺点是沉淀池污泥中残存的亚铁氰化物等外排后，可能还原成氰化物，再次造成污染。

　　4）生物氧化法。利用微生物降解水中的氰化物，如塔式生物滤池，以焦炭或塑料为滤料，在水力负荷为 $5\sim10m^3/(m^2\cdot d)$ 时，氰化物去除率可达 85% 以上。

　　⑤ 沉渣的脱水与利用　炼铁系统的沉渣主要是高炉煤气洗涤水沉渣和高炉渣，都是用之为宝、弃之为害的沉渣。高炉水淬渣用于生产水泥已是供不应求的产品，技术也十分成熟。高炉煤气洗涤沉渣的主要成分是铁的氧化物和焦炭粉，将这些沉渣加以利用，经济效益十分可观，同时也减轻了对环境的污染。由于沉渣粒度较细，小于 200 目的颗粒占 70% 左右，脱水比较困难。常用真空过滤机脱水，泥饼含水率 20% 左右，然后将泥饼送烧结，作为烧结矿的掺和料加以利用。在含有 ZnO 较高的厂，高炉煤气洗涤沉渣还应采取脱锌措施，一般要求回收污泥的锌含量小于 1%。

　　⑥ 重复用水与串级使用　应该指出的是，悬浮物的去除、温度的控制、水质稳定和沉渣的脱水与利用是保证循环用水必不可少的关键技术，一环扣一环，哪一环解决不好，循环用水都是空谈。它们之间又不是孤立的，而是互相联系、互相影响的，所以要坚持全面处理，形成良性循环。炼铁厂的用水量大，用水水质要求有明显差别，十分有利于串级用水，充分实现上级"排污水"作为下级的"补充水"，实现工厂废水回用无外排的"零排"目标。

　　（2）处理技术与工艺选择

　　高炉煤气洗涤水的处理技术方案的选择原则应是从经济运行、节约用水和保护水资源三方面考虑，对废水进行适当处理，最大限度地循环使用。高炉煤气洗涤水的处理工艺主要包括沉淀（或混凝沉淀）、水质稳定、降温（有炉顶发电设施的可不降温）、污泥处理四部分。高炉煤气洗涤水中的悬浮物粒径在 $50\sim600\mu m$，因此主要利用沉淀法去除悬浮物，并根据水质情况，采用自然沉淀或投加凝聚剂进行混凝沉淀。澄清水经冷却后可循环使用。煤气洗涤水的沉淀，多数厂采用辐射式沉淀池，少数厂也有采用平流沉淀池和斜板沉淀池的。采用自然沉淀，出水悬浮物的质量浓度约 100mg/L。采用混凝沉淀，一般投加聚丙烯酰胺 0.5mg/L，沉淀池出水悬浮物的质量浓度小于 50mg/L。实践证明，投加聚丙烯酰胺大于

0.3mg/L 进行混凝沉淀，可以使沉降效率达到 90％以上。对于特难处理的煤气洗涤废水，目前已做混凝-电化学处理的尝试，效果良好。此外，也有用磁场进行处理的，研究结果表明，可强化出水的净化效果，有利于废水的回用。

降温构筑物常采用机械通风冷却塔、玻璃钢结构与硬塑料薄型花纹板填料，其淋水密度可以达到 $30m^3/(m^2 \cdot h)$ 以上。污泥脱水设备可针对颗粒级配情况进行选择，宜采用压滤或真空过滤，泥饼含水率最好控制在 15％左右，否则瓦斯泥回用会有一定的困难。

防止高炉煤气洗涤系统结垢的废水处理方法主要有软化法、酸化法和化学药剂法及其组合工艺等。有代表性的厂家有原首钢石灰-碳化法，鞍钢酸化法，宝钢、武钢化学药剂法。

① 石灰软化-碳化法工艺流程　高炉煤气洗涤后的废水经辐射式沉淀池加药混凝沉淀后出水的 80％送往降温设备（冷却塔），其余 20％的出水泵往加速澄清池进行软化，软化水和冷却水混合流入加烟井进行碳化处理，然后泵送回煤气洗涤设备过滤机脱水。浓缩池溢流水回沉淀池，或直接去吸水井供循环使用。瓦斯泥送入贮泥仓，供烧结作原料。其工艺流程如图 12-10 所示。

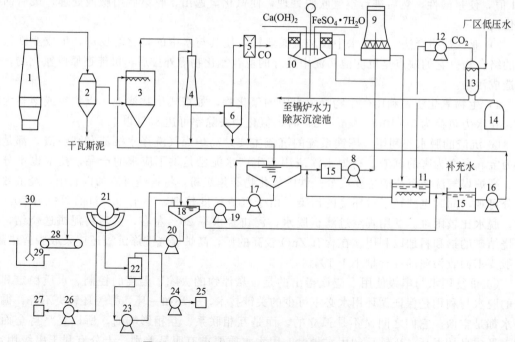

图 12-10　石灰软化-碳化法循环系统工艺流程

1—高炉；2—干式除尘器；3—洗涤塔；4—文氏管；5—蝶阀组；6—脱水器；7—Φ30m 辐射沉淀池；
8—上塔泵；9—冷却塔；10—机械加速澄清池；11—加烟井；12—抽烟机；13—泡沫池；14—烟道；
15—吸水井；16—供水泵；17—泥浆泵；18—Φ12m 浓缩池；19—提升泵；20，23—砂泵；
21—真空过滤机；22—滤液缸；24—真空泵；25，27—循环水箱；
26—压缩机；28—皮带机；29—贮泥仓；30—天车抓斗

② 酸化法工艺流程　从煤气洗涤塔排出的废水，经辐射式沉淀池自然沉淀（或混凝沉淀），上层清水送至冷却塔降温，然后由塔下集水池输送到循环系统，在输送管道上设置加酸口，废酸池内的废硫酸通过胶管适量均匀地加入水中。沉淀经脱水后，送烧结利用。其工艺流程如图 12-11 所示。

③ 石灰软化-药剂法工艺流程　该工艺采用石灰软化 20％～30％的清水和加药阻垢联合

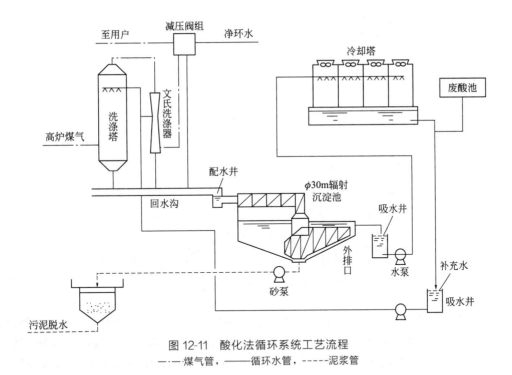

图 12-11 酸化法循环系统工艺流程

——·——煤气管，————循环水管，-----泥浆管

处理。由于选用不同的水质稳定剂进行组合配方，达到协同效应，增强水质稳定效果，其流程如图 12-12 所示。

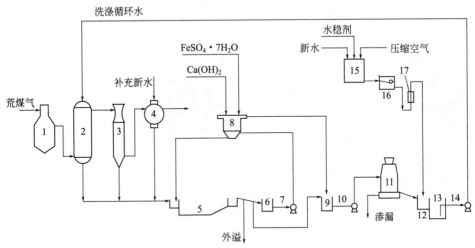

图 12-12 石灰软化-药剂法循环系统工艺流程

1—重力除尘器；2—洗涤塔；3—文氏管；4—电除尘器；5—平流沉淀池；6，9，13—吸水井；
7，10，14—水泵；8—机械加速澄清池；11—冷却塔；12—加药井；
15—配药箱；16—恒位水箱；17—转子流量计

④ 药剂法工艺流程 高炉煤气洗涤后的废水经沉淀池进行混凝沉淀，在沉淀池出口的管道上投加阻垢剂，阻止碳酸钙结垢，同时防止氧化铁、二氧化硅、氢氧化锌等结合生成水垢，在使用药剂时应调节 pH 值。为了保证水质在一定的浓缩倍数下循环，定期向系统外排污，不断补充新水，使水质保持稳定。其工艺流程如图 12-13 所示。

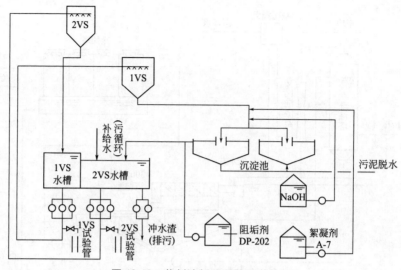

图 12-13　药剂法循环系统工艺流程

⑤ 比肖夫清洗工艺流程　比肖夫洗涤器是德国比肖夫公司的一种拥有专利的洗涤设备，它是一个有并流洗涤塔和几个砣式可调环缝洗涤元件组合在一起的洗涤装置，这种装置在西欧高炉煤气清洗上用得较多，国内已有使用。3000m³ 以上的高炉所用的比肖夫洗涤器都属二组并联，其占地少，但设备不减。国内某 2000m³ 高炉采用比肖夫煤气清洗系统的工艺流程如图 12-14 所示。

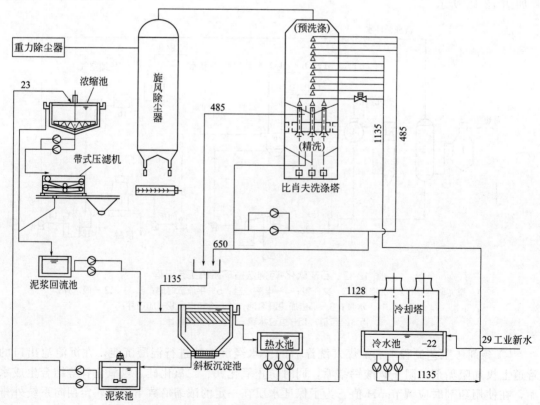

图 12-14　比肖夫煤气清洗系统工艺流程

⑥ 塔文系统清洗工艺流程  某厂 $1200m^3$ 高炉煤气净化工艺采用湿法除尘传统工艺流程，即重力除尘器→洗涤塔→文氏管→减压阀组→净煤气管→用户。

这种流程可使煤气含尘量处理到小于 $10mg/m^3$，用水量为 $1040m^3/h$，要求水压 $0.8MPa$。

高炉采用高压炉顶操作，利用高压煤气可进行余压发电，所以预留了余压发电装置，当进行余压发电后，冷却塔可以不用，直接经沉淀后将水送到煤气洗涤系统。因煤气经净化后的温度一般控制在 $35\sim40℃$，经洗涤塔和文氏管后的温度一般控制在 $55\sim60℃$，再经余压发电装置后煤气温度可降低 20℃ 左右，所以在这种情况下可以不用冷却塔就能满足用户对煤气的使用要求，不上冷却塔的供水温度一般允许在 $55\sim60℃$ 以内。

煤气洗涤水处理流程如图 12-15 所示，煤气洗涤废水经高架排水槽流入沉淀池，经沉淀后的水由泵加压送冷却塔冷却后，再用泵送车间洗涤设备循环使用。沉淀池下部泥浆用泥浆泵送污泥处理间脱水处理。在系统中设有加药间，向水系统中投加混凝剂和水质稳定药剂。

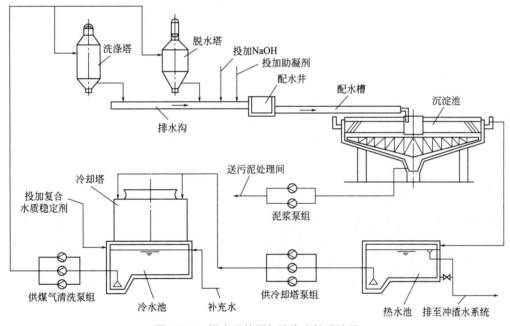

图 12-15  塔文系统煤气洗涤水处理流程

⑦ 双文系统清洗工艺流程  某厂 $4063m^3$ 大型高炉煤气净化工艺采用两级可调文氏管串联系统，从高炉发生的煤气先进入重力式除尘器，然后进入煤气清洗设施一级文氏管与二级文氏管，再经调压阀组、消音器，最后送至净煤气总管（以下简称一文二文，系统简称双文系统），送给厂内各设备使用。

高炉煤气洗涤循环水系统是为在一文二文设备中清洗煤气所设置的有关设施。水处理工艺流程如图 12-16 所示。二文排水由高架水槽流入一文供水泵吸水井，由一文供水泵送水供一文循环使用，一文回水由高架水槽流入沉淀池，沉淀后上清水流入二文泵吸水井，由二文供水泵送水供二文循环使用。沉淀池下的泥浆由泥浆泵送泥浆脱水间脱水。

采用双文串联供水系统，可减少煤气洗涤用水量，相应水处理构筑物少，二文出来的煤气还要去透平余压发电，所以省掉了冷却塔设备。

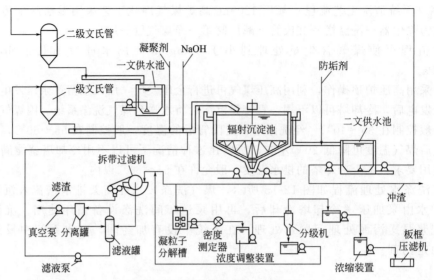

图 12-16 双文系统清洗工艺流程

该高炉煤气净化工艺的主要特点如下。

目前随着高炉容积扩大，煤气量大幅度增加，废水处理方式更加复杂和费用增加。但由于高炉采用高压操作，提高了煤气压力，能够获得足够的压降，因此采用了二文设备，由于二文的采用，洗涤废水就能够达到循环使用。另外，在二文后面有减压阀与消音器，能够把煤气中由清洗带进的水分几乎全部除去，不会因煤气中含有大量的水分降低燃烧效果，从而解决了洗涤水的密闭循环问题。水处理主要参数为：处理水量 1140m³/h；循环率约 95％；排污率 3.7％；一文的进水水温为 48.5℃，排水水温为 55℃；二文的进水水温为 52℃，排水水温为 53℃。在沉淀池前投加苛性钠、高分子助凝剂，沉淀池出口处投加防垢剂。苛性钠投加是为了调整 pH 值，使其保持在 7.0～8.0 范围，最好保持在 7.0～8.0 之间，调节 pH 值的目的是为了使废水在投加助凝剂时加速沉淀，使水中溶解的金属盐类变为不溶于水的氢氧化物，并沉淀析出，沉淀池出口锌的质量浓度应控制在 10mg/L 以下。高分子助凝剂投加的目的是为了使已析出的氢氧化物尽量在沉淀池内沉淀，以减少废水中的硬度成分，除去悬浮物。防垢剂投加的目的是起阻垢作用。

## 12.3.3 技术应用与实践

### 12.3.3.1 石灰-碳化法处理技术与应用

（1）废水水质与处理回用工艺

北京某钢铁公司原有高炉 4 座，总容积 41591m³，煤气发生量为 $64×10^4m^3$，高炉煤气洗涤用水量为 3500～4000m³/h。

该厂 3 号、4 号高炉煤气与 1 号、2 号高炉煤气净化分别采用如图 12-17、图 12-18 所示的洗涤生产工艺流程。洗涤后的废水再进入如图 12-19 所示的循环处理系统。该系统主要由辐射式沉淀池、循环泵站、冷却塔、水质稳定设施等组成。

洗涤煤气废水经直径 30m 的辐射式沉淀池沉淀，其溢流水大部分送 400m³ 双曲线自然通风冷却塔降温，小部分送机械加速澄清池进行软化，软化水和冷却后的水混合流入加烟井进行加烟碳化处理后，再用泵送回煤气洗涤塔循环使用。

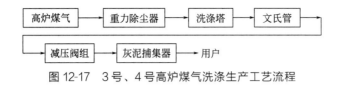

图 12-17 3号、4号高炉煤气洗涤生产工艺流程

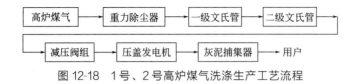

图 12-18 1号、2号高炉煤气洗涤生产工艺流程

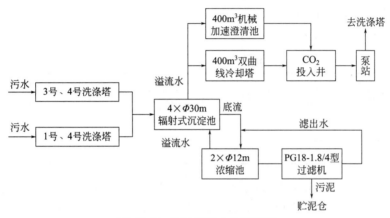

图 12-19 高炉煤气水处理循环

洗涤废水经自流和提升后进入直径 30m 的辐射式沉淀池,沉淀池运行控制指标为:表面负荷 $1.93m^3/(m^2 \cdot h)$,停留时间 0.9h,悬浮物的入口质量浓度为 1000mg/L,悬浮物的出口质量浓度小于 100mg/L,平均为 70mg/L,底流大于 20000mg/L。

沉淀处理后的溢流水大部分送 $400m^3$ 双曲线冷却塔冷却,塔下水温控制在 40℃。

由于冷却塔的蒸发浓缩和 $CO_2$ 大量损失,以及水在洗涤过程中再次受到污染(水中各种离子盐类及悬浮物增加),致使高炉煤气洗涤水失去稳定。根据生产实测统计,每洗涤一次煤气水的暂时硬度平均增加 1.12 德国度(1 德国度折算为 CaO 硬度即为 10mg/L),永久硬度平均增加 1.2 德国度(12mg/L),溶解固体平均增加 97mg/L,悬浮物平均增加 726 mg/L。要想保持高炉煤气洗涤水的水质稳定,就得去除增加的硬度、盐类、悬浮物等。为去除所增加的暂时硬度、盐类和补充损失的 $CO_2$,采用石灰软化-碳化法稳定水质。

(2)主要处理设施与处理效果

① 主要处理设施 高炉煤气洗涤水循环处理设备主要由辐射式沉淀池、双曲线冷却塔、机械加速澄清池以及污泥浓缩池、真空过滤机组所组成。见表 12-24。

表 12-24 主要处理设施

| 名称 | 数量/座 | 规格及性能 | 处理指标 | 附属设备 |
|---|---|---|---|---|
| 辐射式沉淀池 | 3 | 周边转动 $\Phi=30m$<br>水力负荷 $1.73m^3/(m^2 \cdot h)$<br>停留时间 1h | 进水悬浮物 435~1500mg/L<br>出水悬浮物小于 100mg/L<br>底流悬浮物含量 5% | 2PNJ 泵 8 台,$Q=40m^3/h$<br>$H=37.5m$<br>$N=17kW$ |

| 名称 | 数量/座 | 规格及性能 | 处理指标 | 附属设备 |
|------|---------|-----------|----------|----------|
| 循环泵站 | 1 | 14sh-9 型泵 5 台<br>16sh-9 型泵 2 台<br>上塔泵 20sh-9 型 3 台 | | |
| 冷却塔 | 2 | 400m³ 双曲线自然通风 | 夏季塔上水温 55℃，塔下水温 40～45℃ | 淋水器淋水密度 5.5m³/m² |

此外，还有水质稳定设施，它包括石灰软化和加烟碳化两部分。石灰软化设施包括 3 台直径 10.5m、处理能力为 400m³/h 的机械加速澄清池，采用投加石灰乳和硫酸亚铁软化工艺，硫酸亚铁投加量为 15mg/L。加烟碳化是采用高压风机（$Q=84$m³/min，$\rho=32.36$ kPa）两台，将锅炉房尾气抽出经管道通入水中，加烟处理后控制水中 pH=7，确保水质稳定。

② 处理效果　处理效果见表 12-25。

**表 12-25** 高炉煤气洗涤水处理效果

| 项目 | 水温/℃ | 悬浮物/(mg/L) | pH 值 | 挥发酚/(mg/L) | 氯化物/(mg/L) | 总硬度/(mol/L) | 暂硬度/(mol/L) |
|------|--------|---------------|-------|---------------|---------------|----------------|----------------|
| 处理前 | 48～60 | 200～3457 | 6.9～8.5 | 0.017～0.036 | 0.6～23.18 | 4.5～7.2 | 3.25～6.6 |
| 处理后 | 10～46 | 27～117 | 7.65～8.5 | | 0.5～3.25 | 2.05～6.15 | 6.0～5.3 |

③ 经济技术指标　采用石灰-碳化法处理高炉煤气废水的主要技术经济指标如下：废水循环利用率大于 94%，排污水用于冲煮用水，浓缩倍数大于 1.88，浓缩沉淀池出口悬浮物的质量浓度小于 100mg/L，塔下温度小于 40℃；加速澄清池出口悬浮物的质量浓度小于 20mg/L，游离 $CO_2$ 的质量浓度为 1～3mg/L。

### 12.3.3.2　药剂法处理技术与应用

（1）工艺流程与特征

宝钢 1 号、2 号高炉容积为 4063m³，为国内较大型高炉，日产铁 10000t，3 号高炉容积为 4350m³，最大煤气发生量为 $7\times10^5$ m³/h，炉顶最大压力为 0.25MPa，吨铁产灰量 15kg。

① 处理工艺流程　高炉煤气洗涤工艺条件如图 12-20 所示。从高炉产生的煤气经重力干式除尘器除尘后进入一级文氏管（1 Venturi Serbber，简称 1VS）和二级文氏管（2VS）进行煤气洗涤。经洗净后的煤气通过余压透平发电机进入高炉煤气系统。

② 系统的特点

1）系统密闭循环，串接排污，确保很高的循环利用率和外排污为"零"。

2）不设冷却塔，避免了 $CO_2$ 的大量逸出所造成的重碳酸盐分解成碳酸钙以引起结垢现象，以及由此而降低冷却效率问题。

3）采用滤布真空过滤机，使瓦斯泥保持小于 30% 的含水率，为瓦斯泥回收利用提供技术条件。

（2）废水处理与水质稳定技术

一文（1VS）出水以 3493kg/h 的灰尘携带率流入沉淀池有待去除，若不能及时将其沉降下去，则立即会影响循环水水质和煤气洗涤效果。煤气洗涤水与高炉煤气直接接触，煤气中的 $SO_2$、$SO_3^{2-}$、$CO_2$ 及灰尘中的 Ca、Mg、Zn 等盐类成分溶解于水中，增加了煤气洗涤水的硬度成分。而作为补充的污循环水也含有相当数量的 $Ca^{2+}$、$Mg^{2+}$，它们不可能在沉淀池

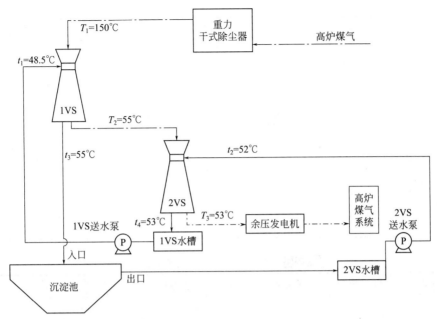

图 12-20　高炉煤气洗涤工艺条件

中全部沉淀，必有相当一部分被带入系统中去。为了保证循环水水质，在沉淀池入口投加 0.3~0.7mg/L 的弱阴离子型高分子助凝剂 PHP4，它可对无机系统废水进行除浊和浓缩，使得沉淀池入口悬浮物约 0.2% 到沉淀池出口时小于 0.01%。同时，为保证水道设备不发生结垢现象，在沉淀池出口管道上投加 3mg/L 的阻垢剂 SN-103（按循环水量计），SN-103 对以碳酸钙为主的水垢有很好的防治效果，并能防止与氧化铁、二氧化硅、氢氧化锌等结合生成的水垢。此外，循环水还要进行必要的 pH 值调整，最好保持在 7~9 之间，在此范围内有利于水中的部分溶解金属盐类转变为不溶于水的氢氧化物，并随着大量悬浮物的沉淀而沉降，如 $Zn^{2+} + 2OH^- \longrightarrow Zn(OH)_2 \downarrow$。

　　另外，为了保证水质还要进行循环水浓缩倍数的管理，定期向循环系统不断补充新水并排污，使水质达到相对稳定。其处理流程如图 12-13 所示。

　　(3) 主要处理设施、设计参数和水质指标

　　① 主要处理设施　见表 12-26。

表 12-26　主要处理设施

| 名称 | 单位 | 数量 | 规格 | 结构形式 |
|---|---|---|---|---|
| 沉淀池 | 座 | 2 | $\phi 29m$ | 中心传动升降式辐射式 沉淀池有效容积为 3052m³ |
| 刮泥机 | 个 | 2 | 主耙长 12.99m 副耙长 4.3m | 最大负荷 15t 升降行程 500mm |
| 1VS 水槽 | 个 | 1 | 15m×7m×8.5m | 钢筋混凝土结构 |
| 2VS 水槽 | 个 | 1 | 18m×7m×8.4m | 钢筋混凝土结构 |
| SN-103 加药箱 | 只 | 1 | 8m³ | 定量泵 8.04L/h×2 台 |
| 加药箱 | 只 | 2 | 10m³×2 | 定量泵 1400L/h×2 台 |
| NaOH 加药箱 | 只 | 1 | 6m³ | 定量泵 300L/h×2 台 |

| 名称 | 单位 | 数量 | 规格 | 结构形式 |
|---|---|---|---|---|
| 高架水沟 | 座 | 1 | 排水沟宽 0.81m | 钢制 |

② 主要设计指标与水质指标　主要设计指标与水质指标见表 12-27、表 12-28。

**表 12-27　高炉煤气洗涤水系统主要设计指标**

| 设计参数 | 一文 | 二文 | 设计参数 | 一文 | 二文 |
|---|---|---|---|---|---|
| 入口煤气含尘量/(g/m³) | 5 | 0.1 | 出口煤气温度/℃ | 55~60 | 53 |
| 出口煤气含尘量/(mg/m³) | 100 | 10 | 给水温度/℃ | 53 | 52 |
| 去除灰尘量/(kg/h) | 3430 | 63 | 回水温度/℃ | 55 | 53 |
| 入口煤气温度/℃ | 150 | 55 | 洗涤水量/(m³/h) | 840 | 840 |

**表 12-28　高炉煤气洗涤水系统水质指标**

| 水质指标 | 设计指标 | 补给水质 | 水质指标 | 设计指标 | 补给水质 |
|---|---|---|---|---|---|
| pH 值 | 7~9 | — | SS/(mg/L) | <100 | <20 |
| Zn/(mg/L) | <10 | — | 总硬度/(mg/L) | — | <200 |

③ 日常运行管理要求与处理效果　日常运行管理需按表 12-29 的要求运行，这是保证处理系统运行稳定的关键。宝钢 3 座高炉投产至今，水质处理效果一直比较稳定，从长期运行的水质分析结果可以看出，悬浮物和 pH 值的控制情况比较良好，但 Zn 指标的控制有一定难度，存在部分超标现象，具体结果见表 12-30。

**表 12-29　高炉煤气洗涤水系统日常运行管理基准**

| 项目 | 流量/(m³/s) | 压力/MPa | 水位/m | 真空度/MPa | 泥饼含水量/% |
|---|---|---|---|---|---|
| 一文送水 | 0.24 | 1.1 | — | — | — |
| 二文送水 | 0.25 | 1.1 | — | — | — |
| 真空脱水机 | — | — | — | 约 0.08 | <30 |
| 空气系统 | — | — | — | 约 0.5 | — |
| 一文水槽 | — | — | 6.5~7.5 | — | — |
| 二文水槽 | — | — | 6.5~7.5 | — | — |

**表 12-30　高炉水质处理数据统计**

| 编号 | 沉淀池进口质量浓度 | | | 沉淀池出口质量浓度 | | |
|---|---|---|---|---|---|---|
| | pH 值 | SS/(mg/L) | TZn/(mg/L) | pH 值 | SS/(mg/L) | TZn/(mg/L) |
| 1 | 7.39 | 1954.8 | 56.2 | 7.91 | 39.1 | 9.92 |
| 2 | 7.22 | 1827.9 | 38.98 | 7.81 | — | 7.75 |
| 3 | 7.16 | 2333.6 | 60.51 | 7.76 | 74.82 | 15.76 |
| 4 | 7.39 | 1900.3 | 56.1 | 7.86 | 70.41 | 12.25 |
| 5 | 7.41 | 2034.0 | 76.3 | 7.79 | 73.1 | 9.93 |
| 6 | 7.66 | 3557.8 | 79.1 | 7.98 | 69.18 | 11.95 |

④ 高炉污泥的回用　高炉煤气洗涤水的集尘污泥中含有平均 40% 的铁粉，为了不造成资源上的浪费，沉淀池底部污泥由排泥泵送到污泥脱水装置脱水之后，送往烧结厂烧制小球回收利用。

### 12.3.3.3　酸化法处理技术与应用

（1）生产工艺流程与废水水质水量

① 生产工艺与煤气洗涤过程　高炉冶炼原料主要为钒钛磁铁矿，入炉原料、燃料主要是钒钛烧结矿、12% 左右的普通块矿、焦炭、石灰石、碎铁等。

高炉煤气先经重力式除尘器除去大部分灰尘（瓦斯泥），后经洗涤塔洗涤除尘，使含尘量由 $3\sim6g/m^3$ 降至 $5g/m^3$ 以下，温度由 $200℃$ 降至 $35\sim45℃$，成为工业燃料煤气使用。其生产工艺如图 12-21 所示。

② 废水来源与水质水量　废水主要来自高炉煤气洗涤塔、文氏管洗涤器、减压阀组、煤气水封等。废水量约 $200m^3/h$，废水呈黑色或深灰色，水温 $35\sim55℃$，悬浮物的质量浓度为 $400\sim2000mg/L$，锌为 $200mg/L$，并随炉况条件变化而有所不同。

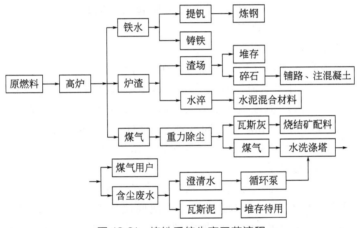

图 12-21　炼铁系统生产工艺流程

（2）废水处理结果

该厂高炉煤气洗涤水暂时硬度高，含锌高，含盐高，易结垢。为了解决水质稳定问题，采用酸化法向水中加入废硫酸。加酸的实质是控制水的 pH 值，使洗涤水中的重碳酸钙不致转化为溶解度小的碳酸钙，而是转化为溶解度较大的钙盐。将暂时硬度转化为永久硬度，从而起到防垢的作用。加酸的反应如下：

$$Ca(HCO_3)_2 + H_2SO_4 \longrightarrow CaSO_4 + 2CO_2\uparrow + 2H_2O$$

加酸生成的二氧化碳也起防止碳酸钙析出的作用，反应式如下：

$$CO_2 + CaCO_3 + H_2O \longrightarrow Ca(HCO_3)_2$$

目前沉淀池的沉淀效率达 90% 左右，出水悬浮物的质量浓度为 100mg/L 左右，经冷却后水温约 40℃，水的循环率达 90%。

### 12.3.3.4　软化法与药剂法联合处理技术与应用

（1）工程改造前状况与原由

该厂主要炼铁设备改造前为 4 座高炉，分别为 1 号 $1000m^3$、2 号 $750m^3$、3 号 $1000m^3$、4 号 $1800m^3$，总炉容为 $4550m^3$。改造后除 2 号高炉由 $750m^3$ 改为 $2500m^3$ 外，其他高炉容

积未变，改造后高炉总容积为 6300m³。

① 原有煤气洗涤水处理状况　原有高炉煤气洗涤用水量一般为每洗涤 1000m³ 煤气需用水量 4～6m³。在洗涤的过程中，由于硬度、盐类、游离 $CO_2$ 增加，以及循环水出洗涤塔后在回水沟、沉淀池、冷却塔中 $CO_2$ 的大量散失，从而使水质失去稳定性，使暂时硬度、含盐量大量增加，但 SS、Zn、Pb、COD 等却有明显减少。

② 原有处理工艺流程　高炉煤气首先通过重力除尘器除掉 50%～60% 的尘量，然后进入洗涤塔、文氏管将煤气中的含尘量降至 30～80mg/m³，再通过电除尘器进一步净化，使煤气含尘量降至 6mg/m³ 以下。

从洗涤塔、文氏管及电除尘器排出的洗涤废水流量约为 800m³/h，自流入平流沉淀池（54m×5.6m，共 3 格），经沉淀后流入一次吸水井，其中 25% 的废水经吸水井 6 用泵 7 送至 φ12.5m 的加速澄清池进行石灰软化处理，再自流入吸水井 9，与 75% 未软化的沉淀水混合，用泵 10 抽送到冷却塔，冷却后的水自流入加药井进行碳化处理，再用泵 14 送回气洗涤设备进行循环使用。

在系统中，由于瓦斯泥处理工艺不够完善，洗涤水沉淀效果达不到要求，以及石灰供应的质量、数量不能满足需求等原因，致使循环系统中的悬浮物含量偏高，加速澄清池暂时硬度去除值小于 150mg/L，循环系统中出现局部结垢和腐蚀的现象。这不仅与瓦斯泥的成分有关，更主要的是与处理工艺的效率有关。

（2）工艺改造的主要内容与水质状况

工艺改造的主要内容是加强高炉煤气洗涤水的处理设施。

① 沉淀池的改造　针对原平流沉淀池占地面积大、排泥不畅、处理效果达不到水质要求的状况，将三格平流式沉淀池改造为 2 座 25m 的辐流式沉淀池。改造后，当沉淀池进水悬浮物的质量浓度在 400～4000mg/L 之间波动，平均质量浓度为 1000mg/L 时，出水悬浮物的质量浓度在 54～88mg/L 之间波动，其平均质量浓度为 70mg/L，基本能满足循环系统对水中悬浮物的质量浓度的要求。

由于废水处理是在老厂基础上改造的，所以在输送底泥时存在的堵塞问题亦需改造。

② 机械加速澄清池的改造　针对原加速澄清池回流堵塞情况，对 φ12.5m 机械加速澄清池进行了改造，把原池底坡度 $i=0.05$ 加大到 $i=0.10$，进水位置由三角区改到池底中心均匀布水，并将进水管出口引向周边，使出流方向与搅拌机旋转方向一致，从而形成水力搅拌，改善了第一反应室的混合反应条件，有利于池底积泥向池中心排泥口推移。经改进后，回流缝不堵了，再也没有放空池子清理污泥的现象。

原有澄清池采用蜂窝斜管，投产后因斜管孔径小、表面粗糙等原因常被悬浮物堵塞，造成斜管中有压缩密实的泥浆层，严重影响了澄清效果，为此改斜管为聚丙烯塑料斜板，从而解决了堵塞问题。对于澄清取样管，由于采用石灰软化，取样管极易被结垢堵塞，针对这一情况，把钢管改换成胶皮管，便于取样和检修。原澄清池的排泥管排至厂区下水道，为节约和保护水资源，将集中排泥改为连续排泥，并回收至辐流式沉淀池入口经测定后与煤气洗涤水混合进行沉淀和脱水处理，经改造后实现了废水的回收利用，杜绝了泥渣对环境的污染，而且也提高了高炉煤气洗涤水的循环利用率。

③ 旁位软化与药剂联合处理工艺　由于冷却塔的蒸发浓缩与 $CO_2$ 的大量损失，以及水在洗涤过程中受到再次污染（水中各种离子、盐类及悬浮物等的增加），致使高炉煤气洗涤水水质失去稳定。如不采取水质稳定措施，就会在管道和设备中造成腐蚀和结垢。

该厂循环水量 800m³/h，软化 25%，则软化水量为 200m³/h，石灰投加量需 3.4t/d，大量的石灰用量不但会给运输、操作造成一定的困难，同时由于高炉煤气洗涤水每洗涤一次硬度值都要增高，再加上浓缩因素的影响，单靠投加水质稳定剂而不进行软化，在循环率较高的情况下是不易达到水质稳定的。投加水稳剂，水中碳酸盐的极限值会相对提高，与旁路软化法联合应用，效果更佳。

通过试验对比，将原单纯石灰软化改为石灰软化＋ATMP（有机磷系阻垢剂）＋聚丙烯酸铀＋MBT（2-巯基苯并噻唑）联合处理方法时，二次吸水井的挂片结垢附着速率为 4.26mg/（cm²·月），腐蚀速率为 0.02mm/a，洗涤塔进水挂片结垢速率为 20.36 mg/（cm²·月），腐蚀速率为 0.19mm/a，大大优于石灰软化运行初期的水稳效果，而且加水稳定剂后形成的垢较为松散，易脱落清除。

改造后高炉煤气洗涤水处理工艺是废水经 2 座 25m 的辐流式沉淀池，沉淀后出水大部分送至 300m³ 双曲线冷却塔降温，少部分送至加速澄清池进行软化，软化水与冷却水混合流入加烟井，进行加烟碳化处理与投加药剂联合处理，处理后的水再用泵送至煤气洗涤设备循环使用。从沉淀池排出的泥浆泵至 ϕ12m 的浓缩池进行二次浓缩，然后送至真空过滤机脱水。浓缩池溢流水回流至沉淀池或直接进入吸水井供洗涤塔循环使用。瓦斯泥入贮泥仓作烧结原料用，基本实现"零排"。

### 12.3.3.5　新型高效斜管沉淀罐处理技术与应用

（1）原处理工艺与改造要求

天津铁厂 1# ~4# 高炉总容积 2650m³，年生产能力 2.6×10⁶t，其高炉煤气先经各自的干式重力除尘器，除去烟气中的大颗粒，然后送往高炉煤气洗涤塔。煤气洗涤水经沉淀处理后循环使用，循环水量 3300m³/h，高炉煤气洗涤水处理工艺流程如图 12-22 所示。

高炉煤气洗涤水是采用 2 座 ϕ30m 的辐射沉淀池进行混凝沉淀处理的。随着高炉生铁产量的提高，洗涤水的含尘量增加，致使沉淀池出口悬浮物含量平均在 300mg/L 左右，造成瓦斯灰在喷淋冷却池大量沉积，冷却水喷嘴堵塞严重。由于煤气清洗不净又造成煤气用户火嘴堵塞，从而影响正常使用，高炉煤气洗涤系统已成了恶性循环，所以对高炉煤气洗涤水处理系统进行扩建改造势在必行。

高炉煤气洗涤水处理设施扩建改造后增加水处理水量 1000m³/h，洗涤水进入水处理设施前 1500mg/L＜SS＜4000mg/L，处理后 SS＜50mg/L。污泥由清渣泵送污泥处理厂。

原 ϕ30m 辐射沉淀池处理水量 2300 m³/h，负荷 1.6m³/m²，废水停留时间 48min，进水口 1500 mg/L＜SS＜4000mg/L，出水 SS＜80mg/L，难以满足扩建改造的水处理要求。

（2）高效斜管沉淀罐在高炉煤气洗涤水处理中的应用

近几年来，高效斜管沉淀罐以其沉淀效率高，耐冲击负荷大而在高炉、转炉煤气洗涤水处理中得到了广泛应用。因此，在天津铁厂高炉煤气洗涤水处理设施扩建工程中，选用了高效斜管沉淀罐为主体处理设备的水处理工艺。

高炉煤气洗涤水处理扩建工艺流程如图 12-23 所示。

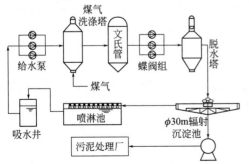

图 12-22　高炉煤气洗涤水处理工艺流程

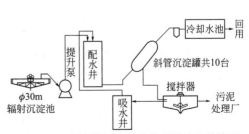

图 12-23　高炉煤气洗涤水处理扩建工艺流程

① 高效斜管沉淀罐工作原理　斜管沉淀罐最早是由法国福来克水处理研究所根据浅层沉淀理论和附面层理论研究制造的。1998 年大连绿诺环境工程科技有限公司对国外引进的斜管沉淀罐进行消化吸收后，自主开发设计了新产品高效斜管沉淀罐（专利号为 ZL98.216778.4）。其吸收和运用先进的两相分离沉淀理论，采用三级高效连续浅层沉淀分离设计，取得了最佳的水力模型，使水流处于层流状态。此时颗粒的沉淀不受水流的干扰，从而提高了沉降的稳定性，增加了沉淀面积，缩短了污泥颗粒的沉淀距离，减少了沉淀时间，提高了废水的沉淀、澄清处理效果。

② 高效斜管沉淀罐的构造　斜管沉淀罐主要由以下几部分组成。

1）配水系统：采用缝隙栅条配水，缝隙前狭后宽，便于沿罐体截面均匀配水。

2）一、二级斜板沉淀分离装置：能有效地分离出沉速为 $v_0 \geqslant 0.8 \mathrm{mm/s}$ 的悬浮颗粒杂质及相应的絮凝体，对于高炉煤气洗涤水悬浮物去除率 $\eta \geqslant 80\%$。

3）三级斜管沉淀分离装置：该装置总的有效沉降面积为 $260.4 \mathrm{m}^2$，对于沉降速度 $v_0 \geqslant 0.2 \mathrm{mm/s}$ 的悬浮颗粒杂质及相应的絮凝体，有效去除率可达 99%。

4）三级沉降分离后的出水装置：该装置采用穿孔溢流回收槽回收沉降分离后的清水有序排出，保证清水在稳定的层流状态下流出。

5）泥浆收集与排出系统：每一级斜板（管）装置均配有泥浆收集及排出装置，并且泥浆排出与进水之间不发生干扰。排泥管位于罐体最低点，排泥通畅。

③ 斜管沉淀罐的工作过程　废水进入斜管沉淀罐后，通过配水系统及一、二、三级沉降分离装置，沉降分离后澄清水由出水收集装置溢流至外部出水槽。泥浆由泥浆收集排出系统通过清泥器、排泥管排出。总的悬浮物去除率达到 99.8%，出水 $SS \leqslant 80 \mathrm{mg/L}$，沉降分离效率极高。

④ 斜管沉淀罐的技术规程及基本参数　设备型号 XG-4000-1(共 10 台)；单台处理水量 $100 \sim 120 \mathrm{m}^3/\mathrm{h}$；进水悬浮物允许在 $\leqslant 8000 \mathrm{mg/L}$ 以下波动；出水悬浮物 $\leqslant 80 \mathrm{mg/L}$，平均 $50 \mathrm{mg/L}$；悬浮物去除效率 $>98\%$；废水停留时间 45min；排泥含水率 85%；直径 4.0m；罐体长度 10.6m；放置角度 $\geqslant 450°$；系统总处理水量 $1000 \sim 1200 \mathrm{m}^3/\mathrm{h}$。

⑤ 斜管沉淀罐的特点　高效斜管沉淀罐设有 $40 \mathrm{m}^3$ 的泥水分离区，斜板斜管分离出的污泥经专门设计的泥浆收集、输送系统汇集到泥水分离区。浓缩后的泥浆经底部排泥管道上的泥浆浓度测量计检测浓度后，自动排泥到带有搅拌装置的中心浓缩池，污泥含水率在 75% 左右。

高效斜管沉淀罐以其独有的三级浅层沉淀结构、均匀的配水系统、较长的水力停留时间的特点，能够有效地分离出水中的 $\geqslant 10 \mu\mathrm{m}$ 的杂质，特别是对高炉煤气洗涤水中的悬浮物负荷经常波动的实际情况，该设备能够很好地适应，并且保证出水 $SS \leqslant 80 \mathrm{mg/L}$。

斜管沉淀罐的内壁、板面经喷砂除锈后，喷涂光洁度很高的防腐、防垢、耐磨涂料，具有不结污、不结垢等优点，该设备以沉淀效率高、占地面积小、操作简单、运行可靠、自动化程度高、基本没有维护费用等多方面的优势，在国内高炉煤气洗涤水处理中得到了广泛应用。

⑥ 高炉煤气洗涤水处理效果　高炉煤气洗涤水处理系统扩建工程改造完成后，斜管沉淀罐水处理系统自 2005 年 6 月投入生产，平均处理水量 $1000 \mathrm{m}^3/\mathrm{h}$。对整个煤气洗涤水处理系统而言，处理后的洗涤水质量得到了很大提高，其出水平均 $SS \leqslant 80 \mathrm{mg/L}$，SS 去除率 $>90\%$（见表 12-31），解决了煤气洗涤水在使用和处理中前述所存在的问题，控制了该系统的恶性循环，从而使高炉的煤气质量得到明显的提高。同时，提高了单位重量煤气的燃烧热，保证了高炉煤气的安全使用。

工程应用表明如下。

1) 采用三级沉淀装置的斜管沉淀罐处理高炉煤气洗涤水具有效果稳定、运行成本低、操作维护简单的优点，为高炉煤气洗涤水提供了新的处理途径。

2) 该废水处理流程只需少许投加混凝剂就能够保证对出水质量的要求，并且装机容量低，属节能型工艺。

3) 在高炉煤气洗涤水处理中采用斜管沉淀罐废水处理工艺流程，具有明显的优点和极好的适应性，在同类工程改造中可推广应用。

表 12-31  改造前后沉淀池运行 SS 含量状况

| 项目 | | SS/(mg/L) | | | | | | | | | | | | |
|---|---|---|---|---|---|---|---|---|---|---|---|---|---|---|
| 改造前 | 进水 | 833 | 1201 | 404 | 950 | 755 | 636 | 605 | 1167 | 1030 | 1032 | 1219 | 916 | 831 | 3100 |
| | 出水 | 252 | 274 | 55 | 841 | 96 | 131 | 86 | 147 | 143 | 424 | 393 | 439 | 417 | 349 |
| 改造后 | 进水 | 948 | 754 | 829 | 948 | 1001 | 1560 | 1291 | 760 | 765 | 1051 | 832 | 1374 | 830 | 935 |
| | 出水 | 81 | 75 | 56 | 91 | 69 | 68 | 29 | 51 | 63 | 76 | 57 | 65 | 49 | 59 |

## 12.3.4  含氰高炉煤气洗涤水处理与回用技术

(1) 普通高炉

某厂两套高炉煤气洗涤系统氰化物的质量浓度变化范围较大，常在 30~60mg/L 之间波动，与排标 0.5mg/L 相比超标高达 60~120 倍。由于浊循环系统密闭循环，氰化物将不断富集，因此，要实现高炉煤气洗涤水的循环回用，除进行上述废水处理工艺外，必须进行除氰处理。

① 除氰反应原理  在碱性条件下，采用液氯、次氯酸钠等作氧化剂使氰离子氧化分解的方法。反应分两步进行，第一步氧化成氰酸盐 $CNO^-$（也称不完全氧化反应），其反应式如下：

$$CN^- + ClO^- + H_2O = CNCl + 2OH^- \tag{12-1}$$

$$CNCl + 2OH^- = CNO^- + Cl^- + H_2O \tag{12-2}$$

反应式 (12-1) 瞬间即可完成，生成的氯化氰 CNCl 为剧毒物，在碱性条件下可转化为毒性较小（仅为氰化物的 1/1000）的氰酸盐 $CNO^-$，这一反应在 pH≥8.5 时也很快，30min 即可完成，当 pH≥12 时瞬间即可完成。

第二步氧化成氮气（也称完全氧化法反应），其反应式如下：

$$2CNO^- + 3ClO^- = N_2\uparrow + CO_2\uparrow + 3Cl^- + CO_3^{2-} \tag{12-3}$$

反应式 (12-3) 中，pH 值控制在 6.5~8.5 时为最快，反应时间需要 30min 左右。

去除 1mg 氰化物的理论需氯量为：第一步 2.73mg，第二步 4.10mg，完全氧化共需氯量为 6.83mg。

② 除氰处理工艺  除氰处理工艺流程如图 12-24 所示。

为保证碱性氯化法除氰处理效果，选择了完全氧化反应进行工艺处理。该工艺设计总反应时间约 45min。第一阶段反应在第一反应器内进行，时间约 10min。为加快反应速率，用氢氧化钠调 pH 值至 9~10。为防止氯气和可能产生的氯化氰气体蒸发污染环境，第一反应器采用密封罐体。第二反应器废水停留时间为 30min，为加快反应速率，使完全反应生成的

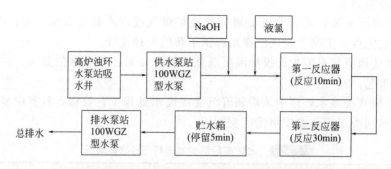

图 12-24　高炉煤气洗涤水系统除氰处理工艺流程

二氧化碳和氮气能顺利排出,第二反应器采用敞开式。贮水槽废水可停留 5min。

③ 除氰后运行结果　运行实践表明,碱性氯化法处理高炉煤气洗涤水中的氰化物是有效的,经处理后再经总排水稀释后废水中的氰化物明显降低,其质量浓度平均为 0.073mg/L,达标率由未处理前的 80% 提高到 100%,从而保证了总排水氰化物达标排放。

(2) 锰铁高炉煤气洗涤水

① 锰铁高炉煤气洗涤水特征　锰铁高炉是用水量比较多的部门,主要是高炉、热风炉和鼓风机的冷却水和高炉煤气洗涤水。前者是降低高炉内衬和机壳温度,防止鼓风机、热风炉温度偏高,需用水冷却。这些冷却水都是间接冷却的,经冷却可循环使用。后者是用于洗涤从高炉炉顶冒出的大量可燃性气体和灰尘以及其他杂质和气体后的废水。其废水的主要成分与普铁高炉煤气洗涤水的成分有很大差别,特别是氰化物含量很高。该废水成分复杂,水量大、毒性大、含渣多,是锰铁冶炼生产废水中的主要污染源。因此,消除锰铁高炉煤气洗涤水对节省工业用水、保护环境与周围地区人群健康具有重要意义。锰铁高炉煤气洗涤水成分与普铁高炉的比较见表 12-32。

表 12-32　锰铁高炉煤气与普铁高炉煤气洗涤水成分

| 编　号 | 项　目 | 普铁高炉 | 锰铁高炉 |
|---|---|---|---|
| 1 | 水温/℃ | 50~60 | 43~50 |
| 2 | 颜色 | 暗褐色 | 灰、白 |
| 3 | pH 值 | 7.5~8 | 8.2~9 |
| 4 | 总硬度/°dH | 10~20 | 3~5 |
| 5 | 悬浮物/(mg/L) | 400~4000 | 800~5700 |
| 6 | 酚/(mg/L) | 0.05~2.4 | 0.02~0.18 |
| 7 | 氰化物/(mg/L) | 0.03~0.9 | 39~80 |
| 8 | $Ca^{2+}$/(mg/L) | 6~55 | 7.6~17.1 |
| 9 | $Mg^{2+}$/(mg/L) | 2~6 | 9~11 |
| 10 | $Fe^{2+}$/(mg/L) | 0.2~3 | 0~0.01 |
| 11 | $Cl^-$/(mg/L) | 35~150 | 50~90 |
| 12 | $CO_3^{2-}$/(mg/L) | 0~3 | 58~91 |
| 13 | $HCO_3^-$/(mg/L) | 120~290 | 321~410 |

| 编号 | 项目 | 普铁高炉 | 锰铁高炉 |
|------|------|---------|---------|
| 14 | 硫酸盐/(mg/L) | 140~240 | 0~7 |
| 15 | 耗氧量/(mg/L) | 7~25 | 10~20 |
| 16 | 溶解固体/(mg/L) | 200~900 | 648~895 |

② 含氰化合物的富集回收与废水回用 某厂3座255m³高炉冶炼锰铁,其煤气净化流程为:高炉→重力除尘器→旋风除尘器→文氏管→灰泥捕集器→洗涤塔→管式静电除尘器→净煤气总管→用户。由于高炉冶炼锰铁焦比高,炉温高,炉料含钾、钠等碱金属多,在冶炼过程中产生大量的氰化物随煤气带出,在文氏管、洗涤塔、电除尘器中,煤气与水接触时,氰化物溶解于水中,产生含氰废水。3座高炉的文氏管、洗涤塔、电除尘器每小时用水分别约为570t、180t、200t,高炉正常运行时,平均每洗一次煤气,文氏管水氰的质量浓度为100mg/L左右,含悬浮物的质量浓度为4000mg/L左右;洗涤塔水氰的质量浓度为20mg/L左右,悬浮物的质量浓度为90mg/L左右,电除尘水氰的质量浓度为10mg/L左右,悬浮物的质量浓度为30mg/L左右。3座高炉每小时产生的总氰量约80kg,每年产生的氰折成氰化钠近1000t。

文氏管煤气洗涤水经沉淀池并加聚合硫酸铁混凝沉淀,沉淀后的清水闭路循环,在循环过程中,氰化物不断富集,其质量浓度一般为800mg/L,高时达1000mg/L以上。此为剧毒性废水,严重污染水体与环境。必须进行处理或回收氰化物,方可循环回用。

③ 回收工艺与产品质量 回收工艺采用汽提、冷凝分离、碱液吸收生产氰化钠的生产工艺。

本工艺流程是:锰铁高炉文氏管煤气洗涤水沉淀循环利用,每小时从循环水池中抽出30t左右的水加酸调节pH值,然后经换热器预热,继而进入脱氰塔上部,脱氰塔下部通入蒸汽,含氰废水在塔中由上而下与由下向上的蒸汽对流被加热和鼓泡。氰化氢由液相转入气相,在塔顶经第一、二冷凝器冷凝分离去除水分和杂质,同时转化成氰化氢液体。液体氰化氢自流入反应器与氢氧化钠溶液反应生成液体氰化钠。液体氰化钠经真空蒸发浓缩至过饱和后进入冷却结晶器搅拌结晶,然后离心脱水便得固体氰化钠产品。脱除氰的废水经换热降温后送回锰铁高炉煤气洗涤水循环水池再回用。回收的氰化钠的质量见表12-33。

表12-33 氰化物产品质量与国标比较

| 项目名称 | 固体 | | | | 液体 | | |
|---------|------|------|------|------|------|------|------|
| | 回收产品 | 国标规定 | | | 回收产品 | 国标规定 | |
| | | 优等品 | 一等品 | 合格品 | | 一等品 | 合格品 |
| 氰化钠的质量分数/% | 85.0 | ≥97.0 | ≥94.0 | ≥86.0 | 30 | ≥30.0 | ≥30.0 |
| 氢氧化钠的质量分数/% | 1.0 | ≤0.5 | ≤1.0 | ≤1.5 | 1 | ≤1.3 | ≤1.6 |
| 碳酸钠的质量分数/% | 2.0 | ≤1.0 | ≤3.0 | ≤4.0 | 2 | ≤1.3 | ≤1.6 |
| 水分/% | | ≤1.0 | ≤2.0 | | | | |
| 水不溶物的质量分数/% | 0.1 | ≤0.05 | ≤0.10 | ≤0.20 | | | |

④经济效益评价 高浓度含氰废水是剧毒性废水,必须达标排放。该废水含氰量很高,一般均在800mg/L左右,高时达1000mg/L以上。如以含氰质量浓度800mg/L计,脱氰回

收率为 90％，即每处理 1t 废水可回收 0.72kg，产值 300 元以上，回收成本约为 60 元（按 1993 年当时情况计算）。锰铁高炉煤气洗涤水回收的氰化钠质量优于从轻油或煤油裂解时所产生的氰化钠质量，其耗电量仅为后者的 1/5，经济性与社会环境效益比较显著，特别是对地区生活环境与人身安全具有极其重要的作用。但在废水处理与回收过程中必须严加管理与安全保护措施到位。

# 12.4 高炉冲渣水处理与回用技术

高炉渣是炼铁时排出的废渣。一般每炼 1t 生铁，产生 300～900kg 高炉渣。其主要成分为硅酸钙或铝酸钙等。高炉渣被粒化后已广泛地用作水泥、渣砖和建筑材料。高炉渣的综合率已达 85％～90％，有的地区已供不应求。

高炉矿渣的处理方法分为：急冷处理（水淬和风淬）、慢冷处理（空气中自然冷却）和慢急冷处理（加入少量水并在机械设备作用下冷却）。

本节所述高炉冲渣废水是指水淬产生的废水。

## 12.4.1 冲渣用水要求与废水组成

冲渣用水通常要求不高，满足如下用水要求即可：水质 SS 不高于 400mg/L；粒径不大于 0.1mm；水压 0.2～0.25MPa；水温不高于 60℃；吨渣用水量 8～12m³。

大量的水急剧熄灭熔渣时，首先使废水的温度急剧上升，甚至可以达到接近 100℃。其次是受到渣的严重污染，使水的组成发生很大变化。一般冲渣废水组成及水渣颗粒组成分别见表 12-34、表 12-35。

废水组成随炼铁原料、燃料成分以及供水中的化学成分不同而异。特别是冶炼铁合金的厂，如锰铁高炉还含有酚、氰、硫化物等有害物质。饱和时水渣堆密度为 1.20～1.22 t/m³。烘干后为 1.16～1.20t/m³。

表 12-34　冲渣废水成分组成　单位：mg/L，pH 值除外

| 分析项目 | 全固形物 | 溶解固形物 | 不溶固形物 | 铁铝氧化物 | 灼烧减量 | Ca | Mg | 灼烧残渣 | 总硬度(以$CaCO_3$计) |
|---|---|---|---|---|---|---|---|---|---|
| 测定结果 | 253 | 158.7 | 94.3 | 2.7 | 61.6 | 191 | 33.09 | 8.71 | 118.5 |
| 分析项目 | $OH^-$ | $CO_3^{2-}$ | $HCO_3^-$ | $SO_4^{2-}$ | $Cl^-$ | $CO_2$ | 耗氧量 | $SiO_2$ | pH 值 |
| 测定结果 | 0 | 8.0 | 162 | 35.72 | 10 | 21.32 | 2.55 | 7.95 | 7.04 |

表 12-35　水渣颗粒组成

| 粒径/mm | 0.64 | 0.32 | 0.21 | 0.16 | 0.13 | 0.11 | 0.09 | 0.076 |
|---|---|---|---|---|---|---|---|---|
| 比例/% | 31 | 55 | 11 | 1 | 1 | 0.5 | 0.3 | 0.2 |

## 12.4.2 高炉渣水淬处理工艺

我国高炉渣处理以炉前为主，具有投资少、设备轻、营运方便等优点，根据过滤方式不

同可分为炉前渣池式、水力输送渣池式 、搅拌槽渣池法（又名拉萨法）、INBA（印巴）法 、滚筒（CC）法等。图拉法是近期引进的新型炉渣粒化装置。

高炉渣水淬工艺除渣池水淬法外，还有渣水分离后的水的治理问题。

高炉渣水淬方式分为渣池水淬和炉前水淬，高炉渣废水一般是指炉前水淬所产生的废水。因为循环水质要求不高，所以经渣水分离后即可循环回用，温度高一些影响不大。冲渣时温度很高，大量用水被汽化蒸发，因此，在冲渣系统中可以设计成只有补充水和循环水，而无排污水。故对具有水冲渣工艺炼铁系统，如能精心设计，科学管理，就可以实现炼铁厂废水"零排放"。循环用水系统中，水的损耗可按 $1.2\sim1.5m^3/t$ 钢设计。

（1）池式法水淬

池式法水淬工艺流程如图 12-25 所示。用渣罐将高炉熔渣拉到水池旁，砸碎表层渣壳，倾翻渣罐，熔渣经流槽进入水池，遇水急剧冷却成为水渣。水渣取出后，置于堆放场上，脱水运出作为水泥原料。

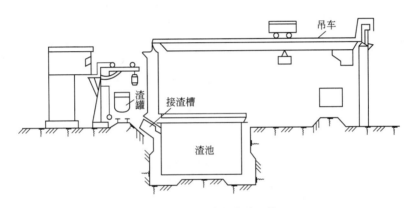

图 12-25　池式法水淬工艺

水淬用渣池设计参考数据及水淬主要设备见表 12-36、表 12-37。

表 12-36　渣池设计参考数据

| 年处理渣量/$10^4$t | 100～150 | 50～100 | 20～50 |
| --- | --- | --- | --- |
| 流渣槽数/个 | 12～16 | 8～12 | 4～8 |

表 12-37　池式法水淬主要设备

| 设备名称 | 主要技术性能 | 设备名称 | 主要技术性能 |
| --- | --- | --- | --- |
| 桥式抓斗吊车 | 起重量 5～15t | 砸渣壳机 | 落锤重量 700kg，高度 2.5～3m |
| 流渣槽 | 宽 3～4m，倾斜角度 30°～35°，采用铸钢件，下铸加强筋 | 撞罐机 | 振打频率 10 次/min，冲击力 3t，设备总重 2790kg |

主要缺点如下。

① 易产生大量渣棉和硫化氢气体污染环境。高炉热熔渣从渣罐倒入水中时，是从1200～1350℃骤冷到 100℃以下，产生大量蒸汽与气浪，把热熔渣抽拉成渣棉，甩至渣池上空，随风飘迁，污染环境。熔渣遇水急冷，其中硫化物与水作用生成硫化氢等气体，污染大气。

② 干渣量多。熔渣在渣罐内经受外界温度冷却，罐边与罐的面层均凝成一层渣壳，经常占渣量的 $10\%\sim30\%$，需一套设备清理渣罐。清理出的干渣必须进行破碎、去铁、筛分

才能使用。

③ 需一套运渣罐设施。

④ 倒渣中有放炮现象，伤人伤设备。

国外渣池水淬与国内不同，以日本的广畑厂高炉为例，熔渣用渣罐拉至混凝土搅拌槽，熔渣经水渣沟水淬，产生的蒸汽由 15m 高的钢烟囱排出。水渣用泥浆泵输送到 5 个脱水场脱水，水经排水沟流入循环水池，供再次冲渣用。日本广畑厂的水冲渣工艺如图 12-26 所示。

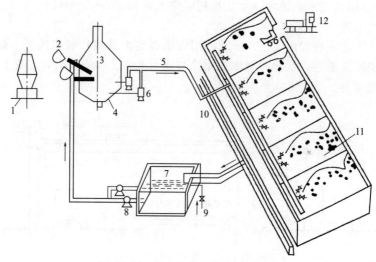

图 12-26　日本广畑厂的水冲渣工艺

1—高炉；2—渣罐；3—水渣沟；4—搅拌槽；5—水渣输送管；6—泥浆泵；7—循环水池；
8—给水泵；9—补充水；10—排水沟；11—水渣脱水场；12—汽车外运

（2）炉前水冲渣

我国目前许多钢铁厂都把高炉渣进行炉前处理，此法与炉外池式法相比，具有投资少、设备重量轻、经营费用低，有利于高炉及时放渣的优点，在炉前操作中缩短了渣沟长度，改善了炉前劳动条件。

炉前水冲渣根据过滤方式不同可以分为炉前渣池式、水力输送渣池式、搅拌槽泵送法等。

① 炉前渣池式　国内一些小高炉，在高炉旁边建池，水渣经渣池沉淀后，用一台电葫芦抓出，供水一般采用直流方式，不再回收。此法与泡渣法相比，优点是取消了渣罐运输，但缺点是池内有害气体污染环境，影响周围设备及操作。

国外也有采用这种水淬方式的，不同的是渣池底部可过滤，并设有冲洗装置，当渣和水进入过滤池后，水经过水渣、卵石层过滤后由出水口排出。该法一般称为 OCP 法，其水淬工艺如图 12-27 所示。

② 水力输送渣池式　在炉前水淬，经渣沟水力输送到渣池沉淀，用吊车抓渣，有循环和直流两种供水方式。我国中小高炉多采用此种方式。此法与前一种相比，优点是改善了炉前运输条件，避免了废水污染环境和减少耗水量，但目前问题是冲渣水中带有许多浮渣，水泵磨损严重。

1）工艺流程。水力输送渣池工艺流程如图 12-28 所示。

熔渣由渣口流出经渣沟流入冲渣槽，在冲渣槽中淬化后，渣水混合物经水渣沟流入一次沉淀池，大部分渣在此沉淀，少量细颗粒渣随冲渣水流入二次沉淀池，再行沉淀，沉淀后水

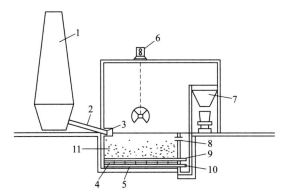

图 12-27　OCP 法水淬工艺示意

1—高炉；2—冲渣器；3—粒化器；4—防护钢轨；5—OCP 排水系统；6—抓斗吊车；7—贮料斗；
8—水溢流；9—冲洗空气入口；10—水出口；11—粒化渣

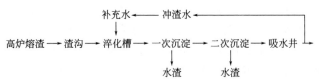

图 12-28　水力输送渣池工艺流程

渣用抓斗抓出，脱水后外运。经二次沉淀池沉淀后的冲渣水流入吸水井，由高压泵重新打至炉台淬化装置循环使用。

2）操作条件。出渣时间约 15min，上渣由两个渣口同时放渣，渣量较大；下渣占每次出渣量的 15% 左右。以鞍钢为例，10 号高炉放渣时间约 65min ，11 号高炉放渣时间约 75min。冲渣水压（冲渣点）为 0.15～0.2MPa；渣水比：上渣 1：7，下渣 1：8；补充水压 0.3～0.4MPa；采用高炉煤气洗涤水，冲渣水量 3500 m³/h。

3）主要设备及构筑物。以 10 号高炉为例，高炉东水渣沟可分为两段：前段长 39.48m，坡度为 3.8%；后段长约 43.17m，坡度为 7.2%。西水渣沟长 35.6m，坡度为 5%。整个冲渣沟为 U 形断面，外壳用 12mm 普通钢板焊成，根据需要可选用钢板、铁板、辉绿岩铸石作为衬板。每座高炉分别设有一、二次沉淀池，吸水井，共用 1 个堆渣场，1 个栈桥，1 个泵房。

4）主要技术指标。高炉渣产量 $1.39 \times 10^6$ t（10 号、11 号高炉）；新水耗量 0.378m³/t（渣）；水淬率 98%；循环水耗量 3.876m³/t（渣）；水渣产量 $1.36 \times 10^6$ t；电耗 7.782 kW·h/t（渣）；占地面积 8591.2m²。

③ 渣滤法　渣滤法就是将冲渣后的渣水混合物引至一组滤池内，由水渣本身作为滤料，使渣和水通过滤池，将水渣截流在池内，并使水得到过滤。渣滤法的优点是：过滤后的水悬浮物的质量浓度很少，且在渣滤过程中可以降低水的暂时硬度。加之滤料就是水渣本身，不必再生，可省去反冲洗的工序。因此，渣滤法处理后的水，可以不必另行处理悬浮物。但是，渣滤法需要的滤池占地面积较大，上述所谓的一组滤池，就是指这种渣滤操作不可能在一两个池内完成，必须是一组（数个）方能完成，而且各滤池之间的操作转换比较复杂，难以实现自动化控制，因此只适用于小型高炉炉渣粒化的渣水分离。

④ 槽式泵送法　槽式脱水法就是将渣和水的混合物用泵打在一个槽内进行脱水。它与滤池脱水的不同在于脱水槽的槽壁和槽底均安装有不锈钢丝编织的网格，使脱水面积远远超

过了滤池的过滤面积，因其脱水能力远大于渣滤池的能力，故相应地节省了占地面积。

槽式脱水法的典型代表如宝钢1号高炉水渣系统采用的拉萨法（RASA）。该法是将渣水混合物一道由渣泵压送至高位脱水槽，脱水后的水渣由槽下部的阀门控制排出，装车外运；脱水槽脱出的水与夹带的浮渣一并进入沉淀池，沉淀池下部的渣返送脱水槽，沉淀池的溢流水经冷却后循环使用。

拉萨法的优点是可以实现自动控制，并且其占地面积较小。但是拉萨法耗电较多，渣水混合物用泵输送，而且为防止沉积，几乎在每一个环节上都得用水进行搅拌、冲洗，并保持水位。以宝钢1号高炉水渣为例，整个系统设有29台各种类型的泵，装机容量达3000kW。拉萨法生产的水渣虽然质量较好，但成本较高。再者，渣水混合物在压送过程中对设备和管道的磨损比较严重。此外，拉萨法也不能避免浮渣的产生，处理起来比较复杂。

⑤ 转鼓脱水法　鉴于拉萨法耗电多，设备和管道磨损严重，存在浮渣难于处理的特点，卢森堡PW公司发明了用不锈钢丝网转鼓脱水的方法，称为INBA（印巴）法。INBA法是将冲渣后的渣水混合物引至一个转动着的圆筒形设备内，通过均匀的分配器，使渣水混合物进入转鼓，由于转鼓的外筒是由不锈钢丝编织的网格结构，进入转鼓内的渣和水很快得到分离。水通过渣和网，从转鼓的下部流出，水渣则随转鼓一道做圆周运动。当渣被带到圆周的上部时，依靠自身的重力落至装在转鼓中心的输出皮带机上，皮带机运转时，将水渣送出，实现了渣水分离。这种转鼓脱水法克服了拉萨法存在的缺点。首先，用泵转送的仅仅是渣水分离后的水，而不是渣水混合物，比拉萨法省掉一级输送渣水混合物的过程，并且不需设置搅拌水，因而动力消耗少。其次，由于转送的水中悬浮物的质量浓度较低，即使还残留有水渣，也是极细小、微量的渣，所以对设备和管道的磨损也少。再次，由于所有的渣均在转鼓内被分离，即使是被带入水中的微量的渣，也是通过了转鼓过滤网的，所以没有浮渣产生。INBA法的出现，极大地提高了工作效率。目前国际上大型高炉的水渣设施多采用此法。我国武钢和宝钢2号高炉亦采用INBA法。这种工艺的检测方法也较先进，从而实现了完全的自动化。"拉萨法"的脱水是自动的，但其冲渣却必须由操作人员目测高炉出渣量，并据此指挥供水泵的开启，INBA法则能自动测定转鼓的负荷以及水温等参数，自动开启冲渣供水泵。因此，INBA是比OCP和拉萨法都要先进的一种渣水分离方法。

⑥ 图拉法　图拉法处理水冲渣废水是近年来由国外引进的一种新型炉渣粒化装置。该装置布置紧凑、占地省、用水量小。图拉法水冲渣工艺流程如图12-29所示。高炉渣经粒化器冲制后经转鼓脱水器进行渣水分离，滤出的水渣用皮带机运至成品槽，过滤后的水流入转鼓脱水器下部上水槽中，上水槽水由溢流槽流入下水槽，再用渣浆泵将冲渣水送至粒化器循环使用。消耗的水量由工业新水补充到下水槽中。

## 12.4.3　高炉渣水淬废水处理与回用

高炉渣废水一般是指炉前水淬所产生的废水。因为循环水质要求不高，所以经渣水分离后即可循环回用，温度高一些影响不大。冲渣时温度很高，大量用水被汽化蒸发，因此，在冲渣系统中可以设计成只有补充水和循环水，而无外排废水。故对具有水冲渣工艺的炼铁系统，如能精心设计，科学管理，就可以实现"零排放"。循环给水系统中，水的损耗可按$1.2 \sim 1.5 m^3/t$钢设计。

冲渣废水的治理，主要是对悬浮物和温度的处理。但渣滤法和INBA法，实际上是使水在渣水分离过程中得到过滤，所以其废水的悬浮物的质量浓度比较低，一般情况下，INBA法从转鼓下来的水中的悬浮物的质量浓度约为100mg/L，已经可以满足冲渣用水的要求。而

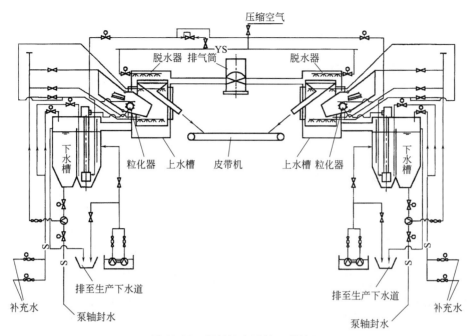

图 12-29　图拉法水冲渣工艺流程

渣滤法的水，其悬浮物的质量浓度则更少。因此可以认为这两种方法不需要设置专门的处理悬浮物的设施。拉萨法则不然，该法在送脱水槽的渣泵吸水井（称为粗颗粒分离槽）处设有浮渣溢流装置，称为中间槽。中间槽的浮渣和水需送至沉淀池进行处理。而且脱水槽由于仅靠重力脱水，筛网孔径较大，脱出的水也需进入沉淀池。所以拉萨法的水是需要进行悬浮物处理的。对于冲渣废水的悬浮物，应视其水冲渣工艺（渣水分离方法）而定，以小于 200mg/L 为宜。如果能处理到小于 100mg/L 则更好。水中悬浮物的质量浓度越小，对设备和管道的磨损就越小，冲渣及冷却塔喷嘴堵塞的可能性也越小，可以省去大量的检修维护时间和费用，保证冲水渣的连续生产。

　　关于冲渣废水的温度是否需要处理，目前还没有一个统一的标准。一种看法是因为供水要与 1400℃ 左右的炽热红渣直接接触，所以供水温度的高低关系不大。尽管冲渣后的水温能达到 90℃ 以上，但在渣水分离以及净化过程中，水温可以自然平衡在 70℃ 左右。而且，即使不处理，对水渣质量的影响也不明显，所以认为冲渣供水对温度没有要求，因此冲渣废水不需要冷却。另一种看法是冲渣供水温度高时，对水渣质量有影响，而且水温高，冲渣时会产生渣棉，影响环境，因而应该对水温进行处理。实际生产中有设冷却塔处理水温的，亦有不设冷却构筑物的。从保护环境的角度看，尽管渣棉不多，亦属危害物质，应做冷却降温处理。

## 12.4.4　技术应用与实践

（1）滚筒法

成都钢铁公司生铁（40～50kt/a）冶炼高炉产生 30～40kt/a 碱性高发泡性炉渣。该系统自投产以来，设备运转正常，高炉渣全部水淬，水渣 100% 利用，冲渣水循环使用。

① 工艺流程与特点　滚筒法处理高炉渣水淬工艺流程如图 12-30 所示。

高炉熔渣经粒化器冲制成水渣后，渣浆经渣水斗流入设在滚筒里（转轴中心线下方）的

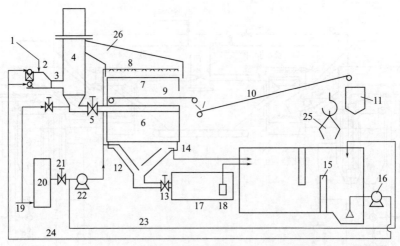

图 12-30　滚筒法处理高炉渣水淬工艺流程

1—高炉熔渣；2—粒化器；3—水渣沟；4—渣水斗(上部为蒸汽放散筒)；5—调节阀；6—分配器；7—滚筒；
8—反冲洗水；9—筒内皮带机；10—筒外皮带机；11—成品槽；12—集水斗；13—方形闸阀；14—溢流水管；
15—循环水池；16—循环水泵；17—中间沉淀池；18—潜水泵；19—生产给水管；20—水过滤器；
21—闸阀；22—清水泵；23—补充新水管；24—循环水；25—抓斗；26—罩

分配器内，分配器均匀地把砂浆水分配到旋转的滚筒内脱水，脱水后的水渣旋至滚筒上方，靠重力落到设在滚筒内（转轴中心线上方）的皮带运输机上运走。

该工程有如下特点。

1）粒化器采用单室结构，上部带可调角度的喷嘴，使渣水充分接触，渣粒均匀。

2）渣水斗具有分流、转向、储存、排气和撞碎 5 个功能，采用中心下料式，并带有锥形漏料碰撞板及钢辊支撑的单层篦条。

3）渣水斗与分配器中间装有调节阀门，可控制渣水斗液位及分配器流量，使渣水不致堵塞。

4）集水斗采用小坑式并设有挡板溢流装置，可阻隔浮渣和沉渣进入循环水池，又可定时打开闸门将渣水排入中间沉淀池。

5）渣水分离采用活动滤床过滤器，由 96 块小框式滤网组成，可局部更换，比大面积整体更换节省材料，缩短更换时间。

② 操作条件与处理结果

1）操作条件。见表 12-38。

表 12-38　滚筒法处理高炉水渣操作条件

| 项目 | 数值 | 项目 | 数值 |
|---|---|---|---|
| 日产渣量 | 90～150t | 渣水比 | (1:4)～(1:6) |
| 日出渣次数 | 36 次 | 滚筒过滤器转速 | 1.71r/min |
| 出上渣时间 | 3min | 滚筒过滤器出渣 | 1.2t/min |
| 出下渣时间 | 6min | 滤网孔径 | 0.45mm×0.45mm |
| 冲渣水压 | 0.25MPa | 循环水量 | 240t/h |
| 水温 | <50℃ | 水渣含水率 | 27% |
| 最大渣流量 | 1.2t/min | | |

2）处理效率及结果。经测试，渣含水率 27%；水渣平均粒径分布在 1～2mm 范围内的占总渣量的 78.8%；体积密度为 1000kg/m³；水池进口悬浮物质量浓度为 170mg/L；水泵进口悬浮物质量浓度为 26mg/L；水池溢流口悬浮物质量浓度为 27mg/L，水渣质量及循环水的质量均很好。由于冲渣水实行闭路循环，使全厂用水的循环率提高了 3%，总外排废水中悬浮物降低了 38%。

（2）搅拌槽泵送法（拉萨法）

宝山钢铁总厂 1 号高炉产生铁 $3.0 \times 10^6$ t/a，高炉渣 $1.2 \times 10^6$ t/a，采用拉萨法冲制水渣，具有使用闭路循环水、占地面积小、处理渣量大、水渣运出方便、自动化程度高、管理方便等优点。但渣泵、输送渣浆管道磨损严重，维修费用高。采用硬质合金或橡胶衬里的耐磨泵，使用寿命较长（1.5～3 年）。拉萨法冲制水渣系统一直正常运转，保证了高炉的正常生产。

① 工艺流程与操作条件　工艺流程采用拉萨法冲渣工艺，流程如图 12-31 所示。炉熔渣从渣槽流入粒化器，经喷水急冷粒化，水、渣合流先进入粗颗粒分离槽，再由渣泵送到脱水槽脱水；浮在分离槽水面的微粒渣由溢流口流入中间槽，由中间槽泵送到沉淀池，经沉淀后用排泥泵送回脱水槽，同粗颗粒分离器送去的渣水化合物一起进行脱水，脱水后的水渣用车送往用户。

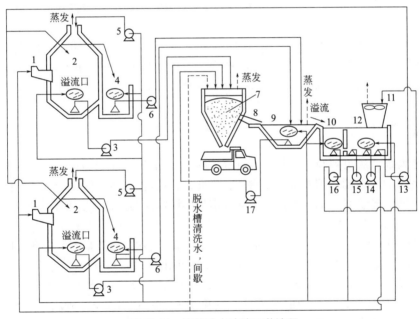

图 12-31　拉萨法水冲渣工艺流程
1—冲渣沟；2—粗颗粒分离槽；3—水渣泵；4—中间槽；5—蒸发放散筒淋洗泵；6—中间泵；
7—脱水槽；8—集水槽；9—沉淀池；10—温水池；11—冷却塔；12—供水池；
13—水位调整泵；14—供水泵；15—搅拌泵；16—冷却塔泵；17—排泥泵

脱水槽渗出的排水和中间槽渣泵送往沉淀池的渣水混合物一起经沉淀澄清后，水溢流入温水池，经冷却塔冷却后，进入供水池循环使用。为防止水渣在槽、池中沉淀，并使渣水混匀输送，装有泵抽水管和给水管，并配备有搅拌喷嘴。各个槽、池内均供给一定压力的搅拌水。各槽池内均设有自动补充调节水量装置。由于熔渣冷却而产生大量水蒸气和硫化氢气体，为防止污染环境，在搅拌槽上部设置了排气筒。

从粗颗粒分离槽溢流到中继槽的浮渣和水，由中继泵通过管道送到沉淀池，经沉淀后上部清水溢流入温水池，温水池中的水经冷却塔冷却后，送入供水池循环使用。

脱水槽排出的水，亦经沉淀池、温水池、冷却塔进入供水池循环使用。

② 水处理工艺与设备　水渣在制作过程中，由于水分大量蒸发，需要一定的补给水，其补给水主要来自高炉煤气洗涤水、高炉浊环水、煤气站和氧气站等循环系统的排污水，从而为高炉车间"零排放"创造了条件。

系统内设有冷却塔，能使冲渣水冷却到 47℃，这样就使溶渣水淬后获得的玻璃化率大于 95% 以上，提高活性，减少渣棉，并可最大限度地减少硫化物的发生量。

对冲水渣的水质没有严格的要求，因为渣粒与管壁的摩擦，管道磨损速率远大于结垢附着的腐蚀速率，从而为高炉车间水处理提供了一个经济合理的使用场所。

1) 沉淀池。沉淀池是为去除由中继槽、脱水槽送来的循环水中的渣粒而设置的，共两个。地上部分直径 16m，全高 10m，地下部分 4m，池壁坡度为 50°，中心进水池壁溢水，表面负荷率 $0.2m^3/(h \cdot m^2)$。为防止池底与池壁积渣，设有从搅拌泵送来的冲洗管道。在池底沉积下来的渣，由排渣泵送入脱水槽，上部澄清水溢流入温水槽。

2) 温水槽、给水槽。温水槽是为储存与调节沉淀池沉淀处理水而设置的。长 6m，宽 6m，高 8.5m，水温约为 72℃，这部分水由冷却塔扬送泵送往冷却塔进行冷却。

给水槽是为储存与调节冷却塔冷却后的冷却水而设置的。长 24m，宽 6m，高 8.5m，水温约 47℃，这部分水由给水泵送往冲制箱，液位调整泵和搅拌泵亦设置在这里，给水槽上部是冷却塔。

3) 冷却塔。冷却塔是为冲渣水降温而设置的。从温水槽送来的温水温度为 72℃，冷却后的水温约为 47℃；共设置三格鼓风式冷却塔，每格冷却水量 $1740m^3/h$；设置两台立式鼓风机，每台风机风量为 $7250m^3/h$，直径 4m；塔体高 9.5m，长 6.7m，宽 6m。冷却后的水循环用在冲渣中，可以减少废水发生量。

为防止塔内有渣棉附着，塔体为无充填物空塔式，喷嘴为压力回转室式空心锥体形，以使得到流路畅通、气液接触的理想效果。

4) 管道系统。从粗颗粒分离槽开始水渣的输送，水的循环利用都是通过泵与管道进行的。因此，其输送的管道不但要求能耐腐蚀、耐磨损，在走向上还要有利于维护检修。当管道底部磨损严重时，能倒换方向，为此，全部管道均架设在支架上，材质采用含铬铸铁，用法兰连接。

③ 处理利用效果　日产渣量最大为 3200t，日出渣 14 次，出渣量不均匀系数按 1.6 考虑，一次最大出渣量 365.7t。最大出渣速度为 6t/min(一个出铁口)。日产水渣量为 3765t，一次最大水渣量为 430.2t；单位时间内最大出渣量为 7t/min。水渣率为 85%，水渣为 970kt/a，其余为热泼渣，全部处理利用。冲制的水渣体积密度为 $0.45 \sim 0.7kg/m^3$，玻璃体含量 98.5% ~ 99.9%，含水率约 15%，水渣全部用于水泥生产。废水全部循环利用，不外排废水。

（3）印巴法（INBA）

① 工艺流程与主要技术参数

1) 工艺流程。从渣沟流出的高炉熔渣进入渣粒化器，由粒化器喷吹的高速水流将熔渣水摔成水渣，经水渣沟送入水渣池再进一步细化。在这里大量蒸汽从烟囱排入大气，水渣则经水渣分配器均匀地流入转鼓过滤器。渣水混合物在转鼓过滤器中进行渣水分离，滤净的水渣由皮带机送出转鼓再转运至成品槽储存，在此进一步脱水后，用汽车运往水渣堆场。滤出的水经处理后循环使用。INBA 法高炉渣水淬工艺流程如图 12-32 所示。

2) 基本条件与主要技术参数

a. 出铁制度考虑南北出铁场二口顺序交替出铁（渣）和三口顺序交替出铁（渣）两种基本

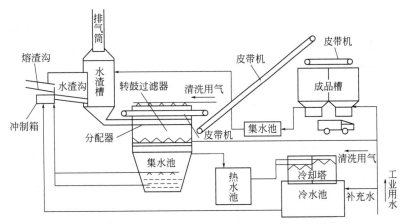

图 12-32　INBA 法高炉渣水淬工艺流程

制度。三口顺序交替出铁（渣）时，考虑了同一出铁场二口短期搭接和长期搭接两种操作方式。

b. 主要技术参数如下。

最大渣流速度：6t/min（一个铁口），8t/min（同一出铁场二铁口搭接时）。

渣水比：每吨渣大于 7t 水，不小于 5t 水（同一出铁场二铁口搭接时）。

冲制水压：小于 0.2MPa。

冲制水温：小于 60℃。

水渣含水率：小于 25％（转鼓过滤后），大于 15％（成品槽出口）。

② 设备与构筑物

1）水渣冲制箱。水渣冲制箱是由箱体、进水口和喷嘴板组成的钢板焊接件。箱体的 3 个空腔和 3 个进水口与 3 台冲制水泵一一对应。喷嘴板上开有若干大小不等的孔。

2）水渣沟。水渣沟设置在水渣冲制箱和水渣槽之间，由沟体和沟盖两大部分组成。沟体为圆弧槽形结构，内衬耐磨含铬铸铁板。沟盖上部和两侧分别设有喷水管，顶部排列布置若干金属薄膜式防爆孔。水渣槽车体为内径 6.5m 的圆筒钢结构，水渣槽下部结构包括碰撞板、回水挡板、过滤栅格、下料口、连接管和溢流口等部件，排气筒内径为 3m，顶部距地坪高 70m，内衬防蚀玻璃钢布。

3）水渣分配器及缓冲槽。水渣分配器及缓冲槽设在转鼓过滤器内。水渣分配器将渣水混合物均匀分配进入转鼓过滤器；缓冲槽缓冲下落的渣水流不致直接冲击转鼓滤网。水渣分配器下料口和缓冲槽内均衬有耐磨陶瓷砖。

水渣分配器由本体、罩子及前后支撑轮组成。前后支撑轮轮距 7885mm，前支撑轮轨距 1700mm，后支撑轮轨距 1228mm。

缓冲槽由壳体、缓冲板组成。

4）转鼓过滤器。转鼓过滤器由转鼓本体、支座、鼓内支撑梁、溢流槽、封罩和甘油润滑箱组成。转鼓本体直径 5m，长 6m，鼓内支撑梁支撑伸入转鼓本体内的水渣分配器、缓冲槽和排出皮带机，鼓内外溢的渣水经溢流槽进入集水槽，转鼓封罩收集水渣过滤区域产生的蒸汽并送入水渣槽外排。

5）集水槽。集水槽由本体、导流板、支座及各法兰短管组成。集水槽容积 120m³，集水槽总体尺寸 9100mm×6692mm×7187mm，溢流口尺寸 2000mm×832mm，虹吸口套法兰 $DN$400mm，搅拌口套管法兰 $DN$175mm，人孔 $DN$600mm。

6）皮带机。皮带宽度 1200mm；皮带速度 1.6m/s；皮带机倾角不大于 18°；输送能力

640t/h。

7）成品槽。每个出铁场设两个成品槽，交替贮存水渣成品。每个成品槽容积约 400m³，容纳一次出铁的最大水渣量。成品槽下部滤水装置进一步滤出水渣中残余的水分。水渣成品经橡胶密封排料阀排出后，由汽车外运。

③ 操作与控制　设备操作有自动和现场手动控制两种模式。

1）自动控制可通过一台可编程逻辑控制器（PLC）来实现。冷水池的水位降低后，自动打开补充水阀进行水量补给。

2）现场手动控制仅用于设备的维护和检修，在这种操作模式下，不能实现系统的全部运转。

现场手动是通过现场操作箱、继电柜及马达控制中心来完成的。但脱水转鼓的现场控制则是通过 PLC 来完成的。

冷水池水位调节通过仪表盘上手操器（LIK-3100）手动开补水阀，供给补充水。

# 12. 5　高炉污泥处理与利用技术

高炉煤气洗涤水在沉淀处理时，沉淀池的下部聚积了大量污泥，其中主要含有铁、焦炭粉末等有用物质。将这些污泥加以处理，可以回收含铁分很高的、相当于精矿粉品位的有用物质。对于高炉煤气沉淀的污泥的处理，通常是污泥浓缩、压滤或真空过滤脱水。对于含锌很高的污泥（瓦斯泥）还可回收锌等有用物质。

高炉污泥含铁量很高，若作为烧结球团的原料返回高炉使用，是极好的炼铁原料资源。但是，由于污泥中常含有一定比例的锌，含锌量超过高炉入炉锌量时，含锌污泥进入高炉后，大部分锌在高炉内的高温作用下挥发，随煤气排出炉外，进入高炉煤气除尘水系统；另一部分锌黏结在高炉炉衬壁上，造成高炉炉内锌量富集，侵蚀高炉耐火砖块，含锌污泥如此循环，会影响高炉运行和寿命。因此，世界各国对含锌污泥的处理加大了研究力度。在我国钢铁工业领域，含锌污泥利用率很低，脱锌技术进展较慢，大部分含锌污泥由于锌量超过指标而废弃或外卖作为水泥厂的原料。目前世界先进国家因环保法规要求越来越严，埋置场地越来越难，而且埋置处理费逐年提高，因而美国把含锌物的去除技术列入科技需解决的十大难题之一，这足以说明脱锌处理难度和它的重要性。目前脱锌处理技术虽有多种方法，但真正行之有效的方法尚不多，尤其是处理低锌含量的方法则更少，有的尚在试验阶段。

## 12. 5. 1　高炉含锌污泥处理

（1）旋流分级脱锌技术处理原理

旋流分级处理技术是根据污泥中铁、锌、铅等化学成分物质的密度不同，颗粒粒径大小分布的特点而进行处理的。一般而言，污泥中的锌含量大部分存在于密度较轻的细颗粒中，而密度较大的含铁物质大部分存在于大颗粒中。旋流分级技术就是利用大小颗粒的密度不同，使含锌污泥在进入旋分器后，通过控制其进入时的压力、流向变化，使其在旋分器内旋转，密度较大的大颗粒沿旋分器四周内壁旋转后，以其自身的重量在旋分器底部流出，而密度较小的小颗粒在旋分器上部旋转，并在负压作用下，细小颗粒从旋分器上部溢流，大小颗粒在旋分器的旋流作用下，达到颗粒的分离，从而达到脱锌目的。

（2）旋流分级脱锌处理工艺

高炉煤气集尘水中的灰尘，经沉淀池沉淀处理后，泥浆沉积在池子底部，然后通过排泥泵排至脱锌处理系统的浓度调整槽，在该调整槽内，将泥浆进行充分的搅拌，搅拌的目的有二：一是将泥浆浓度搅拌均匀，控制泥浆浓度在一定范围内；二是使聚合一体的泥浆颗粒成为单一颗粒，为后续的旋流分级处理创造有利条件。泥浆经过浓度调整后，送入旋流分级器，在旋流分级器内，泥浆根据其密度不同，颗粒大小的不一致，在旋流作用下使之粗、细颗粒分离，细颗粒在负压作用下，从旋流分级器上部溢流，从上部溢流出来的泥浆称之为高锌泥，而颗粒较大的、密度较大的泥浆从旋流分级器底部流出成低锌泥，泥浆通过旋流分级处理后，达到将泥浆中的粗、细颗粒分离的目的。高锌泥因其颗粒细、浓度低需进一步浓缩处理，以提高其泥浆浓度，最后通过污泥脱水机处理成为高锌泥饼。目前高锌泥饼的处理：一是可以作为水泥厂的原料；二是可以根据含锌量高低进行加温处理，使锌成分挥发，剩余的泥渣可以作为烧结原料（但该处理投资费用较高）。从旋流分级器底部处理的低锌泥，通过处理低锌泥的脱水处理，处理后的低锌泥饼可以作为烧结球团的原料，加以利用。

（3）技术应用状况

① 中国台湾中钢脱锌处理情况　中国台湾中钢的脱锌技术采用旋流分级的物理处理方法。该钢厂有 4 座高炉，每年产高炉污泥 78120t（干泥），高炉污泥在没处理前，全部送往水泥厂作为制水泥的原料添加剂。采用旋流分级脱锌处理后，每日设备运行 16h，处理能力为 180t 干泥。中钢有两套旋流分级处理设备，分别设置在 No.1/No.2 和 No.3 高炉，它们分别采用二级分级处理，No.1/No.2 高炉的脱锌设备经第一级分级处理后，底流污泥的颗粒粒径通过分析后测得平均为 24μm，而 No.3 高炉污泥第一级处理后平均粒径为 10.5μm，经过第二级处理后，No.1/No.2 高炉污泥平均粒径为 43.7μm，No.3 高炉污泥粒径平均为 45.4μm，而经过一级处理后的高锌泥粒径平均分别为 5.4μm 和 2.9μm。其脱锌工艺流程如图 12-33 所示。

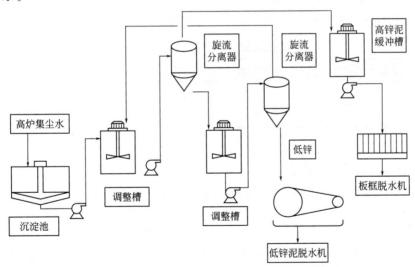

图 12-33　脱锌处理工艺流程

表 12-39 是中国台湾中钢经旋流分级处理后的有关数据。

表 12-39　No.1/No.2、No.3 高炉污泥高、低锌泥的含锌情况　　　　单位：%

| 项目 | No.1/No.2 | | | No.3 | | |
|---|---|---|---|---|---|---|
| | 进料 | 溢流 | 底流 | 进料 | 溢流 | 底流 |
| 最高 | 2.69 | 8.68 | 0.64 | 1.45 | 6.18 | 0.39 |

| 项目 | No. 1/No. 2 | | | No. 3 | | |
|------|------|------|------|------|------|------|
| | 进料 | 溢流 | 底流 | 进料 | 溢流 | 底流 |
| 最低 | 1.09 | 3.55 | 0.16 | 0.39 | 0.17 | 0.11 |
| 平均 | 1.66 | 5.74 | 0.39 | 0.66 | 1.64 | 0.19 |

从表 12-39 中可以看出，中国台湾中钢的高炉污泥经旋流分级处理后，低锌泥含量 No. 1/No. 2 平均降到 0.39%，No3 平均降到 0.19%，回收率分别为 76% 和 61%，两种脱锌系统平均回收率为 69%，脱锌平均为 82.5%，见表 12-40。

表 12-40　No. 1/No. 2、No. 3 高炉污泥回收率与脱锌率　　单位：%

| 项目 | No. 1/No. 2 | | No. 3 | |
|------|------|------|------|------|
| | 回收率 | 脱锌率 | 回收率 | 脱锌率 |
| 最高 | 82 | 89 | 80 | 87 |
| 最低 | 48 | 76 | 33 | 73 |
| 最低 | 76 | 82 | 61 | 83 |

② 韩国浦项脱锌处理情况　韩国浦项钢厂 20 世纪 90 年代末开始采用旋流分级脱锌技术，浦项的脱锌处理采用一级旋流分级，高污泥含锌量 1%，经分级处理后，低锌泥含锌量可达 0.1%～0.3%，70% 的高炉污泥进行回收利用，另 30% 的污泥采用填埋处理。浦项在这之前，高炉污泥全部采用填埋处理。表 12-41 为浦项钢厂经脱锌处理后的数据。

表 12-41　脱锌处理后的数据　　单位：%

| 名　称 | 上部溢流泥 | 下部底流泥 | 名　称 | 上部溢流泥 | 下部底流泥 |
|------|------|------|------|------|------|
| TFe | 35.1 | 26.6 | Zn | 3.68 | 0.26 |
| C | 29.2 | 43.3 | | | |

（4）影响旋流分级处理效果的因素

① 高炉冶炼的影响。高炉煤气集尘水中的污泥特性，直接与高炉炉况、冶炼技术有关，更与原料相关。一般而言，当高炉炉况顺畅、运行稳定时，煤气集尘水中产生的污泥特性也比较稳定；当高炉炉况异常、冶炼工艺发生变化时，高炉污泥的特性也相应发生变化。同时，也与污泥特性原料成分有相当大的关系。这些高炉冶炼时发生的变化直接造成污泥成分发生变化，也直接影响脱锌的旋流分级处理效果。所以采用的旋流分级脱锌设备不仅要满足高炉正常时的工况，同时也要适应高炉异常时和原料发生变化时的情况。

② 污泥中含锌成分存在状态的影响。高炉污泥中含有多种化学成分，锌是其中之一。锌在污泥中的存在状态与旋流分级技术有很大的关系。分级技术主要根据化学物质的密度不同，密度较轻的化学物质从旋流器的上部溢流，密度较重的化学物质从旋流器的底部流出。因此，如果污泥中的锌成分是与其他物质化合，形成复合型，锌存在于复合化学物质中。那么，其密度关系发生变化，从分级机上部溢流的仅是少量的锌成分。这时采用旋流分级技术来去除污泥中的锌，处理效果就不明显。据了解，目前世界上采用的旋流分级技术，有的处理高炉污泥效果比较明显，有的则效果不理想，甚至失败。其主要原因是锌是否以复合化学

物质存在于污泥中。所以旋流分级脱锌技术的处理效果与污泥中的锌的存在状态有关。

③ 与颗粒粒径分布的影响。含锌污泥的颗粒粒径大小分布直接影响旋流分级技术的处理效果。一般而言,污泥中的锌大部分存在于细颗粒中。从中国台湾中钢技术交流资料里发现,含锌量约 70% 存在于小于 $10\sim15\mu m$ 的颗粒中,大于 $20\mu m$ 的颗粒含锌量较少。而旋流分级处理技术就是能有效地将粗、细颗粒分离,达到脱锌的目的。因此,掌握和了解高炉污泥颗粒粒径分布的特性及区分范围,对采用旋流分级技术是极为关键的。同时从颗粒粒径分布的曲线图上确定颗粒粒径的分界面,不仅能确定采用旋流分级器的设备、性能、规格,而且对污泥处理后的回收指标、脱锌率等有着极为重要的作用。如果分界面确定不好,会造成脱锌效果不佳,达不到脱锌要求,同时会造成投资费用的增加。因此,正确、经济、合理地根据颗粒分布曲线选择颗粒分界面非常重要。

## 12.5.2　含锌高炉瓦斯泥(灰)中锌的回收

(1) 含锌瓦斯泥(灰)的化学组成与粒径分布

某钢厂现有 305m³、350m³ 高炉各一座。高炉冶炼的矿石绝大部分来自岭南,属于含多种有色金属成分的伴生矿。冶炼过程中绝大部分的有色金属和铁一同还原并形成金属蒸气,伴随着矿石、焦炭和熔剂的细微粉尘随着高炉煤气被带出炉外。该厂两座高炉分别采用干、湿法流程除尘,每年产生的瓦斯泥(灰)约有 3000t(干基)。

含锌瓦斯泥(灰)的化学成分组成与粒径分布见表 12-42、表 12-43。

表 12-42　含锌瓦斯泥(灰)化学组成(质量分数)　　　　单位:%

| 名　称 | 锌 | 铅 | 铝 | 铋 | 氧化钙 | 氧化硅 | 氧化铝 |
|---|---|---|---|---|---|---|---|
| 瓦斯泥 | 13.27 | 0.67 | 1.14 | 13.13 | 5.39 | 3.46 | 5.73 |
| 瓦斯灰 | 25.47 | 1.20 | 1.6 | 9.54 | 4.06 | 3.57 | 5.02 |

表 12-43　含锌瓦斯泥(灰)粒径分布　　　　单位:%

| 粒度/mm<br>名称 | > 0.280 | 0.280~0.180 | 0.180~0.154 | 0.154~0.110 | 0.110~0.077 | <0.077 |
|---|---|---|---|---|---|---|
| 瓦斯泥 | 3.0 | 6.38 | 2.60 | 4.03 | 33.68 | 50.31 |
| 瓦斯灰 | 9.3 | 18.4 | 28.60 | 29.20 | 6.7 | 7.8 |

(2) 锌回收工艺选择与回收工艺流程

由以上的分析结果可以看出,高炉瓦斯泥(灰)都含有相当量的锌,因此可以把它们看作是低品位锌矿而利用。目前对锌的回收有湿法和火法两种方法。经生产实践表明,与湿法冶炼相比,采用火法冶炼的优点如下:①此工艺无废水;②每炉加料后短时间从副烟道排出烟气,其余经主烟道的烟气经过收尘以后,含尘及有害气体极低,其主要成分是二氧化碳、空气带入的氮气、过剩的氧气、水蒸气和烟道系统漏入的空气,对环境不会造成大的污染;③废渣成分稳定,可溶性化合物很少;④操作比较简单。从而选择了由中南工大设计的韦氏炉生产氧化锌的工艺。

由于瓦斯泥和瓦斯灰极细,因而在进入韦氏炉前,必须制造具有一定强度的球团。其整个工艺流程如图 12-34 所示。

韦氏炉法生产氧化锌是一种直接还原蒸馏的方法,将含氧化锌物料配以适当的还原剂与

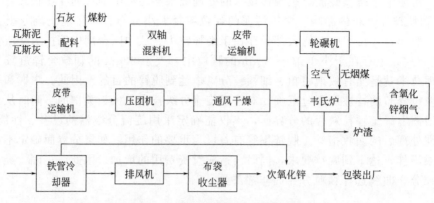

图 12-34 含锌高炉瓦斯泥锌锌回收工艺流程

黏合剂经压团后制得有一定大小的形状，并有一定机械强度的团块，团块经通风干燥后送韦氏炉还原蒸馏，在往炉内加固块前先铺无烟块煤作燃料，可使炉温达到 $1000\sim1500℃$。其主要反应如下：

$$C+O_2 == CO_2$$
$$2C + O_2 == 2CO$$
$$ZnO+CO == Zn(气)+CO_2$$
$$CO_2+C == 2CO$$

在韦氏炉还原蒸馏出的锌蒸气在氧化室发生剧烈的反应并放出热量。

$$2Zn(气)+ O_2 == 2ZnO +Q$$

温度高达 $1300℃$ 含有氧化锌的高温烟气经冷却收尘便得到氧化锌粉末。

（3）工艺条件与控制要求

要保持生产较高品位的次氧化锌（ZnO）产品，提高锌的回收率必须掌握好以下工艺条件与控制要求。

① 控制好冶炼温度 在冶炼过程中，高炉瓦斯泥（灰）中的氧化锌和其他锌的化合物被还原成金属锌，迅速变成锌蒸气是一个吸热反应：$ZnO+CO == Zn(气)+CO_2-Q$，必须要达到一定的温度和具备一定的二氧化碳的量，反应才能很好地进行。但是温度过高，炉料趋于软化、易粘炉，而且炉渣过早形成影响锌的还原，因此，冶炼温度是影响锌挥发、提高回收率的主要因素。

② 碱度对冶炼的影响 为了防止球团在炉内粘炉，就必须防止球团的软化。提高碱度可提高球团的软化温度；另外，适当的提高碱度以造成比较疏松的炉渣，有利于锌的挥发，提高锌的回收率。

③ 调整加入球团中的碳量 球团中的碳量主要起还原作用。如果按理论计算，还原剂所需的碳量是很少的，其余的碳只是起供热、吸收液相减少黏结的作用。如果外部供的热量足够，可根据炉料碳含量的情况，通过试验得到最佳加入碳量，这样既可以节约能源又可以降低成本。

对伴有有色金属的矿，由于次氧化锌含有较多稀有金属，经中南工大分析的次氧化锌的化学成分（以质量分数计，%）：Zn 63.28；Pb 2.12；Bi 5.32；Ca 0.08；Fe 0.04；Si 0.02；Mg 0.01；Na 0.3；Sn 0.64；In 0.22；As 0.08。分析结果说明次氧化锌含有多种稀有金属和贵金属，具有较好的回收经济价值。

## 12.5.3　高炉污泥（瓦斯泥）回用于烧结原料

瓦斯泥是高炉洗涤塔的废水经浓缩与真空过滤机过滤脱水后的产物。它与高炉瓦斯灰比较，化学成分基本接近，但含铁量稍高，为 35% 左右。它们的主要差别是瓦斯泥的粒度更细，0.06mm 的占 50% 以上。它的含水量大，在瓦斯泥仓库取其表面较干的料，水分还高达 17.5%。湿瓦斯泥的堆密度为 0.96t/m³，而瓦斯灰只有 0.75t/m³。瓦斯泥的固定碳含量高达 22.6%。所以瓦斯泥用于烧结生产能适当降低烧结矿的固体燃料消耗。瓦斯泥和瓦斯灰的化学成分见表 12-44。

表 12-44　瓦斯泥和瓦斯灰的化学成分　　　　　　单位：%

| 名　称 | TFe | FeO | SiO₂ | Al₂O₃ | CaO | MgO | MnO | Cu | P | 烧损 | C |
|---|---|---|---|---|---|---|---|---|---|---|---|
| 瓦斯泥 | 34.91 | 5.0 | 10.45 | 2.84 | 2.32 | 3.05 | — | 0.067 | 0.04 | 28.76 | 22.62 |
| 瓦斯灰 | 32.35 | 6.00 | 8.99 | 3.19 | 3.72 | 1.86 | 0.255 | 0.039 | 0.048 | 34.92 | 21.61 |

通常的利用途径是将煤气洗涤水经沉淀浓缩、脱水后，将泥饼送烧结综合利用。

对于污泥的利用，所使用的方法需根据污泥成分不同而异。污泥含铁量一般为 30% ~ 40%，可作为炼铁原料予以利用。在建有选矿厂的企业，可将泥浆直接送到选矿厂与浮选精矿混合浓缩，一起进行过滤脱水后作为炼铁原料送烧结厂。也可直接送到烧结厂作为润湿掺和料。采用这种做法时，烧结厂需同时有一定能力的泥浆脱水厂，以便在供求不相衔接时，把泥浆送到脱水厂脱水、贮存。目前也有将沉淀池的泥浆直接送烧结厂的。当上述方法都不能实现时，需建独立的回收处理系统，把脱水后的泥饼作为炼铁原料送烧结厂。一般来讲，大型高炉的污泥均用作烧结原料。如果首钢每年回收 4 万吨左右的污泥，鞍钢每年回收 9 万吨污泥，节约了用煤和用电，价值约数百万元。当污泥含铁量低，不适合作炼铁原料时，脱水后的泥饼可作为水泥原料予以利用。也可将泥浆直接用于粒化炉渣（不是冲渣），而后随同炉渣一并作为制作水泥的原料送至水泥厂。

# 12.6　炼铁厂其他废水

## 12.6.1　铸铁机用水循环回用系统

铸铁机用水循环回用系统是为铸铁机铸模、溜槽、链板、铁块等直接洒水而设置的。冷却水在循环冷却过程中，不但水温升高，而且受到铁渣、石灰、石墨片等的污染。

为了去除该循环用水系统中的杂质，降低水温，将各设备冷却后的回水先汇集于设在地面的集水沟，然后流入循环水池，沉淀、降温后再次利用。根据工艺用水的特点，对循环用水水质没有严格的要求，没有设定水质目标值，系统的补给水由高炉鼓风机循环水系统的排污水补给，水量约为 2.1 m³/min，系统内无外排废水。

其主要设备和构筑物为：循环水池，除作沉淀杂物、降低水温外，兼有调节储存功能，当转炉停产检修，要求两台铸铁机连续运转；循环水泵，每台铸铁机设一台室外型单吸离心给水泵，另设一台备用，共计三台，每台水量 15m³/h，扬程 15m，循环水泵出口水温设计为 70℃，回水温度 77℃ 左右，水温下降主要靠跌水和补给水以及循环水池调节。

## 12.6.2　高炉炉缸直接洒水循环冷却系统废水处理与回用

高炉炉缸直接洒水循环冷却系统冷却水在循环冷却过程中不但水温升高，悬浮物也不断增多，根据水质、水温和生产设备的要求，其工艺流程为向高炉炉缸炉底外壁直接洒冷却后的废回水，先汇集于设在炉缸底部外侧的排水沟，然后流入两个集水井，利用余压回流入沉淀池，沉淀后再用水泵送回使用。

系统中的各种参数：循环水温度最高为 40℃；泵出口处水压 392.3kPa，泵供给水量为 26m³/h；实际用水量为 26m³/h，实际回水量为 25.9 m³/h，排污水量 1.4m³/h，损耗水量 0.1m³/h，补给水量 1.5m³/h，循环率为 94.3%。

补给水来自净循环水系统的排污水，需要时也可采用工业用水作补充水，系统内不设加药装置，循环水水质除了进行日常人工测定外，还可以通过安装在吸水井处的电导率计测定，将循环水的电导率传至循环水操作室和能源中心，再根据电导率的目标值，由人工控制排放阀进行水质控制。系统中的排污水由立式排水泵串级给煤气清洗循环水系统。

## 12.6.3　炼铁厂串级用水技术

钢铁企业串级用水是按质用水最典型的实例，是节约用水和降低吨钢用水量最主要的措施之一。但实现串级用水是建立在对各系统特性，特别是对水质要求差异充分了解的基础上，否则就无法实现合理串联，甚至会因串接不当而妨碍系统的正常运行。根据宝钢经验的炼铁系统串级用水情况如下。

（1）高炉多级串接用水

高炉炉体间接冷却水循环系统、炉缸喷淋冷却水循环系统、高炉煤气洗涤水循环系统的"排污"水，依次串接使用，作为补充水，后者作为高炉渣水循环系统的补充水。水冲渣系统则密闭不"排污"。这种多级串接用水可以充分合理地利用各循环用水系统之间水质差异的有利因素，实现"零排放"，如图 12-35 所示。

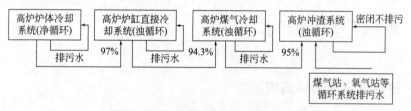

图 12-35　宝钢高炉多级串接用水情况

宝钢一、二期工程把高炉炉体净循环水系统的排污水串级给炉缸喷淋冷却水循环系统作补充水；炉缸喷淋循环系统的排污水串级作为高炉煤气洗涤循环系统的补充水；高炉煤气洗涤循环系统的排污水串级作为高炉水冲渣循环系统的补充水。高炉冲渣循环系统每吨热渣要消耗 1m³ 左右的水，1h 消耗 175m³ 左右，而高炉煤气洗涤每小时排污水最大为 68m³/h，因此可完全消耗。另外，由于冲渣对水的含盐量无要求，这样就能把含盐高的水消耗掉。因此，使宝钢高炉区用水实现了"零排放"，节水和环保效益显著。这种串级经过实践后增设了工业水补充水管道。这样可以使各个循环水系统按自身的技术经济条件排污，既节省药耗，又可减少相互影响，供水安全可靠。由于宝钢冲渣处理采用新"印巴法"技术，设备和管道已考虑了耐磨和防腐蚀。

（2）高炉煤气洗涤系统串级用水

采用湿法除尘的企业在洗涤高炉、转炉煤气时，大都利用一文、二文水质、水温要求的不同，首先将清洗水供给二文，清洗过的回水再汇集于一文给水槽，而后用泵串级给一文清洗用。一文清洗过的回水再经沉淀处理后循环使用，如图 12-36 所示。目前我国钢铁企业普遍采用。由于就地就近串级使用，使其工艺流程简化和管线长度最短，因此，既节省基建费用也节省占地。

图 12-36　宝钢高炉煤气洗涤系统串级用水与处理流程

宝钢高炉煤气洗涤合理串级可以节省占地和建设费用约 40%，同时也相应节省电耗和药耗。由于宝钢高炉设有压差发电和大的煤气贮柜等设施，故省掉了冷却塔装置，使水质稳定相对容易进行，投产以来没有因为水质障碍影响串级使用的，技术先进，经济效益显著。

# 第13章
# 炼钢厂废水处理与回用技术

炼钢是将生铁中含量较高的碳、硅、磷、锰等元素降低到允许范围的工艺过程。当今，世界炼钢工艺与技术发生了巨大变化，百年以来一直居于领先地位的平炉炼钢法已成为历史，不仅为氧气顶吹炼钢法所替代，并已发展成为炼钢—炉外精炼—连铸三位一体的新型工艺的广泛应用。

炼钢技术的发展是与用水技术与废水处理技术的发展密切相关、相互联系的。因为先进的炼钢生产工艺与设备，须有严格的用水与排水高标准、用水高质量与处理严格化做保证。

炼钢厂实现节水减排与废水"零排放"，除对净循环系统采用高质量用水与严格的水质稳定技术要求外，更主要的是：一是对湿式转炉除尘用水合理串级使用与处理循环利用；二是对连铸废水要妥善处理，除油冷却与水质稳定后循环利用；三是充分利用钢渣水淬工艺水质特征，最大限度地消纳炼钢厂排污水和零星废水，以实现炼钢工序废水"零排放"。

当今转炉煤气回收技术工艺是以日本国 OG 法为代表的湿法工艺和以德国 LT 法为代表的干法工艺。目前世界上已建成十几套 LT 系统，主要分布于德国、奥地利、乌克兰等欧洲国家，韩国有 3 套，中国宝钢 250t 转炉炼钢中引进该技术。尽管 LT 法具有众多优势，但至今在世界范围内采用 OG 法仍最为广泛，是其他方法无法相比的，我国也不例外。

## 13.1 用水特征与废水水质水量

炼钢是将生铁中含量较高的碳、硅、磷、锰等元素降低到允许范围内的工艺过程。由于炼钢工艺的发展以及冶炼钢种的需要，炉外精炼技术与设备的完善，形成炼钢—炉外精炼—连铸三位一体的炼钢工艺流程。

炼钢系统的主要生产车间有氧气转炉车间、电炉炼钢车间和连续铸锭车间等。炼钢系统的主要设施有供水站、氧气站、空压站、锅炉房、水处理设施和机电、配电系统等。

炼钢系统用水与废水比较复杂，主要有：a. 间接冷却循环水系统；b. 直接冷却循环水系统；c. 工业用水系统；d. 软水用水系统；e. 除盐水用水系统；f. 串接用水系统；g. 生产废水与污泥处理系统以及生产、生活其他用水与排污系统等。

### 13.1.1 用水特征与用水要求

炼钢厂生产用水主要是转炉、电炉、炉外精炼设施以及连铸机等生产用水。

(1) 氧气转炉炼钢

① 氧气转炉车间主要用水有转炉本体、烟气净化、铁水预处理、炉渣处理与炉外精

炼等。

② 转炉本体的水冷部件有吹氧管、烟罩、炉帽、炉口、挡板、托圈、孔套、溜槽、耳轴水封、液压设备油冷却器等。典型的大型氧气转炉炼钢车间用水要求及用水量见表 13-1。

③ 氧气转炉的用水水质应根据生产工艺进行选择。工艺设备在确定炼钢的用水水质应在充分考虑该工程的水源水质的基础上提出合理的水质要求，各循环水系统的补充水质应根据工艺设备用水水质和循环水系统的浓缩倍数确定。典型的大型转炉炼钢用水的补充新水水质见表 13-2。

表 13-1　氧气转炉炼钢车间用水量与用水要求

| 序号 | 用水户 | 水量/(m³/h) | 水压/MPa | 水温/℃ | | 用水制度 | 水质 |
|---|---|---|---|---|---|---|---|
| | | | | 进水 | 出水 | | |
| 1 | 烟道汽化冷却系统 | 900 (1800) | 0.35 | 105 | 245.9 | 连续 | 纯水系统 |
| 2 | 罩裙及烟罩冷却系统 | 2450 (4900) | 0.50 | 88 | 125 | 连续 | 纯水闭路系统 |
| 3 | 高压供水系统（包括氧枪孔、炉体、挡板、泵轴封、取样器、原料孔等） | 578 (1032) | 0.90 | ≤35 | 50 | 连续 | 软水开路系统［全硬≤30mg/L(按 CaCO₃ 计)，SS≤10 mg/L］ |
| 4 | 低压供水系统 | 379 (524) | 0.50 | ≤35 | | 连续 | 软水开路系统［全硬≤30mg/L(按 CaCO₃ 计)，SS≤10 mg/L］ |
| 5 | 氧枪供水系统 | 350 (700) | 1.80 | ≤35 | | 连续 | 软水开路系统［全硬≤30mg/L(按 CaCO₃ 计)，SS≤10 mg/L］ |
| 6 | RH 设备冷却 | 300 | 0.35 | ≤35 | | 连续 | 软水开路系统［全硬≤30mg/L(按 CaCO₃ 计)，SS≤10 mg/L］ |
| 7 | RH 直接冷却水 | 2320 | 0.30 | ≤33 | 44 | 连续 | RH 直接冷却水系统（SS≤100mg/L） |
| 8 | OG 烟气净化直接冷却水 | 1740 (3480) | 一文 0.10 二文 0.90 | 一文 53 二文 45 | | 连续 | OG 直接冷却水系统(二文 SS≤200mg/L，一文 SS≤2000 mg/L) |
| 9 | 零星用水系统 | 96(192) | 0.80 | ≤35 | | 连续 | SS≤20mg/L |
| 10 | 炉渣处理直接冷却水 | 210 | 0.40 | | | | 炉渣直接水系统 |
| 11 | 工业水 | 2(4) | 0.2~0.3 | | | | 工业水 |
| | 合计 | 9325 (15462) | | | | | |

注：1. ( ) 外为一期 2 吹 1 水量，( ) 内为二期 3 吹 2 水量。

　　2. 引进日本技术和设备，一期产量 $3.35×10^6$t/a，二期 $6.71×10^6$t/a。

　　3. 烟气净化为未燃法。

**表 13-2**　氧气转炉炼钢用水的补充新水水质

| 水质项目 | 原水 | 工业水 | 过滤水 | 软水 | 纯水 |
|---|---|---|---|---|---|
| pH 值 | 7.9～8.7 | 7～8 | 7～8 | 7～8 | 7～9 |
| 悬浮物/(m³/L) | 45(120) | ≤10 | 2 | — | — |
| 全硬度(以 CaCO₃ 计)/(mg/L) | 145(180) | 145(180) | 145(180) | 2 | 微量 |
| Ca 硬度(以 CaCO₃ 计)/(mg/L) | 100 | 100 | 100 | 2 | 微量 |
| M 碱度(以 CaCO₃ 计)/(mg/L) | 80(115) | 80(90) | 80(90) | 1 | |
| 氯离子(以 Cl⁻ 计)/(mg/L) | 50(200) | 60(220) | 60(220) | 60(220) | 1 |
| 硫酸离子(以 SO₄²⁻ 计)/(mg/L) | 30 | 50 | 50 | 50 | — |
| 全铁(以 Fe 计)/(mg/L) | 2 (6) | 1 | <1 | <1 | 微量 |
| 可溶性 SiO₂(以 SiO₂ 计)/(mg/L) | 7 | 6 | 6 | 6 | 0.1 |
| 电导率/(μS/cm) | 400(700) | 420(800) | 420(800) | 420 | ≤10 |
| 蒸发残渣(溶解)/(mg/L) | 约250 | 约300 | 约300 | | |

注：() 外参数为保证率 90% 的设计参数；() 内参数为保证率 97% 的设计参数。

（2）电炉炼钢

① 电炉炼钢用水量与用水要求。由于电炉炼钢具有特殊性，故其用水量较多，且具有特定的不同水质要求。

1）电极支持装置：它是电极固定的卡具，为了防止电极加热而使卡具变形，需用水冷。

2）电极密封圈：它是用于密封电极与炉顶孔之间的间隙，防止炉内热量外泄，电极密封圈有蛇形管和圆环两种，密封圈内用水冷却。

3）炉盖和炉盖圈：水冷炉盖由两部分组成，在 3 根电极外部的炉盖用钢板制作，并用水冷却，中心部位仍用耐火材料砌筑。

4）炉门和炉门框：炉门为钢制箱式结构，箱内通水冷却，炉门框是焊制钢构件，用水冷却。

5）加料溜槽：设在炉盖顶部，温度较高，需用水冷。

6）操作平台用水：靠炉门前部分设水冷挡板。

7）水冷电缆：在电缆外套管内通水冷却。

8）变压器油冷却器：控制油温不高于 70℃，需用水冷。

9）电炉炉壁：上部炉壁设水套冷却，一般采用水冷挂渣炉壁。

10）吹氧管：由于热负荷较大，需高速水流强化冷却。

11）液压装置冷却。

12）大电流系统、电抗器、整流器等冷却水，要求用水质较好的水。

13）直流电炉炉底电极冷却，需用软水（或除盐水）冷却。

14）废钢预热装置冷却。

15）炉顶弯管及烟气管道冷却，电炉排出烟气温度达 1200～1400℃，因此，炉顶弯管及烟气管道均设水冷夹套冷却。

16）排烟气风机轴承和液力耦合器冷却。

17）电磁搅拌装置冷却：弧形定子均由空心线圈组成，用软化水（或除盐水）冷却。

② 电炉炼钢用水种类复杂，通常是使用纯水、软水、除盐水、工业水等进行冷却，采用闭路与开路循环使用由工艺与设备的要求确定。表 13-3 列出某典型引进电炉生产用水要

求与用水条件。

表 13-3　100t 超高功率交流电炉用水量及用水要求

| 序号 | 用水户 | 水量 /(m³/h) | 水压/MPa | | 水温/℃ | | 用水制度 | 事故用水 | 系统水质 |
|---|---|---|---|---|---|---|---|---|---|
| | | | 进水 | 出水 | 进水 | 出水 | | | |
| 1 | 碳氧枪 | 100 | 0.8 | 0.2 | 35 | 38 | 连续 | 33m³/h 15min 0.25MPa | 工业水开路系统，暂硬≤5°dH，SS≤20mg/L |
| 2 | 电极喷淋 | 2 | 0.8 | 0.2 | 35 | | 连续 | | 工业水开路系统，暂硬≤5°dH，SS≤20mg/L |
| 3 | 炉壳 | 550 | 0.8 | 0.2 | 35 | 47 | 连续 | 184m³/h 8h | 工业水开路系统，暂硬≤5°dH，SS≤20mg/L |
| 4 | 水冷烟道 | 1600 | 0.8 | 0.2 | 35 | 50 | 连续 | 500m³/h 15min | 工业水开路系统，暂硬≤5°dH，SS≤20mg/L |
| 5 | 炉盖炉壁 | 1100 | 0.8 | 0.2 | 35 | 47 | 连续 | 366m³/h 8h | 工业水开路系统，暂硬≤5°dH，SS≤20mg/L |
| 6 | 指型托架 | 390 | 0.8 | 0.2 | 35 | 47 | 连续 | 130m³/h 8h | 工业水开路系统，暂硬≤5°dH，SS≤20mg/L |
| 7 | 水冷活套 | 50 | 0.8 | 0.2 | 35 | 50 | 连续 | 27m³/h 15min | 工业水开路系统，暂硬≤5°dH，SS≤20mg/L |
| 8 | 变压器 | 120 | 0.25 | | 35 | 45 | 连续 | | 软水开路系统，暂硬≤2°dH，SS≤10mg/L |
| 9 | 液压站 | 20 | 0.6 | 0.2 | 35 | 45 | 连续 | 7m³/h 15min | 软水开路系统，暂硬≤2°dH，SS≤10mg/L |
| 10 | 大电流系统 | 270 | 0.6 | 0.2 | 35 | 45 | 连续 | 143m³/h 15min | 软水开路系统，暂硬≤2°dH，SS≤10mg/L |
| 11 | 风机液力耦合器 | 120 | 0.3 | | 35 | 40 | 连续 | | 工业水开路系统，暂硬≤5°dH，SS≤20mg/L |
| | 合计 | 4322 | | | | | | | |

③ 电炉炼钢用水水质要求严格，通常根据用水类型，如闭路循环系统、闭路循环补充水、开路循环和间接开路循环系统而有所不同。其设计用水水质见表 13-4。

表 13-4　电炉炼钢用水水质

| 用户类型　水质名称 | A | B | C | D |
|---|---|---|---|---|
| pH 值 | 8.2～9 | 7.8～8 | 7～8 | 7～9 |
| 电导率/(μS/cm) | 200～300 | 850～1000 | 420 | 10 |
| 总悬浮固体/(mg/L) | 无 | 20 | 10 | 无 |
| 总溶解固体/(mg/L) | 50～100 | 650～700 | 316 | 3 |
| 油及油脂/(mg/L) | — | 0～1 | — | — |

续表

| 用户类型<br>水质名称 | A | B | C | D |
|---|---|---|---|---|
| 总硬度(以 CaCO₃ 计)/(mg/L) | 痕量 | 290 | 145 | 痕量 |
| 钙硬度(以 CaCO₃ 计)/(mg/L) | 痕量 | 200 | 100 | 痕量 |
| 游离二氧化碳(以 CO₂ 计)/(mg/L) | — | — | — | — |
| M 碱度(以 CaCO₃ 计)/(mg/L) | 1 | 160~200 | 80 | 1 |
| 氯化物(Cl⁻)/(mg/L) | 1 | 120 | 60 | 1 |
| 硫酸盐(SO₄²⁻)/(mg/L) | 痕量 | 96 | 48 | 痕量 |
| 硝酸盐(NO₃⁻)/(mg/L) | 10~20 | — | — | — |
| 亚硝酸盐(NO₂⁻)/(mg/L) | 140~160 | — | — | — |
| 氨(NH₄⁺)/(mg/L) | — | — | — | — |
| 二氧化硅(SiO₂)/(mg/L) | 0.1 | 12 | 6 | 0.1 |
| 全铁(Fe)/(mg/L) | 痕量 | 2 | 1 | 痕量 |
| 锰(Mn)/(mg/L) | — | — | — | — |
| 游离氯(Cl₂)/(mg/L) | — | 0.4~0.6 | — | — |
| 磷酸盐(PO₄²⁻)/(mg/L) | — | 5~7 | — | — |
| 钼酸盐(MoO₄²⁻)/(mg/L) | — | — | — | — |
| 给水温度/℃ | 38.5 | 33.5 | | |
| 回水温度/℃ | 45~65 | 45~65 | | |
| 朗格利尔饱和指数 | — | 0.9 | — | — |
| 雷兹纳稳定指数 | — | 5.9 | — | — |

注:用户类型如下。

A—闭路循环水系统(纯水水质),150t 直流电弧炉炉体及电极把持器、氧碳枪、电气设备、LF 炉及电气设备、VD 炉、6 流管坯连铸结晶器、电磁搅拌及闭路设备。

B—间接开路循环水系统(工业水补充)管坯连铸、等离子加热、管坯连铸车间空调系统及电炉、LF炉、电炉烟气除尘、管坯连铸结晶器 4 个闭路系统的水-水热交换器冷侧循环水。

C—开路循环水系统补充工业水。

D—闭路循环水系统(纯水)补充水。

(3)炉外精炼

① 炉外精炼装置常用的有 RH(循环法)、DH(提升法)、VD(真空处理)、VOD(真空吹氧处理)、VAD(真空吹氩处理)、LF(钢包炉)、LS(钢包喷粉)等,也可能采用集中精炼装置,或组合成多功能精炼装置。

② 炉外精炼用水主要为:一是精炼炉设备间接冷却水;二是真空系统直接冷却水。精炼炉设备间接冷却水一般为炉盖、料孔、连接法兰、变压器和电器设备、真空管道、窥视孔、电加热电极接头、循环管道和热电偶等。真空系统直接冷却水主要为蒸汽喷射系统冷凝器冷却水。

③ 典型的炉外精炼装置用水量及用水条件见表 13-5。

表13-5 炉外精炼装置用水量及用水要求

| 序号 | 精炼装置型式 | 炼钢炉 | 精炼设备间接冷却水 | | | | 真空系统直接冷却水 | | | | 备注 |
|---|---|---|---|---|---|---|---|---|---|---|---|
| | | | 水量/(m³/h) | 水压/MPa | 水温/℃ | 水质 | 水量/(m³/h) | 水压/MPa | 水温/℃ | 水质 | |
| 1 | RH | 3×300t氧气转炉 | 300 | 0.35 | ≤35 | 软水开路循环，全硬300mg/L，SS≤10mg/L | 2320 | 0.3 | ≤33 | RH直接冷却系统，SS≤100mg/L，排水平均250～300mg/L | 引进日本设备 |
| 2 | RH-KTB | 2×250t氧气转炉 | 160 | 0.60 | ≤36 | 纯水闭路循环 | 1300 | 0.35 | ≤33 | RH直接冷却系统，SS≤30mg/L，排水平均100～160mg/L | 引进日本设备，部分水处理设备引进美国艾姆科公司设备 |
| 3 | VD | 1×150t氧气转炉 | | | | 与电炉合一，纯水闭路循环 | 864 | 0.40 | ≤35 | VD直接冷却水系统，SS≤20mg/L | 引进设备 |
| 4 | VOD | 50t电炉 | 氧枪20 设备80 | 0.80 0.30 | ≤30 | 工业水开路系统 | 470～750 | 0.30 | ≤32 | VOD直接冷却水系统，SS≤200mg/L | 国内设备 |
| 5 | LF | 150t超高功率电炉 | 设备210 变压器23 铝电极臂66 电抗器28 | 0.60 0.60 0.60 0.60 | ≤35 ≤35 ≤35 ≤35 | 工业水开路系统，SS≤10mg/L，暂硬5～6°dH 软水 工业水，SS≤10mg/L | | | | | 引进德马克设备 |

（4）连铸机

① 连铸机用水主要分为：a. 结晶器冷却；b. 设备间接冷却；c. 二次喷淋冷却和设备直接冷却；d. 火焰切割机及铸坯钢渣粒化用水冷却等。

② 连铸机用水要求比较严格，对水质水量与水温的要求应根据工艺及设备的要求确定。表13-6列出了引进的典型连铸机用水量及用水条件。

表13-6 1450mm板坯连铸机用水量及用水要求

| 序号 | 用水户 | 水量/(m³/h) | 水压/MPa | | 水温/℃ | | 用水制度 | 事故用水 | 系统水质 |
|---|---|---|---|---|---|---|---|---|---|
| | | | 进水 | 出水 | 进水 | 出水 | | | |
| 1 | 结晶器 | 1632 | 1.0 | 0.4 | 40 | | 连续 | 设事故水塔、柴油机泵 | 纯水闭路系统 |
| 2 | 等离子加热装置 | 6 | 1.0 | 0.4 | 40 | | 连续 | | 纯水闭路系统 |
| 3 | 预留电磁搅拌装置 | 81..6 | 1.0 | 0.4 | 40 | | 连续 | | 纯水闭路系统 |
| 4 | 设备间接冷却 | 2537 | 0.2～0.4 | 0.15～0.2 | 33 | | 连续 | | 工业水开路系统 |
| 5 | 机械维修试验台 | 13.6 | 0.2～0.4 | 0.15～0.2 | 33 | | 连续 | | 工业水开路系统 |

续表

| 序号 | 用水户 | 水量 /(m³/h) | 水压/MPa | | 水温/℃ | | 用水制度 | 事故用水 | 系统水质 |
|---|---|---|---|---|---|---|---|---|---|
| | | | 进水 | 出水 | 进水 | 出水 | | | |
| 6 | 等离子加热装置 | 238 | 0.2～0.4 | 0.15～0.2 | 33 | | 连续 | 设事故水塔、柴油机泵 | 工业水开路系统 |
| 7 | 空调、冷风机 | 672 | 0.2～0.4 | 0.15～0.2 | 33 | | 连续 | | 工业水开路系统 |
| 8 | 空压机 | 1000 | 0.2～0.4 | 0.15～0.2 | 33 | | 连续 | | 工业水开路系统 |
| 9 | 煤气精制加压站 | 41 | 0.2～0.4 | 0.15～0.2 | 33 | | 连续 | | 工业水开路系统 |
| 10 | 车间洒水及其他 | 20 | 0.2～0.4 | | 33 | | 间断 | | 工业水开路系统 |
| 11 | 实验室 | 1.8 | 0.1 | | 33 | | 间断 | | 生活水系统 |
| 12 | 二次喷淋 | 1950 | 1.1 | | 35 | 60 | 连续 | | 直接冷却水系统 |
| 13 | 设备直接冷却 | 2868.8 | 0.275 | | 60 | | 连续 | | 直接冷却水系统 |
| 14 | 板式换热器冷媒水 | 1637 | 0.2～0.4 | | 33 | | 连续 | | 工业水开路系统 |
| | 合计 | 12698.8 | | | | | | | |

注：1. 2 台 2 机 2 流板坯连铸机，板宽 1450mm，年产量 288 万吨。引进日本日立造船制造公司设备。
2. 水处理引进美国艾姆科（EIMCO）公司部分设备。
3. 本表未包括火焰清理机水量 1708m³/h。

③ 连铸机用水水质要求严格，通常应根据工艺与设备提供的要求确定。表 13-7、表 13-8 分别列出连铸机用水水质指标和用水与排水的设计参数。

表 13-7 连铸机用水水质参考指标

| 水质指标 | 用水户名称 | | | | | | | | |
|---|---|---|---|---|---|---|---|---|---|
| | 结晶器冷却水 | | | 设备间接冷却水 | | | 二次喷淋及设备直接冷却水 | | |
| | 大型 | 中型 | 小型 | 大型 | 中型 | 小型 | 大型 | 中型 | 小型 |
| 碳酸盐硬度（以 $CaCO_3$ 计）/(mg/L) | 35～105 | | 35～150 | 35～120 | | | ≤280 | | |
| pH 值 | 7～9 | | | 7～9 | | | 7～9 | | |
| 悬浮物/(mg/L) | ≤20 | | | ≤20 | | | ≤30 | | |
| 悬浮物中最大颗粒粒径/mm | 0.2 | | | 0.2 | | | 0.2 | | |
| 总含盐量/(mg/L) | ≤500 | | | ≤500 | | | ≤1000 | | |
| 硫酸盐（以 $SO_4^{2-}$ 计）/(mg/L) | ≤150 | | | ≤200 | | | ≤600 | | |
| 氯化物（以 $Cl^-$ 计）/(mg/L) | ≤100 | | | ≤150 | | | ≤400 | | |
| 硅酸盐（以 $SiO_2$ 计）/(mg/L) | ≤40 | | | ≤40 | | | ≤150 | | |
| 总铁/(mg/L) | 0.5～3 | | | 0.5～3 | | | | | |
| 油/(mg/L) | ≤2 | | | ≤2 | | | ≤15 | | |

注：碳酸盐硬度即暂时硬度。1 德国度（1°dH）=17.85mg/L（以 $CaCO_3$ 计）。

**表 13-8** 连铸机用水及排水的设计参数

| 名称 | | 用水户名称 | | | | | | | | |
|------|------|------|------|------|------|------|------|------|------|------|
| | | 结晶器冷却水 | | | 设备间接冷却水 | | | 二次喷淋冷却水 | | |
| | | 大型 | 中型 | 小型 | 大型 | 中型 | 小型 | 大型 | 中型 | 小型 |
| 供水压力/MPa | | 0.5~0.9 | | | 0.4~0.75 | | | 0.75~1.2 | | 0.5~0.8 |
| 用水户水压阻损/MPa | | 工程设计时，由连铸工艺确定 | | | | | | | | |
| 供水温度/℃ | | ≤45 | | | ≤45 | | | ≤40 | | |
| 温升/℃ | | ≤10 | | | ≤15 | | | 15~20 | | |
| 安全供水 | 供水量/% | 按正常设计供水量 25~30 | | | 按正常设计供水量 25~30 | | | 按正常设计供水量 25~30 | | |
| | 供水时间/min | 30~40 | | 20 | 30~40 | | 20 | 20~40 | | 20 |
| | 供水压力/MPa | 0.3~0.5 | | 0.2~0.3 | 0.3~0.4 | | 0.2~0.3 | 0.3~0.4 | | 0.2~0.3 |
| 排水含油量/(mg/L) | | | | | | | | 工程设计时，由连铸工艺确定 | | |
| 排水氧化铁皮含量/% | | | | | | | | 按连铸坯产量的 0.2~0.5 | | |

注：1. 供水压力：结晶器冷却水指结晶器入口处；设备间接冷却水、二次喷淋冷却水指配水站入口处。

2. 安全供水时间：指浇注过程中，电源发生故障，为确保设备安全所需的供水时间。

3. 薄板坯连铸机、水平连铸机用水及排水的设计参数，在工程设计中，由连铸工艺确定。

④ 连铸机最大的优势是节能降耗，提高金属收得率，改善产品质量，降低生产成本，大大简化模铸钢锭和初轧工序。因此，新建连铸机时应采用热装热送和直接轧制工艺。

## 13.1.2 废水特征与水质水量

（1）废水来源与特征

炼钢系统的废水，由于其系统组成、炼钢工艺、用水条件不同而有所差异。

① 转炉的净、浊循环废水 氧气转炉在吹炼时产生大量含有一氧化碳和氧化铁粉尘的高温烟气，其中一氧化碳高达 90% 以上，粉尘含铁量也在 70% 以上，因此，对转炉高温烟气进行冷却与净化是回收煤气、余热和氧化铁粉尘的重要技术工艺与措施。它由两部分组成，首先对高温转炉烟气进行冷却，而后对经冷却的转炉烟气进行净化，两者都要产生废水，前者为高温烟气冷却废水，因不与烟气直接接触，称为设备间接冷却水，亦为净循环冷却水；后者因为与物料直接接触，称为浊循环废水。

1）转炉高温烟气间接冷却废水。转炉高温烟气冷却系统包括活动裙罩、固定烟罩和烟道。其中活动裙罩、固定烟罩和烟道必须采用水循环冷却，并对冷却高温烟气所产生的蒸汽应加以回收利用。根据构造的不同，活动裙罩又分为下部裙罩和上部裙罩；固定烟罩分为下部烟罩和上部烟罩；采用汽化冷却烟道则分为下部锅炉和上部锅炉。日本 OG 法对转炉烟气进行冷却时，对活动裙罩和固定烟罩采用密闭热水循环冷却系统，而烟道采用强制汽化冷却系统。上述两个冷却系统的水（汽）均不与物料（烟气）直接接触，废水经冷却处理后循环使用。为保证密闭热水循环系统的水质稳定而需外排一部分排污水，并作为钢渣处理系统的补充水。汽化冷却系统除设蓄热器外，还需设置除氧器，采用纯水汽化冷却。

2）转炉高温烟气净化除尘废水。转炉高温烟气经活动裙罩、固定烟罩的密闭循环热水冷却以及烟道的汽化冷却后，通常烟气温度由 1450℃ 降至 1000℃ 以下，然后进入烟气净化系统。

OG 法烟气净化系统主要由两级文氏管洗涤器、附属的 90°弯管脱水器及挡水板水雾分散器等组成。

经 OG 净化的废水常称为转炉除尘废水，是炼钢系统最主要的废水，废水量大，且悬浮物高，成分较复杂，废水需经沉淀、冷却处理循环回用；污泥经浓缩、脱水后，作为炼铁用的球团原料。煤气净化后进入回收装置系统送用户使用。

尽管 LT 法具有众多优点，技术不仅成功而且成熟，但至今在世界范围内采用 OG 法仍最为广泛，是其他方法无与伦比的，我国更不例外。目前我国引进 LT 技术甚少，多数企业仍采用 OG 法。

众所周知，煤气（CO）是一种易燃易爆的气体，它的燃、爆有两个必不可少的条件：第一是有空气（实质为氧气）按一定比例混入；第二是有火花（明火）存在。而采用高压静电除尘器对煤气进行除尘，发生静电火花是在所难免的；而氧气顶吹或底吹炼钢本身就是有大量的氧气鼓入系统，况且从炉口烟罩处空气也是比较容易进入系统的。因此，用高压静电除尘器对 CO 气体进行除尘净化，使很多工程技术人员对 LT 法望而却步。

采用 OG 法对转炉煤气进行净化，它给人一种心里踏实的安全感。OG 法的优点也就在于安全。这就是 OG 法被广泛采用的原因之一。

② 连铸机的净、浊循环废水　连续铸钢机具有金属收得率高、能源消耗低、铸坯质量好、机械性能好和自动化程度高等优点，是当今炼钢系统技术发展的趋势与方向，是炼钢技术水平的标志之一。

水是连铸生产过程中不可缺少的重要介质。连铸过程其实就是用强制水冷使钢水凝固的过程。其用水主要分为三类：一是设备间接冷却水；二是设备和产品的直接冷却水；三是除尘废水。

1）设备间接冷却水。设备间接冷却废水主要指结晶器和其他设备的间接冷却废水。因为是间接冷却，所以用过的水经降温后即可循环使用，称为净环水。单位耗水量一般为 $5\sim20\mathrm{m}^3/\mathrm{t}$ 钢。在循环供水过程中，应注意做到水质稳定。这种水的水质稳定与一般净环水的水质稳定方法是一样的，主要包括防结垢、防腐蚀、防藻类等。应该指出的是，如果采用投药的方式来稳定水质，则排污量一定要得到控制，因此，设计上应该采用定量的强制排污，而不宜做成任意溢流的排污形式，采用旁通过滤的方式也是一种保持水质的好办法。另外，需要注意的是，在连铸间接冷却水系统中，往往由于各部位对水压和流速的不同要求，应设计成具体情况、具体对待的不同供水泵组。使用过后的热废水，若能利用其余压直接上冷却塔，或者做其他用途，则应尽量予以利用，以便节能。

2）设备和产品的直接冷却水。设备和产品的直接冷却废水主要指二次冷却区产生的废水。由于拉辊的牵引，钢坯在进入二次冷却区时，虽然表面已经固化，而内部却还是炽热的钢液，因此，其温度是很高的。此时将由大量的喷嘴从四面八方向钢坯喷水，一方面使钢坯进一步冷却固化，另一方面也要保护该区的设备不致因过热而变形，甚至损坏。经过喷淋，水不但被加热，而且还会被氧化铁皮和油脂所污染。二次冷却区的单位耗水量一般为 $0.5\sim0.8\mathrm{m}^3/\mathrm{t}$ 钢。为改善连铸坯表面质量和防止金属不均匀冷却，在浇注工艺上往往还需加入一些其他物质，这样就将使二次冷却区的废水不但含有氧化铁皮和油脂，而且还可能含有硅钙合金、萤石、石墨等其他混合物，水温较高，这些就是连铸二次冷却区废水的特点。研究和讨论连铸机的废水治理，主要就是研究这部分废水的特性和处理工艺及设备。

3）除尘废水。除了一般的场地洒水除尘产生的废水外，主要是指设在连铸机后步工序中的火焰清理机的除尘废水。为了清理连铸坯的表面缺陷，保证连铸坯和成品钢材的质量，在经过切割的钢坯表面，用火焰清理机烧灼铸坯表面的缺陷。火焰清理机操作时产生大量的含尘烟气和被污染的废水，其中冷却辊道和钢坯的废水中含有氧化铁皮；清洗煤气的废水中含有大量的粉尘。这部分废水也需要进行处理。

关于火焰清理机所产生的废水有三种：一是水力冲洗槽内和给料辊道上的氧化铁皮和渣；二是冷却火焰清理机的设备和给料辊道；三是清洗在钢坯火焰清理时所产生的煤气（煤气的含尘量可达 $2g/m^3$）等所产生的各种废水。

生产实践表明，火焰清理机的废水主要含的是固体机械杂质，其中冷却设备及辊道和冲洗的氧化铁皮颗粒比较大，煤气清洗废水中含的是呈金属细粉末状的分散形杂质。此外还有少量的用于润滑辊道轴承的机油进入废水中。

一般火焰清理机废水的悬浮物含量在 $440\sim1000mg/L$，煤气清洗废水悬浮物为 $1500mg/L$ 左右。

③ 电炉炼钢净、浊循环废水　电炉炼钢的烟气除尘通常采用干法，湿法较少。通常电炉气大部分已燃烧成烟气，烟气体积比炉气要大得多，因此，应尽量设法控制混入空气量，降低烟气体积。目前采用余热锅炉冷却烟气和副产蒸汽的节能措施，如措施得当，可得到电炉烟气所回收的热量几乎与输入炉内的电能相当。经余热锅炉后出口烟气低于 250℃，可进入玻璃丝布袋式除尘器除尘，如用其他非耐温滤料，则还需采用间接冷却措施。

如采用湿法净化装置常以两级文氏管冷却方式为主，这类净化装置与氧气顶吹炼钢转炉 OG 装置的净化原理是相同的。

电炉炼钢净循环用水主要是炉门等设备的冷却用水，因未与物料直接接触，水质未受污染，经冷却与水质稳定处理后即可回用。

④ 其他净、浊循环废水　其他净、浊循环废水主要是炉外精炼和炉渣处理的废水。前者因炉外精炼与炼钢、连铸组合形成的完整工艺，其精炼炉设备需间接冷却，其真空脱气需产生废水，以及高梯度磁过滤器运行中均产生废水。但其净、浊循环废水均要求妥善处理回用。后者钢渣处理需水量大，水质要求不高，常处理后回用，无外排废水。

综上所述，炼钢系统的废水来源主要分为设备间接冷却水、设备和产品的直接冷却水以及生产工艺过程废水等。

1) 设备间接冷却水，是指对热负荷很高的转炉、电炉和少数的平炉等冶炼设备进行冷却所产生的废水，如转炉吹氧等（氧枪）、烟罩等设备的冷却废水，电炉炉门和平炉的水冷梁等设备的冷却废水。这些设备的冷却废水水温较高，水质未受污染，属净循环冷却废水，一般均采用冷却降温措施后循环利用，不外排废水。但必须控制好水质稳定，否则对设备会产生结垢和腐蚀现象。

2) 设备和产品的直接冷却废水，是指对钢锭模喷淋冷却、连铸坯二冷却、钢坯火焰清理的设备冷却等所产生的废水。这些废水的主要特征是由于与设备及产品直接接触，含有大量的氧化铁皮和少量的润滑设备的油脂。这种废水经处理后才能循环使用或外排。

3) 生产工艺过程废水，是指对炼钢烟气和火焰清理烟气净化所产生的废水。这种废水含有大量的氧化铁和其他杂质，必须处理后才能重复使用或外排，否则给水环境带来严重污染。这种废水是炼钢厂最主要的一股废水。

炼钢厂生产的特点之一是间断生产，因此，其废水的成分和性质都随着冶炼周期的变化而变化。如纯氧顶吹转炉除尘废水在一个冶炼周期内，其除尘废水的悬浮物质量浓度的变化在 $3000\sim10000mg/L$ 之间，最高时可达 $15000mg/L$。这种含有大量氧化铁的悬浮物排入水体会使水体颜色变成棕色或灰黑色，污染严重，必须净化处理。

（2）废水特征与水质水量

炼钢厂的废水，一般是以用水量来推算废水量的。如湿法除尘转炉，每炼 1t 钢约需水 $70m^3$，其中炉体冷却用水 $20\sim25m^3$，烟气净化用水 $5\sim6m^3$，连铸用水 $6\sim7m^3$，其他用水

约 $35m^3$。每吨电炉钢约 $84m^3$，其中炉体冷却水约 $49m^3$，其他用水约 $35m^3$。

我国炼钢工序以纯氧顶吹转炉烟气净化废水量大面广，连铸比已达 95% 以上，纯氧顶吹在冶炼过程中，由于吹氧的原因，含有大量浓重烟尘的高温气体经过炉口进入烟罩和烟道，经余热锅炉回收了烟气的部分热量，而后再进入除尘系统设备，实现除尘与降低烟气温度。

纯氧顶吹炼钢是个间歇生产过程，它是由装铁水—吹氧—加造渣料—吹氧—出钢等几个过程组成的。这几个过程完成后，一炉钢冶炼完毕，然后再按上述顺序进行下一炉钢的冶炼。现代的纯氧顶吹转炉一炉钢大约需 40min，其中吹氧约 18min。由于这些冶炼工艺的特点，使得炉气量、温度、成分都在不断变化，因此，转炉除尘废水性质的随时变化是其最重要的特征。

转炉除尘废水每吨钢排放量一般为 $5\sim6m^3$。但对于不同炼钢厂，由于除尘方式不同，水处理流程不同，水质状况有差异，其废水排放量亦有较大差别。原则上除尘废水量相当于供水量。但如采用串接（联）供水，则比并联供水，其水量接近减少 1/2。如宝钢炼钢厂 300t 纯氧顶吹转炉，采用二文一文串联供水，其废水量设计值仅约 $2m^3/t$ 钢。仅就废水而言，废水量小，污染也小，废水处理也就容易，占地、设施、管理和处理费用都明显降低。

转炉单位的烟气洗涤废水量与转炉炉容大小和烟气净化方式有关，表 13-9 列出了转炉烟气炉容洗涤废水量，可供参考。

表 13-9 转炉炉容洗涤废水量

| 转炉容量/t | 废水量/(m³/h) | 烟气洗涤工艺说明 |
|---|---|---|
| 50 | 240 | 二级文氏管-喷淋塔烟气洗涤系统、全湿法、未燃烧法 |
| 120 | 310 | 二级文氏管烟气洗涤系统、全湿法、未燃烧法 |
| 150 | 430 | 二级文氏管-喷淋塔烟气洗涤系统、全湿法、未燃烧法 |
| 300 | 1000 | 二级文氏管烟气洗涤系统、全湿法、未燃烧法 |

由于炉气处理工艺的不同，除尘废水的特性也不同。表 13-10 列出了 120t 转炉未燃法烟气净化循环水质分析结果。

表 13-10 120t 转炉未燃法烟气净化循环水质情况

| 序号 | 水质指标 | 范围 | 序号 | 水质指标 | 范围 |
|---|---|---|---|---|---|
| 1 | 水温/℃ | <47 | 11 | 铁/(mg/L) | 0~0.615 |
| 2 | 颜色 | 暗褐色 | 12 | 盐/(mg/L) | 0~0.01 |
| 3 | pH 值 | 5~12.3 | 13 | 硫化氢/(mg/L) | 0~0.425 |
| 4 | 悬浮物/(mg/L) | 最高 22735.6 | 14 | 二氧化碳/(mg/L) | 0~2.2 |
| 5 | 总硬度（以 CaCO₃ 计)/(mg/L) | 27~623.3 | 15 | 酚/(mg/L) | 0.03~0.01 |
| 6 | 钙硬度（以 CaCO₃ 计)/(mg/L) | 18~751.5 | 16 | 氰化物/(mg/L) | 0~0.002 |
| 7 | 暂时硬度/°dH | 0.2~12 | 17 | 硫酸根/(mg/L) | 22.1~39.10 |
| 8 | 钙/(mg/L) | 3.7~329 | 18 | 溶解固体/(mg/L) | 250~380 |
| 9 | 镁/(mg/L) | 3.9~15.8 | 19 | OH⁻/(mg/L) | 2~3.73 |
| 10 | 氯根/(mg/L) | 17~365 | 20 | HCO₃/(mg/L) | 6.02~10.95 |

注：1°dH=10mg/L。

连铸机生产废水主要是连铸机二次冷却区废水和火焰清理机的除尘废水：前者主要含有氧化铁皮、油脂及硅钙合金、萤石、石墨等，水温较高；后者多含有呈金属粉末状的分散性杂质，悬浮物的质量浓度约为 1500mg/L。其废水水质状况见表 13-11。

**表 13-11　连铸浊循环水系统水质情况**

| 序号 | 水质指标 | 分析结果 | 序号 | 水质指标 | 分析结果 |
|---|---|---|---|---|---|
| 1 | pH 值 | 8.8 | 8 | $PO_4^{2-}$/(mg/L) | 0.512 |
| 2 | SS/(mg/L) | 316 | 9 | 含盐量/(mg/L) | 475 |
| 3 | 油/(mg/L) | 280 | 10 | TFe/(mg/L) | 4.58 |
| 4 | 总硬(以 $CaCO_3$ 计)/(mg/L) | 10 | 11 | $Ca^{2+}$/(mg/L) | 12.45 |
| 5 | 总碱(以 $OH^-$ 计)/(mg/L) | 1700 | 12 | $Mg^{2+}$/(mg/L) | 26.07 |
| 6 | $HCO_3^-$/(mg/L) | 3.72 | 13 | $Cl^-$/(mg/L) | 98.66 |
| 7 | $SO_4^{2-}$/(mg/L) | 97.41 | | | |

由于连铸废水水质因各厂而异，变化较大，特别是与生产工艺和操作水平有关，而且废水中悬浮物颗粒物的粒径变化也较大，通常大于 $50\mu m$ 的约占 $15\%$，小于 $5\mu m$ 的占 $40\%$ 以上。因此，连铸废水处理的目的是去除悬浮物与油类后回用。

电炉炼钢湿法除尘废水以及转炉钢渣水淬废水和炉外精炼废水，这些废水经处理后均循环回用，其水质水量因与生产工艺密切相关需结合处理回用技术共同研究。

# 13.2　节水减排与"零排放"的技术途径和设计要求

## 13.2.1　技术途径与措施

要实现炼钢与节水减排和废水"零排放"，首先应对转炉煤气净化系统优先选用干法除尘技术，如选用湿法除尘工艺应采用新型 OG 法，并对除尘废水进行妥善处理与循环回用；对电炉烟气除尘除采用干法外，并应严格控制混入空气量，采用余热锅炉实现热能回收；对连铸坯冷却废水应根据废水特征选用合适的处理工艺以实现循环回用。

（1）提高转炉除尘废水资源回用的技术途径

① 除尘废水的悬浮物治理　目前，国内氧气顶吹转炉除尘废水处理普遍出现沉淀后的出水悬浮物超过 200mg/L。其主要原因是：a. 废水中含有较粗的颗粒氧化铁皮，一旦进入沉淀池后，很快地沉到池底，堵塞提升管道，出现浓缩部分泥浆上翻，导致沉淀池上部出现悬浮物增加；b. 在辐射式沉淀池池底经常发现泥浆浓度过高或超负荷工作，致使水质恶化；c. 由于进入沉淀池的水温高，因水温变化大而引起密度差，带来的是池内上下液面的对流现象，使沉淀池在不稳定的条件下工作；d. 由于二次浓缩池的回流量大，造成沉淀池负荷增高，恶化了出水水质；e. 在沉淀过程中出现胶体状的微小细粒，使沉淀后的出水悬浮物增高。

当前，为了提高沉淀池的沉淀效率，降低沉淀池出水悬浮物的质量浓度，主要投加高分子聚丙烯酰胺絮凝剂；有的投加 $FeSO_4$、$FeCl_3$ 等无机助凝剂；采用磁化法处理，使废水中含有的氧化铁颗粒磁化，达到互相吸引聚焦、加速沉淀的目的，实现提高废水循环利用率。例如，某特大型钢铁企业有 3 座 300t 纯氧顶吹转炉，其除尘废水处理为：在进入沉淀池之前，加酸调节 pH 值（未加酸时，pH 值达到 11 左右），使之达到 $7.5\sim8.5$，同时投加絮凝剂，其沉淀池溢流水的悬浮物含量始终在 50mg/L 以下，溢流水中又投入分散剂，投产至今，情况良好，防止了结垢，实现了密闭循环。

②除尘废水的温度平衡　不少炼钢厂的纯氧顶吹转炉除尘废水在经过沉淀除去悬浮物以后，还要经过冷却塔降温，然后才循环使用。但也有一些炼钢厂的纯氧顶吹转炉除尘废水在经过沉淀除去悬浮物以后，不需再冷却即可循环使用。

转炉和高炉生产最显著的不同是，高炉一经点火就连续生产，直到停炉大修，而转炉则是间歇生产。转炉煤气的回收在每一个冶炼周期（以 45min 计）中很短（大约只相当于周期时间的 20%），但除尘是连续供水，尾气排风机也是连续运行的（尽管风机转数可调）。在吹氧期（包括煤气回收期），水被加热，而在不吹氧和炼钢的准备期间，水在文氏管内实际上是个喷淋冷却的过程。在敞开的排水沟、集水池、沉淀池等设备及构筑物中，在不断地进行着水的表面蒸发冷却。因此，转炉除尘废水的温度存在一个时冷时热的过程，具有一个随时间变化着的温度梯度。在沉淀池等集水设备内，被加热和被冷却了的降尘水得到混合，在处理过程中，温度梯度逐渐消失，水的实际温度是个加权平均值。所以，尽管吹炼时的温度很高，而除尘供水的温度总是能够维持在一定范围之内。太钢的实践经验认为：除尘废水的温度在不设冷却塔的情况下，可以维持在"比蒸发冷却的冷却极限值（即当地湿球温度）一般高 15℃ 左右"。所以太钢 50t 纯氧顶吹转炉（燃烧法）、上钢某厂 30t 纯氧顶吹转炉（未燃烧法）、宝钢 300t 纯氧顶吹转炉（未燃烧法）都不设冷却塔仍能维持正常生产。

上述说明，纯氧顶吹转炉除尘废水循环使用，可以不设冷却塔。这一点对于节省基建投资、少占地和降低生产成本都是十分有益的。

③除尘废水的水质稳定　国内大多数氧气转炉烟气除尘采用未燃法和半燃烧法，除尘系统为湿法流程，废水一般呈碱性。产生问题主要是：a. 水温过高带来的是废水中含盐量因蒸发浓缩和废水中出现碳酸盐沉淀；b. 由于转炉上料系统中石灰质量差，较细石灰颗粒一经吹氧就进入湿法除尘系统，使废水中的 $Ca^{2+}$ 大大增加，产生了结垢现象。国内很多厂家因对除尘废水水质稳定处理不妥，致使运转不到半年循环系统就产生严重的结垢堵塞，有的甚至被迫长期直流排放，或处于半循环状态。解决途径主要是调整 pH 值和投加水质稳定剂。

纯氧顶吹转炉在炼钢生产过程中必须投加石灰以形成炉渣。生产所用的石灰，其质量、粒度、强度等往往不能满足设计要求，而且石灰的投加量一般都超过计划的用量。在吹氧时，部分石灰粉尘还未与钢液接触就被吹出炉外，随烟气一道进入除尘系统。因此，除尘废水中的 $Ca^{2+}$ 含量相当多，同时又有 $CO_2$ 溶于水，致使除尘废水暂时硬度比较高。硬度增高的直接后果就是结垢严重。为此，调节 pH 值，使成垢物质在沉淀池中沉淀下来，这是十分必要的。在此基础上再在沉淀以后的水中投加阻垢剂，在阻垢剂的螯合、分散作用下，达到防垢的目的。

还有一些值得重视的水质稳定方法，如投加碳酸钠（$Na_2CO_3$），$Na_2CO_3$ 可与石灰在水中形成的氢氧化钙 $[Ca(OH)_2]$ 作用生成碳酸钙（$CaCO_3$）和氢氧化钠（NaOH），生成的 $CaCO_3$ 可以沉淀析出，而 NaOH 又可与水中的 $CO_2$ 作用生成 $Na_2CO_3$，从而在循环反应过程中使 $Na_2CO_3$ 得到再生。这种方法也是人为地、积极地消除 $CaCO_3$、减少 $Ca^{2+}$ 总量的有效方法。这种方法的好处是一次投加 $Na_2CO_3$ 以后，可以长期起作用。采用这种办法的条件是系统必须彻底密闭，不得有外排废水。其原因是 $Na_2CO_3$ 的作用和再生是等当量进行的，若有排放，则平衡被破坏，必须补充 $Na_2CO_3$ 投加量。

在实际生产的除尘系统中，完全不排污是不大可能的。因为如果不排掉一部分水的话，系统中的总的含盐量会越积越多，久而久之必然发生严重的水质障碍，因此，小量的排污是必要的。在发生小量排污的情况下，相应地补充 $Na_2CO_3$ 以维持系统的正常运行。系统的排污水量可以限制在很小的范围内，即使系统中盐类物质总的质量浓度达到 $7\sim11g/L$ 也可正常运转。但这一小量的排污水要处理到符合排放标准的要求方能实现。解决方法：一是可用转炉净循环冷却水或排污水作为除尘浊循环的补充水；二是加大系统排污量，好在炼钢厂本身要产生钢渣，在冷却钢渣时使用这种排污水就完全可以解决问题。如果钢渣不需要喷水冷却，则可将这部分排污水送至高炉冲渣系统作为补充水，也会消耗掉。

总之，水质稳定的方法是根据生产工艺要求和废水水质状况，因地制宜，对症下药，方为上策。

（2）连铸机节水减排技术措施与途径

连铸生产过程用水量很大，冷却是保证连铸机常年稳定生产运行的关键。连铸机生产运行时节水减排的关键在于根据连铸机用水要求采用分质供水，并根据水质是否受到污染进行妥善处理与回用。

净循环用水系统主要用于结晶器、设备间接冷却用水等设施，采用软水密闭循环冷却系统，常用药剂法控制水质稳定并应考虑定量强制排污，以防止软水中的盐类富集。由于各部位的水压和流速的不同要求，应注意区分情况按需供水，以实现节水减排。冷却软水常采用水冷却方式，如采用冷却塔降温再循环使用，但应考虑水量损失与风尘污染。

浊循环用水系统主要用于设备和铸坯喷淋、切割机与冲氧化铁皮用水，用后水温升高，水质受到污染，主要为氧化铁皮微粒和少量油类。因此，连铸机生产废水的节水减排的处理回用目标是通过沉淀、过滤和破乳除油实现废水回用与"零排放"。

（3）其他节水减排技术途径与措施

① 电炉炼钢的节水减排。电炉炼钢烟气净化常以干法为主，但也有采用湿法净化烟气的，如锰铁电炉、硅铁电炉炼钢等，废水中含有重金属等有害物质，常采用化学法经投加石灰等调整 pH 值予以去除，并采用投加高分子絮凝剂去除悬浮物，实现废水循环回用。

② 炉外精炼的节水减排。钢水真空脱气能改善钢水品质。钢水真空脱气废水来自 RH 冷凝器，含悬浮物 120mg/L，水温 44℃，流入温水池。一部分水自温水池经冷却塔流入贮水池；另一部分用泵加压在压力管上注入助凝剂，经反应后送入高梯度电磁过滤器过滤，出水悬浮物为 40mg/L。然后借余压流至冷却塔，冷却后进入贮水池。上述两部分水汇合后，悬浮物的质量浓度小于 100mg/L，水温低于 33℃，用泵送回 RH 冷却器继续使用。

高梯度磁过滤器用压缩空气及水冲洗，冲洗废水加入凝聚剂及助凝聚剂经搅拌反应后进入浓缩池澄清，澄清水送温水池，污泥送转炉烟气除尘废水系统中的污泥处理设备，脱水后返送烧结回用。

③ 钢渣冷却的节水减排。钢渣冷却用水是渣与水直接接触，用水量大，水质要求不高。因此，有效地利用该工艺的用水特征，最大限度地消纳生产废水，以实现节水减排与废水"零排放"。

## 13.2.2　技术规定与设计要求

（1）一般规定与设计要求

① 由于炼钢技术的进步，采用检测仪表完全可以显示炼钢连铸工艺设备的间接冷却水通水情况，因此，其工艺设备的间接冷却水应采用有压回水，不仅节约用水，且有利于稳定水质，保护环境，保障安全。

② 电炉、钢包精炼炉(LF)、连铸机的事故冷却水是指发生断电等供水事故时用水塔贮水临时供水，以防止高温水冷元件发生爆炸等恶性事件。鉴于供水事故时工艺设备也相应停止作业，高温水冷元件的热负荷大大降低。故电炉、钢包精炼炉、连铸机的事故冷却水流量

不宜大于额定流量的 30%，供水时间不宜超过 30min。

③ 炼钢连铸车间的地面应采用混凝土地面，车间内除各主操平台、钢水罐与中间罐拆修区以外，其余地面均不设洒水点。

（2）转炉炼钢

① 新建转炉的烟罩、烟道应采用汽化冷却，蒸汽应回收利用，禁止放散。

② 新建转炉和现有转炉改造时应优先采用干法除尘系统。转炉的二次烟尘与车间内其他工艺设备产生的烟气与灰尘均宜采用干法除尘技术。

③ 转炉渣水淬系间歇性工作，其冷却水不需用冷却塔冷却，应配置专用的水循环系统，既可减少耗水量，又可避免影响其他冷却水的水质。该循环系统的补充水应使用浓含盐回用水或排污水。

（3）电炉炼钢

① 电炉水冷炉壁与炉盖应采用管式水冷元件，不应采用箱式冷却元件。

② 电炉的烟道宜采用汽化冷却，蒸汽应回收利用，禁止放散。

③ 电炉冶炼产生的一、二次烟尘均应采用干法除尘技术。

（4）炉外精炼

① 钢包精炼炉的钢水罐盖应采用管式水冷结构，不应采用箱式水冷结构。

② 钢包精炼炉、常压或真空吹氧脱碳精炼装置等产生烟尘的精炼装置均应采用干法除尘技术。

③ 蒸汽喷射真空泵蒸汽冷凝用冷却水，进水温度越低，用水量越少，真空性能越好。因此，该冷却水进水温度不宜高于 35℃，在气温较低的地区宜按进水温度 32℃设计。

（5）连铸机

① 连铸机（不含小方坯连铸机）的二次冷却应采用气水雾化冷却方式，其用水量宜采用动态控制，循环供水泵宜采用变频控制。

② 连铸机的结晶器冷却水应采用软水或除盐水作为冷却水，并应采用间冷闭式循环冷却供水系统。

## 13.2.3　取（用）水量控制与设计指标

炼钢厂取（用）水量控制与设计指标分为电炉、钢包炉（LF）、真空精炼炉与连铸等系统，其取（用）水量与设计指标见表 13-12。

表 13-12　炼钢工序取（用）水量控制与设计指标

| 项目名称 | | 单位 | 用水量 | 取水量 |
|---|---|---|---|---|
| 转炉 | ≤150t | $m^3/t$ 钢水 | ≤15 | ≤0.75 |
| | 200～300t | $m^3/t$ 钢水 | 6.5～10 | 0.33～0.5 |
| 电炉 | 竖炉与连续加料（Consteel）炉 | $m^3/t$ 钢水 | ≤15 | ≤0.75 |
| | 其他电炉 | $m^3/t$ 钢水 | ≤10 | ≤0.5 |
| 钢包炉 | | $m^3/t$ 钢水 | 3～5 | 0.15～0.25 |
| 真空精炼炉（VD、VOD、RH） | | $m^3/t$ 钢水 | 5～7 | 0.25～0.35 |
| 连铸 | 方坯 | $m^3/t$ 坯 | 8～12 | 0.4～0.6 |
| | 板坯 | $m^3/t$ 坯 | 10～15 | 0.5～0.75 |

## 13.2.4　节水减排设计与应注意的问题

（1）转炉炼钢用水系统构筑物设计规定与要求

炼钢厂循环水系统与水处理设施应布置紧凑，尽量靠近主车间，流程通畅，避免迂回；高程布置应尽量利用回水压力和排水标高，减少加压次数和构筑物地下深度。循环水系统及水处理设施的主要构筑物和设备以及监测控制设计要点如下。

① 氧枪工艺设备应设有自动提升机构，当停电或冷却水压力低于某限定值，或冷却水出水温度高于某限定值时，氧枪自动提升并报警。

② 氧枪、烟罩、炉体等应采用压力回水或排入设于操作平台上的集水槽（属工艺设备）中，利用排水槽设置标高将回水压送至冷却塔。为防止排水槽排水中带入空气而使排水管排水不畅，甚至使排水槽溢水，设计排水槽的容积不应过小，并应采取减少空气进入的措施，如在排水槽排水口上设帽形水封、排水槽中加设溢流挡板、设置排气管等。另外，排水槽排水管到排水主干管的垂直落差不应过大。

③ 自烟气净化设施至沉淀池的自流排水槽不宜过长，水流速度 1.5～3.0m/s（大型转炉采用大值）。沉淀池后自流管道水流速度不应小于 1.0m/s。

④ 在水质、水温、水压有较大变化或考虑处理构筑物和设备的清理检修时，应设超越旁通管。

⑤ 大、中型转炉未燃法烟气净化废水进入沉淀池前须先经粗颗粒分离器去除不小于 $60\mu m$ 的颗粒，以减轻沉淀池负荷，防止泥浆管道和脱水设备堵塞。粗颗粒分离设备包括分离槽、耐磨螺旋分级输送机、料斗、料罐、污泥运输车辆以及分离器检修设备等。分离槽停留时间一般为 2～5min，停留时间过长会使细颗粒沉淀，影响分离机的正常工作。分离槽下部锥体倾角不应小于 45°。螺旋分级输送机设在分离槽内，用于清除分离槽底部沉泥，其安装倾斜度一般为 25°。

⑥ 沉淀池一般采用圆形沉淀浓缩池。由于转炉烟气净化废水含尘量和水温变化极大，因此，沉淀池应有一定的调节能力，沉淀池需有一定的深度，以保证足够的停留时间（4～6h）。沉淀池表面负荷一般采用 0.8～1.5m³/(m²·h)。如采用斜板沉淀器（池），其斜板沉淀器进水 SS≤6000mg/L，出水 100～150mg/L，单位面积负荷 3.0～5.0m³/(m²·h)，排出污泥浓度 30%～40%。

⑦ 转炉供水泵的工作台数应与转炉座数相匹配，即 1～2 台工作泵对 1 座转炉，备用泵 1～2 台，水泵应采用自灌式启动。

⑧ 烟气净化直接冷却水系统冷却塔应采用点滴式淋水填料，以避免堵塞压坏。

⑨ 循环水及水处理设施的操作控制水平应与工艺生产操作控制要求一致。自动化操作控制采用基础自动化、过程自动化以及集散控制系统（DCS）或可编程序控制系统（PLC）。较大规模的循环水和水处理设施一般采用 PLC 自动控制和 CRT 监测操作，根据需要还可设置计算机辅助生产管理。

（2）电炉炼钢用水系统构筑物设计规定与要求

① 循环水及水处理设施应尽量靠近主厂房，在采用"电炉—炉外精炼—连铸"三位一体或"电炉—炉外精炼—连铸—轧钢"四位一体短生产流程时，其循环水及水处理设施一般集中设置。

② 为减少占地与管道工程量，便于集中管理，应将循环水泵站、加药装置、软水处理

设施以及过滤设施等采用集中组合布置设计。在用地紧时可以采用平面与主体布置相结合的方式进行设计。

③ 在电炉、炉外精炼、连铸合建循环用水系统时，因各种用水户不同水质、水压以及压力回水管、自流回水管、排水管等形成管道密集，应设地下管廊，并应设置照明。

（3）炉外精炼装置用水系统构筑物设计规定与要求

① 真空系统冷凝器应高架布置借助重力排水。若设计低位布置，则须设置排水泵。

② 由于炉外精炼为间断生产，因此，真空系统直接冷却水一般采用独立的循环水系统。

③ 吹氧炉外精炼真空系统由于废气中含大量 CO，故冷凝器排水水封槽应加盖密封，并将排气管引至室外高处，如某厂水封槽排泵出水经洗涤塔喷入空气去除 CO 后再送水处理设施。

④ 真空系统冷凝器水封槽排水泵设在车间内真空装置处，水泵工作台数宜与循环供水泵相匹配，同时要考虑工艺对用水量的变化要求，排水泵在炉外精炼装置主控制室集中监视控制，车间外水处理及循环水设施的供水量、水压、水温应传至炉外精炼主控室。

⑤ 根据某厂 RH 炉外精炼真空系统废水混凝沉淀试验，自然沉淀 1h，悬浮物含量由 160mg/L 降至 100mg/L，沉淀效率仅 37.5%，再延长沉淀时，效果不显著；投加 $FeCl_3$ 30mg/L，助凝剂（PAM）1～2mg/L，沉淀时间 50～60min，悬浮物含量由 160mg/L 降至 30～50mg/L，沉淀效率为 68.7%～81.5%。建议采用混凝沉淀，沉淀池单位面积负荷为 $2m^3/(m^2 \cdot h)$ 左右。

⑥ 真空系统水处理污泥脱水可与转炉湿法烟气净化污泥脱水或连铸直接冷却水污泥脱水用一套污泥处理设施。

（4）连铸机用水系统构筑物设计规定与要求

① 结晶器软水（或除盐水）闭路循环水系统，主要包括热交换器、膨胀罐、补水装置、加压水泵、投加水质稳定药剂设施、安全供水水塔（或水箱）或柴油机水泵及软水回收水池，当采用水-水板式热交换器时，需另设冷煤水供水设施（即二次冷却水系统）。

② 设备间接冷却开路循环水系统，主要包括冷却塔、加压泵组、旁滤设施、投加水质稳定药剂设施、安全供水水塔或水箱（根据工艺要求）等。

③ 二次喷淋直接冷却循环水系统，主要包括一次铁皮沉淀池、二次铁皮沉淀池、清渣设施、除油设施、过滤器及其反洗设施、冷却塔、加压水泵、投加药剂设施、过滤器反洗废水处理设施和污泥脱水设施以及二次喷淋冷却安全供水水塔（或水箱）等。过滤器反洗废水可采用带搅拌装置的调节池和凝聚沉淀浓缩池处理，浓缩池澄清水可返回一次或二次沉淀池，浓缩池泥渣可根据工程的具体条件采用污泥脱水设备。

④ 间接冷却开路循环水系统中，旁滤水量应根据补充水悬浮物含量、周围空气含尘量、循环水系统的浓缩倍数以及循环水系统要求控制的水质等因素确定，一般可按循环冷却水量的 5%～10%。

⑤ 在循环水系统的设计中，必须充分利用用水设备的回水压力和处理设备的余压。

⑥ 二次喷淋冷却水系统由于水量变化，必须设置水量、水压自动调节装置，一般可采用旁通泄压阀或变速泵组。

⑦ 有多台连铸机时，其供水设施应考虑各台连铸机的用水要求、连铸生产制度以及分期建设等因素进行设计。

⑧ 关于连铸水处理设施的控制和监测，水处理宜设集中操作室，室内宜设水处理集中操作盘和模拟盘，或采用 PLC（或 DCS）控制，并配以监控系统（CRT），其装备水平和功能应根据具体工程要求确定。

# 13.3 转炉烟气除尘废水处理与回用技术

转炉炼钢过程中要产生大量富含煤气的高温烟气，通常每炼 1t 钢可回收煤气 80～90m³。从技术长期发展趋势看，湿法除尘工艺可能为干法除尘工艺所代替。但在当今世界实际情况下，湿法工艺在相当长的时期内仍是转炉除尘主要或并存的处理手段。因此，完善和提高 OG 法除尘废水处理工艺仍是当今世界各产钢国最为关心的问题。

## 13.3.1 废水处理技术概况与发展

目前，氧气顶吹转炉在吹炼过程中产生大量的高温浓尘烟气，一般采用湿法降温除尘。由于烟气与水直接接触，废水中含有大量的烟尘和可溶性化学物质，如酸性化合物（硫酸、磷酸、硝酸盐）以及碱性化合物（如石灰等）。转炉在炼钢生产过程中，各个冶炼阶段所产生的烟气量和成分不同，净化烟气的废水水质也随之变化。一般在吹炼时烟尘多，相应的废水中悬浮物的质量浓度也高，通常其质量浓度在 2000～5000mg/L，最高可达数万毫克每升，水质成分十分复杂。废水 pH 值的大小是由冶炼方法本身所决定的，由于二氧化硫或二氧化碳的影响，一般情况下其 pH 值是比较低的。加入石灰的形状（块状和粉状）对废水酸碱度有很大影响，微细的石灰粉常被转炉烟气带走，故洗涤水 pH 值显著升高。但 pH 值超过 9 时，灰尘易在洗涤器或管道中沉积，妨碍烟气洗涤正常运转。

废水的水温变化也很大，其温升为 10～20℃。由于水温变化剧烈，使沉淀池内产生热对流现象，阻碍颗粒沉降，使处理后的水质浊度增高。为此需设适当的调节池以调节水温，并投加高分子混凝剂促进颗粒沉降。沉淀后的污泥可回收作为高炉炼铁的原料。下面着重介绍国内外比较典型的转炉烟气洗涤水治理技术与发展概况。

（1）国外治理技术概况与工程应用

① 美国 多年来，美国在转炉除尘废水处理方面进行了大量的研究。例如，阿姆科钢铁公司中城钢厂两座 200t 吹氧转炉，OG 法除尘废水量为 1020m³/h。设有 2 座 φ900mm 的水力旋流器，两座 φ21800mm 的浓缩池。废水首先经水力旋流器除去大颗粒（60μm 以上），然后再进入浓缩池，停留时间长达 4.5h，出水悬浮物为 70～75mg/L。在循环使用时对文氏管洗涤器喷嘴有些堵塞，后来在浓缩池内投加少量絮凝剂，使出水悬浮物降到 30mg/L 以下，堵塞问题得到缓解，但尚有轻微的结垢问题。为彻底解决结垢现象，在回水中投加防垢剂，并经常控制溶解固体在 1500mg/L 左右，以达到继续循环使用的效果。

美国内陆公司两座 210t 氧气转炉烟气除尘污水经两座 φ80000mm 浓缩池沉淀后，出水中悬浮物的质量浓度为 50mg/L，供除尘系统循环使用。但有部分废水外排，要不断补充新水。废水中的 pH 值控制在 7～9 之间。

对转炉除尘废水的处理，加强连续循环和串流使用的研究，认为较好的处理流程如图 13-1 所示，较好且较经济的处理流程如图 13-2 所示。

② 日本

1）新日铁（株）大分钢铁厂。该厂有两座 300t 转炉，采用 OG 法除尘系统，废水处理流程如图 13-3 所示。

该厂转炉除尘废水中悬浮物的质量浓度平均值为 2000～6000mg/L，吹炼期最高达数万毫克/升。其悬浮物粒度分布是：60μm 以下的占 90%，60μm 以上的占 10%，其中 100μm 以上的仅占 5% 左右。为不使沉淀池、排污管、脱水设备堵塞，废水在进沉淀池之前先流入

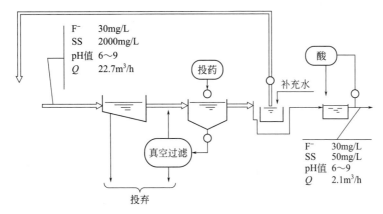

图 13-1　典型的转炉除尘废水处理方法（一）

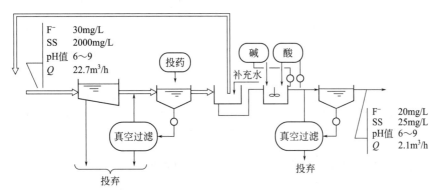

图 13-2　典型的转炉除尘废水处理方法（二）

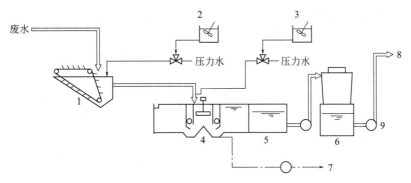

图 13-3　新日铁（株）大分钢铁厂转炉除尘废水处理流程图

1—粗颗粒分离器；2—苛性钠；3—高分子絮凝剂；4—混凝沉淀池；5—贮槽；
6—冷却塔；7—至真空脱水机；8—至 OG 装置；9—水泵

粗颗粒分离器，并投加苛性钠调整 pH 值，以除去粗颗粒，再进入沉淀池。在沉淀池中间混凝室投加高分子絮凝剂并不断搅拌，经絮凝澄清后的上清液再作为转炉烟气洗涤水循环使用。

　　在澄清池底堆集的污泥，用刮泥机收集在一起，然后用排泥泵排到池外，用真空过滤机或压滤机脱水。滤饼可送回作原料使用，或送往烧结作配料使用。废水经粗颗粒分离器投加苛性钠沉淀处理后，澄清水悬浮物达 50～100mg/L。如需进一步提高澄清水质时，再增加二级混凝沉淀处理。在澄清池内投加硫酸铝（多氯化铝、无机高分子混凝剂）等混凝剂，以除去剩下的胶质状细颗粒。

防止循环水系统结垢的主要措施是加大排污量，调节 pH 值，投加防垢剂等，一般是加入酸和聚磷酸盐等。

2）日本钢管（株）公司扇岛钢铁厂。扇岛钢铁厂是日本的新型钢铁厂。其转炉烟气除尘废水处理流程如图 13-4 所示。

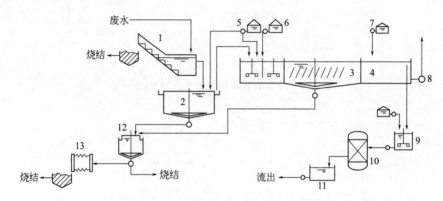

图 13-4　日本钢管(株)公司扇岛钢铁厂转炉烟气除尘废水处理流程

1—粗颗粒分离器；2—125m³浓缩槽；3—斜板沉淀池；4—1200m³贮水池；5—高分子凝聚剂；6—无机凝聚剂；7—水垢分散剂；8—750m³/h 泵；9—中和槽；10—40m³/h 过滤器两台；11—水处理池；12—浓缩槽；13—压滤机

转炉烟气净化废水中所含灰尘量大多集中在转炉吹炼初期，最高达 50000mg/L，水温上升 10～20℃。由于烟气中碳酸气等溶解于水，使 pH 值下降，但因辅助原料中石灰等的影响，最终 pH 值可能在 10～12。废水流入处理系统后首先经过粗颗粒分离器，除去粗颗粒，尔后流入混凝沉淀池，进行二次凝聚沉淀。出水悬浮物可降到 30mg/L 以下。为防止处理水中的钙离子等影响而产生水垢，要投加水垢分散剂以使水循环使用。此水一部分作为高炉煤气洗涤水系统的补充水和转炉炉渣冷却水，一部分供二文用，还有一部分水经加硫酸调节 pH 值，并经过滤器除去悬浮物，尔后排放。混凝沉淀池及斜板沉淀池排出的污泥经浓缩和脱水后送烧结使用。

③ 俄罗斯　俄罗斯转炉炼钢向着两个方向发展：一是建立设备容量越来越大的转炉车间；二是通过强化吹氧来提高现有转炉车间的产量。现有转炉车间烟气净化主要采用湿法除尘。一座 100～130t 转炉烟气洗涤废水量为 200～300m³/h；250～300t 转炉烟气洗涤废水量为 2000m³/h。转炉车间由 2～3 座炉子组成。因此，现代转炉车间烟气洗涤废水量达到 4000～6000m³/h。

目前，转炉烟气洗涤废水常用辐射式沉淀池进行净化，其单位水力负荷为 1m³/(m²·h)。对于 100～130t 转炉和废水量 600～900m³/h 的转炉车间，建议烟气洗涤采用重力式水力旋流器，对于采用 CO 未燃法的烟气排放式运行的大容量转炉，则采用带絮凝室的沉淀池。

例如，下塔吉尔冶金工厂、日丹诺夫伊里奇冶金厂、诺沃利伯兹工厂、伊纳基辅厂和克雷波罗日厂的氧气转炉烟气都是采用湿法除尘。除诺沃利伯兹厂采用直流供水系统外，其他工厂采用循环水系统。辐射式沉淀池表面负荷一般为 0.5～0.9m³/(m²·h)。其烟气净化主要技术性能见表 13-13。诺沃利伯兹厂氧气转炉在冶炼过程中因有大量石灰粉尘被烟气带走，使管道与文氏管严重结垢，每炼 15～20 炉文氏管即需清洗，因此不能采用循环供水系统。

表 13-13　转炉烟气净化主要技术性能

| 工厂<br>项目 | 下塔吉尔<br>冶金工厂 | 日丹诺夫<br>伊里奇厂 | 诺沃利伯<br>兹工厂 | 克雷波罗<br>日工厂 |
|---|---|---|---|---|
| 转炉吨位/t | 100 | 130 | 100 | 53 |
| 1000m³ 烟气耗水量/m³ | 2.2 | 2.2 | 1 | 8 |
| 吹氧时耗水量/(m³/h) | 450 | 450 | 210 | 620 |
| 平均小时耗水量/m³ | 800 | 1100 | 240 | 1400 |
| pH 值 | | | | |
| 净化前 | — | 7.5 | 10.65~7.5 | 8.0 |
| 净化后 | — | 8.0 | 12~7.6 | 6.5 |
| 辐射式沉淀池直径/m | 水平式沉淀池 | $\phi30\times2$(座) | $\phi18\times2$(座) | $\phi50\times2$(座) |
| 废水量/(m³/h) | 800 | 600~700 | 240 | 1400 |
| 单位负荷/[m³/(m³·h)] | 0.7 | 0.5 | 0.9 | 0.7 |
| 废水中悬浮物含量/(mg/L) | | | | |
| 净化前 | 5000 | 2800~4000 | 12000~20000 | 3100~4100 |
| 净化后 | 200 | 145~200 | 56~300 | 140~200 |
| 净化效率/% | 96 | 95 | 99.5~98.5 | 95 |

④ 法国　法国索拉克 LWS 钢厂有 240t 转炉两座，循环水量为每座转炉 1200m³/h，循环水系统总容量约 7000m³。洗涤废水经两座预沉淀池和两座沉淀池净化后循环使用，用投加碳酸钠的办法解决了结垢问题。投加碳酸钠后，废水中的化学反应为：

$$CaO + H_2O + Na_2CO_3 \longrightarrow CaCO_3 \downarrow + 2NaOH$$
$$2NaOH + CO_2 \longrightarrow Na_2CO_3 + H_2O$$
$$NaOH + CO_2 \longrightarrow NaHCO_3$$
$$NaHCO_3 + NaOH \longrightarrow Na_2CO_3 + H_2O$$
$$2NaHCO_3 \longrightarrow Na_2CO_3 + CO_2 \uparrow + H_2O$$

沉淀污泥经脱水后制作烧结料或制球团。

法国北方钢铁公司敦刻尔克冶金工厂，3 座容量为 140t 转炉的未燃烟气湿式净化设备，废水经粗颗粒分离器，再经冷却塔，尔后通过凝聚池进入辐射式沉淀池。澄清后的清水返回再用。但在运行过程中文氏管、冷却塔及主干管内产生大量沉淀，文氏管内的沉淀物 80% 是氧化铁，采用具有高溶解度的高分子中性聚丙烯酰胺作絮状凝剂后，情况得到基本解决。

⑤ 其他国家　罗马尼亚加拉茨钢铁厂二转炉车间有 3 座 150t 转炉，年产钢 250 万吨，总水量为 1700m³/h。转炉除尘废水中悬浮物的质量浓度平均为 6000~16000mg/L。经投加 $FeSO_4$，达到 100~150mg/L，并在两座 $\phi6000$mm 快速沉淀池沉淀后，可去除 18%~20% 的悬浮物，再加高分子絮凝剂 0.1~0.3mg/L，并经两座 $\phi28000$mm 沉淀池澄清后，出水悬浮物的质量浓度为 7mg/L，远远小于设计要求的 200mg/L。经净化后的水，再补充 10% 左右的新水，尔后循环使用。

从冶炼开始到加石灰时烟气中粉尘含量超过 30%，因此，净化后水中含钙量高到

600mg/L，超过设计标准小于 150mg/L 的规定。为防止管道及除尘设备的结垢和堵塞，除要求石灰质量外，在冲洗管道时又投加苏打。目前，管道结垢问题已基本解决。

其他国家如英国钢铁公司塔尔波特转炉车间的两座 340t 转炉的除尘废水处理是采用在调节器中加凝聚剂并自动调节 pH 值，尔后流入两座 $\phi28000\text{mm}$ 的辐射沉淀池，经沉淀后循环使用。

荷兰皇家霍戈文钢铁公司艾莫伊登转炉车间的除尘废水经水力旋流器和耙式分级机，然后进入浓缩池，并加酸调节 pH 值。

德国奥古斯特蒂森冶金工厂、哈廷根钢铁厂和波共钢厂的转炉除尘废水处理系统都大致相似，即废水先经粗颗粒分离器，再进入辐射式沉淀池。其处理水返回使用，下沉污泥经真空过滤脱水返回烧结等使用。

总之，国外对转炉除尘废水处理的共同特点如下。

1）为了更好地改善净化后的除尘废水，对转炉烟气净化废水处理已普遍采用混凝沉淀法，即废水先经粗颗粒分离器除去粗颗粒，然后进入混凝沉淀池处理，处理后水中悬浮物在 30mg/L 以下并循环使用。

2）为了使水质能满足循环使用，在系统中不结垢、少排污，一般都设水质稳定措施。

（2）国内治理概况

多年来国内对转炉烟气净化系统的废水处理开展了大量的研究工作，取得了很多成就。在水处理方面相继采用聚丙烯酰胺作絮凝剂，使转炉废水处理系统的出水悬浮物的质量浓度降到 100mg/L 以下，解决了废水中的悬浮物沉降问题。水质稳定方面也有重大进展，不少企业转炉废水已连续闭路循环使用。本钢、首钢、武钢、宝钢等大多数企业的转炉除尘废水也相继采用不同的技术，使转炉除尘废水实现了闭路循环。近年来不少企业采用稀土磁盘分离净化技术，实现处理高效化和流程简易化。但还有很多厂家的转炉除尘废水处理系统因结垢严重，循环回用存在较多问题。

## 13.3.2　废水沉降特征与处理目标

（1）除尘废水成分与沉降特征

① 转炉烟气变化与特征　纯氧顶吹转炉在冶炼过程中，由于吹氧的缘故，含有浓重烟尘的大量高温气体经过炉口冒出来，通过烟罩进入烟道，经余热锅炉回收了烟气的部分热量，然后进入设有两级文氏管的除尘系统。烟气依次通过一文和二文进行清洗，将烟气里的灰尘除掉，同时降低烟气温度，这就完成了除尘的任务。

纯氧顶吹转炉的除尘一般均采用两级文丘里洗涤器。第一级文丘里洗涤器称为"一文"，第二级文丘里洗涤器称为"二文"。一文一般做成喉口处带溢流堰并设喷嘴的结构，因而也称作溢流文氏管。溢流的水沿文氏管壁流下，可以保护洗涤设备不致被高温气流和烟气中的尘粒损伤。二文喉口处设有一个可以调节喉口大小的装置，因而亦称作可调文氏管。调节喉口的大小，即可控制气流通过喉口的速度，以提高除尘和降温效果。先进的文氏管系统，一文采用手动可调喉口，二文由炉口微差压装置自动调节喉口开度，进行精除尘。如图 13-5 所示。

转炉烟气的成分随炉气处理工艺的不同而异。炼钢过程是一个铁水中碳和其他元素氧化的过程。铁水中的碳与吹炼的氧发生反应，生成 CO，随炉气一道从炉口冒出。严密封闭炉口，使 CO 经余热锅炉和除尘降温后，仍以 CO 的形式存在。回收这部分炉气作为工厂能源的一个组成部分，这种炉气称为转炉煤气。这种炉气处理过程称为回收法，或者称为未燃法。转炉烟气湿式除尘工艺流程如图 13-5 所示，如果炉口没有密封，从而使大量空气通过烟道口随炉气一道进入烟道。在烟道内，空气中的氧气与炽热炉气中的 CO 发生燃烧反应，使 CO 大部分变成 $CO_2$，同时放出热量，使烟道气的温度更高。这种高温烟气被余热锅炉回收一部分热量，再经文氏管除尘降温后，因为没有回收价值，只好排放。这种方法称之为燃烧法，现已很少使用。这两种不同的炉气处理方法给除尘废水带来不同的影响。

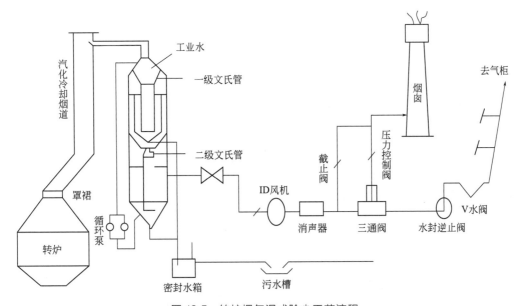

图 13-5　转炉烟气湿式除尘工艺流程

由上述转炉除尘工艺可以看出，供两级文氏管进行除尘和降温的水，使用过后通过脱水器排出，即为转炉废水。显然，转炉除尘废水的性质与除尘设备、除尘工艺是紧密联系的。

② 转炉除尘废水成分与特性

1) 转炉除尘废水成分的变化特性。除尘实际上是个矛盾转化的过程，烟气中大量的灰尘，经过两级文氏管洗涤，使灰尘进入水中。亦即经过除尘设备，使灰尘由气相转入液相。如上所述，烟气中灰尘的含量是随时变化着的，因此，除尘废水中的悬浮物（灰尘）含量也在随时变化，即使同在吹氧期间，由于吹炼期不同，其含量也不同。除尘废水悬浮物含量变化在 5000～15000mg/L 范围内。

炉气处理工艺不同，除尘废水的特性也不同。采用未燃法炉气处理工艺，除尘废水中的悬浮物以 FeO 为主，废水呈黑灰色，悬浮物的颗粒较大，废水的 pH 值大于 7，甚至可达到 10 以上。采用燃烧法炉气处理工艺，由于烟道内 CO 与 $O_2$ 的燃烧反应，使 FeO 进一步氧化成以 $Fe_2O_3$ 为主，且其颗粒较小（这是由于再氧化过程中引起碎裂的结果），废水呈红色，一般 pH 值都在 7 以下，属酸性，有的燃烧法废水亦呈碱性，那是因为混入大量石灰粉尘的结果。

燃烧法和未燃法废水的特性见表 13-14。

2) 废水温度与 pH 值的变化。废水水温随冶炼过程中烟气温度的变化而变化。一般吹氧时温度较高，不吹氧时温度较低。对于大型转炉水温上升梯度可达 20℃/min。图 13-6 为某厂转炉未燃法烟气净化吹炼时循环水温度变化曲线。图 13-7 为某厂转炉燃烧法烟气净化吹炼时循环水温度变化曲线。

## 表13-14 燃烧法与未燃法转炉除尘废水特性

| 取样时间/min | 冶炼情况 | 颜色 | 水温/℃ | pH值 | 悬浮物/(mg/L) | 总含盐/(mg/L) | 电导率/(μS/cm) | $SO_4^{2-}$/(mg/L) | $Cl^-$/(mg/L) | $OH^-$/(mmol/L) | $CO_3^{2-}$/(mmol/L) | $HCO_3^-$/(mmol/L) | 总碱度/(mmol/L) | 全硬度/(mmol/L) | 暂时硬度/(mmol/L) | 永久硬度/(mmol/L) | 负硬度/(mmol/L) | $Ca^{2+}$/(mg/L) | $Mg^{2+}$/(mg/L) |
|---|---|---|---|---|---|---|---|---|---|---|---|---|---|---|---|---|---|---|---|
| 0 | 吹炼开始 | 红黑 | 62 | 8.85 | 1754 | 9527 | — | 53.70 | 188.2 | 0 | 2.97 | 29.54 | 17.73 | 1.21 | 1.21 | 0 | 33.04 | — | — |
|  |  | 灰红 | 31 | 10.33 | 1300 | 265 | 1112 | 37.20 | 44.7 | 2.65 | 0.76 | 0 | 2.08 | 2.18 | 0.76 | 1.43 | 0 | 3.87 | 0.48 |
| 2 |  | 较黑 | 63 | 8.8 | 1967 | 9868 | — | 86.9 | 185.7 | 0 | 3.30 | 29.65 | 18.12 | 1.37 | 1.37 | 0 | 33.35 | — | — |
|  | 加头批料 | 红 | 31 | 12.25 | 19270 | 250 | 1200 | 75.40 | 47.1 | 27.0 | 0.90 | 0 | 14.4 | 21.55 | 0.90 | 20.2 | 0 | 33.4 | 9.7 |
| 4 | 降罩 | 较黑 | 63 | 9.50 | 2037 | 10064 | — | 53.7 | 191.0 | 0 | 1.1 | 33.93 | 18.06 | 1.47 | 1.47 | 0 | 33.20 | — | — |
|  |  | 黑 | 43 | 6.79 | 11450 | 400 | 700 | 67 | 47.1 | 0 | 0 | 4.82 | 2.41 | 2.66 | 2.41 | 0.25 | 0 | 4.36 | 0.97 |
| 6 |  | 较黑 | 63 | 8.90 | 1644 | 9760 | 720 | 45.8 | 188.2 | 0 | 1.59 | 32.83 | 18.01 | 1.37 | 1.37 | 0 | 33.28 | — | — |
|  |  | 黑 | 42 | 12.10 | 22370 | 390 | — | 26 | 48.1 | 24 | 1.14 | 0 | 13.2 | 13.1 | 1.14 | 11.92 | 0 | 26.1 | 0 |
| 8 | 升罩 | 较黑 | 64 | 8.70 | 1532 | 9760 | — | 79.9 | 80.4 | 0 | 1.54 | 32.72 | 17.90 | 1.39 | 1.39 | 0 | 33.01 | — | — |
|  |  | 黑 | 42 | 12.31 | 16520 | 1500 | 116 | 37.2 | 55.5 | 21.1 | 0.85 | 0 | 11.4 | 11.5 | 0.85 | 10.7 | 0 | 23 | 0 |
| 10 | 加CaF | 棕 | 64 | 8.70 | 1293 | 9212 | — | 56.9 | 183.9 | 0 | 2.44 | 31.18 | 18.01 | 1.24 | 1.24 | 0 | 33.54 | — | — |
|  | 停$O_2$ | 灰 | 42 | 9.27 | 9410 | 320 | 910 | 37.2 | 45.5 | 1.94 | 0.95 | 0 | 1.90 | 1.45 | 0.95 | 0.51 | 0 | 2.42 | 0.48 |
| 12 | 提枪 | 红 | 63 | 8.80 | 755 | 9812 | — | 25.3 | 185.7 | 0 | 1.43 | 33.16 | 18.01 | 1.27 | 1.27 | 0 | 33.48 | — | — |
|  | 取样 | 灰红 | 24 | 8.50 | 810 | 250 | 1200 | 44.7 | 44.2 | 0 | 0 | 3.04 | 1.52 | 4.44 | 1.52 | 0.42 | 0 | 3.15 | 0.72 |
| 14 | 出钢 | 红 | 62 | 9.00 | 457 | 9714 | 820 | 45.8 | 188.9 | 0 | 0.9 | 33.05 | 17.51 | 1.16 | 1.16 | 0 | 33.7 | — | — |
|  | 停吹，掉渣 | 黑 | 30 | 9.76 | 3800 | 340 | — | 89.4 | 43.9 | 0 | 2.09 | 4.07 | 2.05 | 2.18 | 2.05 | 0.13 | 0 | 4.32 | 0.25 |
| 16 | 开吹 | 红 | 58 | 9.10 | 356 | 9720 | 1270 | 66.2 | 185.7 | 0 | 2.09 | 31.73 | 17.95 | 1.21 | 1.21 | 0 | 33.48 | — | — |
|  |  | 黑 | 27 | 9.35 | 2130 | 240 | 1180 | 89.4 | 44.7 | 0.95 | 0.95 | 0 | 1.40 | 4.35 | 0.95 | 3.41 | 0 | 4.48 | 3.87 |
| 18 | 停吹 | 红 | 15 | 8.10 | 2050 | 220 |  | 37.2 | 44.7 | 0 | 0 | 2.46 | 1.23 | 2.18 | 1.23 | 0.95 | 0 | 2.42 | 1.94 |

注：表中各栏线上为燃烧法，线下为未燃法。

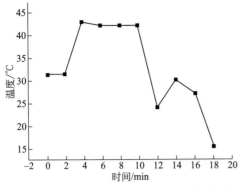

图 13-6　某厂转炉未燃法烟气净化吹炼时
循环水温度变化曲线

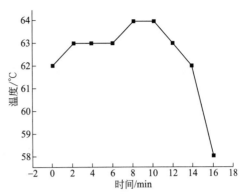

图 13-7　某厂转炉燃烧法烟气净化吹炼时
循环水温度变化曲线

烟气对除尘水 pH 值的影响与烟气净化方式有关。燃烧法净化系统的废水，由于烟气中 $CO_2$、$SO_2$ 等酸性气体溶于水，使废水 pH 值降低；而未燃烧的废水，由于烟气中 $CO_2$、$SO_2$ 等酸性气体含量很小，对废水 pH 值影响很小。另外，由于冶炼过程加入过量的石灰粉末而使废水 pH 值增高，呈碱性。图 13-8 为某厂转炉未燃法烟气净化吹炼时废水 pH 值变化曲线。

③ 废水含尘量与沉降特性　转炉吹炼时由于高温下铁的沸腾挥发，气流激烈搅拌，CO 气泡和气流激烈外溢等原因而产生的大量炉尘，其含量占金属装料量的 $1\%\sim2\%$。转炉烟气含尘量是随冶炼过程的时间而变化的。一般在吹氧时含尘量最高，变化幅度很大。某厂未燃法转炉烟气净化吹炼时废水悬浮物含量变化曲线如图 13-9 所示。

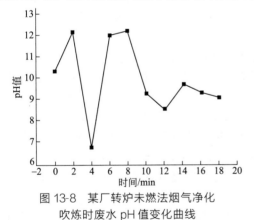

图 13-8　某厂转炉未燃法烟气净化
吹炼时废水 pH 值变化曲线

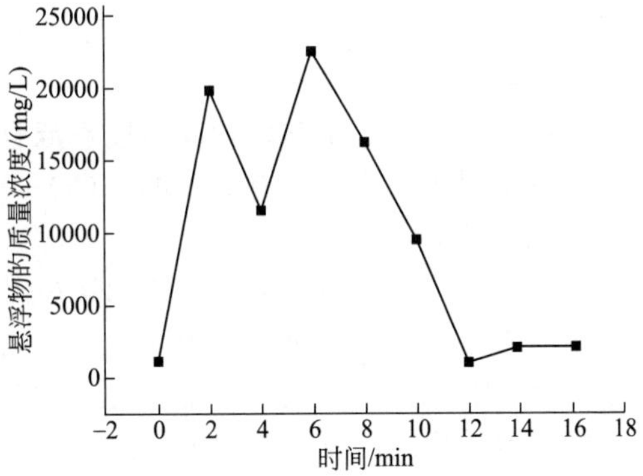

图 13-9　某厂未燃法转炉烟气净化
吹炼时废水悬浮物变化情况

未燃法烟气净化废水中烟尘粒径相对较大，且为褐色颗粒，主要成分为 FeO，密度相对较大，较易沉淀；燃烧法烟尘颗粒相对较细，呈红褐色，主要成分为 $Fe_2O_3$，密度较小，较难沉淀。由于冶炼过程中烟气净化的水温、含尘浓度、烟尘粒径与密度均变化较大，给废水处理带来众多变化因素和不利条件。

（2）处理目标与技术路线

转炉除尘废水的处理目的是循环回用，因此，要实现稳定的循环利用，最终达到闭路循环，其沉淀污泥因含铁量高常经脱水后回用。因此，转炉除尘废水处理的关键：一是悬浮物的去除；二是要解决水质稳定问题；三是污泥的脱水与回用。要实现这个目标，必须做到以下几点。

① 悬浮物的去除。转炉除尘废水中的悬浮物，若采用自然沉淀，虽可将悬浮物降低到150～200mg/L 的水平，但循环使用效果较差，故需使用强化沉降。目前一般在辐射式沉淀池或立式沉淀池前投加混凝剂，或先使用磁力凝聚器磁化后进入沉淀池。较理想的方法是使除尘废水进入水力旋流器，利用重力分离的原理，将大颗粒的悬浮颗粒（大于 $60\mu m$）除去，以减轻沉淀池的负荷。废水中投加聚丙烯酰胺即可使出水中的悬浮物含量降低到100mg/L 以下，可以使出水正常循环使用。

氧化铁属铁磁性物质，可以采用磁力分离法进行处理。目前磁力处理的方法主要有三种，即预磁沉降处理、磁滤净化处理和磁盘处理。预磁沉降处理是使转炉废水通过磁场磁化后再使之沉降。磁滤净化处理可采用装填不锈钢毛的高梯度电磁过滤器，废水流过过滤器，悬浮颗粒即吸附在过滤介质上。磁盘分离器是借助于由永磁铁组成的磁盘的磁力来分离水中的悬浮颗粒，水从槽中的磁盘间通过，磁盘逆水转动，水中的悬浮物颗粒吸附在磁盘上，待转出水面后被刮泥板刮去，废水从而得到净化。

② 水质稳定问题。由于炼钢过程中必须投加石灰，在吹氧时部分石灰粉尘还未与钢液接触就被吹出炉外，随烟气一道进入除尘系统，因此，除尘废水中 $Ca^{2+}$ 含量相当多，它与溶入水中的 $CO_2$ 反应，致使除尘废水的暂时硬度较高，水质失去稳定。采用沉淀池后投入分散剂（或称水质稳定剂）的方法，在螯合、分散的作用下，能较成功地防垢、除垢。

投加碳酸钠($Na_2CO_3$)也是一种可行的水质稳定方法。$Na_2CO_3$ 和石灰 $[Ca(OH)_2]$ 反应，形成 $CaCO_3$ 沉淀：

$$CaO+H_2O\longrightarrow Ca(OH)_2$$
$$Na_2CO_3+Ca(OH)_2\longrightarrow CaCO_3\downarrow+2NaOH$$

而生成的 NaOH 与水中的 $CO_2$ 作用又生成 $Na_2CO_3$，从而在循环反应的过程中，使 $Na_2CO_3$ 得到再生，在运行中由于排污和渗漏所致，仅补充一定量的 $Na_2CO_3$ 保持平衡。该法在国内一些厂的应用中有很好的效果。

利用高炉煤气洗涤水与转炉除尘废水混合处理，也是保持水质稳定的一种有效方法。

由于高炉煤气洗涤水含有大量的 $HCO_3^-$，而转炉除尘废水含有较多的 $OH^-$，使两者结合，发生如下反应：

$$Ca(OH)_2+Ca(HCO_3)_2\longrightarrow 2CaCO_3\downarrow+2H_2O$$

生成的碳酸钙正好在沉淀池中除去，这是以废治废、综合利用的典型实例。在运转过程中如果 $OH^-$ 与 $HCO_3^-$ 的量不平衡，适当地在沉淀池后加些阻垢剂作保证。

总之，水质稳定的方法是根据生产工艺和水质条件，因地制宜地处理，选取最有效、最经济的方法。

③ 污泥的脱水与回用。经沉淀的污泥必须进行处理与回用，否则转炉废水密闭循环利用的目标就无法实现。转炉除尘废水污泥含铁达 70%，具有很高的应用价值。处理这种污泥与处理高炉洗涤水的瓦斯泥一样，国内一般采用真空过滤脱水的方法，但因转炉烟气净化污泥颗粒较细，含碱量大，透气性差，该法的脱水效果较差，目前已渐少用。采用压滤机脱水，通常脱水效果较好，滤饼含水率较低，但设备费用较高。脱水的污泥通常制作球团回用。

### 13.3.3 处理技术与工艺

（1）混凝沉淀-水稳药剂法

从一级文氏管排出的除尘废水经明渠流入粗颗粒分离槽，在粗颗粒分离槽中将含量约为

15％的、粒径大于 60μm 的粗颗粒杂质通过分离机予以分离，被分离的沉渣送烧结厂回收利用；剩下含细颗粒的废水流入沉淀池，加入絮凝剂进行混凝沉淀处理，沉淀池出水由循环水泵送二级文氏管使用。二级文氏管的排水经水泵加压，再送一级文氏管串联使用，在循环水泵的出水管内注入防垢剂（水质稳定剂），以防止设备、管道结垢。加药量视水质情况由试验确定，如图 13-10 所示。沉淀池下部沉泥经脱水后送往烧结厂小球团车间造球回收利用。

该工艺的要点是用粗颗粒分离槽去除粗颗粒，以防止管道堵塞。

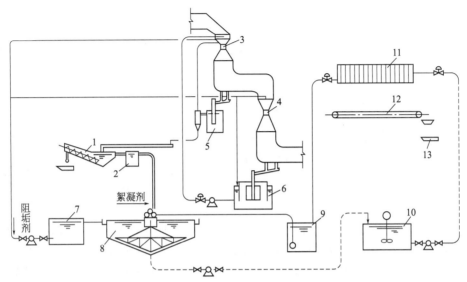

图 13-10　转炉除尘废水混凝沉淀-水稳药剂处理流程
1—粗颗粒分离槽及分离机；2—分配槽；3—一级文氏管；4—二级文氏管；5—一级文氏管排水水封槽及排水斗；
6—二级文氏管排水水封槽；7—澄清池吸水池；8—浓缩池；9—滤液槽；10—原液槽；
11—压力式过滤脱水机；12—皮带运输机；13—料罐

（2）药剂混凝沉淀-永磁除垢法

转炉除尘废水经明渠入水力旋流器进行粗细颗粒分离，粗铁泥经二次浓缩后送烧结厂利用；旋流器上部溢流水经永磁场处理后进入污水分配池与聚丙烯酰胺溶液混合，随后分流到斜管沉淀池沉降，其出水经冷却塔降温后进入集水池，清水通过永磁除垢装置后加压循环使用。沉淀池泥浆用泥浆泵提升至浓缩池，污泥浓缩后进真空过滤机脱水，污泥含水率为40％～50％，送烧结配料使用，如图 13-11 所示。

（3）磁凝聚沉淀-水稳药剂法

转炉除尘废水经磁凝聚器磁化后，流入沉淀池，沉淀池出水中投加碳酸钠解决水质稳定问题，循环回用。沉淀池沉泥送厢式压滤机压滤脱水，泥饼含水率较低，送烧结回用，如图13-12 所示。

我国大多数钢铁企业使用氧气顶吹转炉炼钢，综合目前国内氧气顶吹转炉烟气洗涤废水系统，基本上有 4 种工艺流程。

① 烟气洗涤采用两级文氏管串联除尘。一文排水经粗颗粒分离机后，进入辐流式沉淀池混凝溶液沉淀，回水经泵加压后送二文一文串联使用，污泥送板框压滤机脱水后回收利用。

② 烟气采用两级除尘器净化。水处理工艺流程基本同第一种方式，只是沉淀池出水经冷却塔冷却后再供二次除尘器用水。污泥经二次浓缩后用真空过滤机脱水。该工艺构筑物较多，污泥脱水效率低，污泥含水率高达 40％以上。

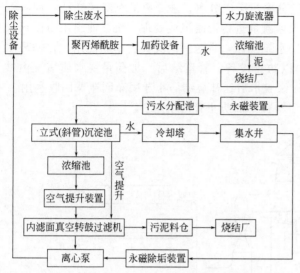

图 13-11 药剂混凝沉淀-永磁除垢处理工艺流程

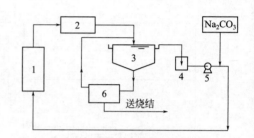

图 13-12 磁凝聚沉淀-水稳药剂工艺流程
1—洗涤器；2—磁凝聚器；3—沉淀池；
4—积水槽；5—循环槽；6—过滤机

③ 废水经水力旋流器、立式沉淀池沉淀后，出水经加压上冷却塔冷却后送除尘用水。该系统中投加混凝剂，回水循环使用，沉淀池排泥经二次浓缩后用真空过滤机脱水。该系统废水沉淀效率低、污泥含水率高，给污泥脱水带来很大困难，运行情况普遍不太理想。

④ 烟气经溢流式文氏管、脱水器、多喉口文氏管和湍流塔二级净化，除尘废水经混凝沉淀和冷却循环使用，污泥用内滤式真空过滤机脱水。

以上 4 种工艺流程，其运行效果与所采用的工艺流程及管理水平有关，通常都存在不同程度的问题，目前都在加强技术改造，主要是加强悬浮物沉淀与污泥脱水功能以及水质稳定技术，实现废水高效处理与提高废水回用率的目的。

## 13.3.4 技术应用与实践

炼钢系统由于在生产过程中有 40% 的生产用水直接与高温含尘烟气和钢渣接触，不仅水温升高，水质污染，还夹有大量含铁固体颗粒物质。因此，炼钢系统用水必须根据不同用户、不同水质要求，区别对待与处理。对于一些间接冷却、水质要求高的洁净用水对象，即在冷却过程中仅升高水温，水质未受污染，则采用闭路循环。受热的水有的经空冷式热交换器间接冷却，有的经冷却塔直接冷却循环使用。而对一些用水对象在使用过程中水温升高、水质受污染，则采用有效的先进处理设施和投加药剂进行物理和化学处理，使废水达到澄清，水质得到稳定，以保证水的循环利用，做到尽量少外排或不外排。根据宝钢经验，炼钢系统用水循环率可达 98%。

### 13.3.4.1 宝钢 OG 法转炉烟气除尘技术

（1）OG 装置用水要求与循环水处理系统

① OG 装置用水要求

1）水量。每座转炉总用水量为 1740m³/h。其中：一级文氏管为 780m³/h，一级文氏管溢流水封为 200m³/h，二级文氏管为 680m³/h，二级文氏管排水封槽，即向一级文氏管给水的补充水为 80m³/h。

2）水温。一级文氏管给水温度 53℃，二级文氏管给水温度 45℃。

3）水压与水质。一级文氏管给水压力为 6865kPa，二级文氏管为 882.6kPa。一级文氏管给水 SS 小于 2000mg/L，排水 SS 为 5000～15000mg/L。二级文氏管给水 SS 小于 200mg/L，排水 SS 为 1600～2000mg/L。

② OG 装置循环水处理系统　根据转炉炼钢的生产特点和用水户要求，决定采用循环给水和连续给水（又名串接给水）系统，即一级文氏管除尘排水进入浓缩池，沉淀后供二级文氏管及溢流水封等用户使用，二文排水直接提升供一级文氏管使用。水在一文除尘设备中，由于水和高温烟气直接接触，水质受污染，不仅 pH 值增高、水温升高，且含有铁等机械杂质。为此废水经水封槽排入架空明沟，自流到粗颗粒分离槽。先在粗颗粒分离槽内去除大于 60μm 的粗颗粒，然后进入分配槽，分别向 3 座浓缩池进水（正常运转时，2 座工作，1 座备用）。为了加速悬浮颗粒的沉降和调整废水 pH 值，在分配槽内投加高分子助凝聚剂和硫酸或废碱液等 pH 值调整剂。除尘废水在浓缩池内沉淀，澄清后，清水进入吸水池，用 ZDC 双吸离心水泵 3 台（2 台工作，1 台备用）提升向二级文氏管和一级文氏管溢流水封及二级文氏管排水封槽补水。考虑到循环水系统中必须进行水质稳定，在吸水池澄清水进口投加 pH 值调整剂和提升泵吸水口投加分散剂。在二级文氏管除尘设备中，由于水在一文氏管直接接触，大部分机械杂质，特别是粗颗粒业已清除。二级文氏管排水 pH 值一般接近中性，悬浮物的质量浓度一般为 1600～2000mg/L，可以不加任何处理，直接提升供给一级文氏管作熄火降温粗除尘使用。浓缩池底部沉降污泥浆，由泥浆泵抽送到泥浆调节槽，再由泥浆泵压送到全自动压力式过滤脱水机进行脱水。脱水后过滤液返回浓缩池沉淀，污泥和粗颗粒分离提升出来，大于 60μm 的粗颗粒通过专用车辆送到烧结厂小球团车间室内堆场，和其他含铁污泥一起继续进行自然干燥和回收利用。

（2）工艺流程特点

① 节省基建及水处理药剂费用　减少除尘废水在浓缩池处理量约 39%，基建投资、水处理药剂及水质稳定药剂费用都可以相应减少，因此也减少了占地面积。

② 一级文氏管供水安全可靠　一级文氏管有 2 个供水水源，即一级文氏管本体用水由二级文氏管排水水封槽直接提升供给，一级文氏管溢流水封由循环水系统供给。这样当一路暂时停止供水，也不会由于保证不了一级文氏管熄火而可能引起煤气爆炸。

③ 节省电力消耗　二级文氏管排水通过水封槽收集，直接提升供一级文氏管使用，电力消耗可以节省。例如，一级文氏管供水点标高 49m，供水压力只需 700kPa；二级文氏管供水点标高 23m，则供水压力为 900kPa。可见采用一个供水系统，则供水压力必须满足最不利点的要求，显见电能消耗大量增加。

④ 预处理防止泥浆泵磨损和管道堵塞　粗颗粒进入浓缩池前进行预处理，有利于浓缩池刮泥机的正常运转，防止了泥浆泵的磨损和管道的堵塞。

⑤ 污泥含水率低，利于处理应用　浓缩污泥使用全自动压力式过滤脱水机，脱水后的污泥含水率小于 30%，有利于运输和下道工序处理利用。

目前我国转炉 OG 装置除尘给水，不论是一级文氏管、二级文氏管还是一级文氏管溢流水封等用水，不少企业还用一个给水系统统一供水，用后废水经沉淀而循环使用，处理水量大，构筑物多。泥浆采用真空脱水，投资多，电能消耗大，且含水率较高。因而 OG 装置除尘废水处理系统设计弊多利少，所以炼钢厂这一用水系统和废水处理工艺值得同行业借鉴。

（3）主要设备选择

转炉 OG 装置除尘废水循环系统由架空回水明沟、粗颗粒分离槽与分离机、浓缩池及污泥脱水系统等 4 大部分组成。

① 架空回水明沟　为了使 3 座转炉的烟气洗涤废水进入粗颗粒分离槽，设计了一条宽为 770mm 的公用架空废水明沟，将各座转炉的一级文氏管经 90°弯头脱水器出来的废水通过各自的水封槽分别排入明沟。明沟起点标高为 21.43m，进入粗颗粒分离槽标高为 11.10m，明沟长度为 305m，平均坡度为 2%，沟内流速达 3m/s。考虑到烟气在净化过程中会有一部分 CO 被溶解在水里，废水进入明沟后会在明沟中释放出来，对车间环境造成污染，同时考虑到安全和其他废物进入明沟等因素，故对厂房内部分别设置钢盖板和检查孔，并伴随明沟设有人行走道，走道宽为 800mm，以供定期检修和清理明沟。为使拐弯转角水流通畅，明沟曲率半径 R 大于 1.55 倍明沟宽度；为了不使大的杂物落入明沟进入粗颗粒分离槽，在明沟进入分离槽前设有格栅，截留杂物。格栅用扁钢焊成，与水平线成 60°夹角敷设。该明沟自投产使用以来情况良好，未曾发现堵塞和影响周围环境。

② 粗颗粒分离装置　OG 装置洗涤废水进入浓缩池沉淀处理之前增设了粗颗粒分离装置，不但可以避免浓缩池排泥口和排泥管道的堵塞，而且也减少泥浆泵的磨损。更为重要的是，保证浓缩池刮泥机正常运转，对稳定出水水质也起着重要的作用，因而国内外各转炉炼钢厂均相继采用。在我国转炉炼钢厂多数采用旋流器去除粗颗粒，而国外则采用分离槽和分离机。宝钢炼钢厂选用的是分离槽加分离机。对粗颗粒分离不管采用何种形式，总的目的都是把大于 $60\mu m$ 的粗颗粒在进入浓缩池前预先去除，以保证后续水处理工序稳定持续地正常工作。

粗颗粒分离装置由分离槽、分离机和粗颗粒卸料装置等 3 个部分组成。粗颗粒分离装置如图 13-13 所示。

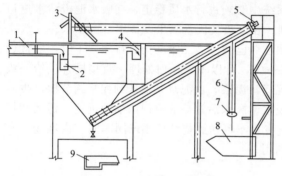

图 13-13　粗颗粒分离装置
1—进水明沟；2—进水口；3—吊具及吊架；4—出水溢流堰；
5—分离机传动机构；6—料斗；7—电动缸开闭阀；
8—料罐；9—排水坑

1) 粗颗粒分离槽。粗颗粒分离槽类同于一个圆筒形沉淀池，有效水深 1m，由周边溢流出水。由于沉泥量大，采用螺旋输送机出泥。为便于在检修时吊起螺旋提升机，进水管不设在中心而设于一侧，且分成两口出流。为易于集泥，池底呈圆锥形，锥角 45°。

转炉除尘废水的悬浮物中，大于 $60\mu m$ 的颗粒占 15% 以上。当颗粒直径在 $60\sim100\mu m$ 时，相对密度大于 2.65。颗粒物在粗颗粒分离槽中的沉降系自然沉淀。其沉淀速度可按斯托克斯公式计算：

$$V = \frac{g(\delta' - \delta)d^2}{18\gamma}$$

式中，V 为沉降速度，cm/s；g 为重力加速度，cm/s²；δ′ 为颗粒物密度，g/cm³；δ 为液体密度，g/cm³；d 为颗粒物直径，cm；γ 为动力黏滞度，g/(cm·s)。

据此可求得直径 $60\mu m$ 颗粒的沉淀速度为 0.5m/min，亦即表面负荷率为 30m³/(m²·h)，根据所需处理的水量可求得粗颗粒分离槽的直径。

废水在粗颗粒分离槽中的停留时间不宜过长，正常为 2min，否则小于 $60\mu m$ 的细颗粒会同时下沉，粗细颗粒混在一起使沉淀泥变得密实，不利于螺旋提升机的工作及污泥脱水。

2) 粗颗粒分离机——螺旋提升机。螺旋提升机斜放在粗颗粒分离槽中，与水平成 25°夹角。转速 1500r/min，螺旋叶片间距 200mm。在从粗颗粒分离槽中提升沉泥时，可同时将沉泥中所含的大部分水分分离。螺旋提升机的输泥量的计算程序如下。

转炉冶炼的烟尘量为 16kg/t 钢，其中应在粗颗粒分离槽中去除的粒径大于 $60\mu m$ 的占 15%。转炉平均冶炼时间为 16min，冶炼平均周期为 36min。因此，螺旋提升机的最大提升量 $Q_{max}$ 为：

$$Q_{max} = 单炉产钢量\ A(t/炉) \times 0.016(t/t\ 钢) \times \frac{15}{100} \times \frac{60}{16}(炉/h) = 0.009A(t/h)$$

螺旋提升机的平均提升量 $Q_{AV}$ 为：

$$Q_{AV} = 单炉产钢量\ A(t/炉) \times 0.016(t/t\ 钢) \times \frac{15}{100} \times \frac{60}{16}(炉/h) = 0.004A(t/h)$$

炼钢厂使用的粗颗粒分离装置是总结日本君津和大分厂的使用经验后进行改进的。粗颗粒分离机安装在粗颗粒分离槽内，两者合为一体。而国内增加旋流器、粗颗粒沉淀池并设抓斗等起重设备，故占地面积大，人工操作麻烦。它与国内采用旋流器相比，具有设备少、布置紧凑及操作维修管理方便等优点，很值得国内一些较大的转炉炼钢车间（厂）在改造水处理设施时借鉴。

根据宝钢和日本的资料，经 OG 装置除下来的烟尘中有 15% 的颗粒大于 $60\mu m$。烟尘颗粒直径大，含铁成分高，相对密度大，如果转炉除尘废水在进入浓缩池之前采用简易办法能除去 15% 的粗颗粒，这样就可以防止泥浆泵磨损，减少管道堵塞。特别是在采用浓缩池使用机械刮泥的情况下，保证刮泥机正常运转将更为有利，同时也可提高脱水效果。

粗颗粒卸料装置是一种溜槽料斗，用来把分离机提升出来的粗颗粒做短时间储存后卸料。卸下的粗颗粒由汽车运至烧结工序配料。

3）OG 装置除尘废水沉淀设施。沉淀处理系统由分配槽、浓缩池、排泥装置、加药装置及循环泵等组成。其中浓缩池与加药装置是该系统的关键。

除尘废水采用辐射式沉淀浓缩池（简称浓缩池，共 3 座），并设有中心传动型自动升降式刮泥机。废水经粗颗粒分离后进入分配槽（槽内可投加药剂），然后进入浓缩池的进水室，呈辐射状均匀地向四周扩散进行沉淀处理。通过沉淀后，水中悬浮物含量小于 200mg/L，当投加药剂混凝沉淀处理时，悬浮物含量小于 50mg/L（目前为了减少投药量，悬浮物含量保持在 100mg/L 以下）。经过沉淀处理的水进入吸水池，通过水泵提升加压送至二级文氏管、一级文氏管溢流水封等设备使用。沉降到浓缩池底部的泥浆浓度较高（浓度约为 30%），通过刮泥机把泥浆刮到集泥槽，由泥浆泵送到泥浆调节槽，然后用高压泥浆泵压入压力式过滤脱水机脱水。

a. 分配槽。为使浓缩池进水均匀，便于控制和操作而设立分配槽。槽内设有隔板，便于加药时水与药剂混合，并设闸门以便分配进浓缩池的废水量。

b. 浓缩池。浓缩池是该系统废水处理好坏的关键。为保证转炉冶炼过程中除尘废水水质和水温尽管变化，但经浓缩池澄清后，出水水质不受影响，同时又可使沉降的污泥充分浓缩，采用沉速约 1m/h，沉降时间 4h 以上，并采用中心传动型刮泥机浓缩池，如图 13-14 所示。

要求浓缩池处理后，在不加药剂时的出水中悬浮物为 200mg/L；加入絮凝药剂时，出水悬浮物为 50mg/L。

c. 排泥装置。沉降污泥由刮泥机刮入池底环形集泥槽。再由排泥管接至排泥泵排出。

d. 加药装置。根据水处理和水质稳定要求，分设 3 种加药装置，如图 13-15 所示。

（a）高分子凝聚剂加入装置。为了提高浓缩池的沉淀效果，使循环系统运行正常，并且不向外排放或减少向外排污，特地设置了高分子凝聚剂加药装置。加药装置主要由溶液槽和注入泵组成。

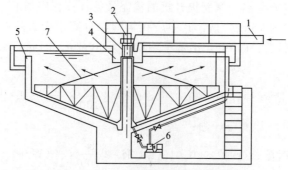

图 13-14　中心传动型刮泥机浓缩池

1—进水明沟；2—传动装置；3—升降装置；4—浓缩池进水室；
5—溢流出水堰；6—泥浆泵；7—刮泥机拉杆

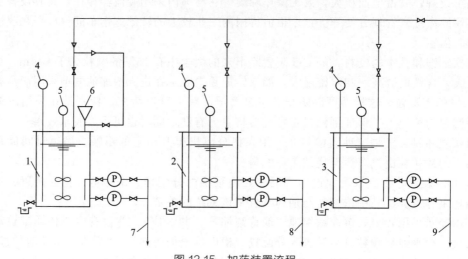

图 13-15　加药装置流程

1—凝聚剂槽；2—水质调整剂槽；3—分散剂槽；4—液位开关；5—搅拌机；
6—粉体给料装置；7—送往浓缩池分配槽；8—送往浓缩池
分配槽及处理后水槽；9—送往浓缩池处理后水槽

选用的药剂是聚丙烯酰胺一类的高分子凝聚剂。

在浓缩池前的分配槽内加药，利用分配槽的进出口装置使水转折混合。加药量为 $0.3\sim$ $1.0 mg/L$(Kuriflock PA-322)。加药后浓缩池出水悬浮物要求小于 $50 mg/L$。

(b) pH 值调整剂加入装置。除尘废水在循环过程中与转炉冶炼随烟气带出的大量含有石灰碎末的烟尘直接接触，从而影响到废水 pH 值的上升。有时由于烟气中 $CO_2$ 和原料变化，也使 pH 值下降，因此，废水 pH 值经常处在不稳定状态。为此在 pH 值上升时用 $92.5\%\sim98\%$ 的 $H_2SO_4$ 调整 pH 值；当 pH 值下降时，则采用碱液或石灰来调整。

宝钢炼钢厂转炉除尘废水处理系统中设置一套 pH 值水质调整加入装置，投加位置在浓缩池前的分配槽内及废水经浓缩池澄清后的吸水池内。

(c) 分散剂加入装置。在废水系统中加入分散剂主要是解决设备及管道内壁不积污、少结垢问题。从国外大量生产实践来看，加入分散剂实际上起着防垢作用。

选用的药剂是聚丙烯酰胺系聚合物，也可以选用高分子电解质等。

投药地点在澄清水提升泵的吸水管上，也可以放在吸水池的进口。投加药剂量为 $2\sim5 mg/L$。

4) 污泥脱水设备。沉淀污泥是采用 MF-IB 型全自动压力式过滤脱水机进行脱水的，它比真空过滤脱水设备有着很多优点：进料要求不高，占地面积少，耗电省和脱水效果好。

MF-IB 型全自动压力式过滤脱水机装置由本体、液压装置、自动阀类及电气控制盘等 4 个主要部分组成。此外，还附有各种液用罐（槽）、水泵、空气压缩机、贮气罐、搅拌机、漏液盛器、皮带运输机及配管等附属设备。

a. 污泥过滤脱水过程。开始运转→过滤（15～17min）→压榨（约 8min）→排出滤液（约 5min）→泥饼排出（约 15min）。

每个周期运行时间为 43～45min，使用 2～3 次后进行冲洗。压力式过滤脱水机处理污泥流程如图 13-16 所示。

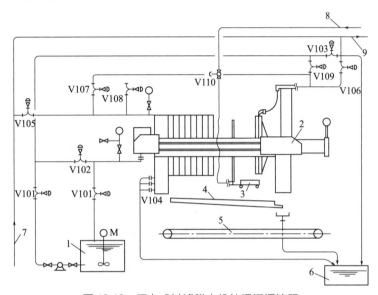

图 13-16　压力式过滤脱水机处理污泥流程

1—原液槽；2—脱水机；3—滤布冲洗装置；4—漏液盛器；5—皮带输送机；6—滤液槽；
7—压缩空气入口；8—来自滤布冲洗泵组；9—去其他过滤脱水机

（a）过滤。把泥浆的固体和液体分离，泥浆由原液泵压过滤室，过滤到一定时间后，泥浆的输送停止。过滤的时间根据泥浆的性质而变动。

过滤开始时，V101 和 V102 阀打开送入泥浆，V108 阀打开进行排气；过滤到第二阶段进行二段过滤时，V102 阀关闭，V109 阀打开送入泥浆，V108 阀仍然打开进行排气。

（b）压榨。在脱水机的各过滤室装入特殊橡胶的隔膜中压入 800kPa 高压空气，使隔膜膨胀，并使过滤室内剩余液体强行挤净。

在压榨过程中只打开 V105 阀，送入压缩空气，其他阀均关闭。

（c）排出滤液。大部分的滤液是在过滤和压榨过程中排出的。此时先打开 V106 阀，送入压缩空气后打开 V104 阀排出残液，然后关闭 V106 阀，打开 V107 阀进行残压排放残液，最后 V107 阀关闭。阀门全部关闭，排出了残液，工作结束。

排出的滤液先流入滤液槽，然后用滤液泵送到浓缩池进行再处理。

（d）滤饼的排出。泥饼是依靠过滤室的移动自动进行排出的。在黏性大的泥饼情况下，在压力过滤脱水机机体上装有振动装置振动滤布，使泥饼从滤布上剥落下来。

剥落下来的泥饼落入下边的皮带运输机，经料斗入料罐由专用汽车运到烧结厂小球团工厂使用。

（e）滤布的冲洗。由于过滤过程中强制压榨，因此，以往的压力式过滤脱水机引起滤布孔眼堵塞比较频繁。现在采用 MF-IB 型压力式过滤脱水有滤布自动冲洗装置，能防止滤布孔眼的堵塞，使滤布的寿命延长，提高了脱水效果。

冲洗滤布不需要在每个周期完成后都进行，而是根据污泥的性质可经一定周期后进行冲洗也能达到良好的效果。由于冲洗次数少，冲洗总水量也减少，可减少浓缩池重复处理水量。宝钢的设计考虑为 2 个周期冲洗一次。

整个运行可在除尘废水处理操作室控制，远距离联动运转及监视。

b. 脱水机的特征

（a）能适应各种原液进行脱水。

（b）脱水后泥饼含水率较小，在 20%～30%，使运输及回收利用方便。

（c）能自动冲洗滤布，所以滤布维护很方便，并使滤布寿命延长且脱水效果良好。

（d）由于全部自动化运转，不仅维护管理方便，而且劳动强度也小。

（e）设有滤布自动冲洗装置，从而保证滤布的孔眼不受堵塞，使用寿命增长，提高脱水效率。

### 13.3.4.2　武钢转炉烟气除尘技术

武钢在吸收消化宝钢引进日本 OG 法除尘废水处理技术的基础上，经开发创新采用粗颗粒分离器、VC 沉淀池以及碳酸钠软化法除垢等技术，使转炉除尘废水实现全循环回用。

（1）废水水质与处理工艺流程

武钢二炼钢厂转炉烟气除尘系统原设计废水为直流排放，使用后的转炉烟气废水经处理后达标直排长江。为了消除此股废水对长江水域造成的污染，与转炉扩容改造工程同步进行转炉烟气净化废水循环回用工程建设。全部工程分三期进行。共投资 1600 万元，扩建改造后，供水量由原来的 800～1000m³/h，提高到 1200～1680 m³/h。

废水处理工艺如图 13-17 所示。转炉烟气净化污水经架空明槽进入粗颗粒分离装置，分离出 60μm 以上的粗颗粒，溢流水进入分配池，在此投加絮凝剂聚丙烯酰胺溶液，然后分流进入两座辐流式沉淀池和 1 座 VC 沉淀池。出水经冷却塔降温后流入吸水井，并投加 ATMP 阻垢剂，最后经泵房加压后供除尘设备循环使用，沉淀池污泥由三台带式压滤机脱水后送工业港作烧结混合料。治理前后的水质变化情况见表 13-15。

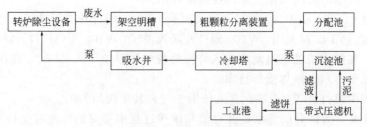

图 13-17　转炉除尘废水处理工艺流程

表 13-15　治理前后水质比较

| 进水水质 | | | | | | 出水水质 | |
| --- | --- | --- | --- | --- | --- | --- | --- |
| 水量 /(m³/h) | SS /(mg/L) | pH 值 | Ca²⁺ /(mg/L) | Mg²⁺ /(mg/L) | 总硬度 /(mmol/L) | SS /(mg/L) | 水温/℃ |
| 1680 | 1800～3700 | 8～9 | 70～610 | 5～18 | 2～16 | ≤50 | ≤35 |

（2）主要构筑物与设备

　　根据宝钢的处理经验，采用粗颗粒分离机可解除 $60\mu m$ 以上的粗颗粒问题，不仅能降低沉淀池处理负荷，而且对设备磨损、管道堵塞，特别是带式压滤机使用寿命延长均有较好的效果。

　　选用主要设备的名称与规格见表 13-16。

表 13-16　主要设备名称、规格表

| 序号 | 名称 | 型式及规格 | 单位 | 数量 |
|---|---|---|---|---|
| 1 | 带式压滤机 | CPF-2000S5，滤带有效宽度 2000mm，主传动减速机型号 XWEDS，5-85-1/87，55kW，给料装置 XWED0.8-78-1/121，0.8kW | 台 | 3 |
| 2 | 静态混合器 | JHA-200，长度 $L=2000$mm | 台 | 3 |
| 3 | 螺旋分级机 | XWED4-95AJF，分级机外径 600mm，中心轴直径 325mm | 台 | 4 |
| 4 | 隔膜式计量泵 | J-WM2/10 配电动机 BA06314W，$N=0.12$kW | 台 | 2 |
| 5 | 电动蝶阀 | D971X-6，DN125 | 台 | 3 |
| 6 | VC 沉淀装置 | VC-1-1 型，23m×3.4m×6.53m | 台 | 7 |
| 7 | 泥浆泵 | 2PNJFA，$Q=27\sim50$m³/h，$H=40\sim36$m/s，$n=1900$r/min，$N=18.5$kW | 台 | 18 |
| 8 | 潜水泵 | AS30-2CB，$Q=42$m³/h，$H=11$m/s，$N=2.9$kW，$n=2850$r/min，380V | 台 | 1 |
| 9 | 离心泵 | 250S39A，$Q=324\sim576$m³/h，$H=35.5\sim25$m/s，$n=1450$r/min 配电机 Y250M-4，$N=55$kW | 台 | 1 |
| 10 | PVC 蜂窝填料 | $d25$ | m³ | 437 |
| 11 | 沉淀池 | 辐射式 $\phi20$m | 台 | 2 |
| 12 | 水质稳定间 | 楼房 4 层 | m² | 591.68 |
| 13 | 加药罐 | 直径 $\phi2$m，高 3.2m，带搅拌机 RJ850-ⅡX | 台 | 6 |

　　（3）运行中的问题与解决途径

　　① 颗粒分离机（螺旋提升机）运行不正常　主要是螺旋提升机提升失控，尘泥难以提升，经检查螺旋机安装符合与水平夹角≤25°的要求，主要原因是混凝土导槽表面粗糙，阻力大，后改为钢管，但夹角未变，螺旋叶片与导管槽间隙距控制在 5mm 以内，上述问题即妥善解决。

　　② 结垢问题　由于在炼钢过程中必须投加石灰以形成炉渣，生产所用的石灰，其质量、粒度、强度等往往不能满足设计要求，而且石灰的投加量一般超过计划用量。在吹氧时，部分石灰粉尘还未与钢液接触就被吹出炉外，随烟气一道进入除尘系统。因此，除尘废水中 $Ca^{2+}$ 含量相当多，同时又有 $CO_2$ 溶于水，致使废水暂时硬度较高，结垢严重。

　　在未采取分散阻垢方式时，系统结垢极快，一周后泵体表面均匀附着一层厚为 $3\sim5$mm 的垢块。经对垢样分析，CaO 含量 52.2%，MgO 含量 3.19%，$Fe_2O_3$ 含量 1.34%，由此可见，$Ca^{2+}$ 是成垢的主要原因。针对实际中的问题，选用投加 $Na_2CO_3$ 的水质稳定方法进行实验室和现场试验，并试生产。

　　（4）运行效果与效益分析

　　经正常运行后效果良好，自投加 $Na_2CO_3$ 作水质稳定剂后，喷嘴、滤网等结垢堵塞问题得到解决，循环水质状况比较稳定，经测定 pH 值平均为 10.44，SS 均值为 52.7mg/L，$\rho$（$Ca^{2+}$）为 3.54mg/L，符合循环水水质要求。实现废水密闭循环，年节约新水 1200 万吨；年回收尘泥 1.8 万吨，直接经济效益共 500 万元/年。更重要的是杜绝废水直排长江所造成的水域与环境污染。

### 13.3.4.3 济钢转炉烟气除尘技术

济钢实践表明，采用磁凝聚器—斜板沉淀池—厢式压滤机的工艺处理炼钢烟气除尘废水，不仅可以降低悬浮物，回收利用尘泥，保持水质稳定，减排废水，而且降低成本。

（1）存在问题与解决途径

济钢发展迅速，但存在工艺与技术装置落后的矛盾，特别是转炉废水、尘泥处理效果不好，造成废水大量超标外排、污泥堆集等环保问题。需要解决的问题：一是废水中悬浮物去除问题。由于转炉冶炼过程是周期性的，废水水质也随着冶炼时间而变化，废水中悬浮物变化范围在几百到 $1.3 \times 10^3 \, mg/L$ 之间。水温、溶解盐、pH 值及悬浮物颗粒变化也较大。根据济钢环监站连续监测结果表明，SS 最高达 13272mg/L，最低为 900mg/L；悬浮物颗粒最大为 $110 \mu m$，最小为 $0.5 \mu m$。二是污泥脱水与利用问题。污泥中含铁高，但含水率高无法利用。三是循环水水质稳定问题未能解决，影响废水回用。

解决途径是针对济钢转炉废水并经试验探索与研究，采用磁力分离法去除炼钢转炉废水中众多氧化铁皮与重金属等磁性物质；采用斜板沉淀池实现废水中固液分离，迅速排泥和浓缩污泥，采用板框压滤机进行污泥脱水，经压滤后污泥含水率一般为 25％。实现尘泥送往烧结配料的目的。

（2）废水水质与处理工艺

济钢转炉除尘废水水质见表 13-17。

表 13-17　济钢转炉除尘废水水质

| pH 值 | 总硬度/(mg/L) | 钙离子/(mg/L) | 暂时硬度/(mg/L) | HCO₃/(mg/m) | CO₂/(mg/L) | SS/(mg/L) | 全铁/(mg/L) | 水温/℃ |
|---|---|---|---|---|---|---|---|---|
| 8.6～12.2 | 6.6～23 | 1.6～23 | 1.6～21.15 | 4.8～6.95 | 0.2～1.4 | 900～13700 | 0.068～1.08 | 42～65 |

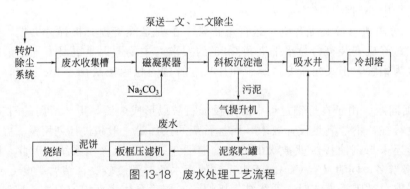

图 13-18　废水处理工艺流程

根据上述分析，对济钢转炉废水实现处理与循环回用，需按图 13-18 的废水处理工艺流程进行改造：转炉烟气除尘废水经提升泵进入钢制流槽，通过磁凝聚器磁化后，自流入斜板沉淀池。沉淀池出水自流入吸水井，经冷却塔冷却后送往转炉除尘系统循环使用。沉淀池底部泥浆经螺旋输泥机推出，用泥浆气水提升机送至污泥脱水间的泥浆贮罐，再用压缩空气输送至厢式压滤机经脱水后，泥饼含水率小于 25％，由卸料斗装车运至烧结厂作为原料回收利用。

（3）处理设施选择

① 磁凝聚器　按产生磁场的方法不同，磁分离设备分为永磁型、电磁型和超导型 3 类。永磁型分离器的磁场由永久磁铁产生，构造简单、电能消耗少，但磁场强度低且不能调节，

仅用于分离铁磁性物质。电磁分离器可获得高磁场强度和高磁场梯度，分离能力大，可分离细小铁磁性物质和弱磁性物质。超导磁分离器可产生超强磁场，运行基本不消耗电能，但造价高。根据炼钢转炉烟气除尘水的特性和节约资金的原则，本着能达到处理效果的前提，可优先选用电磁型。磁凝聚器属于电磁型的设备，其处理转炉烟气洗涤废水设备简单、重量轻、投资少、运行安全可靠。转炉烟气除尘废水中的氧化铁微粒在流经磁场时产生磁感应，而离开磁场时又具有剩磁，这样水中的微粒在沉淀池中互相碰撞吸引凝结成较大的絮体从而加速沉淀。同时试验证明，经磁凝聚器处理过的废水尚有抑制水垢的作用，而且还具有"溶垢"之功能。定期向循环水中投加碳酸钠，可使循环水中的钙硬度稳定地保持在稳定状态，故选用磁凝聚器。

② 斜板沉淀池　普通沉淀池主要有平流式、竖流式和辐射式 3 种，虽各有优劣，但都存在悬浮物的去除效率不高（一般只有 40%～70%）和体积庞大、占地面积多的主要缺点。为了克服这些缺点，可从两个方面采取措施，即改善悬浮物的沉降性能和改进沉淀池的结构。投加混凝剂、助凝剂等化学试剂是前者的主要手段；而斜板斜管沉淀池的出现和应用是后者的典型例子。为了让沉到底部的污泥便于排出，运用浅池沉降原理，把这些浅的沉淀区倾斜 60°设置，以使污泥顺利滑下，因此称为斜板沉淀池。在斜板沉淀池内，由于雷诺数远小于 500（一般为 30～300），水流处于稳定的层流状态，颗粒沉降状况会得到显著改善。而一般沉淀池内的雷诺数远大于 500，因而干扰了颗粒的下沉。综上所述，与普通沉淀池相比，斜板沉淀池之所以能大幅度提高生产能力，主要是由于增加了沉淀池的面积和改善了水力条件的缘故，所以可选用斜板沉淀池。根据水流和泥流的相对方向，可将斜板沉淀池分为异向流（逆向流）、同向流和侧向流（横向流）3 种类型，其中以异向流应用最广泛，它的特点是水流向上、泥流向下，倾角 60°。但是对于炼钢转炉烟气除尘废水而言，由于废水悬浮物含量高，温度变化大，为消除因温度变化而产生的异重流影响，根据合肥钢铁公司的经验，选用横向流斜板沉淀池较为理想。

③ 板框压滤机　泥浆脱水是实现系统供水和污泥回收利用的关键。以前大都采用真空过滤机。由于效率低、维修量大、污泥含水率高（达 40%以上），因而目前真空过滤机已逐步淘汰，被普通板框压滤机代替。普通板框压滤机污泥含水率达 25%以上，同时由于板框结构的原因，有时出现喷料现象。鉴于以上原因，拟采用双隔膜板框压滤机，该机具有操作简单、泥饼含水量低（一般小于 25%）、工作效率高、能耗低、泥饼运输量少、运行可靠的优点。双隔膜板框压滤机辅以压缩空气二次挤压，滤后水质 SS≤150mg/L，直接回至泵房吸水井回收利用。而含水率 25%以下的污泥通过输送带送至料仓，可改善烧结厂的工作条件和提高烧结矿质量，为转炉污泥资源化创造了条件。

④ 水处理结果与效益分析　采用图 13-19 的废水处理工艺流程后，从斜板沉淀池出水经水质分析为：pH 值为 8.5；SS 为 100mg/L；总硬度 40.75mg/L（以 $CaCO_3$ 计）；硬度 20.95mg/L；$\rho(Cl^-)$ 为180mg/L，均低于该厂的规定要求。

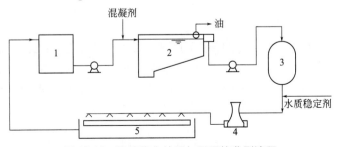

图 13-19　连铸废水处理与回用的典型流程
1—铁皮坑；2—沉淀除油池；3—过滤器；4—冷却塔；5—喷淋

通过上述工艺流程处理后，实现废水"零排放"，每小时可节水 500t，可回收干尘泥 20000t/a，减少排污费 150 万元/年，总效益达 450 万元/年。效益比较显著。

# 13.4 连铸废水处理与回用技术

连铸机的开发应用是炼钢工序一次重大的工艺革新，它的优点是可以降低能源消耗，提高金属收得率，提高产品质量，降低生产成本，大大简化模铸钢锭和初轧等生产工艺。因此，连续铸钢机（简称连铸机）是钢铁工业广泛使用的浇铸设备。连铸比的高低是炼钢技术水平的重要标志。近几年来我国连铸比发展迅速，它标志着我国钢铁工业技术水平已跨入世界先进行业。表 13-18 列出了我国世纪之交 10 年中钢产量与连铸比的发展情况。

表 13-18 历年连铸比的发展情况

| 年份 | | 1990 | 1991 | 1992 | 1993 | 1994 | 1995 | 1996 |
|---|---|---|---|---|---|---|---|---|
| 产量<br>/(万吨/年) | 粗钢 | 6535 | 7100 | 8093 | 8594 | 9261 | 9536 | 10124 |
| | 增量 | 376 | 565 | 993 | 501 | 667 | 275 | 588 |
| | 连铸坯 | 1480.0 | 1883.5 | 2482.2 | 3030.5 | 3654.2 | 4432.5 | 5393 |
| | 增量 | 475.6 | 403.5 | 588.7 | 548.3 | 623.7 | 778.3 | 960.4 |
| 连铸/% | | 22.65 | 26.53 | 30.67 | 35.26 | 39.46 | 46.48 | 53.27 |
| 年份 | | 1997 | 1998 | 1999 | 2000 | 2001 | 2002 | 2003 |
| 产量<br>/(万吨/年) | 粗钢 | 10891 | 11459 | 12395 | 12849 | 15163 | 18225 | 22234 |
| | 增量 | 767 | 568 | 936 | 454 | 2314 | 3062 | 4009 |
| | 连铸坯 | 6605.9 | 7883.2 | 9591.2 | 10522.4 | 13360.0 | 16613 | 20897 |
| | 增量 | 1212.0 | 1277.3 | 1708 | 931.2 | 2837.6 | 3525 | 4012 |
| 连铸/% | | 60.65 | 68.8 | 77.38 | 81.89 | 88.11 | 91.15 | 93.99 |

在连铸过程中，供水水质起着重要作用，为了提高钢坯的质量，对连铸用水水质的要求越来越高，水的冷却效果好坏直接影响钢坯的质量和结晶器的使用寿命。由于连铸比的快速增加，连铸生产废水处理与回用已成为炼钢工序的重要技术问题。

## 13.4.1 连铸废水处理典型工艺与技术

（1）处理工艺

该处理工艺主要针对二次冷却区喷嘴向拉辊牵引的钢坯喷水、钢坯切割与火焰清理等废水。这些废水主要受热污染，含氧化铁皮和油脂，处理方法一般采用固-液分离（沉淀）、液-液分离（除油）、过滤、冷却和水质稳定等措施，以达到循环利用。图 13-19 为连铸废水的常规（典型）处理工艺流程。废水经一次铁皮坑，将大颗粒（50μm 以上）的氧化铁皮清除掉，用泵将废水送入沉淀池，在此一方面进一步除去水中微细颗粒的氧化铁皮，另一方面利用上浮原理将油部分去除。为了保证沉淀池出水悬浮物较低，以保证喷嘴不被堵塞，通常采用投药混凝方式以加速沉淀。试验表明，用石灰、25mg/L 的活性氧化钙和 1mg/L 的聚丙烯酰胺进行混凝处理，可使净化效率提高 20%，同时也减轻滤池负荷。

该处理工艺中设备的冷却塔选用是很重要的，是循环水冷却能否达到温度要求的关键设备。

（2）冷却塔的选用要求

① 冷却塔的分类与组成　玻璃钢冷却塔按其水流和气流方向可分为逆流式、横流式、横逆流混合式及喷射型 4 类。按照设计工况条件和气象参数，习惯上将湿球温度 $\tau$ 为 27～28℃、进水温度 $t_1$ 为 37℃、出水温度 $t_2$ 为 32℃，即温度 $\Delta t$ 为 5℃、冷幅 $t_2-\tau$ 为 4～5℃，称作标准工况型冷却塔，简称标准型冷却塔。将按其他工况条件及气象参数设计的冷却塔称作非标准型或工业型冷却塔。在标准型塔中按照其运行时的噪声强度，一般把距塔体外 1 倍塔体直径处的噪声强度小于或等于 60～68dB 者称作低噪声塔，大于此值者称作普通型冷却塔。

玻璃钢冷却塔产品均为机械通风型，风机均安设于塔顶部，塔身壳体大都为不饱和聚酯玻璃钢制作，淋水装置（俗称填料）均为斜波纹板、交错排列，斜角逆流塔为 60°，横流塔为 30°，材质大多数为改性硬聚氯乙烯。也有少数厂生产铝质斜波纹板填料的冷却塔，供进水温度高及其他特定的工作条件选用。

② 选用要求　选用玻璃钢冷却塔时应注意以下几点。

1）玻璃钢冷却塔的冷却能力均指该塔在设计工况和气象参数条件的名义流量。选用时应根据循环供水系统的使用工况和所在地区的气象参数条件，根据冷却塔的热工特性曲线，经验算确定使用工作流量。

2）冷却选用逆流式冷却塔产品，其工作水量变化幅度一般不得大于或小于名义流量的15%～20%，否则其布水装置等方面应做相应调整。

3）安装冷却塔的循环供水系统的水质，其浊度一般不宜大于 50mg/L，短期允许增大到 100～200mg/L，并应视水质及其他工作条件考虑灭藻措施及水质稳定处理。

4）玻璃冷却塔的最高进水水温一般不宜大于 60℃。

5）选用冷却塔时除应考虑冷却效率、电耗、噪声、价格等因素外，应根据防火要求及环境条件，优先选用阻燃型材质（尤其是填料）的冷却塔。

## 13.4.2　物理法除油为主的处理与回用技术

（1）采用核桃壳过滤器的处理工艺

① 处理工艺与原理　该工艺流程的核心是除油，处理核心设备是除油过滤器，即核桃壳过滤器。利用核桃壳过滤器过滤后，既可除油亦可去除部分悬浮物，其工艺流程如图13-20所示。

图 13-20　核桃壳过滤器处理工艺流程

该处理工艺已用于天津铁厂连铸系统废水处理，经多年运行实践证明，这种处理工艺可满足其生产工艺要求，而且核桃壳过滤器对悬浮物的去除能力也可达到生产工艺要求。

② 核桃壳过滤器的性能与有关技术参数

1）核桃壳过滤器的特性。核桃壳过滤器是近年来针对油田废水处理与注水的除油要求而开发研究的，已在各行业的含油废水处理中发挥明显作用。

该过滤器采用经加工的核桃壳为过滤介质,具有较强的吸附油能力,并且滤料能反洗再生,抗压能力强(2.34MPa),化学性能稳定(不易在酸、碱溶液中溶解),硬度高,耐磨性好、长期使用不需要更换,吸附截污能力强(吸附率25%～53%)、亲水性好、抗油浸。因该滤料的密度略大于水(1.225g/cm³),反洗再生方便,其最大特点就是直接采用滤前水反洗,且无需借助气源和化学药剂,运行成本低,管理方便,反冲洗强度低,效果好,滤料不易腐烂,经久耐用,并可根据水质要求采取单级或双级串联使用。图13-21为单级核桃壳过滤器示意图。

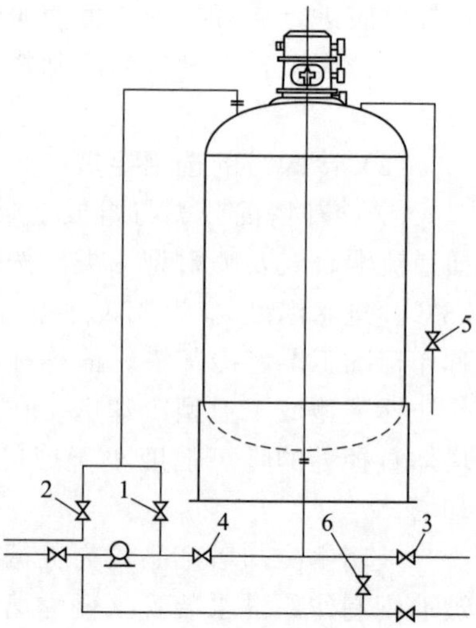

2)有关技术参数与应用效果。现有产品处理水量为10～180m³/h,设计压力:0.6MPa;工作温度:5～75℃;反冲洗历时:8～10min;工作进水水压:>0.3MPa。

滤前水质要求:含油量≤120mg/L;SS含量≤30mg/L。

滤后水质指标见表13-19。

图13-21 HY型单级核桃壳过滤器
1—进水阀;2—反冲出水阀;3—滤后出水阀;4—反冲进水阀;5—放气阀;6—放空阀

表13-19 滤后水质指标

| 项目 | 一级处理 | 二级处理 |
|---|---|---|
| 油去除率 | 93% | 65% |
| 含油量 | ≤10mg/L | ≤5mg/L |
| SS含量 | <5mg/L | <3mg/L |

核桃壳与石英砂过滤除油效果比较见表13-20。

表13-20 核桃壳与石英砂过滤除油比较

| 编号 | 名称 | 石英砂 | 核桃壳 |
|---|---|---|---|
| 1 | 过滤时油的去除率/% | 40～50 | 82～93 |
| 2 | 悬浮物去除率/% | 50～65 | 85～96 |
| 3 | 过滤速度/(m/h) | 8～12 | 25～30 |
| 4 | 反冲洗强度/[L/(s·m²)] | 16 | 6～7 |
| 5 | 滤料维护方式 | 2～3年更换一次 | 每年补充10% |

(2)采用永磁絮凝器的处理工艺

① 处理工艺与原理 铸件或钢件表层厚约2%为$Fe_2O_3$,中间层厚约18%为$Fe_3O_2$,内层占厚度80%为$FeO$。这些都与原料成分、加热温度和时间、轧钢工艺、冷却因素有关。氧化铁皮具有铁磁性,在外加一定磁场强度的作用下能被磁化。离开外加磁场后还有较强的剩余磁感应强度,利用这种特性可以在连铸废水中采用磁化处理。

氧化铁皮的颗粒大小随连铸机种类等因素而异,大的厚度约几厘米,长宽到几十厘米,小颗粒粒径仅几微米。大块氧化铁皮用细格栅拦截,60μm以上的粗颗粒可用旋流沉降并用抓斗清除,60μm以下的颗粒,特别是20～10μm的微细颗粒可在磁处理中被磁化,具有一定磁力的铁磁性物质相互絮凝成大颗粒，可在旋流沉淀池中被除去。其处理工艺如图 13-22 所示。

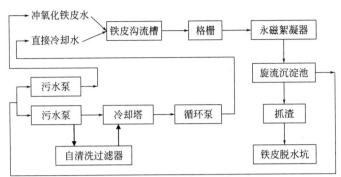

图 13-22 采用永磁絮凝器处理工艺流程

② 永磁絮凝器的特性与应用　钢铁厂含铁废水的泥渣均属于磁性物质，在一定的磁场强度作用后，铁磁性氧化物有较高的矫顽磁力或剩余磁化强度，并能保持相当一段时间。利用这一特性，磁化后的粒子之间以及磁化粒子与非磁化粒子（连铸、轧钢工艺有时还使用硅钙合金、萤石、石墨等）之间会发生吸引、碰撞、黏聚，使得固体悬浮物凝聚成束状或链状，颗粒直径大大增加，沉降速度加快。因此，可以缩小处理构筑物的尺寸。磁化处理再辅以加药絮凝，则可使出水悬浮物降至 50mg/L 以下。实践证明，磁凝聚处理后能使化学药剂投加量减少 50% 左右。

另外，磁处理还可改变水溶液的物理化学性能（如电导率、黏度、表面张力等）、离子的水合缔合度和盐类的结晶结构。如使含钙离子所形成的晶体由方解石变为纹石，并随水流带走，可减少对设备和管道内壁的结垢，对浊环水系统水质稳定有一定作用。

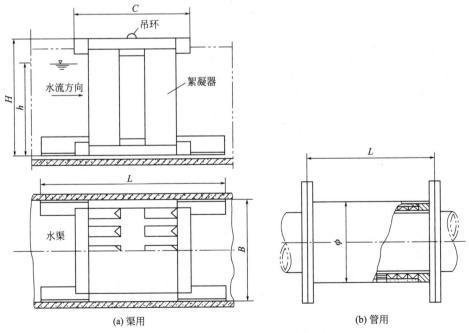

(a) 渠用　　　　(b) 管用

图 13-23 YCQ 型永磁絮凝器外形

在废水回水的铁皮沟或流槽上距旋流池或一次沉淀坑≥5m的地方安装永磁絮凝器。其中YCQ型渠用永磁系列絮凝器处理水量为340～4500m³/h，通过磁场的水流速为1.5～2.5m/s，中心磁场强度为0.08～0.15T(800～1500GS)，磁程为100～300mm，磁暴时间为0.15～0.2s。而CFG管式絮凝器处理水量为500～2000m³/h，水流速为1.5～2.0m/s，背景磁场强度为0.28～0.30T(2800～3000GS)，中心磁场强度为0.16T(1600GS)。由于采用了磁力线与水流同向流动，可防止铁磁性物质吸附在S极、N极上，解除泥渣聚集产生的堵塞问题。

图13-23为YCQ型永磁絮凝器外形，其中图13-23(a)为渠用，图13-23(b)为管用，系原冶金部包头钢铁设计院与扬州天雨集团合作开发的专利产品（专利号为ZL942477896.7）。该设备特点：a. 采用固定永磁体作背景，不耗电，无需冷却；b. 可直接连在管道上（或沟渠），占地小，可有效节省后续加速沉淀的药剂（≥50％）；c. 可加速悬浮物沉淀速度。适用于以下水絮凝处理：连铸、轧钢中铁皮废水，高炉和转炉除尘废水，烧结与烧矿以及含铁磁性废水等。

### 13.4.3　化学法除油为主的处理与回用技术

（1）处理工艺与原理

马鞍山钢铁设计院与宜兴水处理设备制造公司共同开发的MHCY型化学除油器已应用于电炉连铸油循环水系统。其主要工艺流程如图13-24所示。

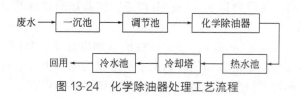

图13-24　化学除油器处理工艺流程

化学除油器分为反应区和沉淀区。反应区主要有两级机械搅拌反应或一级水力搅拌；沉淀区即为斜管沉淀部分。反应沉淀时间为10min。先投加2％～3％浓度、投加量为15～30mg/L的混凝剂，搅拌混合反应2min后，再投加2％～3％浓度、投加量为15～30mg/L的阴离子型高分子絮凝剂，并搅拌混合反应3min。最后进沉淀区斜管沉淀。当进水SS≥200mg/L，油在35～45mg/L时，处理出水SS≥25mg/L，油≤10mg/L。沉淀污泥可定期排出，每次3～5min，可排入旋流池渣坑或粗颗粒铁皮坑一同运走，也可单独浓缩脱水处理。常用的混凝剂为聚合氯化铝、高分子絮凝剂（阴离子型为净水灵除油剂），采用计量泵自动加药。这种除油设施不仅可有效去除浮油，还可去除乳化油和溶解油，已在马钢、包钢、济钢、武钢等工程中应用。

（2）MHCY型化学除油器的特性与应用

MHCY型化学除油器集混合、反应、沉淀于一体，具有体积小，除油完全，不仅能除浮油，而且能去除乳化油和溶解油的特性。其相关尺寸见表13-21，MHCY型化学除油器外形如图13-25所示。

表 13-21　MHCY型化学除油器规格及外形尺寸　　　　单位：mm

| 型号 | $a$ | $a_1 \times n$ | $a_2$ | $b$ | $b_1$ | $d_1$ | $d_2$ | $h$ | $h_1$ | $h_2$ | 进水管径 | 出水管径 |
|---|---|---|---|---|---|---|---|---|---|---|---|---|
| MHCY-Ⅰ | 8000 | | | 2500 | | | | | 4200 | | | |
| MHCY-Ⅱ | 10004 | 2780×3 | 1664 | 3008 | 604 | 175 | 670 | 5882 | 4500 | 1382 | $D_N250$ | $D_N300$ |

续表

| 型号 | $a$ | $a_1 \times n$ | $a_2$ | $b$ | $b_1$ | $d_1$ | $d_2$ | $h$ | $h_1$ | $h_2$ | 进水管径 | 出水管径 |
|---|---|---|---|---|---|---|---|---|---|---|---|---|
| MHCY-Ⅲ | 12500 | 3500×3 | 2000 | 3300 | 600 | 250 | 745 | 6182 | 4800 | 1382 | $D_N 300$ | $D_N 350$ |
| MHCY-Ⅳ | 14500 | 3000×4 | 2500 | 3500 | 600 | 250 | 745 | 6185 | 4800 | 1382 | $D_N 300$ | $D_N 350$ |

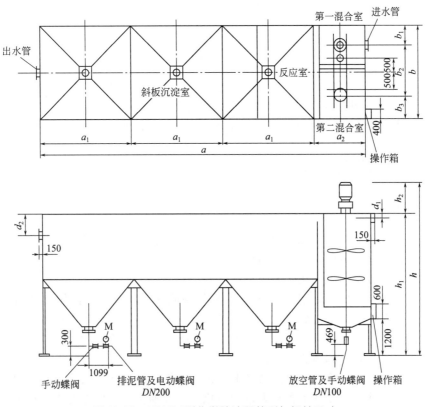

图 13-25　MHCY 型化学除油器外形与相关尺寸

① MHCY 型化学除油器是专为处理冶金企业连铸、轧钢车间排出的含油废水、氧化铁皮废水（浊环水）设计的，共开发了 MHCY-Ⅰ、MHCY-Ⅱ、MHCY-Ⅲ和 MHCY-Ⅳ四种规格，其设计处理水量分别为 $100m^3/h$、$200m^3/h$、$300m^3/h$ 和 $400m^3/h$。

② 化学除油是投加化学药剂，经混合反应后使水中的油类、氧化铁皮等悬浮物通过凝聚、絮凝作用沉降分离出来，达到净化水质的目的。当进水含油在 $34 \sim 45mg/L$、SS 含量在 $200mg/L$ 左右时，其出水含油在 $10mg/L$ 以下，SS 在 $25mg/L$ 以下。

③ 投加的药剂共两种，分开投加。第一种属于电介质类，如硫酸铝、复合聚铝、碱式氧化铝、聚合硫酸铁、三氧化铁等均可，投入第一混合室。第二种是油絮凝剂，是一种特制的高分子油絮凝剂，投入第二混合室。两种药剂分开投加，且投加次序不能颠倒。投加药量均为 $15mg/L$，投加浓度宜为 $2\% \sim 3\%$，两种药剂均为无毒无害药剂。

④ 经投药并通过第一、第二混合室混合后的废水进入后部反应室和斜管沉淀室，水中的油类（浮油和乳化油）和悬浮物经过药剂的凝聚、絮凝作用形成大颗粒絮花沉降在下部排泥斗中，上部清水经溢流堰、出水管排出。下部污泥可定期排出，每 8h 排一次，每次 $3 \sim 5min$，排出的污泥可排至旋流池（或一次铁皮沉淀池）渣坑，和粗颗粒铁皮一并运出，也

可单独浓缩处理后运出。

⑤ 为有利于化学除油器的排泥，进入化学除油器的废水宜为经过旋流池（或一次铁皮沉淀池）处理后的水。使用化学除油器的废水处理流程如图 13-26 所示。

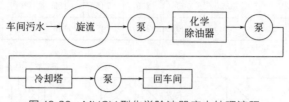

图 13-26　MHCY 型化学除油器废水处理流程

⑥ 化学除油器宜放在地面，以便管理方便。北方地区宜放置在室内，以免产生冰冻。

此外，攀钢连铸和首钢二炼钢连铸所采用的气浮—加药破乳絮凝—沉淀的处理工艺，是将物理与化学方法融于一体的处理工艺，对去除浮油、乳化油、溶解油更有显著效果。

## 13.4.4　技术应用与实践

### 13.4.4.1　宝钢连铸浊循环废水

宝钢是国内连铸生产最为完善的企业，现有三套连铸生产废水处理工艺且各具特色，是借鉴国内外经验设计而成的，很值得借鉴。

（1）连铸生产概况与工艺用水要求

宝钢一、二期建设的一炼钢有 3 座 300t 氧气顶吹转炉，三吹二操作。二期结束时年产钢 670 万吨。配有 1900mm 连铸机两台，年产板坯 400 万吨，其余钢水模铸浇制。三期二炼钢设 2 座 250t 氧吹转炉，设有 1450mm 板坯连铸机两台，连铸比为 100％。三期电炉项目配有管坯连铸机 1 台，全部铸成 96 万吨圆坯。

在连铸工艺中，直接冷却水对于铸坯形成极为关键，故使连铸浊循环水处理成为连铸工艺中重要的一环。连铸浊循环水含有大量的氧化铁皮和油类，其处理工艺日趋多样化，宝钢现有 3 套类型不一的连铸浊循环水处理系统，均借鉴国内外经验，采用既有相同、又有所不同、各具特色的处理工艺。

由于宝钢 3 套连铸机引进时期不同，使用对象也不相同，故其工艺用水要求也有一些差异。表 13-22 列出了宝钢 3 套连铸循环水水质参数。

表 13-22　宝钢 3 套连铸循环水水质参数

| 项目 | 1900mm 连铸 | | 1450mm 连铸 | | 电路管坯连铸 | |
| --- | --- | --- | --- | --- | --- | --- |
| | 供水 | 回水 | 供水 | 回水 | 供水 | 回水 |
| 水量/(m³/h) | 2850 | | 1850 | | 260 | |
| pH 值 | 7～9 | 7～9 | 7～9 | 7～9 | 7～9 | 7～9 |
| 水温/℃ | 35 | 55 | ≤33 | 55～66 | 35 | 55 |
| SS/(mg/L) | ≤20 | ≤400 | ≤20 | 220 | ≤20 | ≤1580 |
| 油/(mg/L) | ≤5 | 30 | ≤5 | 25～30 | ≤3 | ≤8 |
| 循环率/% | 97.5 | | 95.2 | | 95 | |
| 浓缩倍数/倍 | 2.29 | | 2.5 | | 2.0 | |

（2）连铸废水处理工艺

① 1900mm 连铸废水处理工艺　喷淋冷却及直接冷却的回水由铁皮沟进入圆形铁皮坑。较大的氧化铁皮在铁皮坑内沉降，并堆积在底部。用门式抓斗吊车将其抓出，并在脱水池脱水后运往烧结厂，作为球团矿原料。水中含油在铁皮坑外环分离浮至水面，经挡油板和撇油机被撇除。经上述处理后的水含悬浮物约 60mg/L，油 5～10mg/L。净化除油水经泵提升，一部分供直接冷却使用，另一部分则送往高速过滤器，进一步净化除油（达到悬浮物≤15mg/L，油≤5mg/L）。设计处理流程如图 13-27 所示。

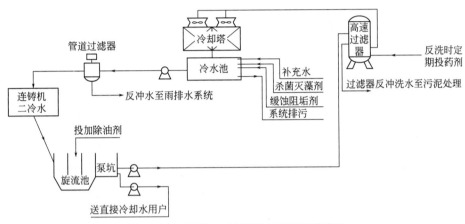

图 13-27　1900mm 连铸废水处理工艺流程

在实际运行过程中，投产初期曾出现过滤器铝料板结情况。为解决板结问题，根据水质情况，在旋流沉淀池投加除油剂，并在过滤器反冲时定期加药，以确保过滤器反冲洗效果。经上述改造后，滤料板结状况得到改善，系统运行趋于正常。

② 1450mm 连铸废水处理工艺　1450mm 连铸废水处理工艺在 1900mm 连铸水处理工艺的基础上，系统中增设了二次平流沉淀池，使连铸二冷水更有效地去除悬浮物和浮油，提高了水处理效果，其设计处理流程如图 13-28 所示。

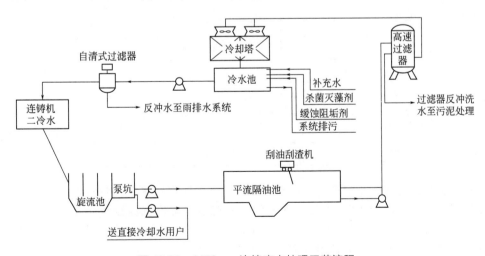

图 13-28　1450mm 连铸废水处理工艺流程

③ 电炉管坯连铸废水处理工艺　电炉浊循环水系统主要包括电炉区域连铸二次冷却（气雾喷淋冷却）和电炉真空脱气冷凝器为对象的两个浊循环冷却系统。

经气雾冷却和冲洗铁皮后的水流入辊道下的铁皮沟，回流水中带有铸坯向辊及轴承润滑油的油珠和液压系统渗漏油，然后汇流入旋流式铁皮沉淀池（位于连铸厂房内）进行沉淀，沉淀后水通过毗连的小矩形池进行除油处理（矩形池内放置了带式撇油机），然后由水泵送至高速过滤器（WFC），经过滤后的水靠余压输送至逆流式机械抽风冷却塔冷却，冷却后的水经泵供用户循环使用。处理流程如图 13-29 所示。

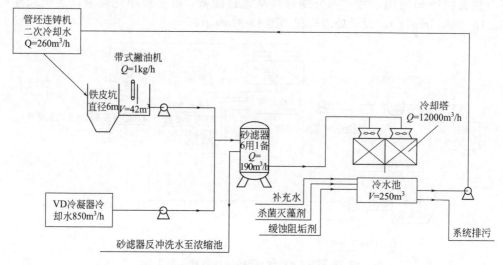

图 13-29　电炉管坯连铸废水处理工艺流程

（3）3 种处理方法比较与建议

3 种废水处理工艺均采用物理方法，并采用相关的处理设施，其处理状况比较见表13-23。

表 13-23　3 种处理设施技术比较

| 项目 | 1900mm 连铸 | 1450mm 连铸 | 电路管坯连铸 |
|---|---|---|---|
| 一沉池 | 旋流式沉淀池，直径 17m | 旋流式沉淀池，直径 17m | 类似立式沉淀池，沉淀时间 32min |
| 二沉池 | 无 | 平流式隔油沉淀池，长 88m | 无 |
| 抽油机 | 带式，已废弃 | 带式，收油效果不好 | 带式，收油效果不好 |
| 过滤器 | 高速过滤器；滤速 40m/h，反冲洗周期 12h；双层无烟煤、石英砂滤料 | 高速过滤器；滤速 35m/h，反冲洗周期 12h；双层无烟煤、石英砂滤料 | 砂滤，滤速 17m/h，反冲洗周期设计为 32h，现已降为 8h；均质石英砂滤料 |
| 管道过滤器 | 自清洗过滤器 | 自清洗过滤器 |  |

3 种处理工艺均以物理方法为主，依靠浮油和氧化铁皮在水中的自然性质进行升降，结合过滤器过滤去除浮油及 SS。运行实践证明，一沉池（旋流沉淀池与立式沉淀池）运行效果均能达到设计要求；但在以除油机去除浮油时均未能达到设计要求，其原因是除油机本身的除油效果差，水位落差大，不利于除油机工作。

1450mm 连铸水处理结合传统工艺，在旋流沉淀池后又设有平流式沉淀池，使除油效果更有保证。但在工艺流程上增加了一级提升和平流式沉淀池，增加了一次性基建投资（提升泵、平流式沉淀池、刮油刮渣机、输泥泵等附属设施）和日常运行成本费（主要指电费、备品备件费)。

1900mm 和 1450mm 连铸水处理所采用的过滤器均为无烟煤和石英砂双层滤料的高速过滤器,而电炉管坯连铸采用均质石英砂滤料的中速过滤器。以无烟煤和石英砂组成的双层滤料对浮油具有一定的截污能力,且反冲洗周期为 12h,所以除油效果优于电炉管坯连铸的砂滤器。1900mm 连铸水处理在运行实践中采用在旋流沉淀池投加除油剂和在过滤器反冲洗时定期加药的处理方法,但需对过滤器反冲洗水投加消泡剂进行消泡处理。

应该指出:3 种处理工艺均属以物理法除油为主的工艺,采用的过滤器为均质石英砂滤料或为无烟煤和石英砂双层滤料的高速过滤器,尽管技术比较成熟,但因该过滤技术具有局限性,在含油浓度较高时其处理效果易受限制,调节能力较差,且运行时反冲洗周期频繁,反冲洗废水量大。在类似处理工艺设计时,建议改用 MHCY 型化学除油器或核桃壳过滤器。

### 13.4.4.2　攀钢连铸浊循环水处理

攀钢 1350mm 连铸机浊环水处理原采用一级旋流沉淀去渣、二级平流沉淀去油、三级快速过滤的处理方式。此系统投产后,相继暴露出一些问题,主要表现为压力过滤器堵塞、二冷水喷头堵塞,铸坯出现变形、鼓肚及裂纹,1995~1996 年间攀钢连铸坯出现了大批量的表面裂纹及中心裂纹。针对浊环水系统工艺的不足,对浊环水系统采用稀土磁盘及气浮技术处理后既消除上述存在问题,又实现"零排放"的密闭循环。

(1) 存在问题与解决途径

根据攀钢连铸生产情况,浊环水水质应满足表 13-24 所列的要求。但随着攀钢连铸快速发展和产量的大幅提高 (设计年产量 $100 \times 10^4 t/a$,实已达到 $160 \times 10^4 t/a$ 的水平),原设计水处理能力不足,水质处理效果不好,其原因为:首先是一级旋流沉淀的旋流池能力不足,渣泥大量进入第二沉淀除油环节;其次是压力过滤器反冲洗水采用过滤器—渣滤池—旋流池处理工艺存在一定问题,瞬时反冲洗水量大、油泥含量多,渣滤池小,反冲洗水在渣滤池得不到处理就返回系统,使水质恶化;再次是二级平流沉降的隔油池底部排污直接进入渣滤池也导致水质恶化;最后是生产设备漏油使浊环水中的分散态油和乳化态油含量高,而除油仅靠隔油池上的刮油刮渣机,除油效果较低,因而造成连铸浊环水系统管道出现了 2~5mm 厚的油泥垢、二冷段喷头堵塞、压力过滤器滤料板结。

表 13-24　浊环水水质要求

| 主要指标 | pH 值 | 总硬度(以 CaCO₃ 计)/°dH | 悬浮物 /(mg/L) | 悬浮物粒度/mm | 硅酸盐 /(mg/L) | 氯化物 /(mg/L) | 硫酸盐 /(mg/L) | 电导率 /(μS/cm) | 油类 /(mg/L) |
|---|---|---|---|---|---|---|---|---|---|
| 参数 | 7~9 | ≤12 | ≤60 | ≤0.2 | ≤200 | ≤400 | ≤600 | ≤800 | ≤5 |

经研究决定,对原处理工艺进行改造,主要改造内容为增建稀土磁盘净化工艺解决废水中悬浮物的铁磁性物质;增设油脂气浮工艺解决废水中油脂过高的问题,并将原隔油池布袋式撇油机改为钢带式撇油机等。改造后的浊环水处理工艺如图 13-30 所示。

(2) 处理情况与效果

① 稀土磁盘净化情况与效果　压力过滤器反洗水及隔油池底泥含有细小颗粒和油脂的混合物,其颗粒直径以 1~5μm 为主,80% 左右的小颗粒为铁磁性物质。经分析比较,认为永磁分离处理方法较好,投入动力设备少,维护量低,工艺简单,便于操作。

当悬浮物铁磁性物质受磁场作用力大于水的阻力和颗粒间的黏滞力时,就会被磁场力吸引到磁盘上,磁盘缓慢转动,悬浮物脱去大部分水,转到刮渣位时被去除。磁分离的效果主

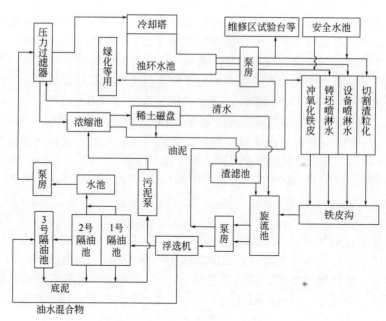

图 13-30　改造后的浊环水处理流程

要取决于磁场强度及磁场梯度高低，铁氧体所形成的永磁磁场在 0.05～0.08T，锶铁氧体所形成的永磁磁场在 1000～1500T，钕铁硼（稀土磁材料）所形成的永磁磁场在 3000T 以上，因此选用稀土磁盘作磁场。

悬浮物中的非磁性物质及部分油脂可在絮凝剂作用下与铁磁性物质形成絮凝体，絮凝体在强磁作用下能够被吸附到磁盘上得以去除。因此，将压力过滤器反冲洗水及隔油池底泥先引入浓缩池，在池中加入聚丙烯酰胺，并在池中通入压缩空气，使铁磁物、非铁磁物及部分油脂混凝在一起，再送到稀土磁盘吸附去除，处理能力为 150t/h，净化效率达 80%～98%。分离后的絮凝体含水低，经溜槽进入渣滤池晾干外运，清液回到旋流池循环利用。

稀土磁盘净化器投入运行后，经监测的结果列于表 13-25、表 13-26。从表 13-25 可知，稀土磁盘进口的悬浮物含量大，最高达 955mg/L，一般在 300～600mg/L，平均 457 mg/L 左右。经稀土磁盘处理后，出口水中悬浮物含量大部分在 100 mg/L 以下，平均为 89.7 mg/L，平均去除率达 80.4%，好于旋流池回水标准。同时，压力过滤器反洗水通过稀土磁盘处理后，有 46% 的油也是被磁盘机去除的，见表 13-26。

表 13-25　磁盘净化器进出口水中悬浮物含量测定　　　　　单位：mg/L

| 序号 | 进口 | 出口 | 序号 | 进口 | 出口 | 序号 | 进口 | 出口 |
|---|---|---|---|---|---|---|---|---|
| 1 | 535.6 | 59.8 | 8 | 253.8 | 56.9 | 15 | 253.0 | 114.0 |
| 2 | 435.5 | 39.6 | 9 | 656.4 | 72.4 | 16 | 323.5 | 114.0 |
| 3 | 733.6 | 151.0 | 10 | 591.5 | 49.0 | 17 | 406.5 | 97.5 |
| 4 | 506.1 | 135.7 | 11 | 643.5 | 139.3 | 18 | 955.0 | 164.4 |
| 5 | 248.5 | 92.7 | 12 | 582.3 | 115.6 | 19 | 256.1 | 75.9 |
| 6 | 263.2 | 47.6 | 13 | 860.0 | 105.0 | 20 | 155.0 | 71.2 |
| 7 | 165.0 | 25.0 | 14 | 323.4 | 68.2 | 平均 | 457.3 | 89.7 |

表 13-26　磁盘净化器进出口水中油含量测定　　　　　　　单位：mg/L

| 序号 | 进口 | 出口 | 序号 | 进口 | 出口 | 序号 | 进口 | 出口 |
|---|---|---|---|---|---|---|---|---|
| 1 | 81.8 | 30.6 | 7 | 36.6 | 30.9 | 13 | 53.6 | 30.7 |
| 2 | 81.0 | 32.1 | 8 | 53.9 | 33.2 | 14 | 21.4 | 19.7 |
| 3 | 80.4 | 36.0 | 9 | 53.2 | 53.2 | 15 | 47.1 | 25.6 |
| 4 | 89.0 | 36.4 | 10 | 49.9 | 49.9 | 16 | 62.5 | 25.8 |
| 5 | 47.8 | 23.5 | 11 | 50.3 | 50.3 | 17 | 40.6 | 22.5 |
| 6 | 49.4 | 22.2 | 12 | 48.4 | 48.4 | 18 | 63.3 | 38.0 |

平均：进口 56.1，出口 30.1

② EJ-18 型油脂浮选工艺净化结果　用 KLQ-4000 型快速过滤器，用 $\phi$4mm 的无烟煤、$\phi$1.8mm 的石英砂及 $\phi$6～38mm 的卵石作填料。当进入压力过滤器的油脂含量小于 5mg/L、悬浮物含量小于 20mg/L 时，过滤器填料的寿命为一年，可与连铸年修同步安排检修。但经一级旋流沉降处理后的水中含有油脂和质轻悬浮颗粒，其相对密度十分接近水，二级平流沉降除油难以分离，使进压力过滤器进口油脂含量大于 5mg/L，悬浮物含量大于 20mg/L，对压力过滤器的滤料寿命及出水情况影响很大，同时使浊环管道沉积油泥影响生产，浊环水油脂含量超过 15 mg/L，压力过滤器仅几个月就得维修。

降低水中油脂和细小悬浮物含量，采用气浮方式是一种较好的方式，它是向水中导入气泡，使分散态、乳化态的油及轻质悬浮物黏附于絮粒上，大幅度降低絮粒的整体密度，并借气泡上升的速度，强行使其上浮，实现固液快速分离。

炼钢采用的是 FJ 三级气浮浮选机[FJ-18，处理能力 511m³/(h·台)，除油能力 100 kg/h]，其原理是转子旋转时，转子周围的废水形成涡流，在涡流中心出现真空，外界空气由入口进入转子；同时，旋转的转子又将气浮室底部的废水提升，使其到达转子处。此时空气与废水在高速旋转的转子处得到充分混合，混合后的气、水在离心力作用下，通过分散器的小孔，在水的剪切力作用下，气体被破碎成微气泡而向水中扩散。微气泡在水中缓慢上升的过程中，与废水充分混合，并在浮选剂作用下，破坏油脂的稳定性，形成絮粒杂质，黏附气泡而上浮水面。浮渣由刮渣机刮到渣槽中，进入 3 号隔油池，由撇油机去除。

此工艺自投运后，浊环水水质不断完善，通过近几年的观测，浮选机出口油含量平均小于 1.5mg/L，浊度小于 10mg/L，远远优于连铸浊环水供用指标。从表 13-27 可知，油脂浮选净化工艺在进口油含量、浊度较低的情况下，其去除率仍能达到 60.9% 和 61.3%，去除效果较好。

表 13-27　浮选净化油与浊度的结果

| | 编号 | 入口 | 出口 | 平均去除率/% |
|---|---|---|---|---|
| 1 | 油/(mg/L) | 3.5 | 1.3～2.0 | 52.9 |
| 2 | 油/(mg/L) | 3.0 | 1.3～2.2 | 41.7 |
| 3 | 油/(mg/L) | 3.1 | 0.8～1.0 | 71.0 |
| 4 | 油/(mg/L) | 2.7 | 0.6～0.61 | 77.8 |
| | 平均/(mg/L) | 3.075 | 1.225 | 60.9 |
| 1 | 浊度/(mg/L) | 15.2 | 5～6 | 63.8 |
| 2 | 浊度/(mg/L) | 17.5 | 6.5～7.2 | 60.9 |

续表

| 编号 | | 入口 | 出口 | 平均去除率/% |
|---|---|---|---|---|
| 3 | 浊度/(mg/L) | 16.5 | 6.8~7.2 | 57.6 |
| 4 | 浊度/(mg/L) | 16.0 | 5.4~6.5 | 62.9 |
| | 平均/(mg/L) | 16.3 | 6.325 | 61.3 |

③ 浊环水处理水质与回用情况　经处理后其水质情况见表 13-28。表 13-28 表明处理后其水质与该厂净环水水质基本接近和优于浊环水水质要求。

**表 13-28**　净环水水质要求与浊循环处理后水质状况

| 项目名称 | pH 值 | 总硬度(以 CaCO$_3$ 计)/°dH | SS /(mg/L) | 悬浮物粒径/mm | 硅酸盐 /(mg/L) | 氯化物 /(mg/L) | 硫酸盐 /(mg/L) | 油类 /(mg/L) |
|---|---|---|---|---|---|---|---|---|
| 净环水 | 7~9 | ≤12 | ≤50 | ≤0.2 | ≤100 | ≤300 | ≤400 | ≤5 |
| 浊环水处理结果 | 7~9 | ≤12 | ≤60 | ≤0.2 | ≤200 | ≤400 | ≤500 | ≤5 |

经处理后的水由于水质较好，除循环回用外，现用浊环水代替机械生产区净循环用水，并减少浊环水处理量；回收浊环水溢流水，将各池溢流水引入旋流池，使溢流水得到回用，减少补充水量；用浊环水代替新水进行压力过滤器反冲洗，减少浊环水量；用浊环水代替新水进行绿化、冲洗地坪等，使浊环水实现"零排放"，节水与经济效益均较显著。

# 13.5　钢渣冷却与废水回用技术

## 13.5.1　钢渣水冷却工艺与技术

钢渣加工处理是钢渣实现资源化的前提与条件，处理工艺的好坏，与后者资源化利用关系很大。

美国、欧洲与日本等钢渣处理工艺常用热泼工艺，国内钢渣处理工艺多种多样，但以水淬法为主，宝钢引进日本 ISC 法（浅盘水淬法）以及近年来我国独创的钢渣罐式热焖法处理工艺，均属湿法处理。钢渣罐式热焖法工艺是由中冶集团建筑研究总院环境保护研究设计院等单位共同研究与开发的，已获得国家发明专利，列入国家全国重点推广项目、国家环保部 A 级最佳环保技术。

（1）钢渣水淬处理与回用

① 钢渣水淬工艺　宝钢一、二期钢渣生产线年处理钢渣约 100 万吨，采用日本新日铁大分钢铁厂的钢渣处理技术。

宝钢把钢渣按渣的流动性分为 A、B、C 和 D 4 类，当渣自身淌成厚度为 30~80mm 时称 A 渣，厚度为 80~120mm 称 B 渣，厚度为 120~200mm 称 C 渣，上述 A、B、C 渣均在渣盘中处理，属半凝固状态的炉渣；自身形成 200~450mm 的小丘状称 D 渣，D 渣不在浅盘上处理，而倒在块渣场。因此，宝钢的转炉钢渣浅盘水淬工艺只能处理流动性较好的钢渣，而流动性差的钢渣（包括 D 渣）、浇钢余渣与喷溅渣无法使用。目前宝钢年排放钢渣量为 88 万吨（按年产钢 800 万吨计算），浅盘水淬工艺仅处理 57 万吨，其余 31 万吨用闷罐方法处理。

对流动性好的 A、B、C 类渣，采用浅盘热泼法处理，热泼于浅盘的炉渣，在浅盘内进行第一次喷水冷至约 500℃，倾翻至排渣车内，再进行第二次喷水冷却至约 200℃，然后倒入冷却水池内，进行第三次冷却，温度降至 40～80℃，用抓斗将碎渣抓出，堆放在碎渣场，用汽车运出。

对流动性不好的 D 渣，先在渣罐中进行空冷，然后扣翻在块渣场，进行喷水冷却。当 D 渣降至 600℃ 以下，用汽车运至闷罐间进行闷渣处理。

上述 A、B、C、D 渣喷水冷却要求用水量 250m³/h，间断用水，用水量波动较大，给水压力 0.4～0.5MPa，对水质无严格要求。

冷却水蒸发、飞散、渗漏、炉渣带走以及循环水强制排污等损失水量较大，按 1t 渣耗水指标 1.2m³/h 计算。

由于炉渣冷却为间断用水，要求循环水系统的吸水井等有一定的容量，储存调节连续补充的水量，根据每炉喷水 7min，间隔 38min 计算，贮存调节水量为 25～60m³。

② 循环水处理流程　循环水处理流程及水量平衡如图 13-31 所示。

该流程主要由循环水泵站、过滤池、沉淀池、自动自清洗过滤器和投药装置组成。其中自动自清洗过滤器是该流程的关键设备。该过滤器设有定时器，可定时自动反洗；有压差计，可根据设定的压差自动反洗。反洗是利用自身的压力水进行自清洗。

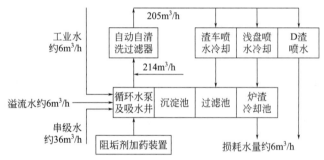

图 13-31　循环水处理流程及水量平衡

**(2) 滚筒法液态钢渣处理工艺**

俄罗斯乌拉尔钢铁研究院在实验室规模内研究开发了滚筒法液态钢渣处理技术。在原冶金部建筑研究总院的帮助下，宝钢 1995 年购买了该项专利技术，经过 3 年多对原来实验室规模内的技术进行消化、吸收和创新后，于 1998 年 5 月在宝钢三期工程的 250t 转炉分厂建成了世界上第一台滚筒法处理液态钢渣的工业化装置。两年多的生产实践表明，该套滚筒装置具有流程短、投资少、环保好、处理成本低以及处理后渣子的游离 CaO 低、粒度小而均匀和渣钢分离良好等优点。

① 工艺流程　滚筒法处理液态钢渣的工艺流程如图 13-32 所示，液态钢渣自转炉倒入渣罐后，经渣罐台车运输到渣处理场，然后经吊车将渣罐吊运到滚筒装置的进渣溜槽顶上，并以一定速度倒入滚筒装置内，液态钢渣在滚筒内同时完成冷却、固化、破碎及渣钢分离后，经板式输送机排出到渣场，此钢渣再经卡车运输到粒铁分离车间进行粒铁分离后便可直接利用。

图 13-32 所示的生产流程与钢渣水淬法相比，取消了浅盘放流、浇水冷却、排渣台车、大水渣池、龙门吊及炉渣陈化场，并且由于其工艺简单、设备紧凑，因此厂房面积也可减少一半以上。

② 系统构成与主要参数　宝钢滚筒法液态钢渣处理的设备及主要规格参数见表 13-29。

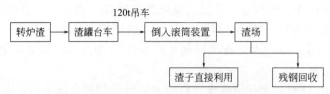

图 13-32　滚筒法处理液态钢渣的工艺流程

滚筒处理工艺基本参数：处理速度 2～5t/min；滚筒转速 0～5t/min；冷却水流量 40～80t/h；出渣量约 20t/炉。

表 13-29　宝钢滚筒法液态钢渣处理的设备

| 设备名称 | | 主要规格参数 |
| --- | --- | --- |
| 炉渣运输系统 | 转炉 | 2×250t |
| | 渣罐 | 33m³ |
| | 渣罐台车 | 40t |
| | 吊车 | 120t |
| 滚筒装置 | 滚筒 | 2～5t/min |
| | 除尘风机 | 740r/min |
| 冷却水系统 | 供水泵 | 功率22kW，扬程30m |
| | | 能力130m³/h |

该滚筒装置处理的液态钢渣为宝钢三期 250t 炼钢转炉产生的炉渣，其温度在 1550～1650℃ 之间。经滚筒处理后渣子的游离 CaO 含量全部都在 4% 以下，其中游离 CaO 含量小于 1% 的占 45.5%，完全满足我国对炉渣利用的规定中对游离 Ca 含量的要求（<4%）。因此，滚筒装置处理后的炉渣不需陈化便可直接利用。经滚筒装置处理后的渣子粒度分布见表 13-30。

表 13-30　滚筒装置处理后的渣子粒度分布

| 粒径/mm | 粒度分布/% | 粒径/mm | 粒度分布/% |
| --- | --- | --- | --- |
| >15.0 | 2.21 | 2.5～0.9 | 14.13 |
| 15.0～10.0 | 9.69 | <0.9 | 8.39 |
| 10.0～5.0 | 43.87 | | |
| 5.0～2.5 | 21.71 | 合计 | 100 |

滚筒装置处理液态钢渣的速度为 1.5～3.0t/min，处理速度波动大的原因是由于钢渣的流动性及渣罐口结渣的状况不同所致。经宝钢环境监察站测定，处理液态钢渣时，在该装置所排放的蒸汽中的含尘量约为 93.4mg/m³，该含尘量大大低于大气污染物综合排放标准（GB 16297—1996）中的规定值，即无组织排放颗粒物粉尘的最高允许排入浓度为 1504 mg/m³，因此，采用滚筒装置处理液态钢渣具有很好的环境效益。

（3）转炉钢渣罐式热焖法处理工艺

转炉钢渣焖罐处理设备如图 13-33 所示。当大块钢渣冷却到 300～600℃，把它装入翻斗汽车内，运至焖罐车间，倾入焖罐内，然后盖上罐盖。在罐盖的下面安装有能自动旋转的喷水装置，间断地往热渣上喷水，使罐内产生大量蒸汽。罐内的水和蒸汽与钢渣产生复杂的物理化学反应，水与蒸汽能使钢渣发生淬裂。同时，由于钢渣是一种不稳定的废渣，在内部含有游离氧化钙，该化合物遇水后会消解成氢氧化钙，发生体积膨胀，使钢渣崩解粉碎。钢渣在罐内经一段时间焖解后，一般粉化效果都能达到 60%～80%（20mm 以下），然后用反铲挖掘机挖出，后经磁选和筛分，把废钢回收，钢渣也分成不同的颗粒级配销售。

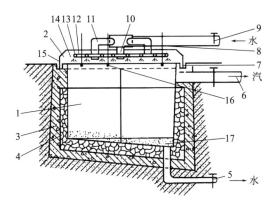

图 13-33　焖罐处理设备结构图

1—槽体；2—槽盖；3—钢筋混凝土外层；4—花岗岩内衬；5—可控排水管；6—可控排气管；
7—凹槽；8—均压器；9—可控进水管；10—垂直分管；11—四方分管；12、13—支管；
14—多向喷孔；15—槽盖下沿；16—测温计；17—预放缓冲层

该工艺的特点是：机械化程度较高，劳动强度低，由于采用湿法处理钢渣，环境污染少，还可以回收部分热能；钢渣处理后，渣、钢分离好，可提高废钢回收率，由于钢渣经过焖解处理，部分游离氧化钙经过消解，钢渣的稳定性得到改善，大大有利于钢渣的综合利用。目前该技术已全面推广应用，并获得重大效益。

钢渣水淬法处理工艺因渣与水直接接触，水中悬浮物质量浓度高，硬度大，废水应进行处理后循环回用。

转炉钢渣水淬或热焖废水处理与循环回用比较简单，由于钢渣冷却用水水质要求不高，因此，该废水处理与循环回用的流程主要有循环泵站、过滤池、沉淀池、自动清洗过滤器装置与投药装置。

## 13.5.2　技术应用与实践

某厂转炉渣冷却主要用于浅盘的喷水冷却（即第一次冷却）、排渣车的喷水冷却（即第二次冷却）和冷却槽内水浸冷却（最终冷却）。在冷却过程中，由于水与渣直接接触，循环水中悬浮物含量较高（1650mg/L），硬度较大（1600mg/L），所以必须进行水质处理。

（1）钢渣冷却过程与用水要求

某厂钢渣冷却经历三次冷却，每次冷却的状况和用水要求如下。

① 浅盘喷水冷却（第一次冷却）

转炉渣的温度：处理前 1500～1400℃，处理后 500℃。

给水量：19.2～24m³/h（平均），要求管网给水能力为 48～96m³/h。

给水压力：196.2～294.3kPa（用水设备地点）。

给水温度：40℃左右。

用过后的废水大部分蒸发，少量多余的水回流到冷却槽，可作为最终水浸泡渣用的冷却水。

水质要求：确保喷水口正常喷水及不结垢。

② 排渣车喷水冷却（第二次冷却）

转炉渣的温度：处理前 500℃，处理后 200～90℃。

给水量：12.6m³/h（平均），要求给水能力为 90m³/h。

给水压力：294.3kPa（用水设备地点）。

给水温度：40℃左右。

用过后的废水大部分蒸发，少量多余的水回流到冷却槽，可作为最终水浸泡渣用的冷却水。

水质要求：确保喷水口正常喷水及不结垢。

③ 冷却槽内水浸冷却（第三次冷却）

转炉渣温度：处理前 200～90℃，处理后 70～50℃。

给水量：6.2m³/h（平均）。

给水温度：50℃左右。

水质及水压均无要求。

（2）转炉渣处理系统与循环回用

由于用水没有特殊要求，因此，根据水源条件及用水设备水量和水压等要求的不同，采取不同方式供水。转炉渣处理系统流程如图 13-34 所示。

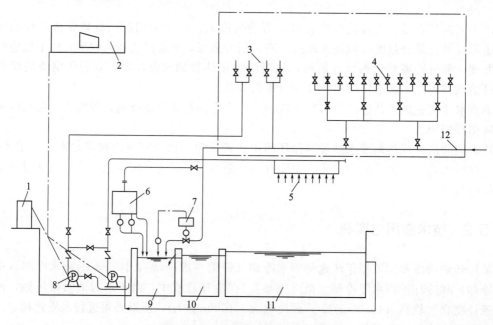

图 13-34　转炉渣处理系统流程

1—循环泵控制盘；2—循环泵工业电视操作盘；3—块渣处理厂；4—一次喷水冷却；5—二次喷水冷却；6—加药装置；7—水位控制；8—泵坑；9—加药混合槽；10—沉淀槽；11—冷却槽；12—来自 OG 装置和 RH 装置的排放废水

① 补给水系统——串接用水系统　它直接由转炉 OG 装置除尘水系统的局部排放废水及 RH 钢水真空脱气装置的浊环水系统局部排放废水作为补给水源，并由上述两个排放废水集水坑的提升泵向管网供水。

本系统主要供给浅盘喷水冷却，其余作为转炉块渣冷却的少量洒水（备用）和排渣车喷水冷却用循环水系统的补充水。

浅盘喷水冷却后剩余废水由明沟回到冷却槽。

② 循环用水系统　本系统主要供给排渣车上的喷水冷却，其余作为转炉块渣冷却的少

量洒水。

排渣车上的喷水冷却多余的废水由排渣车下边的明沟回到冷却槽。

③ 最终冷却系统　本系统又称串接给水系统。水源来自 ISC 法渣喷水冷却和排渣车喷水冷却后的多余废水，这些水自流入炉渣冷却槽，对经 ISC 法处理后的转炉渣进行最后浸泡。

（3）主要处理设施与设备

① 补给水系统的提升泵　根据流量及水压要求选用两台（一台工作，一台备用）SVH 型离心水泵，水量为 120m³/h，压力为 441.3kPa，电机功率为 30kW。

② 最终冷却系统　转炉渣在冷却槽内进行浸泡冷却和回收炉渣作业。因槽中水流缓慢，浅盘冷却及排渣上冷却剩余的废水能在槽内停留时间较长，使废水中的悬浮物起到良好的沉降作用，并通过渣层起到渗滤作用。

冷却槽长 30m，宽 6m，有效水深 4m，有效容积达 720m³，每小时处理渣量为 156t 左右。

③ 循环水系统

1）沉淀槽。它主要承受由冷却水槽溢流的废水的沉淀处理，沉淀槽的构造尺寸是配合冷却槽的宽度考虑的。其长为 2.5m，宽为 6m，有效水深为 3.8m，有效容积为 57m³，水在槽内的停留时间为 1h 以上。沉淀槽内的沉渣由专门设置在冷却槽上的龙门抓斗起重机清除。

2）加药装置与加药混合槽。由于处理炉渣的废水中硬度大于 1600mg/L，为了防止设备及配管中结垢，特设置了防垢加药装置及加药混合槽。加药装置由药剂溶液槽、注入泵及配管等组成。

3）循环水泵。根据流量、水压及循环水质特点选用两台 4-3SCEGV/L8VM 型泥浆泵。水量为 90m³/h，压力为 400kPa，功率为 22kW。耐磨、耐温性能好。

本工程充分利用转炉除尘循环水及钢水空气脱气装置浊循环水系统的排污水作为水源，既对上述两系统的水质稳定有利，又提高炼钢系统的用水循环率，做到废水"零排放"，又节约投资与处理费用，取得事半功倍的效果。

# 13.6　转炉尘泥的泥水分离与利用技术

转炉污泥含铁量高达 60% 以上，是炼铁的好原料，因此，要回收转炉烟气净化污泥，首先要处理好废水，使废水与污泥分离，其次要使污泥沉淀、浓缩；而后要强化污泥脱水，使污泥中的含水率最低，便于烧结、制块回用。

## 13.6.1　泥水分离技术与设备

（1）粗颗粒分离装置

因转炉喷溅的渣子和石灰等粉末大于 60μm 的颗粒烟尘被文氏管捕集后，约占悬浮物总量的 15%，其密度大，含水率低，沉积于明槽、暗管、吸水井和沉淀池底部，很难去除，造成管道堵塞、泥浆泵磨损和影响刮板机的正常运行。在废水进入浓缩池沉淀处理之前，增设了粗颗粒分离装置，不但可以避免浓缩池排泥口和排泥管道的堵塞，而且也减少泥浆泵的磨损，对稳定出水水质也起着重要的作用，因而国内外各转炉钢厂均相继采用。我国转炉炼钢厂多数采用旋流器去除粗颗粒，但因排泥未实现自动化且不易控制，堵塞与泄漏问题难以解决。

粗颗粒分离装置如图 13-13 所示。包括分离槽、耐磨螺旋分级输送机、料斗和料罐等。分离槽停留时间一般为 2~5min，停留时间过长会使细颗粒沉降，影响分离机的正常操作。螺旋分离机设在分离槽内，用于清除分离槽的污泥，其安装倾斜角一般为 25°。

（2）分流式磁盘洗选机

① 分离原理　采用分流式磁盘洗选机分离转炉洗涤水中的金属铁的主要理论依据是转炉烟气经洗涤后，烟尘进入废水中成为悬浮物。悬浮物中的主要顺磁性物质有金属铁微粒和氧化铁微粒，两者相比，金属铁微粒的磁化强度大于氧化铁微粒，因此，应用其磁力大小不同的特性，可将磁性最强的金属铁微粒从其他顺磁性物质中分离出来（金属铁的磁化强度是氧化铁磁化强度的 3 倍），达到打捞金属铁的目的。分流式磁盘洗选机是适用于此技术的专利设备，具有分离效果好、投资省、占地少、操作方便等优点。

该设备是一种从转炉除尘废水中富集固体金属铁的多流道、多磁盘，分离磁化强度不同的顺磁性物质的理想设备。它应用稀土永磁材料的综合性能，经优化聚磁组合，将转炉除尘废水中的最强磁性物质金属铁吸附并分离在分流式水箱内侧表面上，然后用水冲（洗）并经螺旋输料机运输到指定的卸料槽中，获得含铁量为 90% 的金属铁产品。

② 主要工艺流程　转炉烟气洗涤废水进入分流式磁盘洗选机进行磁分离，所含铁量为 90% 的粗金属铁进入球磨机破碎金属铁表面氧化层，使金属铁纯粹后通过重力水选机去除杂质，可得含铁量为 98.5% 的精金属铁产品，其尾泥进入原废水循环处理系统处理，其主要工艺流程如图 13-35 所示。

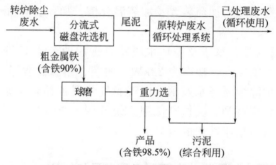

图 13-35　分流式磁盘洗选机工艺流程

（3）电磁凝聚器

经粗颗粒分级处理后，剩余废水悬浮物中，细颗粒占 85%，很难沉降。我国大多数厂家是投加聚丙烯酰胺絮凝剂，也有部分厂使用聚合硫酸铁，但药液都有腐蚀性，且费用都很高。电磁凝聚器利用了废水中悬浮物主要是铁磁物质，铁磁物质流经磁场时产生磁感应，离开磁场时具有剩磁，所以在沉淀过程中互相吸附，聚结成链状聚合体而加速沉降。电磁凝聚器的运行成本仅为加药成本的 10% 左右，具有运行费用低、无药物污染等特点。

为确保磁力线穿透废水，在废水流经电磁凝聚器部分采用无磁不锈钢流槽。将浊度仪对电磁凝聚器使用前后出水水质的测定比较列于表 13-31。

表 13-31　电磁凝聚器使用效果

| 编号 | 名称 | 浊度/度 | 对应浓度/(mg/L) |
|---|---|---|---|
| 1 | 无磁凝聚 | 180 | 120 |
| 2 | 有磁凝聚（平均时） | 110 | 77 |
| 3 | 有磁凝聚（最高时） | 120 | 84 |

（4）斜板沉淀池

斜板（管）沉淀池是根据"颗粒物的沉淀效率只跟池的表面有关，而与池深无关"的浅层沉淀理论，将一个沉淀池沿高度方向分层，使层间水流雷诺数 $Re<500$，属层流状态。为便于沉泥下滑，层板按 $60°$ 安装，其垂直投影就是新增加的沉淀面积。具有沉淀效率高、占地面积少、运行管理方便等优点。

斜板（管）沉淀池是在沉淀池沉淀区放置与水平面成一定倾角（通常为 $60°$）的众多斜板（或斜管组件）构成的，图 13-36 为斜板沉淀池示意图。水流自下向上或自上向下或水平方向流动，由于水中悬浮颗粒总是自上向下沉淀的，人们根据水流方向与颗粒下沉方向的关系，将上述 3 种水流方向的沉淀池分别称为逆向流、同向流和横（侧）向流斜板（管）沉淀池。为便于排泥，防止堵塞，废水处理中斜板间距一般为 10cm，如果用斜管组件，每管横截面通常做成六角形（便于加工），其内切圆直径一般为 $5\sim8$cm。可以设想，水流在这么小的范围内流动，水力半径大为减小，因而可使水流雷诺数 $Re$ 大大降低，通常在 200 以下，而弗劳德数 $Fr$ 则大为提高，通常为 $10^{-4}\sim10^{-3}$。从沉淀区满足水流为层流和水流的稳定性角度讲，斜板（管）沉淀池是优于普通沉淀池的。

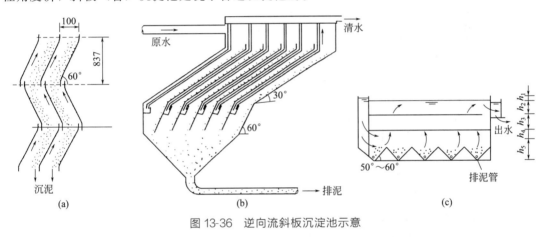

图 13-36　逆向流斜板沉淀池示意

（5）辐流式沉淀池

① 工作特征　辐流式沉淀池内水流的流态为辐射形。为达到辐射形的流态，水由中心或周边进入。中心进水沉淀池，水由中心管上的孔口流入，在穿孔挡板的作用下，均匀地沿池半径向池四周辐射流动。周边进水、中心出水（或周边出水）沉淀池，水流进入沉淀池主体前迅速扩散，以很低的速度从靠近池底进入澄清区。由于速度很小，能避免通常高速进水时伴有的短流现象，提高了池的容积利用系数。在处理水质相同的条件下，周边进水沉淀池的设计表面负荷比中心进水、周边出水沉淀池可高出 1 倍左右。

周边进出水沉淀池池型特征是进水和出水均在池周边。典型周边进出水沉淀池如图13-37所示。试验观测结果表明其流态是：水流进入配水槽，再穿过槽底短管（可视为孔口）进入导流墙裙，降至池底泥面并沿泥面流向池中心，在池中心相汇合后缓慢上升至池顶部，然后向池边出水槽流去而排出。在池深度方向形成一界面基本水平的清水区、悬浮沉淀分离区和污泥层。周边进出水沉淀池水流流态使之具有如下优点：a. 池容积利用率高，死水区域少；b. 因是池周边进水，进水能量已被扩散，克服了辐流式沉淀池容积利用率低的问题；c. 出水槽位置不在异重流环流的升流区，无上升流速大、夹带起悬浮物问题，可获得较好的出水水质。

② 沉淀池进出水形式　a. 中心进水周边出水；b. 周边进水中心出水；c. 周边进水周边出水。

535

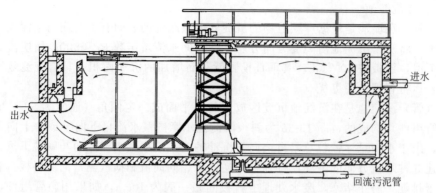

图 13-37　周边进出水辐流式沉淀池工作特征

③ 沉淀池排泥　沉淀池一般均采用机械刮泥，由附设机械泵排泥。当池直径小于 20m 时，一般采用中心驱动式的刮泥机，驱动装置在池子中心的走道板上；当池直径大于 20m 时，多采用周边驱动式的刮泥机，驱动装置设在桁架的外缘。

## 13.6.2　污泥脱水设备

转炉高温烟气洗涤的沉淀污泥（含铁尘泥）中含有大量水分，为便于后续利用，尘泥应尽量脱水以减少体积。机械脱水是污泥脱水最常用的方法。污泥机械脱水方法有真空吸滤法、压滤法和离心法等。其基本原理相同，即以过滤介质两面的压力差作为推动力，污泥中的水分（即滤液）被强制通过过滤介质，固体颗粒（滤饼）则被截留在介质上从而达到脱水的目的。造成压力差的方法有：依靠污泥本身厚度的静压力；在过滤介质的面造成负压（如真空吸滤脱水），对污泥加压把水分压过过滤介质（如压滤脱水）；造成离心力（如离心脱水）等。目前国内应用的污泥脱水装置种类众多，大体有转鼓真空脱水机、圆盘真空脱水机、板框压滤脱水机、滚压带式脱水机和离心脱水机等。由于高效调理剂的出现，机械脱水装置有从真空脱水机和板框压滤脱水机向带式压滤机和离心脱水机发展的趋势。

调理剂对污泥有效脱水是很重要的。常用的污泥调理剂有铝盐、铁盐、生石灰和聚丙烯酰胺等。有机调理剂产生的絮体粗大、投加量少，但价格较贵，常用于带式压滤机和离心脱水机。对有机物含量高的活性污泥，有效的主要是阳离子有机高分子调理剂。无机调理剂产生的絮体细小、投药量大，更适合于用真空脱水机和板框压滤机。污泥调理与废水絮凝的机理是不同的，前者注重絮体的密实和脱水能力，而后者更注重絮体的大小和沉降能力。

（1）转鼓式真空过滤机

转鼓式真空过滤机是使用最早的污泥脱水设备。转鼓式真空过滤机分为外滤式和内滤式两种。外滤式适用于粒度较细、不易沉淀的污泥。外滤式由于最先吸附在滤布上的是较细颗粒，因此影响脱水能力，而较粗颗粒则首先沉积于转筒下面的泥浆槽内，但外滤式更换滤布方便。内滤式适用于粒度较粗、易沉淀的污泥。由于最先沉积在滤布上的是较粗颗粒，因此过滤条件较好，但其卸料和更换滤布较困难。图 13-38 为典型的转鼓式真空过滤机污泥脱水流程图。

（2）压滤机

压滤机在国内外的钢铁企业使用较广。由于采用间歇操作，目前对物料的适应性较广，滤饼含水率较低，但设备较贵，操作较烦琐。常用的压滤机有板框式压滤机和自动箱式压滤机。前者劳动强度大，后者管理较为方便。

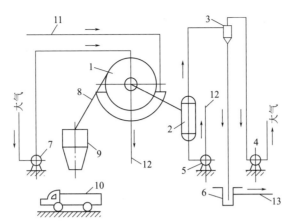

图 13-38 转鼓式滤机污泥脱水流程示意

1—真空过滤机；2—滤液罐；3—汽水分离器；4—真空泵；5—滤液泵；6—水封槽；7—空压机；
8—溜槽；9—贮槽；10—汽车；11—浓缩池浆泥；12—回浓缩池；13—排水

板框压滤机的优点是：结构较简单，操作容易且稳定，故障少，保养方便，机器使用寿命长，过滤推动力大，所得滤饼的含水率低；过滤面积的选择范围较宽，且单位过滤面积占地较少；对物料的适应性强，适用于各种污泥；因为是滤饼过滤，所以可得到澄清的滤液，固相的回收率高。其主要缺点是不能连续运行，处理量小，滤布消耗大。因此，它更适合于难于脱水的污泥场合。

采用板框压滤机脱水时，通常在泥浆进入压滤机前先经浓缩池浓缩和污泥调整槽，压滤后的滤饼可直接卸入泥斗或经布带机泄入泥斗运走回用。

（3）带式污泥脱水机

带式脱水机是一种集化学絮凝、重力脱水、机械压榨过滤为一体的连续运行的污泥脱水设备，具有设备简单、能耗低、滤饼含水率低等优点。工厂实践表明，带式压滤机对于转炉烟气污泥脱水具有良好的使用效果。带式污泥脱水机有滚压式与真空式两种。

滚压带式污泥脱水机的主要特点是在滤布上施加压力，利用滤布的张力和压力使污泥脱水，并不需要真空或加压设备，动力消耗少，可以连续生产，目前应用广泛。它的出现与高分子絮凝剂的研制成功有着密切关系。它的主要处理对象是颗粒很细、难于脱水的污泥。滚压带式污泥脱水机的特点是操作简便，可维持稳定的运转，其运行仅仅取决于滤布的速度和张力，即使运转中负荷有了变化，也能稳定脱水；结构紧凑、简单，低速运转，易保养；处理能力高、耗电少，允许负荷有较大范围的变动；无噪声和振动，易于实现密闭操作。

真空带式脱水机以真空作为过滤推动力，其过滤面呈水平状态。滤液通过滤布排出，滤渣面在滤布上形成滤饼。其优点是滤布两面均受到洗涤故保持干净，并不易堵塞。滤布更换简便，单位面积处理能力大。缺点是占地面积大，维修费用较高。

## 13.6.3 转炉尘泥回收利用技术

转炉尘泥的利用主要有如下几种方法与途径。

（1）转炉尘泥喷浆法用于烧结配料

转炉尘泥喷浆法工艺流程由污泥储存搅拌池、喷浆取料池、搅浆泵与喷浆管道组成，如图 13-39 所示。

用污泥罐车将炼钢厂的高架污泥浓缩池污（尘）泥运到烧结厂并卸入污泥储存搅拌池，在

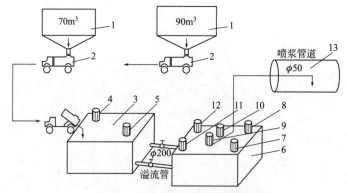

图 13-39　尘泥喷浆工艺流程示意图

1—炼钢高架泥仓；2—污泥罐车；3—烧结厂污泥储存搅拌池；4,5—污泥搅拌泵；
6—喷泵取料池；7,8,11,12—搅拌泵；9,10—喷浆泵；13—一次混料机

立式泥浆泵搅拌均匀后，由溢流管流入喷浆取料池，该池内设 4 台立式泥浆泵，起到进一步将泥浆搅拌混合均匀、防止沉淀的目的。而后由另一台喷浆泵把混合均匀的转炉污泥浆由喷浆管道喷入一次圆筒混料机，与机内烧结料均匀混合。对烧结料进行混合的目的是使烧结料混合均匀，团球成球。混合作业包括加水润湿，混匀和造球。加水量则视混合料干、湿程度而定，一般加 8%。转炉污泥浆在浓度 28%～30% 的情况下，除含有铁金属、CaO 等烧结原料有用成分外，还含有高达 70% 左右的水分，正好适应烧结料必须加水润湿造球的需要。该工艺既代替了烧结料配料需加入混合料的水分，污泥浆中铁金属、CaO 也得到了充分回收利用，同时，也避免了转炉污泥浆的二次污染问题。

　　由于该工艺具有明显的技术优势与经济效益，同时又可减省尘泥脱水较为复杂的过程。目前已采用泥浆泵送方法，将转炉浓缩尘泥用泥浆泵通过与烧结厂相连的管道将泥浆直接泵送烧结厂配料。这是最为简单、运用费用最低的回用方法，也是转炉尘泥处理利用具有发展前景的适用方法。

　　(2) 转炉尘泥压力过滤法用于烧结配料

　　该方法通常与尘泥处理、尘泥脱水工艺结合，实现尘泥利用。即泥浆→浓缩→脱水→烧结。其处理工艺流程如图 13-40 所示。

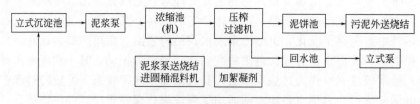

图 13-40　尘泥脱水利用工艺流程

　　经压榨过滤机的尘泥先泵送到浓缩池，此时尘泥含水率为 75%～85%，然后进入压榨过滤机加絮凝剂进行压榨过滤，滤饼含水率为 26%～30%，再用汽车输送烧结配料。

　　此外，湘钢公司为解决转炉尘泥直接用于烧结料存在结块与恶化质量趋势，经试验研究采用转炉尘泥同烧结返矿和含铁除尘灰按一定比例经双轴搅拌机混匀处理后用作烧结料。该技术工艺经工程应用实践证明可行。

　　(3) 转炉污泥制作冷固球团

　　冷固球团能代替钢铁厂目前使用的烧结矿，根据马钢的试验与使用经验，将冷固球团按 1/6 批料增加 2/6 批料，高炉没有因此而对炉况产生影响，相反还原性好，冶炼强度增加，

负荷加大，熔剂比减少，焦比降低，产量增加。

冷固球团制作是采用转炉污泥并控制其水分在 10％以内，用黏结剂水泥量为 10％，经混料对辊形成球团，洒水一周养护，其强度应满足高炉冶炼强度要求。其化学成分与物理性能见表 13-32、表 13-33。

表 13-32　球团化学成分(质量分数)　　　　单位：％

| 名称 | Fe | | CaO | MgO | SiO$_2$ | P | S |
| --- | --- | --- | --- | --- | --- | --- | --- |
| | TFe | FeO | | | | | |
| 高压团块 | 56.01～49.41 | 50.95～49.35 | 14.76～14.09 | 2.18～1.38 | 5.07～4.76 | 0.17～0.13 | 0.017～0.016 |

表 13-33　球团物理性能

| 名称 | 污泥/％ | 黏结剂/％ | 球团性能 | | | | |
| --- | --- | --- | --- | --- | --- | --- | --- |
| | | | 开始水分/％ | 入炉水分/％ | 密度/(g/cm$^3$) | 气孔率/％ | 强度/(kN/个) |
| 团块 | 95 | 5 | 8.5 | 1.28 | 2.99 | 31 | 12.75 |

（4）转炉尘泥用于转炉炼钢造渣剂

① 尘泥块造渣简况　在转炉吹炼过程中，特别是在吹炼中期，或多或少的存在着炉渣"返干"现象，即在石灰块表面形成一层结构致密、熔点高达 2130℃的 2CaO·SiO$_2$，严重地阻碍了石灰的进一步熔解。石灰的熔解速度关系着成渣速度。由于转炉吹炼时间很短，如何提高石灰在转炉渣中的熔解速度，即快速成渣是关系着提高转炉产量，降低原材料消耗，促进脱硫、脱磷，减少炉衬侵蚀的关键问题。

实践证明，炉渣成分，特别是渣中 FeO 对石灰的熔解速度有重要的影响，它是石灰的基本熔剂。在不致引起喷溅的前提下，尽量提高渣中 FeO 含量，可以通过采用较高的枪位吹炼或在吹炼过程中向炉中加入氧化铁皮、矿石等途径来实现。污泥块主要成分为 FeO，采用污泥块代替矿石，以提高渣中 FeO 含量，加速成渣。

② 工艺流程　由于除尘污泥含水量较高，在传统的污泥成块工艺中，均须先将污泥脱水，然后再掺入石灰粉拌固料，待石灰粉全消化后，再经二次搅拌后加入结合剂成块。这种工艺流程长、工序复杂、占地面积大，生产率低，水能满足生产需要。为解决该问题，研究设计了一种如图 13-41 所示的新的工艺流程。

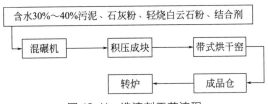

图 13-41　造渣剂工艺流程

该图所示的工艺流程具有除尘污泥不需脱水，一次搅拌混碾成型，工艺简单，连续性强，生产率高等诸多优点。该工艺流程已成功地投入了莱钢炼钢厂的污泥成块系统。

③ 污泥块原料配比及其技术条件　污泥块原料配比见表 13-34。其技术条件如下。

表 13-34　污泥块的原料配比

| 原料 | 除尘污泥 | 氧化铁皮 | 轻烧白云石粉 | 石灰粉 | 结合剂 |
| --- | --- | --- | --- | --- | --- |
| 配比/％ | 50 | 40 | 10 | 10 | 5 |

1) 氧化铁皮：$TFe \geqslant 75\%$，粒度$\leqslant 3mm$，干燥无杂质。

2) 石灰粉面：$CaO \geqslant 75\%$，粒度$\leqslant 1mm$。

3) 轻烧白云石粉：粒度$\leqslant 3mm$。

4) 造块结合剂：Ca-Al-Si质粉状料，粒度范围$0.124 \sim 1mm$。

5) 污泥块造渣剂冶金效果分析。

a. 减少萤石用量，降低石灰消耗。泥块随转炉第一批渣料加入炉内，可代替部分石灰和萤石作造渣剂。具有熔点低、化渣快、造渣反应平稳、操作方便等特点，并可吨钢降低萤石消耗2.13kg，吨钢降低石灰消耗31.26kg。

b. 改善转炉炼钢的操作条件。转炉使用污泥块造渣后，转炉吹炼平稳，化渣良好，炉渣"返干"现象减少，喷溅减轻，改善了转炉炼钢的操作条件，使得转炉的一些主要消耗都呈下降趋势。

c. 降低转炉钢铁料消耗。

(a) 污泥成块本身含$TFe \geqslant 50\%$，其加入炉内后直接提高金属收得率而降低转炉钢铁料消耗。

(b) 减少喷溅来提高铁水收得率而降低钢铁料消耗。

此外，尚可降低转炉炉衬侵蚀速度，提高炉龄寿命与周期，并可降低铁水消耗，降低吨钢成本，以莱钢为例，年经济效益可达1900万元以上。

## 13.6.4 技术应用与实践

某厂1450mm板坯连铸污泥处理工程设计由美国ELMCO公司做基本设计，整个工艺流程完全按照美国ELMCO公司的流程，只在管道布置上按该厂实情进行修改。

(1) 处理工艺流程与设计参数

① 处理工艺流程 该系统处理的污泥包括浊环水系统中的快速过滤器的反冲洗污泥、净环水系统中的旁通过滤器的反冲洗污泥及平流隔油池内的污泥，污泥先送入该系统的泥浆池，为防止污泥沉淀，池内设有两台搅拌机，泥浆再用泥浆泵送往混合池，并在混合池内投加混凝剂和助凝剂，采用急速和缓速搅拌机进行充分混合，然后自流到浓缩池，污泥经浓缩后，用泥浆泵送往脱水机室的带式压滤机进行脱水，脱水后的泥饼进入料斗，然后用汽车运往烧结厂回收利用，滤液和脱水机冲洗滤布的水自流入滤液池（池内设有搅拌机），再用泵送往混合池进行再次处理。污泥处理流程如图13-42所示。

② 流程特点 该处理方法是连铸污泥处理较为完善的处理手段，自动化水平高，也是常用和成熟的处理工艺，处理效果良好。

③ 设计参数 处理能力$80 \sim 110m^3/h$，年处理质量68.44万吨；每天处理质量76炉$\times$39t/炉，共2964t。

进水：$SS\ 2500mg/L$。

出水：$SS\ 50mg/L$。

泥饼含水率：$30\% \sim 40\%$。

(2) 主要设备与构筑物

① 污泥池 方翼轴流缓速搅拌机：$\phi 1700mm$，$n = 25r/min$，$N = 2.2kW$，共3台，其中一台用于混合池。

污泥池泵：WARMAN型渣浆泵，共两台，一用一备。

② 混合池 圆翼轴流急速搅拌机：$\phi 550mm$，$n = 360r/min$，$N = 7.5kW$，一台。

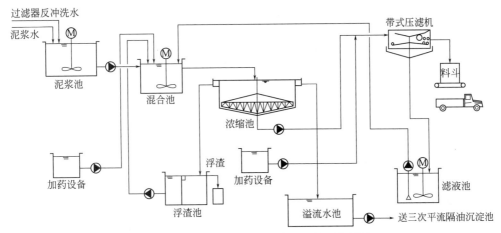

图 13-42　1450mm 板坯连铸污泥处理流程图

③ 浓缩池　浓缩机：中心传动型，$\phi$12mm，周边出水自动提耙。

污泥泵：WARMAN 型渣浆泵，共四台，两用两备。

上清液泵：IS150-125-250 型离心泵，共两台，一用一备。

浮渣分离泵：WARMAN 型渣浆泵，共两台，一用一备。

④ 污泥脱水间　污泥脱水间是连铸污泥处理系统的关键部分。脱水间分为两层，第一层为加药及泥饼卸料间，第二层为脱水机及操作室。第一层加药间设有加药设备六套（其中两套向净环水系统供药）、滤布冲洗水池、滤液池、泥饼料斗、单轨电动葫芦等；第二层设有带式压滤机两台、为带式压滤机服务的液压设备两台、污泥系统操作室、单轨电动葫芦等。

脱水机设备自美国 EIMCO 公司成套供货，主要包括 MDP-2.0 型带式压滤机、为带式压滤机服务的液压设备、污泥料斗的皮带滑动门、滤布冲洗水泵、加药泵、滤液池泵、加药装置、管道混合器等及相应的仪表和电气设备。两台带式压滤机和与之配套的液压设备、料斗都是一台工作，一台备用。带式压滤机处理干泥量为 0.75t/h，$N=6.16$kW，380V；液压设备最高压力为 13.8MPa，$N=1.5$kW，380V。

⑤ 滤液池　滤液泵：IS80-65-125 型离心泵，共两台。

搅拌机：方翼轴流型，$\phi$1050mm，共 1 台。

# 13.7　其他废水处理与回用技术

炼钢系统中其他浊循环系统废水有钢水真空脱气装置浊环水处理以及电炉炼钢采用湿式净化除尘工艺等，这些废水经处理后通常都循环回用。

## 13.7.1　钢水真空脱气装置浊循环水处理技术

（1）真空精炼技术与用水要求

钢水的 RH 处理是在真空状态下进行钢水的循环脱气，去除钢水中的氢、氨等气体，改善钢水的品质。抽真空是用大型蒸汽喷射器来实现的，使 RH 装置的真空度达到 1mmHg。蒸汽喷射器要产生高度的真空，需要将喷射的尾汽在冷凝器内用冷却水直接冷却降温来实现。蒸汽的喷射流量是 30～40t/h，被冷凝的蒸汽量变成冷凝水进入循环冷却水系统。

在钢水循环脱气的过程中，还要用 KTB 氧枪吹氧，还要投加一些合金料，以炼成所要求的钢种成分。吹氧及投加合金料的过程是在真空抽气状态下进行的，必然产生一定量的金属氧化物与非金属氧化物粉尘，还会有 CO 气体等随被抽出的气体带入冷凝器内，进而进入冷却水中。

钢水的精炼和转炉一样是一炉一炉间断进行的。出于钢种的不同，处理钢水的时间及间隙时间都是不定的，平均处理时间按 30min 考虑。在这 30min 的时间内，吹氧时间及间隔时间也是不定的，因此，在精炼进程中，冷却水回水的温升及悬浮物的增量是不同的。

真空精炼用水对象主要为 RH 冷凝器，使水与真空脱气废气在冷凝器内直接接触，让废气很快冷却，以提高真空效果。对水温的要求为：冷凝器进水温度要求小于 33℃，冷凝器排出水温度平均为 44℃。水质及水压要求为：冷凝器进水悬浮物含量要求小于 100mg/L，冷凝器排出水悬浮物含量为 120mg/L 左右。供水水泵压力为 300kPa。

（2）废水处理循环工艺流程

① 流程概述　RH 真空脱气冷凝废水处理系统如图 13-43 所示。

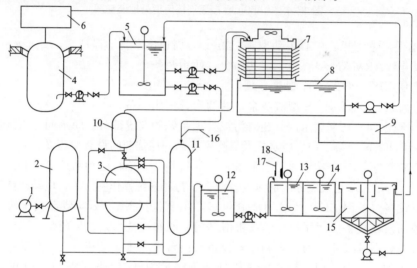

图 13-43　RH 真空脱气冷凝废水处理流程

1—空气压缩机；2—冲洗气用罐；3—高梯度电磁过滤器；4—水封罐；5—温水池；6—RH 冷凝器；7—冷却塔；8—冷水池；9—OG 装置除尘污泥脱水机；10—冲洗水箱；11—反应槽；12—污泥槽；13—快速搅拌槽；14—慢速搅拌槽；15—浓缩槽；16—过滤助凝剂；17—凝聚剂；18—助凝剂

冷凝器排出的废水先进入温水池，一部分经冷却塔冷却到小于 33℃。另一部分提升并在压送管上加注过滤助凝剂，通过反应槽进入高梯度电磁过滤器净化处理，然后借水的余压送冷却塔冷却，以保证循环系统中水的悬浮物含量小于 100mg/L。

电磁过滤器冲洗出来的废水先经污泥槽然后提升至搅拌槽；在搅拌槽内投加药剂、搅拌、混合、反应，再在浓缩槽内沉淀，澄清后的废水返回温水池，冷却、循环使用，浓缩泥浆由泵压送至转炉烟气净化水处理系统中的污泥压滤机脱水，一同送造球，供烧结用。

② 流程特点与处理效果

1）本系统正常运转时不外排废水。

2）用部分处理废水的方法来改善水质，并采用高梯度电磁过滤器作为净化水处理设施，具有经济、占地少、投资省等特点。

3）在高磁过滤器前，投加过滤助凝剂及高分子凝聚剂，使废水中非磁性物质黏附在磁性物质上，通过过滤而一同除去，提高过滤与出水效果。

4）为防止循环水系统悬浮物淤塞塔内填料，采用塑料格条作填料。

根据宝钢以及日本福山、新日铁釜石、八幡和千叶等真空脱气(RH)装置废水处理电磁过滤器的运行经验：原废水水质的悬浮物浓度为150mg/L，处理后水质的悬浮物浓度为30mg/L左右。

## 13.7.2　连铸火焰清理浊循环水处理技术

（1）废水处理与用户要求

宝钢 1450mm 板坯连铸机火焰清理浊循环水处理与回用工程的设计参数如下。

进水水质：SS≤250mg/L；油分≤10～20mg/L；水温≤48℃。

出水水质：SS≤20mg/L；油分≤5～10mg/L；水温≤38℃。

处理能力 1700m³/h；渣量 23000t/a。

用户要求如下。

火焰清理机高压水：水量 1313m³/h，水压 1.41～2.1MPa，水温≤38℃。

火焰清理机低压水：水量 249 m³/h，水压 0.3MPa，水温≤38℃。

电除尘器用水水量：水量 120m³/h，水压 0.5MPa，水温≤50℃。

（2）处理工艺与流程特点

① 流程概述　宝钢三期工程 1450mm 板坯连铸增设火焰清理机，火焰清理机要求高压供水和低压供水，为有效利用水资源，该部分排水进入浊循环水处理系统处理后循环使用。火焰清理机高压水和低压水用户使用后的废水先经铁皮沟进入旋流池，处理后的水分两路，一路直接送去冲氧化铁皮，一路用泵加压送过滤器过滤，利用余压上冷却塔，冷却后进入浊循环水池，处理后的水用泵送至备用户。为保证循环水水质，在水池中添加防腐剂及防垢剂，系统排废水作为电除尘器的冲洗水，冲洗水和过滤器反冲洗水一并送宝钢中央二水厂集中处理。旋流池中沉淀的铁皮用抓斗吊车抓到渣坑，用汽车运送烧结厂回收利用。处理流程如图 13-44 所示。

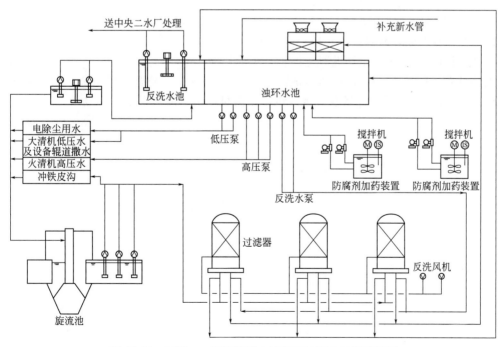

图 13-44　1450mm 板坯连铸火焰清理浊环水处理流程图

② 流程特点　由于中央二水厂有富余能力，为节省投资，该浊环水系统不设污泥处理间，由泵将泥浆水送至中央二水厂统一处理。

该流程是目前常用的处理方法，处理工艺成熟，处理效果良好。该系统操作采用 PLC 控制，既可手动操作，也可自动控制，操作系统先进可靠。

（3）主要处理设备与构筑物

① 旋流池　旋流沉淀池主体：采用内筒下旋式沉淀池，钢筋混凝土结构，内筒 $\phi$4m，外筒 14m，深 15m。旋流池旁设有渣坑，平面尺寸 14m×12m，深 1.5m。

旋流池加压泵：型号为 350LC-48B 型立泵，共 3 台，2 用 1 备。

抓斗起重机：L 型单立梁抓斗门式起重机，共 1 台。

② 过滤站　基础平面尺寸 25m×10m，高 0.2m。内设 3 台 KLQ-500 型快速过滤器，两用一备。

过滤器反洗水泵：300S32A 型离心泵，共 2 台，1 用 1 备。

过滤器反洗风机：L43WD 型罗茨鼓风机，共 2 台，1 用 1 备。

③ 浊环水冷却塔　主体采用钢筋混凝土结构，平面尺寸 25m×10m，风机 $\phi$6.0m，风筒材质为玻璃钢，填料采用聚丙烯格网填料。

冷部塔：10DH 型逆流冷却塔，共 2 台。

④ 浊循环水池　主件采用钢筋混凝土结构，位于浊环冷却塔底部，平面 25m×9m，深 4m。

低压水加压泵：200S42 型离心泵，共 2 台，1 用 1 备。

高压水加压泵：2500K200 型水平中开泵，共 3 台，2 用 1 备。

⑤ 过滤反洗水池　过滤器反洗水及电除尘器冲洗水均排入反洗水池。采用钢筋混凝土结构，平面尺寸 8m×9m，深 4m。

反洗水移送泵：150S78A 型离心泵，共 2 台，1 用 1 备。

反洗水池搅拌机：WJH1000×2200 型，共 1 台。

⑥ 电除尘器废水池　电除尘水移送泵：WQD130-30-22 型潜污泵，共两台，一用一备。

电除尘水搅拌机：WJH400×2000 型，共 1 台。

⑦ 加药间　主体采用钢筋混凝土结构，平面尺寸 4m×6m。

加药装置：DY2.0-00，包括防腐剂贮罐 1 台（$V=3m^3$）、防腐剂计量泵 2 台、防垢剂贮罐 1 台（$V=3m^3$）、防垢剂计量泵 2 台。该设备为机电一体成套设备。

第14章

# 轧钢厂废水处理与回用技术

按轧制温度的不同，轧钢厂可分为热轧和冷轧两类。热轧是以钢锭或钢坯为原料，用加热炉或均热炉加热到1150～1250℃后，在热轧机上轧制成成品。冷轧是将钢坯热轧到一定尺寸后在冷状态即常热下进行轧制。大部分钢材是采用热轧加工的。但由于在高温下钢材表面产生很多氧化铁皮，造成钢材表面粗糙，厚度不均。故对于要求表面光洁，尺寸精确，力学性能好的钢材(如管、板材等)需进行冷轧。

进入21世纪我国轧钢生产工序实现历史性高速发展与科技进步，主要体现在轧钢与上下游工序间的融合与交叉科学合理，如连铸、热送热装、控轧控冷已经成为热轧生产的主流。以及薄板坯连铸连轧、强力中厚板轧机、连续热镀锌、热连轧冷连轧、连续酸洗冷轧等。这些科技的进步与发展，为轧钢生产全流程高效化、连续化、自动化提供前提和条件。但由于轧制工艺与技术的进步与发展，对用水要求更加严格，外排废水更加复杂。

轧钢工序节水减排的目标是应科学合理的处理好热轧废水并实现循环和串级使用。科学合理的实现冷轧含油与乳化液的净化除油处理与回用；合理选择酸碱废液回用与废水净化处理系统以及Cr、Ni等一类污染物的净化要求。而后将上述处理废水通过综合废水处理系统实现废水"零排放"与节水减排。

## 14.1 用水特征与废水水质水量

轧钢厂用水量与用水水质以及废水量与废水水质是随轧机种类、生产能力、机组组成、生产工艺以及操作自动化程度等因素而异的。采用同种轧机、产品产量相同，但生产工艺方式不同，其用水量、废水量与废水水质的差别是较大的。

### 14.1.1 热轧厂用水特征与用水要求

热轧厂包括钢板车间、钢管车间、型钢车间、线材车间以及特种轧机车间等。目前钢板车间生产类型有宽厚钢板(大于60mm)、中厚钢板(4～60mm)和薄钢板(小于4mm)，以及连续热轧钢板、热轧带钢和连铸连轧钢等。由于生产工艺不同，对用水的要求也不完全相同。但其用水大都由间接冷却用水、直接冷却用水和工业用水等系统所组成。

热轧厂各类车间生产用水主要包括加热炉、热处理炉、主电机、液压润滑站、高压水除鳞、轧机轧辊、飞剪、水冷箱、热矫直机、层流、轧材、冲氧化铁皮等用户。

热轧厂各类车间用水规定与水质要求如下。

① 钢板车间用水规定与水质要求见表 14-1。

**表 14-1** 钢板车间用水规定与水质要求

| 项目名称 | 间接冷却循环水系统 | 直接冷却循环水系统 | 层流冷却循环水系统 |
|---|---|---|---|
| pH 值 | 7~8 | 7~8 | 7~8 |
| 悬浮物/(mg/L) | <15 | <20 | <45 |
| 总硬度(以 $CaCO_3$ 计)/(mg/L) | <150 | <150 | <150 |
| 碱度/(mg/L) | 114 | 114 | 114 |
| $Cl^-$/(mg/L) | <80 | <80 | <80 |
| TFe/(mg/L) | ≤0.5 | ≤4.0 | ≤4.0 |
| 溶解 $SiO_2$/(mg/L) | ≤12 | ≤12 | ≤12 |
| 溶解固体/(mg/L) | 600 | 650 | 600 |
| 电导率/($\mu$S/cm) | 1000 | 1100 | 1100 |
| 温度/℃ | 32 | 35 | 40 |
| 含油量/(mg/L) | 0 | 15 | 15 |

② 连铸连轧带钢车间用水规定与水质要求见表 14-2。

**表 14-2** 连铸连轧带钢车间用水规定与水质要求

| 项目名称 | 结晶器冷却水系统 闭路机械和加热炉冷却水系统 | 间接冷却循环水系统 | 直接冷却循环水系统(一) | 直接冷却循环水系统(二) |
|---|---|---|---|---|
| pH 值 | 7.5~7.0 | 7.5~8.0 | 7.5~9.0 | 7.5~9.0 |
| 总硬度/°dH | 10 | 25 | 40 | 40 |
| 碳酸盐硬度/°dH | 2 | 8 | 15 | 15 |
| 加防腐剂时碳酸盐硬度/°dH | | 15 | | |
| $Cl^-$/(mg/L) | 50 | 100 | 250 | 400 |
| 加防腐剂时 $Cl^-$/(mg/L) | | 450 | 510 | 510 |
| 硫/(mg/L) | 150 | 250 | 400 | 600 |
| Fe+Mn/(mg/L) | 0.50 | 0.50 | 0.50 | 0.50 |
| $SiO_2$/(mg/L) | 40 | 100 | 150 | 200 |
| $NH_3+NH_4$/(mg/L) | 5 | 5 | | |
| 悬浮物/(mg/L) | 10 | 25 | 25 | 100 |
| 颗粒物大小/$\mu$m | 30 | 100 | 200 | 200 |
| 油+干油/(mg/L) | 0.5 | 5 | 10 | 20 |
| 溶解总固体量/(mg/L) | 400 | 800 | 1000 | 1500 |
| 导电率/($\mu$S/cm) | 800 | 1600 | 2000 | 3000 |

注：1. 直接冷却循环系统（一）是指连铸热轧带钢车间的连铸机喷淋、五机架工作辊、卷取机、磨辊间等用水规定与水质要求。

2. 直接冷却循环系统（二）是指带钢横向喷吹和热轧出辊道的层流冷却等用水规定与水质要求。

③ 钢管车间用水规定与水质要求见表 14-3。

**表 14-3** 钢管车间用水规定与水质要求

| 项目名称 | 间接冷却开路循环水系统 | 直接冷却循环水系统 | 备注 |
|---|---|---|---|
| pH 值 | 6~7 | 6~7 | |
| 悬浮物/(mg/L) | <20 | <25 | |

续表

| 项目名称 | 间接冷却开路循环水系统 | 直接冷却循环水系统 | 备注 |
|---|---|---|---|
| 总硬度/°dH | 13～20 | 25～29 | |
| 碳酸盐硬度/°dH | | | |
| 暂时硬度/°dH | 14～16 | 20～23 | |
| 氧化物/(mg/L) | 47～82 | 65～115 | |
| 硫酸盐/(mg/L) | 54～94 | 25～131 | |
| 磷酸盐/(mg/L) | ≤25 | ≤25 | |
| 可溶性 $SiO_2$/(mg/L) | | | |
| 含油量/(mg/L) | <10 | <10 | |

④ 型钢车间用水规定与水质要求见表 14-4。

表 14-4　型钢车间用水规定与水质要求

| 序号 | 项目名称 | 用水种类 | | | | 备注 |
|---|---|---|---|---|---|---|
| | | 间接冷却开路循环水系统 | 直接冷却循环水系统 | 冲氧化铁皮 | 工业用水 | |
| 1 | pH 值 | 7～9 | 7～9 | 7～9 | 7～8.5 | 7～8.5 |
| 2 | 悬浮物/(mg/L) | ≤20 | ≤50 | ≤100 | ≤5 | |
| 3 | 悬浮物最大粒径/mm | 0.2 | 0.2 | | | |
| 4 | 总硬度/(mg/L) | <220 | <220 | <220 | <80 | 以 CaO 计 |
| 5 | 暂时硬度/(mg/L) | <150 | <150 | <150 | <150 | 以 CaO 计 |
| 6 | 电导率/(μS/cm) | <3000 | <3000 | <3000 | | |
| 7 | 含油量/(mg/L) | <2 | <10 | | | |

⑤ 线材车间用水规定与水质要求见表 14-5。

表 14-5　线材车间用水规定与水质要求

| 项目名称 | 间接冷却开路循环水系统 | 直接冷却循环水系统 |
|---|---|---|
| 悬浮物含量/(mg/L) | 25～30 | 25～50 |
| pH 值 | 7～9 | 7～9 |
| 水温 | 32～35 | ≤35 |
| 油和油脂/(mg/L) | 5～10 | 5～10 |
| 氯离子/(mg/L) | 100～226 | 150～400 |
| 硫酸根/(mg/L) | 300～500 | 150～600 |
| 含铁量/(mg/L) | 0.2～1.0 | 0.3～1.0 |
| 总硬度（以 $CaCO_3$ 计）/(mg/L) | 53～357 | 267～357 |
| 颗粒最大粒径/μm | 100～250 | <250 |

注：1. 间接冷却开路循环水系统供水压力为 0.3～0.35MPa；直接冷却循环水系统供水压力为 0.6MPa、0.8MPa。
　　2. 直接冷却循环水系统排水水质：① 细氧化铁皮量约占产量的 1.5%；② pH 值为 7～9；③ 排水温度 43～49℃；④ 油和油脂约为 25mg/L。

## 14.1.2　冷轧厂用水特征与用水要求

大型化冷轧厂一般包括热卷库、酸洗机组、冷轧机组、退火机组、电镀（锌）机组、热镀机组、电工钢机组以及酸再生机组、磨辊加工、机修电控、化验室和其他辅助设施等。这些机组均有不同的用水要求和规定。

近年来冷轧技术不断发展，先进国家已完成一次轧制新工艺。国内宝钢 1550mm 冷轧厂采用一套轧机同时轧制冷轧板和电工钢（硅钢）板。武钢冷轧硅钢厂也已完成一次轧制技术，以简化工艺、节省投资，节约生产用电与用水。因此，冷轧工序用水系统与废水成分更加复杂化。

冷轧厂主要机组用水规定与要求如下。

（1）酸洗机组

①酸洗车间主要用水为：a. 新酸站配酸用水；b. 酸循环站漂洗用水；c. 除雾系统补充水。一般采用工业水，当有酸再生时，前 2 项采用软水或脱盐水。

②酸洗机组主要用水为：a. 酸洗入口液压站冷却水；b. 焊接冷却水；c. 电气室设备冷却水；d. 酸再生站设备冷却水；e. 酸洗出口液压站冷却水；f. 其他设备冷却水。上述均要求采用间接循环冷却水。

（2）冷轧机组

冷轧机组设备主要用水为：a. 主马达通风冷却；b. 液压站润滑油设备冷却；c. 乳化液油冷却等。用水要求为间接冷却循环水。

（3）脱脂机组

脱脂机组用水为：预清洗及刷洗循环系统、电解脱脂清洗系统和热水漂洗及刷洗清洗系统等用水，用水水质要求较高，通常为脱盐水。

（4）退火机组

现代化冷轧工序中退火机组为连续退火机组。其机组主要用水为：a. 入口液压站冷却；b. 出口液压站冷却；c. 退火炉设备冷却。

工艺用水主要为：轧制过程中需用乳化液或用棕榈油对系统进行冷却和润滑。其冷却剂需采用软水或脱盐水进行配制，并经处理后循环回用；由于压延产生热量使乳化液不断挥发，应设置抽风装置并应循环洗涤净化，需连续补充新水，其水质为工业用水。带钢清洗脱脂与淬火冷却用水，其用水水质为脱盐水。

（5）连续热（电）镀机组

① 连续热镀锌机组主要用水为：出入口液压站和退火炉设备冷却水以及烟道阀、炉门炉框、冷却器、高温计等事故用水。其工艺用水主要为清洗脱脂及镀后冷却以及配制纯化液用水，水质为脱盐水。

② 连续电镀锌机组主要用水为液压站、润滑油站以及电机通风等用水。其工艺用水主要为化学脱脂清洗、电解酸洗、刷洗、漂洗以及配制电镀液、磷化液、铬化液用水，水质为脱盐水。

③ 电镀锡机组主要用水为液压站、润滑油站以及电机冷却通风用水，其工艺用水主要为化学脱脂清洗、电解酸洗、刷洗、漂洗以及配制电镀液与表面处理液用水，水质为脱盐水。

（6）电工钢（硅钢）板机组

电工钢（硅钢）板机组主要用水为开卷机、卷取机、常化炉、脱碳退火炉、冷轧机、再结晶退火、焊机、平整机液压站以及润滑油站等冷却用水。其工艺用水主要为酸洗配酸、酸洗漂洗喷洗、涂层液配制、乳化液配制、脱脂液配制、脱脂段带钢冲洗、退火段带钢直接冷却以及带钢纯化液配制等用水，其水质为软化或脱盐水。

总之，冷轧工序用水要求比较严格，且水质水量都有严格规定与要求。表 14-6～表14-8分别列出某厂 100 万吨/年冷轧厂在使用间接冷却水、软水与工业用水时的用水要求与规定。

表 14-6　100 万吨/年冷轧厂间接冷却水用水要求与规定

| 机组名称 | 水量/（m³/h） | 水温/℃ | | 水压/MPa | 水质/（mg/L） |
| --- | --- | --- | --- | --- | --- |
| | | 进水 | 出水 | | |
| 酸洗机组 | 210 | 35 | 43 | 0.35 | SS<10 |
| 五机架马达通风冷却水 | 936 | 35 | 39 | 0.35 | SS<10 |
| 五机架油润滑系统 | 349.7 | 35 | 43 | 0.35 | SS<10 |
| 五机架乳化液系统 | 1750 | 35 | 43 | 0.35 | SS<10 |
| 电解脱脂机组 | 20 | 35 | 43 | 0.35 | SS<10 |
| 罩式退火炉 | 1700 | 35 | 43 | 0.35 | SS<10 |
| 连续退火炉 | 320 | 35 | 43 | 0.35 | SS<10 |
| 连续热镀锌机组 | 381.84 | 35 | 43 | 0.35 | SS<10 |
| 单双机架平整机 | 723.3 | 35 | 43 | 0.35 | SS<10 |
| 连续电镀锡机组 | 554 | 35 | 43 | 0.35 | SS<10 |
| 纵剪和横剪机组 | 29.7 | 35 | 43 | 0.35 | SS<10 |
| 磨辊间 | 10 | 35 | 43 | 0.35 | SS<10 |
| 保护气体发生站 | 226 | 35 | 43 | 0.35 | SS<10 |
| 实验室 | 10 | 35 | 42 | 0.5 | SS<10 |
| 合计 | 7720.54 | | | | |

表 14-7　100 万吨/年冷轧厂软水用水要求与规定

| 机组名称 | 水量/（m³/h） | 水质 | | 水压/MPa | 水温 |
| --- | --- | --- | --- | --- | --- |
| | | 悬浮物/（mg/L） | 总硬度/°dH | | |
| 酸洗机组 | 15 | <2 | <1 | 0.1 | 常温 |
| 电解脱脂机组 | 30 | <2 | <1 | 0.1 | 常温 |
| 连续退火炉 | 30 | <2 | <1 | 0.1 | 常温 |
| 连续热镀锌机组 | 5 | <2 | <1 | 0.1 | 常温 |
| 连续电镀锡机组 | 49 | <2 | <1 | 0.1 | 常温 |
| 蒸汽减压站 | 4 | <2 | <1 | 0.1 | 常温 |
| 保护气体发生站 | 0.18 | <1 | <0.1 | 0.1 | 常温 |
| 合计 | 133.18 | | | | |

**表 14-8** 100 万吨/年冷轧厂工业用水要求与规定

| 机组名称 | 水量/（m³/h） | 水质 | | 水压/MPa | 水温 |
| --- | --- | --- | --- | --- | --- |
| | | 悬浮物/（mg/L） | 总硬度/°dH | | |
| 间接冷却循环水系统补充水 | 200 | <20 | 8.5 | 1.0 | 常温 |
| 废水处理站 | 13 | <20 | 8.5 | 1.5 | 常温 |
| 盐酸再生站 | 35 | <20 | 8.5 | 1.5 | 常温 |
| 空气冷却站 | 15 | <20 | 8.5 | 3.0 | 常温 |
| 酸洗机组 | 10 | <20 | 8.5 | 1.0 | 常温 |
| 五机架乳化液废气排出装置 | 10 | <20 | 8.5 | 1.5 | 常温 |
| 加油站 | 0.4 | <20 | 8.5 | 1.5 | 常温 |
| 电解脱脂机组 | 10.9 | <20 | 8.5 | 1.0 | 常温 |
| 连续电镀锡机组 | 2 | <20 | 8.5 | 1.5 | 常温 |
| 连续热镀锌机组 | 320 | <20 | 8.5 | 3.0 | 常温 |
| 乳化液系统 | 165 | <20 | 8.5 | 3.0 | 常温 |
| 单双机架油润滑系统 | 50 | <20 | 8.5 | 3.0 | 常温 |
| 保护气体发生站 | 5 | <20 | 8.5 | 3.0 | 常温 |
| 其他 | 12 | <20 | 8.5 | 3.0 | 常温 |
| 合计 | 848.3 | | | | |

## 14.1.3 热轧厂废水特征与水质水量

（1）废水来源与特征

热轧生产时，轧机的轧辊、轴承，输送高温轧件的各类辊道，初轧机的剪机、打印机，宽厚板轧机的热剪、热切机，中板轧机的矫直机，带钢连轧机的卷取机，大、中型轧机的热锯、热剪机，钢管轧机的穿孔、均整、定径、矫直机等部位均需直接喷水冷却。

钢锭或钢坯在炉内加热时，表面将形成较厚的氧化铁皮。这层氧化铁皮脱落后，高温轧件在空气作用下将再次生成氧化铁皮。通常在轧前，有时也在轧后，需要用 10~15MPa 的高压水除鳞，在中、厚板轧机，宽热连轧机，大型轧机及钢管轧机上常被采用。

含有大量氧化铁皮和润滑油的直接冷却水，通过沿轧制线布置的氧化铁皮沟收集并进入处理构筑物。为了顺利地输送氧化铁皮，在氧化铁皮沟的起点就要加入一定数量的冲铁皮水，以满足氧化铁皮水力输送所需的流速和水深。

某些轧后产品，特别是初轧中厚板、宽热连轧带钢及大型型钢产品，一般均需喷水冷却，其排水水量大，水温较高并含少量细颗粒氧化铁皮和油类。

带钢热连轧机的精轧机组、钢管连轧机等现代轧机在高速轧制时，以及从初轧机的热火焰清理机中均会产生大量氧化铁粉尘，通常采用电除尘器净化。电除尘器的清洗水中含大量细颗粒氧化铁。

因此，热轧厂的废水主要是轧制过程中的直接冷却水。由于热轧生产是对加热到 1000℃以上的钢锭或钢坯进行轧制，所以有关设备及在某些部位的轧件均需直接冷却。废水中的主要污染物是粒度分布很广的氧化铁皮及为数不小的润滑油类，此外，热轧废水的温度较高，大量废水直接排出时，将造成一定的热污染。

不少热轧产品出厂前需要酸洗，有时还要碱洗中和。热轧厂也可能产生酸性或碱性的废液和废水。某些产品，如钢管和线材，除酸洗外，有时还要镀锌和磷化处理，产生表面处理废水。

某些大型热轧厂设有磨辊机组时，也会产生少量乳化液。

（2）废水特征与水质水量

热轧废水是直接冷却轧辊、轧辊轴承等设备及轧件时产生的废水，其特点是含有大量的氧化铁皮和油，同时用水量大，使用后温升较高。

热轧废水来自轧机、轧辊及辊道的冷却及冲洗水，冲铁皮、方坯及板坯的冷却水，以及火焰清理机除尘废水。废水量大小取决于轧机及产品的规格。对大型轧钢厂而言，热轧循环废水量为 36m³/t 钢锭。其中用于轧机、轧辊、辊道等的直接冷却循环废水量为 3.8m³/t 钢锭；用于板坯及方坯的直接冷却循环废水量为 26.4m³/t 钢锭；用于冲铁皮的循环废水量为 3.01m³/t 钢锭；用于火焰清理机、高压冲洗溶液的循环废水量为 2.61m³/t 钢锭；用于火焰清理机除尘器的循环废水量为 0.188m³/t 钢锭。每升废水中含氧化铁皮为几百至数千毫克，粒径从几厘米到几微米不等，废水含油质量浓度为 20～50mg/L，废水温度为 40～60℃。

我国热轧和生产工艺较为复杂，水平相差较为悬殊，用水及废水量差别也大。大型热轧废水量及废水成分见表 14-9。各种热轧厂净环、浊环、复用与新水耗量见表 14-10。

**表 14-9** 轧钢废水量指标与废水成分

| 产品品种 | | 废水量 /(m³/t) | 废水成分及性质 | | | | 备注 |
|---|---|---|---|---|---|---|---|
| | | | pH 值 | 悬浮物/(mg/L) | 油/(mg/L) | 水温/℃ | |
| 热轧钢坯 | | 5～10 | 7.0～8.0 | 1500～4000（高时）<br>30～270（低时） | 5～20 | | 铁皮坑出水 |
| 热轧带钢 | 粗轧 | 25～45 | 6.8～8.0 | 1000～1500 | 25 | 40～50 | |
| | 精轧 | | 7.0 | 200～500 | 15 | 40～50 | |
| | 冷却 | | 7.0 | <50 | 10 | 40～50 | |

**表 14-10** 热轧厂用水量状况

| 车间名称 | 轧机类别/mm | 用水量/(m³/h) | | | |
|---|---|---|---|---|---|
| | | 新水 | 净环水 | 复用水 | 浊环水 |
| 初轧 | 1300 | 450 | 2880 | | 17256 |
| | 1150 | 928 | | 806 | 1574 |
| | 1000 | 309 | | 478 | 739 |
| | 750 | 327 | | | 644 |
| 钢板 | 2800/1700 半连轧 | 2761 | 2290 | | 1844 |
| | 2800 中厚板 | 2098 | | 2669 | |
| | 2300 中板 | 290 | | | 475 |
| | 2300/1200 半连轧 | 1380 | 2900 | | 2130 |
| | 2050 连轧 | 1050 | 10111 | | 24010 |
| | 1700 连轧 | 1218 | 9846 | | 23616 |
| | 1200 叠轧 | 136.4 | | | 72 |
| | 300 小型热带 | 9.5 | | | 276 |

| 车间名称 | 轧机类别/mm | 用水量/(m³/h) | | | |
|---|---|---|---|---|---|
| | | 新水 | 净环水 | 复用水 | 浊环水 |
| 钢管 | $\phi$400 无缝 | 160 | 2538 | 278 | 1045 |
| | $\phi$318 无缝 | 1033 | | 88 | 540 |
| | $\phi$140 无缝 | 200 | 3500 | | 3500 |
| | $\phi$76 无缝 | 160 | 100 | | 128 |
| 型钢 | 980/800 轧梁 | 1878 | 763 | 1348 | 2093 |
| | 800/650 大型 | 2480 | | 1180 | |
| | 650 中型 | 622 | | | 781 |
| | 500/350 中小型 | 547 | | | 150 |
| | 400/300 小型 | 129 | | | 236 |
| | 250 小型 | 113 | | | 50 |

根据宝钢引进热轧厂为例，年产热轧板卷 400 万吨的 2050mm 热轧带钢厂的废水量及其污染物见表 14-11，该厂年排废水量约 237.25 万吨，油类 17.9t。

表 14-11　2050mm 热轧带钢厂废水污染物排放状况

| 主要污染源 | 污染物发生量 | 污染物原始质量浓度/(mg/L) | 污染物排放量或质量浓度 | 污染控制措施 |
|---|---|---|---|---|
| 层流冷却 | 浊循环水 11650m³/h | SS：75 油：10 | 废水：125m³/h SS≤50mg/L 油≤3mg/L | 沉淀、冷却循环回用 |
| 设备直接冷却 | 浊循环水 12360m³/h | SS：900 油：15 | 废水：370m³/h SS≤20mg/L 油≤3mg/L | 沉淀、冷却循环回用 |
| 煤气水封 | 废水 7m³/h | | 氰化物<0.5mg/L 挥发酚<0.5mg/L | 送焦化废水处理 |
| 磨辊间 | 废液化乳 876 m³/h | 油：1.5%～2% | COD$_{Cr}$<40mg/L | 送冷轧系统处理 |

年产热轧钢卷 279 万吨的 1580mm 热轧带钢厂的废水量及其排放情况见表 14-12，年排废水量约 113.1 万吨，石油类 3.7t。

表 14-12　1580mm 热轧带钢厂废水污染物排放情况

| 主要污染物 | 污染物发生量 | 污染物原始质量浓度 | 污染控制措施 | 污染物排放量或质量浓度 |
|---|---|---|---|---|
| 设备直接冷却 | 浊废水 15787m³/h | SS：550～850mg/L 油：10～50mg/L | 沉淀、冷却循环使用 | 废水：60m³/h 至串级水系统 SS<20mg/L 油：5mg/L |
| 层流冷却 | 浊废水 15807m³/h | SS<50mg/L 油：5mg/L | 沉淀、冷却循环使用 | 废水：55m³/h 至串级水系统 SS：50mg/L 油：5mg/L |
| 精轧除尘 | 废水 150m³/h | | 送污泥处理系统处理 | SS：100mg/L 石油类：5mg/L |
| 液压润滑站磨辊间 | 含油废水 60m³/h 废乳化液 500m³/h | | 送总厂含油废水处理系统处理 送二冷轧乳化废液处理设施处理 | 石油类：5mg/L COD$_{Cr}$：40mg/L |

## 14.1.4　冷轧厂废水特征与水质水量

（1）冷轧厂废水来源与特征

冷轧一般是指不经加热的轧制，如冷轧板、冷轧卷材的生产。为了保持冷轧材的表面质量，防止轧辊损伤，热轧钢材必须清除表面的氧化铁皮后才能进行冷轧。采用酸洗方法清除氧化铁皮时，将产生大量的酸洗废液。

酸洗漂洗水含大量的酸和二价铁盐，在连续酸洗机组，这种废水连续排放，是冷轧酸性废水的主要来源。酸洗机组检修时，将向废水处理机组排出大量高浓度酸洗废液，其成分与废酸相同。酸洗、漂洗后的带钢采用钝化或中和处理时，将产生少量钝化液或碱洗液。为了消除带钢冷轧时产生的变形热，需用乳化液或棕榈油进行冷却和润滑。冷轧生产常以乳化液作润滑、冷却剂，而在生产冷轧碳素钢、冷轧不锈钢或极薄规格的冷轧带钢如镀锡带钢时才采用棕榈油。

乳化液主要由 2%～10% 的矿物油或植物油、乳化剂和水组成。冷轧乳化液常用阴离子型或非离子型乳化剂。乳化液是循环使用的，循环系统由贮槽、泵、净化设备和冷却器等组成。使用过程中，一部分乳化液被冷轧带钢带出，另一部分在净化设备内，随分离的机械杂质一起排走，同时，乳化液因水分受热蒸发，使含盐量增加、稳定性降低，也会因氧化或细菌作用而变质。所以要连续排出一部分老的乳化液，补充新的乳化液。

冷轧带钢在松卷退化和使用棕榈油时，退火前均要用碱性溶液脱脂，产生碱性含油废水。采用湿式平整时将排出平整液，其主要成分是矿物油和乳化液。

如上所述，冷轧废水的基本组成是酸性废水、含油及乳化液废水和碱性含油废水。

冷连轧带钢厂除生产普通冷轧板、卷外，有时还生产带有金属镀层或非金属漆层的品种。这时，根据产品和生产工艺的不同，将产生其他类型的废水，通常称为带钢表面处理废水。生产冷轧镀（涂）层带钢时，为了获得良好的覆盖表面，先要对冷轧带钢进行化学清洗，清除残余的乳化液、油、脂、氧化铁等残渣。化学清洗的主要方法是碱洗、电解清洗，有时还采用酸洗。

热镀锌机组的种类很多。从废水处理的角度看，主要可分为镀锌前的带钢是采用化学清洗液还是气体清洗，以及镀锌后的带钢是否进行钝化处理两类。当热镀锌带钢还要进行其他涂覆时，无需钝化处理；反之，为防止表面产生锌锈，保持锌层光泽，需要往带钢表面喷以铬酸，进行钝化处理，这时将产生含铬废水。

电镀锌机组由化学预处理、电镀及后处理 3 个工艺部分组成。从化学预处理段将排出含有固体杂质的碱性含油、含乳化液废水、碱性清洗水、废酸及酸性漂洗水。电镀工艺段根据电镀液的不同，可能产生酸性电镀废液或碱性含氰电镀废液及其相应的清洗废水。从后处理部分将排出含铬或含磷酸盐的废液及其清洗水。

从电镀锡工艺产生的废水有脱脂机组的强碱及弱碱含油废水、酸洗机组的强酸及弱酸废水、含电镀液废水及含铬废液和含铬清洗水等。

冷轧带钢除以上几种常用的金属镀层外，还有镀铝、镀铜、镀铅、镀镍等产品，如采用碱性镀铜工艺时，有可能产生含氰废水。

生产冷轧非金属涂层产品时，除了需进行预处理外，在涂漆或涂塑前还要进行磷化或钝化处理，将产生含铬或含磷酸盐的废水。

当前的冷轧生产，在乳化液配制及带钢清洗时，多采用脱盐水。当冷轧厂设有脱盐水机组时，将产生酸性和碱性的再生废液及其清洗水。

冷轧带钢均采用保护气体退火，并以电解水的方法制取氢气。制取电解水的过程中，也有少量酸、碱废水排出。

因此，冷轧生产过程中将产生废酸、酸性废水、含乳化液废水。冷轧带钢在松卷退火及表面处理时，还将产生酸、碱、油类和含铬等废水，其他重金属废水，如铜、铅、镍类废水等。

（2）废水特征与水质水量

冷轧钢材必须清除原料表面的氧化铁皮，采用酸洗清除氧化铁皮时，随之产生废酸液和酸洗漂洗水；漂洗后的钢材如采用钝化或中和处理时，将产生钝化液或碱洗液；冷却轧辊时需用乳化液或棕榈油冷却和润滑，随之产生含油乳化液废水。除此之外，冷轧带钢还需金属镀层或非金属涂层，将产生各种重金属废水或磷酸盐类废水。

因此，冷轧废水具有如下特征：a. 废水种类多，包括废酸、酸碱废水、含油及乳化液废水，根据机组组成的不同，有时还有含铬废水及含氰酸盐等废水；b. 冷轧废水不仅种类多，而且每种废水与钢铁厂其他部分产生的同类废水相比，其数量也最大；c. 废水成分复杂，除含有酸、碱、油、乳化液和少量机械杂质外，还含有大量的金属盐类，其中主要是铁盐；此外，还有少量的重金属离子和有机成分；d. 废水变化大，由于冷轧厂各机组产量、生产能力和作业率的不同，冷轧废水量及废水成分波动很大；e. 冷轧废水的温度主要来自生产工艺的加热而不是因直接冷却所产生的；f. 由于冷轧废水的复杂性，故其废水的治理与循环回用有其复杂性与难度。

冷轧废水成分复杂、种类繁多，用水及废水量差别也大，废水中主要含有悬浮物 $600\sim200mg/L$，矿物油约 $1000mg/L$，乳化液 $20000\sim100000mg/L$，COD $20000\sim50000mg/L$ 等。

近年来，我国已引进为数众多的冷轧机，其废水排放量与组成比较复杂，水质差别也较大。

# 14.2  节水减排与"零排放"的技术途径与设计要求

## 14.2.1  技术途径与措施

要实现轧钢工序节水减排和废水"零排放"，就热轧工序而言，主要解决两个方面的问题：一是通过多级净化和冷却，提高循环水的水质，以满足生产工艺对水质的要求，同时减少排污和新水补充量，使水的循环利用率得到提高；二是回收已经从废水中分离的氧化铁皮和油类，以减少其对环境的污染。

就冷轧工序而言，首先应根据生产工艺用水与废水的种类和性质，分别进行收集与有用物质回收，在此基础上再进行分类处理，实现废水回用与"零排放"。

（1）充分利用轧钢厂用水要求与废水特征，是提高废水循环利用率和废水"零排放"最有效的途径

国内外热轧厂节水减排的一个明显趋势是加强了水的循环利用。为了合理用水，常把净环水的排污水作为浊环水的补充水；有几个浊环水系统时，水质要求较高的系统的排污水用作水质要求较低的系统的补充水。对每个浊环水系统，根据用户对水质、水温的要求，采用相应的处理方法。目前，较完整的处理工艺大体由一/二次铁皮沉淀池或水力旋流沉淀池、过滤、冷却等主要构筑物组成，同时还设有污泥浓缩、脱水、废油治理和化学药剂系统。近年来我国研发的稀土磁盘分离净化组合应用，净化效果更为显著。

冷轧厂生产废水主要为含油及乳化液废水，酸碱废水，含铬、锌等废水等。废水特征为污染物种类多，成分复杂，且水量成分变化均较大，这给废水处理与回用带来很多困难。因此，冷轧废水必须注意如下特点。

① 必须掌握废水的种类、水量、成分和排放制度，特别是废水的化学成分。

② 不同种类、浓度的废水，根据情况要用专门的管道送入相应的处理构筑物，含重金属的废水在治理前不允许与其他废水混合，这有利于降低治理难度，减少运行费用并提高治理效率。

③ 对间断排出的废水可通过调节池来实现连续操作，以减少处理构筑物的能力。

④ 冷轧废水治理包括油、乳化液分离、氧化、还原、中和、混凝、沉淀、污泥浓缩、脱水等单元操作。冷轧废水治理主要是化学处理。废水本身的悬浮物的质量浓度并不高，远低于热轧废水。废水本身的悬浮物量仅占冷轧污泥总量的 5%～10%，冷轧污泥的绝大部分是在处理过程中生成的沉淀物，其中含铁污泥占污泥总量的 75% 左右。

⑤ 应充分考虑对冷轧废水中各种有效成分的利用。例如，利用酸洗废液和酸洗漂洗水中的铁和酸，进行含铬废水的还原处理；利用酸洗废液和酸洗漂洗水中的酸和盐类，对乳化液进行破乳；对废铬酸及废油进行回收处理；充分利用废水和碱性废水本身的中和能力等，力求简化处理工艺与设备，实现废水回用与"零排放"。

(2) 合理选择与新技术开发应用是含油、乳化液废水净化回用的关键

在德国约有 60% 以上的含油、乳化液废水采用化学破乳法。其中用混合法（即盐析与凝聚组成的方法），尤其是酸化后的中和混凝法较多，德国一些小企业自身并不处理乳化液，而是将多次循环使用报废的乳化液用槽车送往附近的废水、废油处理中心集中处置。德国黑森州的卡塞尔(Kassel)废水处理厂就是一个比较典型的集中处理站，每年可处理含油废水 12000t、废乳化液 4000t 以上。我国目前还没有类似的废油与废乳化液大型处理中心。随着科学技术的发展，单纯的化学处理法已经不适应现代化的管理要求。国内外已普遍地重视物化或电化学处理方式。譬如电解破乳、高梯度磁破乳、超滤破乳等。宝钢冷轧厂是国内率先使用膜分离(超滤)破乳技术的企业，这套超滤破乳设备由法国的 National Stanord 公司设计，选用了美国 Abcor 公司的超滤管，处理能力为 15m³/h。可将 2% 浓度的乳化液浓缩为含油 50% 的浓缩液，其渗出水的含油质量浓度小于 10mg/L。

20 世纪末，南京化工大学研制生产出不同类型的无机陶瓷膜并开展了应用研究工作，并在武钢冷轧厂现场进行较为深入、系统的研究，取得较理想的效果，奠定了工业性应用的基础。21 世纪初，武汉市青山华麟膜过滤技术有限公司采用南京化工大学陶瓷膜管在上海益昌薄板有限公司现场进行陶瓷膜处理冷轧乳化液废水的工业性试验，效果良好。武汉华麟公司采用 0.05μm 的氧化锆膜在益昌薄板厂建成处理能力为 6m³/h 的乳化液废水处理装置和处理能力为 0.5m³/h 的轧钢酸洗液废水处理装置，经试验与投产运行，达到预期效果。2002 年 4 月，武汉华麟公司在武钢冷轧厂建成处理能力为 12.5m³/h 的乳化液废水处理装置的工程公司。

综上所述，采用陶瓷膜过滤技术处理乳化液废水是一种高效、经济的新技术，是国内外乳化液废水处理的发展方向。

(3) 实现酸洗废液资源化处理回用是废水"零排放"的重要条件

与国外相比，差距最大的是冷轧酸洗废液的处理与回用技术。目前，国内除宝钢、武钢等为数极少的大型钢铁企业外，绝大多数企业以采用中和法处理排放为主，既浪费酸资源，又为废水治理和环境污染带来严重问题。宝钢从奥地利引进的鲁特纳法盐酸再生工艺，这种装置占世界盐酸装置总数的 60% 以上，该法生产的氧化铁可全部用于磁性材料。武钢引进

德国的鲁奇法盐酸再生工艺，这种装置在世界盐酸装置总数中仅次于鲁特纳法。该法生产的氧化铁，经特殊研磨后，可生产硬磁铁氧体。经济效益与市场前景以鲁特纳法为佳。由于轧钢酸洗工艺因钢材品种、用途和材质的不同要求，分别采用有盐酸（HCl）、硝酸（$HNO_3$）、硫酸（$H_2SO_4$）和硝酸（$HNO_3$）与氢氟酸（HF）混酸酸洗等。其酸洗后的废液中含有大量的酸和铁盐，该废液已被世界各国作为危险废物进行管理。目前，国内外已研究出多种有效、可行的资源化处理方法与技术，从其技术成熟性、工艺关键与特性、应用前景与发展上都具有各自的优越性，这些方法与技术有直接焙烧法、回收铁盐法、制备无机高分子絮凝剂法、制备铁磁氧体法、制备颜料法、制备针状超细金属磁粉法以及减压蒸发回收酸与铁盐法。但是，据统计，目前我国各种废酸的回收率不足 10％，因此，酸性废液实现回收和"零排"仍是任务艰巨。

（4）含铬废水净化回用与消纳途径是废水"零排"必须解决的问题

在六价铬的控制处理中，最常用的方法是将六价铬还原成三价铬，随后又使三价铬生成氢氧化物沉淀。为达到日趋严格的排放标准，一些工业部门已倾向于采用离子交换来处理铬酸盐和含铬酸废水。对于高浓度铬酸盐和铬酸废水，蒸发回收已证明是一种在技术和经济上均可行的控制方法。对冷轧系统含铬等重金属废水处理方案的选择，不应与其他废水混合，以免使其处理复杂化，更不应未经处理直接排入全厂废水处理系统，以免扩大重金属污染。

（5）轧钢废水处理工艺的有效组合是实现废水"零排放"的最重要的技术保证

轧钢废水处理回用与实现"零排放"存在众多难题。由于轧钢废水特别是冷轧工序废水中种类比较多，所含的污染物比较复杂，差别也大。普遍存在的有含油和高浓度乳化液废水，酸洗废液以及低浓度酸碱废水，含铬、锌等其他重金属废水等。

乳化液一直是处理与回用难度较大的一种废水，近年来有了较好的进展，宝钢、本钢等分别引进有机膜超滤技术，油回收效果较好，但不可避免的要有大量低浓度含油废水排出。

其他含六价铬、镍、锌等金属废水，以及高浓度酸性废水与低浓度酸碱废水，这些废水处理方案的选择，不应与其他废水混合，以免使处理废水量扩大化和处理工艺复杂化，更不应未经处理直接排入全厂废水综合处理系统，造成全厂废水危害与处理难度。

要实现轧钢工序废水处理回用与"零排放"，应充分发挥处理工艺的有效组合：a. 对含油及乳化液废水经破乳超滤等除油措施后，进入酸碱废水处理系统的调节池；b. 含第一类污染物（$Cr^{6+}$、$Ni^{2+}$ 等）的废水经单独处理，达到一类污染物车间排放标准要求后，进入酸碱废水处理系统最终 pH 调节池；c. 酸碱废水处理系统的废水经中和沉淀处理后，再进入全厂总废水处理系统处理后回用。

## 14.2.2　技术规定与设计要求

（1）一般规定与设计要求

① 轧机、轧辊、轧材冷却是轧钢工序的用水大户，用水量变化较大，应设有调节用水、适时控制水处理站的供水能力的措施，确保供水能力与工艺用水要求相一致，并应减少和节约设备检修、换辊等间隙时的用水。

② 在工业炉设计中，应尽量减少或避免采用炉内水冷构件；必须采用水冷构件时，应减少暴露于高温的冷却面积；所有暴露于高温炉内的炉底梁及其他水冷构件应进行有效隔热包扎。

③ 电机通风系统，电机功率小于或等于 1000kW 时，宜采用自带风扇冷却；电机功率大于 1000kW 时，宜采用水冷循环通风系统。

④ 热轧带钢精轧机、冷轧轧机、冷轧平整机的废气排放应采用干式净化系统。

（2）热轧厂节水减排设计规定与要求

① 加热炉炉底水梁和立柱冷却宜采用汽化冷却，并应充分利用汽、水分离后的蒸汽，回收利用，不可外排。由于汽化冷却的耗水量仅约为水冷却的 1/30，采用汽化冷却可大大节水；而汽水分离后蒸汽是二次能源，1kg 低压蒸汽折合热值约 3976kJ，故应尽可能提高蒸汽压力，以便纳入全场蒸汽动力管网回收利用，以利于节水节能。

② 钢板及带钢的轧后冷却方式宜采用节水的层流冷却系统。由于钢板及带钢的轧后冷却是用水大户，用水量的变化与生产工艺密切相关，推荐采用水泵与水箱的联合供水方式，并应最大限度地减少水箱的溢流水量，将两块钢板轧制之间间隙时间的供冷水量储存于水箱。这样连续轧制两块最不利钢板时的间歇时间越长，供水泵的能力就越小，也越节能。

（3）冷轧厂节水减排设计规定与要求

① 立式退火炉的水淬冷却装置应采用双水淬槽结构，逆行串联冷却。由于水淬槽后的带钢温度一般为 40～43℃，单水淬槽内水温受到限制，双水淬槽结构逆行串联冷却，水温可以高于 40～43℃，以达到节水的目的。

② 罩式退火炉冷却罩采用水喷淋冷却时，应采用波纹内罩。波纹内罩喷淋冷却技术可增加冷却面积，提高水流均匀性与冷却效率，节水效率显著。

③ 轧机轧辊冷却宜采用高效多段控制的冷却液喷射系统。在设计时，应将乳化液喷射梁的喷头沿轧辊宽度方向设计为与平直度测量仪相同的分段数，并和乳化液控制的先导阀一一对应连接。钢板轧制时，通过对比目标值和每段测量值得出的偏差，由控制模型计算出每段的乳化液的设定流量，调节相对应段的乳化液先导阀，控制相应段的喷头的开闭，与轧制必需的基本流量（约 1/3 的额定流量）叠加来改变相应段的轧辊热凸度，以达到高效多段控制，实现节水的目的与要求。

④ 生产机组废气排放净化系统的洗涤用水应设计为循环供水系统。该循环系统在循环水达到一定浓度时，即可将其送往工艺段循环利用，既可大大节约耗水量，又可回收酸碱资源循环利用。

⑤ 酸洗机组、热镀锌机组、脱脂机组、彩涂机组、修磨/抛光机组的热水漂洗段用水应采用冷凝水，宜采用逆流串级漂洗工艺。

## 14.2.3　取（用）水量控制与设计指标

轧钢厂取（用）水量与设计指标分为热轧带钢、中厚板、薄板坯热连轧（CSP）、线材以及冷轧带钢等。其取（用）水量与设计指标见表 14-13。

**表 14-13**　轧钢厂取（用）水量控制与设计指标

| 项目 | | 单位 | 用水量 | 取水量 |
|---|---|---|---|---|
| 线材 | | $m^3$/t 钢材 | 24～60 | 0.72～1.8 |
| 中厚板 | | $m^3$/t 钢材 | 50～55 | 1.5～1.8 |
| 薄板坯热连轧（CSP） | | $m^3$/t 钢材 | 45～55 | 1.35～1.62 |
| 热轧带钢 | | $m^3$/t 钢材 | 45～55 | 1.4～1.8 |
| 冷轧带钢 | "连退"产品 | $m^3$/t 钢材 | 30～50 | 1.35～2.10 |
| | "罩式炉"产品 | $m^3$/t 钢材 | 20～35 | 0.80～1.25 |

续表

| 项目 | | 单位 | 用水量 | 取水量 |
|---|---|---|---|---|
| 冷轧带钢 | "可逆轧机"产品 | $m^3/t$ 钢材 | 25~45 | 1.00~1.55 |
| | "热镀锌"产品 | $m^3/t$ 钢材 | 30~50 | 1.30~1.90 |
| | "电镀锌"产品 | $m^3/t$ 钢材 | 55~65 | 1.80~2.20 |
| | "电镀锡"产品 | $m^3/t$ 钢材 | 40~50 | 2.50~3.10 |
| | "彩涂"产品 | $m^3/t$ 钢材 | 24~33 | 1.48~1.90 |

注:1. "连退"产品指采用酸洗-轧机联合机组和连续退火机组生产的产品。
2. "罩式炉"产品指采用酸洗-轧机联合机组和罩式炉、平整机生产的产品。
3. "可逆轧机"产品指采用可逆轧机和罩式炉、平整机生产的产品。
4. "热镀锌"产品指采用酸洗-轧机联合机组和连续热镀锌机组生产的产品。
5. "电镀锌"产品指采用酸洗-轧机联合机组和连续退火机组、连续电镀锌机组生产的产品。
6. "电镀锡"产品指采用酸洗-轧机联合机组和连续退火机组、连续电镀锡机组生产的产品。
7. "彩涂"产品指采用酸洗-轧机联合机组和热镀锌机组、彩涂机组生产的产品。

## 14.2.4 节水减排设计与应注意的问题

（1）热轧厂

① 热轧厂各种加热炉、热处理炉、润滑油系统冷却设备、液压系统冷却器、空压机、主电机冷却器以及通风空调和各种仪表用水均由间接冷却水系统供水，故仅水温升高，常设冷却塔降温，达到用水设备水温要求后即可循环使用。

② 水在循环使用过程中，特别是水经冷却塔降温过程中受到蒸发时水损失、空气传导以及尘泥、微生物滋生繁殖和新陈代谢作用，致使冷却水中悬浮物和藻类不断增多，为满足循环水水质要求，应设投加杀菌灭藻剂和旁通过滤器等技术措施，去除循环水中的尘泥和微生物。为解决因冷却循环中水因损失致使水中溶解盐不断浓缩，含盐量不断增加导致对设备造成腐蚀和结垢加剧，应不断补充新水和排污，其排污水应排入浊循环水系统再利用。

③ 热轧厂直接冷却循环水系统用水主要为：粗、精轧机轧辊冷却，支撑辊冷却，辊道、切头剪、卷取机等冷却带钢输出辊道和横向侧吹冷却，以及除磷，冲氧化铁皮和粒化渣，中厚钢板车间的压力淬火等用水。热轧过程中直接冷却水含有大量氧化铁皮和少量润滑油及油脂，应根据用户水质要求，经除油、沉淀后再循环回用，因此，处理工艺与设施的选择对热轧厂节水减排十分关键。

（2）冷轧厂

① 冷轧工序用水水质要求严，外排废水复杂，因此，冷轧工序节水减排的设计应根据生产工艺要求，水源条件，产品用水户对水质、水量、水压、水温的要求和生产单位的实际情况，经技术经济比较后方可确定。

② 对含一类污染物（$Cr^{6+}$、$Ni^{2+}$ 等）的废水，必须先经单独处理，水质达到车间排放标准后，排入冷轧的酸碱废水处理系统；含油及乳化液废水经破乳、超滤等除油（油回收）措施后，进入酸碱废水处理系统；酸碱废水处理系统的废水经中和沉淀后，进入总污水处理厂；总废水处理厂经物化处理后，可回用于全场浊循环用水系统，或经废水深度处理后，全部回用于生产，实现废水"零排放"。

（3）轧钢厂水处理构筑物

① 循环水泵站设计时应注意以下问题。

1）泵站内同一机组的水泵应尽可能选用相同型号的水泵，只有当机组需要不同大小类型的水泵搭配工作时，才可以选用不同型号的水泵。

2）水泵和阀门的操作，一般情况下应设计为集中控制方式，并在机旁设置操作箱，以备就地操作和紧急停车之用；对较小的次要泵站，也可以只设置机旁操作箱，分散操作。

3）水泵的启动应迅速、安全、可靠，启动方式可设计成自灌式或非自灌式，各水泵之间应设有连锁装置，以便当工作泵停止运转时备用水泵能自动投入运行。

4）当间接冷却循环水泵站与直接冷却循环水泵站合建时，在两机组泵的出水总管上，可考虑设置联络管，并设置必要的转换阀门，以备事故时互为备用。

5）水泵站的电源应与车间工艺要求的安全程度相一致，即应有两路独立电源，对特别重要的不允许间断供水的用户，还可根据具体情况设置水塔、柴油机泵或柴油发电机组，以备停电时作为事故供水之用。

6）对直接冷却循环水系统抽排氧化铁皮废水的泵站，除满足一般泵站的设计要求外，尚需考虑：一次沉淀池（或旋流池）的提升水泵应尽可能的选用高强耐磨泵，对旋流沉淀池而言，最好是选用潜水电泵，以免除淹水之患；冲氧化铁皮水泵的出水量应根据计算确定并以水冲氧化铁皮的水力计算为依据。

② 对提升氧化铁皮废水泵站（组），除应满足泵站（组）设计规定外，尚应考虑以下问题。

1）泵房底层高度离开水面应不小于 2m，以利于断电停泵铁皮沟水回流时起缓冲作用。

2）除氧化铁皮废水系统外的废水不应排入铁皮沟，以免给废水处理回用带来困难和免除流水之患。

③ 溢流堰必须水平以确保出水水质，采用活动板式溢流堰，以便调整；溢流堰前应设置格网，防止杂物进入水泵，影响使用安全。

④ 沉淀池应设于车间外部，并应设置专用清渣设施，以便及时清渣，保证水质回用。

⑤ 选用清渣吊车时应注意提升高度，确保抓斗能进入沉淀池底，抓渣干净。抓斗宜选用自动启闭式。

⑥ 冷却塔是轧钢工序节水减排与用水冷却回用的重要设施，是通过水与空气的直接接触来完成的，根据送风方式的不同，冷却塔大致可分为 3 种类型以供选择。

1）开放式（中空式）冷却塔：利用风力和或多或少的自然对流作用使空气进入冷却塔。

2）风筒式冷却塔：在塔中由于有很高的风筒，形成空气的对流。

3）机械通风冷却塔：空气被鼓风机或抽风机送入冷却塔。

上述各种冷却塔中，机械通风冷却塔能采用变频调速风机，保证有较稳定的冷却效果，比风筒式冷却在调整温度时更方便、更易于自动化，在达到同样冷却效果的条件下比其他冷却设备占地面积小。与风筒式冷却塔相比，机械通风冷却塔所需水压较低。但机械通风冷却塔的风机需要消耗大量电能，而且风机及其传动机械装置需要常年维修。总之，在选用冷却塔的型式中，需要根据地域条件和当地的气象条件因地制宜经技术经济比较后确定。

⑦ 冷轧含油、乳化液废水化学稳定性好，处理回用难度大，常用方法有超滤法和气浮法。

1）超滤法。该法的主要设施有调节池、纸带过滤机、超滤机组、循环泵、循环槽、离心分离机和废油槽等。

a. 调节池设计容量应考虑：（a）各机组间断排放的废水量及排放周期；各机组连续排放的废水量变化情况；（b）调节池调解容积一般按最大一次排放量加 2～6h 的连续排放量确定。调节池应设两个，分别用于贮存间断和连续排放的废水。

b. 纸带过滤机的纸带为无纺布材料，机上设有自动卷取、切割和液位测量等装置。常设计置于循环槽之上，循环槽容积设计根据废水大小选取，可按循环泵小时流量的 1/5 选取，并设有撇油装置。

c. 超滤机组是处理含油废水与油回收的核心装置。超滤装置膜管的选择必须根据含油废水水质、组成及其分子量大小选取，超滤管膜孔径的选取对该处理系统能否达到处理（出水）要求和经济运行至关重要，应根据废水中的油分子量并经试验参数进行确定。

2）化学破乳——气浮法。该法是一种较为成熟的方法。其主要设施为调节池、破乳槽、絮凝槽、一级气浮池、二级絮凝池、二级气浮池和核桃壳过滤器等。其设计应注意以下几个方面。

a. 调节池、破乳槽。调节池设计与超滤法相同。破乳槽容积按废水停留时间 $5\sim15min$ 设计，槽内应设搅拌机。

b. 絮凝槽设计为废水停留 $5\sim20min$，高分子絮凝剂投加量为 $2\sim5mg/L$。

c. 气浮池及溶气系统。采用部分溶气加压气浮，设计参数按如下选取：单位表面负荷（含加压水）为 $3\sim5m^3/(h\cdot m^2)$，溶气水比例为 $25\%\sim50\%$，溶气水出口速度为 $1\sim3m/h$。

d. 核桃壳过滤器，核桃壳过滤器除油效率较高，其设计参数为：进水 $SS\leqslant50mg/L$，进水含油量 $\leqslant50mg/L$，滤速为 $15\sim20m/h$，出水 $SS\leqslant10mg/L$，出水含油量 $\leqslant10mg/L$。

# 14.3　热轧厂废水处理与回用技术

## 14.3.1　处理目标与方案选择

热轧废水处理目的是实现节水减排和废水"零排放"，分离回收氧化铁皮和废油。热轧废水处理的难点和重点并非如何沉淀和过滤废水处理，而是如何在废水处理过程中实现去除与分离细颗粒铁皮、污泥、油类及其资源回收利用。因此，完整的热轧废水处理系统必须包括废油回收和对细颗粒铁皮和铁皮污泥的处理与回用。目前采用的比较普通的处理技术是：废水→旋流井→平流沉淀池（除油和 SS）→快速过滤器或压力过滤器（进一步脱除细小 SS 和油）→凉水架→回水池→循环使用。

在采用上述工艺中，不少企业对过滤器反冲洗水的处理不够重视，将反冲洗水直接返回旋流井或平流沉淀池。由于反冲洗水中的细 SS 或油并不能全部在此沉降被除去，因而在系统中出现循环增多，干扰了工艺的处理效果。现采用磁盘等方法处理后循环回用，改善了系统循环用水状况。

目前国内还开发了一些化学除油的工艺，在小型轧钢厂中采用得比较多。这类工艺在废水中加入药剂后，经化学反应，油类和 SS 均通过凝聚沉淀而被除去。它的优点是可以取消机械除油设备和过滤装置，但带来的矛盾是污泥比较多，需要适当处理。若处理不当会造成二次污染，这一点必须引起重视，另外是废油不能回收。当前能源短缺，废油资源应回收利用。因此，除油与废油回收技术是热轧废水处理的关键问题。

我国热轧废水处理在很长一段时间内的重点是放在分离氧化铁方面，主要采用一次铁皮坑和二次铁皮坑的处理方式。一次铁皮坑主要去除大块铁皮，二次铁皮坑常用于清渣，通常无除油设施，导致水质较差，影响循环率的提高。

根据德国多特蒙德厂的经验，由中冶集团建筑研究总院等单位研究重力式水力旋流式沉淀池以及下旋型水力旋流沉淀池的开发应用，基本解决了上述问题，与一、二次铁皮坑（沉淀池）相比，一次投资可省 40% 以上，水质较好，已普遍采用。为了进一步提高循环水水质，往往再采用单层或双层滤料的压力过滤器进行最终净化，使用水悬浮物达到 10mg/L，含油量达 5mg/L 左右，净化后的水通过冷却塔使用水温度不高于 35～40℃，实现循环回用。

（1）热轧废水处理要求

热轧废水系从粗轧、精轧及热轧辊道等处排放的废水。各废水先流入铁皮坑以除去大块铁皮。对铁皮坑流出的废水应予以注意的是悬浮物和油类。悬浮物几乎为轧制过程中产生的氧化铁皮。油分系轧机及辊道所用的润滑油。

① 粗轧废水　粗轧废水在铁皮坑中除去大块铁皮及非常易于分离的油分，沉淀下的铁皮用大车或带抓斗的移动式吊车运出送往烧结厂，浮在液面上的油分用带式撇油器或管状撇油器去除。

铁皮坑流出的废水先送入沉淀池。因粗轧的铁皮颗粒较大，只用沉淀池去除悬浮物和油分，一般不用快速过滤器等。沉淀池分为矩形的和圆形的（澄清池）。其区别取决于沉淀下的铁皮的去除方法。在用耙子将铁皮耙集到圆心然后用泵排出的情况下使用圆形澄清池，在用液固分离旋流器等排出的情况下则采用矩形沉淀池。

在采用澄清池时，浮在液面上的油分先用刮板集中在一起，然后排出；在用矩形沉淀池时，是用设在挡油板附近的带式撇油器除去的。

沉淀池一般不加药品，多用自然沉淀。但为了防止在循环系统内细粒铁皮的积累，也有采用药品的。有时由于加药品的影响，沉淀下的沉渣的处理变得更加困难，同时，水中离子浓度增加得也快，对于这些情况应予以注意。

② 精轧废水　精轧废水和粗轧废水用同样的系统处理。由于精轧废水中的铁皮粒径较小，只用沉淀池处理是困难的，多用过滤器作沉淀池的后部处理。

用过滤器作后部处理的情况下，用作前部处理的沉淀池通常比粗轧的小。当有大量油混入过滤器时，滤粒被油覆盖，运转周期因而被缩短，这样就必须进行反冲洗，并设置特定的反冲洗程序和措施。经过滤的水送冷却塔降温循环使用。

③ 热轧辊道废水　热轧辊道用水量大，常用铁皮坑处理，其出水常与精轧废水处理系统出水混合后，再回用于热轧辊道系统。

热轧废水各铁皮坑排出的废水水质见表 14-14。其处理流程如图 14-1 所示。

表 14-14　铁皮坑排出的废水水质

| 铁皮坑 | pH 值 | SS/(mg/L) | 油分/(mg/L) |
|---|---|---|---|
| 粗轧 | 7～8 | 40～120 | 5～30 |
| 精轧 | 7～8 | 40～130 | 2～8 |
| 热轧辊道 | 7～8 | 40～50 | 8～10 |

就热轧废水的铁皮和油类特征而言，处理铁皮是用铁皮坑、矩形沉淀池、旋流沉淀池进行沉淀分离的；精轧及部分辊道废水用铁皮坑、沉淀池及过滤器处理；或通过旋流沉淀池将其中 50%～70% 的悬浮物（其中主要为铁皮）去除，旋流后出水再用过滤等方法进行处理。

在沉淀池等液面上的浮油常用带式撇油器或管状撇油器分离。

近年来磁力净化技术，特别是稀土磁盘分离技术已成功应用于热轧废水处理，是热轧废水处理技术又一新的发展。

（2）热轧废水处理方案的选择

热轧废水处理方案与技术的选择，应根据工艺与用户对水质要求的不同，分别采取粗处

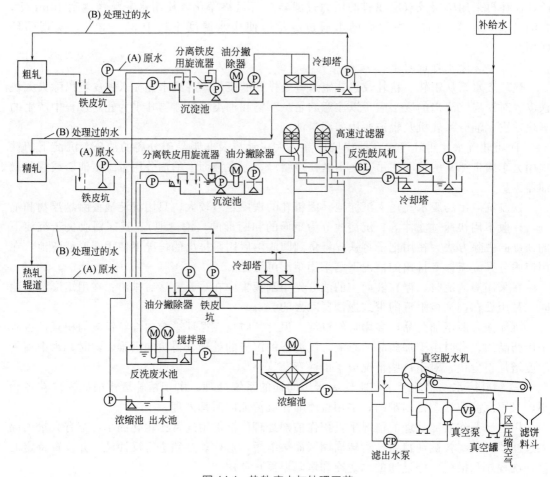

图 14-1　热轧废水与处理工艺

理和精处理不同的浊环水处理系统。常用的浊环水处理系统有一次沉淀系统、二次沉淀系统、二次沉淀冷却系统、二次旋流压力过滤冷却系统、旋流压力过滤冷却系统等，应在满足工艺对水质、水量、水压的要求及环境保护的前提下，结合一次投资运行费用及占地面积等因素进行选择。

## 14.3.2　处理技术与工艺流程

热轧废水处理技术的关键是固液分离、油水分离和氧化铁皮沉淀的处理。根据热轧浊环水（废水）常用的净化设施，按净化程度的不同有不同组合，但总的要求要保证循环使用条件，常用的处理工艺流程有如下几种。

（1）一次沉淀工艺流程

仅用一个旋流沉淀池来完成净化水质，既去除氧化铁皮又有除油效果，是国内应用较多的流程，如图 14-2 所示。旋流沉淀池设计负荷一般采用 $25 \sim 30 \mathrm{m}^3/(\mathrm{m}^2 \cdot \mathrm{h})$，废水在沉淀池的停留时间采用 $6 \sim 10 \mathrm{min}$。与平流沉淀工艺相比，占地面积小，运行管理方便。但此工艺由于处理水质较差，现已被多种工艺组合所代替。

（2）二次沉淀工艺流程

如图 14-3 所示。系统中根据生产对水温的要求，可设冷却塔，保证用水的水温。

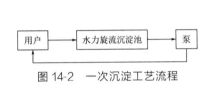

图 14-2 一次沉淀工艺流程

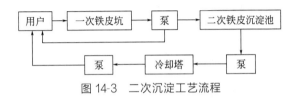

图 14-3 二次沉淀工艺流程

（3）沉淀-混凝-冷却工艺流程

如图 14-4 所示。这是完整的工艺流程，用加药混凝沉淀，进一步净化，使循环水悬浮物含量可小于 50mg/L。

（4）沉淀-过滤-冷却工艺流程

为了提高循环水质，热轧系统废水经沉淀处理后，往往再用单层或双层滤料的压力过滤器进行最终净化，使出水悬浮物达 10mg/L，含油量达 5mg/L 左右。净化后的废水通过冷却塔保持循环水供水温度不高于 35~40℃，压力过滤器（滤罐）滤速 40m/h。进水压力 0.25~0.35MPa，过滤周期 12h，压缩空气反冲洗时间 8min，反冲洗强度 15m³/(m²·h)，反冲洗压力 70kPa；用水反冲洗 14min，反冲洗强度 40m³/(m²·h)，反冲洗压力 40kPa，如图 14-5 所示。

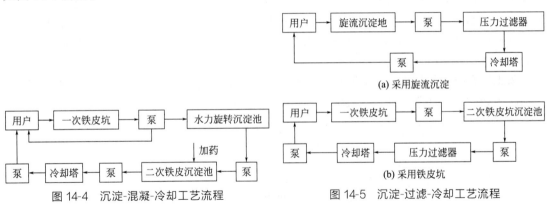

图 14-4 沉淀-混凝-冷却工艺流程

图 14-5 沉淀-过滤-冷却工艺流程

（5）沉淀-除油-冷却工艺流程

热轧废水中含油种类日渐复杂，废水中除产生大量铁皮外，浮油、乳化油、润滑油、炭末、悬浮物杂质的去除已成为重要问题。目前对悬浮物去除，可采用旋流沉淀、平流沉淀的方法去除绝大部分氧化铁皮和泥砂。而对油类去除，常采用隔油池、带式除油机、PP2 油毛毡等去除浮油。但有时尚难保证水质，还需化学除油工艺。如图 14-6 所示。

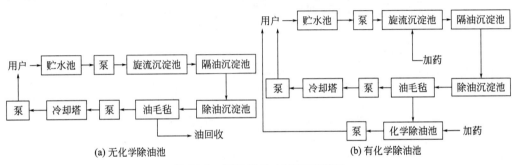

图 14-6 沉淀-除油-冷却工艺流程

563

含油废水在产生过程中，由于油水之间剧烈的碰撞、剪切，水中的一些杂质和表面活性物质就吸附在油珠表面，使之具有固定的吸附层和移动的扩散层，组成了稳定的双电层和带电性。其双电层的ζ电位阻碍着油珠相互凝结，使整个体系的总能量降低，使稳定胶体状态难以去除。

向水中投加破乳助凝剂，使水中乳化油的双电层、胶粒的动电位降低，使水中的乳化油脱稳破乳。然后投加絮凝剂，通过吸附、桥连、压缩双电层等作用，使浊环水中破乳后的乳化油被水中悬浮物吸附后迅速下沉，最终形成密实、粗大的絮团而沉淀，达到除油和净化水质的目的。

（6）稀土磁盘处理热轧废水工艺

轧钢废水中的悬浮物 $80\%\sim90\%$ 为氧化铁皮。它是铁磁性物质，可以直接通过磁力作用去除；对于非磁性物质和油污，采用絮凝技术、预磁技术，使其与磁性物质结合在一起，也可采用磁力吸附去除。所以利用磁力分离净化技术可以有效地处理这类废水。

稀土磁盘分离净化设备由一组强磁力稀土磁盘打捞分离机械组成。当流体流经磁盘之间的流道时，流体中所含的磁性悬浮絮团除受流体阻力、絮团重力等机械力的作用之外，还受到强磁场力的作用。当磁场力大于机械合力的反方向分量时，悬浮于流体中的絮团将逐渐从流体中分离出来，吸附在磁盘上。磁盘以 $1r/min$ 左右的速度旋转，使悬浮物脱去大部分水分。运转到刮泥板时，形成隔磁卸渣带，渣被螺旋输送机输入渣池。被刮去渣的磁盘旋转重新进入流体，从而形成周而复始的稀土磁盘分离净化废水全过程，达到净化废水、废物回收、循环使用的目的。

稀土磁盘技术应用于热轧废水已有工程实例，根据轧钢废水特性，可选用不加絮凝剂、加絮凝剂和设置冷却塔等处理工艺流程。如图 14-7 所示的几种工艺流程可供选择。

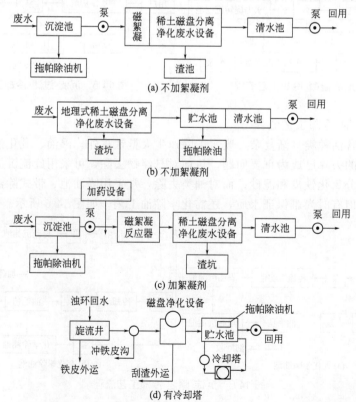

(a) 不加絮凝剂

(b) 不加絮凝剂

(c) 加絮凝剂

(d) 有冷却塔

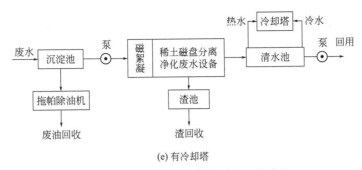

(e) 有冷却塔

图 14-7 稀土磁盘处理热轧废水工艺流程

## 14.3.3 废水处理主要构筑物

热轧废水处理主要构筑物有铁皮坑（沟）、旋流式沉淀池、高速过滤器（又名高速深层过滤器）、带式撇油器、管状撇油器以及近年来使用的磁盘分离装置等。

（1）水力旋流沉淀池

旋流沉淀池是轧钢厂常用的一种处理含氧化铁皮废水的构筑物。和普通的平流沉淀池相比，旋流沉淀池的沉淀效率可高达 $95\%\sim98\%$；在单位负荷较大的情况下，与平流沉淀池的出水水质相同，但投资省、经营管理费用少、占地面积小、清渣方便。

旋流沉淀池按进水方向分为上旋式和下旋式两种，按进水位置可分为中心筒进水和外旋式进水。考虑到清渣的方便，目前大型轧钢厂多采用外旋式沉淀池，上旋式沉淀池因进水管道埋设较深，施工困难，且管道比较容易沉淀堵塞，目前已很少使用。

含氧化铁皮的废水，以重力流的方式沿切线方向进入旋流池。废水中的大颗粒铁皮进入旋流池后，在进水口附近开始下沉。随着水流的旋转，较小的颗粒被卷入沉淀池的中央，大部分沉淀，更细的悬浮物随水流排出，如图 14-8 所示。

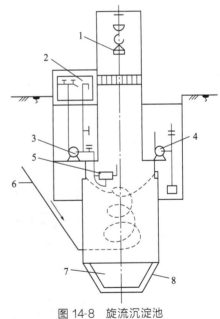

图 14-8 旋流沉淀池
1—抓斗；2—油箱；3—油泵；
4—水泵；5—撇油管；6—进水管；
7—渣坑；8—护底钢板

水力旋流沉淀池是一个带有锥形污泥斗的筒状构筑物，在一定深度处自侧面切线方向进水，水旋流而上，从筒中部流出。沉淀在池底部的铁皮由抓斗抓出回用。

旋流沉淀池的单位面积负荷量在 $15m^3/(m^2\cdot h)$ 时，净化效率可达 $96\%$；当负荷量为 $30\ m^3/(m^2\cdot h)$ 时，净化效率为 $88\%$ 左右。旋流沉淀池进水管深度 $H$ 与直径的比值应为 0.8。为防止铁皮沉积，进水管向旋流沉淀池方向的坡度以 $0°\sim5°$ 为宜。

旋流沉淀池的作用水头可用下式计算：

$$H = 4.33 \frac{V^2}{2g}$$

式中，$V$ 为进口流速，m/s；$g$ 为重力加速度，m/s²，$g = 9.81$m/s²；$H$ 为旋流沉淀池进口处的作用水头。

（2）高速过滤器

高速过滤器适用于钢铁厂热轧废水中的铁皮及油的去除。其特征是多层滤料，过滤时液流向下流动，冲洗时采用水和空气混合反冲，并装有专供均匀布水和布气用的 M 状块体。由于其滤料的粒径组成及层次安排，这种高速过滤器的滤渣渗入深度较传统的过滤器为大，因而增加了滤料的截污能力，同时，由于滤渣不再集结于滤粒表面，因而降低了阻力损失，提高了滤速。因此称作高速过滤器或深床过滤器。表 14-15 中引用了美国的试验数据，用以说明滤料粒径、滤速和铁凝聚物（铁皮）渗入深度的关系。

表 14-15　滤料粒径、滤速和铁凝聚物渗入深度的关系

| 滤速/（m/h） | 水头损失/m | 滤料粒径/mm | 铁凝聚物渗入深度/mm |
|---|---|---|---|
| 5 | 2.4 | 0.3 | 25 |
|  |  | 1.0 | 475 |
| 25 | 2.4 | 0.3 | 100 |
|  |  | 1.0 | 1500 |

由表 14-15 可见，泥渣的渗入深度随滤料粒径及滤料速度的增大而增大，其相应的截污能力也增大。但另一方面，由于泥渣渗入深层，导致反洗困难，故高速过滤器在反洗方法及构造上应有特殊的考虑。

① 主体构造如图 14-9 所示，高速过滤器的外壳系直径 6m 的钢质圆筒。内部为滤床及配水系统。滤床由滤料层及砂砾层等所组成。滤料及砂砾层放置在 M 状块体上。而 M 状块体则排列在穿孔底板上。

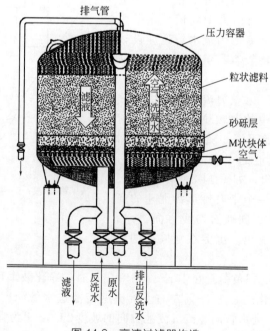

图 14-9　高速过滤器构造

② 滤床组成见表 14-16。

**表 14-16　滤床的组成**

| 各层名称 | | 粒径/mm | 高度/m |
|---|---|---|---|
| 滤料上的空间 | | — | 0.7 |
| 滤料层 | | 1～3 | 2.4 |
| 砂砾层 | 安定层 | 7～15 | 0.2～0.3 |
| | 支托层 | 3～7 | 0.2～0.3 |
| | | 7～15 | 0.2～0.3 |
| | | 15～25 | 0.2～0.3 |
| | | 25～35 | 0.2～0.3 |

③ 布水布气系统

1) 布水系统。过滤时原水从中心管流入，经位于滤料上空的半圆形水平槽分布。半圆形槽的长度为过滤器直径的 60%～70%。水由上往下流，通过滤料层、砂砾层、M 状块体间的间隙，并从其侧下方的弧形孔穿过，经底板上的小孔群，由混凝土集水槽汇集后，由管道引出。反冲洗时，冲洗水的行径与上述过滤时相反。

2) 布气系统。为了冲洗干净，用水和空气混合冲洗。空气管装在 M 状块体内，每隔一个 M 状块体设置一根空气管。管上打两排孔，孔径 3mm，孔间距 100mm。两排孔向下成 60°角。反冲洗时空气由配气管上的小孔喷出，经 M 状块体侧上方的小孔及 M 状块体间的间隙上冲。因空气管是每隔一个 M 状块体设置的，所以形成旋转空气流，使滤料互相碰撞摩擦，增加了反洗效果。

④ 运转条件。过滤速度 20～40m/h；过滤周期 8～24h；过滤压力 0.2MPa；反洗时间 15～20min，先用空气和水共同洗 15min，再单独用水洗 5min；反洗水量占过滤水量的 2%；反洗强度为：空气速度 100m/h，水速 1.5m/h；反洗压力为：空气压力 0.06MPa，水压力 0.07～0.2MPa；压力损失开始 14.7kPa，最终 78.4kPa；最高允许含污量 25kg/m²；反洗膨胀高度 500～600mm。

(3) 铁皮沟（坑）

供给初轧机及钢坯轧机冲铁皮的循环水中，悬浮物的质量浓度应小于 300mg/L，水温不高于 50℃。废水经铁皮坑净化后即可满足要求。铁皮坑位于轧钢厂地下深处，铁皮从轧机及辊道被水冲入铁皮沟。为不使铁皮在铁皮沟中沉积，采用了较大的坡度，因而铁皮坑池底的标高可深至-10～-20m。铁皮坑由泵坑及沉淀坑两部分组成，通常用钢筋混凝土建成，池底镶设钢轨，以便用抓斗取铁皮时保护池底。铁皮坑的沉淀部分实际上是一平流式沉淀池。根据原水中铁皮的颗粒大小及含量，以及出水中要求的铁皮含量，其表面负荷率可在 10～20m³/(m²·h) 范围内，根据试验数据选取。铁皮坑出水中的悬浮物的质量浓度低于 300mg/L；如有需要，可低至 100mg/L。

铁皮沟分为主要铁皮沟和次要铁皮沟。主要铁皮沟是指出炉辊道到第一轧机前后的沟段，各架轧机下以及和处理构筑物相连的铁皮沟，上述沟段以外的铁皮沟称为次要铁皮沟。

(4) 带式撇油器(机)

带式撇油器是靠一条或多条亲油疏水的环形集油带通过机械运动以一定速度在油水液面上做连续不断的循环转动，把油从含油废水中黏附上来，经挤压辊把油挤到油箱中。油的回收效率视油的黏度及温度等因素而有所不同。

带式撇油器(机)的类型较多，按照安装形式分类有立式、水平式和倾斜式三种。

带式撇油机的设计能力最大为 120L/h（按油量计算），电动机功率为 0.4kW，胶带尺寸为 6000mm（长）×600mm（宽）×5mm（厚），胶带材料类似氯丁橡胶，出口废油含油率 60%～80%。

立式胶带撇油器（机）的构造如图 14-10 所示。

倾斜式钢带撇油器（机）的构造如图 14-11 所示。

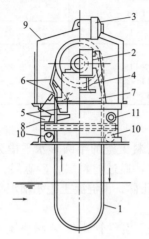

图 14-10　立式胶带撇油机

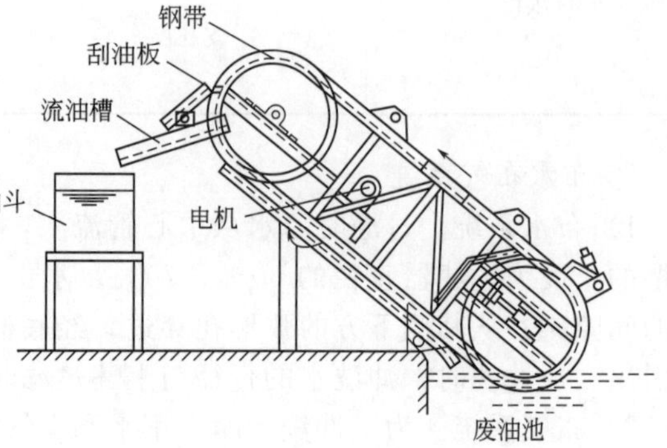

图 14-11　倾斜式钢带撇油机

1—吸油带；2—减速机；3—电机；4—滑轮；5—槽；6—刮板；
　7—支架；8—下部壳；9—罩；10—导向轮；11—油出口

此外，编缆式撇油机是采用一条（或多条）亲油疏水的"吸油拖"，从含油废水中回收浮油。编缆式撇油机的外形如图 14-12 所示。

目前国内生产的 PYB-120 型编缆式撇油机，最大撇油能力 2000L/h，电机功率 1.1kW，吸油拖宽度不小于 120mm，长度可达 90m，工作线速度 18.3m/min，可生产收油能力为 1.5t/h、4t/h、6t/h、10t/h 和 15t/h 等的系列产品。

（5）磁盘与稀土磁盘

① 原理　磁盘法是借助磁盘的磁力将废水中的磁性悬浮颗粒吸着在缓慢转动的磁盘上，随着磁盘的转动，将泥渣带出水面，经刮泥板除去，盘面又进入水中，重新吸着水中的颗粒，如此周而复始。

磁盘吸着水中颗粒的条件是：a. 颗粒是磁性物质或以磁性物质为核心的凝聚体，进入磁盘磁场即被磁化，或进入磁盘磁场之前先经预磁化；b. 磁盘磁场有一定的磁力梯度。

作用在磁性颗粒上的力除磁力外，还有粒子在水中运动时所受到的运动方向上的阻力。

为了提高处理效果，应提高磁场强度、磁力梯度和颗粒粒径。在磁盘设计时，当磁场强度和磁力梯度确定以后，就只有依靠增加颗粒的直径以提高颗粒物的去除效率。因此，磁盘常与磁凝聚或药剂絮凝联合使用。废水在进入磁盘之前先加絮凝剂或预磁化，或絮凝剂和预磁化同时使用。当同时使用时，应先加絮凝剂，然后预磁化。预磁化时间 0.5～1s。预磁化磁场强度 0.05～0.1T（500～1000Gs）。

② 装置　磁盘的构造如图 14-13 所示。磁盘的设计制作要点：a. 磁盘盘面电水槽、转轴需用铝、不锈钢、铜、硬塑料等非导磁材料制作，以免磁力线短路；b. 磁盘内的磁块南北极交错排列，以保证有较高的磁力梯度，磁块之间可以密排，当直径较大（如大于 1.5m 左右）时，磁块之间可以保持 5～20mm 的间距；c. 磁盘表面磁场强度要求 0.05～0.15T，低于 0.05T 效果差，高于 0.15T 磁盘制作较困难，而且盘面吸着的泥难以刮净，当用

65mm×85mm×18mm 的锶铁氧体永久磁块时，可用单层排列；d. 磁盘转速为 0.5～2r/min，如果转速太快，泥的含水率增加，处理效率降低。

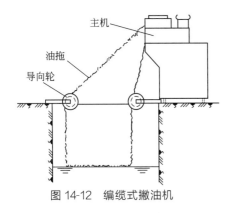

图 14-12　编缆式撇油机

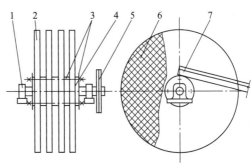

图 14-13　磁盘构造示意
1—轴承座；2—磁盘；3—铝挡圈；4—盘位固定螺钉；
5—皮带轮；6—锶铁涂氧体永久磁铁；7—刮泥板

稀土磁盘是磁性材料用稀土元素改性，增加了永磁铁的磁能，使其具有更强的吸附能力。目前这项技术已在多家钢铁企业中应用。最佳时，处理后废水悬浮物的质量浓度可小于 20mg/L，含油质量浓度小于 5mg/L。一般情况下，可达到悬浮物为 60mg/L 以下，油 10mg/L 以下。

## 14.3.4　含细颗粒铁皮的污泥与废水的分离回用

热轧生产用水与废水处理中产生含细颗粒铁皮的污泥，含水率很高，应经有效处理，其废水应回收利用，其脱水尘泥为细颗粒铁皮污泥，应回烧结工序作为烧结配料资源回收利用。

目前对含细颗粒铁皮的污泥的处理，国内采用如图 14-14 所示的几种引进及自主开发的工艺系统，最终实现渣水分离与回用。

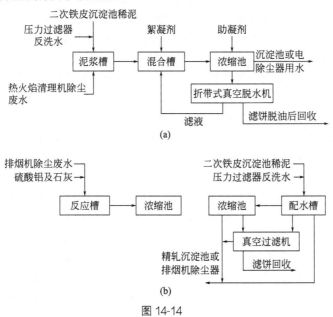

图 14-14

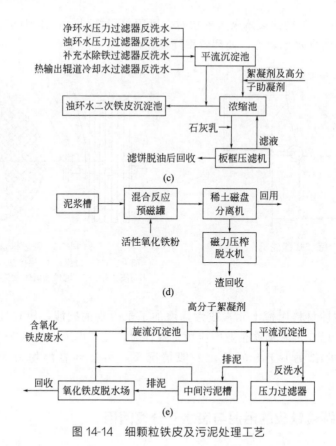

图 14-14 细颗粒铁皮及污泥处理工艺

热轧系统的浊环水处理系统采用自然沉淀、混凝、过滤等处理方式，可以满足热轧工艺对浊环水的水质要求，但如何将分离的氧化铁皮从废水中排出并加以回用，这是一项重要的技术内容。

沉淀于一次铁皮坑和旋流沉淀池的氧化铁皮，由于颗粒较大，一般用抓斗取出后，通过过自然脱水就可以进一步回收利用。从二次沉淀池和过滤器分离的颗粒氧化铁皮，采用药剂絮凝浓缩、磁分离或经真空过滤机、板框压滤机和滤饼脱油后回用。

图 14-14（a）的特点是图中三种废水均在浓缩池内进行混凝沉淀，并采用折带式真空脱水机。该系统用于宝钢初轧厂，是从新日铁引进的技术。

图 14-14（b）的特点是仅对排烟机除尘废水在浓缩池内进行混凝沉淀处理，采用真空过滤脱水。该系统用于武钢1700mm热连轧带钢废水处理，是从德国引进的技术。

图 14-14（c）的特点是排烟机除尘废水不做单独处理，进入浊环水处理系统，最后用压力过滤器来保证出水水质。所有压力过滤器的反洗水先经自然沉淀，沉淀物经混凝、浓缩后，用板框压滤机脱水。浓缩污泥进入板框压滤机前，投加石灰乳。该工艺用于宝钢2030mm热轧带钢厂。

图 14-14（d）的特点是采用活性氧化铁粉预磁化处理，稀土磁盘分离，磁力压榨脱水机脱水。该系统用于攀钢、成钢、通钢热轧废水处理，是国内开发的新技术。

图 14-14（e）的特点是除排烟机除尘水不单独处理外，也没有专门的污泥浓缩、脱水装置。沉淀于水力旋流器的氧化铁皮用抓斗放入脱水场。压力过滤器的反洗水返回二次铁皮沉淀池，进行混凝沉淀处理。沉淀池内的污泥用抓斗取出，存放于中间污泥槽，经初步脱水后，再抓入氧化铁皮脱水场，是国内众多热轧厂细颗粒铁皮与污泥处理的工艺流程。

## 14.3.5 含油废水废渣处理

从引进的大型钢铁联合企业中，热轧产生的含油废水、废油及含油废渣大都是从热轧浊循环水系统及地下油库排出一定数量的浮油或油水混合废水，从污泥脱水系统产生的含油氧化铁皮或滤饼。这些含油废水废渣与其他工序产生的同类废料（废水或废渣）分别采用含油废水废渣处理系统、废油再生处理系统、含油泥渣焚烧处理系统进行集中处理。

（1）含油废水废渣处理

① 混凝、气浮与脱水处理工艺 含油废水用管道或槽车排入含油废水调节槽，静置分离出油和污泥。浮油排入浮油槽，待废油再生利用。去除浮油和污泥的含油废水经混凝沉淀和加压浮上，水得到净化，重复利用或外排；上浮的油渣排入浮渣槽，脱水后成含油泥饼。流程如图 14-15 所示。

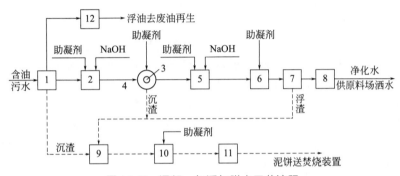

图 14-15 混凝、气浮与脱水工艺流程

1—调节槽；2—一次反应槽；3—一次凝聚槽；4—沉淀池；5—二次反应槽；6—二次凝聚槽；7—气浮池；8—净化水池；9—泥渣贮槽；10—泥渣混凝槽；11—离心脱水机；12—浮油贮槽

② 活性氧化铁粉除油处理工艺 活性氧化铁粉是羟基、羧基、铁和氧化铁的混合物。该物质能有效地去除轧制废水中的分散油和乳化油。其特点是价廉高效，无毒安全，处理的油渣能从废水中分离出来。通常采用与磁力压榨脱水工艺相结合，如图 14-16 所示。

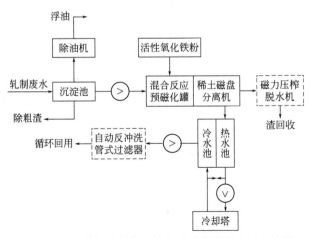

图 14-16 活性氧化铁粉除油与磁力压榨脱水工艺流程

虚线内的设备按用户需要决定取舍

在表面活化剂中若选用饱和一元羧酸 $C_nH_{2n+1}COOH$，其 $C_nH_{2n+1}$ 为烃基，—COOH 为羧基，当 $n$ 越大，分子链越长。烃基和羧基有不同的特点，羧基具有亲水性，烃基却具有疏水性而亲油，从 $C_{12}$ 起几乎不溶于水，因此，通常选用 $C_{12}\sim C_{15}$ 作为表面活性剂。常选用的活性剂是皂化类物质。

对轧制含油废水处理的机理是利用烃基吸附漂浮油、分散油和 W/O 型乳化油；利用羧基吸附 O/W 型乳化油。这两个基团的提供者是泥炭类物质并作为载体。

由于氧化铁皮粉末的主要成分是四氧化三铁，在磁场作用下能立即被磁化，故选它作为磁种。

活性氧化铁粉的制备是将一定比例的泥炭、氧化铁皮粉末和皂类活性剂混在一起，隔绝空气进行干馏接种。由于活性氧化铁粉是经活化后的带有烃基、羧基基团的复合物质，其性能不仅易被磁化，并且具有亲油的烃基和亲水的羧基，在轧制废水中能迅速吸附不同粒径和状态的油类。然后在稀土磁盘的流道内被磁盘吸附，从而达到除油的目的。

该工艺对油的平均去除率为 94％左右，处理后平均含油量小于 5mg/L。

（2）废油再生处理

从含油废水治理系统排出的回收废油、各种废润滑油、机械油集中于废油接收槽，用蒸汽加热后，浮油流入调整槽，含油废水及油泥用泵输入污泥槽。浮油在调整槽内继续用蒸汽加热后，用泵送入一次加热槽，用蒸汽加热，保持 90℃，静置分离出浮油、油泥和含油废水。浮油进入二次加热槽，再次加热并静置分离。加热槽内的油泥及含油废水流入沉淀槽。向在二次加热槽内排出了油泥及含油废水后的浮油中加入硅藻土助滤剂，将含硅藻土的浮油用泵输入板框压滤机，滤液流入分离油槽，上部的浮油通过再生油槽用泵装入槽车后送至用户，下部的废水用来配制硅藻土助滤剂。

污泥槽内的浮油及含油废水溢流入分离水槽，浮油送入废油接收槽，含油废水送含油废水处理系统。污泥槽内的泥渣用螺旋输送机取出，用偏心螺杆泵送到脱油渣接收槽，与滤饼一起运到含油泥渣焚烧装置。

该系统可处理含油 45％、含水 50％、含杂质 5％的废油，回收率达 99.4％。其处理工艺流程如图 14-17 所示。

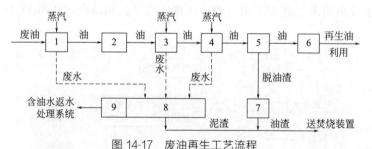

图 14-17　废油再生工艺流程

1—废油接收槽；2—调节槽；3—一次加热槽；4—二次加热槽；5—压滤机；
6—分离油槽；7—脱油渣接收槽；8—泥渣接收槽；9—分离水槽

（3）含油泥渣焚烧处理

各种含油泥渣运到处理站，清除各类杂质后，分类装入相应的贮槽。含油泥渣先进入回转窑，用再生油或焦炉煤气助燃，保持窑内的温度为 900℃左右。燃烧气体在二次燃烧炉内进一步燃烧后，废气经空气预热器、气体冷却器、电除尘器、排风机、从烟囱排出。利用空气预热器可将燃烧空气加热到 400℃，以提高热能利用效果。气体冷却器的作用是用水直接净化、冷却废气并用压缩空气调节进入电除尘器的废气压力。

从轧钢厂来的含油污泥经焚烧处理，并经灰渣冷却器冷却后，装入灰渣料斗，送烧结厂或原料场回收利用，含油泥渣焚烧处理系统如图 14-18 所示。

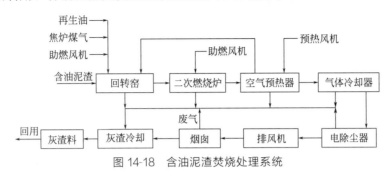

图 14-18　含油泥渣焚烧处理系统

# 14.4　热轧厂废水处理技术与应用

## 14.4.1　化学沉淀法

（1）生产规模与废水处理工艺流程

某热连轧带钢厂从日本千代田株式会社引进技术，生产厚度为 1.2～12.7mm 的普通碳钢、低合金热轧板、卷材厚 1.8～2.5mm 的硅钢带卷等共计 310 万吨/年。其废水来源主要有直接冷却水，常称为铁皮废水。其中粗轧铁皮废水来自加热炉冲铁皮、辊道、轧辊、水中氧化铁皮沟等产生的废水，水量为 65.6m³/min，氧化铁皮质量浓度为 1470mg/L；精轧铁皮废水来自精轧机轧辊、冷却破鳞机、卷取机等，水量为 135.5m³/min，氧化铁皮质量浓度为 260mg/L；热输出辊道的废水来自热输出辊道和带钢层流冷却，水量为 181.9m³/min。

热轧废水中，除含氧化铁皮外，尚含有大量的油。此外，循环水使用后温度升高较大。精轧、粗轧循环水使用温度为 32℃，进冷却塔的水温为 42℃，热输出辊道循环水出水温度为 44℃。

废水处理采用化学沉淀法，其处理工艺流程如图 14-19 所示。

① 粗轧机、冷却轧辊和辊道以及除铁鳞等产生的含氧化铁皮废水经过铁皮沟，自流到一次铁皮沉淀池内进行初步沉淀，粗颗粒铁皮用抓斗吊车清除。经过初步沉淀的铁皮水大部分抽送至二次铁皮沉淀池进行再次沉淀，少部分用泵直接送回粗轧机冲铁皮。

在二次铁皮沉淀池内将较细的铁皮分离出去，澄清后的水用泵送到冷却塔冷却，重复使用。沉淀下来的铁皮由池子上部的吸铁皮车上的潜水泵吸出。再经旋流器分离，使铁皮从沉砂口排出，经皮带机运至铁皮斗内储存，然后用汽车运走。旋流器溢流出来的泥浆流到泥浆收集池内。

② 精轧机氧化铁皮废水，冷却轧辊辊道、除铁鳞用水都含有大量的铁皮，经铁皮沟流入粗轧机的一次沉淀池内进行初步处理后流入精轧二次沉淀池，沉淀池结构与粗轧机二次沉淀池相同。在池子上部都安装有带式除油机和铁皮清除装置，经二次沉淀再用泵送至快速过滤器过滤，除去细颗粒铁皮，最后利用余压送至冷却塔冷却，净水重复使用。

③ 热输出辊道氧化铁皮水系统。冷却带钢和辊道的循环水通过铁皮沟流入热输出辊道铁皮沉淀池内，铁皮沉至池底，用吊车抓斗清除，水大部分用泵加压送回热输出辊道供冷却带钢用。另一部分水用泵抽送到冷却塔冷却后送回池内与其他水混合送回用户。

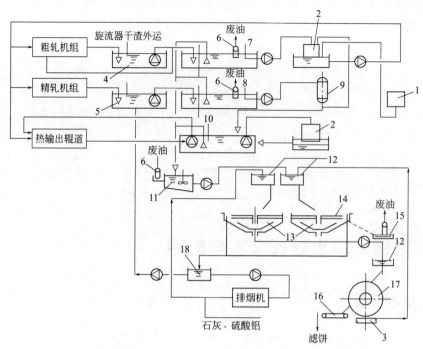

图 14-19　热轧带钢厂废水处理设施流程

1—清水补给系统；2—冷却塔；3—过滤水集槽；4—一次铁皮沉淀池；5—精轧铁皮沉淀池；6—带式除油器；
7—粗轧一次沉淀池；8—精轧二次沉淀池；9—快速砂滤器；10—铁皮沉淀池；11—泥渣收集池；12—配水槽；
13—浓缩池；14—集油槽；15—集油井；16—运渣皮带；17—真空过滤机；18—处理水集水井

④ 除尘器产生的泥浆水系统。经过除尘产生的泥浆水流入沉淀池内，投加石灰和硫酸铝进行沉淀，澄清水送到集水井再用泵送到除尘器使用，沉淀下来的泥浆用泵送到真空过滤机进行脱水，滤饼用火车运走。

⑤ 泥浆系统。由压力旋流器产生的泥浆经过沉淀池沉淀，清水流入除尘器的配水槽井内，沉淀的泥浆用泵送到真空过滤机进行脱水，滤饼用火车运走。

（2）处理效果

热轧循环水系统的循环率达 97%，大大减少了新水用量。其处理效果见表 14-17。

表 14-17　热轧废水处理效果实测值　　　　　　　　　　　单位：mg/L

| 项目 | 粗轧 | | 精轧 | | |
|------|------|------|------|------|------|
| | 铁皮坑出水 | 二次铁皮沉淀池出水 | 铁皮坑出水 | 二次铁皮沉淀池出水 | 快速过滤器出水 |
| 油类 | 34.8 | 28.9 | 9.0 | 11.7 | 11.1 |
| 悬浮物 | 73.5 | 10～50 | 92 | 10～50 | 1～30 |

## 14.4.2　物化法

（1）1580mm 热轧工程概况与生产工艺简介

某厂三期工程中建设的 1580mm 热轧带钢生产规模为年产热轧钢卷 279.36 万吨。产品规格为：带钢厚度 1.5～12.7mm，带钢宽度 700～1430mm，钢卷内径 762mm，钢卷外径 1000～2150mm，钢卷最大重量 26.5t。该套轧机是从日本三菱集团引进的。

1580mm 热轧工程主要生产设备有分段式步进梁式加热炉 3 座,其中 2 座普通加热炉,1 座硅钢式加热炉,定宽侧压机 1 套,粗轧机组为二辊可逆式和四辊可逆式各一套,精轧机组 7 架均为四辊式,在精轧机组前设有带坯边部电感应加热器一套,精轧机后有层流冷却装置和输出辊道,其后设三台三助辊式液压地下卷取机(其中一台为预留),还有一条钢卷机组和一套钢卷小车运输系统。该工程的生产工艺流程如图 14-20 所示。

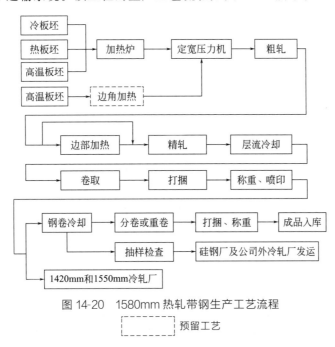

图 14-20 1580mm 热轧带钢生产工艺流程

┌─────────┐
│　　　　　│ 预留工艺
└─────────┘

(2)废水水质水量与控制措施

1580mm 热轧工程生产废水主要分为净循环废水与浊循环废水,其中净循环废水仅水温升高,经冷却塔降温后再返回循环使用。外排水量最大为 63m³/h,至串级水系统重复使用。浊循环废水分为直接冷却废水和层流冷却废水,废水的水量、水质与排放情况见表14-18。

表 14-18 1580mm 热轧工程废水水量、水质与控制措施

| 主要污染源 | 污染物发生量 | 污染物原始质量浓度 | 污染控制措施 | 污染物排放量或质量浓度 |
|---|---|---|---|---|
| 设备直接冷却 | 浊废水 15787m³/h | SS:55~850mg/L<br>油:10~50mg/L | 沉淀、冷却循环使用 | 废水:60m³/h<br>至串级水系统<br>SS＜20 mg/L<br>油:5mg/L |
| 层流冷却 | 浊废水 150m³/h | SS:50mg/L<br>油:5mg/L | 沉淀、冷却循环使用 | 废水:55m³/h<br>至串级水系统<br>SS:50 mg/L<br>油:5mg/L |
| 精轧除尘 | 废水 150m³/h | | 送污泥处理系统处理 | SS:100mg/L<br>石油类:5mg/L |
| 液压润滑站 | 含油废水 60m³/h | | 送总厂含油废水处理系统处理 | 石油类:5mg/L |
| 磨轧间 | 废乳化液 500m³/h | | 送二冷轧厂乳化废液处理设施处理 | $COD_{Cr}$:40mg/L |

热轧生产过程中还有少量其他废水，其中煤气管网水封和煤气加压机排出少量含酚氰冷凝废水，电捕焦油排出的含水焦油约 2.5kg/h 等。

1580mm 热轧工程生产废水的外排总量为 354m³/h，其中 177 m³/h 送中央水处理厂全厂串级水系统重复使用，由全厂统一平衡，剩余废水经废水处理达标排放或回用。

（3）废水处理系统组成与处理工艺

① 废水处理系统组成　1580mm 热轧生产系统的总循环水量为 37930m³/h，补充水量（含过滤水）1170 m³/h，水循环率为 96.7%，吨钢新水耗量为 2.72m³/t。

1580mm 热轧工程生产废水处理设施分为以下系统：加热炉循环系统、间接冷却循环系统、层流冷却循环系统、直接冷却循环系统以及为上述系统服务的污泥处理系统。

液压润滑站排出的含油废水进入全厂含油排水系统；焦炉煤气和混合煤气水封排水排入地下贮水坑后定期送焦化厂处理。

磨辊间轧辊磨床产生的废乳化液采用地下管道引至车间厂房外的地坑中，再用真空罐车抽出，送冷轧厂废乳化液处理装置统一处理。

② 主要废水处理工艺　1580mm 热轧生产废水处理采用按质分流、串级排污技术，以提高循环用水率，减少废水排放量，各个处理系统的工艺流程如下。

1）加热炉循环系统（A 系统）。加热炉步进梁、出料炉门、出料端横梁等炉用设备的间接冷却水，水量最大为 2755m³/h，平均为 2300m³/h，主要是水温升高，该部分水经冷却塔降温后送用户循环使用，为了去除冷却过程中空气带入的灰尘，将一部分水（约 15%）送旁通过滤器进行过滤。

2）间接冷却水系统（A 系统）。主电室马达通风设备、冷冻站、空调、液压润滑系统、空压站、磨辊间等设备的间接冷却水，水量最大为 4043m³/h，平均为 4038m³/h，该部分水主要是水温升高，经冷却塔降温后送用户循环使用，系统中带入的灰尘用旁通过滤器去除（旁滤水量约为 15%）。该循环水系统的排污水最大约 62m³/h，排入串级水系统使用。

3）层流冷却循环系统（B 系统）。带钢经精轧后，温度还很高，要达到卷取温度还需经过热输出辊道冷却，进行温度控制，此冷却段也称为层流冷却段。带钢层流冷却采用顶喷和底喷。水经使用后温度升高并含有少量氧化铁皮和油，最大排水量约 15807m³/h，排水由层流铁皮沟收集进入层流沉淀池，经沉淀后一部分水（约 30%）加压送滤器、冷却塔，经过滤冷却后的水回到吸水井与其余未经过滤、冷却的水混合后加压送用户循环使用。由于层流冷却中铁皮含量低，沉淀铁皮量少，沉淀池铁皮清理按人工方式考虑。该系统的排污水最大约 55m³/h，排入串级水系统使用。层流段带钢横向侧喷与输出辊道冷却水来自直接冷却水系统。

4）直接冷却循环系统（C 系统）。精、粗轧机的工作辊、支撑辊冷却水，粗轧机立辊冷却水，辊道冷却水，切头剪、卷取机冷却水，除鳞用水，冲铁皮、粒化渣用水，带钢横向侧喷水，输出辊道冷却水等废水，水量最大为 15787m³/h，平均水量为 14219m³/h，不仅水温升高，还含有大量的氧化铁皮和油。排水由设在轧机和辊道下的铁皮沟收集送入旋流沉淀池，对氧化铁皮进行初步分离，分离后的水一部分加压送铁皮沟冲氧化铁皮和送加热炉冲粒化渣，其余大部分水用泵送平流沉淀池进行进一步处理，浮油则用刮油刮渣机将油集中在池子一端，由一种新型的布拖式撇油机收集，处理后的水则溢流至吸水井，再经过滤器、冷却塔处理后送用户循环使用。沉淀在旋流池和平流池内的氧化铁皮用抓斗取出，在渣坑内滤去渗水后，由翻斗车送全厂统一处理。系统的排污水最大约 60m³/h，送串级水系统使用。其处理工艺流程如图 14-21 所示。

5）污泥处理系统（C 系统）。上述各系统水中的杂质经过滤后被截留在过滤器中，过

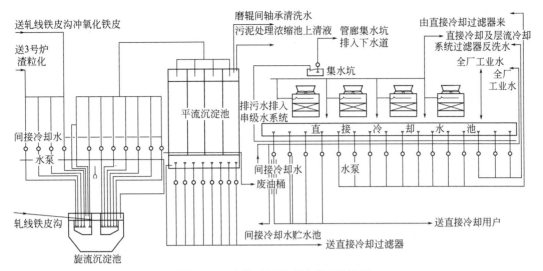

图 14-21　直接冷却循环处理工艺流程

滤器需要定期进行反冲洗，使过滤器保持截留杂质的能力，反洗排水带着大量杂质，同时在高速轧制过程中产生的氧化铁皮烟尘经湿式电除尘器收集后产生轧机排烟除尘水，这两部分水中含有大量氧化铁皮与油的混合物——污泥，需采取措施将水与污泥分开，故设立污泥处理系统。

其处理工艺为：上述废水首先进入调节池进行调节，然后用泵将泥浆水送入分配槽投加絮凝剂后进入浓缩池，泥浆在此浓缩后分离出的上清液进入上清液收集池，用泵送平流沉淀池复用，浓缩污泥从池底用污泥泵送入贮泥池，加入石灰乳后送入箱式压滤机脱水，脱水后的泥饼进入泥饼贮斗，再用汽车送总厂统一处理。该系统的污水处理量为 $500m^3/h$。滤饼含水率为(油和水)40%。处理工艺流程如图 14-22 所示。

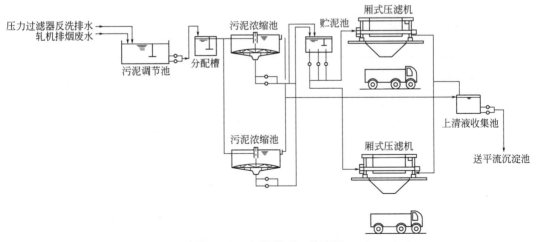

图 14-22　污泥处理工艺流程

③ 循环水水质稳定措施　水在循环使用过程中常产生结垢、腐蚀和藻类，为防止上述情况的发生，保证系统在高循环率条件下正常运行，设置了加药间向各循环水系统投加水质稳定剂，在加热炉冷却和间接冷却系统中投加的药品有缓蚀剂、分散剂和杀藻剂；在层流冷却系统中投加的药品有分散剂和杀藻剂；在直接冷却系统中投加的药品有分散剂和杀藻剂。

加药设备均由设置在加药间内的计算机控制，同时，水处理集中操作室的计算机控制系统可结合加药设备发出启动或停止指令，水处理集中操作室计算机系统可监视加药设备的运行情况。

（4）主要处理设施与处理效果

1580mm 热轧工程水处理是国内第一座自行设计的全自动控制的热轧水处理设施，水处理设备立足于国内，关键设备采用单机引进，水处理系统设备国产化率达到 95%。

① 层流冷却系统与冷却塔　层流冷却水处理系统的主要设施为沉淀池、冷却塔与水泵站，其中：沉淀池为两格，每格长 41m，宽 13.5m，水深 5m，处理水量 15807m³/h，停留时间 25.56min；冷却塔两格，选用冷却塔技术参数见表 14-19 中的层流冷却系统；水泵站长 40m，宽 9m，主要设备性能见表 14-20 中的①和②。

**表 14-19　冷却塔参数**

| 项目 | 加热炉系统 | 间接冷却系统 | 层流冷却系统 | 直接冷却系统 |
|---|---|---|---|---|
| 格数 | 1 | 2 | 2 | 4 |
| 每格尺寸（宽×长）/m | 13.647×16 | 13.647×16 | 13.647×16 | 13.647×16 |
| 冷却水量/(m³/h) | 2755/2300 | 4043/4038 | 4745/4770 | 14282/12745 |
| 进水温度/℃ | 47 | 38 | 42 | 43 |
| 出水温度/℃ | 32 | 32 | 40 | 35 |
| 风机台数/台 | 2 | 2 | 2 | 4 |
| 风量/(m³/h) | 174×10 | 145×10 | 145×10 | 145×10 |

**表 14-20　水泵站性能**

| 项目 | ① 送过滤冷却泵组 | ② 带钢层流冷却供水泵 | ③ 送平流池泵组 | ④ 冲铁皮及粒化渣泵组 |
|---|---|---|---|---|
| 总供水量/(m³/h) | 4800 | 10000 | 13837/12269 | 1950 |
| 水泵台数/台 | 3（2+1） | 5（4+1） | 7（5+2） | 4（3+1） |
| 水泵形式 | 立式斜流泵 | 立式斜流泵 | 立式斜流泵 | 立式斜流泵 |
| 单台流量/(m³/h) | 240 | 2749 | 2749 | 750 |
| 扬程/m | 33 | 31.6 | 31.6 | 44 |
| 马达功率/kW | 355 | 355 | 355 | 135 |

② 直接冷却循环系统

1）旋流沉淀池及相关设备

a. 旋流沉淀池。采用中心筒下旋式，钢筋混凝土结构。直径 $\phi$26m，深度 33.9m。处理水量 15787 m³/h，入口铁皮的质量浓度为 550～850mg/L，出口铁皮的质量浓度为 170mg/L，铁皮去除率为 80%。

b. 抓铁皮设备。抓斗龙门吊，起重量 10t，抓斗容积 1.0m³，年清除铁皮量约 3.2 万吨。

c. 水泵站。旋流沉淀池内，泵房标高 12.4m，主要设备见表 14-20 中的③和④。

d. 铁皮沟格栅除污机。用于拦截并清除铁皮沟内的块状杂物。采用 1 台钢丝绳牵引式格栅除污机，宽为 1.2m。

2）平流沉淀池及相关设备

a. 平流沉淀池本体：4 格，每格长 50m，宽 12m，水深 3m；入口铁皮的质量浓度约 170mg/L，出口铁皮的质量浓度约 80mg/L，年清除铁皮量约 5000t；处理水量 14347m³/h，停留时间 30min。

b. 刮油刮渣机：型号为 12MP-2，PC 控制，跨度 12.4m；刮油速度 3m/min，刮渣速度 15m/min，油耙将水面浮油刮入集油槽送隔油池处理。

c. 隔油池：隔油池由本体、除油机和隔油排水泵组成，其规格性能如下。

本体：共有 3 格，每格长 6m，宽 6m，水深 3m。第一格、第二格撇油，第三格将经油水分离后的水用泵送至沉淀池。

除油机：热轧厂浊环水中含油量大，在 1580mm 热轧水处理设计中选用了一种新型的布拖式撇油器，该设备采用像拖把一样的缆式撇油装置，与油的亲和性好，接触面大，脱油采用轧辊式，拖缆再生好，单台撇油能力为 2000L/h，油水比 9:1，功率 1.1kW/台，数量 2 台，满足了生产要求。

隔油池排水泵：采用 2 台污水潜水泵，流量 20m³/h，扬程 10m，功率 1.5kW。

d. 水泵站：水泵站长 54m，宽 9m，主要设备有：立式混流泵（送压力过滤器、冷却塔水泵），流量 2749m³/h，扬程 31.6m，功率 355kW，数量 8 台（5 台工作，3 台备用）；抓铁皮设备，采用 1 台抓斗桥式吊车，起重量 5t，抓斗容积 0.5m³。

③ 过滤站　主要处理 A、B、C 循环水系统送过滤器处理的水。来自各系统的水经过滤器进入水管进入过滤器过滤，水在通过滤料层时水中大量的悬浮物被过滤器中的滤料截留下来，而过滤后的水经过滤器出水管进入各系统下一级构筑物。过滤器运行一定时间后，滤料中含有大量的悬浮物，过滤器反洗排出的污泥经过滤器反洗水出水管进入污泥处理系统。

过滤站共有 30 台 φ5000mm 快速过滤器，其处理能力和性能见表 14-21。

**表 14-21**　过滤器性能

| 项目 | 加热炉及间接冷却循环系统 | 层流冷却循环系统 | 直接冷却循环系统 |
|---|---|---|---|
| 总过滤水量/(m³/h) | 900 | 4800 | 14342 |
| 数量/台 | 2 | 7 | 21 |
| 单台过滤水量/(m³/h) | 450 | 687 | 699 |
| 过滤速度/(m/h) | 35～40 | 35～40 | 35～40 |
| 入口悬浮物浓度/(mg/L) | 20 | 50 | 80 |
| 出口悬浮物浓度/(mg/L) | 5 | 10 | 15 |

过滤站配有 4 台反洗风机，采用 RE-145 型罗茨鼓风机，风量 19.6m³/min。

过滤器内设有无烟煤层、石英砂层、卵石层 3 层滤料，滤料装填高度分别为：无烟煤层 1400mm，石英砂层 700mm，卵石层 400mm。

④ 冷却塔与加药间　采用机械抽风式冷却塔。塔体结构：钢筋混凝土塔身、玻璃钢风筒。填料：PVC 格网填料。冷却塔性能参数见表 14-19。

加药间共设置投加水质稳定剂的加药设备 5 套，每套加药设备均包括容积为 5m³ 的药液罐一个，药液罐搅拌机 1 台，计量泵 2 台，$Q=0\sim50L/h$，$H=0.3MPa$（杀藻剂用计量泵 $Q=0\sim2400L/h$，$H=0.3MPa$）。

⑤ 污泥处理系统　热轧污泥的特点是含油量大，一般的脱水设备不易达到要求。据了解，2050mm 热轧水处理污泥中含油量高达 2%，根据实践经验，处理热轧污泥国内尚无成熟、耐用的污泥脱水设备，因此，1580mm 热轧工程污泥处理系统设备采取从日本三菱重工成套引进，引进设备包括调节池搅拌机、污泥泵、浓缩池浓缩机、加药设备、箱式压滤机、系统控制等。

污泥处理设备和构筑物见表 14-22。

表 14-22 污泥处理设备与构筑物

| 名称 | 型号及规则 | 数量 |
|---|---|---|
| 箱式压滤机<br>污泥贮泥池搅拌机<br>聚合物溶解搅拌机 | 10TON-D · S/12h · 台；1500mm × 1500mm × 40 室，过滤面积：154m² <br> 立式叶片型，$\phi$7000mm×2 段，$N=2.2kW×4P$ <br> 立式叶片型，$\phi$400mm×2 段，$N=2.2kW×4P$ | 2 台<br>1 台<br>1 台 |
| 反洗排水槽<br>污泥浓缩池<br>脱水间 | 钢筋混凝土结构，长 17m，宽 9m<br>钢筋混凝土结构，$\phi$15m，$H$ 约 6m<br>长 14m，宽 10m，两层楼 | 1 格<br>1 格 |

## 14.4.3 稀土磁盘技术

（1）存在问题与方案讨论

某厂中板轧钢浊环水中的主要污染物是悬浮物和油分，悬浮物的主要成分 98％为氧化铁，主要来自于物料表面氧化铁皮的冲洗。油分在水中以渣油、浮油和乳化油的形式存在，主要来自于设备润滑系统的泄漏。由于轧制钢板的品种多样，多级反复轧制，设备选用的润滑油的种类也较多。中板浊循环废水的水质与其他轧钢厂的浊循环废水的水质差别较大，水质具有颗料超细、颜色发红的特点。中板浊环水处理系统原设计采用传统的斜板沉淀和平流池除油处理方法，详如图 14-23 所示。

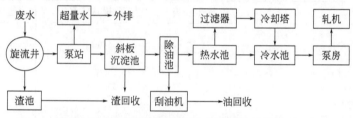

图 14-23 中板浊环水原设计处理系统工艺流程

由于产量增加和粗轧机增设，水量大幅增加，浊环水从 1000m³/h 急增到 2000m³/h，水质恶化严重。

一块中厚板成品经过十几次轧制工艺才能轧成合格的钢板。每次轧制都产生大量的超微细 $Fe_2O_3$ 和 $Fe_3O_4$ 悬浮物及润滑油。系统中的水具有超微细颗粒物多、浊度高、水色红的特殊性。详见表 14-23。

表 14-23 轧制生产废水的油粒粒径与性能

| 种类 | 粒径/$\mu$m | 质量分数/% | 性能 |
|---|---|---|---|
| 重油 | >100 | <20 | 易与杂质黏合，沉底成油泥 |
| 浮油 | 50~100 | 60~80 | 浮于废水液面，浮油层厚随油量变化 |
| 分散油 | 20~50 | 10~30 | 悬浮油，分散于水中，静置能油水分离 |
| 乳化油 | <20 | <10 | 分散稳定，呈乳浊状态，只有破乳才能使之油水离析 |
| 溶解油 | <0.1 | 少量 | 近似分子状态，很难分离 |

根据现场情况，为提高回用水质、节约投资和占地、保护环境、降低生产成本，决定采用 M+F 法，即稀土磁盘分离净化技术（主要回收处理悬浮物）+高效叶轮气浮技术（主要回收处理废油）处理废水，结合投加辅助剂方法，同时回收氧化铁皮和废油，达到废水循环

净化和资源回收的目的。

（2）改造后处理工艺流程与处理技术

中板厂扩建改建后的浊循环水处理工艺流程如图 14-24 所示。

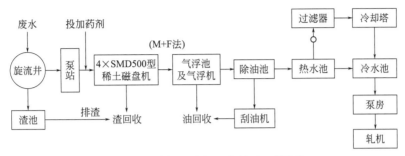

图 14-24　中板厂浊循环水处理工艺流程

稀土磁盘分离净化废水技术（即 M 法）是 20 世纪 90 年代研制的新环保技术。它应用稀土永磁材料的高强磁力，通过稀土磁盘的聚磁组合，将废水中的微细磁性悬浮物及絮凝其上的渣油和其他非磁性悬浮物吸附分离除去。具有分离效率高，4～6s 即除去 90％ 的磁性悬浮物，连续除渣、投资省、占地少、耗电省（SMD-500 型设备总用电负荷仅 3.7kW）、运行费用低、操作维护方便、可实现无人管理等特点，特别适合于冶金企业轧钢生产的浊环水处理。采用与之配套的磁力压榨脱水机，可省去浓缩池，大大降低投资和设备运行费用。

高效叶轮气浮技术（即 F 法），利用引入的气体，在叶轮快速切割和混合作用下，气浮分离含油废水中的油及吸附在其上的更微细的固体及有机物质。

根据废水的种类和乳化的程度，废水经四级循环净化，出口废水除油率可达 90％，极微细悬浮物和 $COD_{Cr}$ 的去除率可达 80％。

当废水进入稀土磁盘分离净化设备时，废水中绝大部分悬浮物和油渣即被稀土磁盘吸附分离去除。增加特殊的悬磁凝聚剂与水中的油和悬浮物共同作用，提高稀土磁盘去除悬浮物的效率。处理后的废水中密度大于水的物质已基本被去除后，再直流入叶轮气浮机，此时悬磁凝聚剂仍然发挥作用，可去除 90％ 的浮油和 30％ 的乳化油，使乳化油从水中游离出来并聚集在水表面。同时，水中的特微细悬浮物也随着油的聚积而形成油渣并聚体，再靠气浮机叶片将其撇除，因此能去除 85％ 以上的乳化油，从而达到油水分离及固液分离的目的。

（3）处理效果

为了提高处理效果，经试验研究，采用 NK-303 磁凝聚剂可提高未脱稳的乳化油与磁悬浮物凝聚，经稀土磁盘去除。磁凝聚剂宜加在泵的入口处，以便加速混合反应凝聚。其处理效果见表 14-24。

表 14-24　磁凝聚剂对稀土磁盘净化器效果的影响

| 编号 | 名称 | 磁盘处理 | | | 磁盘+ 磁凝聚剂处理 | | |
|---|---|---|---|---|---|---|---|
| | | 净化前 /(mg/L ) | 净化后 /(mg/L ) | 处理效率 /% | 净化前 /(mg/L ) | 净化后 /(mg/L ) | 处理效率 /% |
| 1 | 悬浮物 | 213 | 80 | 62.4 | 207 | 22 | 89.4 |
| 2 | 油类 | 18.4 | 9.6 | 47.8 | 16.4 | 3.2 | 80.4 |
| 3 | 浊度 | 203 | 68 | 66.5 | 186 | 21 | 88.2 |

从表 14-24 可以看出，投加磁凝聚剂后，可使悬浮物、油类和浊度的处理效率分别提高了 27％、32.6％ 和 21.7％，效果较显著。

叶轮气浮机的处理效果见表 14-25。

表 14-25　叶轮气浮机的处理效果

| 悬浮物 | | | 油类 | | | 浊度 | | |
|---|---|---|---|---|---|---|---|---|
| 处理前 /(mg/L) | 处理后 /(mg/L) | 处理效率 /% | 处理前 /(mg/L) | 处理后 /(mg/L) | 处理效率 /% | 处理前 /(mg/L) | 处理后 /(mg/L) | 处理效率 /% |
| 24 | 16 | 33.3 | 3.6 | 0.9 | 75.0 | 21 | 17 | 19.0 |

经市监测站 3 个多月连续监测的结果表明，采用 M+F 法处理热轧中板浊环废水的结果是较好的，其监测结果见表 14-26。

表 14-26　稀土磁盘气浮法处理热轧中板废水的监测结果

| 采样编号 | 悬浮物（SS） | | | 化学需氧量（COD） | | | 石油类 | | |
|---|---|---|---|---|---|---|---|---|---|
| | 进口 /(mg/L) | 出口 /(mg/L) | 去除率 /% | 进口 /(mg/L) | 出口 /(mg/L) | 去除率 /% | 进口 /(mg/L) | 出口 /(mg/L) | 去除率/% |
| 1 | 118 | 20 | 83.05 | 90 | 35 | 61.11 | 28.4 | 3.79 | 86.66 |
| 2 | 100 | 29 | 71.00 | 133 | 32 | 75.93 | 52.2 | 2.29 | 95.61 |
| 3 | 249 | 37 | 85.14 | 164 | 31 | 81.09 | 45.6 | 1.32 | 97.10 |

# 14.5　冷轧厂含油乳化液处理与回用技术

## 14.5.1　含油乳化液特征与分类

油脂性废水的特点可用极性、生物降解性及物理性质三方面描述。非极性油脂来源于石油或其他矿产资源，极性油脂来源于动植物。一般地说，极性油脂可生物降解，而非极性油脂则被认为难以生物降解。

（1）性能与特征

含油废水来源不同，水体中油污染物的成分和存在状态也不同，将导致其处理方法也不相同。油在水体中的存在形式大致有悬浮油、分散油、乳化油、溶解油和油-固体物五种。

① 悬浮油。进入水体的油分通常大部分以浮油形式存在，油珠颗粒较大，一般大于 $15\mu m$，以连续相的油膜漂浮于水面而能被去除，主要采用隔油池去除。此外，还可以采用分离法、吸附法、分散或凝聚法等去除。

② 分散油。粒径大于 $1\mu m$ 的微小油珠悬浮分散于水相中，不稳定，可聚集成较大的油珠转化为悬浮油，也可能在自然和机械作用下转化为乳化油，可采用粗粒化方法去除。

③ 乳化油。由于表面活性剂的存在，油在水中呈乳状液，易形成 O/W 型乳化微粒，粒径小于 $1\mu m$，表面常常覆盖一层带负电荷的双电层，体系较稳定，不易上浮于水面，较难处理。面临的问题主要是破乳及 COD 的降解，一般采用浮选、混凝、过滤等处理方法。

④ 溶解油。油在水中的溶解度甚小，一小部分油以分子状态或化学方式分散于水体中形成油-水均相体系，非常稳定，一般低于 $5\sim15mg/L$ 均难以自然分离，可采用吸附、化学氧化及生化方法去除。

⑤ 油-固体物。水体中的油吸附在固体悬浮物的表面形成油-固体物，可采用分离法去除。

由于冷轧钢厂用油品牌繁多，各种油类的性能各有差异，在轧制生产过程中与带入杂质混合在一起，油粒成分更趋复杂。轧制含油废水的油粒粒径与性能情况见表 14-27。

表 14-27　轧制含油废水油粒与性能

| 序号 | 种类 | 粒径/μm | 质量分数/% | 性能 |
|---|---|---|---|---|
| 1 | 重油 | >100 | <20 | 易于杂质黏和沉淀成油泥 |
| 2 | 浮油 | 50～100 | 60～80 | 浮于废水液面，浮油层厚度随油量变化 |
| 3 | 分散油 | 20～50 | 10～30 | 悬浮油、分散于废水中难于油水分离 |
| 4 | 乳化油 | <20 | 10 左右 | 分散稳定，呈乳浊状态，只有破乳才能使之离析 |
| 5 | 溶解油 | <0.1 | 少量 | 近似分子状态，很难分离 |

（2）处理方法与分类

对于含油及乳化液工业废水的处理方法和技术，其处理手段大体为以物理法分离，以化学法去除，以生物法降解。在 20 世纪 80 年代，各国广泛采用气浮法去除水中悬浮态乳化油，同时结合生物法降解 COD。日本学者研究出用电絮凝剂处理含油水，用超声波分离乳化液，用亲油材料吸附油。近几年发展用膜法处理含油水，滤膜被制成板式、管式、卷式和空心纤维式。美国还研究出动力膜，将渗透膜做在多孔材料上，应用于水处理中。含油废水处理难度大，往往需要多种方法组合使用，如重力分离、离心分离、溶剂抽提、气浮法、化学法、生物法、膜法、吸附法等。但常采用的工艺为用隔油去除悬浮态油，用气浮法去除乳化态油，用生化法去除溶解态油和绝大部分有机物。

① 含油、乳化液废水按处理原理可分为物理法、化学法和生物法等。

1）物理法。有重力分离法、粗颗粒化法、过滤法、膜分离法等。具体使用设备有隔油池、过滤罐、隔油罐、粗颗粒罐、油水分离器、气体浮选器以及超滤法等。

2）物理化学法。有浮选法、吸附法、凝聚法、盐析法、酸化法、磁吸附分离法或几种方法联合处理等。

3）化学法。分为化学破乳、化学氧化法。其中化学氧化法有空气氧化法、臭氧氧化法、氯氧化法、Fenton 试剂氧化法、$KMnO_4$ 氧化法、双氧水氧化法和二氧化氯氧化法等。

4）电化学法。有电解法、电磁吸附分离法、电火花法等。

5）生物处理法。有接触氧化法、活性污泥法、厌氧氧化法、生物膜法和氧化塘法等。

6）其他方法。有浓缩焚烧法、加热法、超声波分离等。

② 含油、乳化液废水按油类产生与排放过程分为分离法、转化法和稀释分散法。

1）分离法。通过外力作用，如机械力、磁力和物理化学作用力，把油类从水中分离出来，达到废水中油水分离和油类回用的目的。

2）转化法。通过化学、物化学、电（光）化学、超声波等或生物作用使废水中的油类污染物分解转化为无害的物质。

3）稀释分散法。通过稀释扩散、吸油剂、分散剂等使废水中的油类降低，达到自然净化程度。

由于各种工业含油废水具有不同的特性，因此，每种处理方法的效果和技术经济相差很大，没有一种处理系统占有绝对优势。处理浮油经济而有效的方法是重力分离与撇去法。乳化油的处理复杂且耗费较高。经初级重力分离后需进行二级处理。二级处理技术包括凝聚和过滤、超滤和反渗透、化学混凝后续空气浮选或沉降、电解等，以及生物法和活性炭法。各种含油废水处理方法的比较见表 14-28。

表 14-28　各种含油废水处理方法比较

| 序号 | 方法名称 | 适用范围及粒径/$\mu m$ | 主要优缺点 |
|---|---|---|---|
| 1 | 重力分离 | 浮油、分散油、油-固体物 60～150 | 处理量大，效果稳定，运行费用低，管理方便，占地面积大 |
| 2 | 粗粒化 | 分散油、乳化油 10～20 | 设备小，操作简便，长期使用效果下降，质量浓度限制在 100mg/L |
| 3 | 过滤 | 分散油、乳化油 10～20 | 出水水质好，设备投资少，无浮渣，滤床要常反冲洗，冲洗要求高 |
| 4 | 空气浮选 | 乳化油、油-固体物 10～20 | 效果较好，工艺成熟，占地面积大，药剂量大，产生浮渣 |
| 5 | 膜分离 | 乳化油、溶解油<60 | 出水水质好，设备紧凑，膜孔易堵塞，操作费高，清洗复杂 |
| 6 | 吸附 | 溶解油<10 | 出水水质好，设备占地面积小，投资高，吸附剂再生困难 |
| 7 | 凝聚 | 乳化油>10 | 效果较好，操作简单，占地面积大，药剂用量大，产生渣 |
| 8 | 活性污泥 | 溶解油<10 | 出水水质好，造价低，操作费用高，进水要求高 |
| 9 | 生物滤池 | 溶解油>10 | 适应性强，运行费用低，基建费较高 |
| 10 | 氧化塘 | 溶解油<10 | 效果好，管理方便，投资少，占地面积大 |
| 11 | 电解法 | 乳化油>10 | 除油效率高、耗电量大、装置复杂、电解过程有氢气产生（易爆） |
| 12 | 电火花 | 乳化油、溶解油<10 | 效率高，适应性广，占地面积小，耗电大，导电材料要求高 |
| 13 | 电磁吸附 | 乳化油、乳油>10 | 效率高，方法简单，磁种要求高，造价高 |
| 14 | 浓缩焚烧 | 乳油、乳化油、溶解油<1 | 净化效率高，废水要浓缩到水分小于75%，需用助燃油，能耗大，一般用于含油浓度高、处理量大的场合，不然处理成本高 |
| 15 | 加热 | 分散油、乳化油>10 | 操作简便，把废水加热至70℃以上，使乳化油破坏，黏度减少，易于浮上，但能耗大，适用于高浓度油中少量水分的除去 |
| 16 | 超声波 | 分散油、乳化油>10 | 分离效果好，但装置价格高，难于大规模处理 |

## 14.5.2　处理与回用的技术选择

随着各行业对冷轧板材的要求越来越高，冷轧厂的产品除了在冷轧工艺上改进外，近年来国外各大型企业都在钢材表面处理技术（包括表面清洁净化技术及表面涂层技术）上进行了大量改革。随之而来的是冷轧系统废水的污染成分产生了质与量的变化。尤其是为了保证高附加值带钢轧制时的质量稳定，所采用的乳化液中乳化油的分子量越来越小，所配制的乳化剂的成分越来越复杂，故其含油废水种类越来越多。它给废水处理的破乳带来了很大的难度。

由于废水中溶解性油的增多，乳化剂成分的复杂性，含油废水的处理方法应进行深入探索与选择。现以宝钢 2030mm 冷轧厂为例，研讨其含油和乳化液废水处理与资源化回用的技术发展过程。

（1）稀、浓含油和乳化液废水的分别处理法

宝钢 2030mm 冷轧厂始建于 20 世纪 80 年代，规模为年产 210 万吨钢材，主要是冷轧板（包括镀锌板、彩色镀层板及各种规格的冷轧薄板），是宝钢当今经济效益最好的生产厂之一。

由于市场经济对冷轧产品的质量要求越来越高，冷轧厂的表面处理技术也在不断更新，

轧制乳化液的配制也在不断改变，因此，随之而来的含油废水的成分比建设初期要复杂，其废水排放量随着清洗钢板的设施越来越完善也不断地在增加。

为此，在这次改造工程中对含油废水进行了浓、稀分流的方式，并采用了不同的方法进行处理。处理工艺如图14-25所示。

整个系统包括了物理法（超滤及核桃壳过滤器）、生物法（曝气池、生物滤池）、物理化学方法（斜板除油沉淀池）等。

（2）含油和乳化液废水的化学处理法

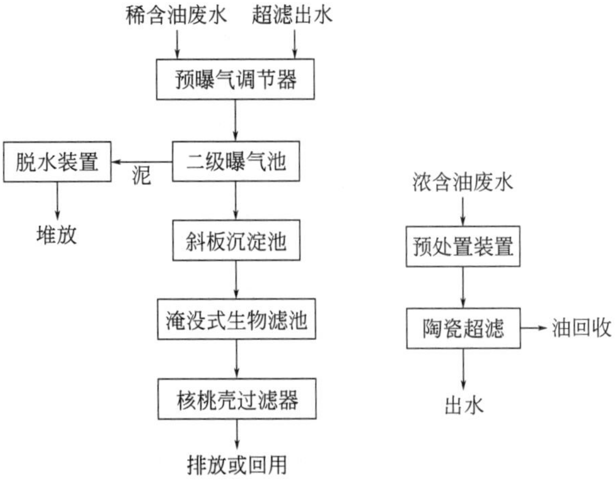

(a) 稀含油废水处理工艺流程　　(b) 浓含油废水处理工艺流程
图 14-25　含油废水处理工艺流程图

2030mm 冷轧厂，由于水中油的分子量小，乳化剂成分复杂，一般的油凝聚剂效果都不显著。在可行性研究期间选用了南京经通水处理研究所宜兴净水剂厂生产研制的新型高效混凝剂 JH-1 净水灵。它集无机高分子混凝剂和有机高分子混凝剂的特性于一体，形成了独特的混凝性能。对含油废水中的油及 COD 的去除起到了良好的效果。根据多次试验，含油去除率为 45%～80%，相应的 COD 去除效果为 40%～60%。

分析其之所以对微量乳化油有显著的吸附去除能力，是由于无机高分子与有机高分子组成的多羟络合物快速破坏乳化油的双电层的作用，使水包油中的油分子互相快速聚合在一起，再与聚丙烯酰胺配合使用效果会更好。其中的关键是 pH 值的控制。

（3）含油和乳化液废水电化学处理法

用电流破坏废水中油珠稳定性的方法有：电解浮选法和电解凝聚法两种。前者类似于空气浮选法，它通过将水电解为氢气和氧气来形成微气泡。二氧化铝电极的开发改善了电解浮选法的经济性。据报道，该技术已应用于处理肉禽类加工废水，以降低其中的油脂含量，油脂出水质量浓度为 30～35mg/L。

电解凝聚法采用消耗性电极，如铝板、废铁等，外加电压使电极氧化而释放铝离子、亚铁离子等金属混凝剂。被处理废水需有足够的导电性，以使电解正常运行，并可防止电极材料的钝化。某厂采用电解凝聚后续电解浮选的流程处理含油废水，操作电压平均为 20V，电流为 15～35A，质量浓度由初始的 280mg/L 降至 14mg/L。电解凝聚单元的电能消耗为 3.18kW·h/m³。含油废水在电解过程中一般存在电解氧化还原、电解絮凝和电解气浮效应。电解气浮主要是电解装置的阴极反应。

电解法一般只适用于小规模的乳化液。电解絮凝浮选法处理的优点为：电解设备结构简单，电解时产生的氢气具有浮选除油作用，电解过程中产生的氢氧化物絮凝体具有絮凝吸附效果。

电火花法是用交流电来去除废水中的乳化油和溶解性油，其装置由两个同心排列的圆筒组成，内圆筒同时兼作电极，另一电极是一根金属棒，电极间填充微粒导电材料，废水和压缩空气同时送入反应器下部的混合器，再经多孔栅板进入电极间的内圆筒。筒内的导电颗粒呈沸腾床状态，在电场作用下，颗粒间产生电火花，在电火花和废水中均匀分布的氧的作用下，油分被氧化和燃烧分解。净化后的废水由内圆筒经多孔顶板进入外圆筒，并由此外排。

电火花法处理乳化液废水的效果，可使原含油 $200\sim260mg/L$ 下降到 $8\sim25mg/L$。

电磁吸附分离法是使磁性颗粒与含油废水相混掺，在其吸附过程中，利用油珠的磁化效应，再通过磁性过滤装置将油分去除。工程应用实践表明，含油废水用电磁吸附净化处理，可使有机和无机悬浮物的质量浓度达 $2.0g/L$，乳化油的质量浓度达 $0.4\sim1.0g/L$ 的含油废水，出水含油量为 $1\sim5mg/L$。

（4）含油和乳化液废水的物理处理法

宝钢使用有机超滤装置已有 20 年的历史，效果明显，尤其是大量废油从水中得到回收。

膜分离技术不但可以回收有用物质，还可以节省大量的化学药剂，避免造成新的污染物质。随着科学技术水平的不断创新，膜技术领域中的新产品也在不断出现，无机膜的应用就是该技术的延伸与发展。根据实际使用体会，用有机膜超滤装置存在以下问题：① 膜的化学稳定性较差，抗化学品侵蚀性能差，经受不起强酸、强碱、氧化剂及有机溶剂的侵蚀；② 膜的耐温性能差；③ 膜的抗老化性能差，机械强度较差，使用寿命较短。主要是在使用过程中难以维持较高的通量及清洗再生性能差。

20 世纪 70 年代国外已开展无机陶瓷膜的研制及应用研究工作，主要有氧化铝、氧化锆及不锈钢膜。90 年代应用陶瓷膜处理含油废水较为广泛，如美国过滤集团生产的 Membralox 膜用于含油废水处理取得满意结果。采用陶瓷处理乳化液废水，除具备了膜分离方法的优点外，由于无机陶瓷材料自身的性能决定了它具有耐高温，耐强酸、强氧化剂及有机溶剂的侵蚀，机械强度较高，使用寿命长，膜孔径分布窄，截油率高，运行渗透通量较高，清洗再生性能好等优点。

20 世纪 90 年代南京化工大学研制生产不同类型的无机陶瓷膜并开展了应用研究，先后在益昌薄板厂、武钢冷轧厂进行工程应用。

通过多年的研究，已基本掌握陶瓷膜、氧化锆膜处理冷轧乳化液废水处理技术。但由于各冷轧厂乳化液废水的成分及浓度随各厂的乳化液配方及生产方式和工艺而异，尤其是宝钢 2030mm 冷轧厂，其使用的乳化油分子量较小，乳化剂成分复杂。针对 2030mm 冷轧厂的条件和实际应用此项新技术中存在的问题，通过现场试验选用陶瓷膜及选择合理的工艺运行参数及可靠的操作规程等，近年来做了大量的工业性试验，取得了预期的效果。脱脂废水出水 COD 均低于同类型的国外有机膜。油含量在进水 $3000\sim20000mg/L$ 的情况下，出水均不大于 $50mg/L$（环境温度 $\leqslant60℃$，pH>12）。针对本厂的特点即油分子量小、乳化剂复杂，选用 4nm 孔径的无机膜，使出水含油量稳定在 $50mg/L$ 以下。

超滤装置的截留率取决于进水水质及 pH 值、温度等因素。要想保持出水水质及通量的稳定，必须要选择一种有效的清洗方式及具备必要的预处理手段。

选用新型核桃壳过滤器，它可以进一步去除外排废水的含油量，减少滤料更换，工作稳定，COD 去除率高，实现外排废水达标排放和回用。

（5）含油和乳化液废水的生物处理法

江苏博大环保股份有限公司与波兰合作配制了专用于水处理中除油及降解 COD 的"倍加清"生物菌种。该菌种在国外尤其是美国及西欧已广泛地应用于生活污水处理、油田及乳化油废水处理中。宝钢含油废水也曾应用。

生物工程的一大特点是将有机物及有害的无机物通过细菌的代谢作用转化成 $CO_2$、$H_2O$、$N_2$、$CH_2$ 等无害的无机物，其中部分有机物成为细菌繁殖的营养，定向地发展成专门去除油及 COD 的新生一代的菌群。同时，由于菌群自身的繁殖及适当地补充不同系列的菌种及酶，使废水处理的整个过程符合优胜劣汰的自然生态平衡规律。废水处理过程中的二次污染被消除了，废水处理过程中的含泥量减少了（减少 $3\sim4$ 倍）。同时，几乎不需投加任何化学药剂（除少量的抗表面活性剂及营养剂外）。

"倍加清"定向菌在工况中能够达到一般氧化法所达不到的去除率（试验过程中，COD去除率平均在 60% 以上，最高可达 88%），其主要原因在于该定向菌充分发挥了细胞外酶与内酶的双重作用。外酶可以把复杂的难以直接进入细胞的分子结构包括一些重金属离子进行分解；细胞内酶则起同化作用，运行时间越长，同化作用越明显。试验过程中明显地感觉到经过驯化的菌种越来越适应冷轧乳化油的环境，即所谓的定向性越强，效果也越来越显著。这证明这个生化处理的机理在特定环境中是可行的。

从国内众多的冷轧废乳化液的调查结果说明，宝钢 2030mm 冷轧厂的乳化液是最难处理的废水，通过多年试验虽已探索出一套设计、处理、运行与管理的实践经验，但仍需在生产实践中不断改进、调整与完善。

## 14.5.3　化学法分离技术

化学处理法是直接削弱乳化油中分散态油珠的稳定性，或破坏乳液中的乳化剂，然后分离出油脂。该分离过程包括混凝剂与废水的快速混合，油滴絮凝成团，上浮或沉降分离等步骤。通常采用的化学破乳法有：a. 投加混凝剂；b. 加酸或同时加入酸和有机分散剂；c. 投加盐并加热乳液；d. 投加盐类物质并电解。

加入混凝剂并通过沉降或上浮法除去油脂，是工业废水处理中常用的方法，铁盐或铝盐的混凝作用通常能有效地使含油废水破乳。采用加入大量无机盐使乳化油盐析时，出水中溶解物可能会急剧增加，导致二次污染问题。为增加破乳作用和絮凝作用，也可投加聚合物。有机破乳剂具有良好的破乳效果，但由于价格较高，实际应用不适宜处理高流量低浓度的含油废水。酸的破乳效果一般优于混凝盐，但价格较高，且油水分离后必须对产生的酸性废水进行中和。酸化破乳所需 pH 值取决于废水的性质，因此，如条件允许可采用酸洗废水破乳法，其实钢铁行业中的废盐酸和废硫酸已用于含油废水的破乳处理，应用酸或混凝剂作为破乳剂。一般加入混凝剂有助于油性污泥颗粒的絮凝。

化学法对去除乳化油有特别的功效。乳状液可分为 O/W 型和 W/O 型两种，使乳状液变形或采用加速液珠聚结速度的方法，导致乳状液破坏，即为破乳。化学破乳法是向乳化废水中投加化学试剂，通过化学作用使乳化液脱稳、破乳，实现油水分离的目的。该法化学试剂的种类及最佳投药量的选择是一项复杂的工作，一般所选化学试剂应满足以下条件：a. 能存在于油-水界面；b. 能破坏油滴周围的表面膜；c. 可强烈吸引其他油滴发生聚结或凝聚。

（1）化学破乳主要技术与方法

化学法对去除乳化油有特别的功效，处理乳化油时必须先破乳。化学破乳法技术成熟，工艺简单，是进行含油废水处理的传统方法。综合国内外有关文献，主要方法有如下几种。

① 凝聚法　凝聚法除油近年来应用较多。其原理是：向乳化废水中投加凝聚剂，水解后生成胶体，吸附油珠，并通过絮凝产生矾花等物理化学作用或通过药剂中和表面电荷使其凝聚，或由于加入的高分子物质的架桥作用达到絮凝，然后通过沉降或气浮的方法将油分去除。该法适应性强，可去除乳化油和溶解油，以及部分难以生化降解的复杂高分子有机物。

絮凝剂可分为无机和有机两种。不同絮凝剂的 pH 值适用范围不同，因此，混凝过程中加入的药剂还包括酸碱度调节剂，有时也加入助凝剂。常用的无机混凝剂有：铝盐系列，如硫酸铝（ATS）、Al(OH)₃（ATH）、AlCl₃、聚合氯化铝（PAC）；铁盐系列，如聚合氯化铁（PFC）、聚合硫酸铁（PFS）、聚合硫酸铝铁（PEFS）、聚氯硫酸铁（PECS）、聚合硫酸氯化铝铁（PAFCS）等。铁盐混凝剂安全无毒，对于水和pH值的适应范围广，有取代对人体有害的铝盐混凝剂的趋势。开发高分子铁盐混凝剂前景广阔，意义重大。目前，科研工作者在研制聚合硅酸铁、聚合硅酸铝铁及聚磷氯化铁（PPFC）等新型复合混凝剂。铁盐及铝盐系列均为阳离子型无机絮凝剂，还有阴离子型无机絮凝剂，如聚合硅酸或活化硅酸等。有机絮凝剂按其分子的电荷特征可分为非离子型、阴离子型、阳离子型、两性型4种，前三类在含油废水处理中应用较广，其中阳离子型又可分为强阳离子型和弱阳离子型两种。常用的有机絮凝剂有聚丙烯酰胺（PAM）、丙烯酰胺、二丙烯二甲基胶等。近年来，多种文献报道合成或选用了多种高分子絮凝剂，如HC（国产强阳离子型）、PHM-Y（无机低分子和有机高分子组成的复合絮凝剂）等。

无机絮凝法处理废水速度快，装置比盐析法小，但药剂较贵，污泥生成量多。例如用三价铁离子作絮凝剂，除去1L油会产生30L含有大量水分（约95％）的油-氢氧化铁污泥。这样带来既麻烦又昂贵的污泥脱水及处理问题。高分子有机絮凝剂处理含油废水较好，投加量一般较少；结合无机絮凝剂使用效果更好。其特点是可获得最大颗粒的絮体，并把油滴凝聚吸附除去。这类方法一般是在一定pH值下加入无机絮凝剂，再加入一定量的有机絮凝剂，有时也可先加入有机絮凝剂，再加入无机絮凝剂。一般两种药剂事先混合以1种药剂的形式加入，其处理效果不及分开的好。

絮凝法处理含油废水，在适宜的条件下COD的去除率可达50％～85％，油去除率可达80％～90％，但存在废渣及污泥多和难处理的问题。因此，为提高该法的适应性，要尽可能减少废渣及污泥量。

② 酸化法　乳化含油废水一般为O/W型，油滴表面往往覆盖一层带有负电荷的双电层，将废水用酸调至酸性，一般pH值在3～4之间，产生的质子会中和双电层，通过减少液滴表面电荷而破坏其稳定性，促进油滴凝聚。同时，可使存在于油-水界面上的高碳脂肪酸或高碳脂肪醇之类的表面活性剂游离出来，使油滴失去稳定性，达到破乳的目的。破乳后用碱性物质调节pH值到7～9，可进一步去油，并可做混凝沉降和过滤等进一步处理。

酸化通常可用盐酸、硫酸和磷酸二氢钠等，也可用废酸液（如机械加工的酸洗废液）或烟道气或灰。不仅可达到破乳的目的，而且烟道灰中含有的某些物质如$Fe^{2+}$等还能起到混凝作用，而$Mg^{2+}$等则能盐析破乳。

酸化法处理含油废水的优点在于工艺设备比较简单，处理效果比较稳定。但缺点也较多，如酸化后若借静置分出油层所需时间较长，同时硫酸等的使用对设备有一定的腐蚀作用，因而设备要有一定的抗蚀性。目前，酸化法处理含油废水常作为一种预处理方法，与气浮或混凝等方法结合使用。

③ 盐析法　该法的原理是：向乳化废水中投加无机盐类电解质，去除乳化油珠外围的水离子，压缩油粒与水界面处的双电层厚度，减少电荷，使双电层破坏，从而使油粒脱稳，油珠间的吸引力得到恢复而相互聚集，以达到破乳的目的。常用的电解质为Ca、Mg、Al的盐类，其中镁盐、钙盐使用较多。

该法操作简单，费用较低，但单独使用投药量大（1％～5％），聚析速度慢，沉降分离时间一般在24h以上，设备占地面积大，且对表面活性剂稳定的含油废水处理效果不好，常用于初级处理。

④ 混合法　由于乳化液成分复杂，单一的处理方法有时难以奏效，多种情况下需采用凝聚、盐析、酸化法综合处理，称之为综合法，可取得更佳的效果。该方法的发展主要集中在药剂的开发与研究应用，常用的是铝盐及铁盐系列，有机絮凝剂如聚丙烯酰胺等也作为助剂被广泛使用。目前，高分子有机絮凝剂，特别是强阳离子型盐类广受重视，因乳化废水多

为 O/W 型乳化液，带有负电荷，通过电荷中和可有效地除油。此外，天然有机高分子絮凝剂，如淀粉、木质素、纤维素等的衍生物分子量大，且无毒害，有很好的应用前景。此外，我国黏土资源丰富，因其具有一定的吸附破乳性能，特别是经表面活性物质等改性处理后，其表面疏水亲油性能增强，是含油废水处理的一个发展方向。此法比盐析法析出的油质量好，比凝聚法投药量少。

一般采用贮槽收集，根据需要进行加热，使用除油机分离乳油后，添加破乳剂加热静置，或破乳后进行混凝、气浮分离，或先用少量盐类破乳剂使乳化液油球初步脱稳，再加少量混凝剂使之凝聚分离等。

上述 4 种破乳方法的比较见表 14-29。

**表 14-29　四种破乳方法比较**

| 方法 | 药剂名称 | 投药量 | 处理后水质 | 沉渣 | 油脂 | 费用 | 优缺点 |
|---|---|---|---|---|---|---|---|
| 盐析法 | 氯化钙 氯化镁 硫酸钙 硫酸镁 氯化钠 | 二价药为 1.5%～2.5%，一价药为 3%～5% | 清晰透明，含油量 20～40mg/L，COD 200mg/L | 絮状，沉渣很少 | 棕黄色，清亮 | 约 3 元/t | 油质好，便于再生；投药量最高，水中含盐量最大 |
| 凝聚法 | 聚合氯化铝明矾 | 0.4%～1% | 清晰透明，含油量 15～50mg/L，COD 2000mg/L | 絮状，沉渣很少 | 黏胶状及絮状 | 自制 0.76 元/t，外购 1.88 元/t | 投药量少，一般工厂均适用，油质较差，黏厚，水分多，再生困难 |
| 混合法 | 综合盐析法和凝聚法的任何一种药剂 | 投盐 0.3%～0.8%，凝聚剂 0.3%～0.5% | 同盐析法 | 絮状，沉渣很少 | 稀糊状 | 1.31～3.16 元/t | 投药量中等，破乳能力强，适应性广，对难于破乳的乳化液尤为适宜 |
| 酸化法 | 废硫酸；废盐酸和石灰 | 约为废水的 6% | 清澈透明，含油量 20mg/L 以下，COD 低于其他方法 | 约为 10% | 棕红色，清亮 | 0.03 元/t（废酸不计费用） | 水质好，含油量低，还可以废治废，但沉渣多 |

（2）国内外常用的处理技术与工艺流程

① 国内常用的处理回用技术与工艺流程　冷轧厂的含油废水含有乳化剂、脱脂剂以及固体粉末等，化学稳定性好，难以通过静置或自然沉淀法分离，乳化液是在油或脂类物质中加入表面活性剂，然后加入水。油和脂在表面活性剂的作用下以极其微小的颗粒在水中分散，由于其特殊的结构和极小的分散度，在水分子热运动的影响下，油滴在水中是非常稳定的，就如同溶解在水中一样。这种乳化液通常称为水包油型乳化液，其乳化液中含有脱脂剂、悬浮物等，因此，形成的乳化液稳定性更好。乳化液一般需采用化学药剂进行破乳，使含油废水中的乳化液脱稳，然后投入絮凝剂进行絮凝，使脱稳的油滴通过架桥吸附作用凝聚成较大的颗粒，再通过气浮的方法予以分离。一般根据废水中的含油浓度决定采用一级或两级气浮。通过气浮分离的废水一般含油量仍较大，难以满足排放或回用要求。通常还需进行过滤处理，过滤可采用砂滤加活性炭过滤或者采用核桃壳进行过滤。一般的含油废水中含有较高的 COD，对于排放要求较高的地区，一般还需对这一部分废水进行 COD 降解处理，可采用生化法或 $H_2O_2$ 进行处理。其典型的工艺流程如图 14-26 所示。图 14-26(a)～(d) 所示的四种工艺流程是近年来宝钢、包钢、酒钢等引进的冷轧工程含油废水处理经验的总结。它

们的工艺特点是均采用调节池、破乳、气浮和过滤（砂滤加活炭或核桃壳过滤器），所不同的是根据水质状况增设多级气浮、COD 氧化槽等，以保证出水水质。

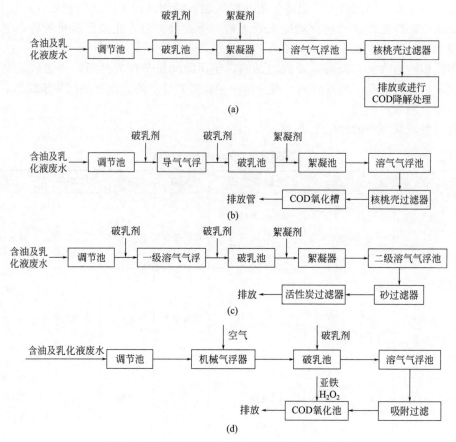

图 14-26  化学法处理含油乳化液废水工艺流程

② 国外常用的处理技术与工艺流程

1）混凝浮上法处理工艺与技术。含油和乳化液废水先集中于贮槽，用泵泵入一级混凝槽，加入凝聚剂、pH 值调整剂和高分子絮凝剂后，进入一级加压浮上槽。经一级浮上处理，出水含油量为 20～50mg/L，再经二级混凝、二级加压浮上处理后，出水含油量可达 10mg/L，悬浮物约 20mg/L，含铁量小于 5mg/L。

贮槽及一级、二级加压浮上槽内设有刮油装置。从加压浮上槽内排出的浮渣与废水处理系统浓缩池的排泥混合，加入高分子絮凝剂后，用真空过滤机脱水。

经二级浮上处理的水一部分作加压浮上用水，其余部分排出。

处理工艺流程如图 14-27 所示。

2）混凝浮上回收处理工艺与技术。含油废水收集于贮槽，经分离的浮油及浮渣加酸后排入集油坑。贮槽内的乳化液加入 pH 值调整剂后，用加压泵送入空气溶解器并溶入空气。溶有空气的乳化液投加破乳剂、聚合电解质后，在加压浮上槽内进行油分离、水分离。浮油及浮渣用刮油机分离，加酸后进入集油坑。浮上处理后的废水直接排放。其工艺流程如图 14-28 所示。

集油坑内的油、渣混合物用预膜真空过滤机分离出含油泥渣和含水废油。含水废油在油槽内静置分离，上部的废油回收，下部的酸性废水送废水处理系统的中和池中和。预膜真空

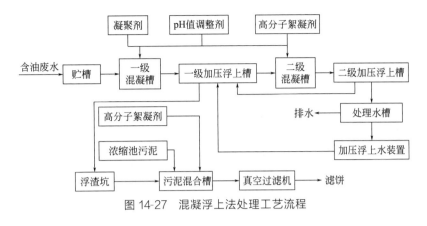

图 14-27　混凝浮上法处理工艺流程

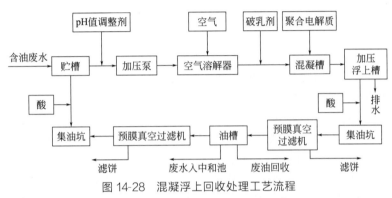

图 14-28　混凝浮上回收处理工艺流程

过滤机在正常工作前先用硅藻土形成厚度为 3～10cm 的预膜层，然后对集油坑内的油、渣进行过滤。硅藻土预膜时间约 1h，正常工作时间约 14h。

采用这种方法，排水含油为 10～15mg/L，可控制在 6～7mg/L，含悬浮物小于 30mg/L，一般可达 10mg/L，含铁小于 0.3mg/L。油的回收率可达 75%～80%，滤饼含水率为 30%。

3）加酸加热回收处理工艺流程。含油及乳化液废水先进入贮槽，用泵分别打入 3 个反应槽，通蒸汽加热并投加硫酸，经搅拌后静置分离。先将反应槽底部的废水排出，废水排尽后，将上部废油排入水洗槽，加入蒸汽、水，经搅拌后静置分离。水洗槽底部的废水与反应槽排水一起送中和池，上部的油分用泵送入离心分离机，分离出水、油和油泥。分离的水流回贮槽。油泥送焚烧炉。分离油进入集油槽，加入硅藻土后送入板框压滤机。滤液回收油可回收利用。如图 14-29 所示。

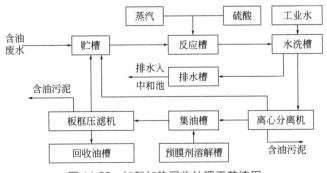

图 14-29　加酸加热回收处理工艺流程

该处理系统反应槽及水洗槽的 pH 值为 1～2，含油质量浓度为 10～30mg/L，SS 浓度为 30～60mg/L。

## 14.5.4 膜法分离技术

### 14.5.4.1 有机膜分离技术[163~168]

（1）有机膜分离技术的特点与应用范围

膜是把两相分开的一薄层物质，膜可以是固态的或液态的，它具有渗透性和半渗透性，膜可以是均相的或非均相的、对称的或非对称的，可以是带电的或中性的，而带电膜又可以是带正电或负电的，或者二者兼之。以外界能量或化学位差作推动力，对双组分或多组分溶质和溶剂进行分离、分级、富集和提纯的方法，统称为膜分离法。膜分离法可用于液相和气相。对液相分离，可以用于水溶液体系、非水溶液体系、水溶胶体系以及含有其他微粒的水溶液体系等。

根据膜相结构的性质，膜分离技术可分为固相膜和液相膜两大类。液膜分离技术是以液-液相间成乳化态，利用被分离组分在两液相间的分配关系，通过分散相液滴的界面实现传质的过程。但因有些关键技术迄今尚待研究，尚难推广应用。

目前水处理中主要应用的几种膜分离技术为电渗析（ED）、反渗透（RO）与超滤（UF）技术。它们具有共同的特点，即膜分离过程无相变、节能、经济、装置简单、操作方便、常温运行等特点。膜技术的核心是膜的结构与理化性质。高性能的膜材料是发展膜技术的关键，通过各种化学方法，不断地合成新型膜材料，开发新的成膜工艺，力争膜结构趋向合理化。对膜性能的要求，除应具有较高的通量与去除率外，还应具备耐酸碱、抗氧化、抗污染与耐溶剂侵蚀等性能。复合膜与超薄膜是发展方向。低压膜的研究与应用应予以充分重视。现将上述几种膜的特点归纳于表 14-30 中。

表 14-30 几种主要膜的分离特点

| 分离方法 | 简图 | 推动力 | 传递机理 | 透过物 | 截留物 | 膜类型 |
|---|---|---|---|---|---|---|
| 微孔过滤 | 进料 → / 滤液 | 压力差 100kPa | 颗粒大小、形状 | 水、溶剂溶解物 | 悬浮物颗粒纤维 | 多孔膜 |
| 超滤 | 进料 → 浓缩液 / 滤液 | 压力差 0.1～1.0MPa | 分子特性、大小、形状 | 水、溶剂、离子及小分子（$M$ 小于 1000） | 胶体大分子（不同分子量） | 非对称性膜 |
| 反渗透（纳滤） | 进料 → 浓缩液 / 滤液 | 压力差 2～10MPa（1～2MPa） | 溶剂的扩散传递 | 水溶剂 | 溶质、盐（悬浮物、大分子、离子） | 非对称性膜（或复合膜） |
| 渗析 | 进料 → 净化液 / 扩散液 → 接受液 | 浓度差 | 溶质的扩散传递 | 低分子量物质、离子 | 溶剂及分子量大于 1000 的溶解物 | 非对称性膜、离子交换膜 |
| 电渗析 | 浓水 A C → 产品液 / 进料 | 电位差 | 电解质离子的选择性传递 | 电解质离子 | 非电解质大分子物质 | 离子交换膜 |

续表

| 分离方法 | 简图 | 推动力 | 传递机理 | 透过物 | 截留物 | 膜类型 |
|---|---|---|---|---|---|---|
| 气体分离 | 进料→渗杂气 渗透气 | 压力差 1~10MPa 浓度差 （分压差） | 气体和蒸汽 的扩散渗透 | 渗透性气体 和蒸汽 | 难渗透性气 体或蒸汽 | 均质膜、复合膜、非对称性膜 |
| 渗透蒸发 | 进料→溶液或溶剂 溶剂或溶质 | 浓度差 （分压差） | 选择传递 （物性差异） | 溶质或溶剂 （易渗组分的蒸汽） | 溶剂或溶质 （难渗组分的蒸汽） | 均质膜、复合膜、非对称性膜 |
| 液膜 | 内相 外相 膜相 | 化学反应 和浓度差 | 反应促进和 扩散传递 | 溶质（电解质离子） | 溶剂（非电解质） | 液膜 |

（2）冷轧含油、乳化液废水的有机膜分离技术与工艺

超滤和反渗透都能用于含油、乳化液废水的处理。超滤和反渗透的主要差别在于：反渗透主要用于分离溶液中的离子或分子，而超滤只分离溶剂或溶液中的高分子和胶体物质。故反渗透膜的孔径较小，而超滤膜的孔径较大。在含油、乳化液处理时大多采用超滤法。

超滤是应用于含油废水除油的一项新技术。与传统方法相比，其优点是物质在分离过程中无相变、耗能少、设备简单、操作容易、分离效果好，不会产生大量的油污泥（经过浓缩的母液可以定期除去浮油），在处理水体中的乳化油方面有其独到之处。缺点是膜易污染，难清洗及水通量小。超滤工艺应用于乳化液废水处理已取得了良好的进展。

超滤法处理乳化液废水的主要工艺有平板式超滤工艺、中空纤维膜超滤工艺、管式（内压或外压）膜超滤工艺和卷式膜超滤工艺，其中内压管式膜超滤工艺在实际生产中应用较多。

超滤膜的孔径一般在 $0.1\mu m$ 以下，在 $0.005\sim0.01\mu m$ 之间，而乳化油油滴直径为 $0.1\sim 3\mu m$，因此，用它处理含油废水时，水可透过膜，油珠则被截留。超滤处理后的每升出水含油量可达几毫克至几十毫克，一般不超过 $100mg/L$，二段超滤处理后，含油量在 $10mg/L$ 以下，可直接排放或经过浓缩后回收利用。

超滤法所用膜有聚丙烯腈中空纤维膜（PAN）、聚砜中空纤维膜（PS）、氯甲基化聚砜膜（CMPS）、圈型聚砜共混中空纤维膜（PDC）以及它们的共混膜如 CMPS-PS、PS-PDC 等。用超滤处理乳化液是浓缩处理。大体上，所有非极性的化合物不能透过超滤膜，在浓溶液侧被浓缩；极性化合物可以透过超滤膜而进入渗透水。

可能存在于乳化液废水中的极性化合物主要有以下几种。

无机物：亚硝酸盐、磷酸盐、聚磷酸盐、硫酸盐、氯化物、溶解的金属离子、酸、碱等。

有机物：乳化剂、酒石酸、三乙醇胺、乙二胺、乙二胺四乙酸等。

可能存在于乳化液中的非极性化合物有以下几种。

无机物及机械杂质：砂、尘土、金属屑、金属氢氧化物、抛光剂等。

有机物：矿物油、可皂化油、油脂、高脂肪酸、汽油、聚丙烯酸酯等。

超滤用于分离乳化液时，过去多采用软管薄膜的形式。将管状超滤膜附于由纸或聚酯制的软管内壁。软管的作用是支撑管状超滤膜，并使渗透液均匀地分布于整个圆柱表面。软管外套为开孔的不锈钢支承管，最外层为外套管或称收集管。乳化液处理时，渗透水顺次经超滤膜、软管、支承管，集中于收集管而排出，乳化液由此不断得到浓缩。现在以涂有树脂的

无纺聚丙烯支承管代替软管加不锈钢管的形式,将超滤膜直接灌注于支承管的内壁,支承管外是塑料收集管。每根超滤组合件的收集管上装有管接头,用透明软管将超滤组合件的渗透水收集后排出。

实际的超滤装置一般由循环槽、供液泵、循环泵、超滤管组合件、清洗槽等设备组成。

经过一段时间的运行后,膜面产生极化现象,透过量下降,当下降到某一程度后,或出水水质变差时就要对超滤系统进行清洗。超滤清洗通常采用与过滤方向相同的正向清洗。清洗过程需采用化学药剂,只使用清洗剂的称一般清洗。处理乳化液的超滤装置,清洗时除采用清洗剂外,还要进行酸洗和碱洗,直至恢复其渗透能力。

用一定孔径的超滤膜,在一定的流速、压力和温度下处理乳化液时,一个操作周期的处理量取决于乳化液的浓度、杂质含量,并且在很大程度上取决于清洗的效果。清洗效果好的可连续操作一个星期,反之则不超过一天。所以,清洗剂及酸、碱的种类和浓度,清洗温度、程序和清洗时间应根据超滤膜的性能和乳化液的成分,通过试验确定。

从钢铁厂排出的乳化液及含油废水不仅含有油而且含有大量的铁屑、灰尘等固体颗粒杂质,其排放往往极不均匀,为了使这些大颗粒杂质不至于堵塞、损坏超滤膜,并使废水量均匀,需要在乳化液废水进入超滤系统前对之进行预处理和水量调节。

有时为了使被超滤浓缩的乳化含油废水的含油质量浓度进一步提高以便于回收利用,往往还需对超滤处理后的废乳化液进行浓缩。因此,比较完整的超滤法处理乳化液废水工艺一般由预处理、超滤处理和后续处理(如废油浓缩)等三个部分组成冷轧含油、乳化液处理与资源回用系统。

① 预处理 预处理具有两个功能,即水量调节与预处理,通常采用平流式沉淀池。在沉淀池中设有蒸汽加热装置,目的是使废水中的一部分油经加热分离而上浮,并使废水保持一定的温度,使其在超滤装置中易于分离,分离上来的浮油则由刮油渣机刮至池子一端然后去除,沉淀池沉淀下来的杂质则由刮油刮渣机刮至池子一端的渣坑收集,再用泥浆泵送至污泥脱水装置进行处理。由于平流沉淀池同时具有调节功能,池子的水位经常变化,所以刮油刮渣机的刮油板应该具有随水位的变化而改变刮油位置的功能。

为了使进入超滤装置的废水杂质较少,不至于堵塞膜管和损坏膜管,还需对进入超滤装置的废水进行过滤,过滤装置通常有两种:一种是纸带过滤机;另一种是微孔过滤器。纸带过滤机结构比较简单,价格较高,运行管理比较方便,但是处理过程有废弃物(就是失效的废纸)产生。但废纸的量不大,可以进行焚烧处理。微孔过滤器则可以进行反冲洗,所以处理过程没有废弃物产生,但是需要一套反冲洗装置和反洗废液处理装置,其系统比较复杂,因而价格较高,运行时的能耗也比较高。在乳化含油废水处理系统中,过滤装置一般采用纸带过滤机。

② 超滤系统操作运行方式 乳化液内的机械杂质有可能损伤超滤膜,超滤前应采用过滤或离心分离的方法清除。乳化液的过滤主要采用孔径为 $40\mu m$ 左右的纸作为过滤介质。

乳化液从贮槽用泵经纸过滤器进入循环槽,通过供液泵和循环泵不断地在超滤组合件与循环槽内循环、浓缩,排出渗透水,使浓溶液留在贮槽内。循环泵的作用是加快乳化液在超滤管内的流速,以保持较高的渗透率。正常工作时,渗透率随乳化液质量浓度的提高而降低。乳化液采用超滤浓缩,可以得到最高浓度约 60% 的浓缩液。处理 $100m^3$ 含油质量浓度为 $1g/L$ 的乳化液,可生产 $99.8m^3$ 的渗透液和 $0.2m^3$ 的浓缩液。渗透液需进一步处理方可排放,浓缩液经加热回收油原料、超滤系统的运行操作方式有间歇过滤式、连续过滤式和多级连续过滤式等。此外,在环境保护特定地区,为了降低渗透水中 TOC、COD、BOD 的浓度,也有采用超滤、反渗透两级操作的方式,且分为间歇式、连续式和多极连续式操作流程。

1）间歇式操作如图 14-30 所示。

2）连续式操作如图 14-31 所示。

图 14-30　间歇式操作流程
1—循环槽；2—供液泵；3—循环泵；4—超滤装置

图 14-31　连续式操作流程
1—循环槽；2—供液泵；3—循环泵；4—超滤装置

3）多级连续式操作。在冷轧含油、乳化液废水处理时，为了使乳化液得到最大限度的浓缩，一般采用多级超滤连续操作方式，如图 14-32 所示。通常采用二级超滤系统，第一级在处理过程中含油废水可从调节池不断地得到供给。第二级超滤采用间歇式操作方式，这是因为第二级超滤处理的乳化液是由第一级周期性地排放供给的，如图 14-33 所示。

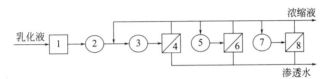

图 14-32　多级连续操作流程
1—循环槽；2—供液泵；3—一次循环泵；4—一次超滤装置；5—二次循环泵；
6—二次超滤装置；7—三次循环泵；8—三次超滤装置

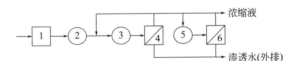

图 14-33　二级连续操作流程
1—循环泵；2—供液泵；3—一次循环泵；4—一次超滤装置；
5—二次循环泵；6—二次超滤装置

③ 后续处理　经超滤二级处理浓缩后，废水含油浓度一般在 50％ 左右，需进一步浓缩，常采用的方法有加热法、离心法、电解法等。

超滤的渗透水由于含油和 COD 尚较高，通常需排入其他废水处理系统，经处理达标后排放或回用。

超滤装置运行一段时间后，膜的表面由于浓差极化现象随着废乳化液的浓度提高而不断增加，在每个运行周期结束时（从开始运行，到渗透液通量小于设定值），均需对超滤设备进行清洗，这是因为运行周期结束时，膜的表面会形成一层凝胶层，这个凝胶层是由油脂、金属和灰尘的微粒组成的。这个凝胶层会使超滤膜的渗透率大大下降，必须在下一周期运行前将其清洗掉。否则，超滤系统将无法正常运行。超滤设备的清洗方法一般有分解清洗法、溶解清洗法和机械清洗法三种。

1）分解清洗法。分解清洗法的目的是除去沉积在膜表面的油脂。一般使用稀碱液或专用的洗涤剂对超滤膜表面的油脂进行分解。常用的稀碱液或专用的洗涤剂一般为超滤生产厂家为其超滤器特殊生产的专用洗涤剂。

2）溶解清洗法。溶解清洗法的目的是去除沉积在超滤膜表面的金属氧化物和氢氧化物，以及金属的微粒。溶解清洗法通常使用酸类来溶解这些物质。常用的酸类为柠檬酸或硝酸。硝酸的溶解能力要强于柠檬酸，因此效果较好。但是，最终采用柠檬酸还是硝酸取决于选用的超滤膜的耐腐蚀能力和超滤系统的管道和泵组的耐腐蚀能力。

3）机械清洗法。分解清洗法和溶解清洗法是超滤膜清洗的基本方法，但当超滤膜表面形成的凝胶层较厚时，单用分解清洗法和溶解清洗法来清洗，药剂消耗就会很大。为此，国外近年来采用了一种机械清洗的方法，即用机械的方法刮去超滤膜表面较厚的凝胶层，然后采用分解清洗法和溶解清洗法来清洗剩下的较薄的凝胶层。这样药剂耗量就会大大下降。通常采用海绵球进行清洗。

（3）超滤处理系统的影响因素

影响超滤处理系统的因素众多，除膜功能性材料以及清洗效果的影响外，还有一些影响因素。

① 流速　超滤管内的流速应控制在一定范围内，流速太小，易产生沉淀，减少渗透率，缩短操作周期；流速过高会影响超滤膜的使用寿命。对不同的乳化液，都能找到一个经济的流速范围。实践证明，流速还可能引起超滤膜的不可逆堵塞。

处理高浓度含油废水时，渗透率随流速而增加。超滤处理乳化液时，除供液泵外还设有循环泵，以提高流速，使渗透量增加。

② 温度　在超滤膜和支承管允许的温度范围内，提高乳化液的温度，使其黏度降低，从而增加渗透率的方法是超滤处理乳化液时常采用的方法。一般在超滤循环槽和清洗槽内均设有蒸汽间接加热装置。加热温度应根据乳化液的成分、超滤膜、支承管和收集管的材质而定。从运行费用考虑，提高液温、加大渗透率，可减少超滤装置的一次投资，但运行费用也随之增加。一般供液温度为 35～50℃。

③ 操作压力　处理低浓度含油废水时，提高操作压力对渗透率的影响，大于增加流速产生的影响。但操作压力的提高必须满足超滤管的强度要求，每种超滤管均有规定的最大允许压力。

④ 含油浓度　超滤处理乳化液时，渗透率随操作压力和流速的增加而提高。不同的含油浓度，操作压力和流速对提高渗透率的影响程度也不同。一般情况下，渗透率随含油浓度的升高而降低，在一个过滤周期内，开始时渗透率高，随着含油浓度的提高和超滤膜表面黏附物的增加，渗透率就逐步降低。超滤装置的渗透能力要以一个操作周期的平均渗透率为依据，同时要考虑超滤停产清洗的影响。

⑤ 机械杂质　为了防止损伤超滤膜，无论是超滤还是反渗透，原液中均不允许含有可能损伤渗透膜的机械杂质，一般粒度大于 0.5mm 的机械杂质应事先予以清除。

⑥ pH 值及其他化学成分　每种超滤膜都有一定的 pH 值适应范围，否则长期运行就会损坏。此外，到目前为止的超滤膜均不能抗某些烃类和酮类化合物，即使短时间的接触也会引起超滤膜的膨胀，并改变其原有的结构形式。

⑦ 细菌类　乳化液中含有大量的营养物质，可能引起细菌的生长和繁殖，这里既有好气菌也有嫌气菌，其结果会导致超滤膜的不可逆堵塞。

由于乳化液的排放是不均匀的，所以即使有调节贮槽，超滤装置的运行不可能总是连续的；当设有两级超滤装置时，一、二级的能力也很难完全协调，所以难免有部分超滤装置处于关闭状态。为此，经过一定时间的运行或当设备长期关闭时，应对系统进行灭菌处理。为了防止超滤装置的干燥，新出厂的超滤管内涂有甘油类物质。超滤设备停产时也不允许放空，宜以清水充满。

### 14.5.4.2　无机膜分离技术

20 世纪 70 年代国外已开展无机陶瓷膜的研制及应用研究，主要有氧化锆膜、氧化铝膜及不锈钢膜，随后国内也进行研究。国外将其用于含油废水处理较为广泛。采用陶瓷膜处理乳化液废水，除具有有机膜分离方法的优点外，还具有耐高温、耐强酸、耐氧化及耐有机溶剂的侵蚀特性，机械强度较高，使用寿命长，膜孔径分布窄，截油率高，运行渗透量较大，清洗再生性能好等优点，是当今冷轧乳化液处理与资源回用技术的发展趋势。目前国内尚处于开发研究与应用阶段。

（1）无机陶瓷膜处理技术与工艺　采用南京理工大学膜科学研究所的无机陶瓷膜管，利用某厂冷轧乳化液进行试验，采用正交试验方法，试验连续运行，其试验工艺流程如图14-34所示。膜出水含油分析采用 GB/T 16488—1996 红外线分析标准进行，乳化液含油质量浓度最大为 2369mg/L，最小为 1052mg/L，平均为 1521mg/L，采用重量法分析。

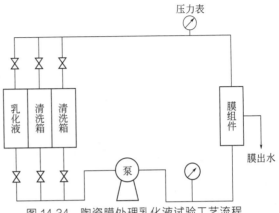

图 14-34　陶瓷膜处理乳化液试验工艺流程

（2）试验内容与结果

① pH 值与处理量及出水水质的关系　试验结果表明，pH 值变化时，其处理量变化不大，但 pH 值上升，出水中油含量有所增加，其原因可能是乳化液中部分物质与 NaOH 反应所致。试验结果见表 14-31。

表 14-31　pH 值与处理量和出水水质

| pH 值 | 处理量/(mL/min) | | | 原液含油量/(mg/L) | | | 出水含油量/(mg/L) | | |
| --- | --- | --- | --- | --- | --- | --- | --- | --- | --- |
| | 最大 | 最小 | 平均 | 最大 | 最小 | 平均 | 最大 | 最小 | 平均 |
| 4～5 | 96 | 88 | 92 | 2196 | 1297 | 1634 | 10.1 | 3.9 | 6.7 |
| 5～7 | 94 | 88 | 91 | 1471 | 807 | 1185 | 13.6 | 6.9 | 9.3 |
| 8～10 | 98 | 85 | 90 | 3172 | 1836 | 2242 | 18.4 | 8.3 | 12.4 |

② 温度与处理量及其出水水质的关系　在压力、pH 值一定的条件下，进行不同温度对比试验，其结果见表 14-32。试验结果表明，温度上升其膜处理量随之明显上升，出水水质有所变化，但不明显。

表 14-32　温度与处理量和出水水质

| 温度/℃ | 处理量/(mL/min) | | | 原液含油量/(mg/L) | | | 出水含油量/(mg/L) | | |
| --- | --- | --- | --- | --- | --- | --- | --- | --- | --- |
| | 最大 | 最小 | 平均 | 最大 | 最小 | 平均 | 最大 | 最小 | 平均 |
| 30 | 94 | 80 | 86 | 2310 | 1578 | 1716 | 11.1 | 3.2 | 6.1 |
| 40 | 96 | 84 | 90 | 2918 | 1828 | 2135 | 11.4 | 4.9 | 6.4 |
| 50 | 115 | 90 | 96 | 2971 | 1721 | 1997 | 10.8 | 4.1 | 6.9 |
| 55～60 | 132 | 104 | 116 | 3046 | 1846 | 2159 | 13.3 | 6.8 | 9.2 |

③ 压力与处理量及其出水水质的关系　在 pH 值、温度等其他条件相同的情况下，进行压力对处理量和出水水质试验，试验结果见表 14-33，试验结果表明，随着压力升高，膜的处理量、出水油含量呈上升的趋势。

表 14-33　压力与处理量和出水水质

| 压力/MPa | 处理量/(mL/min) | | | 原液含油量/(mg/L) | | | 出水含油量/(mg/L) | | |
|---|---|---|---|---|---|---|---|---|---|
| | 最大 | 最小 | 平均 | 最大 | 最小 | 平均 | 最大 | 最小 | 平均 |
| 0.15 | 72 | 64 | 68 | 2369 | 1052 | 1521 | 8.1 | 1.2 | 4.6 |
| 0.20 | 84 | 75 | 78 | 3452 | 986 | 1869 | 8.5 | 0.9 | 5.1 |
| 0.25 | 102 | 86 | 94 | 3215 | 1481 | 2315 | 10.5 | 1.4 | 6.8 |
| 0.30 | 116 | 98 | 110 | 3143 | 1328 | 1982 | 11.3 | 2.1 | 7.2 |
| 0.35 | 124 | 112 | 118 | 3441 | 2686 | 2931 | 14.2 | 3.4 | 8.3 |

### 14.5.4.3　无机膜与进口有机膜的处理效果和运行费用比较

用国产无机超滤膜与进口膜分别处理冷轧厂乳化液废水，试验用水为宝钢冷轧厂 2030mm 冷轧厂废水站的乳化液。试验结果见表 14-34。

表 14-34　无机膜与有机膜处理冷轧乳化液

| 膜种类 | 通量/[L/(m²·h)] | 原液油含量/(mg/L) | 渗透水油含量/(mg/L) | 油去除率/% | 原液 $COD_{Cr}$ 的质量浓度/(mg/L) | 渗透水 $COD_{Cr}$ 的质量浓度/(mg/L) | $COD_{Cr}$ 去除率/% |
|---|---|---|---|---|---|---|---|
| 有机膜 | 51 | 54094 | 107 | 99.8 | 151075 | 3608 | 97.6 |
| 无机膜 (50nm) | 108 | 92864 | 123 | 99.9 | 233510 | 3441 | 98.5 |
| 无机膜 (20nm) | 167 | 37952 | 41 | 99.9 | 116007 | 1087 | 99.1 |

表 14-34 中的数据为多次试验的平均值。试验数据表明，无机超滤膜的渗透量是有机超滤膜渗透量的 2～3 倍，而油和 $COD_{Cr}$ 的去除率是无机超滤膜比有机超滤膜高，出水水质好。无机超滤膜 50nm 与 20nm 相比，油的去除率几乎相等，而 COD 的去除率为 20nm 优于 50nm。但表中出现 20mn 渗透量高于 50mn 渗透量的反常现象，这可能是由于 50nm 超滤管试验时的原液的质量浓度大于 20nm 超滤管原液的质量浓度所致。

无机膜与有机超滤膜的运行费用比较见表 14-35。

表 14-35　无机膜与有机超滤膜的运行状况比较

| 膜种类 | 试验通量/[L/(m²·h)] | 能耗/(kW·h) | 温度/℃ | pH 值 |
|---|---|---|---|---|
| 无机膜 | 80 | 7.5 | 30～80 | 1～14 |
| 有机膜 | 47 | 37.5 | 30～55 | 2～12 |

试验结果表明，有机超滤膜运行能耗高，膜的适应温度与 pH 值范围比无机膜小，因此运行成本高。而无机超滤膜对清洗药剂的要求低于有机超滤膜，可用强酸、强碱进行清洗，因此，清洗药剂的费用大大降低，使用寿命长。除了运行成本之外，一次性投资成本也只是进口有机超滤装置的 2/3 以下。

## 14.5.5　膜分离法与化学法的技术比较

乳化液采用膜分离的优点是操作稳定，出水水质好。当乳化液的性质、成分和浓度变化时，对渗透水的影响很小，一般出水含油的质量浓度均可小于 10mg/L，对降低废水的 COD

含量也有较好的效果。此外，超滤装置可按单元操作，根据废水量的变化调整操作台数。设备占地面积小，扩建也很方便。超滤正常工作时不消耗化学药剂，也不产生新的污泥，而回收油的质量较好。

超滤装置本身投资较高，运行费用也比化学法贵。实际的超滤装置在清洗时要消耗一定量的清洗剂和酸、碱。清洗过程仍会排出少量酸性或碱性的含油废水。超滤前处理的纸过滤器要消耗大量的滤纸并产生被油污染的废纸。大规模的超滤装置要消耗大量的电能，由于水泵的工作台数较多，噪声也随之增加。

为了比较超滤法与化学法处理冷轧含油、乳化液废水各自的优势，以便为其废水提供有效的处理方案，某厂特进行了如下比较试验。

（1）处理方案

① 超滤法试验工艺流程如图 14-35 所示。

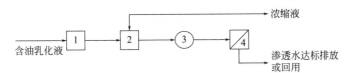

图 14-35　超滤法处理流程

1—调节槽；2—循环槽；3—循环泵；4—超滤装置

② 化学法（化学破乳法）试验工艺流程如图 14-36 所示。

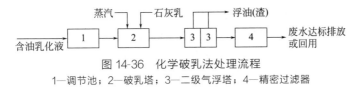

图 14-36　化学破乳法处理流程

1—调节池；2—破乳塔；3—二级气浮塔；4—精密过滤器

（2）试验与结果比较

超滤法试验装置的处理能力为 350L/h，化学法为 100L/h，在试验水质相同、运行时间正常时连续测定时间为 14d，取样测定分析 12 次。试验方案要求如下。

① 两套装置的试验结果必须达到设计的平均处理能力。

② 试验装置运行，如停机、故障、流量、试验中产生废物，以及消耗的水、电、蒸汽、药剂等均需计量并按当时的价格估算。

③ 试验中对环境污染状况、劳动强度要做出评价。

经试验后其比较结果见表 14-36。

表 14-36　超滤法与化学法处理优缺点比较

| 比较项目 | 超滤法 | 化学破乳法 |
|---|---|---|
| 处理水含油达标率 | 2 次未达标（其中 1 次为未取到水样），达标率为 83.33% | 12 次未达标（其中 1 次为未取到水样），达标率为 0 |
| 处理水悬浮物达标率 | 1 次未达标（其中 1 次为未取到水样），达标率为 91.67% | 5 次未达标（其中 1 次为未取到水样），达标率为 58.33% |
| 处理水 pH 值达标率 | 1 次未达标（其中 1 次为未取到水样），达标率为 91.67% | 11 次未达标（其中 1 次为未取到水样），达标率为 8.33% |
| 故障停机次数 | 1 次 | 6 次 |

| 比较项目 | 超滤法 | 化学破乳法 |
| --- | --- | --- |
| 系统的稳定性 | 系统稳定，未有系统修改 | 系统不稳定，系统有修改，原试验资料的工艺流程和试验中的流程有变化，在试验中对系统进行了修改 |
| 系统流量计、加药计量装置的可靠性 | 系统中只有流量计，运行正常，计量可靠 | 系统中流量计常失灵，加药计量装置运行不正常 |
| 系统操作劳动强度、管理的复杂程度及工作环境状况 | 系统自动运行，运行时不需人工操作，管理简单。操作环境良好。 | 系统自动运行，运行时需人工进行药剂量的调整操作，劳动强度大，管理较复杂，操作环境差 |
| 处理后油的价值 | 油浓度高，可回收利用，每吨1000元出售 | 油利用价值较差 |
| 系统对乳化液的变化的适应性 | 乳化液的变化对系统无影响，适应性强 | 乳化液的变化对系统影响大，适应性差 |
| 处理$1m^3$乳化液废水的成本 | 6.2元 | 7.47元 |

## 14.5.6 生化法和其他方法综合处理技术

含油废水和乳化液也可采用厌氧生化和好氧生化以及氧化塘等生物处理法。极性油脂在生物处理时可被微生物降解。非极性油脂或者通过初级澄清工艺除去，或者进入生物絮凝物内，最后与剩余污泥一起排出。

某厂含油废水采用隔油池、空气浮选池及活性污泥法处理，原废水中油脂的质量浓度为$3000\sim6000mg/L$，经隔油、气浮单元下降为$95\sim250mg/L$，经曝气池活性污泥法处理后油脂最终出水浓度为$11mg/L$。

上流式厌氧污泥床具有较高的处理能力，主要是由于消化器内积累有高浓度的活性污泥，同时具有良好的凝聚性能，絮凝现象就较易出现。将乳浊油脂废水固液分离，在静止状态呈现絮体与水的分离絮体沉淀。为了提高污泥的沉淀性能，可以采取进水中投加硫酸铝等方法。

宝钢含油、乳化液废水的生物处理曾采用二级曝气池和淹没式生物滤池，并选用江苏博大环保公司与波兰合作配制的专用于除油处理及降解COD的"倍加清"生物菌种。该菌种在西欧、美国已广泛应用于生活污水、油田及乳化油废水处理。

"倍加清"定向菌能够达到一般氧化法难以达到的油的去除率，试验表明，COD去除率平均在$60\%$以上，最高可达$88\%$，其主要原因在于该定向菌充分地发挥了细胞外酶与内酶的双重作用，外酶可以把复杂的难以直接进入细胞的分子结构包括一些重金属离子进行分解，细胞内酶则起同化作用，运行时间越长，同化作用越明显，所谓的定向性越强，试验过程中明显地感觉到经过驯化的菌种越来越适应冷轧乳化油的环境，效果也越来越显著。

某润滑化工油脂厂是生产润滑油脂的专业厂，其废水中以油类为主，其次为油皂等有机物，含油量为$150mg/L$，经隔油和气浮处理后的废水流入氧化塘处理。该氧化塘长$180m$，宽$60m$，总面积$10800m^2$，总容积$14000m^3$，顺长度方向建成三道堰，构成四级串联氧化塘。塘中养殖的水生植物以芦苇为主，在第四级氧化塘中投放一定数量的水生植物水葫芦、水浮萍，并放养鱼类。经停留$20d$左右的废水，其出水含油量低于$18mg/L$，经长期水质监测，除油率达$60\%\sim70\%$，COD去除率在$40\%\sim50\%$。

采用泥炭或活性炭等可有效地去除油脂。泥炭在自然状态下具有很强的亲水性。作为净化含油废水的泥炭，需要在废水中有选择地吸油而不吸水，并且保持泥炭本身具有的体积密度小、弹性结构和吸附性能。活性炭的吸附能力极强，用活性炭处理炼油厂废水可达到 8mg/L 的处理效果。

含油废水处理还可以采用深井注入法，把含油废水打入到深井内，依靠自然地层结构的过滤与净化作用处理这些废水。当然，采用焚烧方法处理含油废水也有它的独到之处，利用在密闭式（或敞开式）焚烧炉内对浓度较高的含油废水进行高温加热，将油类分离焚化，使废水得到净化，但在当今油资源紧缺的情况下，应以回收利用为主。

生化法和其他方法综合处理的技术特点主要为采用膜技术、微生物生化技术以及曝气池生化处理工艺等，对油类等污染物实施生物降解、去除，使其转化与循环利用，出水回用于生产，含油浓缩液再净化回收，实现污染物减量化、无害化、资源化。目前该技术已在国内多项工程中试验与应用，效果良好。

（1）工艺技术路线

冷轧含油和乳化液废水生化法处理的技术路线如图 14-37 所示。

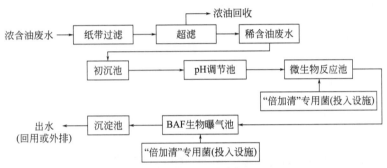

图 14-37　生化法处理技术路线示意

（2）技术特点

① 浓乳化液废水采用陶瓷膜超滤技术处理，将浓含油废水中的油、SS 等有机物进行分子截留，并去除大部分 $COD_{Cr}$。无机陶瓷超滤膜具有耐酸耐碱性能强、耐温性能好的优点。采用错流式运行，具有膜通量高、抗污染、长期运行不堵塞等优点。由于膜的截留孔径为 50nm，这将可以大大解决常规处理技术难以解决的问题。

② 稀含油废水采用微生物处理技术，通过在稀含油废水中投加“倍加清”专性联合菌群，使废水中快速建立起有效降解烃类、酯类等有机污染的生物群，对废水中各种复杂的脂肪族和芳香族进行生物降解，同时可强化对烃类、蜡类以及酚、萘、胺、苯、煤油等的生物降解，这些专性菌有着很高的繁殖率，它们通过水合、活化、繁殖、分解，并通过竞争使其能够在生物群中很快稳定下来，形成优势菌群，同时在不断的竞争中又提高了生物群抗毒性冲击的性能，在设备投运后投加量很少，因此，运行费用较低，运行时间越长，处理效果越好。

采用生化处理技术，提高了废水处理效率，增强了系统的抗冲击能力，简化了工艺流程，降低了运行成本（为物化处理法的 3/5），减少了污泥处理量（为物化处理法的 1/3），且操作管理方便，系统运行安全可靠，出水水质稳定达标回用或排放。

③ 微生物处理技术主要是通过微生物的代谢作用，使废水中的油、$COD_{Cr}$ 等有机物转化为 $H_2O$ 和 $CO_2$ 等无机物，因此是一种无害化处理方法，无二次污染。

④ 浓、稀含油废水分开处理，浓含油废水采用无机超滤膜分离，稀含油废水采用生化处理，减少了一次性投资，同时降低了运行费用。

⑤ BAF 生物曝气滤池生物量大，活性高，抗冲击负荷能力强，出水水质好，使出水回用水质得到保证。

（3）主要技术经济指标

主要技术指标与经济指标见表 14-37、表 14-38。

**表 14-37　主要技术指标**

| 项目名称 | 进水浓度 | 出水浓度 | 回用指标 |
|---|---|---|---|
| $COD_{Cr}$/（mg/L） | 1000～50000 | ≤100 | ≤50 |
| 油/（mg/L） | 100～5000 | ≤5 | ≤5 |
| SS/（mg/L） | 240～400 | ≤20 | ≤10 |
| $BOD_5$/（mg/L） | — | ≤20 | ≤10 |
| pH 值 | 5～13 | 6～9 | 6～9 |

**表 14-38　主要经济指标**

| 项目名称 | 指标状况 |
|---|---|
| 电力消耗/（kW·h/m³废水） | 1.02 |
| 占地面积/（m²/m³废水） | 0.78 |
| 运行费用/（元/m³废水） | 1.636 |

# 14.6　冷轧厂含铬废水处理与回用技术

从冷轧系统排出的重金属含铬等废水有两种，一种是高浓度的，另一种是低浓度漂洗水。重金属废水的处理方法很多，有化学还原、电解还原、离子交换、中和沉淀、膜法分离等。其中沉淀法有中和沉淀、硫化物沉淀和铁氧体法等。国外普遍采用化学还原法，所用的还原剂有二氧化硫、硫化物、二价铁盐等。冷轧厂存在大量的酸洗废液，利用酸洗废液中的二价铁盐和游离酸将 $Cr^{6+}$ 还原为 $Cr^{3+}$ 的方法具有实用价值。目前，宝钢、武钢等引进的冷轧带钢厂，其含铬废水处理均采用这种方法。随着重金属废水外排控制的严格，采用生化法处理重金属废水的研究已在我国开始应用，用生化法处理冷轧重金属含铬等废水，比传统的化学法等对环境保护和提高企业技术竞争力有更大的优越性。

由于镀铬、锌、铜、镍等重金属板材日益增多，故形成的冷轧废水中的重金属成分越来越多，成为含众多重金属成分的复杂废水，为其无害化处理和资源回用带来新的难题。下面着重介绍含铬废水的处理技术。其他重金属废水处理可参考第 19 章重金属冶炼厂废水处理与回用技术。

## 14.6.1　化学还原法

（1）硫酸亚铁法

硫酸亚铁处理含铬废水，废水首先在还原槽中以硫酸调节 pH 值至 2～3，再投加硫酸亚铁溶液，使六价铬还原为三价铬，然后在中和槽投加石灰乳，调节 pH 值至 8.5～9.0，进入沉淀池沉淀分离，上清液达到排放标准后排放。加入硫酸亚铁不但起还原剂的作用，同时还起到凝聚、吸附以及加速沉淀的作用。硫酸亚铁法是我国最早采用的一种方法，药剂来源方便，也较为经济，设备投资少，处理费用低，除铬效果较好，是目前国内冷轧厂含铬废水最为常用的处理方法。

（2）亚硫酸氢钠法

在洗净槽中加入亚硫酸氢钠，并用 20％硫酸调整 pH 值至 2.5～3。将镀铬回收槽清洗过的镀件放入洗净槽进行清洗，镀件表面附着的六价铬即被亚硫酸氢钠还原为三价铬：

$$Cr_2O_7^{2-} + 3HSO_3^- + 5H^+ \longrightarrow 2Cr^{3+} + 3SO_4^{2-} + 4H_2O$$

当多次使用，亚硫酸氢钠的反应接近终点时，加碱调整 pH 值至 6.7～7.0，生成氢氧化铬沉淀。上清液加酸重新调整 pH 值至 2.5～3.0，再补加亚硫酸氢钠至 2～3g/L 继续使用。

还原剂除亚硫酸氢钠外，还有亚硫酸钠、硫代硫酸钠等。由于价格较贵，应用较少。

（3）二氧化硫法

将二氧化硫气体和废水混合生成亚硫酸，利用亚硫酸将六价铬还原为三价铬。然后投加石灰乳，生成氢氧化铬沉淀。其处理原理及反应式如下：

$$SO_2 + H_2O \longrightarrow H_2SO_3$$
$$H_2Cr_2O_7 + 3H_2SO_3 \longrightarrow Cr_2(SO_4)_3 + 4H_2O$$
$$2H_2CrO_4 + 3H_2SO_3 \longrightarrow Cr_2(SO_4)_3 + 5H_2O$$
$$Cr_2(SO_4)_3 + 3Ca(OH)_2 \longrightarrow 2Cr(OH)_3 \downarrow + 3CaSO_4$$

废水用泵抽送，经喷射器与二氧化硫气体混合，进入反应罐中进行还原反应。当 pH 值下降至 3～5 时，六价铬全部还原为三价铬。然后投加石灰乳，调整 pH 值至 6～9，流入沉淀池分离，上清液排放。

按理论计算，$Cr^{6+} : SO_2 = 1 : 1.85$（质量比）。由于废水中存在其他杂质，因此，实际投加量要比理论值大，以 $Cr^{6+} : SO_2 = 1 : (3～5)$（质量比）为宜。溶液（废水）的 pH 值及 $SO_2$ 量对反应的影响很大，当 pH＞6 时，$SO_2$ 用量大。因此，pH 值以 3～5 为宜，可节省 $SO_2$ 用量。处理工艺中忌用 $HNO_3$，因 $NO_3^-$ 存在要增加 $SO_2$ 用量。采用管道式反应可提高 $SO_2$ 利用率，并有减少设备、提高处理效率等优点。

该法适合处理 $Cr^{6+}$ 的质量浓度为 50～300mg/L 的废水。中冶集团建筑研究总院环境保护研究所、同济大学等单位，曾用烧结烟气中的二氧化硫废烟气处理重金属废水（铬、锰等）和含氰废水。废水外排达标，烟道废水中的 $SO_2$ 净化率达 90％以上，达到以废治废的目的。

（4）废酸还原法

目前，宝钢、武钢等引进的冷轧带钢厂均采用此法。

从各机组排放的含铬废水，按其浓度大小分别进入处理站的含铬废水调节池。废水用泵送至一、二级化学还原反应槽，投加废酸（即酸洗废液）使还原池中的 pH 值控制在 2 左右，使氧化还原电位控制在 250mV 左右，使 $Cr^{6+}$ 充分还原 $Cr^{3+}$，然后废水流入二级中和池，经投加石灰中和，控制 pH 值至 8～9，并在二级中和池通入压缩空气，使二价铁充分氧化成易于沉淀的氢氧化铁，然后加入高分子絮凝剂，经絮凝后废水流入澄清池沉淀，去除悬浮物，然后进行过滤，使处理后水中 SS＜50mg/L，并进行最后 pH 值调整，经处理后的水在各项指标达标后排放或回用。

由于废酸中有 $FeCl_2$ 和 HCl，故使废水中的 $Cr^{6+}$ 还原为 $Cr^{3+}$，其反应式为：

$$6FeCl_2 + K_2Cr_2O_7 + 14HCl \longrightarrow 6FeCl_3 + 2CrCl_3 + 2KCl + 7H_2O$$

为使反应充分完全，故化学反应槽应采用两级，并在每级槽中设置还原电位和 pH 计，以便控制投药量。

为保证含铬废水处理合格，在第二级还原槽排出口设置 $Cr^{6+}$ 测定仪，当 $Cr^{6+} <$ 0.5mg/L 时，才能流入下一级处理工序，否则，废水必须送回系统中重新处理。为保证含铬污泥不污染环境，含铬污泥应单独处理。

此外，亚硫酸氢钠、亚硫酸钠、焦亚硫酸钠等在酸性条件下（pH 值小于 3 时）都能将 $Cr^{6+}$ 还原成 $Cr^{3+}$。但该种药源较贵，并在废水中残留部分毒物，因此，国内较少采用。

综上所述，在含铬废水的处理方法中，最常用的是中和法和还原法。

## 14.6.2　膜分离法

膜分离法包括扩散渗析、电渗析、隔膜电解、反渗透和超滤等方法。这些方法能有效地从重金属废水中回收重金属，或使生产废液再回用。膜分离法在重金属废水处理中起到了越来越重要的作用。

（1）扩散渗析法

扩散渗析是依靠膜两侧溶液的浓度差进行溶质扩散的，故亦称为浓差渗析或自然渗析。扩散渗析的效果主要与膜的物理化学性质、原液的成分、浓度、操作条件（温度、流速等）、隔板形式等因素有关。

扩散渗析是利用离子交换膜对阴、阳离子的选择透过性，从而把废水中的阴、阳金属离子分离出来的一种物理化学过程。

离子交换膜又称离子选择性透过膜，它是由离子交换树脂制成的薄膜，在膜的孔隙中含有大量的带电基团（即交换基团的固定部分）。离子交换膜分为阳离子交换膜和阴离子交换膜两种，阳膜带有负电荷固定基团，阴膜带有正电荷固定基团。在废水中，阳膜中的活性交换基团发生电离，正电荷离子扩散入废水中，固定在阳膜的固定离子带有负电荷，在阳膜中形成负电场，因而阳膜能吸引阳离子而排斥阴离子，故阳膜只允许阳离子通过，阴膜则相反，这就是离子交换的选择透过性。理想的阳膜对阳离子的选择透过性应为 100%，即只允许阳离子透过，阴离子完全不能透过。在实际应用中由于唐南（Donnan）膜效应（膜平衡理论）的作用，当废水中金属盐类或电解质浓度很高时，阴离子也会有少量透过。

目前，扩散渗析法在工业上应用较多的是钢铁酸洗废液的回收处理。钢铁酸洗废液一般含有 10% 左右的硫酸和 12%～22% 的硫酸亚铁（$FeSO_4$），采用阴离子交换膜扩散渗析器，可分离硫酸和硫酸亚铁。其原理如图 14-38 所示。

废酸液与水逆向通入膜的两侧，由于浓度差和膜的选择透过作用，废酸液中的硫酸进入膜的一侧的隔室，而硫酸亚铁仍留在原隔室内，渗析的结果是膜的一侧隔室内主要为含有硫酸的扩散液，另一侧隔室内则主要为含有硫酸亚铁的残液，这样就达到了从硫酸和硫酸亚铁的混合液中回收硫酸和从混合液中分离铁离子的目的。

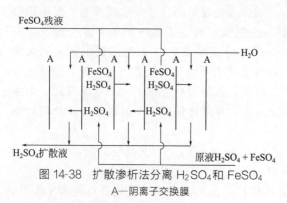

图 14-38　扩散渗析法分离 $H_2SO_4$ 和 $FeSO_4$
A—阴离子交换膜

例如，某硅钢厂的酸洗废液中含 $H_2SO_4$ 为 200～220g/L，$FeSO_4$ 为 150～220g/L，年排量约 14000t。经扩散渗析处理后，所得扩散液可供酸洗循环使用，其残液可供需要 $FeSO_4$ 溶液的部门使用，亦可再经电渗析回收工业纯铁。其主要工艺参数见表 14-39。

表 14-39　扩散渗析操作的主要参数

| 废酸成分/(g/L) | $H_2SO_4 200\sim220$；$FeSO_4 150\sim200$ |
| --- | --- |
| 扩散液成分/(g/L) | $H_2SO_4 140\sim160$；$FeSO_4 <20$ |
| 残液成分/(g/L) | $H_2SO_4 3\sim20$；$FeSO_4 98\sim120$ |
| 流量比 | 废酸：水$=0.89:1$；残液：扩散液$=0.97:1$ |
| $H_2SO_4$ 回收率/% | $73\sim90$ |
| $FeSO_4$ 泄漏率/% | $6.2\sim10.5$ |
| $H_2SO_4$ 渗析负荷/[g/(h·m²)]· | $65.3\sim81.6$ |

扩散渗析法具有设备简单、投资少、基本不耗电等优点。但扩散渗析法不能达到完全分离回收。硫酸的回收率只达 70%左右，在回收的硫酸中还含有 10%左右的硫酸亚铁。为弥补这一缺陷，国内外有采用扩散渗析法与隔膜电解法相组合的回收工艺流程，利用离子交换膜扩散渗析分离废酸的游离酸与硫酸亚铁，残液用隔膜电解法处理，进一步回收硫酸和纯铁。其工艺流程如图 14-39 所示。

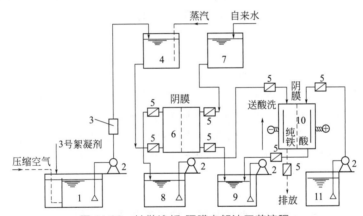

图 14-39　扩散渗析-隔膜电解法工艺流程
1—废酸槽；2—酸泵；3—过滤器；4—高位废酸槽；5—流量计；6—扩散渗析器；7—高位水槽；8—残液槽；9—再生酸贮槽；10—隔膜电解槽；11—稀硫酸槽

**（2）电渗析法**

所谓电渗析是以电能为动力的渗析过程，即废水中的金属离子在直流电场的作用下，有选择地通过渗析膜所进行的定向迁移过程。

电渗析器主要包括由电极和极框组成的电极部分，以及由离子交换膜和隔板组成的膜堆部分。电极部分的动力学过程与电解过程相似，膜堆部分的动力学过程主要是废水中与膜内活性基团所带电荷性质相反的离子迁移。

电渗析器的基本原理如图 14-40 所示。它是由一个阴、阳膜相间组成的许多隔室，重金属废水流入隔室后，在直流电场的作用下，各隔室废水中带不同电荷的离子向电性相反的电极方向迁移，这样就形成了浓室和淡室，因此，流经淡室的废水被净化，相反，阴、阳离子同时在浓室中被浓缩。例如，天津某化学试剂厂在生产氰化铜和氰化锌过程中排出洗涤废水 $30m^3/d$，其中氰化铜废水主要含有 $Cu^{2+}$、$Na^+$、$Ca^{2+}$、$Mg^{2+}$、$Fe^{2+}$、$CN^-$、$SO_4^{2-}$ 等阴、阳离子，pH 值为 $4\sim6$。这种废水经三级电渗析串联处理后，浓室出水中氰的质量浓度达到 $120mg/L$ 以上，可回用于生产过程中。

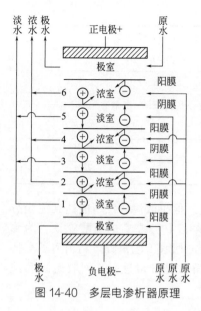

图 14-40　多层电渗析器原理

实际上电渗析的运行中除有阴、阳离子迁移的主要过程外，同时还伴随着一些相反的过程。如有少量与膜内固定活性基团所带电荷性质相同的离子的迁移，以及电解质的浓差扩散渗析过程和溶剂的渗透与电渗透。此外，当膜两侧压力不平衡时，会产生溶液压差渗漏；当产生浓差极化时，溶剂分子会被电离成离子而参与迁移。这些相反作用影响了电渗析的效率，使得浓室变淡，淡室增浓，致使淡室常含有少量重金属及其他离子。

电渗析器对进水的浑浊度、硬度、有机物含量、铁和锰的含量等水质指标有一定要求，如不符合要求必须进行预处理。电渗析器长期稳定运行的关键是防止和消除水垢。常用的方法是将操作电流控制在极限电流值以下，加酸调整 pH 值和定时倒换电极等。

电渗析法在一定范围内具有能量消耗少，基本上不使用化学药剂，以及操作方便、占地面积小等优点。由于电渗析器的浓缩倍数有限，要使废水中的有用重金属浓缩到回用要求，往往需要进行多级电渗析处理。

电渗析具有以下几个特点：a. 电渗析只能将电解质从溶液中分离出去（脱盐），不解离的物质不能被分离，解离度小的也难以被分离，如水中的硅酸根和硼等。电渗析也不能去除有机物、胶体物质、微生物、细菌等；b. 电渗析使用直流电，设备操作简便，不需酸、碱再生，有利于环境保护；c. 电渗析的耗电量基本与原水含盐量成正比，原水含盐量在 200～5000mg/L 范围内，制取成初级纯水的能源消耗较其他脱盐方法低，因此，制水成本也低；d. 电渗析过程靠水中的离子来传递电流，因此，电渗析不能将水中离子全部去除干净，单独使用电渗析不能制取高纯水。

（3）反渗透法

渗透的定义是：一种溶剂（如水）通过一种半透膜进入一种溶液，或者是从一种稀溶液向一种比较浓的溶液的自然渗透。如在浓溶液一边加上适当压力，即可使渗透停止。此压称为该溶液的渗透压，此时达到渗透平衡。

反渗透的定义是：在浓液一边加上比自然渗透压更高的压力（一般操作压力为 2～10MPa），扭转自然渗透的方向，把浓溶液中的溶剂（水）压到半透膜的另一边稀溶液中，这是和自然界正常渗透过程相反的，因此称为反渗透。

反渗透过程必须具备两个条件：一是操作压力必须高于溶液的渗透压；二是必须有高选择性和高渗透性的半透膜。

反渗透法处理镀镍漂洗水始于 20 世纪 80 年代初，此后又用于镀铬、镀铜、镀锌、镀镉、镀金、镀银以及混合电镀废水的处理。由于该技术处理工艺简单，容易回收利用和实现封闭循环，还有不耗用化学药剂、省人工、占地少等优点，且具有较好的经济效益，因此得到了在重金属废水处理中的应用。

由于电镀废水水质相当复杂，有强酸、强碱、强氧化性物质，也有有机和无机络合剂、光亮剂，还有少量胶体，因此，进入反渗透器前须采取预处理去除杂质。进入反渗透器后把废水分为有较高浓度的电镀化学药品的"浓水"和净化了的"透过水"。浓水进一步蒸发浓缩返回电镀槽，透过水返回漂洗槽重复使用。消除了电镀废水排放，而且回收有价值的电镀化学药品，降低了漂洗水用量。表 14-40 是对 10 种电镀废水进行反渗透法处理的结果。现列举其中几种说明如下。

表 14-40　中空纤维反渗透器对各种电镀废水处理结果

| 废水名称 | 质量分数/% | | 操作条件 | | | 透水量/(L/min) | 去除率 | |
|---|---|---|---|---|---|---|---|---|
| | 总可溶固体 | 废液 | 压力/MPa | 温度/℃ | pH 值 | | 可溶固体去除/% | 金属离子去除/% |
| NaOH 中和铬酸 | 0.28～4.5 | 0.6～10 | 2.75 | 20～39 | 4.5～6.1 | 11.4～4.16 | 99～98 | $Cr^{6+}$ 95～99 |
| 未中和的铬酸 | 0.4～4.11 | 1.5～1.5 | 2.75 | 29 | 1.2～1.9 | 9.80～4.54 | 84～95 | $Cr^{3+}$ 87～97 |
| 焦磷酸铜 | 0.18～5.22 | 0.55～16 | 2.75 | 28～31 | 2.88～1.34 | 10.90～5.07 | 92～99 | $Cu^{2+}$ 99 $P_2O_7^{4-}$ 98～99 |
| 氨基磺酸镍 | 0.5～4.11 | 1.6～13 | 2.75 | 29～30 | 2.02～0.96 | 7.65～3.63 | 95～97 | $Ni^{2+}$ 91～98 $Br^-$ 91～100 硼酸 40～62 |
| 氟酸镍 | 0.88～5.8 | 3.4～23 | 2.75 | 19～23 | 2.06～10.9 | 77.97～41.26 | 65～60 | $Ni^{2+}$ 70～78 |
| 铜氰化物 | 0.57～3.71 | 1.6～10 | 2.75 | 26 | 1.82～0.26 | 6.89～2.35 | 98～97 | $Cu^{2+}$ 99 $CN^-$ 92～99 |
| 罗谢尔铜的氰化物 | 0.13～3.8 | 1～23 | 2.75 | 25～28 | 2.5～1.6 | 9.46～6.06 | 99 | $Cu^{2+}$ 98～99 $CN^-$ 94～98 |
| 镉的氰化物 | 0.31～3.12 | 1～12 | 2.75 | 27～28 | 2.1～0.24 | 7.95～0.91 | 89～98 | $Cd^{2+}$ 99 $CN^-$ 83～97 |
| 锌的氰化物 | 0.47～4.05 | 4～36 | 2.75 | 27 | 1.8～0.21 | 6.81～0.79 | 97～70 | $Zn^{2+}$ 98～99 $CN^-$ 85～99 |
| 锌的氯化物 | 0.16～4.19 | 0.8～21 | 2.75 | 27～29 | 2.06～0.11 | 7.80～0.42 | 96～84 | $Cl^-$ 52～90 |

① 镀铬废水处理　镀铬废水占电镀废水总量的 70%，由于废水中的 pH 值低，且具有氧化性，因此，用反渗透法处理时，要求膜必须具有耐酸和耐氧化性。如用醋酸纤维素膜（CA 膜）必须将 pH 值调至 4～7，此时对 $Cr^{6+}$ 的分离率大于 98%，透水性能良好。通常铬酸在水溶液中有下列平衡关系式：

$$H_2CrO_4 \Longleftrightarrow H^+ + HCrO_4^- \Longleftrightarrow 2H^+ + CrO_4^{2-}$$

一般说来，膜对二价离子的去除能力大，而上述平衡方程，随溶液中 pH 值的增加，平衡向右移动，二价离子增多，其去除率增加。因此，利用铬酸的这种性质，用 NaOH 溶液调整废水 pH 值，使 pH=4～7，在此条件下，无论是聚酰胺膜还是醋酸纤维素膜均可使用。目前，含铬废水的反渗透法处理，比较多的还是采用提高 pH 值的处理方法。当然，由于新膜的出现（如 NS-100 型等），亦可直接用反渗透处理。

② 镀镍废水处理　用反渗透法处理含镍电镀废水是比较成熟的。例如，对含有 1200mg/L 镀镍漂洗水进行反渗透浓缩，然后根据需要，是直接回电镀槽，还是经过蒸发或电渗析浓缩后返回电镀槽。废水进入反渗透装置前须经 20μm 的微孔过滤器，把废水中的 $Fe(OH)_3$ 等悬浮物质除去，经反渗透装置后的废水，去除率达 90% 以上。但光亮剂和硼酸去除率较低。浓缩液含光亮剂多了，就要影响电镀质量，为了把浓缩液返回电镀槽，可采用活性炭和离子交换树脂把有机物去除。

③ 镀铜废水处理　CA 膜对硫酸铜废水具有很高的分离效果，去除率可达 99%。但要注意防止在封闭循环过程中由于焦磷酸盐可能分解成正磷酸盐而引起沉积。

## 14.6.3　生化法

（1）净化原理与试验

冷轧厂为了提高产品品种和附加值，采用镀铬工艺是冷轧板材表面处理的通用措施。但含铬废水的处理要求很高，且其废水流量波动大，pH 值变化大，含 $Cr^{6+}$、总铬浓度高（1000～5000mg/L），废水中除含有 Fe、Zn、Pb、Ni 等其他共存的金属离子外，还含有乳化剂、磷化剂、树脂等复杂的添加剂和油分等多种污染物，废水成分非常复杂，含铬废水总量较大。

试验研究表明：微生物去除含铬废水中铬的机理在于，微生物菌在培菌池存活、生长、繁殖过程中，会产生一定量的代谢产物，这是一些氧化-还原酶系生化物质，这类生化物质能使废水中的重金属离子改变价态，如使 $Cr^{6+}$ 还原为 $Cr^{3+}$，并吸附 3 价铬及其他 2 价金属离子，使其产生络合、絮凝、静电吸附作用，可经固液分离而与水分开进入菌泥饼。因此，可以将预先筛选、培育好的、功能各不相同的各种有效的微生物菌株培育成能处理不同组成废水的高效复合微生物，有选择地将各类废水中的某些有害元素离子或有害物质去除。复合微生物之间互生、共生并存在着化学、物理和遗传等三个层次的相互协作机制，这些协作关系使细菌对 $Cr^{6+}$ 等金属具有良好的抗性、耐性，并能使 $Cr^{6+}$ 有效地转化价态，对废水净化起着重要作用。微生物净化金属离子的三个层次的协作关系是紧密相关的，在一定时间内，微生物在废水中对重金属离子几乎同时有静电吸附作用、酶的催化转化作用、络合作用、絮凝作用、共沉淀作用和对 pH 值的缓冲作用，使得金属离子被沉集去除，过滤后的废水被净化。试验表明，复合微生物菌即便是死了也同活菌一样有净化含重金属废水的吸附功能，只是不能再繁殖演变了。目前用于处理宝钢冷轧厂含重金属废水的复合微生物菌是一族单独培养、按比例一次性混合使用的厌氧菌，只要保持一定的存活、生长繁殖条件，如环境温度 15～50℃（最佳 35～37℃），pH 值为 6.5～7.5，密闭缺氧环境。培养 $1m^3$ 复合微生物菌要消耗 1.2kg 培养基和 $1m^3$ 水。$1m^3$ 复合微生物菌可以从含铬废水中消除 1000～1500g $Cr^{6+}$ 等重金属离子。用生物技术脱除冷轧厂涂镀废水中的重金属的机理正处于试验开发应用阶段。

（2）试验内容与废水水质

① 试验内容

1）试验内容包括对该厂几个点的含铬污染物成分进行全分析，根据分析结果和条件试验确定含铬废水与培养复合功能菌的组合试验（以废水/生物质，即 W/BM 表示）。即首先调节含铬废水的 pH 值，然后按照一定的菌废比将含铬废液（W）与 BM 液混合，以搅拌或静置等不同方式反应后，用滤纸过滤，完成固液分离，处理后的水分析水质各项指标达标后可排放或回用，滤饼用于回收铬产品试验。

2）实验室模拟试验研究了复合功能菌处理各种含铬废水的效果，研究了 pH 值、搅拌、反应时间、生物/废水比、温度、氧含量等因素对净化效果的影响。

3）对回收利用铬的技术方案、Cr 回收率等进行实验室试验研究。

4）针对 2030mm 冷轧含铬废水进行现场中间试验，通过现场中间试验验证了微生物菌处理含高浓度（TCr≥2000mg/L，$Cr^{6+}$≥1800mg/L）的含铬废水的净化能力。

② 废水水质　经各排放点水质全分析结果见表 14-41～表 14-43。

表 14-41 冷轧 2030mm 含铬废水水质分析 　　　　　单位：mg/L

| 废水种类 | pH 值 | SS | 油分 | TFe | Na | COD$_{Cr}$ | TCr | Cr$^{6+}$ | NH$_3$-N | LAS |
|---|---|---|---|---|---|---|---|---|---|---|
| 混合废水 | 4.0 | 163 | 1.57 | 0.41 | 5.9 | 43 | 179 | 146 | 0.72 | 0.01 |
| | 5.3 | 565 | — | 7.36 | 72.4 | 49 | 368 | 243 | — | — |
| | 5.5 | 6456 | — | 101 | 83.5 | 47 | 4440 | 259 | — | — |
| | 4.0 | 50 | 2.9 | 0.22 | 6.67 | 16 | 127 | 82.5 | 0.35 | 0.01 |

| 废水种类 | pH 值 | COD$_{Cr}$ | TCr | Cr$^{6+}$ | Pb | Zn | Ni |
|---|---|---|---|---|---|---|---|
| 09 机组彩涂钝化液 | 3.4 | <2 | 2790 | 2064 | 0.46 | 366 | 0.15 |
| | 3.7 | <2 | 2480 | 1892 | 4.67 | 550 | 0.33 |
| | 3.6 | <2 | 2450 | 1844 | 5.10 | 498 | 0.14 |
| | 3.6 | <2 | 2540 | 1844 | 1.86 | 519 | 0.16 |

表 14-42 冷轧 1550mm 含铬废水水质分析 　　　　　单位：mg/L

| 废水种类 | pH 值 | SS | 油分 | TFe | Na | COD$_{Cr}$ | TCr | Cr$^{6+}$ | NH$_3$-N | LAS |
|---|---|---|---|---|---|---|---|---|---|---|
| 稀铬水 | 12.4 | 3135 | 640 | 128 | 1027 | 1289 | 245 | 115 | 0.79 | 3.37 |
| | 12.6 | 510 | — | 4.96 | 865 | 1288 | 69.5 | 57.3 | — | — |
| | 10.2 | 722 | — | 3.32 | 127 | 307 | 176 | 140 | — | — |
| | 13.3 | 1175 | 363 | 7.93 | 5558 | 2295 | 66 | 46.1 | 0.61 | 1.36 |
| 浓铬水 | 7.6 | 83 | 74.9 | 0.92 | 153 | 742 | 244 | 237 | 0.43 | 2.29 |
| | 12 | 20000 | — | 4.98 | 1027 | 25475 | 334 | 333 | — | — |
| | 12 | 14320 | — | 95 | 1054 | 31350 | 312 | 271 | — | — |
| | 11 | 55380 | 5772 | 未检出 | 862 | 10640 | 763 | 169 | 2.94 | 23.7 |

表 14-43 冷轧 1420mm 含铬废水水质分析 　　　　　单位：mg/L

| 废水种类 | pH 值 | SS | 油分 | TFe | Na | COD$_{Cr}$ | TCr | Cr$^{6+}$ | NH$_3$-N | LAS |
|---|---|---|---|---|---|---|---|---|---|---|
| 浓铬废水 | 5.3 | 218 | 12 | 24.6 | 752 | 73 | 2220 | 2058 | 1.6 | 0.136 |
| | 3.3 | 66 | — | 11.4 | 1037 | 202 | 2900 | 2751 | — | — |
| | 3.4 | 17.2 | — | 18.5 | 1022 | 199 | 3000 | 2883 | — | — |
| | 3.7 | 22 | 12.9 | 0.74 | 1233 | 214 | 3040 | 2907 | 1.72 | 0.442 |

（3）试验结果

实验室试验研究结果汇总于表 14-44。从表 14-44 可以看出，采用复合功能菌一次处理宝钢冷轧厂含铬废水，可使原含铬（总铬和六价铬）为 66～2450mg/L 的冷轧废水的铬去除率全部达 99％以上。

表 14-44 生物法处理含铬废水试验结果

| 序号 | 废水名称 | 废水/生物质 | 进水水质 | | | 反应时间/min(h) | 出水水质 | | | 去除率 | |
|---|---|---|---|---|---|---|---|---|---|---|---|
| | | | pH 值 | Cr$^{6+}$/(mg/L) | TCr/(mg/L) | | Cr$^{6+}$/(mg/L) | TCr/(mg/L) | pH 值 | Cr$^{6+}$/% | TCr/% |
| 1 | 2030 混合含 Cr 废水 | 50/2 | 2.5 | 179 | 146 | Z20 | 0.00 | 0.47 | 7.0 | 100 | 99.6 |
| 2 | 2030 混合含 Cr 废水 | 50/2 | 2.5 | 368 | 243 | J3h | 0.00 | 0.1 | 7.4 | 100 | 99.9 |
| 3 | 2030 混合含 Cr 废水 | 50/6 | 2.5 | 127 | 82.5 | Z20 | 0.04 | 0.45 | 7.6 | 99.9 | 99.6 |
| 4 | 2030 彩涂含 Cr 废水 | 50/75 | 2.5 | 2790 | 2064 | J30 | 0.02 | 0.07 | 7.5 | 99.99 | 99.99 |

| 序号 | 废水名称 | 废水/生物质 | 进水水质 | | | 反应时间/min(h) | 出水水质 | | | 去除率 | |
|---|---|---|---|---|---|---|---|---|---|---|---|
| | | | pH值 | Cr⁶⁺/(mg/L) | TCr/(mg/L) | | Cr⁶⁺/(mg/L) | TCr/(mg/L) | pH值 | Cr⁶⁺/% | TCr/% |
| 5 | 2030 彩涂含 Cr 废水 | 50/75 | 3.5 | 2480 | 1892 | Z50J30 | 0.00 | 0.14 | 7.0 | 99.99 | 99.99 |
| 6 | 2030 彩涂含 Cr 废水 | 50/100 | 3.5 | 2450 | 1844 | Z50J30 | 0.03 | 0.04 | 8.0 | 99.99 | 99.99 |
| 7 | 2030 彩涂含 Cr 废水 | 50/100 | 5.4 | 2540 | 1844 | Z50J30 | 0.02 | 0.02 | 7.5 | 99.99 | 99.99 |
| 8 | 1420 稀 Cr 废水 | 40/3 | 2.5 | 220 | 216 | Z20 | 0.17 | 0.12 | 8.2 | 99.8 | 99.9 |
| 9 | 1420 稀 Cr 废水 | 40/1.5 | 2.5 | 318 | 285 | Z20 | 0.04 | 0.02 | 7.0 | 99.9 | 99.9 |
| 10 | 1550 稀 Cr 废水 | 50/4 | 2.5 | 245 | 115 | J12h | 未测 | 0.21 | 7.1 | | 99.7 |
| 11 | 1550 稀 Cr 废水 | 50/1 | 2.5 | 69.5 | 57.3 | Z20 | 0.10 | 0.22 | 7.5 | 99.8 | 99.7 |
| 12 | 1550 稀 Cr 废水 | 50/4 | 2.5 | 176 | 140 | Z20 | 0.04 | 0.11 | 7.3 | 99.9 | 99.8 |
| 13 | 1550 稀 Cr 废水 | 50/4 | 2.5 | 66 | 46.1 | Z20 | 0.01 | 0.18 | 7.6 | 99.9 | 99.8 |
| 14 | 1550 浓 Cr 废水絮凝过滤 | 50/4 | 2.5 | 244 | 237 | Z3h | 0.00 | 0.12 | 7.6 | 100 | 99.9 |
| 15 | 1550 浓 Cr 废水絮凝过滤 | 50/6 | 2.5 | 334 | 333 | J3h | 0.00 | 0.43 | 7.3 | 100 | 99.9 |
| 16 | 1550 浓 Cr 废水絮凝过滤 | 50/4 | 2.5 | 312 | 271 | J6h | 0.00 | 1.08 | 7.0 | 100 | 99.9 |
| 17 | 1550 浓 Cr 废水絮凝过滤 | 50/4 | 2.5 | 736 | 169 | Z10 | 0.00 | 0.46 | 7.2 | 100 | 99.9 |
| 18 | 1420 浓 Cr 废水 | 50/100 | 2.0 | 2220 | 2058 | J3h | 0.00 | 1.40 | 7.0 | 100 | 99.9 |
| 19 | 1420 浓 Cr 废水 | 25/50 | 2.5 | 3040 | 2907 | Z20 | 0.27 | 1.09 | 7.5 | 99.9 | 99.9 |
| 20 | 1550 浓 Cr 废水絮凝过滤 | 50/8 | 2.5 | 334 | 333 | Z10J30 | 0.00 | 0.69 | 7.4 | 100 | 99.9 |
| 21 | 1550 浓 Cr 废水絮凝过滤 | 50/12 | 2.5 | 763 | 169 | Z10J30 | 0.03 | 0.78 | 7.8 | 100 | 99.9 |
| 22 | 1420 浓 Cr/1420 稀 Cr（1+80）混合废水 | 162/10 | 2.5 | 327 | 305 | Z5J30 | 0.00 | 0.36 | 7.4 | 100 | 99.7 |
| 23 | 1420 浓 Cr/1420 稀 Cr（1+80）混合 | 8/1 | 2.5 | 369 | 267 | Z5J30 | 0.01 | 0.27 | 7.4 | 100 | 99.8 |

注：J 代表静置时间（h）；Z 代表振摇时间（min）。

2003 年，宝钢冷轧厂完成中试装置与试验，进行了高浓度微生物菌的复苏、培育和驯化试验，验证复合功能菌处理高浓度含铬废水的效能。试验结果表明，高浓度含铬废水经微生物菌处理后，总铬、六价铬去除率可达 99％以上。经过滤后（固液分离），排放废水水质均达到宝钢和上海市废水综合排放控制标准，即总铬低于 1.5mg/L，$Cr^{6+} \leqslant 0.5mg/L$，SS $\leqslant 80mg/L$。

## 14.6.4　生化法与传统化学还原法的比较

（1）相对于传统化学法，生化法处理冷轧高浓度含铬废水的工艺流程简单、便于控制管理

目前应用最广泛的化学处理含铬废水的方法是还原沉淀法。基本原理是在酸性条件下向废水中加入还原剂，将 $Cr^{6+}$ 还原成 $Cr^{3+}$，然后再加入石灰或氢氧化钠，使其在碱性条件下生成氢氧化铬沉淀，从而去除铬离子。可作为还原剂的有 $SO_2$、$FeSO_4$、$Na_2SO_3$、$SO_3$、Fe 等。根据上述反应原理，要想从废水中完全去除铬离子，至少需要经过两个反应环境，即酸性环境和碱性环境。而在生化法中，除废水的 pH 值要求在 2～4 外（目前彩涂机组含铬废水本身的 pH 值在 2～4 之间，所以不需要调节 pH 值），仅需将微生物菌液和废水混合，完成反应即可。反应过程所需控制的参数主要为菌废比（菌液：废水），大大简化了工艺流程和控制参数，便于自动化控制管理。

（2）系统具有较强的耐冲击负荷能力

由于采用了微生物单独培养的方法，使得系统的操作灵活度增大，可以根据不同的废水浓度确定不同的菌废比，从而大大提高了系统的耐冲击负荷能力。根据试验结果，当原废水中六价铬的质量浓度在 102～2200mg/L 的范围内波动时，系统的处理效果都可以达到排放标准。

（3）处理成本的比较

① 传统化学法处理含铬废水的成本估算。以 $NaHSO_3$ 为还原剂，采用化学还原沉淀法处理含铬废水，主要化学反应式如下：

$$Cr_2O_7^{2-} + 3HSO_3^- + 5H^+ \longrightarrow 3SO_4^{2+} + 2Cr^{3+} + 4H_2O$$
$$Cr^{3+} + 3OH^- \longrightarrow Cr(OH)_3 \downarrow$$

因此，根据理论计算，$NaHSO_3$ 的投加量和 $Cr^{6+}$ 的比例为 3：1，再加上处理过程中所用到的其他酸碱药剂，则处理 1g 六价铬所需的药剂大约为 0.1 元。但实际工程处理往往需要投加更大剂量的化学药剂，以确保最终出水中六价铬的浓度达标，实际上每处理 1g 六价铬需消耗药剂约为 0.2 元。

② 生化法处理含铬废水的成本估算。试验期间，综合考虑微生物的培养成本、处理废水时的微生物施用量以及设备运行成本等，生化法处理 1g 六价铬的成本为 0.11 元左右。因此，如果仅考虑去除废水中的有害元素六价铬，生化法去除六价铬的运行成本仅为化学法的 55% 左右。

同时，生化法处理含铬废水的成本主要集中在微生物的培养方面，因此，可通过以下两个方面的研究降低废水的处理成本：一是进行微生物的培菌条件优化试验，寻找最佳培菌比，降低成本；二是开发微生物处理含铬废水的潜能，提高处理效率，研究重复利用的可行性，以降低废水的处理成本。

（4）污泥产生量的比较

含铬废水经化学法处理后所产生的污泥的脱水性能较好，经板框压滤机脱水后，含水率在 50%～60% 之间。

利用生化法处理含铬废水后，所产生的污泥的脱水性能较化学法所产生的污泥的脱水性能差，同样利用板框压滤机进行脱水后，泥饼的含水率在 70% 左右。可见，利用生化法处

理含铬废水，污泥的脱水性能变差。但总的污泥产生量远远少于化学还原法，污泥产生量仅为化学法的30%左右，可减少70%以上的污泥排放。

（5）出水色度的比较

含铬废水经化学还原法处理后，出水澄清透明，而经生化法处理后的出水则带有一定的色度。同时，由于残留微生物的存在，生化法处理后出水放置一段时间后，微生物生长使色度加深。这个问题有待进一步研究。

总之，冷轧高浓度含铬废水经微生物一次处理后，废水中的六价铬可全部达标，平均质量浓度仅为0.03mg/L，总铬去除率可达98%以上。出水经PE过滤器过滤后，六价铬最大值为0.04mg/L，平均值为0.02mg/L。在设备正常运行情况下，废水中的总铬、SS指标均达到排放标准。

综上所述，相对于传统化学法，生化法处理冷轧高浓度含铬废水的工艺流程简单，便于控制管理；系统具有较强的耐冲击负荷能力；单位铬去除的处理成本较低；虽然利用生化法处理含铬废水后，所产生的污泥的脱水性能变差，泥饼的含水率在70%左右，但污泥产生量仍然少于化学法，可减少70%以上的污泥排放。不足之处为生化法处理含铬废水，出水中带有一定的色度，如不做进一步处理，放置一段时间后，色度可能会加深、变黑，因此，生化法的工程应用有待进一步研究与实践。

# 14.7 冷轧厂酸洗废液（水）处理与回用技术

钢材表面形成的氧化铁皮（$FeO$、$Fe_3CO_4$、$Fe_2O_3$）都是难溶于水的碱性氧化物。当把其浸于酸液中或在其表面喷洒酸液时，这些碱性物质与酸发生一系列化学反应。酸洗机理可概括为溶解作用、机械剥离作用和还原作用等。为了使金属（钢材、特殊钢、不锈钢、合金钢等）表面整洁，在金属加工以前，用盐酸、硫酸、硝酸或硝酸、氢氟酸混酸酸洗，或用几种酸的混合液一边加热一边对金属进行清洗，以除掉附着于金属表面的氧化物，此过程称为酸洗。酸洗过程有酸洗废液和酸性废水排出。

## 14.7.1 盐酸酸洗废液资源化处理与回用技术

盐酸酸洗是酸洗工艺的发展趋势，特别是大型冷轧企业，原因是盐酸酸洗的效果比硫酸显著，另一个原因是盐酸酸洗的剥离作用使基铁损失较硫酸酸洗少。

工业盐酸酸洗废液的再生回收有很多方法和工艺流程可供选择。日本"大同式"废盐酸回收方法有蒸发结晶焙烧法、真空蒸发法和硫酸分解法。前者需经结晶焙烧，工艺比较复杂，后一种工艺比较简单，操作比较方便，再生酸浓度较高。

世界上盐酸酸洗废液再生回收工艺应用最多的是加热焙烧法：一类为逆流加热喷雾焙烧法，如鲁特纳（Ruthner）法、诺尔达克（Nordac）法、德拉沃（Dravo）法等。宝钢一、二、三期引进的废盐酸再生技术即为鲁特纳法；另一类为顺流加热的流化床焙烧法，如鲁基（Lurgi）法、奥托（Otto）法、波里（Pori）法等。武钢冷轧厂引进的废盐酸再生技术即为鲁基法。这两种加热焙烧法是当今世界废盐酸再生技术的代表，占世界大型冷轧厂废盐酸再生回用工程的80%左右。该技术能否成功应用与使用该技术再生废酸，在很大程度上取决于能否正确地选择设备的耐腐蚀材料和正确地设计与控制该装置的各个环节。

中冶集团建筑研究总院环境保护研究院（原冶金环保研究所）研制成功两项发明专利，专利技术分别为减压蒸发再生回收法和溶剂萃取回收法，前者的盐酸回收率与上述焙烧法相当，均达 95％以上，且设备的耐酸腐蚀性极强，解决回收设备腐蚀问题，已在某大型冷轧厂酸回收工程应用，证明生产回收工艺可靠，回收效果良好。后者曾在某工程应用，证明技术可靠，但操作、管理技术要求高，如操作失误或设备泄露，会因氯气外逸而造成事故，故限制了该技术的推广应用。

通常，在 $10 \times 10^4 t/a$ 以下的生产规模中，酸洗废液采用中和处理的方法，这种方法只是解决了环境污染问题，没有回收利用废酸中的 HCl 和铁。在 $15 \times 10^4 t/a$ 以上的生产规模中，酸洗废液应采用再生方法，进一步回收利用。

（1）流化床法

盐酸再生的原理是废盐酸在高温状态下与水、氧产生化学反应，生成 $Fe_2O_3$ 和 HCl，其化学反应式如下：

$$4FeCl_2 + 4H_2O + O_2 = 2Fe_2O_3 + 8HCl$$
$$2FeCl_3 + 3H_2O = Fe_2O_3 + 6HCl$$

流化床法盐酸再生工艺流程如图 14-41 所示。从酸洗线排出的废酸先进入再生站的废酸贮罐，再用泵提升进入预浓缩器，与反应炉产生的高温气体混合，蒸发，经过浓缩的废酸用泵提升喷入反应炉流化床内，在反应炉高温状态下，$FeCl_2$ 与 $H_2O$、$O_2$ 产生化学反应，生成 $Fe_2O_3$ 和 HCl 气体（高温气体）。HCl 气体上升到反应炉顶部先经过旋风分离器，除去气体中携带的部分 $Fe_2O_3$ 粉，再进入预浓缩器进行冷却。经过冷却的气体进入吸收塔，喷入新水或漂洗水形成再生酸重新回到再生酸贮罐，补加少量新酸使 HCl 含量达到 18％时用泵送到酸洗线使用。经过吸收塔的废气再进入收水器，除去废气中的水分后通过烟囱排入大气。流化床反应炉中产生的氧化铁使流化床层面不断增高，当达到一定程度时就开始排料，排出的氧化铁进入料仓，用车送入烧结厂回用。

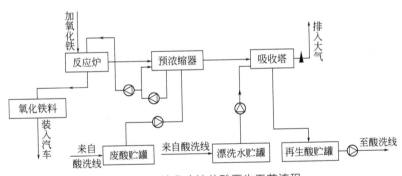

图 14-41　流化床法盐酸再生工艺流程

（2）喷雾焙烧法

喷雾焙烧再生法的原理同流化床法，其工艺流程如图 14-42 所示。从冷轧酸洗线排出的废酸先进入酸再生站的废酸贮罐，用酸泵提升经废酸过滤器，除去废酸中的杂质，再进入预浓缩器，与反应炉产生的高温气体混合、蒸发。经过浓缩的废酸用泵提升喷入反应炉，在反应炉高温状态下，$FeCl_2$ 与 $H_2O$、$O_2$ 产生化学反应，生成 $Fe_2O_3$ 和 HCl 气体（高温气体），HCl 气体离开反应炉先经过旋风分离器，除去气体携带的部分 $Fe_2O_3$ 粉，再进入预浓缩器进行冷却。经过冷却的气体进入吸收塔，喷入漂洗水形成再生酸重新回到再生酸贮罐，补加少量新酸使 HCl 含量达到 18％时用泵送到酸洗线使用。经过吸收塔的废气再进入洗涤塔喷入水进一步除去废气的 HCl，经洗涤塔后通过烟囱排入大气。反应炉产生的 $Fe_2O_3$ 粉落入反应炉底部，通过 $Fe_2O_3$ 粉输送管进入铁粉料仓，废气经布袋除尘器净化后排入大气，$Fe_2O_3$ 粉经包装机装袋后出售，作为磁性材料的原料。

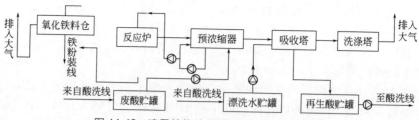

图 14-42　喷雾焙烧法盐酸再生工艺流程简图

喷雾焙烧法（Ruthner 法）与流化床焙烧法（Lurgi 法）的比较见表 14-45。

表 14-45　喷雾焙烧法与流化床焙烧法情况比较

| 比较内容 | 喷雾焙烧法（Ruthner 法） | 流化床焙烧法（Lurgi 法） |
|---|---|---|
| 适用规模 | 大中型：处理能力在 3.5～2.0m³/h 较为经济 | 中小型：处理能力在 10～5m³/h 较为经济 |
| 焙烧炉 | (1) 炉容大<br>(2) 燃料与物料方向：逆流<br>(3) 控制炉温：400～450℃ | (1) 炉容小<br>(2) 燃料与物料方向：逆流<br>(3) 控制炉温：800～900℃ |
| 对燃料的要求 | (1) 热值＞1.7×10⁴kJ/m³<br>(2) 含硫＜0.2g/m³<br>(3) 含焦油＜0.05g/m³<br>(4) 压力 15.0～20.0kPa<br>(5) 不允许用重油或混合煤气 | (1) 热值＞1.7×10⁴kJ/m³<br>(2) 含硫＜0.2g/m³<br>(3) 燃气压力：51.0kPa<br>　 空气压力：41.0kPa |
| 供料要求 | (1) 供料方式：钛材高压喷头<br>(2) 供料压力：1.0MPa<br>(3) 供料泵：钛材隔膜喷酸泵 | 供料方式：酸枪（喷嘴） |
| 开车时间 | (1) 初次或停产后再启动：2.5～3d<br>(2) 临时停产再启动：4～5h | |
| 废液成分 | (1) 含 HCl：2.5%～3%<br>(2) 含 FeCl₂：25%～30%<br>(3) 相对密度：1.2～1.3<br>(4) 温度：20～60℃ | (1) 含 HCl：40g/L<br>(2) 含 FeCl₂：110～140g/L<br>(3) 相对密度：1.219<br>(4) 温度：60℃ |
| 再生酸质量及回收率 | (1) 含 HCl：＞18%<br>(2) 含 Fe：＜1.5%<br>(3) HCl 的回收率：96%～99%<br>(4) 温度：95℃ | (1) 含 HCl：＞180g/L<br>(2) 含 Fe：＜10g/L<br>(3) HCl 的回收率：95%<br>(4) 温度：74℃ |
| 氧化铁质量及回收率 | (1) 性状：空心球状，颗粒直径 0.04～0.2mm，易粉碎<br>(2) 含氟量＜0.2%<br>(3) 回收率＞99%<br>(4) SiO₂＜0.05% | 性状：实心坚硬固体，颗粒，直径 0.3～1mm，不易粉碎 |
| 尾气中污染物含量 | (1) 含 HCl＜80mg/m³<br>(2) 含 Fe₂O₃＜400mg/m³<br>(3) 温度：80℃ | 温度：70℃ |
| 设备使用年限 | (1) 焙烧炉：每年大修一次，可用七年<br>(2) 旋风除尘器：一般使用四年 | |
| 主要优缺点 | (1) 焙烧炉容积大<br>(2) 占地面积大<br>(3) 设备重<br>(4) 氧化铁密度轻，堆密度 130kg/m³；真密度 1500kg/m³；粒度 40～200μm；染色性强，易污染环境，含氟量大<br>(5) 操作要求严格，管理难度大<br>(6) 经济效果好，氧化铁可作磁性材料 | (1) 反应炉容积小<br>(2) 占地面积较小<br>(3) 设备较轻<br>(4) 氧化铁密度大。粒度 300～1000μm，由于颗粒较大，不易污染环境<br>(5) 管理方便<br>(6) 由于氧化铁不易作磁性材料，经济效果较差 |

（3）蒸发结晶焙烧法

该法的特点是利用真空浓缩装置，在低温状态下蒸发浓缩，使废液中的盐酸与亚铁盐分离，制得氯化亚铁，然后将氯化亚铁结晶焙烧，回收盐酸和氯化铁。其工艺流程如图 14-43 所示。

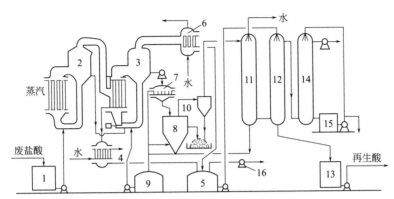

图 14-43　日本大同式结晶焙烧法工艺流程

1—废液贮槽；2—第一效蒸发器；3—第二效蒸发器；4—表面冷却器；5—20%盐酸收集槽；6—表面冷却器；
7—离心机；8—焙烧炉；9—母液槽；10—旋风分离器；11—洗涤塔；12—吸收塔；
13—浓盐酸回收槽；14—中和塔；15—碱液槽；16—真空泵

废液经一、二效蒸发器浓缩后，将离心机分离出的氯化亚铁结晶体送入流动焙烧炉 8 焙烧。在炉内 800℃温度下，氯化亚铁结晶分解，产生的粒状氧化铁由焙烧炉底排出，粉状氧化铁由旋风除尘器 10 底部排出。经旋风除尘后的气体(含氯化氢、水蒸气和微量氧化铁粉尘)进入洗涤塔 11，经洗涤后再进入吸收塔 12，在这里与泵入的浓盐酸逆向接触，被吸收成为该工艺的再生酸。余下未被吸收的尾气，用碱液在中和塔 14 中处理后排空。盐酸的回收率为 95%～98%。

（4）硫酸分解减压蒸发法

该法的原理与日本大同法有些相似，所不同的是：a. 真空系统采用水力喷射泵形成真空；b. 采用浓硫酸置换盐酸，且浓硫酸直接加入蒸发器；c. 酸洗废液中氯化物因被硫酸置换全部转化为 HCl 而被回收，生成的 $FeSO_4$ 经结晶后回收；d. 浓硫酸、盐酸废液和循环酸均利用水力喷射泵对蒸发器和加热器形成的真空而直接吸入，不用泵投加，故设备更加简化，操作更为方便。因为是真空系统，蒸发效果更加提高。其工艺流程如图 14-44 所示。

蒸发工艺条件为：a. 真空度 80kPa；b. 沸点温度 78℃左右；c. 硫酸浓度 640g/L 或 45%左右。

该技术已在我国某冷轧引进工程中盐酸的酸洗废液回收系统试用，酸的回收率达 95% 左右，其副产品 $FeSO_4 \cdot 7H_2O$ 可作原料出售，无废物排出。该技术为中冶集团冶建总院环境保护研究设计院发明专利，专利号：200610081272。

（5）直接蒸馏法

宝钢集团南京梅山钢铁公司冷轧板厂原设计使用 30%～31% 浓度的盐酸，配制成 15%～17% 浓度的酸洗液，对热轧薄板进行酸洗，去除钢板氧化铁皮以利于轧制新材，这样就会产生大量的酸洗废液。原处理办法是采用消石灰将年产生 6000t/d 的酸洗废液进行中和，使 pH 值达到 5.6～6.5，由厂区到秦淮河新明渠 3km 排放，石灰渣掩埋处理，年花处理费 300 万元左右，且对秦淮河与沿程农田严重污染，环保部门多次处罚。

为了从根本上解决环境污染问题，经研究验证，采用将废酸液直接通过蒸馏蒸发、冷

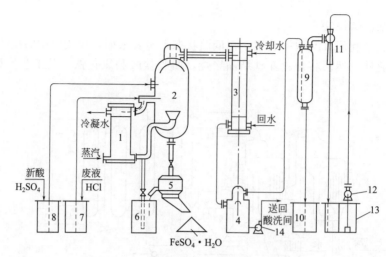

图 14-44　硫酸分解法回收盐酸工艺流程

1—加热器；2—蒸发器；3—冷凝器；4—回收酸接收槽；5—离心机；6—循环酸贮槽；7—废液计量槽；8—新酸计量槽；
9—真空缓冲罐；10—排水槽；11—水力喷射泵；12—工作水泵；13—循环水槽；14—再生酸泵

凝、配酸后重复使用，在废酸液槽与酸洗槽之间串联一套废酸处理装置，形成一闭路循环。即将废酸水通过蒸馏蒸发后，将废酸与水蒸出而形成可回收的 7％～8％ 浓度的盐酸返回酸洗槽，再用浓盐酸配成 15％～17％ 用于再酸洗，如此往返循环使用，可实现废酸水"零排放"。除去处理成本外，年经济效益在 100 万元以上，并可节省原石灰法处理费 200 多万元。蒸馏过程中产生的液态铁盐废渣由上海跃盛冶金设备制造厂回收，再经处理提炼成高价值氧化铁红等化工原料。该工程已投入生产多年，效果显著。

## 14.7.2　硫酸酸洗废液资源化处理技术

（1）处理回用技术状况

从世界钢铁工业钢材酸洗技术的发展趋势来看，硫酸酸洗终将被盐酸酸洗所代替。但在我国硫酸酸洗仍然是主要的酸洗方法之一，特别是在非大型轧钢企业。硫酸废液的处理、回收与综合利用的方法主要有以下几类。

① 中和回收法。向废液中投加某种中和物质，在一定条件下使其与未消耗的硫酸亚铁作用生成其他有用物质，如投加石灰回收石膏，投加氨回收硫铵和氧化铁等。

② 硫酸铁盐法。这一类方法中有单水铁盐法和七水铁盐法。通过提高酸浓度及降低（或提高）废液温度等技术措施，使废液中的硫酸亚铁从废液中结晶析出，回收硫酸（再生酸）和硫酸亚铁。再生酸用于酸洗，硫酸亚铁作为副产品销售。如各种形式的冷却结晶法、真空结晶法、冷冻法、浓缩冷冻法、浸没燃烧法等。

③ 铁盐综合利用法。这种方法实际上是氨中和法的演变和发展，也是向废液中加氨，但回收的是主要产品氧化铁红（$\alpha$-$Fe_2O_3$ 或 $\gamma$-$Fe_2O_3$）和副产品硫铵化肥，这与氨中和法以回收硫铵化肥为主要产品是有区别的。直接铁红法和间接铁红法就属于这一类。

④ 热解法。这一类方法目前国内还没有。它的基本要点是，通过各种技术手段，将废液中的硫酸亚铁重新变为硫酸和氧化铁（$FeO$）。如直接燃烧热解法、加热蒸发热解法、盐酸分解热解法等。

⑤ 制备无机高分子絮凝剂。用硫酸酸洗废液制备聚合硫酸铁絮凝剂。其技术的关键在

于控制溶液中 $H^+$、$SO_4^{2-}$ 和 $Fe^{2+}$ 的浓度及其比例关系。氧化剂可用 $O_2$、空气、$H_2O_2$ 等。其聚合度的大小直接影响聚合硫酸铁的质量，碱化度以 11～14 为佳。

　　除上述几种方法外，还有电渗析法、水银阴极电解法、有机溶剂萃取法和离子交换法等。

　　国内外硫酸酸洗废液处理回收方法的成功经验主要有 3 个途径和措施。

　　① 通过提高酸浓度及降低温度的方法使硫酸亚铁自废水中结晶析出，回收的硫酸再用于酸洗。主要采用蒸喷真空结晶法、浓缩冷冻法和浸没燃烧法等。

　　② 加某一种物质于废酸液中，在一定条件下使之与未消耗的硫酸等作用生成其他有用物质，如投入铁屑使之全部生成硫酸亚铁的铁屑法、加氨以制成硫酸铵化肥的氨中和法、加氧和催化剂生成聚合硫酸铁的聚铁法等。

　　③ 将废液中的硫酸亚铁重新变为硫酸和氧化铁（或纯铁）以回收全部硫酸。如盐酸置换热解法、电渗析法等。

　　目前国内钢铁企业生产中处理硫酸酸洗废液比较成熟的方法主要有蒸喷真空结晶法、浓缩冷冻法、铁屑法和聚合硫酸铁法。

　　（2）蒸喷真空结晶法

　　蒸喷真空结晶法是根据硫酸亚铁在硫酸水溶液中的溶解度规律进行的。通过增加废液酸度和降低温度的方法，使硫酸亚铁的溶解度尽可能达到最低，从而使过饱和部分硫酸亚铁结晶析出，并从废液中分离出来。

　　增加废液酸度（补充酸洗中消耗的酸）以加入浓酸为主，以蒸发浓缩为辅。废液通过真空结晶机组在绝热状态下真空蒸发部分水分，使剩余部分废液的温度降低，从而降低了硫酸亚铁的溶解度，过饱和部分硫酸亚铁结晶析出。

　　真空结晶机组是由蒸发器、结晶器、蒸汽喷射器及冷凝器等组成的，蒸发器与结晶器是真空结晶机组的主体设备。运行时分别保持一定的真空度，当温度大于该真空度的相应蒸发温度的废液通过时，废液中的水分在绝热状态下蒸发，其所需的蒸发潜热由废酸供给，从而得以降低废液温度。蒸发器、结晶器内真空度的造成及水分蒸发生成的冷蒸汽的不断冷凝排出是由蒸汽喷射器及冷凝器来完成的。工艺流程如图 14-45 所示。

　　自酸洗车间运来的废液经过预处理器 6 存放在废液贮槽 7。需耗用的工业硫酸存放在新酸贮槽 1 中。将废液与新酸分别用泵 9、3 送到废液及硫酸消耗槽 10、4 中。从这里靠蒸发器 11 内的真空将废液和新酸按一定比例（用转子流量计控制）不断地自动吸入蒸发器中。在蒸发器内由于部分水在真空下绝热蒸发，使废液温度降低，然后废液与新酸混合依次进入1、2、3 号结晶器 12；器内压力逐一降低，而液温亦连续下降，直至达到设计的结晶温度。当温度降至 32℃时，废液中的硫酸亚铁开始结晶，温度继续下降，硫酸亚铁过饱和部分便析出，这时废液已经成为结晶与再生酸（即母液）的混合浆。混合浆自 3 号结晶器连续不断地靠自重流入 1 号混合浆槽 15，在此使晶粒继续长大，然后定期用混合浆泵 16 打入上部 2号混合浆槽 17，放入离心机 18 或真空过滤机进行晶液分离。分离出来的液体即为母液（再生酸），流入母液贮槽 20 存放，需要时用母液泵 22 供酸洗使用。晶体即为七个结晶水的硫酸亚铁，通过成品漏斗 19 流入成品小车，运到仓库储存待外销。

　　硫酸泵、废液泵和母液泵的启动均为真空灌注启动。在启动之前，先开动真空泵 24 将虹吸真空槽 2、8、21（需要启动哪组泵时，启开该组泵的虹吸真空槽出气阀）抽空，这样新酸、废液或母液贮槽 1、7、20 内的液体沿虹吸管自动吸入虹吸真空槽，打开其底下部的阀门，液体即充满泵体，立即关闭虹吸真空槽的出气阀门，启动泵即可。

　　新酸、废液或母液管道，当其工作完毕后，管内需要放空，因此，可将其中的液体放入

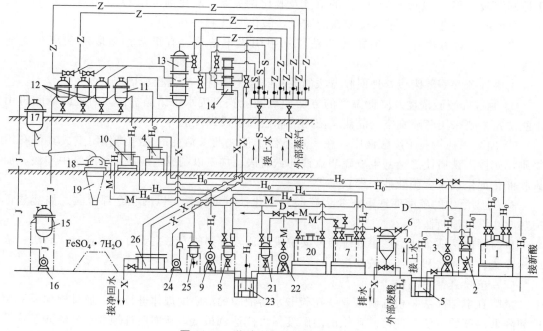

图 14-45　蒸喷真空结晶法工艺流程

1—新酸贮槽；2，8，21—虹吸真空槽；3，9—酸泵；4—硫酸消耗槽；5，23—倾空槽；6—预处理器；7—废酸贮槽；
10—废液消耗槽；11—蒸发器；12—结晶器；13—主冷凝器；14—双联冷凝器；15—1号混合浆槽；16—混合浆泵；
17—2号混合浆槽；18—离心机；19—成品漏斗；20—母液贮槽；22—母液泵；24—真空泵；25—气水分离器；
26—排水槽；$H_0$—新酸管；$H_4$—废酸管；S—给水管；X—排水管；M—母液管；Z—蒸汽管；J—混合浆管；D—抽真空管

倾空槽 5、23，然后定期用泵送回贮槽。

上述结晶回收系统的蒸发器及 1、2、3 号结晶器 12，相当于蒸喷制冷系统中的多效蒸发器。在这里，废液被逐步蒸发，温度逐步降低。而蒸汽喷射器抽真空系统则分别由四级喷射器（共 6 个）及主冷凝器、双联冷凝器组成。安于 3 号结晶器上部的 1 号喷射器及安于 2 号结晶器上部的 2 号喷射器为一级喷射器。它们出口的混合气及 1 号结晶器的冷蒸汽一起进入主冷凝器 13 的上舱。接于主冷凝器上舱的 3 号喷射器和下舱的 4 号喷射器为二级喷射器，它们出口的混合气一起进入双联冷凝器 14 的上舱。接于双联冷凝器上舱的 5 号喷射器为三级喷射器，用以将上舱的气体抽出压入双联冷凝器的下舱。接于双联冷凝器下舱的 6 号喷射器为四级喷射器，最后将不凝性气体和极小部分水蒸气排入大气。主冷凝器及双联冷凝器均通入冷却水。冷却水和冷凝水经"大气腿"进入气压排水槽 26，并由此排入净回水管道。

（3）冷冻结晶法

冷冻结晶法和蒸喷真空结晶法一样，也是一种根据硫酸亚铁在硫酸水溶液中的溶解度规律进行废液处理的方法。先在真空恒温条件下加热蒸发水分以提高废液的酸度，然后再在强制给冷条件下使废液温度下降至一定值，从而降低了硫酸亚铁的溶解度，过饱和部分硫酸亚铁结晶析出。

整个系统分为浓缩冷冻结晶系统、抽真空及冷凝系统。冷冻结晶法的主体设备由蒸发浓缩罐及冷冻结晶罐组成。蒸发浓缩罐在真空条件下工作，所抽出的冷蒸汽还需不断冷凝排出，因此，还设有抽真空及冷凝设备。其工艺流程如图 14-46 所示。

自酸洗间运来的废液先存放在废液贮槽 1 中，然后用泵 16 将废液定期经过预处理器 2 送到中间槽 3。利用蒸发浓缩罐 4 本身的真空将废液吸入罐内进行恒温浓缩，浓缩后的废液借重力流入冷冻结晶罐 5 内进行冷冻结晶。结晶完成后的混合浆液借重力流入真空过滤机 6（或离心机）将晶液分离。分离出来的液体（母液或称再生酸）先进入真空罐 7 内，然后用压缩空气送入母液贮槽 1 内，需要时用泵 16 送至轧钢车间供酸洗用。晶体（七水合硫酸亚铁）用小车 14 送入仓库储存。

蒸发浓缩罐内真空由真空泵造成，蒸发浓缩罐在加热恒温条件下蒸发出来的水分（冷蒸汽）先经过平旋器 9，然后再进入冷凝器 10，在冷凝器 10 中大部分冷蒸汽冷凝成水，与冷却水一起经“大气腿”进入气压排水槽 12，然后排入排水管道或回收。不凝性气体及极少量冷蒸汽通过另一平旋器 11 及真空泵排至大气。亦可以用水力喷射器造成蒸发罐内真空，其系统如图 14-47 所示。用水泵 3 从水池 4 抽水送给水力喷射器 2 作动力将蒸发罐 1 内的冷蒸汽不断排出，使蒸发浓缩罐内保持一定的真空度。

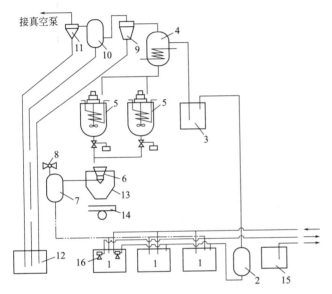

图 14-46　冷冻结晶法工艺流程图
1—废液母液贮槽；2—预处理器；3—中间槽；4—蒸发浓缩器；
5—冷冻结晶罐；6—真空过滤机；7—真空罐；8—蒸汽喷射器；
9,11—平旋器；10—冷凝器；12—气压排水槽；13—料斗；
14—手推小车；15—新酸贮槽；16—耐酸泵

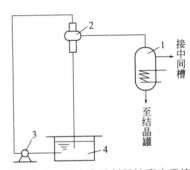

图 14-47　用水力喷射器抽真空系统
1—蒸发罐；2—水力喷射器；3—水泵；4—水池

（4）铁屑置换法

① 置换原理　用铁屑处理硫酸废液，主要是使游离硫酸与铁作用生成硫酸亚铁，并通过冷却降低废液中硫酸亚铁的溶解度，使硫酸亚铁结晶析出，经分离将结晶体取出，滤液中和排出或再循环处理。要回收的硫酸亚铁包括酸洗过程中产生的和加入铁屑后与废液中游离酸作用生成的两部分。由于铁屑的化学成分比较复杂，除基铁外，尚含其他化学成分，但主要化学反应如下。

1）铁与硫酸作用

$$Fe + H_2SO_4 \longrightarrow FeSO_4 + H_2 \uparrow$$

2）氧化亚铁与硫酸作用

$$FeO + H_2SO_4 \longrightarrow FeSO_4 + H_2O$$

3）氧化铁与硫酸作用

$$Fe_2O_3 + 3H_2SO_4 \longrightarrow Fe_2(SO_4)_3 + 3H_2O$$

4）四氧化三铁与硫酸作用

$$Fe_3O_4 + 4H_2SO_4 \longrightarrow FeSO_4 + Fe_2(SO_4)_3 + 4H_2O$$

5）硫酸铁与氢作用

$$Fe_2(SO_4)_3 + H_2 \longrightarrow 2FeSO_4 + H_2SO_4$$

6）氧化铁与氢作用

$$Fe_2O_3 + H_2 \longrightarrow 2FeO + H_2O$$

7）四氧化三铁与氢作用

$$Fe_3O_4 + H_2 \longrightarrow 3FeO + H_2O$$

由式5）、6）、7）可见，铁与硫酸作用所生成的氢不仅将硫酸铁$[Fe_2(SO_4)_3]$还原为硫酸亚铁，并且将氧化铁（$Fe_2O_3$）和四氧化三铁（$Fe_3O_4$）也还原成氧化亚铁（$FeO$）。

8）铁屑中其他杂质与硫酸作用

$$MnS + H_2SO_4 \longrightarrow MnSO_4 + H_2S \uparrow$$

$$ZnS + H_2SO_4 \longrightarrow ZnSO_4 + H_2S \uparrow$$

$$CuS + H_2SO_4 \longrightarrow CuSO_4 + H_2S \uparrow$$

$$2Fe_3P + 6H_2SO_4 \longrightarrow 6FeSO_4 + 3H_2 \uparrow + 2PH_3 \uparrow$$

$$FeSi + H_2SO_4 + 3H_2O \longrightarrow FeSO_4 + SiO_2 \cdot H_2O + 3H_2 \uparrow$$

生成和回收$FeSO_4$产品应根据产品用途进行产品除杂，以提高产品用途与经济价值。

② 产品除杂技术与工艺　去除杂质元素的化学反应根据硫酸亚铁不同规格的产品要求，尚需对硫酸亚铁做进一步处理。一般试剂（包括优级纯、分析纯）和医药用的硫酸亚铁，在溶解浓缩后需加入适量的硝酸银和硫化氢，可去除一些不符合试剂和医药用硫酸亚铁技术指标的杂质元素，而工业用和农业用硫酸亚铁可不必这样处理。其化学反应如下：

$$Cl^- + Ag^+ \longrightarrow AgCl$$

$$Zn^{2+} + H_2S \longrightarrow ZnS \downarrow + 2H^+$$

$$Cu^{2+} + H_2S \longrightarrow CuS \downarrow + 2H^+$$

$$Mn^{2+} + H_2S \longrightarrow MnS \downarrow + 2H^+$$

$$Sn^{2+} + H_2S \longrightarrow SnS \downarrow + 2H^+$$

在酸性条件下，硫化氢（$H_2S$）除锰（$Mn$）效果较差，因为锰溶解在酸性溶液中。有的生产厂根据溶解度不同的特点，采用重结晶的方法除锰。

由酸洗工段运来的废酸，首先置于贮槽里，在进入溶解浓缩槽之前，一般都要经过预处理去除杂质。在溶解浓缩槽中放入一定量的铁屑，然后放入废酸液，同时用蒸汽加热，加热温度要控制在 $88℃$ 以下。当溶液浓度达到 24 波美度（$°Be^-$）左右时，即停止加热。溶液浓缩时间为 $6 \sim 8h$，当浓度达到 $38 \sim 40°Be^-$ 时，即放入滤床中进行过滤，以进一步去除机械杂质，过滤后的溶液用泵打入结晶器中，通过冷冻盐水制冷至 $0℃$ 左右后，放入离心分离机中，将结晶的 $FeSO_4 \cdot 7H_2O$ 与母液分离，$FeSO_4 \cdot 7H_2O$ 晶体装袋后入库，母液经添加 $H_2SO_4$ 后循环使用，或中和处理后外排。其工艺流程如图 14-48、图 14-49 所示。由于该工艺简单、经济，目前国内厂家应用较多。

应该说明的是，铁屑的选择是该生产工艺的关键。一般生产普通工业硫酸亚铁时要求不严，但生产试剂或医药用等高级硫酸亚铁时这一工序特别重要。生产硫酸亚铁一般以普碳钢车屑为宜，粒度越细越好。生产实践证明，这种条件难以达到，只能控制某些难于处理的个别成分。如生产试剂用硫酸亚铁时，尽量不用镍铬钢和锰钢车屑，要使用时其含铬、镍等合金元素总量不宜超过 $1\%$。铁屑的表面不宜过分锈蚀或沾黏大量油污，油污应预先用火烧掉后再装入溶解浓缩槽。

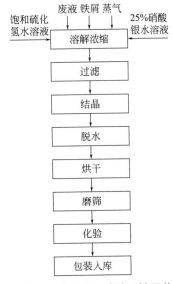

图 14-49　回收中高级硫酸亚铁工艺流程

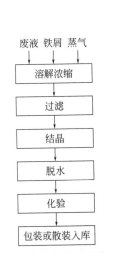

图 14-48　回收工业硫酸亚铁工艺流程

（5）聚合硫酸铁法

在常温常压下制备聚合硫酸铁的方法可分为液体聚合硫酸铁的工业化生产方法，固体聚合硫酸铁的工业化生产方法和聚合硫酸铁实验室制备方法 3 种。

① 液体聚合硫酸铁的工业化生产方法

原料：钢屑、硫酸、硫酸酸洗废液、硫酸亚铁、铁泥、磁性氧化铁、硫铁矿烧渣、含氧化铁工业废渣、磁铁矿粉、低品位菱铁矿等。

氧化剂：空气、纯氧、氯酸钾、次氯酸钠、过氧化氢等。

催化剂：亚硝酸钠、硝酸、二氧化锰等。

一般工艺流程：原料→溶浸→盐基化→氧化（加氧化剂）→聚合（加催化剂）→熟化→成品。

例如将硫酸酸洗废液或定量的硫酸亚铁、硫酸溶液在充分搅拌下加入亚硝酸钠，并通入空气氧化。催化剂分批加入，加入量占总量的 1.5%。氧化时间根据氧化剂的不同及具体操作方法为 2～17h。在反应中先生成水合硫酸铁，再生成各种碱式硫酸铁。完成氧化后，降温、静置、促进水解、聚合、过滤后即得棕红色黏稠状液体产品。

使用副产品及废硫酸液，也可采用二段氧化法。在生产过程中必须通过检测手段，准确地控制反应原料的配比及确定反应完成的程度。完成氧化后，熟化 24h 以上，让溶液中的重金属杂质被置换出来。先经粗滤，并在溶液中加入 0.5%～0.8% 的聚丙烯酰胺，再静置 48h，再经细滤即得液体产品。

若采用硫酸与硫酸亚铁为原料，其比例为：

$$\frac{H^+}{Fe^{2+}}\text{最佳摩尔比为 } 0.35\sim0.45$$

$$\frac{FeSO_4 \cdot 7H_2O}{H_2SO_4}\text{摩尔比为 } 1:(0.44\sim0.45)$$

$$\frac{\text{总 } SO_4^{2-}}{\text{总铁}}\text{摩尔比为 } 1.30\sim1.35$$

② 固体聚合硫酸铁的工业化生产方法　在回转窑内加入事先去除结晶水的硫酸亚铁和氧化剂。然后通入一定温度的湿热空气，使物料在窑中滞留 15min，当物料氧化率达 80% 以上时，加催化剂，通入硫酸，使总铁与硫酸根的摩尔比达 1：（1.2～1.35），再经聚合、固化处理后即得固体产品。

亦可以由液体产品经浓缩、烘干，或液体产品稍加浓缩或不加浓缩，经时效处理也可以得到固体产品。

还可以硫酸及硫酸亚铁为原料，氧化剂为辅料，在反应器内使 $Fe^{2+}$ 氧化成 $Fe^{3+}$，然后过滤，除去杂质。再在催化剂作用下，于聚合釜内转化成高分子聚合物，经干燥即得固体产品。该工艺节约设备，提高氧化率达 95% 以上；$Fe^{3+}$ 含量提高约 2%，碱化度为 5%～7%。

③ 聚合硫酸铁制备方法　一般可采用直接氧化法，使用的氧化剂有过氧化氢、二氧化锰、过硫酸钠、次氯酸钠等。尤以 $H_2O_2$ 最为方便，氧化时间为 2h。或在 50℃ 水溶液上加热，恒温氧化则可缩短反应时间。

另一种方法是利用 $Fe(OH)_2$ 的不稳定性，又易被氧化的特点，将定量的硫酸亚铁硫酸溶液先取出其中一部分，用氨水或氢氧化钙将 pH 值调至 8～9，使之生成氢氧化铁沉淀，制得母液。再取部分上述溶液，加入过氧化氢，制得氧化液。在不断地搅拌下，将母液与氧化液按 1：2 质量比混合反应 1.5～2h。若加速聚合反应，可加温至 80℃，反应完成后，降温、静置、过滤即得聚合硫酸铁。

对于钢铁厂可采用以下 3 种工艺流程（均属液体聚合硫酸铁的工业生产方法）。

1）在没有钢材硫酸酸洗车间的情况下，用七水硫酸亚铁作原料，其工艺流程如图 14-50 所示。

2）在有钢材硫酸酸洗车间，而无废酸洗液处理设施的情况下，应以废硫酸酸洗液为原料，其工艺流程如图 14-51 所示。

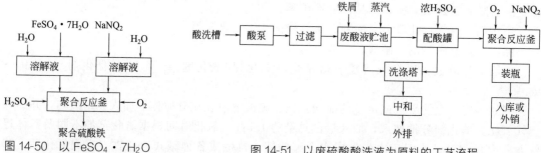

图 14-50　以 $FeSO_4 \cdot 7H_2O$ 为原料的工艺流程

图 14-51　以废硫酸酸洗液为原料的工艺流程

3）在有钢材硫酸酸洗车间，又有废酸洗液蒸发浓缩冷冻结晶法处理设施，可兼具生产 $FeSO_4 \cdot 7H_2O$ 和 PFS，其工艺流程如图 14-52 所示。

上述三种工艺流程的共同特点如下。

a. 经济效益高。利用硫酸废液制取聚合硫酸铁的生产成本较低，经济效益很好。

b. 环境效益好。聚合硫酸铁生产过程中不产生二次污染，没有新的废气、废水、废渣产生。

c. 社会效益显著。将钢材硫酸酸洗废液全部转化成聚合硫酸铁，既解决了废酸液难处理的问题，又解决了废酸液的严重污染问题。而聚合硫酸铁作为新资源广泛应用于用水净化、废水处理、泥渣脱水等方面。

d. 总效益最佳。从产、供、销，变废为宝，资源综合利用，技术进步，清洁生产发展

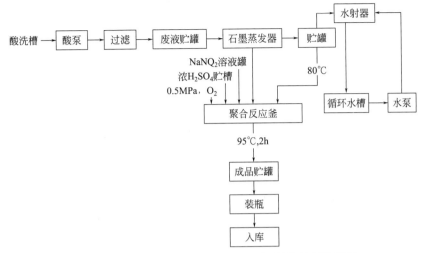

图 14-52　兼具生产 FeSO$_4$·7H$_2$O 和 PFS 的工艺流程

的总效益来看，聚合硫酸铁与其他无机絮凝剂比较，可以认为是最佳之一。

## 14.7.3　不锈钢酸洗废液——硝酸、氢氟酸的再生回用技术

冷轧不锈钢生产有其独特的生产工艺过程，酸洗液常应用中性盐电解法和采用 HNO$_3$ 与氢氟酸（HF）按一定比例配成混酸酸洗。中性盐电解酸洗产生的 Na$_2$SO$_4$ 废液一般经过滤去除其中的杂质后就可以回用于生产。但 HNO$_3$ 电解酸洗、HNO$_3$＋HF 混酸酸洗产生的废 HNO$_3$ 液和 HNO$_3$＋HF 混酸废液再生利用则比较困难，大多采取中和沉淀处理达标后排放的方式。这样不仅增加了酸耗指标和生产成本，同时也增加了环境污染；由于各类废酸全部中和，废水处理系统的污泥产生量就比较大，因污泥中含重金属而加大了污泥的处理难度和处理成本。

目前，国外对这类废酸再生主要有游离酸回收和全酸回收两种工艺。游离酸回收工艺如加拿大 Eco-Tec 公司开发的 APU（Acid Purification Unit）工艺，主要是通过一种特殊树脂吸附-浓差解析装置对废酸中游离状态的 HNO$_3$ 和 HF 进行回收，但已反应生成金属盐类的则不能回收，其残液仍须进入废水处理系统。该工艺的主要原理为吸附分离和解吸。其特点是投资比较小、流程简单、工艺较成熟，但再生酸浓度较低，再生酸量过大（超过废酸量），当废酸液温度超过 40℃时还存在设备安全问题，经济效益也比较差。全酸回收工艺如奥地利 ANDRHZ/ROTHN-ER 公司的 PYROMARS 工艺，非常类似于目前国内比较成熟的废盐酸焙烧法再生工艺，其特点是：再生酸浓度高，可以回收废酸液中的金属，经济效益比较好，而且具有比较好的环境效益；但一次性投资比较大，由于氟的存在对设备的防腐要求高。浙江某冷乳不锈钢公司引进的就是这种 PYROMARS 全酸回收工艺（为国内首套）。

该工艺不仅能对废酸中未被利用的游离状态的 HNO$_3$、HF 进行回收，而且能对已被利用、并已经生成盐类的 Me(NO$_3$)$_x$、MeF 中的酸根离子进行回收，其主要工艺设备为喷雾焙烧炉和气相产品洗涤吸收系统。废酸液在喷雾焙烧炉内发生蒸发和热分解反应，其气相产品为 HNO$_3$、HF 和 NO$_x$ 等，固相产品为金属 Fe、Cr、Ni 的氧化物粉末。气相产品经洗涤器和吸收塔吸收后成为浓度高于废酸、体积小于废酸的再生酸，可返回酸洗线回用；固相产品自焙烧炉排出，经造球机加工成金属球团，可用作冶炼不锈钢的原料。回收 HNO$_3$ 和 HF

后的气相中的 $NO_x$，经 $NH_3$ 催化还原转化为无害的 $N_2$ 和 $H_2O$ 后排入大气。其回收率技术指标为：HF 97%～99%，$HNO_3$ 70%～80%，金属大于 99%。

国内冷轧不锈钢生产过程中产生的废酸，大型企业多是采用中和沉淀处理排放。小型不锈钢生产厂大都采用减压蒸发置换再生回用工艺，按目前回用酸估算，每吨废酸回收净效益为 600 元以上，环境效益、经济效益、社会效益显著。

该工艺是 20 世纪 70 年代针对太钢七轧（不锈钢卷生产线）、大冶钢厂和上钢五厂等不锈钢管生产，由冶建总院为主承担"不锈钢酸洗废液——硝酸、氢氟酸再生回用"的国家攻关项目。采用一次减压蒸发法再生回收硝酸、氢氟酸的生产工艺；首次研制成功含氟聚合物浸渍石墨加热器的应用，获得国家科委发明奖，并制成加热器、冷凝器应用于该废酸回收工程；提出该工艺的设计参数、物料衡算与设备计算，并按某厂生产厂实际废酸量设计、加工一套生产性设备在现场投产应用，经该厂 20 多年的生产运用，证明工艺、设备可靠。酸的回收率 $HNO_3$ 和 HF 均为 95% 左右。目前，国内中、小型不锈钢冷轧厂均在使用。但大型冷轧不锈钢厂的废酸多采用中和沉淀处理排放方式，既浪费宝贵的资源，又污染环境，不符合清洁生产原则，应加速研究回收利用的途径。

总结国内外处理回收状况，主要处理回收工艺有中和回收法、氟化铁钠法、离子交换法、溶剂萃取法、减压蒸发法和完全回收法。

（1）中和回收法

根据回收产品的不同，中和回收有以下方法。

① 回收氟化钙和硝酸铵法。首先将废液加氨中和并滤除沉淀物，在滤液中加入钙化合物，生成氟化钙沉淀，过滤分离，可得纯度较高的氟化钙和粗制硝酸铵。

② 回收铬酸钡法。先用碱中和酸性废液并控制 pH 值为 2～3，大部分铁生成氢氧化铁沉淀，过滤除去。再调节 pH 值至 8～10，加含钙的氧化剂，除去铁镍氢氧化物和氟化钙。在滤液中加入氯化钡，以铬酸钡回收铬。铬酸钡为黄色结晶沉淀，过滤脱水得到铬酸钡的结晶粉末。

③ 回收镍铬法。用 $Na_2CO_3$ 溶液把废液一次中和至 pH 值为 8～9，使镍、钴、铁、铬等金属均以氢氧化物的形式沉淀，其滤渣经灼烧后即氧化成黑色的镍、钴、铬的氧化物。

（2）硝酸和氢氟酸分别完全回收法

完全回收硝酸和氢氟酸可用以下两种方法。

①钙盐分离法。这个方法的特点就是利用氟化钙的不溶性，用石灰和石灰乳将废液中的氢氟酸和硝酸分开，然后从沉淀物中回收氢氟酸，从滤液中回收硝酸。该工艺由中和分离、硝酸回收和氢氟酸回收三部分组成。工艺流程如图 14-53 所示。

1）中和分离。在废液中连续加入石灰进行中和，铁、镍、铬离子生成不溶性金属氢氧化物，氢氟酸生成氟化钙沉淀，而硝酸则转化为硝酸钙溶解其中。当中和反应完全时，用离心机把沉淀物与母液分开。

2）硝酸回收。在分离的母液中加浓硫酸，用蒸馏装置再回收高浓度和高品位的硝酸。蒸馏装置中所生成的硫酸钙结晶用离心机分离，母液再返回蒸馏装置。其化学反应如下：

$$Ca(NO_3)_2 + H_2SO_4 = 2HNO_3 + CaSO_4 \downarrow$$

3）氢氟酸回收。由中和分离装置分离回收的含有氟化钙的污泥，先加热脱水，再加入浓硫酸加热，生成的氟化氢气体与水蒸气一起经冷却后即为回收的氢氟酸。其反应式如下：

$$CaF_2 + H_2SO_4 = 2HF \uparrow + CaSO_4 \downarrow$$

② 热分解法。由中和、浓缩、热分解和水热分解装置组成。其工艺流程如图 14-54 所示。

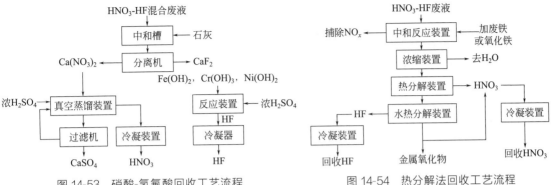

图 14-53 硝酸-氢氟酸回收工艺流程　　　图 14-54 热分解法回收工艺流程

中和装置中加入氧化铁或废铁，使废液中的游离酸全部变为铁盐。该反应系放热反应，其温度控制在 50～60℃。pH 值达 0.6～1.0，即视为终点。

浓缩的目的是蒸发去除中和液中的水分。其蒸发浓缩条件为：常压蒸发沸点 110～125℃；减压蒸发沸点 70℃。

热分解装置的作用是将浓缩液进行热分解，而后冷却硝酸蒸气回收硝酸。热分解温度采用 200～350℃，分解迅速。如温度低，分解慢，首先失去结晶水，产生 NO 气体。如通蒸汽，又引起 $FeF_3$ 分解，故不能采用。

水热分解装置的作用是将回收硝酸后的残渣在 350～500℃高温下通水蒸气进行水热分解，再冷却 HF 蒸气回收氢氟酸。

（3）离子交换树脂法

离子交换树脂法可分为固定床和连续移动床式两种。固定床式因树脂再生频繁，回收酸浓度低，很难使用。连续移动床式能经济地回收硝酸、氢氟酸的混酸液。其装置如下。

① 充填强酸性阳离子交换树脂，由水置换和金属吸附两部分组成的金属吸附塔。

② 由废液置换部和再生部组成的再生塔。

③ 由再生液置换部和水洗部组成的强酸性阳离子交换树脂的水洗塔。

④ 充填强碱性阴离子交换树脂，由水置换部和对金属吸附的回收部组成的再生废液回收塔。

⑤ 由盐酸置换部和再生水洗部组成的强碱性阴离子交换树脂的再生水洗塔。

此法存在着强酸性阳离子交换树脂水洗水，以及得到的盐酸再生液需加热浓缩，产生的低浓度酸性废水需进一步处理。

（4）溶剂萃取

该工艺利用磷酸三丁酯（TBP）和硝酸、氢氟酸生成溶于有机溶剂的络合分子，从混酸废液中回收硝酸-氢氟酸混酸。其机理为：

$$m\,TBP + n\,HNO_3 \longrightarrow m\,TBP \cdot n\,HNO_3$$
（有机相）（水相）　　　（有机相）

$$m'\,TBP + n'\,HF \longrightarrow m'\,TBP \cdot n'\,HF$$
（有机相）（水相）　　　（有机相）

以上络合物在一定条件下还可以和水接触，使被络合的 $HNO_3$ 和 HF 分子返回到水中，形成 $HNO_3$-HF 水溶液：

$$m\,TBP \cdot n\,HNO_3 + H_2O \longrightarrow m\,TBP + n\,HNO_3$$
（有机相）　　　　（水相）　　　（有机相）（水相）

$$m'\text{TBP} \cdot n'\text{HF} + \text{H}_2\text{O} \longrightarrow m'\text{TBP} + n'\text{HF}$$
（有机相）　　　（水相）　　（有机相）（水相）

根据上述机理，使 TBP-煤油溶剂和废酸液在萃取塔内进行逆向接触，就可以有选择地将废液中的 $\text{HNO}_3$-HF 转移到有机相；然后再用水反萃，就可从有机相中得到不含金属离子和硫酸的 $\text{HNO}_3$-HF 混酸溶液，达到回收废液中游离 $\text{HNO}_3$-HF 的目的。

因为 $\text{F}^-$ 在酸性溶液中和 $\text{Fe}^{3+}$ 也能生成络合物——络离子 $[\text{FeF}_6]^{3-}$，且该络合物具有一定的稳定性，所以，在萃取过程中 HF 不可能全部生成 TBP 的络合物。这就大大影响了氢氟酸的回收率。试验结果表明，HF 的回收率（以总 $\text{F}^-$ 计）在 40% 左右，硝酸的回收率（按 $\text{NO}_3^-$ 计）在 80% 左右。该工艺具有设备简单，常温常压操作，材质易于解决等优点，但 HF 的回收率较低，使其应用受到了限制。

（5）减压蒸发法

因为整个系统处于负压状态，所以废液沸点大大降低，有利于蒸发分离 $\text{HNO}_3$-HF、节约能源、提高设备的防腐能力和延长设备的使用寿命。加入过量硫酸的作用是向废液提供大量的 $\text{H}^+$，以破坏氟铁络离子 $[\text{FeF}_6]^{3-}$，提高 HF 的回收率。

由于硫酸沸点远高于硝酸、氢氟酸，故在减压蒸发时 $\text{HNO}_3$ 和 HF 随水一起被蒸发分离，经冷却后即得 $\text{HNO}_3$ 和 HF 的混合液——再生混酸。

减压蒸发法回收硝酸-氢氟酸，可分为一次减压蒸发法和二次减压蒸发法，现介绍如下。

① 二次减压蒸发法。混合废液首先在真空条件下蒸发，以求尽可能地减少废液总量，减轻酸的损耗。一级蒸发后，经浓缩过的废液送入二级蒸发器，并在此加入硫酸，进行二次减压蒸发，以分离 $\text{HNO}_3$-HF。经冷凝后回收的混酸供循环使用。废液残留的含大量不溶性硫酸盐的泥浆被送入相应的设备进行固液分离。所得分离液最少含硫酸 50%，在补加浓硫酸后送二级蒸发器循环使用。

该工艺流程的关键在于：在一次蒸发中必须控制一定的真空度和相应的蒸发温度，目的是最大限度地去除水分和将酸保存在蒸余液中；在二级蒸发中，要最大限度地蒸发回收 $\text{HNO}_3$ 和 HF，减少其在蒸余液中的含量。

美国 2993757 号专利发表二次减压蒸发法回收工艺，但仅局限于小型和非连续试验。其工艺流程和蒸发过程中的物料平衡情况如图 14-55 所示。

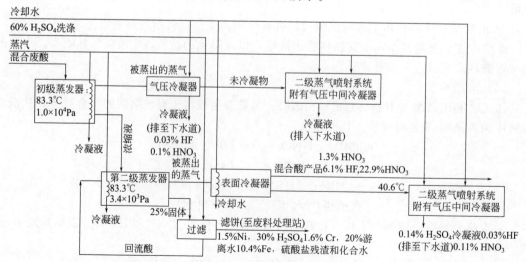

图 14-55　二次减压蒸发法工艺流程

② 一次减压蒸发法。日本从 1965 年研究用减压蒸发法回收硝酸-氢氟酸混酸，1971 年在日本金属工业益浦新厂建设了一个造价为 1 亿日元的实用装置。这在欧美几乎还没有先例。这个一次减压蒸发法的特点是用硫酸将废液稀释，保持蒸发器内溶液中的硝酸浓度小于 0.2％（重量比），并用空气升液器强制循环蒸发器内的混酸废液。

我国冶金部建筑研究总院等单位从 1973 年开始研究硝酸-氢氟酸混酸回收工艺和设备，研制普通石墨浸渍四氟分散液的块孔式加热器，解决了一次蒸发法的回收工艺与回收设备。1977 年已有两套设备投入生产，现已推广使用。

该工艺主要由加热器、蒸发器、冷凝器以及结晶过滤系统、真空系统和接收罐、废酸贮槽等组成。其工艺流程如图 14-56 所示，物料平衡计算如图 14-57 所示和见表 14-46。

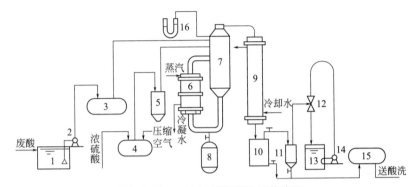

图 14-56　一次减压蒸发法工艺流程

1—废酸槽；2—酸泵；3—废酸计量泵；4—浓硫酸贮罐；5—浓硫酸计量罐；6—加热器；7—蒸发器；8—残液贮罐；9—冷凝器；10—再生酸接收罐；11—真空槽；12—喷射器；13—循环水池；14—水泵；15—再生酸罐；16—测压管

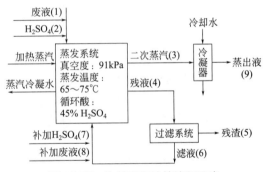

图 14-57　物料平衡计算流程示意

表 14-46　酸和金属盐在蒸发过程中的物料变化

| 序号 | 固体 /kg | 液体 /kg | 密度 /(kg/L) | 容积 /L | 硫酸 100% $H_2SO_4$ /kg | 硝酸 100% $HNO_3$ /kg | 氢氟酸 100% HF /kg | $Fe^{3+}$ /kg | $Cr^{3+}$ /kg | $Ni^{2+}$ /kg |
|---|---|---|---|---|---|---|---|---|---|---|
| 1 | — | 1100 | 1.10 | 1000 | | 79.4[①] | 37.0[①] | 19.86 | 3.96 | 2.52 |
| 2 | — | 69.5 | 1.84 | 37.8 | 68.1 | | | | | |
| 3 | — | 1065 | | | | 83.8 | 37.6 | | | |
| 4 | — | 720.5 | 1.76 | 409 | 277 | 4.9[①] | 9.5[①] | 31 | 9.9 | 6.9 |
| 5 | 225 | — | | | 64 | 0.86 | 2.5 | 20.3 | 4.2 | 2.5 |
| 6 | — | 495.5 | 1.59 | 310 | 213 | 3.7[①] | 7.3[①] | 6.5 | 7.5 | 5.1 |
| 7 | — | 65.3 | 1.84 | 35.5 | 64 | | | | | |

| 序号 | 固体/kg | 液体/kg | 密度/(kg/L) | 容积/L | 硫酸100%$H_2SO_4$/kg | 硝酸100%$H_2NO_3$/kg | 氢氟酸100%HF/kg | $Fe^{3+}$/kg | $Cr^{3+}$/kg | $Ni^{2+}$/kg |
|---|---|---|---|---|---|---|---|---|---|---|
| 8 | — | 55.2 | 1.10 | 50 | | 4[①] | 1.9[①] | 1.0 | 0.2 | 0.13 |
| 9 | | 1065 | 1.06 | 1000 | | 83.8 | 37.6 | | | |

[①]有部分盐换算成酸。

注：1. 本表计算结果是以处理1$m^3$废液为基础的。

2. 序号数字与图14-57序号一致。

回收工艺过程是将一定体积的废酸液和一定体积的循环酸(蒸发残液的滤液)以及补加的一定量浓硫酸(即生成固体硫酸盐所需硫酸和滤渣带走的游离硫酸之和)送入蒸发器7中。该混合液作为热载体在蒸发器7和加热器6内循环,连续加入的废液和浓硫酸使液面保持不变。硝酸、氢氟酸连续被蒸出,并在表面冷凝器内冷凝为回收硝氟混酸,供循环使用。滤液中的金属离子以硫酸盐的形式残存于蒸发系统中。当其中的氟酸盐达一定浓度时(以 $Fe^{3+}$ 量控制)停止蒸发,并及时将蒸发残液全部排入结晶器。经结晶和过滤分离后,滤液(循环酸)返回蒸发系统供循环使用,固体硫酸盐供回收利用。

## 14.7.4 技术应用与实践

(1) 蒸喷真空结晶法回收硫酸废液

① 工作原理与工艺流程　通过蒸汽喷射器和冷凝器,使蒸发器和结晶器保持一定的真空度。当温度适宜废液通过时,其中的水分在绝热状况下蒸发,从而浓缩了废液,降低了废液温度,相应地降低了硫酸亚铁的溶解度和增加了它的过饱和程度。同时,蒸发器中由于硫酸的加入,使硫酸亚铁的过饱和程度进一步增高。在此情况下,硫酸亚铁结晶析出。其工艺流程如图 14-58 所示。

② 主要参数　蒸汽压力:$6.08×10^5 \sim 7.09×10^5$ Pa;冷却水温度约25℃;废液温度(蒸发器入口)60℃;双联冷凝器下部温度75℃、压力 $3.9×10^4$ Pa,上部温度50℃、压力 $1.2×10^4$ Pa;主冷凝器下部温度36℃、压力 $5.9×10^3$ Pa,上部温度31℃、压力 $4.5×10^3$ Pa;蒸发温度36℃,压力 $5.9×10^3$ Pa;第一结晶器温度31℃、压力 $4.5×10^3$ Pa;第二结晶器温度18℃、压力 $2.1×10^3$ Pa;第三结晶器温度6℃,压力 $9.3×10^3$ Pa。

③ 主要设备　蒸喷真空结晶法回收硫酸废液工艺的主要设备如下。

1) 蒸发结晶罐:12 台,有效容积 5$m^3$,$\phi$1500mm,高 3000mm。

2) 主冷凝器:3 台,有效容积 8.8$m^3$,$\phi$1500mm,高 5000mm。

3) 双联式冷凝器:3 台,有效容积 0.27$m^3$,$\phi$400mm,高 2200mm。

4) 废酸贮罐和母液贮罐:4 个,有效容积 100$m^3$,$\phi$6000mm,高 4000mm。

5) 硫酸贮罐:4 个,有效容积 100$m^3$,$\phi$6500mm,高 3000mm。

6) 废酸消耗槽:2 个,有效容积 7.6$m^3$,$\phi$2200mm,高 2000mm。

7) 硫酸消耗槽:3 个,有效容积 1.8$m^3$,$\phi$1400mm,高 1200mm。

8) 结晶液接收槽:6 个,有效容积 6$m^3$,$\phi$1800mm,高 2500mm。

9) 离心机:转鼓内径 1200mm,转鼓孔数 3600 个,转鼓工作容积 300L,最大允许负荷 450kg。离心机电机功率 20.5kW,转速 1000r/min。

(2) 鲁特纳法回收盐酸废液

① 工作原理与工艺流程　鲁特纳法是目前世界上投产设备最多的方法。该系统主要由

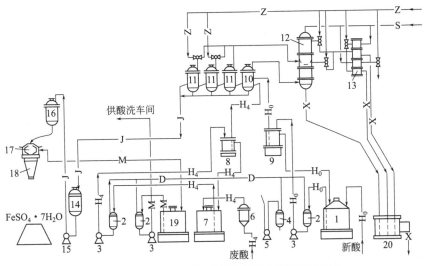

图 14-58　蒸喷真空结晶法回收硫酸废液工艺流程

1—新酸贮槽；2—虹吸真空槽；3—酸泵；4—气水分离器；5—真空泵；6—过滤器；7—废酸贮槽；8—废酸中间槽；
9—硫酸中间槽；10—蒸发器；11—结晶器；12—主冷凝器；13—双联冷凝器；14—1 号混合浆槽；15—混合浆泵；
16—2 号混合浆槽；17—离心机；18—成品漏斗；19—母液贮槽；20—排水槽；$H_0$—新酸管；
$H_4$—废酸管；S—给水管；X—排水管；M—母液管；Z—蒸汽管；J—混合浆液管；D—抽真空管；

喷雾焙烧炉、双旋风除尘器、预浓缩器、吸收塔、风机、烟囱等组成。某厂两套废酸再生装置的处理能力均为 $10m^3/h$，其工艺流程如图 14-59 所示。

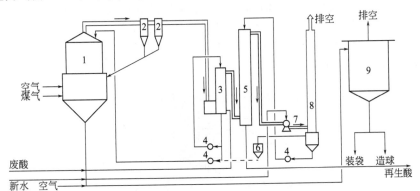

图 14-59　鲁特纳法再生盐酸废液工艺流程

1—喷雾焙烧炉；2—旋风除尘器；3—预浓缩器；4—泵；5—吸收塔；6—水箱；7—风机；8—排气烟囱；9—氧化铁贮仓

将废酸在预浓缩器 3 内加热；浓缩后，用泵 4 送到喷雾焙烧炉 1 顶部，使其呈雾状喷入炉内。雾化废酸炉内受热分解，生成氯化氢气体及粉状氧化铁。氧化铁从炉底排出；氯化氢随燃烧气体从炉顶经旋风除尘器 2 到达预浓缩器 3。经双旋风除尘器、预浓缩器净化冷却后的气体，从预浓缩器顶部进入吸收塔 5 底部。气体中的氯化氢被从塔顶喷出的洗涤水吸收，在塔底形成再生酸。塔顶的尾气由风机 7 抽走经烟囱 8 排出。该流程的特点如下。

1）反应温度较低，反应时间较长，炉容较大，操作比较稳定。

2）氧化铁呈空心球形，粒径较小，含氯量较少（一般小于 0.2%），但活性较好，可用于硬磁、软磁材料或颜料的生产。

3）容易产生粉尘，但采取一些措施后，氧化铁粉尘污染并不严重。

② 主要指标　鲁特纳法再生盐酸废液工艺的主要指标如下。

1）酸洗能力：237800t/a；酸洗铁耗 0.45%；最大小时废酸量 15244kg/h；年工作小时 7200h。

2）废酸成分：$Fe^{2+}$ 130g/L；游离 HCl 30g/L。

3）再生酸成分：$Fe^{3+}$ 7g/L；游离 HCl 190g/L，酸回收率 99%。

4）氧化铁成分：$Fe_2O_3$ 799%，粒径 40～200$\mu$m。最大产量 3.22t/h。平均年产量 1.2 万吨/a。

③ 主要设备　鲁特纳法再生盐酸废液工艺的主要设备如下。

1）喷雾焙烧炉：$\phi$8.25m，高 17.5m。

2）双旋风除尘器：$\phi$2.2m，高 7.5m。

3）预浓缩器：$\phi$2.5m，高 5.5m。

4）吸收塔：$\phi$3.0m，高 13.5m。

5）排气风机能力：48000$m^3$/h。

④ 消耗指标

1）再生装置平均耗电负荷：680kW·h/h。

2）再生装置电接点负荷：1350kW。

3）耗热量：3346kJ/L（废酸）。

4）脱盐水耗量：300L/$m^3$（废酸）。

5）漂洗水用量：700L/$m^3$（废酸）。

6）压缩空气耗量：压力：0.5～0.7MPa，耗量：650$m^3$/h。

（3）一次减压蒸发法再生硝酸、氢氟酸混合废液

① 工作原理与工艺流程　硫酸的沸点远大于硝酸、氢氟酸。据此向废酸液中投加过量的硫酸并进行减压蒸发，可使其中易挥发的 $HNO_3$ 和 HF 全部（包括所有 $NO_3^-$ 和 $F^-$）随水蒸出。蒸出的气体经冷凝即成 $HNO_3$ 和 HF 再生混酸，供循环使用。某厂不锈钢酸洗车间采用的混酸废液再生工艺流程如图 14-60 所示。

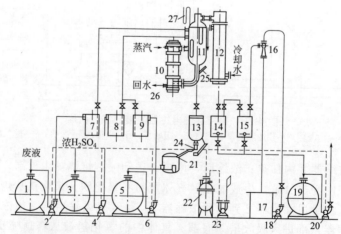

图 14-60　一次减压蒸发法再生硝酸、氢氟酸混合废液工艺流程

1—废液贮槽；2,4—耐酸泵，3—浓 $H_2SO_4$ 贮槽；5—循环酸贮槽；6—循环酸泵，7—废液计量槽；8—浓 $H_2SO_4$ 计量槽；9—循环酸计量槽，10—石墨加热器；11—蒸发器；12—冷凝器；13—结晶器；14—再生酸接收槽；15—缓冲器；16—水喷射泵；17—循环水槽；18—工作水泵；19—再生酸贮槽；20—再生酸泵；21—离心机；22—真空中和槽；23—真空泵；24—排酸阀；25—温度计；26—疏水器；27—压力计

② 主要指标　一次减压法再生硝酸、氢氟酸混合废液流程的主要指标如下。

1）酸洗液：$HNO_3$ 15％，HF 3％～5％。

2）废酸成分：铁离子含量 25～40g/L，镍离子含量 2～2.5g/L，铬离子含量 3～4g/L，$NO_3^-$ 含量 1.2mol/L；$F^-$ 含量 0.8mol/L。年排出废酸液量 5500～6000$m^3$。

3）蒸发工艺条件：蒸汽压力 0.1～0.15MPa；真空度 90～92kPa；蒸发温度 50～65℃；循环硫酸浓度 50％左右；残液排放浓度 $Fe^{3+}$ ＝75g/L；残液结晶控制条件：酸度 5.8～6.8mol/L，温度 25～30℃；酸的回收率：$HNO_3$ 93％～96％；HF 94％～96％。

③ 主要设备

1）热交换器：$\phi$500mm，传热面积 10.2$m^2$，由普通石墨浸渍聚四氟乙烯分散液和氟树脂 23-19 的块孔式换热器组成。

2）蒸发器：$\phi$1000mm，高 3701mm，容积 1.5$m^3$，由聚丙烯卷制而成，外缠玻璃钢增加。

3）冷凝器：$\phi$500mm，传热面积 30.6$m^2$，由普通石墨浸渍聚四氟乙烯分散液和氟树脂 23-19 的块孔式换热器组成。

4）废酸贮罐：$\phi$2600mm，容积 30$m^3$，内衬 8210 号丁基橡胶板，并有保温装置。

5）缓冲罐：$\phi$1300mm，容积 1.5$m^3$，带有搅拌装置，内衬 8201 号丁基橡胶板。

6）接收罐：$\phi$1300mm，容积 1.3$m^3$，聚氯乙烯板卷焊。

7）真空系统：由水力喷射泵、水泵和水槽组成。

8）三足式卸料自动离心机：转鼓容积 150L。

9）酸泵：65FS-25 型。

④ 消耗指标　每处理 1$m^3$ 废酸液的消耗为：硫酸，79.1kg；耗电，120kW；耗水，80$m^3$；蒸汽，1t。

## 14.7.5　冷轧低浓度酸碱废水处理与回用技术

（1）现有处理状况

中和法处理低浓度酸性废水是化学法最常用的方法，也是冷轧低浓度酸性废水处理时必不可少的方法。

中和治理的目的大致为：使废水达到排放标准的要求。对大多数水生生物和农作物而言，其正常生长的 pH 值范围为 5.8～8.6，这也是排放标准规定的基本范围；为了去除废水中的某些金属离子或重金属离子，使之生成不溶于水的氢氧化物沉淀，再通过混凝沉淀而分离。对冷轧废水，因为含有大量的一价铁盐，在中和处理生成 $Fe(OH)_3$ 沉淀的同时，也能去除约 50％的 COD。

① 中和剂的选择与 pH 值监控　中和处理首先要选择中和剂，当仅仅中和酸性废水时，常用 NaOH、$Na_2CO_3$、CaO 或 $Ca(OH)_2$；在同时中和酸、碱废水时，则还要使用 $H_2SO_4$ 或 HCl。在碱性中和剂中，最常采用的是 10％浓度的石灰乳。其最大的优点是成本低，污泥易于沉淀、脱水，缺点是石灰乳制备、投加系统比较复杂，污泥量大，同时使用硫酸中和时易于成垢。采用氢氧化钠的优点是污泥量小，投加系统比较简单，但处理成本高，污泥沉淀、脱水困难。

常用的酸性中和剂是盐酸或硫酸。工业硫酸浓度高，可减少药剂的运输和储存量，防腐问题也较易解决，由于冷轧废水中和处理时常以石灰乳作碱性中和剂，为了防止结垢和减少污泥量，大多采用盐酸作酸性中和剂。

按处理方式，中和可分为间歇式和连续式两种。前者多用于中和小流量、高浓度的废酸或废碱液；后者则多用来处理连续产生的酸性或碱性漂洗水。中和高浓度废酸时，需注意因产生大量沉淀引起排泥困难的问题。两种中和方式中，连续处理需要有较高的测试手段和自动控制水平，通过 pH 值的测量、调整装置自动控制酸性或碱性中和剂的投加量。

冷轧废水中和处理时，将产生大量的沉淀物，根据废水的成分和中和剂的种类，也可能产生硫酸钙沉淀，此外，进行中和处理的废水中还含有少量的油分。为了保持 pH 计的测试精度，使中和处理达到预期的效果，应经常注意 pH 计的清洗、维护及校正工作。pH 计的清洗有人工清洗和自动清洗两种。人工清洗时，可将电极浸泡于浓度为 18% 的盐酸溶液内，用海绵或其他软质刷子去除电极表面的油泥。自动清洗则通过超声波或自动喷出清洗液的方式进行。例如，每工作 12h，自动喷洗 5min 的稀盐酸。喷洗时间的长短可在操作盘上调整。pH 计的校正是清洗工作结束后，根据需要，分别用 pH 值为 4 和 pH 值为 7 的缓冲溶液校正其指示偏差。

② 中和处理应注意的问题　为使中和反应充分进行，有效地利用中和剂，提高污泥的沉降速度和脱水性，中和池内一般均设有机械搅拌器，使大量已经中和的废水与中和剂及未经中和的废水充分混合。搅拌的方法除采用机械搅拌器外，也可使用压缩空气。

由于冷轧废水中存在大量的二价铁离子，为了降低排水的总铁含量，应使二价铁离子变成沉淀物后，通过混凝、沉淀去除。如果仅用中和的方法，以 $Fe(OH)_2$ 的形式产生沉淀，这时排水的 pH 值将超过排放标准，同时，$Fe(OH)_2$ 的溶解度也比三价铁的沉淀物大得多。所以，实际上都用充气氧化的方法，通过以下反应，使二价铁氧化成三价铁，这时反应的 pH 值可控制在较宽的范围内。

$$2Fe^{2+}+\frac{1}{2}O_2+2Ca(OH)_2+H_2O \Longrightarrow 2Fe(OH)_3\downarrow+2Ca^{2+}$$

从引进的几套冷轧带钢厂废水处理装置来看，在废水处理的中和池内，除设有机械搅拌器外，都有充气氧化装置，一种是单独的转刷曝气，另一种是充气、搅拌合一的充气搅拌器。

利用中和的方法去除废水中的金属离子或重金属离子时，要注意控制反应的 pH 值。一方面要达到一定的数值，以生成某些金属或重金属的氢氧化物沉淀，同时还应注意 Al、Pb、Zn、Cr、Ni、Cu、Mn、Sn 等金属的氢氧化物，当 pH 值超过某一数值后，会有生成羟基络合物而使溶解度重新增加的问题。

进入中和池的冷轧废水中，除含二价铁离子外，一般均含有经还原处理后生成的 $Cr^{3+}$，也必须通过中和生成 $Cr(OH)_3$ 沉淀，从废水中分离。所以，冷轧废水中和处理控制的 pH 值一般以生成 $Fe(OH)_3$、$Cr(OH)_3$ 并使其沉淀物溶解度最小的数值为标准，实际上由于生成 $Fe(OH)_3$ 的 pH 值范围较宽，而 $Cr^{3+}$ 本身也是排放的控制指标，中和反应的最终 pH 值应以三价铬沉淀的生成及三价铬沉淀的溶解度最小为控制值。当冷轧废水中还有某些特定的重金属离子也需通过中和处理来分离时，中和反应的 pH 值应在综合考虑后确定。

冷轧废水量及其成分的变化是很大的，不可能用一级处理来实现连续中和，实际的处理装置都采用两级中和的方式。

从形成氢氧化物沉淀到沉淀物析出，废水的 pH 值将下降 0.5 左右。此外，如果为了去除某种特定的金属离子或重金属离子，使中和处理控制的 pH 值超出排放要求的范围或当 pH 值控制、调整装置的能力出现不适应废水水质、水量变化的情况时，废水在中和、净化处理后，还应对排水进行最终 pH 值控制。

③ 沉淀分离与污泥脱水　含酸、碱废水一般采用中和沉淀法进行处理。

由于冷轧厂各机组排出的废水水量和水质均变化较大，因此，从各机组排放出来的含酸、碱废水首先进入处理站的酸、碱废水调节池，在此进行水量调节和均衡，然后再流入下一组构筑物中进行中和处理，一般采用两级中和，第一级一般控制 pH 值为 7～9，第二级一般控制 pH 值为 8.5～9.5，在中和池中发生如下反应：

$$H^- + OH^- \longrightarrow H_2O$$
$$Fe^{2+} + 2OH^- \longrightarrow Fe(OH)_2$$
$$Zn^{2+} + 2OH^- \longrightarrow Zn(OH)_2$$
$$Sn^{2+} + 2OH^- \longrightarrow Sn(OH)_2$$
$$Pb^{2+} + 2OH^- \longrightarrow Pb(OH)_2$$
$$Ni^{2+} + 2OH^- \longrightarrow Ni(OH)_2$$

通常采用石灰、盐酸作为中和剂，对于一些小型冷轧厂的废水量较小、含酸量较小的处理系统，也可采用 NaOH 作为中和剂，但采用 NaOH 作为中和剂运行费用较高。由于产生的 $Fe(OH)_2$ 溶解度较大且不易沉淀，因此，一般在第二级需进行曝气处理，使 $Fe(OH)_2$ 充分氧化为溶解度较小且易于沉淀的 $Fe(OH)_3$，其反应式如下：

$$4Fe(OH)_2 + O_2 + 2H_2O \longrightarrow 4Fe(OH)_3$$

曝气可采用转刷曝气、机械曝气、穿孔管曝气或其他形式的曝气方式。曝气量可根据废水中的含铁量确定。

为了提高废水的沉淀效果，经曝气处理的废水流入沉淀池进行沉淀处理除氢氧化物和其他悬浮物。沉淀池通常可采用辐射式沉淀池、澄清池、斜板斜管沉淀池等形式。对于排放标准较高的地区，沉淀池出水还需经过滤器处理，沉淀池或过滤器出水一般还需进行最终 pH 值调整，达到排放标准后方可排放。沉淀池沉淀的污泥需进行浓缩、脱水处理。对冷轧污泥，由于污泥主要以氢氧化物为主，含水率较高，污泥脱水设备的选择不可忽视。污泥脱水要以最低的费用达到污泥能有规则地排出的目的。

从净化设备排出的污泥经浓缩处理后，其含水率可提高到 95% 左右。这种流动性的污泥必须进行脱水处理。国外在固液分离技术的领域里，曾对不同的方法从经济性和适用性方面进行过研究。结果表明，热干燥的办法可以获得最高的含固率，但投资和运行费用都要比机械的方法高。

用于污泥脱水的机械装置有真空过滤机、极框压滤机、带式压滤机和离心分离机等。钢铁厂的污泥脱水设备，过去国内多用真空过滤机，不管是内滤式的或外滤式的都可以连续和自动地操作，但真空过滤机的脱水能力受设备本身的限制，其最大过滤压力仅 0.07MPa，滤饼含水率达 75%～80%，因而还不能有规则地堆放。对难以脱水的污泥，如含油污泥，用氢氧化钠中和形成的金属氢氧化物污泥，往往还要投加辅助过滤剂，这样操作费用就增加了。

带式压滤机和离心分离机同样也可以连续、自动地操作，但是要同时使用聚合电解质，因此，操作费用也不能降低，脱水后的污泥含水率仍然较高，往往呈糊状。所以只在个别情况下使用，而不适用于冷轧污泥的脱水。

一般不需要辅助过滤剂，操作费用较低，滤饼含水率低（65% 左右），可以成型堆放的实用的机械脱水装置是板框压滤机。这种设备的缺点是操作过程比较复杂，目前国外多采用全自动的操作方式，国内也已经具备生产同类产品的能力。一般手动操作时间为 30～60min，自动为 10～15min。

几种污泥脱水设备所能达到的滤饼含水率大致如下：板框压滤机 65%～70%；真空过滤机 75%～80%；带式压滤机 80%～85%；离心脱水机 80%～85%；加热干燥机约 50%。

（2）高密度污泥法处理技术

① 高密度污泥法与常规中和法的区别　高密度污泥处理冷轧酸性废水是近几年来开发

的新技术。中国、美国、日本都有工程应用实例。高密度污泥法适合于含有金属的酸性废水（通常废水 pH 值小于 6），处理后可生成固体含量达 50% 的污泥。该工艺与常规的化学中和法的主要区别在于：a. 有一定数量的沉降污泥返回中和池继续使用；b. 返回的污泥在进入中和与固体分离之前在反应器内与碱剂混合。同样，如为处理碱性废水，则应先与酸性物质混合，如图 14-61 所示。

从图 14-61 可以看出，二者的主要区别在于高密度污泥法需设置污泥反应池，或称高密度污泥池，为污泥回流提供储存与活化的场所；其次是固液分离后污泥大部分回流，仅此两项改变，使酸碱废水处理出水水质、外排污泥量与污泥处理都有大的改变，提高了污泥浓度，通常可不经污泥浓缩，可直接过滤脱水。

② 高密度污泥法工艺流程与工艺特点　高密度污泥法工艺流程如图 14-62 所示。

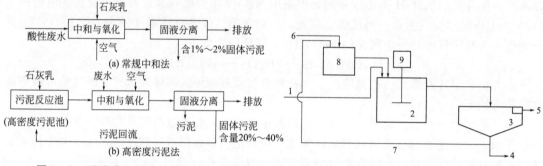

图 14-61　高密度污泥法与传统中和法比较

图 14-62　高密度污泥法工艺流程
1—酸碱废水；2—中和池；3—沉淀池；4—污泥管；
5—出水管；6—石灰管；7—污泥回流管；
8—高密度反应器；9—搅拌器

该工艺具有如下特点。

1）沉淀效率高。沉淀污泥的含固率高，由传统中和法的 1%～2% 提高到 20%～40%，可减省污泥一次浓缩，减省设备和投资。污泥体积较传统中和法减少 10～50 倍。

2）改善污泥脱水性能，污泥可直接送脱水设备或干化场，减少脱水时间 90%。

3）脱水污泥的体积减小 60% 以上，减少污泥处理费用。

4）提高中和系统的稳定性，提高污泥沉淀性能，并少用中和剂与絮凝剂。

5）处理出水中的金属离子浓度通常低于传统中和法。

③ 应用实例与应用领域　美国 ARMCO 钢厂冷轧含酸废水处理量为 363m³/h，水中含有溶解的 Fe 750mg/L，$Fe^{2+}:Fe^{3+}$ 为 6:1，pH<3。废水来自两条酸洗线和一个冷轧厂的其他废水。原采用传统中和工艺处理，原工艺沉淀池污泥底流浓度（含固率）为 4%，采用 4 台真空脱水机进行脱水，每天 3 班工作。后改用高密度污泥处理工艺，采用该工艺后污泥的粒径由 1μm 增加到 5μm，污泥底流浓度达到 20%。正常情况下仅用脱水机 2 台，且一班工作，经脱水机脱水后的污泥含固率由原 4% 提高到 40%，污泥总体积减小了 60% 以上，采用该工艺后废水处理系统非常稳定，出水水质较好。

该工艺适用的领域如下。

1）适用于钢铁行业酸碱废水处理和系统改造。

2）适用于化工行业酸性废水处理与系统改造。

3）适用于电镀废水处理，可减少有害污泥体积，减少有毒污泥处理费用。

4）适用于矿山的酸性废水处理，污泥可不经脱水，可减少污泥干化场。

# 14.8　冷轧厂废水处理技术与应用

## 14.8.1　1550mm 冷轧带钢厂废水处理与回用

（1）1550mm 冷轧带钢厂工程概况与水污染物

① 工程概况　1550mm 冷轧带钢厂是继 2030mm 冷轧带钢厂和 1420mm 冷轧带钢厂之后，宝钢新建的第三个冷轧带钢厂。该厂产品为国家急需的冷轧热镀锌板、电镀锌板和中、低牌号的电工钢，生产规模为 140 万吨/年，其中：冷轧产品 45 万吨/年、热镀锌产品 35 万吨/年、电镀锌产品 25 万吨/年、中、低牌号电工钢产品 35 万吨/年。

② 水污染源与污染物　水体污染源及污染物主要有：来自酸洗机组的盐酸废水；冷轧机的乳化液废水；退火机组的碱液废水和含油废水；热镀锌机组的碱液废水、铬酸废水和含油、含锌废水；电镀锌机组的碱液废水、酸液废水、铬酸废水和含油、含锌废水；电工钢退火涂层机组的碱液废水、铬酸废水和含油废水等。其废水污染物产生与排放情况见表 14-47。

**表 14-47**　1550mm 废水污染物产生与排放情况

| 主要污染源 | 污染物发生量 /(m³/h) | 污染物控制措施 | 污染物排放量或质量浓度 /(mg/L) | 国家排放标准 /(mg/L) |
|---|---|---|---|---|
| 含酸碱废水 | 300 | 中和沉淀过滤 | pH=6.5～9；油 5 | pH=6.5～9；油：5 |
| 含油废水 | 20 | 气浮→破乳→气浮过滤→COD 降解 | COD<100<br>BOD<25<br>SS<50 | COD<100<br>BOD<25<br>SS<50 |
| 含铬废水 | 25 | 一级还原→二级还原→中和沉淀→过滤 | $Cr^{6+}$<0.5 | $Cr^{6+}$<0.5 |

（2）废水水质水量与处理工艺

1550mm 冷轧带钢厂生产的废水有含酸、碱废水，含油、乳化液废水，含铬等废水。三种废水均为连续和间断排放。

① 各机组排放的水质水量　各机组排放的水量水质见表 14-48。

② 废水处理工艺与特点　根据各废水的特点，对废水进行分类处理。

1）含酸、碱废水。1550mm 冷轧含酸碱废水，因其浓度低，流量大，故采用中和沉淀法处理。对于酸洗机组高浓度的酸洗废液，采用盐酸再生法回收利用技术。

从各机组排放来的含酸、碱废水进入处理站的酸、碱废水均衡池，在此进行水量调节和均衡，并用泵送至一、二级中和曝气池投加盐酸或石灰进行中和，使 pH 值控制在 9～9.5，并鼓入压缩空气进行曝气，使二价铁充分氧化成易于沉淀的氢氧化铁，然后加入高分子絮凝剂，经絮凝后废水流入辐流式澄清池沉淀，去除悬浮物，然后进行过滤，使处理水中的悬浮物小于 50mg/L，并进行最终 pH 值调整，经处理后的水在各项指标达到保证值后排放。否则送回酸、碱废水均衡池中重新处理。沉淀污泥进行浓缩、脱水处理。其工艺流程如图 14-63 所示。

本系统采用了高密度污泥法。在中和沉淀阶段，将沉淀池中沉淀的污泥，根据废水量的大小，按一定的比率送回至中和池，以增加废水中悬浮物颗粒碰撞的概率和增大絮体，提高沉淀效率。

**表14-48　废水成分、废水量及排放制度表**

| 废水分类 | 机组名称 | 排放点 | 废水排放量/m³ | 排放周期 | 废水成分 | 备注 |
|---|---|---|---|---|---|---|
| 含油废水 | | 油坑排水 | 3 | 每周 | 油2000mg/L | |
| | 酸洗-轧机联合机组 | 轧机排气系统洗涤排水 | 0.75 | 每小时 | 温度30~70℃;pH=7~8;油约5000mg/L;Fe约500mg/L(max) | |
| | | 轧机乳化液系统过滤器反洗排放 | 2.5 | 每小时 | 温度20~50℃;pH=5~7;油400~9000mg/L;Fe200~500mg/L;COD约500mg/L; | |
| | | 轧机乳化液系统乳化液排放 | 200 | 每3个月 | 温度20~50℃;pH=5~7;油20~50g/L;Fe50~5000mg/L;COD约5000mg/L;SS200~400mg/L | 乳化液的牌号:(川崎制造)MultitubeAR-90 |
| | | 轧机清洗排放 | 60~70 | 每周 | 温度30~70℃;pH=7~8;Fe30~5000mg/L;COD100~1400mg/L;SS:200~400mg/L | |
| | 电镀锌机组 | 预脱脂段排水 | 1.2~2 | 每小时 | 温度60~80℃;pH=14;COD25g/L;油/油脂10g/L;NaOH30g/L;$Na_3PO_4$15/L | |
| | | 预脱脂段排水 | 1.7~2.5 | 每小时 | 温度50~60℃;pH=12;COD3g/L;油/油脂1g/L;NaOH5g/L;$Na_3PO_4$3g/L | |
| | | 脱脂段排水 | 0.2~0.5 | 每小时 | 温度60~80℃;pH=14;COD20g/L;油/油脂7g/L;NaOH30g/L;$Na_3PO_4$15g/L | |
| | | 脱脂段排水 | 40 | 每年 | 温度60~80℃;pH=14;COD20g/L;油/油脂7g/L;NaOH30g/L;$Na_3PO_4$15g/L | |
| | 连续退火机组 | 油坑及活套区域地坑排水 | 2.5 | 每周 | 含油0.05%;pH值约7 | |
| | | 清洗循环处理段排水 | 72 | 每6周 | 温度约80℃;pH=14;COD3000~400mg/L;油110g/L;NaOH11g/L;$Na_3PO_4$15g/L | |
| | | 平整机机组排水 | 0.5 | 每2周 | 含油0.05%;pH值约7 | |
| | 热镀锌机组 | 清洗循环处理段排水 | 1.3 | 每小时 | 温度80℃;pH=12;油25m/L;脱脂剂(P3)30g/L | |
| | | 进口段及出口段地坑排水 | 1 | 每小时 | pH=10~12;油25g/L(最大) | |

续表

| 废水分类 | 机组名称 | 排放点 | 排放量/m³ | 排放周期 | 废水成分 | 备注 |
|---|---|---|---|---|---|---|
| 含油废水 | 电工钢管机组 | 入口段地坑排水 | 2×0.2 | 每小时 | 含油 | |
| | | 出口段卷取机地坑排水 | 2×0.2 | 每小时 | 油 10% | |
| | | 出口段活套地坑排水 | 2×0.2 | 每小时 | 油 10% | |
| | 高速线材车间 | 磨辊间间乳化液排水 | 100 | 每年 | 乳化液的牌号:Rofox KS 261;pH=9.1(20℃) | |
| | 彩涂机组 | 清洗段及工艺段排水 | 2.3 | 每小时 | 温度 80℃;pH=12;油 25g/L;脱脂剂(P3)30g/L | |
| 含酸碱废水 | 酸洗-轧机联合机组 | 酸洗机组漂洗段地坑排水 | 3 | 每小时 | HCl 约 2000 mg/L;FeCl₂ 约 2500mg/L;SiO₂ 约 500mg/L | |
| | | 酸洗机组酸洗段地坑排水 | 3 | 每周 | HCl 约 10000mg/L;FeCl₂约 10000mg/L;SiO₂ 约 2000mg/L | |
| | | 酸再生站地坑排水 | 3 | 每周 | HCl2~20g/L;Fe0~1g/L;其他杂质 | |
| | 电镀锌机组 | 预清洗及预处理段排水 | 10 | 每小时 | 温度 80℃(max);pH=0~1;油 1g/L(max);脱脂剂 2.5g/L | 电镀产品更换时 |
| | | 预处理段排水 | 0.05 | 每小时 | 温度 50℃(max);pH=0~1;H₂SO₄1g/L;Fe²⁺ 2.5g/L | |
| | | 预处理段排水 | 3 | 每周 | 温度 50℃(max);pH=0~1;H₂SO₄1g/L; Fe²⁺ 2.5g/L | |
| | | 预处理及电镀段排水 | 11 | 每小时 | 温度 75℃(max);pH=0~7;H₂SO₄7.5g/L;Zn²⁺:Ni²⁺ | |
| | | 预处理及电镀段排水 | 30 | 每周 | 温度 75℃(max);pH=0~7;H₂SO₄7.5g/L;Zn²⁺:Ni²⁺ | |
| | | 后处理段排水 | 0.2 | 每小时 | 温度 50℃;pH=10;表面活性剂 2.5g/L | |
| | | 后处理段排水 | 10 | 每小时 | 温度 50℃;pH=10;表面活性剂 2.5g/L | |
| | | 后处理段排水 | 9 | 每小时 | 温度 40~50℃;pH=3~4;磷化剂 2~3g/L | |
| | | 后处理段排水 | 50 | 每月 | 温度 40~50℃;pH=3~4;磷化剂 2~3g/L | |
| | 连续退火机组 | 清洗循环处理段排水 | 36 | 每 2h | 温度约 80℃;pH=12;COD100mg/L;油 100mg/L;NaOH:200mg/L;TFe14mg/L | |
| | | 最终冷却段排水 | 15 | 每小时 | 含少量油;pH 值约为 7 | |
| | | 平整机排烟系统排水 | 7.5 | 每年 | pH 值约为 7 | |

续表

| 废水分类 | 机组名称 | 排放点 | 废水排放量 | | 废水成分 | 备注 |
|---|---|---|---|---|---|---|
| | | | 排放量/$m^3$ | 排放周期 | | |
| 含酸碱废水 | 热镀锌机组 | 清洗循环处理段排水 | 9 | 每小时 | 温度 80℃;pH=7～12;油 200mg/L;脱脂剂(P3)1.5g/L | |
| | | 平整机及卷取机区域排水 | 4 | 每小时 | 温度 50℃;pH=10～12;$Zn^{2+}$ 2g/L | |
| | 电工管机组 | 清洗段地坑排水 | 2×26.1 | 每小时 | pH=12;油 650mg/L;SS400mg/L | |
| | | 清洗段碱液罐排水 | 70 | 每月 | pH=12;油 650mg/L;SS400mg/L | |
| | 彩涂机组 | 清洗处理及工艺段排水 | 13 | 每小时 | 温度 80℃;pH=7～12;油 200mg/L;NaOH0.15g/L | |
| 含铬废水 | 热镀锌机组 | 后处理段排水 | 4 | 每小时 | 温度 50℃(max);pH=2～3;$Cr^{6+}$ 2g/L | |
| | | 后处理段排水 | 2.3 | 每小时 | 温度 50℃(max);pH=2～3;$Cr^{6+}$ 20～100g/L | |
| | | 后处理段排水 | 28 | 每月 | 温度 50℃(max);pH=2～3;$Cr^{6+}$ 20～100g/L | |
| | 电工管机组 | 涂层地坑排水 | 2×2.4 | 每小时 | $CrO_3$ 300g/L | |
| | 电镀锌机组 | 后处理段排水 | 3～5 | 每年 | 温度 50～60℃;pH=0～1;$CrO_3$ 10g/L;Zn2g/L | |
| | | 后处理段排水 | 1 | 每月 | 温度 50～60℃;pH=2～3;$CrO_3$ 2g/L;Zn0.5g/L | |
| | 彩涂机组 | 后处理段排水 | 5 | 每天 | $CrO_3$ 10g/L | |
| | | 后处理段排水 | 10 | 每月 | $CrO_3$ 10g/L | |
| | 2030mm冷轧厂电镀锌机组耐指纹产品工程 | 后处理段排水 | 15 | 每月 | $CrO_3$ 30g/L;$SO_4^{2-}$ 150mg/L;Zn150mg/L | |

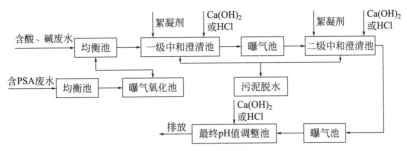

图 14-63　1550mm 冷轧酸碱废水中和处理流程

2）含油、乳化液废水。1550mm 冷轧含油、乳化液废水中的油主要为润滑油和乳化液,以浮油和乳化油的状态存在。浮油以连续相的形式漂浮于水面,形成油膜或油层,易从水面撇去。而乳化油由于表面活性剂的存在,使油能成为稳定的乳化液分散于水中,油滴的粒径极微小,不易从废水中分离出来。因此,含油、乳化液废水主要是针对乳化液的处理,采用破乳气浮法。其工艺流程如图 14-64 所示。

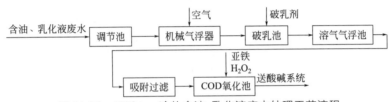

图 14-64　1550mm 冷轧含油、乳化液废水处理工艺流程

从 1550mm 冷轧轧机乳化液系统排放的含油、乳化液废水,进入废水处理站的含油、乳化液废水调节池,其中大部分浮油可在此撇去,废水用泵送至曝气气浮器中,气浮器中通入空气,并使其在水中形成大量的微小气泡,吸附悬浮于废水中的浮油(粒径较小的)浮于水面撇去。剩余的含乳化液废水进入破乳池进行破乳,破乳的废水经投加絮凝剂后送入溶气气浮器,使废水中的油浮于水面去除。为进一步降低废水中的含油量,将破乳气浮后的废水进行吸附过滤,利用亲油性滤料吸附废水中的剩余油,经此处理,废水中的含油量降至 10mg/L 以下,但废水中含有其他有机物,其 COD 仍较高,需进行 COD 处理。在废水中,有机物在 $Fe^{2+}$ 催化剂的作用下,通过氧化剂可将其降解成短链的有机物和水,从而降低了废水中的 COD,使最终的 COD 达到 100mg/L 以下。

在含油、乳化液废水处理系统,在系统的最终处设置含油量测定仪,保证出水中的含油量在 5mg/L 以下,超过此值,此部分废水送回系统重新处理。

3）含铬废水。1550mm 冷轧含铬废水来自热镀锌机组、电镀锌机组、电工钢机组,废水中的铬主要以 $Cr^{6+}$ 的形式存在,具有很强的毒性,需经过严格的处理合格后才能排放。其浓度不高,因而采用化学还原沉淀法。为避免产生二次污染,含铬系统的中和沉淀污泥单独脱水,集中处理。含铬废水的处理工艺流程如图 14-65 所示。

宝钢 1550mm 冷轧废水处理工程是将三种废水处理统一考虑,即将含油、乳化液废水处理后(由 COD 氧化池排出的废水)送酸碱处理系统调节池;将含铬废水处理后(由过滤池排出的废水)送酸碱处理系统最终 pH 值调节池。如图 14-66 所示。

（3）各处理系统主要构筑物与处理结果

① 各处理系统主要构筑物与设备　酸碱废水处理系统主要构筑物与设备见表 14-49。

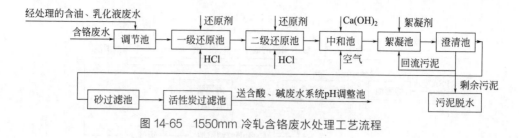

图 14-65　1550mm 冷轧含铬废水处理工艺流程

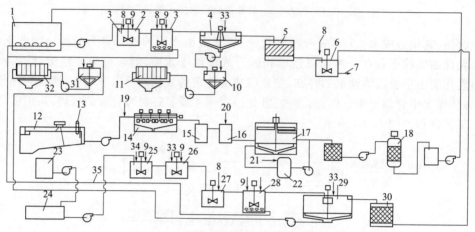

图 14-66　1550mm 冷轧厂废水处理流程

1—酸碱废水调节池；2—中和池；3—中和曝气池；4—澄清池；5,30—过滤池；6—最终中和池；7—排放管；8—石灰乳；9—盐酸；10—酸碱污泥浓缩池；11—酸碱污泥板框压滤机；12—含油废水调节池；13—除油机；14—导气气浮池；15—油分离器；16—絮凝池；17—溶气气浮池；18—核桃壳过滤器；19—破乳剂；20,33—絮凝剂；21—压缩空气；22—溶气罐；23—浓铬酸调节池；24—稀铬酸调节池；25—铬第一还原池；26—铬第二还原池；27—第一中和池；28—第二中和池；29—铬废水澄清池；31—铬污泥浓缩池；32—铬污泥压滤机；34—废酸；35—空气管

表 14-49　酸碱废水处理系统构筑物与设备

| 构筑物及设备 | 台(套)数 | 规格 | 构筑物及设备 | 台(套)数 | 规格 |
|---|---|---|---|---|---|
| 调节池 | 2 | 1200m³ | 板框过滤机 | 2 | 板片 1500mm×1500mm 25 片 排泥含水率＜65% |
| 一级中和池 | 1 | 50m³ |
| 二级中和池 | 2 | 67m³ |
| 反应澄清池 | 2 | φ19.5m×3.5m 沉淀区有效面积 170 m³ 表面负荷 0.88 m³/(m²·h) | 污泥泵 | 2 | $Q=20m³/h, H=1.6MPa$ |
| | | | 石灰储存仓 | 1 | 130m³ |
| | | | 石灰搅拌罐 | 1 | 20m³ |
| 过滤池 | 1 | 表面负荷 6.3m³/(m²·h) | 石灰投加泵 | 2 | $Q=30m³/h, H=2.0MPa$ |
| 最终调节池 | 1 | 100m³ | 絮凝剂制备装置 | 1 | 5m³, 配置量82kg/h |
| 污泥浓缩池 | 1 | φ19.5m×3.5m 进泥含水率 94% 排泥含水率 97%～99.7% | 盐酸储存投加装置 | 1 | 30m³ |
| | | | 废酸储存投加装置 | 1 | 100m³ |
| | | | 消泡剂投加装置 | 1 | m³ |

含油和乳化液废水处理系统主要构筑物见表 14-50。

含铬废水处理系统主要构筑物与设备见表 14-51。

表 14-50 含油和乳化液废水处理系统构筑物与设备

| 设备及构筑物 | 台(套)数 | 规格 | 设备及构筑物 | 台(套)数 | 规格 |
|---|---|---|---|---|---|
| 调节池 | 2 | 500m³ | 絮凝剂投加装置 | 1 | 5m³,投加量82kg/h 投加含量0.5% |
| 机械气浮装置 | 1 | 20m³/h | 破乳剂投加装置 | 1 | 5m³ |
| 溶气气浮器 | 2 | 10m³/h | $H_2O_2$投加装置 | 1 | 10m³ |
| 核桃壳过滤器 | 2 | 20m³/h | | | |
| COD 氧化槽 | 1 | 20m³ | | | |

表 14-51 含铬废水处理系统构筑物与设备

| 设备及构筑物 | 台(套)数 | 规格 | 设备及构筑物 | 台(套)数 | 规格 |
|---|---|---|---|---|---|
| 浓铬废水调节池 | 1 | 50m³ | pH 值调节池 | 1 | 7m³ |
| 一级还原槽 | 1 | 20m³ | 污泥浓缩池 | 1 | 6m×6m |
| 二级还原槽 | 1 | 20m³ | 板框压滤机 | 1 | 板片尺寸 1500mm×1500mm,25 片,每台处理能力 15m³/h |
| 一级中和反应池 | 1 | 5m³ | | | |
| 二级中和反应池 | 1 | 5m³ | 污泥输送泵 | 2 | $Q=15m³/h,H=1.6MPa$ |
| 澄清池 | 1 | φ10m×1.5m | 含铬废气处理装置 | 1 | |
| 过滤池 | 1 | $Q=25m³/h$ | 加药装置 | 4 | |

② 处理结果 各处理系统的处理结果见表 14-52。

表 14-52 废水处理站各系统的处理能力及目标值

| 处理内容 | 处理量 | 处理目标 | 处理内容 | 处理量 | 处理目标 | 排放保证值 |
|---|---|---|---|---|---|---|
| 1. 含油、乳化液废水处理系统 | | | 3. 含铬废水处理系统 | 平均 14,最大 25 | | |
| ① 处理能力/(m³/h) | 平均 14,最大 20 | | ① 处理能力/(m³/L) | | | |
| ② pH 值 | 9~14 | | ② $Cr^{6+}$/(mg/L) | | <0.5 | |
| ③ 悬浮物/(g/L) | 0.01~0.1 | <50 | 4. 处理站总排放口 | | | |
| ④ 油含量/(g/L) | 10~20 | <10 | ① pH 值 | | 8~9 | 8~9 |
| ⑤ COD/(g/L) | 10~20 | <100 | ② 悬浮物/(mg/L) | | <50 | <50 |
| ⑥ 最高温度/℃ | 80 | | ③ 油/(mg/L) | | <5 | <5 |
| ⑦ 乳化液 | | | ④ $Cr^{6+}$/(mg/L) | | <0.5 | <0.5 |
| 含油/% | 3~6 | >80 | ⑤ TCr/(mg/L) | | <1.5 | <1.5 |
| COD/(g/L) | 5 | (浓缩) | ⑥ $COD_{Cr}$/(mg/L) | | <100 | <100 |
| 温度/℃ | 5 | | ⑦ $BOD_5$/(mg/L) | | <25 | <25 |
| 2. 含酸、碱废水处理系统 | | | ⑧ Zn/(mg/L) | | <2 | |
| ① 处理能力/(m³/L) | 平均 200 最大 30 | | ⑨ TNi/(mg/L) | | <1 | |
| ② 悬浮物/(mg/L) | 200~400 | <50 | ⑩ LAS/(mg/L) | | <10 | <10 |
| ③ pH 值 | 2~12 | 8~9 | ⑪ 色度/倍 | | <50 | <50 |
| ④ COD/(mg/L) | 20~500 | <100 | | | | |
| ⑤ 油/(mg/L) | 200~1000 | <5 | | | | |

### 14.8.2 鲁特纳法盐酸废液处理回用技术与应用

宝钢三期 1420mm 冷轧与二期 2030mm 冷轧和三期 1550mm 冷轧一样,均采用盐酸酸洗工艺。因为鲁特纳法与其他盐酸再生工艺如鲁奇法相比,具有可靠性高、能耗低、设备使用寿命长,特别是副产品氧化铁粉价值高,故该法在国际上得到更广泛的应用。

(1) 工作原理与工艺流程

鲁特纳法是目前投产设备最多的方法。该系统主要由喷雾焙烧炉、双旋风除尘器、预浓缩器、吸收塔、风机、烟囱等组成。该厂两套废酸再生装置的能力为 2.9m³/h,其工艺流程如图 14-67 所示。

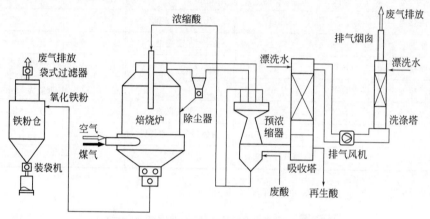

图 14-67　1420mm 冷轧废酸再生流程

将废酸在预浓缩器内加热、浓缩后,用泵送到喷雾焙烧炉顶部,使其呈雾状喷入炉内。雾化废酸在炉内受热分解,生成氯化氢气体及粉状氧化铁。氧化铁从炉底排出;氯化氢随燃烧气体从炉顶经双旋风除尘器到达预浓缩器。经双旋风除尘器、预浓缩器净化冷却后的气体从预浓缩器进入吸收塔底部。气体中的氯化氢被从塔顶喷出的洗涤水吸收,在塔底形成再生酸。塔顶的尾气由风机抽走经烟囱排出。该流程的特点是:a. 反应温度较低,反应时间较长,炉容较大,操作比较稳定;b. 氧化铁呈空心球形,粒径较小,含氯量较低 (一般小于0.2%),但活性较好,可用于硬磁、软磁材料或颜料的生产;c. 容易产生粉尘,但采取一些措施后,氧化铁粉尘污染较轻。

(2) 基本参数及保证条件

1420mm 冷轧废酸再生站基本参数见表 14-53。

表 14-53　1420mm 冷轧废酸再生站基本参数

| 序号 | 内　　容 | 基　本　参　数 |
|---|---|---|
| 1 | 酸洗能力/ (t/a) | 800600 |
| 2 | 酸洗铁损/% | 0.40 |
| 3 | 酸再生设计处理能力/ (m³/h) | 2×2.9 |
| 4 | 酸再生站年工作时间/h | 约 6930 |
| 5 | 废酸主要成分及其质量浓度 | $Fe^{2+}$ 110~130g/L,平均 120g/L;总 HCl 190~220g/L;$FeCl_3$ (最大) 10g/L;$SiO_2$<150mg/L;氟化物<5mg/L |

续表

| 序号 | 内 容 | 基 本 参 数 |
|---|---|---|
| 6 | 再生酸成分 | Fe 5~6g/L；总 HCl 190g/L |
| 7 | 最大电耗/kW | 500 |
| 8 | 平均电耗/kW | 320 |
| 9 | 废酸耗热量/（kJ/L） | 3898 |
| 10 | 压缩空气耗量/（m³/h） | 0.345 |
| 11 | 废酸脱盐水耗量/（m³/h） | 0.345 |
| 12 | 废酸漂洗水用量/（m³/h） | 0.69 |
| 13 | 占地面积/m² | 约 888 |
| 14 | 机械部分设备总重/t | 826.64 |
| 15 | 国外供货设备总重/t | 72.16 |
| 16 | 国内供货设备总重/t | 763.48 |

1420mm 冷轧废酸再生站保证值见表 14-54。

**表 14-54　1420mm 冷轧废酸再生站处理系统保证值**

| 序号 | 项目 | 保证值 |
|---|---|---|
| 1 | 设备能力/（L/h） | 酸再生：2×2900 |
| 2 | 废酸耗热量指标/（kJ/L） | <3898 |
| 3 | 酸回收率/% | 99 |
| 4 | 排气烟囱排放指标 | HCl≤30mg/m³，$Fe_2O_3$ 50mg/m³，$Cl^-$ 最大 2.8kg/h（烟囱高度：30m），最大 5 kg/h（烟囱高度：50m） |
| 5 | 氧化铁粉成分 | $Fe_2O_3$≥99%，氯化物最大 0.15%，粒径<1μm，比表面积（3.5±0.5）m²/g |
| 6 | 再生酸 | ρ（HCl）≥190g/L |
| 7 | 排气烟囱废气 | ρ（HCl）<30 mg/m³，ρ（$Fe_2O_3$）<100mg/m³ |
| 8 | 氧化铁粉仓废气 | ρ（$Fe_2O_3$）<100mg/m³ |

注：资料来源：西马克和鲁特纳公司提供。

（3）废酸量及再生设备能力确定

宝钢三期 1420mm 冷轧盐酸再生站按照平均酸洗能力计算小时废酸处理量如下：

$$Q = \frac{800600 \times 0.4\%}{(120-5) \times 6930} \times 10^6 = 4018 \text{L/h}$$

式中，800600 为酸洗平均年产量，t/a；0.4% 为酸洗铁损；120 为废酸平均含铁量，g/L；5 为再生酸含铁量，g/L；6930 为酸再生站年工作小时，h。

考虑 25% 的富余量，酸再生系统的实际处理能力为：

$$Q = 1.25 \times 4018 = 5023 \text{L/h}$$

实际取 2900L/h×2。

（4）主要操作、控制方法

① 操作程序　1420mm 冷轧酸再生站的操作程序包括系统启动、正常操作、事故停车等，均按预先设定的程序自动启动或自动停车与运行。

② 主要检测、控制项目

1) 贮罐与泵组。各贮罐都有液位监测、控制点一个。各泵组一般设有压力、流量监测点。其中反应炉供酸泵为变频高速泵，水泵的转速根据焙烧炉喷枪外部接管处的压力变化自动调节，以保证焙烧炉供酸压力的稳定。

吸收塔喷淋漂洗水供水泵为变频调速泵，水泵的转速根据吸收塔下部再生酸浓度的变化自动调节，以保证再生酸浓度基本恒定。

2) 酸再生系统

a. 焙烧炉。炉子上部烟道出口处设有反应气体温度、压力检测控制点各一个，炉子下部烧嘴处设有温度检测点一个。炉子上部喷枪外部接管处设有浓缩酸温度、压力检测控制点各一个。

b. 预浓缩器。烟道出口处设有温度检测、控制点一个，烟道进出口处设有压力检测点各一个。预浓缩器下部酸循环槽处设有液位检测、控制点一个。

c. 吸收塔。烟道出口处设有排气温度、压力检测点各一个。喷淋水集水仓设有液位检测、控制点一个。

d. 排气系统。排气风机出口处设有压力检测点一个，风机转速根据焙烧炉上部烟道出口处的压力自动调整，以保证焙烧炉内压力稳定。

e. 洗涤塔。洗涤塔循环槽设有液位监测、控制点两个。

3) 氧化铁粉站。氧化铁粉仓料位设有检测点 3 个；氧化铁粉仓排气管设有温度检测点 1 个，压力检测、控制点 1 个；铁粉装袋机进口料位设有检测点 1 个。

## 14.8.3　超滤法处理与回收冷轧含油、乳化液废水

冷轧厂的含油废水含有乳化剂、脱脂剂以及固体悬浮物等，化学稳定性好，难以通过静置或自然沉淀法分离，乳化液是在油或脂类物质中加入表面活性剂，然后加入水。油和脂在表面活性剂的作用下以极其微小的颗粒在水中分散，由于其特殊的结构和极小的分散度，在水分子热运动的影响下，油滴在水中是非常稳定的，就如同溶解在水中一样。这种乳化液通常称为水包油型乳化液，其乳化液中含有脱脂剂、悬浮物等，形成的乳化液稳定性更好。其处理原则：a. 对于浓度较高的含油乳化液，应考虑先回收浮油而后实施以回收为主的技术；b. 对于低浓度含油乳化液废水应以处理为主，但在处理各阶段中应将能够回收的油和乳化液予以回收。

### 14.8.3.1　废水处理工艺流程

以宝钢 2030mm 冷轧乳化液废水处理为例，其工艺流程如下。

各机组过来的乳化液及含油废水进入含油调节槽经静置分离后，其上部的油经带式撇油机取出，经潜水泵打入废油回收槽，中部浓度为 1% 的乳化液送一级超滤装置的循环槽。一级超滤装置有 8 套，每套有 20 个超滤管组合件，每个组合件由 7 根超滤管串联组成。经过 1h 的循环浓缩分离，将乳化液浓度从 1% 提高到 2%。一级超滤浓缩后的乳化液由乳化液输送泵打入二级超滤装置的循环槽。二级超滤装置有 4 套，其设备装配情况与一级超滤装置相同。经二级超滤处理的废油浓度可达 50%。超滤过程排出的渗透液，其油浓度控制在 10mg/L 以内，并输送至酸碱废水处理系统，进行进一步的处理，使其最终油排放质量浓度小于 5mg/L。经过一段时间的运行，超滤装置的渗透量减少，这时需暂时停止废水处理，进行清洗操作。其工艺流程如图 14-68 所示。

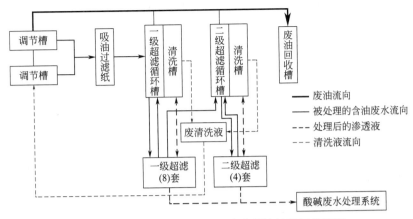

图 14-68　2030mm 冷轧含油废水超滤处理工艺流程

### 14.8.3.2　废水处理与控制要求

从宝钢长期运行的情况看，采用超滤技术处理冷轧含油废水的关键技术与问题如下。

（1）浮油与氧化铁的分离（废水的预处理）

原料的预处理在某种程度上其重要性要超过对膜的清洗。冷轧厂的含油废水中不可避免的含有氧化铁皮等杂质，这些废水直接送去超滤处理，肯定要堵塞滤膜，缩短滤膜寿命，因此，含油废水的预处理至关重要。冷轧厂有两个 500m³ 的含油废水调节池，其中 1 个用于收集废油，另 1 个用于接收机组间歇或连续排放过来的含油废水，保证含油废水在调节池中有 1 天以上的停留时间，使氧化铁皮等杂质沉积在槽底。为提高分离效果，调节槽中设有蒸汽加热器，加热至 45℃，以降低含油废水的黏度，便于油水分离，加速氧化铁皮沉淀。从含油调节槽中部抽出来的含油废水进行机械纸过滤，在超滤循环槽加热至 50℃，进一步便于油水分离。上述预处理措施减轻了后续超滤处理的负担。

（2）含油废水的浓缩与控制

位于贮槽中部，质量分数为 1% 的乳化液是含油废水处理的主要内容。这里采用二级超滤和离心分离，使废油的质量分数提高到 90%。乳化液废水用能力为 22m³/h 的乳化液泵从贮槽底部以上 1.1～1.5m 处取出，送一级超滤装置的循环槽。循环槽容积为 35m³，另带有一个容积为 10m³ 的清洗槽。循环槽内设有蒸汽间接加热器，维持液温 50℃。

一级超滤装置有 8 套，每套有 20 个超滤管组合件。每套超滤装置由 1 台流量为 50m³/h、压力为 200kPa 的给液泵和流量为 200m³/h、压力为 250kPa 的循环泵从循环槽向超滤管供给乳化液废水。经过 1h 的循环浓缩分离，将乳化液的质量分数从 1% 提高到 2%。一级超滤浓缩后的乳化液由乳化液输送泵打入二级超滤装置的循环槽。

二级超滤装置有 4 套。除清洗槽的容积为 10m³ 外，其他设备同一级超滤装置。经二级超滤的废油的质量分数可达 50%，这是超滤装置浓缩乳化液的最后浓度。

（3）清洗过程

经过一段时间的运行，超滤装置的渗透液量减小，而含油量增加。这时通过浊度仪发出信号，由乳化液废水的超滤改为清洗剂的清洗操作。超滤过程、清洗过程及超滤和清洗操作的转换，均由可编程序控制器进行全自动控制。

（4）浓缩油的加工分离

浓度为 50% 的乳化液，用泵打入最终分离槽，通入蒸汽，加热到 90℃。浮油经集油槽

流入容积为 $18m^3$ 的废油贮槽。乳化液及底部的油泥用能力为 $4m^3/h$ 的离心分离机分离出油、水及油泥。分离油流入废油贮槽。含油废水流回超滤装置的循环槽。油泥集中后，用泵打到 $500m^3$ 的乳化液贮槽。

（5）渗透液处理

乳化液的主要成分是油、乳化剂和水。通过超滤，乳化液中的水和大部分乳化剂从乳化液中分离，作为渗透液排出。

超滤过程中排出的渗透液，其含油质量浓度控制在 $10mg/L$ 以内，排入中和池前的收集分配槽，而后进行含油废水统一处理。

宝钢冷轧含油废水超滤法处理设施与工艺流程如图 14-69 所示。

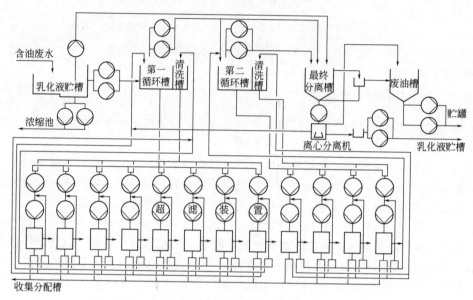

图 14-69　宝钢冷轧含油废水超滤法处理设施与工艺流程

### 14.8.3.3　膜过滤器条件选择与操作中关键因素的控制

（1）膜过滤器及系统条件选择

冷轧采用的是单管超滤膜，其从内到外的结构，其内部为空心管；空心管外为软管；软管内壁为超滤膜，超滤管中流动着处理液，渗透液通过超滤膜，穿过软管，经钻有许多小孔的支承管到收集管中被收集，然后排出。支承管除了起支撑作用外，还起到将渗透液均匀分布于整个圆柱面的作用。

为了尽可能减少浓差极化和污染，冷轧超滤的操作方式采用的是横流过滤、待处理液两级超滤处理的方式。在横流过滤中，进水以高速流过薄膜表面。这一点不同于传统的垂直过滤，垂直过滤易使固体在薄膜表面堆积，因此，需要经常更换和清洗。而横流过滤大大降低了固体物质的堆积，改善了工作环境，增加了渗透率和减少了更换过滤器。

美国 KOCH 公司的超滤膜在耐热性和抗化学腐蚀及减少污染能力等方面都优于国内外同种产品的性能，故宝钢二、三期冷轧含油乳化液超滤膜均从美国引进。

（2）操作中关键因素的优化与控制

根据宝钢十多年的运行经验，超滤技术处理与回收冷轧含油、乳化液废水的运行好坏，不仅与超滤膜材料的选择有关，而且与运行中关键因素的控制亦有很重要的关系。

① 含油废水的预处理　含油废水的预处理至关重要，在某种程度上其重要性超过对膜的清洗，应首先去除废油中的氧化铁皮等杂质，通常需一天以上的静置沉淀；然后通过蒸汽加热（45℃）降低黏度，加速铁皮沉淀和油分离。

② 流速的影响　对于超滤膜来说，其管内流速应控制在一定范围内。流速太低，超滤管内易产生堵塞，增加反洗，降低单位时间内处理的含油废水量；流速太快则增加动力消耗，且影响超滤膜的使用寿命。宝钢冷轧厂超滤处理设施的流速控制在 1.5m/s。

③ pH 值及杂质的影响　不同的超滤膜有不同的 pH 值适宜范围。宝钢冷轧超滤膜 pH 值控制在 2～14。对于杂质的处理采用定期清理的方式，以延长超滤膜的使用寿命。

④ 操作压力的影响　在超滤处理工艺中，其操作压力对超滤膜的渗透率有较大影响。操作压力的高低，直接影响到处理的动力消耗及处理成本。一般来说，渗透率随压力的增加而增加，但过高的压力对提高渗透率作用不大，反而增加动力消耗。宝钢超滤系统的操作压力经多年运行控制在 0.4MPa 左右，既保证处理效果，又比较经济合理。

⑤ 温度的影响　含油废水的黏度随温度的升高而降低，故增加系统的温度可提高膜的渗透量。选择合适的运行温度，可以降低处理系统的一次性基建投资，也可节省日常费用，收到较好的经济效益。宝钢冷轧超滤的运行控制温度为 50℃。

⑥ 细菌的影响　由于含油废水中含有大量的营养物质，运行中还具有适宜的操作温度，这就为细菌的繁殖提供了条件。若采用间歇操作方式，大量的细菌繁殖造成膜的堵塞，膜的渗透量在短时间内会有大幅下降。但在正常连续运行中，不易造成细菌繁殖，故以连续运行为好。宝钢冷轧超滤是连续运行的，年修停机前都要通过福尔马林进行杀菌处理。

⑦ 超滤机组的自动控制　超滤过程、清洗过程及超滤和清洗操作的转换，均由可编程序控制器进行全自动控制。这些自动控制的采用便于运行操作。

⑧ 清洗　在任何膜分离技术的应用中，尽管选择了较合适的膜和适宜的操作条件，但膜在长期运行中，膜的透水量随运行时间增长而下降的现象，即膜污染问题必然会产生。因此，必须采用一定的清洗方法，使膜面或膜孔内的污染物质去除，达到渗透量恢复，延长膜寿命的目的。膜的清洗方法已成为国内外的研究热点。在清洗过程中必须考虑膜的性质及污染物的性质两个因素。膜的化学特性如耐酸碱、耐腐蚀性对选择清洗剂类型、浓度、温度等极为重要。另外，了解污染物的特性，如在不同 pH 值、温度下的溶解性等，选择清洗剂也应有针对性。宝钢冷轧超滤经多年运行总结出一套先进的清洗经验，延长了超滤膜的使用寿命，其关键在于清洗周期的确定、清洗剂的选择、不同清洗剂的配合使用等。

通过采取以上措施，2030mm 冷轧超滤运行稳定，处理效果好，排水水质满足国家及宝钢内控标准，排水水质情况见表 14-55。

**表 14-55**　2030mm 冷轧废水排水水质

| 项　目 | 油/（mg/L） | COD/（mg/L） | pH 值 | SS/（mg/L） |
|---|---|---|---|---|
| 最大值 | 8.81 | 99.90 | 9.00 | 44.40 |
| 最小值 | 1.14 | 0.05 | 8.00 | 0.40 |
| 平均值 | 2.95 | 28.80 | 7.10 | 9.30 |

### 14.8.3.4　主要处理设备、技术特点与应用前景

（1）主要处理设备

主要处理设备见表 14-56。

表 14-56　2030mm 冷轧厂含油废水超滤处理主要设备

| 名　称 | 数量 | 规格 | 名　称 | 数量 | 规格 |
|---|---|---|---|---|---|
| 含油废水贮槽 | 2 | $V=500\text{m}^3$ | 二级超滤循环槽 | 1 | $V=35\text{m}^3$ |
| 带式撇油机 | 2 | $Q=500\text{L/h}$ | 二级超滤清洗槽 | 1 | $V=10\text{m}^3$ |
| 潜水泵 | 2 | $Q=500\text{L/h}$ | 二级超滤装置 | 4 | |
| 可调偏心螺杆泵 | 2 | $Q=1.2\sim6\text{m}^3/\text{h}$ | 二级超滤给液泵 | 4 | $Q=50\text{m}^3/\text{h}$ |
| 乳化液泵 | 2 | $Q=22\text{m}^3/\text{h}$ | 二级超滤循环泵 | 4 | $Q=200\text{m}^3/\text{h}$ |
| 一级超滤循环槽 | 1 | $V=35\text{m}^3$ | 二级超滤后乳化液输送泵 | 2 | $Q=22\text{m}^3/\text{h}$ |
| 一级超滤清洗槽 | 1 | $V=16\text{m}^3$ | 最终分离槽 | 1 | $V=20\text{m}^3$ |
| 一级超滤装置 | 8 | | 离心分离机 | 1 | $Q=4000\text{L/h}$ |
| 一级超滤给液泵 | 8 | $Q=50\text{m}^3/\text{h}$ | 废油贮槽 | 1 | $V=20\text{m}^3$ |
| 一级超滤循环泵 | 8 | $Q=200\text{m}^3/\text{h}$ | 废油输送泵 | 2 | $Q=4\sim20\text{m}^3/\text{h}$ |
| 一级超滤后乳化液输送泵 | 2 | $Q=22\text{m}^3/\text{h}$ | | | |

　　根据德国陶瓷化学公司的设计，超滤装置的平均处理能力为 $10.0\text{m}^3/\text{h}$，冷轧含油废水流量变化范围为 $9.75\sim11.5\text{m}^3/\text{h}$。由表 14-56 可以看出，该法的主要设备为：一级超滤装置(8 套)，二级超滤装置(4 套)，一、二级超滤循环槽，一、二级超滤清洗槽，带式撇油机，各种贮槽，离心分离机，以及各类泵组等。

　　目前国内已具有膜处理技术自主知识产权的设计与设备制作单位与厂家，但膜生产技术的水平、品种、性能尚有一定差距。

　　(2) 超滤法技术特点与应用前景分析

　　① 超滤法技术特点

　　1) 无相变，分离效果好，自动化程度高。超滤法与传统方法相比，其优点是物质在分离过程中无相变，不用化学药剂，设备简单、较易操作、分离效果好，对处理乳化液含油废水有其独特之处，且在处理过程中实现计算机程序控制。

　　2) 目前采用超滤法处理乳化液废水的主要工艺有平板式超滤法、中空纤维膜超滤法、管式(内压或外压)膜超滤法和卷式膜超滤法等。以内压管式膜超滤工艺的实际应用较广。宝钢引进的设备亦属此类。

　　3) 操作稳定，可保证出水水质经超滤处理的渗透液中的含油量及其杂质均很低，排水水质好，可直接外排或回用。但因乳化液废水中大部分溶解物(如分散剂、酸碱物质等)均随渗透液排出，因此，根据用户或排放地区的要求，必须进行适当处理后方可排放或回用。

　　4) 回收油质量较高，膜分离过程不产生新油泥。膜分离本身不耗化学药剂，也不产生新的油污泥。回收的油质量分数可达 50%，再经加热与分离处理后可回收利用。

　　② 应用效果　超滤法的应用可在环保与资源两个方面获得效益。

　　1) 废乳化液回收利用。超滤法可将 1% 的乳化液经超滤分离后浓缩到 50% 的废油。如将质量分数为 1% 的 $1\text{m}^3$ 乳化液废水浓缩到 50% 时，其体积由 $1\text{m}^3$ 浓缩到 20L。该浓缩废油可作为重油原料或再加工后回收成品油。

　　2) 环保效益较好。超滤法在回收油的过程中不添加其他化学药品，渗透出水水质好，一般情况下可直接回用或外排。但对冷轧含油、乳化液废水，因原废水含有亚硝酸盐、铬酸盐等有毒物质，如直接排放时应做适当处理后排放。

③ 应用前景与发展趋势

1）应用前景

a. 超滤法技术是一项新技术。但随着水资源短缺和节水技术的广泛应用，海水淡化、苦咸水、高浓度含盐水脱盐等的应用，该项技术比较普遍，而且日显其重要性。膜法应用范围很广，乳化液处理仅是膜法应用的一种特例。

b. 膜法技术本身市场前景广泛，随着新型化工与有机物产品的开发而日显其重要性，潜力很大。但对膜法用于乳化液分离而言，由于有机膜材料价格较高，故投资较大，耗电较多，且膜的耐压性与使用寿命都受到限制，故该技术的推广应用前景受到一定影响。

2）发展前景分析

a. 冷轧含油乳化液再生回用是钢铁工业生存发展的一项重要环保要求，膜法技术比较有效，且技术成熟。目前国内已具有独立知识产权的设计和制作设备的能力。但都存在共同问题，即膜材料选择、膜材料寿命与清洗技术问题和价格问题。

b. 宝钢使用有机超滤膜已有 20 多年的历史，回收率高，效果显著，故在三期冷轧工程建设中，经多方技术比较，仍选用膜法再生回收乳化液技术。选用的原因主要是该法既可回收有用物质，又可节省大量化学药剂，无二次污染和造成新的污染源。但是有机膜使用缺陷也日趋明显：（a）稳定性较差，抗化学物质性能差；（b）经受不起较强的酸、碱、氧化剂及有机溶剂侵蚀；（c）耐温性能差；（d）抗老化性能差；（e）机械强度低，使用寿命短。因此，从长远与发展观点看，必须进行膜的更新与无机膜的研究与更替。

c. 20 世纪 80 年代国外已开展无机陶瓷膜研究与应用，主要为氧化铝铅、氧化锆和不锈钢膜等，20 世纪 90 年代美国已将此技术应用于含油和乳化液废水处理，使用证明可克服上述有机膜的缺陷。国内南京化工大学以及有关单位于 1998～2001 年在武钢、上海益昌公司曾进行现场试验。目前已有无机膜的乳化液废水处理装置的运行实践与经验。

# 第 *15* 章
# 铁合金厂废水处理与回用技术

铁合金生产方法分为火法冶金与湿法冶金两大类。

火法冶金包括电炉冶炼、高炉冶炼、金属热法冶炼、真空冶炼、吹氧冶炼、热兑冶炼等等。其中电炉冶炼使用最多。其生产产品有硅铁、碳素锰铁、锰铁合金、硅铬合金、金属锰、钨铁钒铁等数种。

湿法冶金是利用熔剂将原矿粉或经焙烧后的精矿粉及富矿渣中的有用金属溶解，然后再从溶液中经过各种药剂的化学处理获得合格溶液或固态中间产品，进而通过电炉冶炼、金属热法冶炼、电解法生产、萃取法生产等获得铁合金产品或纯金属添加剂。生产的中间产品有五氧化二钒、三氧化二铬、铬铵明矾、稀土氧化物、稀土氯化物等。生产的最终产品有矾铁、金属铬、电解铬、电解锰、稀土金属化合物等。

湿法冶炼用水特点：配制各种溶液需用软化水、除盐水或纯水；工业盐酸要提纯；各种工艺的废液要处理并回用。

铁合金废水种类多，毒性大，以含重金属和稀土化合物为主，故应妥善处理回用或达标排放。

# 15.1 用水特征与废水水质水量

## 15.1.1 用水特征与用水要求

（1）湿法冶金用水规定与设计要求

① 工艺用水 主要用于精矿浸出、洗渣、配制溶液等工段。

1）用钒精矿生产 1t 湿 $V_2O_5$，需要水量约为 $100m^3$。用矾渣生产 1t 湿 $V_2O_5$，需要水量约为 $200m^3$。用水除蒸发损失和沉渣带走水分外，约有 80% 的水量变成废水排出。

2）生产 1t 金属铬时，用水量约为 $400m^3$。除蒸发损失和沉渣带走水分外，约有 80% 的水量变成废水排出。

3）生产 1t 电解锰时，用水量约为 $100m^3$，其中约有 50% 的水量变成废水排出。

4）年产 2500t 氯化稀土生产线用水量见表 15-1。

表 15-1 氯化稀土生产线用水量　　　　　　　　　　　　　　　　单位：$m^3/d$

| 循环水 | 补充水 | 生活用水 | 未预见用水 | 总用水量 | 新水用量 | 排出水量 |
|---|---|---|---|---|---|---|
| 300 | 700 | 100 | 300 | 1400 | 1100 | 900 |

5）生产钕铁硼所需工业盐酸净化时的纯水用量。日处理纯盐酸 20t，纯度要求 $Fe^{2+}$ 不大于 $10^{-3}$ mg/L，每再生周期需纯水 $3m^3$。配制萃取溶液所需纯水为每日 $30m^3$。

② 设备冷却用水量　设备冷却用水量见表 15-2。

表 15-2　设备冷却用水量

| 序号 | 名称 | 规格 | 设计参数/[m³/(h·台)] | 用水制度 |
|---|---|---|---|---|
| 1 | 球磨机轴承冷却 | φ1500 系列 | 1.5 | 连续 |
| 2 | 球磨机身喷水 | φ1500mm×5700mm | 4 | 连续 |
| 3 | 回转窑下料管 | | 3 | 连续 |
| | 托轮 | | 6 | 连续 |
| | 冷却筒 | φ1100mm×8700mm | 7 | 连续 |
| 4 | 振动水冷槽 | B=650mm | 2 | 连续 |
| 5 | 水冷内螺旋 | φ500mm×2150mm | 2 | 连续 |
| 6 | 水环真空泵 | 2BE1 | 4 | 连续 |
| | 压缩机 | 2BE1 | 2.5 | 连续 |
| 7 | 往复真空泵 | W-4 | 1.5 | 连续 |
| 8 | 真空过滤气液分离器 | | 6 | 连续 |
| 9 | 真空蒸发列管冷凝器 | | 7 | 连续 |
| 10 | 结晶罐 | V=4～8m³ | 10～14 | 间断 |
| 11 | 浓缩冷却罐 | V=4～8m³ | 10～14 | 间断 |
| 12 | V₂O₅熔化炉 | 炉底面积 13m² | 8 | 连续 |
| 13 | 粒化台 | φ1200mm | 4 | 连续 |
| 14 | 电解锰槽 | 3000A/6000A | 2/4 | 连续 |

③ 其他用水量　其他用水量见表 15-3。

表 15-3　其他用水量

| 序号 | 用水户 | 用水量 | 附注 |
|---|---|---|---|
| 1 | 铁锭淋水(钼铁、钛铁)/(m³/锭) | 8～10 | |
| 2 | 钨铁锭冷却/(m³/t) | 3 | |
| 3 | 铸锭机喷淋/[m³/(h·台)] | 6 | 水被蒸发损失 |
| 4 | 铁水包换衬喷水/(m³/包) | 1～2 | 水被蒸发损失 |
| 5 | 锭模冷却用水/(m³/t) | 5 | 水被蒸发损失 |
| 6 | 生产铝粒用水/(m³/t) | 4 | 水被蒸发损失 |
| 7 | 液压站喷雾消防用水/[m³/(m²·h)] | 4～5 | 自动感光喷雾水消防 |

续表

| 序号 | 用水户 | 用水量 | 附　注 |
|---|---|---|---|
| 8 | 变压器冷却器用油<br>喷雾消防用水/[m³/(m²·h)] | 4～5 | 自动感光喷雾水消防 |
| 9 | 有机萃液槽喷雾消防用水/[m³/(m²·h)] | 5～8 | 自动感光喷雾水消防 |
| 10 | 酸雾洗涤碱液用水/[m³/(m²·h)] | 3～5 | 循环洗涤 |
| 11 | 一般车间地坪洒水/[m³/(h·跨)] | 1～2 | — |
| 12 | 湿法冶金车间地坪洒水[m³/(h·跨)] | 3～4 | — |
| 13 | 化检验用水/(m³/h) | 3～5 | — |
| 14 | 生活用水 | | 按冷热车间考虑 |

（2）火法冶金用水规定与设计要求

电炉冶炼有还原电炉和精炼电炉两种类型。

还原电炉有敞口固定、敞口旋转、半封闭固定、封闭固定和封闭旋转几种类型。以矿石、焦炭、钢屑和熔剂等为原料进行还原熔炼，陆续加料，连续生产，间断出铁。炉口冒出含大量 CO 的烟气，采用干法或湿法进行烟气净化处理。生产成品或含碳较低的中间产品，诸如硅铁、碳素锰铁、锰铁合金、碳素铬铁、硅铬合金、硅钙台金等。

精炼电炉有敞口和带盖两类，敞口类又有固定式、倾动式和旋转倾动式三种，带盖类又分侧倾和前倾两种。以矿石、中间产品和熔剂等为原料进行氧化熔炼，分批加料，断续生产，间断出铁。炉口冒出的烟气采用干法和湿法进行烟气净化处理。出铁口溢出大量渣，采用水淬渣循环水处理系统。生产产品有中碳、低碳锰铁，金属锰，中碳、低碳、微碳、超微碳铬铁，钨铁，钒铁等。

① 电炉冶炼用水特征与要求

1）电炉用水量。电炉用水量见表 15-4。

表 15-4　电炉用水量

| 序号 | 电炉容量<br>/kV·A | 用水量<br>/[m³/(h·台)] | 附　注 | 序号 | 电炉容量<br>/kV·A | 用水量<br>/[m³/(h·台)] | 附　注 |
|---|---|---|---|---|---|---|---|
| 1 | 1000 | 10～15 | | 8 | 6000 | 120～10 | |
| 2 | 1500 | 15～20 | | 9 | 6300 | 130～150 | |
| 3 | 1800 | 20～30 | | 10 | 9000 | 150～160 | |
| 4 | 2500 | 30～35 | | 11 | 12500 | 120～150 | 其中电极把持器 40 |
| 5 | 3000 | 35～40 | | 12 | 16500 | 150～200 | |
| 6 | 3500 | 40～45 | | 13 | 25000 | 200～240 | 其中电极把持器 150 |
| 7 | 5000 | 100～120 | | 14 | 57000 | 580～600 | |

2）电炉变压器油冷却器用水量。电炉变压器油冷却器用水量见表 15-5。

653

表 15-5　变压器油冷却器用水量

| 序号 | 变压器容量 /(kV·A) | 用水量 /[m³/(h·台)] | 附注 | 序号 | 变压器容量 /(kV·A) | 用水量 /[m³/(h·台)] | 附　注 |
|---|---|---|---|---|---|---|---|
| 1 | 1800 | 2～5 | | 7 | 6000 | 24～30 | |
| 2 | 2500 | 5～10 | | 8 | 6300 | 24～30 | |
| 3 | 3000 | 10～15 | | 9 | 9000 | 30～35 | |
| 4 | 3500 | 15～20 | | 10 | 12500 | 40～60 | |
| 5 | 4500 | 20～30 | | 11 | 25000 | 50～103 | 其中：油冷却 72，短网 18，零线 9，液压站 15 |
| 6 | 5000 | 20～30 | | 12 | 57000 | 103～108 | |

3）电炉烟气净化用水量。电炉烟气净化用水量见表 15-6。

表 15-6　电炉烟气净化用水量

| 序号 | 电炉容量 /(kV·A) | 烟气量 /(m³/h) | 含尘量 /(g/m³) | 用水量 /[m³/(h·台)] | 烟气净化流程 |
|---|---|---|---|---|---|
| 1 | 800 | 750～1200 | 30 | 60 | 炉气→竖管→洗涤塔→文氏管→脱水器→最终冷却塔→风机→水封→气柜 |
| 2 | 9000 | 1600～1900 | 70 | 50 | 炉气→双管洗涤器→文氏管→洗涤塔→风机→水封→气柜 |
| 3 | 9000 | 1200 | 50 | 50 | 炉气→集尘箱→洗涤塔→捕滴器→风机→水封→气柜 |
| 4 | 12500 | 2000 | 40～100 | 60 | 炉气→洗涤塔→文氏管→风机→放空 |
| 5 | 12500 | 2000 | 40～100 | 160 | 炉气→余热锅炉→布袋除尘器→风机→放散 |
| 6 | 25000 | 12500 | 40～100 | 50 | 炉气→自然空冷器→布袋除尘器→风机→放散→ ↓ 刮板输送机→贮灰仓→装袋→外运 |
| 7 | 57000 | — | 40～100 | 50 其中：风机 2，液耦器 40，加密系统 6，反吸风机 2 | 炉气→余热锅炉→旋风预除尘器→风机→布袋除尘器→放散系统 刮板输送机→贮灰仓→装袋→外运 |

4）余热锅炉耗水量。余热锅炉耗软水量见表 15-7。

表 15-7　余热锅炉耗软水量

| 序号 | 电炉容量/(kV·A) | 余热锅炉耗软水量/[m³/(h·台)] |
|---|---|---|
| 1 | 12500 | 2.0 |
| 2 | 25000 | 4.0 |
| 3 | 57000 | 4.8 |

5）汽轮机冷凝器循环用水量。汽轮机冷凝器循环用水量见表 15-8。

表 15-8 汽轮机冷凝器循环用水量

| 序号 | 电炉容量/(kV·A) | 汽轮机冷凝循环用水量/[m³/(h·台)] |
|---|---|---|
| 1 | 12500 | 500～800 |
| 2 | 25000 | 800～1000 |
| 3 | 57000 | 876～1200 |

6）其他用水量

a. 硅石水洗用水量为 2～125m³/(h·t)。

b. 粒化再制铬铁，用水量为 10～12m³/(h·t)，其中蒸发损失水量为 2～3m³/t。

c. 电炉水力冲渣用水量一般渣水比为 1:10，补充水用水量为 2～3m³/t。

② 锰铁高炉冶炼用水特征与要求　高炉冶炼与普通碳素生铁冶炼相同，用水排水系统与普通碳素生铁高炉基本相同，只是高炉煤气洗涤水水质差异较大，处理构筑物与投药有所不同。生产产品有碳素锰铁、富锰渣、钒渣稀土铁、富稀土渣等。

1）锰铁高炉用水量

a. 100m³ 高炉用水量。100m³ 高炉用水量见表 15-9。

表 15-9 100m³ 高炉设计用水量

| 序号 | 用水户 | 用水量/[m³/(h·台)] 平均 | 最大 | 用水制度 | 水压/MPa | 温差/℃ | 附　注 |
|---|---|---|---|---|---|---|---|
| 1 | 高炉炉体 | 350 | 400 | 连续 | 0.3～0.4 | 8 | 水压指在高炉前铁路轨面或地坪处 |
| 2 | 出铁场用水 | 25 | 70 | 间断 | 0.3～0.4 | | |
| 3 | 热风炉用水 | 45 | 60 | 连续 | 0.3～0.4 | 8 | |
| 4 | 炉顶冷却 | 5 | 10 | 间断 | 0.3～0.4 | 8 | |
| 5 | 炉尘湿润 | 5 | 5 | 间断 | 0.3～0.4 | 8 | |
| 6 | 碾泥机室 | 5 | 5 | 间断 | 0.1～0.15 | | |
| 7 | 冲渣补充水 | 8 | 10 | 间断 | 0.1～0.15 | | |

b. 255m³ 高炉实测用水量。255m³ 高炉实测用水量见表 15-10。

表 15-10 255m³ 高炉实测用水量

| 序号 | 名称 | 温差/℃ | 用水量/(m³/h) | 附　注 |
|---|---|---|---|---|
| 1 | 炉身上部四层 | 4.37 | 41.72 | 后期实测总用水量为 710m³/h |
| 2 | 中部三层 | 3.80 | 70.27 | |
| | 炉腰下部三层 | 3.60 | 67.61 | |
| 3 | 炉身外部喷水 | | 28.19 | |
| 4 | 炉身 | 3.30 | 84.67 | |

| 序号 | 名称 | 温差/℃ | 用水量/(m³/h) | 附　注 |
|---|---|---|---|---|
| 5 | 炉缸 | 3.20 | 75.60 | |
| 6 | 炉底 | 1.60 | 26.64 | |
| 7 | 风口大套 | 0.80 | 68.40 | |
| | 中套 | 1.43 | 66.60 | |
| | 小套 | 4.30 | 65.88 | |
| 8 | 渣口大套 | 1.20 | 12.98 | |
| | 中套 | 1.43 | 12.96 | |
| | 小套 | 1.40 | 12.96 | |
| 总计 | | | 634.48 | |

c. 锰铁冲渣用水量。由于渣温高，工艺要求渣水比约为 1 : 15，其中蒸发损失水量为 2~3m³/t。

2）300m³ 稀土铁高炉用水量。300m³ 稀土铁高炉用水量见表 15-11。

表 15-11　300m³ 稀土铁高炉用水量

| 序号 | 用水户 | 用水量/(m³/h) | 序号 | 用水户 | 用水量/(m³/h) |
|---|---|---|---|---|---|
| 1 | 风渣口 | 350 | 5 | 碾泥机 | 10 |
| 2 | 炉体 | 350 | 6 | 渣罐喷水 | 10 |
| 3 | 热风炉 | 150 | 7 | 泼渣喷淋 | 10 |
| 4 | 润湿炉料 | 20 | 8 | 铸铁机 | 275 |

3）100m³ 锰铁高炉煤气洗涤用水量。100m³ 锰铁高炉煤气洗涤用水量见表 15-12。

表 15-12　100m³ 锰铁高炉煤气洗涤用水量

| 序号 | 名称 | 数量 | 使用制度 | 水压/MPa | 用水量/(m³/h) | | 附注 |
|---|---|---|---|---|---|---|---|
| | | | | | 平均 | 最大 | |
| 1 | 洗涤塔 | 1 | 连续 | 0.40 | 90 | 120 | 出水 55℃ |
| 2 | 文氏管 | 2 | 连续 | 0.40 | 16 | 32 | 出水 <45℃ |
| 3 | 电除尘 | 1 | 连续<br>定期 | 0.40<br>0.40 | 27 | 30 | |
| 4 | 排水槽管清泥 | | 定期 | 0.40 | | 1 | 同时使用一处 |
| 5 | 冷凝水排水器 | 1 | 连续 | 0.40 | | 0.6 | |

4）300m³ 稀土铁高炉煤气洗涤用水量。300m³ 稀土铁高炉煤气洗涤用水量见表 15-13。

表 15-13　300m³ 稀土铁高炉煤气洗涤用水量

| 序号 | 用水户 | 用水量/(m³/h) |
|---|---|---|
| 1 | 洗涤塔 | 223 |

| 序号 | 用水户 | 用水量/(m³/h) |
|---|---|---|
| 2 | 文氏管 | 50 |
| 3 | 减压阀 | 15 |

③ 真空固体脱碳车间设备冷却用水量特征与要求　真空冶炼是将电炉冶炼的碳素铬铁破碎，以部分铬铁粉经回转窑氧化焙烧后再与未焙烧的铬铁粉按比例混料并加入胶合剂压成砖块，经干燥后再送到真空炉进行真空固态脱碳。生产产品有微碳、超微碳铬铁等。

真空固体脱碳车间设备冷却用水量见表 15-14。

**表 15-14　真空冶炼设计用水量**

| 序号 | 用水户 | 用水量/(m³/h) | 附　注 |
|---|---|---|---|
| 1 | 6000kV·A 真空炉 | 300 | 包括炉体，电极把持器，导电管等 |
| 2 | 真空炉变压器 | 12 | |
| 3 | 大电流开关 | 14 | |
| 4 | 回转窑及冷风机 | 45 | |
| 5 | 管磨机 | 10 | |
| 6 | 真空泵、喷射泵 | | 详见各厂家产品样本说明书 |
| 7 | 除尘器冷却器 | 52 | 间接冷却 |

## 15.1.2　铁合金用水规定与用水水质要求

铁合金厂用水要求严格，种类较多，根据各用户要求分别采用纯水、软化、过滤、工业用水，并对水温和循环方式都有较严格的要求。具体要求和规定见表 15-15。

**表 15-15　用水户对供水水质、水温、水压等的要求**

| 序号 | 用水户<br>火法冶金 | SS<br>/(mg/L) | 总硬度<br>（以 CaCO₃计）/(mg/L) | 水压<br>/MPa | 水温/℃ 给水 | 水温/℃ 温升 | 附注 |
|---|---|---|---|---|---|---|---|
| 1 | 电炉炉身，炉盖，出铁口 | 10~20 | 99.96 | 0.3~0.4 | 30~35 | 8~10 | 工业水，水压指设备入口处 |
| 2 | 铜瓦、电极把持器 | 10~20 | 39.7~71.4 | 0.4~0.5 | 30~35 | 10 | 软化水，闭路 55℃，开路 35℃ |
| 3 | 短网铜管，炉底零线，二次出线端子 | 10~20 | 99.96 | 0.3~0.4 | 30~35 | 3~5 | 工业水循环 |
| 4 | 变压器油冷却器 | 10~20 | 99.96 | 0.07 | <30 | 3~5 | 低温低压工业水循环 |
| 5 | 余热锅炉 | 0 | 17.85~39.7 | 0.4 | 30 | 汽化 | 软化水 |
| 6 | 汽轮机冷凝器 | 10 | 99.96 | 0.4~0.5 | 30 | 7~8 | 过滤水循环 |

| 序号 | 用水户<br>火法冶金 | SS<br>/(mg/L) | 总硬度<br>（以 CaCO₃<br>计）/(mg/L) | 水压<br>/MPa | 水温/℃ 给水 | 水温/℃ 温升 | 附注 |
|---|---|---|---|---|---|---|---|
| 7 | 液压站 | 10~20 | 99.96 | 0.3~0.4 | 32 | 3~5 | 工业水循环 |
| 8 | 空压站 | 10~20 | 99.96 | 0.3~0.4 | 32 | 3~5 | 工业水循环 |
| 9 | 烟气净化 | 200 | <178.3 | 0.4~0.5 | 30~35 | 15 | |
| 10 | 布袋除尘系统 | 10~20 | 99.96 | 0.3~0.4 | 30~35 | 3~5 | |
| 11 | 硅石水洗 | 100~200 | 178.5 | 0.3~0.4 | 30~35 | | |
| 12 | 粒化铬铁 | 100~200 | 178.5 | 0.4~0.6 | 35 | 10 | |
| 13 | 水力冲渣 | 100~200 | 357 | 0.5~0.8 | 35~40 | 15 | |
| 14 | 锭模冷却，铸锭喷淋 | 100~200 | 357 | 0.4~0.5 | 35~40 | | |
| 15 | 高炉炉身 | 10~20 | 99.96 | 0.4~0.5 | 30~35 | 5~6 | 工业水循环 |
| 16 | 高炉风渣口 | 10~20 | 39.7~71.4 | 0.6~0.8 | 30~35 | 10 | 软水循环 |
| 17 | 高炉鼓风机站 | 10~20 | 99.96 | 0.3~0.4 | 30~35 | 5~6 | 工业水循环 |
| 18 | 湿法冶金高炉煤气洗涤 | 100 | <178.5 | 0.4~0.5 | 30~35 | 15~20 | |
| 19 | 湿法冶金工艺浸出、洗渣、调配溶液 | 2 | 99.96 | 0.25~0.3 | <35 | | |
| 20 | 配制萃取液 | 0 | 1.785~3.97 | 0.25~0.3 | <35 | | 纯水 |
| 21 | 盐酸提纯 | 0 | 1.783~3.97 | 0.25~0.3 | <35 | | 纯水 |
| 22 | 渣浆泵冷却 | 10~20 | 99.96 | | <35 | | 供水压力=泵扬程＋(0.2~0.3) MPa |
| 23 | 电解锰电解槽冷却 | 10~20 | 99.96 | 0.2~0.3 | <35 | | 工业水循环 |
| 24 | 结晶器及冷冻设备用水 | 10~20 | 99.96 | 0.2~0.3 | <35 | | 工业水循环 |
| 25 | 球磨机轴承冷却 | 10~20 | 99.96 | 0.3~0.4 | <35 | | 工业水循环 |
| 26 | 回转窑冷却 | 10~20 | 99.96 | 0.3~0.4 | <35 | | 工业水循环 |
| 27 | 真空蒸发列管冷却器 | 10~20 | 99.96 | 0.3~0.4 | <35 | | 工业水循环 |
| 28 | V₂O₅ 熔化炉冷却 | 10~20 | 99.96 | 0.3~0.4 | <35 | | 工业水循环 |
| 29 | 粒化台冷却 | 10~20 | 99.96 | 0.3~0.4 | <35 | | 工业水循环 |
| 30 | 酸雾洗涤 | 10~20 | 99.96 | 0.3~0.4 | <35 | | 碱液循环 |

## 15.1.3　用水系统与工艺流程

铁合金厂用水系统比较复杂，种类较多，根据生产用户要求，采用软水开路循环冷却系统、闭路循环冷却系统或除盐水闭路循环冷却系统、工业用水开路和闭路循环冷却系统以及直接与间接冷却系统等。

（1）软水用水系统

① 开路循环系统　电炉、真空炉的铜瓦、电极把持器的开路冷却循环水系统如图 15-1 所示。

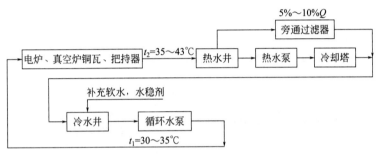

图 15-1　软化水开路循环水系统流程

② 闭路循环系统　电炉电极把持器、铜瓦冷却软化水或除盐水闭路循环水系统如图 15-2 所示。

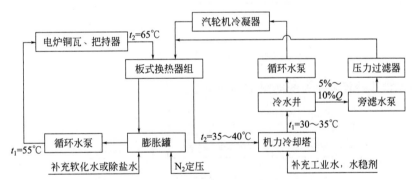

图 15-2　软化水或除盐水闭路循环水系统流程

（2）工业水用水系统

① 电炉、真空炉炉体冷却开路循环水系统如图 15-3 所示。

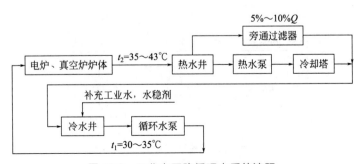

图 15-3　工业水开路循环水系统流程

② 变压器油冷却器冷却开路循环水系统如图 15-4 所示。

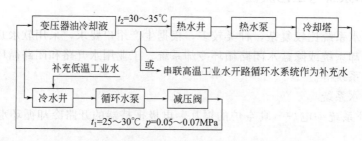

图 15-4　变压器油冷却器冷却开路循环水系统流程

（3）直接冷却系统

① 封闭电炉煤气洗涤直冷循环水系统如图 15-5 所示。

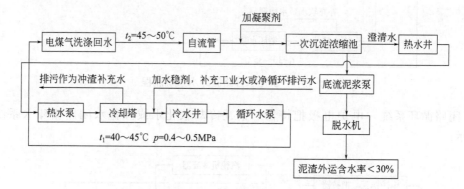

图 15-5　封闭电炉煤气洗涤直冷循环水系统流程

② 硅石水洗直冷循环水系统如图 15-6 所示。

图 15-6　硅石水洗直冷循环水系统流程

③ 粒化铬铁直接冷却循环水系统如图 15-7 所示。

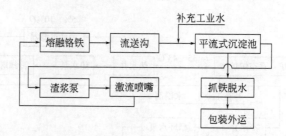

图 15-7　粒化铬铁直接冷却循环水系统流程

④ 稀土铁高炉煤气洗涤直接冷却循环水系统如图 15-8 所示。

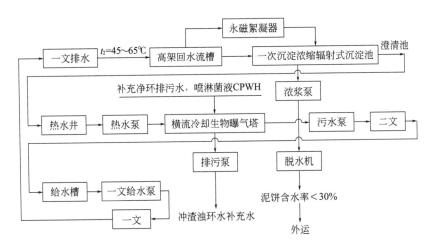

图 15-8　稀土铁高炉煤气洗涤直接冷却循环水系统流程

⑤ 电炉水冲渣循环水系统如图 15-9 所示。

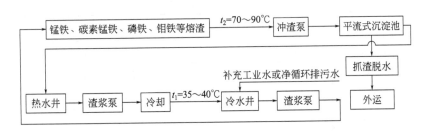

图 15-9　电炉水冲渣循环水系统流程

⑥ 其他用水循环系统。锰铁高炉间接冷却循环水系统、锰铁高炉水冲渣循环水系统、稀土铁高炉间接冷却循环水系统、锰铁高炉煤气洗涤直接冷却循环水系统。以上 5 个系统与炼铁厂普通炼铁高炉循环水系统相同，系统排污水和补充水亦相同，故略。

## 15.1.4　废水特征与水质水量

（1）废水来源与分类

铁合金厂生产过程中的有害废水主要来自锰铁高炉和封闭电炉的烟气湿式净化废水。废水中含有大量悬浮物，粒丝很细，并含有浓度较高的剧毒氰化物。

钒铁车间生产五氧化二钒的过程中排出废水，含有较高的六价铬和钒，毒性较强。

生产金属铬车间，来自浸出工段和生产设备以及管道渗漏等废水，含六价铬更为严重。

锰铁高炉冶炼原料，由于锰铁均属贫矿，粒度细，投加造渣石灰量大，冶炼焦比高，炉温高达 $1800℃$，故烟气净化中悬浮物高，粒度细，一般小于 $10\mu m$ 的约占总量的 $80\%$，碱性物质含量高，氰化物含量大，封闭电炉烟气净化水呈碱性，悬浮物高，粒径细，通常为 $0.5\sim2\mu m$。

含铬废水和含钒废水均含六价铬，且浓度高，通常超标数百倍。因此，铁合金废水含有一类污染物较高，必须妥善处理与回用。

铁合金废水种类较多，其来源与种类见表 15-16。

表 15-16　废水来源与种类

| 序号 | 废水种类 | 序号 | 废水种类 |
|------|---------|------|---------|
| 1 | 硅石水洗废水 | 8 | 沉淀过滤 $V_2O_5$ 分离废水 |
| 2 | 粒化铬铁废水 | 9 | 电解锰废水 |
| 3 | 水淬渣废水 | 10 | 酸雾洗涤废水 |
| 4 | 封闭电炉煤气洗涤废水 | 11 | 稀土化合物生产废水 |
| 5 | 锰铁高炉煤气洗涤废水 | 12 | 含酸碱液废水 |
| 6 | 稀土铁高炉煤气洗涤废水 | 13 | 全厂总下水废水 |
| 7 | 金属铬生产废水 | | |

（2）废水特征与水质水量

① 锰铁高炉煤气洗涤水　锰铁高炉煤气洗涤水水质分析见表 15-17。沉渣成分分析见表 15-18。

表 15-17　锰铁高炉煤气洗涤水水质特征

| 序号 | 项目 | 含量 | 序号 | 项目 | 含量 |
|------|------|------|------|------|------|
| 1 | 颜色 | 灰色 | 11 | $Fe^{2+}/(mg/L)$ | 0.0012～0.84 |
| 2 | 水温/℃ | 43～50 | 12 | $Mn^{2+}/(mg/L)$ | 2～234 |
| 3 | pH 值 | 8.2～9.5/10～13 | 13 | $OH^-/(mg/L)$ | 1.42～1.01 |
| 4 | SS/(mg/L) | 800～3500 | 14 | $S^{2-}/(mg/L)$ | 3.19 |
| 5 | 砷/(mg/L) | 0.025～1.0 | 15 | $Cl^-/(mg/L)$ | 5～244.45 |
| 6 | 酚/(mg/L) | 0.18～0.20 | 16 | $SO_4^{2-}/(mg/L)$ | 7.48～238.32 |
| 7 | $CN^-/(mg/L)$ | 30～221 | 17 | 含盐量/(mg/L) | 1866 |
| 8 | $HCO_3^-/(mg/L)$ | 321～410 | 18 | 溶解固体/(mg/L) | 2504～3388 |
| 9 | $Ca^{2+}/(mg/L)$ | 7.59～17.1 | 19 | 总硬度（以 $CaCO_3$ 计）/(mg/L) | 45.7～88.4 |
| 10 | $Mg^{2+}/(mg/L)$ | 9.14～10.94 | 20 | 总碱度（以 $CaCO_3$ 计）/(mg/L) | 359.7～495.8 |

表 15-18　锰铁高炉煤气洗涤水沉渣成分　　　　单位：%

| 序号 | 沉渣种类 | $SiO_2$ | $Al_2O_3$ | $Fe_2O_3$ | CaO | MgO | MnO | 烧失重 |
|------|---------|---------|-----------|-----------|-----|-----|-----|--------|
| 1 | 煤气洗涤沉渣 | 18 | 13.42 | 1.36 | 26.44 | 0.70 | 15.20 | 17.22 |
| 2 | 锰铁水渣 | 24.38 | 16.22 | 2 | 36.77 | 1.61 | 16.97 | |
| 3 | 混合渣 | 24.78 | 15.85 | 1.94 | 36.38 | 1.69 | 16.35 | |

② 稀土铁高炉煤气洗涤水　某厂曾用 $2\times87m^3$ 高炉冶炼包头白云鄂博含七种主要元素 [高稀土（RE）、高铌（Nb）、高氟（F）、高磷（P）、高钍（Th）、低铁（Fe）]的所谓中贫矿生产

稀土富渣，同时产生约为稀土富渣重 1/2 的含铌、磷、锰的生铁。物料主要成分分析见表15-19。水质分析见表15-20。

表 15-19　物料主要成分　　　单位:%

| 物料名称 | | $R_xO_y$ | $ThO_2$ | TFe | MnO | $Nb_2O_5$ | $P_2O_5$ | F |
|---|---|---|---|---|---|---|---|---|
| 矿石 | 波动范围 | 6.00~8.36 | 0.021~0.032 | 28.51~32.06 | 0.93~1.92 | 0.071~0.18 | 1.91~3.20 | 9.42~10.78 |
| | 平均数值 | 7.19 | 0.026 | 29.49 | 1.36 | 0.13 | 2.33 | 10.15 |
| 生铁 | 波动范围 | 痕量 | | | 0.075~0.248 | 0.158~0.248 | 2.768~3.510 | |
| | 平均数值 | 痕量 | | | 0.48 | 0.210 | 3.10 | |
| 富渣 | 波动范围 | 11.16~11.91 | 0.037~0.056 | 0.034~1.64 | 1.41~2.74 | 0.017~0.109 | 0.014~0.109 | 14.01~8.82 |
| | 平均数值 | 11.46 | 0.041 | 0.84 | 1.85 | 0.050 | 0.10 | 15.48 |

注：矿/铁＝3.1，渣/铁 0.95~2.0；灰中 CaO 23，$SiO_2$ 3.2，TFe 12.1。

表 15-20　稀土铁高炉煤气洗涤水水质分析

| 序号 | 项目 | 含量 | 序号 | 项目 | 含量 |
|---|---|---|---|---|---|
| 1 | 颜色 | 黑灰 | 11 | $S^{2-}$/(mg/L) | — |
| 2 | SS/(mg/L) | 1500~4000 | 12 | $CN^-$/(mg/L) | 12~30 |
| 3 | 溶解固体/(mg/L) | 943 | 13 | CaO/(mg/L) | 122 |
| 4 | pH 值 | 6.7~7.8 | 14 | $Ca^{2+}$/(mg/L) | 120~222.65 |
| 5 | 总碱度/(以 $CaCO_3$ 计)(mg/L) | 319.9~364.9 | 15 | $Mg^{2+}$/(mg/L) | 37.7~40.13 |
| 6 | 总硬度(以 $CaCO_3$ 计)(mg/L) | 439.8~464.8 | 16 | TFe/(mg/L) | 0.46~1.0 |
| 7 | 暂硬度(以 $CaCO_3$ 计)(mg/L) | 319.9~364.9 | 17 | $Mn^{2+}$/(mg/L) | 6~9.6 |
| 8 | 氨/(mg/L) | 4.5~6.325 | 18 | $F^-$/(mg/L) | 20~30 |
| 9 | 总氮/(mg/L) | 4.5~6 | 19 | $Cl^-$/(mg/L) | 106~133 |
| 10 | $CO_2$/(mg/L) | 13.2~17.6 | 20 | $SO_4^{2-}$/(mg/L) | 158.4 |

③ 氯化稀土废水　氯化稀土废水水质分析见表15-21。

表 15-21　氯化稀土废水水质分析　　　单位：mg/L

| 序号 | 项目 | 碱池 | 酸池 | 序号 | 项目 | 碱池 | 酸池 |
|---|---|---|---|---|---|---|---|
| 1 | 颜色 | 棕黄色 | | 6 | 油类 | 32.4 | 10.0 |
| 2 | $F^-$ | 83.49 | 608.42 | 7 | $NH_3$-N | 584.60 | 55.07 |
| 3 | pH 值 | 11.83 | 0.61 | 8 | As | 0.176 | 0.122 |
| 4 | 溶解固体 | 3444 | 14692 | 9 | Pb | 1.10 | 21.20 |
| 5 | SS | 134 | | 10 | Zn | 0.89 | 23.46 |

④ 12500kV·A 封闭电炉煤气洗涤水　12500kV·A 封闭电炉煤气洗涤水水质分析见表15-22，泥渣成分分析见表15-23。

表 15-22　12500kV·A 封闭电炉煤气洗涤水水质分析

| 序号 | 项目 | 含量/(mg/L) | 序号 | 项目 | 含量/(mg/L) |
|------|------|------------|------|------|------------|
| 1 | 颜色 | 灰黑色 | 7 | $CN^-$ | 0.30～4.30 |
| 2 | 悬浮物 | 2000～13000 | 8 | 酚化物 | 0.23～1.25 |
| 3 | 总铬 | 4～6.5 | 9 | 耗氧量 | 9.52 |
| 4 | 汞 | — | 10 | $BOD_5$ | 3.04 |
| 5 | $S^{2-}$ | 3.87 | 11 | 总固体 | 2572～1500 |
| 6 | pH 值 | 7.5～10 | 12 | 总硬度 | 255.9(以 $CaCO_3$ 计) |

表 15-23　泥渣成分分析

| 序号 | 项目 | 含量/% | 序号 | 项目 | 含量/% |
|------|------|--------|------|------|--------|
| 1 | CaO | 2.01 | 4 | $Al_2O_3$ | 6.92 |
| 2 | MgO | 31.55 | 5 | FeO | 10.74 |
| 3 | $SiO_2$ | 19.30 | 6 | $Cr_2O_3$ | 10.29 |

注：投加硫酸亚铁后的沉渣分析。

⑤ 含铬废水　在金属铬车间的浸出工段，铬酸钠溶液中含 $Cr^{6+}$，中和时所产生的沉渣中亦含 $Cr^{3+}$，重铬酸钠蒸发时被冷却水捕集的水雾中以及真空泵、管道、容器等渗漏水中均含 $Cr^{6+}$。

一般正常生产时废水中含 $Cr^{6+}$ 在 50～100mg/L 之间。

⑥ 含钒废水　在钒铁生产中，主要将熟料中的钒酸钠用水浸出，残渣洗涤经过滤后得到合格的浸出液钒酸钠。然后加热、加酸，这时溶液中立即水解成 $V_2O_5$，经沉淀、过滤，获得 $V_2O_5$ 成品。被分离的水中一般含钒量在 80～130mg/L 之间。含钒废水水质分析见表 15-24。

表 15-24　含钒废水水质分析

| 序号 | 项目 | 含量 |
|------|------|------|
| 1 | $V^{5+}$/(mg/L) | 80～130 |
| 2 | 游离硫酸/(mg/L) | 2500～3500 |
| 3 | 硫酸钠/(mg/L) | 7000～8000 |
| 4 | pH 值 | 约 1 |

⑦ 电解锰废水　电解锰生产排出的废水中含 $Mn^{2+}$、$(NH_4)_2SO_4$ 等。

# 15.2　锰铁高炉煤气洗涤水处理与回用技术

由于锰铁高炉煤气洗涤直接冷却循环水系统中的氰化物在无限循环的过程中不断积累，一般为 300～600mg/L，有时甚至达 1000mg/L。封闭循环保证不了净化煤气的质量，亦保证不了直接冷却循环水系统的稳定运行。于是需从系统不断抽出一部分水量外排处理，与此同时，需不断地向系统补充相应量的工业水。

外排含氰废水的处理方法很多，诸如碱性氯化法（加液氯、次氯酸钠、漂白粉等）、电解法、离子交换法、减压薄膜蒸发法、活性炭法等。但实际上锰铁高炉外排废水处理只采用碱性氯化法、渣滤法、塔式生物滤池法、汽提冷凝分离碱吸收生产氰化钠法这几种方法。

## 15.2.1　碱性氯化法

（1）基本原理

碱性氯化法处理氰化物分两个阶段，第一阶段是将氰化物氧化为氰酸盐，即局部氧化，反应如下：

$$Cl_2+H_2O \longrightarrow HClO+HCl$$
$$HClO \Longleftrightarrow H^++ClO^-$$
$$CN^-+ClO^-+H_2O \longrightarrow CNCl+2OH^-$$
$$CNCl+2OH^- \longrightarrow CNO^-+Cl^-+H_2O$$

在这一阶段，需控制 pH＝10～11，因为反应中间产物氯化氰在 pH＜8.5 时会挥发逸散入周围环境，CNCl 的毒性与 HCN 差不多。当 pH＜9.5 时，CNCl 氧化为 $CNO^-$ 不完全，并且要 9h 以上；而在 pH＝10～11 时，只需 10～15min。

虽然氰酸盐 $CNO^-$ 的毒性只有氰化物的千分之一，但从保护水体水产资源安全出发，应进行第二阶段——完全氧化处理，以完全破坏 C—N 键。

氰酸盐在酸性介质下发生水解反应：

$$CNO^-+2H_2O \longrightarrow CO_2\uparrow+NH_3+OH^-$$

在 pH＜4 时，反应在 0.5h 内完成，然后加碱中和排放。但水解生成的氨对水产资源危害很大，氨遇到氯生成氯胺，其毒性不亚于氯，且持久性比氯长得多，因此，多采用增加液氯的投加量，进行完全氧化：

$$2CNO^-+3ClO^- \longrightarrow CO_2\uparrow+N_2\uparrow+3Cl^-+CO_3^{2-}$$
$$2CNO^-+4OH^-+3Cl_2 \longrightarrow 2CO_2\uparrow+N_2\uparrow+6Cl^-+2H_2O$$

反应在 pH＝8～8.5 时最有效，有利于形成 $CO_2$，促进氧化完成。如 pH＞8.5，$CO_2$ 将形成半化合态或化合态的 $CO_2$，不利于反应向右进行。在 pH＝8.5 时，完全反应需 0.5h 左右。

综上所述，采用碱性氯化法的总反应式为：

$$2NaCN+5NaClO+H_2O \longrightarrow 2CO_2\uparrow+N_2\uparrow+2NaOH+5NaCl$$
$$2NaCN+4Ca(OH)_2+5Cl_2 \longrightarrow 2CO_2\uparrow+N_2\uparrow+4CaCl_2+2NaCl+4H_2O$$
$$2NaCN+5CaOCl_2+H_2O \longrightarrow 2CO_2\uparrow+N_2\uparrow+4CaCl_2+2NaCl+Ca(OH)_2$$
$$2NaCN+8NaOH+5Cl_2 \longrightarrow 2CO_2\uparrow+N_2\uparrow+10NaCl+4H_2O$$

若废水中存在络合氰化物，次氯酸根与之反应：

$$2M(CN)_3^{2-}+7ClO^-+2OH^-+H_2O \longrightarrow 6CNO^-+7Cl^-+2M(OH)_2\downarrow$$

1 个分子活性氯在水溶液中产生 1 份次氯酸，第一阶段氧化 1 份简单的氰离子，理论上需要 71/26＝2.73 份活性氯，完全氧化则需 6.83 份活性氯。理论上氧化络合氰化物离子需 71×7/26×6＝3.18 份活性氯，完全氧化则需 7.3 份活性氯。

实际上，由于废水中还存在其他还原性物质，因此，氯的实际用量远高于理论值。

实际操作时，控制处理出水余氯量为 3～5mg/L，以保证 $CN^-$ 降到 0.1mg/L 以下。

处理余氯的方法之一是利用硫酸亚铁，投药比按 $Cl:FeSO_4 \cdot 7H_2O＝1:32$ 投加，其反应式为：

$$6FeSO_4 + 3Cl_2 \longrightarrow 2Fe_2(SO_4)_3 + 2FeCl_3$$

废水中含有铁氰络合物，增加了废水的处理难度，在这种情况下，应加入过量的硫酸亚铁，再通入压缩空气，使 $Fe(OH)_2$ 氧化为氢氧化铁，与铁氰络合物反应生成亚铁氰化铁沉淀，从水中除去，其反应式为：

$$6NaCN + FeSO_4 \longrightarrow Na_4[Fe(CN)_6] + Na_2SO_4$$
$$FeSO_4 + Ca(OH)_2 \longrightarrow CaSO_4 \downarrow + Fe(OH)_2$$
$$4Fe(OH)_2 + O_2 + 2H_2O \longrightarrow 4Fe(OH)_3 \downarrow$$
$$4Fe(OH)_3 + 3Na_4[Fe(CN)_6] \longrightarrow Fe_4[Fe(CN)_6]_3 \downarrow + 12NaOH$$

含氰废水 pH 值的大致范围见表 15-25。

表 15-25　含氰废水的 pH 值

| $CN^-$/(mg/L) | pH 值 |
| --- | --- |
| 50 | 8～9 |
| 100 | 9～10.5 |
| 200 | 11.0 |
| 300 | 11.5 |

在处理过程中加碱提高 pH 值，加速氧化反应，CNCl 产生的时间越短，尤其是当废水含氰浓度低时，更是如此。CNCl、$CNO^-$ 的浓度与 pH 值、时间的关系分别如图 15-10 和图 15-11 所示。

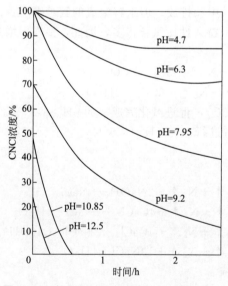

图 15-10　氯化氰浓度与 pH 值、时间的关系

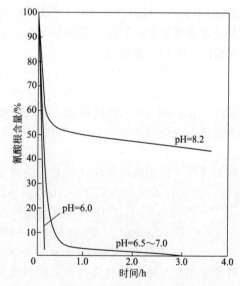

图 15-11　氰酸根浓度与 pH 值、时间的关系

试验证明，压缩空气搅拌或机械搅拌能促使沉淀物中的氰彻底破坏，不易被吸附，有利于加快氧化和氯化反应速率。

所需液氯或漂白粉等药剂的投加应分两次，因为一次投加，则多余的活性氯经第一级反应后即丧失了活性，不但浪费药剂，而且还增加了水中的余氯量。

（2）处理流程

① 间歇处理　间歇处理含氰废水的流程如图 15-12 所示。

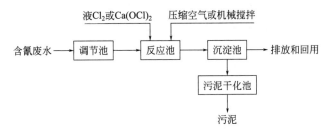

图 15-12　间歇处理含氰废水的流程

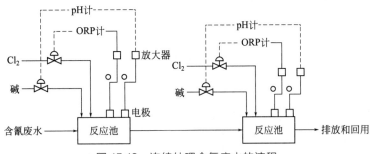

图 15-13　连续处理含氰废水的流程

② 连续处理　水量较大时采用连续处理(图15-13)，不仅减轻劳动强度，还能保证废水处理质量。控制仪表有 pH 计和 ORP 计，分别控制水质和投药量。局部氧化阶段 ORP 一般控制为 $300\sim350\mathrm{mV}$，完全氧化阶段 ORP 一般控制为 $600\sim700\mathrm{mV}$。

（3）技术设计参数

① 理论投药量(质量比)

1）简单氰化物局部氧化阶段 $CN:Cl_2=1:2.73$；$CN:Cl:CaO=1:2.73:2.154$；完全氧化阶段 $CN:Cl_2=1:4.09$，$CN:Cl:CaO=1:6.83:4.31$。

2）络合氰化物局部氧化阶段 $CN:Cl_2=1:3.42$；完全氧化阶段 $CN:Cl_2=1:4.09$。

② 反应 pH 值

1）局部氧化阶段 $pH=10\sim11$。

2）完全氧化阶段 $pH=8.0$ 左右。

③ 反应时间

1）局部氧化阶段 $10\sim15\mathrm{min}$。

2）完全氧化阶段 $10\sim30\mathrm{min}$，加漂白粉一般为 $30\sim40\mathrm{min}$。

④ 搅拌时间　一般为 $10\sim15\mathrm{min}$。

（4）技术应用与实例

① 废水量：$Q_h=2\mathrm{m^3}\,h$；$Q_d=2.0\times16=32\mathrm{m^2/d}$。两班制。

② 废水浓度：$C_{CN}=10.8\mathrm{mg/L}$。

③ 漂白粉投量：

$$G_h=\frac{KQ_hC_{CN}}{1000\alpha}$$

式中，$K$ 为投药比，一般为 $8\sim11$，取 $K=10$；$\alpha$ 为漂白粉所含有效氯，一般为 $20\%\sim30\%$，取 $20\%$，次氯酸钠 $\alpha=10\%$，液氯 $\alpha=100\%$。

$$G_h=\frac{10\times2\times10.8}{1000\times0.20}=1.08(\mathrm{kg/h})$$

$$G_d = 1.08 \times 16 = 17.28(\text{kg/d})$$

④ 调药剂桶容积：漂白粉调制成 5% 溶液，每天调配一次。

$$V = \frac{G_d}{0.05} = \frac{17.28}{0.05} = 345.6(\text{L/d})$$

⑤ 反应池：有效容积采用 4h 平均废水量，2 个池交替使用，$V_反 = 2 \times 4 = 8(\text{m}^3)$，池内机械搅拌，并采取沥青砖防腐。

⑥ 沉淀池：按沉淀 2h 计。排水中余氯不低于 5mg/L。

## 15.2.2　渣滤法-塔式生物滤池法

(1) 处理流程

渣滤法-塔式生物滤池法处理含氰废水流程如图 15-14 所示。渣滤前后水质分析见表 15-26。

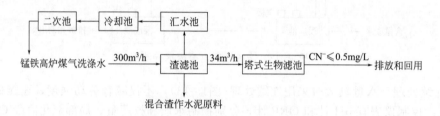

图 15-14　渣滤法-塔式生物滤池法处理含氰废水流程

表 15-26　滤渣前后水质分析

| 项目 | 数值 | 项目 | 数值 |
|---|---|---|---|
| 水温/℃ | 滤前/滤后：39/34 | $SiO_2$/(mg/L) | 滤前/滤后：0.229/0.001 |
| pH 值 | 10.7/11.2 | $Al_2O_3$/(mg/L) | 41.96/16.66 |
| SS/(mg/L) | 1827/195 | $PO_4^{3-}$/(mg/L) | 0.087/微量 |
| $CN^-$/(mg/L) | 1240/11.70 | $S^{2-}$/(mg/L) | 1.02/0.70 |
| $Mn^{2+}$/(mg/L) | 230.9/1.86 | $F^-$/(mg/L) | 0.54/0.53 |
| CaO/(mg/L) | 32617/73.03 | $Fe_2O_3$/(mg/L) | 0.24/0.11 |
| MgO/(mg/L) | 1655.19/5.90 | 硬度/(mg/L) | 461.1/26.4 |

(2) 基本原理

由人工培殖成一种球菌及菌胶团，生长在塔式滤池的填料表面，形成附着的生物膜。当含氰废水自上而下从滤塔喷淋过滤时，水中的氰化物不断地被生物膜消化分解，达到处理的目的。

生物膜所需营养如下。

① C 以 $COD_{Mn} \geqslant 60\text{mg/L}$，利用食堂的泔水，每日加入 300kg，土面粉 3kg。

② N 以 $NH_3\text{-}N > 40\text{mg/L}$，利用生活污水，每日定量加入。

③ P 以 P 不小于 6mg/L，采用磷酸氢二钠，每日加入 3.5kg。

（3）技术参数

① 水力负荷 $q = 5m^3/(m^3 \cdot d)$。

② 处理废水量 $Q \approx 700m^3/d$。

③ 入塔 $CN^- = 500mg/L$ 左右。

④ 循环水总硬度 $H = 249.9mg/L$ 左右（以 $CaCO_3$ 计）。

⑤ 入塔水温 $t = 15 \sim 35℃$。

⑥ $pH = 8 \sim 9$。

## 15.2.3 汽提、冷凝分离、碱吸收生产氰化钠

（1）基本情况

某钢铁总厂有三座 $255m^3$ 锰铁高炉，"锰铁高炉煤气洗涤水中氰化物回收利用工业试验"装置已于 1991 年 6 月建成投产。处理含氰 $CN^- = 400 \sim 1000mg/L$ 的污水，$Q = 30m^3/h$，年产含 NaCN 为 86% 的固体产品 250t，含 NaCN 为 30% 的液体产品 800t。

（2）工艺流程

锰铁高炉文氏管煤气洗涤水沉淀循环利用。每小时从循环水池中抽出 $30m^3$ 废水，加硫酸调节 pH 值后，经换热器预热，继而进入脱氰塔上部，脱氰塔下部通入蒸汽。含氰废水在塔中自上而下与由下而上的蒸汽对流被加热和鼓泡。氰化氢由液相转入气相，在塔顶经第一、二冷凝器冷凝分离去除水分和杂质，同时生成氰氢酸液体。液体氰氢酸流入反应器与氢氧化钠溶液反应生成液体氰化钠。液体氰化钠经真空蒸发浓缩至过饱和后，放入冷却结晶器搅拌结晶，然后离心脱水即便得到固体氰化钠产品。脱氰后的废水经换热降温后，送回锰铁高炉煤气洗涤水循环水池再利用。

（3）氰化钠产品质量

氰化钠产品质量见表 15-27。

表 15-27 氰化物产品质量

| 指标名称 | 固体 | | | | 液体 | | |
| --- | --- | --- | --- | --- | --- | --- | --- |
| | 国标 | | | 厂标 | 国标 | | 厂标 |
| | 优等品 | 一等品 | 合格品 | | 一等品 | 合格品 | |
| 氰化钠含量/% | ≥97.0 | ≥94.0 | ≥86.0 | ≥86.0 | ≥30.0 | ≥30.0 | ≥30.0~40.0 |
| 氢氧化钠含量/% | ≤0.5 | ≤1.0 | ≤1.5 | ≤1.0 | ≤1.3 | ≤1.6 | ≤1.0 |
| 碳酸钠含量/% | ≤1.0 | ≤3.0 | ≤4.0 | ≤2.0 | ≤1.3 | ≤1.6 | ≤1.0 |
| 水分含量/% | ≤1.0 | ≤2.0 | | | | | |
| 水不溶物含量/% | ≤0.05 | ≤0.10 | ≤0.20 | ≤0.10 | | | |

（4）主要工艺设备

氰化钠生产主要工艺设备见表 15-28。

表 15-28 主要工艺设备

| 序号 | 名称 | 数量 | 规格 |
| --- | --- | --- | --- |
| 1 | 脱氰塔/台 | 1 | DN1200 |

| 序号 | 名称 | 数量 | 规格 |
|---|---|---|---|
| 2 | 螺旋板式换热器/台 | 1 | SS250-10 型 |
| 3 | 离心机/台 | 1 | SS-800 型 |
| 4 | 反应器/台 | 2 | $V=1000L$ |
| 5 | 结晶器/台 | 2 | $V=500L$ |
| 6 | 蒸发器/台 | 1 | |
| 7 | 制冷机组/台 | 2 | N-3 型 |
| 8 | 真空泵/台 | 2 | W4-1 型 |
| 9 | 水泵/台 | 12 | 总 $N=53.4kW$ |
| 10 | 电动葫芦/台 | 1 | $CD_2$-120 型 |
| 11 | 液下泵/台 | 1 | $DB_{40y}$-26 |
| 12 | 冷凝器/台 | 3 | $F=53m^2$ |
| 13 | 浓酸槽/台 | 1 | $V=50m^3$ |
| 14 | 酸水槽/台 | 1 | $V=25m^3$ |
| 15 | 液体 NaCN 产品槽/台 | 1 | $V=25m^3$ |
| 16 | 冷却塔/台 | 1 | $DBVI_3$-40 型 |

设备总质量 40t，总装机容量 120kW。

（5）主要构筑物

氰化钠生产主要构筑物见表 15-29。

表 15-29  主要构筑物

| 序号 | 名称 | 外形尺寸 |
|---|---|---|
| 1 | 主厂房 | 8m×18m，三层，432m² |
| 2 | 生活设施 | 6m×25m，平房，150m² |
| 3 | 原水池 | 4m×10m×2.5m，100m³ |
| 4 | 回水池 | 4m×3m×2.5m，30m³ |
| 5 | 冷却水循环池 | 4m×4m×3m，48m³ |
| 6 | 总占地面积 | 1000m² |

（6）主要经济技术指标

氰化钠生产主要经济技术指标见表 15-30。

表 15-30  主要经济技术指标

| 序号 | 名称 | 数值 | 附注 |
|---|---|---|---|
| 1 | 1m³ 废水蒸汽耗量/kg | 41 | |
| 2 | 1m³ 废水硫酸耗量/kg | 2.9 | |
| 3 | 1m³ 废水电耗/（kW·h） | 0.94 | |

| 序号 | 名称 | 数值 | 附注 |
|------|------|------|------|
| 4 | 脱氰率/% | 平均 90 | |
| 5 | 总回收率/% | 80 | |
| 6 | 1m³ 废水回收 NaCN/kg | 0.9 | 进水 CN≥600mg/L |
| 7 | 86％NaCl 销售价/(元/t) | 8000 | |

# 15.3　沉淀 $V_2O_5$ 废液分离废水处理与回用技术

国内各生产厂对沉钒上层液的处理，采用的方法有钢屑-石灰法、亚铁-石灰法、还原中和法。

## 15.3.1　钢屑-石灰法

（1）基本原理

首先向用硫酸-硫酸铵法沉淀多钒酸铵的上层分离废水中投加铁：钒＝6.84：1 的钢屑，使铁与硫酸生成硫酸亚铁和氢，即

$$Fe + H_2SO_4 \xrightarrow{pH=3\sim4} FeSO_4 + H_2 \uparrow$$

继而硫酸亚铁与废水中的钒酸盐反应生成钒酸铁沉淀，即

$$FeSO_4 + 2VO_3^- \longrightarrow Fe(VO_3)_2 \downarrow + SO_4^{2-}$$

与此同时 $FeSO_4$ 水解，在 pH＞8.5 时，亚铁离子几乎可以全部沉淀为氢氧化亚铁，即

$$FeSO_4 + 2H_2O \longrightarrow Fe(OH)_2 \downarrow + H_2SO_4$$

然后再向废水中投加石灰：钒＝31.4：1 的石灰，使废水中剩余的钒酸盐与 $Ca(OH)_2$ 反应生成钒酸钙沉淀，即

$$2VO_3^- + Ca^{2+} \xrightarrow{pH=6} Ca(VO_3)_2 \downarrow$$

经上述步骤处理后，进水废水中含 $V^{5+}$ 约为 127.2mg/L，其处理后出水废水中含 $V^{5+}$ 为 0.032～0.075mg/L。

（2）处理流程

钢屑-石灰法处理含钒废水流程如图 15-15 所示。

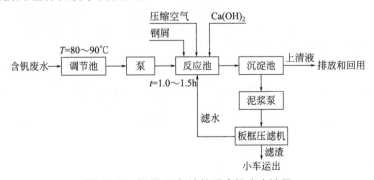

图 15-15　钢屑-石灰法处理含钒废水流程

## 15.3.2 还原中和法

**（1）处理流程**

用硫酸-硫酸铵法沉淀多钒酸铵的上层液，经还原、中和后产生钒、铬共沉渣。共沉渣经 800℃焙烧后水浸，浸出液用液氨调整到 pH=9～10，加入 $NH_4Cl$ 沉淀成偏钒酸铵。偏钒酸铵在 600℃下分解，得到 $V_2O_5$。浸出渣经烘干后，配加铝粉、氯酸钾、石灰，经混料后进行炉外冶炼，得钒铬合金。

还原中和法处理含钒废水流程如图 15-16 所示。

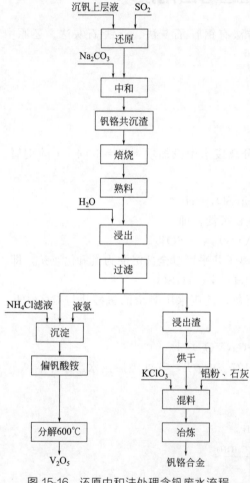

图 15-16 还原中和法处理含钒废水流程

用硫酸-硫酸铵法沉淀多钒酸铵，每生产 1t $V_2O_5$ 约排出 43m³ 上层液，上层液中含 $Cr^{6+}$=100～300mg/L，最高达 2000mg/L，$SO_4^{2-}$=10～20g/L，$Cl^-$=4～7g/L，$V^{5+}$=100mg/L 以上，$H_2SO_4$=2～3g/L。

① 喷淋塔 将硫黄燃烧产生的 $SO_2$ 通入喷淋塔，废水亦经泵升压从塔上喷下，在此还原废水中的 $Cr^{6+}$。

② 快速反应器 从德国蒂森公司引进一套 TWT-30 快速反应器，废水在此快速反应中和，生成高富集的钒铬共沉渣。其主要成分为 $H_2O$、Fe、$SiO_2$、$V_2O_5$ 和 $Cr_2O_3$。

③ 反射炉 外形尺寸为 7.8m×7.9m×2m。在反射炉内焙烧钒铬共沉渣，由于共沉渣中含一定量的钠盐，可不再加附加剂，其转化率可达 74% 以上。焙烧过程物料飞扬损失约为 11.58%。所得熟料含 $TV^{5+}$ 为 9.05%，可溶性 $V^{5+}$ 为 6.72%，$Cr^{6+}$ 为 1.47%。

④ 熟料水浸 焙烧熟料用水浸取，水溶性钒及其他可溶于水的物质被浸出。浸出条件为：浸出液固比=5∶1，浸出温度 $T \geqslant 80℃$；浸出时间 $t=30min$。浸出操作在 $\phi3000mm \times 2000mm$ 浸出罐内进行，机械搅拌速度为 25r/min。浸出泥浆用 XAJ60-1600/30 型隔膜自动板框压滤机压滤。

浸出共用熟料 7.141t，熟料水含 $V^{5+}$ 为 6.15%，得浸出液 36.5m³。浸出液平均含 $V^{5+}$=11.26g/t，含 $Cr^{6+}$=6.37g/t。浸出率约为：

$$\eta = \frac{36.5 \times 11.26}{7.141 \times 0.0615 \times 1000} \times 100\% = 93.5\%$$

浸出液成分：$V^{5+}$=9～14g/L，$Cr^{6+}$=5～8g/L，$Fe^{2+}$=1g/L，$\rho \leqslant 0.005g/L$，pH=8～9。

浸出渣成分：$V_2O_5$ 为 9.1%，$Cr_2O_3$ 为 54.99%，$Fe_2O_3$ 为 4.27%，$SiO_2$ 为 15.6%，

$Cr^{6+}$ 为 0.15%。

⑤ 过滤　将浸出液过滤，得过滤液。

⑥ 沉淀偏钒酸铵　向 $3m^3$ 搪瓷罐内注入 $2\sim2.5m^3$ 过滤液，在开动 30r/min 搅拌器的同时，注入 $NH_4Cl$ 溶液，反应时间约 3h。

$$NaVO_3 + NH_4Cl \longrightarrow NH_4VO_3 \downarrow + NaCl$$

沉淀前用液氨(含氨为25%，耗量为每吨 $V_2O_5$ $0.15m^3$ $NH_3$)调整过滤液 pH＝9～10。

沉淀用 $NH_4Cl$ 纯度约为 90%，其耗量为每吨 $V_2O_5$ 4.25t $NH_4Cl$。沉淀水洗液用 $1m^3$ $H_2O$ 加 10kg $NH_4Cl$。

沉淀共用过滤液 $17.04m^3$，含 $V^{5+}$ 为 9.798g/L，$Cr^{6+}$ 为 5.4g/L，共得 $V_2O_5$ 为 315kg，平均品位为 92.7%，其平均成分(%)：$V_2O_5$ 为 92.7，$Cr_2O_3$ 为 1.07，P 为 0.01，S 为 0.063，$K_2O\leqslant0.05$，$Na_2O$ 为 0.47，Fe 为 0.08，$H_2O$ 为 0.05。

沉淀反应完毕后，在过滤器上进行固液分离，分离出的沉淀物用水洗液洗两次。

⑦ 偏钒酸铵分解　水洗后的含偏钒酸铵沉淀物在 600℃ 下分解，便得到 $V_2O_5$ 固体。

⑧ 炉外铝热法冶炼钒铬合金　浸出渣烘干后，配加铝粒、氯酸钾和石灰，炉外冶炼钒铬合金，属于铁合金冶炼工艺，故略。

(2) 基本原理

① 硫黄燃烧反应为：

$$S + O_2 \longrightarrow SO_2 \uparrow$$

② $SO_2$ 还原 $Cr^{6+}$ 反应为：

$$SO_2 + H_2O \longrightarrow H_2SO_3$$
$$H_2Cr_2O_7 + 3H_2SO_3 \longrightarrow Cr_2(SO_4)_3 + 4H_2O$$

③ 钒铬共沉淀反应为：

$$Cr_2(SO_4)_3 + 3Na_2CO_3 + 3H_2O \longrightarrow 2Cr(OH)_3 \downarrow + 3Na_2SO_4 + 3CO_2 \uparrow$$
$$Na_2CO_3 + 2HVO_3 \longrightarrow 2NaVO_3 + CO_2 \uparrow + H_2O$$

④ 熟料浸出液含溶于水的钒酸钠，其反应为：

$$Na_2CO_3 \xrightarrow[焙烧]{\triangle} Na_2O + CO_2 \uparrow$$
$$mNa_2O + nV_2O_5 = mNa_2O \cdot nV_2O_5$$

⑤ 过滤液加 $NH_4Cl$ 后，生成偏钒酸铵沉淀，反应为：

$$NaVO_3 + NH_4Cl \xrightarrow[液氨]{pH=9\sim10} NH_4VO_3 \downarrow + NaCl$$

⑥ 偏钒酸铵热分解反应为：

$$2NH_4VO_3 \xrightarrow{600℃} V_2O_5 + 2NH_3 \uparrow + H_2O$$

# 15.4　金属铬生产废水处理与回用技术

含铬废水的处理方法有化学法[包括药剂还原法($FeSO_4$、$NaHSO_3$、$Na_2SO_3$、$SO_2$、$Na_2S_2O_3$)、铁氧体法、钡盐法等]、离子交换法、电解法、槽内处理法、活性炭吸附法、反渗透法、离子交换——蒸发组合法等。在铁合金厂最广泛采用的是硫酸亚铁还原法和铁氧体法。

## 15.4.1 硫酸亚铁还原法

（1）基本原理

往含铬废水中投加硫酸亚铁，在酸性介质中将 $Cr^{6+}$ 还原成 $Cr^{3+}$，然后投加石灰或氢氧化钠调节 pH 值，使 $Cr^{3+}$ 生成难溶于水的 $Cr(OH)_3$ 沉淀物，反应式如下：

$$H_2Cr_2O_7 + 6FeSO_4 + 6H_2SO_4 === Cr_2(SO_4)_3 + 3Fe_2(SO_4)_3 + 7H_2O$$
$$Cr_2(SO_4)_3 + 3Ca(OH)_2 === 2Cr(OH)_3 \downarrow + 3CaSO_4$$
$$Cr_2(SO_4)_3 + 6NaOH === 2Cr(OH)_3 \downarrow + 3Na_2SO_4$$

（2）处理流程

① 间歇处理 间歇处理含铬废水流程如图 15-17 所示。

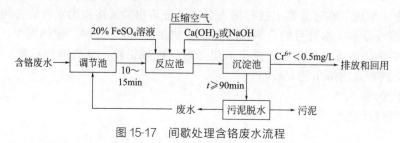

图 15-17 间歇处理含铬废水流程

间歇处理适用于小水量（$10\sim20 m^3$/班）。当调节池（容积为$2\sim4h$ 废水流量）存满废水后，用泵将废水抽入反应池（槽）。在药剂槽中用废热或蒸汽将溶药水加热至 $40\sim60℃$，以提高硫酸亚铁的溶解度。一般采用干投药剂，用压缩空气搅拌或水力搅拌或机械搅拌。反应池一般为两格，交替使用，其容积为 $2\sim4h$ 废水量。

② 连续处理 连续处理法适用于大水量。各种药剂要湿投，其药剂配制浓度为 $5\%\sim10\%$。反应池只需一个，其容积可略大于反应完全所需时间的排水量。处理时应自动控制，以保证处理水质和减轻劳动强度。自控装置除 pH 计外，还有氧化还原计 ORP，均与各自的系统联锁。ORP 计指示值与 $Cr^{6+}$ 之间的典型关系应通过试验确定，表 15-31 可供参考。

表 15-31 氧化还原计指示值与 $Cr^{6+}$ 之间的典型关系

| ORP/mV | $Cr^{6+}$/(mg/L) | ORP/mV | $Cr^{6+}$/(mg/L) |
|---|---|---|---|
| 590 | 40 | 330 | 1 |
| 570 | 10 | 300 | 0 |
| 540 | 5 | | |

废水的酸化碱化尽量用废酸废碱。一般用硫酸酸化，用石灰或烧碱碱化。$Cr^{6+}$ 变 $Cr^{3+}$ 的反应速率取决于 pH 值，如图 15-18 所示。酸化时控制 pH 值<3，碱化时控制 pH=$9\sim10$。投药质量比为 $FeSO_4 \cdot 7H_2O : Cr^{6+} = (16\sim32):1$（$Cr^{6+}\geqslant100mg/L$ 用下限；$Cr^{6+}\leqslant10mg/L$ 用上限）。投加 $FeSO_4 \cdot 7H_2O$ 反应 $10\sim15min$；投加石灰反应 15min；投加氢氧化钠反应 $5\sim10min$。废水在沉淀池中停留 $1.0\sim1.5h$，上清黄色水排入排水管道，底流泥浆用泵送入脱水机。氢氧化铬污泥具有凝胶性质，可作为鞣革液使用，亦可加煤粉经焙烧后作为工艺原料，还可按 $35\%$ 铬渣加 $65\%$ 黏土制成 150 号机砖。

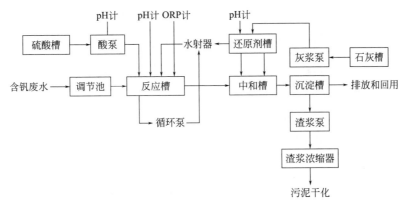

图 15-18　连续处理含铬废水流程简图

## 15.4.2　铁氧体法

（1）基本原理

含铬废水中的六价铬，在酸性条件下主要以 $Cr_2O_7^{2-}$ 的形式存在，是强氧化剂。铁氧体法处理含铬废水一般有三个过程：还原反应、共沉淀和生成铁氧体。

① 还原反应　首先向废水中投加硫酸亚铁，使 $Cr^{6+}$ 能将 $Fe^{2+}$ 氧化成 $Fe^{3+}$，而 $Cr^{6+}$ 本身被还原为 $Cr^{3+}$。反应式为：

$$Cr_2O_7^{2-} + 6Fe^{2+} + 14H^+ \longrightarrow 2Cr^{3+} + 6Fe^{3+} + 7H_2O$$

② 共沉淀过程　由于投入了大量的硫酸亚铁，除生成 $Cr^{3+}$ 和 $Fe^{3+}$ 外，还有未参加反应的剩余 $Fe^{2+}$。接着投加氢氧化钠溶液调整废水 pH 值，使 $Cr^{3+}$ 以及其他重金属离子（$M^{n+}$）发生共沉淀现象，形成墨绿色的沉淀物及铁的一部分中间沉淀物，其反应式为：

$$Cr^{3+} + 3OH^- \longrightarrow Cr(OH)_3 \downarrow$$
$$Fe^{3+} + 3OH^- \longrightarrow Fe(OH)_3 \downarrow$$
$$Fe^{2+} + 2OH^- \longrightarrow Fe(OH)_2 \downarrow$$
$$M^{n+} + nOH^- \longrightarrow M(OH)_n \downarrow$$
$$FeOOH + Fe(OH)_2 \longrightarrow FeOOHFe(OH)_2 \downarrow$$
$$FeOOHFe(OH)_2 + FeOOH \longrightarrow Fe_3O_4 \downarrow + 2H_2O$$

③ 生成铁氧体　然后向废水中通入空气氧化并加以搅拌，平衡形成铁氧体所需的 $Fe^{2+}$ 和 $Fe^{3+}$ 的比例。在加热的条件下，二价和三价的氢氧化物又发生了复杂的固相化学反应，形成复合的铁氧体——具有铁离子、氧离子及其他金属离子组成的氧化物晶体，通称亚高铁酸盐。铁氧体有多种晶体结构，最常见的是尖晶石型的立方结构，具有磁性。其反应式为：

$$(3-x)Fe^{2+} + xM^{2+} + 6OH^- \longrightarrow Fe_{(3-x)}M_x(OH)_6 \xrightarrow[\triangle]{\frac{1}{2}O_2} M_xFe_{(3-x)}O_4 + 3H_2O$$

$$(2-x)[Fe(OH)_3] + x[Cr(OH)_3] + Fe(OH)_2 \longrightarrow Fe^{3+}[Fe^{2+}Cr_x^{3+}Fe_{(1-x)}^{3+}]O_4 + 4H_2O$$

（2）处理流程

① 间歇处理　铁氧体法间歇处理工艺一般适用于 $10m^3/d$ 以下的含铬废水量或含铬浓度波动很大的情况，其工艺流程如图 15-19 所示。

1）调节池。2 格相互交替使用。有效容积按 3～4h 平均废水流量计算，当废水流量很小时，可按 8h 计算。一般设于地下，采用钢筋混凝土结构，并应采取撇油、清渣、防腐蚀、

675

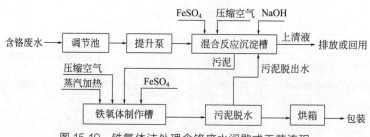

图 15-19　铁氧体法处理含铬废水间歇式工艺流程

防渗漏措施。

2）提升泵。2 台（1用1备），采用塑料泵或玻璃钢泵，泵流量为平均每小时的废水流量，扬程约为 0.1MPa。将废水提升至混合反应槽中。

3）混合反应沉淀槽。2 个轮换工作，每个容积与调节池相同。首先投加第一批硫酸亚铁药剂量，大约为总量的 2/3，投加浓度一般为 0.7mol/L 左右。重量投药比为 $Cr^{6+}$：$FeSO_4 \cdot 7H_2O$，当含 $Cr^{6+} < 25mg/L$ 时为 $1:(40\sim50)$；含 $Cr^{6+} = 25\sim50mg/L$ 时为 $1:(35\sim40)$；含 $Cr^{6+} = 100mg/L$ 时为 $1:(30\sim35)$；含 $Cr^{6+} > 100mg/L$ 时为 $1:30$。设计对投药比可采用高值，投产后再根据具体情况适当减小。$FeSO_4$ 使 $Cr^{6+}$ 还原成 $Cr^{3+}$ 的最佳 $pH=2\sim3$，为便于操作，可控制在 $pH<6$。还原反应时间一般为 $10\sim15min$。经上述步骤处理后废水变为土黄色，这时可以通入压缩空气，其压力为 $0.05\sim0.10MPa$，流量为 $0.1\sim0.2m^3$ 废水/min，通气时间：当含 $Cr^{6+} < 25mg/L$ 时为 5min 左右，含 $Cr^{6+} = 25\sim50mg/L$ 时为 $5\sim10min$，含 $Cr^{6+} > 50mg/L$ 时为 $10\sim20min$。然后投加 NaOH 溶液并调整废水的 $pH=8\sim9$，此时废水呈墨绿色，经静置沉淀 $40\sim60min$ 后，将上清液排放或回用，将几次处理后的污泥排入铁氧体转化槽。

4）铁氧体制作槽。污泥体积为处理废水体积的 $25\%\sim30\%$。转化槽钢制并防腐，其容积可按日处理水量的 $20\%$ 左右考虑。首先通入蒸汽将污泥加热至 $(75\pm5)$ ℃。再投加第二批硫酸亚铁药剂量，约为总量的 $1/3$，控制压缩空气通气量，当污泥呈现黑褐色后停止通气。

5）污泥脱水、洗钠、烘干。废水含铬酐量为 $100mg/L$ 时，$1m^3$ 废水约生成 $0.6kg$ 干渣，可作催化剂、磁性材料等。

本法除铬较彻底，处理后的废水含 $Cr^{6+} < 0.5mg/L$。沉渣性能稳定，难溶于酸碱，不产生二次污染。处理周期为 $1.5\sim2.0h$。

② 连续处理　当含铬废水在 $10m^3/d$ 以上，特别是含铬离子或其他重金属离子浓度波动范围大时，应设置自动检测和投药装置的连续处理。其工艺流程如图 15-20 所示。

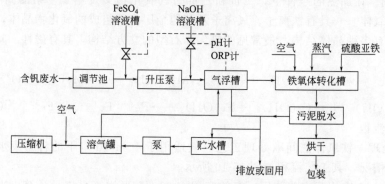

图 15-20　铁氧体法处理含铬废水连续工艺流程

### 15.4.3　技术应用与实践

（1）硫酸亚铁还原法

① 废水量：$Q_h=1.6m^3/h$；$Q_d=Q_h\times8h/d=12.8m^3/d$。

② 废水含铬浓度：$C_{Cr}=9.4mg/L$。

③ 采用硫酸亚铁-石灰法间歇处理。

④ 硫酸亚铁用量：

$$G_s=\frac{C_{Cr}yQ_d}{1000}=\frac{9.4\times30\times12.8}{1000}=3.61(kg/d)$$

⑤ 石灰用量：

$$G_c=\frac{C_{Cr}yQ_d}{1000}=\frac{9.4\times12\times12.8}{1000}=1.44(kg/d)$$

式中，$y$ 为投药比，硫酸亚铁为 30，石灰为 12。

⑥ 硫酸亚铁溶药桶体积：

$$V_s=\frac{G_s}{C_s}\times2=\frac{3.61}{0.05}\times2=145(L)$$

⑦ 石灰药桶体积：

$$V_c=\frac{G_c}{C_c}\times2=\frac{1.44}{0.05}\times2=58(L)$$

⑧ 反应池有效容积 $V_反=4h\times1.6m^3/h=6.4m^3$。先投加硫酸亚铁，用压缩空气搅拌 15min，再投石灰，再用压缩空气搅拌 15min。然后以 0.5h 时间边搅拌边排 6 至沉淀池。

⑨ 沉淀池：按停留 1.5h 计算，采用平流式沉淀池。

⑩ 压缩空气用量：按 1min 1$m^3$ 容积 0.15$m^3$ 空气计，$Q_h=6.4\times0.15=0.96(m^3/min)=58m^3/h$，压缩空气 $p=0.1MPa$ 左右，用穿孔管配气。

（2）铁氧体法

① 含铬废水量为 6$m^3$/h。

② 气浮槽直径 1.5m，高 2.0m，槽内混合室高为 1.2m，上口 $\phi1.2m$，下口 $\phi0.4m$，布置 3 个释放器，上浮速度控制在 2~3mm/s，废水在槽内的停留时间为 5min。在升压泵前投加硫酸亚铁溶液，泵后投加氢氧化钠溶液控制 pH=8~9。加药后废水再进入气浮槽；气浮槽内通入溶气水，溶气水水量为处理水量的 40% 左右，压力为 400kPa 左右，由气浮槽上浮的污泥聚集后溢流进入铁氧体转化槽。

③ 铁氧体转化槽同间歇式处理一样。收集到一定体积的污泥后，投加第二批硫酸亚铁溶液，通入空气和蒸汽，控制温度为 80℃ 左右，转化时间为 2h，处理时污泥的 pH＞7。当污泥变成黑褐色即铁氧体制作完毕。从槽内放出铁氧体污泥，脱水收集后存放。污泥脱出水和气浮槽处理后的水回车间回用。

④ 处理前废水含 $Cr^{6+}=5.8~48.0mg/L$，处理后回用水含 $Cr^{6+}=0.001~0.05mg/L$。

## 15.5　其他废水处理技术

（1）封闭电炉煤气洗涤直接冷却循环水系统的外排废水

① 冶炼锰铁时，泥浆脱水机排出泥渣脱出水，首先进行氰化物处理和 pH 值调整。可

用碱性氯化法处理氰化物。在处理过程中，需加入过量的 $Cl_2$，使氰酸盐分解成 $N_2$ 和 $CO_2$，然后再用 $H_2SO_4$ 中和使 pH 值达到 7 后排放。

② 冶炼铬铁时，除对泥浆脱水机排出泥渣脱出水进行氰化物和调整 pH 值处理外，还要处理 $Cr^{6+}$。首先加入 $H_2SO_4$ 使 pH 值在 3 以下，再加重亚硫酸钠使 $Cr^{6+}$（黄色）变成 $Cr^{3+}$（绿色），然后，在中和槽中加入 NaOH，使 pH 值中和到 7~8，$Cr^{3+}$ 生成 $Cr(OH)_3$ 沉淀，随污泥一起排出，澄清水排放。

③ 在冶炼锰铁、硅铁、铬铁时，将废水中过滤出的污泥集中起来经高温干燥，使之无害化，然后加入电炉作原料（为电炉加料总量的0.2%~0.5%）。

（2）盐酸酸雾洗涤废水

纯盐酸贮槽、酸液计量槽、酸液配制槽等产生的 HCl 气体处理流程如图 15-21 所示。

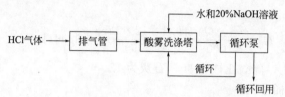

图 15-21　盐酸酸雾洗涤废水处理流程简图

（3）含酸废水处理

含酸废水主要来自铁合金湿法冶金的溶液配制、软化水（除盐水或纯水）制备，各种槽罐的溢流泄漏等工段。含酸废水处理工艺流程如图 15-22 所示，酸性废水处理工艺流程如图 15-23 所示。

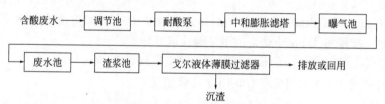

图 15-22　含酸废水处理工艺流程简图

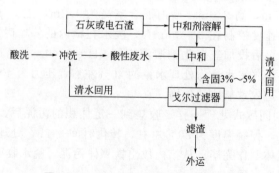

图 15-23　酸性废水处理工艺流程简图

（4）全厂总排废水

单一铁合金生产车间排出口的废水，可以归入钢铁厂总排出废水中统一处理。而具有一定规模且生产多种铁和金的独立铁合金厂，其全厂总排废水需要进行处理，必须符合《污水综合排放标准》才能排放，或者达到冶金工厂工业水用水标准予以回用。

第 *16* 章
# 钢铁工业综合废水处理与回用技术

　　钢铁企业外排综合废水处理与回用是符合我国国情和我国钢铁企业发展特色的有效节水途径。由于钢铁企业综合废水量占企业新水用量的 60% 以上，若将这部分水收集并处理后回用，可大大提高企业的水重复利用率，减少吨钢新水用量，是实现钢铁企业废水"零排"的主要途径。

　　自 20 世纪 90 年代，国内部分钢铁企业对综合废水再生回用展开了规模性的试验研究及工程实践，并取得了良好的效果。在"十五"期间，国家科技部组织中冶集团建筑研究总院等单位对国内外钢铁企业外排综合废水处理及回用现状进行总结和研发，在借鉴国内已建综合废水处理工程实践经验的基础上，完成了钢铁企业总排口综合废水处理工艺核心技术的研究和集成，为我国钢铁工业实现节水减排和废水"零排放"打下了良好的技术基础。

　　钢铁工业要实现节水减排与废水"零排放"，首先要从生产源头着手，直至每一生产环节推行用水少量化和废水外排资源化；要大力推广"三干"技术（高转炉干法除尘与干熄焦技术）和高炉软水密闭循环工艺，减少生产工序用水量和外排废水量；要建立"分质供水、分级处理、温度对接、梯级利用、小半径循环分区闭路"等新型用水模式，改变用水方式，减少水耗，提高用水效率；要建立综合废水处理回用系统，确保实现废水"零排放"。

## **16.1** 钢铁工业废水回用与"零排放"面临的问题与解决途径

　　由于国家对节水减排工作日益严格，以及钢铁企业生产技术与环保要求的提高，2013年我国钢铁工业废水处理达标率已达 99.76%。将生产废水制成回用水是目前各大型钢铁企业对生产废水最常用的处理方式。通过干管或总排水口将生产废水收集汇总后经处理制成合格回用水，通过用水循环系统再回用于生产。

　　采用常规的水处理工艺，如混凝、沉淀、除油、过滤等处理后制成的回用水，原生产废水中的悬浮物（SS）和其他一些杂质均应得到有效的去除，但废水中含盐量并没有大的改变，其含盐量远高于工业净循环水和浊循环水，另外，水中仍含有少量的乳化油和溶解油。表16-1、表 16-2 分别列出国内几家钢铁企业生产废水的主要水质状况与经过常规方式处理后出水的主要水质参数。

表 16-1　国内钢铁企业生产废水主要水质状况

| 水质参数项目 | 钢铁企业 1 | 钢铁企业 2 | 钢铁企业 3 | 钢铁企业 4 |
|---|---|---|---|---|
| pH 值 | 7～8 | 7.8～8.8 | 11.14 | 6～9 |
| 浊度/NTU | 30～40(最大到 100) | 37～244 | 45 | 200 |
| 电导率/(μS/cm) | ＜3300 | 614～669 | — | 2000 |
| SiO₂/(mg/L) | 18 | | 9 | — |
| 总硬度/(mg/L) | 1200(最大到 2200) | 194～282 | 325 | 500 |
| 钙硬度/(mg/L) | 1100(最大到 2000) | 148～214 | 207 | 330 |
| 碱度/(mg/L) | 130 | 50～120 | 171 | 200 |
| 硫酸根/(mg/L) | 540 | — | 878 | — |
| 氯化物/(mg/L) | 280(最大到 700) | | 464 | 300 |
| 铁/(mg/L) | 3～6 | 4.88～18.8 | 0.36 | 0.4 |
| 油/(mg/L) | 5～10 | 0.133～1.244 | | 10 |
| COD/(mg/L) | 30～40(最大到 60) | 30.44～107.9 | 114.2 | 150 |

表 16-2　国内钢铁企业生产废水经常规处理后出水主要水质状况

| 水质参数项目 | 钢铁企业 1 | 钢铁企业 2 | 钢铁企业 3 | 钢铁企业 4 |
|---|---|---|---|---|
| pH 值 | 6.83～9.21 | 7.5～8.5 | 7.0～8.5 | 6.5～9 |
| 浊度/NTU | 3～9 | ≤5 | ≤5 | ≤2 |
| 电导率/(μS/cm) | 576～755 | — | — | 1800 |
| SiO₂/(mg/L) | — | — | — | — |
| 总硬度/(mg/L) | 172～252 | | ＜200 | 350 |
| 钙硬度/(mg/L) | 110～186 | | ＜150 | |
| 碱度/(mg/L) | 30～70 | | ＜150 | |
| 硫酸根/(mg/L) | — | | | |
| 氯化物/(mg/L) | — | | 150～361 | — |
| 铁/(mg/L) | 0.144～0.406 | 0.4 | — | ≤0.1 |
| 油/(mg/L) | 0.103～0.894 | ≤1 | 3～4 | ≤1 |
| COD/(mg/L) | 10.38～21.19 | ≤50 | 30～0 | ≤20 |

　　鉴于处理后回用水的上述特征，只能用于烧结、炼铁、炼钢、轧钢等工序的直流喷渣或浇洒地坪等，且其用水量是有限的。因此，近年来国内大型钢铁企业如首钢、济钢、太钢、邯钢、天钢、日(照)钢等均设有综合废水处理厂，并在此基础上增设生产废水深度处理装置，采用双膜法制取脱盐水回用水处理设施，实现废水全部回用与"零排放"。

## 16.1.1　综合废水来源与要求

　　钢铁工业生产废水成分复杂，各生产工序所排的废水主要成分特征及其单元处理工艺选择见表 16-3。

**表 16-3　钢铁企业废水主要成分特征及其单元处理工艺选择**

| 排放废水的工厂 | 按污染物主要成分分类的废水 | | | | | | | | 单元处理工艺选择 | | | | | | | | | | | | | | | |
|---|---|---|---|---|---|---|---|---|---|---|---|---|---|---|---|---|---|---|---|---|---|---|---|---|
| | 含酚氰废水 | 含氟废水 | 含油废水 | 重金属废水 | 含悬浮物废水 | 热废水 | 酸废水（液） | 碱废水 | 沉淀 | 混凝沉淀 | 过滤 | 冷却 | 中和 | 气浮 | 化学氧化 | 生物处理 | 离子交换 | 膜分离 | 活性炭 | 磁分离 | 蒸发结晶 | 化学沉淀 | 混凝气浮 | 萃取 |
| 烧结厂 | | | | | ● | ● | | | ● | | ● | ● | | | | | | | | | | | | |
| 焦化厂 | ● | ● | | | ● | ● | | | ● | ● | ● | | | ● | | ● | | ● | | | | ● | | ● |
| 炼铁厂 | ● | | | | ● | ● | | | ● | | ● | ● | | | | | | | | | | ● | | |
| 炼钢厂 | | | | | ● | ● | | | ● | ● | ● | ● | | | | | | | | ● | ● | ● | | |
| 轧钢厂 | | | ● | ● | ● | ● | ● | ● | ● | ● | ● | ● | ● | ● | | | ● | ● | | | | ● | | |
| 铁合金 | ● | | ● | ● | ● | | | | ● | | | | | ● | | | | | | | | ● | | |
| 其他 | | | ● | ● | ● | ● | ● | ● | ● | ● | ● | ● | ● | ● | | | | | | | | ● | ● | |

　　经各单元处理的废水，通常就可回用或部分回用，但在回用过程中又会产生外排废水，或因不断循环中水中盐类增高又必须外排。由于钢铁工业生产工序多，生产废水具有复杂性、种类多、成分杂、盐类高，要实现节水减排与"零排放"难度很大。要实现废水"零排放"必须通过综合废水处理与回用系统。

　　综合废水是指全厂总排水，当前综合废水来源有两种：一是来源于大型钢铁企业的直接与间接循环冷却水系统的强制排污水、软化水、脱盐水以及纯水制备设施产生的浓盐水和跑冒滴漏等零星排水；二是有些钢铁企业由于采用合流制排水系统，或因改建、扩建等原因造成分流制排水系统，或用水循环系统不够完善的企业，其综合废水来源是指未经处理的全厂废水或因排水体制不够完善而造成必须外排的废水。这两类废水的特征是前者废水量较少，含盐浓度高、悬浮物高，故处理难度较大；后者废水量较大，含悬浮物、盐类较低，较易处理。

但是为了保持综合废水处理系统(厂)处理水质与回用要求，焦化废水必须分开，不得排入；冷轧工序废水应先经单独处理后，再经酸碱废水处理系统中和沉淀后，方可进入综合废水处理系统。

## 16.1.2 综合废水处理方案选择与技术集成

（1）国外情况

国外的钢铁企业与我国有很大不同，尤其是发达国家对环境保护的要求十分苛刻。日益严格的排放标准已经成为钢铁企业能否生存的关键因素。巨大的环保压力迫使发达国家钢铁企业大力推广适用于钢铁生产的各类先进环保技术，积极推进以节能减排为主要目标的设备更新和技术改造，不断进行工艺结构调整，加强资源综合利用和清洁生产。其环保战略已由末端治理转为清洁生产，即采用先进的生产工艺及设备，注重源头治理，执行严格的用水标准与排放标准，用水质量高且处理严格化，并充分利用各工序水质差异实现多级串联与循环利用，最大限度地将废水分配或消纳于各级生产工序中。因此，目前很少兴建全厂性综合废水处理厂，但仍有各单元循环系统不易解决的零星废水和各单元外排水，特别是近几年世界各国水资源危机不断，因此，先进的钢铁企业，如日本、韩国、欧美等大型钢铁企业以及我国宝钢也在酝酿新建综合废水处理厂以解决零星废水和各单元排水的收集与回用问题。

国外钢铁企业对于按不同生产工序对水质要求的差异进行串级供水、循环用水和一水多用的技术理念，可作为回用水不同回用模式的参考与借鉴。

例如韩国浦项钢厂废水处理回用工程。该厂生产规模为 $1.3\times10^7$ t/a，吨钢新水用量为 $3.36m^3$，属世界先进指标。该厂对环保工作十分重视，2003 年环保投资占总投资的 8.5%，各分厂均建有完善的循环水处理设施，对于单元式循环不能解决的零星废水和各单元循环水处理设施的排污水进入综合废水处理厂集中处理。

全厂共建有两座集中废水处理厂，总处理规模为 $5\times10^4$ t/d，其中废水采用生化处理和混凝净化后进行活性炭吸附，其排水也进入综合处理厂。综合废水处理厂处理后一部分水通过计量排入大海，一部分进行膜处理脱盐勾兑后回用，其出水水质见表 16-4、表 16-5。

综合废水处理工艺流程为：综合废水→混凝→过滤→活性炭吸附→微滤→反渗透→回用。

**表 16-4** 浦项废水处理厂出水水质

| 项目 | COD/(mg/L) | SS/(mg/L) | pH 值 | 油/(mg/L) | TN/(mg/L) | TP/(mg/L) |
|---|---|---|---|---|---|---|
| 指标值 | 15.5 | 13.3 | 6.9 | 0 | 34.3 | 19.1 |

**表 16-5** 浦项废水处理厂回用水水质

| 项目 | 电导率/mS | Cl⁻/(mg/L) | 浊度/NTU | COD/(mg/L) |
|---|---|---|---|---|
| 废水处理厂排水 | 3870 | 720 | 9.1 | 20 |
| 反渗透出水 | 170 | 15 | 0.01 | 0.5 |

浦项废水处理工程的特点如下。

① 采用传统混凝、沉淀、过滤工艺流程，处理出水排放入海，废水排放水质处理水平

高，保护了沿海水域环境。

② 回用水拟部分采用活性炭吸附、微滤、反渗透脱盐工艺，提高了回用水供水水质。

（2）国内情况

据统计，目前国内已建成综合废水处理回用工程已达 30 多家，其中利用引用技术或设备约 20 家。现将有代表性的处理工程的技术与工艺列举如下。

① 综合废水处理厂（一）　根据废水排放的特点，采用格栅、沉砂、调节隔油、絮凝、平流沉淀、过滤、塔式自然冷却及并网回用等工艺流程，如图 16-1 所示。

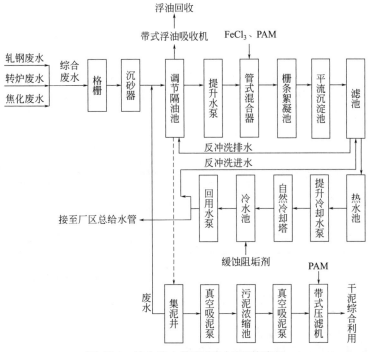

图 16-1　综合废水处理厂（一）工艺流程

该工艺的技术特征与实践如下。

1）工艺流程主要针对处理钢铁厂炼钢、轧钢、焦化厂浊环水排水而定，并采用传统的废水处理技术，形成总厂的大循环水处理系统。

2）设有降温设施，使供水温度有所控制。

3）水量不够平衡，水质变化较大，有待改进。

工程处理能力为 $8 \times 10^4/d$，工程投资 3800 万元，实现废水回用率 95%，其废水处理厂进出水水质见表 16-6。

**表 16-6　废水处理厂进出水水质**

| 序号 | 项目 | 单位 | 进水水质 | 出水水质 | 备注 |
|---|---|---|---|---|---|
| 1 | 温度 | ℃ | 45.00～50.00 | 30.33～35.00 | |
| 2 | pH 值 | | 7.10～8.40 | 8.4 | |
| 3 | SS | mg/L | 38.00～222.00 | 29.8 | |
| 4 | $COD_{Cr}$ | mg/L | 3.00～100.00 | — | |
| 5 | $BOD_5$ | mg/L | — | 0.30 | |

| 序号 | 项目 | 单位 | 进水水质 | 出水水质 | 备注 |
|------|------|------|----------|----------|------|
| 6 | 油 | mg/L | 0.20~12.30 | 0.26 | |
| 7 | 总硬度 | mg/L | — | 153.00 | 以 $CaCO_3$ 计 |
| 8 | 总碱度 | mg/L | — | 63.50 | 以 $CaCO_3$ 计 |
| 9 | 溶解固体 | mg/L | — | 260.00 | |
| 10 | 溶解性铁 | mg/L | — | 0.07 | |

② 综合废水处理厂（二）　该工程于 1999 年建成投产，其主要处理废水为烧结厂、部分轧钢厂、炼铁厂以及发电厂、制氧厂和耐火材料厂等的生产废水，处理能力为 22 万吨/d，处理后水质应符合该厂净环水水质标准，工程总投资为 2.2 亿元。工程处理工艺流程是根据该厂半工业性试验结果，并与加拿大斯坦利公司和美国 CMT·CDM 公司共同确定的。其处理工艺流程如图 16-2 所示。

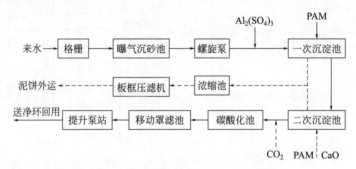

图 16-2　综合废水处理厂（二）工艺流程

该工艺的技术特征与实践如下。

1）采用传统处理工艺流程，系统运行稳定。

2）主要机械、仪表和控制设备均由国外引进，故障率低。

3）系统自动化水平高，可以实现无人值守，减少人为因素对废水处理厂稳定运行的影响。

4）滤池采用移动罩式重力滤池，反洗方式采用泵吸式移动冲洗，依次在某一格反洗时其余各格仍在正常工作，又可使滤池工作连续。

其废水处理进出水水质见表 16-7。

表 16-7　废水处理进、出水水质

| 序号 | 指标名称 | 单位 | 进水水质 | 出水水质 | 备注 |
|------|----------|------|----------|----------|------|
| 1 | pH 值 | | 7.5 | 7.30 | |
| 2 | 悬浮物 | mg/L | 145.00 | 14.60 | |
| 3 | $COD_{Cr}$ | mg/L | 109.00 | 14.13 | |
| 4 | 油 | mg/L | 7.50 | 4.20 | |
| 5 | 总硬度 | mg/L | 396.00 | 393.00 | 以 $CaCO_3$ 计 |
| 6 | 总碱度 | mg/L | 154.00 | 148.00 | 以 $CaCO_3$ 计 |

续表

| 序号 | 指标名称 | 单位 | 进水水质 | 出水水质 | 备注 |
|------|----------|------|----------|----------|------|
| 7 | 溶解固体 | mg/L | 936.00 | 754.33 | |
| 8 | 总铁 | mg/L | 1.24 | 0.28 | |
| 9 | Cl⁻ | mg/L | 134.00 | 135.00 | |

③ 综合废水处理厂（三）　为满足不锈钢扩建工程的需要，该厂决定对现有水处理系统仅能满足浊循环水要求的水质进行脱盐处理。经试验筛选，确定主体工艺采用反渗透技术，处理水量 3000m³/h，部分处理设施利旧改造。该处理设施主要工艺为反渗透，是由曝气除铁、絮凝沉淀、臭氧氧化、多介质过滤、二次精密过滤及渗透系统以及配电及监控系统组成的。

反渗透系统对进水要求较高，因进水前废水水质的好坏直接影响到膜处理效果与使用寿命，故其预处理极其重要。该工艺对进水水质要求见表 16-8，其综合废水处理工艺流程如图16-3 所示。

表 16-8　RO 进水水质要求

| 项目 | 浊度/NTU | 余氯/(mg/L) | Fe/(mg/L) | pH 值 | 污染指数 SDI(15min) | 色度/倍 |
|------|----------|-------------|-----------|-------|---------------------|---------|
| 指标值 | <1.0 | <0.1 | <0.1 | 3~10 | <5 | 清 |

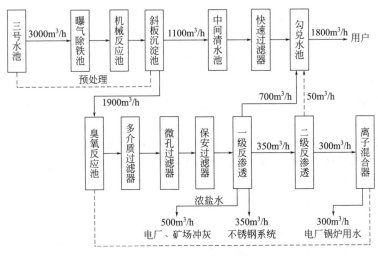

图 16-3　综合废水处理厂（三）工艺流程

该工艺的技术特征与实践如下。

1）该工程是国内钢铁企业首次采用大型反渗透技术大规模处理钢铁企业生产废水，脱除生产废水中的盐类，达到了锅炉用水标准，为钢铁行业废水深度处理回用技术提供了值得借鉴的经验。

2）工程中采用勾兑的方法，实现废水回用的经济性、科学性和多样性，即利用反渗透出水与过滤池出水勾兑比，可以达到不同的水质标准，满足各生产工序的供水水质要求，既减少新水消耗量，又可适应和满足各循环水系统的含盐量要求，可大大节约各系统处理的药剂费和检修费。

该工程实践为综合废水处理厂实现废水回用、提高废水循环利用率提供了技术借鉴。

3）除盐水处理预处理工艺采用传统流程，出水水质不够稳定，有时难以满足反渗透进水水质要求。

4）该工程实践表明，预处理工艺是膜法脱盐工艺运行好坏的关键，必须高度重视并做好合理选择。

④ 综合废水处理厂（四）　该工程主体设备引进，处理能力 $12.5 \times 10^4 \mathrm{m}^3/\mathrm{d}$，总投资 1.1 亿元。

该厂废水处理系统具有钢铁工业的特点，即在各个分厂生产工序都基本采用循环水系统的前提下，其部分系统排污水及零星用户和跑冒滴漏排出的废水均集中于综合废水处理厂，但不包括焦化厂排污水，其处理工艺流程如图 16-4 所示。

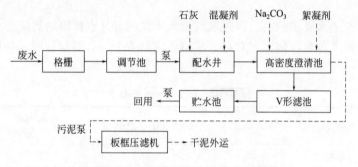

图 16-4　综合废水处理厂（四）工艺流程

该工艺的技术特征与实践如下。

1）该技术特别适应钢铁废水水质和水量波动较大的特点。

2）出水水质优良，高密度澄清池出水悬浮物低于 15mg/L，V 形滤池出水低于 5mg/L。

3）占地面积小，只有常规工艺占地的 1/6 左右，大大减少土建工程量。

4）系统基本实现集中检测调控无人值守水处理设施，减少人为因素对水厂稳定运行的影响。

5）因废水中永硬过高，采用投加 $Na_2CO_3$ 以降低回用废水中的永久硬度。

6）该工程实践表明，综合废水处理厂要确保水质稳定，实现提高用水循环率，脱盐技术与设施是不可缺少的。

该废水处理厂进出水水质见表 16-9。

表 16-9　废水处理厂进、出水水质

| 序号 | 指标名称 | 单位 | 进水水质 | 出水水质 | 备注 |
|---|---|---|---|---|---|
| 1 | 温度 | ℃ | <35 | <35 | |
| 2 | pH 值 | | 7.0～9.5 | 6.5～7.5 | |
| 3 | 悬浮物 | mg/L | 36～1000 | <5 | |
| 4 | COD$_{Cr}$ | mg/L | 28.5～160 | <30 | |
| 5 | BOD$_5$ | mg/L | 15～45 | 3～4 | |
| 6 | 油 | mg/L | 10～20 | <2 | |

续表

| 序号 | 指标名称 | 单位 | 进水水质 | 出水水质 | 备注 |
|---|---|---|---|---|---|
| 7 | 总硬度 | mg/L | 140～400 | 182.2 | 以 CaCO₃ 计 |
| 8 | 暂时硬度 | mg/L | 90～140 | ≤100 | 以 CaCO₃ 计 |
| 9 | 总碳度 | mg/L | 65～140 | — | 以 CaCO₃ 计 |
| 10 | 总固体 | mg/L | 670～1068 | 650 | |
| 11 | 溶解固体 | mg/L | 530～840 | — | |
| 12 | 含盐量 | mg/L | 530～830 | — | |
| 13 | 总铁 | mg/L | 3.1～4.5 | — | |
| 14 | 氯 | mg/L | 80～250 | — | |
| 15 | $SO_4^{2-}$ | mg/L | 110～200 | — | |
| 16 | 氨氮 | mg/L | 10～20 | — | |
| 17 | $SO_2$ | mg/L | 20～48 | — | |

⑤ 综合废水处理厂（五）　该项工程于 2002 年建成投产，主体设备引进，处理废水量为 4000m³/h，平均日处理量为 9.6 万吨，总投资约 9000 万元，总占地面积 2.9 万平方米，处理废水主要来源为厂区生产废水和生活废水，处理后废水是以最大限度回收利用为宗旨，但对厂区焦化废水、除盐水站和软化水站排水进行分离不排入综合废水处理厂，另行处理用于厂区焖渣和料场抑尘等。

其处理工艺流程如图 16-5 所示。

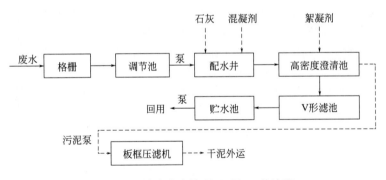

图 16-5　综合废水处理厂（五）工艺流程

该工艺的技术特点与实践如下。

1）该技术特别适应钢铁废水水质和水量波动较大的特点。

2）出水水质优良，高密度澄清池出水悬浮物低于 15mg/L，V 形滤池出水低于 5mg/L。

3）占地面积小，只有常规工艺占地的 1/6 左右，大大减少土建工程量与投资。

4）系统基本实现集中监测控制无人值守水处理设施，大大减少人为因素对运行稳定的影响。

5）由于未上脱盐系统，在不断循环中产生盐类富集和设备结垢腐蚀现象。

该废水处理工程进出水水质见表 16-10。

表 16-10　废水处理厂进水、回用水、外排水水质

| 项目 | 进水 | | 回用水 | | 外排水 | | 外排水污染物去除率/% |
|---|---|---|---|---|---|---|---|
| | 范围值 | 平均值 | 范围值 | 平均值 | 范围值 | 平均值 | |
| pH 值 | 7.0～8.5 | 8.14 | 7.0～8.0 | 7.56 | 6.5～7.5 | 7.4 | — |
| SS/(mg/L) | 20～50 | 36.9 | 5～8 | 5 | 7～18 | 10.9 | 70.4 |
| COD/(mg/L) | 30～60 | 43.5 | 6～14 | 9.8 | 8～16 | 12.8 | 70.5 |
| $BOD_5$(mg/L) | — | — | — | — | 2～5 | 3.0 | |
| 石油类/(mg/L) | 0.4～5.0 | 2.1 | 0.1～0.2 | 0.15 | 0.1～0.3 | 0.2 | 66 |
| 氯化物/(mg/L) | 3.5～6.0 | 4.36 | 2.0～5.5 | 3.2 | 1.5～2.9 | 2.3 | 47.2 |
| 总碳度/(mg/L) | 210～320 | 247.2 | 15～63 | 34.7 | | | |
| 总硬度/(mg/L) | 310～437 | 369.9 | 136～266 | 205.4 | | | |
| 钙硬度/(mg/L) | 180～270 | 215.7 | 87～195 | 136.5 | | | |
| 暂时硬度/(mg/L) | 170～370 | 230.8 | 13～110 | 43.1 | | | |
| 溶解固体/(mg/L) | 900～1400 | 1100 | 560～940 | 750.8 | | | |

（3）综合废水处理回用方案选择原则与要求

根据国内外现有综合废水处理实践与运行经验及其存在的问题的总结与分析，综合废水处理回用技术方案的选择原则与要求如下。

① 科学合理地确定废水处理厂进水水量和进水水质。它是正确确定废水处理工艺流程处理设置规模的基础。应科学合理地收集和核实企业各综合废水排出口、各季度的排水水质指标。而以往排出口的水质指标偏重于环保治理和检测污染的毒理指标，缺少工业用水水质指标，必须加以注意。否则水处理工艺不结合生产工艺，难以满足水质水量要求，乃至水处理工艺运行困难或不正常，这在实践中常有发生。

② 钢铁企业的排水有其共性。外排废水中的主要污染物为悬浮物、油等，硬度较高，表观体现为色度高、浊度较大；一般 $BOD_5$/COD 比值较低，可生化性较差，可不考虑生化处理工艺。故对该类废水宜采用以预处理、混凝沉淀、调整 pH 值和过滤等的物理-化学水处理为主的工艺流程。

③ 钢铁企业排水也有其个性。由于分布地区不同、生产工序差异等因素，废水水质既有所相同，又有所不同。处理与回用工艺不宜完全相同，应根据各厂废水水质情况进行合理调整与增减。

④ 要考虑全厂或工序取用水的量与质的综合平衡，如水温、水量、悬浮物和盐类等。

⑤ 为实现处理后的废水回用作为生产补充水，在回用水深度处理中，根据废水水质要选用降低暂硬和永硬的处理工艺以及过滤、杀菌等处理技术环节。

⑥ 在全厂或区域大循环水系统中，若要保持水的高重复利用率，则必须考虑水质整体平衡的关键因素，防止水中盐类富集，在废水回用中要选择是否设有除盐水系统或设施。

⑦ 药剂质与量的选择。根据废水特性及处理后的水质要求，在综合处理工艺中需投加不同功效的水稳药剂。药剂种类与量的选择需要通过水质稳定试验加以确定。

⑧ 水质监控与运行自控。综合废水处理厂必须实行严格管理、规范操作、定期检查、

自动检测。因此，水质监控与运行自控是综合废水处理厂运行稳定与好坏的关键。

（4）综合废水处理回用工艺集成与技术特征

我国钢铁企业综合废水处理回用大多依靠传统工艺，例如反应沉淀系统采用混凝反应池、机械加速澄清池和化学除油器；过滤系统采用快滤池、虹吸滤池或者高速过滤器等。以上几种处理工艺属于成熟工艺，在运行安全及成本上具有一定优势。但是大型钢铁企业内部通常设有原料、冶炼、焦化、电力等分厂，总排水水量、水质变化幅度大，废水成分复杂，处理工艺要求条件高，因此，上述处理工艺用在钢铁企业综合废水处理方面，又有以下缺点。

① 处理负荷较低，占地面积大。

② 对来水水量、水质变化吸纳能力不足。

③ 控制较为烦琐，自动化程度不高。

2003～2010 年，中冶集团建筑研究总院环境保护研究院圆满完成"十五"国家重点科技攻关项目中的《钢铁企业外排污水综合处理与回用技术集成研究》和"十一五"国家科技支撑计划重点项目中的《大型钢铁联合企业节水技术开发与示范》。经过对首钢京唐工程、本钢、鞍钢、宝钢、太钢以及日（照）钢、梅（山）钢、马（合肥）等大中型钢铁企业和特大型韩国浦项钢厂的技术调研总结与工程示范，综合集成较为完善的钢铁企业综合废水处理工艺流程，如图 16-6 所示。

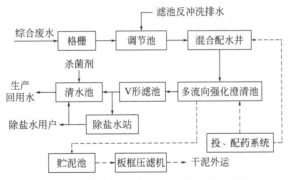

图 16-6　钢铁企业综合废水处理集成工艺流程

与传统处理工艺相比，该工艺具有如下优势。

① 处理负荷高，其中高效澄清池表面负荷可达 $12 \sim 15 m^3/(m^2 \cdot h)$，因而减小占地面积，约是通常机械加速澄清池占地的 1/3。

② 采用高浓度的污泥回流技术，对来水水量、水质变化吸纳能力强，出水水质稳定。

③ V 形滤池滤速高、占地小、运行稳定可靠。

④ 自动化程度高，运行人工投入少。

全厂生产废水首先经收集管网汇集后送入生产废水处理厂，经粗格栅去除较大的固体颗粒及垃圾，以防止后续工艺设备如泵及管道等的堵塞。废水进入调节池宜均质、均量，缓冲因水质、水量的变化对加药及沉淀池稳定性的冲击影响。调节池设细格栅，进一步去除大颗粒固体及垃圾，再泵入混合配水井。废水按比例分配后进入多流向强化澄清池，再进入 V 形滤池。根据回用水水质与水量的需求，确定除盐水站的工作要求。污泥经板框压滤机压滤后外运。

该工艺流程的特点是以加强预处理为基础，以混凝、絮凝、多流向澄清池和 V 形滤池为核心，以超滤加反渗透双膜法脱盐深度处理并辅以回用水含盐量控制技术，最终实现回用于工业循环冷却水系统作为补充水，实现钢铁企业废水"零排放"，处理技术达到世界先进水平。

# 16.2　综合废水处理回用工艺组成与技术规定

## 16.2.1　主要工艺组成

（1）预处理系统

废水预处理主要利用物理拦截去除大颗粒悬浮物和部分石油类，有利于废水后续处理设施的运行及节约药剂消耗。废水预处理由机械格栅、沉砂池、调节池和废水提升泵房四部分组成。

钢铁企业多为合流制排水系统。雨水初期时 SS 最大值、最小值、平均值，据国内某城市观察分别达 7436mg/L、90mg/L、1374mg/L；国外某市 SS 为 40～1450mg/L。由于钢铁企业的地坪常有物料洒落集尘，冲洗地坪的废水又进入排水系统，故废水中固体含量较多，为利于后续处理工序，应增设沉砂池。

由于钢铁企业的排水具有不确定性和不均衡性，在沉砂池后部常设置调节池，以均质、均量。另外，在调节池内设置较大功率的搅拌器，可以防止颗粒物在此大量沉积，影响池体容积并增加管理难度，从另一角度讲减少了系统的排泥出口，精简处理环节。为去除废水中的漂浮石油类，在池中设置撇油刮渣设施，定期刮撇浮油。

（2）核心技术处理系统

核心技术处理系统主要由混合配水、澄清、过滤三部分组成。

预处理后的废水经泵提升入混合配水井，废水通过配水堰并按比例分配后，进入高效澄清池的絮凝反应区。在混合配水井的不同位置分别投加混凝剂和石灰，使废水与药剂混合均匀。

澄清池的类型较多，应根据占地、废水特性和运行管理等综合因素考虑，根据近几年内用于国内废水处理厂和净水厂的实践与成功经验，推荐采用新型澄清池——高效澄清池。它是集加药混合、反应、澄清、污泥浓缩于一体的高效水处理构筑物。采用了浓缩污泥回流循环和加斜管沉淀技术。通过在带有快速搅拌混合区投加混凝剂和絮凝反应区投加助凝剂和石灰乳，以去除废水中的部分悬浮物、COD、$BOD_5$、油等污染杂质、暂时硬度，出水经调整 pH 值后自流至过滤池进行过滤处理。该工艺的占地面积仅为常规工艺的 1/2，减少了土建造价，节约用地。由于设置污泥回流，使得污泥和水之间的接触时间较长，一是使药剂的投加量较传统工艺低 25%，有效节约处理成本；二是能有效抗击来水的冲击负荷，可在短时间内水量、水质突变后，仍能保持较稳定的出水质量；三是从池内排出的污泥无需进浓缩池或加药，可降低污泥处理费用。国内原首钢、本钢、梅钢、邯钢、宁波钢铁总厂都采用了这种工艺，并取得了满意的效果。

过滤是废水处理过程的重要环节，它在常规水处理流程中是去除悬浮物和浊度，保障出水水质的最终措施。

过滤有多种形式，需在工程中经技术经济比较后确定。其有代表性的滤池有 V 形滤池、高速滤池等，前者已在首钢、本钢等废水处理厂试用，效果良好。后者在宝钢、武钢等有关生产水处理中应用，两者相比，前者比后者更适用于钢铁企业综合废水处理，经对现有工程运行的相关滤池的调研和分析，推荐采用 V 形滤池。V 形滤池的特点是单池面积大，采用大颗粒均质滤料恒速过滤，周期产水质优量多。采用气水反冲洗并辅有横向水扫洗，反冲洗彻底且效果好。通过 PLC 可实现完全自控。

（3）除盐水系统

综合废水处理工艺主要为絮凝、沉淀、过滤，主要去除 SS、COD、油类等，对盐分没有去除作用。当回用水与原工业新水混合后作为净循环水系统补充水时，使整个给水系统的含盐量升高，一方面，设备的结垢、腐蚀现象严重，这将大大减少设备的使用寿命；另一方面，随着综合废水处理后回用，造成了盐分在整个钢铁企业用水系统内的富集，影响废水回用，该现象在我国北方地区尤其严重。因此，钢铁企业回用水脱盐处理是极其必要的。

在充分考虑目前国内外脱盐技术、钢铁企业综合废水的特点及回用目标等因素的基础上，集成出适合于钢铁企业综合废水深度脱盐处理的双膜法工艺路线。用超滤代替传统的多介质过滤器、活性炭过滤器等作为反渗透的预处理，为反渗透系统提供更优良的进水水质。另外提出了两种回用方案，既可以将综合废水处理厂深度处理前与深度处理后的水按一定比例混合后再回用作为净循环系统的补充水，也可以将深度处理后的产水直接供给钢铁企业高端用户。二者的选用是以该企业用水要求和水质现状为依据的。

（4）回用加压系统

回用加压系统包括贮水池和加压泵房两部分。

滤池出水通过出水渠汇入贮（清）水池，贮水池贮存并保证一定停留时间的贮水量，以利于杀菌灭藻药剂的投加。根据厂区供水需要和脱盐设施的要求，再由回用水泵送往厂区供水管网或勾兑混合水池，或部分送至除盐水系统。

（5）药剂配制与投加系统。

根据废水特性及处理后的水质要求，在处理工艺的不同工序部位中按处理废水量及相关水质，按比例自动投入具有不同功效的药剂。其中在高效澄清池混合区投加混凝剂和降低暂时硬度用的石灰乳，在反应区投加助凝剂——高分子聚合物，在后混凝区投加 $H_2SO_4$ 和混凝剂，在贮水池内投加杀菌剂。

（6）污泥处理系统

污泥处理系统由污泥调节池、浓缩池和污泥脱水间组成，有时还需投加药剂，以利于污泥增稠与脱水。

从高密度澄清池排出的污泥，尚有 80% 的含水率，泥浆体积较大，为降低污泥体积，便于输送和减少运输量，防止二次污染，必须对污泥脱水，使污泥含水率降为 45%～50%，从而使污泥体积减少 2.3～2.5 倍，通常采用板框压滤机进行脱水。

（7）在线监测与控制

为便于运行管理和控制，主要工艺都需设置在线监测。预处理系统设有温度、电导率检测；提升泵出水管线上设有流量监测；格栅前后设有液位差检测；配水沟进水区设有 TAC（总碱度）检测；滤池进口设有检测仪表等。出水处设有流量、电导率、水温、压力值等检测仪表。所有数据可在各单体 PLC 子站和中心控制室显示。

中心控制室内的大型模拟显示屏显示水处理系统的全部工艺流程，控制系统收集全厂的过程数据在 CRT 上以总貌、分区、分组等画面显示生产过程中的数据及运行状态，所有设备、投药量及在线参数均可在 PLC 子站和总站显示和控制，各子站系统和总站可通过网络进行通讯、传递。

目前国内废水处理中必须具备的自控和检验等专业领域的某些关键设备尚处于开发研制或产品质量有待进一步提高的阶段。例如自控采用的"DCS"检测系统，国内尚难提供较大的、定型的系统性设备。又如，在线水质监测仪表，如硬度、浊度、$Cl^-$ 等监测项目，国内仪表质量尚不稳定或尚无产品。从全国一百多家城市污水处理厂的实际运行状况看，一些污水处理厂在采用国内性能不稳定的水处理设备和自控设备后，往往造成水处理设施运行效果不稳定，故障率高，出水水质时好时坏，事故不断发生。

为确保废水处理效果和废水资源化的回用水质的严格要求，确保在线检测的准确性、稳定性、长期性，建议对系统的自动计量投配设施、石灰乳制备和自动计量投配设施、在线检测装置及全站监控系统的方案与设备选择时应予以高度重视。

## 16.2.2 处理工艺技术规定

综合废水处理设施的主体工艺一般由预处理单元、主体单元及辅助单元等设施组成。

（1）预处理单元

① 综合废水处理常用的预处理单元包括格栅、除油、调节、沉淀等，应根据废水来水水量、水质及处理后的出水要求进行选择。

② 综合废水处理设施入口处或污水提升泵前应设置格栅，粗、细格栅的栅条间隙宜分别为 20～30mm 和 5～15mm。格栅渠的设计应符合 GB 50014 中 6.3 的规定。

③ 综合废水处理系统宜设置调节池。调节池的水力停留时间宜为 1.0～2.0h。池内应有防止泥砂沉淀的措施，并设置除油设施。

（2）主体单元

① 综合水处理的主体单元通常包括混凝、沉淀、澄清、过滤及除盐。

② 混合宜采用机械混合方式，混合时间宜为 1～3min，速度梯度应大于 $250s^{-1}$。

③ 沉淀池宜采用辐流沉淀池，表面负荷宜为 $1.5～2.5m^3/(m^2 \cdot h)$。

④ 澄清池宜采用机械搅拌澄清池和一体化澄清池，并宜采用机械化或自动化排泥装置。

⑤ 机械搅拌澄清池清水区的表面负荷宜为 $1.4～2.1m^3/(m^2 \cdot h)$。

⑥ 一体化澄清池斜管顶部清水区的表面负荷宜为 $10～18m^3/(m^2 \cdot h)$。

⑦ 滤池或过滤器的滤料粒径宜为 0.8～1.3mm，其余设计应符合 GB 50013 及 GB 50335 的规定。

⑧ 滤池或过滤器的冲洗方式应具有气、水反冲洗功能。

（3）辅助单元

① 辅助单元设施主要包括药剂系统和泥浆处理系统。

② 药剂系统由药剂储存、溶解、计量、输送等工序组成。药剂的储存量宜按 7～15d 的消耗量计算。药剂计量应按原药纯度进行。药剂溶液的输送应采用耐腐蚀管道输送，输送管道宜架空或在管沟内敷设。

③ 药剂种类的选择应根据废水水质、水处理工艺和出水水质要求，通过试验或根据相似条件下的运行经验确定。当选用铁盐、铝盐混凝剂时，宜采用液体药剂；当选用聚丙烯酰胺（PAM）作絮凝剂时，宜采用部分水解的干粉剂产品。

④ 综合废水处理后水应经消毒后回用。消毒剂宜采用氯消毒、二氧化氯消毒和次氯酸钠消毒。加氯间及系统设计应符合 GB 50013 中 9.8 的规定。

⑤ 泥浆处理系统应由泥浆的浓缩、调理、脱水及泥饼的储存与输送等工序组成。

⑥ 钢铁工业废水处理过程中产生的泥浆应进行脱水处理，并宜采用厢式压滤机或板框压滤机进行脱水。脱水前进机泥浆浓度不宜＜10%，脱水后泥饼的含水率应≤50%。

⑦ 脱水后的泥饼应按国家有关规定进行处置。有条件时宜考虑综合利用。

# 16.3　废水回用指标的确定与要求

## 16.3.1　指标体系的确定与依据

钢铁企业外排综合废水的主要污染物为悬浮物、油类、金属离子等，碱度及硬度较高，$BOD_5/COD$ 比值较低，可生化性差。通常采用除油、混凝沉淀（澄清）、pH 调节和过滤等物化处理工艺，使废水中除含盐量外的绝大部分悬浮物、硬度、油等均可以有效地去除。对于高含盐量的综合废水，为避免循环水系统内盐类的富集，影响废水回用率的提高，常需进行脱盐处理。

同工业新水相比，再生回用水具有有机物含量高、氨氮含量高、腐蚀性强、结垢倾向大等特点，且北方地区的综合废水中含盐量普遍较高，因此，对于采用回用水为补充水的循环水系统，其突出的危害主要是结垢、腐蚀和微生物滋生及黏泥沉积。

由于回用水系统的水质情况复杂，因此，确定和建议回用水水质指标不仅应对全厂的工艺情况、设备条件、给排水的水质有充分了解，还应建立在企业长期生产运行经验和设备使用实际情况的基础上。

通过对国内钢铁企业已建综合废水处理及回用工程的运行经验和存在问题进行分析、总结后发现，影响废水安全回用的主要因素是循环水系统的水质平衡问题。因此，指标体系中所确定的各主要水质指标均以维持循环水系统运行安全、稳定，避免系统出现结垢、腐蚀等现象为目的。

## 16.3.2　水质指标体系的内容与规定

废水处理回用运行过程中，为保护工艺设备，减缓腐蚀或结垢，延长设备和配管的使用寿命，保证生产用水安全，常用的水质指标主要有 pH 值、悬浮物、$COD_{Cr}$、总硬度、含盐量、油、总铁、总溶固等。本指标体系是在以现有企业废水回用实际情况为基础调研、分析、总结验证的基础上，建立和构成水质指标体系的主要水质控制指标及相应的范围。

（1）pH 值

pH 值为最常用的水质指标之一，反映了水的酸碱性的强弱。回用水 pH 值的控制，与循环水水质、浓缩倍数、投加药剂等因素有关，一般控制值为 6.5～9.0。

（2）悬浮物

回用水中的悬浮物含量过高，补充入循环水系统后，易使管道及设备磨损或堵塞，加重结垢和腐蚀，严重时将造成生产事故。因此，对于回用水水质指标值越低越好。但是低指标值对废水处理工艺的要求较高，运行成本也随之增加。根据不同的回用要求，该指标控制值可以不同，一般 ≤5mg/L。

（3）$COD_{Cr}$

这是表示水中有机物多少的一个指标。有机物对工业水系统的危害很大，含有大量有机物的水由于可提供微生物充分的营养源，使得细菌大量繁殖。当含大量有机物的回用水补充到循环水系统时，易在冷却塔和换热设备内产生黏泥，隔绝药剂对金属的保护作用，降低冷却塔的冷却效果和设备的传热效率，对设备造成严重垢下腐蚀等一系列恶果。且有机物对后续膜法深度处理工艺的膜会造成污染，使膜通量降低，缩短膜的使用寿命。

根据《污水再生利用工程设计规范》（GB 50335—2002）、《工业循环冷却水处理设计规范》（GB 50050—2007），将该指标控制在≤30mg/L。

（4）油类

石油类杂质易形成油污黏附在设备、管道上，不仅阻碍热传导，同时还能促进水中淤渣、絮体等的附着，形成水垢状物质，与水垢有同样的危害。工程实践表明，当循环水系统中油含量较高时，可加速污垢的生长和黏附，表现在微观上即生成低密度的疏松状多组分水垢附着在钢管内侧，宏观上则导致污垢层迅速增长。因此，结合国内钢铁企业的实际运行经验，将该值控制在≤3mg/L为宜。

（5）总硬度

水中的硬度过高，易在设备及管道形成水垢，不仅影响传热、浪费能源，而且易使设备局部过热引起破裂事故，影响系统安全。同时，由于水垢一般在金属表面覆盖不均匀，易造成局部腐蚀。为控制水垢形成，回用水的总硬度值宜控制在≤300mg/L。

（6）溶解性总固体

溶解性总固体是溶解在水里的无机盐和有机物的总称。不同地区的综合废水由于受原水水质影响，溶解性总固体指标相差较大。其主要成分如氯化物、硫酸盐、镁、钙和碳酸盐等会腐蚀输水管道或在管道中结垢。因此，水中的溶解性总固体太高，易使管道腐蚀、结垢。根据《污水再生利用工程设计规范》（GB 50335—2002），当再生水作为循环冷却用水时，该指标值应控制在<1000mg/L。

但对于北方大多数钢铁企业而言，由于原水的该项指标值较高，当循环水系统的浓缩倍数为2~3时，其综合废水的总溶解性固体值普遍高于1000mg/L。因此，当综合废水的总溶解性固体>1000mg/L时，宜采用部分除盐进行勾兑的方式处理回用。

（7）氨氮

氨氮对循环冷却水系统的铜合金有严重的腐蚀作用。同时，由于消耗大量的氯，使其失去或降低杀菌作用，使系统中各类细菌的数量和黏泥量增加，$COD_{Cr}$及浊度增加，水质发黑。钢铁企业内废水中的氨氮主要来源于焦化废水、高炉煤气冷凝水及少量生活污水，根据HJ 2022—2012《焦化废水治理工程技术规范》的规定，前者为特殊生产废水，需经单独处理后消纳，不排入综合污水处理厂，高炉煤气冷凝水应处理回用。因此，水中的氨氮值一般较低。但考虑到该指标对循环水系统有较大影响，参照《污水再生利用工程设计规范》取值<5mg/L。

（8）总铁

铁离子含量过高将加剧设备的腐蚀速率，但对后续深度处理有利，宜控制在≤0.5mg/L。

（9）溶解氧、细菌总数

这两项指标主要针对当回用水回用于道路冲洗、绿化、冲厕等非生产性用水时，应满足《污水再生利用工程设计规范》中相应指标的规定，即溶解氧≥1.0mg/L，细菌总数<1000个/mL。

综上所述，综合废水处理设施回用水主要水质控制指标见表16-11。

表 16-11 综合废水处理设施回用水主要水质控制指标

| 序号 | 项目 | 单位 | 控制指标 |
|---|---|---|---|
| 1 | pH 值 | | 6.5~9.0 |
| 2 | 悬浮物 | mg/L | ≤5 |

| 序号 | 项目 | 单位 | 控制指标 |
|---|---|---|---|
| 3 | $COD_{Cr}$ | mg/L | ≤30 |
| 4 | 石油类 | mg/L | ≤3 |
| 5 | $BOD_5$ | mg/L | ≤10 |
| 6 | 总硬度(以 $CaCO_3$ 计) | mg/L | ≤300 |
| 7 | 暂时硬度(以 $CaCO_3$ 计) | mg/L | ≤150 |
| 8 | 总溶解性固体 | mg/L | ≤1000 |
| 9 | 氨氮 | mg/L | ≤5 |
| 10 | 总铁 | mg/L | ≤0.5 |
| 11 | 游离性余氯 | mg/L | 末端 0.1~0.2 |
| 12 | 细菌总数 | 个 /mL | <1000 |

# 16.4　废水回用方式与水质测定

## 16.4.1　回用方式与要求

据各用户对回用水水质的不同要求，综合废水处理后主要有以下 3 种回用方式。

（1）通过专用的回用水管直接回用

由于废水处理后采用直接回用方式的系统相对简单，投资及运行成本较低，因此，大多数老钢铁企业，尤其是当回用水中的含盐量、硬度都较低时(一般<300mg/L)，多采用此种方式。直接回用对象一般为对水质要求不高的浊循环水用户和杂用水用户。

（2）与工业新水混合后回用

对于我国大多数钢铁企业，当综合废水处理后其水质与工业新水水质相近时，为节省投资可采用与工业新水混合后回用的方式。而且将回用水与工业新水混合后回用，可有效解决回用水需求量与综合废水处理量的不平衡问题。

此时回用水的控制指标应结合工业新水水质指标确定。但应对造成循环水系统腐蚀、结垢等问题的盐类、硬度指标要充分注意。若不能满足，必须采取相应的措施进行除盐、除硬。

（3）制成软化水或除盐水回用

对于原水含盐量较高的企业，将回用水直接回用或与工业新水混合后回用的方式，虽然弥补了循环水系统因蒸发、风吹、排污、漏损等过程中损失的水量，但是由于回用水中的含盐量并没有降低，并大大高于工业新水和循环水。因此，随着系统浓缩倍数的增加，将造成循环水中的含盐量不断上升，导致管道和设备的结垢加快，也增加了水质稳定药剂的费用。

近年来，随着双膜法水处理系统造价和运行成本的日益降低，越来越多的钢铁企业为增加水的重复利用率，采用将回水深度处理脱盐后进行回用。但如果将全部废水脱盐，其生产成本将大幅度提高，同时产生更多的反渗透浓水，这些浓盐水的处理和应用也是一大难题。因此，将废水全部脱盐制成软化水或脱盐水对于大多数企业在短期内缺乏实施的可操作性。现实且经济可行的方法是将部分废水脱盐。该方式更具有废水回用方式的灵活性：a. 与工业新水按不同比例混合后供至用户；b. 直接供高端用户。

## 16.4.2 水质测定方法与依据

综合废水处理回用水质测定应满足 GB 13456—2012 的要求，见表 16-12。

表 16-12 水污染物浓度测定方法标准

| 序号 | 污染物项目 | 方法标准名称 | 方法标准编号 |
|---|---|---|---|
| 1 | pH 值 | 水质 pH 值的测定 玻璃电极法 | GB/T 6920—1986 |
| 2 | 悬浮物 | 水质 悬浮物的测定 重量法 | GB/T 11901—1989 |
| 3 | 化学需氧量 | 水质 化学需氧量的测定 重铬酸盐法 | GB/T 11914—1989 |
| | | 水质 化学需氧量的测定 快速消解分光光度法 | HJ/T 399—2007 |
| 4 | 氨氮 | 水质 氨氮的测定 气相分子吸收光谱法 | HJ/T 195—2005 |
| | | 水质 氨氮的测定 蒸馏-中和滴定法 | HJ 537—2009 |
| 5 | 总氮 | 水质 总氮的测定 碱性过硫酸钾消解紫外分光光度法 | GB 11894—1989 |
| 6 | 总磷 | 水质 总磷的测定 钼酸铵分光光度法 | GB/T 11893—1989 |
| 7 | 石油类 | 水质 石油类和动植物油类的测定 红外分光光度法 | HJ 637—2012 |
| 8 | 挥发酚 | 水质 挥发酚的测定 溴化容量法 | HJ 502—2009 |
| | | 水质 挥发酚的测定 4-氨基安替比林分光光度法 | HJ 503—2009 |
| 9 | 氟化物 | 水质 氟化物的测定 离子选择电极法 | GB/T 7484—1987 |
| | | 水质 氟化物的测定 茜素磺酸锆目视比色法 | HJ 487—2009 |
| | | 水质 氟化物的测定 氟试剂分光光度法 | HJ 488—2009 |
| 10 | 氰化物 | 水质 氰化物的测定 容量法和分光光度法 | HJ 484—2009 |
| 11 | 总铁 | 水质 铁、锰的测定 火焰原子吸收分光光度法 | GB/T 11911—1989 |
| | | 水质 铁的测定 邻菲啰啉分光光度法（试行） | HJ/T 345—2007 |
| 12 | 总锌 | 水质 铜、锌、铅、镉的测定 原子吸收分光光度法 | GB/T 7475—1987 |
| 13 | 总铜 | 水质 铜、锌、铅、镉的测定 原子吸收分光光度法 | GB/T 7475—1987 |
| | | 水质 铜的测定 二乙基二硫代氨基甲酸钠分光光度法 | HJ 485—2009 |
| | | 水质 铜的测定 2,9-二甲基-1,10-菲啰啉分光光度法 | HJ 486—2009 |
| 14 | 总砷 | 水质 总砷的测定 二乙基二硫代氨基甲酸银分光光度法 | GT/T 7485—1987 |
| 15 | 总铬 | 水质 总铬的测定 | GB/T 7466—1987 |
| 16 | 六价铬 | 水质 六价铬的测定 二苯碳酰二肼分光光度法 | GB/T 7467—1987 |
| 17 | 总铅 | 水质 铜、锌、铅、镉的测定 原子吸收分光光度法 | GB/T 7475—1987 |
| 18 | 总镍 | 水质 镍的测定 丁二酮肟分光光度法 | GB/T 11910—1989 |
| | | 水质 镍的测定 火焰原子吸收分光光度法 | GB/T 11912—1989 |
| 19 | 总镉 | 水质 铜、锌、铅、镉的测定 原子吸收分光光度法 | GB/T 7475—1987 |
| 20 | 总汞 | 水质 总汞的测定 高锰酸钾-过硫酸钾消解法双硫腙分光光度法 | GB/T 7469—1987 |
| | | 水质 总汞的测定 冷原子吸收分光光度法 | HJ 597—2011 |

# 16.5　技术应用与实践

## 16.5.1　实例工程（1）

2004 年中冶集团建筑研究总院与首钢共同承接《钢铁企业外排污水综合处理与回用技术集成研究》的攻关任务,经调研集成后,确定以首钢综合废水处理厂为示范,综合集成设计工艺与专项技术,完善现有处理设施,特别是对盐类富集的关键问题进行现场试验,并对膜材料选择与膜脱盐工艺设计参数进行确定。

其处理废水水质见表 16-13。

表 16-13　处理废水进水水质

| 序号 | 项目 | 单位 | 设计指标 | 实测指标 |
|---|---|---|---|---|
| 1 | pH 值 | | 7.0～8.5 | 7.83 |
| 2 | SS | mg/L | <200 | 56 |
| 3 | $COD_{Cr}$ | mg/L | <150 | 70.35 |
| 4 | $BOD_5$ | mg/L | <40 | |
| 5 | 油 | mg/L | 10～20 | |
| 6 | 总硬度 | mg/L | 300～480 | 414.01 |
| 7 | 暂时硬度 | mg/L | 250～350 | |
| 8 | 钙硬度 | mg/L | 120～220 | 246.30 |
| 9 | 总碱度 | mg/L | 250～350 | 1100 |
| 10 | 含盐量 | mg/L | 1100～1300 | |
| 11 | 总铁 | mg/L | <0.1 | 162.02 |
| 12 | $Cl^-$ | mg/L | <260 | 195.59 |
| 13 | $SO_4^{2-}$ | mg/L | 190～20 | |
| 14 | $F^-$ | mg/L | 3～5 | |
| 15 | 温度 | ℃ | <35 | |

（1）处理工艺流程与设备

① 工艺流程　厂区废水通过新修建的暗管并利用西高东低的地形,流至废水处理厂,通过进水总闸板进入预处理系统,经过粗、细格栅和刮油机处理后由潜水泵提升至混合配水井,并在配水井实现比例配水,同时按处理后水的去向投加相应药剂。经机械搅拌混合,分别进入 3 个高密度澄清池,沉淀分离后再经混凝并调节后进入 V 形滤池。V 形滤池出水进入贮水池,最后用泵送至公司配水干管回用。高密度澄清池的底流污泥通过泥浆泵送往板框压滤机进行脱水,如图 16-7 所示。

② 主要工艺设备

1) 预处理与混合。包括进水闸板井及总渠、粗格栅、细格栅、调节池与提升泵,以及混合、配水系统。

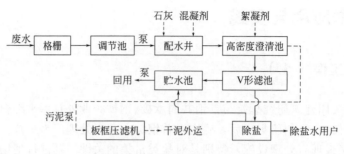

图 16-7　废水处理厂工艺流程

2）高密度澄清池。高密度澄清池是集反应、澄清、浓缩为一体的高效水处理构筑物，也是该示范工程的核心构筑物，分为絮凝反应区、预沉浓缩区、斜板分离区。本工艺设有三座高密度澄清池，两个回用池，一个外排池。

a. 絮凝反应区由快速搅拌区和无搅拌区组成，快速搅拌区由变速叶轮控制加药后混合水的搅拌速度，无搅拌区可以促进矾花的增大和使矾花密实均匀。在废水进入高密度澄清池絮凝反应区前，还需加入高分子絮凝剂，同时，汇入来自污泥浓缩区的浓缩污泥，形成高浓度的悬浮泥渣层来增加颗粒碰撞机会，有效吸附胶体、悬浮物、乳化油、COD 及氟化物等污染物。污泥回流，不但可以节省药剂投加量的 10%，并可使反应区内的悬浮固体浓度维持在最佳水平，从而达到优化絮凝反应的目的。在电动搅拌器的作用下发生絮凝反应，形成较大的矾花，带有矾花的废水进入预沉浓缩区。

b. 絮凝反应后的废水进入面积较大的预沉浓缩区后，矾花移动的速度放慢，使绝大部分固体悬浮物在该区沉淀并浓缩。预沉浓缩区可分为上下两层，在锥形循环桶的上面一层是浓缩活性污泥，用于回流；在锥形循环桶的下面一层是剩余污泥，用于排放。锥形循环桶的高度可以调节，控制污泥的滞留时间，从而控制污泥浓度。剩余污泥被浓缩区底部的刮泥机刮入泥斗，由排泥泵送至污泥处理系统进行脱水处理。

c. 斜板分离区对水中残余矾花再次去除，回用池的清水由集水槽收集后进入后混凝池，进一步反应并调整 pH 值后，送至 V 形滤池进行过滤处理。

d. 主要设计参数：设计流量 4500m³/h；澄清池总数 3 座。

3）V 形滤池

a. 过滤。出水经滤池配水渠进入滤池，通过砂滤层和长柄滤头流入池底配水、配气室，再汇入中央气水分配渠内，经出水堰、清水总渠、冲洗水贮池流入回用水池。

b. 反冲洗。采用"气—气水同时反冲—水冲"的三步冲洗，其过程为：关闭滤后出水阀门，开启冲洗，由于 V 形槽底小孔继续进水，在滤池中产生横向表面扫洗，将杂质推向中央排水渠，再将空气和水同时进入气水分配渠，使滤料进一步得到清洗。同时横向表面扫洗继续进行，然后停止气冲，横纵向水流将杂质全部冲入中央排水渠。由管道返回预处理调节池。

c. 滤池设计参数：设计流量 3150m³/h；滤池总数 4 个；单池流量 788m³/h；单池面积 91m²。

（2）废水处理厂调试方运行结果

废水处理厂在经过设备调试后，于 2002 年 5 月全线通水，2002 年 8 月交付生产正式运行。将原首钢厂区废水全部进入废水处理厂，进水水量 2000～3000t/h，经过多年的生产实践，各设备运行稳定，维护管理方便，自动化程度高，运行成本低，处理出水达标率 100%，各项技术指标达到了设计要求。回用水和外排水水质见表 16-14、表 16-15。

表 16-14　进水、回用水水质情况

| 项目\类别 | pH 值 | 总碱度/(mg/L) | 总硬度/(mg/L) | 钙硬度/(mg/L) | 暂时硬度/(mg/L) | 溶解固体/(mg/L) |
|---|---|---|---|---|---|---|
| 进水 | 7.0～8.5 | 210～320 | 310～437 | 180～270 | 170～370 | 900～1400 |
| 平均 | 8.14 | 247.2 | 369.9 | 215.7 | 230.8 | 1100 |
| 回用水 | 7.0～8.0 | 15～63 | 136～266 | 87～195 | 13～110 | 560～940 |
| 平均 | 7.56 | 34.7 | 205.4 | 136.5 | 43.1 | 750.8 |

表 16-15　进水、回用水和外排水污染物情况

| 项目\类别 | pH 值 | SS/(mg/L) | COD/(mg/L) | 石油类/(mg/L) | 氟化物/(mg/L) | BOD$_5$/(mg/L) |
|---|---|---|---|---|---|---|
| 进水 | 7.0～8.5 | 20～50 | 30～60 | 0.4～5.0 | 3.5～6.0 | — |
| 平均 | 8.12 | 36.9 | 43.5 | 2.1 | 4.36 | — |
| 回用水 | 7.0～8.0 | 5～8 | 6～14 | 0.1～0.2 | 2.0～5.5 | — |
| 平均 | 7.65 | 5 | 9.8 | 0.15 | 3.2 | — |
| 外排水 | 6.5～7.5 | 7～18 | 8～16 | 0.1～1.3 | 1.5～2.9 | 2～5 |
| 平均 | 7.4 | 10.9 | 12.8 | 0.7 | 2.3 | 3.0 |
| 外排水污染物平均去除率/% | — | 70.4 | 70.5 | 66 | 47.2 | — |

从表 16-14、表 16-15 可以看出：废水经处理后，各项污染物去除效果理想，主要污染物指标 SS、COD、石油类、BOD$_5$、氟化物可达到或优于《北京市水污染物排放标准》二级标准；采用石灰软化工艺对于总碱度、总硬度、钙硬度的去除效果令人满意。外排水和回用水的主要污染物指标可达到或接近再生水回用于景观水体和中水水质标准，见表 16-16。

表 16-16　废水厂排水与中水、景观水水质比较

| 项目\类别 | pH 值 | SS/(mg/L) | COD/(mg/L) | 石油类/(mg/L) | BOD$_5$/(mg/L) |
|---|---|---|---|---|---|
| 景观水 | 6.5～9.0 | 20 | 60 | 1.0 | 10 |
| 中水 | 6.5～9.0 | 10 | 50 | — | 15 |
| 污水处理厂排水 | 6.5～7.5 | 7～18 | 8～16 | 0.1～1.3 | 2～5 |

（3）效益分析

首钢废水处理厂的投运，环境和社会效益是不言而喻的。与工程上马前相比，吨钢耗新水量由 9.13m$^3$/t 钢降低到 5.9m$^3$/t 钢；每年实际消减污染物 COD、BOD、SS、油的排放量分别约为 2632t、368t、2435t、62t；大幅度地减少了水污染物的排放浓度与排放总量，为改善北京市水环境做出了重大贡献。

该工程的运行不仅实现了良好的环境效益和社会效益，而且还实现了较好的经济效益。工程投运以来，每年减少上交排污费开支，还将处理出水回用于生产，扣除各种药剂费、电费、设备折旧、工资等成本后年经济效益可达 2900 万元，效益显著。

## 16.5.2　实例工程（2）

（1）工程概况

日照钢铁控股集团有限公司总排口综合废水处理与回用工程是"十一五"国家科技支撑计划项目课题的示范项目，由京冶公司工程总承包建设，采用了中冶集团建筑研究总院自主研发、集成的技术成果。

废水处理厂规模 $30000m^3/d$，占地 $1.46×10^4m^2$。该工程于 2007 年 5 月开工建设，9 月试运行；10 月正式投产运行。项目完全达到了设计要求。处理后的废水得到全部回用。取得了很好的环境效益、经济效益和示范作用。

（2）技术参数

该处理工艺经 V 形滤池处理后出水可达到如下平均去除率：SS 70.4%，COD 70.5%，石油类 66%；其出水水质可达到：SS 小于 5mg/L，COD 小于 30mg/L，油小于 2mg/L，可返回生产系统循环使用，大幅降低钢铁联合企业的吨钢取新水量。本工艺的关键设备已实现国产化，设备投资仅为国外同类设备的 1/2；自控系统进行自主开发，整体技术达到国际先进水平。

（3）工程意义与效果

废水经处理后 $20000m^3/d$ 回用于 1580mm 轧机和其他热轧生产线浊环水系统，$10000m^3/d$ 脱盐水补充至生产新水系统。

工程实施后，每年减少 SS 排放 1530t，COD 排放 281t，石油类 64.8t，废水减排率达到 80% 以上，回用后每年减少新水用量 $8.98×10^6m^2$。

（4）经济效益分析

日照钢铁公司综合废水处理与回用示范工程项目实施后，每年减少新水用量 $8.98×10^6m^2$，实现吨钢新水单耗为 $2.79m^3$，吨钢耗水降低 20% 以上，全厂水的重复达到 98%。同时，每年减少外排废水 $1.095×10^7m^2$，节约资金额约 1206 万元/年（工业用新水费 $1.38$ 元$/m^3$，排污费 $0.80$ 元$/m^3$，污水处理厂运行费 $0.83$ 元$/m^3$）。经济效益、社会效益、环境效益十分显著。

## 16.5.3　实例工程（3）

（1）工程概况

马钢（合肥）钢铁公司综合废水处理与回用工程于 2007 年 9 月 15 日开工建设，12 月 31 日正式投产运行。工程规模为 $60000m^3/d$，占地 $1.2×10^4m^2$。

该工程配合了南淝河污染治理工程及公司外排水"零排放"工程目标，为合钢节水减排和合肥市区南淝河水污染源治理的重大项目。

废水经处理后全部回用于生产补充水系统。

（2）工程实施效果

该项目完全达到了设计要求，一方面截断了合钢的外排废水，真正做到"零排放"，另一方面担当起合钢的水源处理任务，补充的河水与废水一并处理，代替了旧有的水源处理厂。

工程实施后，每年减少 SS 排放 4665t，COD 排放 778t，石油类 168.5t，每年减少新水用量 $2.19×10^7m^2$。

由于工程意义重大与效果优良，该工程被中国环境保护产业协会确立为 2009 年国家重点环境保护实用技术示范工程。

# 参考文献

[1] 王绍文，钱雷，等．钢铁工业废水资源回用技术与应用［M］．北京：冶金工业出版社，2008．

[2] 联合国环境规划署工业与环境中心，国际钢铁协会．钢铁工业与环境技术和管理问题［M］．中国国家联络点，译．北京：环境科学出版社，1998．

[3] 王芴曹．钢铁工业给水排水设计手册［M］．北京：冶金工业出版社，2005．

[4] 王绍文，杨景玲，等．冶金工业节水减排与废水回用技术指南［M］．北京：冶金工业出版社，2013．

[5] 宝钢环保技术（续篇）编委会．宝钢环保技术（续篇）［G］第一分册，宝钢环保综合防治技术．2000．

[6] 王绍文，秦华．钢铁工业节水途径与对策［C］．中冶建筑总院环保研究院，2004．

[7] 王维兴．钢铁工业节水工作的思想与方法［C］//中国钢铁工业节能减排技术与设备概览．北京：冶金工业出版社，2008：136-138．

[8] 莱钢技术资源部，莱钢环境保护部，等．三干多串零排放，节蓄并举破难题——莱钢积极创建节水型企业［C］//钢铁企业发展循环经济研究与实践．北京：冶金工业出版社，2008：221-225．

[9] 张莓，胡利光，等．宝钢降低新水消耗节约水资源之路［R］//中国钢铁工作节能环保调研报告．2005．

[10] 王绍文，邹元龙，等．冶金工业废水处理技术及工程实例［M］．北京：化学工业出版社，2009．

[11] 钱雷，等．大型钢铁企业节水减排新思考［C］//中国钢铁年会论文集．北京：冶金工业出版社，2007：418-423．

[12] 王维兴．钢铁工业节能减排思路及技术［C］//钢铁企业发展循环经济研究与实践．北京：冶金工业出版社，2008：293-314．

[13] 中国钢铁工业协会信息统计部．中国钢铁工业环境保护统计，2006—2012．

[14] 中国金属学会，中国钢铁工业协会．2006～2020年中国钢铁工业科学与技术发展指南［M］．北京：冶金工业出版社，2006．

[15] 亓学山，栾兆爱，等．焦化废水零排放的研究与应用［G］//2003年中国钢铁年会论文集．北京：冶金工业出版社，2003：692-696．

[16] 王世军．焦化厂实现工业废水零排放实践［C］//第三届全国冶金节水，污水处理技术研讨会论文集．2007：400-402．

[17] 王须革，江丹，等．焦化废水循环利用的工业试验与研究［C］//中国金属学会，中国钢铁协会．第三届全国冶金节水、污水处理技术研究论文集．2007：412-415．

[18] 国家发展与改革委员会．钢铁工业发展政策［S］．2005．

[19] 王绍文，杨景玲，等．循环经济与绿色钢铁工业［J］．冶金环境保护，2006，（4）：15-18．

[20] 王绍文，王海东．发展循环经济，开创生态化绿色钢铁企业［C］//北京大学人居环境中心．二十一世纪中国人居环境研究文集．北京：中国科学文化出版社，2007：23-125．

[21] 郑涛，刘坤．利用循环经济理念实现中国钢铁工业节水措施的研究［C］//第三届全国冶金节水、污水处理技术研讨会论文集．2007：34-37．

[22] "十一五"国家科技攻关课题，大型钢铁联合企业节水技术开发(课题编号2006BAB04B01)［R］．中冶集团建筑研究总院，2010．

[23] 金亚飚．城市生活污水作为钢铁工业水源的可行性探讨［J］．冶金环境保护，2009，（4）：24-26．

[24] 高从堦，陈国华．海水淡化技术与工程手册［M］．北京：化学工业出版社，2004．

[25] 王绍文，秦华．城市污泥资源利用与污水土地处理技术［M］．北京：中国建筑工业出版社，2007．

[26] 王绍文，赵锐锐．循环经济理论与综合废水处理回用［J］．冶金环境保护，2006，（4）：24-27．

[27] HJ 465—2009　钢铁工业发展循环经济环境保护导则［S］．

[28] GB 13456—2012　钢铁工业水污染物排放标准［S］．

[29] HJ 2019—2012　钢铁工业废水治理及回用工程技术规范［S］．

[30] 王海东．钢铁企业节水与废水资源化趋势［J］．冶金环境保护，2009，（4）：1-6．

[31] "十五"国家重点攻关课题，钢铁企业用水处理与回用技术集成研究与工程示范(课题编号204BA610A-12)［R］．中冶集团建筑研究总院，2005．

[32] 钱雷，王绍文．综合废水处理对钢铁工业节水减排的作用与意义［C］．中冶集团建筑研究总院，2007．

[33] 孙安武，赵建琼．工业废水"零排放"在攀成钢公司的实践与应用［C］//第三届全国冶金节水、污水处理技术研讨会论文集．2007：42-43．

[34] 莱芜钢铁集团有限公司．发展循环经济建设生态文明［C］//钢铁企业发展循环经济与实践．北京：冶金工业出版社，2008：74-78．

［35］金亚飚. 钢铁企业给排水总体设计浅谈［J］. 冶金环境保护，2008，(5)：38-42.

［36］GB/T 18916.2—2012　取水定额　第2部分：钢铁联合企业［S］.

［37］GB/T 16171—2012　炼焦化学工业污染物排放标准［S］.

［38］GB 50506—2009　钢铁企业节水设计规范［S］.

［39］王绍文，杨景玲，等. 冶金工业节能减排　技术指南［M］. 北京：化学工业出版社，2009.

［40］金亚飚. 钢铁工业污水处理现状与存在的问题［J］. 冶金环保情报，2008，(4)：22-26.

［41］张景来，王剑波，等. 冶金工业废水处理技术及工程实例［M］. 北京：化学工业出版社，2003.

［42］钱小青，葛丽英，等. 冶金过程废水处理与利用［M］. 北京：冶金工业出版社，2008.

［43］张锦瑞，王伟之，等. 金属矿山尾矿综合利用与资源化［M］. 北京：冶金工业出版社，2006.

［44］马尧，胡宝群，等. 矿山废水处理研究综述［J］. 铀冶炼，2000，(4).

［45］何孝磊，程一松，等. HDS工艺处理某矿山酸性废水试验研究［J］. 金属矿山，2010，(1)：147-151.

［46］Eom Tae-Hyoung，Lee Chang-Hwan，Kim Jun-Ho，et al. Development of an ion exchange system for plating wastewater treatment［J］. Dedalination，2005，180：163-172.

［47］徐新阳，尚·阿嘎布. 矿山酸性含铜废水的处理研究［J］. 金属矿山，2006，(11)：76-78.

［48］钟常明，许振良，等. 超低压反渗透膜处理矿山酸性废水及回用［J］. 水处理技术，2007，33(6)：77-80.

［49］黄万抚. 金铜矿山含重金属离子酸性废水处理工艺技术研究［D］. 北京：北京有色金属研究总院，2004：34-46.

［50］钟常明，方夕辉. 纳滤膜脱除矿山酸性废水中重金属离子试验研究［J］. 环境科学与技术，2007，30(7)：10-12.

［51］黄导. 利用先进环保技术促进中国焦化废水治理和节水［J］. 冶金环境保护，2007，(3)：1-5.

［52］单明军，吕艳丽，等. 焦化废水处理技术［M］. 北京：化学工业出版社，2009.

［53］杨丽芬，李友琥. 环保工作者实用手册［M］(第3版). 北京：冶金工业出版社，2001.

［54］杨红霞. 焦化废水处理与运行管理［M］. 北京：中国环境科学出版社，2011.

［55］任源，韦朝海，等. 焦化废水水质组成及其环境学与生物学特性分析［J］. 环境科学学报，2007，(7)：1094-1099.

［56］赵劲夫，钱易，等. 焦化废水中难降解有机物的分析［J］. 环境工程，1990，(1)：31-33.

［57］钱易，汤鸿霄，等. 水体颗粒物和难降解有机物的特性与控制技术原理(下卷·难降解有机物)［M］. 北京：中国环境科学出版社，2000.

［58］鞍山焦耐院，等. 焦化污水COD组成的研究［J］. 冶金环保情报(焦化环保技术)，1991，(4)：29-37.

［59］任源，韦朝海，等. 生物流化床A/O₂工艺处理焦化废水过程中有机物组分的GC/MS分析［J］. 环境科学学报，2006，(26)：1785-1790.

［60］徐杉，宁平. GC/MS法分析焦化废水中有机污染物［J］. 云南化工，2002，(21)：5，32-34.

［61］韦朝海，贺明和，等. 焦化废水污染特征及其控制过程与策略分析［J］. 环境科学学报，2007，(7)：1083-1091.

［62］刘文华，于振东. 当前我国炼焦生产现状、问题与对策［C］//2005年中国钢铁年会论文集. 北京：冶金工业出版社，2005：31-134.

［63］王绍文. 当今我国炼焦生产的问题与解决途径［R］. 中冶集团建筑研究总院，2010.

［64］中国金属学会. 中国钢铁工业协会. 2011～2020年中国钢铁工业科学与技术发展指南［M］. 北京：冶金工业出版社，2012.

［65］徐列. 干熄焦技术装备（CDQ）［G］//钢铁企业发展循环经济研究与实践. 北京：冶金工业出版社，2008：335-339.

［66］尹君贤，张一红. 焦化废水零排放的可行性探讨［J］. 燃料与化工，2004，35(6)：41-43.

［67］刘文华，尹君贤. 焦化废水零排放处理［J］. 中国冶金，2006，16(3)：4-7.

［68］王绍文. 对焦化废水回用与消纳途径的设想及其需要解决的问题［R］. 中冶集团建筑研究总院，2007.

［69］王绍文. 对焦化废水处理技术的应用与再思考［J］. 冶金环境保护，2007，(3)：28-30.

［70］杨红霞，程小冬，等. 焦化废水零排放工艺研究［J］. 广东化工，2006，33(7)：92-94.

［71］王绍文，杨景玲，等. 冶金工业节能与余热利用技术指南［M］. 北京：冶金工业出版社，2010.

［72］刘玉敏，许雷，等. 焦化废水处理新工艺［J］. 环境工程，2009，27(4)：43-46.

［73］王绍文，钱雷，等. 焦化废水无害化处理与回用技术［M］. 北京：冶金工业出版社，2005.

［74］王玮. 焦化废水治理现状与进展［J］. 冶金环境保护，1999，(4)：16-26.

［75］孟祥荣，武剑. 现代焦化环保技术综述［C］//中国金属学会. 2001年冶金能源环境保护技术会议文集. 2001.

［76］沈晓林. 焦化废水处理全面达标的试验与探讨［J］. 冶金环境保护，2002，(4)：4-7.

［77］王绍文. 冶金工业焦化废水处理存在的问题与解决途径和对策［R］. 中冶集团建筑研究总院，2002.

［78］杨平，王彬．生化法处理焦化废水评述［J］．化工环保，2001，21(3)：144-148.

［79］王绍文，罗志腾，等．高浓度有机废水处理技术与工程应用［M］．北京：冶金工业出版社，2003.

［80］HJ 2022—2012 焦化废水治理工程技术规范［S］．

［81］邱贤华，李明俊，等．A²/O生物膜系统处理焦化废水工艺参数研究［J］．合肥工业大学学报（自然科学报），2006，29(5)：556-558.

［82］刘超翔，胡洪营，等．短程硝化反硝化工艺处理焦化废水［J］．中国给水排水，2003，19(08)．

［83］李柳，李立敏，等．O-A-O工艺应用高效菌处理焦化废水中试［J］．燃料化工，2006，7(5)：34-40.

［84］刘廷志，田胜艳．高效微生物/O-A-O工艺处理焦化废水［J］．中国给水排水，2005，1(4)：79-82.

［85］Klangduen Pochana, Jurg Keller. Study of factors affecting simultaneous nitrification and denitrification（SND）［J］. Water Res, 1999, 9(6): 61-68.

［86］Andreadakis A D. Physical and chemical properties of activated sludge flocs［J］. Water Res, 1993, 27(12): 1707-1714.

［87］杜馨，张可方．同步硝化反硝化（SND）影响因素的试验研究［J］．广州大学学报（自然科学版），2007，(1)：70-74.

［88］胡绍伟，杨凤林．膜曝气生物膜反应器同步硝化反硝化研究［J］．环境科学，2009，30(2)：416-420.

［89］Hyungseok Yoo, Kyu-Hong Ahn. Nitrogen removal from synthetic wastewater by simultaneous nitrification and denitrification（SND）via nitrite in an intermittently-aerated reactor［J］. Water Res, 1999, 33(1): 145-154.

［90］刘成良，郑祖芳，等．厌氧氨氧化工艺处理高盐含氮废水的研究［J］．桂林科技大学学报，2009，9(4)：303-307.

［91］王耀龙，魏云霞，等．废水脱氮技术研究进展［J］．环境工程，2010，8（增刊）：119-123.

［92］单明军，吕艳丽，等．节能型生物脱氮新技术处理焦化污水的工业应用研究［C］//中国金属学会，中国钢铁工业协会．第三届全国冶金节水、污水处理技术研讨会．2007.

［93］赖鹏，赵华章，等．铁炭微电解深度处理焦化废水的研究［J］．环境工程学报，2007，1(3)：15-20.

［94］范彬，曲久辉，等．异养—电极—生物膜联合反应器脱除地下水硝酸盐的研究［J］．环境科学学报，2001，1(2)：257-262.

［95］沈宏，冯玉杰．生活污水脱氮新技术［J］．哈尔滨工业大学学报，2007，39(4)：561-565.

［96］周正立，张悦．污水生物处理应用技术及工程实例［M］．北京：化学工业出版社，2006.

［97］刘茉娥，蔡邦肖，等．膜技术在污水治理及回用中的应用［M］．北京：化学工业出版社，2005.

［98］陈新．膜法处理工艺在焦化废水深度处理中的应用［J］．燃料与化工，2011，42(1)：60-63.

［99］刘静文，顾平，等．膜生物反应器处理高氨氮废水［J］．城市环境与城市生态，2003，(5)：19-21.

［100］牛世芳，段存福，等．焦化废水深度处理技术研究［J］．冶金环境保护，2008，(5)：43-47.

［101］张艳丽，离晓玲，等．MBR工艺在焦化废水中的应用［J］．黑龙江环保通讯，2009，3(1)：72-75.

［102］刘廷志，田胜艳．高效微生物处理焦化废水的研究［J］．工业水处理，2005，(25)：47-49.

［103］王怡梦，刘爽，等．焦化废水功能菌的筛选和过程探讨［J］．化学工程师，2005，(2)：61-63.

［104］朱柱，李和平．固定化细胞技术处理含酚废水的研究［J］．重庆环境科学，2000，21(3)：74-76.

［105］全向春，韩立平．固定化皮氏伯克霍而德氏菌降解喹啉的研究［J］．环境科学，2000，21(3)：74-76.

［106］孙艳，谭立杨．用于生物降解酚类毒物的固定化细胞性能改进的研究［J］．环境科学研究，1998，1(1)：50-62.

［107］张彤，赵庆祥，等．固定化微生物脱氮技术［J］．上海环境科学，2000，(05)．

［108］王磊，兰淑澄．固定化硝化菌去除氨氮的研究［J］．环境科学，1997，8(2)：18-20.

［109］杨天旺，吴洪类，等．应用HSB技术处理焦化废水中试研究［C］//2003年中国钢铁年会论文集（1卷）．北京：冶金工业出版社，2003：73-878.

［110］白向国．生物酶技术在太钢焦化废水处理中的应用［J］．冶金环境保护，2009，(10)：54-57.

［111］王璟，张志杰，等．应用生物强化技术处理焦化废水难降解有机物［J］．城市环境与城市生态，2003，(6)：42-44.

［112］王绍文，王海东，等．焦化工业节水减排与废水回用技术［M］．北京：化学工业出版社，2016.

［113］王永仪．废水湿式氧化处理研究进展［J］．环境科学进展，1995，3(2)．

［114］钱彪，孙佩石，等．高浓度工业废水的湿式催化氧化法处理(CWO)技术及装置在中国应用研究［C］//中国环境科学学会环境工程委员会．新世纪水污染防治及污水资源化学术研讨会论文集．2001.

［115］余刚．超临界水氧化技术及其应用［J］．上海环境科技，1995，14(3)．

［116］樊红梅，邓洪秀．焦化废水高级氧化处理技术研究现状［J］．冶金环境保护，2009，(4)：18-20.

[117] 林莉，袁松虎，等．微波技术处理焦化废水中的氨氮研究 [J]．环境科学与技术，2006，29(8)：75-77.

[118] 郭继平，方会斌，等．利用水煤浆技术处理焦化废水可行性 [J]．环境工程，2008，(2)：64-65.

[119] 王彦彪，郭晓静，等．利用焦化废水制备水煤浆 [J]．山东科技大学学报，2011，30(4)：80-85.

[120]《中国钢铁工业环保工作指南》编委会．中国钢铁工业环保工作指南 [M]．北京：冶金工业出版社，2005.

[121] 冯玉军，操卫平，等．物化法处理焦化废水及回用新技术 [J]．能源环境保护，2005，19(2)：39-42.

[122] 操卫平，冯玉军，等．利用炼钢转炉烟气冶炼焦化废水 [J]．工业水处理，2005，25 (11)：74-76.

[123] 程志久，殷光瑾，等．烟道气处理剩余氨水 [J]．环境科学学报，2000，(5) .

[124] 冶金工业信息标准研究院，首钢技术研究院．钢铁工业环境保护与发展研究(钢铁品种开发研究之十二)．2002：35-41.

[125] 张能一，唐彦华，等．我国焦化废水水质特点及其处理方法 [J]．净化技术，2005，24(2)：42-47.

[126] 康晓静，周健民，等．焦化废水处理工程实例 [J]．水处理技术，2010，36(3)：128-132.

[127] 支月芳，于伏龙．邯郸新区焦化厂酚氰污水处理新工艺 [J]．冶金环境保护，2009，(3)：37-40.

[128] 潘禄亭，吴锦峰，等．基于 HSB 的 $A^2/O^2$—强化絮凝工艺在焦化废水处理中的应用 [J]．给水排水，2010，26 (1)：52-56.

[129] 王家彩．焦化废水处理工程实例 [J]．环境工程，2011，26 (6)：32-35.

[130] 张芳西，周淑芬，等．聚铁絮凝澄清池工艺在焦化废水深度处理中应用 [J]．水处理技术，1995，21(6)：355-358.

[131] 卢建杭，王红斌，等．焦化废水专用混凝剂对污染物去除效果与规律 [J]．环境污染与防治，2000，31(9)：64-67.

[132] 宋国良，傅志华．烧结环保现状分析与对策 [J]．冶金环境保护，2008，(3)：44-47.

[133] 宝钢环保技术（续篇）编委会．宝钢环保技术（续篇）第三分册，烧结环保技术 [M]．2000.

[134] 吴万林．水平带式真空过滤机在首钢烧结污水处理中的应用 [J]．冶金环境保护，2001，(1)：59-61.

[135] 韩剑宏主编．钢铁工业环保技术手册 [M]．北京：化学工业出版社，2006.

[136] 周文．武钢一号高炉软水闭循环冷却技术应用与分析 [C]//中国金属学会．2004 全国冶金供排水专业会议论文集．2005.

[137] 刘玉敏．美国对其他国家高炉煤气洗涤水处理情况调查 [J]．冶金环保情报，1989，(4) .

[138] 吴作成．高效斜管沉淀罐在高炉煤气洗涤水处理中的应用 [J]．冶金环境保护，2006，(2)：28-30.

[139] 李景钞．锰铁高炉煤气洗涤水处理回用氰化钠 [J]．冶金环保情报，1993，(20) .

[140] 王绍文，梁富智，等．固体废物资源化技术与应用 [M]．北京：冶金工业出版社，2003.

[141] 温宁泰．含锌高炉瓦斯泥(灰)中锌的回收 [J]．冶金环保，1996，(1) .

[142] 魏来生，陈常洲．连铸机的联合循环水系统 [J]．冶金环境保护，2000，(2)：46-49.

[143] 王绍文．氧气顶吹转炉除尘废水治理技术与发展概况 [J]．冶金环保情报，1990，(2) .

[144] 宝钢环保技术（续篇）编委会．宝钢环保技术(续篇)．2000.

[145] 杜建敏．炼钢转炉净化污水循环回用 [J]．冶金环境保护，1998，(4) .

[146] 时秋颖，祖志诚，等．转炉烟气除尘水处理技术探索 [J]．冶金环境保护，2002，(6)：4-8.

[147] 王绍文，杨景玲．环保设备材料手册 [M]．北京：冶金工业出版社，2000.

[148] 宝钢环保技术（续编）编委会．炼钢环保技术．2000.

[149] 贺成，张林，等．攀钢连铸废水处理优化探讨 [C]//冶金能源环保技术会议论文集．2001：300-303.

[150] 钢渣热焖处理工艺技术 [P]．92112576.3.

[151] 一种热态钢渣热焖处理设备 [P]．200420075311.6.

[152] 一种热态钢渣热焖处理方法 [P]．200410096981.0.

[153] 张兆有．转炉污泥送烧结喷浆利用技术总结 [J]．冶金环境保护，2004，(2) .

[154] 周芪林．莱钢转炉除尘污泥综合利用技术研究与应用 [J]．冶金环境保护，2002，(1)：50-53.

[155] 倪明亮．应用稀土磁盘净化轧钢废水新工艺进展 [J]．冶金环境保护，2001，(2)：11-13.

[156] 四川冶金环能工程公司．稀土磁盘分离净化技术处理轧钢废水系统工程 [J]．冶金环境保护，2001，(5)：5-6.

[157] 葛加坤，倪明亮．活性氧化铁粉-稀土磁盘分离法处理热轧含油废水 [J]．冶金环境保护，2001，(2)：8-10.

[158] 王绍文，王海东，等．冶金工业废水处理技术及回用 [M]．北京：化学工业出版社，2015.

[159] 王贵明，等．[M+F] 法处理柳钢轧钢浊环水新技术 [J]．冶金环境保护，2005，(5)：42-46.

[160] 易宁，胡伟．钢铁企业冷轧厂乳化液废水的几种处理方法 [J]．冶金动力，2004，(5)：23-26.

[161] Krasnor B P. A treatment of oil-enulsion at the otsm plant by ultrafiltration [J]. Tsventn Met，1992，(1)：50.

［162］Bodzek M. The use of ultrafiltration membranes made of various polymers in the treatment of oil-emulsion wastewater ［J］. Waste Manage，1992，12（1）：75-80.

［163］Lahiere R J，Goodboy K P. Ceramic membrane treatment of petrochemical wastewater ［J］. Environmental Progress，1993，12(2)：86-96.

［164］李正要，宋存义，等. 冷轧乳化液废水处理方法的应用 ［J］. 环境工程，2008，(3)：48-51.

［165］魏克巍. 超滤技术在乳化含油废水和废乳化液处理中的应用 ［J］. 鞍钢技术，2001，(4)：51-53.

［166］刘万，胡伟. 浅谈超滤法处理钢铁企业冷轧厂乳化液废水 ［J］. 工业水处理，2006. (7)：24-28.

［167］沈晓林，杨晶. 超滤技术处理轧钢含油废水 ［J］. 冶金环境保护，2002，(2)：29-31.

［168］黄金冀，张华，等. 超滤技术在冶金废水处理中的应用 ［C］//第三届全国冶金节水、污水处理技术研讨会论文集. 2007：298-300.

［169］张国俊，刘忠洲. 膜过程中膜清洗技术研究 ［J］. 水处理技术，2003，(8)：187-190.

［170］董金冀，陈小青. 超滤膜化学清洗技术的探讨与改进 ［C］//第三届全国冶金节水、污水处理技术研讨会论文集. 2007：316-318.

［171］唐凤君，张明智. 无机陶瓷膜处理冷轧乳化液废水 ［J］. 冶金环境保护，2000，(4)：38-39.

［172］张明智. 无机陶瓷超滤膜技术在攀钢冷轧废水处理中应用 ［C］//2004 年全国冶金供排水专业会议文集. 2005：101-103.

［173］杜健敏. 冷轧乳化液废水处理方法比较的研究 ［J］. 冶金环境保护，2001，(2)：16-18.

［174］HYLS 钢铁乳化含油废水微生物处理技术 ［P］. 02113095.7，2007.

［175］刘菜娥，蔡邦肖，等. 膜技术在污水治理及回用中的应用 ［M］. 北京：化学工业出版社，2004.

［176］金勇梅，夏曙演，等. 生物法处理冷轧厂高浓度含铬废水的中试研究 ［J］. 冶金环境保护，2006，(2)：41-44.

［177］周继鸣. 生物法处理高浓度含铬废水的研究 ［J］. 冶金环境保护，2008，(2)：11-16.

［178］周渝生，等. 用生物法处理冷轧含铬废水的实验室研究 ［G］//上海宝钢集团公司. 首届宝钢学术年会论文集. 2004.

［179］王绍文. 减压蒸发法硫酸再生盐酸废液的研究 ［C］//冶金部建研总院科技成果选编. 1985：158-162.

［180］硫酸置换再生酸法 ［P］. 200610081272.

［181］冶金部建筑研究总院，北京大学. 萃取法处理盐酸酸洗废液试验研究 ［R］. 1985.

［182］李家瑞. 工业企业环境保护 ［M］. 北京：冶金工业出版社，1992.

［183］胡德录，等. 聚合硫酸铁生产方法（硫酸酸洗液）［P］. 86100483.3.

［184］王绍文，程志久，等. 减压蒸发法再生硝酸、氢氟酸 ［C］//冶金部建研总院科技成果选编. 1985：84-101.

［185］王绍文. 硝酸、氢氟酸酸洗废液再生回收的物料变化与设计计算 ［C］//冶金部建研总院科技成果选编. 1985：102-111.

［186］韩志敏. 包钢带钢厂酸洗废水处理现状与治理方向 ［J］. 冶金环境保护，2000，(2)：28-30.

［187］赵金标，胡伟. 冷轧酸性废水处理的一种新技术——高密度污泥工艺 ［J］. 冶金环境保护，2001，(2)：35-36.

［188］中冶集团建筑研究总院. 钢铁企业综合污水处理回用技术研究与工程示范 ［R］. 2010.

## 下篇
# 有色金属工业节水与废水处理回用技术

　　有色金属工业从采矿、选矿、冶炼到成品加工的整个生产过程中均需消耗大量用水都有废水排出，且成分复杂，重金属含量高，危害大，毒性强，必须从源头控制。对其节水减排与回用的要求是废水外排最少量化、资源化和无害化，最终实现"零排放"。

# 有色工业节水与废水
# 处理回用与"零排放"

## 17.1 有色金属工业排污节点与特征

有色金属产品是应用十分广泛、不可缺少的原料，其中有铜、镍、锌等重金属，铝、镁等轻金属，银、金、铂、铱等贵金属，锗、钡、钛、钒等稀有金属以及钪、钇、镧等稀土金属等，品种繁多。因此可见有色金属工业是国民经济的基础工业之一。

有色金属成分复杂，生产工艺多种多样，生产规模大小不一，生产中产生的污染物种类和数量差别悬殊。就每生产 1t 有色金属产生的污染物数量和毒性来说，比钢铁工业有过之而无不及。有色冶金工业的一个突出特点是原料资源中含有多种有毒物质，如砷、氟、锡、碲等。不少有色金属本身就有毒性，如铅、汞、镉、镓、铊、锌、铜等。特别是有色金属矿中还有放射性物质如铀、钍等。另外，矿石加工中使用选矿药剂、氰化物和氯气等有毒试剂，这些因素加剧了有色冶金工业对环境污染的严重程度，从采矿、选矿、冶炼到金属加工，有色冶金工业的每一个生产过程都与环境有密切的关系。

有的金属矿床由矿石和围岩组成，每开采 1t 矿石，要排放数吨废石。绝大多数有色金属矿的品位较低，要得到 1t 金属，需要加工的矿石量很大，平均为 100～200t，有的甚至达到数千吨矿石。废石堆放于地表，经长期日晒雨淋、风蚀，造成对大气、水体和土壤的污染。矿区废水多呈酸性，除含重金属外，还含有硫、氟、砷、悬浮物等有害物质，有的还含有放射性物质。

选矿中产生大量的尾矿和废水。尾矿颗粒很细，被风吹散，被雨水冲走，造成对环境的污染。选矿废水的排放量很大，其中含有多种金属和非金属离子如铜、铅、铬、镍、砷、锑、汞、镉、硒、钛等；另外，还含有如黄原酸盐、高分子酸、脂肪酸等选矿药剂。

冶炼过程主要排放物有火法冶炼的矿渣、湿法冶炼的浸出渣以及冶炼废水。冶炼废水的污染成分随所加工的矿石成分、加工方法、工艺流程和产品种类的不同而不同，如镍冶炼厂的废水含镍、铜、铁和盐类；钢厂的废水含铜、锌、铅、砷和盐类。另外，有色金属矿大多为高含硫量的硫化矿，因此在冶炼过程中还排出高浓度的二氧化硫废气。

总之，有色金属工业产生的废气、废水、废渣对环境的污染相当严重。金属冶炼所产生的二氧化硫气体及含有重金属化合物的烟尘，电解铝厂产生的氟化氢气体和重金属冶炼、轻金属冶炼及稀有金属冶炼所产生的氯气，这些烟尘和废气在净化过程中又产生有毒有害的废水，因此，有色工业废水量大面广，且有毒有害严重，必须妥善处置并无害化。

根据 1958 年我国对金属元素的正式划分和分类，除铁、锰、铬以外的 64 种金属和半金属，如铜、铅、镍、钴、锡、锑、镉、汞等划为有色金属。这 64 种有色金属根据其物理化学特性和提取方法，又分为轻有色金属、重有色金属、贵金属和稀有金属4大类。

① 轻有色金属　通常是指相对密度在4.5以下的有色金属，包括铝、镁、钛等。

② 重有色金属　指相对密度在4.5以上的有色金属，包括铜、铅、锌、钴、锡、锑、镉、汞等。

③ 贵金属　主要指地壳中含量少，开采和提取比较困难，对氧和其他试剂稳定，价格比一般金属贵的金属，如金、银等。

④ 稀有金属　主要指在地壳上含量稀少、分散，不易富集成矿和难以冶炼提取的一类金属，例如锂、铍、钼、钒、镓、锗等以及铀、钍、镭等放射性物质等。

## 17.1.1　重有色金属

（1）常用重有色金属

① 铜冶炼　当前全世界矿铜产量的75%～80%是从硫化铜矿用火法生产出来的，火法冶炼是主要的炼铜工艺。现代的火法炼铜一般是以浮选铜精矿为原料，经造锍熔炼获得铜锍（俗称冰铜），铜锍经吹炼产出粗铜。粗铜火法精炼后浇铸成阳极板，再经电解精炼获得品位99.9%以上的电解铜。适用于氧化铜矿、低品位矿石或适用于浸出的硫化铜矿冶炼的原矿浸出萃取电积工艺近年来也获得较大发展。

强化熔炼分闪速熔炼和熔池熔炼两大类，前者包括奥托昆普型闪速熔炼和加拿大国际镍公司闪速熔炼，俄罗斯的氧焰熔炼也属于此类，后者包括诺兰达法、特尼恩特法、三菱法、艾萨法、奥斯麦特法、瓦纽可夫法、白银法和水口山法等。火法炼铜技术走向连续化、自动化，金属回收率提高，环境状况获得很大改善。

铜锍吹炼是将含Cu、F、S 90%以上的铜锍经吹炼作业获得含铜98%～99.5%的粗铜。铜锍吹炼方法有传统的卧式转炉、虹吸式转炉以及近年发展的ISA吹炼炉、三菱吹炼炉和闪速炼炉等。

粗铜的火法精炼在阳极炉内进行，对于转炉产出的液态粗铜采用回转式阳极炉精炼，经氧化、还原等作业进一步脱除粗铜中的Fe、Pb、Zn、As、Sb、Bi等杂质，并浇铸成含铜99.2%～99.7%的阳极板。对冷态粗铜或回收的紫杂钢等则在固定式反射炉和近年出现的倾动炉中进行熔化和精炼作业。

铜电解工艺有传统电解法、永久阴极电解法和周期反向电流电解法三种。目前大多数电解铜厂都使用传统电解法。永久阴极电解法（ISA法和Kidd法）和周期反向电流电解法（PRC法）是20世纪80年代以来发展的新技术。

② 镍冶炼　镍的矿物原料有硫化镍矿和氧化镍矿。硫化镍矿经浮选可获得含镍4%～8%的镍精矿，以硫化镍精矿为原料炼镍一般要经过焙烧、熔炼（先进的已合二为一）和吹炼三个工序产出镍高锍，经缓冷、结晶、离析和细磨，然后再经磁选、浮选，分别产生硫化镍、硫化亚铜和富含铂族金属的少量合金。镍高锍选矿产出的硫化镍（二次镍精矿）可以铸成阳极进行硫化镍直接电解获取金属镍，也可以焙烧脱硫生成氧化镍，再还原获得粗镍，经电解精炼生产电解镍。硫化镍的全湿法生产流程是将二次镍精矿通过浸出、净液、电积等过程产生电解镍。

氧化镍矿石含镍1%～2%，选矿方法不能有效地富集镍，故只能直接冶炼。主要有直接炼镍铁、硫化熔炼、氨浸和高压酸浸等方法。

硫化镍精矿大部分采用火法冶炼工艺，火法炼镍与火法炼铜工艺相类似，传统工艺也有鼓风炉、反射炉和电炉冶炼等流程，新的冶炼工艺以闪速炉为主，包括奥托昆普型闪速熔炼和国际镍公司闪速熔炼。

大部分生产规模大、历史长的工厂的镍精炼技术还是采用传统的可溶阳极电解工艺，一些新建的工厂多采用湿法冶金浸出电积工艺，湿法冶金浸出电积工艺主要有硫酸选择性浸出-电积法、硫酸选择性浸出-氢还原法、盐酸浸出法和氯化浸出法。

氧化镍矿的冶炼工艺目前仍然是电炉炼镍铁和湿法冶炼产出氧化镍、镍粉、镍块等不同产品，两种不同的工艺并存。湿法炼镍有加压酸浸和还原焙烧后氨浸两种流程，以氨浸为主。

③ 钴冶炼　钴矿都伴生在其他矿物中而且成分复杂，因此，钴的冶炼方法繁多，流程复杂。钴的冶炼一般分成三个步骤：一是把钴从矿石中转入溶液，或制成粗钴合金或钴锍，再转入溶液；二是除杂净化；三是制取金属。钴的冶炼工艺大体上可分为 4 大类，即高温熔炼富集后湿法提取钴、硫酸化焙烧后浸出提出钴、还原焙烧氨浸法和加压浸出法。

④ 铅冶炼　目前主要采用火法冶炼，湿法冶铅还未实现工业化。火法炼铅可分为传统炼铅法和直接炼铅法。传统炼铅法包括烧结-鼓风炉还原熔炼法、密闭鼓风炉熔炼法（ISP法）和电炉熔炼法。直接熔炼法主要有氧气底吹炼铅法（QSL法）、氧气闪速熔炼-电热还原法、水口山法（SKS法）、顶吹旋转转炉法、富氧顶吹喷枪熔炼法、低温碱熔炼法、奥托昆普闪速熔炼法和瓦纽可夫法。目前，世界上矿产粗铅有 80% 以上是采用烧结-鼓风炉还原熔炼法，我国采用此法生产的粗铅约占 90%，我国大中型铅厂大都采用这种方法。该法最大的问题是烧结烟气中的 $SO_2$ 不容易得到回收利用，所以白银有色金属公司采用了 QSL 法，其铅厂（如豫光和贵池铅厂）采用了水口山顶吹炼铅法。

熔炼产出的粗铅还含有 1%～4% 的杂质，并含有金、银等有价金属，需要进一步精炼除去杂质，回收有价金属。粗铅精炼有两种方法：一是电解精炼；二是火法精炼。

⑤ 锌冶炼　锌的生产方法分火法炼锌和湿法炼锌两种，以湿法炼锌为主，其产量占世界总产量的 80% 以上，其次为火法中的鼓风炉炼锌法，其产量占世界总产量的 12%。火法炼锌分为蒸馏法炼锌和鼓风炉炼锌，而蒸馏法炼锌又可分为竖罐蒸馏、电阻炉蒸馏和矿热电炉蒸馏。湿法炼锌分为常压浸出和氧压浸出两种，而常压浸出又可分为传统（常规）的两段浸出法和高温高酸浸出法。高温高酸浸出法中又分为黄钾铁矾法、针铁矿法、赤铁矿法、转化法（黄钾铁矾法派生）、仲针铁矿法（喷淋法）。

⑥ 锡冶炼　锡的生产分炼前处理、熔炼、精炼三大工序。炼前处理的方法有焙烧、浸出、精选等，根据所含具体杂质情况，可采用一个或几个作业组成的联合流程。在工业生产中以焙烧较多，盐酸浸出次之。焙烧方法有氧化焙烧、氯化焙烧、氧化还原焙烧。所采用的焙烧设备有流态化焙烧炉、回转窑、多膛炉，国外以回转窑、多膛炉为主，我国以流态化焙烧炉和回转窑为主。

依处理原料的不同，在冶炼工艺上形成两段熔炼法、还原熔炼-硫化挥发法和硫化挥发-还原熔炼法三种熔炼方法。依熔炼所使用的设备不同，可分为反射炉熔炼法、电炉熔炼法、奥氏法（顶吹法）、鼓风炉熔炼法。

精炼有火法和电解之分。国内外主要采用火法精炼，其产量占世界精锡总产量的 90%，而电解精炼约为 10%。

⑦ 锑、汞冶炼　锑冶炼分火法和湿法两类。火法冶炼硫化锑矿工艺分为氧化挥发熔炼、还原熔炼和精炼三大工序。氧化挥发通常在直井炉（竖炉、赫氏炉）和鼓风炉中进行。还原熔炼通常采用反射炉，国外采用电炉和回转炉。精炼有火法和电解两种方法，广泛采用的是火法精炼，对贵锑和含贵金属及铅的锑矿则宜采用电解精炼。湿法炼锑有碱法和酸法两种，碱法已实现工业化。

硫化汞精矿火法焙烧可直接产出汞蒸气，在冷凝器内获得金属汞。

总之,有色金属的冶炼工艺主要分为火法冶炼与湿法冶炼两大类。为了提炼纯金属还需辅以其他工艺,如铜电解工艺等。

(2) 火法冶炼

火法冶炼是在有色金属的精矿中加入各种熔剂、还原剂进行冶炼,以提高金属品位,再经粗炼得到粗金属,其品位有了进一步提高,最后经火法冶炼或电解精炼制得纯金属。重金属铜、铅、锌、镍、锑、锡的生产流程与排污节点如图17-1～图17-6所示。重金属冶炼废水主要来自炉套、设备冷却、水力冲渣、烟气洗涤净化等,通常水质比较复杂,且含有各种有色重金属的毒性废水;重金属火法冶炼时含有大量废气和烟尘,且含有大量毒性物质;重金属冶炼产生各种炉渣、浮渣、烟尘、粉尘等。电冶炼有电炉渣,电解则有阳极泥等。

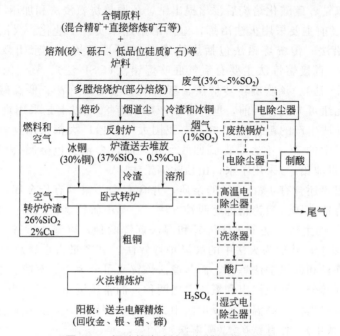

图 17-1 铜冶炼生产流程与排污节点示意

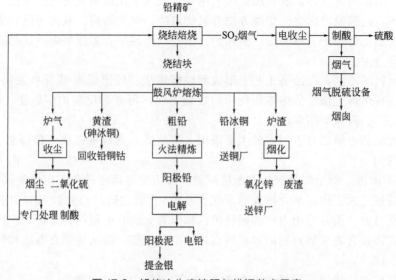

图 17-2 铅炼冶生产流程与排污节点示意

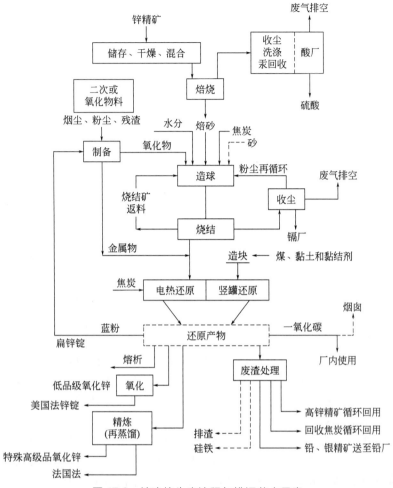

图 17-3　锌冶炼生产流程与排污节点示意

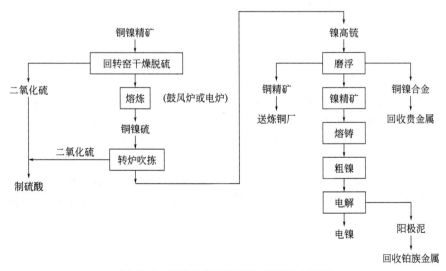

图 17-4　镍冶炼生产流程与排污节点示意

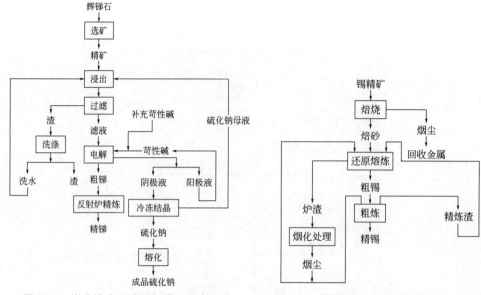

图 17-5　锑冶炼生产流程与排污节点示意　　　　图 17-6　锡冶炼生产流程与排污节点示意

（3）湿法冶炼

湿法冶炼是将重金属精矿经过焙烧后产生的焙砂（或不焙烧直接用精矿），用各种酸基或碱基溶剂进行浸出，使焙砂（或精矿）中的重金属进入浸出液中。由于浸出法除主要需浸出的金属外还有其他金属，故要对浸出液进行净化、提纯，以去除杂质元素，直至得到合格溶液后再进行电解，最后得到纯金属。

湿法冶炼废水主要为烟气净化废水，浸出、净化、电解过程、清洗等所产生的重金属废水，特别是浸出液、净化液、废电解液等过程所形成的大量重金属离子的酸性废水。

湿法冶炼废气、烟尘和废渣主要为精矿在焙烧时产生高温并含有大量重金属烟尘，以及焙烧浸出时产生各种浸出渣，浸出液净化时产生各种净化渣，电解时产生阳极泥等。重金属锌、镍的湿法生产流程和排污节点如图 17-7 和图 17-8 所示。

## 17.1.2　轻有色金属

（1）常用轻有色金属

① 铝冶炼　炼铝的原料主要是铝土矿，冶炼方法分为氧化铝的制备及其熔盐电解。

从矿石提取氧化铝的生产方法多样，目前在工业上采用的是碱法，有拜耳法（处理二氧化硅含量低的铝土矿）、碱石灰烧结法（处理二氧化硅含量高的原料）和联合法（拜耳法和烧结法的联合）。目前世界上 90% 以上的氧化铝都是由拜耳法生产的。

电解铝生产采用冰晶石-氧化铝熔盐电解法，是目前工业生产铝的唯一方法。工艺成熟、技术先进、环保效果好的中间加料预焙烧阳极铝电解槽已成为我国电解铝厂新建和改扩建的唯一推荐槽型，其他形式的电解槽已列入淘汰目录。

② 镁冶炼　世界上生产金属镁有熔盐电解法和热还原法两大类。电解法炼镁按原料和制取无水氯化镁的方法划分有卤水脱水电解炼镁、光卤石脱水电解炼镁、氧化镁成球氯化电解炼镁和菱镁矿氯化电解炼镁等。热还原法炼镁按还原炉划分有皮江法炼镁和半连续法炼镁。

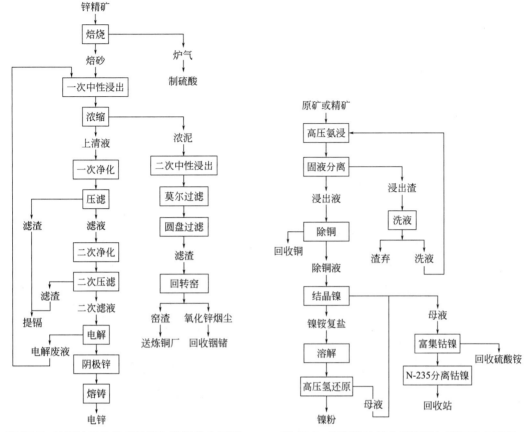

图 17-7　锌湿法冶炼生产流程与排污节点示意　　图 17-8　镍湿法冶炼生产流程与排污节点示意

③ 钛冶炼　海绵钛生产方法有镁还原法和钠还原法，电解法未实现工业化生产。1993年底世界钠还原法全部被淘汰，现在全世界均采用镁还原法，其中占主导地位的是镁还原-真空蒸馏法。

（2）铝金属

轻有色金属主要是指氧化铝和金属铝（电解铝）。镁、钛生产产量尚较少。

铝工业在我国起步较晚，但发展很快，目前已建成了比较完整的铝工业体系。主要产品有氧化铝、金属铝的铝材，广泛应用于国民经济各个领域，在工业、国防和人民生活中均占有十分重要的地位，为我国有色金属中优先发展的品种。

我国工业生产主要包括氧化铝、金属铝（电解）和铝材加工生产。

① 氧化铝生产　生产氧化铝的主要原料是铝土矿，生产方式有拜耳法、烧结法和联合法，其生产工艺流程如图 17-9～图 17-11 所示。

② 金属铝生产　铝生产，就是用氧化铝生产铝，主要原料除氧化铝外，还有冰晶和沥青等，主要生产设备为电解槽。氧化铝经电解还原成为金属铝，其生产流程如图 17-12 所示。电解槽是由钢壳内衬耐火砖和碳素材料组成的，该炭衬层即为电解槽的阴极。阳极是碳素电极，在电解过程中炭阳极不断被消耗，需要连续或间断地进行更换，残阳极还可再生循环使用。铝电解槽内衬的寿命为 4～5 年，在阴极内衬大修时，要清理出大量的废炭块、被浸蚀的耐火砖和保温材料等，是电解铝生产过程中产生的主要废弃物。

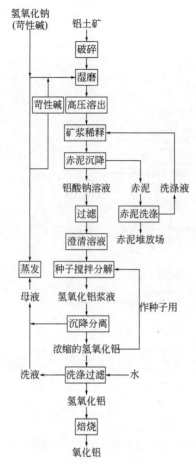

图 17-9　拜耳法氧化铝生产流程

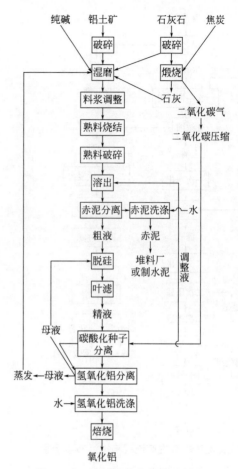

图 17-10　烧结法氧化铝生产流程

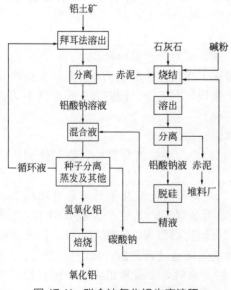

图 17-11　联合法氧化铝生产流程

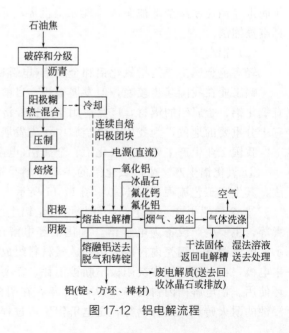

图 17-12　铝电解流程

世界各国几乎都采用碱法(用碱浸出铝矾土中的氧化铝)生产氧化铝。生产过程中,废水主要来自各设备冷却水、石灰炉排气的洗涤水以及赤泥输送废水等。氧化铝厂生产废水量大,含碱浓度高。

金属铝生产废水主要来源于硅整流、铝锭铸造、阳极车间、空压站和煤气发生站等设备冷却水等。

氧化铝生产产生赤泥,金属铝生产电解槽清理大量废炭块和废保温材料是铝工业生产的主要固体废弃物。电解铝厂产生的含氟烟气是重要危害。

(3)镁、钛金属

① 镁金属生产　镁生产方法有电解法和热还原法。镁生产以含 $MgCl_2$ 或碳酸镁($MgCO_3$)的菱镁矿、白云石、光卤石或海水为主要原料,近年来利用青海湖水氯镁石资源制取镁电解原料。

镁冶炼废水的特征是氯与氯化物,烟气特征是氯气及其化合物,氯化炉尾气是最为严重的。固体废物是酸性废渣。

② 钛金属生产　钛精矿在电炉中用石油焦作还原剂,分离出铁和高钛渣,高钛渣和氯气在氯化炉中反应生成 $TiCl_4$。用镁锭还原产生海绵钛并生成 $MgCl_2$,经蒸馏工艺分离出 $MgCl_2$,再用电解法得到金属镁和氯气。其冶炼生产工艺流程如图 17-13 所示。

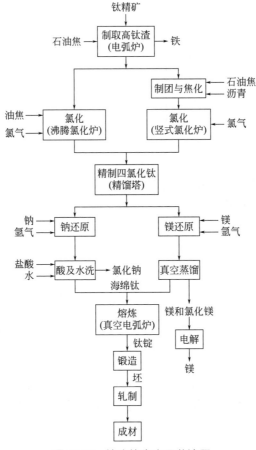

图 17-13　钛冶炼生产工艺流程

由于钛铁矿中一般共生有铀和钍,在冶炼过程中,收尘渣、尾气、沉渣和废水中都存在放射性物质，并含有盐酸和氯化物。

## 17.1.3 稀有金属

稀有金属共 40 多种。目前，稀有金属生产由于原料成分复杂，工业生产难于定型，但从含稀有金属原料到生产出高纯金属，大致经过下列几个阶段。

① 原料的分解　精矿分解有湿法和火法两种：湿法使用酸、碱等溶剂处理精矿；火法分解时要加入各种熔剂（包括还原剂）进行焙烧、烧结、熔炼等。

② 稀有金属纯化合物的制取　主要是利用水溶液中的化学反应，如溶解、沉淀、再溶解、再沉淀或结晶以达到去除杂质、提纯的目的。有时也使用挥发法或氧化升华法等火法工艺。

③ 从纯化合物生产金属或合金　主要是纯化合物的高温还原反应或在熔融介质中进行熔盐电解。

对于稀有高熔点金属往往不是全部生产纯金属，而是根据使用要求生产合金。

④ 高纯金属的制取　从一般金属制取高纯金属，需要进一步分离和去除杂质，可采用离子交换法、熔剂萃取法、沉淀和结晶、蒸馏法等来制取高纯金属。

（1）钨、钼稀有金属

以黑钨矿为原料生产三氧化钨的工艺流程如图 17-14 所示，以辉铜矿的精矿生产金属钼的工艺流程如图 17-15 所示。

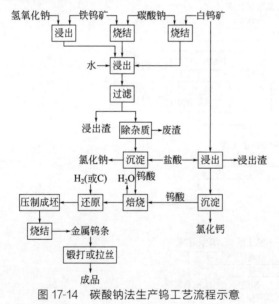

图 17-14　碳酸钠法生产钨工艺流程示意

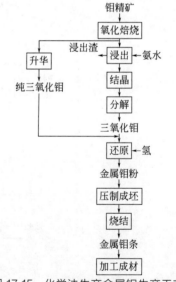

图 17-15　化学法生产金属钼生产工艺流程示意

（2）铌、钽稀有金属

还原法生产铌、钽金属，包括碳还原、氢还原、金属热还原以及萃取法等。以钽铌铁矿或褐钇铌矿的钽铌精矿为原料生产钽、铌的工艺流程如图 17-16 所示。

（3）锂、铍、稀土金属

熔盐电解法是生产稀有金属较常用的方法，可生产锂、铍、钍及其混合稀土类金属（钪、钇、镧等）等。以锂辉石精矿为原料生产锂的工艺流程如图 17-17 所示。以稀土氯化物为原料生产稀土金属的电解工艺流程如图 17-18 所示。

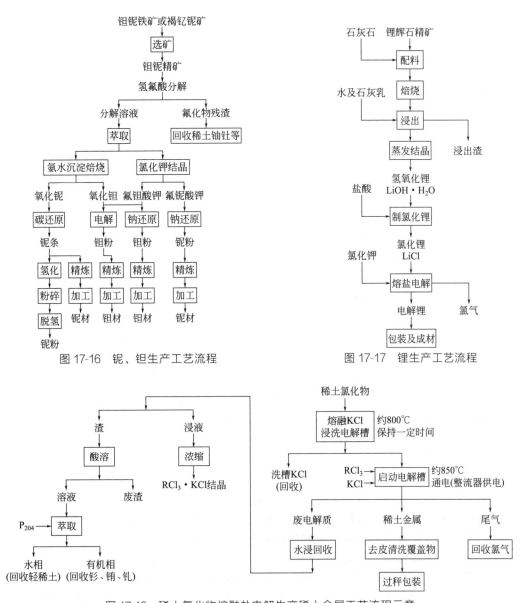

图 17-16　铌、钽生产工艺流程

图 17-17　锂生产工艺流程

图 17-18　稀土氯化物熔融盐电解生产稀土金属工艺流程示意

（4）镓、铟、锗稀有金属

稀有分散金属很少有单一矿床，一般都是从其他有色金属冶炼的烟尘或烟道尘、炉渣、阳极泥及其他料液中回收的，如稼、锗等。

镓可以从铝生产的氧化铝母液中回收，采用的工艺流程如图 17-19 所示。从铅锌冶炼副产品中用化学萃取法可回收镓。

我国以锗为主要成分的矿石尚未发现，通常伴生在铅锌矿、铁矿和煤矿中，在生产其他金属或煤燃烧时锗挥发到烟尘中，经富集可以得到锗精矿，锗回收流程如图 17-20 所示。

综上所述，稀有金属排污特征为：对含稀有金属的原料采用湿法冶炼时，有酸性废液、碱性废液以及含有多种盐类金属的毒性废水，如镉、铬、铅、砷、铍等。固体废物则有酸浸渣、碱浸渣、中和渣、铜钒渣等。如采用火法冶炼时，则产生还原渣、氧化熔炼渣、氯化渣、浮渣及烟尘等以及酸性废水、碱性废水和多种重金属和稀有金属的复杂废水，废气则为

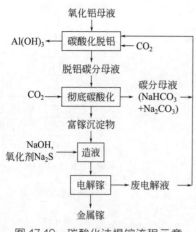
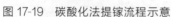

图 17-19　碳酸化法提镓流程示意

图 17-20　生产锗单晶的工艺流程示意

以氯气及其化合物为主的毒性烟尘。

## 17.1.4　贵金属

冶炼是生产金银的重要手段，我国金银生产涉及冶炼的主要物料有重砂、海绵金、钢棉电积金和氰化金泥。重砂、海绵金、钢棉电积金的冶炼工艺简单，而氰化金泥的冶炼工艺多样。

我国黄金系统氰化金泥主要来自金精矿氰化锌粉置换和原矿全泥氰化锌粉置换。目前，国内氰化金泥的冶炼工艺主要有以下三种。

（1）氰化金泥熔炼除杂工艺

该工艺主要是把氰化金泥先进行火法冶炼，产生合金，然后再从合金中分离除杂，回收有价金属和金的炼金技术。技术路线是先把金泥进行火法熔炼，除去非金属化合物；再进行合金的除杂分离，进一步除去贱金属、锌、铜、铅等，回收有价金属和金。对合金的除杂分离，目前采用的方法是电解分离金银和硝酸除杂回收金银。

（2）氰化金泥除杂熔炼工艺

该工艺是把氰化金泥先进行湿法除杂，产生富集金泥，然后进行熔炼，回收有价金属和金。技术路线是先用湿法冶金的方法，除去金泥中的锌、铜、铅等贱金属，使有价金属进一步富集，降低金泥中贱金属的含量，为火法冶炼创造条件；再对富集后的金泥进行冶炼生产合质金。对合质金含银高的再进行金银分离。

（3）氰化金泥湿法炼金工艺

该工艺的技术路线是用湿法冶金方法除杂。除杂的目的一方面是提高金泥的金品位，另一方面是用化学法改变有价金属的物相，然后对金银进行回收。从我国氰化金泥湿法处理来看，除杂是共同的，除杂用的方法则根据物料特性进行合适的选择。氰化金泥湿法处理技术可以克服先熔炼后除杂带来的气体污染和冶炼量大的缺陷，但湿法冶炼工艺流程长，工序较多，液体易污染等。

图 17-21 为金矿冶炼厂生产工艺流程。该黄金冶炼厂以载金炭（吸附金后的活性炭）为原料，加工生产金锭、酸洗再生活性炭、火法再生活性炭等产品。主要生产工艺为：载金炭解吸-电积工序、粗金泥湿法-电解精炼工序、活性炭酸洗再生工序、活性炭火法再生工序、银渣金银分离及回收工序、冶炼厂生产工艺流程和排污节点如图 17-21 所示。

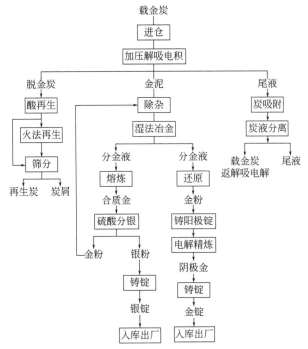

图 17-21　金矿冶炼厂生产工艺流程与排污节点

　　黄金冶炼厂由原料处理到金和有价金属的产出，需经过多道工序。一般来说，黄金冶炼厂的废水主要来自氰化浸金车间、电积车间、除杂车间等，相应的废水中所含的污染物主要是氰化物、铜、铅、锌等重金属离子，只是相对含量较低而已。火法冶炼主要产生烟气与粉尘，也要产生一些废渣，但通常在进行回收利用中又产生有毒有害废水。

# 17.2　有色金属冶炼废水水质与特征

## 17.2.1　废水来源与特征

　　有色金属的种类很多，冶炼方法多种多样，较多采用的是火法冶炼和湿法冶炼等。如当今世界上 85％的铜是火法冶炼的。在我国处理硫化铜矿和精矿，一般采用反射炉熔炼、电炉熔炼、鼓风炉熔炼和近年来开发的闪速炉冶炼。锌冶炼则以湿法为主，汞的生产采用火法，铅冶炼主要采用焙烧还原法熔炼。轻有色金属中铝的冶炼是采用熔融盐电解法生产的。因此，有色金属冶炼过程中，废水来源主要为火法冶炼时的烟尘洗涤废水，湿法冶炼时的工艺过程用水、外排水和跑冒滴漏的废水，以及冲渣、冲洗设备、地面和冷却设备的废水等。

　　有色金属工业废水是指在生产有色金属及其制品过程中产生和排出的废水。有色金属工业从采矿、选矿到冶炼，以至成品加工的整个生产过程中，几乎所有工序都要用水，都有废水排放。根据废水来源和产品加工对象不同，可分为采矿废水、选矿废水、冶炼废水及加工废水。冶炼废水又可分为重有色金属冶炼废水、轻有色金属冶炼废水、稀有金属冶炼废水和贵金属冶炼废水等。按废水中所含污染物的主要成分，有色金属冶炼废水也可分为酸性废水、碱性废水、重金属废水、含氰废水、含氟废水、含油类废水和含放射性废水等。

　　有色金属工业废水年排污量约 $9 \times 10^8 t$，其中铜、铅、锌、铝、镍等五种有色金属排放废水占 80% 以上。经处理回用后有 $2.7×10^8$ t 以上的废水排入环境，造成污染。与钢铁工业废水相比，废水排放量虽小，但污染程度很大。由于有色金属种类繁多，生产规模差别较大，废水中重金属含量高，毒性物质多，对环境污染后果严重，必须认真处理以消除污染。

重金属是有色金属废水最主要的成分，通常含量较高、危害较大，重金属不能被生物分解为无害物。重金属废水排入水体后，除部分为水生生物、鱼类吸收外，其他大部分易被水中各种有机和无机胶体及微粒物质所吸附，再经聚集沉降沉积于水体底部。它在水中的浓度随水温、pH 值等的不同而变化，冬季水温低，重金属盐类在水中的溶解度小，水体底部沉积量大，水中浓度小；夏季水温升高，重金属盐类的溶解度大，水中浓度高。故水体经重金属废水污染后，危害的持续时间很长。其中铜、铅、铬、镍、镉、汞、砷、铍等重金属的危害性最为严重。

有色金属种类繁多，矿石原料品位差别很大，且冶炼技术与设备先进与落后并存，生产规模各异。因此，有色金属生产企业用水与排水量差别较大。有色工业是用水大户，吨产品用水量较大，见表 17-1。

表 17-1 有色金属冶炼吨产品平均用水量　　　　　　单位：$m^3/t$

| 产品名称 | 铜 | 铅 | 锌 | 锡 | 铅 | 锑 | 镁 | 镍 | 钛 | 汞 |
|---|---|---|---|---|---|---|---|---|---|---|
| 用水量 | 290 | 309 | 309 | 2633 | 230 | 837 | 1348 | 2484 | 4810 | 3135 |

## 17.2.2　废水水质与特征

有色金属工业废水的复杂性与多样性的主要原因是有色金属冶炼所用的矿石大多为金属复合矿，含有多种重有色金属、稀有金属、贵金属以及大量的铁和硫，并含有放射性元素等。在冶炼过程中，往往仅冶炼其中主要的有色金属，而对低品位的有色金属常作为杂质以废物形式清除。一般而言，几乎所有的有色金属冶炼废水都含有重金属和其他有害物质，成分复杂，毒性强，危害大。

表 17-2 列出国外锌、铜、铅冶炼厂废水水质。表 17-3 列出国内铜、铅、锌冶炼厂废水水质。

表 17-2 国外有色金属冶炼厂废水水质

| 冶炼类型 | 水质指标 | | | | | | | | |
|---|---|---|---|---|---|---|---|---|---|
| | pH 值 | 总固体 /(mg/L) | COD /(mg/L) | 铜 /(mg/L) | 铅 /(mg/L) | 锌 /(mg/L) | 铁 /(mg/L) | 砷 /(mg/L) | 锰 /(mg/L) |
| 锌冶炼厂 | 7.3 | 39 | 2.02 | 0.023 | 0.78 | 2.28 | 0.09 | 0.01 | |
| 铜冶炼厂 | 6.0 | 446 | | 0.65 | 0.26 | 0.24 | 0.45 | | 0.99 |
| 铅冶炼厂 | 6.8 | | 1.1 | 0.03 | 0.30 | 1.30 | 0.03 | 0.64 | |

表 17-3 国内有色金属冶炼厂废水水质

| 冶炼厂 | | 单位 | Zn | Pb | Cd | Hg | As | Cu | F | SS | Fe | 备注 |
|---|---|---|---|---|---|---|---|---|---|---|---|---|
| 铜冶炼厂 | 厂 1 | g/L | 0.70 | | 0.131 | | 4.49 | 1.86 | 0.91 | 0.70 | 338 | 富氧闪速熔炼法 |
| | 厂 2 | g/L | 0.62 | | | | 6.60 | 1.47 | 0.65 | 1.0 | 1.46 | 富氧闪速熔炼法 |
| | 厂 3 | mg/L | 200 | | 19.6 | | 83.42 | 5 | 282 | 336 | 170 | 电解法 |

续表

| 冶炼厂 | | 单位 | Zn | Pb | Cd | Hg | As | Cu | F | SS | Fe | 备注 |
|---|---|---|---|---|---|---|---|---|---|---|---|---|
| 铅冶炼厂 | 厂1 | mg/L | 80~150 | 2~8 | 1~3 | | 0.5~3.0 | 0.5~3.0 | | | | 火法 |
| | 厂2 | mg/L | 1~3 | 0.05~0.3 | 0.4~1.0 | 0.01~0.04 | 0.1~0.04 | | | | | 火法 |
| | 厂3 | mg/L | 21.3~2500 | 0.81~4.87 | 0.12~3.04 | 0.009~0.61 | <0.05 | 6.4~46.2 | | 20~152 | | 火法 |

同一有色金属冶炼废水水质随工艺方法的差别而异，即使是同一工厂也会因操作情况、生产管理的优劣而差异较大。例如，烧结法生产氧化铝厂的废水含碱量为 78~156mg/L（以 $Na_2O$ 计）；联合法厂为 440~560mg/L，但在管理水平较差的情况下，可达 1000~2000mg/L。几种不同生产工艺的氧化铝厂的废水水质见表 17-4。

有色金属工业废水造成的污染主要有有机耗氧物质污染、无机固体悬浮物污染、重金属污染、石油类污染、醇污染、酸碱污染和热污染等。表 17-5 列出有色金属工业废水的主要污染物。表 17-6 列出铜、铅、锌、铝、镍五种有色金属的主要工业污染物种类情况。

**表 17-4　不同生产工艺的氧化铝厂废水水质**

| 水质项目 | 生产工艺 | | | |
|---|---|---|---|---|
| | 烧结法 | 联合法 | 拜耳法 | 用霞石生产时 |
| pH 值 | 8~9 | 8~11 | 9~10 | 9.5~11.5 |
| 总硬度/(mg/L) | 9~15 | 4~5 | | |
| 暂硬度/(mg/L) | 11.6 | | | |
| 总碱度/(mg/L) | 78~156 | 440~560 | 84 | 340~420 |
| $Ca^{2+}$/(mg/L) | 150~240 | 14~23 | 40 | |
| $Mg^{2+}$/(mg/L) | 40 | 13 | 11.5 | |
| $Fe^{2+}$/(mg/L) | 0.1 | | 0.07 | 10~18 |
| $Al^{3+}$/(mg/L) | 40~64 | 100~450 | 10 | 10~18 |
| $SO_4^{2-}$/(mg/L) | 500~800 | 50~80 | 54 | 40~85 |
| $Cl^-$/(mg/L) | 100~200 | 35~90 | 35 | 80~110 |
| $CO_3^{2-}$/(mg/L) | 84 | 102 | | |
| $HCO_3^-$/(mg/L) | 213 | 339 | | |
| $SiO_2$/(mg/L) | 12.6 | | 2.2 | |
| 悬浮物/(mg/L) | 400~500 | 400~500 | 62 | 400~600 |
| 总溶解固体/(mg/L) | 1000~1100 | 1100~1400 | | |
| 油/(mg/L) | 15~120 | | | |

**表 17-5　有色金属工业废水的主要污染物**

| 废水来源 | 主要污染物 | | | | | | | | | | | | | | | |
|---|---|---|---|---|---|---|---|---|---|---|---|---|---|---|---|---|
| | 悬浮物 | 酸 | 碱 | 石油类 | 化学耗氧物 | 汞 | 镉 | 铬 | 砷 | 铅 | 铜 | 锌 | 镍 | 氟化物 | 氰化物 | 硫化物 | 放射性物质 |
| 采矿废水 | √ | √ | | | | √ | √ | | √ | √ | √ | √ | | | | | √ |

续表

| 废水来源 | 主要污染物 | | | | | | | | | | | | | | | | |
|---|---|---|---|---|---|---|---|---|---|---|---|---|---|---|---|---|---|
| | 悬浮物 | 酸 | 碱 | 石油类 | 化学耗氧物 | 汞 | 镉 | 铬 | 砷 | 铅 | 铜 | 锌 | 镍 | 氟化物 | 氰化物 | 硫化物 | 放射性物质 |
| 选矿废水 | √ | | √ | | √ | | √ | | √ | √ | √ | √ | | √ | √ | √ | |
| 重冶废水 | √ | √ | √ | √ | √ | √ | √ | √ | √ | √ | √ | | √ | √ | | √ | |
| 轻冶废水 | √ | √ | √ | √ | | | | | | | | | | √ | | | |
| 稀冶废水 | | √ | √ | √ | | | | | | | | | | √ | | | √ |
| 加工废水 | | √ | √ | √ | | | | | √ | | | | | | | | |

表 17-6　我国五种有色金属主要工业污染物种类情况

| 行业 | 产品 | 污染物种类 | | |
|---|---|---|---|---|
| | | 废水 | 废气 | 固体物质 |
| 铜 | 铜精矿 | Cu、Pb、Zn、Cd、As | | 废石、尾矿 |
| | 粗铜 | Cu、Pb、Zn、Cd | SO₂、烟尘 | |
| 铅、锌 | 粗铅 | Pb、Cd、Zn | SO₂、烟尘 | 冶炼渣 |
| | 粗锌 | Pb、Cd、Zn | SO₂、烟尘 | |
| 铝 | 氧化铝 | 碱量、SS、油类 | 尘 | 赤泥 |
| | 电解铝 | HF | 粉尘、HF、沥青烟 | |
| 镍 | 镍 | Ni、Cu、Co、Pb、As、Cd | SO₂、烟尘 | 废渣 |

# 17.3　节水减排技术规定与设计要求

## 17.3.1　总体布置与环境保护

（1）厂址选择与总体布置

① 进行厂址与总体布置方案比较时，必须把环境保护及水土保持作为重要的条件与要求，力求对自然环境、自然资源和生态系统产生的影响最小化，防治水土流失，避免地质灾害。防止对附近居民区、学校、医院和公园和公众集中地产生环境污染。

② 凡排放有害废气、废水、固体废物和受噪声及放射性元素影响的建设项目，严禁在城市规划确定的名胜风景区和自然保护区等界区内或周边选址，也不得在集中的居住区选址。

③ 厂址的选择应有利于气体扩散，不应设在重复污染区、窝风地段、居住区常年主导风向上风侧、生活饮用水源保护区的上游 1000m 和周边 100m 以内；总体布置时应有利于废气的扩散。

④ 选矿尾矿库、采矿废石和冶炼废渣的堆置场，当与工业场地和居住区相距较近时，宜位于工业场地和居住区常年主导风向的下风侧。

⑤ 产生有害废水的废石堆场和赤泥堆场（含尾矿库），在选址前应充分了解和获取相应

的水文地质资料，不得选在有渗漏的地区。

⑥ 地下开采矿山的抽出式通风机房和出风井，应位于工业场地和居住区常年主导风向的下风侧。

（2）厂区总平面布置有关规定与要求

① 厂区总平面布置除应满足生产、安全、卫生的要求外，尚应按环境保护和水土保持要求，合理布置，防止或减轻相互污染，并控制挖填土方平衡，减少水土流失。

② 散发粉尘、酸雾、有毒有害气体和产生放射性物质的厂房、仓库、贮罐、堆场和主要排气筒，应布置在厂区常年主导风向的下风侧。

③ 产生高噪声的车间，宜布置在厂区夏季主导风向的下风侧，并应合理利用地形、建筑物或绿化林带的屏蔽作用。

④ 有爆炸危险的车间和库房布置应符合国家民用爆破安全有关规定的要求。

⑤ 应预留环境治理工程的发展场地，一般可按 50%～100% 预留，先用于绿化。

（3）环境保护

① 有色金属工业建设项目的卫生防护距离应符合国家现行标准的规定；或根据环境影响报告书，并与环境保护行政主管部门或卫生主管部门共同确定卫生防护距离。宜利用现有的山谷、河流、绿地等荒地作为防护隔离带。在卫生防护距离内不得设置居住区或养殖区。

② 有色金属工业建设项目应防止对附近居民区、学校、医院和公园等环境产生光污染。

③ 污染治理措施应保证排放的污染物符合有关排放标准的要求，国家明确实行总量控制的污染物和本行业的特征污染物排放总量应控制在允许的范围内。

④ 各类有色金属冶炼项目，以及产生污染物数量多、危害大的有色金属矿山和加工项目宜列出清洁生产的规定与指标，并对主要生产工艺过程中的主要有毒、有害物质进行清洁生产审计。

⑤ 向环境排放任何液态放射性物质之前应根据需要完成以下工作，并将结果书面报告审管部门。

1）确定拟排放物质的特性与活度及可能的排放位置和方法。

2）确定所排放的放射性核素可能引起公众照射的所有重要照射途径。

3）估计计划的排放可能引起的关键人群组的受照剂量。

## 17.3.2　节水减排一般规定与设计要求

（1）节水减排一般规定

① 有色金属采矿、选矿、冶炼和加工生产用水应清污分流、分质利用、串级使用和循环回用。尾矿库排水应返回选矿、采矿工艺使用。生产用水的重复利用率应符合有关标准的要求。

② 车间及设备用水计量率应符合现行国家标准《节水型企业评价导则》（GB 7119）的规定，其中车间用水计量率应达到 100%，设备用水计量率不低于 90%，废水总排放口、废水量大和污染较严重的车间排放口应设计量装置。

③ 煤气站洗涤废水应去除焦油、悬浮物，并经降温处理后循环使用；必要时应抽出部分处理后的废水进行脱氰、脱酚和脱硫后返回再用或达标排放。

④ 事故或设备检修的排放液和冲洗废水，以及跑、冒、滴、漏的溶液，应设收集处理或回用的设施。

⑤ 有毒有害或含有腐蚀性物质废水的输送沟渠和地下管线检查井等，必须采取防渗漏

和防腐蚀措施。上述废水严禁采用渗井、渗坑或废矿井排放。

⑥ 大中型建设项目的实验室、化验室的废水应进行处理。

⑦ 大中型建设项目的生活污水宜根据当地条件进行处理。

⑧ 职工医院的污水应净化处理。

（2）节水减排设计规定

① 设计依据

1）应有经过环境保护行政主管部门审批的环境影响报告书（表）及批文。

2）应有经过鉴定的主体工程新工艺和新型设备试验报告中有关污染源的测定数据与符合环境要求的防治措施的试验资料。

3）环境治理工程新工艺和新型设备的选用应有经过鉴定的试验报告或验收资料。

4）引进或转让的新工艺、新技术和新设备应有相关技术保证合同或协议。

② 建设项目的排水及废水处理系统的设计应贯彻清污分流、分质处理、以废治废、一水多用的原则，并应符合下列规定。

1）含污染物的性质相同或相近的废水宜合并处理。

2）含第一类污染物，且浓度超过国家排放标准的废水，应在车间处理或与其他车间同类废水合并处理，达到排放标准后，方可排放，不得稀释处理。

3）湿式除尘废水、酸雾、碱雾或其他有害气体湿法净化的废液（水）以及冲渣水应分别循环利用。定期排放的废水当其所含污染物超过排放标准时，应进行处理，达标后排放。

4）仅温度升高，而未受其他有害物质污染的废水应设专门的循环利用系统；当外排可能造成热污染时，应采取防治措施。

5）废水中的金属具有回收价值时应先回收，后处理。

6）含有多种金属离子的废水，可采取分步沉淀或共沉淀的措施处理回收。

7）冶炼厂区地面冲洗水和初期受污染的雨水应收集处理。

矿山和冶炼企业生产用水的重复利用率分别为：矿山为 80% 以上，冶炼和加工为 90% 以上，新建氧化铝厂为 95% 以上；逐步实现废水全部回用与"零排放"。

## 17.3.3　矿山采选场（厂）

（1）露天采矿与废石堆场

① 露天采矿场和废石场的废水均含较多的有害物质，应设置集水设施，集中进入废水调节池（库）。避免废水漫流造成污染环境。设置废水调节池（库）：一是起到储存废水的功能与作用；二是均衡水量与水质，有利于废水处理回用。

② 废水调节池（库）边缘应设置截洪沟，截留洪水雨水或其他山水流入调节池（库），可减少汇水面积和废水处理量。

③ 废水调节池的容积设计应包括淤泥沉积和清泥措施。

④ 采矿场废水与废石堆场废水，其水质比较接近，故可合并进行处理。

⑤ 采矿废水除返回本身生产和绿化使用外，还可用于选矿、直接或经处理后排入尾矿库，尾矿库溢流水返回选矿使用。

地下开采产生的废水由于有凿岩、爆破防尘等废水，含悬浮物较高，经沉淀处理后可返回采矿、选矿等生产使用。对于原生硫化矿床，坑内水还含有大量的金属离子，而且 pH 值较低，经论证，有回收价值时应回收利用。该项水在回收金属、用于洗矿或作选矿补充用水等方面都有成功的经验，酸性水可以用于选硫，以减少硫酸量。

⑥ 洗矿废水应沉降处理，并应根据废水中的金属和酸、碱含量，确定进一步处理和回用方案。具体要求如下。

1）当矿石中含细泥或氧化矿高而影响破碎或选别作业时，则需要洗矿。洗矿废水一般含有较高的悬浮物，经过沉淀后可循环使用，有时需要投加凝聚剂经沉淀后回用。

2）选矿废水经浓密机沉淀处理后，排入尾矿库中净化后再回用。

3）洗矿废水 pH 值较低又含有重金属离子时，经沉淀处理后，可与矿山酸性废水合并处理与回用。

（2）选矿与采选联合厂

① 选矿厂的废水由尾矿水，精矿和中矿浓密、过滤水，湿式除尘废水，设备冷却水以及冲洗水等组成。其中一部分如精矿和中矿浓密、过滤水可直接返回生产使用，其余应尽量排入尾矿库净化。

② 采选联合企业在确定废水治理方案时，宜利用酸、碱废水中和，并应注意两种废水的酸碱当量平衡，实现以废治废的目的。

③ 在选矿废水处理与回用方案设计时，应充分考虑尾矿库的作用与发挥其自净能力。由于具有较大的水面和贮水库容，废水在其中停留时间较长，能较充分地产生自然曝气氧化、吸附、沉淀等作用，因而除能沉淀悬浮物以外，还对一些其他污染物有一定的净化能力。现在有不少矿山企业充分利用这个特点，把尾矿库当作处理生产废水的一个重要的净化设施使用；有的选矿厂把厂区内的废水，包括各类地面水，均排入尾矿库。有的矿山甚至把矿坑水和废石堆淋溶水与尾矿水一道排入尾矿库，使全矿只有尾矿库溢流口一处排水。这样既较好地解决了废水的污染问题，又能大幅度提高水的回用率。因此，矿山废水治理设计中，只要条件适合，就应充分利用和发挥尾矿库的作用与自净能力。

④ 尾矿输送系统的事故设备的设计应符合《选矿厂尾矿设施设计规范》的规定。

## 17.3.4 重有色金属冶炼厂

（1）一般规定

① 湿法冶炼(如电解精炼、电解液净化、阳极泥湿法处理等)以及火法冶炼烟尘的湿法回收等生产过程排出的废液，设备、管道和车间内小范围的地面冲洗水以及极板、滤布的冲洗水等均含有重金属和酸，应予以收集并返回车间使用或实行综合回收。

② 冶炼烟气制酸过程中，当用稀酸洗涤方法时，稀酸中的砷应回收或处理。大多数有色金属冶炼厂的原料都含有砷，在冶炼过程中，原料中的砷大部分进入烟气。当烟气中含有二氧化硫而用来制造硫酸时，通常是采用稀酸洗方法，此时烟气中的砷绝大部分转入到洗涤稀酸中。其最佳回收方法是采用硫化钠处理废酸，使砷呈硫化砷进入滤饼，并用从日本引进的住友法，即"置换—氧化—还原"的全湿法处理砷滤饼，以制取高质量的三氧化二砷产品，实现全回收利用。

③ 厂内运载精矿和其他含金属成分的物料的车辆，卸载后进行冲洗产生的废水应沉淀处理，必要时投加药剂，并应回收沉积的物料。

（2）设计要求

① 大、中型冶炼项目的废水工程设计应采取分散与集中相结合的方式进行处理，除适应废水性质的要求设置车间废水处理站外，全厂宜建立废水处理总站。其原因如下。

1）分散处理与集中处理相结合的方式，可兼收两种方式的优点，互补其不足，是我国大、中型冶炼厂多年来治水的一条重要经验。

2）车间设废水处理站，进行分散处理的必要性为：第一，重有色金属冶炼厂主要生产车间的废水大都含有第一类污染物，现行排放标准要求在车间排放口达标；第二，能适应废水的特征，采取有针对性的处理方法；第三，能够控制废水量，减少集中处理的复杂性。

3）全厂设集中处理站，其必要性为：第一，厂内有一些生产车间和辅助车间产生废水但无必要单独处理；第二，分散处理后的废水进入集中处理系统，可进一步减少污染物的排放量，同时可减少排放口的数量或集中于一个总排放口，便于对水污染物的排放总量的控制；第三，有利于集中返回使用，对回水水质容易进行全面控制。

② 制酸系统的烟气湿法净化工序宜采用封闭稀酸洗涤方法。稀酸洗涤方法排放的废酸量少，便于砷的脱除与回收，故适合于大、中型有色金属冶炼厂的制酸系统。水洗涤方法排放的含酸废水量比稀酸洗涤方法大 100 倍甚至更高，特别是当烟气中含砷高时，排放的废水含砷浓度很难达到排放要求，同时金属和硫的损失较大，故不宜采用。

③ 阳极泥熔炼烟气和脱铜炉烟气采用湿法处理时，其洗涤水经一级中和处理后应循环使用；少量的废水应进一步处理，脱除残余的砷、氟及部分重金属，处理达标后排放。

④ 含汞废水宜采用硫化沉淀-机械过滤联合法处理，投加药剂时，严禁采用空气搅拌。其原因为：废水中的汞一般都呈金属形态，在常温下也可挥发。当采用化学法处理时，投药搅拌若采取鼓风搅拌方式，则废水中的汞会随水的强力翻动及空气的逸出而加剧挥发，造成对大气的二次汞污染。若采用机械搅拌，可稳定地生成硫化汞沉淀，可控制汞挥发，减少汞污染。

⑤ 重金属冶炼冲渣水一般含悬浮物、重金属离子及显热，直接排放会污染环境，应设沉淀池、中和池，冷却处理后循环使用。

## 17.3.5　轻有色金属冶炼厂

（1）一般规定

① 氧化铝生产系统的碱性废水应全部回收利用；清洗设备、容器、管道和冲洗车间地面的碱性废水以及跑冒滴漏的碱性废液应设置废水（液）的收集、贮存并简易处理后返回生产工序回用。

② 氟化盐厂制盐过程产生的废水中含有冰晶石颗粒，应先经沉淀池进行回收，再对废水进一步处理除去溶在水中的氟，使废水达标后排放或回用。

③ 碳素生产时在炭块冷却水中含有焦油，产生含油废水和焦油废颗粒，该废水应经除油处理后循环回用，应严格控制补水量，防止溢流排放与污染环境。废焦油等应回收利用，不得外排。

（2）设计要求

① 要严格控制氧化铝生产各工序用水量与废水排放量。应设计全厂性生产废水集中处理站，处理后废水应回收利用，并逐步实现废水"零排放"。

② 赤泥堆场澄清液含碱量大，pH 值均大于 12，必须全部返回氧化铝厂回用，不得外排。设计时要考虑该废液水量的平衡，杜绝赤泥澄清液外排造成碱污染与碱资源的损失。

③ 镁、钛冶炼厂的酸性废水量较大，pH 值很小，腐蚀性强，设计废水中和处理设施时，应单独进行处理，以便废水处理回用。

④ 镁锭酸洗镀膜工艺产生含铬废液的重金属一类污染物。应设计铬盐回收设施，如铬盐再生装置回收铬酸钾返回镀膜工艺重复利用，回收铬盐与废液。

## 17.3.6　稀有金属冶炼厂

（1）一般规定

① 稀土金属冶炼产生的酸性废水应与一般生产废水分别处理，并应回收盐酸、草酸等副产品。

② 钽、铌生产过程中产生的萃余液、沉淀废液及其他废水应进行处理，可采用石灰-三氯化铁沉淀、软锰矿交换吸附等方法处理排放或回用。

③ 锂生产过程中产生的废液应在生产过程中循环使用，外排水应进行中和处理回用。

④ 钨氧化物生产，当采用压煮法时，产生的萃余液应采用蒸发结晶回收元明粉。白钨酸分解时，产生的母液应生产回收氧化钙，其他酸性废水应中和处理达标排放或回用。

⑤ 钼酸生产过程中产生的酸沉母液应全部利用并回收氯化铵，其他酸性废水应进行中和处理达标排放或回用。

⑥ 有色金属冶炼过程产生的放射性废液不得排入市政下水道；除非经审管部门确认是满足下列条件的低放射性废液方可直接排入流量大于 10 倍排放流量的市政下水道，并应对每次排放做好记录。具体要求如下。

1）每月排放的总活度不超过 $10ALI_{min}$ ❶。

2）每一次排放的活度不超过 $1ALI_{min}$，并且每次排放后用不少于 3 倍排放量的水进行冲洗。

⑦ 处理后的含放射性物质的废水的排放应符合下列规定。

1）不超过审管部门认可的排放限值，包括排放总量限值和浓度限值。

2）有适当的流量和浓度监控设备，排放是受控的且是最优化的。

3）含放射性物质的废液是采用槽式排放的。

4）排放使公众中有关关键人群组的成员所受到的年有效剂量不应超过 1mSv。

（2）设计要求

① 稀有金属冶炼废水成分复杂，常含有稀有稀土和放射性物质，如处理不当，其危害很大。因此，在处理方案选择与设计时，首先要进行废水的最小量化，使其在生产工序中排出尽可能少的废水；而后对产生的废水进行综合利用，循环使用，串级回用，尽可能使其资源化；在此基础上对已产生而又无法资源化的废水进行无害化最终处理回用或达标排放。

② 铍生产过程中产生的含铍废气经湿法净化产生的废水中和沉淀处理后返回使用，对湿法净化的通风系统应设计收集含铍凝集水装置，送往铍废水处理站进行处理回用。

③ 锗生产过程中排出的硫酸与盐酸混合液和废水，应设计回收利用装置，不得外排。

④ 半导体材料生产废水处理与回用设计中的规定与要求如下。

1）多晶硅生产过程中产生的含氯和氯化氢废气经水洗涤后产生酸性废水，以及硅芯腐蚀时产生的酸性废水，当浓度很高时，应返回生产工艺回用；若废水中氯化物较低，可用碳酸钠或氢氧化钠溶液吸收回收次氯酸钠。或用碱性物质中和，使 pH 值为 6～9 时方可外排或作为其他水资源回用。

2）多晶硅传统生产工艺过程中的粗馏、精馏产的高（低）沸点氯化物以及还原炉尾气冷凝液，在保证硅半导体材料纯度的条件下，应分别返回蒸馏系统再提纯利用。

3）单晶硅腐蚀时产生的含铬废液应先在车间内进行铬还原处理后再送废水处理站达标排放或回用。

---

❶　$ALI_{min}$是相应于职业照射的食入和吸入 ALI 值中的较小者，ALI 是年摄入量限值。

4) 三氯氢硅提纯以及单晶硅、单晶锗及其化合物半导体晶体进行切片、磨片、外延时产生的废液应先分别回收利用,再将废水汇集中和处理达标排放或回用。

## 17.3.7 有色金属加工厂

有色金属加工过程中产生 3 种类型的废液或废水：a. 加工设备的润滑和冷却以及设备和地面冲洗等产生的含油废液和废水；b. 有色金属加工过程中酸洗和碱洗产生的酸碱性废液和漂洗废水；c. 铝带材涂层、钝化、氧化着色以及电解铜箔加工产生的含铬等重金属废水等。由于废水水质各异,故其节水减排规定与设计要求也不相同。

（1）含油废水（液）

① 高浓度含油废液（水）应先采用隔油预处理回收浮油,再进行含油废水处理,处理方法应采用分离法、吸附法或凝聚法等。

② 含乳化液的废水应先进行破乳预处理,经回收后再进行处理。处理方法应采用浮选、混凝、过滤等方法。

（2）酸洗和碱洗废液（水）

① 铝、镁、钛、钨、钼等金属加工均有酸洗、碱洗过程,产生的废液应回收利用,其废水应采用中和处理。

② 铜材加工过程应采用无酸洗工艺,当采用酸洗工艺时,产生的含铜、锌、镍和砷等重金属离子的漂洗废水宜采用中和沉淀、絮凝、气浮、过滤和吸附等处理工艺,在设计时应根据废水水质状况进行工艺选择或工艺组合处理。

③ 铍、铜、含镉合金酸洗产生的含铍、镉、铜漂洗废水应单独处理；处理方法有电解还原、中和沉淀、铁氧体法和离子交换法等,应根据废水水质状况进行处理方法的选择。

④ 有色金属加工的酸洗和碱洗废液应回收利用。

1) 铜材的硫酸酸洗液中回收硫酸铜。

2) 硝酸酸洗时,采用碳酸法回收碳酸铜和硝酸钠,用硫酸铜和碳酸铜可制取电解铜。

3) 钛材的酸洗废液可采用氟化钠法回收硝酸和氢氟酸后循环。用于酸洗,并可回收产品氟钛酸钠（$Na_2TiF_6$）,可作为焊条包料或搪瓷底料。

4) 镉合金材常用盐酸酸洗,废液经蒸发后可回收盐酸循环。用于酸洗,残液用电解法回收金属镉。

（3）铝带材和电解铜箔加工废水

① 铝材氧化着色产生的酸性或碱性含铝离子废水宜采用中和沉淀法处理；镁材氧化着色的酸性或碱性含铬废水应除铬处理,采用离子交换法回收铬酸,循环回用。

酸、碱废液应回收利用。如硫酸液采用扩散渗析、树脂吸附和硫酸铵冷冻等方法；碱液采用晶析法,处理回收后的硫酸和氢氧化钠溶液循环使用。如碱液不回收时,应将废液用其他方法回收利用。

② 铝带材涂层前经表面钝化后宜采用烘干法工艺；当采用喷洗法工艺时,产生的含铬废水应单独处理。铝罐表面处理产生的酸性含油、氟化物和铝离子等废水应采用除油、中和、混凝沉淀和曝气法处理工艺流程,为确保废水达标排放或回用,应用活性炭吸附装置。

③ 电解铜箔在酸洗、镀铜粗化和表面钝化时产生的含铜、含铬漂洗废水应分别处理。如铜箔酸洗的含铜酸性废水可采用中和沉淀处理；氰化镀铜的含氰、铜废水可采用电解、沉淀法处理；铬盐钝化的含铬废水可采用离子交换法处理。回收铬酸后循环使用或采用其他合适的方法回收利用。

# 17.4　节水减排技术途径与措施

目前，有色金属工业要大幅度提高企业废水回用与"零排"仍非易事，需要解决一系列比较复杂的工艺、技术及管理问题。

世界各国水污染防治的历史经验与教训证明，由于技术经济等种种条件的限制，单从技术上采取人工处理废水的做法不能从根本上解决水污染问题。历史的经验与教训，把各行各业都引向综合防治、清洁生产与循环经济发展之路。因此，有色金属工业节水减排技术原则应根据自身分布广、规模小、水质杂、毒性强等特点，采用如下节水减排技术途径与对策。

## 17.4.1　强化清洁生产规划与设计，强化源头治理

（1）预防为主，防治结合，从源头减少污染

有色金属工业产生的废水、废气、废渣对环境污染相当严重，应预防与防治结合，采用清洁生产技术与设备减少污染物的产生。有色金属选矿中产生大量的尾矿和废水，尾矿颗粒很细，易被风吹散，被雨水冲走，造成对环境和水体的污染。选矿废水的排放量很大，其中含有多种重金属和非金属离子，如铜、铬、镍、砷、锑、汞、锗、硒、锌等，另外还含有黄原酸盐、脂肪酸等选矿药剂，应采用尾矿坝（库）防治与废水回用措施消除污染。

冶炼过程主要排放的有火法冶炼的矿渣、湿法冶炼的浸出渣以及冶炼废水。冶炼废水的污染成分随所加工的矿石成分、加工方法、工艺流程和产品种类的不同而不同，如镍冶炼厂废水含镍、铜、铁和盐类。有色金属矿大多为高含硫量的硫化矿，因此，在冶炼过程中还排出高浓度的二氧化硫废气。金属冶炼所产生的二氧化硫气体及含有重金属化合物的烟尘，电解铝产生的氟化氢气体和重金属冶炼、轻金属冶炼及稀有金属冶炼所产生的氯气是废气中污染大气的主要物质。应从设计开始采取清洁生产工艺，从源头减少污染。

（2）采用新工艺、新设备，最大限度节水减排

废水及其污染物是一定生产工艺过程的产物。在处理工艺选择上，要选用新工艺、新设备，使其不排或少排废水，不排或少排有害物质，尽可能做到从根本上消除或者减少废水的危害。

例如，采矿工业采用疏干地下水的作业就可减少井下酸性废水的排放量；选矿方面，采用无毒或低毒选矿药剂和回水选矿技术等，可以减轻选矿废水的危害。冶炼厂采用干法收尘（布袋和电除尘）代替湿法除尘，就不会产生收尘废水；用带副叶轮的泥浆泵或无泄漏的磁力驱动泵取代胶泵，可以消除设备泄漏引起的地面废水；冶金炉窑设备上用风冷或汽化冷却代替水冷，可以大大减少冷却用水量。

革新生产工艺是从根本上消除或减少废水排放，减少生产废水的总量，也即降低单位产品的排污量并最终降低总排污量。以铅锌生产为例，国外每年产量为 39.47 万吨的铅锌冶炼厂其每小时的废水量为 $270m^3$；国内某大型冶炼厂年产量只有该厂的 40%，但每小时的废水量却达 $1155m^3$，是前者的 4.3 倍。可见，我国有色冶金企业在降低用水总量及单位产品的耗水量方面有很大潜力。因此，采用新工艺、新设备是节水减排和降低污染的重要途径和措施。

## 17.4.2　技术节水减排的途径与对策

（1）在节水减排处理方案选择时要有工程实践依据和技术支撑

有色冶金废水成分复杂，数量又很大，废水处理与节水减排要认真贯彻国家制定的环境保护法律法规和方针政策，要遵循经济效益与环境效益相统一的原则。在节水减排规划与废水处理规划设计中，必须认真做好针对性的验证与试验，通过系统检测、分析综合，寻求比较先进且经济合理的处理方案，加强技术经济管理，抓好综合利用示范工程，技术成熟方可投入工程应用。我国未经试验和示范，或未取得工程实践依据而设计上马的环保工程大都以失败告终，这个经验教训必须吸取。

（2）清浊分流，分片处理，就地回用

有色金属工业废水通常水质差异很大，含重金属物较多，因此，应将不同水质、不同冶炼工艺过程的废水进行分类收集与分别处理。按污染程度一般可分为以下几种。

① 无污染或轻度污染的废水。如冷却水、冷凝水等，水质清洁，可重复利用不外排，实现一水多用，有效利用废水资源。

② 中度污染的废水。如炉渣水淬水、冲渣水、冲洗设备和地面水，洗渣和滤渣洗涤水。这类废水含有较多的渣泥和一定数量的重金属离子，应予以处理回用。

③ 严重污染的废水。如湿法冶金废液，各种湿法除尘设备的洗涤废水，电解精炼过程的废水等。这类废水含有较多的重金属离子和尘泥，具有很强的酸碱性，应进行无害化处理和回用。

有些企业将采矿、选矿、冶炼废水一起进行处理，这样增加了处理难度。采矿废水金属含量不高或成分较为单一，用简单的方法即可除去大部分的重金属离子，但中和法对含有选矿药剂和放射性元素的废水的处理效果并不佳。所以一般不应将选矿废水与其他的废水混合，使废水总量增加，并使处理回收复杂化，更不能直接向外排放。几种不能混合的废水应当在各厂或各车间分别处理。废水成分单一又可以互相处理的，例如高温废水和低温废水、酸性废水和碱性废水、含铬废水和含氰废水等，应进行分别合并处理，以废治废，减少处理成本，增加效益。这种合并处理可以在厂内合并，也可以分别与外厂联合处理。

（3）以废治废，发展综合利用技术与效益

有色金属工业废水以废治废、综合利用的前景十分广阔，例如酸碱废水相互中和是最常见的。德兴铜矿利用选矿过程中排出的含硫碱性废水作硫化剂，与采矿含铜酸性废水相互作用，回收其中的硫化铜，然后再利用碱性尾矿水与之中和，消除污染并获得良好效益。

有色金属工业废水中常常含有重金属，冶金炉冷却水含有大量热能，都可加以回收利用。例如株洲冶炼厂、银山铅锌矿从废水中回收锌，成都电冶厂从废水中回收镍，柏坊铜矿从废水中回收铀，新城金矿从氰化贫液中回收氰化钠和重金属等。有色金属工业废水中，重金属在水环境中难以降解，将有害物质从废水中分离出来加以利用，变有害物质为有用物质，这是重金属废水处理的最佳途径。近年来，有色金属企业在这方面已取得明显效果，例如：株洲冶炼厂每年可从中和渣中回收锌约数百吨。德兴铜矿用采矿酸性（pH 值 2.5 左右）废水和选矿碱性（pH 值为 11 左右）废水中和，每年从采矿废水中回收铜千吨以上，既解决废水治理难题，又回收了重金属，实现环境社会和经济效益协调发展。

（4）提高废水回用与循环利用率，是实现节水减排的最根本途径

为提高废水的循环率和复用率，在企业内部必须做到：严格监测，清浊分流，通过局部

处理及串级供水两项措施尽量减少新鲜水的使用量。在废水处理之前，一般是先进行清浊分流，把未被污染或污染甚微的清水和有害杂质含量较高的废水彻底分开。清水直接返回生产使用，废水也可预先在车间或工序稍加净化（即局部处理），净化水如能满足生产要求（其中所含有害杂质能达到工艺要求和不影响产品质量），即返回工序使用。也可以将水质要求较高的工序或设备排水作为水质要求较低的工序或设备的给水，进行串级使用。

处理后的出水应循环利用、就地回用。对于轻污染或无污染的间接冷却水，要循环使用不外排；中等污染的直接冷却水（炉渣水淬水、冲渣水）、冲洗设备和地面水，洗渣和滤渣洗涤水经沉淀除渣后循环使用。对严重污染的废水，要最大化地进行综合利用，尽可能回收废水中的有价成分；处理后的液体返回流程、就地消化，提高水的循环利用率，对必须外排的少量废水要进行妥善处理，达标排放。

## 17.4.3　管理节水减排的途径与对策

有色企业环境管理的核心内容是把环境保护融于企业经营管理的全过程之中，使环境保护成为有色企业的重要决策因素；就是要重视研究本企业的环境对策，采用新技术、新工艺，减少有害废弃物的排放，对废旧产品进行回收处理及循环利用。

环境保护是我国的一项基本国策，我国的环境保护实行的是"防治结合，以防为主，综合治理"的方针。对于有色冶金企业所产生的废水，要针对行业的特征和废水的性质，形成科学的管理体系，从而减少有色冶金废水对周围环境的破坏。

加强管理是企业发展的永恒主题。环境管理要贯穿于企业生产过程及落实到企业的各个层次，分解到企业生产过程的各个环节，与生产管理紧密相结合。科学管理投资少，但却可以形成显著的社会、环境与经济效益。其途径与对策主要有以下几种。

① 健全环境考核指标岗位责任制与管理职责。
② 强化设备维护、维修，杜绝跑、冒、滴、漏。
③ 安装必需的监测仪表，加强计量监督。
④ 不断改进生产工艺与设备，实现节能降耗与节水减排。
⑤ 制订可靠的统计与审核的办法，建立产品全面质量管理细则。
⑥ 对原料和产品要合理储存、妥善保管、输送与经营。
⑦ 加强人员培训，提高员工素质，搞好安全、文明生产，建立生产激励机制与发展规划。

总之，强化科学管理，健全清洁生产运行制度与法规是实现企业持续发展最有效的机制，也是企业节水减排最重要的途径和对策。

# 17.5　废水处理回用与"零排放"的技术及发展

我国有色工业生产用水量较大，废水排放量与资源化回用效果差，为了实现节水减排和提高水资源利用率，首先应从节水途径与废水资源处理回用技术进行集成、配套，以及在对引进技术消化吸收的基础上开发创新。

首先应根据有色金属工业各类废水中污染物的状况及其特性与存在形式，采用分离法的处理与净化技术，将其分离出来，从而使废水得以净化并回用；其次是通过生物或化学转化法将废水中有害、有毒物质转化为无害物质或形成可分离的稳定物质，而后经分离去除，使废水得以净化回用。表 17-7、表 17-8 分别列出分离法和转化法相关技术。

表 17-7　水中污染物存在形式及相应的分离技术

| 污染物存在形式 | 分离技术 |
| --- | --- |
| 离子态 | 离子交换法、电解法、电渗析法、离子吸附法、离子浮选法 |
| 分子态 | 萃取法、结晶法、精馏法、浮选法、反渗透法、蒸发法 |
| 胶体 | 混凝法、气浮法、吸附法、过滤法 |
| 悬浮物 | 重力分离法、离心分离法、磁力分离法、筛滤法、气浮法 |

表 17-8　废水处理的转化技术

| 技术机理 | 转化技术 |
| --- | --- |
| 化学转化 | 中和法、氧化还原法、化学沉淀法、电化学法 |
| 生物转化 | 活性污泥法、生物膜法、人工湿地法、氧化塘法 |

表 17-7、表 17-8 的处理技术可分为化学法、物理法、物理化学法和生物法 4 种类型，其中化学法、物理化学法应用广泛，膜法与生物法具有发展前景。

对于有色金属工业废水，目前应用石灰中和法最为广泛，基本能实现废水中金属，特别是重金属废水达标排放要求和部分废水回用，对缓解重金属对环境的危害起到了积极作用。但石灰中和法除了存在大量石灰渣二次污染问题外，还存在如下问题：一是金属排放总量大，有色金属资源浪费严重；二是造成净化水中 $Ca^{2+}$ 及碱度升高，废水回用难度大；三是净化水回用过程中结垢现象严重，难以全部回用；四是工艺处理成本日趋升高，使石灰中和法处理优势日渐丧失。因此，要想实现有色金属工业废水"零排放"，必须对现有石灰中和法进行革新并研究开发新工艺，从根本上解决问题。

根据国内外有色金属工业节水减排技术研究动向，其发展趋势如下。

① 革新传统石灰中和法，降低废水中的盐类物质。

② 对现有处理技术进行组合创新。

③ 强化膜分离技术研究，解决废水中金属回收与净化水回用问题。

④ 开发与扩展生物氧化技术在有色金属废水中的应用。

## 17.5.1　革新传统石灰中和法

对传统石灰中和法进行革新，可从以下两方面进行。

① 开发石灰渣回流新工艺。该工艺可解决传统石灰中和沉淀法处理重金属废水在高 pH 值（pH＝10.5～11）才能达标排放的技术瓶颈；实现控制 pH 值为 8.5 左右处理达标排放；大大降低净化后废水中的钙离子浓度，为废水的重复利用奠定基础。

② 经中和反应后的废水在沉淀（降）池进行沉淀，其中沉降渣称为中和渣。部分返回中和沉淀池循环使用，形成石灰渣回流工艺。经沉淀处理后的上清液，根据生产用水水质要求，部分返回工序或加入水质稳定剂循环使用；部分废水进行深度处理，作为高端生产用水或勾兑循环使用。

采用中和渣回流新工艺与传统石灰中和法相比，浓缩后渣的含水率平均为 77.3%，与传统法的含水率 97.9% 相比下降了 20.7%；渣中的重金属含量提高到 31%～33%，使渣中重金属回收率提高 25% 左右；净化后水中锌、铅、铜、镉、砷等重金属离子的浓度都很低，为废水资源循环回用和有色重金属回收奠定基础。其工艺流程如图17-22所示。

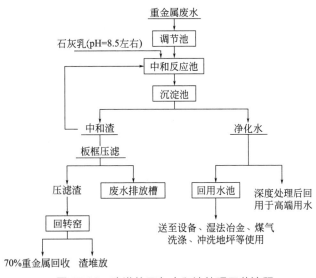

图 17-22　改进的石灰中和法处理工艺流程

## 17.5.2　组合工艺与技术

由于有色金属冶炼废水成分复杂，单一的处理技术未必能实现废水资源化与回用，需要将多种技术进行组合，充分发挥组合工艺技术的优势。现以某有色有限公司的冶炼废水为例进行介绍。

（1）废水水质水量与处理工艺

某铜业有限公司是我国大型铜冶炼企业，年产铜 $10^5$ t，采用先进的富氧闪速冶炼技术，375kt/a 烟气制酸系统采用稀酸洗涤、两转两吸工艺流程。该公司冶炼厂原料铜精矿绝大部分是从国外购进的。由于铜精矿来源不一，其杂质（如砷、氟、锌、铬等）含量波动较大，致使废酸及废水中的杂质含量波动较大。公司根据实际情况在国内首创了铜、砷分步硫化沉淀法处理制酸系统净化工序排出的废酸。结合废水特性，具体的酸性废水处理工艺流程是"石膏制造—硫化脱铜—硫化脱砷—中和—铁盐氧化"等。

① 废酸、废水水质　该公司的废酸、废水主要来源于硫酸车间以及各冶炼车间地面冲洗水、工艺外排水和雨水等。具体的废水水质见表 17-9 和表 17-10。

表 17-9　废水水质　　　　单位：mg/L（pH 值除外）

| 监测项目 | pH 值 | Zn | Pb | Cu | Cd | F | Fe |
|---|---|---|---|---|---|---|---|
| 浓度 | 1.93 | 273.1 | 0.09 | 153.2 | 0.003 | 76.4 | 485.7 |

表 17-10　废酸量及主要成分

| 项目 | $H_2SO_4$ | As | Cu | Zn | Fe | Cl | F | SS | $SO_2$ |
|---|---|---|---|---|---|---|---|---|---|
| 排出量/(kg/d) | 43764 | 1763 | 390 | 163 | 388 | 282 | 173 | 265 | 265 |
| 含量/(g/L) | 165 | 6.60 | 1.47 | 0.62 | 1.46 | 1.06 | 0.65 | 1.0 | 1.0 |

② 废酸、废水处理工艺　从制酸系统净化工序一级动力波洗涤器循环液中抽取的废酸

含有大量的硫酸及较高的铜、砷、氟等杂质，采取石膏制造工序和分步硫化沉淀工序对其中的有价部分进行回收，废酸处理后，将含酸或尘的地面水或雨水、电解酸雾净化后废水汇集于集中水池，送废水处理系统集中用中和-铁盐氧化工序处理。各工序具体如下。

1) 石膏工序。分离了固体沉淀物（主要成分 $PbSO_4$）及脱除了 $SO_2$ 气体的废酸进入石膏制造工序，在 1 号石膏反应槽与加入的石灰乳反应，生成 $CaSO_4 \cdot 2H_2O$，再进入 2 号石膏反应槽进一步反应后，经浓密机浓缩。石膏浓密机底流经离心分离机分离得到石膏，上清液及离心机滤液送往硫化沉淀工序进行脱铜、脱砷处理。石膏工序的工艺流程如图 17-23 所示。

2) 硫化工序。硫化工序的工艺流程如图 17-24 所示。

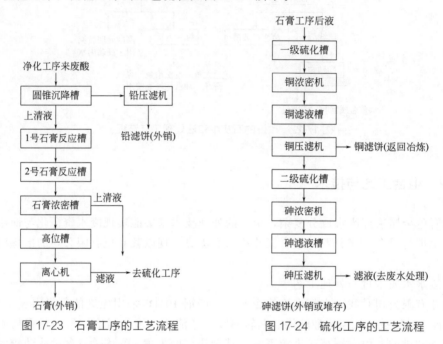

图 17-23　石膏工序的工艺流程　　　　图 17-24　硫化工序的工艺流程

经石膏工序除去大部分硫酸的滤液进入原液贮槽后，送入硫化氢吸收塔喷淋，吸收硫化氢气体后进入一级硫化反应槽，反应槽控制一定的 pH 值和 ORP 值（氧化还原电位值），使废酸中的铜离子首先发生硫化反应生成硫化铜沉淀物，通过一级浓密机进行沉降分离，底流经铜压滤机压滤，滤饼返回熔炼系统，滤液和一级浓密机上清液一起进入二级硫化反应槽。在二级硫化反应槽中继续加入硫化钠，并控制一定的 pH 值和 ORP 值，使其中的砷离子发生反应生成硫化砷沉淀物，通过二级浓密机进行沉降分离，底流送入砷压滤机压滤，砷滤饼送砷滤饼库堆存，滤液及二级浓密机上清液一起送往排水处理系统进一步处理后达标排放。硫化反应槽及浓密机等处溢出的少量硫化氢气体在经过硫化氢吸收塔初步吸收后，再经除害塔用氢氧化钠进一步吸收后排放。

该工艺的先进之处是分步硫化。下面是分步硫化的反应机理。

分步硫化工艺是通过 pH 值、ORP 值对硫化反应进行控制，有选择地回收金属，减少排污量。

经石膏制造工序处理后的废酸中含砷、铜等重金属离子，往废酸中添加 $Na_2S$、$NaHS$ 等硫化剂，控制 pH 值和 ORP 值，对铜和砷进行有选择性的硫化，优先沉降铜，再沉降砷，达到铜滤饼和砷滤饼分开的目的。以硫化铜为主的滤饼返回熔炼系统，以硫化砷为主的滤饼堆存或用以制作氧化砷。分步硫化的主要反应如下：

$$H_2SO_4 + Na_2S \longrightarrow Na_2SO_4 + H_2S$$
$$CuSO_4 + Na_2S \longrightarrow Na_2SO_4 + CuS\downarrow$$
$$2HAsO_2 + 3Na_2S + 3H_2SO_4 \longrightarrow 3Na_2SO_4 + As_2S_3\downarrow + 4H_2O$$
$$3CuSO_4 + As_2S_3 + 4H_2O \longrightarrow 3CuS\downarrow + 2HAsO_2 + 3H_2SO_4$$

$CuS$、$As_2S_3$ 沉淀都有各自合适的 pH 值及相应的 ORP 值，而且范围比较宽。为了有利于 $Cu^{2+}$ 与 $As_2S_3$ 进行反应，对铜优先沉降，控制 pH 值是关键。通过试验表明，pH 值小于 2 时反应的 pH 值越高，铜、砷分离得越好；在 pH 值达到 2 时铜沉淀率可达 100%，而砷沉淀率仅为 2%～3%。为了实现分步硫化沉淀铜、砷，一级硫化反应槽和二级硫化反应槽的 pH 值和 ORP 值控制如下。

一级硫化反应槽：pH 值 2；ORP 值 200～250mV（根据具体情况调整）。

二级硫化反应槽：pH 值 1.5～2；ORP 值 0～50mV（根据具体情况调整）。

温度越高，$Cu^{2+}$ 与 $As_2S_3$ 的反应越容易进行。温度为 50～70℃ 时，铜的沉淀率为 80%～100%，砷的沉淀率为 2%～3%。反应温度一般控制在 50～60℃。

控制适宜的 pH 值（$Na_2S$ 稍过量），反应时间为 2h 时，铜沉淀率为 100%，而砷的沉淀率为 5% 左右；但 $N_2S$ 加入量不足时，反应时间再长，铜的沉淀率也达不到 100%。由此可以判断，$Na_2S$ 加入量稍许过剩，废酸在硫化反应槽的停留时间在 2h 以上，较有利于实现铜、砷的分步沉淀。

3）中和-铁盐氧化工序。废酸处理废液、含酸或尘的地面水或雨水、电解酸雾净化后废水汇集于集中水池，送废水处理系统集中处理。废水处理系统的工艺流程如图 17-25 所示。

混合废水用石灰乳一次中和（控制终点 pH＝7±0.5），同时投加硫酸亚铁溶液与砷共沉，经表面曝气氧化，再进行二次中和（控制终点 pH＝10.0±0.5），同时加入絮凝剂（聚丙烯酰胺），中和后经浓缩、过滤、澄清后外排，废水中的砷、氟及其他杂质进入中和渣。

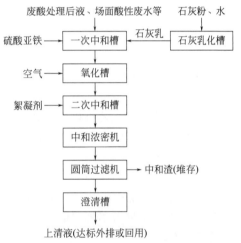

图 17-25　中和-铁盐氧化工序工艺流程

（2）废酸处理系统技术参数

废酸原液的处理量为 $265m^3/d$，密度 $1.101\times10^3kg/m^3$，温度约 50℃，其主要成分见表 17-11。

表 17-11　废酸原液的主要成分　单位：g/L

| 成分 | $H_2SO_4$ | As | Cu | Zn | Fe | Cl | F | SS | $SO_2$ |
|---|---|---|---|---|---|---|---|---|---|
| 含量 | 165 | 6.60 | 1.47 | 0.62 | 1.46 | 1.06 | 0.65 | 1.0 | 1.0 |

石膏滤饼的产量为 90.6t/d，其主要成分见表 17-12。

表 17-12　石膏滤饼的主要成分　单位：%

| 成分 | $H_2O$ | $CaSO_4\cdot2H_2O$ | $H_2SO_4$ | F | As | 不纯物 |
|---|---|---|---|---|---|---|
| 含量 | 10.0 | 83.32 | 0.02 | 0.10 | 0.04 | 6.52 |

铜、砷滤饼的产量分别为 1461kg/d、6162kg/d，其主要成分含量见表 17-13。

表 17-13　铜、砷滤饼的主要成分　　　　　　单位：%

| 滤饼种类 | H$_2$SO$_4$ | As | Cu | S | H$_2$O |
| --- | --- | --- | --- | --- | --- |
| 铜滤饼 | 0.014 | 2.38 | 25.69 | 12.94 | 52.11 |
| 砷滤饼 | 0.012 | 27.56 | 0.12 | 17.64 | 51.42 |

石膏滤液量为 480m$^3$/d，铜滤液量为 506m$^3$/d，砷滤液量为 586.6m$^3$/d，其主要成分见表 17-14。

表 17-14　滤液的主要成分含量　　　　　　单位：mg/L

| 滤液种类 | H$_2$SO$_4$ | As | Cu | Zn | Fe | F | SO$_2$ |
| --- | --- | --- | --- | --- | --- | --- | --- |
| 石膏滤液 | 1.55 | 3.61 | 0.80 | 0.33 | 0.79 | 0.18 | 0.55 |
| 铜滤液 | 1.47 | 3.41 | 0.02 | 0.32 | 0.74 | 0.17 | 0.05 |
| 砷滤液 | 1.54 | 0.1 | | 0.30 | 0.64 | 0.15 | |

（3）工艺特征与运行效果

该工艺特征如下。

① 采用石膏制造工序可大大降低废酸中的硫酸浓度，为后续硫化工序和设备减轻腐蚀提供条件。

② 采用分步硫化工艺可以分别得到铜品位高而砷品位低的铜滤饼和砷品位高而铜品位低的砷滤饼，铜滤饼返回熔炼，其中的铜可得到及时回收，只剩砷滤饼入库堆存，且硫化法除铜、砷效率高。

③ 引进 DOYY-Olive 卧式离心机用于石膏脱水，用 Larox 立式压滤机用于铜、砷滤饼脱水；艾姆克圆筒过渡机用于中和渣脱水。

④ 采用美国霍尼韦尔公司的 S9000/R150 控制系统，实现工艺过程高度自动化，每班操作人员仅 2 人。

几年来运行正常，外排废水综合达标率达 99.5% 以上。硫化法除铜、砷效率达 99.5% 以上，实施分步硫化工艺，铜的回收率达 95% 左右。对类似重金属冶炼废水具有良好的借鉴作用。

## 17.5.3　膜分离技术开发与应用

随着膜材料的发展，高效膜组件的开发，膜分离技术应用不断扩大，在有色金属工业废水处理回用、有色金属物质分离和浓缩方面，反渗透技术和电渗析技术都发挥了重要的作用。

（1）反渗透法处理有色重金属废水

① 有色电镀废水　反渗透过程必须具备两个条件：一是操作压力必须高于溶液的渗透压；二是必须有高选择性和高渗透性的半透膜。反渗透法处理镀镍漂洗水始于 20 世纪 70 年代后，此后又用于镀铬、镀铜、镀锌、镀镉、镀金、镀银以及混合电镀废水的处理。由于该技术处理工艺简单，容易回收利用和实现封闭循环，还有不耗用化学药剂、省人工、占地少等优点，且具有较好的经济效益，因此在重金属废水处理中得到了广泛应用。

由于电镀废水水质相当复杂，有强酸、强碱、强氧化性物质，也有有机和无机络合剂、光亮剂还有少量胶体，因此，进入反渗透器前须采取预处理去除杂质。进入反渗透器后把废水分为有较高浓度的电镀化学药品的"浓水"和净化了的"透过水"，浓水进一步蒸发浓缩返回电镀槽，透过水返回漂洗槽重复使用。消除了电镀废水排放，而且回收有价值的电镀化学药品，降低了漂洗水用量。

② 酸性有色尾矿水处理　反渗透处理矿山废水是很有前途的方法，通过半透膜的作用可以回收有用物质，水得到重复利用。矿山废水多呈酸性，含有多种金属离子和悬浮物，经过滤后，抽入反渗透器，处理水加碱调整 pH 值后即可作为工业用水，浓缩水部分循环，部分用石灰中和沉淀。沉淀池上清液再回流入处理系统，沉淀污泥可以送回矿坑，整个处理系统出来的只有水和污泥。为防止反渗透膜被沉淀玷污，原废水与上清液量之比应控制在 10∶1，同时应使水流处于满流状态。实用结果表明，在 4.2～5.6MPa 的操作压力下，溶质去除率达 97% 以上，水回收率为 75%～92%。

(2) 电渗析法处理有色金属工业废水

电渗析法较成功地应用于处理含有 $Cd^{2+}$、$Ni^{2+}$、$Zn^{2+}$、$Cr^{6+}$ 等金属离子的废水，根据废水性质及工艺特点，电渗析法操作主要有两种类型：一种是普通的电渗析工艺，阳膜与阴膜交换排列，主要用于从废水中单纯分离污染物离子，或者把废水中的非电解质污染物与污染物离子分离开，再应用其他工艺加以处理实现回用；另一种电渗析工艺是由复合膜与阳膜构成的特殊工艺，利用复合膜的极化反应和极室中的电极反应产生 $H^+$ 和 $OH^-$，从废水中制取酸和碱。

(3) 膜分离技术在有色金属工业废水中的应用

① 膜法回收稀土废水中的水和铵盐　我国国家科技部在"十五"期间已设立了膜法处理稀土废水的科技计划项目，并在相关企业建立示范工程。稀土冶炼厂排放的含铵盐(硫酸铵、氯化铵)废水先进行预处理过程，去除废水中的悬浮物、泥砂和有机物、油类、胶体等杂质，使其水质达到膜法工艺处理所要求达到的水质指标。将预处理过的废水放入原水池，匀质后送入膜法处理设备(离子交换膜 ED 装置)，进行铵盐溶液的预浓缩。为了防止浓缩过程中硬度离子在膜组件内结垢，往浓缩液中自动计量加入特种阻垢剂。经 ED 处理后的铵盐预浓缩液再经蒸发浓缩，然后采用结晶工艺或喷雾干燥技术回收铵盐固体，而从 ED 产生的脱盐液在一定的浓度范围内，再经 NF 或 RO 膜分离设备进行进一步脱盐和浓缩处理。其脱盐液水质达到或优于工业用水水质指标，予以回用，而浓缩液再经 RO 装置浓缩，以此形成稀土工业废水处理的清洁生产工艺。其工艺流程如图 17-26 所示。

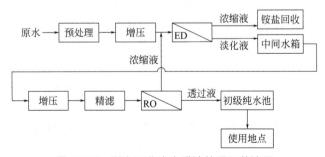

图 17-26　稀土工业废水膜法处理工艺流程

② 膜法处理有色冶金工业废水的效益分析　美国一家铜矿的废矿坑内积存的低浓度铜浸出液，其浓度为 0.6～0.8g/L，总量在 $1.5 \times 10^7 m^3$ 以上。由于铜含量太低，无法用已有

的处理工艺回收。曾进行处理含铜废水的膜法和石灰法对比试验，结果表明，膜法比较经济。膜法处理后的浓缩液送往萃取工序回收铜，而透过液作为工艺用水，解决了另一矿厂生产的缺水问题。膜设备安装成本 1.5 美元/(gal 水·d)(1gal＝3.78541dm³)，操作成本(不含膜更换费)0.4 美元/1000gal 水，投资回收期不超过 2 年。运行一年半后，未发现膜组件失效问题。从矿坑内已处理的 1/2 废水中回收了价值 1000 万美元的钢。若用石灰法处理同样的废水，不但不能回收铜，反而要付出 700 万美元的处理费用。

在加拿大埃德蒙顿市的金条加工废水处理厂内，二级废水经过中空纤维膜过滤后达到回用标准，膜法处理规模为日处理废水 4000m³。该工程成为北美地区工业废水处理最大规模的膜法三级处理典范。

膜法稀土废水回用技术可将废水中的氯化铵、硫酸铵等化工原料综合利用。据估算，每处理 1m³ 浓度为 6％的氯化铵废水，至少可回收 55kg 氯化铵。据初步估算，对于一个规模为年处理量 1.0×105m³ 含氯化铵废水的工程，仅回收水和氯化铵这两项的年产值可达 250 万元以上。

## 17.5.4　生物技术开发与应用

国内外许多研究机构从自然界中分离出一类古细菌-硫酸盐还原菌(SRB)，应用到重金属废水的治理中，取得了良好的成功，极大地推动了用生物沉淀法来处理重金属离子废水技术的进展。一般来说，微生物与重金属离子的相互作用过程包括生物体对金属的自然吸附、生物体代谢产物对金属的沉淀作用、生物体内的蛋白与金属的结合以及重金属在生物体内酶作用下的转化。

(1) 生物吸附技术

生物吸附法主要是生物体借助物理、化学的作用来吸附金属离子，又称生物浓缩、生物积累、生物吸收，作为近年来发展起来的一种新方法，具有价廉、节能、易于回收重金属等特点，对 1～100mg/L 的重金属废水则表现出良好的重金属去除性能。

由于细胞组成的复杂性，目前对生物吸附(biosorption)的机理研究尚待深入，普遍认同的说法是生物吸附金属的过程由两个阶段组成。第一个阶段是金属在细胞表面的吸附，在此过程中，金属离子可能通过配位、螯合、离子交换、物理吸附及微沉淀等作用中的一种或几种复合至细胞表面，该阶段中金属和生物物质的作用较快，典型的吸附过程数分钟即可完成，不依赖能量代谢，被称为被动吸附。第二阶段为生物积累过程，该阶段金属被运送至细胞内，速度较慢，不可逆，需要代谢活动提供能量，称为主动吸附。

活性细胞两者兼有，而非活性细胞则只有被动吸附。值得注意的是，重金属对活细胞具有毒害作用，故能抑制细胞对金属离子的生物积累过程。

目前的研究仅局限于游离细菌、藻类及固定化细胞对重金属废水的处理，处理废水的浓度范围一般为 1～100mg/L，而且工业化扩大还存在许多亟待解决的问题。

(2) 生物沉淀技术

生物沉淀法(bioprecipitation)指的是利用微生物新陈代谢产物使重金属离子沉淀固定的方法。用硫酸盐还原菌(SRB)处理重金属废水是近年来发展很快的方法，利用 SRB 在厌氧条件下产生的 $H_2S$ 和废水中的重金属反应，生成金属硫化物沉淀以去除重金属离子，大多数重金属硫化物的溶度积常数很小，因而重金属的去除率高。

该技术对含铅、铜、锌、镍、汞、镉、铬(Ⅳ)等的废水处理实验室研究方面取得了较好的效果，成都微生物所建立了一个利用 SR 系列复合功能菌治理电镀废水中试示范工程，运行良好，国内已有工程应用。

（3）活性污泥 SRB 法处理技术

活性污泥法主要是利用污泥作为微生物生长的载体，快速促进微生物的生长和代谢，其中微生物以硫酸盐还原菌（SRB）为代表。污泥在厌氧条件下能促进 SRB 还原硫酸盐将硫酸根转化为硫离子，从而使重金属离子生成不溶的金属硫化物沉淀而去除。由于是以其代谢产物与水中的金属离子发生作用，因此与生物吸附法不同，它能处理高浓度的重金属废水，废水中的金属离子浓度可达克/升（g/L）级水平。另外，它还具有处理重金属种类多、处理彻底、处理潜力大等特点。活性污泥 SRB 法在处理高硫酸盐的有机废水、矿山酸性废水、电镀废水等方面的研究取得了较大进展。

目前，由于新技术开发集成与示范，例如超低压反渗透膜浓缩技术，分类沉淀浮选技术，膜耦合工艺技术，微量元素重金属处理技术以及中和—配合—回流等新工艺的工程应用，已使有色金属工业废水处理回用与"零排放"成为现实与可能。

第 *18* 章

# 有色金属矿山废水处理与回用技术

在矿山开采过程中会产生大量矿山废水，其中包括矿坑水、废石场淋滤水、选矿废水、尾矿池(库)废水，以及废矿井排水等。据不完全统计，全国矿山废水每年的总排放量为 3.6 亿吨，为全国工业废水总排放量的 1.5% 以上。

采矿工业中最主要和影响最大的液体废物来源于矿山酸性废水。无论是何种类型的矿山，只要存在透水岩层并穿越地下水位或水体，或只要有地表水流入矿坑且在矿体或围岩中有硫化物(特别是黄铁矿)存在，都会产生矿山酸性废水。

选矿工业遇到的主要液体处理问题就是从尾矿池排出的废水。该排出水中含有一些悬浮固体，有时候还会有低浓度的氧化物和其他溶解离子。氧化物是由各种不同矿物进行浮选和沉淀时所用药剂带来的。选矿厂排出的废水量很大，约占矿山废水总量的 1/3。

矿山废水由于排放量大，持续性强，而且其中含有大量的重金属离子、酸、碱、悬浮物和各种选矿药剂，甚至含有放射性物质等，对环境的污染十分严重。控制矿山废水污染的基本途径有：改革工艺，消除或减少污染物的产生；实现循环用水和串级用水；净化废水并回用。

## 18.1 有色矿山废水特征与水质水量

### 18.1.1 采矿场

(1) 废水来源与特征

采矿废水按其来源可以分为矿坑水、废石堆场排水和废弃矿井排水。矿坑水的来源可分为地下水、采矿工艺废水和地表进水。矿坑水的性质和成分与矿床的种类、矿区地质构造、水文地质等因素密切相关。矿坑水中常见的离子有 $Cl^-$、$SO_4^{2-}$、$HCO_3^-$、$Na^+$、$K^+$、$Ca^{2+}$、$Mg^{2+}$ 等数种；微量元素有钛、砷、镍、镀、镉、铁、铜、钼、银、锡、铋等。可见，矿坑水是含有多种污染物质的废水，其被污染的程度和污染物种类对不同类型的矿山是不同的。矿坑水污染可分为矿物污染、有机物污染及细菌污染，在某些矿山中还存在放射生物质污染和热污染。矿物污染有泥砂颗粒、矿物杂质、粉尘、溶解盐、酸和碱等。有机物污染有煤炭颗粒、油脂、生物代谢产物、木材及其他物质氧化分解产物。矿坑水不溶性杂质主要为大于 $100\mu m$ 的粗颗粒以及粒径在 $0.1\sim100\mu m$ 和 $0.001\sim0.1\mu m$ 的固体悬浮物和胶体悬浮物。矿井水的细菌污染主要是霉菌、肠菌等微生物污染。

采矿废水按治理工艺可分为两类：一是采矿工艺废水；二是矿山酸性废水。前者主要是设备冷却水,如矿山空压机冷却水等,这种废水基本无污染,冷却后可以回用于生产;另一种工艺废水是凿岩除尘等废水,其主要污染物是悬浮物,经沉淀后可回用。

采矿工业中最主要和影响最大的液体废物来源于矿山酸性废水。无论什么类型的矿山,只要存在透水岩层并穿越地下水位,或只要有地表水流入矿坑,且在矿体或围岩中有硫化物(特别是黄铁矿)存在,都会产生矿山酸性废水。

矿山酸性废水能使矿石、废石和尾矿中的重金属溶出而转移到水中,造成水体的重金属污染。矿山酸性废水可能含有各种各样的离子,其中可能包括 $Al^{3+}$、$Mn^{2+}$、$Zn^{2+}$、$Cd^{2+}$、$Pb^{2+}$ 等。此外,这些废水中还含有悬浮物和矿物油等有机物。

采矿废水具有如下特征。

① 酸性强并含有多种金属离子。有色金属矿,特别是重有色金属矿,大部分属硫化物金属矿床。这类矿床含有多种矿物,矿体和围岩往往含有相当数量的黄铁矿;矿床的表层和上部一般都有不同程度的氧化,在开采过程中受外界环境因素的影响,构成一个复杂的氧化还原体系,特别是在水中溶解氧和细菌的作用下,硫化铁被氧化、分解、生成硫酸,使开采过程中产生的废水呈酸性。这些含硫酸的采矿酸性废水使矿体和围岩中的重金属浸出而转移到水中,形成含有多种金属离子的酸性废水。这是因为矿山废水通常是因氧(空气中的氧)、水和硫化物发生化学反应生成的,细菌微生物能发挥作用。

$$2MeS_2 + 2H_2O + 7O_2 \longrightarrow 2MeSO_4 + 2H_2SO_4$$
$$4MeSO_2 + 2H_2SO_4 + 5O_2 \longrightarrow 2Me_2(SO_4)_3 + 2H_2O$$
$$Me_2(SO_4)_3 + 6H_2O \longrightarrow 2Me(OH)_3 \downarrow + 3H_2SO_4$$

② 水量大,污染时间长。采矿废水量大,每开采 1t 矿石,排废水量 $1m^3$ 以上。由于采矿废水主要来源于地下水和地表降水,矿山开采完毕,这些废水仍然继续排出,如不采取治理措施,将长期污染环境和水体。

③ 排水点分散,水质及水量波动大。采矿废水的水量与水质随矿床类型、形成条件、采矿方法和自然条件不同而异,即使是同一矿山,在不同季节也有很大差别。废水的来源不同,其水质、水量的变化规律也不相同。水量波动较大,例如,某矿山的井下水流量,旱季最小月流量为 3.2 万立方米,雨季最大月流量为 74.4 万立方米。水的成分与含量变化也很大,例如,永平、东乡、武山、柏坊、铜官山和德兴都是铜矿,但是,由于各矿的矿石组成、形成条件等因素的差别,采矿过程中所形成的废水的组成及其浓度均不相同。

(2)采矿场废水水质

采矿场废水水质水量见表 18-1 和表 18-2。

表 18-1 某矿山酸性废水的水质指标    单位:mg/L(pH 值除外)

| 项目 | 平均值 | 最小值 | 最大值 | 排放标准 | 项目 | 平均值 | 最小值 | 最大值 | 排放标准 |
|------|--------|--------|--------|----------|------|--------|--------|--------|----------|
| pH 值 | 2.87 | 2 | 3 | 6~9 | Cr | 021 | 011 | 0.29 | 0.5 |
| Cu | 5.52 | 2.3 | 9.07 | 1.0 | SS | 32.3 | 14.5 | 50 | 200 |
| Pb | 2.18 | 0.39 | 6.58 | 1.0 | $SO_4^{2-}$ | 43.40 | 2050 | 5250 | |
| Zn | 84.15 | 27.95 | 147 | 4.0 | $Fe^{2+}$ | 93 | 33 | 240 | |
| Cd | 0.74 | 0.38 | 1.05 | 0.1 | $Fe^{3+}$ | 679.2 | 328.5 | 1280 | |
| S | 0.73 | 0.2 | 2.65 | 0.5 | | | | | |

表 18-2 我国部分有色金属矿山采矿废水水质水量情况

单位：mg/L（pH 值除外）

| 矿山编号 | 水量/(m³/d) | Cu | Pb | Zn | Fe | Cd | As | F | Ca | Cr | S²⁻ | SO₄²⁻ | pH 值 |
|---|---|---|---|---|---|---|---|---|---|---|---|---|---|
| 1 | 720~6400 | 3.73~9.07 | 0.39~5.78 | 73.6~147 | | 0.7~1.05 | 0.02~1.5 | 1.27~9.8 | 18.9 | | | 3000 | 2.5~3 |
| 2 | | 15.8~270 | 0.8~0.47 | 2.86~22.1 | | | | 34~58 | 73.48 | | | 1298~4570 | 2.3~2.6 |
| 3 | 7964 | 9~78.4 | 0.1~0.25 | 0.28~1.77 | 6~201.9 | 0.02~0.49 | 0.005~1 | | | 0.004 | | | 2~5.2 |
| 4 | | 1~982 | 0.5~1.2 | 19~149 | 20~6360 | 0.5~7 | 0.1~38.75 | 0.06~11.98 | | | | | 2~4.5 |
| 5 | 12000 | 13.0 | 0.48 | 6.15 | 22.2 | 0.048 | 0.14 | | 246.93 | 0.083 | | 379.44 | 5 |
| 6 | 615 | 224 | | | 746 | | 505 | | 310 | | | | 2.55 |
| 7 | | | 0.5~1 | 2~90 | | 0.1~5 | | 5~100 | | | 2~10 | | |
| 8 | 2987 | 3.83 | 0.204 | 146.24 | 105 | 0.837 | 0.535 | | | | | 200 | 3.3 |
| 9 | | 0.1~1.68 | 0.14~0.36 | 0.2~6 | | 0.14~0.9 | | 5~100 | | | 4~5 | | |
| 10 | 5550 | 0.1~112.18 | 0.2~2.0 | 0.7~2220.09 | | 0.015~5 | 0.01~0.4 | | | 0.056~0.29 | | | 2.5~6.35 |

## 18.1.2　选矿厂

（1）废水来源与特征

选矿是矿物资源工业的第二道工艺，通过选矿可以将有价金属含量低、多金属共生的矿石中的有价金属富集起来，并将彼此分开，加工成相应的精矿，有利于后续工序的冶炼的高效率和金属产品的高质量。选矿工序包括洗矿、破碎和选矿三道工序。常用的选矿方法有重选法、磁选法和浮选法。

选矿废水包括洗矿废水、破碎系统废水、选矿废水和冲洗废水四种，表 18-3 列出了选矿工序各工段废水的特点。

表 18-3 选矿工序各工段废水特点

| 选矿工段 | | 废水特点 |
|---|---|---|
| 洗矿废水 | | 含有大量泥砂矿石颗粒，当 pH<7 时还含有金属离子 |
| 破碎系统废水 | | 主要含有矿石颗粒，可回收 |
| 选矿废水 | 重选和磁选 | 主要含有悬浮物，澄清后基本全部回用 |
| | 浮选 | 主要来源于尾矿，也有来源于精矿浓密溢流水及精矿滤液的，该废水主要含有浮选药剂 |
| 冲洗废水 | | 包括药剂制备车间和选矿车间的地面、设备冲洗水，含有浮选药剂和少量矿物颗粒 |

选矿废水具有如下特征。

① 水量大，占整个矿山废水量的 30%～60%，一般选矿用水量为矿石处理量的 4～5 倍，因此，选矿过程中废水的排放量较大。例如浮选法处理 1t 原矿石，废水的排放量一般为 3.5～4.5t；浮选-磁选法处理 1t 原矿石，废水排放量为 6～9t；若采用浮选-重选法处理 1t 原铜矿石，其废水排放量可达 27～30t。

② 废水中的悬浮物主要是泥砂和尾矿粉，含量高达每升几千至几万毫克，悬浮物的粒度极细，呈细分散的近胶态，不易自然沉降。含有大量泥砂和尾矿粉的选矿废水可使近矿区水源严重变质。含有重金属的悬浮物沉降下来，不但淤塞河道，而且造成河水水质受镉、铅、汞、砷、铬等重金属的污染。尾矿中的重金属在酸、碱、有机络合剂或水中细菌的作用下，逐渐溶出水体，溶出的重金属又能通过生物富集作用，经食物链对人体造成危害。

③ 污染物种类多，危害大。选矿废水中含有各种选矿药剂（如氰化物、黑药、黄药、煤油、硫化钠等），一定量的金属离子及氟、砷等污染物，若不经处理排入水体，危害很大。选矿药剂是选矿废水中另一重要的污染物，选矿药剂中，有的化学药剂属于剧毒物质（如氰化物），有的化学药剂虽然毒性不大，但由于用量大，更会污染环境，如大量使用有机选矿药剂（如各类捕收剂、起泡剂等表面活性剂物质等）会使废水中的生化需氧量（BOD）、化学需氧量（COD）迅速增高，使废水出现异臭；大量使用硫化钠会使硫离子浓度增高；大量使用水玻璃会使水中悬浮物难以沉淀；大量使用石灰等强碱性调整剂，会使废水 pH 值超过排放标准。因此，选矿废水的污染通常是很严重的，必须进行处理回用或达标排放。

（2）选矿厂废水水质

选矿厂废水水量大、水质复杂，含重金属种类多，成分杂、毒性大，其水质状况见表 18-4、表 18-5。

选矿工序遇到的主要问题就是从尾矿池排出的废水。该排水中含有一些悬浮固体、氰化物和其他溶解离子。这些物质是选矿过程中产生的。选矿厂的尾矿水含有害物质，其来源于选矿过程中加入的浮选药剂及矿石中的金属元素，通常有氰化物、黄药、黑药、松醇油、铜、铅、锌、砷，有时还有酚、汞和放射性物质。一般而言，选矿废水中的重金属元素大都以固态物存在，如能充分发挥尾矿坝的沉降作用，其含量可降至达标排放要求。所以多数选矿废水的危害主要是可溶性选矿药剂所致。

选矿生产用水量较大，一般处理 1t 矿需用水量为：浮选法 4～6m³，重选法 20～27m³，重浮联选 20～30m³。其中重选、磁选回水率高，排放废水较少；浮选废水回水率低，一般为 50% 左右。选矿废水的水质因矿石组成和选矿工艺而异。表 18-4 和表 18-5 分别列出我国部分矿山选矿厂和某多金属矿的"重选—浮选、磁选—浮选"选矿流程废水水质情况[10,12]。上述所列水质表明，有色金属矿山选矿废水水质变化较大，污染与危害性都很强，必须引起高度重视并采取无害化处理措施。

表 18-4　部分矿山选矿厂废水中的污染物

| 企业编号 | 污染物/t | | | | | | | | | | |
|---|---|---|---|---|---|---|---|---|---|---|---|
| | 汞 | 镉 | 六价铬 | 砷 | 铅 | 酚 | 石油类 | COD | 铜 | 锌 | 氟 |
| 1 | | | | | | | | 4.21 | 0.02 | | |
| 2 | | | | 0.285 | 0.023 | | | | 6.23 | 9.68 | |
| 3 | 0.001 | 0.106 | | 0.229 | 3.62 | | | | | 9.90 | |
| 4 | | | | 0.209 | 0.043 | 0.998 | | 57.18 | 0.42 | 48.42 | 54.76 |

| 企业编号 | 污染物/t | | | | | | | | | | |
|:---:|:---:|:---:|:---:|:---:|:---:|:---:|:---:|:---:|:---:|:---:|:---:|
| | 汞 | 镉 | 六价铬 | 砷 | 铅 | 酚 | 石油类 | COD | 铜 | 锌 | 氟 |
| 5 | | 0.037 | | 0.037 | 0.037 | | | | 0.07 | 0.26 | 9.80 |
| 6 | | 0.041 | 0.014 | 0.027 | 0.136 | | 25.8 | 16.08 | 0.10 | 2.38 | 3.31 |
| 7 | | 0.151 | 1.007 | 0.106 | | | | | 2.32 | 0.05 | 19.16 |
| 8 | | 0.08 | 0.062 | 0.243 | 0.509 | 0.135 | 1.5 | 9.48 | 0.02 | 0.54 | 5.49 |
| 9 | | 0.015 | | 0.071 | 0.428 | | | | 0.09 | 0.33 | 5.58 |
| 10 | | 0.010 | | 0.010 | 0.03 | | 2.1 | 2.58 | 0.05 | 0.01 | |

**表 18-5**　某多金属矿"重选—浮选、磁选—浮选"选矿流程废水水质

| 序号 | 废水名称 | pH 值 | 悬浮物/(mg/L) | COD/(mg/L) | $S^{2-}$/(mg/L) | $F^-$/(mg/L) |
|:---:|:---:|:---:|:---:|:---:|:---:|:---:|
| 1 | 硫黄矿溢流水 | 12.12~12.84 | 318~760 | 975~1509 | 133~488 | 0.96~3.68 |
| 2 | 硫精矿溢流水 | 10.48~11.30 | 294~1410 | 175~275 | 17.2~23.7 | 0.48~3.40 |
| 3 | 萤石精矿溢流水 | 9.56~9.96 | 256~1444 | 66.4~95.5 | 0.51~1.17 | 0.64~3.72 |
| 4 | 萤石中矿溢流水 | 10.70~11.18 | 3188~4772 | 77.9~167 | 0.62~4.20 | 1.64~9.60 |
| 5 | 石药选精矿冲洗水 | 8.52~9.2 | 146~466 | 6.2~13.7 | 0.43~1.78 | 0.76~5.12 |
| 6 | 总尾矿水 | 9.72~10.30 | 1504~3910 | 12.5~74.7 | 0.54~240 | 1.16~6.4 |
| 7 | 白钨精矿溢流水 | 7.5~8.98 | 236~614 | 5.7~7.5 | 0.18~1.09 | 0.52~2.2 |
| 8 | 铜精矿溢流水 | 7.82~9.58 | 166~388 | 5.26~16.2 | 0.58~1.24 | 0.42~3.0 |
| 9 | 铋精矿溢流水 | 9.32~10.82 | 106~496 | 66.4~241 | 6.6~11.9 | 0.35~3.0 |
| 10 | 钨中矿浓密溢流水 | 10.61~10.96 | 3774~4862 | 73.7~167 | 0.78~4.96 | 1.84~8.4 |
| 11 | 钨加温脱药溢流水 | 11.48~11.64 | 1900~8121 | 22.7~27.1 | 1.35~11.2 | 1.28~5.8 |
| 12 | 钨加温精选中矿溢流水 | 10.26~10.66 | 260~1812 | 9.53~11.5 | 0.54~1.17 | 1.9~10.84 |
| 13 | 镍泥尾矿水 | 7.84~7.94 | 110~260 | 27.9~42.9 | 0.9~3.56 | 0.52~2.0 |
| 14 | 选矿总废水 | 9.78~10.46 | 1764~3566 | 74.7~119 | 1.19~3.85 | 1.24~5.4 |

# 18.2　矿山废水污染控制与减排措施

矿山废水主要为酸性废水与重金属废水两大类，其污染规律乃寓于形成废水之中，即矿山废水污染是与矿山酸性废水和重金属废水的形成相互依存的。

## 18.2.1　酸性废水形成与源头控制

（1）废水形成与特征

金属矿山酸性废水的形成机理比较复杂，含硫化物废石、尾矿在空气、水及微生物的作用下，发生风化、溶浸、氧化和水解等一系列的物理化学及生化等反应，逐步形成酸性废

水。其具体的形成机理与废石的矿床类型、矿物结构、堆存方式、环境条件、开采方式等影响因素有关，使形成过程变得十分复杂，很难定量地进行说明。一些研究资料表明，矿山废水酸化形成的主要反应过程为：

$$2FeS_2 + 7O_2 + 2H_2O \longrightarrow 2FeSO_4 + 2H_2SO_4$$

$$2Fe_2(SO_4)_3 + 2MS + 2H_2O + 3O_2 \longrightarrow 4FeSO_4 + 2MSO_4 + 2H_2SO_4$$

$$4FeSO_4 + 2H_2SO_4 + O_2 \longrightarrow 2Fe_2(SO_4)_3 + 2H_2O$$

其中，M 表示各种重金属离子。

由此可见，$H_2O$ 和 $O_2$ 参与硫化矿物氧化的全过程，$Fe^{3+}$ 则在溶液呈酸性时对硫化矿物 (MS) 的氧化起主要作用。$H_2SO_4$ 与硫化矿物的反应以及 $Fe^{3+}$ 被硫化矿物还原成 $Fe^{2+}$ 的过程，就是废水酸化和重金属离子溶出的过程。然后，$Fe^{2+}$ 很快又在酸性环境下被 $O_2$ 氧化成 $Fe^{3+}$ 再次参与硫化矿物的氧化反应，使废石场废水进一步酸化、pH 值降低，重金属离子进一步溶出，离子浓度升高，所以，硫化矿物氧化是废水酸化和释放重金属离子的主要原因。

（2）酸性废水与重金属污染

矿山酸性废水的时空分布规律、水质、水量和来源直接影响到重金属污染的程度和范围。如来源于矿山废石场的废水水质因受大气降雨量的影响，随着降雨使废水量增加，也使水中的悬浮物和重金属离子量增加。降雨对废石的溶浸作用与废石粒度和废石堆的几何形状有关，一般废石粒度小，浸出率高。据统计，降雨对废石堆的自然作用，90％是在废石堆的上部 10m 范围内；对废石堆 30m 以下的深部，溶浸作用较小。对同一矿体而言，在不同阶段，采用下行式开采时，一般随开采深度的延伸，矿石氧化程度减弱，矿坑废水 pH 值增高，重金属含量减少。在同一阶段内，坑道掘进开始时，废水的 pH 值较高，金属离子含量较低；随开采在同一阶段内平面延伸，矿体裸露，氧化作用加剧，溶浸作用加强，pH 值下降，金属离子含量逐渐增加。

众多研究与实践认为：露天存放的铅锌尾矿在酸性条件下的重金属溶出现象显著，酸度的提高又可以显著地增加尾矿中重金属(Pb、Zn、Cu 和 Ni)的溶出。

通过分析某黄铁铅锌矿尾矿库的废水监测数据，发现尾矿库废水 pH 值与重金属离子浓度有如下规律。

① Fe、Zn、Mn、Cu、Pb、Cd 等重金属离子的浓度与废水 pH 值成密切的负相关关系。在 pH<4 的环境中，废水中 Fe、Zn、Mn 的溶出量超过年均值的几倍到几十倍，甚至高出百倍，Cu、Pb、Cd 的溶出量也高过年均值的几倍到几十倍；而在 pH>10 的环境中，废水中 Fe、Zn、Mn 的溶出量低于年均值的几倍到几十倍，Cu、Pb、Cd 的溶出量也低于年均值的数倍以上。

② 在相同的 pH 值环境中，某些重金属之间存在显著的伴生关系。如 Cu、Pb、Zn、Cd 之间存在显著的正相关关系；Fe、Zn 之间也存在相应的正相关关系，在酸性铁溶液中，闪锌矿的溶解速率有很大的提高。

由此可见，废水中的 pH 值是影响重金属溶出的重要因素之一；也就是说，酸性条件将促使重金属向活性形态转化，增强其生物活性，增大重金属污染程度。提高 pH 值则可大大降低废水中的重金属溶出，这一点为制订酸性废水与重金属污染治理措施指明了方向，也为揭示和研究酸性废水及重金属污染规律提供了思路。

（3）矿山废水源头控制与治理

矿山酸性废水由于成分复杂，重金属含量高，水量大，对矿区周围造成了严重的重金属污染。控制酸性废水的形成，对酸性废水进行治理，主要还是针对酸性废水的形成机理而进行的。

通过对矿山废水酸化与重金属离子溶出机理的研究发现，造成废水污染的主要因素是 $H_2O$、$O_2$、$H^+$ 参与了硫化矿物的氧化。为此，通过密闭覆盖以隔绝尾矿与 $H_2O$、$O_2$ 接触，以及加入碱性物质以中和 $H^+$，是阻止矿山酸性废水的形成与污染的根本途径。

阻止 $H_2O$、$O_2$ 与尾矿的接触，可以有效阻止尾矿中硫化矿物的氧化，从而防止废水酸化及重金属离子的浸出。国内外采用的处理技术包括：碱性物质中和、湿地处理系统、铁氧化细菌隔离、密封技术、覆盖技术、复土绿化等。例如：某矿对废石堆采取覆盖封闭、生态恢复工程措施，即将废石堆封存起来，底部采用防渗措施，四周及顶部采取封闭覆盖措施（如喷射混凝土等），阻止外部来水的渗入；覆盖层施工后，及时在其上部种植植被，以恢复被破坏的生态环境。该矿也曾在废石场中使用电石渣覆盖技术，以隔绝废石与 $H_2O$、$O_2$ 的接触，中和 $H^+$，收到非常好的治理效果。另外，保持尾矿、废石堆等处于中性或偏碱性条件也可以有效阻止硫化物氧化，防止酸性废水和重金属污染。该方法是在有色金属矿山选矿过程中产生的：碱性液、精矿溢流液、尾矿溢流液等碱性废水对含硫化物的矿体、矿石堆、废石堆、裸露的边坡、采矿作业面的表面进行周期性长期浸灌或喷淋，使表面及一定深度的含硫化物矿石长期保持碱性。为了达到更好的效果，在硫化物的矿体、废石堆、采矿作业面和边坡表面铺设呈碱性的尾矿砂，并在尾砂表面进行碱性废水浸灌或喷淋。

上述说明了 $H_2O$、$O_2$、$H^+$ 参与了尾矿和废石堆中硫化矿物的全程氧化，是废水酸化和释放重金属的主要原因，密闭覆盖废弃尾矿库、废石堆以隔绝尾矿与 $H_2O$、$O_2$ 接触，切断硫化矿物氧化、重金属溶出反应链是矿山酸性废水污染控制的有效途径。

## 18.2.2　节水减排技术与措施

（1）采矿场

采矿应注重工艺革新，提倡清洁生产，以减少废水量，并减少污染物排放量。具体技术措施如下。

① 更新设备，加强管理，减少整个采矿系统的排污量。如采用疏干地下水的作业，就可减少井下酸性废水的排放量；做好废石堆场的管理工作，避免地表水浸泡、淋雨等，以减少其排水量；对废弃矿井也要做好管理工作，应截断地下径流及地表水渗滤，避免废弃矿井长时间污染附近水域。

② 开展系统内有价金属的回收工作，这既可以减少污染物的排放量，同时又降低了废水的污染程度。

③ 加强整个系统各个废水排放口的监测工作，做到分质供水，一水多用，提高系统水的复用率和循环率；同时，也可以利用废弃矿井等作为矿山废水的处理场所，达到因地制宜、以废治废的目的。

（2）选矿厂

选矿工业在清洁生产方面，应做到：尽量采用无毒或低毒选矿药剂替代剧毒药剂（如含氰的选矿剂等），避免产生含毒性的难治理废水；采用回水选矿技术，使选矿系统形成密闭循环体系，达到"零排放"；加强内部管理，做到分质供水，一水多用，提高系统水的复用率和循环率。

例如永平铜矿，将铜硫混合浮选、混合精矿进行铜硫分选的选矿工艺改进为优先选铜、选铜尾矿选硫的工艺，并根据选矿工艺过程各工段废水水质的差异进行废水回用，保障了在缺水期生产的顺利进行，同时又降低了中和剂石灰的用量（约降低 22%）。

（3）采选厂

有许多有色金属矿山往往是采选并举，这时应充分利用采选废水水质的差异进行清污分流，回水利用，达到消除污染、综合治理、保护环境的目的。

如辽宁省红透山铜矿采选废水的综合治理，其具体措施为：清污分流，硫精矿溢流水返回利用。在硫精矿溢流水分流后，矿区混合废水由矿口外排水、生活废水、自然水组成，将这部分废水截流沉淀后用于选矿生产。该措施省能耗，节约新鲜水，回水利用率达85％以上。

关于有色矿山废水处理与废水资源处理回用，应考虑到：有色金属矿山废水应包括矿山采矿酸性废水和选矿废水两大组成部分，前者的处理重点是酸性废水中的重金属物质，后者的重点是浮选药剂。因此，二者的处理工艺应有较大的不同。

# 18.3　采矿场废水处理回用技术

目前我国矿山采矿酸性废水处理回用方法有中和法、硫化物沉淀法、金属置换法、萃取电积法、离子交换法、沉淀浮选法等，以及近年来发展起来的生化法与膜分离法等。其中，中和沉淀法因其工艺成熟，效果较好，且费用低、管理方便而成为最常用的处理方法。但对于成分复杂的矿山酸性废水，对其中有些金属需要回收利用，只用中和法、硫化法、置换法、沉淀法、生化法等其中一种方法处理回用是困难的，需要多种方法联合运行。因此，对于水质复杂的矿山废水而言，要根据实情，进行合理的工艺流程组合。

## 18.3.1　中和沉淀法

（1）中和沉淀条件的选择

向重金属废水投加碱性中和剂，使金属离子与羟基反应，生成难溶的金属氢氧化物沉淀，从而予以分离。用该方法处理时，应知道各种重金属形成氢氧化物沉淀的最佳 pH 值及其处理后溶液中剩余的重金属浓度。

设 $M^{n+}$ 为重金属离子，若想降低废水中 $M^{n+}$ 浓度，只要提高 pH 值，增加废水中的 $OH^-$ 即能达到目的。究竟应将 pH 值增加多少，才能使废水中 $M^{n+}$ 浓度降低到允许的含量，可从下式计算：

$$M(OH)_n \rightleftharpoons M^{n+} + nOH^-$$
$$K_{sp} = [M^{n+}][OH^-]^n$$
$$[M^{n+}] = K_{sp}[OH^-]^n$$

两边取对数

$$\lg[M^{n+}] = \lg K_{sp} - n\lg[OH^-] \tag{18-1}$$

已知水的离子积

$$K_w = [H^+][OH^-] = 10^{-14}$$
$$[OH^-] = K_w/[H^+] \tag{18-2}$$

将式(18-2)代入到式(18-1)中

即 $$\lg[M^{n+}] = \lg K_{sp} - n\lg K_w/[H^+] = \lg K_{sp} - n\lg K_w - npH \tag{18-3}$$

式中，$[M^{n+}]$ 为重金属离子的浓度；$[OH^-]$ 为氢氧根浓度；$K_{sp}$ 为金属氢氧化物的溶度积；$K_w$ 为水的离子积常数，在室温条件下，$K_w = 10^{-14}$。若以 pM 表示 $-\lg[M^{n+}]$，则式(18-3)为：

$$pM = npH + pK_{sp} + 14n \tag{18-4}$$

从式(18-3)可知，水中残存的重金属离子浓度随 pH 值的增加而减少。对某金属氢氧化物而言，$K_{sp}$ 是常数，$K_w$ 也是常数，所以式(18-4)为一直线方程式，如以纵坐标表示 $\lg[M^{n+}]$，横坐标表示 pH 值，则可得一直线，如图 18-1 所示。

在一定温度下，各种重金属氢氧化物的溶度积 $K_{sp}$ 是固定的。

根据上述化学平衡式各种氢氧化物溶度积 $K_{sp}$ 可以导出不同 pH 值条件下废水中各种重金属离子的浓度。

例如，在含镉离子($Cd^{2+}$)的酸性废水中加入碱性剂后使 pH 值逐渐提高，能够产生 $Cd(OH)_2$ 沉淀：

$$Cd^{2+} + 2OH^- \rightleftharpoons Cd(OH)_2 \downarrow$$

由于常温下(25℃)$Cd(OH)_2$ 的溶度积 $K_{sp}$ 为 $2.2 \times 10^{-14}$，在 pH=7 时：

$$[H^+] = [OH^-] = 10^{-7}$$
$$[Cd^{2+}] = K_{sp}/[OH^-]^2$$
$$[Cd^{2+}] = 2.2 \times 10^{-14}/(10^{-7})^2 = 2.2 \text{mol/L}$$

在镉离子浓度低于该浓度的情况下，更不会产生氢氧化镉的沉淀。但是，如果进一步加入碱性物质将 pH 值提高到 9 时，废水中的镉离子浓度便等于 pH 值为 7 时的 $1/10^4$；若将 pH 值提高到 11 时，镉离子浓度便等于 pH 值为 7 时的 $1/10^8$；若将废水的 pH 值继续提高到 14 时，废水中的镉离子残余浓度下降到接近该金属的氢氧化物的溶度积。

显然，不同种类的重金属完成沉淀的 pH 值彼此是有明显差别的，据此可以分别处理与回收各种重金属。但对锌、铅、铬、锡、铝等两性金属，pH 值过高时会形成络合物而使沉淀物发生返溶现象。如 $Zn^{2+}$ 在 pH 值为 9 时几乎全部沉淀，但 pH 值大于 11 时则生成可溶性 $Zn(OH)_4^{2-}$ 络合离子或锌酸根离子($ZnO_2^{2-}$)，如图 18-2 所示。因此，要严格控制和保持最佳的 pH 值。

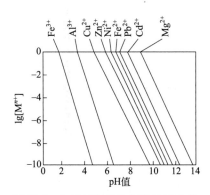

图 18-1 金属氢氧化物对数浓度曲线

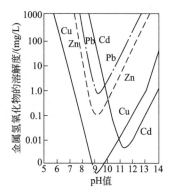

图 18-2 铜、锌、铅、镉的氢氧化物的溶解度与 pH 值的关系

(2) 含多种重金属离子的废水的中和处理

在废水中和处理时，常有多种重金属离子共存于一废水中，须注意共沉淀现象或络合离子的生成。某些溶解度大的络合离子对金属离子在水中生成氢氧化物沉淀干扰很大。例如，$Ca(NH_2)_4^{2-}$、$Ca(CN)_4^{2-}$、$CdCl_3^-$、$CdCl^+$ 等对生成 $Ca(OH)_2$ 沉淀就有干扰。$CN^-$ 离子对于一般重金属干扰很大。氨和氮离子过剩时，也干扰氢氧化物的生成。因此，在选用中和法处理时，应对这些离子进行必要的预处理。另外，在有几种重金属共存时，虽然低于理论 pH 值，有时也会生成氢氧化物沉淀，这是因为在高 pH 值沉淀的重金属与在低 pH 值下生成的重金属沉淀物产生共沉淀现象。例如，含 Cd 1mg/L 的水溶液，将 pH 值调到 11 以上

也不沉淀，若与 10mg/L 或 50mg/L 中的 $Fe^{3+}$ 共存，则 pH 值只要达到 8 或 7 以上即可沉淀，并使 $Cd^{2+}$ 的去除率接近 100%；当废水 pH 值为 8 以上时，$Cu^{2+}$ 的质量浓度为 1mg/L，$Fe(OH)_2$ 的质量浓度为 5mg/L，其共沉率接近 100%。

共沉淀法能有效地除去废水中的重金属，在碱性溶液中，$Fe(OH)_2$ 能与 $Mg^{2+}$、$Mn^{2+}$、$Co^{2+}$、$Ni^{2+}$、$Cd^{2+}$ 和 $Hg^{2+}$ 等共沉淀。

中和沉淀法处理重金属废水是调整、控制 pH 值的方法。由于废水中含有重金属的种类不同，因此，生成氢氧化物沉淀的最佳 pH 值的条件也不一样。为此，对于含多种重金属的废水的处理方法之一是分步进行沉淀处理。例如，从锌冶炼厂排出的废水中往往含有锌和镉，该废水处理时，$Zn^{2+}$ 在 pH＝9 左右时形成的 $Zn(OH)_2$ 溶解度最低，而 $Cd^{2+}$ 在 pH＝10.5～11 时沉淀效果最好。然而，由于锌是两性化合物，当 pH＝10.5～11 时，锌以亚锌酸的形式再次溶解，因而对此种废水应先投加碱性物质，使 pH 值等于 9 左右，沉淀除去氢氧化锌后再投加碱性物质。把 pH 值提高到 11 左右，再沉淀除去氢氧化镉。

化学沉淀可认为是一种晶析现象，即在控制良好的反应条件下，可形成结晶良好的沉淀物。结晶的成长速度取决于结晶核的表面和溶液中沉淀剂浓度与其饱和浓度之差。

中和沉淀反应可采用一次沉淀反应和晶种循环反应。前者是单纯的中和沉淀法，后者是向处理系统中投加良好的沉淀晶种(如回流污泥)，促使形成良好的结晶沉淀。其处理流程如图 18-3 所示。

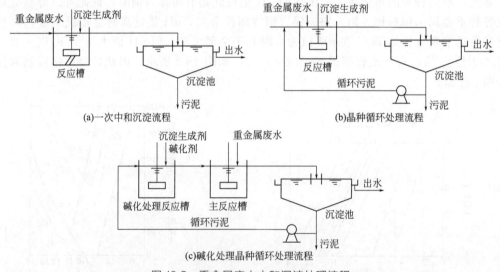

图 18-3　重金属废水中和沉淀处理流程

图 18-3(a)是将重金属废水引入反应槽中，加入中和沉淀剂，混合搅拌使其反应，再添加必要的凝聚剂使其形成较大的絮凝，随后流入沉淀池，进行固液分离。这种处理方法由于未提供沉淀晶种，故形成的沉淀物常为微晶结核，故污泥沉降速度慢，且含水率高。

图 18-3(b)是晶种循环处理法。其特点是除投加中和沉淀剂外，还从沉淀池回流适当的沉淀污泥，而后混合搅拌反应，经沉淀池浓缩沉淀形成污泥后，其中一部分再次返回反应槽。此法处理生成的沉淀污泥晶粒大，沉淀快，含水率较低，出水效果好。

图 18-3(c)是碱化处理晶种循环反应法。即在主反应槽之前设一个沉淀物碱化处理反应槽，定时往其中投加碱剂进行反应，生成的泥浆是一种碱性剂，它在主反应槽内与重金属废水混合反应，而后导入沉淀池中进行固液分离，将沉淀浓缩的污泥一部分再返回碱化处理反

应槽中，其净化效果最佳。

## 18.3.2　硫化物沉淀法

（1）硫化物沉淀法的基本原理与特点

向废水中投加硫化钠或硫化氢等硫化物，使重金属离子与硫离子反应，生成难溶的金属硫化物沉淀的方法称作硫化物沉淀法。由于重金属离子与硫离子（$S^{2-}$）有很强的亲和力，能生成溶度积小的硫化物，因此，用硫化物除去废水中溶解性的重金属离子是一种有效的处理方法。

根据金属硫化物溶度积的大小，其沉淀析出的次序为：$Hg^{2+}$、$Ag^+$、$As^{3+}$、$Bi^{3+}$、$Cu^{2+}$、$Pb^{2+}$、$Cd^{2+}$、$Sn^{2+}$、$Zn^{2+}$、$Co^{2+}$、$Ni^{2+}$、$Fe^{2+}$、$Mn^{2+}$。排序在前的金属先生成硫化物，其硫化物的溶度积越小，处理也越容易。表 18-6 为几种金属硫化物的溶度积。

表 18-6　几种金属硫化物的溶度积

| 金属硫化物 | $K_{sp}$ | 金属硫化物 | $K_{sp}$ |
| --- | --- | --- | --- |
| MnS | 2.5 | CdS | 7.9 |
| FeS | 3.2 | PbS | 8.0 |
| NiS | 3.2 | CuS | 6.3 |
| CoS | 4.0 | $Hg_2S$ | 1.0 |
| ZnS | 1.6 | AgS | 6.3 |
| SnS | 1.0 | HgS | 4.0 |

注：$K_{sp}$ 为金属硫化物的溶度积（无单位）。

从表 18-6 中可以看出，金属硫化物的溶度积比金属氢氧化物的溶度积小得多。因此，硫化物处理法较中和沉淀法对废水中重金属离子的去除更为彻底。

例如，用石灰中和法处理含镉废水，其 pH 值应在 11 左右才能使镉的溶解浓度最小，采用碳酸钠处理时，在 pH 值为 9.5～10 时可得到良好的去除效果；采用硫化物沉淀法处理，当 pH 值为 6.5 时，可将原水 0.5～1.0mg/L 的镉减少到 0.008mg/L。

硫化镉的溶度积比氢氧化镉更小。为除去废水中的镉离子，也可采用投加硫化物如 $Na_2S$、FeS、$H_2S$ 等使之生成硫化镉沉淀而分离。但硫化镉的沉淀性能较差，一般还需进行凝聚和过滤处理。

如果废水中氯化镍、氯化钠等含量较多时，则会产生复盐（四氯化镉）。另外，在废水中存在较多硫离子的情况下，外排也是不妥的，应添加铁盐，使过剩的硫离子以硫化铁的形式沉淀下来。如经过滤处理，出水含镉量可达 0.1mg/L 以下。

硫化物沉淀法是除去废水中重金属离子的有效方法。通常为保证重金属污染物的完全去除，就须加入过量的硫化钠，但常会生成硫化氢气体，易造成二次污染，妨碍并限制了该方法的广泛应用。

（2）硫化物沉淀法

为使重金属污染物从废水中分离出来，而又不产生有害的硫化氢气体的二次污染，为此可在需处理的废水中有选择地加入硫化物和一种重金属离子，这种重金属离子与所加入的硫化物形成新的硫化物，其离子平衡浓度比需去除的重金属污染物的硫化物平衡浓度要高。由于加进去的重金属硫化物比废水原含的重金属物质的硫化物更易溶解，所以废水原含的重金属离子就比添加的重金属离子先沉淀分离出来，同时也防止了有害的硫化氢和硫化物络合离子的产生。另外，在一定条件下，所加入的重金属又促使其他金属硫化物共沉淀，提高了废水外排的质量。

表 18-6 是溶度积推算出来的几种重金属硫化物的平衡离子浓度。根据上述原理，表中较前的每一种金属离子都能用来清除表中后面的金属沉淀过程中的过量硫化物。

对于大多数废水处理来说，希望采用一种相对无毒无害的重金属盐。这样，水处理后就可直接排入水质标准要求较高的水体。表 18-6 中前几种重金属盐可优先考虑，因为它们可分离出的重金属离子比较多。锰盐能形成最易溶的硫化物，但常常优先考虑铁盐，因为铁盐一般比锰盐价格低廉。

在废水中加入重金属盐，待溶解后再加入一种可溶性的硫化物，使各种金属离子沉淀下来。仔细操作这一处理过程，可以把表 18-6 中后面的几种重金属离子有选择地分离出来，方法是使加入的硫化物刚够使最难溶的污染物的硫化物形成沉淀。另外，为达到同样的目的，可以用一种重金属盐，这样的金属盐所生成的硫化物具有中等溶解度，该金属的硫化物比要分离的硫化物易溶，而比留在废水中的其他污染物的硫化物难溶。

然而，通常是选择一种其硫化物比所有污染物质的硫化物更易溶的金属盐，并加入足量的硫离子，使所有溶解度较小的污染物以硫化物的形式沉淀下来，以达到使废水中重金属污染物质大体都被分离出去的目的。

硫化物加入量一般推荐为废水中重金属离子浓度的 2～10 倍。假定废水中重金属离子浓度为 10mg/L，那么每升废水就要加入 20～100mg 的硫离子。加入废水中的重金属盐的量，通常调整到使大多数所加入的重金属能以硫化物随原废水所含重金属的硫化物一起沉淀下来。这样就提供了稍微过量的金属离子来防止产生游离的硫离子及其所带来的问题。

在废水中金属污染物质与加入的重金属盐类共存的情况下，废水中污染物质的去除率甚至比理论上按其溶度积所预计的去除率还要高，这是由于废水中的重金属物质与加入的重金属的共沉淀作用。例如，要从废水中除去汞、镍、铜而加入的重金属是铁，就可形成 FeS·HgS、FeS·CuS 和 FeS、NiS 之类的混合金属硫化物的共沉淀。这些混合硫化物可使废水中汞、铜和镍的浓度比用单纯的硫化物来处理能达到的浓度还低，净化效果更好。

此法对含铬废水的处理更有其特点。因为传统的氢氧化物法须先把废水的 pH 值降到 2～3，而后用一种如二氧化硫、亚硫酸盐或金属亚硫酸盐等把六价铬还原成三价铬，然后再把废水的 pH 值提高到 8 左右，形成氢氧化铬沉淀，这样至少需要二级处理流程。而该法可直接将 pH 值为 7～8 的废水中的铬分离出来。

金属硫化物的溶度积比金属氢氧化物的溶度积小得多，故前者比后者更为有效。与中和法（如石灰法）相比，具有渣量少，易脱水，沉淀金属品位高，有利于贵金属的回收利用等优点。但生成的重金属硫化物非常细微，较难沉淀，故限制了硫化物沉淀法的广泛应用。但在有良好的过滤与沉淀设备的条件下，其净化效果是显著的。

## 18.3.3　铁氧体法

（1）基本原理与实践

铁氧体，即磁铁矿石（$Fe_3O_4$）。在 $Fe_3O_4$ 中的 3 个铁离子，有两个是三价的铁离子（$Fe^{3+}$），另一个是二价的铁离子（$Fe^{2+}$），即 $FeO·Fe_2O_3$。铁氧体的形成需要足够的铁离子，而且和二价离子与三价铁离子的比例有关。亚铁离子的物质的量至少是废水中除铁以外所有重金属离子的物质的量的总数的 2 倍；另外，在废水中还要加碱，加碱的数量等于废水中所含酸根的 0.9～1.2 倍的物质的量的总数量。这样就形成一种含有亚铁离子和其他重金属的氢氧化物的悬浮胶体。将氧通入悬浮胶体里，通过搅拌加速氧化，含有三价铁离子的结晶体进而包裹或吸附原来废水中的重金属离子一起沉淀，再分离沉淀的结晶体就可去除废水中的重金属离子而得到净化。如果废水是碱性的，就不需要再加碱。

上述方法是以下列化学反应为依据的。

在含有亚铁离子的废水中，投入碱性物质后即形成氢氧化物：

$$Fe^{2+} + 2OH^- \longrightarrow Fe(OH)_2$$

为阻止氢氧化物沉淀，在投入中和剂的同时，需要鼓入空气进行氧化，使氢氧化物变成铁磁性氧化物：

$$3Fe(OH)_2 + \frac{1}{2}O_2 \longrightarrow FeO \cdot Fe_2O_3 + 3H_2O$$

在这种状态下，废水中的许多重金属离子就取代 $Fe_3O_4$ 晶格里的金属位置，形成多种多样的铁氧体。废水中若有二价的铅离子存在，铅将置换铁磁络合物中的 $Fe^{2+}$，而生成十分稳定的磁铅石铁氧体 $PbO \cdot 6Fe_2O_3$。铅进入铁氧体晶格后，被填充在最紧密的格子间隙中，结合得很牢固，难以溶解，这样就使有害的重金属几乎完全从废水中分离出来。最后，像 $Fe_3O_4$ 一类的铁磁性氧化物，由于具有较大的颗粒尺寸，能很快沉淀下来，而且很容易过滤，易于从废水中分离出来，也不会出现重金属离子从铁氧体沉淀物中再溶解的现象，因为它们已被包含在铁氧体的结晶晶格中。

该方法适用于废水中含有密度为 3.8mg/L 以上的重金属离子，诸如 V、Cr、Mn、Fe、Co、Ni、Cu、Zn、Ca、Sn、Hg、Pb、Bi 等。在处理废水的过程中，加入铁盐的最小值与被除去的重金属离子的类型有关，对于易转换成铁氧化的重金属，如 Zn、Mn、Cu 等，铁盐加入量为废水中重金属离子的物质的量的 2 倍；对于那些不易形成铁氧体的重金属，如 Pb、Sn 等，则需增大铁盐投入量。因此，对于被处理的废水，首先要测出所含的除亚铁离子以外的重金属离子的总物质的量，然后再在此废水中加入亚铁离子，使废水中亚铁离子的物质的量为废水中重金属离子的总物质的量的 2～100 倍。亚铁的盐类如硫酸亚铁、氯化亚铁都可作为亚铁离子的来源。在废水中还要加碱，可在亚铁离子加入到废水中之前、之后或同一时间内加入。至于碱、碱金属或碱土金属的氢氧化物或碳酸盐、含有氮的碱性物质，如 $NH_4OH$ 或者它们的水溶液都可以使用。加碱量应该是加入亚铁离子以后废水中酸根的 0.9～1.2 倍的物质的量。假如碱加入量在上述范围内，就能很容易地提取所有的重金属离子，同时容易形成 $Fe_3O_4$ 等铁氧体。但若加入的碱量小于 0.9 倍的物质的量时，重金属离子就容易残留在废水中，同时还需要一个很长的氧化周期；若碱量超过 1.2 倍的物质的量时，那么在形成 $Fe_3O_4$ 等铁氧体的氧化过程中就需要更高的温度，并且产生某些剩余碱以致处理后废水呈碱性，这样就需要增加处理工序，废水经处理后才能排放。由于亚铁离子及碱加入到废水中就形成了一种悬浮胶体，这种悬浮胶体是氢氧化亚铁或氢氧化亚铁和氢氧化物的混合物，或其他重金属和金属的氢氧化物所组成的。

为达到处理目的，需将悬浮胶体不断搅拌促使氧化，通常是在一定温度下将氧化气体（空气或氧化）通入废水中，使加入废水的亚铁离子最终氧化成三价铁离子混合物沉淀。

铁氧体法处理重金属废水的效果见表 18-7。从表中可见，废水中的重金属离子都能有效地从废水中除去，因为金属离子代替了 $Fe_3O_4$ 结晶晶格中 Fe 的位置。

表 18-7 铁氧体法处理重金属废水的效果　　　　　　　　单位：mg/L

| 金属离子 | 处理前废水的质量浓度 | 处理后废水的质量浓度 |
| --- | --- | --- |
| Cu | 9500 | <0.5 |

| 金属离子 | 处理前废水的质量浓度 | 处理后废水的质量浓度 |
| --- | --- | --- |
| Ni | 20300 | <0.5 |
| Sn | 4000 | <10 |
| Pb | 6800 | <0.1 |
| $Cr^{6+}$ | 2000 | <0.1 |
| Cd | 1800 | <0.1 |
| Hg | 3000 | <0.02 |

（2）工艺流程技术关键与特征

铁氧体法处理工艺流程如图18-4所示。

在含有亚铁和高铁的混合废水中，其反应生成物为$FeO \cdot Fe_2O_3$铁氧体：

$$Fe^{2+} + 2Fe^{3+} + 8OH^- \longrightarrow FeO \cdot Fe_2O_3 \cdot nH_2O + (4-n)H_2O$$

如废水中含有二价金属离子（如$Ni^{2+}$等）及高铁离子$Fe^{3+}$，可生成$NiO \cdot Fe_2O_3$铁氧体：

$$Ni^{2+} + 2Fe^{3+} + 8OH^- \longrightarrow NiO \cdot Fe_2O_3 \cdot nH_2O + (4-n)H_2O$$

铁氧体法工艺流程技术的关键在于：a. $Fe^{3+}$：$Fe^{2+}=2$：1，因此，$Fe^{2+}$的加入量应是废水中除铁以外各种重金属离子物质的量的2倍或2倍以上；b. NaOH或其碱的投入量应等于废水中所含酸根的0.9～1.2倍的物质的量；c. 碱化后应立即通蒸汽加热，加热至60～70℃或更高温度；d. 在一定温度下，通入空气氧化并进行搅拌，待氧化完成后再分离出铁氧体。

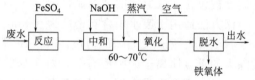

图18-4　铁氧体法处理流程

例如，某废水pH值接近零，处理时向每升废水中投加45.54g $FeSO_4$，然后再加入20%NaOH水溶液，加入量相当于废水中存在的酸根数量的1.2倍，并在60℃下用空气搅拌3h。过滤除去沉淀物（铁氧体）并测定废水中剩余的金属离子，其结果见表18-8。

表18-8　铁氧体法处理结果

| 成分 | 废水的质量浓度/（mg/L） | 处理结果/（mg/L） | 处理效果/% |
| --- | --- | --- | --- |
| $Cr^{6+}$ | 14 | 0.1 | 99.28 |
| $Fe^{2+}$ | 3300 | 0.05 | 99.99 |
| $Ni^{2+}$ | 9.4 | 0.4 | 95.74 |
| $Pb^{2+}$ | 2500 | 0.2 | 99.99 |
| $Cu^{2+}$ | 6.3 | 0.15 | 97.62 |
| $Bi^{2+}$ | 600 | 1.2 | 99.80 |

又如，含有3.27g/L $Zn^{2+}$和5.62g/L $Cr^{2+}$、pH值为2.2的1L废水中，投加30.37g $FeSO_4$，在搅拌中加入10%NaOH溶液，加入量等于废水中酸根的物质的量。在50℃下用空气搅拌氧化3h，使生成的铁氧体沉淀。经测定处理后废水中剩余的$Zn^{2+}$、$Cd^{2+}$和$Fe^{2+}$的质量浓度分别为0.05mg/L、0.05mg/L和0.1mg/L。

某厂根据电镀含铬废水量及含铬酐浓度按$FeSO_4 \cdot 7H_2O$：$CrO_3=(16\sim20)$：1（质量

比)投入 $FeSO_4 \cdot 7H_2O$，然后用 NaOH 调整 pH 值为 8～9，加热 60～70℃，通空气 20min，当沉淀物呈黑褐色时，停止通气，将沉淀物分离、洗涤、烘干即得回收产品，可作铁氧体材料，水可循环使用。处理后的废水铬含量一般为零。其结果处理见表 18-9。

**表 18-9** 电镀含铬废水处理结果

| $CrO_3$ 的质量浓度 /(mg/L) | $CrO_3$ : $FeSO_4 \cdot 7H_2O$ | 废水 pH 值 | 反应时 pH 值 | 反应温度/℃ | 去除废水含铬的质量浓度 $Cr^{6+}$ /(mg/L) |
|---|---|---|---|---|---|
| 102 | 1：16.5 | 6 | 8～9 | 70 | 0 |
| 100 | 1：16 | 4～5 | 8～9 | 70 | 0 |
| 60 | 1：20 | 4 | 8～9 | 70 | 0 |
| 50 | 1：20 | 4 | 8～9 | 70 | 0 |
| 30 | 1：20 | | 8～9 | 64 | 0 |

综上所述，铁氧体法处理废水具有如下特征：a. 铁氧体法可一次除去废水中的多种重金属离子；b. 铁氧体沉淀物具有磁性并且颗粒较大，既可用磁性分离也适用于过滤，这是其他沉淀法不能比拟的；c. 传统沉淀法一般都能再溶解，而铁氧体沉淀不再溶解；d. 铁氧体法可处理 Cu、Pb、Zn、Cd、Hg、Mn、Co、Ni、As、Bi、$Cr^{(VI)}$、$Cr^{(III)}$、V、Ti、Mo、Sn、Fe、Al、Mg 等废水，对固体悬浮物有共沉淀作用；e. 所得铁氧体是一种优良的半导体材料。

铁氧体法处理重金属废水效果好，投资省，设备简单，沉渣量少，且化学性质比较稳定，在自然条件下一般不易造成二次污染。

该法的主要缺点是铁氧体沉淀颗粒成长及反应过程需要通空气氧化，反应温度要求60～80℃，这对大量废水处理、升温将是很大的困难，且消耗能源过多。

## 18.3.4 氧化法和还原法

（1）氧化法

氧化法或还原法在重金属废水处理中常用作废水的前处理。废水的氧化处理，常用一氧化氮、漂白粉、氯气、臭氧和高锰酸盐等氧化剂。

选用氧化剂时应考虑到以下几点：a. 对废水中特定的污染物(重金属)有良好的氧化作用；b. 反应后的生成物应是无害的或易于从废水中分离的；c. 在常温下反应速率较快；d. 反应时不需要大幅度调整 pH 值和药剂来源方便、价格便宜等。

应用氯化法处理时，液氯或气态氯加入废水中即迅速发生水解反应而生成次氯酸（HOCl），次氯酸在水中电离为次氯酸根离子（$OCl^-$）。次氯酸、次氯酸根离子都是较强的氧化剂。分子态次氯酸的氧化性能比离子态次氯酸根离子更强。次氯酸的电离度随 pH 值的增加而增加：当 pH 值小于 2 时，废水中的氯以分子态存在；pH 值为 3～6 时，以次氯酸为主；pH 值大于 7.5 时，以次氯酸根离子为主；pH 值大于 9.5 时，全部为次氯酸根离子。因此，在理论上氯化法在 pH 值为中性偏低的废水中最有效。

空气中的 $O_2$ 是最廉价的氧化剂，但只能氧化易氧化的重金属。其代表性例子是把废水中的二价铁氧化成三价铁。因为二价铁在废水 pH<8 时难以完成沉淀，且沉淀物的沉降速度小，沉淀脱水性能差。而三价铁在 pH 值为 3～4 时就能沉淀，而且沉淀物的性能较好，较易脱水。因此，欲使酸性废水中的二价铁沉淀，就得把废水中的二价铁氧化成三价铁。常

用方法是空气氧化。

臭氧（$O_3$）是一种强氧化剂，氧化反应迅速，常可瞬时完成，但须现制现用。

（2）还原法

含重金属离子的废水同还原剂接触反应，将重金属离子还原成金属或将价数较高的离子变为价数较低的离子，这种方法称为还原法。常用的还原剂有金属铁（Fe）、硫酸亚铁（$FeSO_4$）、亚硫酸钠（$Na_2SO_3$）、亚硫酸氢钠（$NaHSO_3$）、二氧化硫（$SO_2$）、硫代硫酸钠（$Na_2S_2O_3$）和过硫酸钠（$Na_2S_2O_5$）等。

① 金属还原法

1）铁粉或铁屑法。投加铁屑或铁粉于酸性含铬废水中，铁粉或铁屑溶解生成二价铁离子，利用其还原作用，使六价铬还原为三价铬。用碱中和，使之生成氢氧化铬[$Cr(OH)_3$]和氢氧化铁[$Fe(OH)_3$]沉淀。

铁屑或铁粉需在酸性介质中才能发生氧化还原反应，故用于电镀废水处理时需先酸化。

在含硝酸镉为 34.2mg/L 的废水中投加 5% 铁粉，在 pH 值为 3.5、搅拌 20min 的条件下，除镉效率可达 95%。对镀镉废水单独用铁粉或铝粉处理时，除镉率比处理硝酸镉废水低。如同时采用碱性氯化法与铁粉法综合处理，则能获得很高的去除效率。

2）铜屑还原法。应用铜屑还原法处理含硝酸亚汞、硫酸亚汞及硝酸汞和硫酸汞的废水，除汞效率一般达 99% 左右。

例如，某厂废水含汞 100～300mg/L，pH=1～4。废水经澄清后，以 5～10m/h 的滤速依次通过两个紫铜屑过滤柱，一个铅、黄铜屑过滤柱和一个铝屑过滤柱。出水含汞可降至0.05mg/L 左右，处理效果为 99%。

② 硫酸亚铁法硫酸亚铁处理含铬废水的反应如下：
$$6FeSO_4 + H_2Cr_2O_7 + 6H_2SO_4 \longrightarrow 3Fe_2(SO_4)_3 + Cr_2(SO_4)_3 + 7H_2O$$
$$Cr_2(SO_4)_3 + 3Ca(OH)_2 \longrightarrow 2Cr(OH)_3 \downarrow + 3CaSO_4 \downarrow$$

废水先在还原槽中用硫酸调 pH 值至 2～3，再投加硫酸亚铁溶液，使六价铬还原为三价铬，然后至中和槽投加石灰乳，调节 pH 值至 8.5～9.0，进入沉淀池沉淀分离，上清液达到排放标准后排放。加入硫酸亚铁不但起还原剂的作用，同时还起到凝聚、吸附以及加速沉淀的作用。硫酸亚铁法是我国最早采用的一种方法，药剂来源方便，也较为经济，设备投资少，处理费用低，除铬效果较好，是目前国内冷轧厂含铬废水最为常用的处理方法。

③ 亚硫酸氢钠法　在洗净槽中加入亚硫酸氢钠，并用 20% 硫酸调整 pH 值至 2.5～3。将镀铬回收槽清洗过的镀件放入洗净槽进行清洗，镀件表面附着的六价铬即被亚硫酸氢钠还原为三价铬：
$$Cr_2O_7^{2-} + 3HSO_3^- + 5H^+ \longrightarrow 2Cr^{3+} + 3SO_4^{2-} + 4H_2O$$

当多次使用，亚硫酸氢钠的反应接近终点时，加碱调整 pH 值至 6.7～7.0，生成氢氧化铬沉淀。上清液加酸重新调整 pH 值至 2.5～3.0，再补加亚硫酸氢钠至 2～3g/L 继续使用。

还原剂除亚硫酸氢钠外，还有亚硫酸钠、硫代硫酸钠等。由于价格较贵，应用较少。

④ 二氧化硫法　将二氧化硫气体和废水混合生成亚硫酸，利用亚硫酸将六价铬还原为三价铬，然后投加石灰乳，生成氢氧化铬沉淀。其处理原理及反应式如下：
$$SO_2 + H_2O \longrightarrow H_2SO_3$$
$$H_2Cr_2O_7 + 3H_2SO_3 \longrightarrow Cr_2(SO_4)_3 + 4H_2O$$
$$2H_2CrO_4 + 3H_2SO_3 \longrightarrow Cr_2(SO_4)_3 + 5H_2O$$
$$Cr_2(SO_4)_3 + 3Ca(OH)_2 \longrightarrow 2Cr(OH)_3 \downarrow + 3CaSO_4 \downarrow$$

废水用泵抽送，经喷射器与二氧化硫气体混合，进入反应罐中进行还原反应。当 pH 值下降至 3～5 时，六价铬全部还原为三价铬。然后投加石灰乳，调整 pH 值至 6～9，流入沉淀池分离，上清液排放。

按理论计算，$Cr^{6+}:SO_2=1:1.85$（质量比）。投加量要比理论值大，以 $Cr^{6+}:SO_2=1:(3～5)$（质量比）为宜。溶液（废水）的 pH 值及 $SO_2$ 量对反应影响很大，当 pH>6 时，$SO_2$ 用量大。因此，pH 值以 3～5 为宜，可节省 $SO_2$ 用量。处理工艺中忌用 $HNO_3$，因 $NO_3^-$ 存在要增加 $SO_2$ 用量。采用管道式反应可提高 $SO_2$ 利用率，并有减少设备、提高处理效率等优点。

该法适合处理 $Cr^{6+}$ 的质量浓度为 50～300mg/L 的废水。中冶集团建筑研究总院环境保护研究所、同济大学等单位曾用烧结烟气中的二氧化硫废烟气处理重金属废水（铬、锰等）和含氰废水。废水外排达标，烟道中 $SO_2$ 净化率达 90% 以上，达到以废治废的目的。

## 18.3.5　萃取电积法

萃取电积法是新开发的废水处理方法。萃取电积法的原理是利用分配定律，用一种与水互不相溶，对废水中某种污染物的溶解度较高的有机溶剂，从废水中分离去除该污染物。该法的优点是设备简单，操作简便，萃取剂中重金属含量高，反萃取后可以电解得到金属。缺点是要求废水中的金属含量较高，否则处理效率低，成本高。

如来自于某废石场的酸性废水，废水水质指标见表 18-10。

表 18-10　处理前的废水水质指标　　　　　单位：mg/L

| 项目 | Fe | Zn | Cu | As | Cd | Pb |
|---|---|---|---|---|---|---|
| 浓度 | 26858 | 133 | 6294 | 33 | 7 | 0.97 |

废水水质表明，废水中含 Fe、Cu 高，pH 值低，适合采用萃取电积法工艺。具体的工艺流程如图 18-5 所示。

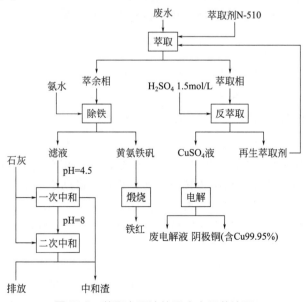

图 18-5　萃取电积法处理废水工艺流程

废水经萃取、反萃取及电积等过程处理后得到含 99.95％ Cu 的二级电解铜，萃取和反萃取剂可得到回收。加氨水于萃余相中除铁得到铁渣，铁渣经燃烧后获得用作涂料的铁红，除铁后的滤液因酸度较高，加入石灰连续两次中和，以提高 pH 值，使废水达到排放标准。

废水经过处理后的水质见表 18-11，运行结果表明，该废水处理工艺是成功的。

表 18-11　处理后的废水水质　　　　　　　　单位：mg/L

| 项目 | Fe | Zn | Cu | As | Cd | Pb |
|------|-----|------|------|-----|------|-----|
| 浓度 | 痕量 | 0.47 | 0.02 | 痕量 | 0.08 | 痕量 |

## 18.3.6　生化法

（1）生化法原理

自然界中的细菌分为两类：一类是异养细菌，它从有机物中摄取自身活动所需的能源为构成细胞所需的碳源；另一类是自养细菌，它从氧化无机化合物中取得能源，从空气中的 $CO_2$ 中获得碳源。自养细菌与重金属之间有多种关系，通过利用这些关系，可对含有重金属的废水进行处理。主要机理有：氧化作用，存在有氧化重金属的细菌，如铁氧菌可将 $Fe^{2+}$ 氧化成 $Fe^{3+}$ 等；吸附、浓缩作用，存在有把重金属吸附到细菌体表面或体内的细菌、藻类等。

目前研究最多的是铁氧菌和硫酸还原菌，进入实际应用最多的是铁氧菌。铁氧菌是生长在酸性水体中的好气性化学自养型细菌的一种，它可氧化硫化型矿物，其能源是二价铁和还原态硫。该细菌的最大特点是，它可以利用在酸性水中将二价铁离子氧化为三价而得到的能量将空气中的碳酸气体固定从而生长，与常规化学氧化工艺比较，可以廉价地氧化二价铁离子。

就废水处理工艺而言，直接处理二价铁离子与二价铁离子氧化为三价离子再处理这两种方法相比，后者可以在较低的 pH 值条件下进行中和处理，可以减少中和剂使用量，并可选用廉价的碳酸钙作为中和剂，且还具有减少沉淀物产生量的优点。

黄铁矿型酸性废水的细菌氧化机理一般来说有直接作用和间接作用两种，主要反应是

$$2FeS_2 + 7O_2 + 2H_2O \xrightarrow{细菌} 2Fe^{2+} + 4SO_4^{2-} + 4H^+ \tag{18-5}$$

$$4Fe^{2+} + O_2 + 4H^+ \xrightarrow{细菌} 4Fe^{3+} + 2H_2O \tag{18-6}$$

$$FeS_2 + 2Fe^{3+} \xrightarrow{细菌} 3Fe^{2+} + 2S \tag{18-7}$$

式(18-7)中的硫被铁氧化菌进一步氧化，反应如下：

$$2S + 3O_2 + 2H_2O \xrightarrow{细菌} 2SO_4^{2-} + 4H^+ \tag{18-8}$$

对于微生物的直接作用，Panin 等认为是以电化学上的相互作用为基础，细菌增强了这种作用。细菌借助于载体被吸附至矿物颗粒表面，物理上借助于分子间的相互作用力，化学上借助于细菌的细胞与矿物晶格中的元素之间形成的化学键。当细菌与这些矿物颗粒表面接触时，会改变电极电位，消除矿物表面的极化，使 S 和 Fe 完全氧化，并且提高了介质标准氧化还原电位(Eh)，产生强的氧化条件。

式(18-5)、式(18-8)为细菌直接氧化作用的结果，如果没有细菌参加，在自然条件下这种氧化反应是相当缓慢的，相反，在有细菌的条件下，反应被催化快速进行。

式(18-6)、式(18-7)为细菌间接氧化的典型反应式。从物理化学因素上分析，pH 值低

时，氧化还原电位高，高 Eh 电位值适合于好氧微生物生长，生命旺盛的微生物又促进了氧化还原过程的催化作用。

总之，伴有微生物参加的氧化还原反应是一个包括物理、化学和生物现象相互作用的复杂工艺过程，微生物的直接作用和间接作用同时存在，有时以直接作用为主，有时以间接作用为主。上述分析表明，硫化型矿山酸性废水的氧化反应以微生物的间接催化作用为主。

铁氧菌是一种好酸性细菌，但卤离子会阻碍其生长，因此，废水的水质必须是硫酸性的，此外，废水的 pH 值、水温、所含的重金属类的浓度以及水量的负荷变动等对铁氧菌的氧化活性也具有较大的影响。

（2）生化法影响因素

① pH 值　pH 值对铁氧菌的影响很大，最佳 pH 值是 $2.5\sim3.8$，但在 $1.3\sim4.5$ 范围时也可以生长，即使处理的酸性废水 pH 值不属于最佳范围，也可以在铁氧菌的培养过程中加以驯化。如日本松尾矿山废水初期的 pH 值仅为 1.5，研究者通过载体的选择，采用耐酸、凝聚性强和比表面积大的硅藻土来作为铁氧菌的载体，很好地解决了菌种的问题。

② 水温　铁氧菌属于中温微生物，最适合的生长温度一般为 35℃，而实际应用中水温一般为 15℃。研究发现，即使水温低到 1.35℃，当氧化时间为 60min 时，$Fe^{2+}$ 也能达到 97% 的氧化率。这可能是在硅藻土等合适的载体中连续氧化后，铁氧菌大量增殖并浓缩，氧化槽内保持极高的菌体浓度的原因。因此可以认为，低温废水对铁氧菌的氧化效果影响不大，一般硫化型矿山废水都能培养出适合自身的铁氧菌菌种。

③ 重金属浓度　微生物对产生废水的矿石性质有一定的要求，过量的毒素会影响细菌体内酶的活性，甚至使酶的作用失效。表 18-12 是铁氧菌菌种对金属的生长界限范围。

表 18-12　铁氧菌菌种对金属的生长界限范围　　　　　　单位：mg/L

| 金属 | $Cd^{2+}$ | $Cr^{3+}$ | $Pb^{2+}$ | $Sn^{2+}$ | $Hg^{2+}$ | $As^{3+}$ |
|---|---|---|---|---|---|---|
| 范围 | 1124~11240 | 520~5200 | 2072 | 119~1187 | 0.2~2 | 75~749 |

一般说来，铁、铜、锌除非浓度极高，否则不会阻碍铁氧菌的生长。从表 18-12 可以看出，铁氧菌的抗毒性是很强的。值得注意的是，铁氧菌对含氟等卤族元素的矿山很敏感，此种矿山产生的废水不适合铁氧菌菌种的生存。就我国矿山来说，绝大多数矿山废水对铁氧菌不会产生抑制作用。

④ 负荷变动　低价 $Fe^{2+}$ 是铁氧菌的能源，细菌将 $Fe^{2+}$ 氧化为 $Fe^{3+}$ 而获得能量，$Fe^{3+}$ 又是矿物颗粒的强氧化剂，$Fe^{3+}$ 在 $Fe^{2+}$ 的氧化过程中起主导作用。因此，当 $Fe^{2+}$ 的浓度降低时，铁氧菌会将二价铁离子氧化为三价铁离子时产生的能量作为自身生长的能量，相应引起菌体数量及活性的不足、氧化能力的下降。但是，短期性的负荷变动，由于处理装置内的液体量本身可起到缓冲作用，因此不会产生太大的影响。

## 18.3.7　膜分离法

膜分离法包括扩散渗析、电渗析、隔膜电解、反渗透和超滤等方法。这些方法能有效地从重金属废水中回收重金属，或使生产废液再回用。膜分离法在重金属废水处理中起到了越来越重要的作用。

（1）扩散渗析法

扩散渗析是依靠膜两侧溶液的浓度差进行溶质扩散的，故亦称为浓差渗析或自然渗析。扩散渗析的效果主要与膜的物理化学性质，原液的成分、浓度、操作条件（温度、流速等）、隔板形式等因素有关。

扩散渗析是利用离子交换膜对阴、阳离子的选择透过性而把废水中的阴、阳离子分离出来的一种物理化学过程。

目前，扩散渗析法在工业上应用较多的是冶金酸洗废液的回收处理。冶金酸洗废液一般含有 10％左右的硫酸和 12％～22％的硫酸亚铁（$FeSO_4$）。采用阴离子交换膜扩散渗析器可分离硫酸和硫酸亚铁。其原理如图 18-6 所示。

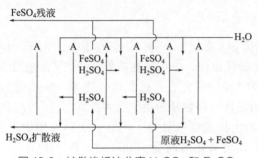

图 18-6　扩散渗析法分离 $H_2SO_4$ 和 $FeSO_4$
A—阴离子交换膜

废酸液与水逆向通入膜的两侧，由于浓度差和膜的选择透过作用，废酸液中的硫酸进入膜一侧的隔室，而硫酸亚铁仍留在原隔室内，渗析的结果是膜的一侧隔室内主要为含有硫酸的扩散液，另一侧隔室内则主要为含有硫酸亚铁的残液，这样就达到了从硫酸和硫酸亚铁的混合液中回收硫酸和从混合液中分离铁离子的目的。

扩散渗析法具有设备简单、投资少、基本不耗电等优点，但无法达到完全分离回收。硫酸的回收率只达 70％左右，在回收的硫酸中还含有 10％左右的硫酸亚铁。为弥补这一缺陷，国内外有采用扩散渗析法与隔膜电解法相组合的回收工艺流程，利用离子交换膜扩散渗析分离废酸的游离酸与硫酸亚铁，残液用隔膜电解法处理，进一步回收硫酸和纯铁。其工艺流程如图 18-7 所示。

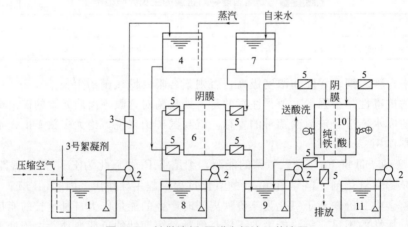

图 18-7　扩散渗析-隔膜电解法工艺流程
1—废酸槽；2—酸泵；3—过滤器；4—高位废酸槽；5—流量计；6—扩散渗析器；7—高位水槽；
8—残液槽；9—再生酸贮槽；10—隔膜电解槽；11—稀硫酸槽

（2）电渗析法

所谓电渗析是以电能为动力的渗析过程，即废水中的金属离子在直流电场的作用下，有选择地通过渗析膜所进行的定向迁移过程。

电渗析器主要包括由电极和极框组成的电极部分，以及由离子交换膜和隔板组成的膜堆部分。电极部分的动力学过程与电解过程相似，膜堆部分的动力学过程主要是废水中与膜内活性基团所带电荷性质相反的离子迁移。

电渗析器的基本原理如图 18-8 所示。它是由一个阴、阳膜相间组成的许多隔室，重金属废水流入隔室后，在直流电场的作用下，各隔室废水中带不同电荷的离子向电性相反的电极方向迁移，这样就形成了浓室和淡室，因此，流经淡室的废水被净化，相反，阴、阳离子同时在浓室中被浓缩。例如，天津某厂在生产氰化铜和氰化锌的过程中排出洗涤废水 $30m^3/d$，其中氰化铜废水主要含有 $Cu^{2+}$、$Na^+$、$Ca^{2+}$、$Mg^{2+}$、$Fe^{2+}$、$CN^-$、$SO_4^{2-}$ 等阴、阳离子，pH 值为 $4\sim6$。这种废水经三级电渗析串联处理后，浓室出水中氰的质量浓度达到 $120mg/L$ 以上，可回用于生产过程中。

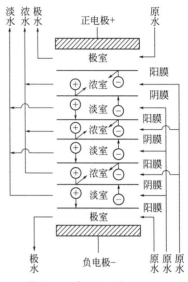

图 18-8　多层电渗析器原理

实际上电渗析的运行中除有阴、阳离子迁移的主要过程外，同时还伴随着一些相反的过程。如有少量与膜内固定活性基团所带电荷性质相同的离子迁移，以及电解质的浓差扩散渗析过程和溶剂的渗透和电渗透。此外，当膜两侧的压力不平衡时会产生溶液压差渗漏；当产生浓差极化时溶剂分子会被电离成离子而参与迁移。这些相反的作用影响了电渗析的效率，使得浓室变淡，淡室增浓，致使淡室常含有少量重金属离子及其他离子。

电渗析器对进水的浑浊度、硬度、有机物含量、铁和锰的含量等水质指标有一定要求，如不符合要求必须进行预处理。电渗析器长期稳定运行的关键是防止和消除水垢。常用的方法是将操作电流控制在极限电流值以下，加酸调整 pH 值和定时倒换电极等。

电渗析法在一定范围内具有能量消耗少，基本上不使用化学药剂，以及操作方便、占地面积小等优点。由于电渗析器的浓缩倍数有限，要使废水中的有用重金属浓缩到回用要求，往往需要进行多级电渗析处理。

（3）反渗透法

渗透的定义是：一种溶剂（如水）通过一种半透膜进入另一种溶液，或者是从一种稀溶液向一种比较浓的溶液的自然渗透。如在浓溶液一边加上适当的压力，即可使渗透停止。此压称为该溶液的渗透压，此时达到渗透平衡。

反渗透的定义是：在浓液一边加上比自然渗透压更高的压力（一般操作压力为 $2\sim10MPa$），扭转自然渗透方向，把浓溶液中的溶剂（水）压到半透膜的另一边稀溶液中，这是和自然界正常渗透过程相反的，因此称为反渗透。

反渗透过程必须具备两个条件，一是操作压力必须高于溶液的渗透压；二是必须有高选择性和高渗透性的半透膜。由于该技术处理工艺简单，不耗化学药剂，且易于回收与实现封闭循环，不易产生二次污染，现已广泛应用。表 18-13 列出对 10 种电镀废水进行反渗透法的处理结果。

表 18-13　中空纤维反渗透器对各种电镀废水的处理结果

| 废水名称 | 质量分数/% | | 操作条件 | | | 透水量/(L/min) | 去除率 | |
| --- | --- | --- | --- | --- | --- | --- | --- | --- |
| | 总可溶固体 | 废液 | 压力/MPa | 温度/℃ | pH 值 | | 可溶固体去除/% | 金属离子去除/% |
| NaOH 中和铬酸 | $0.28\sim4.5$ | $0.6\sim10$ | 2.75 | $20\sim39$ | $4.5\sim6.1$ | $11.4\sim4.16$ | $99\sim98$ | $Cr^{6+}95\sim99$ |

| 废水名称 | 质量分数/% | | 操作条件 | | | 透水量 /(L/min) | 去除率 | |
| --- | --- | --- | --- | --- | --- | --- | --- | --- |
| | 总可溶固体 | 废液 | 压力/MPa | 温度/℃ | pH 值 | | 可溶固体 去除/% | 金属离子 去除/% |
| 未中和的铬酸 | 0.4～4.11 | 1.5～15 | 2.75 | 29 | 1.2～1.9 | 9.80～4.54 | 84～95 | $Cr^{3+}$ 87～97 |
| 焦磷酸铜 | 0.18～5.22 | 0.55～16 | 2.75 | 28～31 | 2.88～1.34 | 10.90～5.07 | 92～99 | $Cu^{2+}$ 99 $P_2O_7^{4-}$ 98～99 |
| 氨基磺酸镍 | 0.5～4.11 | 1.6～13 | 2.75 | 29～30 | 2.02～0.96 | 7.65～3.63 | 95～97 | $Ni^{2+}$ 91～98 $Br^-$ 91～100 硼酸 40～62 |
| 氟酸镍 | 0.88～5.8 | 3.4～23 | 2.75 | 19～23 | 2.06～10.9 | 77.97～41.26 | 65～60 | $Ni^{2+}$ 70～78 |
| 铜氰化物 | 0.57～3.71 | 1.6～10 | 2.75 | 26 | 1.82～0.26 | 6.89～2.35 | 98～97 | $Cu^{2+}$ 99 $CN^-$ 92～99 |
| 罗谢尔铜的氰化物 | 0.13～3.8 | 1～23 | 2.75 | 25～28 | 2.5～1.6 | 9.46～6.06 | 99 | $Cu^{2+}$ 98～99 $CN^-$ 94～98 |
| 镉的氰化物 | 0.31～3.12 | 1～12 | 2.75 | 27～28 | 2.1～0.24 | 7.95～0.91 | 89～98 | $Cd^{2+}$ 99 $CN^-$ 83～97 |
| 锌的氰化物 | 0.47～4.05 | 4～36 | 2.75 | 27 | 1.8～0.21 | 6.81～0.79 | 97～70 | $Zn^{2+}$ 98～99 $CN^-$ 85～99 |
| 锌的氯化物 | 0.16～4.19 | 0.8～21 | 2.75 | 27～29 | 2.06～0.11 | 7.80～0.42 | 96～84 | $Cl^-$ 52～90 |

# 18.4　采矿废水处理技术应用与实践

## 18.4.1　中和沉淀法

　　白银深部铜矿地处甘肃省白银市，属缺水地区。白银深部铜矿在生产过程中，一方面，由矿井内排出大量酸性废水，这种水质严重腐蚀排水管道和设施，污染环境，不能直接用于井下生产；另一方面，每年到了枯水季节，由于干旱，黄河水位急速下降，连白银市区居民的生活用水量都难以保证，更难保证矿山井下的生产用水了。为解决该矿井下水循环应用这一迫切问题，经研究试验，建立了矿山废水处理工程。

　　(1) 废水来源及水质

　　废水主要来源于以下 3 个部分。

　　① 采矿工艺产生废水。矿山的巷道掘进、采场开采工艺的中深孔凿岩用水。这部分用水约 $25×10^4$ t/a。

　　② 井下采场充填工艺用水。井下原大矿体采用阶段空场而后尾砂胶结充填采矿法，年充填量约 $6×10^4$ $m^3$，在充填过程中将产生 $24×10^4$ t 废水从井下排至地表。

　　③ 雨季地表径流进入矿井的废水。该矿山是由露天转入井下开采的，井下采场直接位于露天采坑的下部，受汇水面积 $0.8km^2$，受纳径流雨水量为 $14.4×10^4$ $m^3$/a。

这三项井下排水之和为 $63.4 \times 10^4 t/a$。地下涌水量极少，矿区内的地下涌水量只有 $0.2 \sim 18t/d$。具体废水水质见表 18-14。

表 18-14    废水水质指标      单位：mg/L

| 项目 | pH 值 | $Cl^-$ | $SO_4^{2-}$ | $Cu^{2+}$ | $Pb^{2+}$ | $Zn^{2+}$ | TFe |
|---|---|---|---|---|---|---|---|
| 浓度 | $4 \sim 4.5$ | 785.5 | 2068.29 | 5.89 | 4.57 | 1.54 | 33.5 |

（2）废水处理工艺

酸性废水处理首先必须中和。常用的中和剂为烧碱、纯碱、石灰、石灰石、电石渣及其他碱性废渣。石灰价格适中，但 CaO 溶解于水转变成 $Ca(OH)_2$ 需要一定的时间且污染作业环境。电石渣中 $Ca^{2+}$ 已呈 $Ca(OH)_2$ 形态，制备设施简单，工作环境无粉尘产生。试验证明，电石渣乳进行循环处理，水质成分的稳定性明显优于石灰乳，$Ca^{2+}$ 保持在 150g/L 左右，$SO_4^{2-}$ 的去除率稳定在 25% 左右。初始 pH 值为 $4.7 \sim 6.6$ 的矿井水，投加电石渣 0.1g/L 水，搅拌 10min，最终使 pH 值为 $8.3 \sim 8.5$，因此，确定电石渣为废水处理的中和剂。

深部铜矿为硫化矿矿床，矿井酸性水的类型只能是硫酸型和亚硫酸型。矿井排水中主要含两种酸根离子，其中 $Cl^-$ 和 $SO_4^{2-}$ 一次循环的增加量平均为 467mg/L 和 116.2mg/L。一旦循环应用，其平衡浓度随循环率的增加而增高，当循环率达到 90% 时，预计的 $Cl^-$ 浓度平均可达 3900mg/L，最高可达 5370mg/L；$SO_4^{2-}$ 浓度则平均达 1340mg/L，最高为 2225mg/L。毫无疑问，循环水水质属高盐量水质，其应用的根本问题是控制腐蚀。解决这一问题的工程技术途径只有两条：第一，采用交换或膜分离技术将 $Cl^-$ 和 $SO_4^{2-}$ 的盐类从水中分离出来，使循环系统处于常规的低盐量状态下运行，该途径在技术上是成熟的，但经济上企业难以接受；第二是投加缓蚀剂，使腐蚀控制在可以接受的水平下运行，该途径在经济上自然是合理的。因此，在分析各种因素的基础上选择了缓蚀途径。

根据矿山废水的水质特性，通过中和试验和缓蚀试验，证明效果是很好的，因此确定采用中和法进行废污水处理。具体废水处理工艺流程如图 18-9 所示。

该矿在废水处理站上部 1990m 水平设有 $4 \times 10^4 m^3$ 的充填废水蓄存坝，首先将井下矿坑废水及地表充填制备站废水用泵经管路输送到蓄水坝内，经过初次沉淀，待泥砂沉淀以后打开输送阀门，并且利用地形高差，采用 $\phi 144 \times 5$ 钢管自流入废水处理站的 500m³ 蓄水池，以泵提升至混合器与电石渣（石灰乳）混合，加入 3# 絮凝剂在混凝器内混凝，后进入沉淀池固液分离，上清液流入现有 500m³ 贮水池，加入缓蚀剂 SEH＋SPZ，并补充新水 10%（15m³/h），经管路输入副井供水管，供井下生产使用。水处理后产生 90% 循环水，10% 是沉淀的泥浆水，这些沉淀泥浆经泥浆泵再次送入 1990m 水平蓄水坝沉淀重复处理。

（3）工艺参数

① 废水处理站占地面积 $141.2m^2$。

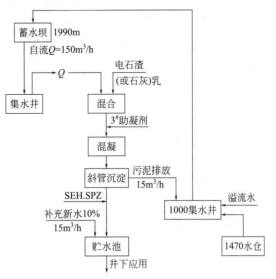

图 18-9   废水处理工艺流程

② 设有容积为 500m³ 的水处理净化池两个，500m³ 净化水储存池两个。

③ 设计处理废水量：$Q＝150m^3/h$，出水水质 pH 值为 6.8～8.5。

④ 蚀度：小于或等于 0.2mm/a，结垢速度 ≤3# 絮凝剂。

⑤ 电石渣（或石灰）100mg/L。

⑥ SEH 水稳剂 50mg/L，SPZ 水稳剂 8mg/L。

## 18.4.2 联合处理法

联合处理法就是多种废水处理方法联合使用。因为对于成分复杂的矿山酸性废水只用中和法、硫化法、沉淀浮选法、置换法、生化法等一种方法进行处理是难以达到处理要求的，需要多种方法联合运用。因此，对于水质复杂的矿山废水来说，要根据实际情况，进行合理的流程组合与治理。

**(1) 废水来源与水质**

该矿是我国特大型重要有色金属矿厂之一，目前采金和采铜同时进行。矿山生产不断深入，而且矿山所处的地理环境特殊，环保工作极为重要。金矿生产中氯化物的污染通过近几年的工程治理，已经达标排放，并随着"零排放"的进一步完善，排放总量在逐年降低。而随着铜矿的开采，重金属污染和酸性废水污染越来越严重，需要进行及时的解决。

矿山废水主要来源于以下几部分。

① 矿坑含铜废水 该区域属于铜矿区域，矿坑被揭露后，铜矿物经过矿坑原生菌的作用及矿坑酸烟气等的作用逐渐氧化所产生的铜废水，大部分从 520 硐涌出，$Cu^{2+}$ 含量在 6～20mg/L 之间，pH 值为 4～5，流量为 2000m³/d。

② 废渣场废水 原 520 硐、518 硐掘进及原铜矿采矿所副产的含铜矿渣，矿渣中含 Cu 0.2% 以下，经长期风化及原生菌作用，$Cu^{2+}$ 含量在 300～450mg/L，pH 值为 2～3，流量为 100m³/d。主要分布在原选矿五车间范围。

③ 铜矿试验厂废水 主要为铜试验厂浸出池渗漏，贫液有害杂质过多或贫液量过多时外排产生，$Cu^{2+}$ 含量在 100～500mg/L，pH 值小于 2，流量为 20～100m³/d。

④ 肚子坑金矿堆浸渣场废水 由 517 硐及金矿浸渣场淋滤水汇聚，原 517 硐出水量大时铜较高，可达 36mg/L，目前在 16mg/L 左右，pH 值为 8，铜主要以 $Cu^{2+}$ 及 $Cu(CN)^-$ 的形式存在。

⑤ 金矿现役尾矿库外排废水 主要由金矿浆及库区潜水、尾矿坝排渗井及母坝渗水组成，含 $Cu^{2+}$ 在 16～30mg/L 之间，为间隙外排，pH 值为 6～9，铜主要以 $Cu^{2+}$ 及 $Cu(CN)^-$ 的形式存在。

**(2) 废水处理工艺与效果**

根据实验室试验及金矿已有废水的处理经验，针对各路废水的特性，采用不同的废水处理方法，分别进行治理。

① 肚子坑废水治理 肚子坑废水主要为金矿堆浸渣场淋滤水，水中含 Au 较高，铜及氰化物相对较少，采用硫化法进行处理，其工艺流程如图 18-10 所示。

图 18-10 肚子坑废水治理工艺流程

废水经肚子坑透水坝后，经过收集沉淀池沉淀，澄清液尽量抽回作金矿生产循环用水，当水量较大时，进入二庙沟大坝澄清，再经过活性炭吸附系统吸附回收金，处理槽处理达标后，沉淀物回收，达标废水外排或回用。

② 矿坑废水治理　矿坑废水主要污染物为铜等重金属、悬浮物等杂质，采用先中和沉淀后硫化沉淀的工艺，其工艺流程如图 18-11 所示。

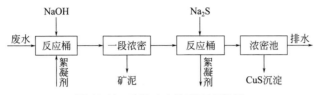

图 18-11　矿坑废水治理工艺流程

矿坑废水平时作为金矿生产用水应尽量回用，多余水进入原五车间吸附系统改造的废水处理系统处理；经反应桶加入碱及混凝剂处理，到 1 号浓密机进行浓缩沉淀，沉淀物因含有大量污泥，铜品位小于 0.5%，无回收价值，排入尾矿库，溢流水 pH 值在 7 以上，进入反应桶，加入 $Na_2S$、絮凝剂反应后进入 2 号浓密机，沉淀物 CuS 可回收，溢流水达标外排或回用。

③ 尾矿库、原五车间堆渣场废水处理　废渣场废水，其 $Cu^{2+}$ 含量较高，共两股，若铜试验厂能承接时可直接引入铜试验厂作生产用水，否则经合并收集沉淀后，通过铁屑置换槽进行置换海绵铜，置换余液 $Cu^{2+}$ 降到 5mg/L 以内。此时废水中的铁离子将大大超标。通过与三车间炭浆尾矿浆合并，大部分铜离子及铁离子在合并输送过程及库区内与 $OH^-$ 形成 $Cu(OH)_2$、$Fe(OH)_3$ 沉淀，少量形成 $Cu(CN)_2$，经尾矿库澄清后溢流到坝下回水池，一般情况下返回金矿作生产循环用水，外排时经处理池加入 $Na_2S$、漂白粉处理，沉淀后达标排放。其工艺流程如图 18-12 所示。

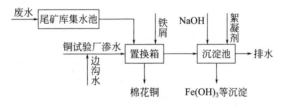

图 18-12　铜试验厂废水处理工艺流程

经过对各个污染点的废水进行处理，均达到良好的效果，基本实现循环回用，不再影响并可保护该矿地区生态环境和周围水体水质。

## 18.4.3　生化法

（1）废水来源与水质

武山铜矿矿山废水来源于矿坑，为硫酸性废水，含铁、铜、锌、铅、镉、锰等金属离子，水质见表 18-15。

表 18-15　武山铜矿废水水质　　　　　　　　单位：mg/L(pH 值除外)

| 项目名称 | 水温/℃ | pH 值 | $Fe^{2+}$ | TFe | $Cu^{2+}$ | $Zn^{2+}$ | $Pb^{2+}$ | $Cd^{2+}$ | $Mn^{2+}$ | $As^{2+}$ | $Al^{3+}$ | SS |
|---|---|---|---|---|---|---|---|---|---|---|---|---|
| 水质 | 21.7 | 2.8 | 260 | 410 | 45 | 47 | 1.0 | 1.0 | 7.5 | 0.40 | 65 | 35 |

在日本金属矿业事业团的支持下，1997 年 11 月在武山铜矿建立起我国第一座利用铁氧化细菌技术处理有色金属矿山酸性废水的试验工厂。

（2）废水处理工艺

由废水的水质可以看出，废水中的 $Fe^{2+}$ 占总铁的 63%，水温、酸度及所含的金属离子等水质条件适合于铁氧菌的生存环境要求。试验工厂的工艺流程如图 18-13 所示。基于铜矿的经济状况，流程中增加了铜回收的前处理工序。

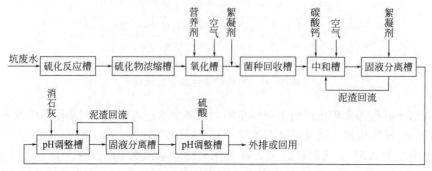

图 18-13　试验工厂工艺流程

试验工厂设定运行条件见表 18-16。

表 18-16　试验工厂设定运行条件

| 工序条件 | 前处理 | 细菌氧化 | | | 碳酸钙中和 | 后处理 | |
|---|---|---|---|---|---|---|---|
| | Na₂S：Cu（摩尔比） | 氧化时间/h | 空气量/[m³/(m²·min)] | 营养剂/(mg/L) | 中和设定pH值 | 消石灰中和设定pH值 | 逆中和设定pH值 |
| 培养期 | 1:1 | 1.0 | 0.65 | 5.0 | 6.0 | 10.5 | 8.0 |
| 调整期 | — | 0.5 | 0.45 | 2.5 | 6.0 | 10.5 | 8.0 |
| 正常期 | — | 0.5 | 0.3 | 0 | 6.0 | 10.5 | 8.0 |

试验从 1997 年 9 月 10 日开始运转，到 1999 年 2 月结束，试验过程经受了季节水质及外部环境变化的考验，取得了很好的试验成果。$Fe^{2+}$ 的氧化率达到 98% 左右，碳酸钙作为主要中和药剂，出水达到排放标准。试验证明用生化法处理矿山酸性废水有如下特点。

① 设备运行稳定，处理效果好，出水水质达到了国家污水综合排放标准。

② 由于采用铁氧菌，可迅速把废水中的 $Fe^{2+}$ 氧化为 $Fe^{3+}$，在低 pH 值条件下即形成 $Fe(OH)_3$ 沉淀，沉淀物含水率低，体积小。

③ 节省氧化剂费用，仅为传统药剂、空气氧化法费用的 1/3。

④ 细菌氧化法处理矿山酸性废水，改变了生物技术多用于有机物废水处理的局限性。

武山铜矿生化法处理矿山酸性废水试验的成功，标志着在我国矿山进行生化法处理废水是完全可行的。在随后的时间里，城门山铜矿、德兴铜矿都进行了矿山酸性废水试验，$Fe^{2+}$ 的氧化率达到 95% 以上。此外，有关数据表明，江西银山铅锌矿、铜陵的铜山铁矿等也都有利用铁氧菌技术处理废水的水质条件。因此，生化法运用于我国的矿山酸性废水处理是有很大前途的。

# 18.5　选矿厂废水处理与回用技术

选矿废水排放量较大，例如浮选、磁选 1t 原矿石，废水排放量可达 6～9t；采用浮选、重选工艺处理 1t 原铜矿石，其排废水量可达 27～30t。且选矿废水中含有多种化学物质，这是由于选矿时投加大量和多种表面活性剂和品种繁多的各类化学药剂而造成的。选矿药剂中，有的属于剧毒性物质，如氰化物、酚类化物；有的毒性虽不大，但用量较大，也会造成污染，如大量使用起泡剂、捕集剂等表面活性物质，会使废水中的 BOD、COD 浓度迅速增大，废水出现异味、变质发臭；废水中含有大量有机物和无机物的细小颗粒，沉降性能差，污染环境和危害水体的自净能力。

选矿废水中的重金属元素大都以固态存在，如能采取物化方法和合理的沉降技术措施可以降低和避免重金属污染。但废水中可溶性的选矿药剂的去除则是多数选矿废水的主要处理目标。

从选矿废水处理而言，最有效的措施是尾矿水返回使用，减少废水总量与选矿药剂浓度；其次才是净化处理。选矿废水的处理方法有中和沉淀法、混凝沉淀法、自然沉淀法、活性炭吸附法、离子交换法、浮上分离法、生物氧化法等。其中中和沉淀法、自然沉淀法和氧化法是普遍采用的方法，单独与联合都有使用，但采用联合流程处理更为有效。人工湿地法是新开发的技术，具有发展应用前景。

## 18.5.1　自然沉淀法

（1）自然沉淀法净化功能与效果

自然沉淀法是将选矿废水泵入尾矿坝（尾矿池、尾矿场等）中，充分利用尾矿坝面积大的自然条件，使废水中的悬浮物自然沉降，并使易分解的物质自然分解、氧化降解。该方法简单、可靠、易行，目前国内外仍在普遍使用。其净化作用与功能如下。

① 稀释作用。天然降雨和库区溪水的稀释净化作用。

② 水解作用。多数选矿药剂，如黄药和氰化物在自然条件下较易分解。

③ 沉淀作用。在尾矿坝中废水的多种颗粒物质相互作用，絮凝而加速沉淀效应。

④ 生化作用。尾矿坝既是一个沉淀池，又是一个自然曝气池（塘）。不仅能氧化降解废水中的各种有机物，而且能吸收并浓缩氧化废水中的有害物质。图 18-14、图 18-15 和图 18-16 分别列出了黄药、苯胺黑药和二号油在不同时间下的降解曲线。这表明尽管丁基黄药、异戊基黄药、25 号黑药和常萜烯醇类（二号油）都属于毒性物质，乙基黄药属强毒性物质，但在尾矿库内都会存在生化降解作用，故对环境与水体的污染可大为减轻。

（2）尾矿砂的净化作用与效果

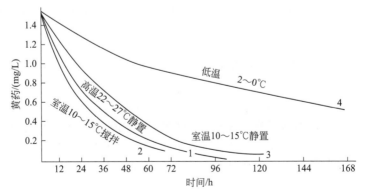

图 18-14　黄药在不同条件下的降解曲线（无日照）

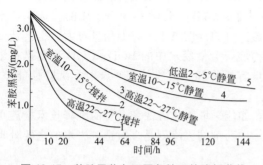

图 18-15　苯胺黑药在不同条件下的降解曲线

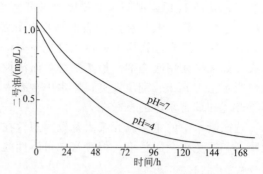

图 18-16　二号油在不同条件下的降解曲线

目前矿山选砂废水通常是将废水泵送至尾矿坝(库),经一段时间自然澄清、氧化分解后再外排或循环回用。在将废水送入尾矿库时,尾矿浆中的尾矿砂作为固体载体对选矿药剂或废水中的有些物质能具有明显的吸附作用,其吸附作用是随着尾矿砂质量分数的增加而增加的,见表 18-17。

表 18-17　尾矿砂对黄药、二号油的吸附去除率

| 编号 | 项目名称 | 尾矿砂质量分数/% | | | | | |
|---|---|---|---|---|---|---|---|
| | | 0 | 1 | 5 | 10 | 20 | 30 |
| 1 | 黄药浓度/(mg/L) | 10.7 | 8.6 | 5.8 | 2.45 | | |
| | 去除率/% | 0 | 19.63 | 45.79 | 77.10 | | |
| 2 | 黄药浓度/(mg/L) | 5.65 | | | 1.30 | 0.25 | 0.15 |
| | 去除率/% | 0 | | | 76.99 | 95.28 | 97.34 |
| 3 | 二号油浓度/(mg/L) | 43.14 | 43.14 | 37.14 | 30.86 | | |
| | 去除率/% | 0 | 0 | 13.91 | 28.47 | | |
| 4 | 二号油浓度/(mg/L) | 37.17 | | | 28.28 | 27.24 | 24.80 |
| | 去除率/% | 0 | | | 24.74 | 27.76 | 34.23 |

一般来说,水体 pH 值低,气温或水温升高,有日照等会明显地加速水体中黄药、黑药、二号油的分解、氧化,有利于浮选药剂的净化,尤其是黄药。因此,选矿厂应选择有益于易降解的物质用于尾矿库以创造适宜于降解的环境条件,而且应充分利用尾矿堤(库)的自净作用与条件。

## 18.5.2　中和沉淀法与混凝沉淀法

铜、铁、铅、锌、银等金属矿选矿过程中,产生大量的选矿废水。由于矿山矿石类型和选矿处理工艺要求不同,造成了选矿废水的 pH 值过低或过高,所含 Cu、Pb、Zn、Cd 等重金属离子和其他有害成分大大超过工业排放标准。如要实现废水合格排放或循环利用,必须进行进一步的物理、化学处理。主要处理方法有中和沉淀法、硫化沉淀法、混凝沉淀法等处理工艺。

调节 pH 值以去除重金属污染物的方法称为中和沉淀法。根据处理废水 pH 值的不同分为酸性中和和碱性中和,一般采用以废治废的原则。对于碱性选矿废水,多用酸性矿

山废水进行中和处理。由于重金属氢氧化物有些是两性氢氧化物，每种重金属离子生成沉淀都有一个最佳 pH 值范围，pH 值过高或过低，都会使氢氧化物沉淀又重新溶解，致使废水中的重金属离子超标。因此，控制 pH 值是中和沉淀法处理含重金属离子废水的关键。

重金属硫化物的溶度积都很小，因此，添加硫化物可以比较完全地去除重金属离子。硫化物沉淀法处理重金属废水具有去除率高、可分步沉淀泥渣中的金属、沉淀物晶位高而便于回收利用，且沉渣体积小、含水率低、适应 pH 值范围广等优点，得到广泛应用。但如果 pH 值控制不当会存在产生的硫化氢对人体有害、对大气造成污染等缺点。

混凝法广泛应用于金属浮选选矿废水处理。由于该类型废水的 pH 值高，一般在 9~12，有时甚至超过 14，存在着沉降速度很慢的悬浮固体颗粒、大量胶体、部分微量可溶性重金属离子及有机物等。在实际废水处理中，根据废水及悬浮固体污染物的特性不同，采用不同的混凝剂，既可单独利用无机凝聚剂如硫酸铝[$Al_2(SO_4)_3 \cdot 18H_2O$]、氯化铁（$FeCl_3 \cdot 6H_2O$）或通过有机高分子絮凝剂（如各种类型的聚丙烯酰胺）进行沉降分离，也可将二者联合使用进行混凝沉淀。该方法是将无机凝聚剂的电性中和作用和压缩双电层作用以及高分子絮凝剂的吸附作用、桥联作用和卷带作用结合起来，故其沉淀效果显著。

例如，向尾矿水中投加石灰，可使水玻璃生成硅酸钙沉淀，此沉淀与悬浮固体共沉淀而使废水得到净化。有时，为改善沉淀效果，可加入适量无机混凝剂（如硫酸亚铁）或高分子絮凝剂；为降低化学耗氧量，可投加氯气进行氧化处理，亦可加酸使硅酸钠转化为具有絮凝作用的硅酸，从而改善沉降效果。采用混凝沉淀法处理尾矿水，具有水质适应性强、药剂来源广、操作管理方便、成本低等优点，目前已被广泛使用。

## 18.5.3　离子交换法

（1）高子交换反应与运行方式

① 离子交换反应　任何离子反应都有 3 个特征：a. 和其他化学反应一样服从当量定律，即以等当量进行交换；b. 是一种可逆反应，遵循质量作用定律；c. 交换剂具有选择性。交换剂上的交换离子先和交换势大的离子交换。在常温和低温时，阳离子价数越高，交换势就越大；同价离子时原子序数越大，交换势越大。强酸阳树脂的选择性顺序为：

$$Fe^{3+} > Al^{3+} > Ca^{2+} > Mg^{2+} > K^+ > H^+$$

强碱阴树脂的选择性顺序为：

$$Cr_2O_7^{2-} > SO_4^{2-} > NO_3^- > CrO_4^{2-} > Cl^- > OH^-$$

当高浓度时，上述前后顺序退居次要地位，主要依靠浓度的大小排列顺序。

离子交换的选择性可由描述平衡的选择系数 $K_B^M$ 来表达。对于阳离子树脂交换为：

$$M^{n+} + n(R^-)B^+ \Longleftrightarrow nB^+ + (R^-)_n M^{n+}$$

$$K_B^M = [B^+][R_n M]/[M^{n+}][RB]$$

式中，$[R_n M]$、$[RB]$ 分别为反应平衡时，树脂中重金属离子 $M^{n+}$ 和 $B^+$ 的克离子浓度；$[M^{n+}]$、$[B^+]$ 分别为反应平衡时废水中 $M^{n+}$ 和 $B^+$ 的克离子法度。

选择系数 $K_B^M$ 表示树脂中 $M^{n+}$ 和 $B^+$ 的比值同废水中 $M^{n+}$ 和 $B^+$ 的比值相除的商数。它是一个无量纲数，其值取决于废水中离子组成、浓度和温度，同所选择的浓度单位无关。$K_B^M > 1$，表示树脂优先选择 $M^{n+}$；$K_B^M = 1$，表示树脂对 $M^{n+}$ 和 $B^+$ 的选择性是一样的；$K_B^M = 0$，说明 $M^{n+}$ 根本不被树脂所吸附。如对阳离子交换树脂而言，阴离子的选择系数等于 0；反之，对阴离子交换树脂而言，阳离子的选择系数等于 0。$K_B^M$ 小于 1，则表示树脂优

先选择 $B^+$；$K_B^M \gg 1$ 或 $K_B^M \ll 1$，表示 $M^{n+}$、$B^+$ 两者极易分离；当 $K_B^M \gg 1$ 时，则交换达到平衡时树脂基本为 $[R_n M]$。

② 离子交换运行方式　离子交换运行操作大都以动态进行。静态运行除非树脂对所需去除的同性离子有很高的选择性，否则由于反应的可逆性只能去除一部分。动态运行设备有固定床、移动床、流动床等型式。

床内只有一种阳离子交换树脂(或阴离子交换树脂)的称为阳床(或阴床)；床内装有阳离子交换树脂、阴离子交换树脂联合使用的称为复床；床内装有均匀混合的阳离子交换树脂、阴离子交换树脂的称为混合床。混合床可同时去除废水中的阳、阴离子，相当于无数个阳床、阴床串联。

离子交换的再生方式主要有顺流和逆流再生。前者，再生和交换过程中的流向相同；后者，再生和交换过程中的流向相反。逆流再生方式的再生效果好，可充分利用再生剂。

近年来出现了电再生和热再生工艺。电再生是在电渗析器淡水隔室内填充阳离子交换树脂、阴离子交换树脂，利用极化产生的 $H^+$ 及 $OH^-$，使阳离子交换树脂、阴离子交换树脂同时得到再生的技术。热再生是以极易再生的弱酸或弱碱树脂对温度作用的敏感性为依据：温度低(25℃)时有利于交换，温度高(85℃)时，由于水中$[H^+]$、$[OH^-]$离子温度增高而有利于再生，因此，可以通过调整水温而达到再生。

(2) 离子交换树脂回收与处理重金属废水

由于重金属废水中的重金属大都以离子状态存在，所以用离子交换法处理能有效地除去和回收废水中的重金属。

① 含铬废水处理　电镀含铬废水常用离子交换法处理。废水先经过氢型阳离子交换柱，去除水中三价铬及其他金属离子。同时，氢离子浓度增高，pH 值下降。当 pH＝2.3～3 时，三价铬则以 $HCrO_4^-$、$Cr_2O_7^{2-}$ 的形态存在。从阳柱出来的酸性废水进入阴柱，吸附交换废水中的 $CrO_4^{2-}$、$HCrO_4^-$、$Cr_2O_7^{2-}$ 等阴离子。交换反应达到终点后，阳柱用盐酸，阴柱用氢氧化钠溶液再生。

为回收铬酐，阴柱再生洗液需通过氢型阳离子交换柱处理：

$$4RH + 2Na_2CrO_4 \rightleftharpoons 4RNa + H_2Cr_2O_7 + H_2O$$

氢型阳离子交换树脂失效后用盐酸再生：

$$RNa + HCl \rightleftharpoons RH + NaCl$$

回收处理含铬废水实践证明：废水中六价铬在中性条件下是以铬酸根形式存在的，而在酸性条件下，pH＝2.3～5.5 时，几乎全部的铬酸根都转变为重铬酸根。铬以重铬酸根的形式通过阴离子交换树脂柱时，比以铬酸根形式通过有两个显著的优点：一是由于 $CrO_4^{2-}$ 与 $Cr_2O_7^{2-}$ 的价数一样，都是负二价的，但后者多含一个铬原子，因而当与树脂发生交换反应时，同一数量的树脂所吸附的呈 $Cr_2O_7^{2-}$ 的铬要比呈 $CrO_4^{2-}$ 时多一倍；二是阴离子交换树脂对重铬酸根的亲和力非常强。由于废水中常存在硫酸根离子($SO_4^{2-}$)和氯离子($Cl^-$)，所以在中性条件下，树脂不但吸附有 $CrO_4^{2-}$，而且同时吸附大量的 $SO_4^{2-}$ 和 $Cl^-$，这样既影响树脂的交换容量，又影响回收铬酸的纯度。当在酸性条件下操作时，由于废水中的六价铬均以 $Cr_2O_7^{2-}$ 的形式存在，其亲和力远大于树脂对其他阴离子的亲和力，这样，随着废水不断地通过树脂床，已经吸附在树脂上的其他阴离子($SO_4^{2-}$、$Cl^-$)不断地被 $Cr_2O_7^{2-}$ 所代替。因此，在酸性条件下操作时，树脂的工作交换容量要比中性条件时大得多，为了充分利用树脂的上述特性，在实际生产时，较普遍地使用双阴柱全饱和流程，如图 18-17 所示。这种流程能使离子交换树脂保持较高的交换容量，大大减少氯与硫酸根离子，增大铬酐浓度。

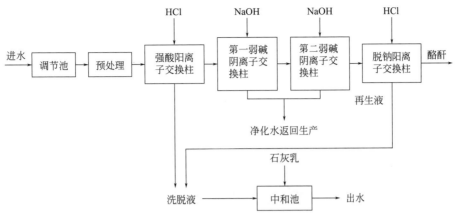

图 18-17 离子交换法处理含铬废水

为防止废水中的悬浮物堵塞、污染离子交换树脂，废水应采用过滤等预处理。阳柱装 732 强酸型阳离子交换树脂，阴柱装 710 弱碱型阴离子交换树脂。当第一阴柱出水的六价铬达 0.5mg/L 时，再串联到第二阴柱继续工作，直到第一阴柱进出水中的六价铬浓度相等，停止第一阴柱工作，进行再生。第二个柱继续工作，待第二个柱出水含铬达 0.5mg/L 时，再与再生好的阴柱串联工作，如此反复循环。阴离子交换柱再生液经阳离子交换柱脱钠后回收铬酐。

当含铬废水六价铬含量为 100mg/L，采用 732 强酸性树脂和 710 大孔型弱碱性树脂，交换容量为 80g/L，再生周期 48h，铬酐回收率 90%，水回收率 70% 时，药剂材料大致消耗指标见表 18-18。

表 18-18　离子交换法处理含铬废水药剂材料大致消耗量

| 项目 | 处理废水量/(m³/h) | | 项目 | 处理废水量/(m³/h) | |
| --- | --- | --- | --- | --- | --- |
| | 1 | 5 | | 1 | 5 |
| 732 强酸性阳离子树脂/kg | 240 | 1200 | 电耗量/(kW·h) | 72 | 96 |
| 710 弱碱性阴离子树脂/kg | 126 | 630 | 蒸汽耗量/t | 0.395 | 1.96 |
| 工业碱耗量/kg | 22.8 | 114.0 | 1m³ 废水回收铬酐量/kg | 0.173 | 0.173 |
| 工业盐酸耗量/kg | 121.4 | 606.9 | 1m³ 废水回收水量/m³ | 0.7 | 0.7 |

② 含镉废水处理　采用阳离子交换树脂处理含镉废水，可使废水中的镉浓度由 20mg/L 降至 0.01mg/L 以下。镉离子比废水中的一般离子(如钠、钙、镁)具有较强的选择性。据报道，用于处理含镉量低于 1mg/L 的废水时，每千克树脂能交换镉 21g。经交换吸附饱和后的树脂用 5% 盐酸再生。

当含镉废水中存在较多的氰离子、卤素离子时，因形成络合阴离子，如镉氰络合物，可采用适当的阴离子交换树脂进行交换。

值得注意的是，为了消除 Ca、Mg 等离子对交换树脂的影响，在采用交换法处理电镀废水时，漂洗用水应先软化。在实际生产中应防止其他离子的混入，以及采用分级逆流漂洗等措施，以利于提高树脂对镉的实际交换容量。

## 18.5.4  浮上法

（1）沉淀浮上法

所谓沉淀浮上法就是使用相应的抑制剂，使欲去除的重金属离子暂时沉淀，而后投加活化剂和捕集剂，使其上浮而进行回收的方法。该法近年来在国外处理矿山含重金属离子废水上得到了比较广泛的应用。

例如，往含镉和锌的废水中投加硫化钠（$Na_2S$），生成沉淀，再用捕集剂 ODAA（octa decyl amine acetate，十八烷基醋酸胺）进行上浮分离。用这个方法处理镉和锌的结果见表 18-19。

表 18-19  镉和锌同时去除的效果  单位：mg/L

| 编号 | 硫化钠浓度 | ODAA 浓度 | pH 值 | 镉浓度 | | | 锌浓度 | | |
|---|---|---|---|---|---|---|---|---|---|
| | | | | 处理前 | 处理后 | 去除率/% | 处理前 | 处理后 | 去除率/% |
| 1 | 10 | 100 | 8.5 | 5 | 0.2 | 96 | 10 | 0.37 | 96.3 |
| 2 | 20 | 50 | 8.5 | 5 | 0.034 | 99.8 | 10 | 0.07 | 99.3 |
| 3 | 30 | 100 | 8.5 | 5 | 0.001 | 99.98 | 10 | 0.035 | 99.35 |
| 4 | 40 | 100 | 8.5 | 5 | <0.001 | >99.98 | 10 | 0.1 | 99 |

从图 18-18 中可见：当采用十二烷基磺酸钠 SLS 为捕集剂进行浮选时，在 pH 值小于 8 的条件下，加入 $0.02 \times 10^{-3}$ mol/L SLS 捕集剂时回收率很低，此时并非 SLS 捕集剂不好，而是药剂用量不足。当药剂用量增加到 $0.1 \times 10^{-3}$ mol/L 时，回收率便上升到 40%。当把废水中的锌离子转变为氢氧化物沉淀后，再用沉淀浮上法回收沉淀物时药剂用量就少多了。pH 值小于 8 时，捕集剂 SLS 的用量为 $0.02 \times 10^{-3}$ mol/L 的条件下，$Zn^{2+}$ 基本不上浮。但在 pH=8～11 时，由于形成了 $Zn(OH)_2$ 沉淀，用同样的药剂量的条件下上浮率接近 100%，可见沉淀浮上法在处理重金属废水中的优越性。

图 18-19 为 $Cr(OH)_3$ 的沉淀上浮率与 pH 值的关系。当废水中含有 $Cr^{6+}$ 需要清除时，首先应将 $Cr^{6+}$ 转变为 $Cr^{3+}$，然后再用中和沉淀法使之变为 $Cr(OH)_3$，再予以清除。由于 $Cr(OH)_3$ 的等电点为 pH=10 左右，pH 值大于 10 时，$Cr(OH)_3$ 荷负电，此时采用阳离子捕集剂 EHDA-Br 上浮时具有一定的效果。pH 值小于 10 时，$Cr(OH)_3$ 荷正电，此时采用阴离子捕集剂 SDS（十二烷基硫酸钠）的上浮效果很好。

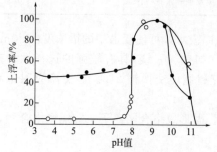

图 18-18  $Zn(OH)_2$ 的沉淀上浮率与 pH 值的关系
— ● — SLS 为 $0.1 \times 10^{-3}$ mol/L
— ○ — SLS 为 $0.02 \times 10^{-3}$ mol/L
废水中 $Zn^{2+}$ 浓度为 6.5mg/L

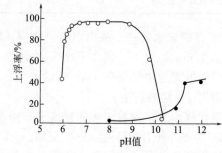

图 18-19  $Cr(OH)_3$ 的沉淀上浮率与 pH 值的关系
— ● — EHDA- Br 为 $0.074 \times 10^{-3}$ mol/L
— ○ — SDS 为 $0.086 \times 10^{-3}$ mol/L
废水中 $Cr^{3+}$ 浓度为 48.4mg/L

（2）离子浮上法

它是利用表面活性物质在气-液界面处具有吸附能力的一种方法。如在含有金属离子的废水中，加入具有和它相反电荷的捕集剂，生成水溶性的络合物或不溶性的沉淀物，使其附在气泡上浮到水面，形成泡沫(亦称浮渣)进行回收。

通过发生器在废水中产生气泡，同时投加捕集剂，使废水中需除去的重金属离子被吸附在捕集剂上，与气泡一起上浮，借以回收所除去的重金属。

离子浮选所用的捕集剂必须能在废水中呈离子状态，并且应对欲除去的金属离子具有选择性的吸附。例如往含镉废水中投加黄原酸酯，可使镉成黄原酸镉酯而浮选分离。此法已在冶炼厂废水的处理实践中应用。例如，日本某铜冶炼厂废水量为 $1000m^3/d$，含镉为 $1\sim 3mg/L$，含铜为 $1\sim 2mg/L$，当戊基黄原酸酯投加量为镉离子的 $0.2\sim 1.5$ 当量时，处理后出水中含镉为 $0.01\sim 0.05mg/L$，铜为 $0.4\sim 0.5mg/L$。如往含镉废水中投加烷基苯磺酸钠，处理后出水含镉量可由 $2mg/L$ 降至 $0.01mg/L$。

图 18-20 为日本东北大学资源工学部进行的以黄原酸盐作捕集剂除镉的结果。

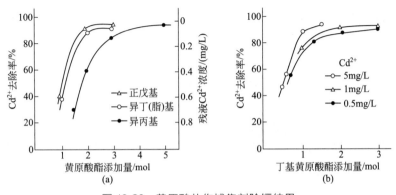

图 18-20　黄原酸盐作捕集剂除镉结果

用十二烷基苯磺酸钠作为捕集剂或起泡剂的浮选法，能从电镀漂洗水中快速地和几乎完全地提取 $Ni(OH)_2$。

明胶与废水中的 $Cu^{2+}$ 反应形成水溶性和起沫的络合物，用同法处理可有效地除去 $Pb^{2+}$。$Cu$ 和 $Pb$ 在 pH 值为 $6.5\sim 7.3$ 和 pH 值为 $7.0$ 时的去除率分别为 $99\%$ 和 $100\%$。

日本研究一种用 N-单癸酰二亚乙基三胺的泡沫浮选法处理多种重金属的矿山废水和电镀废水。实践证明，这种方法处理含有 $Cu$、$Pb$、$Zn$、$Cd$ 和 $Fe$ 的矿山废水是高效的，在处理含有相当高浓度的重金属离子的废水时，使用远比理论量小得多的捕集剂，便很容易以泡沫产物的形式去除和回收这些金属。用这种捕集剂处理含有 $Cu$、$Zn$ 和 $Cd$ 的废水，每一种离子以泡沫形式将近百分之百地从废水中除去和回收。还进行了用这种捕集剂从含有 $Cu$、$Pb$ 和 $Zn$ 以及存在 $Ca$ 的废水中除去这些重金属的研究。在适宜的 pH 值下，这些重金属离子可被选择性地除去和回收。用它处理含有 $Zn$、$Cu$、$Ni$、$Cr$ 和 $Fe$ 的电镀废水时，这些金属都能有效地以泡沫产物的形式被除去。

用浮选法处理重金属离子时，其他阳离子尤其是碱土金属离子的影响是一个问题。采用螯合剂作捕集剂时，不存在这个问题，但黄原酸酯的投加量要尽量少些，否则会造成臭味。另外，三价铁离子易将黄原酸酯分解，所以最好先将铁去除。

烷基苯磺酸钠是一种价格便宜的捕集剂，但用量过多时效果反而恶化。另外，当重金属离子浓度非常低，而钙离子浓度却很高时，去除效果恶化，在稍微提高 pH 值、投加微量的磷酸后效果有所提高。

用离子浮选法时，要注意因剩余的表面活性剂所产生的臭味、COD 的增加以及引起泡沫等问题。

### 18.5.5 人工湿地法

人工湿地法的基本原理是利用基质、微生物、植物这个复合生态系统的物理、化学和生物的三重协调作用，通过过滤、吸附、共沉、离子交换、植物吸收和微生物分解来实现对废水的高效净化，同时通过营养物质和水分的生物地球化学循环，促进绿色植物生长并使其增产，实现废水的资源化与无害化。它具有出水水质稳定，对 N、P 等营养物质的去除能力强，基建和运行费用低，维护管理方便，耐冲击负荷强等优点。

# 18.6 选矿厂废水处理技术应用与实践

### 18.6.1 中和沉淀+硫化法

（1）废水来源及水质

主要的碱性废水为大量尾矿和精矿脱水工序中产生的高碱性废水。两种碱性废水水量和水质分别列于表 18-20 和表 18-21。

表 18-20　尾矿碱性废水水量和水质

| 碱性污水来源 | 溢流量/（m³/d） | 碱含量/% | 水质 |
| --- | --- | --- | --- |
| 大山选厂 | 135183 | 17.5 | pH 值为 11.3～12.3 |
| 泗洲选厂 | 84810 | 13.0 | |
| 合计 | 219993 | | 碱度 Ca(OH)₂：4500～7500mg/L |

表 18-21　精矿碱性溢流水水量和水质表

| 碱性污水来源 | 溢流量/（m³/d） | 水质 |
| --- | --- | --- |
| 大山选厂 | 10000 | pH 值为 11.6～12.24 |
| 泗洲选厂 | 5000 | |
| 合计 | 15000 | 碱度 Ca(OH)₂：1577～2056mg/L |

（2）废水处理工艺

该矿除了碱性废水外，还有酸性废水。为了达到以废治废的目的，碱性废水和酸性废水一起处理。酸性废水来源于废石场和露天采场。当降水或地下涌水流过硫化矿石或废石时，由于细菌的氧化作用，产生酸性废水。目前，杨桃坞废石场、祝家废石堆场、露天采矿场、堆浸场均产生酸性废水，汇入酸性废水调节库。各源点废水水量和水质列于表 18-22。

表 18-22　各源点废水水量和水质表

| 酸性水来源 | 水量/（m³/d） | 水质 | 酸性水来源 | 水量/（m³/d） | 水质 |
| --- | --- | --- | --- | --- | --- |
| 杨桃坞废石厂 | 5530 | pH=2.4～2.7 | 堆浸场 | 3700 | [SO₄²⁻]=1000～12000mg/L [Al³⁺]=500～600mg/L |

| 酸性水来源 | 水量/(m³/d) | 水质 | 酸性水来源 | 水量/(m³/d) | 水质 |
|---|---|---|---|---|---|
| 祝家废石堆场 | 6380 | $[Cu^{2+}]=13\sim50mg/L$ | 合计 | 35010 | |
| 露天采矿场 | 20400 | $TFe=1100\sim1700mg/L$ | | | |

根据废水的水质情况，采用石灰中和沉淀与硫化沉淀联合处理工艺，具体工艺流程如图18-21 所示。

处理工艺采用一段投加石灰乳（pH 值控制在 3.6～3.8），经两个 $\Phi20m$ 浓密机沉淀去除酸性水中的 $Fe^{3+}$；含 $Cr^{2+}$ 的上清液投加铜、钼分选工段产生的含硫酸废水进行硫化反应，pH 值控制在 4.0～4.2，经二段两个 $\Phi20m$ 浓密机沉淀，回收硫化铜；上清液和碱性废水混合中和（pH 值控制在 8.0～8.5），经三段两个 $\Phi30m$ 浓密机沉淀，溢流液至澄清水泵房，用泵输送至泗洲选矿厂生产回水池，供选矿使用。沉淀的底流渣用渣浆泵送到泗洲选矿厂尾矿流槽，自流至砂泵站扬送至 2#尾矿库和 4#尾矿库。

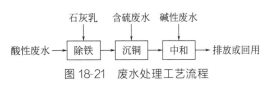

图 18-21　废水处理工艺流程

工艺参数如下。

① 一段（除铁）pH＝3.4～3.6，出水 $Fe^{3+}$ ＜50mg/L，三段铁去除率＞97％。

② 二段（沉铜）pH＝3.7～4.0，二段铜回收率＞99％，钢渣含铜品位＞30％。

③ 三段（中和）pH＝6.5～7.5。

（3）运行效果

通过该工艺对废水进行处理，处理后水质达到国家排放标准。处理酸性废水 $1196\times10^4$ t，碱性废水 $4800\times10^4$ t，提供选矿回水 $4800\times10^4$ t，回收金属铜 254t。达到了环境效益和经济效益的统一。

## 18.6.2　选矿废水"零排放"技术

（1）废水水量与水质

南京栖霞山锌阳矿业有限公司所属选矿厂处理硫化铅锌铁矿石 1300t/d，总用水量为 5900m³/d，三种精矿产品及尾矿充填等带走水 500m³/d，最终产生 5400m³/d 的废水。选矿废水由铅精矿溢流水、锌精矿溢流水、硫精矿溢流水、锌尾浓缩水和尾矿水混合而成，其中锌尾浓缩水占 52.06％，尾矿水占 23.05％，铅精矿溢流水占 10.40％，锌精矿溢流水占 11.58％，硫精矿溢流水占 2.91％。该水水质见表 18-23。

表 18-23　选矿废水的水质测定结果　　　　　　　　　　　单位：mg/L

| 指标 | pH 值 | $COD_{Cr}$ | SS | 浊度 | 总硬度 | 色 | 气味 | 起泡性 |
|---|---|---|---|---|---|---|---|---|
| 数值 | 11～11.8 | 400～650 | 380～410 | 210～230 | 1514 | 浑浊 | 有 | 强 |
| 指标 | Pb | Zn | Cu | Fe | Cr | Cd | $SO_4^{2-}$ | Cl |
| 数值 | 60～80 | 2～8 | 0.12 | 1.5～3 | ＜0.01 | ＜0.01 | 900～1000 | 60～70 |

（2）废水回用方案确定与工程设计

回用废水采用的适度净化处理技术为混凝沉淀＋活性炭吸附，达标排放的废水处理技术为混凝沉淀＋加入硫酸调节 pH 值到 $3$＋$H_2O_2$ 氧化＋加碱调节 pH 值到 $7$。研究中发现，如果将其处理到达标排放，一是处理难度较大，二是处理成本特别高，而选矿生产还需用新鲜水 $5900 m^3/d$。因此，经过大量的处理试验和选矿对比试验研究，最终提出了废水优先直接回用，其余适度净化处理再回用，废水 $100\%$ 回用于选矿生产的方案。

根据试验研究结果设计了废水净化处理与回用工程系统，2001 年 4 月初完成了系统的施工和设备安装，开始进行现场调试，系统一直正常运行到现在，废水全部回用，实现了废水的"零排放"。

（3）部分选矿水优先直接回用

① 尾矿水直接回用于选硫作业　尾矿废水 pH 值为中性，废水量 $650 t/d$，其本身为选矿作业出水，直接回用选硫作业是可行的。

通过对尾矿水路进行的改造和生产使用表明，尾矿水直接回用于选硫后，硫的作业回收率由 $91.7\%$ 提高到 $96.43\%$，尾矿硫品位由 $2.97\%$ 降低到 $2.23\%$，选硫捕收剂 310 复合黄药由 $370 g/t$ 降低到 $310 g/t$，见表 18-24。全年节省选硫 310 复合黄药费用 10 万元，选硫作业回收率提高 $4.73\%$，每年多回收硫元素量 $2850 t$，多创收入 57 万元/年。

表 18-24　尾矿水直接回用于选硫作业的工业生产指标对比

| 水源 | 硫作业回收率/% | 尾矿硫品位/% | 310 复合黄药用量/(g/t) |
|---|---|---|---|
| 尾矿浓缩废水 | 96.43 | 2.23 | 310 |
| 新鲜水 | 91.70 | 2.97 | 370 |

② 部分锌尾矿水优先直接回用于选锌作业和精矿冲矿　锌尾矿废水量约 $2700 t/d$，废水 pH 值为 12.40 左右，其本身为选锌作业出水，直接回用选锌作业是可行的。另外，锌尾矿水直接用作硫精矿、锌精矿、铅精矿泡沫冲矿水，使精矿在碱性条件下用陶瓷过滤机过滤，这对改善脱水效果有好处。如果将锌尾矿水作为选锌作业补加水和各种精矿泡沫冲矿水，可以用掉废水 $1800 t/d$ 左右，还能大大减少选矿过程中的石灰加入量。在完成了锌尾矿水直接回用于选锌和精矿冲矿作业的改造，回用后节约了选锌药剂成本和适当提高了锌选矿指标，见表 18-25。

表 18-25　锌尾矿水直接回用于选锌作业的工业生产指标对比

| 测试时间 | 石灰/(kg/t) | 选锌药剂用量/(g/t) | | | 选锌补加水 | 矿物名称 | 品位/% | | 回收率/% | |
|---|---|---|---|---|---|---|---|---|---|---|
| | | 捕收剂 | 硫酸铜 | 起泡剂 | | | Pb | Zn | Pb | Zn |
| 120d | 9.5 | 351 | 387 | 49 | 混合废水 | 锌精矿 | 1.57 | 53.39 | 4.8 | 90.7 |
| | | | | | | 原矿 | 4.47 | 7.99 | 100 | 100 |
| 150d | 7.4 | 264 | 353 | 52 | 锌尾矿水 | 锌精矿 | 1.25 | 53.25 | 3.9 | 91.9 |
| | | | | | | 原矿 | 4.47 | 8.00 | 100 | 100 |

从锌尾矿水直接回用于选锌作业的生产实践可以看出，锌尾矿水直接回用较混合废水回用更好。由于锌尾矿水中含有选锌的药剂，回用后选锌作业捕收剂用量由 $351 g/t$ 降低到 $264 g/t$，硫酸铜的用量从 $387 g/t$ 降低到 $353 g/t$，石灰总量由 $9.5 kg/t$ 降低到 $7.4 kg/t$，节约选锌药剂费 1.1 元/t，节约成本 33 万元/年；锌回收率从 $90.7\%$ 提高到 $91.9\%$，每吨原矿多收入 3.84 元，增加锌销售收入 133 万元/年。

③ 选矿废水经过适度净化处理后再回用　铅精矿溢流废水、锌精矿溢流废水，根据其

水质特点也可以返回到各自的作业，但由于铅、锌精矿的溢流水量较小，水量不够稳定，生产较难控制。对于硫精矿溢流水，由于呈碱性，对选硫不利。多余的锌尾矿浓缩溢流水为高碱性水，由于含有较多的选矿药剂，如铜离子等，对选铅十分有害、高 pH 值环境对选硫极为不利等。因此，这些废水必须经过处理后再回用。

从用水点来看，选硫作业和破碎除尘作业可以用尾矿废水，选锌作业和各种精矿冲矿可以用锌尾矿浓缩废水，选铅快选和溶药必须用新鲜水，其余的 3000/d 左右的废水如果回用，只有用于磨矿作业、选铅粗扫选、石灰乳化、脱水作业、充填作业、冲地等。

磨矿用水在所有用水点中属于用水量最多的地方(2250t/d)，根据水量平衡，把不能直接回用的多余的 3000t/d 左右的废水全部自流到废水处理站进行适度处理后再回用，能够全部解决选矿废水的出路问题，但是这部分废水必须处理到对选铅指标无影响的程度，见表 18-26。

表 18-26　适度净化处理后的选矿废水回用铜精矿指标的试验结果　　单位：%

| 磨矿和选铅作业废水 | 产率 | 品味 | | | | 回收率 | | | |
|---|---|---|---|---|---|---|---|---|---|
| | | Pb | Zn | S | Ag/(g/t) | Pb | Zn | S | Ag |
| 新鲜水 | 9.43 | 69.43 | 5.59 | 17.18 | 563 | 90.04 | 4.90 | 7.35 | 59.28 |
| 适度净化处理后的选矿水 | 9.49 | 65.29 | 5.81 | 17.42 | 564 | 90.72 | 4.89 | 6.95 | 66.30 |
| 未经处理的选矿废水 | 13.02 | 50.20 | 10.76 | 22.39 | 398 | 92.61 | 10.54 | 11.78 | 61.06 |

由表 18-26 可知，这部分废水经过适度处理后再回用于磨矿和选铜、铅是可行的，铅的品位虽然较低，主要是由于经过适度处理的废水中仍然含有一定量的选矿捕收剂，但可以通过降低选铅捕收剂用量的办法来解决这一问题，铅、银的回收率较高。而未经处理的混合废水直接回用于选铅作业，对铅的品位影响很大，不可回用。

经过对 3500t/d 选矿废水处理站建设投产运行，废水净化与回用工程系统的设备运行正常，混凝沉淀效果很好，出水清澈，出水中重金属含量降低明显，粉末活性炭吸附对 $COD_{Cr}$ 降低有较好的效果，消泡剂对降低废水回用起泡性能效果显著，净化处理后出水的回用对浮选生产指标影响很小，基本达到了设计要求，见表 18-27、表 18-28。

表 18-27　工业生产废水净化处理结果与药剂用量

| 废水水质/(mg/L) | | | | 净化后水质/(mg/L) | | | | 净化处理药剂用量/(g/m³) | | | | |
|---|---|---|---|---|---|---|---|---|---|---|---|---|
| Pb | Zn | $COD_{Cr}$ | pH 值 | Pb | pH 值 | Zn | $COD_{Cr}$ | 硫酸 | 硫酸铝 | PAM | 消泡剂 | 粉末活性炭 |
| 40~60 | 2~8 | 400~650 | 11~11.8 | <1 | 11~11.2 | <1 | 300~523 | 1000 | 135 | 0.2 | 11 | 50 |

表 18-28　净化出水回用浮选生产指标的影响

| 运行情况 | 精矿产品 | 精矿产品/(mg/L) | | 精矿回收率/% | |
|---|---|---|---|---|---|
| | | Pb | Zn | Pb | Zn |
| 调试运行 | 铅精矿 | 65.60 | 5.64 | 89.67 | 4.17 |
| | 锌精矿 | 1.42 | 53.13 | 4.47 | 91.56 |

续表

| 运行情况 | 精矿产品 | 精矿产品/(mg/L) | | 精矿回收率/% | |
| --- | --- | --- | --- | --- | --- |
| | | Pb | Zn | Pb | Zn |
| 生产运行 | 铅精矿 | 66.02 | 5.37 | 91.25 | 3.92 |
| | 锌精矿 | 1.33 | 53.19 | 4.38 | 92.86 |

## 18.6.3 人工湿地法

广东凡口铅锌矿位于韶关市仁化县境内,该区属于潮湿多雨的亚热带气候,海拔高度为100~150m,年平均气温约20℃,最低为−5℃,最高为40℃,年降雨量平均为1457mm左右,地下水资源丰富,土壤为红壤。

(1) 废水水质

凡口铅锌矿是中国乃至亚洲最大的同类型矿之一,日排放废水量达60000t,未经处理的废水中含有大量的废矿砂以及Pb、Zn、Cu、Cd和As等重金属。具体水质见表18-29。

表 18-29  未处理水质指标                                单位:mg/L

| 项目 | pH值 | Pb | Zn | Cd | Hg | As |
| --- | --- | --- | --- | --- | --- | --- |
| 处理标准 | 6~9 | 1.0 | 2.0 | 0.01 | 0.001 | 0.1 |
| 未处理水质 | 8.225 | 11.4900 | 14.4673 | 0.04875 | 0.00034 | 0.0765 |

(2) 废水处理工艺及效果

为了治理废水污染,凡口铅锌矿委托中山大学生命科学学院对废水进行处理。中山大学经过细致的调查,根据水质指标,采用人工湿地进行治理。

具体流程为:废水经湿地系统处理,停留时间为5d,流入一个深水稳定塘,再经出水口排入周围的农田和池塘,供农田灌溉用水。

在尾矿填充坝上种植了宽叶香蒲,经十余年的自然生长和人工扩种,逐步形成了以宽叶香蒲为主体的人工湿地。人工湿地的平面布置如图18-22所示。

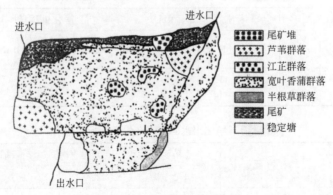

图 18-22  人工湿地平面布置

人工湿地法的工艺原理如下。

① 水生植物的净化作用

1）水生植物的过滤作用。宽叶香蒲人工湿地生物多样性逐渐提高，种群结构渐趋复杂，生产力水平高，大片密集的植株以及它们发达的地下部分形成的高活性根区网络系统和浸水凋落物，使进入湿地的废水流速减慢，这样有利于废水中悬浮颗粒的沉降和吸附于水中重金属的去除。

2）湿地植物发达的通气组织不断向地下部分运输氧，使周围微环境中依次呈现好氧、缺氧和厌氧状态，相当于常规生物处理方式的原理，保证了废水中的 N、P 不仅被植物和微生物作为营养成分直接吸收，还有利于硝化作用、反硝化作用及 P 的积累。同时，水生植物对氧的传递释放以及植物凋落物有利于其他微生物大量繁殖，生物活性增加，加速废水中污染物的去除。

3）植物本身对重金属的吸收和累积作用。对生长于人工湿地的宽叶香蒲根、茎、叶中重金属含量的测定可知，它们具有极强的吸收和富集重金属的能力。

② 土壤的富集作用　由于土壤的物理、化学、生物协同作用，废水中的污染物被固定下来。土壤中黏粒及有机物含量高，对污染物的吸附能力强。土壤胶粒对金属的吸附是重金属由液相变为固相的主要途径。

③ 微生物降解作用　湿地废水净化过程中，微生物起着重要的作用。它们通过分解、吸收废水中的有机污染物，达到改善水质、净化水体的目的。

经人工湿地处理后，出水口水质明显改善，其中 Pb、Zn、Cd 的净化率分别达到99.0%、97.3%和94.9%，见表18-30。

表 18-30　处理后水质指标　　　　　　单位：mg/L(pH 值除外)

| 项目 | pH 值 | Pb | Zn | Cd | Hg | As |
| --- | --- | --- | --- | --- | --- | --- |
| 标准 | 6～9 | 1.0 | 2.0 | 0.01 | 0.001 | 0.1 |
| 实际 | 7.674 | 0.1110 | 0.3855 | 0.00247 | 0.00014 | 0.01589 |
| 净化率/% | | 99.0 | 97.3 | 94.9 | 58.5 | 79.2 |

通过 10 年的监测结果表明，湿地对周围环境的影响很小。具体指标如下。

① pH 值。pH 值与入水口相比有减小的趋势，年变化范围不大，在 7.6 左右波动，呈弱碱性，符合国家工业废水排放标准。

② 有害金属元素。对出水口有害金属元素（Pb、Zn、Cd、Hg、As）浓度年动态分析结果表明，水样中不同的重金属元素的质量分数年变化趋势不同，但都已达到国家废水排放标准。

凡口铅锌矿选矿废水经填充坝净化处理后，出水口水质主要指标（pH 值、Pb、Zn、Cd、Hg、As）大大降低，已达到国家工业废水排放标准，且水质的年变化和月变化较小，最大变幅都在国家工业废水排放标准之内。证明宽叶香蒲湿地处理有色金属矿废水的稳定性很高，对铅锌矿废水具有明显的净化能力，用人工湿地法处理选矿废水是成功的。

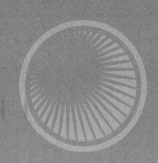

# 第 19 章

# 重有色金属冶炼厂废水
# 处理与回用技术

重有色金属指的是铜、铅、锌、镍、钴、镍、锑、汞等有色金属。其冶炼方法根据矿石的性质、伴生有价金属种类、建厂地区经济与特殊要求而异，一般分为火法与湿法两种冶炼方法。火法冶炼是利用高温，湿法冶炼是利用化学溶剂，使有色金属与脉石分离，但火法湿法不是绝对分开的，许多生产工艺都是综合的。重有色金属冶炼废水主要来自炉套、设备冷却、水力冲渣、烟气洗涤净化以及湿法、制酸等车间排水。其水质则随金属品种、矿石成分、冶炼方法的不同而异。

## 19.1　重有色金属废水来源与特征

### 19.1.1　铜冶炼废水

铜矿石有硫化矿和氧化矿两种，目前世界铜产量约 80% 来自硫化矿，冶炼以火法为主。国内一般采用反射炉熔炼、电炉熔炼或鼓风炉熔炼。近年来又开发了闪速炉熔炼。

图 19-1(a)、(b) 分别列出火法与湿法炼铜的工艺流程。尽管铜冶炼企业及烟气制酸工艺各不相同，但都有酸性重金属废水的来源。

① 各种酸性的冲洗液、冷凝液和吸收液　包括湿式除尘洗涤水；硫酸电除雾的冷凝液和冲洗液；铜电解的酸雾冷凝液、吸收液等；阳极泥湿法精炼的浸出液、分离液、还原液和吸收液等。例如：洗涤 $SO_2$ 烟气或其他各种湿法收尘系统废水含有大量悬浮物。如某铜冶炼厂的烟气洗涤水经澄清后的成分为：pH 值为 1.8，砷 7mg/L，锌 2.1mg/L，铜 0.13mg/L，铁 0.1mg/L。

② 冲渣水　这种废水不仅温度高，而且含重金属污染物和炉渣微粒，处理后方可循环回用。如某厂冲渣水沉淀后的水质为：pH 值为 7.0，悬浮物 30～115mg/L，铜 6.3mg/L，铅 0.7mg/L，锌 2.1mg/L，镉 0.06mg/L。

③ 烟气净化废水　洗涤二氧化硫烟气或其他各种湿法收尘系统的废水，含大量悬浮物和其他重金属污染物。如某铜冶炼厂的烟气洗涤塔废水澄清后的成分为：pH 值为 1～2，砷 7mg/L，锌 12mg/L，铜 0.13mg/L，铁 0.1mg/L。

④ 车间清洗排水　电解车间清洗极板排水，跑、冒、滴、漏电解液及地面冲洗水，此类废水含重金属及酸。如某厂铜电解车间排放的废水成分为：铜 2500～3500mg/L，锌 25～30mg/L，铅 0.1～0.2mg/L，砷 5～10mg/L，镍 9～13mg/L。

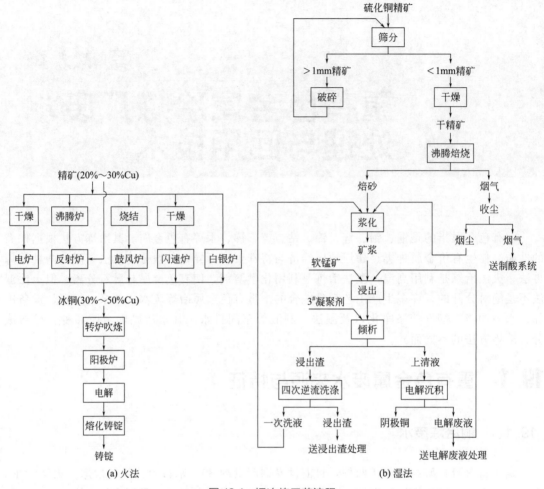

(a) 火法　　　　　　　　　　　　　　　(b) 湿法

图 19-1　铜冶炼工艺流程

## 19.1.2　铅冶炼废水

铅矿分为硫化矿和氧化矿两大类。生产铅的原料主要是硫化矿。

目前世界上生产的粗铅 90％采用焙烧还原熔炼。基本工艺流程是铅精矿烧结焙烧，鼓风炉熔炼得粗铅，再经火法精炼和电解精炼得电铅，其主要工艺流程如图 19-2 所示。

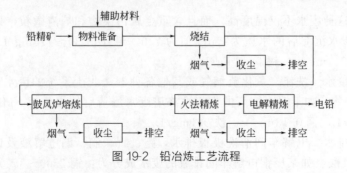

图 19-2　铅冶炼工艺流程

铅冶炼废水的来源主要有如下几种。

① 冷却水　包括鼓风炉水套冷却水等生产设备和附属设备的冷却水,这类废水只受热污染。

② 冲渣水　在水淬炉渣时炉渣细粒和粉尘呈悬浮物带入水中,使其受到污染,这类废水除悬浮物外,还有其他污染物。如某厂水淬渣池溢流水流量 $42m^3/h$,其中含锌 $0.35mg/L$,铅 $25mg/L$,镉 $0.18mg/L$,砷 $0.11mg/L$。

③ 烟气净化废水　铅烧结车间、鼓风炉车间等排放的废气经过各种烟气净化设备净化除尘后排放。其中湿式收尘的烟气净化用水直接与烟尘接触,使其严重污染。此种废水含可溶性污染物与悬浮物。如某厂收尘废水,其流量为 $5\sim7m^3/h$,澄清后水中含锌 $1.78mg/L$,镉 $0.089mg/L$,铅 $0.35mg/L$,砷 $0.25mg/L$。

## 19.1.3　锌冶炼废水

锌矿石分为硫化矿和氧化矿两大类。目前锌冶炼工业所采用的原料绝大部分是硫化矿石。锌的冶炼方法有火法和湿法两种。湿法炼锌近年来发展较快,目前湿法炼锌的产量占总产量的 80% 以上,其火法与湿法冶炼的工艺流程如图 19-3、图 19-4 所示。图 19-5 为铅锌混合精炼的工艺流程。

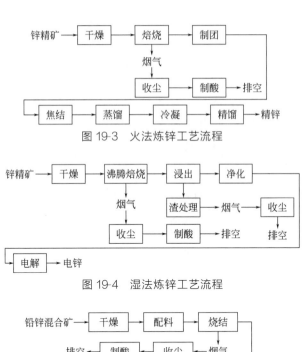

图 19-3　火法炼锌工艺流程

图 19-4　湿法炼锌工艺流程

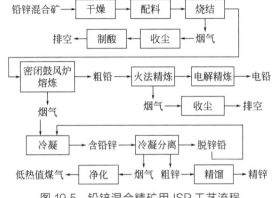

图 19-5　铅锌混合精矿用 ISP 工艺流程

① 湿法冶炼废水来源与特征 锌精矿在焙烧过程中铜、铁、镉、砷、锑等硫化物被氧化成氧化铁、氧化铜、氧化镉、三氧化二砷、三氧化二锑等的微尘烟气。这些烟气经过收尘，再经水流降温，用以制酸，洗涤制酸过程中产生大量的废水。如某炼锌厂洗涤制酸的废水中含锌 47mg/L，镉 6～8mg/L，铅 13～17mg/L，汞 0.84mg/L，砷 4～5mg/L，氟 25～27mg/L。

② 火法冶炼废水来源与特征 锌精矿经焙烧后，在浸出、净化、电解过程中以及清洗压滤机滤布、冲洗操作现场均有含重金属的废水产生。特别是浸出液、净化液、废电解液等以及跑、冒、滴、漏，形成含大量重金属离子的酸性废水。

其他镍、钴、汞、锡、锑等重有色金属的冶炼方法与铜、铅、锌的冶炼方法基本相似，废水来源及污染也相类似。

# 19.2 用水与废水特征和水质水量

## 19.2.1 冶炼工艺用水状况

通常，典型的重有色金属如 Cu、Pb、Zn 等的矿石均包括硫化矿和氧化矿两种，但一般以硫化矿分布最广。铜矿石 80% 来自硫化矿，冶炼以火法生产为主，炉型有白银炉、反射炉、电炉或鼓风炉以及近年来发展的闪速炉。目前世界上生产的粗铅 90% 采用焙烧还原熔炼。基本工艺流程是铅精矿烧结焙烧，鼓风炉熔炼得粗铅，再经火法精炼和电解精炼得电铅。锌的冶炼方法有火法和湿法两种，湿法炼锌的产量占总产量的 75%～85%。表 19-1 列出了我国几种铜、铅、锌冶炼工艺的用水状况。

表 19-1 重金属冶炼工艺用水状况

| 行业 | 炉型 | 产量/(t/a) | 用水量[①]/(m³/t) | 行业 | 炉型 | 产量/(t/a) | 用水量[①]/(m³/t) |
|---|---|---|---|---|---|---|---|
| 铜冶炼 | 白银炉 | 34090 | 100.0 | 铅冶炼 | 烧结鼓风炉 | 73493 | 41.50 |
| | | | | | | 55904 | 107.6 |
| | 鼓风炉 | 40050 | 221.0 | | 密闭鼓风炉 | 26102 | 20.14 |
| | | 10198 | 209.8 | | | 10510 | 80.81 |
| | 电炉 | 70301 | 13.98 | 锌冶炼 | 湿法炼锌 | 110098 | 41.50 |
| | | | | | 竖罐炼锌 | 11372 | 128.0 |
| | 反射炉 | 54003 | 123.69 | | 密闭鼓风炉 | 55005 | 20.14 |
| | 闪速炉 | 80090 | 611.0 | | | 22493 | 80.81 |

①铜冶炼以 1t 粗铜计，铅、锌冶炼以 1t 产品计。

## 19.2.2 废水特征与水质

重有色金属冶炼包括火法、湿法两种。火法冶炼废水包括冷却水、冲渣水、烟气净化废水、车间清洗排水四种；湿法冶炼废水包括烟气净化废水和湿法冶炼工艺过程排放或泄漏的废水两种。

（1）重有色金属冶炼企业的废水主要包括以下几种。

① 炉窑设备冷却水　它是冷却冶炼炉窑等设备而产生的，排放量大，约占总量的 40％。

② 烟气净化废水　它是对冶炼、制酸等烟气进行洗涤所产生的，排放量大，含有酸、碱及大量重金属离子和非金属化合物。

③ 水淬渣水（冲渣水）　它是对火法冶炼中产生的熔融态炉渣进行水淬冷却时产生的，其中含有炉渣微粒及少量重金属离子等。

④ 冲洗废水　它是对设备、地板、滤料等进行冲洗所产生的废水，还包括湿法冶炼过程中因泄漏而产生的废液，此类废水含重金属和酸。

重有色金属冶炼废水中的污染物主要是各种重金属离子，其水质组成复杂、污染严重。据统计，其废水中需处理的废水量占总废水量的 60％以上，治理达标废水占需处理水量的 20％。表 19-2 列出了几种炉型重有色金属冶炼废水的水质状况。

（2）重有色金属冶炼废水的特征如下。

① 大量的废水为冷却水，经冷却后可以循环使用，通常只外排少量冷却系统的排污水。

② 火法冶炼一般都有冲渣水，这部分水主要是悬浮物含量大，并含有少量重金属离子。冲渣用水对水质的要求不高，经沉淀后即可循环使用。由于这部分水在使用过程中蒸发量很大，所以在循环使用过程中必须补充一定量的水，整个系统是密闭循环的。

③ 有害废水主要为烟气洗涤、湿法收尘的废水，冲洗地面、洗布袋、洗设备等废水，以及湿法冶炼的跑、冒、滴、漏。水质多呈酸性，除含硫酸外，还含有多种重金属离子和砷、氟等有害元素。这部分废水如不处理直接外排，危害很大。如处理得当，不仅可以使废水达到排放标准，处理后的废水可以回用，还可以从废水中回收有价金属或进行综合利用。

④ 由于有色金属矿物常伴生有砷、氟、镉等有害元素，烟气洗涤、湿法收尘的废水水质常随原矿成分的不同而不同。在重有色金属冶炼过程中，砷污染往往是比较严重的。

表 19-2　几种炉型重有色金属冶炼废水的水质

| 冶金方法（炉型） | 废水类型 | 废水主要成分/(mg/L) |
| --- | --- | --- |
| 反射炉（白银法冶炼铜） | 熔炼、精炼等废水 | Cu 102.4、Pb 5.7、Zn 252.35、Cd 195.7、Hg 0.004、As 490.2、F 1400、Bi 640、Fe 2233、Na 2833、$H_2SO_4$ 153.8 |
| 电炉（以某厂为例） | 熔炼铜废水 | Cu 41.03、Pb 13.6、Zn 78.7、Cd 6.56、As 76.86 |
| 鼓风炉（沈阳冶炼厂，铜，铅） | 铜鼓风炉熔炼 | Cu 2～3、As 0.6～0.7 |
| | 铅鼓风炉熔炼 | Pb 20～130、Zn 110～120 |
| 闪速炉（贵溪冶炼厂，炼铜） | 烟气制酸废水 | $H_2SO_4$ 150、Cu 0.9、As 8.4、Zn 0.6、Fe 1.9、F 1.5g/L |
| 电解精炼（上海冶炼厂，生产电铜） | 含铜酸性废水 | Ph 2～5、Cu 30～300 |

# 19.3　废水处理与回用技术

## 19.3.1　废水处理原则与要求

重金属废水无论采用何种方法处理都不能使其中的重金属分解破坏，只能转移其存在的位置和转移其物理和化学形态。例如，经化学沉淀处理后，废水中的重金属从溶解的离子状态转变为难溶性化合物而沉淀，于是从水中转入污泥中；经离子交换处理后，废水中的重金属离子转移到离子交换树脂上，经再生后则又转移到再生废液中。由此可知，重金属废水经处理后常一分为二的形成两种产物：一种是基本上脱除了重金属的处理水；另一种是含有从废水中转移出来的大部分或全部的重金属浓缩产物，如沉淀污泥，失效的离子交换剂、吸附剂，或再生液、洗脱液等。因此，无论是从杜绝对环境的污染，还是从资源的合理利用来考虑，重金属废水最理想的处理原则应是水与重金属两者都回收利用。但是，重金属废水的处理单靠废水处理是不行的，必须采取多方面的综合性措施。首先，最根本的是改革生产工艺，不用或少用毒性大的重金属；其次是采用合理的工艺流程，科学的管理和操作，减少重金属用量和随废水流失量，尽量减少外排废水量；最后，重金属废水应当在产生地点就地处理，不应同其他废水混合，以免使处理复杂化，更不应未经处理就直接排入城市下水道或天然水体，以免扩大重金属污染。

重金属废水的处理方法可分为两大类。

第一类，使废水中呈溶解状态的重金属转变为不溶的重金属化合物，经沉淀和浮上法从废水中除去。具体方法有中和法、硫化法、还原法、氧化法、离子交换法、离子浮上法、活性炭法、铁氧体法、电解法和隔膜电解法等。

第二类，将废水中的重金属在不改变其化学形态的条件下进行浓缩和分离，具体方法有反渗透法、电渗析法、蒸发浓缩法等。

通常大都采用第一类方法，在特殊情况下才采用第二类方法。从重金属回收的角度看，第二类处理方法比第一类方法优越，因为第二类回收法是重金属以原状浓缩直接回用于生产工艺中，比第一类回收法需要使重金属经过多次化学形态的转化才能回用要简单得多。但是，第二类方法比第一类方法处理废水耗资较大，有些方法目前还不适于处理大流量工业废水，如矿山废水。通常是根据废水的水质、水量等情况，选用一种或几种处理方法组合使用。

由于重金属废水的特性是无论采用何种方法都不能将其中的重金属分解破坏，只能转变其存在的位置和转移其物理和化学形态，因此，对重金属废水的处理，最理想的处理方法是将废水处理回用，特别是应就地处理，不应同其他废水混合，以免使废水处理复杂化。

目前我国大多数重金属废水处理设施只注意废水本身的处理，而忽视浓缩产物的回收利用或无害化处理，任其流失于环境中，造成二次污染。这是目前我国重金属废水处理中存在的最突出、最严重的问题。

在重有色金属冶炼过程中，砷污染往往是比较严重的，因此，对含砷废水的处理回用不可忽视。

常用的处理方法有氢氧化物沉淀法、硫化物沉淀法、药剂氧化还原法、电解法、离子交换法和铁氧体法等。当单独存在并具有回收价值时，一般采用电解还原法或离子交换法单独处理，否则进行综合处理。各种处理方法可根据水量、水质状况，采用单独或组合使用。其中以氢氧化物沉淀法使用最为普遍。膜技术是当今的发展方向，具有良好的经济作用与应用前景。

## 19.3.2 中和沉淀法

这种方法是向重金属离子的废水中投加中和剂（石灰、石灰石、碳酸钠等），金属离子与氢氧根反应，生成难溶的金属氢氧化物沉淀，再加以分离除去。利用石灰或石灰石作为中和剂在实际应用中最为普遍。沉淀工艺有分步沉淀和一次沉淀两种方式。分步沉淀就是分段投加石灰乳，利用不同金属氢氧化物在不同 pH 值下沉淀析出的特性，依次沉淀回收各种金属氢氧化物。一次沉淀就是一次投加石灰乳，达到较高的 pH 值，使废水中的各种金属离子同时以氢氧化物沉淀析出。石灰中和法处理重有色金属废水具有去除污染物范围广（不仅可沉淀去除重有色金属，而且可沉淀去除砷、氟、磷等）、处理效果好、操作管理方便、处理费用低廉等优点。但是，此法的泥渣含水率高，量大，脱水困难。

由于酸洗流程产生高浓度的废酸，其中砷及重金属含量较高，考虑经济因素，多采用废酸与酸性废水一体化处理技术。采用的方法有中和沉淀法、硫化沉淀法和铁氧体法等。相应的工艺流程一般是采用石膏工艺降低废酸的浓度，并副产石膏，再用硫化工艺回收其中的金属，最后将处理后的废液与全厂其他酸性废水混合，用石灰中和-铁盐氧化工艺进一步去除废水中的污染物；或者采用先硫化后石膏工艺，最后采用石灰中和-铁盐氧化工艺进行废水处理。对于砷含量高的污酸，也可采用中和-铁盐氧化工艺或硫化沉淀工艺进行处理。

氢氧化物沉淀法处理重金属废水是调整、控制 pH 值的方法。由于影响因素较多，理论计算得到的 pH 值只能作为参考。废水处理的最佳 pH 值及碱性沉淀剂投加量应根据试验确定。

某矿山废水 pH 值为 2.37，含铜 83.4mg/L，总铁 1260mg/L，二价铁 10mg/L。采用两步沉淀，如图 19-6 所示，先除铁，后回收铜，出水可达排放标准。

但若一次投加石灰乳，使 pH 值为 7.47，出水水质也完全符合排放标准。铜为 0.08mg/L，总铁为 2.5mg/L。但渣含铜品位太低，只有 0.81%。为回收铜，以采用分步沉淀为宜，如图 19-6 所示。

某厂含铅、锌、铜、镉等金属离子的废水，pH 值为 7.14，采用一次沉淀法处理，流程如图 19-7 所示。处理效果见表 19-3。

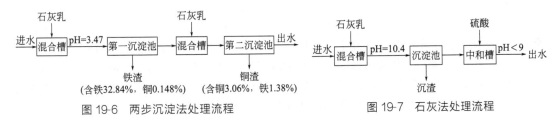

图 19-6　两步沉淀法处理流程　　　　　　图 19-7　石灰法处理流程

表 19-3　一步沉淀法处理重金属废水的效果　单位：mg/L(pH 值除外)

| 项目 | pH 值 | Zn | Pb | Cu | Cd | As |
|---|---|---|---|---|---|---|
| 废水 | 7.14 | 342 | 36.5 | 28 | 7.12 | 2.41 |
| 石灰处理后 | 10.4 | 1.61 | 0.6 | 0.05 | 0.06 | 0.024 |

氢氧化物沉淀法处理重金属废水具备在处理流程、处理效果、操作管理、处理成本等方面的优势；但采用石灰时，存在渣量大、含水率高、脱水困难等缺点。

## 19.3.3　硫化物沉淀法

向废水中投加硫化钠或硫化氢等硫化剂，使金属离子与硫离子反应，生成难溶的金属硫化物沉淀，予以分离除去。几种金属硫化物的溶度积见表 19-4。

**表 19-4** 几种金属硫化物的溶度积

| 金属硫化物 | $K_s$ | $pK_s$ | 金属硫化物 | $K_s$ | $pK_s$ |
|---|---|---|---|---|---|
| $Ag_2S$ | 6.3 | 49.20 | $HgS$ | 4.0 | 52.40 |
| $CdS$ | 7.9 | 26.10 | $MnS$ | 2.5 | 12.60 |
| $CoS$ | 4.0 | 20.40 | $NiS$ | 3.2 | 18.50 |
| $CuS$ | 6.3 | 35.20 | $PbS$ | 8 | 27.90 |
| $FeS$ | 3.2 | 17.50 | $SnS$ | 1 | 25.00 |
| $Hg_2S$ | 1.0 | 45.00 | $ZnS$ | 1.6 | 23.80 |

根据金属硫化物溶度积的大小，其沉淀析出的次序为：$Hg^{2+} \rightarrow Ag^+ \rightarrow As^{3+} \rightarrow Bi^{3+} \rightarrow Cu^{2+} \rightarrow pb^{2+} \rightarrow Cd^{2+} \rightarrow Sn^{2+} \rightarrow Zn^{2+} \rightarrow Co^{2+} \rightarrow Ni^{2+} \rightarrow Fe^{2+} \rightarrow Mn^{2+}$，位置越靠前的金属硫化物，其溶解度越小，处理也越容易。所以用石灰难以达到排放标准的含汞废水用硫化剂处理更为有利。

某矿山排水量为 $130m^3/d$，$pH=2.6$，含铜 $50mg/L$、二价铁 $340mg/L$、三价铁 $380mg/L$。采用石灰石—硫化钠—石灰组合处理流程（如图 19-8 所示）以回收铜，去除其他金属离子。处理后的水质符合排放标准，尚可回收品位为 $50\%$ 的硫化铜。

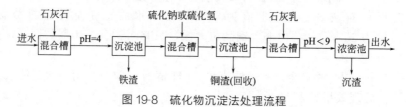

图 19-8 硫化物沉淀法处理流程

金属硫化物的溶度积比金属氢氧化物的小得多，故前者比后者更为有效。同石灰法比较，还具有渣量少、易脱水、沉渣金属品位高、有利于有价金属的回收利用等优点。但硫化钠价格高，处理过程中产生硫化氢气体，易造成二次污染，处理后的水中的硫离子含量超过排放标准，还需做进一步处理；同时，生成的金属硫化物非常细小，难以沉降等，限制了硫化物沉淀法的应用，故不如氢氧化物沉淀法使用得普遍广泛。

## 19.3.4 药剂还原法

向废水中投加还原剂，使金属离子还原为金属或还原成价数较低的金属离子，再加石灰使其成为金属氢氧化物沉淀。还原法常用于含铬废水的处理，也可用于铜、汞等金属离子的回收。

含铬废水主要以六价铬的酸根离子形式存在，一般将其还原为微毒的三价铬后，投加石灰，生成氢氧化铬沉淀分离除去。

根据投加还原剂的不同，可分为硫酸亚铁法、亚硫酸氢钠法、二氧化硫法、铁粉或铁屑法等。

硫酸亚铁法的处理反应如下：

$$6FeSO_4 + H_2Cr_2O_7 + 6H_2SO_4 \longrightarrow 3Fe_2(SO_4)_3 + Cr_2(SO_4)_3 + 7H_2O$$
$$Cr_2(SO_4)_3 + 3Ca(OH)_2 \longrightarrow 2Cr(OH)_3 + 3CaSO_4$$

处理流程如图 19-9 所示。废水在还原槽中先用硫酸调 pH 值至 $2\sim3$，再投加硫酸亚铁溶液，使六价铬还原为三价铬；然后至中和槽投加石灰乳，调节 pH 值至 8.5～9.0，进入沉淀池沉淀分离，上清液达到排放标准后排放。

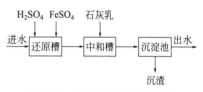

图 19-9　硫酸亚铁法处理流程

还原法处理含铬废水，不论废水量多少，含铬浓度高低，都能进行比较完全的处理，操作管理也较简单方便，应用较为广泛。但并未能彻底消除铬离子，生成的氢氧化铬沉渣可能会引起二次污染，沉渣体积也较大，低浓度时投药量大。

## 19.3.5　电解法

处理含铬废水时，采用铁板作电极，在直流电作用下，铁阳极溶解的亚铁离子使六价铬还原为三价铬，亚铁变为三价铁：

$$Fe-2e \longrightarrow Fe^{2+}$$
$$Cr_2O_7^{2-}+6Fe^{2+}+14H^+ \longrightarrow 2Cr^{3+}+6Fe^{3+}+7H_2O$$
$$CrO_4^{2-}+3Fe^{2+}+8H^+ \longrightarrow Cr^{3+}+3Fe^{3+}+4H_2O$$

阴极主要为氢离子放电，析出氢气。由于阴极不断析出氢气，废水逐渐由酸性变为碱性。pH 值由 4.0～6.5 提高至 7～8，生成三价铬及三价铁的氢氧化物沉淀。

向电解槽中投加一定量的食盐，可提高电导率，防止电极钝化，降低槽电压及电能消耗。通入压缩空气，可防止沉淀物在槽内沉淀，并能加速电解反应速率。有时在进水中加酸以提高电流效率，改善沉淀效果。但是否必要应通过比较确定。电解法处理含铬废水的技术指标见表 19-5。

表 19-5　电解法处理含铬废水的技术指标

| 废水中六价铬的质量浓度/(mg/L) | 槽电压/V | 电流浓度/(A/dm²) | 电流密度/(A/dm²) | 电解时间/min | 食盐投加量/(g/L) | pH 值 |
|---|---|---|---|---|---|---|
| 25 | 5～6 | 0.4～0.6 | 0.2～0.3 | 20～10 | 0.5～1.0 | 6～5 |
| 50 | 5～6 | 0.4～0.6 | 0.2～0.3 | 25～15 | 0.5～1.0 | 6～5 |
| 75 | 5～6 | 0.4～0.6 | 0.2～0.3 | 30～25 | 0.5～1.0 | 6～5 |
| 100 | 5～6 | 0.4～0.6 | 0.2～0.3 | 35～30 | 0.5～1.0 | 6～5 |
| 125 | 6～8 | 0.6～0.8 | 0.3～0.4 | 35～30 | 1.0～1.5 | 5～4 |
| 150 | 6～8 | 0.6～0.8 | 0.3～0.4 | 40～35 | 1.0～1.5 | 5～4 |
| 175 | 6～8 | 0.6～0.8 | 0.3～0.4 | 45～50 | 1.0～1.5 | 5～4 |
| 200 | 6～8 | 0.6～0.8 | 0.3～0.4 | 50～35 | 1.0～1.5 | 5～4 |

电解法运行可靠，操作简单，劳动条件较好。但在一定的酸性介质中氢氧化铬有被重新溶解、引起二次污染的可能，出水中氯离子含量高，对土壤和水体会造成一定程度的危害。此外，还需定期更换极板，消耗大量钢材。

对于其他金属离子(如 $Ag^+$、$Cu^{2+}$、$Ni^{2+}$ 等)，可在阴极放电沉积，予以回收；或用铝或铁作阳极，用电凝聚法形成浮渣予以除去。

## 19.3.6　离子交换法

电镀含铬废水采用离子交换法处理较普遍。废水先通过氢型阳离子交换柱，去除水中三价铬及其他金属离子。同时，氢离子浓度增高，pH 值下降。当 pH 值为 2.3～3 时，六价铬则以 $Cr_2O_7^{2-}$ 的形态存在。从阳柱出来的酸性废水进入阴柱，吸附交换废水中的 $Cr_2O_7^{2-}$。交换反应达到终点，阳柱用盐酸、阴柱用氢氧化钠溶液再生。用碱再生洗脱液中的六价铬转型为 $Na_2CrO_4$。

为回收铬酐，阴柱再生洗液需通过氢型阳离子交换柱处理：

$$4RH + 2Na_2CrO_4 \rightleftharpoons 4RNa + H_2Cr_2O_7 + H_2O$$

氢型阳离子交换树脂失效后用盐酸再生：

$$RNa + HCl \rightleftharpoons RH + NaCl$$

实际生产中较普遍使用的流程为双阴柱全饱和流程，如图 19-10 所示。这种流程能使离子交换树脂保持较高的交换容量，大大减少氯和硫酸根离子，增大铬酐浓度。

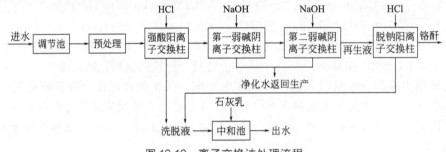

图 19-10　离子交换法处理流程

例如，当含铬废水六价铬含量为 100mg/L，采用 732 强酸性树脂和 710 大孔型弱碱性树脂，交换容量为 80g/L，再生周期 48h，铬酐回收率 90%，水回收率 70% 时，材料药剂大致消耗指标见表 19-6。

表 19-6　离子交换法处理含铬废水材料药剂大致消耗量

| 项目 | 1h 处理 1m³ 水量 | 1h 处理 5m³ 水量 |
|---|---|---|
| 732 强酸阳离子树脂/kg | 240 | 1200 |
| 710 弱碱阴离子树脂/kg | 126 | 630 |
| 工业碱耗量/kg | 22.8 | 114.0 |
| 工业盐酸耗量/kg | 121.4 | 606.9 |
| 电耗量/(kW·h) | 72 | 96 |
| 蒸汽耗量/kg | 395 | 1960 |
| 1m³ 废水回收铬酐量/kg | 0.173 | 0.173 |
| 1m³ 废水回收水量/m³ | 0.7 | 0.7 |

离子交换法处理含铬废水能回收铬为铬酐。用于生产工艺，其处理后的水质较好，可重复使用；生产运行连续性较强，不受处理水量的限制。但其基建投资较高，所需附属设备较多，操作管理要求比较严格。一般用于处理水量小、毒性强的废水或回收其中的有用金属。

## 19.3.7　铁氧体法

适用于含重金属离子废水的处理。对于含铬废水，由于要投加过量的硫酸亚铁溶液使六价铬还原，采用铁氧体法处理则更为有利。

处理流程如图 19-11 所示。根据废水量及含铬浓度，投加硫酸亚铁。然后投加氢氧化钠溶液，调整 pH 值至 8，溶液呈墨绿色。排放上清液，将剩余部分加热至 $60 \sim 70 ℃$，通压缩空气 20min。当沉淀物呈黑褐色时，停止鼓风，即得铁氧体结晶。

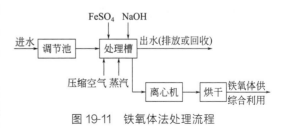

图 19-11　铁氧体法处理流程

铁氧体法处理含铬废水消耗指标：当六价铬含量为 100mg/L 时，处理 $1m^3$ 废水耗量为硫酸亚铁 3.2kg；氢氧化钠 0.8kg；压缩空气 $6m^3$；蒸汽 50kg；电 1kW•h。

某厂电镀废水处理试验效果见表 19-7。

表 19-7　某厂电镀废水处理试验效果

| 废水含 $CrO_3$ 浓度/(mg/L) | 投料比铬酐：硫酸亚铁 | 废水 pH 值 | 反应时 pH 值 | 反应温度/℃ | 上清液六价铬质量浓度/(mg/L) |
|---|---|---|---|---|---|
| 102 | 1∶16.5 | 6 | 8～9 | 70 | 0 |
| 100 | 1∶16 | 4～5 | 8～9 | 70 | 0 |
| 80 | 1∶18 | 4 | 8～9 | 70 | 0 |
| 60 | 1∶20 | 4 | 8～9 | 70 | 0 |
| 50 | 1∶20 | 4 | 8～9 | 70 | 0 |
| 30 | 1∶20 | 6 | 8～9 | 64 | 0 |

铁氧体法处理重金属离子废水效果见表 19-8。

表 19-8　铁氧体法处理重金属离子废水效果

| 重金属离子 | 处理前质量浓度/(mg/L) | 处理后质量浓度/(mg/L) |
|---|---|---|
| 铜 | 9500 | <0.5 |
| 镍 | 20300 | <0.5 |
| 锡 | 4000 | <10 |
| 铅 | 6800 | <0.1 |
| 铬（Ⅵ） | 2000 | <0.1 |
| 镉 | 1800 | <0.1 |
| 汞 | 3000 | <0.02 |

室温条件下沉渣的化学稳定性也较高，可以有效地减少二次污染，并节省处理时的热能消耗。

铁氧体法处理重金属废水的效果好，投资省，设备简单，沉渣量少，且化学性质比较稳定。在自然条件下，一般不易造成二次污染。但上清液中硫酸钠含量较高，如何处理回收尚需进一步研究，沉渣需加温曝气，经营费较高。

## 19.3.8 生化法

生化法处理重金属废水是新开发并在工程上获得成功的技术。中国科学院成都生物研究所的"微生物净化回收电镀污泥及废水重金属研究"获得专利。上海宝钢集团采用生化法对高浓度含铬废水和其他重金属废水进行试验。广东汕头市环海工程公司对电镀废水中的重金属处理回用均获得良好效果，其净化结果见表 19-9 和表 19-10，说明生化法对废水中重金属的净化效果是显著的。

表 19-9 生化法重金属废水处理试验结果 单位：mg/L(pH 值除外)

| 编号 | pH 值 | SS | 总 Cr | $Cr^{6+}$ | Pb | Zn |
|---|---|---|---|---|---|---|
| 1 | 7.5 | 38 | 1.31 | <0.01 | — | — |
| 2 | 7.0 | 47 | 1.15 | 0.04 | 0.15 | 1.45 |
| 3 | 7.2 | 35 | 0.46 | 0.01 | 0.15 | 1.20 |
| 4 | 7.3 | 31 | 0.45 | 0.01 | — | — |
| 5 | 7.0 | 38 | 0.70 | 0.06 | 0.16 | 1.53 |
| 6 | 7.5 | 30 | 0.73 | 0.04 | — | — |
| 7 | 7.5 | 38 | 0.53 | <0.01 | 0.11 | 0.245 |
| 8 | 7.4 | 39 | 0.54 | <0.01 | 0.15 | 0.261 |
| 9 | 7.1 | 35 | 0.32 | <0.01 | 0.09 | 0.481 |
| 平均值 | | | 0.69 | 0.022 | 0.14 | 0.86 |
| 去除率/% | | | 99.973 | 99.999 | 95.364 | 99.822 |

表 19-10 工程运行处理结果

| 编号 | 原水/(mg/L) | | 处理出水/(mg/L) | | 去除率/% | |
|---|---|---|---|---|---|---|
| | Cu | Ni | Cu | Ni | Cu | Ni |
| 1 | 10.60 | 11.60 | 0.16 | 0.46 | 98.5 | 98.6 |
| 2 | 14.30 | 8.90 | 0.09 | 0.33 | 99.4 | 96.3 |
| 3 | 5.80 | 9.56 | 0.23 | 0.05 | 96.5 | 99.5 |
| 4 | 45.90 | 15.60 | 0.18 | 0.14 | 99.6 | 99.1 |
| 5 | 89.67 | 13.70 | 0.22 | 0.44 | 99.8 | 96.7 |
| 6 | 38.80 | 7.90 | 0.11 | 0.21 | 99.7 | 97.3 |
| 7 | 75.20 | 18.80 | 0.13 | 0.57 | 99.8 | 97.0 |

# 19.4 含汞废水处理与回用技术

废水中的汞分为无机汞和有机汞两类。有机汞通常先氧化为无机汞，然后按无机汞的处理方法进行处理。

从废水中去除无机汞的方法有硫化物沉淀法、化学凝聚法、活性炭吸附法、金属还原法、离子交换法等。一般偏碱性的含汞废水用硫化物沉淀法或化学凝聚法处理。偏酸性的含汞废水用金属还原法处理。低浓度的含汞废水用活性炭吸附法或化学凝聚法处理。

## 19.4.1 硫化物沉淀法

向废水中投加石灰乳和过量的硫化钠，在 pH 值为 9～10 的弱碱性条件下，硫化钠与废水中的汞离子反应，生成难溶的硫化汞沉淀。

$$Hg^{2+} + S^{2-} \Longleftrightarrow HgS \downarrow$$
$$2Hg^+ + S^{2-} \Longleftrightarrow Hg_2S \Longleftrightarrow HgS \downarrow + Hg \downarrow$$

硫化汞沉淀的粒度很细，大部分悬浮于废水中。为加速硫化汞沉降，同时清除存在于废水中过量的硫离子，再适当投加硫酸亚铁，生成硫化铁及氢氧化亚铁沉淀。

$$FeSO_4 + S^{2-} \longrightarrow FeS \downarrow + SO_4^{2-}$$
$$Fe^{2+} + 2OH^- \longrightarrow Fe(OH)_2 \downarrow$$

硫化汞的溶度积为 $4 \times 10^{-53}$，硫化铁为 $3.2 \times 10^{-18}$。故生成的沉淀主要为硫化汞，它与氢氧化亚铁一起沉淀。

硫化物沉淀法的基本流程如图 19-12 所示。

某厂废水含汞 0.6～2mg/L，用石灰乳调 pH 值至 9 后，投加 3％硫化钠溶液，搅拌 10min；投加 6％硫酸亚铁溶液，再搅拌 15min。静置沉淀 30min，上清液可达到排放标准。沉渣含汞 40％～50％，经离心干燥后，送入焙烧炉焙烧，回收金属汞。焙烧后的汞渣含汞可降至 0.01％。

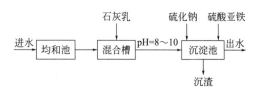

图 19-12 硫化物沉淀法处理流程

某矿山废水含汞为 5mg/L，pH 值为 4.5～6.5，并含有亚铁离子。投加石灰乳、硫化钠处理后，排水含汞量为 0.05mg/L。1m³ 废水消耗石灰 0.5kg，工业硫化钠 0.05kg。

硫化物沉淀法处理效果较好，但操作麻烦，污泥量大，消耗劳动力多。

## 19.4.2 化学凝聚法

向废水中投加石灰乳和凝聚剂，在 pH 值为 8～10 的弱碱性条件下，汞和铁或铝的氢氧化物絮凝体共同沉淀析出。

一般铁盐除汞效果较铝盐为好。硫酸铝只适用于含汞浓度低及水质比较浑浊的废水，如废水水质清晰，含汞量较高时，处理效果明显降低。

采用石灰乳及三氯化铁处理，若进水汞含量为 2mg/L、5mg/L、10mgL、15mg/L，出水汞含量依次为 0.02mg/L、小于 0.1mg/L、小于 0.3mg/L 及小于 0.5mg/L。药剂消耗量见表 19-11。

| | | |

表 19-11　药剂消耗量　　　　　　　　单位：mg/L

| 废水含汞量 | FeCl₃ | CaO |
|---|---|---|
| <1.0 | 4～10 | 20～30 |
| 10～20 | 10～15 | 30～100 |
| >20 | 10～30 | 100～200 |

## 19.4.3　金属还原法

利用铁、铜、锌等毒性小而电极电位又低的金属（屑或粉），从溶液中置换汞离子。以铁为例，反应如下：

$$Fe + Hg^{2+} \longrightarrow Fe^{2+} + Hg \downarrow$$

某厂废水含汞 100～300mg/L，pH 值为 1～4。处理流程如图 19-13 所示。废水经澄清后，以 5～10m/h 的滤速依次通过两个紫铜屑过滤柱、一个黄铜屑过滤柱和一个铝屑过滤柱。出水含汞降至 0.05mg/L 左右，处理效果为 99%。当 pH≥10 时，处理效果显著下降。

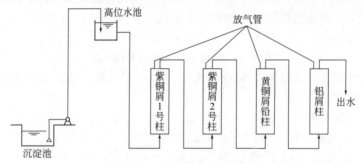

图 19-13　金属还原法处理流程

某厂废水含汞 0.6～2mg/L，pH 值为 3～4。以 8m/h 左右的滤速通过 $d>18$ 目的球墨铸铁铁屑过滤柱，出水含汞 0.01～0.05mg/L，pH 值为 4～5。铁汞渣用焙烧炉回收金属汞，每 200kg 可回收 1kg 金属汞，纯度 98%。某厂含汞废水处理效果见表 19-12。

表 19-12　金属还原法处理含汞废水效果

| 废水含汞量/(mg/L) | pH 值 | 出水含汞量/(mg/L) | 过滤介质 |
|---|---|---|---|
| 200 | | 0.05 | 铜，铁屑 |
| 10～20 | 1.5～2.0 | 0.01 | 铁屑 |
| 6～8 | <1 | 1 | 铜屑 |
| 1 | 3～4 | 0.05 | 铁粉 |

## 19.4.4　硼氢化钠还原法

利用硼氢化钠作还原剂，使汞化合物还原为金属汞。某厂废水含汞 0.5～1mg/L，pH 值为 9～11。采用硼氢化钠处理，其流程如图 19-14 所示。

废水与 $NaBH_4$ 溶液在混合器中混合后，在反应槽中搅拌 10min，经二级水力旋流器分离，出水含汞量降至 0.05mg/L 左右。硼氢化钠投加量为废水中汞含量的 0.5 倍左右。

硼氢化钠价格较贵，来源困难，在反应中产生大量氢气，带走部分金属汞，需用稀硝酸洗涤净化，流程比较复杂，操作麻烦。

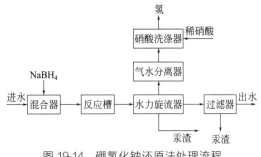

图 19-14　硼氢化钠还原法处理流程

## 19.4.5　活性炭吸附过滤法

利用粉状或粒状活性炭吸附水中的汞。其处理效果与废水中汞的含量和形态、活性炭种类和用量、接触时间等因素有关。在水中离解度越小、半径越大的汞化合物，如 $HgI_2$、$HgBr_2$ 等越易被吸附，处理效果越好。反之，如 $HgCl_2$，处理效果则差。此外，增加活性炭用量及接触时间，可以改进无机汞及有机汞的去除率。

某厂采用制药厂的废粉状活性炭处理含汞废水，流程如图 19-15 所示。

废水含汞 1～3mg/L，pH＝5～6。向预处理池及处理池中各投加废水量 5% 的活性炭粉，用压缩空气搅拌 30min 后，静置沉淀 1h，出水含汞量可降至 0.05mg/L。

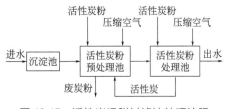

图 19-15　活性炭吸附过滤法处理流程

## 19.4.6　离子交换法

含汞废水可用阳离子交换树脂处理。如氯离子含量较高，生成带负电的氯化汞络合物，则用阴离子交换树脂去除。

用大孔巯基离子交换树脂处理含汞废水，出水含汞可降至 0.02～0.05mg/L。饱和树脂用 30% 盐酸再生，再生效率 80%。

# 19.5　技术应用与实践

## 19.5.1　膜法处理"零排放"技术

韶关冶炼厂随着铅、锌冶炼能力的大幅提高，生产废水量与重金属酸性废水日渐增加，经不断提高废水处理技术与设备和扩建改造后，目前已达到循环回用与"零排放"。

（1）一期废水治理情况

一期废水水质见表 19-13，处理工艺如图 19-16 所示。

表 19-13　酸性废水水质指标　　　　　单位：mg/L

| 项目 | Zn | Pb | Cd | Hg | As |
|------|-----|-----|-----|-----|-----|
| 浓度 | 133～238 | 5.5～195 | 3.7～15.0 | 0.004～0.135 | 0.265～2.601 |

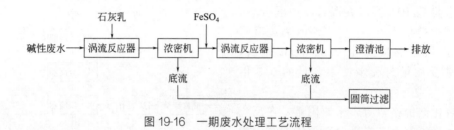

图 19-16　一期废水处理工艺流程

其废水处理工艺是根据废水水质，采用两段中和-絮凝沉降工艺流程处理，设计处理能力为 $310m^3/d$。

工艺参数与处理效果如下。

① 水处理量为 $310m^3/d$。

② 一段中和 pH 值为 11.0 左右，沉淀锌、铜、镉、汞等，二段中和 pH 值约 10.5，沉淀铅、砷。

③ 污泥经浓密机浓缩，采用圆筒真空过滤。

④ 处理效果：废水经过两段中和-絮凝沉降工艺流程处理后，废水达标率达 85% 以上。

（2）二期废水治理情况

韶冶二期废水处理工程包括湿法冶炼所排放的重金属废水处理系统和酸性废水处理系统。两个处理系统的工艺流程基本相同，均采用中和-絮凝沉淀工艺流程，只是操作条件有所差异。韶冶二期重金属酸性废水处理工艺流程如图 19-17 所示。

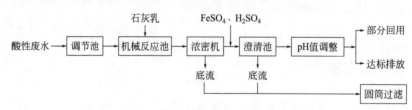

图 19-17　二期酸性废水处理工艺流程

工艺参数如下。

① 重金属酸性废水处理量为 $450m^3/h$，酸性废水量为 $8.5m^3/h$。

② 重金属酸性废水调节池停留时间 2.2h。

③ 重金属酸性废水中和 pH 值控制在 10.0～11.0，酸性废水 pH 值为 11.5～12.0。

④ 澄清池前加入硫酸亚铁和硫酸，控制 pH 值在 9.0～10.0，有效地除去废水中的铅离子。

通过两个系统对冶炼酸性废水和酸性废水处理后，废水达标排放和部分回用。该工艺流程简单易操作，运转稳定。

（3）三期废水处理情况

近年来由于生产规模日益扩大，水资源日益紧张与水污染事件不断发生，迫使该厂对废水资源利用进行新的研究与开发应用。

新处理工艺流程为：生产废水及厂区初期雨水经两段化学沉淀工艺处理后进入组合工艺处理系统，处理后的水→水质调节池→冷却塔→机械过滤器→超滤膜系统→保安过滤器→纳滤系统→回用系统。

本技术针对铅锌冶炼废水温度高、成分复杂、含钙离子浓度高，还含有循环冷却水系统中需要严格控制的氯离子、氟离子、硫酸根离子等的特点，进行了合理的工艺组合，使本技术与类似膜技术相比具有以下特点：a. 预处理采用冷却塔将中水由 52℃冷却至 35℃以下，确保系统有较高的除盐率，以满足回用水水质要求；b. 机械过滤器前投加絮凝剂，可以有效地控制对纳滤系统非常敏感的胶体、悬浮物的去除；c. 超滤系统具有独特的均匀布水方式，使过滤达到最大效果，能较长期地满足纳滤膜对污染的耐受；带空气清洗的反洗装置，能力强、时间短、水耗低。

减排情况见表 19-14。

表 19-14　减污减排与效益情况

| 序号 | 项目 | 原状 | 改造后 | 改造后增减量 | |
|---|---|---|---|---|---|
| 1 | 工业废水排放总量/(m³/a) | 1780 | 198 | −1782 | −90% |
| 2 | 废水中铅排放量/(kg/a) | 12760 | 869 | −11891 | −93.2% |
| 3 | 废水中镉排放量/(kg/a) | 853 | 50 | −803 | −94% |
| 4 | 废水中砷排放量/(kg/a) | 342 | 21 | −321 | −93.8% |
| 5 | 废水中汞排放量/(kg/a) | 84 | 6 | 78 | −93% |
| 6 | 总用水量/(m³/a) | 21568 | 21367 | −201 | −0.9% |
| 7 | 新水量/(m³/a) | 2578 | 1386 | −1192 | −46.2% |
| 8 | 重复用水量/(m³/a) | 18989 | 19981 | 992 | 5.2 |
| 9 | 水重复利用率/% | 88 | 93.5 | 5.5 | |

该工程实施后年节省生产用水量 1190 万立方米，每年可节约取水费 274 万元。

该技术产水综合成本 1.22 元/t，与国内大部分地区企业生产用水价格相比，具有良好的技术优势。目前所有工艺收尘水、环保收尘水、冲渣水都已实现循环回用，取得良好的环境效益和社会效益。

## 19.5.2　中和沉淀法

株洲冶炼厂是我国目前最大的铅锌冶炼企业之一，主要生产锌、铅、铜、镉及锌合金、硫酸等产品。其锌冶炼系统采用传统的沸腾—焙烧—两段浸出—净液—电积工艺，因此，生产过程产生大量含锌、铅、铜、镉、汞、砷等有毒重金属的酸性废水。随着新建 $10 \times 10^4$ t/a 电锌系统的投产，排放废水量越来越大，各种酸性废水经明沟混合后一并进入废水处理车间。重金属酸性废水采用消化石灰乳中和（污泥回流）—沉降处理工艺，处理能力为 800～1200m³/h。处理后废水基本达标排放。在完成锌系统扩建后，同时还上马年产 $18 \times 10^4$ t 硫酸的系统，与此相配套，新建了废水综合治理二期工程，包括废酸废水处理系统、废水处理后净化水回用等设施。

（1）一期重金属废水处理实践

株冶一期重金属废水处理工程处理能力为 800m³/h，采用消化石灰中和部分污泥回流处理工艺流程。

废水水质指标见表 19-15。

表 19-15　处理前酸性废水水质　　　　单位：mg/L（pH 值除外）

| 项目 | pH 值 | Zn | Pb | Cu | Cd | As |
|---|---|---|---|---|---|---|
| 水质 | 2.0～5.4 | 80～150 | 2～8 | 0.5～3.0 | 1～3 | 0.5～3.0 |

| 项目 | pH 值 | Zn | Pb | Cu | Cd | As |
| --- | --- | --- | --- | --- | --- | --- |
| 标准 | 6~9 | 4 | 1 | 0.5 | 0.1 | 0.5 |

根据废水的水质，采用消石灰乳中和一部分污泥回流沉降工艺。其化学反应如下。中和反应：

$$H_2SO_4 + Ca(OH)_2 \longrightarrow 2H_2O + CaSO_4 \downarrow$$

水解反应：

$$Zn^{2+} + 2OH^- \longrightarrow Zn(OH)_2 \downarrow \qquad K_{sp} = 1 \times 10^{-17}$$
$$Pb^{2+} + 2OH^- \longrightarrow Pb(OH)_2 \downarrow \qquad K_{sp} = 6.8 \times 10^{-13}$$
$$Cu^{2+} + 2OH^- \longrightarrow Cu(OH)_2 \downarrow \qquad K_{sp} = 5.6 \times 10^{-20}$$
$$Cd^{2+} + 2OH^- \longrightarrow Cd(OH)_2 \downarrow \qquad K_{sp} = 2.4 \times 10^{-13}$$

砷和石灰反应：

$$Ca^{2+} + 2AsO_2^- \longrightarrow Ca(AsO_2)_2 \downarrow$$

废水处理后其水质见表 19-16。

表 19-16　处理后废水水质　　　　单位：mg/L(pH 值除外)

| 项目 | pH 值 | Zn | Pb | Cu | Cd | As |
| --- | --- | --- | --- | --- | --- | --- |
| 水质 | 8.5~10.0 | 0.95~3.1 | 0.39~0.73 | 0.15~0.28 | 0.003~0.065 | 0.026~0.15 |
| 标准 | 6~9 | 4 | 1 | 0.5 | 0.1 | 0.5 |

（2）二期废水处理实践

随着该厂生产能力的扩大，续建二期废水处理综合工程，包括原一期废水处理站扩建、硫酸生产的废酸废水处理、处理后废水回用，以及锌系统扩建场地废水清污分流等。全厂废水、废酸处理工艺流程如图 19-18 所示。

① 废酸处理　硫酸生产采用绝热蒸发稀酸洗涤双接触制酸工艺。

废酸、废水水质见表 19-17。

表 19-17　废酸、废水水质

| 项目 | H₂SO₄ | Cu | Pb | Zn | Cd | Hg | As | F |
| --- | --- | --- | --- | --- | --- | --- | --- | --- |
| 浓度 | 5%~6% | 7.11mg/L | 33.77mg/L | 989.9mg/L | 8.11mg/L | 116.5mg/L | 716mg/L | 319.9mg/L |

该废酸为含有大量重金属及 As、Cl、F 的酸性废水。对于重金属离子的去除仍采用石灰中和法，同时利用砷酸盐与亚砷酸盐能与铁、铝等金属形成稳定络合物，并与铁、铝等的氢氧化物吸附共沉淀的特性可从废水中去除砷。总之，废酸处理工艺采用石灰石中和—石灰乳中和—铁盐、铝盐去除残余砷、氟的三段处理工艺。

低酸废水处理工艺流程如图 19-19 所示。

一段中和加石灰浆，控制 pH≤2，经浓缩池沉淀后，上清液排入二段中和槽，底流用泵送至离心机脱水，经离心机排出的废水送入二段中和槽，石膏渣外销或堆存。二段中和采用石灰乳作中和剂，pH 值调整到 11 左右，以除去废水中大部分砷及重金属，上清液送至三段中和槽，底流送压滤机压滤。二段中和处理后的废水中仍残存少量砷及氟，满足不了排放要求而需进一步处理。第三段中和处理分三级进行，在一级槽内，投加铁盐、铝盐进行搅拌反应，pH 值控制在 8.0~8.5，为使反应充分，在二级槽内加空气进行氧化，然后在三级

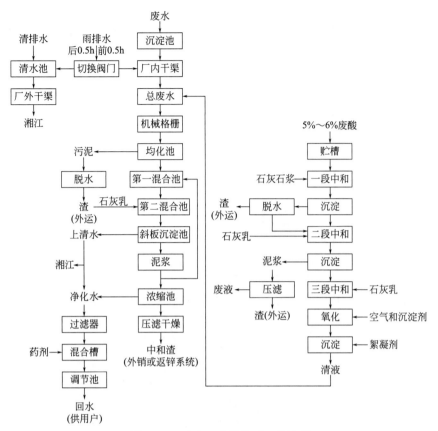

图 19-18　废水、废酸处理工艺流程

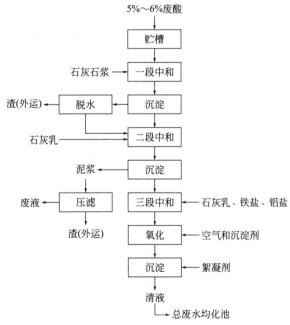

图 19-19　低酸废水处理工艺流程

槽内加 3 号絮凝剂，絮凝反应后的废水进浓密机进行沉淀分离，底流与二段浓密机后的底流一并送压滤机压滤，渣返回冶炼系统以回收有价金属。经处理后的上清液，pH 值为 6.5～9.5，砷的含量可控制在 10mg/L 以内，送至总废水处理站进行最后的深度处理。

工艺参数如下：a. 处理水量为 20m³/h；b. 一段中和采用石灰石浆中和，pH 值为 2；二段中和用石灰乳中和，pH 值为 11 左右；三段中和加铁盐、铝盐、石灰乳，中和 pH 值至 8.0～8.5，目的是较彻底地去除废水中的砷和氟；c. 三段中和后废水送到一期总废水均化池，再由处理站进行最后的达标处理。

② 废水处理　由于冶炼厂规模扩大，原废水处理厂已不能适应生产废水处理需求，故进行废水处理扩建。

废水水质主要成分见表 19-18。

表 19-18　废水水质主要成分　　单位：mg/L（pH 值除外）

| 项目 | SS | pH 值 | Zn | Pb | Cu | Cd | As |
|---|---|---|---|---|---|---|---|
| 水质 | 190～550 | 1～6 | 60～180 | 3～15 | 1～5 | 1～6 | 1～5 |

从废水水质看，与扩建前水质类同，仍采用石灰乳中和工艺。为了保证净化水质，采用两段石灰乳中和工艺。一段主要中和酸，二段调节水解沉淀终点 pH 值；一段可起 pH 值粗调作用，二段起细调作用，有利于处理成分波动大而频繁的废水。两段中和工艺的另一个特点是：可分流沉淀产物，控制一段中和沉淀物量而减小二段中和的沉淀物量。这有效地提高了该工艺处理高浓度废水的能力及净化水质。具体的工艺流程如图 19-20 所示。经过改造，废水处理能力达到 1200m³/h，废水水质达到国家排放标准并回用。

经废水处理站处理后的废水，尽管已达到国家排放标准，但并没有减少废水排放量，按达标浓度计算，每年随废水排放的金属锌仍将达到 42t，因此，净水回用具有重要的经济与社会效益。由于废水处理采用石灰中和法，致使净化水中的钙浓度增大，回用中存在着严重的结垢问题。故必须进行阻垢处理，以达到各用水点的要求。首先将过滤后的废水引入混合槽，在此投加水质稳定剂，然后进入调节池，再由泵送至各用水点使用。其用水点主要是杂用水和部分冷却水用户，约占新水用量的 60%。杂用水为地面冲洗水、冲渣水、冲厕用水、除尘用水等，约占新水用量的 20%。工艺用水主要为电解、浸出等。

由于厂区内排水中含有可回收金属成分，因此，清、废排水均设沉淀调节池，沉淀物人工清挖返回冶炼系统进行有价金属回收。又因降雨前 0.5h 雨水不能直接外排，故在清水及废水压力

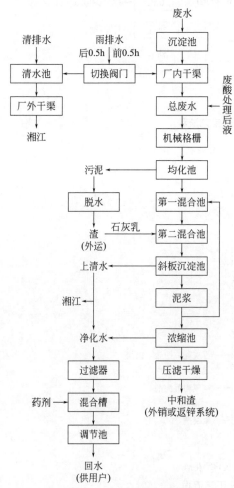

图 19-20　废水处理工艺流程

排水管道上设置切换阀门。并设潜污泵两组，一组排出生产、生活污水，另一组排出雨水，该措施的实施可减少废水站的负荷。

该工程投入运行后，基本达到了预期效果。改造前后的水质成分见表 19-19。

表 19-19　改造前后的水质成分　　单位：mg/L(pH 值除外)

| 项目 | 改造前平均浓度 | 改造后平均浓度 | 国家排放标准 | 项目 | 改造前平均浓度 | 改造后平均浓度 | 国家排放标准 |
|---|---|---|---|---|---|---|---|
| pH 值 | <6 | 8.0 | 6~9 | Zn | 134 | 2.0 | 2.0 |
| Cu | 2.8 | 0.2 | 0.5 | Cd | 3.7 | 0.07 | 0.1 |
| Pb | 7.8 | 0.78 | 1.0 | As | 1.5 | 0.06 | 0.5 |

原来，不合格废水排入湘江，还要按规定收取排污费。株冶废水综合治理二期工程的建成投产，将废水处理达标率由 95% 提高到 99%，废水处理率由 90% 提高到 98%，从而有效地改善了湘江霞湾段的水质，不仅在环境保护方面起到了积极的作用，即社会效益显著，而且有利于企业的生存与发展，也有一定的经济效益。

## 19.5.3　联合处理法

（1）工程简况与废水水质

贵溪冶炼厂是我国最大的铜冶炼基地，采用先进的富氧闪速熔炼技术，硫酸生产采用两吸、半封闭稀酸洗涤流程。近年来，由于不断地进行改扩建工程，产品产量大幅度提高。2002 年三期工程完成后，阴极铜生产能力达到 400kt/a(其中矿产铜 300kt/a，杂铜 100kt/a)，硫酸生产能力已达到 1010kt/a。因此，废酸处理量由原来的 180m³/d 增加到 668m³/d，废酸、废水处理设施由原来的一套增加到 3 套。

贵溪冶炼厂生产的主要原料是铜精矿，铜精矿在闪速熔炼过程中产生的含二氧化硫烟气夹杂有烟尘和杂质，经电收尘器部分脱出后，送往制酸系统，再经净化、干燥、转化、吸收工序生产出硫酸。烟气中的 As、Cu、Pb、Cd、Fe、Bi、$SO_3$、Cl 等在净化工序的空塔、洗涤排烟冷却器、电除尘器中被除去，最后富集在空塔循环液中，由空塔抽出泵送往废酸处理工序进行处理。

全厂整个生产过程产生废酸废水和重金属酸性废水，废水水质见表 19-20。

表 19-20　酸性废水水质

| 废水种类 | 废水成分含量/(mg/L) | | | | | | | |
|---|---|---|---|---|---|---|---|---|
|  | $H_2SO_4$ | SS | Zn | Cu | Cd | As | F | $SO_2$ |
| 废酸水 | 65 | 0.7 | 0.7 | 1.86 | 0.131 | 4.49 | 0.91 | 0.8 |
| 重金属废水 | 3.92 | — | 0.6 | 0.62 | — | 0.44 | — | — |

（2）废水处理工艺

根据水质特点，废酸废水的处理分为三大工序：废酸硫化处理工序、废水石膏中和处理工序、废水中和-铁盐氧化工序。

① 废酸硫化处理工序　废酸硫化处理工序主要是处理烟气净化工序产生的含铜、砷、镉、铋、氟等杂质的废酸，以及三氧化二砷车间排出的含高铜、砷等杂质的废水。该工序通

过添加硫化钠，使废酸中的铜、砷等杂质大部分以硫化物的形式沉淀下来，进入渣中。反应在一定的氧化还原电位下进行，以使残余砷含量控制在小于标准范围内。反应如下。

$$2HAsO_2 + 3Na_2S + 2H_2O \Longrightarrow 6NaOH + As_2S_3 \downarrow$$

$$H_2SO_4 + 2NaOH \Longrightarrow Na_2SO_4 + 2H_2O$$

$$CuSO_4 + Na_2S \Longrightarrow Na_2SO_4 + CuS \downarrow$$

反应的同时，废酸中的镉也有一部分以硫化物的形式沉淀下来。这些沉淀物经压滤机过滤分离，滤渣送往三氧化二砷车间生产三氧化二砷，滤液送往废水石膏中和工序进一步处理。

废酸硫化处理工序的工艺流程如图 19-21 所示。

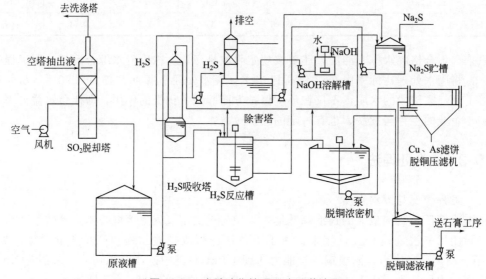

图 19-21　废酸硫化处理工序工艺流程

② 废水石膏中和处理工序　来自废酸硫化处理工序的滤液被送至石膏工序的反应槽，通过添加石灰乳溶液中和其中的 $H_2SO_4$、HF，除去其中的硫酸和氟，生成石膏及氟化钙，反应如下：

$$H_2SO_4 + CaCO_3 + H_2O \Longrightarrow CaSO_4 \cdot 2H_2O \downarrow + CO_2$$

$$2HF + CaCO_3 \Longrightarrow CaF_2 \downarrow + CO_2 + H_2O$$

用离心分离机进行固液分离后，滤渣出售，滤液送往第三道工序进一步处理。石膏中和工序的工艺流程如图 19-22 所示。

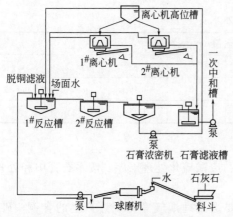

图 19-22　石膏中和工序的工艺流程

③ 废水中和-铁盐氧化工序　采用中和-铁盐氧化工序处理石膏滤液和工厂各处废水。根据这两部分废水中砷的含量，按 Fe/As＝10 的标准加入砷的共沉剂 $FeSO_4$，经管道混合器充分混合后进入一次中和槽，在一次中和槽中添加氟的共沉剂 $Al_2(SO_4)_3$ 和调节溶液 pH 值的 $Ca(OH)_2$ 溶液，使废水溶液的 pH 值为 7，然后导入氧化槽，用空气曝气氧化，将废水中的 $Fe^{2+}$ 转变为 $Fe^{3+}$、$As^{3+}$ 转变为 $As^{5+}$，有利于铁和砷的共沉，氧化后导入二次中和槽，再添加 $Ca(OH)_2$ 溶液调整 pH 值为 9～10，使其中的杂质离子如

$Cu^{2+}$、$Fe^{3+}$、$Al^{3+}$、$Zn^{2+}$、$Cd^{2+}$ 等成为氢氧化物的沉淀，砷和氟则以 $Ca_3(AsO_4)_2$、$CaF_2$ 的形式沉淀下来，再导入凝聚槽添加凝聚剂，经圆筒真空过滤机过滤分离，滤液澄清后用 1% 的硫酸调节 pH=7 后排放。该工序的杂质脱除率与溶液的 pH 值及硫酸亚铁的添加量密切相关。当溶液中的 $Fe^{2+}$ 浓度不足时，砷的脱除率将受到很大的影响，因此，对铁砷比有严格的要求。

废水中和-铁盐氧化工序的工艺流程如图 19-23 所示。

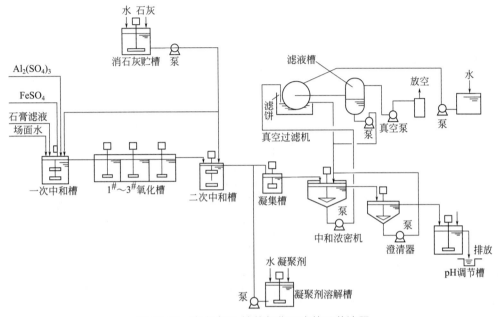

图 19-23　废水中和-铁盐氧化工序的工艺流程

（3）工艺参数与主要设备及其运行效果

① 废酸硫化工序残余砷的含量控制在小于 100mg/L 的范围内。

② 废水石膏中和工序碳酸钙中和后控制 pH 值在 3.5 左右。

③ 石灰乳一段中和 pH 值约为 7.0，硫酸亚铁的添加量以铁/砷大于或等于 10 为宜。

④ 氧化槽中空气氧化 $Fe^{2+}$、$As^{3+}$ 为 $Fe^{3+}$、$As^{5+}$，形成沉淀除去。

⑤ 石灰乳二段中和后控制 pH 值为 9~10，除去其中的锌、镉等金属离子。

⑥ 主要设备。废酸和排水处理的主要设备见表 19-21。

表 19-21　废酸和排水的主要设备

| 设备名称 | 数量 | 型式 | 规格 | 材质 |
|---|---|---|---|---|
| $SO_2$ 脱吸塔 | 1 | 填料塔 | $\phi$750mm，高 4500mm | 聚氯乙烯加玻璃钢，填料为聚丙烯泰勒 |
| $H_2S$ 吸收塔 | 1 | 文丘里型空塔 | $\phi$530/840mm，高 7000mm | 聚氯乙烯加玻璃钢 |
| 除害塔 | 1 | 方形填料塔 | 方形边长 600mm，高 3000mm | 本体为聚氯乙烯，循环槽为普通钢内衬聚氯乙烯 |
| $H_2S$ 反应槽 | 1 | 圆筒形 | $\phi$2800mm，高 3550mm，叶轮 $\phi$600mm，2 段 | 槽、叶轮为钢衬橡胶 |

| 设备名称 | 数量 | 型式 | 规格 | 材质 |
|---|---|---|---|---|
| 脱铜浓密机 | 1 | 圆筒形 | $\phi 800mm$，高 $4000mm$ | 槽为钢衬橡胶，集泥机为钢衬橡胶 |
| 脱铜压滤机 | 2 | 全自动压榨式 | $99m^2$（方形 $1250mm$，44 室），压滤机压力 $4kgf/cm^2$，即 $392kPa$，压滤机压力 $7kgf/cm^2$，即 $686kPa$ | 滤板为聚丙烯，压榨板为聚丙烯加橡胶，接液都为不锈钢，滤饼溜槽为不锈钢，接液盘为不锈钢 |
| 脱铅压滤机 | 1 | 空气喷吹式 | $22.9m^2$（方形 $750mm$，28 室），压滤机压力 $5kgf/cm^2$，即 $490kPa$ | 滤板为聚丙烯，接液部为不锈钢，接液盘为不锈钢，滤饼溜槽为不锈钢 |
| 排水处理的 1#、2# 反应槽 | 2 | 圆筒形 | $\phi 3800mm$，高 $3800mm$ | 槽、叶轮为钢衬橡胶 |
| 石膏浓密机 | 1 | 圆筒形 | $\phi 5500mm$，高 $3500mm$ | 钢衬橡胶 |
| 离心分离机 | 2 | 全自动底排式 55 型 | $\phi 1400mm$，高 $550mm$，金属网容量 $430L$，转速 $425\sim 850r/min$ | 本体为钢衬橡胶，转鼓为不锈钢，托盘为不锈钢 |
| 中和槽 | 2 | 圆筒形 | $\phi 2800mm$，高 $3050mm$，搅拌机 $\phi 1500mm$，2 段 | 钢衬橡胶 |
| 氧化槽 | 3 | 方形 | 方形 $1700mm$，高 $1800mm$ | 铜衬橡胶 |
| 沉淀物浓密机 | 1 | 圆筒形 | $\phi 5300mm$，高 $3300mm$ | 槽为钢涂环氧橡胶，集泥机为不锈钢 |
| 圆筒真空过滤机 | 1 |  | $\phi 3000mm$，长 $3000mm$（$28m^2$），转速 $0.15\sim 0.6r/min$；高压滤布洗涤泵 $3m^3/h$，$50kgf/cm^2$，即 $4900kPa$；滤液泵 $400L/min$，高 $1.8m$；真空泵 $32m^3/min$，$-500mmHg$，即 $-66.66kPa$ | 原液槽为钢衬橡胶，搅拌机为钢衬橡胶，滚筒为不锈钢，滤板为聚丙烯，滤饼溜槽为碳钢，滤液泵为铸铁衬胶，真空泵为外壳铸铁 |
| 澄清器 | 1 | 圆筒形 | $\phi 9500mm$，高 $4500mm$ | 槽本体为钢涂环氧，集泥机为不锈钢 |

⑦ 运行效果。贵冶废酸废水和重金属酸性废水处理工程自投产以来，设备运行稳定，处理后废水达标排放。该工程具有设备工艺先进，自动化程度高，设备防腐性能好等优点。

## 19.5.4 硫化物沉淀法

（1）废水水质与工程简况

杭州富春江冶炼厂制酸装置采用文丘里洗涤器-空塔-石墨间冷器-两级电除雾器净化、一转一吸工艺流程。原设计从文丘里洗涤器循环槽送往废酸处理系统的废酸量为 $30.5m^3/d$，

As 含量为 1.48g/L。1997 年，铜冶炼系统扩产，粗铜产量 7000t/a，硫酸产量为 30kt/a，废酸量也随之增加到 45m³/d 左右。同时，由于外购高砷块矿，废酸中砷含量增高，一般在 13～20g/L，最高达 23.5g/L，为原设计值的 16 倍以上。该厂废酸处理系统采用 Na₂S 法，由于在生产实践中采用了合理的操作控制方法，处理后废酸中的砷含量一直保持在 50～150mg/L，取得了较好的环境效益和社会效益。

废酸废水的水质主要指标见表 19-22。

**表 19-22　废酸废水水质主要指标**　　　　　单位：g/L

| 项目 | As | Cu | Zn | Fe | F | $H_2SO_4$ |
|---|---|---|---|---|---|---|
| 浓度 | 1.48～20 | 0.24 | 1.25 | 0.10 | 0.57 | 30.55 |

（2）废酸废水处理工艺流程与主要设备

① 酸废水处理工艺　根据废酸水质，采用 Na₂S 法进行处理。其废酸处理工艺流程如图 19-24 所示。

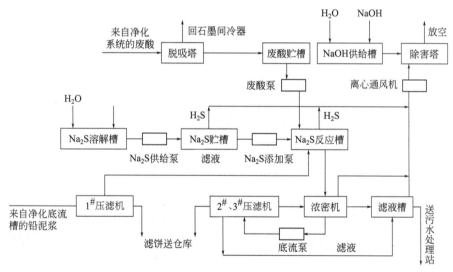

图 19-24　废酸水处理系统工艺流程

来自净化工序的含砷废酸，经脱吸塔吹出溶于其中的 $SO_2$ 气体（脱吸率约 90%）后，流入废酸贮槽，然后用泵送入 Na₂S 反应槽，在搅拌的条件下，与来自 Na₂S 贮槽的硫化剂（Na₂S 质量分数为 13.6%）进行充分的化学反应。主要反应式如下：

$$CuSO_4 + Na_2S \longrightarrow Na_2SO_4 + CuS\downarrow$$
$$2HAsO_2 + 3H_2SO_4 + 3Na_2S \longrightarrow As_2S_3\downarrow + 3Na_2SO_4 + 4H_2O$$
$$H_2SO_4 + Na_2S \longrightarrow Na_2SO_4 + H_2S$$

生成的 $As_2S_3$ 和 CuS 悬浮于废酸中，由反应槽溢流口经溜槽流入浓密机。经浓密后，浓度为 50g/L 的底流由泵打入压滤机。压滤后，滤饼送往仓库堆存，滤液返回浓密机，与浓密机上清液一并由溜槽排至滤液槽，再送往废水处理站经中和-铁盐氧化工艺进一步中和处理。脱吸塔脱出的 $SO_2$ 气体返回净化工序石墨间冷器入口。在废酸处理过程中，凡可能逸出 $H_2S$ 的设备，如 Na₂S 贮槽、Na₂S 反应槽、浓密机和滤液槽等，均设置导气管，由引风机将气体导入清洗塔，用 10% 的 NaOH 碱液吸收后排入大气。

② 主要设备　废酸水处理系统的主要设备见表 19-23。

表 19-23　废酸水处理系统主要设备

| 设备名称 | 型号规格及技术性能 | 数量 | 设备名称 | 型号规格及技术性能 | 数量 |
|---|---|---|---|---|---|
| 耐腐蚀<br>耐磨泵 | 32UHB-ZK-5-20-K | 4 | NaOH 供给槽 | $\phi1000mm\times1000mm$ | 1 |
| | 65UHB-ZK-30-32-K | 2 | $Na_2S$ 贮槽 | $\phi1800mm\times1600mm$ | 1 |
| 离心<br>通风机 | $F_S-40$，$Q=13.7m^3/min$ | 1 | $Na_2S$ 溶解槽 | $\phi1800mm\times1600mm$ | 1 |
| | $p=3700Pa$ | | 废酸贮槽 | $\phi5000mm\times3000mm$ | |
| 板框压滤机 | XM20/800-UK | 2 | 脱吸塔 | $\phi350mm\times2000mm$ | |
| $Na_2S$ 反应槽 | $\phi1800mm\times1400mm$ | 2 | 衬胶<br>离心泵 | 50FJ-40，$Q=15m^3/h$ | 1 |
| 浓密机 | $\phi3000mm\times1850mm$ | 2 | | $H=500kPa$ | |
| 除害塔 | $\phi1000mm\times1000mm$ | 1 | | | |
| | $\phi350mm\times1300mm$ | | | | |

（3）工艺要点与运行效果

① 工艺要点

1）温度控制。来自净化工序文丘里洗涤器循环槽的废酸原液温度一般为 55℃，$Na_2S$ 溶解槽的温度也控制在 45～60℃，这样不仅可避免冬季硫化钠在管道内结晶，也可加快反应速率。

2）废酸、$Na_2S$ 加入口位置。废酸、$Na_2S$ 进入 $Na_2S$ 反应槽的入口部位在设计上很有研究，该厂的反应槽结构如图 19-25 所示。

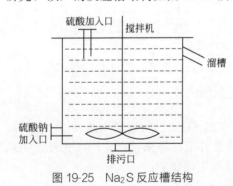

图 19-25　$Na_2S$ 反应槽结构

废酸入口管从槽口垂直插入液面深约 5cm，$Na_2S$ 入口位于槽底侧部，与搅拌机叶片平齐，这样可使反应在充分搅拌的情况下有足够的时间完成。该厂 1998 年曾因 $Na_2S$ 加入口泄露而改为从顶部加入 $Na_2S$，结果因反应不完全，废酸就从溜槽流出，造成处理后废酸含砷量超标，且 $Na_2S$ 用量增加。

3）氧化还原电位。氧化还原电位（ORP）是硫化法处理废酸的重要控制参数之一。在生产过程中，通过测量处理后废酸的氧化还原电位来调节 $Na_2S$ 溶液的加入量，以使 As、Cu 沉淀完全。

在生产过程中，ORP 控制在 50～70mV，每班用 1%～2%的稀盐酸清洗一次 ORP 传感器。当熔炼使用铜矿粉及块状料含砷量变化幅度较大时需重新校正曲线，确定合适的 ORP 值，自动调节硫化钠添加量，使含砷量控制在 1000mg/L。当 pH<13 时，同时补充 NaOH 溶液。

② 运行效果　通过合理调节 ORP 值，废酸处理效果良好，As、Cu 沉淀率平均在 99% 以上，即使废酸原液含砷量波动较大，反应槽出口处的砷含量能保持 50～150mg/L。废酸

处理运行结果见表 19-24，砷滤饼成分见表 19-25。

表 19-24　废酸处理数据　　　　　　　　　　单位：g/L

| 组成 | As | Cu | Zn | Fe | F | H$_2$SO$_4$ |
|---|---|---|---|---|---|---|
| 处理前 | 1.48～20 | 0.24 | 1.25 | 0.10 | 0.57 | 30.55 |
| 处理后 | 0.05～0.15 | 0.0044 | 1.03 | 0.097 | 0.522 | 25.57 |

表 19-25　砷滤饼成分　　　　　　　　　　单位：%

| As[①] | S[①] | Sb[①] | H$_2$O[②] |
|---|---|---|---|
| 39.06 | 40.50 | 2.56 | 50 |

①指干坯各组分的百分含量。
②指湿坯中的水含量。

## 19.5.5　清浊分流回收利用法

水口山矿矿务局第三冶炼厂为 20 世纪 80 年代建成的冶炼厂，曾污染严重。近年来将水质进行清浊分流，实行闭路循环回用，可供类似冶炼厂废水处理回用借鉴。

（1）鼓风炉、烟化炉冲渣水闭路循环

对鼓风炉、烟化炉冲渣水实行闭路循环，改变以往新水冲渣、冲渣水沉淀后外排的做法。其工艺流程如图 19-26 所示，具体措施为：建立集中水池，将冲渣水进行初步沉淀，冷却后溢流进入第二集水池进行沉淀。之后再进入循环冷却水池进行自然沉淀，冷却后再回用于冲渣。这一措施年节约新水 135.42 万吨，减少排污量 135.42 万吨。其水质水量见表 19-26。

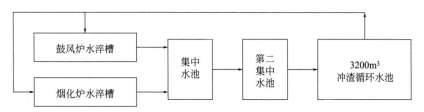

图 19-26　冲渣水治理工艺流程

表 19-26　第三冶炼厂水质水量调查表

| 用水项目 | | 用水量/(t/d) | 水质特点 | 用水项目 | 用水量/(t/d) | 水质特点 |
|---|---|---|---|---|---|---|
| 鼓风炉 | 冷却水 | 1728 | 温度从 24℃升至 29℃ | 镉电解废水等 | 85.5 | |
| | 铸锭水 | 120 | | ZnSO$_4$车间用水 | 220.8 | |
| | 冲渣水 | 3181.6 | | 铝电解废水等 | 120 | |

续表

| 用水项目 | | 用水量/(t/d) | 水质特点 | 用水项目 | | 用水量/(t/d) | 水质特点 |
|---|---|---|---|---|---|---|---|
| 烟化炉 | 冷却水 | 3962 | 温度从24℃升至36.5℃，pH值为7.6 | 锅炉 | | 192 | |
| | 工艺用水 | 192 | | 化验检修等 | | 360 | |
| | 铸锭水 | 180 | | 生活 | | 2959 | |
| | 冲渣水 | 3080 | | 统计 | 工业 | 冷却水 6434 | |
| 阳极板 | 冷却水 | 264 | | | | 冲渣水 6261.6 | |
| 反射炉 | 冷却水 | 744 | 温度从24℃升至42℃，pH值为7.7 | | | 工艺用水 1348.4 | |
| | | | | | | 其他 417 | |
| 反射炉泡沫除尘水 | | 31.2 | | | 生活 | 2959 | |

（2）冶炼炉冷却水闭路循环

该冶炼炉冷却水占工业用水量的 44.5%。鼓风炉、烟化炉和反射炉等冶炼炉冷却水的水质在进入炉套前后变化很小，可保证循环水水质的稳定性，具体操作时是将三个炉子的冷却水混合，混合水水温比进水平均高约 15℃，集中冷却后再进行分炉循环利用。冷却设施采用玻璃钢逆流机械通风冷却塔。其处理工艺流程如图 19-27 所示。三个冶炼炉的冷却水年循环用量为 143.76 万吨，年节约新水 143.76 万吨，即年少排废水 143.76 万吨。

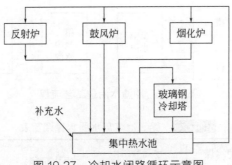

图 19-27　冷却水闭路循环示意图

（3）湿式铅渣和镉电解水等废水闭路循环

湿法铅渣废水经沉淀后实现闭路循环，铅渣送铅冶炼系统回收铅，年获利 60 余万元。对镉电解水等也实现了闭路循环。

（4）混合废水的综合处理

通过上述闭路循环的实施，三厂的废水年复利用率达 78.26%。对其余的废水进行收集并进行混合处理。处理工艺采用石灰中和法，其工艺流程如图 19-28 所示，处理水质见表 19-27。

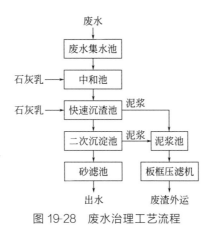

图 19-28　废水治理工艺流程

**表 19-27**　废水综合治理水质

| 废水名称 | 水质成分 | | | | | | | | | |
|---|---|---|---|---|---|---|---|---|---|---|
| | SS | Pb | Zn | Cu | Cd | As | Hg | COD | F | pH 值 |
| 废水站进水/(mg/L) | 182 | 16.48 | 16.64 | 0.221 | 1.83 | 0.375 | 0.029 | 3.513 | 1.368 | 7.5 |
| 废水站出水/(mg/L) | 17 | 0.164 | 0.181 | 0.028 | 0.087 | 0.013 | 0.0007 | 1.293 | — | 7.8 |
| 去除率/% | 90.5 | 99 | 98.8 | 87.3 | 95.2 | 96.5 | 97.6 | 63.2 | — | — |

第 *20* 章
# 轻金属冶炼厂废水处理与回用技术

铝镁是轻有色金属最常见的也是最有代表性的两种轻金属。钛金属也属轻有色金属之类。因此，轻有色金属冶炼厂的节水减排与废水处理回用主要是解决好铝、镁冶炼与电解废水以及钛生产的氯化炉气尘与冲渣废水和尾气淋洗等问题。

# 20.1 废水来源与特征

## 20.1.1 铝冶炼废水

（1）氧化铝生产废水来源与特征

氧化铝是用电解法生产金属铝的主要原料。氧化铝生产的主要原料为铝矾土、明矾、霞石等。我国是以铝矾土为主要原料。世界各国几乎都采用碱法（用碱浸出铝钒土中的氧化铝）生产氧化铝，其生产工艺流程有拜耳法、烧结法与联合法三种，我国主要为联合法和烧结法。

铝冶炼生产过程中，废水包括各类设备冷却水，各类物料泵的轴承封润水、石灰炉排气的洗涤水，各类设备、贮槽及地坪的清洗水，生产过程中物料的跑、冒、滴、漏以及赤泥输送和浓缩池排水等。废水中主要有碳酸钠、氢氧化钠、铝酸钠、氢氧化铝以及含有氧化铝的粉尘、物料等。

氧化铝厂生产废水量大，含碱浓度高，对水体和环境危害大。

（2）电解铝生产废水来源与特征

电解法生产金属铝的主要原料是氧化铝，电解过程中产生大量的含有氟化氢和其他物料烟尘的烟气，而电解过程本身并不使用水也不产生废水。电解铝厂的废水主要来源于硅整流、铝锭铸造、阳极车间等工段的设备冷却水和产品冷却洗涤水；另外，湿法烟气净化废水中含有大量的氟化物。电解铝厂的废水主要是由电解槽烟气湿法净化产生的，其废水量、废水成分和湿法净化设备及流程有关，吨铝废水量一般在 $1.5 \sim 15 m^3$ 之间。废水中的主要污染物为氟化物。如某铝厂有 22 台 40kA 电解槽，每槽排烟量 $1000 m^3/h$，相当于 $300000 m^3/t$（铝），烟气在洗涤塔内用清水喷淋洗涤，循环使用，洗涤液最终含氟 $100 \sim 250 mg/L$，同时还含有沥青悬浮物等杂质成分。若采用干法净化，含氟烟气的废水量将大大减少。

铝冶炼工业废水特征见表 20-1。

**表 20-1  铝冶炼工业废水特征**

| 生产方法 | 废水特点 | 废水状况 |
|---|---|---|
| 碱法生产氧化铝 | 废水中含有碳酸钠、NaOH、铝酸钠、氢氧化铝及含有氧化铝的粉尘、物料等，危害农业、渔业和环境 | 量大、碱度高 |
| 电解铝生产 | 包括含氟的烟气净化废水、设备冷却水和产品冷却洗涤水、阳极车间废水等 | 含氟的烟气净化废水、阳极车间废水需处理；冷却水可以做到循环利用 |

总之，轻有色金属冶炼废水中的主要污染物为氟化物、次氯酸、氯盐、盐酸以及煤气发生站产生的含有悬浮物、硫化物、酚氰等物质。

## 20.1.2  镁冶炼废水

镁生产以含有 $MgCl_2$ 或 $MgCO_3$ 的菱镁矿、白云石、光面石、卤块或海水为主要原料。其生产方法有电解法和热法(还原法)等。我国目前采用氯化电解法生产镁，以菱镁矿为原料。

菱镁矿的主要成分是 $MgCO_3$。在菱镁矿经过破碎(制团)、氯化、电解、铸锭等工序制成成品镁的过程中，氯在氯化工序作为原料参与生成 $MgCl_2$ 的反应，而在 $MgCl_2$ 电解过程中从阳极析出，再被送往氯化工序参与氯化反应，这样氯被往复循环使用。因此，氯和氯化物是镁冶炼(电解法)废水的主要污染物。

镁厂的整流所、空压站及其他设备间接冷却排水未受污染，仅温度升高。氯化炉(竖式电炉)尾气洗涤废水，排气烟道和风机洗涤废水以及氯气导管冲洗废水均呈酸性(盐酸)，其中还含有氯盐。电解阴极气体在清洗室用石灰乳喷淋洗涤，排出废水含有大量氯盐。镁锭酸洗镀膜虽然废水量少，但含有重铬酸盐和氯化物等。

镁冶炼废水的特征见表 20-2。

**表 20-2  镁冶炼废水特征**

| 废水类别 | 来源 | 废水特点 |
|---|---|---|
| 间接冷却水 | 镁厂的整流所、空压站及其他设备间接冷却水 | 未受污染，仅温度升高 |
| 尾气洗涤水 | 氯化炉尾气 | |
| 洗涤水 | 排气烟道和风机洗涤水 | 呈酸性(盐酸)，含有氯盐 |
| 氯气导管冲洗废水 | 氯气导管 | |
| 电解阴极气体洗涤水 | 电解阴极气体经石灰乳喷淋洗涤而得 | 排出的废水含有大量氯盐 |
| 镁锭酸洗镀膜废水 | 镁锭酸洗镀膜车间 | 量少，但含有重铬酸钾、硝酸、氯化铵等 |

## 20.1.3　钛冶炼废水

目前，我国主要用镁热还原法生产海绵钛。主要原料有砂状钛铁矿、石油焦、镁锭和液氯等。钛精矿首先在电炉中用石油焦作还原剂，分离出铁（副产品）和高钛渣，高钛渣（主要成分是 $TiO_2$）和氯气在氯化炉中反应生成 $TiCl_4$；$TiO_2$ 精制后在还原器中用镁锭还原产出海绵钛并生成 $MgCl_2$。经蒸馏工序分离出的 $MgCl_2$ 再用电解法得到金属镁和氯气，它们返回分别用于还原和氯化工序。

钛生产废水主要来自氯化炉收尘渣冲洗和尾气淋洗废水，粗四氯化钛浓密机沉泥冲洗、铜屑塔酸洗、还原器和蒸馏器酸洗等废水。废水中的主要污染物是盐酸和铀、钍等放射性元素。

由于钛铁矿中一般共生有铀和钍，在冶炼过程中，收尘渣、尾气、沉渣、设备等都要用水冲洗或淋洗，放射性物质被转移至废水中。

钛生产废水特征见表 20-3。

**表 20-3　钛生产废水特征**

| 序号 | 废水来源 | 废水特征 |
|---|---|---|
| 1 | 氯化炉收尘渣冲洗废水 | 含盐酸及放射性物质 |
| 2 | 氯化炉尾气淋洗废水 | 用清水洗涤时含盐酸及固形物，用石灰乳洗涤时含大量 $CaCl_2$ |
| 3 | 浓密机沉淀渣冲洗废水 | 含 $HCl$、$TiCl_4$ 及放射性物质 |
| 4 | 铜屑塔中的铜屑，还原器及蒸馏器表面酸洗废水 | 含盐酸、氯化物等 |

注：钛冶炼厂一般都建有氯化镁电解车间生产镁锭和氯气，该车间废水的特点与冶炼厂有关工序相同。

## 20.1.4　氟化盐生产废水

氟化盐是电解铝工艺过程中电解质的主要成分。氟化盐生产有酸法和碱法，我国一般采用酸法生产工艺。其简要流程是采用萤石（含 97%～98% 氟化钙）和浓度 90% 左右的浓硫酸在反应炉内加热生成含 HF 的烟气，烟气经除尘后至吸收塔被水吸收并经冷却制成浓度 28% 的氢氟酸。为获得精制氢氟酸，脱除粗液中的四氟化硅，需加入碳酸钠，生成氟硅酸钠沉淀，清液即为精酸。精酸分别与碳酸钠、氢氧化铝、碳酸镁等溶液反应，再经过滤和干燥即得到冰晶石、氟化钠、氟化铝及氟化镁等氟化盐产品。在生产过程中产生大量的氟化盐母液。

为了消除废气和废渣的危害，氟化盐厂还需设置回收 $SO_2$、石膏和硫酸铝的生产系统。

氟化盐生产废水的特征见表 20-4。

**表 20-4　氟化盐生产废水的特征**

| 序号 | 废水来源 | 废水特征 |
|---|---|---|
| 1 | 真空泵、氢氟酸槽、干燥窑冷却筒、反应炉头燃烧室夹套及排风机轴承冷却水 | 较清洁，水温升高 5～15℃ |

续表

| 序号 | 废水来源 | 废水特征 |
|---|---|---|
| 2 | 真空泵水冷器、化验室、设备清洗及地面冲洗废水 | 含氟浓度一般低于 15mg/L，并含有硫酸盐 |
| 3 | 石膏母液 | 含氟浓度一般低于 15mg/L，并含有硫酸盐 |
| 4 | 冰晶石、氟化铝、氟化钠及氟化镁母液 | 含氟浓度 0.36～25g/L |
| 5 | 硫酸仓库废酸及地面冲洗废水 | 含硫酸 |

# 20.2 冶炼废水水质水量

## 20.2.1 铝冶炼

（1）氧化铝

每吨氧化铝生产废水量见表 20-5，其水质情况见表 20-6。

表 20-5 每吨氧化铝生产废水量

| 项目名称 | 联合法 | 烧结法 | 拜耳法 |
|---|---|---|---|
| 废水量/(m³/t) | 24～40 | 20～24 | 12 |

表 20-6 氧化铝生产废水水质

| 序号 | 项目 | 全厂总排水出口废水 | | | 循环水 | | | 石灰炉 $CO_2$ 洗涤排水 |
|---|---|---|---|---|---|---|---|---|
| | | 烧结法 | 联合法 | 拜耳法 | 烧结法 | 联合法 | 拜耳法[①] | |
| 1 | pH 值 | 7～8 | 9～10 | 9～10 | 7～9 | 7～11 | >10 | 6.2～8.0 |
| 2 | 悬浮物/(mg/L) | 400～500 | 400～500 | 62 | 800 | 300 | | 400 |
| 3 | 总固形物/(mg/L) | 1000～1100 | 1100～1400 | 354 | 900～1300 | 4000 | | 180～1100 |
| 4 | 灼烧残渣/(mg/L) | 300～400 | 1200 | 230 | | | | |
| 5 | 总硬度/(mmol/L) | 3.21～5.35 | 1.43～1.79 | | 2.14～12.5 | 0.29 | 0.8 | 10～16.1 |
| 6 | 碱度/(mmol/L) | 2～4 | 7.86～10 | 3 | 9.26 | 50 | | 3.93～7.86 |
| 7 | $SO_4^{2-}$/(mg/L) | 500～300 | 50～80 | 54 | 170～600 | 180 | | 500～900 |
| 8 | $Cl^-$/(mg/L) | 100～200 | 35～90 | 35 | 17～60 | 44 | | 60 |
| 9 | $HCO_3^-$/(mg/L) | 183 | 122～732 | | 336～488 | 0 | | 506～610 |
| 10 | $CO_3^{2-}$/(mg/L) | 84 | 102～270 | | 360 | 750 | 6.8 | |
| 11 | $SiO_2$/(mg/L) | 13～15 | 1.5 | 2.2 | 7～12 | 10 | | 8.0 |
| 12 | $Ca^{2+}$/(mg/L) | 150～240 | 14～23 | 3.4 | 16～180 | 0 | | 160～300 |
| 13 | $Mg^{2+}$/(mg/L) | 40 | 13 | 11.5 | 12～42 | 0.3 | | 36 |

续表

| 序号 | 项目 | 全厂总排水出口废水 | | | 循环水 | | | 石灰炉CO₂洗涤排水 |
|------|------|------|------|------|------|------|------|------|
| | | 烧结法 | 联合法 | 拜耳法 | 烧结法 | 联合法 | 拜耳法① | |
| 14 | $Al^{3+}$/(mg/L) | 40~64 | 90 | 5.3 | 9~37 | 170 | 65 | |
| 15 | $K^+$/(mg/L) | | 25~45 | | | 140 | | |
| 16 | $Na^+$/(mg/L) | 170~190 | 180~270 | | 60~190 | 460 | 276 | 38~160 |
| 17 | 总 Fe/(mg/L) | 0.02~0.1 | 0 | 0.07 | 微量 | | | |
| 18 | 耗氧量/(mg/L) | 8~16 | 21 | 5.6 | | | | |
| 19 | 酚/(mg/L) | | | | | | | 3.1 |
| 20 | 游离 $CO_2$/(mg/L) | | | | | | | 160 |

① 为俄罗斯某厂拜耳法生产废水水质。

氧化铝生产过程中产生的赤泥量较多，赤泥堆场回水量随赤泥洗涤、输送等情况而异，其回水水质见表 20-7，回收水量见表 20-8。

表 20-7　赤泥堆场回水水质

| 序号 | 项目 | 烧结法 | 联合法 | 拜耳法① |
|------|------|------|------|------|
| 1 | pH 值 | 14 | 14 | 12 |
| 2 | 悬浮物/(mg/L) | 50 | 38~140 | 177 |
| 3 | 总固形物/(mg/L) | 2600~7600 | 12000 | 8065 |
| 4 | 灼烧残渣/(mg/L) | 1800 | — | 6430 |
| 5 | 总硬度/(mmol/L) | 0 | 0 | — |
| 6 | 碱度/(mmol/L) | 110 | 120 | 129 |
| 7 | $SO_4^{2-}$/(mg/L) | 600 | 70 | 136 |
| 8 | $Cl^-$/(mg/L) | 20~260 | 18 | 55 |
| 9 | $HCO_3^-$/(mg/L) | 0 | 0 | — |
| 10 | $CO_3^{2-}$/(mg/L) | 1320 | 96 | — |
| 11 | $SiO_2$/(mg/L) | 17 | 30 | 4.5 |
| 12 | $Ca^{2+}$/(mg/L) | 0 | 0 | 3.6 |
| 13 | $Mg^{2+}$/(mg/L) | 0 | 0 | 0.9 |
| 14 | $Al^{3+}$/(mg/L) | 250~530 | 700 | 580 |
| 15 | 总 Fe/(mg/L) | 0.6~2.0 | 微量 | 0.1 |
| 16 | $K^+$/(mg/L)<br>$Na^+$/(mg/L) | 1600 | 1740 | — |
| 17 | $Ga^{3+}$/(mg/L) | 0.18~0.67 | — | — |
| 18 | 耗氧量/(mg/L) | 96 | — | 33 |

① 为俄罗斯某厂拜耳法赤泥堆场回用水水质。

表 20-8　生产每吨氧化铝所产生的赤泥量及赤泥堆场回收水量

| 指标项目 | 拜耳法 | 烧结法 | 联合法 |
|------|------|------|------|
| 赤泥量/(t/t) | 1.0~1.2 | 1.8 | 0.65~0.80 |

续表

| 指标项目 | 拜耳法 | 烧结法 | 联合法 |
|---|---|---|---|
| 赤泥输送水/(m³/t) | 4 | 7.2 | 2.6～3.2 |
| 赤泥堆场回收水/(m³/t) | 2.4 | 4.3 | 1.6～1.9 |

（2）电解铝

根据贵州铝厂引进电解铝工程以及相关铝厂有关资料，生产每吨金属的废水量为14～20m³，其水质在电解生产工序中的情况见表20-9、表20-10。

表 20-9　电解铝厂铸造及阳极车间水质

| 车间名称 | 硫化物/(mg/L) | 酚/(mg/L) | 油/(mg/L) | 悬浮物/(mg/L) | 备注 |
|---|---|---|---|---|---|
| 铸造 | — | 无 | 2.65 | — | 拉丝铝锭排水 |
| 阳极 | 1.78 | 0～0.02 | 7.5 | 4～110 | 糊块冷却水 |

表 20-10　电解铝厂燃气湿法净化废水水质

| 序号 | 项目 | 电解铝厂焙烧炉烟气净化废水 | | 电解铝厂电解车间烟气净化废水 | |
|---|---|---|---|---|---|
| | | 处理前 | 处理后 | 处理前 | 处理后 |
| 1 | 废水量/(m³/h) | 13.0 | 13.2 | 6.35 | 6.35 |
| 2 | pH 值 | 7.8 | 7～8 | 6.5～7.0 | 7～8 |
| 3 | F⁻/(mg/L) | 463 | 25 | 230 | 26 |
| 4 | $Na_2SO_4$/(mg/L) | 3058 | — | 7000 | — |
| 5 | $NaHCO_3$/(mg/L) | — | — | 310 | — |
| 6 | $Al^{3+}$/(mg/L) | — | — | 10 | — |
| 7 | 焦油/(mg/L) | 340 | 13.4 | — | — |
| 8 | 粉尘/(mg/L) | 783 | 15.4 | — | — |

## 20.2.2　镁冶炼

镁生产废水通常是含酸性较强和浓度较高的氯盐废水，其水质见表20-11～表20-13。

表 20-11　竖式电炉(氯化炉)尾气洗涤废水水质

| 序号 | 项目 | 含量 | 序号 | 项目 | 含量 |
|---|---|---|---|---|---|
| 1 | pH 值 | 0.5～2.0 | 7 | 总硬度/(mmol/L) | 6.43～7.86 |
| 2 | 臭味 | 刺激性氯臭 | 8 | $K^+$/(mg/L) | 4.25 |
| 3 | 悬浮物/(mg/L) | 150～500 | 9 | $Na^+$/(mg/L) | 48.1 |
| 4 | 总固形物/(mg/L) | — | 10 | $Ca^{2+}$/(mg/L) | 16～70.72 |
| 5 | 总固形物灼烧减重/(mg/L) | 350～810 | 11 | $Mg^{2+}$/(mg/L) | 16～99 |
| 6 | 总酸度/(mmol/L) | 35～150 | 12 | $Al^{3+}$/(mg/L) | 6.0～45.0 |

| 序号 | 项目 | 含量 | 序号 | 项目 | 含量 |
|---|---|---|---|---|---|
| 13 | 总铁/(mg/L) | 30～200 | 19 | 氯化物/(mg/L) | 1400～2500 |
| 14 | 溶解性铁/(mg/L) | 50 | 20 | 游离氯/(mg/L) | 34 |
| 15 | 铬/(mg/L) | 0.03 | 21 | 酚/(mg/L) | 10～20 |
| 16 | 锰/(mg/L) | 2.2 | 22 | 油/(mg/L) | 70～80 |
| 17 | 砷/(mg/L) | 0.4 | 23 | $BOD_5$/(mg/L) | 28 |
| 18 | 硫酸盐/(mg/L) | 100～216 | 24 | 吡啶/(mg/L) | 13 |

**表 20-12  氯气导管冲洗废水水质**

| 项目 | HCl | $Cl_2$ | $Cl^-$ | $MgCl_2$ | $CaCl_2$ |
|---|---|---|---|---|---|
| 含量/(mg/L) | 1280 | 21 | 3890 | 5190 | 2780 |

**表 20-13  净气室排出废水水质**

| 项目 | 有效氯 | $MnCl_2$ | $SiCl_4$ | $FeCl_3$ |
|---|---|---|---|---|
| 含量/% | 0.04 | 0.02 | 0.44 | 0.35 |
| 项目 | $CaCl_2$ | $MgCl_2$ | $SiCl_4$ | $K_2SO_4 + Na_2SO_4$ |
| 含量/% | 0.04 | 0.02 | 0.44 | 0.35 |

# 20.3  废水治理与回用技术

## 20.3.1  铝冶炼废水

铝冶炼工序节水减排通常采取下列措施：a. 对用水加压泵系统采取变频措施，使供水量与水压匹配，以减少高压供水造成的水量与电力的浪费；b. 根据各生产系统水质水量要求，采用串级用水，提高水的利用率；c. 用循环水代替新水，减少新水用量与废水外排量，例如原、高、低空气压缩机与二氧化碳压缩机的油冷却系统以及焙烧炉风机冷却用水均可采用循环冷却水；d. 废水处理回用。

铝冶炼废水的处理途径有两条：一是从含氟废气的吸收液中回收冰晶石；二是对没有回收价值的浓度较低的含氟废水进行处理，除去其中的氟再回用。

含氟废水处理方法有混凝沉淀法、吸附法、离子交换法、电渗析法及电凝聚法等，其中混凝沉淀法应用较为普遍。按使用药剂的不同，混凝沉淀法可分为石灰法、石灰-铝盐法、石灰-镁盐法等。吸附法一般用于深度处理，即先把含氟废水用混凝沉淀法处理，再用吸附法做进一步处理以便废水回用。

石灰法是向含氟废水中投加石灰乳，把 pH 值调整至 10～12，使钙离子与氟离子反应生成氟化钙沉淀。这种方法处理后水中含氟量可达 10～30mg/L，其操作管理较为简单，但泥渣沉淀缓慢，较难脱水。

石灰-铝盐法是向含氟废水中投加石灰乳把 pH 值调整至 10～12，然后投加硫酸铝或聚合氯化铝，使 pH 值为 6～8，生成氢氧化铝絮凝体吸附水中的氟化钙结晶及氟离子，经沉降而分离除去。这种方法可将出水含氟量降至 5mg/L 以下。此法操作便利，沉降速度快，除氟效果好。如果在加石灰的同时加入磷酸盐，则与水中氟离子生成溶解度极小的磷灰石沉淀 [$Ca_5(PO_4)_3F$]，可使出水含氟量降至 2mg/L 左右。

例如，某铝冶炼厂废水含氟 200~3000mg/L，加入 4000~6000mg/L 消石灰，然后加 1.0~1.5mg/L 的高分子絮凝剂，经沉降分离后上清液用硫酸调整 pH 值至 7~8 即可排放。采用此法处理，出水氟含量可降至 15mg/L 以下。

## 20.3.2　镁冶炼废水

镁冶炼工序废水处理与回用主要体现在两个方面。

① 采用清洁能源，实现清洁生产。如采用焦炉煤气炼镁解决炉窑烟尘对环境的污染。采用水煤浆代替煤在精炼炉、回转窑上应用，燃烧效果好，达到环境保护要求。

② 改进皮江法生产工艺，有效控制环境污染。如将配料、制球工序放在地下封闭，减少粉尘排放，将还原炉排出的高温烟气直接利用发电，减少废水冷却量等。

工业炼镁方法有电解法和热法两种。电解法以菱镁矿（$MgCO_3$）为原料，石油焦作还原剂，在竖式氯化炉中氯化成无水氯化镁或用去除杂质和脱水的合成光卤石（含 $MgCl_2$ ＞42.5％）作原料，加入电解槽，在 680~730℃下熔融电解，在阴极上生成金属镁，在阳极上析出氯气，这部分氯气经氯压机液化后回收利用。每炼 1t 精镁约耗氯气 1.5t，其中一部分消耗于原料中的杂质氯化，一部分转入废渣及被电解槽和氯化炉内衬吸收，大约有 1/2 的氯随氯化炉烟气和电解槽阴极气体排出，较少部分泄漏到车间内，无组织散发到环境中。热法炼镁原料是白云石（MgO），煅烧后与硅铁、萤石粉配料制球，在还原罐 1150~1170℃下以镁蒸气状态分离出来。生产过程中产生的烟尘采用一般除尘装置去除。

镁冶炼烟气中的主要污染物是 $Cl_2$ 和 HCl 气体，氯化炉以含 HCl 为主，镁电解槽阴极气体中主要是 $Cl_2$。一般治理方法是先用袋式除尘器或文丘里洗涤器去除氯化炉烟气中的烟尘和升华物，然后与电解阴极气体汇合，引入多级洗涤塔，用清水洗涤吸收 HCl，再用碱性溶液洗涤吸收 $Cl_2$。常用的吸收设备有喷淋塔、填料塔、湍球塔等，吸收效率可达 99％以上。

进一步处理循环洗涤液，可以回收有用的副产品。一般循环水洗涤可获得 20％以下的稀盐酸；加入 $MgCl_2$、$CaCl_2$ 等镁盐能获得高浓度 HCl 蒸气，再用稀盐酸吸收可制取 36％浓盐酸；或用稀盐酸溶解铁屑制成 $FeCl_2$ 溶液，用于吸收烟气中的 $Cl_2$，生成 $FeCl_3$，经蒸发浓缩和低温凝固，制得固态 $FeCl_3$，作为防水剂、净水剂使用。用 NaOH、$Na_2CO_3$ 吸收 $Cl_2$ 可生成次氯酸钠，作为漂白液用于造纸等部门。如果这些综合利用产品不能实现，则应对洗涤液进行中和处理后排放。

还原法冶炼镁过程产生的各种排水基本不污染水环境，可以直接或经沉淀后回用或外排。电解法冶炼镁过程产生气体净化废水和氯气导管及设备冲洗废水，含盐酸、硫酸盐、游离氯和大量氯化物，常用石灰乳或石灰石粒料作中和剂中和后排放。

## 20.3.3　氟化盐生产废水与含氟废水

（1）氟化盐生产废水

从萤石中制取的冰晶石（$Na_3AlF_6$）、氟化铝（$AlF_3$）和氟化镁（$MgF_2$）等氟化盐是冶炼镁和铝的重要熔剂和助剂。氟化盐生产过程产生的废水包括含低浓度氢氟酸、氟化物和悬浮物的真空泵水冷器排水，设备和地面冲洗水，石膏母液，含高浓度氢氟酸、氟化物、硫酸盐和悬浮物的各种氟化盐产品母液。含氟酸性废水一般用石灰乳进行中和反应，生成氟化钙和硫酸钙等沉淀物，经沉淀后上清液外排或回用，沉渣经浓缩过滤后堆存或再经干燥成为石膏产品。在干旱地区，含氟酸性废水可送往石膏堆场，利用石膏中过剩的 $Ca(OH)_2$ 中和，废水在堆场内澄清后回用。

（2）含氟废水处理与回用技术

含氟废水处理方法一般分为混凝沉淀法及吸附法。其中混凝沉淀法使用最为普遍。根据所用药剂的不同，又可分为石灰法、石灰-铝盐法、石灰-镁盐法、石灰-过磷酸钙法等。吸附法一般用于深度处理。混凝沉淀法可使氟含量下降到 $10\sim20$mg/L。

① 石灰法　向废水中投加石灰乳，使钙离子与氟离子反应，生成氟化钙沉淀。

$$Ca^{2+} + 2F^- \longrightarrow CaF_2 \downarrow$$

18℃时，氟化钙在水中的溶解度为 16mg/L，按氟计则为 7.7mg/L，故石灰法除氟所能达到的理论极限值约为 8mg/L。一般经验，处理后水中氟含量为 $10\sim30$mg/L。石灰法处理含氟废水的效果见表 20-14。

表 20-14　石灰法处理含氟废水效果　　　　　　　　　　　单位：mg/L

| 进水氟含量 | $1000\sim3000$ | $1000\sim3000$ | $500\sim1000$ | 500 |
|---|---|---|---|---|
| 出水氟含量 | 20 | $7\sim8$(沉淀 24h) | $20\sim40$ | 8 |

石灰法除氟国内应用较为普遍，具有操作管理简单的优点。但泥渣沉降缓慢，较难脱水。用电石渣代替石灰乳除氟，效果与石灰法类似，但沉渣易于沉淀和脱水，处理成本较低。为提高除氟效率，在石灰法处理的同时投加氯化钙，在 pH>8 时可取得较好的效果。

② 石灰-铝盐法　向废水中投加石灰乳，调整 pH 值至 $6\sim7.5$。然后投加硫酸铝或聚合氯化铝，生成氢氧化铝絮凝体，吸附水中的氟化钙结晶及氟离子，沉淀后除去。其除氟效果与投加铝盐量成正比。

某厂酸洗含氟废水含氟 63.5g/L，投加石灰 $98\sim127.4$g/L，搅拌 45min，搅拌速度 $150\sim170$r/min，出水含氟量降至 $17.4\sim10.4$mg/L。

若在含氟 10.8mg/L 的出水中投加硫酸铝 $0.6\sim2$g/L，搅拌 3min，搅拌速度 $120\sim150$r/min，出水含氟量可降至 $4\sim2.2$mg/L。

若兼投水玻璃，既可减少硫酸铝用量，又可提高除氟效果。某试验资料报道，原本含氟 4.8mg/L，投加硫酸铝 57.48mg/L，水玻璃 53.6mg/L，可使氟含量降至 $1\sim0.65$mg/L。

③ 石灰-镁盐法　向废水中投加石灰乳，调整 pH 值至 $10\sim11$。然后投加镁盐，生成氢氧化镁絮凝体，吸附水中的氟化镁及氟化钙，沉淀除去。镁盐加入量一般为 F∶Mg=1∶$(12\sim18)$。

镁盐可采用硫酸镁、氯化镁、灼烧白云石及白云石硫酸浸液。

某厂含氟废水采用投加石灰、白云石硫酸浸液处理试验，反应终点 pH 为 8.5，镁盐投加量按 F∶Mg=1∶$(12\sim18)$ 控制。当搅拌 5min，沉淀 1h 后，含氟量由处理前的 23.0mg/L 降至 3.0mg/L。$1m^3$ 废水药剂耗量为白云石(含 MgO 20%)3.6kg、工业硫酸(相对密度 1.78)2.4kg、石灰(有效氧化钙大于 60%)1.5kg。

该法处理流程简单，操作便利，沉降速度较快。但出水硬度大，循环使用时易结垢；硫酸用量大，成本较高。

④ 石灰-磷酸盐法　向废水中投加磷酸盐，使之与氟生成难溶的氟磷灰石沉淀，予以除去。

$$3H_2PO_4 + 5Ca^{2+} + 6OH^- + F^- \longrightarrow Ca_5F(PO_4)_3 \downarrow + 6H_2O$$

磷酸盐有磷酸二氢钠、六偏磷酸钠、化肥级过磷酸钙等。

某厂废水含氟 25.7mg/L，采用化肥级过磷酸钙做处理试验，当石灰和磷酸钙用量分别为理论量的 1.3 倍和 2~2.5 倍时，出水含氟量可降至 2mg/L 以下。试验用过磷酸钙由于本身含氟 0.5%，游离酸 4%，当投加量达理论量的 3 倍时，出水呈弱酸性，氟的去除率反而降低。

药剂投加顺序对除氟也有较大的影响。先投加过磷酸钙，后投加石灰，出水含氟量较低。

⑤ 羟基磷酸盐吸附过滤法　利用羟基磷酸盐极难溶于水，但能与水中的氟离子进行交换反应的性质除氟。

$$Ca_5(OH)(PO_4)_3 + F^- \Longleftrightarrow Ca_5F(PO_4)_3 + OH^-$$

上述反应为可逆反应。当水中 $F^-$ 多而 $OH^-$ 少时，$F^-$ 即与羟基磷酸钙交换吸附，生成氟磷酸钙；反之，即再生为羟基磷酸钙。

某厂含氟废水用自制羟基磷酸盐小球处理。废水含氟 18mg/L，pH＝6~7。以 4~6m/h 的滤速通过粒度为 1.2~2.4mm、厚 540mm 的羟基磷酸盐滤池，出水含氟量可降至 5~6mg/L。当进水氟含量为 10mg/L 时，出水含氟量可降至 1.5mg/L。

羟基磷酸盐吸附过滤，进水含氟量以小于 20mg/L 为宜。pH＝6~7 时的效果最佳，pH 值越高，除氟容量越小。

羟基磷酸盐滤池出水含氟量上升至排放标准时应停止运行，进行再生。先用 1%氢氧化钠溶液再生；然后用 15%硫酸铵溶液浸泡 3 次，前两次各 0.5h，最后 1 次 12h 以上；然后再用水洗，相当麻烦。

羟基磷酸盐吸附过滤法尚在试验阶段，存在问题较多。如羟基磷酸盐小球性质很不稳定，存放时间不能太长，3 个月后吸附容量即可由 1.28mg/L 下降至 0.61mg/L。再生、淋洗时间过长，约占整个运行时间的 2/3 等。

⑥ 其他方法　含氟废水还有许多处理方法，如活性氧化铝法、离子交换法、电渗析法、电凝聚法等。

当含氟废水中共存硫酸根、磷酸根等其他离子时，对用活性氧化铝法除氟有严重影响。而离子交换法由于离子交换树脂价格较贵，以及氟离子交换顺序比较靠后，因而树脂交换容量容易迅速消失，使用上也受到一定限制。

电渗析法可用于含氟废水的深度处理。某厂含氟废水经石灰-聚合氯化铝处理后，出水含氟 10~24mg/L，pH＝7。再用 400mm×1600mm 400 对膜两极两段电渗析器进行处理试验，处理量为 30m³/h，总电压 448~420V，总电流 40~43A，出水含氟量小于 1mg/L。但膜表面易于结垢，需要去垢处理。

电凝聚法用于含氟废水处理效果较好。某厂烟气除尘废水含氟 20mg/L，投加石灰乳调 pH 值至 8.5，氟含量为 15.5mg/L，进入用铝板作电极的电解槽电凝聚处理，电流密度 0.25A/dm²，出水含氟 6.25~7.75mg/L。

# 20.4　技术应用与实践

## 20.4.1　氧化铝废水"零排放"实例

贵州铝厂是以生产氧化铝、电解铝为主的大型联合企业生产基地。原生产废水污染严重，历经多次扩建与技术改造，现成为清洁生产与废水"零排放"企业。

（1）"零排放"工程设计与技改要求

"零排放"技改方案的设计思路为：a. 对重点污染源，如重点车间设备进行防跑碱改造，以降低废水含碱浓度；b. 对水质要求高的设备冷却水采用自身循环，以减少废水排放量，而对水质要求不高的设备冷却水、有条件的生产用水点等，全部使用再生水代替工业新水；c. 充分利用赤泥回水、蒸发坏水代替工业新水，并保证赤泥回水量不低于赤泥附着液量；d. 根据生产实际情况以及《贵州铝厂工业用水标准》，采用经济实用的方法进行废水处理。

（2）用水系统改造降低废水排放的质与量

用水系统改造的要求如下。

① 抓源治本，降低废水含碱浓度。在氧化铝生产过程中，有高浓度的含碱废水进入排水系统，使废水含碱度升高，影响再生水回用。因此，加强和完善管理及设备维护，对重点车间进行防跑碱设施改造，是降低外排废水含碱浓度的关键。首先在工艺上采用新技术设备，如水泵采用先进的机械密封替代传统的填料密封，用密封性能较好的浆液阀、注塞阀替代传统的闸阀、截止阀等；其次对各生产车间大型槽罐（如沉降槽等）增设防跑碱设施，将泄漏的高浓度含碱废水引入收集槽后再返回工艺回用，有效地防止碱液外泄。

② 完善改造部分设备冷却水，减少废水排放量。对水质要求较高的回转窑托轮、排风机、煤磨、格子磨、管磨、溶出磨等设备冷却水，原设计均用工业新水冷却后直接排放（排水量 $100\sim200m^3/h$）。为减少废水排放量，进行相应的改造。

1）窑磨循环水系统的改造。针对烧成车间煤磨、排风机、烧成窑托轮以及热料溶出磨、配料格子磨、管磨等设备相对集中的特点，将这些设备的冷却水集中回收循环使用，形成独立的窑磨循环水系统，有利于管道铺设和经济运行。

2）焙烧窑托轮、风机冷却水改造。焙烧车间焙烧窑托轮、风机冷却水耗水量为 $40\sim80m^3/h$，由于采用单一水源——工业新水供水，一旦发生停水事故，焙烧窑就停运。根据生产实际情况，充分利用现有空压循环水系统的富余能力供水，将焙烧窑托轮、风机冷却水纳入空压循环水系统，不增加水泵开启台数，而且改造时保留原有工业水供水流程，形成双水源供水，不仅减少了废水的排放量，而且提高了供水的可靠性，保证了焙烧窑可靠稳定地运行。

（3）废水处理系统完善改造

废水的再生处理、循环利用是实现废水"零排放"的基础。原废水处理系统将废水处理后作为全厂循环水和烧结循环水的补水，沉淀池底流利用虹吸泥机吸出，但实际排放的废水量远远大于循环水的补水量，加之原设计中只有一个平流沉淀池，当吸泥机出现故障或清理沉淀池时，整个废水处理系统就停止工作，大量废水直接排入环境，其流程如图 20-1 所示。因此，有针对性地对废水处理系统进行了完善改造。

① 废水处理系统沉淀池改造　据测定统计，现有的一个废水平流沉淀池的处理能力远不能满足生产需求，故应新建平流沉淀池 1 座。新建平流沉淀池的底流污泥采用虹吸泥机连续排放，平均污泥流量为 $80m^3/h$ 左右。改造后的两个平流沉淀池，随废水量的变化既可互为备用又可同时运行，其最大处理能力为 $1000m^3/h$，确保污泥沉淀效果。

② 沉淀池污泥处理流程改造　在废水处理系统的改造中，沉淀池污泥的处置是系统能否正常稳定运行的关键。原设计对沉淀池污泥投加聚丙烯酸钠，在浓缩槽中经 2h 沉淀后，送至二赤泥贮槽与赤泥一起送赤泥堆场。但实际运行时因赤泥外排贮槽控制性较差和输送量不稳定等因素的影响，污泥浓缩系统的稳定性和可靠性得不到保证。另外，受污泥输送流程

的影响，虹吸泥机时常间断运行，造成虹吸泥机堵塞，使废水处理系统不能正常工作。为此，对平流沉淀池污泥处置做了如下改造，如图20-2所示。

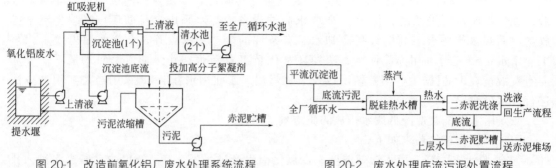

图20-1　改造前氧化铝厂废水处理系统流程　　　　图20-2　废水处理底流污泥处置流程

　　氧化铝生产过程中，排出的赤泥需用热水（300m³/h）洗涤，原利用全厂循环水在脱硅热水槽中加热后洗涤赤泥，由于该流程对水质的要求不高，故改用未浓缩的平流沉淀池底流送脱硅热水槽代替部分全厂循环水加热后用于赤泥洗涤。该技术实践表明，用平流沉淀池的底流代替部分循环水参与洗涤赤泥，并随赤泥一起沉降后送赤泥堆场，对赤泥的输送系统不产生任何波动，同时还解决了虹吸泥机因间断运行造成虹吸管易堵塞的难题。由于简化了流程，节省了对污泥浓缩、絮凝沉降、干化等一系列的设备投资、管理和运行维护费用，达到了污泥处置经济运行的目的，为废水处理系统的稳定运行提供了保证。

　　③ 增设沉砂池及配套设施　氧化铝厂的排水系统为"合流制"，废水中夹带大量砂石，易造成虹吸泥机堵塞或因砂石相对密度较大无法排出而在平流沉淀池内淤积。所以在平流沉淀池的前端增设了两个沉砂池。运行结果表明，这样安排既解决堵塞问题，沉淀池清池周期也明显延长。

　　④ 氧化铝废水的再净化　要使氧化铝废水达到"零排放"，就意味着所有废水经处理后必须全部回用，而处理后再生水水质的好坏是循环使用的基本前提。根据铝厂工业用水标准，以及氧化铝厂各再生水用水点的实际情况，对再生水进行深度净化处理的目的是降低再生水的悬浮物浓度（≤20mg/L）。为此，结合该厂废水处理系统的特点，增加了4套高效纤维过滤器及配套设施，对再生水进行再净化处理。扩建改造后的废水处理系统流程如图20-3所示。

　　（4）开发利用再生水，提高循环利用率

　　开发利用再生水的途径如下。

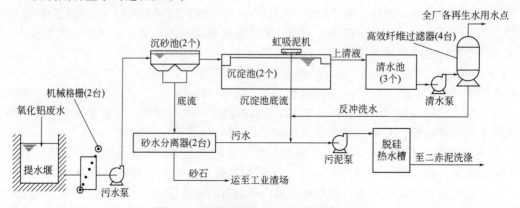

图20-3　扩建改造后的废水处理系统流程

① 完善再生水输送管道　充分利用原有废弃的工艺物料输送管道，完善再生水输送管网改造，形成全厂范围内的再生水树状输水管网布局。

② 再生水代替工业新水补水　氧化铝生产过程中，需要大量的碱，用含碱的再生水代替工业新水，不但节约工业新水，还可减少碱的损失，逐步降低再生水的含碱浓度（至少可在一定浓度范围内形成平衡点）。再生水代替工业新水补水有 5 种途径：a. 用于全厂循环水池补水；b. 用于 4 号蒸发循环水补水；c. 各车间清洗槽、罐、刷车、冲洗滤布等均改用再生水；d. 用于石灰炉湿式电除尘清灰、石灰炉循环水池补水；e. 用于过滤真空泵循环水池补水以及多品种车间热水槽补水等。

③ 再生水用于洗涤氢氧化铝　由于洗涤氢氧化铝的热水通常是用"新水＋蒸汽"制作而成的。经过试验改用蒸发坏水（因蒸发器串料等影响被污染而含碱的蒸汽冷凝水，水温约为 70℃）和真空泵使用后的再生水（水温约为 40℃）代替原来的新水，这不仅节约了工业新水，还充分利用了余热。

（5）充分利用赤泥回水，完全实现"零排放"

由于氧化铝生产过程中排出的赤泥带有一定数量的附着液，随赤泥排至赤泥堆场的水量约为 140m³/h，并还逐年增加。只有将赤泥的附着液全部回收利用，才能达到真正意义的"零排放"。经过增设赤泥回水中间加压以及赤泥回水利用等技术改造项目的实施，使赤泥回水用量逐年增加，现回用量已达 180～220m³/h，达到了完全回收赤泥附着液的目的，不仅节约了大量新水，同时还可回收大量的碱和氧化铝。

（6）氧化铝废水"零排放"技术实施效益

"氧化铝废水'零排放'技术开发与研究"项目的实施，使氧化铝厂废水处理系统能稳定、连续、持久地运行，经再净化后，出水水质悬浮物含量不高于 20mg/L，达到铝厂工业用水标准；废水处理量及再生水回用量大幅增加，节水减排效果显著。年均减少用水 264.47 万立方米；减少碱的流失，降低氧化铝的生产成本，年实现经济效益 1500 万元以上，社会效益、环境效益显著。

## 20.4.2　中和沉淀法

湘乡铝厂是以生产氟化盐产品为主，同时生产铝锭和其他产品的综合性企业。氟化盐生产原料为萤石（含 97%～98%氟化钙）、硫酸、碳酸钠及氢氧化铝等。

（1）废水来源、水质水量与处理工艺

① 废水来源与水质　除未受生产物料污染的设备间接冷却水外，含硫酸废水来自硫酸仓库的废酸和冲洗地面废水，含氟废水主要来自合成冰晶石、氟化铝及氟化镁的母液，当停产检修时，设备清洗废水中也含有大量的氟化物和氢氟酸。

废水中除含有游离 HF 外，还有 $Na_2SO_4$、$NaF$、$AlF_3$、$Na_2SiF_6$ 和 $H_2SiF_6$ 等，其水质情况见表 20-15。

表 20-15　湘乡铝厂含氟废水治理前水质　　　　　　　单位：g/L

| 项目 | 总酸度(HF) | $F^-$ | $Al^{3+}$ | $Na$ | $SO_4^{2-}$ | $SiO_2$ | $Na_2SiF_6$ | $SO_2$ | $Cl^-$ |
|------|------|------|------|------|------|------|------|------|------|
| 波动范围 | 0.05～2.20 | 0.76～6.05 | 0.02～2.25 | 1.88～7.66 | 5.36～10.49 | 0.15～3.10 | 0.16～4.88 | 0.1～0.83 | 0.28～0.80 |
| 平均 | 0.95 | 2.78 | 0.27 | 4.16 | 7.92 | 0.79 | 1.26 | 0.14 | 0.52 |

② 废水处理工艺

1）改造前处理流程。该厂氟化盐生产排出的含氟废水首先进入废水混合池，再依次流入三个中和反应槽，与从石灰乳贮槽投加的石灰乳发生下列反应：

$$2HF + Ca(OH)_2 \longrightarrow CaF_2 \downarrow + 2H_2O$$
$$2NaF + Ca(OH)_2 \longrightarrow CaF_2 \downarrow + 2NaOH$$
$$2AlF_3 + 3Ca(OH)_2 \longrightarrow 3CaF_2 \downarrow + 2Al(OH)_3 \downarrow$$
$$MgF_2 + Ca(OH)_2 \longrightarrow CaF_2 \downarrow + Mg(OH)_2 \downarrow$$
$$H_2SO_4 + Ca(OH)_2 \longrightarrow CaSO_4 \downarrow + 2H_2O$$
$$H_2SiF_6 + Ca(OH)_2 \longrightarrow CaSiF_6 \downarrow + 2H_2O$$
$$Na_2SiF_6 + 3Ca(OH)_2 \longrightarrow 3CaF_2 \downarrow + SiO_2 \downarrow + 2NaOH + 2H_2O$$

中和反应后的废水进入废水池，再用泵送往露天沉淀池，沉淀后的清液排往工厂废水渠道，沉渣和废水均未被利用。

2）改造后工艺流程。改进后的废水治理工艺流程如图 20-4 所示。其前半段沿用了处理站原有的构筑物和设备，仅用浓缩机代替了原自然沉淀池。浓缩机中的沉泥间断放入底流泥浆槽，经泵入缓冲槽再入过滤机，滤渣进入干燥炉干燥成石膏产品，滤液回流入废水池。浓缩机的澄清液流入清液池，用泵送至石灰消化工段作消化用水。

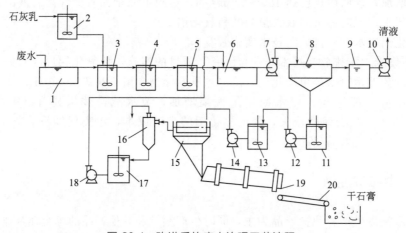

图 20-4  改进后的废水治理工艺流程

1—废水混合池；2—石灰乳贮槽；3~5—中和槽；6—废水池；7—砂泵；8—浓缩机；9—清洗池；10—清水泵；
11—底流槽；12，14—泥浆泵；13—泥浆缓冲槽；15—过滤机；16—气水分离器；
17—滤液缓冲槽；18—滤液泵；19—干燥炉；20—运输皮带

（2）主要处理构筑设施与处理效果

主要处理构筑设施见表 20-16。

表 20-16  改进后治理工艺的主要构筑物和设备

| 名称 | 数量 | 规格或设计参数 | 尺寸/m | 结构形式 |
| --- | --- | --- | --- | --- |
| 废水混合池 | 1 座 | 有效容积 400m³ | 20×10×2 | 钢筋混凝土 |
| 石灰乳贮槽 | 2 个 | 容积 5m³，搅拌机功率 4.5kW | $\phi2.0×1.9$ | 钢筋混凝土 |
| 中和槽 | 3 个 | 每个容积 18m³，搅拌机功率 7.5kW | $\phi2.8×3.0$ | 钢 |
| 废水池 | 1 座 | 有效容积 158m³，搅拌机功率 7.5kW | | 钢筋混凝土 |
| 浓缩机 | 1 台 | | $\phi18$ | 钢筋混凝土 |

| 名称 | 数量 | 规格或设计参数 | 尺寸/m | 结构形式 |
|---|---|---|---|---|
| 清液池 | 1 座 | 有效容积 85m³ | | 钢筋混凝土 |
| 底流槽 | 1 个 | 容积 19m³，搅拌机功率 7.5kW | $\phi 3 \times 2.8$ | 钢 |
| 泥浆缓冲槽 | 1 个 | 容积 18m³，搅拌机功率 7.5kW | $\phi 2.8 \times 3.0$ | 钢 |
| 过滤机 | 1 台 | 39m² | | |
| 气水分离罐 | 1 个 | | $\phi 0.61 \times 1.2$ | 钢 |
| 碱液缓冲槽 | 1 个 | 容积 19m³，搅拌机功率 7.5kW | $\phi 3 \times 2.8$ | 钢 |
| 干燥炉 | 1 台 | | $\phi 2.1 \times 25.0$ | 钢 |
| 皮带输送机 | 1 台 | $B 650mm$，$L 10m$ | | |
| 泥浆泵 | 2 台 | $\phi 4''$ 砂泵 | | |
| 污水泵 | 3 台 | $\phi 4''$ 砂泵 | | |
| 清水泵 | 2 台 | AP-60 水泵 | | |

按照原废水治理工艺流程，废水在与石灰乳中和反应后用泵送至自然沉淀池进行液固分离。由于沉渣量大且清挖不便，池内泥渣不断增多，导致沉淀分离效果越来越差，厂总排放口废水中含氟浓度超过国家标准 1 倍左右。

通过技术改进工程的实施，用 $\phi 18m$ 浓缩机取代了自然沉淀池，使废水处理站及厂总排放口废水的含氟浓度大为降低，其对比数据列于表 20-17。

**表 20-17**　改进前后废水处理的水质对比

| 取样地点 | 改进前废水含氟浓度/(mg/L) | | | | | 改进后废水含氟浓度/(mg/L) | | | | |
|---|---|---|---|---|---|---|---|---|---|---|
| | No. 1 | No. 2 | No. 3 | No. 4 | No. 5 | No. 1 | No. 2 | No. 3 | No. 4 | No. 5 |
| 处理站出口 | 625.78 | 139.98 | 651.64 | 452.60 | 790.00 | 12.97 | 20.44 | 27.13 | 19.64 | 18.66 |
| 厂总排放口 | 46.67 | 13.27 | 41.57 | 39.60 | 15.81 | 5.15 | 5.11 | 5.94 | 7.39 | 5.11 |

测定结果表明，经改造后的废水处理出水不仅可达标排放，而且可回收沉渣和废水回用。处理后废水可代替新水作石灰消化用水和其他工业用水，仅以消化石灰用水为例，每小时可节水 14m³。

## 20.4.3　联合处理法

郑州铝厂是一个以生产氧化铝、电解铝为主的大型企业。其氧化铝生产采用联合法，铝锭（电解铝）生产采用预焙阳极电解槽，碳素制品以生产阳极炭块为主。

（1）废水来源、水质及处理水量

郑州铝厂排水系统为生产、生活及雨水合流制系统，废水来自氧化铝分厂、自备热电站、碳素制品分厂、水泥分厂、电解铝分厂、机修分厂和物料的洗涤以及地面冲洗排水，设备和物料的洗涤以及地面冲洗排水，循环水系统运行不平衡时的溢流排水及各分厂的生活排水。经调查，厂区排出废水中生活污水占 30%～35%。

氧化铝生产用水占工业生产用水的 70% 以上，因此，其排水总出口的水量和水质对废水治理措施有决定性的影响。

废水总排放口水质见表 20-18。

表 20-18　总排放口废水水量水质

| 排放量/(m³/d) | pH 值 | 总碱度(以 Na₂O 计)/(mg/L) | 悬浮物/(mg/L) | 可溶物/(mg/L) | 氯化物/(mg/L) | 氟化物/(mg/L) | COD/(mg/L) | 油/(mg/L) |
|---|---|---|---|---|---|---|---|---|
| 23200 | 9.8 | 249 | 383 | 1061 | 52.7 | 1.24 | 11.3 | 8.37 |

该水质属碱性废水，废水中含污染物质较高。

（2）废水处理工艺流程与主要构筑物

郑铝生产废水中含大量碱并造成了环境污染，最根本的原因是生产过程中含碱物料的跑、冒、滴、漏和厂内给排水系统原设计不合理。原来厂内只建了一个大循环水系统，供给蒸发、过滤、烧成、焙烧等用水大户，而相当一部分车间将生产新水使用后直接排入循环回水管网，作为补充水。由于多头补给，补给水量无法控制，通常造成供过于求，导致含碱（不可避免）的循环水大量溢入全厂排水管网，又由于补充水中的钙镁盐类与循环水中的碱和生产物料发生化学反应，生成 $CaCO_3$、$Mg(OH)_2$ 和 $Al(OH)_3$ 沉淀物，而 $Mg(OH)_2$ 及 $Al(OH)_3$ 胶体的絮凝作用又促使水中的悬浮物和泥砂沉淀下来，在循环回水管道中形成结疤，使管道内径缩小，减小了回水通过能力，这也是含碱循环水大量溢入排水管网的重要原因。

由于排水中除含碱量高外，悬浮物和石油类也较高。因此，建设废水处理站主要是去除废水中的油类、悬浮物和其他机械杂质，然后加液氯消毒，再用泵送回厂内重复使用。一部分回水用于热力锅炉水膜除尘和水冲灰渣；另一部分回水送往循环补充水处理站，与一定量的蒸发车间循环回水、赤泥堆场回水和新水混合反应（软化）后补入循环水系统。废水治理工艺流程如图 20-5 所示。主要构筑物和设备见表 20-19。

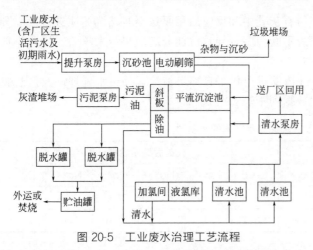

图 20-5　工业废水治理工艺流程

表 20-19　主要构筑物和设备

| 名称 | 数量 | 设备与构筑物 | 结构形式 |
|---|---|---|---|
| 提升泵房 | 1 座 | 8PWL 型污水泵 4 台 | |
| 沉砂池 | 1 座 | 电动刷筛 4 台 | 钢筋混凝土 |
| 平流沉淀池(含斜板除油) | 1 座 | 停留时间 1.5h，水平流速 7mm/s，自行式虹吸排泥机 2 台 | 钢筋混凝土 |
| 液氯池 | 1 座 | 液氯瓶 20 个 | |

# 第*21*章
# 稀有金属冶炼厂废水处理与回用技术

稀有金属根据其物理、化学性质或矿物原料中的共生状况分为：稀有轻金属，如锂、铷、铯、铍等；稀土金属，如钪、钇、镧系元素；稀有高熔点金属，如钛、锆、钒、铌、钽、钼、钨、铼等；稀有分散性金属，如镓、铟、铊、锗、硒、碲等；稀有放射性金属，如钍、铀及锕系元素以及稀有贵金属如铂、金、铱等6类。

## 21.1 废水来源与特征

稀有金属由于种类多、原料复杂，金属及化合物性质各异，再加上现代工业技术对这些金属产品的要求各不相同，故其冶炼方法相应较多，废水来源的种类也较为复杂。

在天然状态下，稀土元素与钍结合紧密，如独居石中含有钍1.4%～3.0%；铌、钽、钒等矿石常与铀、钍伴生。故稀土金属冶炼排水、设备冲洗、尾气淋洗排水均会含有放射性元素污染物。

在稀有金属的提取和分离提纯过程中，常使用各种化学药剂，这些药剂就有可能以"三废"形式污染环境。例如在钽、铌精矿的氢氟酸分解过程中加入氢氟酸、硫酸，排出水中也就会有过量的氢氟酸。稀土金属生产中用强碱或浓硫酸处理精矿，排放的酸或碱废液都将污染环境。某些有色金属矿中伴有放射性元素时，提取该金属所排放的废水中就会含有放射性物质。

稀有金属冶炼厂放射性废水一般属低水平放射性废水。

半导体材料生产废水中含砷、氟等有害元素，砷主要取决于原材料的成分，氟来自腐蚀工序洗涤排水。

铍主要来自铍冶炼工艺排水；钒来源于五氧化二钒车间、钒接触车间及化验室排出的废水；硒、铊、碲来源于高纯金属生产排出的废水。

稀有金属冶炼废水的主要特点如下。

① 废水量较少，有害物质含量高，对环境、水体和人身健康的危害性较大。

② 由于有色金属矿石中有伴生元素存在，废水含有多种毒性物质。但这些物质致毒浓度限制标准至今尚难完全明确规定。

③ 不同品种的稀有金属冶炼废水均有其特殊的特征。如放射性稀有金属、稀土金属冶炼废水均含有放射性，铍冶炼废水含铍，半导体材料冶炼废水含砷、氟以及硒、铊、碲等稀有金属离子有害物质。应按《稀土工业污染物排放标准》(GB 26451—2011)进行严格控制与处理回用。

根据不完全统计，稀有金属冶炼废水水质见表21-1。

表 21-1　稀有金属冶炼厂生产工艺废水中污染物含量　　　　单位：mg/L

| 编号 | 冶炼厂 | 污染物名称 | | | | | | | | |
|---|---|---|---|---|---|---|---|---|---|---|
| | | 铬 | 六价铬 | 砷 | 铅 | 石油类 | COD | 锌 | 氟 | 汞 |
| 1 | 有色金属冶炼厂 | 0.000 | 0.000 | 0.000 | 0.000 | 0.0 | 19.10 | 0.00 | 5.32 | 0.000 |
| 2 | 有色金属冶炼厂 | 0.010 | 0.005 | 0.116 | 0.048 | 5.8 | 0.00 | 0.27 | 4.54 | 0.001 |
| 3 | 单晶硅厂 | 0.000 | 0.017 | 0.000 | 0.000 | 0.0 | 54.89 | 0.00 | 0.00 | 0.000 |
| 4 | 硬质合金厂 | 0.018 | 0.103 | 0.140 | 0.079 | 32.5 | 224.10 | 0.32 | 30.70 | 0.017 |
| 5 | 半导体材料厂 | 0.000 | 0.000 | 0.000 | 0.005 | 0.0 | 0.00 | 0.00 | 0.82 | 0.000 |
| 6 | 有色冶炼厂 | 0.000 | 0.000 | 0.000 | 0.0 | 0.0 | 0.00 | 0.00 | 28.41 | 0.000 |
| 7 | 硬质合金厂 | 0.002 | 0.006 | 0.016 | 0.201 | 0.0 | 6.42 | 0.10 | 0.00 | 0.002 |
| 8 | 半导体材料厂 | 0.000 | 0.036 | 0.048 | 0.036 | 0.0 | 0.00 | 0.00 | 3.36 | 0.000 |
| 9 | 钛厂 | 0.000 | 0.050 | 0.000 | 0.000 | 0.0 | 0.00 | 0.00 | 0.00 | 0.000 |
| 10 | 半导体材料厂 | 0.000 | 0.006 | 0.000 | 0.0 | 0.0 | 0.00 | 0.00 | 0.72 | 0.000 |
| 11 | 稀土公司 | 0.000 | 0.000 | 0.000 | 0.000 | 69.9 | 392.30 | 0.00 | 6.90 | 0.000 |
| 12 | 有色金属冶炼厂 | 0.000 | 0.000 | 0.000 | 0.000 | 0.0 | 0.00 | 0.00 | 0.12 | 0.000 |

# 21.2　废水处理与回用技术

稀有金属冶炼废水量少、污染大、毒性强，因此，废水处理原则首先应节水减排，采用清浊分流，减少废水量，对生产工艺中产生的有毒有害物质，如含量高的母液，应采用蒸发浓缩法回收其中的有用物质。如从钨母液中回收氯化钙，钼母液中回收氯化铵，铌、钽母液中回收氟化铵、氟硅酸钠等。或返回生产中使用，如采用硫酸萃取法萃取氢氧化铍流程中，反萃后的含铍沉淀废液返回使用。对稀土金属生产冶炼中产生的放射性与含砷废水必须妥善处理与处置，确保无害化。

对必须外排的少量废水，一般采用化学法处理。根据废水水质不同，分别投加石灰、氢氧化钠、三氯化铁、硫酸亚铁、硫酸铝等化学药剂。

含铍废水用石灰中和处理，经沉淀、澄清后去除率可达 97.8%，过滤后可提高至 99.4%，水中铍余量可达 1μg/L 以下，处理效果较用三氯化铁、硫酸铝等为好。

含钒废水用三氯化铁处理，混凝、澄清后钒去除率可达 93%，过滤后去除率可提高到 97%，处理效果较石灰、硫酸铝好。

中、低水平放射性废水用石灰、三氯化铁处理，可除去铌 97%~98%，锶 90%~97%，用硫酸铝可除去锶 56%，铯 20%。对去除铀冶炼废水中的镭等低水平放射性废水用锰矿过滤处理，去除率为 64%~90%。

离子交换及活性炭吸附多用于最后处理。

生物处理一般用于含有大量有机物质、稀有金属浓度较低的废水。生物法用于铍的二级处理时，废水含铍浓度不能超过 0.01mg/L。用活性污泥处理含钒废水，活性污泥每克吸收钒达 6.8mg，未出现不利影响；超过此量，则开始影响生物群体。

稀有金属冶炼、提取和分离提纯过程中常使用各种化学药剂，或用强碱、强酸处理和溶析精矿，因此，稀有金属冶炼废水具有如下特征：①较强的酸碱性；②放射性废水；③含氟废水；④含砷废水和钒、铍等有毒废水等。

## 21.2.1　放射性废水

有色金属伴生铀钍矿开采及选冶过程中的放射性物质控制要求如下。

① 强化管理。建立健全各项防污染、防扩散规章制度，谨防放射性物质对环境的污染和对人体的危害。

② 通风防尘。在铀矿开采和选冶过程中生成的粉尘中二氧化硅含量可达 30%～70%，而且铀与硅酸的结合能力极强。此外，空气中含有氡及其子体，而且与游离二氧化硅同时作用时可使硅沉着病发病加快。因此，首先应做好尘源的控制。

③ 对气体及气溶胶的控制。选冶工艺中的放射性气体主要来自天然放射性物质（镭、钍、锕）衰变时产生的氡、钍、锕放射气。它们进入空气并进一步衰变形成固态子体，成为放射性气溶胶。在选冶场所的矿场、破碎车间和尾矿坝等处的空气中都有。因此，要有良好的通风设备。

产生放射性气体、气溶胶或粉尘的工作场所，应根据工作性质装配必要的通风橱、操作箱等设备。放射性气体及气溶胶排向大气的排放口应超过周围建筑物数米以上。通风设备的进风口应避免排出气体倒流造成污染。有些气体要经过净化过滤后才能排入烟囱。

（1）离子交换法

在伴生矿开采及加工生产过程中产生大量的工业废水。这种废水中含有大量的有价放射性元素铀，用离子交换树脂吸附法可有效地从这种废水中除去铀，并可选择适宜的工艺技术从负载铀的树脂上解吸回收铀。这种方法的优点是可处理大量的含铀矿坑废水及采冶工艺废水，不仅可回收有价金属铀，而且可极大地降低外排工业生产废水中的总放射性活度，以达到铀工业废水的排放标准。

离子交换技术作为一种先进而独特的新型化学分离技术被广泛应用于铀的提取工艺中。离子交换法和萃取法是从水相中提取铀的两大主要方法，采用离子交换法既能从铀矿石浸出液及浸矿浆中提取铀，也能从铀矿山废水中回收铀。到目前为止，在我国从矿石提取铀的全部企业中（不含碱法水冶厂），离子交换法与萃取法大致上各占一半（其中尚有部分企业是采用离子交换、萃取联合法），并且随着今后所处理矿石品位的日益下降，必然会使离子交换法所占的比例日益上升；而从矿山废水回收铀的所有企业中，则全部采用离子交换法（这是因为该类废水中铀浓度低的缘故）。

离子交换法的工业应用是通过以离子交换设备为主体组合配套而成的离子交换装置来实现的。经过数十年的发展，当今已投产应用的离子交换设备种类繁多，特点各异。比如，按操作制度分，有间歇式（含周期性循环式）和连续式（含半连续式）；按树脂床层形态分，有固定床、搅拌床、流化床和密实移动床等。在我国铀冶炼厂和铀矿山废水处理厂中应用的离子交换设备主要有：水力悬浮床、密实固定床、空气搅拌床、塔式流化床和密实移动床五种。

我国采用离子交换树脂处理铀矿山废水已有较多的生产实践经验：无论是酸性或碱性废水，也无论铀浓度高或低，采用阴离子交换树脂回收铀，都可获得满意的结果。如我国一矿山采用 201×7 强碱性阴离子交换树脂流化床，处理铀浓度为 0.4mg/L 的弱碱性矿坑废水，树脂吸附铀的饱和容量为 10mg/g 干树脂，处理尾液铀浓度小于 0.05mg/L；采用 7% NaOH＋0.3%NaHCO$_3$ 淋洗剂，当液固比为 1.5：1 时，铀回收率为 95%；同样的，采用通用型树脂固定床处理，铀的回收率亦达到 95% 的效果。

（2）放射性废水中镭的去除技术

① 二氧化锰吸附法　二氧化锰吸附法除镭方法中应用最多的是软锰矿吸附法。软锰矿是一种天然材料，来源广，容易得到，适合处理碱性含镭废水。

天然软锰矿吸附废水中镭的过程属于金属氧化物的吸附过程，软锰矿中的二氧化锰与废水接触时，软锰矿表面水化，形成水合二氧化锰，它带有氢氧基，这些氢氧基在碱性条件下能离解，离解的氢离子成为可交换离子，对碱性水中的镭表现出阳离子交换性能。

影响软锰矿除镭的因素包括粒度、接触时间、pH 值等，粒度以及 pH 值的变化对废水中镭的去除均产生相应的影响。研究表明，在碱性条件下，pH 值对软锰矿去除镭的影响很大，当进水 pH 值为 8.8 时，穿透体积为 1500 床体积；当进水 pH 值为 9.25～9.90 时，穿透体积为 6000 床体积，后者比前者大 4 倍。

软锰矿除镭的工艺流程如图 21-1 所示。

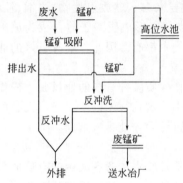

图 21-1　软锰矿除镭工艺流程

② 石灰沉渣回流处理含镭废水　就低放射性废水而言，核素质量浓度常常是微量的，其氢氧化物、硫酸盐、碳酸盐、磷酸盐等化合物的浓度远小于其溶解度，因此，它们不能单独地从废水中析出沉淀，而是通过与其常量的稳定同位素或化学性质近似的常量稳定元素的同类盐发生同晶或混晶共沉淀，或者通过凝聚体的物理或化学吸附而从废水中除去，这即为采用石灰沉渣处理微量含镭废水的理论基础。

长沙有色冶金设计院提出了如图 21-2 所示的含镭废水处理工艺流程。矿井废水首先进入沉淀槽，加入氯化钡进行一级沉淀，二级沉淀采用石灰乳沉淀；在两级沉淀中间设一混合槽，将二级沉淀的石灰沉渣回流进入混合槽，在废水进行二级沉淀前与沉渣混合。

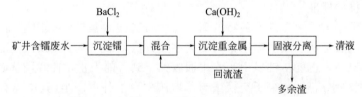

图 21-2　石灰沉渣回流处理含镭废水工艺流程

经长期运行的结果表明，采用石灰沉淀回流处理铀矿山含镭废水是可行的，处理水中的各种有害元素的含量均低于国家标准，见表 21-2。

表 21-2　石灰沉渣回流处理含镭等废水的运行结果

| 运行时间/h | 出水中金属离子浓度/(mg/L) | | | | | | | 浊度/NTU |
|---|---|---|---|---|---|---|---|---|
| | U | Ra/(Bq/L) | Pb | Zn | Cu | Cd | Mn | |
| 0～24 | 0.005 | $1.49 \times 10^{-1}$ | 0.063 | 0.090 | 0.016 | 0.000 | 0.050 | 2.3 |
| 24～48 | 0.000 | $1.25 \times 10^{-1}$ | 0.063 | 0.150 | 0.026 | 0.003 | 0.000 | 0 |
| 48～72 | 0.001 | $1.49 \times 10^{-1}$ | 0.073 | 0.193 | 0.013 | 0.003 | 0.070 | 0.7 |
| 72～96 | 0.000 | $1.74 \times 10^{-1}$ | 0.090 | 0.200 | 0.000 | 0.000 | 0.170 | 5.5 |
| 96～120 | 0.000 | $1.67 \times 10^{-1}$ | 0.000 | 0.256 | 0.006 | 0.000 | 0.180 | 5.3 |

| 运行时间/h | 出水中金属离子浓度/(mg/L) | | | | | | | 浊度/NTU |
|---|---|---|---|---|---|---|---|---|
| | U | Ra/(Bq/L) | Pb | Zn | Cu | Cd | Mn | |
| 120～144 | 0.000 | $1.78\times10^{-1}$ | 0.050 | 0.310 | 0.010 | 0.000 | 0.013 | 5.8 |
| 144～168 | 0.000 | $1.7\times10^{-1}$ | 0.040 | 0.220 | 0.000 | 0.000 | 0.000 | 5.8 |

③ 其他技术　除软锰矿吸附除镭、石灰-钡盐法除镭以外，除镭的方法还有重晶石法等。这些除镭方法各有利弊，具体应用时可根据所处理的对象而加以选择。软锰矿来源广，适合处理碱性废水；硫酸钡-石灰沉淀法能有效地去除镭，适合处理铀矿山酸性废水；而重晶石法适合处理 $SO_4^{2-}$ 含量高的碱性废水；相比之下，重晶石的价格稍微低于软锰矿；硫酸钡沉淀法的工艺操作过程要比吸附法复杂。

此外，沸石、树脂、其他天然吸附剂、蒙脱土、蛭石、泥煤或一些表面活性剂都可从废水中吸附或从泡沫中分离镭。

## 21.2.2　含砷废水

砷又是一种在性质上介于金属与非金属之间的物质，在考虑含砷废水处理技术时，还必须充分认识到砷的这种独有的特征。

在废水中，砷多以 3 价、5 价或砷化氢（$H_3As$）的形态存在，而由 pH 值决定它们存在的形态。

通过理论分析和试验验证，在不同的酸、碱度条件下，砷所处的形态如下：

在强酸条件下，砷多以 $As^{3+}$、$As^{5+}$ 的形态存在；

在弱酸条件下，砷存在的形态为 $H_3AsO_3$、$H_3AsO_4$ 及 $H_2AsO_3^-$；

在从弱酸到中性条件下，砷存在的主体形态为 $AsO_3^{3-}$、$AsO_4^{3-}$；

在碱性条件下，砷仅以 $AsO_3^{3-}$、$AsO_4^{3-}$ 的形态存在。

（1）化学沉淀处理法

对含砷及其化合物废水，现广泛应用的仍是化学沉淀处理法，就此，效果显著的是氢氧化铁共沉处理法和不溶性盐类共沉处理法。

① 氢氧化铁共沉处理法　对含砷废水大量的处理试验和运行实践结果证实，氢氧化铁的效果最为显著，而其他金属氢氧化物的效果则较差。

含砷废水中所含有的砷多以砷酸或亚砷酸的形态存在，单纯使用中和处理不能取得良好的去除效果。氢氧化物具有良好的吸附性能，利用它的这一性质能够取得较高的共沉效果。而与其他类型的金属相比，氢氧化铁有更高的吸附性能，这也是多使用氢氧化铁处理含砷废水的主要原因之一。

铁盐的投加量应根据原废水中的砷含量而定。原废水中砷的浓度与投加的铁盐浓度之比称为"砷铁比"（Fe/As）。处理水中砷的残留浓度与砷铁比值有关。氢氧化铁处理含砷废水过程最适宜的 pH 值介于较大的范围，当砷铁比值较小时，最适 pH 为弱酸性，而当砷铁比值较大时，则为碱性。

在考虑含砷废水中含有其他金属，存在着某些干扰因素的条件下，采用 5 以上的砷铁比，使 pH 值介于 6.9～9.5 之间，处理水中砷的残留量可满足排放标准 0.5mg/L 的要求。

如使用铁以外的氢氧化物，处理过程的边界条件应另行确定。

② 不溶性盐类共沉处理法　氢氧化铁共沉法处理含砷废水的效果较好，但也存在下列两个问题，一是金属盐的投加量过高，当原废水中砷含量高达 400mg/L 时，金属盐的投加量可能高达 4000mg/L，即砷含量的 10 倍以上；而且处理水中的砷含量还不能达到排放标准；二是在处理过程中产生大量的含砷污泥，这种污泥难于处理与处置，而且易于形成二次污染，危害环境。

针对氢氧化铁共沉处理法存在的这两项弊端，应寻求予以解决的对策，就此，考虑下列两个因素：其一，砷能够与多数金属离子形成难溶化合物，除铁盐外，作为沉淀剂的还有钙盐、铝盐、镁盐以及硫化物等；其二，亚砷酸盐的溶解度一般都高于砷酸盐。因此，在进行化学沉淀处理前，应将溶解度高的亚砷酸盐氧化成为砷酸盐，并以此作为氢氧化铁共沉处理法的前处理。

某含砷废水以砷(As)计砷酸含量为 400mg/L，投加 400mg/L 以铁计的氯化铁，经沉淀分离后处理水中尚残有浓度为 3mg/L 的砷，向澄清液再投加约 50 倍的铁盐，即 150mg/L，两者共用铁盐 550mg/L，处理水中砷含量可能降至 0.5mg/L，但是铁盐投加总量达 550mg/L，为原废水中砷含量的 1.375 倍，但是所产生的污泥产量只占氢氧化铁共沉法产泥量的 1/7，取得了缩减污泥产量的效果。

曾进行过使用两种沉淀剂接续处理的试验，如氢氧化钙-硫化钙、氢氧化钙-硫化钠、氢氧化钙-铝盐、氢氧化钙-氯化铁等，其中处理效果最好的是氢氧化钙-氯化铁处理方案，在 pH 值为 10～12 的条件下，氯化铁投加量介于 500～1000mg/L，除砷效果可达 99%。

(2) 石灰法

石灰法一般用于含砷量较高的酸性废水。投加石灰乳，使与亚砷酸根或砷酸根反应生成难溶的亚砷酸钙或砷酸钙沉淀。

$$3Ca^{2+} + 2AsO_3^{3-} \longrightarrow Ca_3(AsO_3)_2 \downarrow$$
$$3Ca^{2+} + 2AsO_4^{3-} \longrightarrow Ca_3(AsO_4)_2 \downarrow$$

某厂废水含砷 6315mg/L，处理流程如图 21-3 所示。

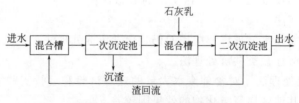

图 21-3　石灰法二级处理流程

废水先与回流沉渣混合，分离沉渣后上清液再投加石灰乳混合沉淀。当石灰投加量为 50g/L 时，出水可达排放标准。如先不与回流沉渣混合即用石灰法处理，出水含砷往往超过排放要求。

石灰法操作管理简单，成本低廉；但沉渣量大，对三价砷的处理效果差。由于砷酸钙和亚砷酸钙沉淀在水中的溶解度较高，易造成二次污染。

(3) 石灰-铁盐法

石灰-铁盐法一般用于含砷量较低、接近中性或弱碱性的废水处理。砷含量可降至 0.01mg/L。

利用砷酸盐与亚砷酸盐能与铁、铝等金属形成稳定的络合物，并为铁、铝等金属的氢氧化物吸附共沉的特点除砷。

$$2FeCl_3 + 3Ca(OH)_2 \longrightarrow 2Fe(OH)_3 \downarrow + 3CaCl_2$$

$$AsO_4^{3-} + Fe(OH)_3 \rightleftharpoons FeAsO_4 + 3OH^-$$

$$AsO_3^{3-} + Fe(OH)_3 \rightleftharpoons FeAsO_3 + 3OH^-$$

当 pH＞10 时，砷酸根及亚砷酸根离子与氢氧根置换，使一部分砷反溶于水中，故终点 pH 值最好控制在 10 以下。

由于氢氧化铁吸附五价砷的 pH 值范围要较三价砷大得多，所需的铁砷比也较小，故在凝聚处理前，将亚砷酸盐氧化成砷酸盐，可以改进除砷效果。铁、铝盐除砷效果见表 21-3。

**表 21-3　铁、铝盐使用条件及除砷效果**

| 药剂 | 最佳 pH 值 | 最佳铁砷、铝砷比 | 去除率/% |
|---|---|---|---|
| $FeSO_4 \cdot 7H_2O$ | 8 | $Fe^{2+}/As = 1.5$ | 94 |
| $FeCl_3 \cdot 7H_2O$ | 9 | $Fe^{3+}/As = 4.0$ | 90 |
| $Al_2(SO_4)_3 \cdot 18H_2O$ | 7~8 | $Al^{3+}/As = 4.0$ | 90 |

某厂废水含砷量 400mg/L，pH＝3~5，处理流程如图 21-4 所示。

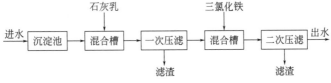

图 21-4　石灰-铁盐法处理流程

向废水中投加石灰乳调整 pH 值至 14，经压缩空气搅拌 15~20min，用压滤机脱水，滤出液砷含量降至 7.6mg/L，砷除去率 98%。然后投加三氯化铁，压缩空气搅拌 15~20min，再用板框压滤机压滤，出水含砷 0.44mg/L。处理 1m³ 废水生石灰耗量为 3kg，三氯化铁耗量为 1.3kg。

石灰-铁(铝)盐法除砷效果好，工艺流程简单，设备少，操作方便。但砷渣过滤较困难。

（4）硫化法

在酸性条件下，砷以阳离子形式存在。当加入硫化剂时，生成难溶的 $As_2S_3$ 沉淀。

某厂废水含砷 121mg/L，锑 5.93mg/L，硫酸 3.9g/L，处理流程如图 21-5 所示。

在混合槽中向废水投加硫化钠 1.05g/L，搅拌反应 10min；然后进入沉淀池投加高分子絮凝剂，以加速沉降分离。出水 pH＝1.4，砷含量 0.29mg/L，锑 0.04mg/L。在混合槽投加硫化钠时产生的硫化氢气体需用氢氧化钠溶液吸收。处理 1m³ 废水要消耗工业硫化钠 0.75kg，高分子絮凝剂 0.004kg。

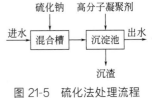

图 21-5　硫化法处理流程

硫化法净化效果较好，可使废水中的砷含量降至 0.05mg/L；但硫化物沉淀需在酸性条件下进行，否则沉淀物难以过滤；上清液中存在过剩的硫离子，在排放前需进一步处理。

（5）软锰矿法

利用软锰矿(天然二氧化锰)使三价砷氧化成五价砷，然后投加石灰乳，生成砷酸锰沉淀。

$$H_2SO_4 + MnO_2 + H_3AsO_3 \longrightarrow H_3AsO_4 + MnSO_4 + H_2O$$

$$3H_2SO_4 + 3MnSO_4 + 6Ca(OH)_2 \longrightarrow 6CaSO_4 \downarrow + 3Mn(OH)_2 + 6H_2O$$

$$3Mn(OH)_2 + 2H_3AsO_4 \longrightarrow Mn_3(AsO_4)_2 \downarrow + 6H_2O$$

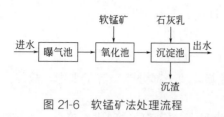

图 21-6 软锰矿法处理流程

某厂废水含砷 4～10mg/L，硫酸 30～40g/L，处理流程如图 21-6 所示。

废水加温至 80℃，曝气 1h；然后按每克砷投加 4g 磨碎的软锰矿（MnO₂ 含量为 78%～80%）粉，氧化 3h；最后投加 10% 石灰乳调整 pH 值至 8～9，沉淀 30～40min，出水含砷可降至 0.05mg/L。不同砷含量的处理效果见表 21-4。

表 21-4　不同砷含量的处理效果

| 废水成分质量浓度/(g/L) | | 氧化条件 | | | 出水砷质量浓度/(mg/L) |
|---|---|---|---|---|---|
| 砷 | 硫酸 | MnO₂耗量/(g/L) | 温度/℃ | 时间/h | |
| 12.37 | 42.9 | 4 | 80 | 3 | 0.05 |
| 8.5 | 80.0 | 4 | 70 | 2.5 | 0.06 |
| 4.4 | 49.1 | 4 | 80 | 2 | 0.035 |
| 3.55 | 23.1 | 4 | 70 | 3 | 0.05 |
| 2.74 | 31.4 | 4 | 80 | 3 | 0.02 |

## 21.2.3　含铍废水

（1）含铍废水特征与去除原理

铍的冶炼多用硫酸法，排出的废水为酸性（一般 pH＝3 左右），废水中含铍一般在 30～60mg/L（以 BeO 计）。铍在废水中绝大部分以硫酸铍（$BeSO_4$）的形式存在。硫酸铍在水中的溶解度很高，处于溶解状态。若使硫酸铍变为其他不溶解于水的化合物，则可用沉淀过滤等方法将铍从废水中除去。符合这个要求的是把硫酸铍变为氢氧化铍 $[Be(OH)_2]$。硫酸铍与碱反应生成氢氧化铍沉淀：

$$BeSO_4 + 2NaOH \longrightarrow Be(OH)_2 + Na_2SO_4$$

铍是元素周期表第二族（碱土金属）第一个元素，具有明显的两性特征，氢氧化铍在水中按下式离解：

$$Be^{2+} + 2OH^- \rightleftharpoons Be(OH)_2 \rightleftharpoons H_2BeO_2 \rightleftharpoons 2H^+ + BeO_2^{2-}$$

氢氧化铍在酸性溶液中形成铍盐，在中性溶液中为氢氧化铍，而在碱性溶液中变为铍酸盐溶于溶液中：

$$Be(OH)_2 + H_2SO_4 \longrightarrow BeSO_4 + 2H_2O$$
$$Be(OH)_2 + 2NaOH \longrightarrow Na_2BeO_2 + 2H_2O$$

因此，欲从水中除去铍，必须使水的酸碱度适宜——不使铍生成铍盐或铍酸盐，而成为氢氢化铍，所以，控制水的 pH 值，对铍的去除是极为重要的。

（2）含铍废水处理技术

① 中和处理试验　取含铍浓度为 11.83mg/L、54.63mg/L 和 110.45mg/L 的水各若干杯，用氨水调整 pH 值分别为 5、6、6.5、7、7.5、8、8.5、9、9.5、10、10.5、11，沉淀 2h，用滤纸过滤，测得一定 pH 值下的除铍效果，如图 21-7 所示。从中选取除铍效果最佳的 pH 值，经多次试验证明，最佳 pH 值为 9.5。

对图 21-7 中三种不同浓度的水，相应的去除效率分别为 98.99%、99.59% 和 99.7%。

然而，pH 值在 7.5～11 之间，铍的去除效率都很高，均在 97% 以上。尽管原水中铍的浓度不同，但在同一 pH 值条件下，其剩余浓度是极接近的。当 pH 值为 9.5 时，三种不同浓度水中的剩余铍量在 0.22～0.24mg/L 之间。从排水的角度出发，认为去除铍的 pH 值范围在 7.5～9.5 为宜。

为了调节废水的 pH 值需要投加碱剂，选取了氢氧化钠、氢氧化氨、氢氧化钙三种碱，分别对含铍 54.63mg/L 的水调节 pH 值到 9.5，经沉淀过滤剩余浓度各为 0.25mg/L、0.22mg/L、0.28mg/L。

氢氧化钠为强碱，若 pH 值控制不准，容易使氢氧化铍变为铍酸盐溶于水中；氢氧化氨是弱碱，而且氢氧化铍不溶于氨水中。这两种碱操作比较方便。尤其是氨水的除铍效果好，但不经济。石灰的去除效果不如氨水好，但来源广而经济，且形成的沉淀物颗粒大，沉降速度快，应采用氢氧化钙作为中和剂。为了控制 pH 值在 7.5～9.5 之间，需要加一定量的石灰。由于水的成分比较复杂，按化学反应计算很不准确，因此，对生产废水的加药量应用试验的方法确定。

② 沉淀试验　冶铍废水加氢氧化钙溶液中和后，形成胶体沉淀物，其反应如下：

$$BeSO_4 + Ca(OH)_2 \longrightarrow Be(OH)_2 \downarrow + CaSO_4 \downarrow$$

氢氧化铍与氢氧化铝的性质极相似，是一种胶体物质。当 pH 值适当时产生凝聚作用，这与 $Al_2SO_4$ 的水解是一样的。

由于氢氧化铍的凝聚作用，形成大块的沉淀物，故沉淀速度加快。为寻求沉淀速度与去除效率的关系，做了如下的试验。

试验是在数根直径为 58mm、长为 1.5m 的玻璃管中进行的。废水含铍浓度为 54.63mg/L，pH=2～3，用氢氧化钙溶液中和到 pH=9.5，搅拌 15min，注入管中沉淀，经不同时间在各管水面下预定深处取样。现将试验结果绘成图 21-8。

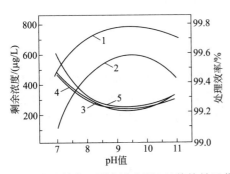

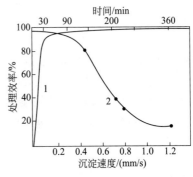

图 21-7　处理效率、剩余浓度同 pH 值的关系曲线
1,3—浓度 110.45mg/L 的效率与 pH 值、
剩余浓度与 pH 值关系曲线；
2,4—浓度 54.63mg/L 的效率与 pH 值、
剩余浓度与 pH 值关系曲线；
5—浓度 11.83mg/L 的剩余浓度与 pH 值关系曲线

图 21-8　处理效率与沉淀速率、时间的关系曲线
1—效率与时间的关系；2—效率与沉淀速度的关系

从图 21-8 可以看出，曲线 1 在 18min 以前的沉淀效率增加得很快，此后增加得很缓慢，24min 的效率为 92.94%，而 240min 仅为 97.89%，在 216min 内沉淀效率的增加不到 5%。可见大颗粒的沉淀物在 36min 内就完成了沉淀，而细小颗粒延长数小时也得不到净化。曲线 2 将时间与沉淀速度的关系改为沉淀速度与效率的关系（即颗粒最小沉降速度）曲线，设计沉淀池时可按此曲线选用沉淀速度。当沉淀速度为 0.2mm/s 时，可以得到 95% 以上的处理效率。根据要求，不同的去除百分率，可以从图表上选用相应的沉淀速度。

③ 过滤试验　从中和沉淀试验可以看出，含铍废水经 2h 沉淀后，水中含铍量还在 1mg/L 以上，要想把废水中的铍降低到更低的浓度，单靠延长沉淀时间，不但是不经济的，而且也是很难达到的(水中微小悬浮物的沉淀速度非常缓慢,甚至有的是不可能完全沉降去除的)。氢氧化铍沉淀物能否用普通砂滤池截留下来是本项试验的目的。

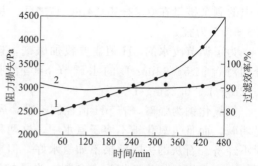

图 21-9　过滤效率、阻力损失和时间的关系曲线
1—阻力损失与过滤时间的关系曲线；
2—过滤效率与过滤时间的关系曲线

试验是在直径 58mm、长为 1.5m 的玻璃管中进行的。滤料是石英标准砂，粒径 0.5～1mm，砂层厚 600mm，垫层厚 350mm。取中和沉淀后的含铍废水进行过滤试验，滤前浓度为 1.18mg/L、滤速 5m/h、试验条件接近快滤池条件，过滤延续时间 8h，每 0.5h 取样分析，结果绘成图 21-9。

图 21-9 表明，采用快滤池进行处理，出水浓度都在 0.12mg/L 以下，大大降低了铍在水中的含量，并且效果是非常稳定的，都在 89.62%～91.52% 之间，其阻力损失很小。

# 21.3　技术应用与实践

## 21.3.1　放射性废水处理

某稀有金属冶炼厂是生产荧光级氧化钇及低钇稀土冶炼厂。其氧化钇生产工艺流程如图 21-10 所示。

生产废水主要来自生产车间及冲洗废水，废水量约 1500m³/d。其废水水质为 pH＝4.5，铀为 0.5mg/L，钍为 0.06mg/L，COD 为 640mg/L。

废水属低水平放射性废水，pH＝4.5，排至中和池中投加石灰乳，中和至 pH＝7，流至澄清池澄清，在澄清池中投加凝聚剂。上清液经机械过滤器、锰砂过滤器排至尾矿库后沉淀排放。沉渣用板框压滤机压滤，并密封储存，处理工艺流程如图 21-11 所示。处理效果见表 21-5。

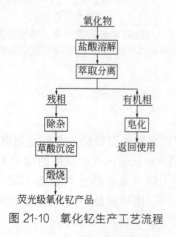

图 21-10　氧化钇生产工艺流程

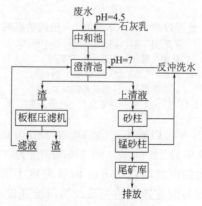

图 21-11　废水处理流程

表 21-5　处理效果

| 项目 | pH 值 | 铀/(mg/L) | 钍/(mg/L) | COD/(mg/L) |
| --- | --- | --- | --- | --- |
| 处理前 | 4.5 | 0.50 | 0.06 | 638 |
| 处理后 | 7 | 0.03 | 0.01 | 143 |

## 21.3.2　稀土金属废水处理

（1）废水来源与水质水量

江西某稀土金属冶炼厂生产钽、铌和稀土金属。钽铌生产工艺为钽铌精矿经球磨、酸分解、萃取、沉淀、结晶、还原。产品为金属钽和金属铌。稀土生产工艺为稀土精矿经酸溶、萃取分离、沉淀、烘干、煅烧，产品为多种稀土氧化物。

废水主要来自钽铌湿法车间和稀土车间，其次是钽车间、铌车间和分析化验车间。废水中的主要污染物为：酸（碱），氟及天然放射性元素铀、钍等。废水排放量为 $600m^3/d$。废水水量及水质见表 21-6。

表 21-6　废水水量及水质

| 废水名称 | | 水量/(m³/d) | 主要成分 |
| --- | --- | --- | --- |
| 湿法车间 | 萃取残渣 | 3 | pH<1，含铀 2.85mg/L，钍 0.6mg/L |
| | 氢氧化铌沉淀母液 | 4 | pH=8～9，氟 80g/L |
| | 氟钽酸钾结晶母液 | 4 | pH<3，氟 15g/L |
| | 氢氧化钽沉淀母液 | 2 | pH=7～8，氟 20g/L |
| | 氢氧化铌洗水 | 80 | pH=8～9，氟 700mg/L |
| | 氢氧化钽洗水 | 20 | pH=9～10，氟 700mg/L |
| | 分析废水 | 8 | 含酸、碱等 |
| | 废气净化洗涤废水 | 5 | 含 NaOH、NaF |
| | 冲洗设备和地面废水 | 50 | 含少量酸、碱、氟等 |
| | 合计 | 176 | |
| 稀土车间 | 萃取残液 | 2 | pH<1，含 HCl，微量铀、钍等 |
| | 沉淀废水 | 5 | pH≈3，含草酸、$NH_4^+$ 等 |
| | 除钙、洗有机物废水 | 20 | pH≈3，含草酸、$NH_4^+$ 等 |
| | 冲洗设备、地面废水 | 50 | 微酸性 |
| | 合计 | 77 | |
| 钽车间 | 钽粉洗水 | 50 | 碱性，含 NaF、NaOH，氟 2g/L |
| | 冲洗设备 | 10 | 碱性，含 NaF、NaOH、NaCl、KF 等 |
| | 合计 | 60 | |
| 铌车间 | 钽铌材加工酸洗废水 | 10 | pH≈5，含 HF、$H_2SO_4$、HCl |
| 分析车间 | 化验分析废水 | 30 | 含酸、碱、有机物 |

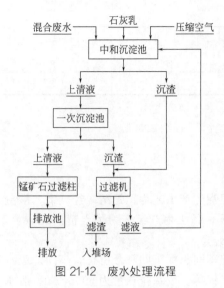

图 21-12　废水处理流程

（2）废水处理技术与处理效果

采用石灰中和两次沉淀除氟和软锰矿吸附放射性工艺。一次中和沉淀为间断工作，其他为连续作业，其工艺流程如图 21-12 所示。

当混合废水泵入中和沉淀池后，加入石灰乳，并用压缩空气搅拌，至 pH＝9～11 时，停止加石灰乳，继续搅拌 15min，然后静置沉淀 6h 以上，将氟、铀、钍等化合物沉淀下来。在沉淀过程中取上清液做中间控制分析，达到规定标准后，排上清液入二次沉淀池，继续沉淀 2～3h，上清液含氟达 10mg/L 以后，放入软锰矿石过滤柱，吸附放射性物质后，出水入排放池，与全厂其他废水混合，通过厂总排放口外排。如中间控制分析结果水质未达到规定标准，继续加石灰乳中和，再次沉淀取样分析，直到达到规定标准才可排入二次沉淀池。

中和沉淀池、二次沉淀池内的沉渣送至板框压滤机脱水，滤渣 2～3t/d，用翻斗车运往专用堆场覆盖存放。

废水处理效果见表 21-7。

表 21-7　废水处理效果

| 名称 | pH 值 | F/(mg/L) | U/(mg/L) | Th/(mg/L) |
| --- | --- | --- | --- | --- |
| 处理前废水 | 1～9 | 25～1600 | 约 0.4 | 约 0.1 |
| 处理后废水 | 6～9 | 1.5～11.75 | 约 0.05 | 约 0.01 |

## 21.3.3　半导体化合物废水处理

（1）废水来源与水质水量

某半导体材料厂研制多晶硅、单晶硅、硅片、硅外延片、高纯金属半导体化合物等。

废水来自高纯金属和半导体化合物生产排放的含重金属酸性废水；多晶硅、单晶硅、硅外延片和硅片加工生产排放的含氟酸性废水，单晶硅检验、电镀生产的含铬废水；淋洗治理三氯氢硅、四氯化硅、氯化氢尾气和四氯化硅残液等，废水中含有重金属、砷、氟等离子及盐酸、氢氟酸等。

工艺废水水质见表 21-8。

表 21-8　工艺废水水质　　　　　　　单位：mg/L(pH 值除外)

| 名称 | No. 1 | | No. 2 | | No. 3 | | No. 4 | |
| --- | --- | --- | --- | --- | --- | --- | --- | --- |
| | 平均 | 最高 | 平均 | 最高 | 平均 | 最高 | 平均 | 最高 |
| pH 值 | 3 | 2 | 3 | 2 | 3 | 2 | 2.8 | 2 |
| 铬 | 1.458 | 6.0 | 0.96 | ＞2.0 | 0.5 | 0.8 | 0.006 | 0.013 |
| 镍 | 0.636 | ＞1.6 | 1.52 | ＞3.2 | 0.15 | 3.2 | | |

续表

| 名称 | No. 1 | | No. 2 | | No. 3 | | No. 4 | |
|---|---|---|---|---|---|---|---|---|
| | 平均 | 最高 | 平均 | 最高 | 平均 | 最高 | 平均 | 最高 |
| 铅 | 0.74 | 1.6 | 0.86 | 2.2 | 0.4 | 0.94 | 0.15 | 0.29 |
| 砷 | >4.0 | >8.0 | 10.98 | 50.0 | 3.0 | >3.0 | 0.36 | 1.89 |
| 锑 | >6.1 | 9.0 | 2.01 | >5.0 | 1.1 | 3.0 | 0.50 | 1.90 |
| 硒 | 0.213 | 0.5 | 1.56 | 10.05 | 0.03 | 0.05 | | |
| 碲 | 3.93 | 12.0 | 0.26 | 0.6 | 0.4 | 0.7 | | |
| 铊 | 0.13 | 0.25 | 2.05 | 0.05 | 0.06 | 0.15 | | |
| 铟 | 0.4 | 0.07 | 0.005 | 0.05 | 0.15 | 0.2 | | |
| 铜 | 0.22 | 0.3 | 1.35 | 3.42 | 0.9 | 1.35 | | |
| 氟 | >68.5 | >100 | 182.4 | 360 | 43 | 320 | 87.73 | 355 |
| 六价铬 | | | | | | | 6.08 | 19.9 |
| 总铬 | 1.15 | 1.6 | 2.7 | 3.2 | 4.3 | 6.4 | 15.28 | 43.3 |

注：No.1～No.4 均为年平均值，下同。

淋洗水水质见表 21-9。

表 21-9　淋洗水水质　　　　单位：mg/L（pH 值除外）

| 名称 | No. 1 | | No. 2 | | No. 3 | |
|---|---|---|---|---|---|---|
| | 平均 | 最高 | 平均 | 最高 | 平均 | 最高 |
| pH 值 | | | 4 | 3 | 4 | 2.7 |
| 铬 | <0.05 | <0.05 | <0.01 | <0.01 | 0.002 | 0.003 |
| 镍 | <0.16 | 0.66 | <0.1 | <0.1 | | |
| 铅 | <0.05 | <0.1 | <0.1 | <0.1 | 0.03 | 0.05 |
| 砷 | <0.13 | 0.5 | <0.05 | 0.05 | 0.01 | 0.03 |
| 锑 | <0.13 | 0.5 | <0.05 | <0.05 | <0.05 | <0.05 |
| 硒 | <0.05 | <0.05 | <0.01 | <0.01 | | |
| 碲 | <0.16 | 0.4 | <0.05 | <0.05 | | |
| 铊 | <0.05 | 0.05 | <0.05 | <0.05 | | |
| 铟 | 0.05 | 0.05 | <0.1 | <0.1 | | |
| 铜 | 0.05 | 0.1 | <0.1 | <0.64 | | |
| 氟 | 4.5 | 11.3 | 1.0 | 1.5 | 3.0 | 11.5 |
| 六价铬 | | | | | 0.19 | 1.17 |
| 总铬 | 0.13 | 0.4 | <0.1 | <0.1 | 0.78 | 4.75 |

废水水量与污染物见表 21-10。

表 21-10　废水水量及主要污染物

| 废水名称 | 废水来源 | 废水量/(m³/d) | 主要成分 |
|---|---|---|---|
| 工艺废水 | 高纯金属、半导体化合物生产排放的含重金属酸性水 | 30 | pH=1～2，含 $NO_3^-$、$SO_4^{2-}$、$F^-$、As、Cu、Pb、Se 等 |
| | 硅腐蚀、抛光等工序排出的含氟酸性废水 | 20 | 含 $F^-$、$NO_3^-$ 等 |
| | 单晶硅检验、电镀等工序排出的含铬酸性废水 | 20 | 含 $Cr^{6+}$、$Cr^{3+}$、$F^-$、$NO_3^-$ 等 |
| 淋洗水 | 淋洗三氯氢硅、四氯化硅及氯化氢气体 | 3000 | pH=3～5 |

（2）处理工艺流程与处理效果

废水处理工艺流程如图 21-13 所示。

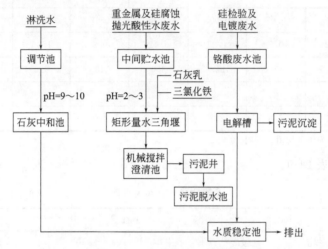

图 21-13　废水处理工艺流程

含重金属、砷、氟等酸性废水采用石灰乳、三氯化铁法处理。废水经由泵送至矩形量水三角堰，投加石灰乳及三氯化铁，经加速澄清池澄清后，上清液返回调节池，与淋洗水混合后排入水质稳定池。淋洗水经调节池调节后一般 pH＝3～5，经石灰中和后进入稳定池中。

单晶硅检验和电镀废水经电解槽处理后六价铬可小于 0.01mg/L。

澄清池沉渣排至污泥脱水池，脱水后按一定比例与锅炉炉渣拌和，用以制砖。

工艺废水处理效果见表 21-11。稳定池出口水质见表 21-12。

表 21-11　工艺废水处理效果

| 名称 | No. 1 | | No. 2 | | No. 3 | | No. 4 | |
|---|---|---|---|---|---|---|---|---|
| | 平均/(mg/L) | 去除率/% | 平均/(mg/L) | 去除率/% | 平均/(mg/L) | 去除率/% | 平均/(mg/L) | 去除率/% |
| 铬 | 0.06 | 95.9 | <0.05 | >95.0 | <0.01 | 98 | 0.004 | 33.3 |
| 镍 | 0.265 | 58.4 | <0.2 | >86.9 | 0.1 | 33.3 | | |
| 铅 | 0.085 | 88.5 | <0.1 | >88.4 | 0.1 | 75 | 0.05 | 66.7 |
| 砷 | 0.15 | 96.3 | <0.05 | >99 | 0.05 | 98 | 0.02 | 94.4 |
| 锑 | 0.25 | 95.9 | 0.76 | 62.2 | 0.07 | 93 | 0.05 | 95 |
| 硒 | 0.05 | 76.6 | <0.057 | >96.3 | 0.01 | 66 | | |

续表

| 名称 | No. 1 | | No. 2 | | No. 3 | | No. 4 | |
|---|---|---|---|---|---|---|---|---|
| | 平均/(mg/L) | 去除率/% | 平均/(mg/L) | 去除率/% | 平均/(mg/L) | 去除率/% | 平均/(mg/L) | 去除率/% |
| 碲 | 0.9 | 77.2 | <0.12 | >54.0 | 0.1 | 75 | | |
| 铊 | 0.087 | 33.0 | <0.05 | >97.5 | 0.05 | — | | |
| 铟 | 0.02 | 95 | <0.05 | — | <0.1 | | | |
| 铜 | 0.055 | 74.8 | <0.08 | >94.1 | 0.4 | 88 | | |
| 氟 | 17.41 | 74.6 | 22.7 | 87.5 | 20 | 53 | 23.77 | 72.9 |
| 六价铬 | | | | | | | 4.0 | 34.2 |
| 总铬 | 0.326 | 71.3 | >2.1 | 22.3 | 2 | 53 | 9.87 | 35.4 |

表 21-12　稳定池出口水质分析　　　单位：mg/L

| 名称 | No. 1 | | No. 2 | | No. 3 | | No. 4 | |
|---|---|---|---|---|---|---|---|---|
| | 平均 | 最高 | 平均 | 最高 | 平均 | 最高 | 平均 | 最高 |
| 铬 | <0.05 | <0.05 | <0.05 | 0.05 | <0.01 | 0.01 | 0.002 | 0.003 |
| 镍 | <0.05 | <0.05 | <0.09 | <0.1 | <0.1 | <0.1 | | |
| 铅 | 0.077 | 0.077 | <0.08 | <0.1 | <0.1 | 0.1 | 0.02 | 0.03 |
| 砷 | <0.05 | 0.05 | <0.05 | <0.05 | <0.05 | <0.05 | 0.003 | 0.01 |
| 锑 | <0.085 | 0.1 | <0.05 | <0.05 | <0.05 | 0.05 | <0.05 | 0.05 |
| 硒 | <0.06 | 0.1 | <0.05 | <0.05 | <0.05 | 0.01 | | |
| 碲 | <0.067 | 0.1 | <0.05 | <0.05 | <0.05 | <0.05 | | |
| 铊 | <0.05 | 0.05 | <0.05 | <0.05 | <0.05 | 0.05 | | |
| 铟 | <0.05 | 0.05 | <0.05 | <0.05 | <0.1 | 0.1 | | |
| 铜 | <0.044 | 0.1 | <0.08 | <0.1 | <0.1 | 0.1 | | |
| 氟 | 2.355 | 3.53 | | | 1.5 | 3.4 | 0.88 | 2.08 |
| 六价铬 | | | | | | | 0.02 | 0.11 |
| 总铬 | 0.044 | 0.05 | | | <0.1 | 0.1 | 0.07 | 0.22 |

铬酸废水处理效果见表 21-13。

表 21-13　铬酸废水处理效果　　　单位：mg/L（pH 值除外）

| 名称 | 处理前 | | 处理后 | |
|---|---|---|---|---|
| | 平均 | 最高 | 平均 | 最高 |
| 六价铬 | 74.4 | 180.0 | 0.001 | 0.01 |
| pH 值 | 2.72 | 2.37 | 4.79 | 3.73 |

工程实践表明，采用石灰乳、三氯化铁处理重金属的酸性废水是可行的、有效的，砷、铬的去除率均达 95% 以上，但对氟的去除效率要差一些，主要原因是 pH 值控制问题。

# 第 22 章
# 黄金冶炼厂废水处理与回用技术

## 22.1 废水来源与特征

冶炼是生产黄金的重要手段,我国黄金系统涉及冶炼的主要物料有重砂、海绵金、钢棉电积金和氰化金泥。重砂、海绵金、钢棉电积金的冶炼工艺简单,而氰化金泥的冶炼工艺多种多样。

我国黄金系统氰化金泥主要来自金精矿氰化锌粉置换和原矿金泥氰化锌粉置换。目前,国内氰化金泥的冶炼工艺主要有以下 3 种。

① 氰化金泥熔炼除杂工艺 该工艺主要是把氰化金泥先进行火法冶炼,产出合金,然后再从合金中分离除杂,回收有价金属和金的炼金技术。技术路线是先把金泥进行火法熔炼,除去非金属化合物;再进行合金的除杂分离,进一步除去贱金属锌、铜、铅等,回收有价金属和金。对合金的除杂分离,目前采用的方法是电解分离金银和硝酸除杂回收金银。

② 氰化金泥除杂熔炼工艺 该工艺是把氰化金泥先进行湿法除杂,产出富集金泥,然后进行熔炼,回收有价金属和金。技术路线是先用湿法冶金的方法,除去金泥中的锌、铜、铅等贱金属,使有价金属进一步富集,降低金泥中贱金属的含量,为火法冶炼创造条件;再对富集后的金泥进行冶炼生产合质金。对合质金含银高的再进行金银分离。

③ 氰化金泥湿法炼金工艺 该工艺的技术路线是用湿法冶金方法除杂。除杂的目的一是提高金泥的金品位,二是用化学法改变有价金属的物相,然后对金银进行回收。从我国氰化金泥湿法处理看,除杂是共同的,除杂用的方法则根据物料特性进行合适的选择。氰化金泥湿法处理技术可以克服先熔炼后除杂带来的气体污染和冶炼量大的缺陷,但湿法冶炼工艺流程长,工序较多,液体易污染等。

用氰化物从矿石中浸出金银已有 100 多年的历史,它的缺点是要使用有毒的氰化物,如处理不当,会严重污染环境,虽然各国冶金专家长期以来致力于研究新的金银溶剂(如硫脲、硫代硫酸铵、丙二腈等),但是,迄今还未能大规模地用于工业生产。目前,国内外都仍然广泛使用氰化物。可以预见,在今后相当长的时间内,氰化物仍将是金的主要溶剂。另外,在近百年的黄金生产实践中也证明了氰化法比其他提金方法有着无可比拟的优越性,氰化法工艺简单,生产费用低,金回收率高,至今仍是湿法提金的主要方法。

近几十年来,人们在致力于用细菌浸出金矿提取金的研究,其原理是通过细菌将 $FeCl_2$ 氧化成 $FeCl_3$,而 $FeCl_3$ 能溶解金,且 $Fe^{3+}$ 被还原成 $Fe^{2+}$,特殊的菌种能起到氧化 $Fe^{2+}$ 成 $Fe^{3+}$ 使浸出液再生的作用,但用细菌浸出单独处理金矿提金的工业生产尚在试验阶段。

鉴于氰化浸出液的成分随不同的矿石而各有特性，黄金生产中亦针对不同的氰化浸出液选用不同的回收金银的方法。如炭浆法通常适用于低品位的选金厂，如果矿石中存在有机碳，则该法最为合适。可是当矿石中存在有黏土，或精矿中存在有浮选药剂或焙砂中有赤铁矿细粒存在时，离子交换树脂可能比炭浆法效果更好。由于要从氰化浸出液中提高含金浓度，需采用锌粉置换法、炭浆法和离子交换法等，故产生如下各种废水。

## 22.1.1 锌粉置换法生产废水

当锌与含金氰化溶液作用时，金被锌置换而沉淀，锌则溶解于碱性 NaCN 溶液中。

$$2[Au(CN)_2]^- + Zn \longrightarrow 2Au\downarrow + [Zn(CN)_4]^{2-}$$
$$4NaCN + Zn + 2H_2O \longrightarrow Na_2[Zn(CN)_4] + 2NaOH + H_2\uparrow$$

被置换的贫液中其主要成分为 NaCN、$[Zn(CN)_4]^{2-}$、$[Fe(CN)_6]^{4-}$、$[Cu(CN)_4]^{2-}$、$Cu_2(CN)_2$、NaCNS 及其他杂质，这种贫液由于水量比浸出氰化需用量大，所以生产中仅部分返回氰化循环使用，其余外排。即使循环使用的部分贫液，由于杂质及耗氰物质的积累，导致循环使用时，大量地消耗氰化物和抑制浸出速度，生产中往往还要排放一部分，这些即形成了锌置换法生产黄金的含氰废水。

## 22.1.2 炭浆法生产废水

炭浆法工艺是在常规的氰化浸出、锌粉置换法的基础上改革后的回收金银的新工艺，主要由原料制备、搅拌浸出与逆流炭吸附、载金炭解吸、电积电解或脱氧锌粉置换、熔炼铸锭及活性炭的再生使用等主要作业组成。炭浆法与普通的氰化法相比，只是在用氰化钠溶解金以后的各阶段才有所不同。在氰化法中，含金氰化物母液与废弃脉石必须彻底进行固-液分离。而在炭浆法中则不必。氰化后将活性炭加入矿浆中（有时在氧化时加入），炭可以与离子交换过程相似的方式吸附金。含金炭粒要比处理的矿粒粗得多，可以简单地从矿粒中分离出来。通常采用筛分的办法就行了。吸附在炭上的金通常用解吸和电积的办法来回收。活性炭循环使用。

炭浆法流程省去了逆流洗涤和贵液净化作业，取消了多段浓密、过滤洗涤设备。同时，由于载金炭与浸渣的分离能在简单的机械筛分设备上进行，既可冲洗也易于分离，并排除了泥质矿物的干扰，因而炭浆法工艺对各类矿石有更广泛的适应性，对含泥多的矿石、低品位矿石以及多金属矿副产金的回收，能较大幅度地提高金的回收率。

炭浆法生产黄金的这种优越性，虽然可以从杂质含量更高的溶液中回收金以及适用于处理其他方法不能处理的含砷等杂质的复杂矿石，但它却给环境带来了更大的污染威胁。因为加炭矿浆吸附金后，过滤剩下的尾矿浆除含氰化物外，还含大量尾砂和其他矿物杂质，一般不能返回用于浸出，不得不直接外排。另外，从吸附活性炭上解吸的含金溶液经过电沉积或锌置换后变成贫液，除一部分循环使用外，剩余的外排，而且循环使用的部分，随着耗氧杂质的富集，亦要随时部分外排。这样就造成了炭浆法黄金生产外排大量的含氰废水。

## 22.1.3 离子交换法生产废水

金在氰化过程中呈金氰络阴离子$[Au(CN)_2]^-$进入溶液中，通常用锌粉从含金溶液中置换沉淀金。但处理含泥金矿石或含金复杂矿石时，不仅氰化矿浆的浓缩和过滤有困难，而且锌粉置换沉淀金的效果也差，在这种情况下，离子交换法（又称树脂浆化法）从不用固液分离的氰化矿浆中吸附金就有很大的实际意义。这种情况亦可用炭浆法，但两者相比树脂浆化法具有如下优点：①树脂的解吸和再生要比活性炭简单，因而矿浆树脂法适于小型生产厂使用；②当矿浆中存在有机物（如浮选药剂、粉末炭等）时，矿浆树脂法仍然有效；③树脂不容易被可能存在于含金溶液中的钙和有机物中毒；④活性炭需要很高的解吸温度，还需要高温活化，而树脂却不需要活化；⑤有些树脂具有较高的吸附容量，能够保证有效地吸附贱金属氰化物，因此有利于控制污染，同时还能从废水中回收这些金属和氰化物。

在氰化矿浆中，由于大量的其他离子存在，用离子交换树脂从矿浆溶液中选择性吸附金和银的问题相当复杂。要知道，溶液中其他的离子含量比贵金属离子含量往往高出许多倍。吸附过程中要注意的是，其他的离子有类似于金和银阴离子的性质，也就是说，都是有色金属（$Cu$、$Zn$、$Ni$、$Co$ 等）氰化络阴离子。

在吸附浸出过程中，贵金属和杂质离子都有可能按下列反应被阴离子交换树脂吸附：

$$ROH + [Au(CN)_2]^- \Longleftrightarrow RAu(CN)_2 + OH^-$$
$$ROH + [Ag(CN)_2]^- \Longleftrightarrow RAg(CN)_2 + OH^-$$
$$2ROH + [Zn(CN)_4]^{2-} \Longleftrightarrow R_2Zn(CN)_4 + 2OH^-$$
$$4ROH + [Fe(CN)_6]^{4-} \Longleftrightarrow R_4Fe(CN)_6 + 4OH^-$$

除了氰化络阴离子外，树脂还吸附简单的氰离子：

$$ROH + CN^- \Longleftrightarrow RCN + OH^-$$

由于副反应的进行，部分活性基团被杂质金属的阴离子所占据，降低了阴离子交换树脂吸附金的操作容量。在饱和树脂中所含的杂质量与矿石的化学成分及其氰化制度有关。当采用离子交换树脂时，从矿浆溶液中吸附到树脂上的杂质比金高几倍。

经树脂交换后的矿浆外排的含氰废水是离子交换法产生的废水的主要组成部分。

当离子交换树脂从吸附过程卸出时，它实际上不再起作用，因几乎所有的树脂活性基团都被矿浆溶液中吸附的离子所占据，此外还附着有泥状脉石。对饱和树脂的处理，先经清水洗泥，然后采用 $4\% \sim 5\% NaCN$ 溶液进行氰化处理，以解吸吸附在树脂上的 $Cu$、$Fe$ 络合物。

$$R_2Cu(CN)_3 + CN^- \Longleftrightarrow 2RCN + [Cu(CN)_2]^-$$
$$R_4Fe(CN)_6 + 2CN^- \Longleftrightarrow 4RCN + [Fe(CN)_4]^{2-}$$

再用清水洗除树脂上的氰化物，接着下步用硫酸除去树脂中的锌氰络合物：

$$R_2Zn(CN)_2 + H_2SO_4 \Longleftrightarrow R_2SO_4 + H_2Zn(CN)_2$$
$$2RCN + H_2SO_4 \Longleftrightarrow R_2SO_4 + 2HCN$$

最后才用硫脲解吸贵金属：

$$2RAu(CN)_2 + 2H_2SO_4 + 2CS(NH_2)_2 \Longleftrightarrow R_2SO_4 + [AuCS(NH_2)_2]_2SO_4 + 4HCN$$

最终得到富集的含金溶液，以后即按常规方法电积或锌置换处理，对饱和树脂的一系列处理过程中，产生了洗泥废水，氰化除 $Cu$、$Fe$ 和洗除树脂上的残留氰化物废水及硫酸除锌产生的氰废水，还有后处理中排放的部分贫液，加上树脂交换后的矿浆等，组成了离子交换法生产黄金的含氰废水。

## 22.2　废水处理与回用技术

黄金冶炼厂由原料处理到金和有价金属的产出，需要经过多道工序。一般来说，黄金冶炼厂的废水主要来自氰化浸金车间、电积车间、除杂车间等，相应的废水中所含的污染物主要是氰以及铜、铅、锌等重金属离子，只是相对含量较低而已。

黄金冶炼的废水主要是含有氰和重金属离子，对于废水中的重金属离子，一般都是从除杂工序产生的，故含量不会太高，通常采用中和法处理。如有回收价值时，亦可采用中和沉淀法、硫化物沉淀法、氧化还原法等处理回收技术。对于废水中氰的去除，要根据废水中氰离子浓度进行相应的处理。含氰量高的废水，应首先考虑回收利用；氰含量低的废水才可处理排放。回收的方法有酸化曝气-碱吸收法回收氰化钠溶液，解吸后制取黄血盐等。处理方法有碱性氯化法、电解氧化法、生物化学法等。对于含金废水，由于金是贵金属，应首先提取和回收利用。

## 22.2.1　含金废水

金是一种众所周知的贵金属，从含金废液或金矿沙中回收和提取金，既做到了含金资源的充分利用，又可创造出极好的经济效益。常用的含金废水处理和利用方法有电沉积法、离子交换法、双氧水还原法以及其他技术。对废水中的氰化物因毒性强，必须处理达标排放或回用。

（1）电沉积法

电沉积法是利用电解的原理，利用直流电进行溶液氧化还原反应的过程，在阴极上还原反应析出贵金属，如金、银等。

采用电沉积法回收金的过程，是将含金废水引入电解槽，通过电解可在阴极沉积并回收金。阴极、阳极均采用不锈钢，阴极板需进行抛光处理；电压为 10V，电流密度为 $0.3\sim0.5A/dm^2$。电解槽可与回收槽兼用，阴极沿槽壁设置，电解槽控制废水含金浓度大于 0.5g/L，回收的黄金纯度达 99% 以上，电流效率为 30%$\sim$75%。为提高导电性，可向电解槽中加少量柠檬酸钾或氰化钾。采用电解法可以回收废水中金含量的 95% 以上。

上述电解法回收金是普遍应用的传统方法。利用旋转阴极电解法提取废水中的黄金，回收率可以达到 99.9% 以上，而且金的起始浓度可低至 50mg/L，远远低于传统法最低 500mg/L 的要求。该方法可在同一装置中实现同时破氰，根据氰的含量，向溶液中投加 NaCl 1%$\sim$3%，在电压 4$\sim$4.2V 时电解 2$\sim$2.5h，总氰破除率大于 95%。进一步采用活性炭吸附的方式进行深度处理，出水能实现达标排放或回用。

（2）离子交换树脂法

离子交换树脂的具体应用可以归为五种类型：转换离子组成、分离提纯、浓缩、脱盐以及其他作用。采用离子交换树脂处理含金废水即是利用其转换离子组成的作用进行的。在氰化镀金废水中，金是以 $KAu(CN)_2$ 的络合阴离子形式存在的，可以采用阴离子交换树脂进行处理。

用 HCl 和丙酮对树脂进行洗脱可以得到满意的效果，洗脱率可达 95% 以上。在洗脱过程中，$Au(CN)_2$ 络合离子被 HCl 破坏，变成 AuCl 和 HCN，HCN 被丙酮破坏，AuCl 溶于丙酮中，然后采用蒸馏法回收丙酮，而 AuCl 即沉淀析出，再经过灼烧过程便能回收黄金。

在实际应用过程中，多采用双阴离子交换树脂串联全饱和流程，处理后废水不进行回用，经过破氰处理后排放。常用的阴离子交换树脂为凝胶型强碱性阴离子交换树脂 717，其对金的饱和交换容量为 170$\sim$190g/L，交换流速小于 20m/h。

（3）双氧水还原法

在无氰含金废水中，金有时以亚硫酸金络合阴离子的形式存在。双氧水对金是还原剂，对亚硫酸根则是氧化剂。因此，在废水中加入双氧水时，亚硫酸络合离子被迅速破坏，同时使金得到还原。反应过程如下：

$$Na_2Au(SO_3)_2 + H_2O_2 \longrightarrow Au\downarrow + Na_2SO_4 + H_2SO_4$$

双氧水用量根据废水的含金量而定。一般投药比为 $Au:H_2O_2 = 1:(0.2\sim0.5)$，加热 $10\sim15min$，使得过氧化氢反应完全析出金。

## 22.2.2　含氰废水

（1）酸化曝气-碱液吸收法

向含氰废水投加硫酸，生成氰化氢气体，再用氢氧化钠溶液吸收。

$$2NaCN + H_2SO_4 \rightleftharpoons 2HCN + Na_2SO_4$$

$$HCN + NaOH \longrightarrow NaCN + H_2O$$

处理流程如图 22-1 所示。

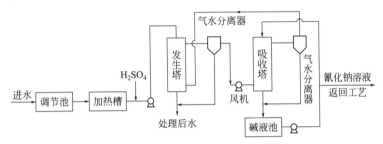

图 22-1　酸化曝气-碱液吸收处理流程

废水经调节、加热和酸化后，由发生塔顶部淋下；来自风机和吸收塔的空气自塔底鼓入，在填料层中与废水逆流接触。吹脱的氰化氢气体经气水分离器后，由风机鼓入吸收塔底部，与塔顶淋下的氢氧化钠溶液接触，生成氰化钠溶液，汇集至碱液池。碱液不断循环吸收，直至达到回用所需浓度为止。发生塔脱氰后的排水，首先排至浓密机沉铜（如含有金属铜离子时），然后用碱性氯化法处理废水中剩余的氰含量，达到排放标准后排放。

某厂废水 $pH=12$，含氰化钠 $500\sim1500mg/L$，铜 $300\sim500mg/L$，锌 $230mg/L$，平均流量 $130m^3/d$。采用本法处理，氰化钠回收率 $93\%$，铜回收率 $80\%$。物耗：硫酸为 $7kg/m^3$，工业烧碱为 $1.5kg/m^3$，煤为 $7kg/m^3$，电耗为 $6kW\cdot h/m^3$。

发生塔脱氰后的废水含氰 $40\sim60mg/L$，用碱性氯化法处理。回收费用大体与处理费用相当，略有盈余。

发生塔的效果与进水温度、水量、加酸量等因素有关。当废水氰化钠含量 $900\sim1700mg/L$、淋水量 $2.5m^3/(m^2\cdot h)$、加酸量 $4.5\sim5g/L$（废水）、温度 $16\sim18℃$ 时，发生塔出口排水氰化物余量为 $30\sim60mg/L$。当加温到 $35\sim40℃$ 时，发生塔出口排水氰化物余量为 $10\sim40mg/L$。吸收塔的吸收效果一般不受条件影响，吸收率大于 $98\%$。

（2）碱性氯化法

向含氰废水中投加氯系氧化剂，使氰化物第一步氧化为氰酸盐（称为不完全氧化），第二步氧化为二氧化碳和氮（称为完全氧化）。

$$CN^- + ClO^- + H_2O \longrightarrow CNCl + 2OH^-$$

$$CNCl + 2OH^- \longrightarrow CNO^- + Cl^- + H_2O$$

$$2CNO^- + 4OH^- + 3Cl_2 \longrightarrow 2CO_2 + N_2 + 6Cl^- + 2H_2O$$

pH 值对氧化反应的影响很大。当 pH＞10 时，完成不完全氧化反应只需 5min；pH＜8.5 时，则有剧毒催泪的氯化氰气体产生。而完全氧化则相反，低 pH 值的反应速率较快。pH＝7.5～8.0 时，需时 10～15min；pH＝9～9.5 时，需时 30min；pH＝12 时，反应趋于停止。

在处理过程中，pH 值可分两个阶段调整。即第一阶段加碱，在维持 pH＞10 的条件下加氯氧化；第二阶段加酸，在 pH 值降至 7.5～8 时，继续加氯氧化。但也可一次调整 pH＝8.5～9，加氯氧化 1h，使氰化物氧化为氮及二氧化碳。后一方法投氯量需增加 10%～30%，操作管理简单方便。

氧化剂投量与废水中的氰含量有关，大致耗量见表 22-1。当废水中含有有机物及金属离子时，耗氯量还要增高。

**表 22-1　氧化剂投加量**　　　　　　　　　　　　单位：g/g 氰化物

| 氧化剂 | 不完全氧化 | 完全氧化 |
| --- | --- | --- |
| $Cl_2$ | 2.75 | 6.80 |
| $CaOCl_2$ | 4.85 | 12.20 |
| $NaClO$ | 2.85 | 7.15 |

处理流程按水量大小确定。有间歇处理和连续处理两种。间歇处理要设两个反应池，交替使用。连续处理流程如图 22-2 所示。

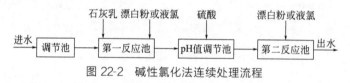

图 22-2　碱性氯化法连续处理流程

某厂废水含氰 200～500mg/L，pH＝9，排入密闭反应池中投加石灰乳，调整 pH＞11，通入氯气，用塑料泵使废水循环 20～30min 即可排放。反应池中的剩余氯气用石灰乳在吸收塔中吸收，石灰乳再用泵送至反应池作调 pH 值用。氯气投加量 $CN^-$ : $Cl_2$ = 1.4 : 8.5。

（3）因科 $SO_2$-空气法/烧结烟气净化法

用 $SO_2$-空气脱除氰化物的方法，是加拿大因科（InCQ）工艺研究所 G. J. Borely 等发明的，美国、加拿大等国已在几个金银选冶厂工程应用。中冶集团建筑研究总院采用烧结烟气中的 $SO_2$ 代替因科法的纯 $SO_2$，并与空气混合作氧化剂，用石灰来调节 pH 值，并要求溶液中有 $Cu^{2+}$ 作催化剂。废水中的游离氰被氧化成 $CNO^-$，$CNO^-$ 再水解成 $CO_2$ 和 $NH_3$；铁氰络合物 $[Fe(CN)_6]^{3-}$ 中的 $Fe^{3+}$ 被还原为 $Fe^{2+}$，形成 $Me_2Fe(CN)_6 \cdot xH_2O$ 沉淀去除（Me 代表 Zn、Cu、Ni 等重金属离子）；Zn、Cu、Ni 等含氰络合物先是解离出 $CN^-$，$CN^-$ 继而被氧化成 $CNO^-$，而金属离子通过调整溶液 pH 值呈氢氧化物沉淀去除；As、Sb 等氰化络合物同样能在有铁存在的情况下通过氧化沉淀去除。该法可处理含氰范围在几十至几百毫克/升的废水。因科法不仅用来处理选冶厂排放的含氰废水，也适用于处理炼焦洗涤水、鼓风炉洗涤水等含氰废水。经过对 50 多种含氰废水的试验证明都获得了满意的效果。

因科 $SO_2$-空气法工艺流程如图 22-3 所示。

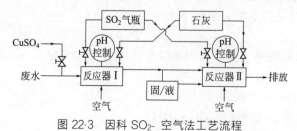

图 22-3　因科 $SO_2$-空气法工艺流程

废水经两台串联的反应器处理即可达到排放要求。如果废水中含有足够的作为催化剂的 $Cu^{2+}$，要求 $CN_{总}^-$ ：$Cu^{2+}=40:1$（质量比）则直接进入反应器 I，如果不够，在进入反应器前，则补加硫酸铜溶液。通入 $SO_2$ 气（或烟气），并鼓入空气进行充分搅拌，在 $SO_2$ 与空气的混合气体中，$SO_2$ 的体积百分数可以控制在 $1\%\sim10\%$，使 $CN^-$ 被氧化成 $CNO^-$：

$$CN^- + SO_2 + O_2 + H_2O \xrightarrow{Cu^{2+}} CNO^- + H_2SO_4$$

由 pH 控制系统指令石灰水阀门向反应器投加石灰以中和生成的 $H_2SO_4$。保持系统反应 pH 值在 $8\sim10$，同时，废水中的铁氰络合物形成 $Me_2Fe(CN)_6 \cdot xH_2O$ 沉淀，其他金属氰络合物也同时被分解处理。脱除各种氰化物的顺序为：游离 $CN^- > $ 络合 $CN^- > SCN^-$，脱除金属氰络合物的顺序为 $Zn > Fe > Ni > Cu$。

经一段反应的废水往往不能达到处理要求，将反应器 I 出水经沉淀分离出沉淀物后进入反应器 II 进行二段处理即可达到处理要求。根据废水水质情况亦可采用三段或更多段的处理。因科 $SO_2$-空气法除氰的药剂消耗量之比大致为：$CN^-$ ：$SO_2$ ：$CuSO_4 \cdot 5H_2O$ ：$CaO = 1:(3\sim5):0.1:8$，$SO_2$ 的供给，根据废水处理厂的地理位置、交通条件和处理方式加以选择。最为理想的是采用烟囱排出 $SO_2$ 废气，以实现以废治废。

因科 $SO_2$-空气法与碱性氯化法药剂费用比较见表 22-2。

表 22-2　两种处理方法药剂费用比较

| 项目 | | 低 $SCN^-$ | | 高 $SCN^-$ | |
|---|---|---|---|---|---|
| | | 碱氯法 | $SO_2$-空气法 | 碱氯法 | $SO_2$-空气法 |
| 废水 | 流量/(m³/h) | 100 | 100 | 100 | 100 |
| | $CN_{总}^-$/(mg/L) | 100 | 100 | 100 | 100 |
| | $SCN^-$/(mg/L) | 50 | 50 | 200 | 200 |
| | Cu/(mg/L) | 50 | 50 | 50 | 50 |
| | Fe/(mg/L) | 4 | 4 | 4 | 4 |
| 费用/(加元/时) | 氯 | 45 | | 105 | |
| | 石灰 | 8 | 10 | 20 | 10 |
| | $SO_2$ | | 9 | | 9 |
| | $CuSO_4$ | | 8 | | 8 |
| | 压缩空气 | | 2 | | 2 |
| | 总计 | 53 | 29 | 125 | 29 |

从表 22-2 可见，不论是低 $SCN^-$ 还是高 $SCN^-$ 的废水，因科法药剂费用都比碱性氯化法低，尤其是高 $SCN^-$ 的废水，因科法低得更多，约为碱氯法的 1/4，原因是它不能处理 $SCN^-$ 而减少了试剂消耗，因科 $SO_2$-空气法处理含氰废水具有能处理多种含氰废水，处理效果好，药剂费用低，操作安全可靠，能脱除铁氰化物和其他重金属氰络合物等优点。但此法不能回收氰等有益成分，某些地方 $SO_2$ 等药剂不易获得。

（4）电化学氧化法

电化学法处理含氰废水是通过电能的作用，使氰化物直接氧化及间接氧化，反应机理如下。

直接氧化反应：

$$CN^- \longrightarrow CN + e$$

$$CN + CN \longrightarrow C_2N_2$$

随之 $C_2N_2$ 进行水解反应：

$$HCN \xrightarrow{H_2O} HCOONH_4$$

$$C_2N_2 \xrightarrow{H_2O} HOCN \xrightarrow{H_2O} HN_4OCN \xrightarrow{H_2O} CO(NH_2)_2$$

$$H_2NCCNH_2 \xrightarrow{H_2O} (NH_4)_2C_2O_4$$

在中性条件下，直接氧化反应按上述方程式进行，最后水解产物为 $HCOONH_4$、$CO(NH_2)_2$ 及 $(NH_4)_2C_2O_4$。

应用电化学方法不但能破坏水中的氰化物，而且也能回收水中的氰化物，使其返回到工业生产中去。

国内进行试验的技术条件为：电解槽的水极比为 $2\sim3$；极间距 $20\sim30mm$；阳极电流密度为 $0.1\sim0.9A/cm^2$；电解时间 $15\sim30min$；槽电压 $4\sim4.5V$；通气量为 $0.2\sim0.3m^3/[min \cdot m^3(水)]$，压力不低于 $1kgf/cm^2$。

（5）臭氧氧化法

用臭氧氧化氰化物是目前最新的和最有前途的方法之一。但臭氧发生器投资较大，且现制现用。臭氧氧化法与常用的处理方法相比（如液氯法）有明显的优点，其运行费用低，臭氧用量约为液氯用量的 40%。由于需要处理氰化物时，就可以用发生器发生，所以就不必像其他方法那样运输和保存化学试剂。由于不向废水中加氯，这在那些限制排放水中氯的含量，以及实行循环用水的场所，臭氧氧化法更加适用。

臭氧氧化氰化物的反应机理为

$$CN^- + O_3 + 2H_2O \longrightarrow CNO + 4OH^-$$

$$CNO^- + 2H_2O \longrightarrow CO_2 + NH_3 + OH^-$$

理论上，氧化一个质量单位的氰根，需要 1.84 个质量单位的臭氧。实际上，由于废水中其他还原物质的存在，投加臭氧量要增加 0.7 个质量单位。

臭氧在碱性溶液中的氧化能力略低于氯，而在酸性溶液中的氧化能力远比氯高。

（6）活性炭吸附法

在黄金矿山中，活性炭作为提金的吸附剂已被广泛应用，创造出了炭浆法和炭浸法两种工艺。而用活性炭处理含氰废水则不多见。这一方法要求以氰作为催化剂，利用鼓风通氧，对氰化物进行吸附氧化。

氰化物在活性炭表面上所进行的氧化反应为：

$$CN^- + \frac{1}{2}O_2 \longrightarrow CNO^-$$

$$CNO^- + 2H_2O \longrightarrow HCO_3^- + NH_3$$

在应用活性炭吸附氧化处理时，要对废水进行预处理，以除去油、悬浮物及铁等杂质。消除它们对炭吸附的妨碍。进水 pH 值调整到 $6\sim8.5$，添加铜离子以形成络合物。氰化物吸附于活性炭表面之上。向炭吸附柱内通入氧，在铜离子的催化作用下，使氰化物得以氧化。

每千克活性炭吸附氰化物的能力为 0.05kg。每吸附氧化 1kg 氰化物，要消耗 1kg 铜及 $40ft^3(1ft^3=28.3dm^3)$ 的氧。

（7）离子交换法

离子交换法是依靠离子交换剂的吸附交换能力，吸附交换废水中的氰化物，从而使废水得到净化。

该技术俄罗斯一直处于领先地位，兹良诺夫斯克有色选矿厂首先采用离子交换法处理金矿冶炼厂废水，实现金属回收并去除氰化物，其处理与回收率分别为：金 96.3%、银

36.2%、铜 99.6%、锌 96%。78% 的氰化物脱除毒性。

所处理的废水水质为：总氰 500～700mg/L、络合铜 400～500mg/L、锌 40～50mg/L、金约 0.7mg/L、银 4.5mg/L、悬浮物 100～200mg/L。处理水量为每天 400～600m³。

每台交换柱连续工作时间平均为一个月。在正常工作情况下，过滤柱排出口中废水中含的贵金属为：金 0.04mg/L，银 1.6mg/L。在离子交换剂中，每吨含金 1～2kg，含银 1～3.5kg。

饱和的离子交换剂采用 18% 的食盐、2% 苛性钠溶液进行洗涤再生。溶液每小时的流速为 1m³/m³（树脂），溶液用量为 6m³/m³（树脂）。

洗涤液用电解槽进行处理，铜、锌得到回收，氰化物则通过电化学的作用，在电解槽中得到氧化。

加拿大 Canmet 应用静态交换柱，对来自六个金矿的贫液进行了离子交换去除氰化物试验。所用的交换剂为 AmberliteIRA400 型。用此种交换剂可将贫液中的氰化物降低到 0.1mg/L 以下。

采用离子交换法去除废水中的氰化物，其经济效果在很大程度上取决于饱和交换剂的再生。其再生的方法有：18%NaCl-2% 苛性钠溶液洗涤；80g/L 过氧化氢溶液洗涤蒸馏；4% $H_2SO_4$-8%NHO₃ 溶液洗涤等等。后两种方法对络合氰化物尤为有效。

（8）生化法

该法利用生物对氰化物的氧化作用，从而将废水中的氰根降解去毒。

中国科学院微生物研究所对生物处理含氰废水进行了研究，认为在处理含氰废水中，主要生物为脱氧白地霉。处理 30～50mg/L 含氰废水，可以达到排放标准。

绍兴钢铁厂为使焦化废水深度处理排放，曾把一个天然池塘改建成 44m×30m×3m（深）的自然氧化塘（全塘分 9 小格），对生化处理的出水进行氧化塘处理。同时，在氧化塘中养殖水葫芦（凤眼莲），使外排废水进一步净化。

① 氧化塘对酚氰废水的自净作用与温度的关系　温度高，有利于塘中微生物的活性和酚、氰等物质的自然挥发，净化作用加快。试验研究表明，在通常情况下，氰化物排入氧化塘的自然水体后，微生物氧化氰化物的总净化量在 10% 左右。夏季水温高，光照条件良好时，氧化塘中的某些微生物对废水中残存的氰化物氧化分解量可达 30% 左右。而且塘中的藻类对酚的氧化分解也加快。经过氧化塘后的外排废水中酚、氰含量明显降低，而且外排废水的浊度也明显改善。

② 水葫芦的净化作用　水葫芦还对悬浮物有明显的净化作用。试验表明，一株体重 0.95kg（鲜重）的水葫芦，在氧化塘中放养 5d 后，能吸附废水中的悬浮物达 0.42kg（湿重）。而经氧化塘水葫芦吸附和氧化塘的沉淀作用，可使外排废水中的悬浮物降到 20mg/L 以下，接近渔业用水水质标准对悬浮物的要求。外排废水的浊度降低，透明度提高，由浅棕褐色变成较清澈的水。pH 值也有所改善。放养水葫芦后对外排废水的浊度、pH 值以及酚氰的净化作用的影响模拟对照试验结果见表 22-3，经氧化塘处理后的外排水水质见表 22-4。

表 22-3　外排废水浊度、pH 值模拟对照试验

| 时间 | 无水葫芦 | | 放养水葫芦 | |
|---|---|---|---|---|
| | 浊度/(mg/L) | pH 值 | 浊度/(mg/L) | pH 值 |
| 初始 | 超过可见度 | 8.05 | 超过可见度 | 8.05 |
| 26h 后 | 10 | 8.5 | 3.5 | 7.93 |
| 72h 后 | 6.5 | 8.8 | 3.5 | 7.35 |

表 22-4　外排废水水质实测结果

| 时间/d | 酚/(mg/L) | 氰/(mg/L) | COD/(mg/L) | 悬浮物/(mg/L) | 油/(mg/L) | pH 值 |
|--------|-----------|-----------|------------|---------------|-----------|-------|
| 进水 | 0.39 | 1.00 | 90 | — | — | — |
| 16 | 0.055 | 0.040 | 29.00 | 17.00 | 4.400 | 7.2 |
| 21 | 0.027 | 0.050 | 37.00 | 13.00 | 3.400 | 7.4 |
| 29 | 0.016 | 0.022 | 29.26 | 9.00 | 1.900 | 7.1 |

（9）自然降解法

对某些含氰浓度较低的选矿废水可以送往尾矿池进行自然降解处理，可单独泵至接收池，也可作为固体浸渣的输送介质泵至尾矿池。有的用单独的贮液池接收废液。

如果废水在池中有足够的停留时间，又能进行循环的话，那么依靠自然环境力的作用就能使包括氰化物在内的很多污染物的浓度有所下降。这些自然环境力包括阳光引起的光分解，由空气中的 $CO_2$ 产生的酸化作用，由空气中的氧引起的氧化作用，在固体介质上的吸附作用，生成不溶性物质的沉淀作用以及生物学作用等。太阳光能使亚铁氰络合离子中的一部分氰解离出来。这种解离出来的氰，从其他金属络合物中释放出来的氰以及游离的 $CN^-$，通过空气中 $CO_2$ 的作用逐渐降低废水的 pH 值，能转化成挥发性的 HCN。如果对池中废水施以机械搅动，以及空气对流作用，又进一步加速了 HCN 的挥发。

随着过剩的氰离子浓度的降低，又会发生 $Zn(OH)_2$、$Cu(CN)_2$、$ZnFe(CN)_4$ 等沉淀反应。可见氰化物的降解是物理、化学和生物作用的综合结果。

自然降解受许多因素的影响，包括废水中氰化物的种类及其浓度、pH 值、温度、细菌存在、日光、曝气及水池条件（面积、深度、浊度、紊流、冰盖等）。

对于黄金矿山而言，广泛应用的含氰废水处理方法是以漂白粉、液氯、次氯酸钠等氯系氧化剂为主的碱性氯氧化法。离子交换法在俄罗斯应用得较多，$SO_2$-空气法主要是在加拿大应用，国内也有应用实例，但主要用于铁合金企业的含氰废水治理，而且采用含硫（二氧化硫）废气，实现以废治废的处理技术。

综合上述处理方法的选择性与适宜性见表 22-5。

表 22-5　含氰废水处理工艺的适宜性选择

| 方法 | 去除方法的适宜性 | | | | |
|------|------|------|------|------|------|
| | $CN^-$、HCN | Cd、Zn | Cu、Ni | Fe | $SCN^-$ |
| 自然降解法 | 能 | 部分 | 部分 | 不能 | 部分 |
| 碱性氯化法 | 能 | 能 | 能 | 不能 | 能 |
| 过氧化氢法 | 能 | 能 | 部分 | 不能 | 不能 |
| 臭氧法 | 能 | 能 | 能 | 能 | 能 |
| 酸碱回收法 | 能 | 能 | 能 | 能 | 部分 |
| 离子交换法 | 能 | 能 | 能 | 能 | 可能 |
| 氯化物回收 | 不能 | | | 不能 | 不能 |
| 氰化物破坏 | 能 | 能 | 能 | 不能 | 能 |

# 22.3　技术应用与实践

## 22.3.1　酸化-中和法

某黄金冶炼厂位于北郊 5km 处，始建于 1985 年。1997 年形成 100t/d 浮选金精矿和 50t/d 高品位金块矿的生产能力，2000 年又建设了规模为 100t/d 的焙烧-制酸-制铜的冶炼厂。

（1）废水来源及水质

废水主要来源于氰化浸出和地面冲洗水，废水中主要污染物为氰化物和 Cu、Pb、Zn、Fe 等杂质离子。

（2）废水处理工艺

根据废水水质，采取以下措施。用箱式压滤机对氰化尾矿浆进行压滤，压滤后的氰化尾渣采用干式堆存方式进行尾渣堆存管理，压滤后的含氰废水采用硫酸酸化处理-石灰中和沉淀净化方法循环使用。具体的工艺流程如图 22-4 所示。

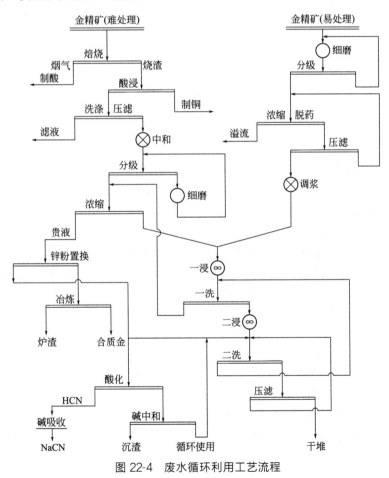

图 22-4　废水循环利用工艺流程

（3）工艺原理

酸化反应及有效氰的回收：

$$2CN^- + H_2SO_4 \longrightarrow 2HCN + SO_4^{2-}$$
$$HCN + NaOH \longrightarrow NaCN + H_2O$$

铜氰络合物的沉降反应(其他金属杂质也发生沉降反应):

$$2Cu(CN)_3^{2-} + 4H^+ \longrightarrow Cu_2(CN)_2 + 4HCN$$
$$Cu_2(CN)_2 + 2SCN^- \longrightarrow Cu_2(SCN)_2 + 2CN^-$$

酸性液的中和反应(CaO 过量):

$$CaO + H_2O \longrightarrow Ca(OH)_2$$
$$2H^+ + Ca(OH)_2 \longrightarrow Ca^{2+} + 2H_2O$$

（4）运行效果

运行实测结果见表 22-6。实际运行证明，通过酸化处理后，除铜、铅、锌、铁等杂质效果明显，实现了含氰废水综合处理后闭路循环使用，既可实现含氰废水的"零排放"，又确保贫液循环使用，不影响正常生产。为了保护环境，对尾矿进行干式封存。

表 22-6　贫液综合治理前后杂质质量浓度的对比

单位：mg/L(pH 值除外)

| 项目名称 | 总氰 | 游离氰根 | 铜 | 铅 | 锌 | 铁 | pH 值 |
|---|---|---|---|---|---|---|---|
| 净化前 1 | 1989.40 | 900.03 | 1201.64 | 300.66 | 276.81 | 243.60 | 10 |
| 净化后 1 | 1034.75 | 450.27 | 48.24 | 56.08 | 87.15 | 34.77 | 3 |
| 净化前 2 | 1635.54 | 809.96 | 1019.97 | 415.64 | 203.01 | 197.86 | 10 |
| 净化后 2 | 1234.15 | 459.39 | 67.08 | 75.64 | 64.79 | 20.58 | 3 |
| 净化前 3 | 1579.96 | 904.37 | 1356.09 | 279.43 | 246.72 | 121.43 | 10 |
| 净化后 3 | 909.44 | 421.64 | 30.01 | 53.48 | 41.74 | 18.18 | 3 |

## 22.3.2　联合法

某金矿黄金冶炼厂是为适应该金矿生产而设立的专业黄金冶炼厂。该黄金冶炼厂以载金炭(吸附金后的活性炭)为原材料，加工生产金锭、酸洗再生活性炭、火法再生活性炭等产品。主要生产工序有载金炭解吸-电积工序、粗金泥湿法-电解精炼工序、活性炭酸洗再生工序、活性炭火法再生工序、银渣金银分离及回收工序。冶炼厂生产工艺流程如图 22-5 所示。

（1）废水来源及水质

在金矿活性炭吸附 $Au(CN)_2^-$ 的同时，还吸附了其他对环境能够产生有害影响的物质，如铜、镉、砷、$CN^-$ 等。冶炼厂生产中使用的会对环境造成有害影响的辅助材料有片碱、硝酸、盐酸、亚硫酸钠、硫酸等。

生产废水中对环境造成影响的有害物质主要有废酸、废碱、固体悬浮物(SS)、铜、铅、锌、镉、砷、$CN^-$ 等，该厂存在四股废水。

① 解吸-电积工段废水：废液呈碱性，含有 $CN^-$ 及重金属污染物。

② 湿法-电解精炼工段废水：废液呈酸性，含有重金属和悬浮物。

③ 酸洗再生工段：废液呈酸性，含有少量 $CN^-$、悬浮物及重金属离子等污染物。

④ 银渣金银回收工段：废液呈酸性，含重金属离子等污染物。

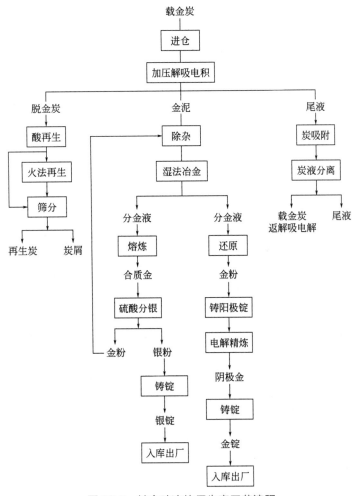

图 22-5　某金矿冶炼厂生产工艺流程

各生产工段污染物浓度和产生量见表 22-7 和表 22-8。

表 22-7　废水中污染物浓度一览表　　　单位：mg/L（pH 值除外）

| 名称 | 浓度 | | | | | | | |
|---|---|---|---|---|---|---|---|---|
| | pH 值 | SS | Cu | Pb | Zn | Cd | As | 总氰 |
| 解吸-电积工序 | 13.72 | 195.9 | 2.447 | 0.681 | 0.158 | 0.025 | 3.082 | 2.583 |
| 湿法-电解精炼工序 | 1.21 | 113.7 | 38.115 | 0.747 | 2.066 | 0.025 | 0.020 | 0.014 |
| 酸洗再生工序 | 0.91 | 439.8 | 0.201 | 1.033 | 0.752 | 0.081 | 1.118 | 0.064 |

表 22-8　废水中污染物产生量一览表

| 名称 | 废水量 /(m³/d) | 浓度/(g/d) | | | | | | |
|---|---|---|---|---|---|---|---|---|
| | | SS | Cu | Pb | Zn | Cd | As | 总氰 |
| 解吸-电积工序 | 6 | 1175.4 | 14.68 | 4.09 | 0.95 | 0.15 | 22.81 | 17.12 |
| 湿法-电解精炼工序 | 2.6 | 295.6 | 99.19 | 1.94 | 5.37 | 0.07 | 0.05 | 0.04 |

| 名称 | 废水量/(m³/d) | 浓度/(g/d) | | | | | | |
|---|---|---|---|---|---|---|---|---|
| | | SS | Cu | Pb | Zn | Cd | As | 总氰 |
| 酸洗再生工序 | 117 | 51456.6 | 23.52 | 120.9 | 87.98 | 9.48 | 130.8 | 19.19 |
| 金银分离并回收工序 | 0.15 | — | — | — | — | — | — | — |
| 合计 | 125.75 | 52927.6 | 137.4 | 126.9 | 94.30 | 9.70 | 153.7 | 36.35 |

（2）废水处理工艺

根据冶炼厂废水特性，采用以废治废的综合处理方法，其工艺流程如图 22-6 所示。

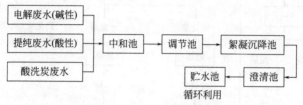

图 22-6　废水处理工艺流程

处理系统中处理池总容量为 585m³，其中贮水池容量为 340m³。处理工艺中采用中和-碱氯-混凝沉降法联合工艺。碱氯法中，使用的碱是石灰，使用漂白粉产生有效氯，以此来去除废水中残余的总 CN⁻，其去除率达到 97.4%；混凝沉降法使用 3 种物质混凝的办法来共同处理重金属，其去除率达到 98% 以上，尤其是对 Cu、Zn 离子的去除率基本上可达到 100%；中和法也是使用石灰作中和剂，用来中和废水的 pH 值，使其在 6~9 之间，实际生产中控制 pH 值在 7~8 之间，有利于去除重金属离子。

（3）运行效果

运行效果见表 22-9，废水监测结果见表 22-10。

表 22-9　废水处理运行效果　　　　单位：mg/L（pH 值除外）

| 月份 | pH 值 | Cu | Cd | Zn | Pb | 总 CN⁻ |
|---|---|---|---|---|---|---|
| 4 | 7.20 | 0.347 | 0.003 | 0.327 | 0.234 | 0.140 |
| 5 | 8.00 | 0.473 | 0.007 | 0.130 | 0.082 | 0.092 |
| 6 | 6.50 | 0.497 | 0.014 | 0.669 | 0.075 | 0.088 |
| 7 | 6.38 | 0.470 | 0.014 | 1.022 | 0.045 | 0.085 |
| 8 | 6.90 | 0.407 | 0.045 | 0.747 | 0.114 | 0.044 |
| 9 | 9.00 | 0.289 | 0.019 | 0.176 | 0.107 | 0.048 |
| 10 | 6.62 | 0.432 | 0.005 | 0.636 | 0.148 | 0.040 |
| 11 | 7.68 | 0.037 | 0.037 | 0.083 | 0.263 | 0.040 |
| 处理前污染物 | 1~3 | 38.15 | 1.033 | 2.066 | 0.281 | 2.853 |
| GB 8978—1996 一级排放标准 | 6~9 | ≤0.5 | 最高允许 0.1 | ≤2.0 | 最高允许 1.0 | 最高允许 0.5 |

表 22-10　监测结果　　　　　　　　　　　　单位：mg/L

| 项目 | Cu | Cd | Zn | Pb | 总 CN⁻ | 备注 |
|------|-----|------|------|------|--------|------|
| 监测值 | 0.125 | 0.025 | 0.231 | 0.250 | 0.134 | 达到 GB 8978— |
| | 0.125 | 0.0197 | 0.197 | 0.250 | 0.140 | 1996 一级排放标准 |

采用此废水处理工艺，能去除废水中的悬浮物。例如，黄金冶炼厂存在 1% 左右的炭损失，形成粉末，悬浮在水中，若不做处理，水是浓黑的，严重影响水的色度。经试验，利用此方法处理后，废水中悬浮物去除率达到 99% 以上，并且能有效地去除金属离子。

## 22.3.3　$SO_2$-空气氧化法

某黄金冶炼厂采用金精矿焙烧-烧渣氰化-锌粉置换工艺。

（1）含氰废水来源及水质

含氰废水主要来源于氰化-贵液锌粉置换工艺，废水水质见表 22-11。

表 22-11　含氰废水的组成　　　　　　　　单位：mg/L（pH 值除外）

| 项目 | pH 值 | CN⁻ | SCN⁻ | Cu | Zn | Pb | Fe |
|------|-------|-----|------|-----|-----|-----|-----|
| 浓度 | 6～7 | 405 | 375 | 565 | 317 | 12 | 100 |

（2）废水处理工艺

根据废水组成的特性，鉴于废水含铜较高以及有二氧化硫烟气的有利条件，该黄金冶炼厂与长春黄金研究所合作，采用 $SO_2$-空气法处理含氰废水。其 $SO_2$-空气法处理含氰废水的工艺流程见图 22-7。

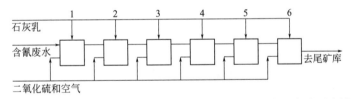

图 22-7　$SO_2$-空气法处理含氰废水的工艺流程（1～6 为吸气式反应槽）

为保证空气与废水充分接触，选用浮选槽式反应槽，含氰废水从第一反应槽进入，经过串联的六台吸气式反应槽处理后排入尾矿库，每台反应槽都通入二氧化硫烟气（空气以一定比例混入烟气中）和石灰乳，控制反应 pH 值在 6～9 范围，进行除氰反应。

工艺条件如下。

① 处理能力 300m³/d。

② 废水氰化物浓度 380～430mg/L。

③ 冶炼烟气中二氧化硫浓度 3.5%～5.5%。

④ 加药比（质量比） $SO_2/CN^- = 12.1$。

⑤ 反应 pH 值 6～9。

⑥ 反应槽总容积 8m³。

（3）运行效果

废水氰化物浓度为 394mg/L 时，各反应槽除氰效果见表 22-12。

表 22-12　各反应槽除氰效果　　　　　　　　　单位：mg/L

| 反应槽顺序号 | 1 | 2 | 3 | 4 |
| --- | --- | --- | --- | --- |
| 氰化物浓度 | 291 | 7.89 | 2.32 | 0.88 |

随后的时间里，监测数据 1560 个，氰化物、锌、铅、pH 值达标率达 100%，铜的达标率为 95.4%。

（4）处理废水消耗材料、电力

二氧化硫 6.0kg/m³；石灰 7.0kg/m³；电力 2.5kW·h/m³。工业运行证明，该冶炼厂用 $SO_2$-空气法处理含氰废水具有投资小、成本低、效果好等优点，而且利用的二氧化硫气体为本厂废气，实现了以废治废的双重净化效果。

# 参考文献

[1] 王绍文，杨景玲，等．冶金工业节能减排技术指南［M］．北京：化学工业出版社，2009．

[2] 聂永丰．三废处理工程技术手册［M］．北京：化学工业出版社，2000．

[3] 马建立，郭斌，等．绿色冶金与清洁生产［M］．北京：冶金工业出版社，2008．

[4] 钱小青，葛丽英，等．冶金过程废水处理与利用［M］．北京：冶金工业出版社，2008．

[5] 王绍文，杨景玲，王海东，等．冶金工业节水减排与废水回用技术指南［M］．北京：冶金工业出版社，2013．

[6] 张自杰．环境工程——水污染防治卷［M］．北京：高等教育出版社，1996．

[7] YS 5017—2004　有色金属工业环境保护设计技术规范［S］．

[8] 大庆市北盛有限公司．BSOEMOL酸碱性污水"专家"优化中和法和排放装置［J］．冶金环保情报，2001(2)．

[9] 罗胜联．有色金属废水处理与循环利用研究［D］．长沙：中南大学，2006．

[10] 张景来，王剑波，等．冶金工业污水处理技术及工程应用［M］．北京：化学工业出版社，2003．

[11] 刘茉娥，蔡邦肖，等．膜技术在污水治理及回用中的应用［M］．北京：化学工业出版社，2005．

[12] 国家环境保护局．有色工业废水治理［M］．北京：中国环境科学出版社，1991．

[13] SEK Anna, Ingemar Renberg. Heavy metal pollution and lake acidity changes caused by one thousand years of copper mining at Falun central Sweden［J］. Journal of paleolimnology, 2001，26（10）：89-107.

[14] 吴义千，占幼鸿．矿山酸性废水源头控制与德兴铜矿杨桃坞、祝家废水场和露天采场清污分流工程［J］．有色金属，2005，（11）：101-105．

[15] 蓝崇钰，束文圣，张志权．酸性淋溶对铅锌尾矿金属行为的影响及植物毒性［J］．中国环境科学，1996，16(6)：461-465．

[16] 陈焱，吴为．铅-锌老尾矿堆中重金属的浸出特性［J］．采矿技术，1994，（11）：7-9．

[17] 胡宏伟，束文圣，等．乐昌铅锌矿的酸化及重金属溶出的淋溶实验研究［J］．环境科学与技术，1999，（3）：1-3．

[18] 陈天虎，冯军会，等．国外尾矿酸性排水和重金属淋滤作用研究进展［J］．环境污染治理技术与设备，2001，（4）：41-46．

[19] 陈谦，杨晓松，等．有色金属矿山酸性废水成因及系统控制技术［J］．矿冶，2005，（12）：71-74．

[20] 王绍文．中和沉淀法处理重金属废水的实践与发展［J］．环境工程，1993，11(5)：13-18．

[21] 王绍文，姜凤有．重金属废水治理技术［M］．北京：冶金工业出版社，1993．

[22] 王绍文．硫化物沉淀法处理重金属的实践与发展［J］．城市环境与城市生态，1993，（3）：41-44．

[23] 王绍文．铁氧体法处理重金属的实践与发展［J］．城市环境与城市生态，1992，(2)：21-25．

[24] Wang Shaowen, Gao Jingsong. Practice and application of ferrite treatment to heavy metal lone wastewater［C］// International Symposium on Global Environment and Iron and Steel Industry (ISES' 98) Proceedings. Beijing: China Science and Technology Press，1998.

[25] 王绍文，邹元龙，等．冶金工业废水处理技术及工程实例［M］．北京：化学工业出版社，2009．

[26] 沈晴，解庆林．三种处理重金属生物方法［J］．广西科学院学报，2005，21(2)：122-126．

[27] 陈志强，温沁雪．重金属生物处理技术［J］．给水排水，2004，30（7）：49-52．

[28] Lim P E, Tay M G, Mak K Y, et al. The effect of heavy mentals on nitrogen and oxygen demand removal in constructed vetlands［J］. The Science of the Total Environment，2003，301：13-21.

[29] 王绍文，王海东，等．冶金工业废水处理技术及回用［M］．北京：化学工业出版社，2015．

[30] 王绍文．重金属废水离子交换法处理与回用技术［R］．冶金工业部建筑研究总院，2001．

[31] 王绍文．重金属废水的浮上处理实践与评价［R］．冶金部建筑研究总院，2002．

[32] 孙永裕，缪建成．选矿废水净化处理与回用的研究与生产实践［J］．环境工程，2005，（1）：7-9．

[33] 周继鸣．生物法处理高浓度含铬废水［C］．第三届全国冶金节水、污水处理技术讨论会，2007：306-311．

[34] 谢可蓉．微生物在重金属离子废水处理中的研究与应用［C］//第三届中国水污染防治与废水资源化技术交流会论文集．2003：165-168．

[35] 国家先进污染防治示范技术申请报告．重金属废水处理技术［R］．株洲冶炼集团有限公司，2007．

[36] 张立业，陈志敏．氧化铝厂节水减排综合治理措施［J］．有色冶金节能，2009，（4）：55-57．

[37] 杨丽芬，李友琥．环保工作者实用手册［M］．第2版．北京：冶金工业出版社，2001．

[38] 李桂贤，邓邦庆，等．氧化铝厂废水"零排放"探讨［C］．中国环境科学学会环境工程分会，2002：36-43．

[39] 烧结烟气与含氰废水综合治理工艺与技术［P］．87101217.0．

[40] 冶金部长春黄金研究所．黄金生产环境保护［C］．1990．